응용대학수학

강부현 · 김치용 · 박태룡 · 안가경
이승우 · 임성식 · 한찬욱 · 함형범 지음

MATHEMATICS

KYOWOOSA
教友社

머리말

수학, 물리학, 화학, 생물학 등의 자연과학 분야의 학문연구는 물론, 이공계, 상경계의 학문연구와 여러 분야의 과학 활동 및 우리들의 과학적인 실생활에 있어서 기초수학 지식은 필수불가결하다. 본 교재는 이러한 분야에 대한 수학적인 기초를 제공하고 응용력을 향상시키는 데 목표를 두고 있다.

수학을 여러 분야에 실질적으로 응용하는 힘을 기르는 데 주안점을 두고 집필하였기 때문에, 이해하기 쉬운 내용과 계산능력을 실질적으로 향상시킬 수 있는 실용적인 내용을 주로 다루려고 노력하였으며, 논리적사고력을 향상시키기 위하여 약간의 이론적인 내용도 가미하였다.

이 책은 50분 강의로 주당 3시간씩 두 학기 정도의 분량이며, 다음과 같은 내용으로 구성하였다.

제1장에서는 이 책을 공부하는 데 필요한 최소한의 논리적인 기초 지식인 명제와 집합 등에 대한 기초적인 사항을 다루었다. 제2장에서는 함수 및 함수의 극한과 함수의 연속성에 관하여 계산하는 데 필요한 실질적인 내용을 다루었다. 제3장과 제4장에서는 도함수와 그에 관한 다양한 응용문제들을 다루었다. 제5장과 제6장 및 제7장에서는 적분에 관한 내용과 적분에 관한 다양한 응용문제들을 다루었다. 제8장에서는 행렬과 행렬식에 관한 내용과 응용문제를 다루었다. 제9장과 제10장에서는 벡터 및 벡터함수에 관한 내용과 그에 관한 응용문제들을 다루었다. 제11장에서는 수열과 급수에 관한 내용 및 그에 관한 응용문제를 다루었다. 제12장에서는 편미분법과 그에 관한 응용문제를 다루었으며, 제13장에서는 이중적분 및 삼중적분에 관한 내용과 그에 관한 응용문제들을 다루었다.

이 책을 통하여 보다 많은 학생들이 수학에 대하여 더 많은 흥미를 느낄 수 있기를 바라며, 실용적인 문제를 해결하는 능력이 더욱 향상될 수 있기를 바란다.

끝으로 이 책이 완성되기까지 많은 도움을 주신 교우사 오판근 사장님, 그리고 편집부원 여러분께 깊은 감사의 마음을 전하며 무궁한 발전이 있기를 기원하는 바이다.

2013년 2월

저자 일동

차 례

제 1 장 명제와 집합

1.1 명제

우리가 사용하는 문장이나 수식의 표현 중에는 "이 사과는 맛있다.", "저 아이는 키가 크다." 등과 같이 그 내용이 참인지 거짓인지를 구분할 수 없는 경우가 있다.

이 사과는 맛있다. 난 별론데.

대한민국의 수도는 서울이다. …!

반면에 "대한민국의 수도는 서울이다.", "삼각형의 변은 4개이다." 등의 경우와 같이 그 내용이 참인지 또는 거짓인지를 명확히 알 수 있는 경우도 있다.

참인지 거짓인지를 명확히 구분할 수 없는 주장을 하면 논란거리가 되지만 참인지 거짓인지를 명확히 판별할 수 있는 주장을 하면 논란의 여지가 없게 된다.

정의 1-1

우리의 사고를 표현한 어떤 문장이나 진술 또는 수식에 대하여, 그 내용이 참(true)인지 또는 거짓(false)인지를 객관적으로 명확히 구별할 수 있을 때, 이러한 문장이나 수식을 **명제(proposition)**라고 한다.

명제를 간략히 표기하기 위하여 보통 영문 소문자 $p, q, r, \cdots$ 등을 사용한다. 어떤 명제이건 명제이면 반드시 '**참**'이거나 또는 '**거짓**'인데, 이때 '**참**' 또는 '**거짓**'을 그 명제의 **진리값**(truth value)이라고 하며, 진리값 '**참**'을 'T'로 '**거짓**'을 'F'로 표기한다.

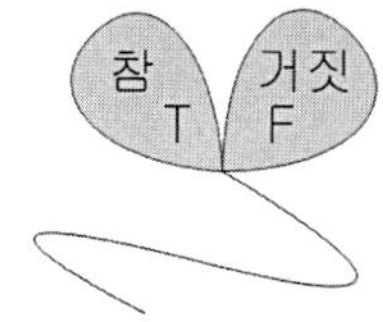

예제 1.1

다음 명제의 진리값을 구하여라.

① p : 2는 소수이다.

② q : $\sqrt{289}$ 은 무리수이다.

③ r : 지구는 태양의 주위를 공전하고 달은 지구의 주위를 공전한다.

풀이 ① 명제 p 의 진리값은 **T** 이다.

② $17^2 = 289$ 이므로 명제 q 의 진리값은 **F** 이다.

③ 명제 r 의 진리값은 **T** 이다.

위 [예제 1.1]의 ①, ②와 같이 단순히 하나의 문장이나 식으로 이루어진 명제를 **단순명제**(simple proposition)라고 한다. ③은 두 개의 단순명제 "지구는 태양의 주위를 공전한다."와 "달은 지구의 주위를 공전한다."를 연결사 '그리고'로 연결하여 만든 명제로 볼 수 있다. 단순명제들을 연결하여 새 명제를 만들 때 ③에서의 '그리고'와 같이 단순명제들을 연결하는 역할을 하는 연결사를 **논리연산자**(logical operator)라고 한다. 단순명제들과 논리연산자들에 의해 만들어진 명제를 **합성명제**(composite proposition)라고 한다. 이 절에서 공부할 명제의 부정, 논리곱, 논리합, 조건 및 쌍방조건 등은 가장 기본적인 합성명제들이다. 이들 합성명제들과 논리연산자, 괄호 등을 결합하여 보다 복잡한 형태의 합성명제를 만들 수 있다. 합성명제의 진리값은 그 명제를 구성하는 단순명제의 진리값과 논리연산자의 특성에 따라 결정된다. 이제, 명제의 부정, 논리곱, 논리합, 조건 및 쌍방조건에 대한 의미와 그 진리값에 대하여 알아보자.

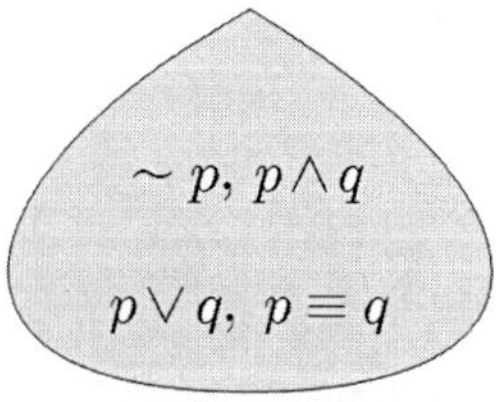

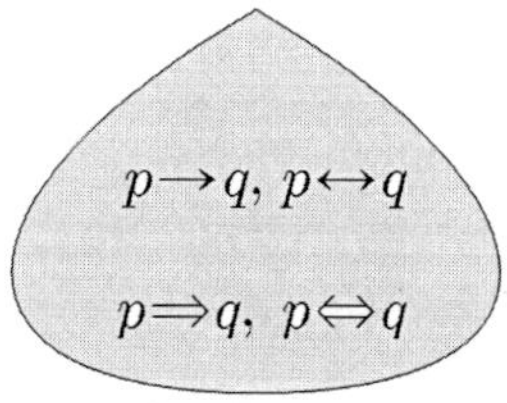

♥ 합성명제

(1) 부정

명제 "2는 소수이다."에 대하여, 이 명제의 내용을 부정하는 "2는 소수가 아니다."라는 명제를 생각할 수 있다. 이와 같이 어떤 명제 p 에 대하여 그 내용을 부정하여 만든 명제 "p 가 아니다."를 명제 p 의 **부정(negation)**이라 한다.

> **정의 1-2**
>
> 명제 $\boldsymbol{p}$ 에 대하여, 명제 "$\boldsymbol{p}$ 가 아니다."를 명제 $\boldsymbol{p}$ 의 **부정(negation)**이라고 하며, 기호로 $\sim \boldsymbol{p}$ 로 나타낸다.

논리연산자 '$\sim$'는 **부정(not)**을 의미하며, "$\sim p$"는 "not p" 또는 "p 가 아니다."로 읽는다. $\sim p$의 진리값은 p의 진리값에 따라 결정된다. p가 참(T)일 때 $\sim p$는 거짓(F)이며, p가 거짓(F)일 때 $\sim p$는 참(T)이다.

일반적으로 합성명제의 진리값은 그 명제를 구성하는 단순명제의 진리값과 논리연산자의 특성에 따라 결정되므로 다소 복잡한 형태의 합성명제에 대한 진리값은 표로 정리하여 나타내는 것이 쉽고 편리하다. 명제의 진리값을 표로 정리하여 나타낸 것을 **진리표(truth table)**라고 한다. <표 1.1>은 명제 p의 부정 $\sim p$에 대한 진리표이다.

<표 1.1> p의 부정 $\sim p$의 진리표

p	$\sim p$
T	F
F	T

주어진 명제 p 에 대하여 명제 p 의 부정의 부정 $\sim(\sim p)$, 즉 "p 가 아닌 것은 아니다."를 생각할 수 있다. 부정의 정의에 의해서, 명백히 p 와 $\sim(\sim p)$의 진리값은 같다.

(2) 논리곱

[예제 1.1]의 ③은 두 개의 단순명제 "지구는 태양의 주위를 공전한다."와 "달은 지구의 주위를 공전한다."가 연결사 '그리고'로 연결되어 있는 명제이다. 논리연산에서는 보통

연결사 '그리고(and)'를 연산기호 $\wedge$ 로 표기한다. 두 명제 p, q에 대하여 합성명제 "p 그리고 q"를 p 와 q의 **논리곱**(conjunction)이라 한다.

정의 1-3

명제 p, q 에 대하여, 명제 "p 그리고 q"를 p와 q 의 **논리곱**(conjunction)이라고 하며, 기호로 $p \wedge q$로 나타낸다.

논리연산자 '$\wedge$'는 **그리고(and)**를 의미하며, p와 q의 **논리곱** $p \wedge q$의 진리값은, 다음의 <표 1.2>에서와 같이, p와 q가 모두 참(T)일 때만 참(T)이고 나머지 경우는 모두 거짓(F)이다.

<표 1.2> p 와 q의 논리곱 $p \wedge q$의 진리표

p	q	$p \wedge q$
T	T	T
T	F	F
F	T	F
F	F	F

예제 1.2

다음 합성명제를 단순명제로 분리하여 단순명제의 진리값을 구하고 이에 근거하여 합성명제의 진리값을 구하여라.

① 1024 기가바이트(GB)는 1 테라바이트(TB)이고 1024 테라바이트(TB)는 1 페타바이트(PB)이다.

② 361는 홀수이고 소수이다.

풀이 ① 단순명제로 분리한 두 명제를 p, q라 두면,

p : 1024 메가바이트(MB)는 1 기가바이트(GB)이다.

q : 1024 기가바이트(GB)는 1 테라바이트(TB)이다.

주어진 합성명제는 p 와 q 의 논리곱 $p \wedge q$ 이고, p와 q의 진리값이 모두 T 이므로 합성명제 $p \wedge q$ 의 진리값은 T 이다.

② 단순명제로 분리한 두 명제를 p, q 라 두면,

p : 361은 홀수이다.

q : 361은 소수이다.
주어진 합성명제는 p 와 q 의 논리곱 $p \wedge q$ 이고, p의 진리값은 **T** 이고 q의 진리값은 **F** 이므로 합성명제 $p \wedge q$ 의 진리값은 **F** 이다.

(3) 논리합

명제 "지구는 태양의 주위를 공전하거나 또는 지구는 달의 주위를 공전한다."는 두 단순명제 "지구는 태양의 주위를 공전한다."와 "지구는 달의 주위를 공전한다."가 연결사 '또는'으로 연결되어 있는 명제이다. 논리연산에서 연결사 '또는(or)'은 연산기호 ∨ 로 표기한다. 두 명제 p, q에 대하여 합성명제 'p 또는 q'를 p 와 q 의 **논리합**(disjunction)이라고 한다.

정의 1-4

명제 p, q 에 대하여, 명제 "p 또는 q"를 p와 q의 **논리합**(disjunction)이라고 하며, 기호로 $p \vee q$로 나타낸다.

논리연산자 '∨'는 **또는**(or)을 의미하며, p와 q의 **논리합** $p \vee q$의 진리값은 p와 q가 모두 거짓(F)일 때만 거짓(F)이고 나머지 경우는 모두 참(T)이다. $p \vee q$의 진리표는 <표 1.3>과 같다.

<표 1.3> p와 q의 논리합 $p \vee q$의 진리표

p	q	$p \vee q$
T	T	T
T	F	T
F	T	T
F	F	F

예제 1.3

다음 단순명제 p 와 q에 대하여 논리합 $p \vee q$ 및 논리한 $p \vee q$ 의 진리값을 구하여라.

① p : $\sqrt{2}$ 는 무리수이다.
q : π 는 순환소수이다.

② p : 소수의 제곱은 홀수이다.
q : 기약분수는 유한소수이다.

풀이 ① $p \vee q$: $\sqrt{2}$ 는 무리수이거나 또는 π 는 순환소수이다.
p의 진리값은 T 이고 q의 진리값은 F 이므로 논리합 $p \vee q$의 진리값은 T 이다.
② $p \vee q$: 소수의 제곱은 홀수이거나 또는 기약분수는 유한소수이다.
p, q 모두 진리값이 F 이므로, $p \vee q$의 진리값은 F 이다.

(4) 논리적 동치

명제 p와 그 명제의 부정의 부정 $\sim(\sim p)$에 대한 진리값은 항상 같다. 이와 같이 두 합성명제의 진리값이 항상 같을 때, 두 합성명제는 논리적으로 동치라고 한다. **논리적 동치**에 대한 명확한 정의를 내리기 위해 p, q, r, … 등의 단순명제들로 구성되는 합성명제를 대문자 A, B, … 등으로 나타내기로 한다.

정의 1-5

합성명제 A, B가 단순명제 p, q, r, … 들로 구성되어 있다고 하자.
합성 명제 A, B를 구성하고 있는 각각의 단순명제 p, q, r, … 들의 진리값의 조합에 관계없이, 합성명제 A, B의 진리값이 항상 같을 때, 두 합성명제 A와 B는 **논리적으로 동치**(logically equivalent)라 하고, 기호로 $A \equiv B$로 나타낸다.

두 합성명제가 논리적으로 동치임을 증명하는 비교적 손쉬운 방법 중 하나는 진리표를 이용해 합성명제를 구성하는 단순명제들의 진리값의 모든 조합에 대해 두 합성명제의 진리값이 항상 동일함을 보이는 방법이다. 예를 들어, 명제 p와 그 부정의 부정 $\sim(\sim p)$가 논리적으로 동치임을 보이기 위해서는 <표 1.4>와 같은 진리표를 작성한다. <표 1.4>에서 p와 $\sim(\sim p)$의 진리값은 이 두 합성명제를 구성하고 있는 단순명제 p의 진리값이 T 인 경우이건 F 인 경우이건 항상 같다. 따라서 $p \equiv \sim(\sim p)$이다.

<표 1.4> $p \equiv \sim(\sim p)$ 임을 증명하기 위한 진리표

p	$\sim p$	$\sim(\sim p)$
T	F	T
F	T	F

물론 동치임을 보이고자 하는 두 합성명제를 구성하는 단순명제가 2개인 경우는 단순명제들의 진리값의 모든 조합이 $2 \times 2 = 4$ 가지이므로, 4 가지의 모든 조합에 대해 두 합성명제의 진리값이 항상 동일함을 보여야 한다. 일반적으로 두 합성명제를 구성하는 단순명제가 n개이면 2^n가지 모든 조합에 대해 조사해야 한다.

다음으로, 명제 p, q의 논리곱 $p \wedge q$의 부정 $\sim(p \wedge q)$에 대하여 알아보자. 두 명제 "p : 2 는 짝수이다."와 "q : 2 는 소수이다."의 논리곱 $p \wedge q$는 "2 는 짝수이고 그리고 2 는 소수이다."이다. 이제 $p \wedge q$의 부정 $\sim(p \wedge q)$는 "2 는 짝수이고 그리고 2 는 소수인 것은 아니다."이며, 이는 p와 q 모두 참은 아니라는 주장이므로 p와 q 중 적어도 어느 하나가 거짓이라는 주장이다. 따라서 $\sim(p \wedge q)$는 "2 는 짝수가 아니거나 또는 2 는 소수가 아니다."와 동치이다. 즉 $\sim(p \wedge q)$와 $\sim p \vee \sim q$는 논리적 동치이다. 이를 진리표를 이용하여 보이면 다음과 같다.

<표 1.5> $\sim(p \wedge q) \equiv \sim p \vee \sim q$

p	q	$\sim p$	$\sim q$	$p \wedge q$	$\sim(p \wedge q)$	$\sim p \vee \sim q$
T	T	F	F	T	F	F
T	F	F	T	F	T	T
F	T	T	F	F	T	T
F	F	T	T	F	T	T

같은 방법으로 생각하면 논리합 $p \vee q$의 부정 $\sim(p \vee q)$은 각각의 부정 $\sim p$와 $\sim q$의 논리곱 $\sim p \wedge \sim q$와 동치임을 알 수 있다. 이상에서 살펴본 두 가지 논리적 동치관계는 논리연산에서 매우 유용하게 사용되는 관계식으로 소위 '**드모르강의 법칙**'이라 불린다.

정리 1.1 드모르강의 법칙

$$\sim(p \wedge q) \equiv \sim p \vee \sim q$$

$$\sim(p \vee q) \equiv \sim p \wedge \sim q$$

<표 1.6>에서 보는 바와 같이, $p \vee \sim p$는 항상 참인 명제이고 $p \wedge \sim p$는 항상 거짓인 명제이다. 이와 같이 합성명제를 구성하고 있는 단순명제들의 진리값에 관계없이 그 진리값이 항상 참인 명제를 **항진명제(tautology)**라 하고 t로 표기하며, 그 진리값이 항상 거짓인 명제를 **모순명제(contradiction)**라 하고 c로 표기한다. 즉 $p \vee \sim p \equiv t$ 이고 $p \wedge \sim p \equiv c$ 이다.

<표 1.6> $p \vee \sim p \equiv t$ 와 $p \wedge \sim p \equiv c$

p	$\sim p$	$p \vee \sim p \equiv t$	$p \wedge \sim p \equiv c$
T	F	T	F
F	T	T	F

두 합성명제의 논리적 동치관계를 증명하는 방법으로 진리표를 이용하는 방법외의 또 다른 방법은 논리적 동치관계에 대한 기본법칙들을 이용하여 하나의 명제로부터 다른 명제로의 논리적 동치관계를 이끌어 내는 방법이다. 다음의 기본법칙들은 논리연산이나 추론에서 합성명제의 논리적 동치관계를 보이는데 매우 유용하게 사용되는 기본법칙들이다.

정리 1.2

논리적 동치관계에 대한 기본법칙

동치관계	명 칭
$\sim(\sim p) \equiv p$	이중 부정의 법칙(double negation law)
$p \wedge t \equiv p$, $p \vee c \equiv p$	항등법칙(identity law)
$p \vee \sim p \equiv t$, $p \wedge \sim p \equiv c$	부정법칙(negation law)
$p \vee q \equiv q \vee p$, $p \wedge q \equiv q \wedge p$	교환법칙(commutative law)
$(p \vee q) \vee r \equiv p \vee (q \vee r)$ $(p \wedge q) \wedge r \equiv p \wedge (q \wedge r)$	결합법칙(associative law)
$p \vee (q \wedge r) \equiv (p \vee q) \wedge (p \vee r)$ $p \wedge (q \vee r) \equiv (p \wedge q) \vee (p \wedge r)$	분배법칙(distributive law)
$p \vee (p \wedge q) \equiv p$ $p \wedge (p \vee q) \equiv p$	흡수법칙(absorption law)
$\sim(p \wedge q) \equiv \sim p \vee \sim q$ $\sim(p \vee q) \equiv \sim p \wedge \sim q$	드모르강 법칙(De Morgan's law)

예제 1.4

$(p \wedge \sim q) \vee (p \wedge q) \equiv p$임을 보여라.

풀이 $(p \wedge \sim q) \vee (p \wedge q) \equiv p \wedge (\sim q \vee q)$ 분배법칙

$\equiv p \wedge t$ 부정법칙

$\equiv p$ 항등법칙

따라서 $(p \wedge \sim q) \vee (p \wedge q) \equiv p$

(5) 조건

조건문 "6 이 3 의 배수이면 12 는 3 의 배수이다."는 두 단순명제 "6 은 3 의 배수이다."와 "12 는 3 의 배수이다."를 합성하여 "~이면, ~이다."의 형식으로 표현한 조건문이다. 이와 같이 두 명제 p, q에 대하여 "p 이면, q 이다."의 형식으로 표현된 조건문을 $\boldsymbol{p}$에 의한 $\boldsymbol{q}$의 조건(conditional)이라 하며 기호로는 $p \rightarrow q$로 표현한다.

정의 1-6

> 명제 p, q에 대하여, "만약 p 이면 q 이다."를 p에 의한 q의 **조건(conditonal)**이라 하며, 기호로 $p \rightarrow q$로 나타낸다. 조건 $p \rightarrow q$ 에서, p를 가정(hypothesis), q를 결론(conclusion)이라 한다.

조건 $p \rightarrow q$ 역시 명제 p, q 및 연결사 $\rightarrow$ 로 결합된 합성명제이므로 조건명제(conditional proposition)라고 부르기도 한다. 조건 $p \rightarrow q$의 진리값은 명제 p, q의 진리값과 연결사 $\rightarrow$의 의미에 따라 결정된다. 조건 $p \rightarrow q$의 의미가 '가정 p가 참일 때, 즉 p가 참임을 조건으로 하여 결론 q가 참이다.'라는 주장이므로, p가 참(T)이고 q도 참(T)인 경우에는 $p \rightarrow q$의 진리값이 참(T)이고, p가 참(T)임에도 불구하고 q가 거짓(F)인 경우에 $p \rightarrow q$의 진리값은 명백히 거짓(F)이다. 그러나 가정 p가 거짓(F)인 경우에 대하여는 결론 q에 대한 어떠한 주장도 한바 없으므로 결론 q의 진리값이 참(T)이든 거짓(F)이든 조건 "만약 p 이면 q 이다."라는 진술이 거짓(F)은 아니다. 이러한 의미에서 가정 p가 거짓(F)인 경우, 조건 $p \rightarrow q$의 진리값은 참(T)으로 정의된다. 이상을 정리하면 p에 의한 q의 조건 $p \rightarrow q$의 진리표는 다음 <표 1.7>과 같다.

<표 1.7> p에 의한 q의 조건 $p \to q$의 진리표

p	q	$p \to q$
T	T	T
T	F	F
F	T	T
F	F	T

<표 1.7>에서 보는 바와 같이, 조건 $p \to q$의 진리값은 가정 p가 거짓이거나 또는 결론 q가 참인 경우에 참이므로, 조건 $p \to q$의 진리값은 $\sim p \vee q$의 진리값과 항상 같다. 즉 $p \to q$와 $\sim p \vee q$는 논리적 동치이다. 즉,

$$p \to q \equiv \sim p \vee q\ .$$

$p \to q$와 $\sim p \vee q$가 논리적으로 동치임과 드모르강의 법칙을 적용하면 다음과 같이 $p \to q$의 부정 $\sim (p \to q)$는 $p \wedge \sim q$와 논리적으로 동치임을 알 수 있다.

$$\begin{aligned} \sim (p \to q) &\equiv \sim (\sim p \vee q) \\ &\equiv \sim (\sim p) \wedge \sim q \\ &\equiv p \wedge \sim q \end{aligned}$$

즉, $\sim (p \to q) \equiv p \wedge \sim q$ 이다.

예제 1.5

합성명제 $p \to q \vee r$은 $p \wedge \sim q \to r$와 논리적으로 동치임을 보이고, 이 결과를 이용하여 조건 "만약 n이 소수이면, n은 홀수이거나 또는 $n=2$이다."를 논리적 동치가 되도록 다시 서술하여라.

풀이 ① $$\begin{aligned} p \to q \vee r &\equiv \sim p \vee (q \vee r) \\ &\equiv (\sim p \vee q) \vee r \\ &\equiv \sim (p \wedge \sim q) \vee r \\ &\equiv p \wedge \sim q \to r \end{aligned}$$

따라서 $p \to q \vee r \equiv p \wedge \sim q \to r$이다.

② "만약 n이 소수이고 그리고 n이 홀수가 아니면, $n=2$이다."

주어진 조건 $p \to q$에 대하여 가정과 결론의 역할을 바꾸어 만든 조건 $q \to p$를 생각할 수 있는데, 이를 조건 $p \to q$의 **역**(converse)이라고 한다. 또한 가정과 결론의 부정 $\sim p$와 $\sim q$를 이용하여 만든 조건 $\sim p \to \sim q$와 $\sim q \to \sim p$를 각각 조건 $p \to q$의 **이**(inverse), **대우**(contrapositive)라 한다.

정의 1-7

조건 $\boldsymbol{p \to q}$의 역, 이, 대우는 각각 다음과 같이 정의 된다.

(1) 역(converse) : $\boldsymbol{q \to p}$

(2) 이(inverse) : $\boldsymbol{\sim p \to \sim q}$

(3) 대우(contrapositive) : $\boldsymbol{\sim q \to \sim p}$

주어진 어떤 조건과 이 조건의 역, 이, 대우 사이의 관계를 그림으로 나타내면 다음과 같다. 그림에서 보는 바와 같이 역의 이가 대우이며, 역과 이는 서로 대우관계에 있다.

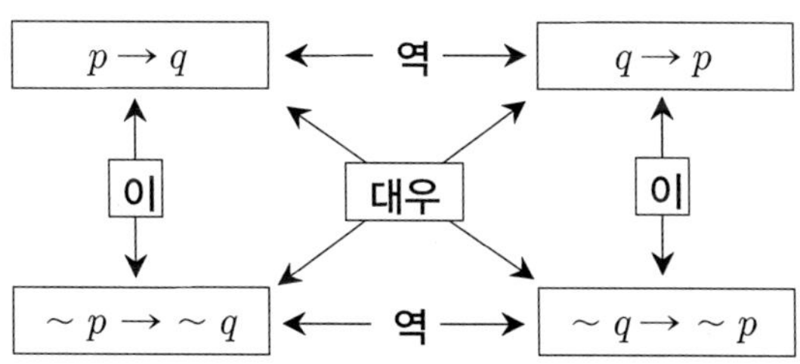

[그림 1.1] 대우, 역, 이의 상호관계

논리적 추론에서 매우 유용하게 사용되는 또 하나의 논리적 동치관계는 조건과 그 대우 사이의 동치관계이다. 즉 주어진 조건과 그 대우는 논리적으로 동치이다.

정의 1-8

조건 $\boldsymbol{p \to q}$와 대우 $\boldsymbol{\sim q \to \sim p}$는 논리적으로 동치이다. 즉

$$\boldsymbol{p \to q \equiv \sim q \to \sim p}$$

예제 1.6

조건 "9 가 6 의 배수이면, 9 는 2 의 배수이고 3 의 배수이다."의 역, 이, 대우를 말하여라. 또 역, 이, 대우의 진리값을 구하여라.

풀이 ① 역 : 9 가 2 의 배수이고 3 의 배수이면, 9 는 6 의 배수이다.
이 : 9 가 6 의 배수가 아니면, 9 는 2 의 배수가 아니거나 또는 3 의 배수가 아니다.
대우 : 9 가 2 의 배수가 아니거나 또는 3 의 배수가 아니면, 9 는 6 의 배수가 아니다.

② 주어진 조건의 진리값은 참(T)이다. 조건과 그 대우는 논리적으로 동치이므로 대우의 진리값은 참(T)이다. 역의 진리값은 거짓(F)이고 역과 이는 대우관계에 있으므로 이의 진리값도 거짓(F)이다.

명제 p, q에 대하여 조건 "p이면, q이다."와 "q이면, p이다."가 연결사 and($\wedge$)로 연결된 합성명제 "p이면 q이고 q이면 p이다."를 p와 q의 **쌍방조건(biconditional)**이라 한다.

정의 1-9

명제 p, q에 대하여, "p이면 q이고 q이면 p이다."를 p와 q의 쌍방조건 또는 쌍방조건명제(biconditional proposition)라 하고 $p \leftrightarrow q$로 표기한다.

$$p \leftrightarrow q \equiv (p \rightarrow q) \wedge (q \rightarrow p)$$

쌍방조건 $p \leftrightarrow q$의 진리값은 <표 1.9>에서 보는 바와 같이 p와 q의 진리값이 같을 때만 참이고, p와 q의 진리값이 다르면 거짓이다.

<표 1.9> p와 q의 쌍방조건 $p \leftrightarrow q$의 진리표

p	q	$p \leftrightarrow q$
T	T	T
T	F	F
F	T	F
F	F	T

정의 1-10

합성명제 A, B에 대하여, $\boldsymbol{A \rightarrow B}$가 항상 참일 때, $\boldsymbol{A \Rightarrow B}$로 나타낸다.
또한 $\boldsymbol{A \leftrightarrow B}$가 항상 참일 때, $\boldsymbol{A \Leftrightarrow B}$로 나타낸다.

일반적으로 두 합성명제 A와 B에 대하여, $A \equiv B$이면 $A \leftrightarrow B$가 항진명제이고 $A \leftrightarrow B$가 항진명제이면 $A \equiv B$이다. 즉 A와 B가 논리적으로 동치임을 $A \Leftrightarrow B$로 나타낼 수 있다. 앞서 공부한 논리적 동치관계 $p \rightarrow q \equiv \sim p \vee q$는 $p \rightarrow q \Leftrightarrow \sim p \vee q$로 $p \leftrightarrow q \equiv (\sim p \vee q) \wedge (\sim q \vee p)$는 $p \leftrightarrow q \Leftrightarrow (\sim p \vee q) \wedge (\sim q \vee p)$로 나타낼 수 있다.

정의 1-11

조건 $\boldsymbol{p \rightarrow q}$가 참일 때, 즉 $\boldsymbol{p \Rightarrow q}$일 때,
(1) $\boldsymbol{p}$는 $\boldsymbol{q}$이기 위한 '**충분조건**(sufficient condition)',
(2) $\boldsymbol{q}$는 $\boldsymbol{p}$이기 위한 '**필요조건**(necessary condition)'이라고 한다.
쌍방조건 $\boldsymbol{p \leftrightarrow q}$가 참일 때, 즉 $\boldsymbol{p \Leftrightarrow q}$일 때,
$\boldsymbol{p}$와 $\boldsymbol{q}$는 서로에 대한 '**필요충분조건**(necessary and sufficient condition)'이라고 한다.

예제 1.7

다음 각 경우에 p는 q이기위한 어떤 조건인가?
① p: 철수의 나이는 19세이다. q: 철수는 선거에서 투표권을 갖는다.
② p: $\square ABCD$는 마름모이다. q: $\square ABCD$는 정사각형이다.

풀이 ① $p \Rightarrow q$이므로, p는 q이기위한 '충분조건'이다.
② $q \Rightarrow p$이므로, p는 q이기위한 '필요조건'이다.

연습문제 1-1

Exercises

1. 다음 동치관계를 진리표를 이용하여 보여라.

① $\sim (p \vee q) \equiv \sim p \wedge \sim q$

② $p \rightarrow q \equiv \sim p \vee q$

③ $\sim (p \rightarrow q) \equiv p \wedge \sim q$

④ $p \rightarrow q \equiv \sim q \rightarrow \sim p$

2. 명제 p, q에 대하여 합성명제 $p \oplus q$를 $(p \vee q) \wedge \sim (p \wedge q)$로 정의한다. 다음 물음에 답하여라.

① $p \oplus q$의 진리표를 작성하여라.

② $p \oplus p$와 논리적으로 동치인 보다 간단한 논리식을 구하여라.

③ ②의 결과를 이용하여 $(p \oplus p) \oplus p$를 간단히 하여라.

3. $(p \vee \sim q) \wedge (\sim p \wedge \sim q) \Leftrightarrow \sim q$임 논리적 동치관계의 기본법칙을 이용하여 증명하여라.

4. 논리적 동치관계 $p \rightarrow q \Leftrightarrow \sim p \vee q$와 $p \leftrightarrow q \Leftrightarrow (\sim p \vee q) \wedge (\sim q \vee p)$를 이용하여 다음 명제를 연결사 $\rightarrow$와 $\leftrightarrow$를 사용하지 않고 나타내어라.

① $p \wedge \sim q \rightarrow r$

② $(p \rightarrow r) \leftrightarrow (q \rightarrow r)$

1.2 명제함수와 한정화 명제

♥ 명제함수

"x는 유리수이다." 또는 "그는 대학생이다."와 같은 문장은 x의 값이 무엇이냐에 따라, 또 그가 누구이냐에 따라 '참' 또는 '거짓'이 될 수 있으므로 명제가 아니다. "x는 유리수이다."에서 변수 x에 구체적인 값이 대입되면, 또 "그는 대학생이다."에서 그가 누구인지 구체적인 사람으로 결정되면 이 문장들은 '참'과 '거짓'의 구분이 명확해져 명제가 된다. 또한 문장 "x는 y보다 크다."라든지 또는 수식 "$x + y \geq 0$" 역시 명제가 아니며, x와 y에 구체적인 값이 대입되면 '참' 또는 '거짓'이 명확해져 명제가 된다. 이와 같이 변수를 포함하고 있는 문장에서 변수에 구체적인 값이 대입되면 명제가 되는 경우 이와 같은 문장을 **명제함수**(propositional function)라고 하며 보통 기호로 $p(x)$, $q(y)$, $p(x, y)$ 등으로 나타낸다.

정의 1-12

변수를 포함하고 있는 문장에서 변수에 구체적인 값이 대입되면 명제가 될 때, 이와 같은 문장을 **명제함수**(proposional function)라고 하며, 보통 $p(x)$, $q(y)$, $p(x, y)$ 등으로 나타낸다. 명제함수의 **정의역**(domain)이란 명제함수의 변수가 취할 수 있는 모든 값들의 집합을 말한다.

명제함수의 변수에 구체적인 값이 대입되면 명제함수는 진리값이 '참' 또는 '거짓' 중 어느 하나인 명제가 된다. 즉, 명제함수는 함수값으로 '참(T)' 또는 '거짓(F)' 중 어느 하나를 취하는 함수이다.

정의역이 양의 정수의 집합인 명제함수 "$p(x)$: x는 8의 약수이다."를 생각하자. 양의 정수 중 1, 2, 4, 8을 x에 대입하면 $p(x)$는 참인 명제가 되고, 그 외의 다른 값들에 대해서 $p(x)$는 거짓인 명제가 된다. 즉, $p(1)$, $p(2)$, $p(4)$, $p(8)$은 참이고, 1, 2, 4, 8을 제외한 모든 양의 정수 x에 대하여 $p(x)$는 거짓이다. 이때 집합 $\{1, 2, 4, 8\}$을 명제함수 $p(x)$의 **진리집합**이라고 한다. 즉 정의역의 원소 중 명제함수를 참인 명제가 되도록 하는 값들의 집합을 명제함수의 **진리집합**(truth set)이라고 한다.

정의 1-13

명제함수의 정의역내의 값들 중 명제함수를 참인 명제가 되도록 하는 값들의 집합을 그 명제함수의 **진리집합**(truth set)이라고 한다. 만일 명제함수 $p(x)$의 정의역이 D라면, $p(x)$의 진리집합 P는 다음과 같다.

$$P = \{ x \in D \mid p(x) \}.$$

예제 1.8

명제함수 "$p(n)$: $n^2 \leq 30$"의 정의역 D가 다음과 같을 때, 명제함수 $p(n)$의 진리집합 P을 구하여라.

① $D = \mathbf{Z}^+$ ($\mathbf{Z}^+$ = 양의 정수의 집합)

② $D = \mathbf{Z}$ ($\mathbf{Z}$ = 정수의 집합)

풀이 ① 양의 정수 중 제곱의 값이 30이하인 수는 1, 2, 3, 4, 5이므로,
진리집합은 $P = \{1, 2, 3, 4, 5\}$이다.

② 정수 중 제곱의 값이 30이하인 수는 0, ±1, ±2, ±3, ±4, ±5이므로, 진리집합은 $P=\{-5,-4,-3,-2,-1,0,1,2,3,4,5\}$ 이다.

예제 1.9

정의역이 R^2 인 명제함수 "$p(x,y):\ x^2+y^2<4$"의 진리집합 P 을 구하여라.

풀이 명제함수 $p(x,y)$의 진리값은 원점으로부터 떨어진 거리가 2보다 작은 모든 점 (x,y) 에 대해서 '참'이므로, 진리집합은 중심이 $(0,0)$ 이고 반지름이 2 인 원의 내부이다. 즉,

$$P=\{(x,y)\in \mathrm{R}^2 \mid x^2+y^2<2^2\}.$$

♣ 한정화 명제

(1) 전체 한정화 명제

명제함수는 변수에 구체적인 값이 대입되면 명제가 된다. 따라서 명제함수에 변수의 범위를 한정하는 구문을 추가하여 명제가 되도록 할 수 있다. 예를 들어, 정의역이 정수의 집합 $\mathbf{Z}$ 인 두 명제함수 "$p(x):\ x^2-1\ge 0$"와 "$q(x):\ x^2+1>0$"를 생각해 보자. 먼저 $p(x)$에 대하여, $p(1)$은 참이고 $p(0)$는 거짓이다. 이제 $p(x)$의 앞부분에 '모든 정수 x 에 대하여'라는 구문을 추가하여 만든 "모든 정수 x 에 대하여, $p(x)$.", 즉 "모든 정수 x 에 대하여, $x^2-1\ge 0$"라는 문장을 생각해 보자. 모든 정수 x 에 대하여, 즉 정수 x 가 어떤 값이든 간에 $p(x)$가 참이라는 주장인데 $p(0)$가 거짓이므로 이 문장은 명백히 거짓인 명제이다. 반면 모든 정수 x 에 대하여, $x^2+1>0$ 이 성립하므로, "모든 정수 x 에 대하여, $q(x)$"는 참인 명제이다. 이와 같이, 명제함수 $p(x)$ 앞부분에 구문 '모든 x 에 대하여'를 추가하여 "모든 x 에 대하여, $p(x)$"의 형식으로 만들어진 명제를 전체 한정화 명제라고 한다.

정의 1-14

전체 한정화 명제
정의역이 D 인 명제함수 $p(x)$에 대하여, "D 내의 모든 x 에 대하여, $p(x)$"의 형식으로 표현되는 명제를 **전체 한정화 명제**(universally quantified statement)라고 하며,

기호로 다음과 같이 나타낸다.

$$^{\forall}x \in D\ ,\ p(x)$$

기호 ∀ 는 전체 한정사(universal quantifier)라고 하며, '모든 ~에 대하여(for all)' 또는 '임의의 ~에 대하여(for arbitrary)'를 뜻한다.

변수의 개수가 2개 이상인 다변수 명제함수에 대한 전체 한정화의 개념도 동일한 방법으로 정의된다. 예를 들어, 2변수 명제함수 $p(x, y)$의 정의역이 D라 하면 전체 한정화 명제의 형식은 "$^{\forall}(x, y) \in D,\ p(x,\ y)$"로 표현된다. 앞으로 설명할 전체 한정화 명제와 관련한 내용뿐 아니라 다음 소절부터 설명할 존재 한정화 명제에 대한 내용을 포함한 한정화 명제 전반에 대한 설명에서 일변수 명제함수의 경우를 들어 개념 및 내용을 정리하고 설명하겠으나 모든 내용은 다변수 명제함수의 경우에 대해서도 그대로 성립한다. 다변수 명제함수에 대한 내용은 주로 예제를 통해 다루기로 한다.

전체 한정화 명제 "$^{\forall}x \in D\ ,\ p(x)$"의 진리값은 정의역 D내의 모든 x에 대하여 $p(x)$가 참일 때 '참(**T**)'이며, D내의 x 중 $p(x)$가 거짓이 되는 x가 적어도 하나 존재하면 '거짓(**F**)'이다. 변수 x의 정의역 D내의 값 중 $p(x)$가 거짓이 되는 x가 있을 때, 이 x값을 전체 한정화 명제에 대한 **반례**(counter example)라고 한다. 전체 한정화 명제가 거짓임을 밝히기 위해서는 반례를 제시하면 된다.

예제 1.10

다음 전체 한정화 명제의 진리값을 구하여라.

① 정의역이 $D = \{1, 2, 3, 4, 5\}$일 때, $^{\forall}x \in D\ ,\ x^2 \geq x$

② $^{\forall}x \in \mathbf{R}\ ,\ x^2 \geq x$

③ $^{\forall}(x,\ y) \in \mathbf{R}^2,\ |x-y| > |x| - |y|$

풀이 ① $p(x)$: $x^2 \geq x$라 두자. $1^2 \geq 1,\ 2^2 \geq 2,\ 3^2 \geq 3,\ 4^2 \geq 4,\ 5^2 \geq 5$이므로 $p(1),\ p(2),\ p(3),\ p(4),\ p(5)$ 모두 참이다.

즉 전체 한정화 명제 "$^{\forall}x \in D\ ,\ x^2 \geq x$"는 참이다.

② $p(x)$: $x^2 \geq x$라 두고, $x = \dfrac{1}{2}$인 경우, 즉 $p(1/2)$을 생각하자.

그러면, $\left(\dfrac{1}{2}\right)^2 = \dfrac{1}{4} \ngeq \dfrac{1}{2}$ 이므로, $p(1/2)$은 거짓(F)이다. 따라서

"$\forall x \in \mathrm{R}$, $x^2 \geq x$"는 거짓이다.

③ $p(x, y): |x-y|>|x|-|y|$ 라 두면, $x=3$, $y=1$ 인 경우 $|3-1|=|3|-|1|=2$이므로, 부등식의 좌변과 우변의 값은 같다. 즉 $p(3,1)$의 진리값은 거짓(F)이다. 따라서 전체 한정화 명제
"$\forall (x, y) \in \mathbf{R}^2$, $|x-y|>|x|-|y|$"의 진리값은 거짓(F)이다.
사실, "$p(x, y): |x-y|>|x|-|y|$"는 $x=y$ 인 경우에도 명백히 거짓(F)이다.
반면 전체 한정화 명제
"$\forall (x, y) \in \mathbf{R}^2$, $|x-y| \geq |x|-|y|$"의 진리값은 참(F)이다.

■

(2) 존재 한정화 명제

명제함수의 변수범위를 한정하여 명제가 되게 하는 또 하나의 방법은 소위 '존재 한정사'라 불리는 한정사를 사용하는 것이다. 예를 들어 정의역이 정수 전체의 집합 Z 인 명제함수 "$p(x): x^2=x$"을 생각하자. $p(0)$과 $p(1)$은 참이고, 0 과 1 을 제외한 모든 정수 x 에 대하여 $p(x)$는 거짓이다. 이제 "$p(x)$가 성립하는 정수 x 가 (적어도 하나) 존재한다.", 즉 "$x^2=x$ 을 만족시키는 정수 x 가 (적어도 하나) 존재한다."라는 문장을 생각하자. 이 문장은 명제함수 "$p(x): x^2=x$"의 진리값이 참이 되는 x 값이 정의역내에 적어도 하나 존재한다는 주장이며, $p(0)$와 $p(1)$이 참이므로 이 문장은 참인 명제이다. 이와 같이, 명제함수 $p(x)$에 대하여, "$p(x)$가 성립하는 x 가 정의역내에 (적어도 하나) 존재한다."의 형태로 만들어진 명제를 **존재 한정화 명제**라고 한다.

정의 1-15

존재 한정화 명제

정의역이 D 인 명제함수 $p(x)$에 대하여, "$p(x)$가 성립하는 x 가 정의역내에 (적어도 하나) 존재한다."의 형식으로 표현되는 명제를 **존재 한정화 명제(existentially quantified statement)**라고 하며, 기호로 다음과 같이 표현한다.

$$\exists x \in D \text{ such that } p(x)$$

기호 $\exists$ 는 존재 한정사(existential quantifier)라 하며, '존재한다'를 의미한다.

변수가 2 개 이상인 다변수 명제함수에 대한 존재 한정화의 개념도 동일한 방법으로 정의된다.

존재 한정화 명제 "$\exists\, x \in D$ such that $p(x)$"의 진리값은 $p(x)$가 참이 되는 x가 정의역 D내에 적어도 하나 존재하면 참(T)이며, D내의 모든 x에 대하여 $p(x)$가 거짓일 때 거짓(F)이다. 존재 한정화 명제의 표현에서 '존재한다.'라는 표현 대신에 '어떤' 또는 '적어도'를 사용하여 "어떤 x에 대하여 $p(x)$이다.", "적어도 하나의 x에 대하여 $p(x)$이다." 등과 같이 표현하기도 한다.

예제 1.11

다음 존재 한정화 명제의 진리값을 구하여라.

① $\exists\, x \in \mathbf{R}$ *such that* $x^2 = -1$

② $\exists\, (x, y) \in \mathbf{R}^2$ *such that* $x^2 + y^2 = 1 \wedge 2xy = 1$

풀이 ① 모든 실수 x에 대하여 $x^2 \geq 0$이다. 즉, $p(x): x^2 = -1$이라 두면, 모든 실수 x에 대하여 $p(x)$는 거짓이다. 따라서 존재 한정화 명제

$$\text{“}\exists\, x \in \mathbf{R} \quad \textit{such that} \quad x^2 = -1\text{”}$$

의 진리값은 거짓(F)이다.

② 방정식 $x^2 + y^2 = 1$과 $2xy = 1$을 연립하여 풀면, 실수해는 $(1/\sqrt{2}, 1/\sqrt{2})$ 또는 $(-1/\sqrt{2}, -1/\sqrt{2})$이다. 두 방정식을 동시에 만족시키는 실수해 (x, y)가 존재하므로 주어진 존재 한정화 명제의 진리값은 참(F)이다.

(3) 전체 한정화 조건명제

조건명제 "$p \to q$"의 가정 p와 결론 q가 명제함수로 주어지는 경우에도 역시 전체 한정사 구문을 추가하면 소위 '전체 한정화 조건명제'로 불리는 명제가 된다. 예를 들어 "2보다 큰 모든 실수의 제곱은 4보다 크다."라는 문장을 생각해 보자. 이 문장은 "만일 어떤 실수가 2보다 크면, 그 실수의 제곱은 4보다 크다."라는 동일한 의미를 갖는 조건문으로 고쳐 쓸 수 있고, 이를 보다 수학적으로 기호화하여 나타내면 다음과 같이 표현할 수 있다.

$$^{\forall} x \in \mathrm{R}, \text{ 만약 } x > 2\text{이면 } x^2 > 4\text{이다.}$$

실수 x가 어떤 값이든 고정된 실수가 대입되면 "$x > 2$이면 $x^2 > 4$이다."는 참이므로, 위 문장은 진리값이 참(T)인 명제이다. 이와 같은 형식으로 표현된 명제를 '전체 한

정화 조건명제'라 한다.

정의 1-16

전체 한정화 조건명제, 전체 한정화 쌍방조건명제

명제함수 $p(x)$와 $q(x)$의 정의역이 D일 때,

$$\text{“}\forall x \in D,\ \text{만약 } p(x)\text{이면, } q(x)\text{이다.”}$$

의 형식으로 표현된 명제를 **전체 한정화 조건명제**(universally quantified conditional proposition)라고 하며, 기호로 "$\forall x \in D,\ p(x) \rightarrow q(x)$"로 나타내거나 또는 정의역에 대한 혼동의 여지가 없이 명확한 경우 정의역을 생략하여 "$\forall x,\ p(x) \rightarrow q(x)$"로 나타내기도 한다.

쌍방조건명제의 경우에도 전체 한정사를 추가한 다음 형식의 명제를 **전체 한정화 쌍방조건명제**(universally quantified biconditional proposition)라고 한다.

$$\text{“}\forall x \in D,\ p(x) \leftrightarrow q(x)\text{”} \quad \text{또는} \quad \text{“}\forall x,\ p(x) \leftrightarrow q(x)\text{”}$$

예제 1.12

다음을 '전체 한정화 조건명제' 또는 '전체 한정화 쌍방조건명제'의 형식으로 표현하여라.

① 만일 어떤 실수가 정수라면, 그 수는 유리수이다.

② 어떤 정수의 제곱이 짝수이면, 그 정수는 짝수이다.

③ 서로 다른 두 양의 실수의 역수들의 대소관계는 두 양의 실수의 대소관계와 반대이다.

풀이 ① 유리수 전체의 집합을 $\mathbf{Q}$로 나타내고, 주어진 명제를 전체 한정화 조건명제의 형식으로 표현하면, $\forall x \in \mathrm{R},\ x \in \mathbf{Z} \rightarrow x \in \mathbf{Q}$.

② $\forall n \in \mathbf{Z},\ n^2$이 짝수 $\rightarrow$ n이 짝수

③ 양의 실수전체의 집합을 $\boldsymbol{R}^{+} = \{x \in \mathrm{R} \mid x > 0\}$로 나타내면,

$$\forall x, y \in \mathrm{R}^{+},\ x < y \rightarrow \frac{1}{x} > \frac{1}{y}$$

■

전체 한정화 조건명제의 진리값은 전체 한정화 조건명제를 구성하고 있는 명제함수의 진리집합사이의 포함관계에 따라 결정된다. 예를 들어, 정의역이 $\mathbf{Z}^{+}$인 다음의 세 명제

함수를 생각해 보자.

$$p(n): n\text{은 4의 약수},\quad q(n): n\text{은 8의 약수},\quad r(n): n\text{은 10의 약수}.$$

먼저 전체 한정화 조건명제 "$\forall n \in \mathbf{Z}^+,\ p(n) \to q(n)$"의 진리값에 대하여 생각해 보자. $p(n)$의 진리집합 $P=\{1, 2, 4\}$가 $q(n)$의 진리집합은 $Q=\{1, 2, 4, 8\}$의 부분집합이므로 $p(n)$이 참일 때, 즉 양의 정수 n이 1, 2, 4일 때, $q(n)$ 역시 참이다. 따라서 전체 한정화 조건명제 "$\forall n \in \mathbf{Z}^+,\ p(n) \to q(n)$"은 참인 명제이다. 다음으로 명제 "$\forall n \in \mathbf{Z}^+,\ p(n) \to r(n)$"에 대하여 생각해 보자. $r(n)$의 진리집합은 $R=\{1, 2, 5, 10\}$이므로, $4 \in P$이나 $4 \not\in R$이다. 즉 $p(4)$는 참이나 $r(4)$는 거짓이므로 '$p(4) \to q(4)$'는 거짓이고, 따라서 "$\forall n \in \mathbf{Z}^+,\ p(n) \to r(n)$"은 거짓이다.

이상에서 살펴본 바와 같이 전체 한정화 조건명제의 진리값은 가정과 결론을 구성하는 명제함수의 진리집합사이의 포함관계에 따라 결정됨을 알 수 있다.

정리 1.3

정의역이 D인 명제함수 $p(x)$와 $q(x)$의 진리집합이 각각 P와 Q일 때,

(1) 전체 한정화 조건명제 "$\forall x \in D,\ p(x) \to q(x)$"의 진리값이 참(T)이기 위한 필요충분조건은 $P \subseteq Q$이다. 전체 한정화 조건명제가 참인 경우 한정사를 생략하고 결화살표를 사용하여 $p(x) \Rightarrow q(x)$로 나타낸다.
즉,

$$p(x) \Rightarrow q(x) \quad \text{iff} \quad P \subseteq Q$$

$$p(x) \not\Rightarrow q(x) \quad \text{iff} \quad P \not\subseteq Q$$

(2) 전체 한정화 쌍방조건명제 '$\forall x \in D,\ p(x) \leftrightarrow q(x)$'의 진리값이 참(T)일 필요충분조건은 $P=Q$이며, 이 경우 간략히 $p(x) \Leftrightarrow q(x)$로 나타낸다. 즉,

$$p(x) \Leftrightarrow q(x) \quad \text{iff} \quad P = Q$$

$$p(x) \not\Leftrightarrow q(x) \quad \text{iff} \quad P \neq Q$$

예제 1.13

다음 '전체 한정화 조건명제'의 진리값을 구하고, 주어진 명제를 결화살표를 이용하여 다시 표현하여라.

① $\forall n \in \mathbf{Z}^+$, n이 소수 → n은 홀수

② $^{\forall}x \in \mathrm{R},\ x^2 = x \ \rightarrow x = 0$ or 1

③ $^{\forall}x, y \in \mathrm{R}^+,\ x < y \ \rightarrow \ \sqrt{xy} \ < \ \dfrac{x+y}{2}$

풀이 ① '$p(n)$: n은 소수', '$q(n)$: n은 홀수'라 두면, $p(n)$과 $q(n)$의 진리집합 은 각각 $P = \{2, 3, 5, \cdots\}$, $Q = \{1, 3, 5, \cdots\}$임으로 $P \not\subseteq Q$ 이다. 따라서 주어진 전체 한정화 명제는 거짓이다. 즉, $P \not\Rightarrow Q$.

② '$p(x): x^2 = x$', '$q(x): x = 0$ or 1'이라 두고 $p(x)$과 $q(x)$의 진리집합은 $P = Q = \{0, 1\}$이다. $P \subseteq Q$ 이므로 주어진 전체 한정화 명제는 참이다. 즉 $P \Rightarrow Q$. 사실, 이 경우 $P = Q$이므로 $P \Leftrightarrow Q$ 이다.

③ '$p(x): x < y$', '$q(x)$: $\sqrt{xy} < (x+y)/2$'라 두면, $p(x)$의 진리집합은 $P = \{(x, y) \in \mathrm{R}^2 \mid 0 < x < y\}$ 이고, 임의의 두 양수 x, y에 대하여 $\sqrt{xy} < (x+y)/2 \Leftrightarrow (\sqrt{x} - \sqrt{y})^2 > 0$ 이므로 $q(x)$의 진리집합은 $Q = \{(x, y) \in \mathrm{R}^+ \times \mathrm{R}^+ \mid x \neq y\}$ 이다. $P \subseteq Q$ 이므로 주어진 전체 한정화 명제는 참이다. 즉 $P \Rightarrow Q$.

(4) 한정화 명제의 부정

전체 한정화 명제 "모든 실수 x에 대하여, $x^2 > 0$"의 부정은 "모든 실수 x에 대하여 $x^2 > 0$인 것은 아니다."이다. 즉 이 명제의 부정은 "$x^2 \not> 0$ 인 실수 x가 존재한다."이다. 이와 같이 전체 한정화 명제의 부정은 존재 한정화 명제의 형식으로 표현되며, 또한 존재 한정화 명제의 부정은 전체 한정화 명제의 형식으로 표현된다.

정의 1-17

한정화 명제의 부정

(1) 전체 한정화 명제 "$^{\forall}x \in D,\ p(x)$"의 부정은 존재 한정화 명제 "$\exists\ x \in D$ such that $\sim p(x)$"이다. 즉

$$\sim (^{\forall}x \in D,\ p(x)) \ \equiv \ \exists\ x \in D \text{ such that } \sim p(x)$$

(2) 존재 한정화 명제 "$\exists\ x \in D$ such that $p(x)$"의 부정은 전체 한정화 명제 "$^{\forall}x \in D,\ \sim p(x)$"이다. 즉

$$\sim (\exists\ x \in D \text{ such that } p(x)) \ \equiv \ ^{\forall}x \in D,\ \sim p(x)$$

예제 1.14

다음 한정화 명제의 부정을 구하여라.

① $^\forall \theta \in \mathbf{R}$, $\sin\theta = \cos\left(\theta - \frac{\pi}{2}\right)$.

② $\exists\ x \in \mathbf{R}$ *such that* $x = \frac{1}{x}$.

③ $\exists\ (x, y) \in \mathbf{R}^2$ *such that* $x^2 + y^2 - 2x - 2y + 1 = 0$.

풀이 ① $\exists\ \theta \in \mathbf{R}$ such that $\sin\theta \neq \cos\left(\theta - \frac{\pi}{2}\right)$.

② $^\forall x \in \mathbf{R}, x \neq \frac{1}{x}$.

③ $^\forall (x, y) \in \mathbf{R}^2$, $x^2 + y^2 - 2x - 2y + 1 \neq 0$.

다음으로 전체 한정화 조건명제의 부정에 대하여 알아보자. 전체 한정화 조건명제 "$^\forall x \in D$, $p(x) \to q(x)$"의 부정은 전체 한정화 명제의 부정에 의해

$$\exists\ x \in \mathrm{D} \text{ such that } \sim (p(x) \to q(x))$$

이다. 1.1절에서 공부한 조건의 부정에 대한 논리적 동치, 즉 $\sim (p \to q) \equiv \sim p \wedge \sim q$ 를 적용하면 전체 한정화 조건명제 "$^\forall x \in D$, $p(x) \to q(x)$"의 부정은 다음과 같다.

$$\exists\ x \in \mathrm{D} \text{ such that } p(x) \text{ and } \sim q(x).$$

정의 1-18

전체 한정화 조건명제의 부정

전체 한정화 조건명제 "$^\forall x \in D$, $p(x) \to q(x)$"의 부정은 다음과 같다.

$$\exists\ x \in \mathrm{D} \text{ such that } p(x) \text{ and } \sim q(x)$$

즉

$$\sim(^\forall x \in D,\ p(x) \to q(x)) \equiv \exists\ x \in \mathrm{D} \text{ such that } p(x) \text{ and } \sim q(x)$$

예제 1.15

다음 전체 한정화 명제의 부정을 구하여라.

① $^\forall x \in \mathbf{R}$, $x(x+1) > 0 \ \to\ x < -1$ or $x > 0$

② $^{\forall}x \in \mathbf{R},\ |x| < 1 \ \rightarrow\ \lim_{n \to \infty} x^n = 0$

풀이 ① $\exists\ x \in \mathrm{R}$ such that $x(x+1) > 0$ and $-1 \le x \le 0$.

② $\exists\ x \in \mathrm{R}$ such that $|x| < 1$ and $\lim_{n \to \infty} x^n \neq 0$.

(5) 한정화 명제의 대우, 역, 이, 필요조건, 충분조건, 필요충분조건

앞 절에서 학습한 조건명제 "$p \rightarrow q$"의 대우, 역, 이에 대한 정의는 전체 한정화 조건명제의 경우로 다음과 같이 그대로 확장된다.

정의 1-19

전체 한정화 조건명제의 대우, 역, 이

전체 한정화 조건명제 "$^{\forall}x \in D,\ p(x) \rightarrow q(x)$"의 대우, 역, 이는 각각 다음과 같다.

(1) 대우(contrapositive) : $^{\forall}x \in D,\ \sim q(x) \rightarrow \sim p(x)$

(2) 역(converse) : $^{\forall}x \in D,\ q(x) \rightarrow p(x)$

(3) 이(inverse) : $^{\forall}x \in D,\ \sim p(x) \rightarrow \sim q(x)$

전체 한정화 조건명제 "$^{\forall}x \in D,\ p(x) \rightarrow q(x)$"와 이의 대우, 역, 이 사이의 논리적 동치관계에 대한 결과 역시 앞서 학습한 조건명제 "$p \rightarrow q$"와 이의 대우, 역, 이 사이의 논리적 동치 여부에 대한 결과와 동일하다. 즉 전체 한정화 조건명제 "$^{\forall}x \in D,\ p(x) \rightarrow q(x)$"와 이의 대우 "$^{\forall}x \in D,\ \sim q(x) \rightarrow \sim p(x)$" 사이에만 논리적 동치관계가 성립한다. 전체 한정화 조건명제와 대우의 진리값은 항상 같다.

정리 1.4

전체 한정화 조건명제 "$^{\forall}x \in D,\ p(x) \rightarrow q(x)$"와 이의 대우는 논리적으로 동치이다. 즉

$$^{\forall}x \in D,\ p(x) \rightarrow q(x)\ \equiv\ ^{\forall}x \in D,\ \sim q(x) \rightarrow \sim p(x)$$

예제 1.16

다음 전체 한정화 명제의 대우를 말하고, 이를 이용하여 주어진 전체 한정화 명제의 진리값을 구하여라.

① $^{\forall} n \in \mathbf{Z}^{+}$, n^2 이 짝수 → n 이 짝수.

② $^{\forall} x \in \mathbf{R}$, $x(x+1) > 0 \ \rightarrow \ x < -1$ or $x > 0$.

③ $^{\forall} (x, y) \in \mathbf{R}^2$, $x^2 + y^2 > 1 \ \rightarrow |x| + |y| > 1$

풀이 ① "$p(n) : n^2$이 짝수", '$q(n) : n$이 짝수'라고 두면, '$\sim p(n) : n^2$이 홀수'이고 '$\sim q(n) : n$이 홀수'이므로, 주어진 전체 한정화 조건명제의 대우는 "$^{\forall} n \in \mathbf{Z}^{+}$, n이 홀수 → n^2이 홀수"이다.

n이 홀수이면, $n = 2k + 1 (k \in \mathrm{Z})$이므로, $n^2 = (2k+1)^2 = 2(2k^2 + 2k) + 1 = 2k_1 + 1 (k_1 = 2k^2 + 2k \in \mathrm{Z})$이다. 즉 대우명제는 참이고, 따라서 주어진 전체 한정화 조건명제 또한 참이다.

② '$p(x) : x(x+1) > 0$', '$q(x) : x < -1$ or $x > 0$'라 두면, '$\sim p(x) : x(x+1) \le 0$'이고 '$\sim q(x) : -1 \le x \le 0$'이므로, 주어진 전체 한정화 조건명제의 대우는 "$^{\forall} x \in \mathbf{R}$, $-1 \le x \le 0 \rightarrow x(x+1) \le 0$"이다. $-1 \le x \le 0$이면 $0 \le x + 1 \le 1$이므로, $x(x+1) \le 0$이다. 즉 대우명제는 참이고, 따라서 주어진 전체 한정화 조건명제 또한 참이다.

③ '$p(x) : x^2 + y^2 \ge 1$', '$q(x) : |x| + |y| \ge 1$'라 두면, '$\sim p(x) :\ x^2 + y^2 < 1$'이고 '$\sim q(x) : |x| + |y| < 1$'이므로, 주어진 전체 한정화 조건명제의 대우는 "$^{\forall} (x, y) \in \mathbf{R}^2$, $|x| + |y| < 1 \rightarrow x^2 + y^2 < 1$"이다. $\sim q(x)$의 진리집합 Q^c는 좌표평면상에서 꼭지점이 $(0,1)$, $(1,0)$, $(0,-1)$, $(-1, 0)$ 인 다이아몬드의 내부이고 $\sim p(x)$의 진리집합 P^c는 반지름이 1 인 원의 내부이어서 $Q^c \subset P^c$이므로 전체 한정화 조건명제의 대우는 참이다. 따라서 주어진 전체 한정화 조건명제 역시 참이다. ■

조건명제에 있어서 충분조건, 필요조건, 필요충분조건에 대한 정의 역시 다음과 같이 전체 한정화 조건명제의 경우로 그대로 확장된다.

정의 1-20

충분조건, 필요조건, 필요충분조건

"$^{\forall} x \in D$, $p(x) \rightarrow q(x)$"에 대하여, $p(x) \Rightarrow q(x)$일 때,

(1) $p(x)$는 $q(x)$이기 위한 '**충분조건**'이라고 하며,
(2) $q(x)$는 $p(x)$이기 위한 '**필요조건**'이라고 한다.

$$\text{“}\forall x \in D,\ p(x) \leftrightarrow q(x)\text{”에 대하여, } p(x) \Leftrightarrow q(x) \text{일 때,}$$

$p(x)$는 $q(x)$이기 위한 '필요충분조건' 또는 $q(x)$는 $p(x)$이기 위한 '**필요충분조건**'이라고 한다.

예제 1.17

다음 전체 한정화 조건명제 "$\forall x \in D,\ p(x) \to q(x)$" 또는 전체 한정화 쌍방조건명제 "$\forall x \in D,\ p(x) \leftrightarrow q(x)$"에서 $p(x)$와 $q(x)$는 어떤 조건의 관계가 성립하는가?
① $\forall x \in \mathbf{Z}^+$, x^2이 짝수 $\leftrightarrow$ x가 짝수
② $\forall x \in \mathbf{R},\ 0 < x < 1 \to \lim\limits_{n\to\infty} x^n = 0$
③ $\forall (x, y) \in \mathbf{R}^2,\ x^2 + y^2 = 1 \wedge x + y = \sqrt{2} \to x = y$

풀이 ① [예제 1.16]의 ①에서 $p(x) \Rightarrow q(x)$임을 보았다. 임의의 정수 x에 대하여, $x = 2k$ ($k \in \mathrm{Z}$)이면 $x^2 = (2k)^2 = 2(2k^2)(k_1 = 2k^2 \in \mathrm{Z})$이므로, "$\forall x \in \mathbf{Z}^+$, x이 짝수 $\to$ x^2이 짝수"는 참이다. 즉 $q(x) \Rightarrow p(x)$이다. 따라서 $p(x) \Leftrightarrow q(x)$이므로, $p(x)$와 $q(x)$는 필요충분조건이다.

② '$p(x): 0 < x < 1$', '$q(x): \lim\limits_{n\to\infty} x^n = 0$'이라 두면, $p(x) \Rightarrow q(x)$이나 $q(x) \nRightarrow p(x)$이다. 따라서 $p(x)$는 $q(x)$이기 위한 충분조건이다.

③ '$p(x): x^2 + y^2 = 1 \wedge x + y = \sqrt{2}$', '$q(x): x = y$'이라 두면, $p(x, y)$의 진리집합은 $P = \{(x, y) \mid x = y = 1/\sqrt{2}\}$이고, $q(x, y)$의 진리집합은 $Q = \{(x, y) \mid x = y\}$이다. $P \subset Q$이므로 $p(x, y) \Rightarrow q(x, y)$이나 $q(x, y) \nRightarrow p(x, y)$이다. 따라서 $p(x, y)$는 $q(x, y)$이기 위한 충분조건이다. ■

(6) 이중 한정화 명제

지금까지 전체 한정화 명제와 존재한정화 명제에 대하여 알아보았다. 이 절에서는 전체 한정사와 존재한정사를 동시에 포함하고 있는 이중 한정화 명제에 대해 알아보자.

"영 아닌 모든 실수는 역수를 갖는다."라는 명제를 생각해 보자. 이 명제는 "영이 아닌 모든 실수에 대하여, 그 실수와의 곱이 1이 되는 실수가 존재한다."는 의미이며, 이를

2 개의 변수를 이용하여 다시 표현하면

"영이 아닌 모든 실수 x 에 대하여, $xy=1$ 이 되는 실수 y 가 존재한다."

로 표현할 수 있다. 변수가 x, y 2개 이므로 2 변수 명제함수 $p(x, y)$ 를 도입하여 '$p(x, y): xy=1$' 로 두고, '실수 y 가 존재한다.'는 문장을 y 에 대해 존재한정사를 적용한 문장으로 표현하고, '영이 아닌 모든 실수 x 에 대하여'를 변수 x 에 대하여 전체 한정사를 적용한 구문으로 표현함으로써 다음과 같이 기호로 정리하여 표현할 수 있다.

$$^{\forall}x \in \mathbf{R}-\{0\},\ \exists\ y \in \mathbf{R} \text{ such that } xy=1.$$

또한 "역수를 갖지 않는 실수가 있다."라는 명제는 "어떠한 실수 y 에 대해서도 $xy \neq 1$ 인 x 가 존재한다."는 의미이며, 이는 다음과 같은 이중 한정화 명제의 형식으로 표현이 가능하다.

$$\exists\ x \in \mathbf{R} \text{ such that } ^{\forall}y \in \mathbf{R},\ xy \neq 1.$$

이상에서 살펴본 두 예는 모두 2 변수 명제함수 $p(x, y)$에 대하여 전체 한정사와 존재 한정사를 포함하는 이중 한정화 명제의 예이다. 이와 같이 변수 x 와 y 의 정의역이 각각 D 와 E 인 2 변수 명제함수 $p(x, y)$에 대하여 전체 한정사와 존재 한정사를 동시에 포함하는 이중 한정화 명제의 형식으로 고려할 수 있는 경우는 두 가지이며 이를 기호화하여 표현하면 다음과 같다.

$$^{\forall}x \in D,\ \exists\ y \in E \ \text{ such that } \ p(x,y).$$
$$\exists\ x \in D \ \text{ such that } \ ^{\forall}y \in E,\ p(x,y).$$

예제 1.18

다음의 각 명제를 이중 한정화 명제의 형식으로 기호화하여 표현하여라.
① 최소의 양의 정수는 존재한다.
② 양의 실수 중 최솟값은 존재하지 않는다.
③ 모든 실수는 어떤 실수의 세제곱으로 표현될 수 있다.

풀이 ① $\exists\ m \in \mathbf{Z}^+$ such that $^{\forall}n \in \mathbf{Z}^+,\ m \leq n$.
② $^{\forall}x \in \mathbf{R}^+,\ \exists\ y \in \mathbf{R}^+$ such that $y < x$.
③ $^{\forall}x \in \mathbf{R},\ \exists\ y \in \mathbf{R}$ such that $y = x^3$.

이중 한정화 명제의 부정은 한정화 명제의 부정에 대한 정리 1.19의 결과들을 주어진 이중 한정화 명제의 형식에 따라 차례로 적용함으로써 얻을 수 있다. 즉, 이중 한정화 명제

$$^{\forall}x \in D,\ \exists\ y \in E \ \text{ such that } \ p(x, y)$$

의 부정은 다음과 같이 구해진다.

$$\begin{aligned} & \sim(\ ^{\forall}x \in D,\ \exists\ y \in E \ \text{ such that } \ p(x, y)\ ) \\ & \equiv \exists\ x \in D \text{ such that } \sim(\exists\ y \in E \text{ such that } p(x, y)) \\ & \equiv \exists\ x \in D \ \text{ such that } \ ^{\forall}\ y \in E\ ,\ \sim p(x, y)\ . \end{aligned}$$

같은 방법으로 이중 한정화 명제 "$\exists\ x \in D$ such that $^{\forall}y \in E,\ p(x, y)$"의 부정은 다음과 같다.

$$\begin{aligned} & \exists\ x \in D \text{ such that } ^{\forall}y \in E,\ p(x, y) \\ & \equiv\ ^{\forall}x \in D, \exists y \in E \text{ such that} \sim p(x, y) \end{aligned}$$

예제 1.19

다음 명제를 이중 한정화 명제의 형식으로 기호화하여 표현하고 그 부정을 구하여라.
① 모든 실수에 대하여 그 실수보다 같거나 큰 정수가 존재한다.
② 모든 실수보다 큰 정수가 존재한다.

풀이 ① $^{\forall}x \in \mathbf{R},\ \exists\ \mathrm{n} \in \mathbf{Z}$ such that $x \leq n$.

부정 : $\exists\ x \in \mathbf{R}$ such that $^{\forall}n \in \mathbf{Z},\ n < x$.

② $\exists\ n \in \mathbf{Z}$ such that $^{\forall}x \in \mathbf{R},\ x \leq n$.

부정 : $^{\forall}n \subset \mathbf{Z},\ \exists\ x \in \mathbf{R}$ such that $n < x$.

이상으로 간략하나마 이중 한정화 명제에 대한 설명을 마무리 한다. 본 교재에서는 다루지 않지만 지금까지 공부한 이중 한정화 명제에 대한 개념은 변수가 세 개 이상인 명제함수에 대하여 한정사를 결합시킨 다중 한정화 명제의 경우로 확장될 수 있다.

연습문제 1-2 Exercises

1. 다음 명제함수의 진리집합을 구하여라.

① $p(n)$: n은 10보다 작은 18의 약수, 정의역 Z^{+}.

② $q(x)$: $x^4-3x^3+2x^2=0$, 정의역 R.

2. 다음 문장을 한정화 명제로 나타내어라.

① 모든 실수의 제곱은 양수이다.

② 제곱해서 2가되는 실수는 적어도 하나 있다.

3. 다음 한정화 명제의 부정을 써 보아라.

① $^{\forall}x \in \mathbf{R},\ [x] \le x$. ($[x]$는 x보다 같거나 작은 수 중 최대정수임)

② $\exists$ square matrix A *such that* $A = A^{-1}$

③ $^{\forall}x \in \mathbf{R},\ |x| < 1 \to x^3 < x$

4. 다음 한정화 명제의 진리값을 구하여라.

① $\exists\ x \in \mathbf{R}$ *such that* $\sin x = \cos x$

② $^{\forall}x \in \mathbf{R},\ |x| < 1 \to \sum_{n=0}^{\infty} x^n = (1-x)^{-1}$

1.3 집합

♥ 집합표현

집합은 '사물의 확정된 모임'으로 정의하기로 한다. 사물은 인간의 사고의 대상이 되는 것들을 의미하고, 확정이 되었다는 뜻은 임의의 사물에 대하여 그 모임에 대한 소속성이 분명하다는 것을 뜻한다.

집합을 이루고 있는 각각의 구성원을 그 집합의 **원소**(element)라고 부른다.

a가 집합 A의 원소임을

$$a \in A \text{ 또는 } A \ni a$$

로 나타낸다. 만약 a가 A의 원소가 아니면,

$$a \notin A \text{ 또는 } A \not\ni a$$

로 나타낸다.

예제 1.20

$A = \{ㄱ, ㄴ, g, n\}$을 보면, 네 문자 ㄱ, ㄴ, g, n 이외의 사물은 A에 속하지 않고, 이 네 개의 문자만 속하므로 소속성이 분명하다. 따라서 모임 A는 사물의 확정된 모임이므로 집합이다.

예제 1.21

모든 자연수들의 모임 $N = \{1, 2, 3, \cdots\}$은 집합이다. 왜냐하면 모든 자연수는 이 모임의 원소이지만, 자연수가 아닌 어떠한 사물도 이 모임에 들어가지 않기 때문이다.

예제 1.22

명제 '$\exists x \in N \; s.t. \; x^3 = a$'가 참이 되게 하는 모든 자연수 a들의 모임, 즉,

$$\{a \in N \mid \exists x \in N \;\; s.t. \;\; x^3 = a\}$$

는 집합이 된다. 왜냐하면 자연수들의 세제곱형태로 되어있는 모든 자연수는 이 모임의 원소가 되지만 그러한 형태가 아닌 어떤 사물도 이 모임에 들어가지 않기 때문이다.

어떤 집합에 속해있는 원소의 개수를 **원소수**라고 정의하고 $|A|$ 또는 #(A)로 나타낸다. 그리고 어떤 자연수n에 대하여 집합 A의 원소수가 n보다 크지 않으면 A는 **유한집합**이라고 정의하고, 유한집합이 아닌 집합을 **무한집합**이라고 정의한다. 예를 들어, 자연수 전체의 집합 N은 무한집합이다.

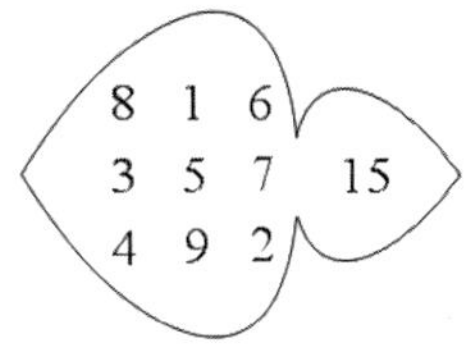

집합을 나타낼 때 위의 예제 1.20처럼 중괄호 속에 집합을 이루는 모든 원소를 나열하여 나타내는 것을 **원소나열법**(tabular form)이라고 하고, 예제 1.22와 같이 원소가 만족하여야 할 조건을 서술하여 나타내는 방법을 **조건제시법**(set-builder form)이라고 한다. 또한, 우측의 그림과 같이 닫힌곡선 속에 원소를 나열하거나 조건을 나타낼 수도 있는데, 이것을 **벤다이어그램법**(Venn diagram)이라고 한다.

원소를 하나도 포함하지 않는 것도 집합으로 볼 수 있는데, 이를 **공집합**(null set, empty set)이라고 하고, 기호 $\varnothing$ 또는 $\{\ \}$로 나타낸다.

두 집합 A, B에 대하여 A의 모든 원소가 B의 원소이면 A는 B의 **부분집합**(subset)이라고 하고, 기호로

$$A \subseteq B \text{ 또는 } B \supseteq A (\text{또는 } A \subset B,\ B \supset A)$$

와 같이 나타낸다. 또, A의 모든 원소가 B의 원소이고 B의 모든 원소가 A의 원소이면 A와 B는 **같은 집합**이라고 부르고, $A = B$로 나타낸다. $A \subseteq B$이지만 A와 B가 같은 집합은 아닌 경우에 A는 B의 **진부분집합**(proper subset)이라고 하고,

$$A \subsetneq B \text{ 또는 } B \supsetneq A$$

로 나타낸다.

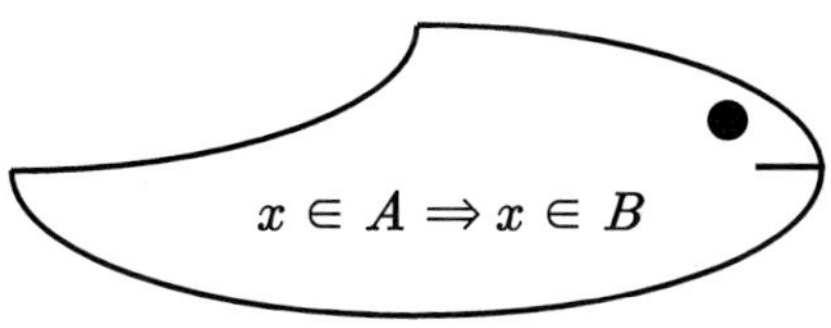

부분 집합 $A \subseteq B$

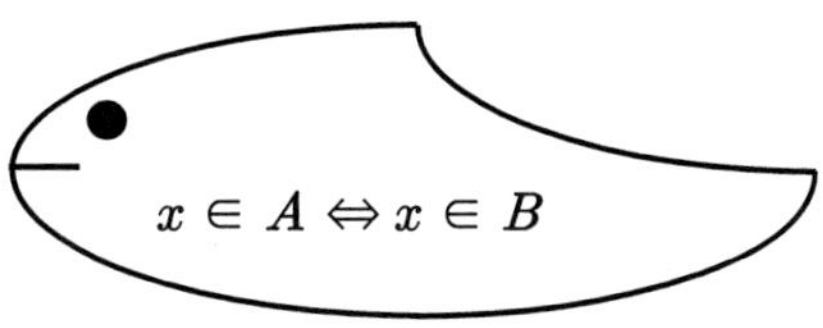

같은 집합 $A = B$

♣ 집합연산

두 집합 A, B에 대하여 A 또는 B에 속하는 모든 원소로 이루어진 새로운 집합을 A와 B의 **합집합(union)**이라고 하고, 기호로

$$A \cup B = \{x | x \in A \text{ 또는 } x \in B\}$$

로 나타내며, "A 합집합(union) B", "A cup B" 등으로 읽는다.

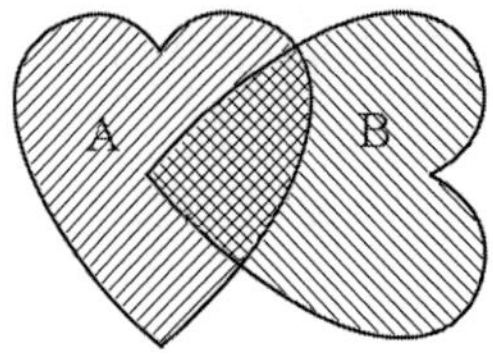

합집합$(A \cup B)$

교집합$(A \cap B)$

예제 1.23

두 집합 $A=\{1,\ 2,\ 3,\ 4,\ 5\}$와 $B=\{2,\ 3,\ 6,\ 7\}$의 합집합을 조건제시법으로 나타내어라.

풀이 $A \cup B=\{x \mid x$는 $1, 2, 3, 4, 5, 6$ 또는 $7\}$ 또는 $A \cup B=\{x \in N \mid 1 \leqq x \leqq 7\}$.

두 집합 A, B에 대하여 A와 B에 공통으로 속하는 모든 원소로 이루어진 새로운 집합을 A와 B의 **교집합**(intersection)이라고 하고, 기호로

$$A \cap B=\{x \mid x \in A \ \text{그리고}\ x \in B\}$$

로 나타내며, "A 교집합(intersection) B", "A cap B" 등으로 읽는다.

예제 1.24

예제 1.23의 두 집합의 교집합을 원소나열법으로 나타내어라.

풀이 $A \cap B=\{2, 3\}$.

예제 1.25

임의의 두 집합 A, B에 관하여 다음이 성립함을 증명하여라.

$$A \cap B \subseteq A \cup B.$$

풀이 x가 $A \cap B$의 임의의 원소이면 $x \in A$이고 $x \in B$이다. 그러므로 $x \in A$ 또는 $x \in B$이다. 따라서 $x \in A \cup B$.

두 집합 A, B에 대하여 집합 $\{x | x \in A \text{ 그리고 } x \notin B\}$를 A와 B의 **차집합**(difference)이라고 하고, 기호로 $A-B$로 나타낸다. 특히, A가 전체집합 U이면 차집합 $U-B$를 B의 **여집합**(complement)이라고 하고 B^C로 나타낸다.

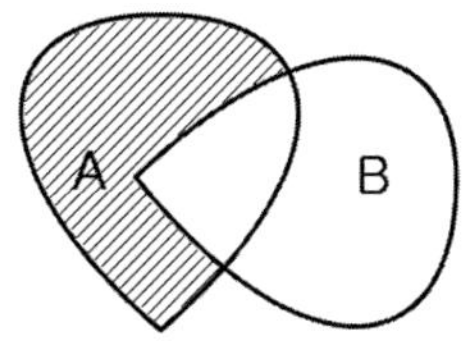

차집합 $A-B$

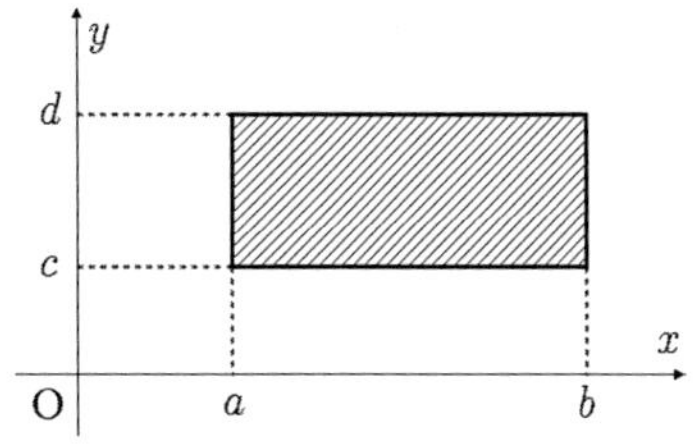

곱집합 $([a, b] \times [c, d])$

두 집합 A, B에 대하여 a, $a' \in A$, b, $b' \in B$일 때 $(a,\ b)$와 $(a',\ b')$ 사이에

$$a = a',\ b = b' \Leftrightarrow (a,\ b) = (a',\ b')$$

로 상등관계를 정의하고, $(a,\ b)$ 등을 **순서쌍**(ordered pair)이라고 한다. 순서쌍 전체의 집합 $\{(a,\ b) | a \in A,\ b \in B\}$를 A와 B의 **카테션곱**(Cartesian product) 또는 **곱집합**이라 하고 $A \times B$로 나타낸다. 즉,

$$A \times B = \{(a,\ b) | a \in A,\ b \in B\}$$

$A \times A$는 A^2으로 나타내기로 한다.

예제 1.26

세 집합 $A = \{ㄱ,\ ㄴ\}$, $B = \{1,\ 3,\ 4\}$, $C = \{a,\ b\}$에 대하여 $A \times (B-C)$와 $A \times B - A \times C$를 구하고 비교하여라.

풀이 이 두 집합은 서로 같다.

$A \times (B-C) = \{ㄱ,\ ㄴ\} \times \{4\} = \{(ㄱ,\ 4),\ (ㄴ,\ 4)\}$

$A \times B = \{(ㄱ,\ 1),\ (ㄱ,\ 3),\ (ㄱ,\ 4),\ (ㄴ,\ 1),\ (ㄴ,\ 3),\ (ㄴ,\ 4)\}$

$A \times C = \{(ㄱ,\ a),\ (ㄱ,\ b),\ (ㄴ,\ a),\ (ㄴ,\ b)\}$

$A \times B - A \times C = \{(ㄱ,\ 4),\ (ㄴ,\ 4)\}$.

임의의 집합 A에 대하여 A의 모든 부분집합들의 모임도 집합이 되는데, 이러한 집합

을 A의 **멱집합**(power set)이라고 하고, $P(A)$ 또는 2^A로 나타낸다. 즉,

$$P(A) = \{B \mid B \subseteq A\}$$

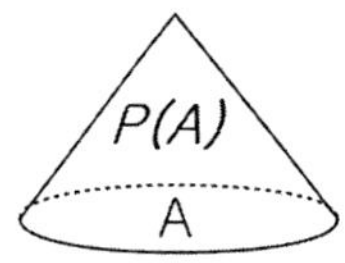

멱집합

예제 1.27

세 집합 $A=\{$ㄱ, ㄴ, ㅏ$\}$의 멱집합$P(A)$와 원소수 $|P(A)|$를 구하여라.

풀이 $P(A)=\{\varnothing, \{$ㄱ$\}, \{$ㄴ$\}, \{$ㅏ$\}, \{$ㄱ, ㄴ$\}, \{$ㄱ, ㅏ$\}, \{$ㄴ, ㅏ$\}, \{$ㄱ, ㄴ, ㅏ$\}\}$ 이고 $|P(A)|=8$이다.

연습문제 1-3 Exercises

1. 다음 모임에 대하여 집합인지 아닌지를 판정하여라.

(a) 착한 사람들의 모임 (b) 1보다 큰 모든 자연수들의 모임

(c) 집합 $A=\{x|x<3,\ x$는 실수$\}$의 원소 중 가장 큰 원소의 모임

(d) 큰 돌들의 모임 (e) 현재까지 알려진 태양혹성들의 모임

2. 다음에서 $A \subset B$임을 증명하여라.

$$A=\{2p|p\text{는 소수}\},\ B=\text{모든 짝수의 집합}.$$

3. $A \triangle B=(A-B)\cup(B-A)$를 A와 B의 **대칭차집합**(symmetric difference)이라고 부른다. 다음 집합에 대하여 $A \triangle B$를 구하여라.

$$A=\{1,\ 2,\ 4,\ 5\},\quad B=\{2,\ 3,\ 5,\ 6\}$$

4. A가 n개의 원소로 이루어진 집합이면 A의 모든 부분집합의 총수는 2^n개임을 증명하여라.

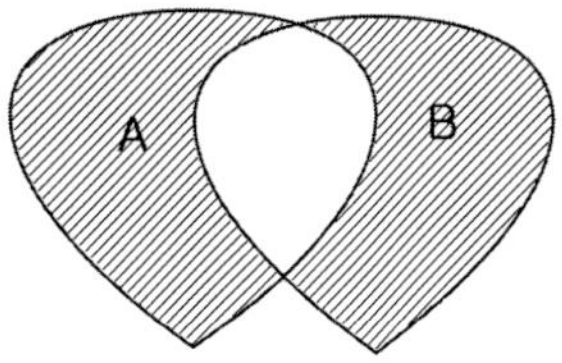

대칭차집합

5. 우주공간에 있는 모든 수소원자들의 모임을 집합이라고 가정할 때, 이 집합은 무한집합인지 아닌지를 토론하여 보자.

제 2 장 함수와 극한

2.1 실수집합

$\pm 1,\ \pm \frac{1}{2},\ \pm \sqrt{2},\ \cdots$ 와 같이 우리가 빈번히 사용하는 **실수**(real number)집합 R에는 다음과 같은 기본적인 부분집합들이 있다.

자연수(natural number)집합

$$N = \{1,\ 2,\ 3,\ \cdots\}.$$

정수(integer)집합

$$Z = I = \{\cdots,\ -3,\ -2,\ -1,\ 0,\ 1,\ 2,\ 3,\ \cdots\}.$$

유리수(rational number)집합

$$Q = \left\{\frac{n}{m} | m \neq 0,\ m,\ n \in Z\right\}.$$

무리수(irrational number)집합

$$Q' = Q^C = R - Q$$

수집합의 포함관계

약수와 배수 임의의 정수 a와 0이 아닌 정수 b에 대하여 $bc = a$인 정수 c가 존재하면 b는 a의 **약수**, a는 b의 **배수**라고 부르고, 기호로 $b|a$와 같이 나타내며, 2의 배수는 **짝수**, 짝수가 아닌 정수는 **홀수**라고 부른다.

예제 2.1

$\sqrt{3}$이 유리수가 아님을 증명하여라.

풀이 만약 $\sqrt{3}$이 유리수라면, 적당한 서로소인 자연수 p, q에 대하여

$$\sqrt{3} = \frac{q}{p} (\text{기약분수})$$

로 나타낼 수 있다. 그러면 $3p^2 = q^2$이므로, q는 3의 배수가 되어야 한다. 즉, $q = 3k$인 자연수 k가 존재한다. 그러면 $p^2 = 3k^2$이 성립되어, p도 3의 배수가 된다. 이것은 p와 q가 서로소라는 가정에 모순되므로 $\sqrt{3}$은 유리수가 아니다. ■

한편, 모든 실수는 $0, 1, 2, \cdots, 9$를 이용하여 십진법의 소수로 표현할 수 있다. 십진법표현을 이용하면 유리수와 무리수는 다음과 같이 순환여부로 판단할 수 있다.

순환소수와 유리수 실수 x가 유리수일 필요충분조건은 x가 순환하는 십진법의 소수로 표현되는 것이다.

증명 ($\Rightarrow$) x가 유리수라고 하자. 그러면 적당한 정수 $m, n \in Z$이 존재하여 $x = \frac{n}{m}$이 된다. 음수에 대한 십진법소수표현은 양수의 십진법표현에 음의 부호($-$)만 붙이면 되고, 0은 $0.\dot{0}$과 같이 순환소수로 표현되므로 $x > 0$인 경우에만 증명하면 충분하다. 그러면 x의 십진법소수표현은 자연수 n을 자연수 m으로 나눔으로써 구해진다. 이렇게 나눌 때, 나머지가 m보다 작도록 몫을 선택하여 나누는 작업을 계속하면, 항상 그 나머지 r은 $0 \le r \le m-1$을 만족하는 정수 중의 하나가 되어야 한다. 그런데 이러한 정수는 많아야 m개 밖에 없으므로, 이렇게 나누는 작업을 $m+1$회 이상하면 반드시 같은 나머지를 갖는 경우가 생겨야 한다. 만약 같은 나머지가 생겼다면 그것을 m으로 나눌 때 같은 형태의 몫이 생기게 된다. 따라서 같은 나머지를 가지는 순간까지의 몫은 순환하게 된다.

($\Leftarrow$) x가 순환소수라고 하고 $x = a_n \cdots a_1 . b_1 \cdots b_m \dot{c_1} \cdots \dot{c_k}$와 같이 $c_1, \cdots, c_k$부분이 순환한다고 하자. 그러면 이 수는

$$x = \frac{a_n \cdots a_1 b_1 \cdots b_m c_1 \cdots c_k - a_n a_{n-1} \cdots a_1 b_1 b_2 \cdots b_m}{99 \cdots 900 \cdots 0}$$

(단, 9는 k개, 0은 m개)와 같이 유리수로 표현된다.(이것은 후에 배우게 되는 무한등비급수의 합을 이용하면 증명된다.) □

예를 들어, 순환소수 $1.0\dot{2}3\dot{4}$는 $1.0\dot{2}3\dot{4} = \frac{10234-10}{9990} = \frac{10224}{9990}$와 같이 분수로 표현된다. 따라서 무리수가 될 필요충분조건은 비순환소수인 것이다.

그런데 실수집합을 정의할 때, 십진법소수표현으로 이루어진 모든 수의 집합이라고 정의하면 집합 자체는 정의가 될 수 있지만, 실수집합이 갖는 주요한 성질들-완비성공리 등-을 증명하기가 어려워진다. 따라서 수학에서는 실수집합을 다음과 같이 공리를 이용하여 정의한다. 여기서 공리란 증명 없이 성립하는 것으로 약속하는 명제를 뜻한다.

♥ 실수 공리

집합 R에 덧셈과 곱셈이라는 두 이항연산이 정의되어 있고, 이 두 연산에 대하여 다음의 공리들을 모두 만족하면 집합 R은 **실수집합**이라고 정의하고 R의 원소를 **실수**라고 부른다. 즉, 임의의 두 실수 a, b에 대하여 그들의 **합**(sum)인 실수 $a+b$와 그들의 **곱**(product)인 실수 ab가 유일하게 정해지고, 이 두 연산에 대하여 다음과 같은 덧셈공리, 곱셈공리, 분배공리, 순서공리 및 완비성공리를 만족함을 뜻한다.

■ 덧셈공리

A_1	R의 임의의 두 원소 a, b에 대하여 $a+b=b+a$	덧셈의 교환법칙
A_2	R의 임의의 세 원소 a, b, c에 대하여 $(a+b)+c=a+(b+c)$	덧셈의 결합법칙
A_3	임의의 실수 a에 대하여 다음을 만족하는 유일한 실수 0이 존재한다. $a+0=0+a=a$	덧셈에 대한 항등원
A_4	각각의 실수 a에 대하여 다음을 만족하는 유일한 실수 $-a$가 존재한다. $a+(-a)=(-a)+a=0$	덧셈에 대한 역원

■ 곱셈공리

M_1	R의 임의의 두 원소 a, b에 대하여 $ab = ba$	곱셈의 교환법칙
M_2	R의 임의의 세 원소 a, b, c에 대하여 $(ab)c = a(bc)$	곱셈의 결합법칙
M_3	임의의 실수 a에 대하여 다음을 만족하는 유일한 실수 $1(\neq 0)$이 존재한다. $a1 = 1a = a$	곱셈에 대한 항등원
M_4	각각의 실수 $a \neq 0$에 대하여 다음을 만족하는 유일한 실수 a^{-1}가 존재한다. $aa^{-1} = a^{-1}a = 1$	곱셈에 대한 역원

■ 분배공리와 순서공리

D	R의 임의의 세 원소 a, b, c에 대하여 $a(b+c) = ab + ac$, $(a+b)c = ac + bc$	분배법칙
O	다음 조건을 만족하는 실수집합의 부분집합 P가 존재한다. O_1. 임의의 실수 a에 대하여 다음 중 단 하나만이 성립한다. (1) $a \in P$ (2) $a = 0$ (3) $-a \in P$ O_2. a, $b \in P$이면 $a+b \in P$이고 $ab \in P$ 이다.	순서공리 양수의 집합 삼분법 (law of trichotomy)

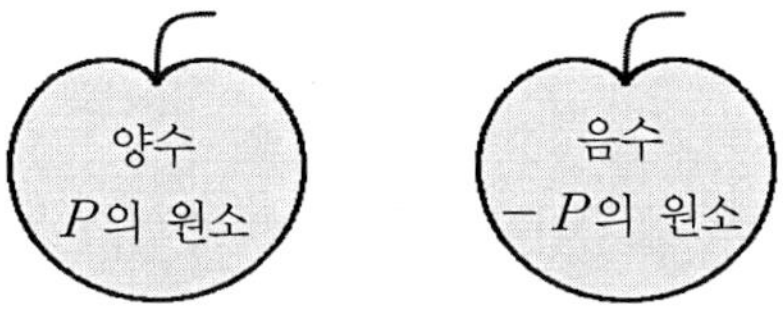

그런데, 위의 공리 O에서 알 수 있듯이 실수는 **양수**, 0, **음수**의 세 부분으로 나누어지므로, 실수 사이에는 대소관계가 성립한다. 대소관계는 a가 양수이면 a는 0보다 크다고 하고 $a > 0$ 또는 $0 < a$로 나타내며, $-a$가 양수이면 a는 음수 또는 0보다 작다고 말하고, $a < 0$ 또는 $0 > a$로 나타낸다. 또, 이 관계를 이용하면 임의의 실수 a, b에 대하여 다음 그림과 같이 크기를 비교할 수 있다.

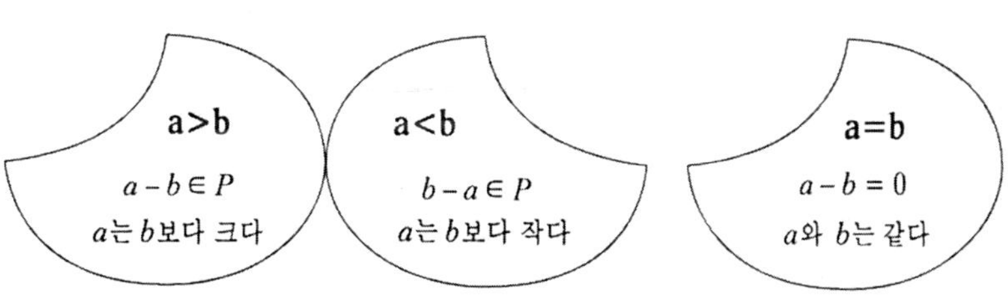

위와 같이 < 또는 >를 이용하여 나타낸 식을 **부등식**이라고 하는데 다음의 사실이 성립함을 알 수 있다.

■ **부등식의 일반적인 성질**

주어진 세 실수 a, b, c에 대하여 다음이 성립한다.

(1) $1 > 0$ 그리고 $a > 0$이면 $a^{-1} = \dfrac{1}{a} > 0$

(2) $a < b$이면 $a + c < b + c$

(3) $a < b$, $c > 0$이면 $ac < bc$

(4) $a < b$, $c < 0$이면 $ac > bc$

(5) $a < b$, $c > 0$이면 $a/c < b/c$

(6) $a < b$, $c < 0$이면 $a/c > b/c$

(7) $ab > 0$이고 $a < b$이면 $1/b < 1/a$.

증명 (1) $1 \neq 0$이므로 $1 < 0$이라고 가정하면 삼분법에 의하여 $-1 \in P$.

그러면 $1 = (-1)(-1) \in P$이 되어 모순이므로 $1 > 0$. 한편, $\dfrac{1}{a} = 0$이면 $1 = a \cdot \dfrac{1}{a} = a0 = 0$으로 모순이므로 $\dfrac{1}{a} \neq 0$. $\dfrac{1}{a} < 0$라고 가정하면 $-\dfrac{1}{a} \in P$이므로 $-1 = -a \cdot \dfrac{1}{a} = a(-\dfrac{1}{a}) \in P$. 이것은 모순이므로 $\dfrac{1}{a} > 0$.

(4) $a < b$, $c < 0$이면 $ac - bc = (a-b)c = (b-a)(-c) \in P$이므로 $ac > bc$

(6) $\dfrac{a}{c} - \dfrac{b}{c} = \dfrac{a-b}{c} = \dfrac{(b-a)}{-c} \in P$

나머지의 명제도 모두 큰 수에서 작은 수를 뺀 값이 P의 원소가 된다는 것을 보임으로써 증명되므로 자세한 증명은 생략한다. □

또한 위의 덧셈공리와 곱셈공리 및 분배공리만을 이용하여 다음의 인수분해공식도 증명할 수 있다. 증명은 생략하기로 한다.

■ **인수분해공식**

① $ma + mb - mc = m(a + b - c)$

② $a^2 \pm 2ab + b^2 = (a \pm b)^2$, $a^2 - b^2 = (a + b)(a - b)$

③ $a^3 \pm 3a^2b + 3ab^2 \pm b^3 = (a \pm b)^3$

④ $a^3 \pm b^3 = (a \pm b)(a^2 \mp ab + b^2)$

⑤ $a^3 + b^3 + c^3 - 3abc = (a + b + c)(a^2 + b^2 + c^2 - ab - bc - ca)$

■ **상계와 하계**

실수의 부분집합 A에 대하여 A의 모든 원소 x에 대하여 $x \le u$가 성립하는 실수 u가 존재하면 집합 A는 **위로 유계**라고 하고, u를 A의 **상계**(upper bound)라고 부른다.
또, A의 모든 원소 x에 대하여 $x \ge v$가 성립하는 실수 v가 존재하면 집합 A는 **아래로 유계**라고 하고, v를 A의 **하계**(lower bound)라고 부른다.
집합 A가 위로 유계이고 아래로 유계이면 **유계**(bounded)라고 한다.

■ **최소상계**

집합 A의 상계 중에서 가장 작은 수를 **최소상계**(least upper bound)라고 부르는데 이는 다음의 두 조건을 만족하는 실수 α로 정의한다.

(1) $x \in A \Rightarrow x \le \alpha$

(2) 임의의 양수 $\epsilon > 0$에 대하여 $\alpha - \epsilon < x$인 $x \in A$가 존재한다.

집합 A의 최소상계는 $\alpha = \sup\ A = \mathrm{lub} A$ 등으로 나타낸다.

■ **최대하계**

집합 A의 하계중에서 가장 큰 수를 **최대하계**(greatest lower bound)라고 부르는데 다음의 두 조건을 만족하는 실수 β로 정의한다.

(1) $x \in A \Rightarrow x \ge \beta$

(2) 임의의 양수 $\epsilon > 0$에 대하여 $\beta + \epsilon > x$인 $x \in A$가 존재한다.

집합 A의 최대하계는 $\beta = \inf\ A = \mathrm{glb} A$ 등으로 나타낸다.

위에서 정의한 용어를 사용하면 실수의 집합 R이 만족하여야 할 마지막 공리는 다음과 같다.

■ 완비성공리(최소상계 성질)

S	실수집합 R의 공집합이 아닌 부분집합 A가 위로유계이면 최소상계를 갖는다. (Supremum Property)	완비성공리 (Completeness Axiom)

지금까지 정의한 실수의 공리만을 이용하여도, 실수집합 R은 우리가 보통 알고 있는 실수와 같은 구조를 갖게 된다. 예를 들어, 곱셈에 관한 항등원 1을 자연수 1로 보면 모든

자연수가 실수에 포함된다. 따라서 위에서 정의한 실수는 우리가 보통 알고 있는 실수와 같은 것으로 간주하여도 무방하다.

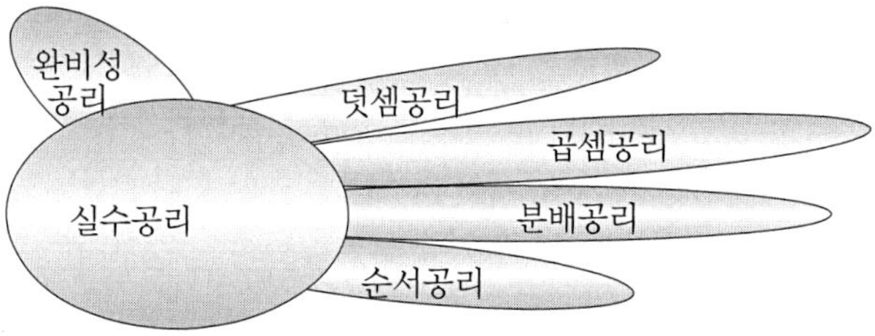

또한 최소상계성질을 이용하면 공집합이 아닌 부분집합이 아래로 유계이면 최대하계를 가지므로, '자연수의 공집합이 아닌 임의의 부분집합은 최소원소를 갖는다 '(정수의 정렬성)는 사실을 증명할 수 있으며, 이것을 이용하면 다음의 정리도 증명할 수 있다. 자세한 증명은 이 책의 주제를 벗어나므로 생략하기로 한다.

나눗셈정리 임의의 정수 a와 자연수 b에 대하여 $a = qb + r$ (단, $0 \leq r < b$)을 만족하는 정수 q, r이 존재한다.

이제, 실수집합R과 실수평면 R^2의 부분집합 중에서 이 책을 공부하는데 필요한 기본적인 몇 가지의 부분집합을 살펴보기로 한다.

♣ 수직선

수평으로 그은 직선 위에 한 점 O를 잡아서 실수 0에 대응시키고, 그 오른쪽에 O와는 다른 임의의 한 점 P를 잡아서 실수 1을 대응시킨다. 선분 OP의 길이를 1로 정한다. 직선 위의 임의의 점 X에 대하여, X가 O의 오른쪽에 있으면 선분 OX의 길이인 실수 x를 점 X에 대응시키고, 왼쪽에 있으면 실수 $-x$를 X에 대응시킨다. 이때, 점 P에 대응되는 실수 x 또는 $-x$를 점 P의 **좌표**(coordinate)라고 부르며, 점 O를 **원점**(origin)이라고 부른다. 이와 같이 직선 위의 임의의 점에 그에 해당되는 실수를 대응시키면, 이 대응은 **일대일대응**(one-to-one correspondence)이 되는데, 이렇게 실수를 일대일대응시켜 놓은 직선을 **수직선**이라고 한다(그림 참조).

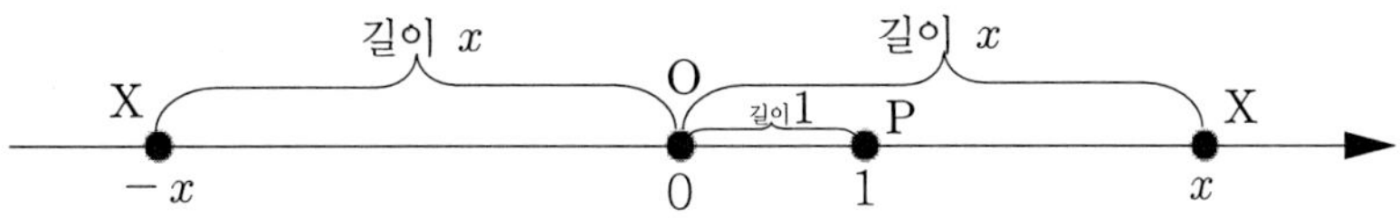

수직선

실수집합의 부분집합으로서, 우리가 자주 접하게 되는 다음의 부분집합들을 **구간**(interval)이라고 정의한다.

$[a,\ b]=\{x|a\le x\le b\}$, $(a,\ b]=\{x|a<x\le b\}$, $[a,\ b)=\{x|a\le x<b\}$,
$(a,\ b)=\{x|a<x<b\}$, $[a,\ \infty)=\{x|a\le x\}$, $(a,\ \infty)=\{x|a<x\}$,
$(-\infty,\ b]=\{x|x\le b\}$, $(-\infty,\ b)=\{x|x<b\}$, $(-\infty,\ \infty)=R$.

특히, $(a-\delta,\ a+\delta)(\delta>0)$와 같은 구간을 a의 **δ-근방**이라고 부른다.

◆ 평면

두 개의 수직선을 원점에서 직각으로 교차하게 하고, 수평 수직선에 대해서는 오른쪽을 양의 방향, 수직 수직선은 위쪽을 양의 방향으로 정하자. 그러면 평면은 소위 **제1사분면**, **제2사분면**, **제3사분면**, **제4사분면**의 네 개의 부분으로 나누어진다. 이제 평면상의 임의의 점 P에 대하여, P와 수직 수직선과의 최단거리를 a, 수평 수직선과의 최단거리를 b라고 하면 점 P를 실수의 집합 R의 카테션곱 R^2의 점 $(\pm a,\ \pm b)$에 대응시킬 수 있다. 여기서 복부호는 점 P가 놓여 있는 사분면에 따라 정한다. 그러면, 이 대응은 일대일 대응이 된다. 이와 같이 직교하는 두 수직선을 이용하여, 평면 위의 점들에 실수의 집합 R의 카테션곱 R^2의 원소들을 일대일대응시켜 놓은 평면을 **직교좌표평면**이라고 부른다. 점 P에 대응하는 원소 $(a,\ b)$를 점 P의 **(데까르뜨)직교좌표**(Descartes rectangular coordinate), a를 P의 x-**좌표**, b를 P의 y-**좌표**라고 하고, 수평 수직선을 x-**축**, 수직 수직선을 y-**축**이라고 부른다(아래 왼쪽 그림 참조).

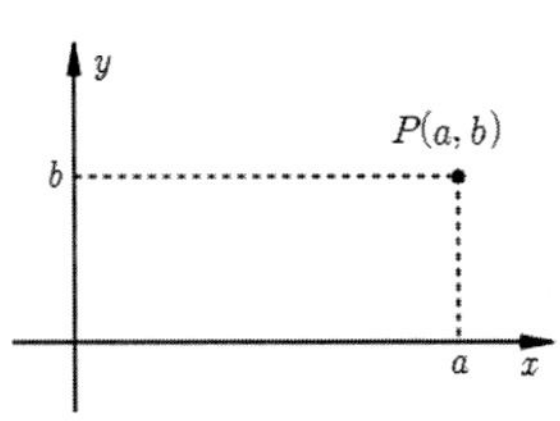

직교좌표평면

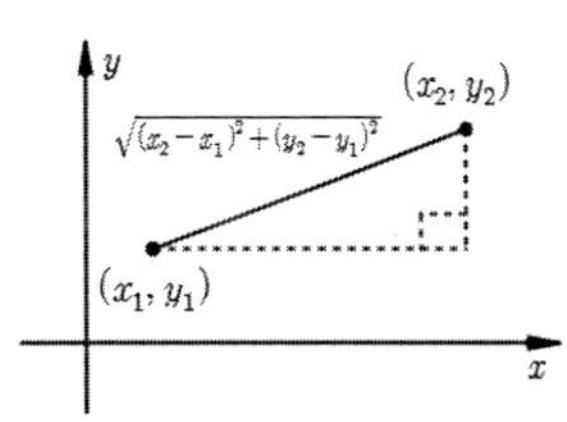

두 점사이의 거리

평면상의 임의의 두 점 $(x_1,\ y_1)$, $(x_2,\ y_2)$ 사이의 거리는 **피타고라스 정리**에 의하여

$$\sqrt{(x_2-x_1)^2+(y_2-y_1)^2}$$

으로 주어진다.

예제 2.2

두 점 $(1,\ 1)$과 $(-3,\ 5)$에 대하여 같은 거리에 있는 점 $(x,\ y)$에 대하여 x와 y의 관계식을 구하여라.

풀이 거리 공식에 의하여

$$\sqrt{(x-1)^2+(y-1)^2}=\sqrt{(x+3)^2+(y-5)^2}.$$

양변을 제곱하여 정리하면 $y=x+4$.(아래 왼쪽 그림 참조)

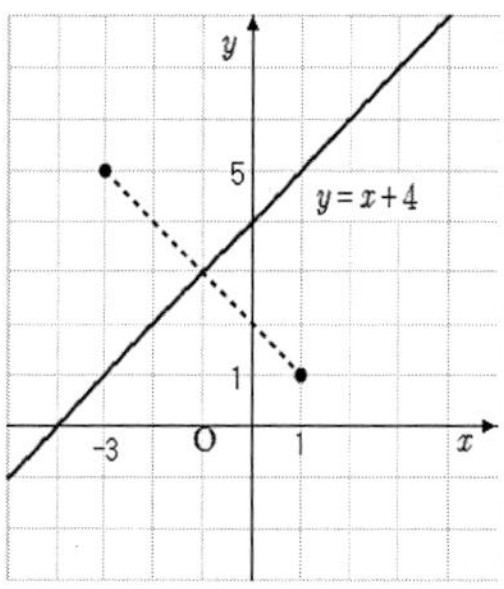

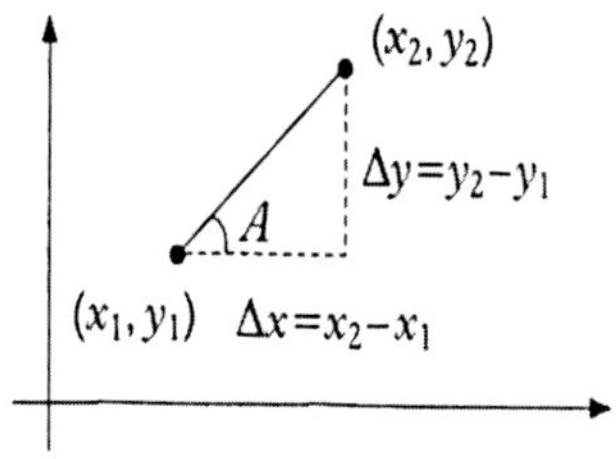

증분

♠ 직선

평면상에 놓여 있는 한 직선은 좌표평면의 한 부분집합으로 볼 수 있다. 이 부분집합은 무한히 많은 원소를 가지고 있기 때문에 조건제시법으로 표시하는 것이 좋다. 이 부분집합을 조건제시법으로 표시하기 위해서는 직선을 특성지어 주는 방정식이 필요한데, 이 방정식을 **직선의 방정식**이라고 부른다.

두 점 $(x_1,\ y_1)$과 $(x_2,\ y_2)$에 대하여 $\Delta x=x_2-x_1$를 x**의 증분**, $\Delta y=y_2-y_1$를 y**의 증분**이라고 부른다.

한 직선 L상에서의 증분의 비는 항상 일정하다는 것을 알 수 있으므로, 주어진 어떤 도형상의 임의의 두 점에서의 증분의 비가 일정한 도형을 **직선**이라고 정의한다. 즉, $(x_1,\ y_1)$과 $(x_2,\ y_2)$가 직선상의 임의의 두 점이면 그 증분 $\Delta y=y_2-y_1$과 $\Delta x=x_2-x_1$

의 비는

$$\frac{\Delta y}{\Delta x} = m(m\text{은 직선의 기울기}) = \tan A$$

로 일정하다(여기서 A는 위의 오른쪽 그림과 같이 x축의 양의 방향과 주어진 두 점을 지나는 직선이 이루는 각이다.).

한 직선 L이 점 $(a,\ b)$를 지나고 기울기가 m이면, x-축에 수직인 직선이 아닌 경우에, 그 직선 위의 임의의 점을 $(x,\ y)$라고 할 때

$$\frac{y-b}{x-a} = m$$

이므로 직선의 방정식은 $y = m(x-a)+b$로 나타난다. 이 방정식을 L의 **점-기울기형방정식**이라고 한다. 단, 수직 직선인 경우에는 $x = a$이다. 그러므로 직선 L은 $L = \{(x,\ y) | y = m(x-a)+b\}$와 같은 집합이다. 그러나 직선 L을 나타내는 데에는 일일이 집합으로 표시하지 않아도 우리가 충분히 이해할 수 있기 때문에, 우리는 직선의 방정식만으로도 직선을 나타낸 것으로 약속하는 것이 편리하다. 앞으로는 직선이나 그 이외의 다른 도형을 표시하는데 있어서, 집합으로 표시하는 것은 생략하고 방정식만 쓰기로 약속한다.

주어진 두 점 $(x_1,\ y_1)$과 $(x_2,\ y_2)$를 지나는 직선 L상의 임의의 점을 $(x,\ y)$라고 하면

$$\frac{y-y_1}{x-x_1} = \frac{y_2-y_1}{x_2-x_1}$$

을 만족하므로 L의 방정식은 $y-y_1 = \dfrac{y_2-y_1}{x_2-x_1}(x-x_1)$으로 나타난다(단, 수직 직선인 경우에는 $x = x_1$). 이 방정식을 직선의 **두 점형방정식**이라고 한다.

한 직선 L이 x-축과 만나는 점의 x-좌표를 L의 x-**절편**, y-축과 만나는 점의 y-좌표를 L의 y-**절편**이라고 부른다. 만약 y-절편이 b이고 기울기가 m이면, 그 직선상의 임의의 점을 $(x,\ y)$라고 할 때, 점 $(0,\ b)$를 지나므로 그 직선의 방정식은 $y = mx+b$로 주어진다. 이것을 직선의 **기울기-절편형방정식**이라고도 하는데, 점-기울기형방정식의 일종이라고 볼 수 있다. 한편, 직선 L의 $x,\ y$-절편이 각각 $a,\ b$이면 그 직선상의 임의의 점 $(x,\ y)$에 대하여 방정식

$$\frac{x}{a} + \frac{y}{b} = 1(\text{단, } a,\ b \neq 0)$$

을 만족한다. 이 방정식을 직선의 **두 절편형방정식**이라고 부른다.

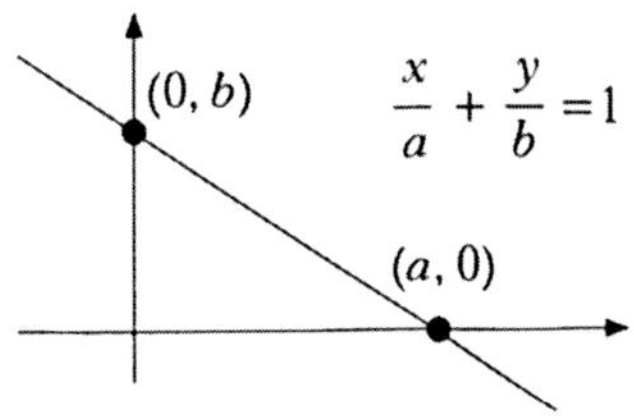

두 절편형 방정식

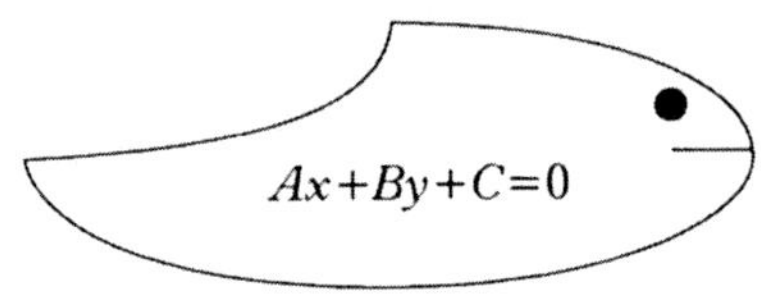

직선의 일반형

이상에서 살펴본 것과 같이 직선의 방정식은, 모든 경우에, 다음과 같은 1차방정식으로 나타남을 알 수 있다.

$$Ax + By + C = 0.$$

이 방정식을 직선의 **일반형방정식**이라고 부른다.

한 직선의 기울기가 $m(\neq 0)$이면 그에 수직인 직선의 기울기는 $-\dfrac{1}{m}$이다 ($\because$ 아래 그림에서 삼각형은 피타고라스 정리를 만족하므로 직선 사이의 각은 직각이다).

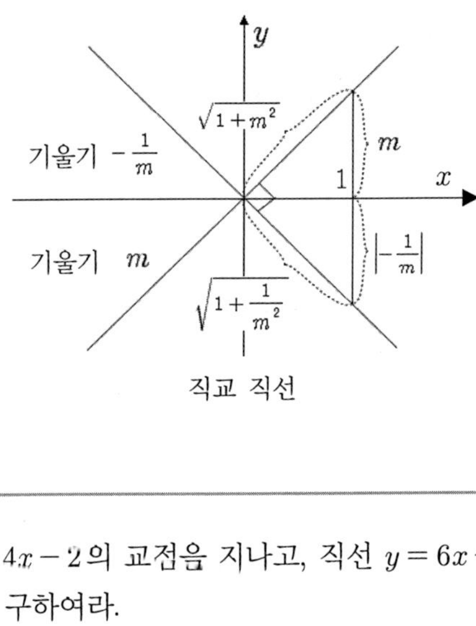

직교 직선

예제 2.3

두 직선 $y = 2x$와 $y = 4x - 2$의 교점을 지나고, 직선 $y = 6x - 8$에 평행인 직선과 수직인 직선의 방정식을 구하여라.

풀이 두 직선의 교점을 구하면 $(1,\ 1)$이다. $y = 6x - 8$에 평행인 직선의 기울기는 6, 수직인 직선의 기울기는 $-\dfrac{1}{6}$이다. 따라서 구하는 직선의 방정식은

평행인 직선 $y = 6(x-1)+1$, 즉, $y = 6x - 5$

수직인 직선 $y = -\dfrac{1}{6}(x-1)+1$, 즉, $y = -\dfrac{1}{6}x + \dfrac{7}{6}$.

예제 2.4

방정식 $y = x^3 - 1$을 만족하는 모든 점 $(x,\ y)$의 집합은 직선이 아님을 증명하여라.

풀이 $y = x^3 - 1$의 그래프 위의 세 점 $A(0,\ -1)$, $B(1, 0)$, $C(2, 7)$을 선택하여 기울기를 계산하면

$$\overline{AB}\text{의 기울기} = \frac{0-(-1)}{1-0} = 1,\ \overline{BC}\text{의 기울기} = \frac{7-0}{2-1} = 7$$

이 되어 서로 다르므로 직선이 아니다.

♡ 원

평면상에서의 **원**은 한 고정점에서 같은 거리에 있는 모든 점들의 집합으로 정의한다. 평면상에서 중심이 $(a,\ b)$이고 반지름이 r인 원 위의 임의의 점을 $(x,\ y)$라고 하면, $(x,\ y)$와 $(a,\ b)$ 사이의 거리가 r로 일정하므로 원의 방정식은

$$(x-a)^2 + (y-b)^2 = r^2$$

으로 나타내어진다. 원의 방정식의 일반형은 다음과 같다.

$$x^2 + y^2 + Ax + By + C = 0\text{(단, } A,\ B,\ C\text{는 모두는 0이 아닌 상수).}$$

참고 시계의 추는 원의 호(부채꼴)를 따라 왕복 운동한다.

♧ 포물선

평면상에서의 **포물선**은 한 고정점 P와 P를 지나지 않는 주어진 직선 L에 대하여 같은 거리에 있는 모든 점들의 집합으로 정의한다. 이 고정점 P를 포물선의 **초점**이라고 하고, 주어진 직선 L을 **준선**이라고 부른다.

이제 점 $P(p,\ 0)$를 초점, 직선 $x = -p$를 준선, 포물선 상의 임의의 점을 $(x,\ y)$라고 하면,

$$\sqrt{(x-p)^2 + y^2} = x + p$$

를 만족하므로, 이 포물선의 방정식은

$$y^2 = 4px$$

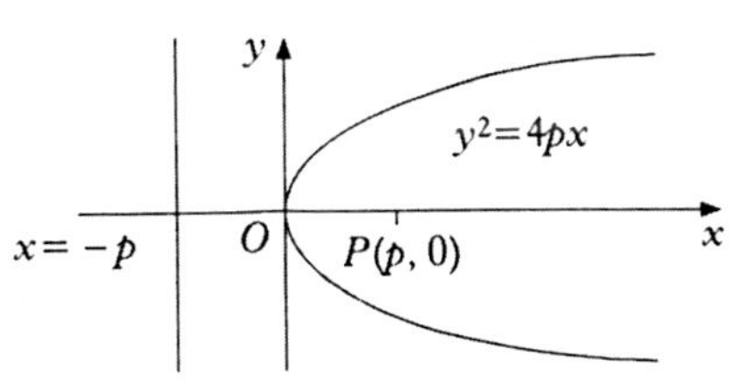

로 주어진다. 한편, 초점이 $(0,\ p)$이고 준선이 $y = -p$인 포물선의 방정식은

$$x^2 = 4py$$

로 주어진다는 것을 마찬가지로 증명할 수 있다.

참고 포물선형 오목거울의 중심축에 평행으로 입사한 빛은 반사되어 초점을 향한다. 그리고 초점에서 나온 빛은 반사되어 중심축에 평행인 방향으로 나아간다.

◇ 타원

평면상에서의 **타원**은 주어진 두 점(**초점**)과의 거리의 합이 일정한 점들의 집합으로 정의한다. 주어진 점을 $(-c, 0)$, $(c, 0)$라고 하고 타원 위의 임의의 점을 (x, y)라고 하면 거리의 합이 $2a$일 때,

$$\sqrt{(x-c)^2+y^2}+\sqrt{(x+c)^2+y^2}=2a$$

를 만족하므로 둘째 항을 우변으로 이항하고 두 번 제곱하여 정리하면

$$\frac{x^2}{a^2}+\frac{y^2}{a^2-c^2}=1$$

을 얻는다. $b=\sqrt{a^2-c^2}$ 이라고 하면 타원의 방정식은

$$\frac{x^2}{a^2}+\frac{y^2}{b^2}=1$$

로 주어진다.

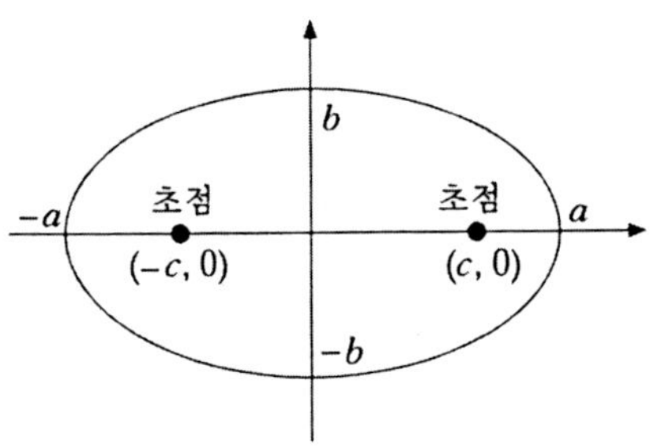

타원

참고 타원의 한 초점에서 발사된 빛은 타원에서 반사되어 다른 초점으로 향한다.

♤ 쌍곡선

평면상에서의 **쌍곡선**은 주어진 두 점(**초점**)과의 거리의 차가 일정한 점들의 집합으로 정의한다. 주어진 점을 $(-c, 0)$, $(c, 0)$라고 하고 쌍곡선 위의 임의의 점을 (x, y)라고 하면 거리의 차가 $2a$일 때,

$$\sqrt{(x+c)^2+y^2}-\sqrt{(x-c)^2+y^2}=\pm 2a$$

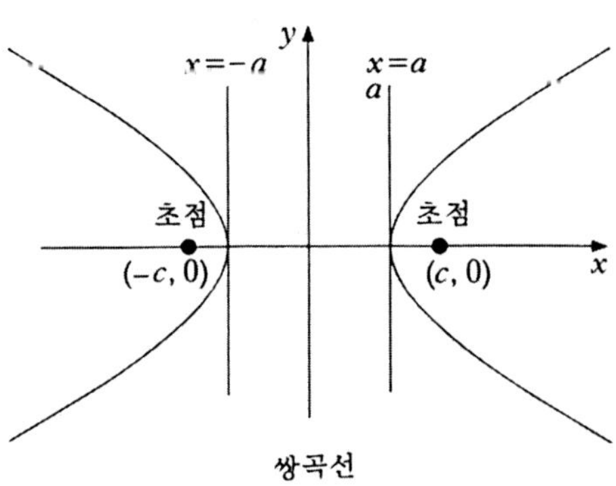

쌍곡선

를 만족하므로 둘째 항을 우변으로 이항하고 두 번 제곱하여 정리하면

$$\frac{x^2}{a^2} - \frac{y^2}{c^2 - a^2} = 1$$

을 얻는다. $b = \sqrt{c^2 - a^2}$ 이라고 하면 쌍곡선의 방정식은

$$\frac{x^2}{a^2} - \frac{y^2}{b^2} = 1$$

로 주어진다.

참고 세 개의 다른 점 P, Q, R로 동시에 발사한 전파가 반사되어 도달하는 시간차를 이용하여 두 가지의 쌍곡선을 그리면 쌍곡선이 만나는 점들 중의 하나가 전파를 발사한 위치이다.

연습문제 2-1

Exercises

1. 한 입자가 다음에 주어진 점 a에서 b로 이동하였을 때, x-증분과 y-증분을 구하여라.

(a) $a = (0,\ 0),\ b = (-1,\ -1)$ (b) $a = (-1,\ 1),\ b = (1,\ -1)$

(c) $a = (\sqrt{2},\ 1),\ b = (1,\ \sqrt{2})$ (d) $a = (-\sqrt{2},\ 1),\ b = (1,\ 1)$

(e) $a = (10,\ 5),\ b = (-2,\ 3)$ (f) $a = (2^2,\ 3^2),\ b = (3^2,\ 4^2)$

2. x-축과 $30°$의 각도로 만나고 점 $(1,\ -1)$을 지나는 직선의 방정식을 모두 구하여라.

3. 점 $(-1,\ 1)$을 지나는 모든 직선의 방정식을 구하여라.

4. 두 점 $(1,\ 2)$, $(-1,\ 1)$을 지나는 직선에 수직이고 점 $(1,\ 1)$을 지나는 직선의 방정식을 구하여라.

5. x-절편이 -3, y-절편이 4인 직선에 평행이고, 점 $(1,\ 1)$을 지나는 직선의 방정식을 구하여라.

6. 도형상의 임의의 두 점의 증분의 비가 일정한 도형을 직선이라고 정의할 때 방정식

$Ax+By+C=0$을 만족하는 모든 점 $(x,\ y)$의 집합은 좌표평면에서 한 직선을 나타냄을 증명하여라.(단, A, B는 모두는 0이 아닌 상수이다.)

7. 방정식 $y=x^2$을 만족하는 모든 점 $(x,\ y)$의 집합은 직선이 아님을 증명하여라.

8. 중심이 $(1,\ -1)$이고 지름이 4인 원의 방정식을 구하여라.

9. 두 직선 $y=x-1$과 $y=2x+1$의 교점을 중심으로 하고 원점을 지나는 원의 방정식 구하여라.

10. 두 원 $(x-1)^2+y^2=1$과 $x^2+(y-1)^2=1$의 두 교점을 지나는 직선의 방정식을 구하여라.

11. 다음의 두 원은 접함을 증명하여라.

$$x^2+y^2=1,\ (x-12)^2+(y-5)^2=144.$$

12. 방정식 $x^2+y^2+Ax+By+C=0$(단, A, B, C는 모두는 0이 아닌 상수)을 만족하는 모든 점$(x,\ y)$들의 집합은 좌표평면에서 $\varnothing$ 또는 원을 나타냄을 증명하여라.

13. 초점이 $(0,\ 4)$이고 준선이 $y=-4$인 포물선의 방정식을 구하여라.

14. 초점이 $(1,\ 2)$이고 준선이 $x=-1$인 포물선의 방정식을 구하여라.

15. 다음에 주어진 포물선의 초점과 준선을 구하여라.

(a) $y=-x^2$　　　　(b) $x=7y^2$

16. 다음은 방정식 $x+y=1$의 그래프가 원이 될 수 없음을 증명하는 하나의 방법이다. 네모 안에 알맞은 말이나 식을 써 넣어 보아라.

증명 $x+y=1$의 그래프가 원이라고 가정하자. 그러면, 원의 정의에 의하여, 적당한 중심 (a,b)와 반지름 r이 존재하여, 그래프 위의 모든 점 $(x,\ y)$에 대하여

$\sqrt{(x-a)^2+(y-b)^2}=r$을 만족한다. 이 식은 $x+y=1$을 만족하는 모든 점 (x,y)에 대하여 성립하므로, 특히, $(1,0)$, $(0,1)$ 그리고 $(2,-1)$에 대해서도 성립하여야 한다. 그러면

$\sqrt{(1-a)^2+(0-b)^2}=r$, $\sqrt{(0-a)^2+(1-b)^2}=r$, (a) ______

이 성립하므로, 각각의 식의 양변을 제곱하면

(b) ______.

전개하면

$a^2-2a+1+b^2=r^2$, $a^2+b^2-2b+1=r^2$, $a^2-4a+4+b^2+2b+1=r^2$.

두 번째 식에서 첫 번째 식을 빼면

(c) ______ (1)

을 얻고, 세 번째 식에서 두 번째 식을 빼면

(d) ______ (2)

을 얻는다. 그런데 (1)과 (2)에 의하여 $0=1$이 성립한다. 이것은 모순이므로 $x+y=1$의 그래프는 원이 될 수 없다.

17. 평면도형인 점, 직선, 원, 타원, 포물선, 쌍곡선의 방정식은 모두 다음과 같은 형태임을 토론하여 보아라.

$$Ax^2+By^2+Cxy+Dx+Ey+F=0$$

2.2 함수

공집합이 아닌 두 집합 X, Y에 대하여 X의 원소와 Y의 원소를 관계지어주는 방법은 여러 가지가 있다. 이 중에서 매우 유용한 것 중의 하나가 함수이다. 예를 들어, 우리 대한민국의 모든 국민은 각 개인마다 유일한 주민등록번호를 가지고 있기 때문에, 주민등록번호는 대한민국의 국민의 집합의 구성원과 자연수의 집합의 구성원을 관계지어주는 유용한 수단이 된다. 따라서 각 개인에 대하여 주민등록번호를 대응시키는 관계는 함수가 되며, 이 함수의 이름을 '한국주민등록번호'라고 명명하여도 무방하다.

정의 2-1

임의의 두 집합 X, Y에 대하여, X의 모든 원소 x에 Y의 꼭 하나씩의 원소 y가 대

응하고 있을 때, 이 대응 전체의 모양을 X에서 Y로 가는 **함수**(function) f라고 하고, 기호로

$$f : X \to Y \text{ 또는 } X \xrightarrow{f} Y$$

로 나타낸다.

이때, 집합 X를 함수 f의 **정의역**(domain)이라고 하고 기호로 $X = D(f)$, Y를 **공역** 또는 **공변역**(codomain)이라고 하고 기호로 $Y = C(f)$로 나타낸다. 함수 f에 의하여, 집합 X의 임의의 원소 x에 대응되는 집합 Y의 원소가 y이면

$$f : x \mapsto y \text{ 또는 } y = f(x)$$

로 나타내며, 이것을 함수 **f의 대응규칙**이라고 한다. 따라서 함수를 대응규칙과 함께 완전한 식으로 표현하면 다음과 같다.

$$\begin{aligned} f : X &\to Y \\ x &\mapsto y = f(x) \end{aligned}$$

이 경우에, y를 함수 f에 의한 x의 **값**(value) 또는 **상**(image)이라고 하고, x를 f에 의한 y의 **원상**(preimage)이라고 하며, 기호로

$$f^{-1}(\{y\}) = \{x \in D(f) | y = f(x)\}$$

와 같이 나타낸다. 이때 x, y는, 일반적으로, 변하는 수이기 때문에 **변수**(variables)라고 하며, x를 **독립변수**(independent variable), y를 **종속변수**(dependent variable)라고 한다. 함수 f의 상 전체의 집합을 f의 **치역**(range)이라고 부르며, 기호로 $f(X)$ 또는 $R(f)$로 나타낸다. 또, 정의역과 공역이 같고 함수값이 같은 두 함수 f와 g는 **같은 함수** 또는 **같다**고 말하고, 기호로 $f = g$로 나타낸다.

예를 들어,

$$f : \{1, 2, 3\} \to \{\text{빨강}, \text{노랑}, \text{파랑}\}$$

$$1 \mapsto \text{파랑},\ 2 \mapsto \text{빨강},\ 3 \mapsto \text{노랑}$$

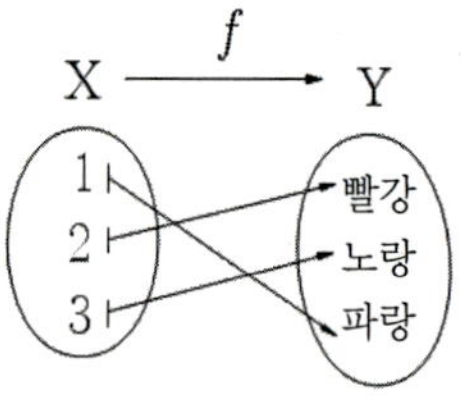

으로 정의하면, {빨강, 노랑, 파랑}은 색깔을 뜻하는 것이 아니라 우리말 '빨강', '노랑', '파랑'의 모임으로 보면 집합이 되고, $\{1, 2, 3\}$은 자연수 1, 2, 3의 모임이므로 집합이다. 그리고 $\{1, 2, 3\}$의 각각의 원소에 공역의 원소가 꼭 하나씩 대응되었으므로 함수가 된다.

참고 위의 예에서 1은 독립변수가 아니다. 왜냐하면 1은 변하는 수가 아니라 특정한 원소이기 때문이며, 이 함수를 $y=f(x)$로 나타내었다면 비로소 x는 1, 2, 3중의 하나를 나타내는 독립변수가 된다. 마찬가지로 $g:\{x,y\}\to\{1,2\}$, $g(x)=1$, $g(y)=2$와 같이 정의된 함수에서, x는 독립변수가 아니다. 이 함수를 $s=g(t)$로 나타내면 t가 독립변수가 된다.

정의 2-2

함수 중에 치역이 단원집합(원소를 꼭 하나만 포함하는 집합)인 함수를 **상수함수**라고 부르며, 임의의 집합 X에 대하여 $f(x)=x$, $\forall x \in X$를 만족하는 함수를 **항등함수**라고 부르고, 기호로 1_X로 나타낸다.

예제 2.5

$n \in N\cup\{0\}$에 대하여 $a_n \neq 0$일 때, $f(x)=a_0+a_1x+\cdots+a_nx^n$를 n차 다항함수라고 부른다. 다항함수 $f(x)=x^4-4x^3+3x-9$에 대하여

$$f(x)=g(x)(x-3)+h(x)$$

를 만족하는 다항함수 $g(x)$와 $h(x)$를 찾아보아라.

풀이 위의 다항식들을 찾는 다음과 같은 방법을 **조립제법**이라고 부른다.

	1	−4	0	3	−9
3		3	−3	−9	−18
	1	−1	−3	−6	−27

이므로 $g(x)=x^3-x-3x-6$, $h(x)=-27$이다.

예제 2.6

폐구간 $[-1,\ 1]$에 속하는 임의의 실수 x에 대하여 방정식 $x^2+y^2=1$을 만족시키는 y를 대응시키는 대응은 함수가 아님을 보여라. 이러한 종류의 대응이 함수가 되도록 하려면 어떻게 하면 좋은가? 무한히 많이 만들 수 있는가?

풀이 $x=0$에 대응되는 y는 $y=\pm 1$이 되어 두 수이기(유일하지 않기) 때문에 이 대응은

함수가 아니다. 함수가 되도록 하려면 각각의 x에 대하여 y의 값이 유일하게 결정되도록 어떤 조건을 첨가하면 된다. 옆의 그림과 같이 n이 임의의 자연수일 때,

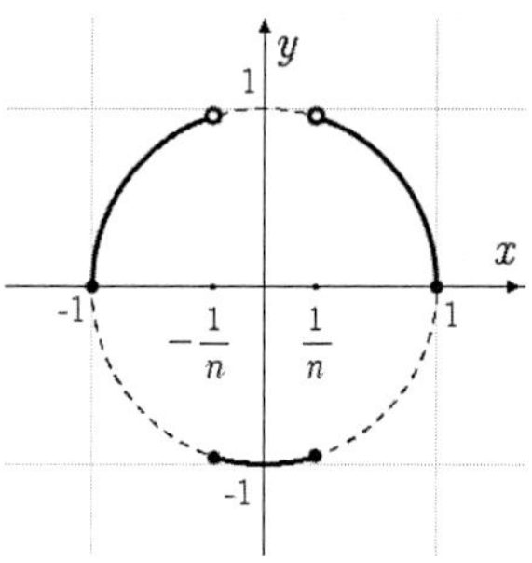

$$x \in [-\frac{1}{n}, \frac{1}{n}] \text{에는 } y = -\sqrt{1-x^2},$$

$$x \in [-1, 1] - [-\frac{1}{n}, \frac{1}{n}] \text{에는 } y = \sqrt{1-x^2}$$

을 대응시키면 주어진 방정식을 만족하는 함수가 되며, 자연수의 개수가 무한히 많으므로 이러한 함수도 무한히 많다.

예제 2.7

(최대정수함수, 바닥정수함수) 주어진 임의의 실수 x에 대하여, x보다 작거나 같은 정수 중에서 가장 큰 정수를 대응시키는 대응은 함수가 된다는 것을 알 수 있다. 이 함수를 **최대정수함수** 또는 바닥정수함수라고 말하고, 기호로 다음과 같이 나타낸다.(아래 그림 참조)

$$[x] = \lfloor x \rfloor = x \text{ 이하의 최대의 정수.}$$

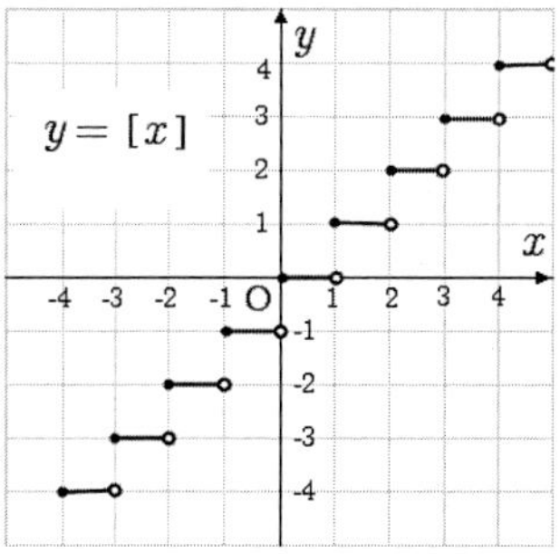

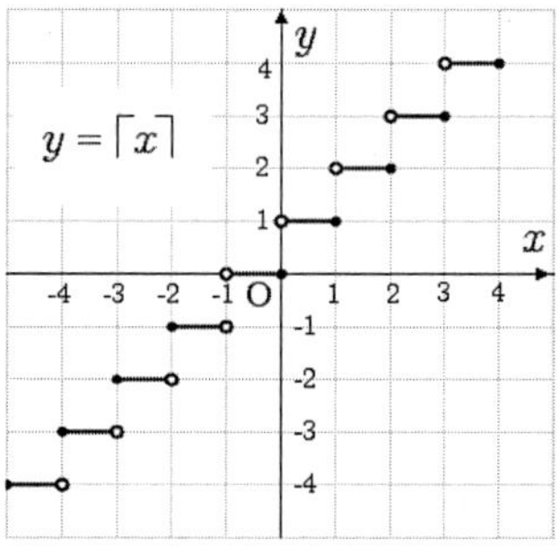

예제 2.8

(최소정수함수, 지붕정수함수) 주어진 임의의 실수 x에 대하여, x보다 크거나 같은 정수 중에서 가장 작은 정수를 대응시켜도 함수가 된다. 이 함수를 **최소정수함수** 또는 지붕정수함수라고 말하고, 기호로 다음과 같이 나타낸다.(위의 그림 참조)

$$\lceil x \rceil = x \text{ 이상의 최소의 정수.}$$

정의 2-3

함수 $f : X \to Y$가 다음의 명제를 만족하면 f는 **일대일(단사)함수**(one to one function)라고 정의한다.

$$f(a) = f(b) \Rightarrow a = b$$

이것은 명제 $a \neq b \Rightarrow f(a) \neq f(b)$와 논리적으로 동치이다. 기하학적으로 설명하면, 정의역과 공역이 R인 함수 f는 x축에 평행인 모든 직선이 f의 그래프와 많아야 한 점에서 만나는 경우가 단사함수이다.

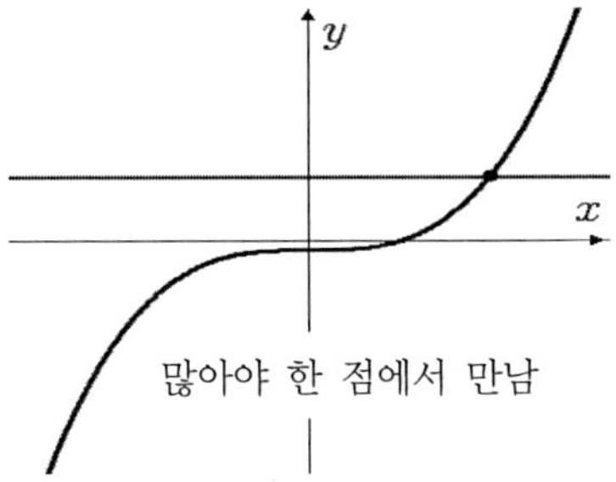

단사함수

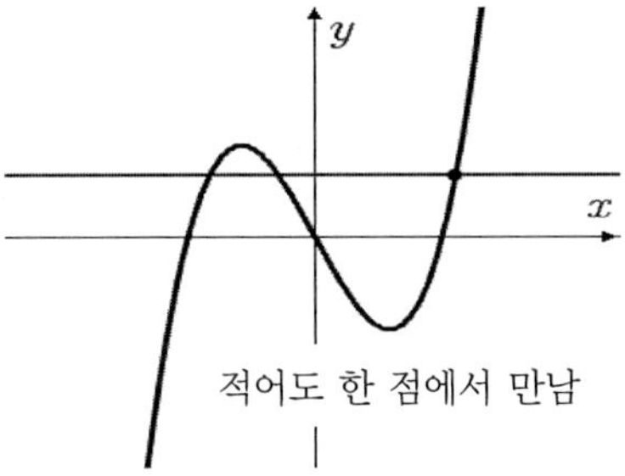

전사함수

정의 2-4

함수 $f : X \to Y$의 치역 $f(X)$와 공역 Y가 같은 집합일 때 f를 **위로의(전사)함수**(onto function)라고 정의한다.

이것은 $f(X)$가 항상 Y의 부분집합이기 때문에, Y가 $f(X)$의 부분집합이 된다는 사실과 동치이다. 따라서 주어진 함수가 전사함수임을 보이기 위해서는 Y의 임의의 원소가 $f(X)$의 원소가 된다는 것을 보이면 된다.

기하학적으로 설명하면, 정의역과 공역이 R인 함수 f는 x축에 평행인 모든 직선이 f의 그래프와 적어도 한 점에서 만나는 경우가 전사함수이다.

정의 2-5

함수 $f : X \to Y$가 일대일이고 위로인 함수이면 f를 **전단사함수** 또는 **일대일대응함수**라고 한다.

예제 2.9

정의역과 공역이 R이고 대응규칙이 다음과 같이 주어진 함수는 어떤 함수가 전사함수, 단사함수, 전단사함수인가?

(1) $y=(x+1)^4+1$ (2) $y=3x-11$

(3) $y=x^3$ (4) $y=x(x-1)(x-2)$

풀이 (1) $f(-2)=(-1)^4+1=2=1^2+1=f(0)$이므로 단사가 아니다. $y=f(x)=0$인 x는 존재하지 않기 때문에 전사가 아니다.

(2) $f(a)=f(b) \Rightarrow 3a-11=3b-11 \Rightarrow 3a=3b \Rightarrow a=b$이므로 단사이다. 한편, 모든 실수 c에 대하여 $3x-11=c$인 $x=\dfrac{11+c}{3}$가 존재하므로 전사이다. 즉, 전단사함수이다.

(3) $f(a)=f(b)$라고 하자. 그러면

$$\begin{aligned} a^3=b^3 &\Rightarrow (a-b)(a^2+ab+b^2)=0 \\ &\Rightarrow (a-b)\left[\left(a+\frac{b}{2}\right)^2+\frac{3}{4}b^2\right]=0 \\ &\Rightarrow a=b \end{aligned}$$

이므로 단사함수이다. 또, 모든 실수 c에 대하여$(c^{1/3})^3=c$이므로 전사함수이다. 즉, $y=x^3$은 전단사함수이다.

(4) $y(0)=0=y(1)$이므로 단사가 아니다. 또, 모든 c에 대하여 방정식 $x(x-1)(x-2)=c$가 해를 가지므로(이것은 차후에 소개되는 연속함수의 성질을 이용하면 증명이 된다.) 전사함수이다.

질의 2-6

함수 $f: X \to Y$가 전단사함수일 경우에 집합 Y의 임의의 원소 a에 $f(b)=a$인 X의 원소 b를 대응시키는 새로운 함수를 f의 **역함수**라고 하고 기호로 f^{-1}로 표시한다. 즉,

$$f^{-1}: Y \to X,\ a \mapsto b=f^{-1}(a)(\text{여기서 } f(b)=a)$$

함수의 변수를 표현하는 보통의 기호 x, y를 이용하여 역함수를 표현하면 $y=f^{-1}(x)$가 되며, 이 때 종속변수 y는 $f(y)=x$를 만족하는 값이다. 함수 f가 전사이므로 이러한 y는 적어도 하나 존재하며, 또한 f가 단사이므로 이러한 y는 유일하다. 따라서 역함수도

함수가 된다.

함수 $y=f(x)$의 역함수를 $y=f^{-1}(x)$라고 표현하였으므로 $y=f(x)$로부터 역함수를 구할 때에는

'x와 y를 교환한 방정식 $x=f(y)$를 y에 관하여 풀면 된다.'

는 것을 알 수 있다.

예제 2.10

정의역과 공역이 R인 함수 $y=3x-11$은 역함수를 가짐을 증명하고 그 역함수를 구하여라.

풀이 위의 예제에 의하여 $y=3x-11$은 전단사함수이므로 역함수를 가진다. 또 정의2.6을 살펴보면, 함수 $y=f(x)$에서 x와 y를 교환한 방정식 $x=f(y)$를 y에 관하여 풀면 역함수의 대응규칙 $y=f^{-1}(x)$가 얻어진다는 것을 알 수 있다. 따라서 $x=3y-11$을 y에 관하여 풀어서 나온 식 $y=(x+11)/3$이 구하는 역함수이다.

■

정의 2-7

구간 $[a,\ b]$ 위에서 정의된 함수 $f:[a,\ b]\to R,\ y=f(x)$에 대하여 $a\le x_1<x_2\le b$이면 항상 $f(x_1)\le f(x_2)$가 성립할 때, f는 **증가함수**(increasing function)라고 정의한다. 또, $a\le x_1<x_2\le b$이면 항상 $f(x_1)\ge f(x_2)$가 성립할 때 f는 **감소함수**(decreasing function)라고 정의한다.

정의 2-8

구간 $[a,\ b]$ 위에서 정의된 함수 $f:[a,\ b]\to R,\ y=f(x)$에 대하여 $a\le x_1<x_2\le b$이면 항상 $f(x_1)<f(x_2)$가 성립할 때 f는 **단조증가함수**(strictly increasing) 또는 **완전증가함수**라고 정의한다. 또, $a\le x_1<x_2\le b$이면 항상 $f(x_1)>f(x_2)$가 성립할 때 f는 **단조감소함수**(strictly decreasing) 또는 **완전감소함수**라고 정의한다.

예제 2.11

R 위에서 정의된 함수 $y=f(x)=-3x+33$은 완전감소함수임을 증명하여라.

풀이 임의의 두 실수 x_1, x_2에 대하여 $x_1 < x_2$가 성립한다고 하자. 그러면 부등식의 일반적인 성질에 의하여

$$-3x_1 > -3x_2 \text{ 또는 } -3x_1+33 > -3x_2+33$$

그러므로 $f(x_1) > f(x_2)$. 따라서 완전감소함수이다.

♥ 함수의 그래프(graph)와 그래프 그리기

함수의 **그래프**란 함수의 대응관계를, 변수들이 대응하는 순서쌍을 이용하여, 좌표평면에 표현한 것을 말하며

$$\text{함수 } f\text{의 그래프} = \{(x,\ y) | x \in D(f),\ y = f(x)\}$$

로 정의한다. 그리고 이 집합을 좌표평면위에 표시하여 도형을 그리는 것을 함수의 그래프를 그린다고 말한다. 따라서 주어진 함수의 그래프를 그리려면 정의역의 값 x를 적절히 선택하여 함수값 $f(x)$를 계산한 다음에 좌표평면에 점$(x, f(x))$를 표시하고, 함수의 특성을 고려하여 이러한 점들을 적당한 곡선으로 이어주면 된다.

함수의 그래프를 좀 더 엄밀하게 그리기 위해서는 3, 4장에서 소개되는 도함수의 개념이 필요하지만, 여기서는 함수의 대칭성에 관하여 생각해 보기로 한다.(단, 함수뿐만이 아니라 두 변수 x, y에 관한 방정식으로 주어진 도형(예를 들면, 원, 포물선, 타원 등)의 그래프를 그리는 것에도 응용할 수 있다.)

아래의 그림을 참고하면 다음의 사실들을 알 수 있다.

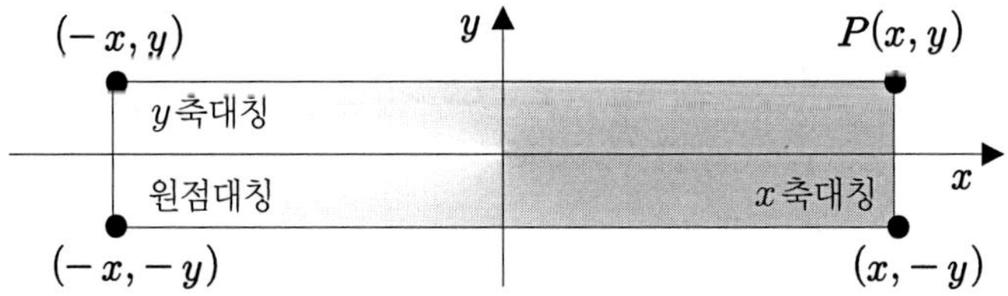

■ **y축 대칭**
함수 f의 정의역 $D(f)(\subseteq R)$가 원점에 대하여 대칭인 집합이고, 모든 $x \in D(f)$에 대하여 $f(-x) = f(x)$를 만족하면, f의 그래프는 y축 대칭이며, 이러한 함수를

우함수(even function)라고 한다. 왜냐하면, $f(-x)=f(x)=y$라고 하면, 점 $(x,\ y)$가 f의 그래프 위의 점이 되고, 점 $(-x,\ y)$도 f의 그래프상의 점이 된다는 의미인데, 이 두 점은 y축에 대하여 대칭인 위치에 있기 때문이다.

■ **원점대칭**

함수 f의 정의역 $D(f)(\subseteq R)$가 원점에 대하여 대칭인 집합이고 모든 $x\in D(f)$에 대하여 $f(-x)=-f(x)$를 만족하면 f의 그래프는 원점대칭이며, 이러한 함수를 **기함수**(odd function)라고 한다. 왜냐하면, $f(-x)=-f(x)=-y$라고 하면, 점 $(x,\ y)$와 점 $(-x,\ -y)$가 그래프 위의 점이 된다는 의미인데, 이 두 점은 원점에 대하여 대칭인 위치에 있기 때문이다.

한편, x축에 관하여 대칭인 그래프를 가지는 경우에는 같은 x값에 대하여 두 개 이상의 y값이 대응되기 때문에 함수는 아니다. 그러나 원이나 포물선 및 타원등과 같이 방정식으로 주어지는 도형에 대하여 그 그래프를 그릴 때, x축에 관한 대칭성을 알면 편리할 때가 많다.

■ **x축 대칭**

만약 어떤 도형이 두 변수 $x,\ y$를 포함하는 한 방정식 $f(x,\ y)=0$에 의하여 나타내어 졌다면, $f(x,\ -y)=f(x,\ y)$를 만족할 때 $f(x,\ y)=0$의 그래프는 x축 대칭이다. 왜냐하면, 이 경우에 두 점$(x,\ y)$와 $(x,\ -y)$가 그래프상의 점이 되고, 이 두 점은 x축 대칭인 위치에 있기 때문이다.

한편 어떤 도형이 $f(x,\ y)=0$에 의하여 나타내어 졌다면, $f(-x,\ y)=f(x,\ y)$일 때 y축 대칭이 되고, $f(-x,\ -y)=f(x,\ y)$일 때 원점대칭이 됨을 알 수 있다.

■ **평행이동**

만약 어떤 도형이 $f(x,\ y)=0$에 의하여 나타내어 졌다면, $f(x-a,y-b)=0$으로 나타내어지는 도형은 도형 $f(x,\ y)=0$을 $x-$축 방향으로 a, $y-$축 방향으로 b 만큼 평행이동한 것이다. 왜냐하면 점(x,y)가 도형 $f(x,\ y)=0$위의 점이 될 필요충분조건은 $(x+a,y+b)$가 도형 $f(x-a,y-b)=0$위에 있는 것이며, 점

$(x+a, y+b)$는 점 (x, y)를 $x-$축 방향으로 a, $y-$축 방향으로 b 만큼 평행이동한 점이기 때문이다(아래 그림 참조).

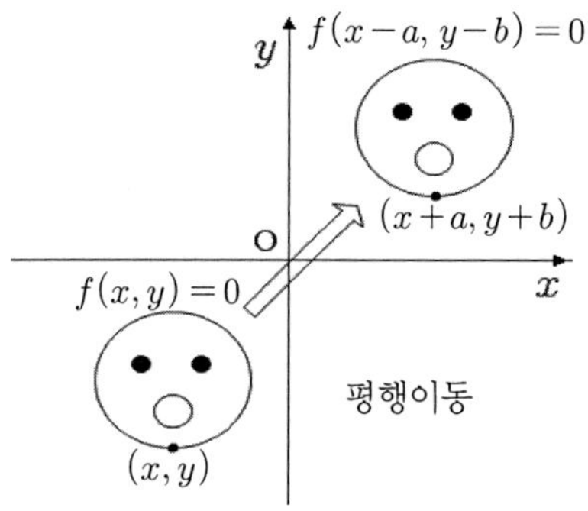

예제 2.12

방정식 $(x-1)^2+y^2=9$로 주어지는 도형의 그래프를 대칭성을 이용하여 그려보아라.

풀이 $f(x,\ y)=x^2+y^2-9=0$이면, $f(x,-y)=x^2+(-y)^2-9=x^2+y^2-9=f(x,\ y)$이므로 x축 대칭이다. 또, $f(-x,\ y)=f(x,\ y)=0$이므로 y축 대칭, $f(-x,\ -y)=f(x,\ y)=0$이므로 원점대칭이다. 실제로 이 방정식의 그래프는 중심이 (0, 0)이고 반지름이 3인 원이다. 그런데 주어진 방정식은 $f(x-1, y)=0$으로 나타내어지므로 이것의 그래프는 중심이 $(1, 0)$이고 반지름이 3인 원이 된다.

함수는 일반적으로 임의의 집합 위에서 정의될 수 있지만, 이 책의 목적이 미분적분학을 공부하는데 있기 때문에, 앞으로는, 특별한 경우를 제외하고는 정의역과 공역 모두가 실수집합 R의 부분집합이라고 가정하는데, 이러한 함수를 **실수변수의 실수값함수**(real variable-real valued function) 또는 간단히 $R-R$**함수**라고 부른다.

$R-R$함수 f에 대하여, 대응규칙만이 주어져 있고 정의역과 공역이 분명하게 표시되어 있지 않은 함수에 대해서는, 주어진 규칙이 함수의 정의에 부합되는 모든 독립변수 x의 집합을 함수 f의 정의역으로 정하기로 약속하자. 이것을 **최대정의역의 법칙**이라고 부르기도 한다.

♣ 함수의 연산

두 $R-R$함수 f와 g에 대하여, $f(x)+g(x)$, $f(x)-g(x)$, $f(x)g(x)$, $f(x)/g(x)$를

함수값으로 가지는 새로운 함수를 각각 f와 g의 **합, 차, 곱, 몫**이라고 부르고, 기호로 $f+g$, $f-g$, fg, f/g로 나타내며, 합, 차, 곱의 정의역은 f와 g의 정의역의 교집합, f/g의 정의역은 f와 g의 정의역의 교집합에서 g가 0인 함수값을 가지는 집합을 뺀 집합으로 정의한다. 다만, 이 사칙연산에 최대정의역의 법칙을 적용하면, 정의역은 더 큰 집합이 될 수도 있음을 밝혀둔다.

예제 2.13

함수 $f(x)=x^2$, $g(x)=2x-5$에 대하여 $f+g$, $f-g$, fg 및 f/g를 구하여라.

풀이 $(f-g)(x)=f(x)-g(x)=x^2-2x+5$, $(f+g)(x)=x^2+2x-5$,
$(fg)(x)=x^2(2x-5)$, $(f/g)(x)=x^2/(2x-5)$. ■

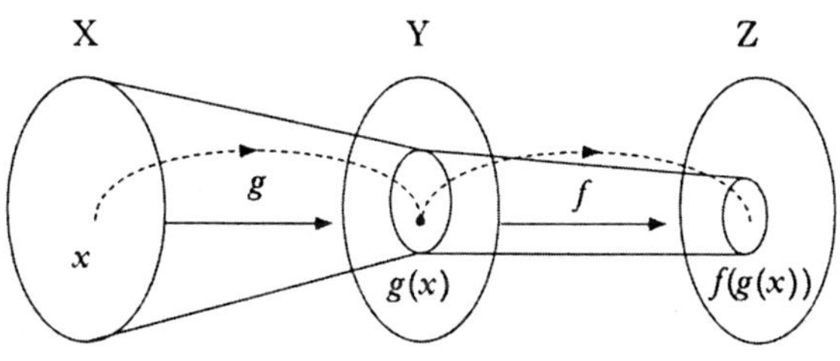

함수의 합성

◆ 함수의 합성

두 함수 f와 g에 대하여 $R(g) \subseteq D(f)$인 경우에 $D(g)$를 정의역으로 하고 대응규칙이 $y=f(g(x))$인 새로운 함수를 g와 f의 **합성함수**라고 부르고, 기호로 $f \circ g$로 나타낸다.

정리 2.9

임의의 세 함수 $h: X\to Y$, $g: Y\to Z$와 $f: Z\to W$에 대하여 다음이 성립한다.

$$(f \circ g) \circ h = f \circ (g \circ h).$$

증명 두 함수의 정의역은 X, 공역은 W로 같다. 또, 임의의 $x\in X$에 대하여

$$\begin{aligned}[(f \circ g) \circ h](x) &= (f \circ g)(h(x)) = f(g(h(x))) \\ &= f((g \circ h)(x)) = [f \circ (g \circ h)](x).\end{aligned}$$ □

예제 2.14

함수 $f(x)=x^3$, $g(x)=x+1$에 대하여 다음을 구하여라.

(1) $(f \circ g)(x)$ (2) $(g \circ f)(2)$

(3) $(f \circ f)(x)$ (4) $(g \circ g)(2)$

(5) $(f \circ g)(x)=(g \circ f)(x)$인 점 x의 집합

풀이 (1) $(f \circ g)(x)=f(g(x))=(x+1)^3=x^3+3x^2+3x+1$.

(2) $(g \circ f)(x)=g(f(x))=x^3+1$이므로 $(g \circ f)(2)=9$.

(3) $(f \circ f)(x)=x^9$.

(4) $(g \circ g)(x)=(x+1)+1=x+2$이므로 $(g \circ g)(2)=4$.

(5) (1)과 (2)에서 $(f \circ g)(x)=(g \circ f)(x)$이면 $x^3+3x^2+3x+1=x^3+1$이므로 x는 0 또는 -1이다. 따라서 함수값이 같은 점의 집합은 $\{0, -1\}$이다.

■

함수 $f: X \to Y$, $y=f(x)$가 전단사함수이면 역함수 $f^{-1}: Y \to X$, $y=f^{-1}(x)$를 갖는다. 역함수의 값 $y=f^{-1}(x)$는 $x=f(y)$를 만족하는 값이므로

$$f(f^{-1}(x))=f(y)=x,\ f^{-1}(f(y))=f^{-1}(x)=y$$

를 만족한다. 따라서 다음이 성립한다.

$$f \circ f^{-1}=1_Y,\ f^{-1} \circ f=1_X$$

♠ 절대값함수

실수의 집합 R에서 R로 가는 다음과 같이 정의된 함수를 **절대값**(absolute value)이라고 부르며, 기호로 $|\ |$와 같이 나타낸다.

$$|x|=\begin{cases} x, & (x \ge 0\text{인 경우}) \\ -x, & (x < 0\text{인 경우}) \end{cases}$$

정리 2.10

임의의 실수 a, b에 대하여 다음이 성립한다.

(1) $|-a|=|a|$ (2) $|ab|=|a||b|$

(3) $|a/b| = |a|/|b| (b \neq 0)$

증명 (1)은 정의로부터 분명하다. (2)와 (3)의 증명은 a, b의 부호에 따라 네 가지의 경우가 생기는데, 이 네 가지 경우의 하나하나에 대하여 증명하면 되므로 자세한 증명은 생략한다. □

■ **삼각부등식**

임의의 실수 a, b에 대하여 $\pm ab \leq |ab|$이므로 $|a+b|^2 \leq (|a|+|b|)^2$. 그러므로 다음의 부등식이 성립한다. 이것을 **삼각(절대)부등식**이라고 한다.

$$|a+b| \leq |a| + |b|.$$

■ **절대값 기호를 이용한 구간의 표시**

D가 임의의 양수일 때

$$|a| < D \Leftrightarrow -D < a < D$$
$$|a| \leq D \Leftrightarrow -D \leq a \leq D$$

가 성립하므로 다음이 성립한다.

$$(-D,\ D) = \{x | -D < x < D\} = \{x \,|\, |x| < D\}$$
$$[-D,\ D] = \{x | -D \leq x \leq D\} = \{x \,|\, |x| \leq D\}$$

심화 학습: 함수에 있어서의 목표치의 통제

때때로 함수값 $y = f(x)$가 어떤 주어진 목표값 y_0의 근처에 충분히 가깝게 놓여있도록 할 필요가 있을 때가 많다. 예를 들어, 실린더로 수량을 잴 때, 오차가 1% 내로 유지되려면 눈금의 간격을 어느 정도로 정해야 할까? 또, 예를 들어, 볼링공의 둘레는 최대 27인치, 최소 26.7인치로 규정이 되어 있다. 그러면 볼링공의 지름은 어떤 범위 내에 있어야 하는가? 이러한 문제들을 수학적으로 보면, 어떤 값 y_0 근방의 허용된 구간 내에 $y = f(x)$를 유지시키려면 얼마나 가까이 x를 제한해야 하는가 하는 문제와 같다. 이러한 문제의 답을 구하는 방법을 다음 예제들을 통하여 알 수 있을 것이다.

예제 2.15

일차함수 $y = 5x + 3$이 $y_0 = 8$을 중심으로 한 구간 $(-2,\ 18)$ 사이에 있으려면 x는 $x = 1$에서 얼마나 가까워야 하는가?

풀이 $(-2,\ 18) = (8-10,\ 8+10)$이므로, 결국, 이 문제는 x가 어떤 값일 때 y가 구간 $|y-8| < 10$에 속하는가 하는 문제와 같다. $y = 5x+3$이므로

$$
\begin{aligned}
|y-8| = |5x+3-8| = |5x-5| < 10 \\
&\Leftrightarrow -10 < 5x-5 < 10 \\
&\Leftrightarrow -5 < 5x < 15 \\
&\Leftrightarrow -1 < x < 3 \\
&\Leftrightarrow -2 < x-1 < 2 \\
&\Leftrightarrow |x-1| < 2
\end{aligned}
$$

그러므로 y가 주어진 구간 안에 있으려면 x는 1에서의 거리가 2보다 더 가까우면 된다. ■

예제 2.16

볼링공의 둘레는 최대 27인치를 넘지 않아야 되고 최소 26.7인치 이상은 되어야 한다고 규정되어 있다. 최대지름을 기준으로 할 때, 지름은 어떤 정도의 오차를 허용하는가? 단, 볼링공은 완전구형체이다.

풀이 지름을 d라고 하면 둘레는 πd이므로

$$
\begin{aligned}
&26.7 \le \pi d \le 27 \\
&26.7/\pi \le d \le 27/\pi \\
&8.49887 \le d \le 8.59437 \\
&8.49887 - 8.59437 \le d \le 0 \\
&-0.0955 \le d \le 0.
\end{aligned}
$$

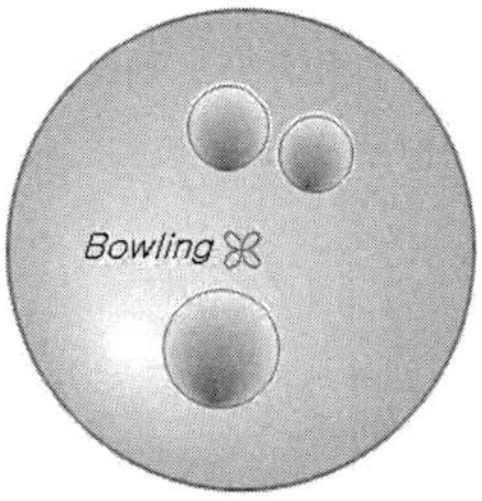

그러므로 최대지름을 기준으로 할 때, 0.0955인치(약 2.4 mm 정도) 보다 더 작아서는 안 된다. ■

연습문제 2-2 Exercises

1. 함수 $f : X \to Y$가 역함수$f^{-1} : Y \to X$를 가지면 $f \circ f^{-1} = 1_Y$, $f^{-1} \circ f = 1_X$ 이 됨을 증명하여라.

2. 방정식 $f(x,\ y) = 0$의 그래프가 직선 $y = x$에 대하여 대칭이 될 필요충분조건을 말

하여라. 직선 $y=-x$에 관하여 대칭일 조건은?

3. R에서 R로 가는 두 함수 $f(x)=x^2-1$, $g(x)=\dfrac{x}{x+1}$에 대하여 다음을 구하여라.

(1) $f+g$ (2) fg (3) f/g

(4) $f \circ g$ (5) $g \circ f$

4. R에서 R로 가는 두 함수에 대하여 다음의 사실을 증명하여라.

(1) 우함수+우함수=우함수 (2) 기함수+기함수=기함수

(3) 우함수 ∘ 우함수=우함수 (4) 우함수 ∘ 기함수=우함수

(5) 기함수 ∘ 우함수=우함수 (6) 기함수 ∘ 기함수=기함수

5. 함수 $g : X \to Y$와 $f : Y \to Z$가 단사(전사)함수이면 두 함수 g와 f의 합성 $f \circ g : X \to Z$도 단사(전사)함수임을 증명하여라.

6. 함수 $g : X \to Y$와 $f : Y \to X$가 $f \circ g = 1_X$, $g \circ f = 1_Y$를 만족하면 f는 전사이고 g는 단사임을 증명하여라.

7. 구간 $[0, \infty)$에서 정의된 함수 $y=x(x-3)$의 그래프의 개형을 그리고, 이것을 이용하여

$$g(x)=\begin{cases} f(x-3)-2 & (x \geq 3\text{일 때}) \\ -2 & (x < 3\text{일 때}) \end{cases}$$

와 같이 정의된 함수 $g(x)$의 그래프의 개형을 그려보아라.

8. 다음의 함수들이 단사함수, 전사함수, 전단사함수 인지를 말하고 그 이유를 설명하여라. 단, 정의역은 최대정의역의 법칙을 따르고, 공역은 R이다.

(1) $y=5x-2$ (2) $y=(x-1)^3+2$ (3) $y=\sqrt{x}$ (4) $y=\dfrac{x-1}{x-2}$

9. 다음의 함수들이 증가함수, 감소함수, 완전증가함수, 완전감소함수 인지를 말하고 그 이유를 설명하여라. 단, 정의역은 최대정의역의 법칙을 따르고, 공역은 R이다.

(1) $y=2x+3$ (2) $y=-(x-2)^3-3$ (3) $y=\sqrt{x^3+1}$ (4) $y=3$

10. 구간 $[a, b]$에서 정의된 함수 $f(x)$가 완전증가함수 또는 완전감소함수이면 이 구간에서 $f(x)$는 단사함수가 됨을 증명하여라.

11. 다음 함수가 전단사함수가 되도록 정의역과 공역을 정하고 역함수를 구하여라.

(1) $y = x^3 - 1$ (2) $y = 3x + 7$ (3) $y = 1 + \dfrac{2}{x-3}$ (4) $y = 1 + \sqrt{x}$

12. 실수 R에서 정의된 함수 $f(x)$가 전사함수이고 완전증가함수이면 그의 역함수 f^{-1}도 완전증가함수임을 증명하여라. (아래 왼쪽 그림 참조)

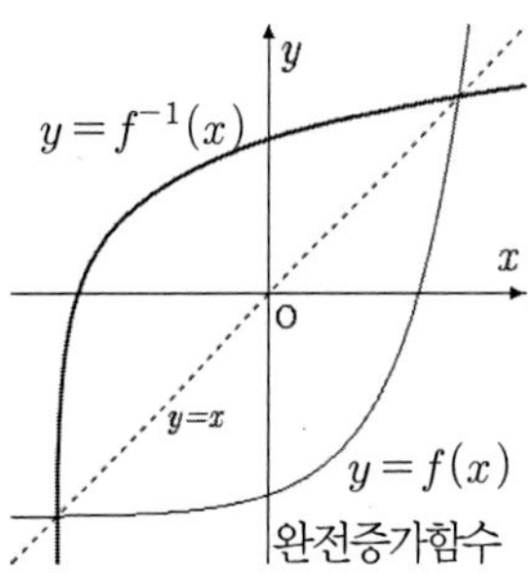

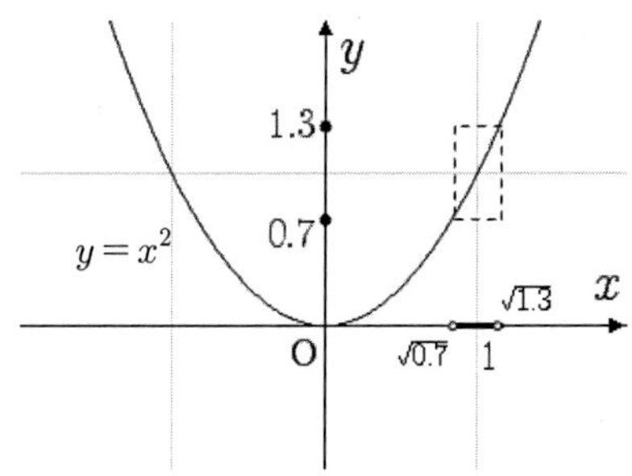

13. 함수 $y = x^2$의 값이 $y_0 = 1$을 중심으로 한 개구간 (0.7, 1.3) 사이에 있으려면 x는 $x = 1$에서 얼마나 가까이 있어야 하는가? 단, $\sqrt{0.7} \approx 0.837$, $\sqrt{1.3} \approx 1.140$. (위의 오른쪽 그림 참조)

14. 방정식 $f(x, y) = 0$의 그래프가 점 (a, b)에 대하여 대칭일 필요충분조건은

$$f(x, y) = 0 \Leftrightarrow f(2a - x, 2b - y) = 0$$

이 성립하는 것임을 증명하여라.

2.3 함수의 극한

미분적분학은 주로 $R-R$함수의 미분과 적분에 관한 이론과 실질적인 문제들을 공부하여, 우리가 접하게 되는 실생활에서의 수학적인 문제와 더 높은 차원의 이론적인 수학을 공

부하는데 그 목표를 둔다. 미분과 적분을 공부하는데 있어서, 그 필수불가결한 기초가 되는 것이 극한개념이다. 따라서 미분적분학은 극한의 학문이라고 해도 지나친 말은 아닐 것이다. 이러한 극한에 대한 개념을 이해하기 위하여 다음의 예제를 살펴보자.

예제 2.17

함수 $y=f(x)=\dfrac{x^2-4}{x-2}$ 는 $x=2$ 에서는 정의가 되어 있지 않은 함수이다. x 의 값을 변화시키면서 2에 가까이 접근시킬 때 y 의 값은 어떻게 변화하는지를 살펴보아라.

풀이

$f(3)=5$	$f(1)=3$
$f(2.5)=4.5$	$f(1.5)=3.5$
$f(2.1)=4.1$	$f(1.9)=3.9$
$f(2.01)=4.01$	$f(1.99)=3.99$
$f(2.001)=4.001$	$f(1.999)=3.999$
$\vdots$	$\vdots$

따라서 변수 x가 2(단, $x \neq 2$)에 가까이 감에 따라 그 함수값 $f(x)$는 4에 한없이 가까워짐을 알 수 있다. (아래 왼쪽 그림 참조)

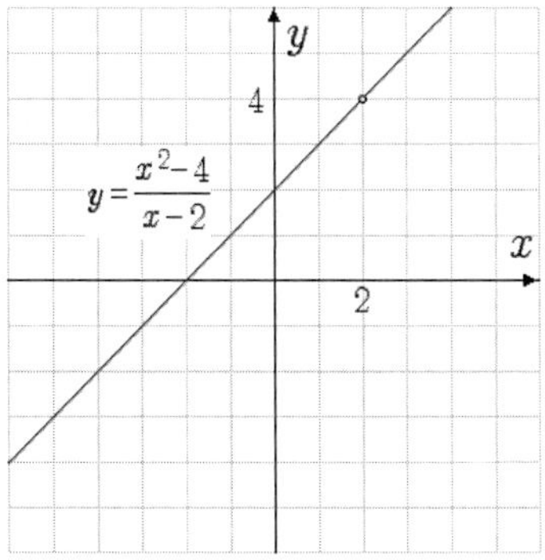

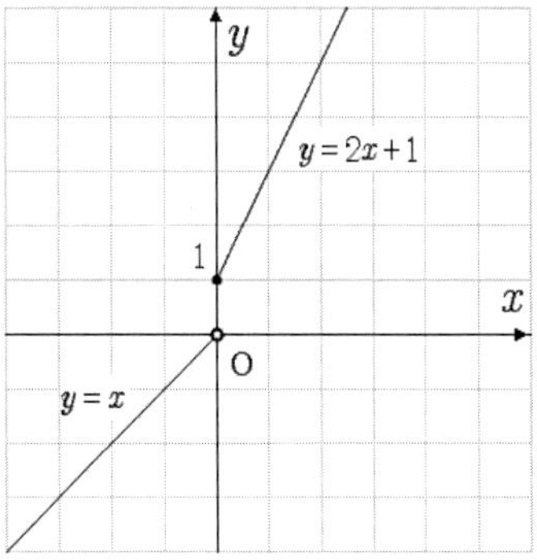

그러나 다음의 예를 살펴보자.

예제 2.18

$y=f(x)=2x+1,\ x \geq 0,\ y=f(x)=x,\ x<0$ 로 정의된 함수 $y=f(x)$에 대하여 $x=0$에 가까이 있는 x의 값에 대하여 y의 값들은 어떤 모양으로 분포되어 있는가? 함수값이 가까워지는 어떤 고정된 값이 있는가?

풀이

$f(0)=3$	$f(-1)=-1$
$f(0.1)=1.2$	$f(-0.1)=-0.1$
$f(0.01)=1.02$	$f(-0.01)=-0.01$
$f(0.001)=1.002$	$f(-0.001)=-0.001$
$f(0.0001)=1.0002$	$f(-0.0001)=-0.0001$
$\vdots$ $\quad$ $\vdots$	

위의 값들을 살펴보면, x가 0(단, $x \neq 0$)으로 가까이 가되, 0보다 큰 쪽에서 0으로 가까이 가면 함수값은 1로 가까이 가고, 0보다 작은 쪽에서 0으로 가까이 가면 함수값은 0으로 가까이 간다. 그러므로 x가 0으로 좌우측에서 가까이 갈 때(단, $x \neq 0$), 함수값이 가까이 가게 되는 공통적인 수는 없다.(위의 오른쪽 그림 참조)

■

예제 2.17과 같은 경우에, 함수 $f(x)$는 x가 2로 갈 때 4로 수렴한다고 말하고 4를 x가 2로 갈 때 함수 $f(x)$의 극한값이라고 한다. 이것을 참고로 하여 다음과 같이 정의한다.

함수의 극한의 직관적 정의 함수 $f(x)$가 한 점 $x=c$를 중심으로 하여 좌우측에 충분히 가깝게 있는 모든 점 x(단, $x=c$는 제외가능)를 어떤 고정된 점 $y_0=L$의 아래 위에 충분히 가깝게 있는 점들(점 L을 포함하여)에 대응시킬 때, 함수 $f(x)$는 $x=c$에서 **극한**(limit) 또는 극한값 L을 갖는다고 하고 이를 다음과 같은 기호로 나타낸다.

$$\lim_{x\to c} f(x)=L.$$

참고 함수의 극한값을 구하는 것은 독립변수가 어떤 값에 충분히 가깝게 있을 때 종속변수가 어떤 값에 가까운가에 대한 문제이므로 극한값을 나타내는 변수를 다른 변수로 바꾸어도 무방하다. 즉, $\lim\limits_{x\to c} f(x)=L$이 존재하면

$$\lim_{x\to c} f(x)=L=\lim_{t\to c} f(t).$$

심화 학습

극한에 관한 엄밀한 수학적 정의는 다음과 같은 $\epsilon-\delta$방법의 정의이다.

$$\lim_{x\to c} f(x)=L \Leftrightarrow \forall \epsilon>0,\ \exists \delta>0 \text{ s.t. } 0<|x-c|<\delta \Rightarrow |f(x)-L|<\epsilon.$$

또 함수 $f(x)$에 대하여 위와 같은 성질을 가지는 점 L이 존재하지 않으면 함수 $f(x)$

는 $x = c$에서 **극한을 갖지 않는다**고 말한다.

예제 2.19

위의 예제 2.17에서의 함수에 대하여 극한값을 구하여라.

풀이 $x \neq 2$이면 $f(x) = \dfrac{x^2 - 4}{x - 2} = x + 2$. 그러므로 x가 2의 좌우측에 충분히 가까운 값이면 $f(x)$는 $L = 4$의 아래 위에 충분히 가까운 값이 된다. 따라서

$$\lim_{x \to 2} \frac{x^2 - 4}{x - 2} = 4.$$

■

위의 예제 2.18을 보면, x가 0으로 좌우측에서 가까이 갈 때(단, $x \neq 0$), 함수 값이 가까이 가게 되는 공통적인 수는 없다. 그러나 x가 0의 좌측에서 가까이 갈 때(단, $x \neq 0$)만 고려한다면 함수값은 0으로 가까이 간다. 또, x가 0의 우측에서 가까이 갈 때(단, $x \neq 0$)만 고려한다면 함수값은 1로 가까이 간다. 즉, 좌・우측을 따로따로 생각해 본다면, 함수값이 가까이 가게 되는 극한이 있다고도 볼 수 있다. 이러한 한 방향의 극한을 다음과 같이 정의한다.

좌방극한의 직관적 정의 함수 $f(x)$가 한 점 $x = c$를 중심으로 하여 좌측에 충분히 가깝게 있는 모든 점 x(단, $x = c$는 제외가능)를 어떤 고정된 점 $y_0 = L$의 아래 위에 충분히 가깝게 있는 점들(점 L을 포함하여)에 대응시킬 때, 함수 $f(x)$는 $x = c$에서 **좌방극한**(left hand limit) L을 갖는다고 하고, 이를 다음과 같은 기호로 나타낸다.

$$f(c-) = \lim_{x \to c-} f(x) = L.$$

우방극한의 직관적 정의 함수 $f(x)$가 한 점 $x = c$를 중심으로 하여 우측에 충분히 가깝게 있는 모든 점 x(단, $x = c$는 제외가능)를 어떤 고정된 점 $y_0 = L$의 아래 위에 충분히 가깝게 있는 점들(점 L을 포함하여)에 대응시킬 때, 함수 $f(x)$는 $x = c$에서 **우방극한**(right hand limit) L을 갖는다고 하고, 이를 다음과 같은 기호로 나타낸다.

$$f(c+) = \lim_{x \to c+} f(x) = L.$$

예제 2.20

함수 $f(t)=t/|t|$의 0에서의 좌방극한과 우방극한을 구하여라.

풀이 $\lim_{t\to 0+}\frac{t}{|t|}=\lim_{t\to 0+}\frac{t}{t}=1,\ \lim_{t\to 0-}\frac{t}{|t|}=\lim_{t\to 0-}\frac{t}{-t}=-1.$ ■

정리 2.11

함수 $f(x)$가 한 점 $x=c$에서 극한 L을 가질 필요충분조건은 함수 $f(x)$가 $x=c$에서 같은 좌방극한값과 우방극한값 L을 갖는 것이다.

증명 (필요조건). 함수 $f(x)$가 $x=c$에서 극한 L을 가지면 $x=c$를 중심으로 하여 좌우측에 충분히 가깝게 있는 모든 점 x(단, $x=c$는 제외)에 대하여 $f(x)$는 L의 아래 위에 충분히 가깝게 있게 된다. 그러므로 특히, $x=c$의 좌측에 있는 점에 대해서도 그렇고, 우측에 있는 점들에 대해서도 그렇다. 따라서, $f(x)$의 좌 · 우방극한은 L이다.

(충분조건). 좌방극한이 L이므로, $x=c$의 좌측에 있는 가까운 점 x에 대해서 $f(x)$는 L의 아래 위에 충분히 가깝게 있고, 우방극한이 L이므로 $x=c$ 우측에 있는 가까운 점 x에 대해서도 $f(x)$는 L아래 위에 충분히 가깝게 놓여 있다. 결과적으로, $x=c$의 좌 · 우측에 있는 가까운 점에 대해서 $f(x)$가 L의 아래 위에 충분히 가까이 있으므로, 함수 $f(x)$의 x가 c로 갈 때의 극한은 L이다. □

극한값을 계산하는데 있어서 한 함수가 주어졌을 때, 그 함수가 여러 가지 함수의 합, 차, 곱, 몫, 합성 등의 모양으로 이루어져 있다면, 그것의 극한을 구하는데 다음의 정리를 쓰면 편리한 경우가 많다. 이 정리의 증명은 극한이 직관적으로 정의가 되어 있고 충분히 가까운 거리의 상수 배는 역시 충분히 가까우므로 직관적으로 쉽게 증명할 수 있다. 따라서 증명은 생략하기로 한다.

정리 2.12 (극한의 대수)

$\lim_{x\to c}f(x)=L,\ \lim_{x\to c}g(x)=M$이면 다음이 성립한다.

(1) $\lim_{x\to c}(f(x)+g(x))=\lim_{x\to c}f(x)+\lim_{x\to c}g(x)=L+M$

(2) $\lim_{x \to c} (f(x) - g(x)) = \lim_{x \to c} f(x) - \lim_{x \to c} g(x) = L - M$

(3) $\lim_{x \to c} (f(x)g(x)) = \lim_{x \to c} f(x) \lim_{x \to c} g(x) = LM$

(4) $\lim_{x \to c} (f(x)/g(x)) = \lim_{x \to c} f(x) / \lim_{x \to c} g(x) = L/M$(단, $M \neq 0$)

위의 정리 (3)에 의하여 $\lim_{x \to c} f(x) = L$이고 k가 임의의 상수이면

$$\lim_{x \to c} (kf)(x) = (\lim_{x \to c} k)(\lim_{x \to c} f(x)) = k \lim_{x \to c} f(x)$$

가 성립한다.

정리 2.13 (합성함수의 극한)

$\lim_{x \to c} g(x) = A$이고 $\lim_{y \to A} f(y) = f(A)$이라고 하자. 그러면

$$\lim_{x \to c} (f \circ g)(x) = f(A)$$

증명 $\lim_{x \to c} g(x) = A$이므로 c에 충분히 가까운 모든 x(단, $x \neq c$)에 대하여 $g(x)$는 A에 충분히 가깝다. 그런데 $\lim_{y \to A} f(y) = f(A)$이므로, A에 충분히 가까운 $g(x)$에 대하여 $f(g(x))$는 $f(A)$에 가까워져야 한다. 이때 $g(x) = A$가 되어도 무방하므로 $f(g(x))$의 극한값은 $f(A)$이다. 따라서 $\lim_{x \to c} (f \circ g)(x) = f(A)$가 성립한다. □

예제 2.21

$$\lim_{x \to c} 4x^4 = 4(\lim_{x \to c} x)(\lim_{x \to c} x)(\lim_{x \to c} x)(\lim_{x \to c} x) = 4cccc = 4c^4.$$

예제 2.22

$$\begin{aligned}\lim_{x \to c} (4x^3 - 3x^2 + 2x - 1) &= \lim_{x \to c} 4x^3 - 3(\lim_{x \to c} x^2) + 2\left(\lim_{x \to c} x\right) - 1 \\ &= 4c^3 - 3c^2 + 2c - 1.\end{aligned}$$

예제 2.23

$$\lim_{x\to c}\frac{2x^2-3}{4x^2+1}=\frac{\lim\limits_{x\to c}(2x^2-3)}{\lim\limits_{x\to c}(4x^2+1)}=\frac{2c^2-3}{4c^2+1}\text{(분모가 0이 아니므로)}.$$

예제 2.24

$$\lim_{x\to c}\left\{\frac{x^2-1}{x^2+1}\right\}^3=\left\{\lim_{x\to c}\frac{x^2-1}{x^2+1}\right\}^3=\left\{\frac{c^2-1}{c^2+1}\right\}^3\text{(분모가 0이 아니므로)}.$$

정리 2.14

n차 다항함수 $f(x)=a_0+a_1x+\cdots+a_nx^n$에 대하여 c가 임의의 실수이면

$$\lim_{x\to c}f(x)=f(c).$$

증명 정리 2.12를 유한 번 적용하면 증명이 되므로 자세한 증명은 생략한다. □

정리 2.15

다항함수 $f(x)=a_0+a_1x+\cdots+a_nx^n$과 $g(x)=b_0+b_1x+\cdots+b_mx^m$에 대하여 c가 임의의 실수이고 $g(c)\neq 0$이면

$$\lim_{x\to c}\frac{f(x)}{g(x)}=\frac{f(c)}{g(c)}.$$

증명 정리 2.14와 정리 2.12의 (4)에 의하여 성립한다. □

예제 2.25

$$\lim_{x\to 3}\frac{x^{10}-243x^5+55}{x^7-3x^6+5}=\frac{3^{10}-3^5\cdot 3^5+55}{3^7-3\cdot 3^6+5}=\frac{55}{5}=11.$$

정리 2.16 (조임정리)

c를 포함하는 열린구간에서 $x \neq c$에 대하여 부등식 $g(x) \leq f(x) \leq h(x)$를 만족하고 $\lim_{x \to c} g(x) = \lim_{x \to c} h(x) = L$이면, $\lim_{x \to c} f(x) = L$이다. 또, 이것은 한 방향극한에 대해서도 성립한다.

증명 $x \neq c$가 c근방에 충분히 가깝게 있으면 $g(x)$와 $h(x)$는 L에 충분히 가깝게 있고, $f(x)$는 $g(x)$와 $h(x)$의 사이에 있으므로, $f(x)$도 L에 충분히 가깝게 있어야 한다. 또, c의 양편에 있는 x를 각각 생각해보면 한 방향극한에 대해서도 성립함을 알 수 있다. □

예제 2.26

$\dfrac{1-3x^2}{1+3x^2} \leq f(x) \leq 1$을 만족하는 함수 $f(x)$에 대하여 $\lim_{x \to 0} f(x)$를 구하여라.

풀이 $\lim_{x \to 0} \dfrac{1-3x^2}{1+3x^2} = 1$, $\lim_{x \to 0} 1 = 1$이므로 조임정리에 의하여 $\lim_{x \to 0} f(x) = 1$이다. ■

• 무한대를 포함하는 극한

우리는 어떤 실수의 변수 x가 양의 방향으로 무한히 커지고 있는 상태를 보통 $x \to \infty$와 같이 나타내고, x가 **"무한대로 간다."**라고 읽는다. 그렇다고 해서, ∞가 무한히 큰 실수를 나타낸다고는 할 수 없다. 다만, 어떤 실수보다도 더 큰 어떤 양이라는 뜻의 기호일 뿐이다. 이제 이러한 ∞를 포함하는 극한에 대하여 생각해 보자.

♥ 독립변수가 무한대로 가는 경우

정의 2-17

충분히 큰 모든 x에 대하여 함수값 $f(x)$가 어떤 고정된 값L의 아래 위에 충분히 가깝게 있으면, x가 ∞로 갈 때의 $f(x)$의 극한은 L이라고 말하고, 기호로 다음과 같이 나타낸다.

$$\lim_{x \to \infty} f(x) = L.$$

정의 2-18

충분히 작은 모든 x에 대하여 함수값 $f(x)$가 어떤 고정된 값 L의 아래 위에 충분히 가깝게 있으면, x가 $-\infty$로 갈 때의 $f(x)$의 극한은 L이라고 말하고, 기호로 다음과 같이 나타낸다.

$$\lim_{x \to -\infty} f(x) = L.$$

정의 2-19

충분히 큰 모든 x에 대하여 함수값 $f(x)$도 무한히 커진다면(작아진다면), x가 ∞로 갈 때의 $f(x)$의 극한은 $\infty(-\infty)$라고 말하고, 기호로 다음과 같이 나타낸다.

$$\lim_{x \to \infty} f(x) = \infty(-\infty).$$

정의 2-20

충분히 작은 모든 x에 대하여 함수값 $f(x)$는 무한히 커진다면(작아진다면), x가 $-\infty$로 갈 때의 $f(x)$의 극한은 $\infty(-\infty)$라고 말하고, 기호로 다음과 같이 나타낸다.

$$\lim_{x \to -\infty} f(x) = \infty(-\infty).$$

♣ 종속변수가 무한대로 가는 경우

정의 2-21

실수c에 충분히 가깝게 있는 모든 점 x(단, x는 제외가능)에 대하여 함수값 $f(x)$를 어떠한 실수보다도 더 크게 할 수 있을 때, x가 c로 갈 때의 $f(x)$의 극한은 ∞이다 또는 $f(x)$는 ∞로 발산한다고 말하고, 기호로 다음과 같이 나타낸다.

$$\lim_{x \to c} f(x) = \infty.$$

정의 2-22

실수 c에 충분히 가깝게 있는 모든 점 x(단, x는 제외가능)에 대하여 함수값 $f(x)$를 어떠한 실수보다도 더 작게 할 수 있을 때, x가 c로 갈 때의 $f(x)$의 극한은 $-\infty$이다 또는 $f(x)$는 $-\infty$로 발산한다고 말하고, 기호로 다음과 같이 나타낸다.

$$\lim_{x \to c} f(x) = -\infty.$$

무한대를 포함하는 극한에 대해서도 함수의 사칙연산의 극한에 관한 다음 정리가 성립한다는 것을 직관적으로 알 수 있다.

정리 2.23

$x \to \infty$인 경우와 극한이 무한대인 경우($-\infty$ 포함)에, 모두 정리 2.12와 같은 극한에 관한 정리가 성립한다. 단, $\infty - \infty$와 ∞ / ∞ 등과 같이 수렴값이 분명하지 않은 경우는 제외한다.

또, 무한대를 포함하는 극한에 대하여 다음의 조임정리도 성립한다. 직관적으로 분명하므로 증명은 생략한다.

정리 2.24 (조임 정리)

c를 포함하는 구간에서, $x \neq c$에 대하여 부등식 $g(x) \leq f(x) \leq h(x)$를 만족하고 $\lim_{x \to c} g(x) = \lim_{x \to c} h(x) = L$이면, $\lim_{x \to c} f(x) = L$이다. 여기서 c와 L은 실수, ∞ 또는 $-\infty$이다. 또, c가 실수인 경우에, 한 방향극한에 대해서도 이 정리가 성립한다.

예제 2.27

다음의 극한을 구하여라.

(1) $\lim_{x \to \infty} \frac{1}{x^2 - 1}$

(2) $\lim_{x \to \infty} \frac{1}{10^{100} - x}$

(3) $\lim_{x \to -\infty} \frac{2}{x^2}$

(4) $\lim_{x \to -\infty} \frac{x^2 + 1}{3x^2 - 5}$

풀이 (1) 0 (2) 0 (3) 0

(4) 분모분자를 x^2으로 나누면,

$$\lim_{x\to-\infty}\frac{x^2+1}{3x^2-5}=\lim_{x\to-\infty}\frac{1+\dfrac{1}{x^2}}{3-\dfrac{5}{x^2}}=\frac{1+\displaystyle\lim_{x\to-\infty}\frac{1}{x^2}}{3-\displaystyle\lim_{x\to-\infty}\frac{5}{x^2}}=\frac{1+0}{3-0}=\frac{1}{3}.$$

예제 2.28

다음의 극한을 구하여라.

(1) $\displaystyle\lim_{x\to\infty}\frac{1}{[1-x]}$ (2) $\displaystyle\lim_{x\to\infty}\frac{x^2}{[x^2]}$ (3) $\displaystyle\lim_{x\to0}\frac{1+x}{x^2}$

(4) $\displaystyle\lim_{x\to1-}\frac{1}{[x]-1}$ (5) $\displaystyle\lim_{x\to-\infty}\frac{x-[x]}{x}$

풀이 (1) 충분히 큰 모든 x에 대하여 $[1-x]$는 음수로써 절대값이 충분히 크게 되므로 $\dfrac{1}{[1-x]}$은 0에 충분히 가깝게 된다.

(2) $x^2>1$이면 $x^2-1\le[x^2]\le x^2$이므로

$$1\le\frac{x^2}{[x^2]}\le\frac{x^2}{x^2-1}=\frac{1}{1-\dfrac{1}{x^2}}.$$

그러므로 $\displaystyle\lim_{x\to\infty}\frac{x^2}{[x^2]}=1$.

(3) x가 0에 충분히 가까우면 분자는 1에 충분히 가깝고 분모는 0으로 한없이 작아지므로 극한은 ∞.

(4) 1보다 작으면서 1에 충분히 가깝게 있는 모든 x에 대하여 $[x]=0$이 된다. 그러므로 극한은 -1 이다.

(5) 모든 실수 x에 대하여 $0\leqq x-[x]<1$을 만족하고 분모는 충분히 작으므로 극한값은 0이다.

심화 학습

참고로 무한대를 포함하는 극한에 대한 $\epsilon-\delta$방법의 정의는 다음과 같다.

	무한대를 포함하는 극한의 $\epsilon-\delta$ 정의		
①	$\lim_{x\to c} f(x)=\infty$	$\Leftrightarrow$	$\forall G>0,\ \exists\delta>0\ \ s.t.\ 0<\lvert x-c\rvert<\delta \Rightarrow f(x)>G$
②	$\lim_{x\to c} f(x)=-\infty$	$\Leftrightarrow$	$\forall G>0,\ \exists\delta>0\ \ s.t.\ 0<\lvert x-c\rvert<\delta \Rightarrow f(x)<-G$
③	$\lim_{x\to\infty} f(x)=L$	$\Leftrightarrow$	$\forall\epsilon>0,\ \exists M>0\ \ s.t.\ x>M \Rightarrow \lvert f(x)-L\rvert<\epsilon$
④	$\lim_{x\to-\infty} f(x)=L$	$\Leftrightarrow$	$\forall\epsilon>0,\ \exists M>0\ \ s.t.\ x<-M \Rightarrow \lvert f(x)-L\rvert<\epsilon$
⑤	$\lim_{x\to\infty} f(x)=\infty$	$\Leftrightarrow$	$\forall G>0,\ \exists M>0\ \ s.t.\ x>M \Rightarrow f(x)>G$
⑥	$\lim_{x\to\infty} f(x)=-\infty$	$\Leftrightarrow$	$\forall G>0,\ \exists M>0\ \ s.t.\ x>M \Rightarrow f(x)<-G$
⑦	$\lim_{x\to-\infty} f(x)=\infty$	$\Leftrightarrow$	$\forall G>0,\ \exists M>0\ \ s.t.\ x<-M \Rightarrow f(x)>G$
⑧	$\lim_{x\to-\infty} f(x)=-\infty$	$\Leftrightarrow$	$\forall G>0,\ \exists M>0\ \ s.t.\ x<-M \Rightarrow f(x)<-G$

이 정의와 직관적인 정의를 비교하여 살펴보면, 어떤 수가 서로 가깝다는 것은 두 수의 거리가 기준이 되는 수 ϵ보다 작은 경우에 가깝다고 표현하였으며, 또 충분히 크다는 (작다는) 것은 주어진 임의의 수 $G>0$에 대하여 $G(-G)$보다도 크게 (작게) 만들 수 있다는 것으로 표현하였음을 알 수 있다.

연습문제 2-3 Exercises

1. 다음 극한을 구하여라.

(1) $\lim_{x\to 1/3}(3x-1)$　　(2) $\lim_{x\to 1}(x^3+2x^2-3x-5)$

(3) $\lim_{x\to -2}(x^3-2x^2+4x+8)$　　(4) $\lim_{x\to -1} 2x^3(3x-1)$

2. 다음 극한을 구하여라.

(1) $\lim_{x\to 1}\dfrac{x+2}{x-5}$　　(2) $\lim_{x\to -1}\dfrac{x+3}{x^2+2x+2}$

(3) $\lim_{t\to -2}\dfrac{t^2+5t+6}{t+2}$　　(4) $\lim_{x\to 1}\dfrac{x^3-5x+4}{-x^3+x^2-x+1}$

(5) $\lim_{y\to 2}\dfrac{3y^3-10y-3}{y^4-14}$　　(6) $\lim_{x\to -2}\dfrac{x^2+x-2}{x^2-4}$

(7) $\lim_{x\to -3} \dfrac{x+3}{x^2+4x+3}$　　(8) $\lim_{x\to 0} \dfrac{5x^3-8x^2}{x^4-16x^2}$

3. 다음과 같이 정의된 함수 $f(x)$에 대하여 $x=-1,\ 0,\ 1$에서의 좌우방극한이 존재하면 모두 구하여라.

$$f(x)=\begin{cases} x^2, & x\in[-1,\ 1]-\{0\} \\ 1, & x=0 \end{cases}$$

4. 다음에 주어진 함수들에 대하여 $x=0$에서의 극한을 구하고 비교하여 보아라. 어떠한 사실을 알 수 있는가?

(1) $f(x)=x^2$　　(2) $g(x)=\begin{cases} x^2, & |x|<1 \\ 1, & |x|\geq 1 \end{cases}$

(3) $h(x)=\begin{cases} x^2, & |x|<1/2 \\ 0, & |x|\geq 1/2 \end{cases}$

5. $\lim_{x\to 1} f(x)=3$, $\lim_{x\to 1} g(x)=-2$일 때 다음의 극한을 구하여라.

(1) $\lim_{x\to 1}(f(x)+g(x))$　　(2) $\lim_{x\to 1}(f(x)-g(x))$

(3) $\lim_{x\to 1}(f(x)g(x))$　　(4) $\lim_{x\to 1+}[2f(x)+3g(x)]$

(5) $\lim_{x\to 1}(f(x)/g(x))$　　(6) $\lim_{x\to 1}([f(x)]^2+[g(x)]^2)$

(7) $\lim_{x\to 1-}[f(x)-g(x)]^2$

6. 함수 $f(x)$가 구간 $[-1,\ 1]$에서 다음의 부등식을 만족할 때, $\lim_{x\to 0} f(x)$를 구하여라.

$$\frac{1}{1+|x|}\leq f(x)\leq \frac{1}{1+x^2}.$$

7. 다음의 극한을 구하여라.

(1) $\lim_{x\to\infty} \dfrac{x}{[x]}$　　(2) $\lim_{x\to\infty} \dfrac{x+1}{1+x^2}$

(3) $\lim_{x\to -\infty} \left[\dfrac{x^2-1}{x^2}\right]$　　(4) $\lim_{x\to -\infty} \dfrac{x^2+1}{2x^2-3x+1}$

2.4 함수의 연속성

어떤 물체가 공간을 움직이고 있을 때, 움직인 자취는 곡선을 이루는데 이러한 곡선은 끊어져 있을 수 없다. 끊어져 있으려면 그곳에서 무한대(∞)의 속도로 움직여야 하기 때문이다. 이와 같이 끊어져 있지 않는 그래프를 갖는 함수는 연속함수가 된다. 그러나 그래프가 이어져있을 때만 연속이라고 정의하면 용도가 제한적이 되기 때문에 다음과 같이 연속성을 정의한다.

함수의 연속성의 정의 함수가 구간 $[a,\ b]$ 위에서 정의되어 있을 때,

(1) 정의역 내의 점 c에서 $\lim_{x\to c} f(x)=f(c)$인 경우에 함수 $f(x)$가 $x=c$에서 **연속**이라고 정의한다.

(2) 정의역 내의 점 c에서 $\lim_{x\to c+} f(x)=f(c)$인 경우에 함수 $f(x)$가 $x=c$에서 **우방연속**이라고 정의한다.

(3) 정의역 내의 점 c에서 $\lim_{x\to c-} f(x)=f(c)$인 경우에 함수 $f(x)$가 $x=c$에서 **좌방연속**이라고 정의한다.

(4) 정의역 내의 점 c에서는 연속이고 a에서는 우방연속, b에서는 좌방연속일 때 함수 f는 **구간** $[a,\ b]$**에서 연속**이라고 말한다.

참고 함수의 연속성에 관한 엄밀한 수학적 정의는 다음과 같은 $\epsilon-\delta$방법의 정의이다.

$$\forall\,\epsilon>0,\ \ \exists\,\delta>0 \text{ s.t. } |x-c|<\delta \Rightarrow |f(x)-f(c)|<\epsilon.$$

또, $f(x)$가 연속이 아니면 **불연속**이라고 하고, 연속이 아닌 점을 **불연속점**이라고 한다.

위의 정의를 고찰하여 보면 다음을 알 수 있다.

정리 2.25 (함수의 연속성 판정법)

함수 $f(x)$가 연속일 필요충분조건은 다음 세 가지 조건을 만족하는 것이다.

(1) $f(x)$가 $x=c$ 위에서 정의되어 있다.

(2) $\lim\limits_{x\to c} f(x)$가 존재한다. ($c=a$ 또는 $c=b$인 경우는 한 방향극한)

(3) 극한값과 함수값이 같다.

세 개의 명제 p, q, r의 논리곱 $p \wedge q \wedge r$의 부정은

$$\sim (p \wedge q \wedge r) \equiv (\sim p) \vee (\sim q) \vee (\sim r)$$

이므로 위의 (1), (2) 및 (3)의 세 가지 조건 중에서 한 가지만 만족하지 않아도 함수는 불연속이 됨을 알 수 있다. 또한 좌·우방극한에 관한 정리를 이용하면 다음의 정리가 증명된다.

정리 2.26

함수 $f(x)$가 정의역 내부의 점 c에서 연속일 필요충분조건은 $f(x)$가 c에서 좌방연속이면서 동시에 우방연속이 되는 것이다.

예제 2.29

다항함수 $y = f(x) = a_0 + a_1 x + \cdots + a_n x^n$는 모든 점 c에서 연속이다.

풀이 극한에 관한 정리에 의하여

$$\lim_{x \to c} f(x) = \lim_{x \to c} (a_0 + a_1 x + \cdots + a_n x^n) = a_0 + a_1 c + \cdots + a_n c^n = f(c).$$

■

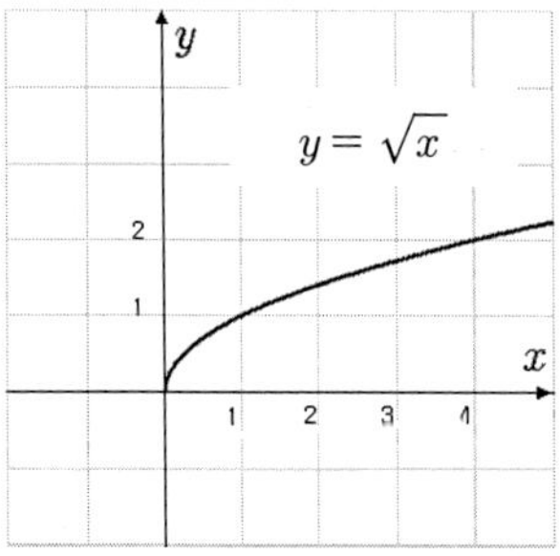

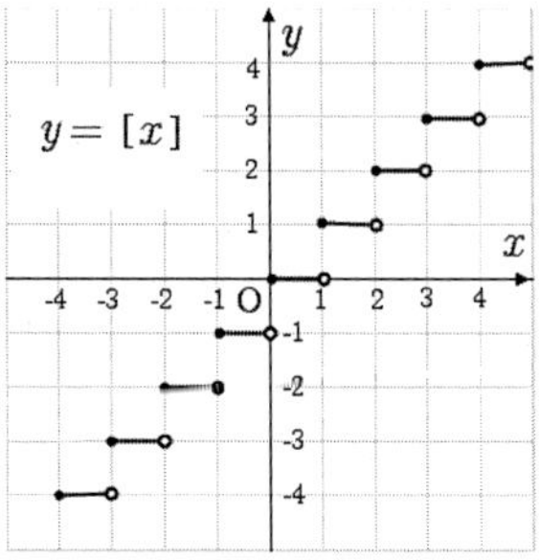

예제 2.30

$y = \sqrt{x}$는 모든 점 $c \geq 0$에서 연속이다. (위의 왼쪽 그림 참조)

풀이 $\lim_{x \to c} \sqrt{x} = \sqrt{c},\ c > 0,\ \lim_{x \to 0+} \sqrt{x} = 0 = \sqrt{0}.$

■

예제 2.31

최대정수함수 $y=f(x)=[x]$는 모든 정수 $x=n$에서 우방연속이고 좌방연속은 아니며, 정수가 아닌 모든 점 c에서 연속이다.(위의 오른쪽 그림 참조)

풀이 $x=c$가 정수가 아니면, $n<c<n+1$인 정수 n이 존재한다. 그러면

$$\lim_{x\to c} f(x)=n=f(c).$$

그러므로 $f(x)$는 정수가 아닌 점 c에서 연속이다. 또, $x=n$이 정수이면

$$\lim_{x\to n-} f(x)=n-1\neq f(n),\ \lim_{x\to n+} f(x)=n=f(n).$$

이므로, n에서 우방연속이고 좌방연속은 아니다.

■

두 함수의 사칙연산에 대한 극한에 관한 정리인 정리 2.12를 이용하면 다음의 유용한 정리를 쉽게 증명할 수 있다.

정리 2.27

함수 f와 g가 $x=c$에서 연속이면 $f+g$, $f-g$, fg, f/g(단, $g(c)\neq 0$)도 $x=c$에서 연속이다.

예제 2.32

유리함수 $y=\dfrac{f(x)}{g(x)}$는 $g(c)\neq 0$인 모든 점c에서 연속이다. 여기서

$$f(x)=a_0+a_1x+\cdots+a_nx^n,\ g(x)=b_0+b_1x+\cdots+b_mx^m.$$

풀이 정리 2.12에 의하여 극한값이 함수값이 되므로 연속이다.

■

합성함수의 연속성에 관한 다음 정리도 정리 2.13을 이용하면 쉽게 증명할 수 있다.

정리 2.28

함수 $y=g(x)$가 $x=c$에서 연속이고 $z=f(y)$가 $g(c)$에서 연속이면 g와 f의 합

성함수 $z=(f \circ g)(x)$도 $x=c$에서 연속이다.

예제 2.33

$y=f(x)=a_0+a_1x+\cdots+a_nx^n$일 때, $z=\sqrt{y}$는 $f(c)\geq 0$인 점c에서 연속이다.

풀이 예제 2.29와 예제 2.30에 의하여 연속이다.

■

우리는 때때로 $f(x)=0$과 같은 방정식을 풀어야 하는 때가 있다. 이러한 방정식이 항상 해를 가지는 것은 아니지만, 이러한 방정식이 어떠한 경우에 해를 가지며, 또한 그 해가 어떤 구간 내에 존재하는지를 알 수 있는 유용한 도구가 다음 정리이다.

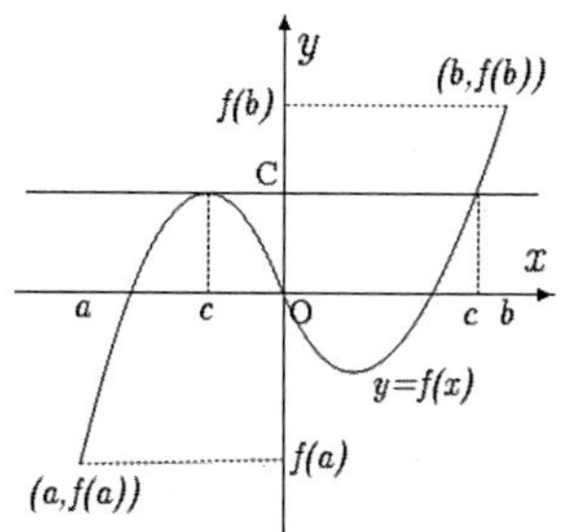

중간값의 정리

정리 2.29 중간값의 정리(intermediate value theorem)

함수 $f(x)$가 폐구간 $[a,\ b]$ 위에서 연속이고, C가 $f(a)$와 $f(b)$ 사이의 임의의 실수이면 $f(c)=C$인 실수 c가 $(a,\ b)$ 내에 적어도 하나 존재한다.

증명 이 정리는 직관적으로는 분명하며, 실수의 최소상계적 성질을 이용하면 이론적으로도 엄밀하게 증명될 수 있지만 여기서는 생략하기로 한다. □

정리 2.30

함수 $f(x)$가 폐구간 $[a,\ b]$에서 연속이고 $f(a)f(b)<0$을 만족하면 방정식 $f(x)=0$

은 (a, b)내에 적어도 하나의 근을 가진다.

증명 위의 중간값 정리에서 $C=0$인 경우이므로 분명하다. □

예제 2.34

방정식 $x^4+3x^3-2x^2+\sqrt{x}-1=0$이 구간$[0,\ 1]$내에서 적어도 하나의 실근을 가짐을 증명하여라.

풀이 $f(x)=x^4+3x^3-2x^2+\sqrt{x}-1$이라고 하면, $f(x)$는 다항함수와 $\sqrt{x}$의 합이므로 위의 예제와 정리에 의하여 구간 $[0, \infty)$에서 연속이다. 그런데, $f(0)=-1<0<2=f(1)$이므로 중간값정리에 의하여 구간 $[0,\ 1]$ 내에서 적어도 하나의 실근을 갖는다. ■

예제 2.35

임의의 유리수x에 대해서는 $f(x)=x$, 무리수 x에 대해서는 $f(x)=0$으로 정의한 함수 $f(x)$는 $x=0$에서 연속임을 밝혀라. (다음 그림 참조)

풀이 x가 0으로 한없이 가까이 갈 때 x가 무리수이면 함수값은 $f(x)=0$이므로 0 그 자체이고, x가 유리수이면 $f(x)=x$이고 x가 0에 가깝다고 하였으므로 $f(x)=x$도 0에 가깝다. 따라서 $\lim_{x\to 0} f(x)=0=f(0)$가 성립한다. 그러므로 $f(x)$는 $x=0$에서 연속이다. (그림 참조)

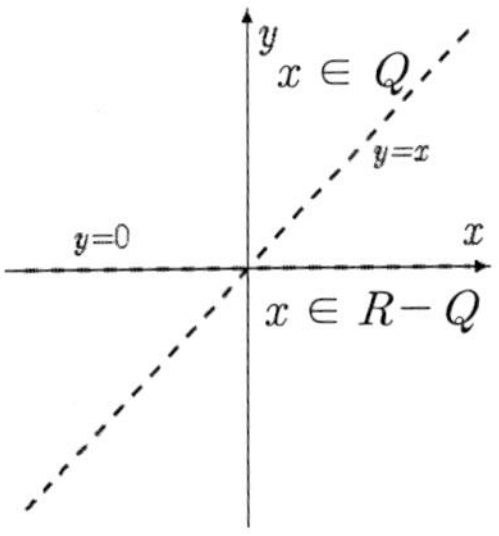

■

참고 위의 예제에서의 함수 $f(x)$의 그래프는 원점 근방에서 이어져 있다고 볼 수 없다. 그러나 $x=0$에서 연속이 되었음을 유념하여라.

♥ 최댓값과 최솟값

좌우로 진동하고 있는 시계추를 생각하여 보자. 시계추와 지면과의 수직거리는 시간에 따라 주기적으로 변할 것이다. 만약 시간 t를 독립변수, 수직높이 H를 종속변수라고 하면 높이 H는 시간 t의 함수가 된다. 시계추의 높이가 갑자기 변할 수는 없기 때문에, 이 함수는 연속함수가 되며, 시계추의 높이가 무한히 높아 질 수도 없기 때문에, 시계추의 높이가 최대가 되는 시간이 있을 것이고(실제로, 그 시간은 주기적으로 나타난다.), 시계추의 높이가 최소가 되는 시간도 존재할 것이다. 우리는 이와 같은 현상에서 어떤 주어진 함수가 그의 정의역에서 최댓값과 최솟값을 가지는지, 또는 가지지 않는지에 대하여 고찰해 볼 필요성을 느낄 수 있다.

정의 2.31

함수 $f(x)$가 구간 $[a, b]$ 위에서 정의되어 있다고 하자. 모든 $x \in [a, b]$에 대하여 $f(x_M) \geq f(x)$를 만족하는 점 x_M이 $[a, b]$내에 존재하면, $f(x)$는 $x = x_M$에서 **최댓값** $f(x_M)$을 갖는다고 말하고, 기호로 다음과 같이 나타내며, 점 $(x_M, f(x_M))$을 **최대점**이라고 한다.

$$\max_{x \in [a, b]} f(x) = f(x_M).$$

정의 2-33

함수 $f(x)$가 구간 $[a, b]$ 위에서 정의되어 있다고 하자. 모든 $x \in [a, b]$에 대하여 $f(x_m) \leq f(x)$를 만족하는 점 x_m이 $[a, b]$내에 존재하면, $f(x)$는 $x = x_m$에서 **최솟값** $f(x_m)$을 갖는다고 말하고, 기호로 다음과 같이 나타내며, 점 $(x_m, f(x_m))$을 **최소점**이라고 한다.

$$\min_{x \in [a, b]} f(x) = f(x_m).$$

예제 2.36

$f(x) = 4x - 5$이면, 최댓값은 $\max_{x \in [-1, 1]} f(x) = f(1) = -1$이고, 최솟값은

$$\min_{x \in [-1, 1]} f(x) = f(-1) = -9$$

이다.

연속함수에 관한 다음의 정리도 때때로 유용하게 쓰인다. 직관적으로는 분명히 성립하나 수학적인 증명은 이 책의 수준을 넘으므로 증명은 생략한다.

정리 2.34

함수 $f(x)$가 폐구간 $[a,\ b]$에서 연속이면 f는 $[a,\ b]$에서 유계이다. 즉, 어떤 양수 K가 존재하여, 모든 $x \in [a,\ b]$에 대하여 $|f(x)| \leq K$를 만족한다.

또, 함수의 최대최소에 관한 다음의 정리도 성립한다.

정리 2.35 극값의 정리(extremum value theorem)

함수 $f(x)$가 유계폐구간 $[a,\ b]$에서 연속이면 f는 $[a,\ b]$내에서 최댓값과 최솟값을 가진다.

증명 이 정리는 정리 2.34와 실수의 최소상계적성질(완비성공리) 등을 이용하여 증명할 수 있으나 이 책의 수준을 넘으므로 자세한 증명은 생략하기로 한다. □

예제 2.37

함수 $f(x) = x^3 - 2x^2 + 5$에 대하여, 구간 $[-1,\ 1]$에서의 $f(x)$의 어떠한 함수값보다도 큰 수 K(이러한 수 K를 구간 $[-1,\ 1]$에서의 $f(x)$의 상계라고 부른다.)를 하나만 찾아보아라. (아래 왼쪽 그림 참조)

풀이 삼각부등식에 의하여, $|x^3 - 2x^2 + 5| \leq |x|^3 + 2|x|^2 + 5 \leq 1 + 2 + 5 = 8 = K$. ■

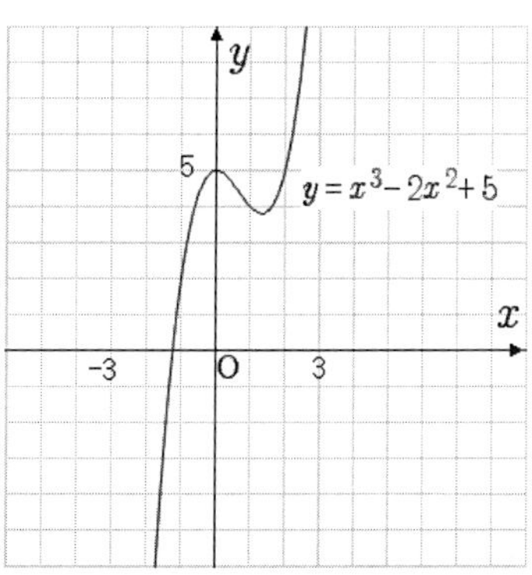

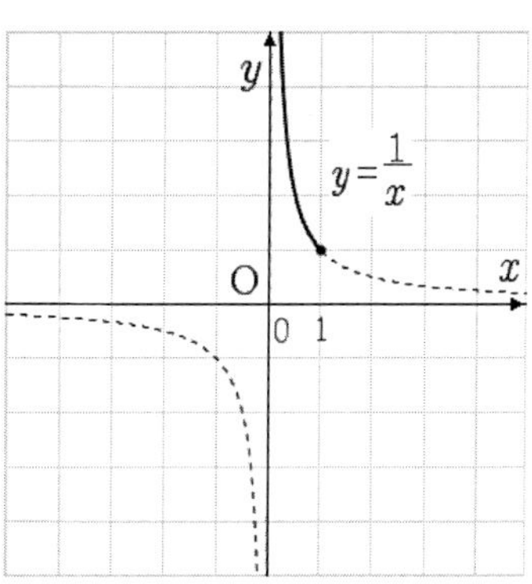

예제 2.38

함수 $f(x)=\frac{1}{x}$은 구간 $(0,\ 1]$에서 최댓값을 가지는가? 극치의 정리가 모순이라고 할 수 있는가? (위의 오른쪽 그림 참조)

풀이 $f(x)=\frac{1}{x}$은 구간 $(0,\ 1]$에서 연속이지만 최댓값은 가지지 않는다. 이것은 주어진 구간이 유계폐구간이 아니기 때문에 가능하다. 따라서 극치의 정리가 틀린 것은 아니다. ■

예제 2.39

정의역과 공역이 R인 함수 $y=x^5-4x^2+x+5$는 전사함수임을 밝혀라.

풀이 $f(x)=x^5-4x^2+x+5$는 다항함수이므로 R위에서 연속이다. 한편, x가 무한대로 갈 때의 극한을 생각하여 보면

$$\lim_{x\to\infty}(x^5-4x^2+x+5)=\lim_{x\to\infty}x^5(1-\frac{4}{x^3}+\frac{1}{x^4}+\frac{5}{x^5})=\infty$$

와

$$\lim_{x\to-\infty}(x^5-4x^2+x+5)=\lim_{x\to-\infty}x^5(1-\frac{4}{x^3}+\frac{1}{x^4}+\frac{5}{x^5})=-\infty$$

가 성립한다. 따라서 주어진 임의의 공역의 원소 $y\in R$에 대하여 $f(x_1)<y-1$ 을 만족하는 x_1과 $f(x_2)>y+1$을 만족하는 x_2가 존재하여야 한다. 함수 $f(x)$는 폐구간 $[x_1,\ x_2]$(또는 $[x_2,\ x_1]$)에서 연속이고

$$f(x_1)=y-1<y<y+1=f(x_2)$$

를 만족하므로, 중간값의 정리에 의하여 $f(x)=y$를 만족하는 x가 x_1과 x_2사이에 존재하여야 한다. 따라서 $f(x)=x^5-4x^2+x+5$은 전사함수이다. ■

연습문제 2-4 Exercises

1. 함수 $f(x)=(x^3-1)/(x^2-1)$이 $x=1$에서 연속이 되도록 $f(1)$을 정의하여라.

2. 최대정수함수 $f(x)=[x]$의 모든 불연속점들의 집합 S를 구하여라.

3. 다음 함수가 $x=2$에서 연속이 되도록 하는 상수 a의 값을 구하여라.

$$f(x)=\begin{cases} x^3-2x+1, & x \geq 2 \\ x^2-ax, & x<2 \end{cases}$$

4. 모든 점에서 0이 아닌 연속함수 $f(x)$는 항상 양수이거나 항상 음수임을 증명하여라.

5. $f(x)$가 모든 실수 x에서 연속인 함수이면 임의의 유계폐구간 $[a, b]$에 대하여 $f([a, b])$도 유계폐구간이 됨을 증명하여라.
(도움말 : 연속함수에 관한 극값의 정리와 중간값정리를 적용하여라.)

6. $x>1$일 때에는 $f(x)=1$, $x<1$일 때에는 $f(x)=x^2-1$로 정의된 함수가 $x=1$에서 좌방연속이 되려면 $f(1)$을 어떤 값으로 정의하여야 하는가?

7. 정수가 아닌 임의의 실수 x에 대하여 $n<x<n+1$인 정수 n이 유일하게 존재한다. 이러한 정수가 아닌 x에서의 함수값을 $f(x)=\dfrac{1}{1+n^2}$로 정의할 때, $f(x)$가 모든 점에서 우방연속이 되도록 함수값 $f(n)$(n은 정수)을 정하여라.

8. 방정식 $\sqrt{x^2+x+1}+x^3-4x+1=0$은 구간 $[0, 1]$에서 적어도 하나의 실근을 가짐을 보여라.

9. 정의역과 공역이 R인 함수 $f(x)=x^4+3x^2+1$의 치역은 $[1, \infty)$가 된다는 것을 극한과 중간값정리를 이용하여 증명하여라.

10. 불연속점 중에서 함수값을 다시 정의함으로써 연속이 되도록 할 수 있는 불연속점을 **제거가능불연속점**이라고 정의한다. 다음 조건을 동시에 만족하는 함수 $f(x)$를 하나만 찾아보아라. 단, 그래프를 이용하여 찾아도 무방하다.

(1) $D(f)=[0, 1]$

(2) $[0, 1]$에서 꼭 6개의 불연속점을 갖는다.

(3) $\sqrt{x}$ 항을 포함한다.

(4) 6개의 불연속점 중 꼭 4개만 제거가능불연속점이다.

제 3 장 미분법

3.1 미분계수와 도함수

직선 $y = mx + b$가 주어졌을 때, 이 직선 위의 임의의 두 점 $(x_1,\ y_1)$, $(x_2,\ y_2)$에서 y**의 증분** $\Delta y = y_2 - y_1$과 x**의 증분** $\Delta x = x_2 - x_1$의 비 $\dfrac{\Delta y}{\Delta x}$는 항상 일정하다. 이 수를 그 **직선의 기울기**라고 정의한다. 이제 곡선의 기울기를 나타내는 방법에 대하여 생각해 보자.

정의 3-1

접선의 정의

임의의 연속곡선(curve) C 위의 한 점 P가 주어졌다고 하자. P의 양쪽에 있고 P와는 다른 곡선 위의 임의의 두 점 Q와 Q'을 잡아서 Q와 Q'을 곡선 C를 따라서 P에 한없이 가까이 접근시킬 때, 직선 PQ와 PQ'이 어떤 고정된 하나의 직선 PT에 한없이 가까이 가면, 이 고정된 직선을 곡선 C의 **접선**(tangent line)이라고 정의한다(그림 참조).

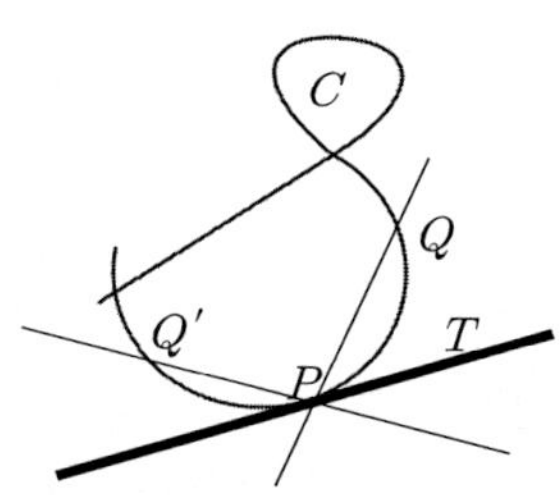

[그림 3.1]

예제 3.1

곡선 $y^3 = 8x$ 위의 점$(0,\ 0)$에서의 접선은 y-축이다. 왜냐하면 원점의 좌우측에 있는 그래프위의 점 $(a, 2a^{1/3})$와 $(b, 2b^{1/3})$에 대하여 원점과 이 두 점을 잇는 직선은 a와 b가 0으로 한없이 가까이 가면 y축으로 한없이 가까이 접근하기 때문이다 (아래 왼쪽 그림 참조).

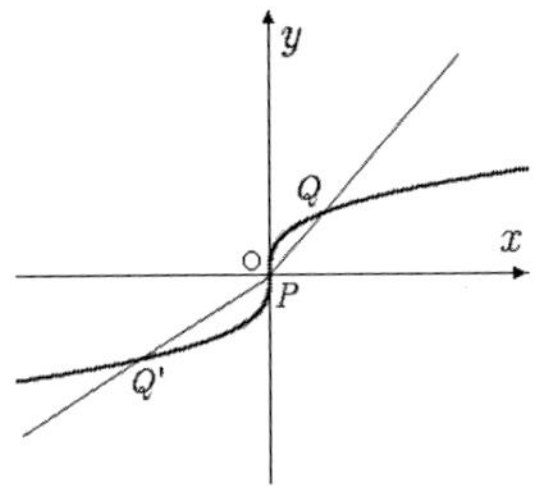

[그림 3.2]

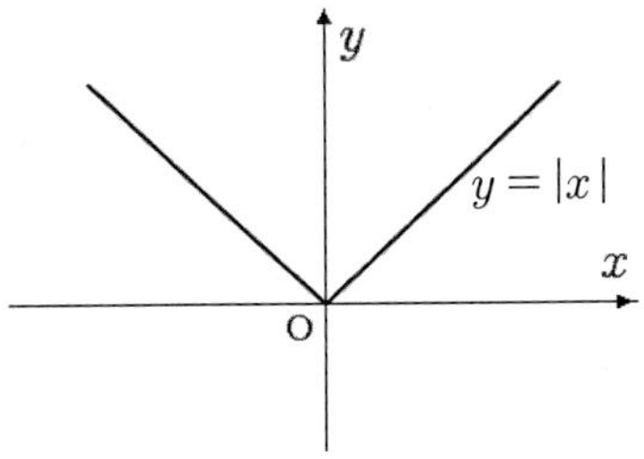

[그림 3.3]

예제 3.2

$y=|x|$의 원점에서의 접선은 정의되지 않는다. 왜냐하면 원점의 양쪽에서 그래프위의 두 점을 선택하여 직선을 그리면 공통적으로 접근할 수 있는 선이 없기 때문이다(위의 오른쪽 그림 참조).

정의 3-2

어떤 곡선이 주어져 있을 때, 그 곡선 위의 한 점에서 그 **곡선의 기울기**는 그 점에서의 접선의 기울기로 정의하고, 접선이 수직직선인 경우에는 ∞로 정의한다.

이 장에서 배우게 되는 미분개념이 바로 이러한 곡선의 기울기에 바탕을 두고 있다.

정의 3-3

평균변화율

함수 $y=f(x)$에 대하여 독립변수 x가 c에서 $c+\Delta x$까지 변하는 동안, 종속변수 y는 $\Delta y=f(c+\Delta x)-f(x)$만큼 변한다. 이 두 증분의 비 $\Delta y/\Delta x$를 함수 f의 $x=c$와 $x=c+\Delta x$ 사이에서의 **평균변화율**이라고 한다(다음 그림참조). 즉, $x=c$에서 $x=c+\Delta x$ 사이의

$$\text{평균변화율}=\frac{\Delta y}{\Delta x}=\frac{f(c+\Delta x)-f(c)}{\Delta x}.$$

예제 3.3

함수 $y = x^2 - 5$에서 x가 2에서 3으로 변할 때의 평균변화율은?

풀이 $\dfrac{\Delta y}{\Delta x} = \dfrac{f(2+\Delta x) - f(2)}{\Delta x} = \dfrac{(2+1)^2 - 5 - (2^2 - 5)}{1} = 5.$ (아래 그림 참조) ■

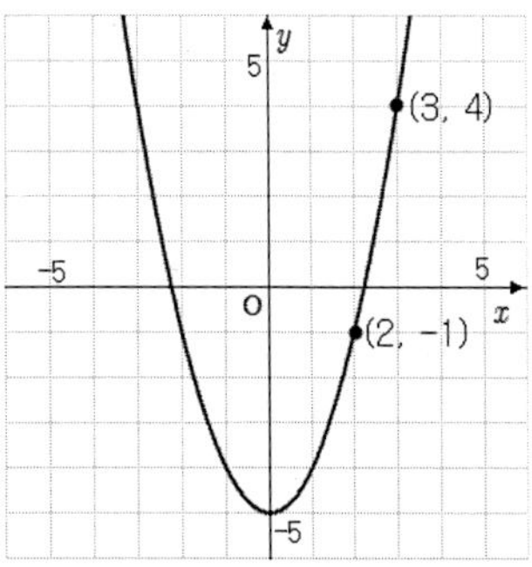

[그림 3.4]

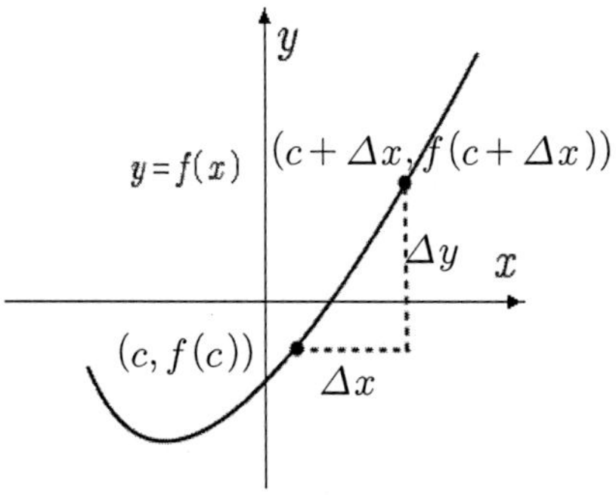

[그림 3.5]

정의 3-4

순간변화율(미분계수)

함수 $y = f(x)$에 대하여 $x = c$에서의 **순간변화율**(**변화율** 또는 **미분계수**)은 Δx가 0으로 갈 때의 평균변화율의 극한으로 정의하고, $f'(c)$로 나타낸다. 즉,

$$f'(c) = \lim_{\Delta x \to 0} \frac{f(c+\Delta x) - f(c)}{\Delta x}.$$

만약 $f'(c)$가 존재하면 함수 f는 $x = c$에서 **미분가능하다**(differentiable)고 말한다.

예제 3.4

함수 $y = f(x) = \begin{cases} x^2 & (x \in Q) \\ 0 & (x \in Q^C) \end{cases}$는 $x = 0$에 미분가능함을 증명하여라.

풀이 정의에 의하여

$$f'(0) = \lim_{\Delta x \to 0} \frac{f(0+\Delta x) - f(0)}{\Delta x} = \lim_{\Delta x \to 0} \frac{f(\Delta x)}{\Delta x}$$

으로 주어진다. 그런데 $\dfrac{f(\Delta x)}{\Delta x} = \begin{cases} \Delta x & (\Delta x \in Q) \\ 0 & (\Delta x \in Q^c) \end{cases}$ 이므로 $\left|\dfrac{f(\Delta x)}{\Delta x}\right| \leq |\Delta x|$가 성립한다. 그러므로 $f'(0) = \displaystyle\lim_{\Delta x \to 0} \frac{f(\Delta x)}{\Delta x} = 0$이 된다. 따라서 $x = 0$에서 미분가능하고 미분계수는 0이다.

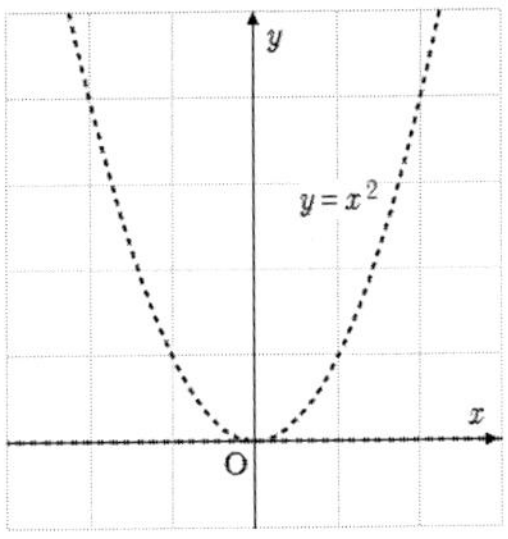

정의 3-5

좌 · 우방미분계수

함수 $y = f(x)$에 대하여 다음의 좌(우)방 극한값이 존재하면 $f(x)$는 $x = c$에서 **좌(우)방 미분가능하다**고 말하고, 다음과 같이 나타낸다.

$$f'_-(c) = \lim_{\Delta x \to 0-} \frac{f(c+\Delta x) - f(c)}{\Delta x} \left(f'_+(c) = \lim_{\Delta x \to 0+} \frac{f(c+\Delta x) - f(c)}{\Delta x} \right).$$

Δx가 0에 충분히 가까우면 점 $(c+\Delta x,\ f(c+\Delta x))$는 점 $(c,\ f(c))$의 양쪽에 있는 점을 나타내고 이 두 점을 잇는 직선의 기울기는 $\dfrac{\Delta y}{\Delta x} = \dfrac{f(c+\Delta x) - f(c)}{\Delta x}$가 된다. 만약 함수 $y = f(x)$가 $x = c$에서 미분가능하면, Δx가 0으로 접근할 때, 이 기울기는 $f'(c)$로 한없이 가까이 간다. 따라서 기울기가 $f'(c)$인 접선이 존재한다. 즉,

$$\begin{aligned} f'(c) &= \text{점}(c,\ f(c))\text{에서의 } y = f(x)\text{의 접선의 기울기} \\ &= \text{점}(c,\ f(c))\text{에서의 곡선 } y = f(x)\text{의 기울기}. \end{aligned}$$

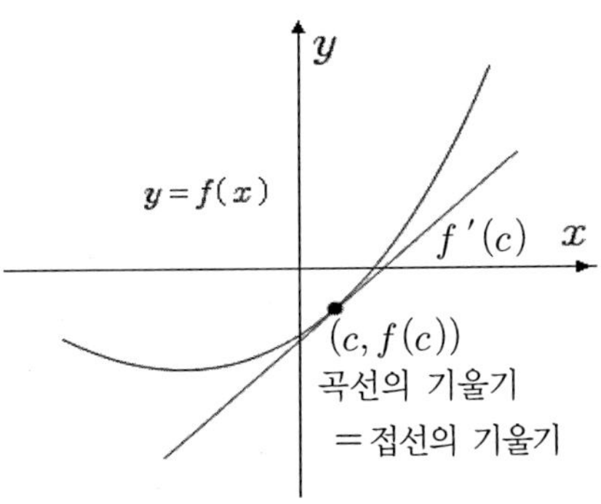

[그림 3.6]

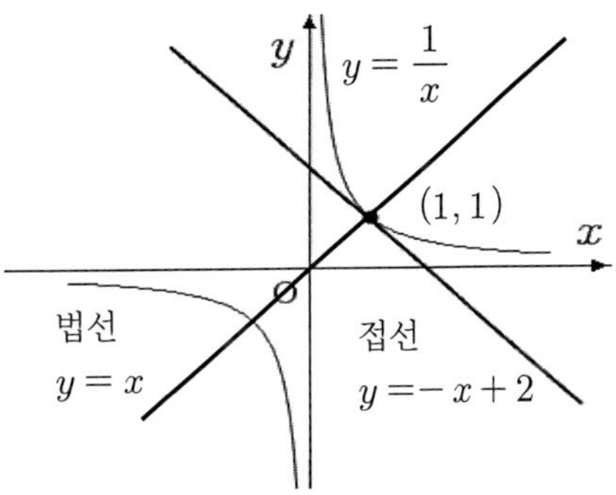

[그림 3.7]

예제 3.5

함수 $y=f(x)=1/x$ 의 그래프 위의 한 점 (1, 1)에서의 접선과 법선의 방정식을 구하여라. (위의 오른쪽 그림참조)

풀이 기울기는 $f'(1)=\lim_{\Delta x\to 0}\dfrac{1/(1+\Delta x)-1}{\Delta x}=\lim_{\Delta x\to 0}\dfrac{-1}{1+\Delta x}=-1.$

점 (1, 1)을 지나므로, 접선의 방정식은 $y=-(x-1)+1=-x+2$이다. 그리고 법선의 기울기는 1이므로 법선의 방정식은 $y=(x-1)+1=x$이다.

■

정리 3.6

$y=f(x)$가 $x=c$에서 미분가능하면 $f(x)$는 $x=c$에서 연속이다.

증명

$$\begin{aligned}\lim_{x\to c}f(x)&=\lim_{x\to c}[f(x)-f(c)+f(c)]\\&=\lim_{x\to c}[\frac{f(x)-f(c)}{x-c}(x-c)+f(c)]\\&=\lim_{\Delta x\to 0}\frac{f(c+\Delta x)-f(c)}{\Delta x}\cdot 0+f(c)\\&=f'(c)\cdot 0+f(c)=f(c).\ (\text{단, } c+\Delta x=x).\end{aligned}$$

□

위에서 정의한 미분계수를 이용하여 함수의 도함수를 다음과 같이 정의한다.

정의 3-7

도함수

함수 $y=f(x)$의 정의역 $D(f)$의 점들 중에서 $f(x)$가 미분가능한 모든 점의 집합을 D라고 할 때, D를 정의역으로 하고 D의 각각의 원소x에 미분계수 $f'(x)$를 대응시키면, 그 대응은 함수가 되는데, 이 함수를 f의 **도함수**(derivative)라고 하고 f' (f prime)으로 나타낸다. 즉,

$$f':D\to R$$

$$x\mapsto f'(x)=\lim_{\Delta x\to 0}\frac{f(x+\Delta x)-f(x)}{\Delta x}$$

정의 3-8

우(좌)방도함수

함수 $y=f(x)$의 정의역 $D(f)$의 점들 중에서 우(좌)방미분계수 $f'_+(x)(f'_-(x))$가 존재하는 모든 점의 집합을 $D^+(D^-)$라고 할 때, $D^+(D^-)$를 정의역으로 하고$D^+(D^-)$의 각각의 원소x를 우(좌)방미분계수 $f'_+(x)[f'_-(x)]$에 대응시키면, 그 대응은 함수가 되는데, 이 함수를 f의 **우(좌)방도함수**라고 하고 $f'_+(f'_-)$과 같이 나타낸다. 즉,

$$f'_+(f'_-) : D^+(D^-) \to R$$

$$x \mapsto f'_{+(-)}(x) = \lim_{\Delta x \to 0+(-)} \frac{f(x+\Delta x)-f(x)}{\Delta x}.$$

예제 3.6

함수 $y=x^3$의 도함수를 구하여라.

풀이 모든 실수 x에 대하여

$$f'(x) = \lim_{\Delta x \to 0} \frac{(x+\Delta x)^3 - x^3}{\Delta x} = \lim_{\Delta x \to 0} (3x^2 + 3x\Delta x + (\Delta x)^2) = 3x^2$$

이 존재하므로 f'은 정의역이 R이고 대응규칙이 $f'(x)=3x^2$인 이차함수이다.

■

예제 3.7

함수 $y=|x|$의 도함수, 좌방도함수, 우방도함수를 구하여라.

풀이 $x \neq 0$에 대하여 $f'(x) = \lim_{\Delta x \to 0} \frac{|x+\Delta x|-|x|}{\Delta x} = \lim_{\Delta x \to 0} \frac{(x+\Delta x)^2 - x^2}{\Delta x(|x+\Delta x|+|x|)} = \frac{x}{|x|}$.

$x=0$일 때에는, $f'_+(0) = \lim_{x \to 0+} \frac{|\Delta x|}{\Delta x} = 1$, $f'_-(0) = \lim_{x \to 0-} \frac{|\Delta x|}{\Delta x} = -1$. 따라서 (a) $f'(x)=1 \quad (x>0)$, $f'(x)=-1 \quad (x<0)$ (b) $f'_+(x)=1 \quad (x \geq 0)$, $f'_+(x)=-1 (x<0)$ (c) $f'_-(x)=1 \ (x>0)$, $f'_-(x)=-1 (x \leq 0)$.

■

함수 $y=f(x)$의 도함수를 나타내는 기호는 지금까지 우리가 사용한 기호 이외에 다음과 같은 기호들도 빈번하게 사용된다.

$$f'(x),\ y'\text{(Lagrange 기호)},\ \dot{y}\text{(Newton 기호)},\ D_x f,\ Df(x)\text{(Arbogast 기호)},$$

$$\frac{d}{dx}f(x),\ \frac{df}{dx}(x),\ \frac{df}{dx},\ \frac{dy}{dx}(x)\text{(Leibniz 기호)}.$$

주어진 함수의 도함수를 구할 때, 주어진 함수가 비교적 간단한 함수들의 사칙연산이나 합성함수의 모양으로 되어 있을 경우에, 그 함수의 도함수를 정의에 입각하여 직접 계산한다면 일반적으로 매우 번거로운 계산이 된다. 이러한 계산을 보다 용이하게 해주는 것이 다음 절에 소개되는 미분 공식들이다.

연습문제 3-1 Exercises

1. 다음 함수에 대하여 $x=c$에서 $x=c+\Delta x$ 사이의 평균변화율을 구하여라.

(1) $y=x^2-x,\ c=2,\ \Delta x=0.2$ (2) $y=\dfrac{1}{x},\ c=1,\ \Delta x=0.1$

2. 도함수의 정의를 이용하여 다음 함수의 도함수를 구하여라.

(1) $y=x^2+x$ (2) $y=\dfrac{1}{x^2}$ (3) $y=\sqrt{x}$

3. 다음에 주어진 함수 $y=f(x)$에 대하여 물음에 답하여라.

$$f(x)=\begin{cases} x^2, & x\text{는 유리수} \\ 2x-1, & x\text{는 무리수}\end{cases}$$

(1) f는 $x=1$에서 연속인가?

(2) f는 $x=1$에서 미분가능한가?

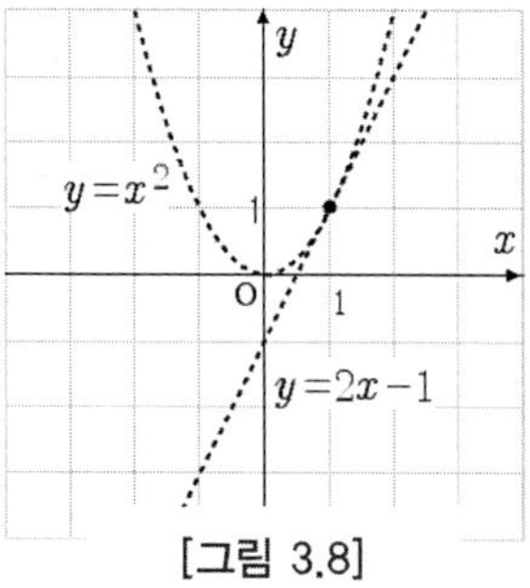

[그림 3.8]

4. $x=c$가 $f(x)$의 정의역에 속하는 내점일 때, 다음 기호의 차이점을 설명하여라.

(1) $f'(c+)$ (2) $f'(c-)$

(3) $f'_+(c)$ (4) $f'_-(c)$

5. 다음에 주어진 함수에 대하여 $f'_-(1+)$와 $f'_+(1-)$를 구하여라.

$$y = f(x) = \begin{cases} x^2 & , \ x < 1 \\ 2x - 1 , & x \geq 1 \end{cases}$$

6. $\frac{d}{dx}\left(x^2 + \frac{1}{x}\right) = \frac{d}{dx}(x^2) + \frac{d}{dx}\left(\frac{1}{x}\right)$가 성립한다는 것을 도함수의 정의를 이용하여 증명하여라.

7. 기호 $\frac{df}{dx}$와 $\frac{df}{dx}(x)$의 관계에 관하여 논하여 보아라.

3.2 미분법

다음의 미분공식들은 도함수의 정의에 의하여 증명될 수 있는 정리들이다.

♥ 미분공식

공식 1 상수함수의 도함수는 0함수이다. 즉, $\frac{dc}{dx} = 0$.

증명 $c'(x) = \frac{dc}{dx}(x) = \lim_{\Delta x \to 0} \frac{c(x+\Delta x) - c(x)}{\Delta x} = \lim_{\Delta x \to 0} \frac{c - c}{\Delta x} = 0.$ □

공식 2 $\frac{d}{dx}[cf(x)] = c\frac{d}{dx}f(x)$. ($c$는 상수)

증명

$$\begin{aligned} \frac{d}{dx}[cf(x)] &= \lim_{\Delta x \to 0} \frac{(cf)(x+\Delta x) - (cf)(x)}{\Delta x} \\ &= \lim_{\Delta x \to 0} c\frac{f(x+\Delta x) - f(x)}{\Delta x} = cf'(x). \end{aligned}$$ □

공식 3 $\frac{d}{dx}[f(x) + g(x)] = \frac{d}{dx}f(x) + \frac{d}{dx}g(x)$.

증명

$$\frac{d}{dx}[f(x)+g(x)] = \lim_{\Delta x \to 0} \frac{(f+g)(x+\Delta x)-(f+g)(x)}{\Delta x}$$

$$= \lim_{\Delta x \to 0} \frac{f(x+\Delta x)+g(x+\Delta x)-[f(x)+g(x)]}{\Delta x}$$

$$= \lim_{\Delta x \to 0} \left[\frac{f(x+\Delta x)-f(x)}{\Delta x} + \frac{g(x+\Delta x)-g(x)}{\Delta x}\right]$$

$$= \lim_{\Delta x \to 0} \frac{f(x+\Delta x)-f(x)}{\Delta x} + \lim_{\Delta x \to 0} \frac{g(x+\Delta x)-g(x)}{\Delta x}$$

$$= f'(x)+g'(x).$$

□

공식 4 $\frac{d}{dx}[f(x)g(x)] = g(x)\frac{d}{dx}f(x)+f(x)\frac{d}{dx}g(x).$

증명

$$\frac{d}{dx}[f(x)g(x)]$$

$$= \lim_{\Delta x \to 0} \frac{f(x+\Delta x)g(x+\Delta x)-f(x)g(x)}{\Delta x}$$

$$= \lim_{\Delta x \to 0} \frac{f(x+\Delta x)g(x+\Delta x)-f(x)g(x+\Delta x)+f(x)g(x+\Delta x)-f(x)g(x)}{\Delta x}$$

$$= \lim_{\Delta x \to 0} \frac{f(x+\Delta x)-f(x)}{\Delta x}g(x+\Delta x) + \lim_{\Delta x \to 0} f(x)\frac{g(x+\Delta x)-g(x)}{\Delta x}$$

$$= g(x)\frac{d}{dx}f(x)+f(x)\frac{d}{dx}g(x).$$

□

공식 5 $\frac{d}{dx}\frac{f(x)}{g(x)} = \frac{g(x)\frac{df}{dx}(x)-f(x)\frac{dg}{dx}(x)}{(g(x))^2}$ (단, $g(x) \neq 0$).

증명

$$\frac{d}{dx}\frac{f(x)}{g(x)} = \lim_{\Delta x \to 0} \frac{\frac{f(x+\Delta x)}{g(x+\Delta x)} - \frac{f(x)}{g(x)}}{\Delta x}$$

$$= \lim_{\Delta x \to 0} \frac{f(x+\Delta x)g(x)-g(x+\Delta x)f(x)}{\Delta x g(x+\Delta x)g(x)}$$

$$= \lim_{\Delta x \to 0} \left[\frac{f(x+\Delta x)g(x)-f(x)g(x)}{\Delta x g(x+\Delta x)g(x)} - \frac{f(x)g(x+\Delta x)-f(x)g(x)}{\Delta x g(x+\Delta x)g(x)}\right]$$

$$= \lim_{\Delta x \to 0} \frac{f(x+\Delta x)g(x)-f(x)g(x)}{\Delta x g(x+\Delta x)g(x)}$$

$$- \lim_{\Delta x \to 0} \frac{f(x)g(x+\Delta x)-f(x)g(x)}{\Delta x g(x+\Delta x)g(x)}$$

$$= \lim_{\Delta x \to 0} \frac{g(x)}{g(x+\Delta x)g(x)} \frac{f(x+\Delta x)-f(x)}{\Delta x}$$

$$- \lim_{\Delta x \to 0} \frac{f(x)}{g(x+\Delta x)g(x)} \frac{g(x+\Delta x)-g(x)}{\Delta x}$$

$$= \frac{g(x)\frac{df}{dx}(x) - f(x)\frac{dg}{dx}(x)}{(g(x))^2}. \qquad \square$$

공식 6 $\frac{d}{dx}(x^n) = nx^{n-1}$(단, n은 정수).

증명 (1) n이 자연수인 경우

$$\frac{d}{dx}(x^n) = \lim_{\Delta x \to 0} \frac{(x+\Delta x)^n - x^n}{\Delta x}$$

$$= \lim_{\Delta x \to 0} \left[nx^{n-1} + \binom{n}{2} x^{n-2}(\Delta x) + \cdots + (\Delta x)^{n-1} \right]$$

$$= nx^{n-1}.$$

(2) n이 0인 경우

공식 1에 의하여 성립.

(3) n이 음의 정수인 경우, 즉, $n = -m$(m은 자연수)

$$\frac{d}{dx}(x^n) = \frac{d}{dx}\left(\frac{1}{x^m}\right)$$

$$= \frac{-mx^{m-1}}{x^{2m}} \text{(공식 5에 의하여)}$$

$$= -mx^{-m-1}$$

$$= nx^{n-1}. \qquad \square$$

참고 이 공식은 n이 임의의 실수일 때에도 성립한다는 사실을 후에 배우게 된다.

정리 3.9

함수 $y = f(x)$가 x에서 미분가능하면 다음을 만족하는 수 $\epsilon(\Delta x)$가 존재한다.

(1) $\Delta y = f(x+\Delta x) - f(x) = f'(x)\Delta x + \epsilon(\Delta x)\Delta x.$

(2) $\lim_{\Delta x \to 0} \epsilon(\Delta x) = 0.$

심화 학습

증명 $\Delta y = f(x+\Delta x) - f(x) = \left[\dfrac{f(x+\Delta x)-f(x)}{\Delta x} - f'(x)\right]\Delta x + f'(x)\Delta x$

$$= f'(x)\Delta x + \epsilon(\Delta x)\Delta x.$$

여기서 $\epsilon(\Delta x) = \dfrac{f(x+\Delta x)-f(x)}{\Delta x} - f'(x)$. □

공식 7(연쇄법칙 : 합성함수미분법) $y = g(x)$와 $z = f(y)$가 미분가능하면 $z = (f \circ g)(x)$도 미분가능하고 다음이 성립한다 :

$$\frac{dz}{dx} = \frac{dz}{dy}\frac{dy}{dx} \quad \text{또는} \quad \frac{d}{dx}(f \circ g)(x) = \frac{df}{dy}(y)\frac{dg}{dx}(x).$$

심화 학습

증명 정리 1에 의하여 다음 (1), (2), (3)을 만족하는 수 $\epsilon_1(\Delta y)$와 $\epsilon_2(\Delta x)$가 존재한다 :

(1) $\Delta z = f(y+\Delta y) - f(y) = \dfrac{df}{dy}(y)\Delta y + \epsilon_1(\Delta y)\Delta y.$

(2) $\Delta y = g(x+\Delta x) - g(x) = \dfrac{dg}{dx}(x)\Delta x + \epsilon_2(\Delta x)\Delta x.$

(3) $\lim\limits_{\Delta y \to 0} \epsilon_1(\Delta y) = \lim\limits_{\Delta x \to 0} \epsilon_2(\Delta x) = 0.$

그러므로

$$\begin{aligned}\Delta z &= f(y+\Delta y) - f(y) \\ &= \frac{df}{dy}(y)\Delta y + \epsilon_1(\Delta y)\Delta y \\ &= \frac{df}{dy}(y)\left[\frac{dg}{dx}(x)\Delta x + \epsilon_2(\Delta x)\Delta x\right] + \epsilon_1(\Delta y)\Delta y.\end{aligned}$$

따라서 $\dfrac{\Delta z}{\Delta x} = \dfrac{df}{dy}(g(x))\dfrac{dg}{dx}(x) + \dfrac{df}{dy}(g(x))\epsilon_2(\Delta x) + \epsilon_1(\Delta y)\dfrac{\Delta y}{\Delta x}$. Δx를 0으로 접근시키면, $g(x)$가 연속이므로, Δy도 0으로 접근한다. 그러므로 마지막 두 항의 극한은 0이며, 정리의 결과를 얻는다. □

예제 3.8

다음 함수들의 도함수를 구하여라.

(1) $y = x^{-4} + 4x$ (2) $y = \dfrac{1 - x^3}{1 + x^3}$ (3) $y = (x^2 + 2x)^3$

풀이 (1) $y' = -4x^{-5} + 4$. (2) $y' = \dfrac{-3x^2(x^3+1) - (1-x^3)(3x^2)}{(1+x^3)^2} = \dfrac{-6x^2}{(1+x^3)^2}$.

(3) $y' = 3(x^2+2x)^2(2x+2) = 6x^2(x+1)(x+2)^2$. ■

정리 3.10 (역함수정리)

$y = f(x)$가 $x = x_0$에서 미분가능하고 $f'(x_0) \neq 0$이면, 역함수 $x = f^{-1}(y)$도 $y = y_0 = f(x_0)$에서 미분가능하고 다음이 성립한다.

$$\frac{dx}{dy}(y_0) = \frac{df^{-1}}{dy}(y_0) = \frac{1}{\dfrac{df}{dx}(x_0)}.$$

증명 위의 정리에 의하여 다음 (1), (2)를 만족하는 수 $\epsilon(\Delta x)$가 존재한다 :

(1) $\Delta y = \{f'(x_0) + \epsilon(\Delta x)\}\Delta x$.

(2) $\lim\limits_{\Delta x \to 0} \epsilon(\Delta x) = 0$.

한편 $f'(x_0) \neq 0$이고 $\lim\limits_{\Delta x \to 0} \epsilon(\Delta x) = 0$이므로 충분히 작은 $\triangle x \neq 0$에 대하여 $\triangle y \neq 0$와 $f'(x_0) + \epsilon(\triangle x) \neq 0$를 만족한다. 그리고 $\triangle y \to 0$일 필요충분조건은 $\triangle x \to 0$이 성립하는 것이다. 그러므로

$$\frac{dx}{dy} = \lim_{\Delta y \to 0} \frac{\Delta x}{\Delta y} = \lim_{\Delta x \to 0} \frac{1}{f'(x_0) + \epsilon(\Delta x)} = \frac{1}{f'(x_0)}.$$ □

정의 3-11

고계도함수

주어진 함수 $y = f(x)$의 도함수 f'도 $R-R$함수이다. 그러므로 이 도함수 f'의 도함수 $(f')'$이 정의될 수 있는데, 이 함수를 $f(x)$의 **2계도함수**라고 하고, 기호로 다음과 같이 나타낸다.

$$y'',\ f'',\ \frac{d^2y}{dx^2},\ \frac{d^2f}{dx^2},\ D^2y,\ D^2f,\ f''(x),\ \frac{d^2y}{dx^2}(x),\ \frac{d^2f}{dx^2}(x),\ D^2f(x).$$

마찬가지로, 2계도함수의 도함수를 **3계도함수**라고 하고, 일반적으로, $n-1$계 도함수의 도함수를 n**계도함수**라고 하며, 기호로 다음과 같이 나타낸다.

$$y^{(n)},\ f^{(n)},\ \frac{d^n y}{dx^n},\ \frac{d^n f}{dx^n},\ D^n y,\ f^{(n)}(x),\ \frac{d^n y}{dx^n}(x),\ \frac{d^n f}{dx^n}(x),\ D^n f(x).$$

예제 3.9

$y = x^5 - 2x^3 + 1$의 4계 도함수를 구하여라.(다음 그림 참조)

풀이 $y'(x) = 5x^4 - 6x^2,\ y''(x) = 20x^3 - 12x,\ y'''(x) = 60x^2 - 12,\ y^{(4)}(x) = 120x.$

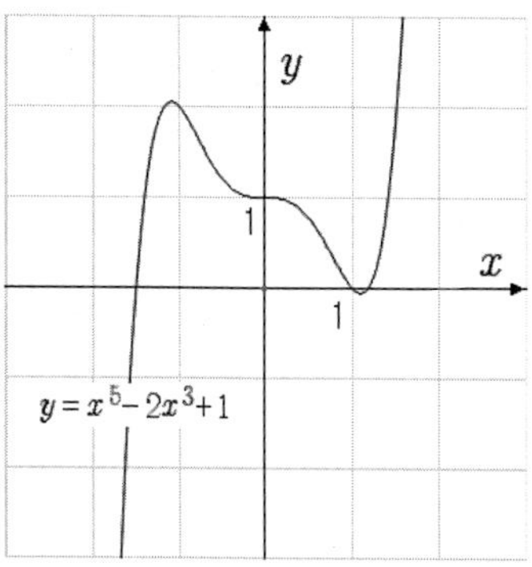

[그림 3.9]

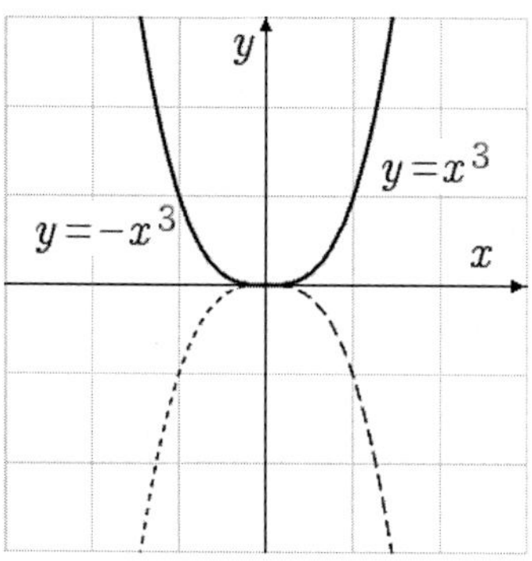

[그림 3.10]

예제 3.10

$x \geq 0$일 때에는 $y = x^3$, $x < 0$일 때에는 $y = -x^3$으로 정의된 함수 y의 2계도함수는? (위의 그림참조)

풀이 (1) $x > 0$일 때; $y' = 3x^2,\ y'' = 6x.$

(2) $x < 0$일 때; $y' = -3x^2,\ y'' = -6x.$

(3) $x = 0$일 때; $y'_+ = 0,\ y'_- = 0$이므로 $y'(0) = 0.$

$$y''_+(0) = \lim_{\Delta x \to 0+} \frac{y'(\Delta x) - y'(0)}{\Delta x} = \lim_{\Delta x \to 0+} (3\Delta x) = 0.$$

마찬가지로, $y''_-(0) = 0$. 그러므로, $y''(0) = 0.$

♣ 음함수 미분법

두 변수 x, y 에 관한 방정식 $f(x,\ y)=0$으로부터 y에 관하여 풀어서 $y=g(x)$와 같은 함수(적당한 정의역$D(g)$)를 얻을 수 있으면, 방정식 $f(x,\ y)=0$은 함수 g**를 음적으로 정의한다**고 말하고, $f(x,\ y)=0$을 **음함수**(implicit function)라고 말한다. 반면에 $y=f(x)$와 같이 종속변수 y를 따로 분리해서 분명하게 나타낸 함수를 **양함수**(explicit function)라고 말한다. 합성함수의 미분법을 응용하여 방정식으로 주어진 함수의 도함수를 구하는 법을 살펴보자.

예제 3.11

$x^3+x+y^3=1-x^2$에서 y가 x의 함수일 때, $\dfrac{dy}{dx}$를 구하여라.

풀이 이 방정식은 양함수 $y=\sqrt[3]{1-x-x^2-x^3}$을 음적으로 정의한다. x^3, x^2과 x는 x의 3차, 2차 및 1차의 다항함수이고, y^3은 x의 함수 y와 세제곱함수의 합성함수이며, 1은 상수함수이므로 양변을 x에 관하여 미분하면 $3x^2+1+3y^2\dfrac{dy}{dx}=-2x$. 그러므로

$$\frac{dy}{dx}=-\frac{3x^2+2x+1}{3y^2}(y\neq 0).$$

■

예제 3.12

$x^3+y^3=\pi^3$에서 y가 x의 함수일 때, $\dfrac{dy}{dx}$, $\dfrac{d^2y}{dx^2}$를 구하여라.

풀이 이 방정식은 양함수 $y=\sqrt[3]{\pi^3-x^3}$을 음적으로 정의한다. x^3은 x의 3차의 다항함수이고, y^3은 x의 함수 y와 세제곱함수의 합성함수이며, π^3은 상수함수이므로 양변을 x에 관하여 미분하면 $3x^2+3y^2\dfrac{dy}{dx}=0$. 그러므로

$$\frac{dy}{dx}=-\frac{x^2}{y^2}(y\neq 0).$$

그런데 위의 도함수에 있는 우변의 함수는 합성함수의 형태이므로 미분하면

$$\frac{d^2y}{dx^2}=\frac{d}{dx}\left\{-\frac{x^2}{y^2}\right\}$$

$$=-\frac{2x(y^2)-x^2(2y)\dfrac{dy}{dx}}{(y^2)^2}$$

$$=-\frac{2xy-2x^2\left(-\dfrac{x^2}{y^2}\right)}{y^3}$$

$$=-\frac{2xy^3+2x^4}{y^5}\,(y\neq 0)$$

연습문제 3-2

Exercises

1. 미분공식을 이용하여 다음 함수의 도함수를 구하여라.

(1) $y=x^2-x+1$ (2) $y=(x-1)(x+2)$ (3) $y=(x^2-x+1)(x^3-1)$

2. 다음 함수의 도함수를 구하여라.

(1) $y=\dfrac{x^2-x+1}{x}$ (2) $y=\dfrac{x-1}{x^2+x+1}$ (3) $y=\dfrac{(x+1)(x+2)}{x^2+1}$

3. 공식을 이용하여 다음 함수의 도함수를 구하여라.

(1) $y=x^2+\dfrac{1}{x^2}$ (2) $y=\dfrac{1}{(x^2+1)^3}$ (3) $y=\dfrac{(x^2-1)^2+2x}{1+(x-2)^2}$

4. 다음 함수의 2계도함수를 구하여라.

(1) $y=\dfrac{1}{3}x^3+\dfrac{1}{2}x^2-x+1$ (2) $y=(x^2+x-1)^3$ (3) $y=\dfrac{x-3}{x^2-x}$

5. 다항함수 $y=5x^5-4x^3+2x-3$에 대하여 5계미분계수 $y^{(5)}(5)$의 값을 구하여라.

6. $x^3-y^3=2^3$으로 주어지는 음함수에 대하여 $\dfrac{dy}{dx}$를 구하여라.

7. $x^4+x^2y^2+y^4+x-y+1=0$으로 주어지는 음함수에 대하여 $\frac{dy}{dx}$를 구하여라.

8. $x^2-xy+y^2=1$으로 주어지는 음함수에 대하여 $\frac{dy}{dx}$, $\frac{d^2y}{dx^2}$을 구하여라.

9. $x^3-y^3=xy-1$로 주어지는 음함수에 대하여 $\frac{dx}{dy}$를 구하고, 점 $(1,1)$에서의 접선의 방정식을 구하여라.

3.3 삼각함수의 도함수

♥ 호도법

반지름 r인 원주를 360등분하였을 때, 하나의 호에 해당되는 각을 1°라고 정의하면 원의 둘레는 모두 360°가 된다. 이러한 각도를 60분도법이라고 부르는데, 삼각함수의 도함수를 계산하는 데에는 이러한 60분도법이 약간 불편하기 때문에, 다른 방법으로 각도를 도입하는 것이 필요하다.

반지름 r인 원주를 따라서 길이 r만큼 이동하였을 때, 지나온 호의 부분에 대응되는 각을 1 **호도** 또는 1 **라디안**(radian)이라고 정의한다. 이와 같이 각을 표현하는 방법을 **호도법**(radian)이라고 부른다. 한편 각을 잴 때, 반시계방향으로 재면 양(+), 시계방향으로 재면 음(−)으로 정의하여 각에 부호를 준다. 예를 들어, 원둘레는 $2\pi r$이기 때문에 360°

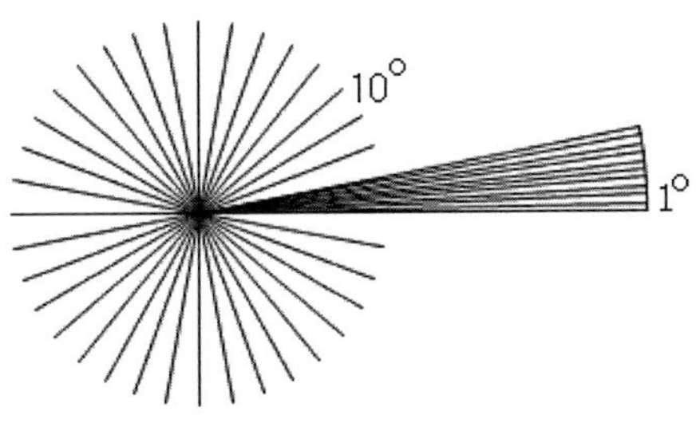

[그림 3.11(a)]

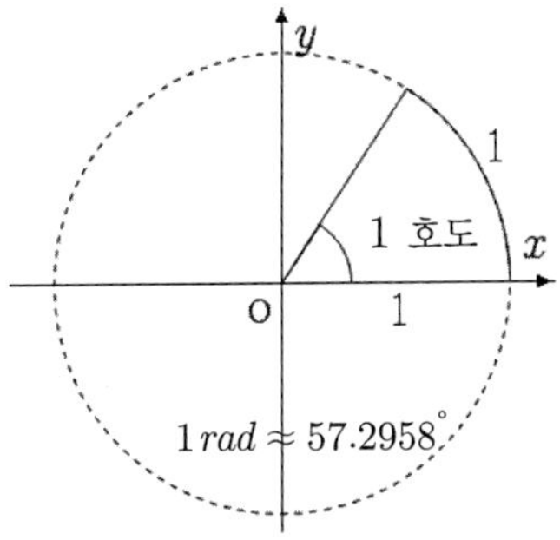

[그림 3.11(b)]

는 호도법으로 2π라디안에 해당되며, 180°는 π호도, 90°는 $\frac{\pi}{2}$라디안, 그리고-45°는 $-\frac{\pi}{4}$라디안이 된다. 60분도법의 각도와 호도법 사이에는 다음과 같은 관계가 성립한다는 것을 쉽게 알 수 있다.(그림참조)

$$180^\circ = \pi(rad),\ 1(rad) = \left(\frac{180}{\pi}\right)^\circ = 57.2957795\cdots$$

♣ 삼각비

다음의 그림과 같이, 세 변이 a, b, c이고 c가 빗변인 직각삼각형 ABC에서 $\angle B = \theta$라고 하면 삼각비는 다음과 같이 정의한다.

$$\cos\theta = \frac{a}{c}, \qquad \sin\theta = \frac{b}{c}, \qquad \tan\theta = \frac{b}{a}$$

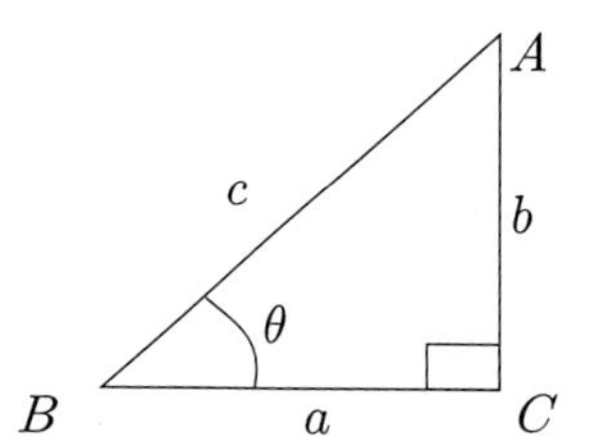

[그림 3.12(a)]

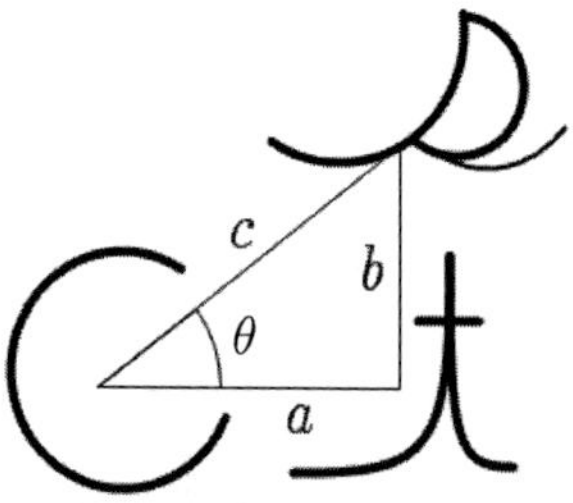

[그림 3.12(b)]

◆ 삼각함수

위에서 정의한 삼각비의 개념을 임의의 실수 θ에 대한 삼각함수의 개념으로 확장한다. 이러한 확장은 위의 삼각비를 이용하여도 가능하지만 다음과 같이 좌표평면에서의 원을 이용하여 확장하면 더 편리하다.

아래의 왼쪽 그림과 같이, 직교좌표평면 위에 중심이 $(0,\ 0)$이고 반지름이 r인 원을 그려 놓고 생각해 보자. 임의의 각 $0 \le \theta \le 2\pi$가 주어졌다고 하자. 각 θ에 해당되는 원주위의 점을 $P(x,\ y)$라고 하고, P에서 $x-$축에 내린 수선의 발을 Q, y-축에 내린 수선의 발을 S라고 하자. 그러면 각각의 좌표는 $Q(x,\ 0)$, $S(0,\ y)$이다. 이때, 삼각함수 **코사인**(cosine), **사인**(sine), **탄젠트**(tangent)를 다음과 같이 정의한다.

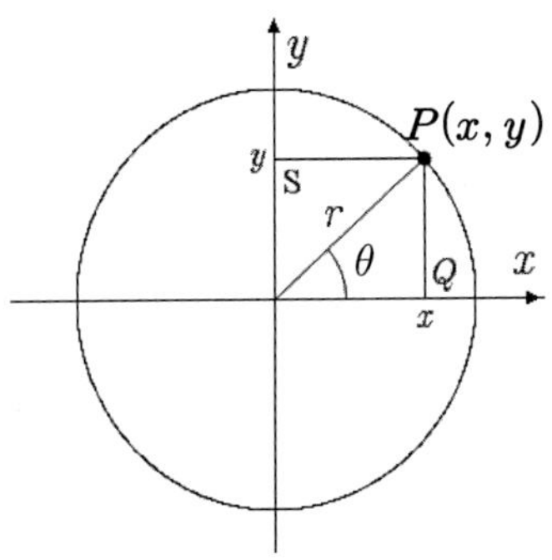

[그림 3.13(a)]

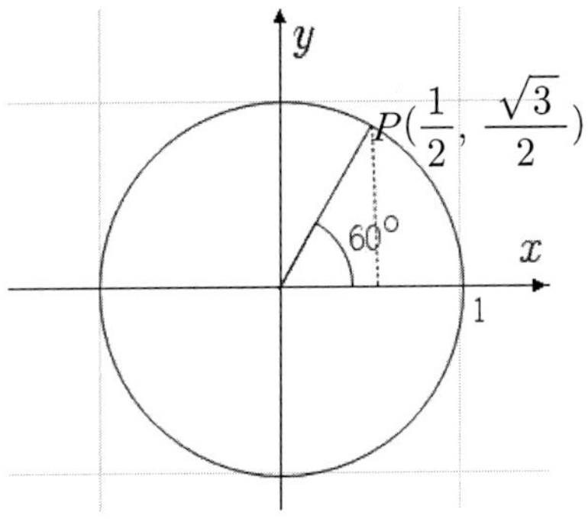

[그림 3.13(b)]

(1) $0 \le \theta \le 2\pi$**인 경우,**

$$\sin\theta = \frac{y}{r},\ \cos\theta = \frac{x}{r},\ \tan\theta = \frac{y}{x}\left(\text{단},\ \theta \ne \frac{\pi}{2},\ \frac{3\pi}{2}\right)$$

(2) $\theta \in R$**인 경우,**

$$\sin(\theta + 2\pi) = \sin\theta,\ \cos(\theta + 2\pi) = \cos\theta,\ \tan(\theta + \pi) = \tan\theta$$

이 정의는 원의 반지름 r에 상관없이 항상 같은 값을 가지므로, 위의 오른쪽 그림과 같이, 반지름1인 원을 생각하여보면 각 60°에 대응되는 점 P는 피타고라스 정리에 의하여 $P(\frac{1}{2}, \frac{\sqrt{3}}{2})$의 좌표를 갖는다. 따라서 위의 정의에 의하여 다음과 같이 된다.

$$\sin 30^\circ = \frac{1}{2},\ \cos 30^\circ = \frac{\sqrt{3}}{2},\ \tan 30^\circ = \frac{1}{\sqrt{3}},$$
$$\sin 60^\circ = \frac{\sqrt{3}}{2},\ \cos 60^\circ = \frac{1}{2},\ \tan 60^\circ = \sqrt{3}$$

그리고 각 45°도에 대응되는 점의 좌표는 $(\frac{1}{\sqrt{2}}, \frac{1}{\sqrt{2}})$이 되므로, $\sin 45^\circ = \frac{1}{\sqrt{2}}$, $\cos 45^\circ = \frac{1}{\sqrt{2}}$ 그리고 $\tan 45^\circ = 1$이 성립한다. 다음은 삼각함수의 그래프이다.

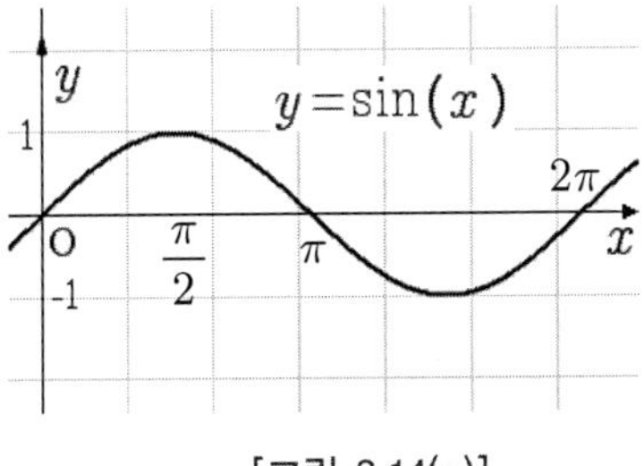

[그림 3.14(a)]

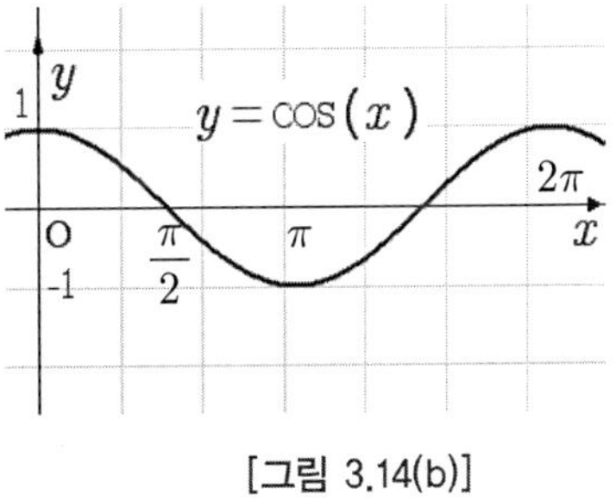

[그림 3.14(b)]

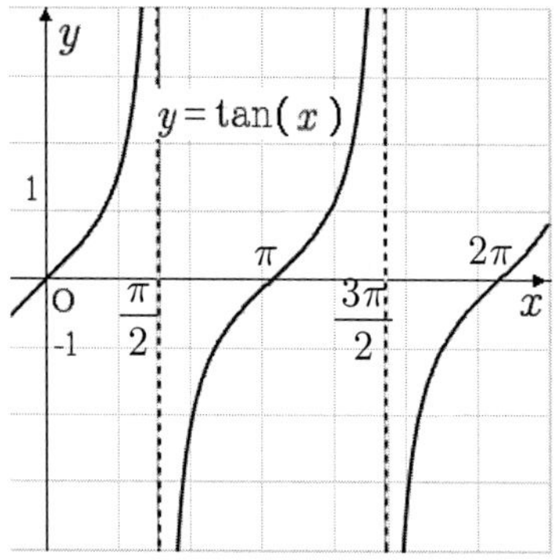

[그림 3.14(c)]

한편, 임의의 각 θ에 대하여 나머지의 삼각함수도 다음과 같이 정의한다.

$$\csc\theta = \frac{1}{\sin\theta},\ \sec\theta = \frac{1}{\cos\theta},\ \cot\theta = \frac{1}{\tan\theta}.$$

이 함수들은 각각, **코시컨트**(cosecant), **시컨트**(secant), **코탄젠트**(cotangent)함수라고 부른다. 그런데 이 정의는 삼각비와 마찬가지로 결국 도형을 이용하여 정의한 것이기 때문에, 삼각형의 성질과 좌표의 상호관계를 이용하여 증명하면 다음과 같은 삼각함수에 관한 기본적인 가법정리가 성립된다는 것을 알 수 있다.

삼각함수의 가법정리		
$\cos^2\theta+\sin^2\theta=1$	$1+\tan^2\theta=\sec^2\theta$	$1+\cot^2\theta=\csc^2\theta$
$\cos(-\theta)=\cos\theta$	$\sin(-\theta)=-\sin\theta$	$\tan(-\theta)=-\tan\theta$
$\cos(\frac{\pi}{2}-\theta)=\sin\theta$	$\sin(\frac{\pi}{2}-\theta)=\cos\theta$	$\cot(\frac{\pi}{2}-\theta)=\tan\theta$
$\cos(\pi\pm\theta)=-\cos\theta$	$\sin(\pi\mp\theta)=\pm\sin\theta$	$\tan(\pi\pm\theta)=\pm\tan\theta$
$\cos(A\pm B)=\cos A\cos B\mp\sin A\sin B$		$\cos(2A)=\cos^2A-\sin^2B$
$\sin(A\pm B)=\sin A\cos B\pm\cos A\sin B$		$\sin(2A)=2\sin A\cos B$
$\tan(A\pm B)=\dfrac{\tan A\pm\tan B}{1\mp\tan A\tan B}$		$\tan(2A)=\dfrac{2\tan A}{1-\tan^2A}$
$\sin^2\dfrac{A}{2}=\dfrac{1-\cos A}{2}$		$\cos^2\dfrac{A}{2}=\dfrac{1+\cos A}{2}$
$\sin A+\sin B=2\sin\dfrac{A+B}{2}\cos\dfrac{A-B}{2}$		$\sin A-\sin B=2\cos\dfrac{A+B}{2}\sin\dfrac{A-B}{2}$
$\cos A+\cos B=2\cos(\dfrac{A+B}{2})\cos(\dfrac{A-B}{2})$		$\cos A-\cos B=-2\sin(\dfrac{A+B}{2})\sin(\dfrac{A-B}{2})$
$\sin A\cos B=\dfrac{1}{2}\{\sin(A+B)+\sin(A-B)\}$		$\cos A\cos B=\dfrac{1}{2}\{\cos(A+B)+\cos(A-B)\}$
$\sin A\sin B=-\dfrac{1}{2}\{\cos(A+B)-\cos(A-B)\}$		

앞의 그림 3.13(a)에서 보는 바와 같이, 만약 각 θ가 0으로 수렴하면 점 $P(x, y)$는 $x-$축 위의 점 $(r, 0)$으로 수렴하므로, x는 r로 수렴하고, y는 0으로 수렴한다. 따라서 다음의 사실이 성립함을 정의로부터 쉽게 알 수 있다.

$$\lim_{\theta\to 0}\sin\theta = 0,\ \ \lim_{\theta\to 0}\cos\theta = 1,\ \ \lim_{\theta\to 0}\tan\theta = 0.$$

정리 3.12

θ가 호도법(라디안)으로 잰 각이면 다음이 성립한다.

$$\lim_{\theta\to 0}\frac{\sin\theta}{\theta} = 1.$$

증명 $0 < \theta < \pi/2$라고 하자. 아래의 그림에서, $\triangle OAP$, 부채꼴 OAP, $\triangle OAT$의 넓이를 비교하여 보면 다음을 알 수 있다.

$\triangle OAP$의 넓이<부채꼴 OAP의 넓이<$\triangle OAT$의 넓이.

이 넓이의 관계를 θ를 이용하여 나타내면 다음과 같다.

$$\frac{1}{2}\sin\theta < \frac{\theta}{2} < \frac{1}{2}\tan\theta$$

부등식의 성질과 삼각함수의 정의를 이용하면 다음을 얻는다.

$$\cos\theta < \frac{\sin\theta}{\theta} < 1.$$

θ가 0으로 접근함에 따라 $\cos\theta$는 1로 수렴하므로, 조임정리에 의하여 다음이 성립한다.

$$\lim_{\theta\to 0+}\frac{\sin\theta}{\theta} = 1.$$

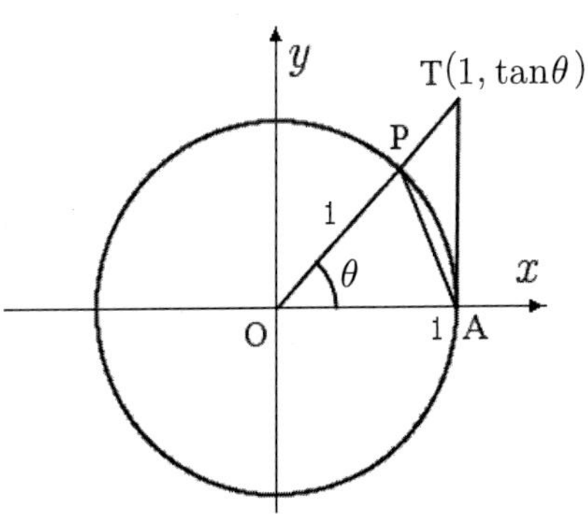

[그림 3.15]

한편 $-\frac{\pi}{2} < \theta < 0$이면 $\alpha = -\theta$라고 하자.

그러면

$$\frac{\sin\theta}{\theta} = \frac{\sin(-\alpha)}{-\alpha} = \frac{-\sin\alpha}{-\alpha} = \frac{\sin\alpha}{\alpha}$$

이므로, $\lim_{\theta\to 0-}\frac{\sin\theta}{\theta} = \lim_{\alpha\to 0+}\frac{\sin\alpha}{\alpha} = 1.$ 따라서

$$\lim_{\theta\to 0}\frac{\sin\theta}{\theta} = 1.$$ □

예제 3.13

다음 극한을 구하여라.

(1) $\lim_{\theta\to 0}\dfrac{1-\cos\theta}{\theta^2}$ (2) $\lim_{\theta\to 0}\dfrac{\sin(c+\theta)-\sin c}{\theta}$

풀이 (1) 분모와 분자에 $1+\cos\theta$를 곱하면

$$\begin{aligned}\lim_{\theta\to 0}\frac{1-\cos\theta}{\theta^2} &= \lim_{\theta\to 0}\frac{(1-\cos\theta)(1+\cos\theta)}{\theta^2(1+\cos\theta)}\\ &= \lim_{\theta\to 0}\frac{\sin^2\theta}{\theta^2(1+\cos\theta)}\\ &= \lim_{\theta\to 0}\left(\frac{\sin\theta}{\theta}\right)^2\frac{1}{1+\cos\theta}\\ &= \frac{1}{2}\end{aligned}$$

(2) 삼각함수의 가법정리에 의하여

$$\begin{aligned}\lim_{\theta\to 0}\frac{\sin(c+\theta)-\sin c}{\theta} &= \lim_{\theta\to 0}\frac{2\cos\dfrac{2c+\theta}{2}}{\theta}\sin\frac{\theta}{2}\\ &= \lim_{\theta\to 0} cos\frac{2c+\theta}{2}\,\frac{\sin\dfrac{\theta}{2}}{\dfrac{\theta}{2}}\\ &= \cos c\end{aligned}$$

■

정리 3.13

$\sin\theta$는 R 위에서 연속이다.

증명 $\lim_{\theta\to 0}\sin\theta = 0$이므로 $\theta=0$에서 연속이다. 또 가법정리에 의하여

$$|\sin\theta-\sin c| = \left|2\cos\frac{\theta+c}{2}\sin\frac{\theta-c}{2}\right| \le 2\left|\sin\frac{\theta-c}{2}\right|$$

이고 $\theta\to c$이면 $\theta-c\to 0$이므로 $\lim_{\theta\to c}\sin\theta=\sin c$. □

한편, $\cos\theta=\pm\sqrt{1-\sin^2\theta}$ 이고 $|\sin\theta|\le 1$이므로, $\cos\theta$도 연속이며, 연속함수의 곱과 몫은 분모가 0이 되지 않는 점에서 연속이므로, 다음의 정리를 얻는다.

정리 3.14

위에서 정의한 삼각함수들은 각각 그들의 정의역에서 연속이다.

♠ 삼각함수의 도함수

$y=\sin x$라고 하면

$$\begin{aligned}\frac{dy}{dx}&=\lim_{\Delta x\to 0}\frac{\sin(x+\Delta x)-\sin x}{\Delta x}\\&=\lim_{\Delta x\to 0}\frac{2\cos\left(\frac{2x+\Delta x}{2}\right)\sin\left(\frac{\Delta x}{2}\right)}{\Delta x}\\&=\lim_{\Delta x\to 0}\cos\left(x+\frac{\Delta x}{2}\right)\frac{\sin\left(\frac{\Delta x}{2}\right)}{\frac{\Delta x}{2}}\\&=\cos x.\end{aligned}$$

그러므로

공식 1 $\frac{d}{dx}\sin x=\cos x.$

$\cos x=\sin\left(\frac{\pi}{2}-x\right)$이므로, 합성함수미분법과 공식1에 의하여

공식 2 $\frac{d}{dx}\cos x=-\sin x.$

$\tan x=\frac{\sin x}{\cos x}$이므로, 나눗셈에 관한 미분공식에 의하여

$$(\tan x)'=\frac{\cos^2 x-\sin x(-\sin x)}{\cos^2 x}=\sec^2 x.$$

공식 3 $\frac{d}{dx}\tan x=\sec^2 x.$

마찬가지로 다음의 공식들을 얻는다.

공식 4 $\frac{d}{dx}\csc x = -\csc x \cot x.$

공식 5 $\frac{d}{dx}\sec x = \sec x \tan x.$

공식 6 $\frac{d}{dx}\cot x = -\csc^2 x.$

예제 3.14

다음 함수의 도함수를 구하여라.

(1) $y = \sin\{\cos(x^3 - 3x)\}$

(2) $y = \tan(x^2 + \sin x^2)$

(3) $y = \frac{1-\tan x}{1+\tan x}$

(4) $y = \tan[\sin(\cos x^2)]$

풀이 (1) $y' = \cos\{\cos(x^3-3x)\}(-\sin(x^3-3x))(3x^2-3)$

(2) $y' = \sec^2(x^2+\sin x^2)\cdot\{2x+\cos x^2\cdot(2x)\}$

(3) $y' = \frac{-\sec^2 x(1+\tan x)-(1-\tan x)\sec^2 x}{(1+\tan x)^2} = \frac{-2\sec^2 x}{(1+\tan x)^2}$

(4) $y' = \sec^2[\sin(\cos x^2)]\cos(\cos x^2)(-\sin x^2)(2x)$

■

♡ 역삼각함수의 정의

$y = \sin x$는 R 위에서는 전단사함수가 아니다. 그러나 정의역과 공역을 적당히 제한하면 전단사함수로 만들 수 있다. 보통 다음과 같이 제한한다.

$$\sin : \left[-\frac{\pi}{2}, \frac{\pi}{2}\right] \to [-1, 1],\ x \mapsto y = \sin x.$$

이 함수의 역함수를 **역 sine 함수**라고 부르며, 다음과 같이 나타낸다.(arc sine (of) x라고 읽는다.)(아래 그림 참조)

$$\sin^{-1} : [-1, 1] \to \left[-\frac{\pi}{2}, \frac{\pi}{2}\right],$$

$$x \mapsto y = \sin^{-1}x\,(\sin y = x).$$

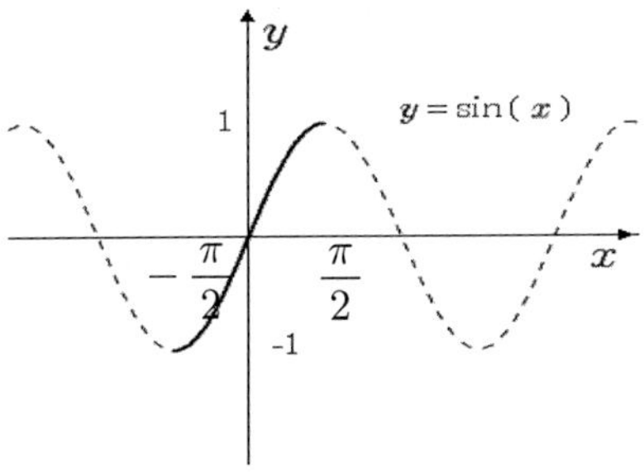

[그림 3.16(a)]

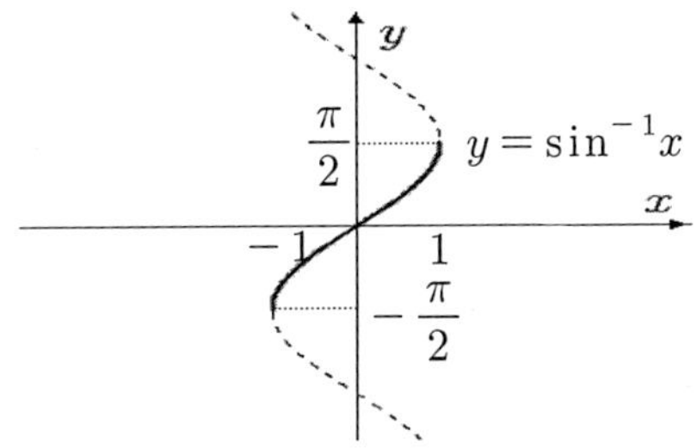

[그림 3.16(b)]

참고 sine함수의 정의역을 $[\frac{\pi}{2}, \frac{3\pi}{2}]$ 등과 같이 전단사함수가 되도록 하는 적당한 구간으로 제한하면 역함수를 갖는데, 정의역을 $[-\frac{\pi}{2}, \frac{\pi}{2}]$로 제한했을 때의 $\sin^{-1}x$의 값을 **주치** 또는 **으뜸-값**이라고 부른다.

마찬가지로 cosine 함수의 역함수인 **역 cosine 함수**는 다음과 같이 나타낸다(arc cosine (of) x라고 읽는다.).

$$\cos^{-1} : [-1, 1] \to [0, \pi]$$

$$x \mapsto y = \cos^{-1}x\,(\cos y = x)$$

또, tangent 함수의 역함수인 **역 tangent 함수**는 다음과 같이 나타낸다(arc tangent (of) x라고 읽는다.).

$$\tan^{-1} : R \to \left(-\frac{\pi}{2}, \frac{\pi}{2}\right)$$

$$x \mapsto y = \tan^{-1}x\,(\tan y = x)$$

나머지 삼각함수들도 정의역을 다음과 같이 제한하면 역함수를 가진다.

$$y = \csc x,\ -\frac{\pi}{2} \le x \le \frac{\pi}{2},\ x \ne 0.$$

$$y = \sec x,\ 0 \le x \le \pi,\ x \ne \frac{\pi}{2}.$$

$$y = \cot x,\ 0 < x < \pi.\ (\text{단, } \cot\frac{\pi}{2} = 0)$$

몇 개의 특수각에 관련된 역삼각함수의 주치를 나타내면 다음과 같다.

$\sin^{-1}(\pm\frac{1}{2})=\pm\frac{\pi}{6}$	$\tan^{-1}(\pm\frac{1}{\sqrt{3}})=\pm\frac{\pi}{6}$	$\cos^{-1}(\frac{\sqrt{3}}{2})=\frac{\pi}{6}$	$\cos^{-1}(-\frac{\sqrt{3}}{2})=\frac{5\pi}{6}$
$\sin^{-1}(\pm\frac{\sqrt{3}}{2})=\pm\frac{\pi}{3}$	$\tan^{-1}(\pm\sqrt{3})=\pm\frac{\pi}{3}$	$\cos^{-1}(\frac{1}{2})=\frac{\pi}{3}$	$\cos^{-1}(-\frac{1}{2})=\frac{2\pi}{3}$
$\sin^{-1}(\pm\frac{1}{\sqrt{2}})=\pm\frac{\pi}{4}$	$\tan^{-1}(\pm 1)=\pm\frac{\pi}{4}$	$\cos^{-1}(\frac{1}{\sqrt{2}})=\frac{\pi}{4}$	$\cos^{-1}(-\frac{1}{\sqrt{2}})=\frac{3\pi}{4}$
$\sin^{-1}0=\tan^{-1}0=0$	$\cos^{-1}0=\frac{\pi}{2}$	$\sin^{-1}(\pm 1)=\pm\frac{\pi}{2}$	$\cos^{-1}1=0,\ \cos^{-1}(-1)=\pi$

♧ 역삼각함수의 도함수

$y=\sin^{-1}x$는 역함수 정리에 의하여 $x\neq\pm 1$에서 미분가능하다. 또, $\sin y=x$이고, 이것은 $y=\sin^{-1}x$와 $f(y)=\sin y$의 합성함수이며, $f(y)=x$이므로, 연쇄법칙에 의하여($\cos y>0$이므로)

$$\cos y\cdot y'=1\Rightarrow y'=\frac{1}{\cos y}=\frac{1}{\sqrt{1-x^2}},\ |x|<1.$$

$y=\tan^{-1}x$도 마찬가지로 미분가능하므로, $\tan y=x$에 연쇄법칙을 적용하면

$$\sec^2 y\cdot y'=1\Rightarrow y'=\cos^2 y=\frac{1}{1+x^2},\ x\in R.$$

같은 방법으로 증명하면 다음을 얻을 수 있다.

$$\frac{d(\cos^{-1}x)}{dx}=-\frac{1}{\sqrt{1-x^2}},\ |x|<1,\quad \frac{d(\cot^{-1}x)}{dx}=-\frac{1}{1+x^2},\ x\in R,$$

$$\frac{d(\sec^{-1}x)}{dx}=\frac{1}{|x|\sqrt{x^2-1}},\ |x|>1,\quad \frac{d(\csc^{-1}x)}{dx}=-\frac{1}{|x|\sqrt{x^2-1}},\ |x|>1$$

예제 3.15

다음 함수의 도함수를 구하여라.

(1) $y=(1+\sin^{-1}x)^2$ (2) $y=(1-\cos^{-1}x)^{-1}$

(3) $y=\dfrac{1}{1+(\tan^{-1}x)^2}$ (4) $y=\tan^{-1}(x+\sin^{-1}x)$

풀이 (1) $y'=2(1+\sin^{-1}x)/\sqrt{1-x^2}$.

(2) $y' = -(1-\cos^{-1}x)^{-2}(-1)(-1)/\sqrt{1-x^2} = -\dfrac{(1-\cos^{-1}x)^{-2}}{\sqrt{1-x^2}}$.

(3) $y' = \dfrac{-2(\tan^{-1}x)\dfrac{1}{1+x^2}}{(1+(\tan^{-1}x)^2)^2}$.

(4) $y' = \dfrac{1+\dfrac{1}{\sqrt{1-x^2}}}{1+(x+\sin^{-1}x)^2}$

연습문제 3-3 Exercises

1. 도함수의 정의를 이용하여 공식 2를 증명하여 보아라.

2. 다음 함수의 도함수를 구하여라.

(1) $y=(1+\sin(2x))^3$　　(2) $y=(1+\tan x)^2-x$

(3) $y=\csc^3 x$　　(4) $y=\sin[\cos(\tan x)]$

3. 다음 함수의 도함수를 구하여라.

(1) $y=\sqrt{\sin^{-1}x}$　　(2) $y=\tan^{-1}(\sqrt{\cos^{-1}x})$

4. 함수 $y=\tan^{-1}(1+x^2)$의 $x=1$에서의 접선의 방정식을 구하여라.

5. 직각삼각형을 이용하여 다음 등식이 성립함을 증명하여라.

$$\sin^{-1}x+\cos^{-1}x=\frac{\pi}{2}.$$

6. 방정식 $\sin^{-1}x=\cos^{-1}x$의 해를 구하여라.

7. 종속변수 y가 $\tan^{-1}(xy)=x+y$로 정의된 x의 음함수일 때, $\dfrac{dy}{dx}$를 구하여라.

8. $\sin(x+y)+\cos(x+y)=x-y$와 같이 정의된 음함수에 대하여 $\dfrac{dy}{dx}$를 구하여라.

9. 함수 $y=x^3+x^2\sin x+x\cos x+\tan x$의 $x=0$에서의 접선과 법선의 방정식을 구하여라.

10. 함수 $y=x^2$의 $x=1$에서의 접선과 법선 사이의 각을 이등분하고 접점을 통과하는 두 직선의 방정식을 구하여라.
(도움말 : 우측의 그림을 참조하고 삼각함수의 가법정리를 이용하여라.)

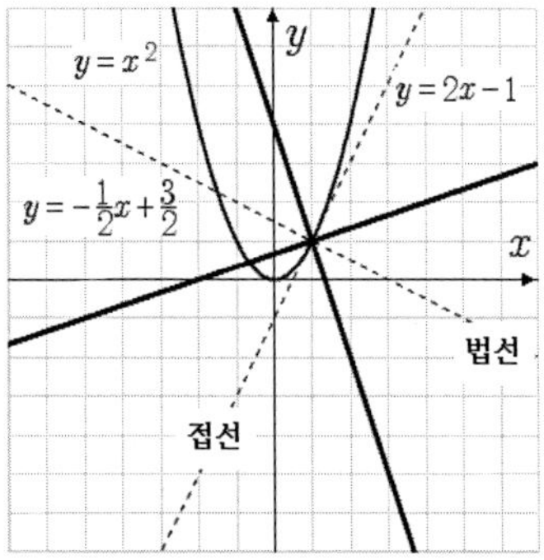

3.4 지수함수와 로그함수의 도함수

♥ 지수함수와 로그함수의 정의

양의 실수 a에 대하여 $a\times a$는 유일한 실수이다. 이것을 a^2으로 나타낸다. 또, $(a\times a)\times a=a\times(a\times a)$이므로 a^3으로 나타낸다. 일반적으로 n개의 실수 a의 곱을 a^n으로 나타낸다. 한편 $a\neq 0$이면 a의 곱셈에 관한 역원(역수)이 존재한다. 이것을 a^{-1}으로 나타낸다. 따라서 n이 자연수일 때뿐만 아니라 정수일 때도 a^n이 정의가 된다. 또 $a>0$일 때 $b^2=a$인 유일한 양수가 존재한다. 이것을 $a^{\frac{1}{2}}=\sqrt{a}$로 나타낸다.

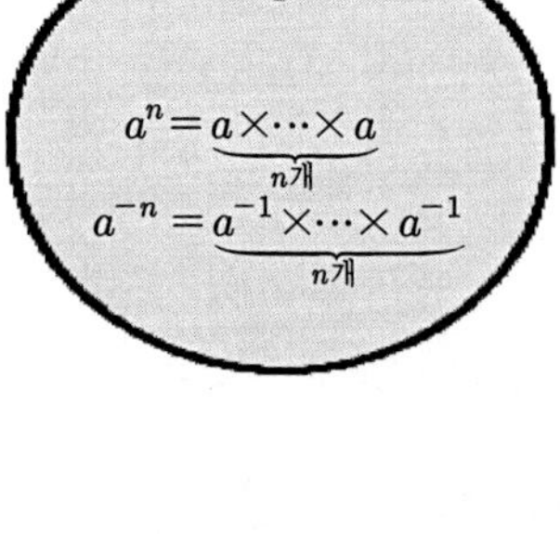

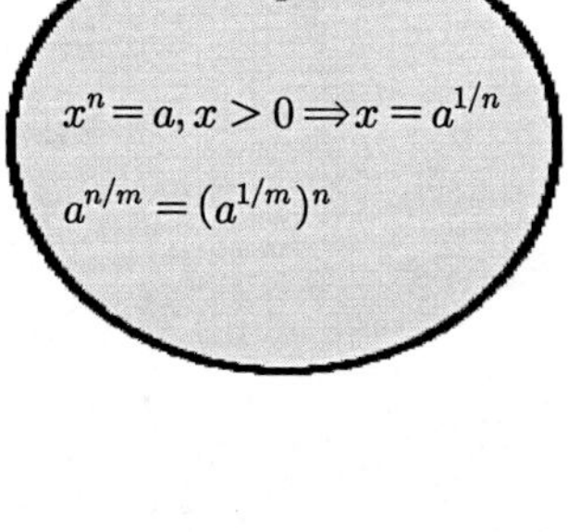

마찬가지로 임의의 양의 정수 n에 대하여 $b^n = a$를 만족하는 유일한 실수 b를 $a^{\frac{1}{n}}$으로 정의한다. 그러면 임의의 유리수 $r = \dfrac{q}{p}$(p, q는 정수, $p > 0$)에 대하여 $a^r = (a^{\frac{1}{p}})^q$이 정의된다. 즉 유리수 r에 대하여 a^r의 의미를 살펴보면, p제곱을 해서 a가 되는 어떤 실수 $(a^{\frac{1}{p}})$을 q제곱($q > 0$이면 q제곱, $q < 0$이면 $|q|$제곱의 역수)해서 얻어지는 수이다. 그런데 r이 무리수가 되면 이러한 방법으로 정의하기가 곤란하다. 따라서 무리수일 때도 지수 a^r을 정의하기 위하여 수학에서는 여러 가지 방법을 사용한다.

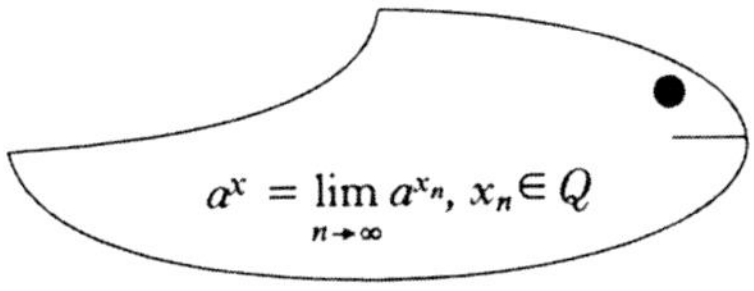

지수함수

그 중 한 가지는 무리수 r로 수렴하는 유리수의 수열 a_n을 이용하여 극한 $(\lim_{n \to \infty} a^{a_n} = a^r)$으로 정의하는 방법이고, 다른 한 가지는 정적분을 이용하여 먼저 로그함수를 정의한 다음에 로그함수의 역함수로 지수함수 a^x를 정의하는 방법이 있다. 이 이외에도 여러 가지가 있다.

그러나 이러한 과정은 수열이나 정적분에 관하여 먼저 연구한 다음에 공부해야 할 부분이고 상당히 복잡하기 때문에 자세한 내용은 생략하고 우리는 지수함수 $a^x (a > 0)$이 모든 실수 x에 대하여 정의가 되었다고 가정한다. 특히 다음과 같은 극한으로 주어지는 실수 e에 대한 지수함수를 먼저 생각해 보기로 한다.

정의 3-15

실수 $e = \lim_{t \to \infty}\left(1 + \dfrac{1}{t}\right)^t$에 대하여 $y = e^x$(x는 실수)를 **자연지수함수**라고 부른다.

$$e = 2.71828\ 18284\ 59045\ 23536\ 02874\ 71352\ 66249\cdots$$

이러한 자연지수 함수 $y = e^x$은 실수집합 R에서 양의 실수의 집합 R^+로 가는 전단사 함수이며 연속함수이다. 따라서 그 역함수가 존재한다. 이 역함수를 자연로그함수라고 부른다.

정의 3-16

자연지수함수 $y = e^x = \exp(x)$(x는 실수)의 역함수를 **자연로그함수**라고 부르며, 기호로 $y = \log_e x = \log x = \ln x$로 나타낸다.

자연지수함수 $y = e^x$과 자연로그함수 $y = \log_e x$에서 실수 e를 **밑**이라고 부른다. 미분과 적분을 연구할 때에는 지수함수와 로그함수의 밑이 e인 것이 편리하다. 따라서 로그함수의 표현은 위의 정의와 같이 자연로그일 때에는 $\log x$로 나타내고 그 이외의 로그일 때에는 반드시 밑을 표시하는 것으로 약속한다.

정의 3-17

함수 $y = a^x = e^{x \ln a}$($a > 0$, $a \neq 1$, x는 실수)를 **a를 밑으로 하는 일반지수함수**라고 부른다.

정의 3-18

a를 밑으로 하는 일반지수함수 $y = a^x$(x는 실수)의 역함수를 **a를 밑으로 하는 일반로그함수**라고 부르며, 기호로 $y = \log_a x$로 나타낸다. x는 **진수**라고 부른다.

위와 같이 정의된 지수함수와 로그함수는 자신의 정의역과 치역에서 전단사함수가 되며 다음과 같은 기본적인 성질을 갖는다. 지수함수에 대한 증명은 이 책의 수준을 넘으므로 생략하기로 한다.

정리 3.19

a, $b > 0$, a, $b \neq 1$, 실수 x_1, x_2에 대하여 다음이 성립한다.

(1) $a^{x_1} a^{x_2} = a^{x_1 + x_2}$

(2) $\dfrac{a^{x_1}}{a^{x_2}} = a^{x_1 - x_2}$

(3) $(a^{x_1})^{x_2} = a^{x_1 x_2}$

(4) $\left(\dfrac{a}{b}\right)^{x_1} = \dfrac{a^{x_1}}{b^{x_2}}$

정리 3.20

$a,\ b>0,\ a,\ b\neq 1$과 양의 실수 $X,\ Y$ 및 실수 Z에 대하여 다음이 성립한다.

(1) $\log_a(XY)=\log_a X+\log_a Y$ (2) $\log_a(X/Y)=\log_a X-\log_a Y$

(3) $\log_a X^Z=Z\log_a X$ (4) $\log_a X=\dfrac{\log_b X}{\log_b a}$

증명 (1) $\log_a X=A, \log_a Y=B$이면 $X=a^A,\ Y=a^B$이므로 $XY=a^A a^B=a^{A+B}$. 그러므로 $\log_a(XY)=A+B=\log_a X+\log_a Y$.

(2) (1)과 같이 놓으면 $X/Y=a^A/a^B=a^{A-B}$이므로 $\log_a(X/Y)=A-B=\log_a X-\log_a Y$

(3) $\log_a X=A$라고 하면 $X=a^A$. $X^Z=(a^A)^Z=a^{AZ}$. 그러므로 $\log_a X^Z=AZ=Z\log_a X$.

(4) $X=a^A$의 양변에 $\log_b$를 취하면 $\log_b X=\log_b a^A=A\log_b a$이므로 $\log_a X=A=\dfrac{\log_b X}{\log_b a}$. □

예제 3.16

다음을 계산하여 간단히 하여라.

(1) $\left(\dfrac{27}{4}\right)^{-2}\times 8\div(3^{-2})^3$ (2) $\log_a b^3-6\log_a\sqrt{b}\ (b>0)$

풀이 (1) $\left(\dfrac{27}{4}\right)^{-2}\times 8\div(3^{-2})^3=\left(\dfrac{3^3}{2^2}\right)^{-2}\times 2^3\times\dfrac{1}{3^{-6}}=\dfrac{3^{-6}}{2^{-4}}\times 2^3\times\dfrac{1}{3^{-6}}$

$$=\frac{2^3}{2^{-4}}=2^{3-(-4)}=2^7.$$

(2) $\log_a b^3-6\log_a\sqrt{b}=3\log_a b-\dfrac{6}{2}log_a b=0$. ■

한편 위에서 정의한 지수함수와 로그함수의 그래프의 개형은 다음과 같다.

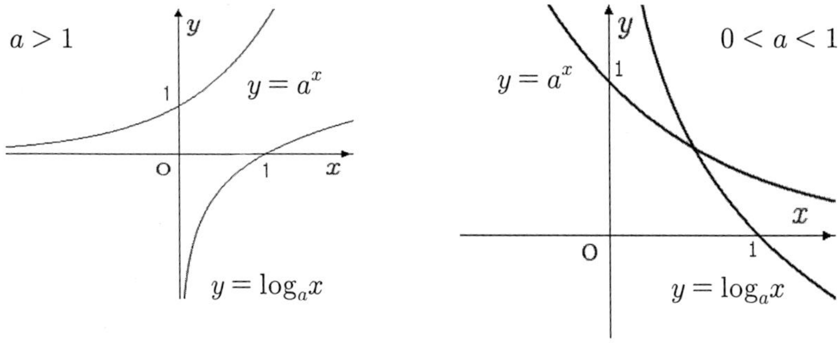

[그림 3.17(a)] [그림 3.17(b)]

예제 3.17

방정식 $\log_3(x-3)+\log_3(x+3)=3+\log_3 x$의 해를 구하여라.

풀이 로그함수의 성질에 의하여 $\log_3(x^2-9)=\log_3(27x)$를 얻는다. 로그함수는 단사함수이므로 $x^2-27x-9=0$. 이 2차방정식의 해는 $x=\dfrac{27\pm\sqrt{27^2+36}}{2}$인데 진수는 양수이므로 구하는 해는 $x=\dfrac{27+\sqrt{27^2+36}}{2}=\dfrac{27+\sqrt{765}}{2}$이다. ■

예제 3.18

방정식 $3^{2x}-80\cdot 3^x-81=0$의 해를 구하여라.

풀이 $3^{2x}-80\cdot 3^x-81=(3^x)^2-80\cdot 3^x-81=(3^x+1)(3^x-81)=0$이고 $3^x\neq -1$이므로 $3^x=81=3^4$. 그러므로 해는 $x=4$이다. ■

♣ 로그함수의 도함수

자연로그함수 $y=\log x=\ln x$의 도함수를 생각하여 보자. 우선 e의 정의를 이용하면 $\lim\limits_{x\to 0+}(1+x)^{\frac{1}{x}}=e$가 성립한다. 한편 $x<0$에 대하여 $x=-\dfrac{1}{t}$로 놓으면 $x\to 0-\Leftrightarrow t\to\infty$이므로

$$\lim_{x\to 0-}(1+x)^{\frac{1}{x}} = \lim_{t\to\infty}\left(1-\frac{1}{t}\right)^{-t} = \lim_{t\to\infty}\left(\frac{t-1}{t}\right)^{-t}$$

$$= \lim_{t\to\infty}\left(\frac{t-1+1}{t-1}\right)^{t} = \lim_{t\to\infty}\left(1+\frac{1}{t-1}\right)^{t-1+1}$$

$$= \lim_{t\to\infty}\left(1+\frac{1}{t-1}\right)^{t-1} \cdot \lim_{t\to\infty}\left(1+\frac{1}{t-1}\right) = e$$

가 된다. 그러므로 $\lim_{x\to 0}(1+x)^{\frac{1}{x}} = e$가 성립한다.

도함수의 정의와 로그함수의 연속성에 의하여

$$\frac{d\log x}{dx} = \lim_{\Delta x\to 0}\frac{\log(x+\Delta x)-\log x}{\Delta x}$$

$$= \lim_{\Delta x\to 0}\log\left(1+\frac{\Delta x}{x}\right)^{\frac{1}{\Delta x}} = \log e^{\frac{1}{x}} = \frac{1}{x}$$

을 얻는다. 또 일반로그함수에 대해서는 $\log_a x = \dfrac{\ln x}{\ln a}$ 이므로 다음을 얻는다.

공식 1 $\dfrac{d\log x}{dx} = \dfrac{d\ln x}{dx} = \dfrac{1}{x}$ 그리고 $\dfrac{d\log_a x}{dx} = \dfrac{1}{x\ln a}$

◆ 지수함수의 도함수

$y = e^x$에서 $x = \ln y$이므로 음함수 미분법을 적용하면 $1 = \dfrac{1}{y}y'$이 성립한다. 마찬가지로 $y = a^x$에 대하여도 다음이 성립한다.

공식 2 $\dfrac{de^x}{dx} = e^x$ 그리고 $\dfrac{da^x}{dx} = a^x\ln a$

예제 3.19

다음에서 $\dfrac{dy}{dx}$를 구하여라.

(1) $y = 5^{x^5} - \log(x^2+1)$

(2) $e^{x+y} + e^x + e^y = x^2 - 2x + 1$

풀이 (1) $\dfrac{dy}{dx}=5^{x^5}(\log 5)(5x^4)-\dfrac{2x}{x^2+1}$

(2) y를 x의 음함수로 보고 음함수미분법을 적용하면 $e^{x+y}(1+y')+e^x+e^y y'=2x-2$. y'에 대하여 풀면 $\dfrac{dy}{dx}=\dfrac{2x-2-e^{x+y}-e^x}{e^{x+y}+e^y}$.

연습문제 3-4

Exercises

1. 다음 함수의 도함수를 구하여라.

(1) $y=e^{2x}$ (2) $y=(x+e^x)^2$

2. 다음 함수의 도함수를 구하여라.

(1) $y=\log_3(x^2+1)$ (2) $y=(e^x+\ln x)^3$

3. 다음에서 $\dfrac{dy}{dx}$를 구하여라.

(1) $y=e^{x+y}$ (2) $e^{x+y}=\ln(x-y)$

4. 다음에서 $\dfrac{dy}{dx}$를 구하여라.

(1) $e^{x+y}+\sin(x-y)=1$ (2) $e^{\sin(x+y)}=\ln(x-y)$

5. $y=e^x+\ln x$의 그래프 위의 점 $(1,e)$에서의 접선과 법선의 방정식을 구하여라.

6. $e^{x+y}+x-2y-1=0$과 같이 음함수로 정의된 함수에 대하여 원점 $(0,0)$에서의 접선의 방정식을 구하여라.

7. 함수 $y=x-a$와 $y=\ln x$의 그래프가 접하도록 하는 상수 a를 구하여라.

8. $e^x=\ln x$를 만족하는 실근 x가 존재하는지에 대하여 토론하여 보아라.

3.5 쌍곡선함수와 역쌍곡선함수의 도함수

♥ 쌍곡선함수의 정의

자연지수함수 e^x을 이용하여 다음과 같이 정의된 함수들이 **쌍곡선 함수**들이다.

정의 3-21

$\sinh x = \dfrac{e^x - e^{-x}}{2}$ 으로 정의된 함수를 **쌍곡선 싸인함수**라고 부른다.

(hyperbolic sine (of) x)

정의 3-22

$\cosh x = \dfrac{e^x + e^{-x}}{2}$ 으로 정의된 함수를 **쌍곡선 코싸인함수**라고 부른다.

(hyperbolic cosine (of) x)

정의 3-23

$\tanh x = \dfrac{e^x - e^{-x}}{e^x + e^{-x}}$ 으로 정의된 함수를 **쌍곡선 탄젠트함수**라고 부른다.

(hyperbolic tangent (of) x)

쌍곡선 싸인함수 $y = \sinh x$와 쌍곡선 탄젠트함수 $y = \tanh x$는 기함수이고 쌍곡선 코싸인 함수 $y = \cosh x$는 우함수이며, 이들의 그래프의 개형은 다음의 그림과 같다.

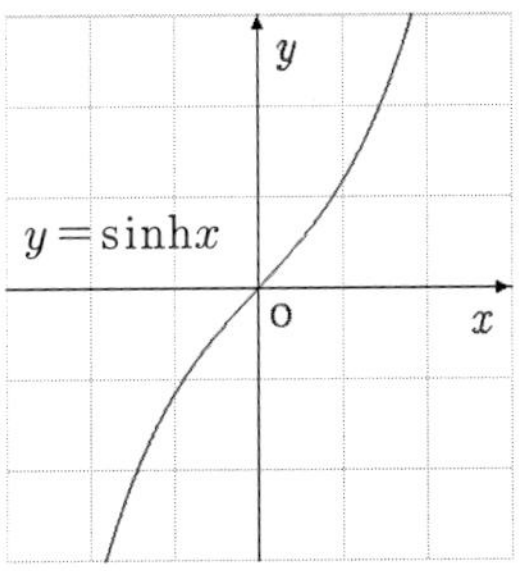

[그림 3.18(a)]

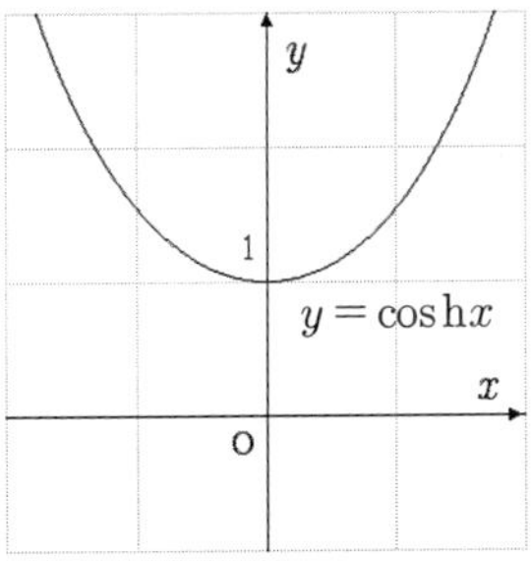

[그림 3.18(b)]

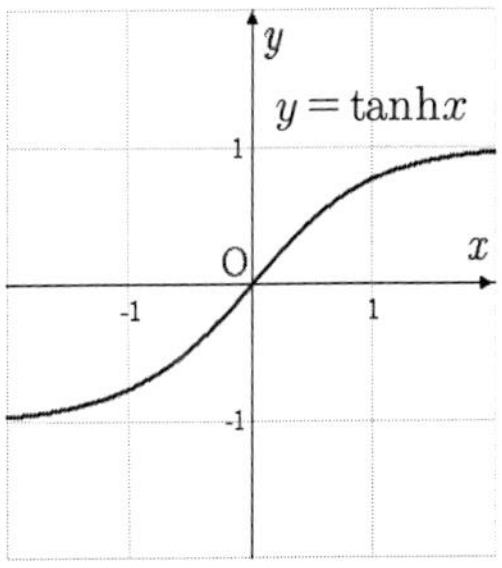

[그림 3.18(c)]

정의 3-24

$\mathrm{csch}\, x = \dfrac{1}{\sinh x} = \dfrac{2}{e^x - e^{-x}}$ 로 정의된 함수를 **쌍곡선 코씨컨트함수**라고 부른다.
(hyperbolic cosecant (of) x)

정의 3-25

$\mathrm{sech} x = \dfrac{1}{\cosh x} = \dfrac{2}{e^x + e^{-x}}$ 로 정의된 함수를 **쌍곡선 씨컨트함수**라고 부른다.
(hyperbolic secant (of) x)

정의 3-26

$\coth x = \dfrac{1}{\tanh x} = \dfrac{e^x + e^{-x}}{e^x - e^{-x}}$ 으로 정의된 함수를 **쌍곡선 코탄젠트함수**라고 부른다.
(hyperbolic cotangent (of) x)

쌍곡선 코씨컨트함수 $y = \mathrm{csch} x$ 와 쌍곡선 코탄젠트함수 $y = \coth x$ 는 기함수이고 쌍곡선 씨컨트 함수 $y = \mathrm{sech} x$ 는 우함수이며, 이들의 그래프의 개형은 다음의 그림과 같다.

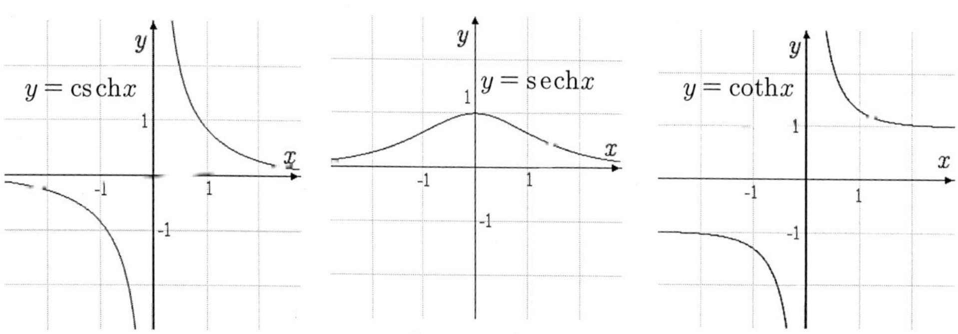

[그림 3.19(a)] [그림 3.19(b)] [그림 3.19(c)]

정리 3.27 쌍곡선함수의 성질

쌍곡선 함수들은 다음과 같이 삼각함수와 유사한 연산성질을 갖는다.

(1) $\cosh^2 x - \sinh^2 x = 1$ (2) $1 - \tanh^2 x = \operatorname{sech}^2 x$

(3) $\coth^2 x - 1 = \operatorname{csch}^2 x$

(4) $\sinh(x \pm y) = \sinh x \cosh y \pm \cosh x \sinh y$

(5) $\cosh(x \pm y) = \cosh x \cosh y \pm \sinh x \sinh y$

증명 (4) $\cosh x + \sinh x = e^x$, $\cosh x - \sinh x = e^{-x}$ 이므로

$$\begin{aligned}\sinh(x+y) &= \frac{e^{(x+y)} - e^{-(x+y)}}{2} = \frac{e^x e^y - e^{-x} e^{-y}}{2} \\ &= \frac{1}{2}(\cosh x + \sinh x)(\cosh y + \sinh y) \\ &\quad - (\cosh x - \sinh x)(\cosh y - \sinh y) \\ &= \sinh x \cosh y + \cosh x \sinh y.\end{aligned}$$

나머지도 정의를 이용하면 쉽게 증명되므로 증명은 생략하기로 한다. □

예제 3.20

평면위의 점(x, y)가 $x = \cosh t$, $y = \sinh t$를 만족할 때, t를 소거하여 x와 y의 관계식을 만들어 보아라.

풀이 $x^2 - y^2 = \cosh^2 t - \sinh^2 t = 1$을 만족한다. 그러므로 점$(x, y)$는 쌍곡선위의 점이다. ■

참고 높이가 같은 두 지점에 실을 묶어 놓으면, $\cosh x$의 형태로 늘어뜨려진다.

♣ 역쌍곡선함수의 정의

쌍곡선함수의 정의역과 공역을 적당히 제한하면 전단사함수가 되게 할 수 있으므로 역함수를 정의할 수 있다. 실제로 역쌍곡선함수에 대하여 다음이 성립한다.

정리 3.28 역쌍곡선 함수의 표현

역쌍곡선 함수들은 다음과 같이 로그함수들로 표현된다.

(1) $\sinh^{-1} x = \ln(x + \sqrt{x^2 + 1})$ $(-\infty < x < \infty)$

(2) $\cosh^{-1}x = \ln(x + \sqrt{x^2 - 1})\ (x \geq 1)$

(3) $\tanh^{-1}x = \dfrac{1}{2}\ln\dfrac{1+x}{1-x}\ \ (|x| < 1)$

(4) $\coth^{-1}x = \dfrac{1}{2}\ln\dfrac{x+1}{x-1}\ \ (|x| > 1)$

(5) $\mathrm{sech}^{-1}x = \ln\left(\dfrac{1+\sqrt{1-x^2}}{x}\right)\ (0 < x \leq 1)$

(6) $\mathrm{csch}^{-1}x = \ln\left(\dfrac{1}{x} + \dfrac{\sqrt{1+x^2}}{|x|}\right)\ (x \neq 0)$

증명 (6) $y = \mathrm{csch}\, x = \dfrac{2}{e^x - e^{-x}}$는 $x > 0$ (또는 $x < 0$)에서 실수집합으로 가는 전단사함수가 된다. x와 y를 교환하여 $xe^y - xe^{-y} - 2 = 0$으로 나타내고 양변에 e^y을 곱하면 e^y에 대한 2차방정식이 되므로 근은 $e^y = \dfrac{1 \pm \sqrt{1+x^2}}{x}$이 된다. $x > 0$일 때에는 $\dfrac{1+\sqrt{1+x^2}}{x} > 0$이므로 $y = \ln\dfrac{1+\sqrt{1+x^2}}{x}$를 얻고, $x < 0$일 때에는 $\dfrac{1-\sqrt{1+x^2}}{x} > 0$이므로 $y = \ln\dfrac{1-\sqrt{1+x^2}}{x}$를 얻는다. 그런데 $\ln\dfrac{1-\sqrt{1+x^2}}{x} = \ln(\dfrac{1}{x} + \dfrac{\sqrt{1+x^2}}{|x|})$이므로 $\mathrm{csch}^{-1}x = \ln\left(\dfrac{1}{x} + \dfrac{\sqrt{1+x^2}}{|x|}\right)$. 나머지의 증명도 유사하므로 증명은 생략한다. □

◆ 쌍곡선함수와 역쌍곡선함수의 도함수

쌍곡선함수와 역쌍곡선함수는 지수함수와 로그함수로 표현되므로 그의 도함수는 다음과 같다. 도함수를 구하는 공식들을 이용하면 증명되므로 자세한 증명은 생략한다.

정리 3.29 쌍곡선 함수의 도함수

(1) $\dfrac{d}{dx}\sinh x = \cosh x$

(2) $\dfrac{d}{dx}\cosh x = \sinh x$

(3) $\dfrac{d}{dx}\tanh x = \mathrm{sech}^2 x$

(4) $\dfrac{d}{dx}\coth x = -\mathrm{csch}^2 x$

(5) $\dfrac{d}{dx}\mathrm{sech}\, x = -\mathrm{sech}\, x \tanh x$

(6) $\dfrac{d}{dx}\mathrm{csch}\, x = -\mathrm{csch}\, x \coth x$

정리 3.30 역쌍곡선 함수의 도함수

(1) $\dfrac{d}{dx}\sinh^{-1}x = \dfrac{1}{\sqrt{1+x^2}}$ (2) $\dfrac{d}{dx}\cosh^{-1}x = \dfrac{1}{\sqrt{x^2-1}}\ (|x|>1)$

(3) $\dfrac{d}{dx}\tanh^{-1}x = \dfrac{1}{1-x^2}\ (|x|<1)$ (4) $\dfrac{d}{dx}\coth^{-1}x = \dfrac{1}{x^2-1}\ (|x|>1)$

(5) $\dfrac{d}{dx}\mathrm{sech}^{-1}x = \dfrac{-1}{x\sqrt{1-x^2}}\ (0<x<1)$

(6) $\dfrac{d}{dx}\mathrm{csch}^{-1}x = \dfrac{1}{|x|\sqrt{1+x^2}}\ (x \neq 0)$

연습문제 3-5 Exercises

1. 다음에서 $\dfrac{dy}{dx}$를 구하여라.

(1) $y = \ln(e^{x^2}+1)$ (2) $e^{xy}+e^x+e^y = \sin x$

2. 다음에서 $\dfrac{dy}{dx}$를 구하여라.

(1) $y = \tanh(e^x + x)$ (2) $y = \cosh(\sinh(\tanh x))$

3. 다음에서 $\dfrac{dy}{dx}$를 구하여라.

(1) $y = \tan(\tanh(x^2+1))$ (2) $\tanh^{-1}(x+y) = x+1$

4. 다음에서 $\dfrac{dy}{dx}$를 구하여라.

(1) $\ln(\tanh x + \tanh y) = x+y$ (2) $\tan(\cosh x + \sinh y) = x+y$

5. 다음에서 $\dfrac{dy}{dx}$를 구하여라.

(1) $y = \tanh^{-1}(\sin x)$ (2) $y = \tan^{-1}(\cosh x)$

6. $y = \tan^{-1}(\tanh x)$의 그래프위의 점 $(0,0)$에서의 접선의 방정식을 구하여라.

7. 좌표평면 위의 점 (x, y)가 어떤 변수 u에 대하여 $x = \cosh u$와 $y = \sinh u$를 만족할 때, x와 y는 어떤 관계식을 만족하는지 토론하여 보자.

3.6 매개방정식의 도함수

적당한 구간 I에서 정의된 두 함수 $f(t)$와 $g(t)$에 대하여

$$\begin{cases} x = f(t) \\ y = g(t) \end{cases} (t \in I)$$

를 만족하는 점$(x,\ y)$들의 집합은 특별한 경우를 제외하고는 평면상에서 대체로 곡선이 된다. 이와 같이 곡선을 제3의 변수를 이용하여 나타낸 식을 곡선의 **매개방정식**이라고 부르며, 변수 t를 **매개변수**라고 부른다. 한편, 매개변수를 이용하지 않고 변수 $x,\ y$의 관계를 직접 방정식으로 나타낸 식을 **직교방정식**이라고 부른다.

예를 들어, 중심이 원점에 있고 반지름이 1인 단위원은 매개방정식으로 $x = \cos t$, $y = \sin t$ $(0 \le t \le 2\pi)$와 같이 나타낼 수 있다.

예제 3.21

직교방정식으로 주어진 쌍곡선 $4x^2 - y^2 = 4$을 매개방정식으로 나타내 보아라.

풀이 $x^2 - \dfrac{y^2}{2^2} = 1$이므로 $x = \cosh t,\ y = 2\sinh t$ (t는 실수).

■

예제 3.22

한 원이 한 직선에 접하여 회전 할 때, 그 원주 위의 고정된 한 점 P가 그리는 곡선을 **싸이클로이드**(cycloid)라고 부른다. 이 원의 반지름이 a일 때 P가 그리는 자취의 매개방정식을 구하여라.

풀이 점 P가 원점에서 출발하고 원의 중심을 C라고 할 때, 반지름 $\overline{CP}$가 θ(라디안)만큼

회전하면 이 원은 점 A까지 회전하게 된다(그림 참조). 따라서 선분 OA의 길이는 $a\theta$이고 그림에서처럼 P의 좌표 $(x,\ y)$는 다음과 같다.

$$\begin{cases} x = a(\theta - \sin\theta) \\ y = a(1 - \cos\theta) \end{cases}$$

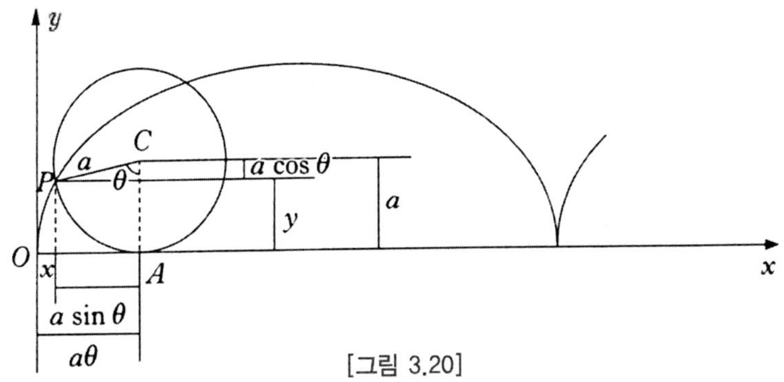

[그림 3.20]

이러한 매개방정식에 대하여 변수 x와 y의 범위를 적당히 제한함으로써 y를 x의 함수로 볼 수 있다. 실제로 다음 사실이 성립한다.

정리 3.31 매개방정식의 미분법

매개방정식 $x = f(t)$, $y = g(t)$가 같은 구간에서 미분가능하고, $f'(t) \neq 0$이면 다음이 성립한다.

$$\frac{dy}{dx} = \frac{\frac{dy}{dt}}{\frac{dx}{dt}} = \frac{g'(t)}{f'(t)}$$

증명 다음을 만족하는 $\epsilon(\Delta t)$가 존재한다.

(1) $\Delta x = \frac{df}{dt}\Delta t + \epsilon(\Delta t)\Delta t$ (2) $\lim_{\Delta t \to 0} \epsilon(\Delta t) = 0.$

한편 $f'(t) \neq 0$이므로 충분히 작은 모든 $\Delta t \neq 0$에 대하여 $\Delta t = \dfrac{\Delta x}{\frac{df}{dt} + \epsilon(\Delta t)}$와 같이 나타낼 수 있다. 따라서 이러한 모든 $\Delta t \neq 0$에 대하여 $\Delta t \neq 0 \Leftrightarrow \Delta x \neq 0$을 만족하고, $\Delta x \to 0 \Leftrightarrow \Delta t \to 0$가 성립한다. 그러므로

$$\frac{dy}{dx} = \lim_{\Delta x \to 0} \frac{\Delta y}{\Delta x} = \lim_{\Delta x \to 0} \frac{\frac{\Delta y}{\Delta t}}{\frac{\Delta x}{\Delta t}} = \lim_{\Delta t \to 0} \frac{\frac{\Delta y}{\Delta t}}{\frac{\Delta x}{\Delta t}} = \frac{g'(t)}{f'(t)}$$ □

예제 3.23

매개방정식 $x = 3t - t^2$, $y = t^3$으로 주어진 곡선의 $t = 1$에 해당되는 점에서의 접선의 방정식을 구하여라.

풀이 $t = 1$에 해당되는 점의 좌표는 $(2,\ 1)$이고 $\frac{dy}{dx} = \frac{dy/dt}{dx/dt} = \frac{3t^2}{3-2t}$에 $t = 1$을 대입하면 접선의 기울기는 $\frac{dy}{dx} = 3$이 된다. 그러므로 접선의 방정식은 $y - 1 = 3(x - 2)$, 즉, $y = 3x - 5$이다.

■

연습문제 3-6

Exercises

1. 다음 각 매개방정식을 직교방정식으로 변형하여라.

(1) $x = \frac{1}{1+t},\ y = \frac{1}{t^2}$

(2) $x = \tan\theta,\ y = \tan 2\theta$

(3) $x = \ln t,\ y = t - 1$

(4) $x = \sqrt{2}\sin\theta,\ y = 2\cos^2\theta$

2. 다음 방정식을 매개방정식으로 변형하여라.

(1) $x^3 + y^3 = 1$

(2) $x^2 + y^3 = 4xy$

3. 다음 곡선에 대하여 y'을 구하여라.

(1) $x = \frac{2}{1+t^2},\ y = \frac{2}{t(1+t^2)}$

(2) $x = 1 - \sin\theta,\ y = 1 - \cos\theta$

4. 매개방정식으로 주어지는 다음의 곡선에 대하여 주어진 점에서의 접선의 방정식을 구하여라.

(1) $x=\dfrac{1}{1+t^2},\ y=\dfrac{t}{1+t^2}(t=0)$ (2) $x=\cos^3\theta,\ y=\sin^3\theta\left(\theta=\dfrac{\pi}{4}\right)$

5. 타원 $\dfrac{x^2}{4}+\dfrac{(y-2)^2}{9}=1$을 두 가지 이상의 매개방정식으로 나타내 보아라.

6. 단위원을 나타내는 다음의 두 가지의 매개방정식의 차이점에 대하여 논해보아라.

$x=\cos t,\ y=\sin t(0\le t\le 2\pi)$와 $x=\cos 2t,\ y=\sin 2t(0\le t\le 2\pi)$

7. 매개방정식으로 나타나는 함수 $x=t^2+1,\ y=1-t^3$에 대하여 $y',\ y''$을 구하여라.

8. $x=f(t),\ y=g(t)$에 대하여 $\dfrac{d^2y}{dx^2}$을 구하는 공식을 만들어라.

9. 지면에서 포탄을 쏘는데, 초기속도는 초속 v_0미터이고 지면과의 각이 α이면 포탄의 궤적은 매개방정식 $x=(v_0\cos\alpha)t,\ y=-4.9t^2+(v_0\sin\alpha)t$로 주어진다. 포탄의 궤적이 포물선임을 밝혀라.

제 4 장 도함수의 응용

4.1 속도와 가속도

수직선을 따라 좌 · 우로 움직이고 있는 한 질점(크기(길이, 넓이, 부피)는 0이고 양의 질량을 가진 이상적인 물체)의 시간 t에서의 위치를 $s = f(t)$라고 하면, 같은 시간에 한 질점이 서로 다른 두 지점에 존재할 수 없기 때문에, 이 대응은 함수이다.

어떤 시간 t에서 조금 후(또는 전)의 시간 $t + \Delta t$ 사이에 질점이 움직인 위치의 변화량은

$$\Delta s = f(t + \Delta t) - f(t)$$

이므로, $\dfrac{\Delta s}{\Delta t}$는 질점이 움직인 동안의 평균적인 속도라고 볼 수 있다. 따라서 다음과 같이 정의한다.

정의 4-1

(평균속도)

직선 위를 움직이는 한 질점의 시간 t에서의 위치를 $s = f(t)$라고 하면, 시간 t에서 시간 $t + \Delta t$ 사이의 **평균속도**(average velocity)는 다음과 같이 정의한다.

$$v_{av} = \frac{\text{질점의 변위}}{\text{움직인 시간}} = \frac{\Delta s}{\Delta t} = \frac{f(t + \Delta t) - f(t)}{\Delta t}.$$

우리가 일상생활에서 접하게 되는 속도라는 개념은 대체로 이러한 평균속도를 의미한

다. 그러나 물체가 운동하는 상태를 측정하여, 어떤 시간 t 이후의 상태나 이전의 상태를 예측하거나 조사하기 위해서는 그 물체의 시간t에서의 순간적인 속도를 계산할 필요가 있다. 순간적인 속도는 시간의 간격 Δt를 0으로 접근시킨다는 개념으로 볼 수 있으므로, 다음과 같이 정의한다.

정의 4-2

순간속도

직선 위를 움직이는 한 질점의 시간 t에서의 위치를 $s=f(t)$라고 하면, 시간 t에서의 그 질점의 **순간속도**(또는 **속도**)(velocity)는 다음과 같이 정의한다.

$$v(t)=\frac{ds}{dt}=\lim_{\Delta t\to 0}\frac{\Delta s}{\Delta t}=\lim_{\Delta t\to 0}\frac{f(t+\Delta t)-f(t)}{\Delta t}$$

일반적으로 우리는 속도의 시간에 대한 비율을 가속도라고 하므로 다음과 같이 정의한다.

정의 4-3

평균가속도

직선 위를 움직이는 한 질점의 시간 t에서의 위치를 $s=f(t)$라고 하면, 시간 t에서 시간 $t+\Delta t$ 사이의 **평균가속도**(average acceleration)는 다음과 같이 정의한다.

$$a_{av}=\frac{\Delta v}{\Delta t}=\frac{v(t+\Delta t)-v(t)}{\Delta t}=\frac{\frac{ds}{dt}(t+\Delta t)-\frac{ds}{dt}(t)}{\Delta t}$$

정의 4-4

순간가속도

직선 위를 움직이는 한 질점의 시간 t에서의 위치를 $s=f(t)$라고 하면, 시간 t에서의 그 질점의 **순간가속도**(또는 **가속도**)(acceleration)는 다음과 같이 정의한다.

$$a(t)=\frac{dv}{dt}(t)=\frac{d^2s}{dt^2}(t)$$

참고 (평균)속도와 (평균)가속도의 절대값을 각각 (평균)**속력**, (평균)**가속력**이라고 한다.

정의 4-5

각속도와 각가속도

하나의 고정된 점 주위를 회전하고 있는 한 질점과 고정점을 잇는 선분이 그 질점에서 출발하는 고정된 반직선과 시간 t에서 $\theta = f(t)$(라디안)의 각을 이룬다고 하자. 이때 시간 t에서의 그 질점의 **각속도**(angle velocity)는 다음과 같이 정의한다.

$$v(t) = \frac{d\theta}{dt} = \lim_{\Delta t \to 0} \frac{\Delta\theta}{\Delta t} = \lim_{\Delta t \to 0} \frac{f(t+\Delta t) - f(t)}{\Delta t}$$

또, 각속도의 미분 $a(t) = \dfrac{dv}{dt}(t) = \dfrac{d^2\theta}{dt^2}(t)$를 **각가속도**라고 정의한다.

예제 4.1

직선 위를 움직이는 한 질점의 시간 t에서의 위치가 $s = f(t) = \sin t - t + 1$로 주어질 때, 시간 $t = 1$에서의 속도와 가속도를 구하시오.

풀이 $v(t) = f'(t) = \cos t - 1$, $a(t) = -\sin t$이므로 $v(1) = \cos 1 - 1$, $a(1) = -\sin 1$.

참고 위의 예제에서 $v(1) = \cos 1 - 1 < 0$이 음수가 되는 것은 질점이 시간 $t = 1$인 순간에 직선의 음의 방향으로 움직이고 있음을 뜻한다.

예제 4.2

직선 위를 움직이는 두 질점의 시간 t에서의 위치가 각각 $s = f(t) = t^3 + t^2 - 3t + 1$과 $s = g(t) = t^3 - 2t^2 + 3t - 2$로 주어진다고 한다. 이 두 질점의 속도가 같아지는 시간과, 그 때의 속도 및 가속도를 구하여라.

풀이 두 질점의 속도는 각각 $f'(t) = 3t^2 + 2t - 3$, $g'(t) = 3t^2 - 4t + 3$이므로 속도가 같아지는 시간은 $3t^2 + 2t - 3 = 3t^2 - 4t + 3$에서 $t = 1$이다. 그러므로 그 때의 속도는 각각 2, 2이며 가속도는 $f''(t) = 6t + 2$, $g''(t) = 6t - 4$에서 각각 8, 2이다.

예제 4.3

적도지방에 살고 있는 사람이 태양을 기준으로 할 때 상대적으로 움직이는 속도를 계산하여 보아라. 단, 1일은 23시간 56분 4초이고 적도의 반지름은 6378km 이며, 지구의 공전속도는 30km/sec로 한다.

풀이 지구 자전의 각속도는 $\frac{2\pi}{1}$(라디안/일)이다. 그러므로 자전에 의해서만 사람이 움직인 거리는 $f(t)=2\pi Rt$이다(R은 지구의 반지름). 따라서 자전에 의한 순간속도는 $f'(t)=2\pi R$이다. 하루에 $2\pi R$이므로 초속으로 계산하면

$$2\pi\times 6378/(23\times 3600+56\times 60+4)\approx 0.465(\text{km/sec})$$

정도로 지구주위를 움직인다. 따라서 태양에 대하여 30 ± 0.465km/sec 정도의 속도로 움직인다고 볼 수 있다. 참고로, 실제로는 태양도 움직이고 있기 때문에(약 220km/sec의 속도로) 우주공간에 대한 상대속도는 이보다 훨씬 빠르다.

예제 4.4

질점 A는 직교좌표평면위의 점 (1, 0)에서 반시계방향으로 원 $x^2+y^2=1$을 따라서 $1\ rad/\sec$의 각속도로 원운동 하고 있으며, 질점 B는 원점에서 출발하여 시간 t에서의 위치가 $x=\sin t,\ y=\sin t$인 모양으로 왕복운동하고 있다. 이 두 질점이 만날 수 있는가?

풀이 질점 A의 각속도가 $1\ rad/\sec$이므로 시간 t에서의 질점 A가 움직인 각도는 $\theta=t$가 된다. 따라서 시간 t에서의 질점 A의 위치는 $x=\cos t,\ y=\sin t$가 된다. 두 질점이 만나려면 같은 시간에 같은 위치에 존재하여야 하므로 $(\cos t, \sin t)=(\sin t, \sin t)$를 만족하는 시간 t에 만나는 것이 가능하다. 그런데 $\cos t=\sin t$의 해는 $t=\frac{\pi}{4}+n\pi$ (n은 정수)이므로 두 물체는 시간 $t=\frac{\pi}{4}+n\pi\ (n=0, 1, 2, \cdots)$에 만난다.

연습문제 4-1 Exercises

1. 직선 위를 움직이고 있는 한 질점의 위치가 $s=3\tan t$로 주어질 때, $t=\frac{\pi}{4}$일 때의 속도와 가속도를 구하여라.

2. 도로 위를 걷고 있는 두 사람 A와 B의 위치가 $f(t)=3t^3-5t^2+\sin t$와 $g(t)=2t^3-2t^2-2t+\sin t$로 주어진다고 하자. 이 두 사람이 $t=0$에서 출발하여 걸어가기 시

작할 때, 출발 후에 최초로 같은 방향으로 나란히 걸어가게 되는 순간의 시간과 그때의 순간속도를 구하여라.

3. 수직선 위를 움직이는 질점의 위치가 $f(t) = \sin t$일 때, 이 물체의 운동모양에 대하여 아는 데로 서술하여라.

4. 수직선 위를 움직이는 질점의 위치가 $f(t) = t\sin t$라면 이 물체의 운동모양은 어떤지 토론하여 보아라.

4.2 미분과 근사식

수학을 실생활이나 과학적인 활동에 응용하는데 있어서, 어려운 점의 하나가 복잡한 함수의 값을 실제로 계산해야 하는 것이다. 함수가 복잡하면 계산이 어려우므로, 이러한 함수의 값을 비교적 정확하고도 쉽게 계산하는 방법이 필요하다. 이러한 방법 중의 하나가 적당한 근사식을 이용하는 것인데, 이에 관하여 알아보자.

함수 $y = f(x)$가 $x = c$에서 미분가능하면, 정리 3.9에 의하여 다음을 만족하는 ϵ이 존재한다.

(1) $f(x) = f(c) + f'(c)(x-c) + \epsilon(x-c)$, (2) $\lim\limits_{x \to c} \epsilon = 0$.

그러므로 $x \approx c$이면 $f(x) \approx f(c) + f'(c)(x-c)$이고 $\Delta y \approx f'(c)\Delta x$이다. 여기서 $\Delta y = f(x) - f(c)$, $\Delta x = x - c$이다. $L(x) = f(c) + f'(c)(x-c)$는 직선의 방정식이므로 다음과 같이 정의한다.

정의 4-6

함수 $y = f(x)$가 $x = c$에서 미분가능할 때, 직선

$$L(x) = f(c) + f'(c)(x-c)$$

를 c에서의 f의 **선형화**(linearization)라고 한다. 또 근사식

$$f(x) \approx L(x)$$

를 c에서의 f의 **표준 1차 근사식**이라고 하고, c를 **근사식의 중심**이라고 정의한다.

y의 증분 Δy에 대해서는 $\Delta y \approx f'(c)\Delta x$가 성립하므로 다음과 같이 정의한다.

정의 4-7

함수 $y=f(x)$가 x에서 미분가능하면 $f'(x)\Delta x$를 y의 **미분**이라고 정의하며, x의 미분 dx와 함께 다음과 같이 나타낸다.

y**의 미분**$=dy=f'(x)dx$, $\quad x$**의 미분**$=dx=\Delta x$.

참고 도함수 기호 $\frac{dy}{dx}=\frac{d}{dx}y$는 dy를 dx로 나눈다는 뜻이 아니라 원래는 미분한다는 연산을 나타내는 기호이다. 그러나 위와 같이 미분을 정의하면 이것은 y의 미분 dy를 x의 미분 dx로 나눈 결과와 같게 된다.

예제 4.5

$y=f(x)=\sqrt[n]{1+x}$ 의 $x=0$에서의 선형화식을 구하여라. 단, n은 자연수.

풀이

$f'(x)=\frac{1}{n}(1+x)^{\frac{1}{n}-1}$ 이므로 선형화식은

$$L(x)=f(0)+f'(0)x=1+\frac{1}{n}x.$$

■

예제 4.6

$y=f(x)=\tan^{-1}x$의 $x=0$에서의 선형화식을 구하고, 이 식을 이용하여 기울기가 $\frac{1}{10}$인 직선이 x축의 양의 방향과 이루는 각도를 대략 계산하여 보아라.

풀이

$f'(x)=\frac{1}{1+x^2}$이므로 선형화식은 $L(x)=f(0)+f'(0)x=x$ 이다. 따라서 기울기가 $\frac{1}{10}$인 직선이 x축과 이루는 각도를 θ라고 하면, $\tan\theta=\frac{1}{10}$이므로 각 θ는

$$\theta=\tan^{-1}\frac{1}{10}\approx\frac{1}{10}(\text{라디안})\approx 5.7^{\circ}.$$

■

예제 4.7

함수 $y=f(x)=\sin^2(\tan^{-1}x)$에 대하여 y의 미분 dy를 구하여라.

풀이 $dy=f'(x)dx=2\sin(\tan^{-1}x)\cos(\tan^{-1}x)\dfrac{1}{1+x^2}dx.$

■

예제 4.8

밑면의 지름과 높이가 꼭 같은 $d=h=5$인 직원뿔이 있다. 이 원뿔의 지름과 높이가 동시에 0.01만큼 증가하면 이 원뿔의 체적은 대략 어느 정도 증가하는가?

풀이 원뿔의 체적을 V라고 하면

$$V=\frac{1}{3}\pi\left(\frac{d}{2}\right)^2 d=\frac{1}{12}\pi d^3$$

$dd=\Delta d=0.01$이므로

$dV=V'(d)dd=\dfrac{1}{4}\cdot\pi\cdot 5^2\cdot 0.01=\dfrac{1}{16}\pi.$

즉, $\Delta V\approx dV=\dfrac{1}{16}\pi=0.0625\pi$ 만큼 대략 증가한다. 실제로 증가한 양은

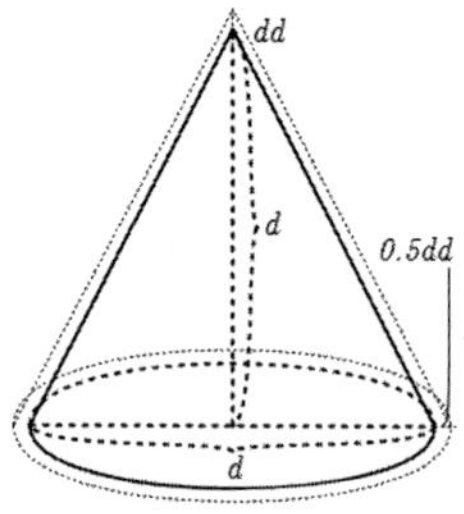

직원뿔

$$\Delta V=V(5.01)-V(5)=\frac{1}{12}(5.01^3-5^3)\pi=\frac{0.751501}{12}\pi\approx 0.062625083\pi.$$

■

종속변수의 미분에 관해서는, 두 함수의 가, 감, 승, 제의 연산에 대한 도함수의 정리를 이용하면 다음의 정리를 쉽게 얻을 수 있다.

정리 4.8

두 함수 f와 g가 미분가능하면 다음이 성립한다.

(1) $d(f+g)=df+dg$ (2) $d(f-g)=df-dg.$

(3) $d(fg)=gdf+fdg$ (4) $d\left(\dfrac{f}{g}\right)=\dfrac{g(df)-f(dg)}{g^2}.$

증명 미분가능한 두 함수의 몫에 대한 미분공식을 이용하면 (4)는 다음과 같이 증명된다. 나머지의 증명도 유사하다.

$$d\left(\frac{f}{g}\right)=\left(\frac{f}{g}\right)'dx=\frac{f'g-fg'}{g^2}dx=\frac{g(f'dx)-f(g'dx)}{g^2}=\frac{g(df)-f(dg)}{g^2} \qquad \square$$

♥ 절대, 상대 및 백분율 변화량

변화된 양의 절대값이 동일하여도, 처음의 값이 작은 경우의 변화량과 큰 경우의 변화량은 그 변화량의 의미가 서로 다르다. 이 차이점을 나타내는 방법 중의 하나가 변화된 양과 처음의 양의 비를 구하는 것이다. 일반적으로 다음과 같은 방법이 이용된다.

정의 4-9

$y=f(x)$에 대하여 x가 $x=x_0$ 근방에서 변할 때, Δf 그리고 $\dfrac{\Delta f}{f(x_0)}$ 및 $\dfrac{\Delta f}{f(x_0)}\times 100$을 각각 참값(참변화량)에 대한 **절대변화량**, **상대변화량**, **백분율변화량**(**절대 참변화량**, **상대참변화량**, **백분율참변화량**)이라고 하고, df, $\dfrac{df}{f(x_0)}$, $\dfrac{df}{f(x_0)}\times 100$을 각각 근사값(근사변화량)에 대한 **절대변화량**, **상대변화량**, **백분율변화량**(**절대 근사변화량**, **상대 근사변화량**, **백분율 근사변화량**)이라고 한다.

예제 4.9

구의 반지름을 r이라고 하면 구의 겉넓이는 $S=4\pi r^2$이다. 구의 겉넓이 S의 참값을 1% 이내로 측정하기 위해서는 반지름을 대략 얼마나 정확히 측정하여야 하는가?

풀이 반지름의 측정오차에 해당하는 구의 표면적의 증분 ΔS가 S의 1%를 넘지 않아야 하므로,

$$|\Delta S|\le\frac{1}{100}S=\frac{4\pi r^2}{100}.$$

이 부등식에서 ΔS대신에 dS를 사용하면 $dS=S'dr=8\pi r dr$이므로 $|8\pi r dr|\le\dfrac{4\pi r^2}{100}$, 즉, $|dr|\le\dfrac{1}{8\pi r}\cdot\dfrac{4\pi r^2}{100}=\dfrac{r}{200}$.

그러므로 반지름의 측정오차 dr이 실제 반지름의 0.5%를 넘지 않으면 된다고 대략 볼 수 있다.

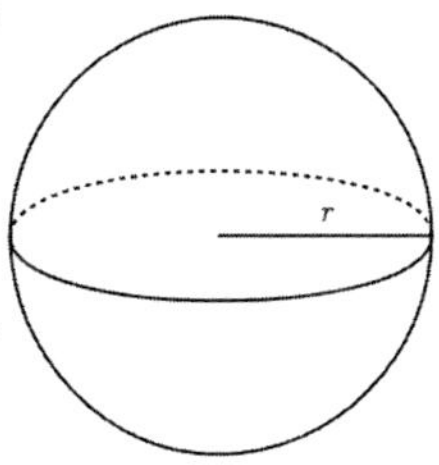

겉넓이 $4\pi r^2$

♣ 뉴톤의 방법

우리는 $f(x)=0$과 같은 방정식의 해를 구해야 할 경우가 많이 있다. 이 방정식의 해의 참값을 구할 수 있다면 바람직하지만, 그것이 쉽지 않을 경우에는 해의 근사값이라도 필요한 경우가 종종 있다. 이러한 방정식의 해의 근사값을 구하는 방법 중의 하나가 **뉴톤의 방법**(Newton-Raphson method)이다. 이 방법에 대하여 알아보자.

함수 $y=f(x)$가 적당한 구간에서 미분가능하다고 가정하고 방정식 $f(x)=0$이 주어졌다고 하자. 그래프 등을 이용하여 $f(x)=0$의 참해에 비교적 가까운 근사해를 하나 선택하여 x_0라고 하자. 이제 $f'(x_0)\neq 0$이라고 가정하고 x_1을 다음과 같이 정의한다.

$$x_1 = x_0 - \frac{f(x_0)}{f'(x_0)}.$$

또 $f'(x_1)\neq 0$라고 가정하고 x_2를 다음과 같이 정의한다.

$$x_2 = x_1 - \frac{f(x_1)}{f'(x_1)}.$$

일반적으로 $f'(x_n)\neq 0$라고 가정하고 x_{n+1}을 다음과 같이 정의한다.

$$x_{n+1} = x_n - \frac{f(x_n)}{f'(x_n)}.$$

이렇게 하여 얻은 수열(수열에 관한 자세한 정의와 내용들은 후에 살펴보기로 한다.)

$$x_1,\ \cdots,\ x_n,\ \cdots$$

을 각각 제1근사해, 제2근사해, …, 제n근사해, …로 하여 근사해를 구하는 방법을 **뉴톤의 방법**이라고 한다.

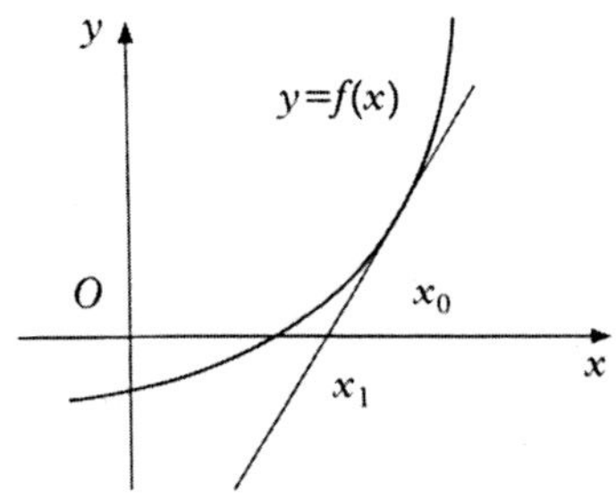

[그림 4.1]

뉴톤의 방법을 기하학적으로 살펴보자. 함수 $y=f(x)$이 그래프 위의 한 점 $(x_0,\ f(x_0))$에서 이 그래프에 접선을 긋고, 그 접선이 x-축과 만나는 점의 x-좌표를 x_1이라고 하자(그림 참조). 그러면 접선의 방정식이

$$y-f(x_0)=f'(x_0)(x-x_0)$$

이므로 x_1은 다음과 같이 주어진다.

$$0-f(x_0)=f'(x_0)(x_1-x_0).$$

즉,

$$x_1 = x_0 - \frac{f(x_0)}{f'(x_0)}.\ (\text{단, } f'(x_0) \neq 0 \text{라고 가정})$$

이후의 근사해는 이 식과 유사하므로, 뉴톤의 방법이란 기하학적으로 보면, 주어진 한 근사해에 해당되는 그래프 위의 점에서 접선을 그어 그 접선의 x-절편을 다음 단계의 근사해로 하는 방법이라는 것을 알 수 있다.

예제 4.10

곡선 $y = x^3 - x$와 직선 $y = 1$의 교점의 x-좌표의 근사값을 뉴톤의 방법으로 구하여라.

풀이 $f(x) = x^3 - x - 1$의 해를 구하면 된다. 함수 $y = x^3 - x - 1$의 그래프를 그려 보면 해는 $x = 1$과 $x = 2$ 사이에서 단 하나 존재한다는 것을 알 수 있다. 초기값을 $x_0 = 1$로 하여 뉴톤의 방법을 적용하면 표 1과 같은 결과를 얻는다. 이 표를 보면, $n = 5$에서 $x_5 = x_4 = 1.324717957$을 얻었다. $x_{n+1} = x_n$일 때, 뉴톤식에 의하면 $f(x_n) = 0$이다. 이것은 $f(x) = 0$의 근을 소수점 아래 9번째 자리까지 구했다. 물론, 이 값이 참해라는 뜻은 아니다. 다만 이것은 소숫점 아래 10자리까지만 나타나는 계산기로 계산하였기 때문이며, 소숫점이하 9자리까지는 정확할 것이라는 뜻이다. 실제로, $f(x) = 0$의 유일한 실근은 유리수가 아니라는 사실을 증명할 수 있다는 것을 이 책보다 높은 수준의 책을 보면 $x^3 - x - 1 = 0$의 해는 무리수임을 알 수 있다.

■

<**표 4.1**> $x_0 = 1$, $x^3 - x - 1 = 0$에 대한 뉴톤방법의 결과

n	x_n	$f(x_n)$	$f'(x_n)$	$x_{n+1} = x_n - \frac{f(x_n)}{f'(x_n)}$
0	1	-1	2	1.5
1	1.5	0.875	5.75	1.347826087
2	1.347826087	0.100682174	4.449905482	1.325200399
3	1.325200399	0.002058363	4.268468293	1.324718174
4	1.324718174	0.000000925	4.264634722	1.324717957
5	1.324717957	-5×10^{-10}	4.264632997	1.324717957

연습문제 4-2 Exercises

1. $y=f(x)=\sin x$의 $x=0$에서의 선형화식을 구하여라.

2. $y=f(x)=\tan x$의 $x=0$에서의 선형화식을 구하여라.

3. $y=f(x)=\ln(1+x)$의 $x=0$에서의 선형화식을 구하여라.

4. $y=f(x)=\sin^{-1}x$의 $x=0$에서의 선형화식을 구하여라.

5. $y=f(x)=\tan^{-1}x$의 $x=0$에서의 선형화식을 구하여라.

6. 방정식 $x^3-3x+1=0$의 양수의 근을 뉴톤의 방법으로 구하여라.

4.3 함수의 극값

함수의 최댓값과 최솟값, 극댓값과 극솟값을 구하는 데 도함수를 이용하면 유용하다. 함수의 최댓값과 최솟값은 치역의 최댓값과 최솟값이며 2장에서 엄밀하게 정의한 바 있다.

정의 4-10

함수 $f(x)$가 구간 $I=[a,\ b]$ 위에서 정의되어 있을 때, $f(x)$가 다음 명제를 만족하면 $c\in[a,\ b]$에서 **극대**가 된다고 정의한다.

$$\exists\,\delta>0 \text{ s.t. } x\in I\cap(c-\delta,\ c+\delta)\Rightarrow f(x)\le f(c).$$

정의 4-11

함수 $f(x)$가 구간 $I=[a,\ b]$ 위에서 정의되어 있을 때, $f(x)$가 다음 명제를 만족하면 $c\in[a,\ b]$에서 **극소**가 된다고 정의한다.

$$\exists\,\delta>0 \text{ s.t. } x\in I\cap(c-\delta,\ c+\delta)\Rightarrow f(x)\ge f(c).$$

참고 최댓값, 최솟값, 극댓값, 극솟값을 통틀어서 극값(extremum values)이라고 부른다.

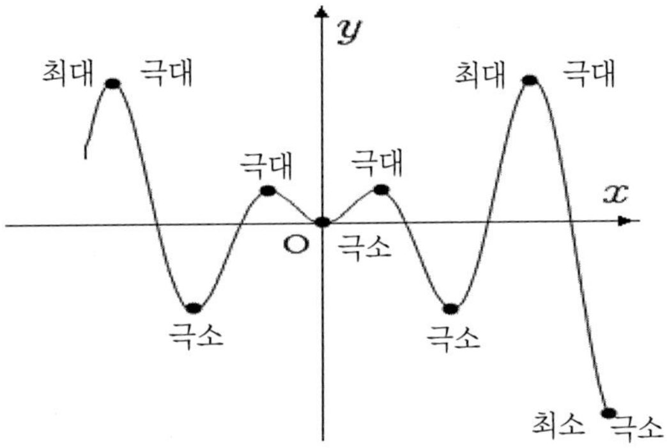

[그림 4.2]

예제 4.11

함수 $y=f(x)=5|x|+1$의 구간 $I=[-1,\ 2]$ 위에서의 최대, 최소, 극대, 극솟값을 구하여라.

풀이 최댓값$=f(2)=11$, 최솟값$=f(0)=1$, 극댓값$=f(-1)=6(\delta=1/2)$, 극댓값 $=f(2)=11(\delta=1/2)$, 극솟값$=f(0)=1$.

예제 4.12

상수함수 $y=K$는 모든 점 $x=c$에서 최대, 최소, 극대, 극소가 된다는 것을 정의로부터 알 수 있다.

예제 4.13

$|x|>0$일 때에는 $f(x)=x^2+1$, 그리고 $f(0)=2$로 정의된 함수 f의 구간 $I=[-1,\ 1]$에서의 극값을 조사하여라.

풀이 최댓값$=f(-1)=f(0)=f(1)=2=$극댓값$(\delta=1/2)$, 최솟값과 극솟값은 없다.

예제 4.14

$|x|>0$일 때에는 $f(x)=x^2+1$, 그리고 $f(0)=0$로 정의된 함수 f의 구간 $I=[-1,\ 1]$에서의 극값을 조사하여라.

풀이 최댓값$=f(-1)=f(1)=2$, 최솟값$=f(0)=0$,
극댓값$=f(-1)=f(1)=2, (\delta=1/2)$, 극솟값$=f(0)=0\,(\delta=1/2)$.

■

정리 4.12 극값에 대한 1계 도함수 정리

함수 $y=f(x)$가 $[a,\ b]$에서 미분가능하고 $c\in(a,\ b)$에서 극값을 가지면 $f'(c)=0$이다.

증명 $f(x)$가 $x=c\in(a,\ b)$에서 극대가 된다고 하자. 그러면,

$$\exists\,\delta>0 \text{ s.t. } x\in I\cap(c-\delta,\ c+\delta)\Rightarrow f(x)\le f(c).$$

특히, $(c-\delta, c+\delta)\subseteq I$로 선택하면, $|\Delta x|<\delta$에 대하여 $f(c+\Delta x)-f(c)\le 0$. 양변에 Δx를 나누면

$$\Delta x>0\text{일 때 } \frac{f(c+\Delta x)-f(c)}{\Delta x}\le 0$$

$$\Delta x<0\text{일 때 } \frac{f(c+\Delta x)-f(c)}{\Delta x}\ge 0.$$

이제 Δx를 0의 좌우측에서 0으로 접근시키면, 미분가능하므로,

$$0\le f'_-(c)=f'(c)=f'_+(c)\le 0.$$

□

위의 정리에 의하여, 함수 f가 극값을 가질 수 있는 곳은 다음 세 곳 뿐이다.

1. f'이 0이 되는 정의역의 내점.
2. f'이 존재하지 않는 정의역의 내점.
3. 함수의 정의역에서 끝점(경계점).

정의 4-13

함수 f에 대하여 f'이 0이거나 존재하지 않고 정의역에 속하는 점을 f의 **임계점**(critical point)이라고 한다.

참고 정의역의 양쪽 끝점에서는 한 방향의 미분계수(즉, 좌·우방미분계수)만 존재할 수 있고 미분계수는 존재하지 않으므로 양쪽 끝점도 임계점에 포함된다.

예제 4.15

함수 $f(x)=x^2+\dfrac{1}{x}$에 대하여 임계점을 구하여라.

풀이 $x=0$에서는 함수가 정의되지 않으므로 임계점이 아니다. $x \neq 0$에서는 $f'(x) = 2x - \dfrac{1}{x^2} = \dfrac{2x^3-1}{x^2} = 0$이므로 임계점은 $x = \dfrac{1}{\sqrt[3]{2}}$이다. ■

연습문제 4-3 Exercises

1. 구간 [0, 1]에서 정의된 함수로써 임계점이 10개인 함수를 하나 찾아라.

2. 구간 [0, 1]에서 연속인 함수로써 무한히 많은 임계점을 가지는 함수를 하나 찾아라.

3. 구간 [−1, 1]에서 정의된 함수로써 최대, 최소, 극대, 극솟값을 모두 갖지 않는 함수를 하나 찾아라.

4.4 평균값정리

정리 4.14 롤의 정리(Roll's theorem)

함수 $y=f(x)$가 폐구간 $[a,\ b]$ 위에서 연속이고 개구간 $(a,\ b)$ 위에서 미분가능하며, $f(a)=f(b)=0$이면, $f'(c)=0$인 점 $c \in (a,\ b)$가 존재한다.

증명 함수 f가 상수함수$(=0)$이면 $c = \dfrac{a+b}{2}$로 잡으면 된다. 상수함수가 아니면, 연속함수의 극치의 정리에 의하여 최댓값과 최솟값이 존재하고, 그 중 적어도 하나는 0이 아니다. 우선, $\max_{x \in [a,\ b]} f(x) = f(x_M) \neq 0$라고 가정하자. 그러면, $x_M \in (a,\ b)$이고 극값에 대한 1계 도함수 정리에 의하여 $f'(x_M)=0$이다. 마찬가지로 $\min_{x \in [a,\ b]} f(x) = f(x_m) \neq 0$일 때에는 $f'(x_m)=0$이다. □

위의 정리를 그래프 위에서 생각해 보자. 아래 그림을 참고로 하면, $f(a)=f(b)=0$이므로 그래프의 양 끝점은 x-축 위에 있다. 또, $f'(c)=0$이라는 것은 점 $(c,\ f(c))$ 위에서의 접선이 x-축에 평행하다는 것이다. 따라서 위의 정리는 그래프로(기하학적으로) 보면 다음과 같이 말할 수 있다 :

함수 $y=f(x)$가 폐구간 $[a,\ b]$ 위에서 연속이고 개구간 $(a,\ b)$ 위에서 미분가능하며, 그래프의 양 끝점이 x-축 위에 있으면, 평행접선을 가지는 내점이 적어도 하나 존재한다.

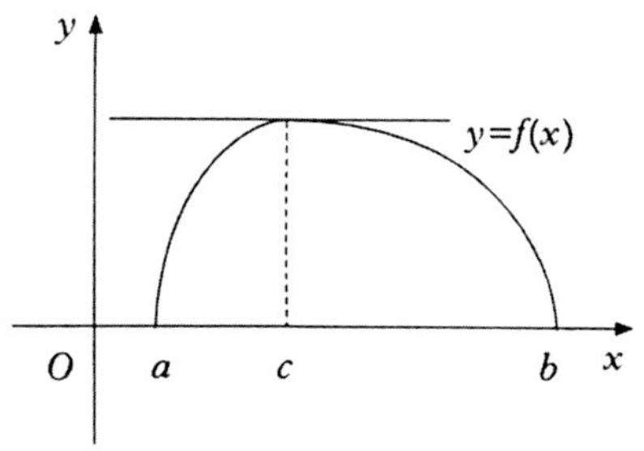

[그림 4.3]

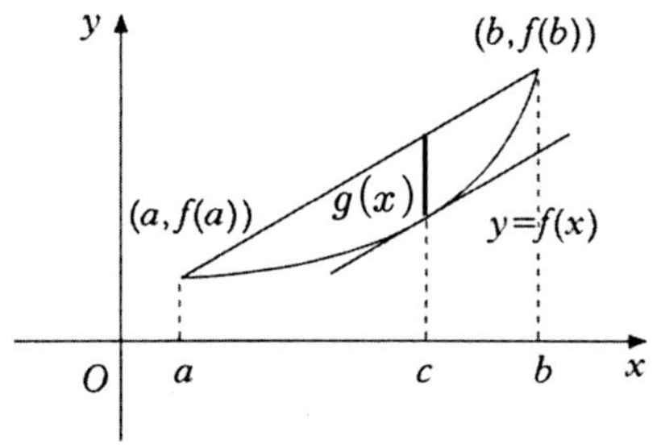

[그림 4.4]

예제 4.16

함수 $f(x)=x^2-2x-3$에 대하여 구간 $[-1,\ 3]$ 위에서 롤의 정리를 검증하여라.

풀이 $f(3)=f(-1)=0$이고 모든 점에서 미분가능하고 연속이므로, 롤의 정리의 가정을 만족한다. 그리고 $f'(1)=[2x-2]_{x=1}=0$이므로 정리가 성립한다.

다음의 예를 보면 롤의 정리에서 미분가능하다는 가정은 필수적이라는 것을 알 수 있다.

예제 4.17

함수 $f(x)=1-|x|$에 대하여 구간 $[-1,\ 1]$ 위에서 롤의 정리의 결론이 성립하는지 성립하지 않는지를 검증하여라.

풀이 이 함수는 양 끝점에서의 값이 0이고 연속인 함수이지만 미분계수가 0인 점은 없다.

정리 4.15 평균값정리(mean value theorem)

함수 $y=f(x)$가 폐구간 $[a,\ b]$ 위에서 연속이고 개구간 $(a,\ b)$ 위에서 미분가능하면 다음을 만족하는 내점 $c \in (a, b)$가 존재한다.

$$f'(c) = \frac{f(b)-f(a)}{b-a}$$

증명 다음과 같이 정의한 함수 $g(x)$를 생각해 보자.

$$g(x) = f(x) - f(a) - \frac{f(b)-f(a)}{b-a}(x-a), \ x \in [a, b].$$

$f(x)$와 $x-a$ 및 상수함수가 연속이므로 g는 $[a, b]$에서 연속이다. 또, 이 함수들이 (a, b)에서 미분가능하므로 g도 (a, b)에서 미분가능하다. 값을 대입해 보면 $f(a) = f(b) = 0$이므로 롤의 정리에 의하여 $g'(c) = 0$인 $c \in (a, b)$가 존재한다. 즉,

$$0 = g'(c) = f'(c) - \frac{f(b)-f(a)}{b-a}. \qquad \square$$

위의 정리를 그래프에서 보면, $\dfrac{f(b)-f(a)}{b-a}$는 그래프의 양 끝점 $(a, f(a))$와 $(b, f(b))$를 잇는 직선의 기울기이므로, 이 두 점을 잇는 직선과 평행인 접선을 가지는 그래프 위의 점 $(c, f(c))$가 존재함을 의미한다. 또, 위의 증명에서 $g(x)$는 양 끝점을 잇는 직선과 $f(x)$와의 수직방향의 거리임을 알 수 있다(그림4.4 참조).

만약 함수 f의 도함수 f'이 구간 $[a, b]$에서 최댓값과 최솟값을 가지면 평균값정리에 의하여 다음을 알 수 있다.

$$\min_{x \in [a, b]} f' \leq \frac{f(b)-f(a)}{b-a} \leq \max_{x \in [a, b]} f'.$$

평균값정리와 이 식을 이용하면 다음과 같은 부등식을 얻을 수도 있다.

예제 4.18

임의의 두 실수 a, b에 대하여 다음이 성립한다.

$$|\sin b - \sin a| \leq |b-a|.$$

풀이 $f(x) = \sin x$는 R 위에서 연속이고 미분가능하므로, 구간 $[a, b]$(또는 $[b, a]$)에서 평균값정리를 적용하면

$$|\sin b - \sin a| = |f(b) - f(a)| = |f'(c)(b-a)| = |\cos c||b-a| \leq |b-a|.$$

■

정리 4.16

함수 f가 구간 $[a,\ b]$에서 연속이고, 모든 점 $x \in (a,\ b)$에 대하여 $f'(x) = 0$을 만족하면 f는 그 구간에서 상수함수이다.

증명 임의의 $c \in (a,\ b]$에 대하여 f는 $[a,\ c]$에서 연속이고 $(a,\ c)$에서 미분가능하므로, 평균값정리에 의하여

$$\frac{f(c) - f(a)}{c - a} = f'(x_0) = 0,\ x_0 \in (a, c)$$

를 만족하는 점 x_0가 존재한다. 그러므로 $f(c) = f(a)$. c가 임의의 원소였으므로,

$$f(x) = f(a),\ \forall x \in [a,\ b].$$ □

따름 정리 4.17

두 함수 f와 g에 대하여, $f'(x) = g'(x),\ \forall x \in (a,\ b)$를 만족하면 $f = g + C$이다. 여기서 C는 적당한 상수.

증명 함수 $h = f - g$에 위의 정리를 적용하면 된다. □

참고 어떤 함수 $f(x)$가 주어졌을 때, $F'(x) = f(x),\ \forall x \in (a,\ b)$를 만족하는 함수를 $f(x)$의 부정적분(또는 역도함수)(Indefinite integral or antiderivative)이라고 하는데, 위의 따름정리에 의하면, 한 함수의 역도함수들은 상수만큼의 차가 난다는 것을 알 수 있다.(부정적분에 관한 자세한 논의는 다음 장에서 하게 된다.)

정리 4.18 코시의 평균값정리

함수 $f(x),\ g(x)$가 폐구간 $[a,\ b]$ 위에서 연속이고 개구간 $(a,\ b)$ 위에서 미분가능하며, $g(a) \neq g(b)$이고, $(a,\ b)$내의 모든 점 x에서 $g(x) \neq 0$이면 다음을 만족하는 내점$c \in (a,\ b)$가 존재한다.

$$\frac{f(b) - f(a)}{g(b) - g(a)} = \frac{f'(c)}{g'(c)}$$

증명 함수 $F(x) = f(b) - f(x) - \dfrac{f(b) - f(a)}{g(b) - g(a)}(g(b) - g(x))$에 롤의 정리를 적용하면 증명된다. □

함수의 증가 및 감소에 관한 다음의 정리를 평균값정리로부터 얻을 수 있다.(증가함수 등에 관한 엄밀한 정의는 2장에 있다.)

정리 4.19 증감에 관한 1계도함수 판별법

$y=f(x)$가 폐구간 $[a,\ b]$ 위에서 연속이고 개구간 (a,b) 위에서 미분가능하면 다음이 성립한다.

(1) 모든 $x \in (a,\ b)$에 대하여 $f'(x) > 0$이면 완전증가함수이다.

(2) 모든 $x \in (a,\ b)$에 대하여 $f'(x) < 0$이면 완전감소함수이다.

증명 (1)의 증명. 구간 내의 임의의 두 점 $x_1 < x_2$에 대하여 구간 $[x_1,\ x_2]$ 위에서 f에 평균값정리를 적용하면

$$f(x_2) - f(x_1) = f'(c)(x_2 - x_1)$$

를 만족하는 $c \in (x_1,\ x_2)$가 존재한다. 따라서 $f(x_1) < f(x_2)$. (2)의 증명은 (1)과 유사하므로 생략한다. □

위의 정리를 적용하면 함수 f는 $f' > 0$인 구간에서 완전증가하고, $f' < 0$인 구간에서 완전감소함을 알 수 있다. 또, $f' > 0$인 구간과 $f' < 0$인 구간에서 각각 단사함수가 됨을 알 수 있다.

예제 4.19

방정식 $x^5 + 3x^3 + 2x + 1 = 0$은 구간 $[-1,\ 0]$에서 유일한 실근을 가짐을 보여라.

풀이 $f(x) = x^5 + 3x^3 + 2x + 1$이라고 하면, $f(-1) = -5 < 0 < 1 = f(0)$이므로 중간값정리에 의하여 적어도 하나의 실근을 가진다. 또, $f'(x) = 5x^4 + 9x^2 + 2 > 0$이므로 f는 $[-1,\ 0]$ 위에서 완전증가하고, 따라서 단사함수이므로 그 근은 유일하다. ■

♥ 테일러정리와 n차근사식

주어진 함수값과 근사한 값을 구하는데, 앞에서와 같이 1차식을 이용하여도 되지만, 보다 더 좋은 방법은 2차함수 등을 이용하는 것인데, 그 이론적인 근거가 다음의 정리이다.

정리 4.20 테일러정리 : 미분형 나머지

함수 $y=f(x)$에 대하여, $f(x), f'(x)$, $\cdots$, $f^{(n)}(x)$가 폐구간 $[a,\ b]$에서 연속이고 $f^{(n+1)}(x)$가 개구간 $(a,\ b)$에서 존재하면 다음을 만족하는 $x_1 \in (a,\ b)$이 존재한다. 여기서 n은 자연수이다.

$$f(b)=f(a)+f'(a)(b-a)+\cdots+\frac{f^{(n)}(a)}{n!}(b-a)^n+R_n.$$

이 식을 **테일러의 공식**이라고 부르며, 여기서, 나머지 R_n은 다음 식으로 주어지는 수이다.

$$R_n=\frac{f^{(n+1)}(x_1)}{(n+1)!}(b-a)^{n+1} \quad \text{(Lagrange의 나머지)}$$

또는

$$R_n=\frac{f^{(n+1)}(x_1)}{n!}(b-a)(b-x_1)^n \quad \text{(Cauchy의 나머지)}.$$

증명 R_n을 다음을 만족하는 수라고 하자.

$$f(b)=f(a)+f'(a)(b-a)+\cdots+\frac{f^{(n)}(a)}{n!}(b-a)^n+R_n.$$

$R_n=\dfrac{(b-a)^{n+1}}{(n+1)!}K$($K$는 상수)라고 놓고, 다음의 함수

$$F(x)=f(b)-f(x)-f'(x)(b-x)-\cdots-\frac{f^{(n)}(x)}{n!}(b-x)^n-\frac{(b-x)^{n+1}}{(n+1)!}K$$

에 롤(Rolle)의 정리를 적용하면 Lagrange의 나머지식을 가지는 공식이 증명되고, 함수

$$G(x)=F(x)+\frac{(b-x)^{n+1}}{(n+1)!}K$$

에 평균값정리를 적용하면 Cauchy의 나머지식을 가지는 공식이 증명된다. 자세한 과정은 생략하기로 한다. □

테일러의 공식은 $b<a$인 경우에도 성립하므로, 함수 $f(x)$가 c근방에서 테일러의 정리의 가정을 만족하면, c에 충분히 가까운 x에 대하여,

$$f(x)\approx f(c)+f'(c)(x-c)+\cdots+\frac{f^{(n)}(c)}{n!}(x-c)^n$$

임을 알 수 있다. 이 식을 $f(x)$의 **표준n차 근사식**이라고 하고, c를 **근사식의 중심**이라고 한다. 분명히 이 근사식에서의 오차는 나머지 R_n이 됨을 알 수 있다.

한편 오차의 절대값의 상계, 즉, $|\text{오차}| \leqq E$인 실수 E를 **오차의 한계**라고 부른다.

예제 4.20

함수 $y = \sin x$의 $x = 0$근방에서의 표준 3차근사식을 구하고, 오차의 한계를 구하여라.

풀이 $y' = \cos x$, $y'' = -\sin x$, $y''' = -\cos x$, $y^{(4)} = \sin x$이므로 표준 3차근사식은

$$\sin x \approx x - \frac{x^3}{3!}$$

이고,

$$R_4 = \frac{\sin x_1}{4!} x^4$$

이므로, 오차의 한계는 다음과 같다.

$$|R_4| \leq \frac{x^4}{4!}.$$

■

연습문제 4-4 Exercises

1. 임의의 두 실수 a, b에 대하여 다음의 부등식이 성립함을 증명하여라.

$$|\tan^{-1}a - \tan^{-1}b| \leq \frac{|a-b|}{1+m^2},\ \text{여기서}\ m = \min\{a,\ b\}.$$

2. 방정식 $x^3 + 2x + 10 = 0$은 구간 $[-1,\ 1]$에서 실근을 갖지 않음을 보여라.

3. 다음의 네 조건을 동시에 만족하는 문제를 하나 출제해 보아라.

(a) 분수모양의 유리함수를 포함한다.

(b) 임계점의 개수를 구하여야 한다.

(c) 주관식문제이다.

(c) 삼각함수를 포함한다.

4. $y = f(x) = \tan x$의 $x = 0$에서의 표준3차근사식을 구하여라.

5. $y=f(x)=\ln(1+x)$의 $x=0$에서의 표준3차근사식을 구하여라.

6. $y=f(x)=\tan^{-1}x$의 $x=0$에서의 표준3차근사식을 구하여라.

7. 위에서 구한 $y=\tan^{-1}x$의 표준3차근사식을 이용하여 $\tan^{-1}\frac{1}{10}$을 계산할 때 오차의 한계는 얼마인가?

8. $y=f(x)=\tan^{-1}x$의 $x=0$에서의 표준1차근사식은 $\tan^{-1}x \approx x$이다. $\tan^{-1}\frac{1}{10}$의 값을 $\frac{1}{10}$(즉, $\frac{1}{10}$라디안 $\approx 5.72957795°$)로 근사시킬 때의 오차의 한계를 구하고, 표준3차식을 이용하여 근사시킬 때와 비교하여 보아라.

4.5 곡선의 그래프 그리기

여기서는 방정식 $F(x, y)=0$이나 함수 $y=f(x)$로 표현되는 곡선의 그래프를 그리는데 필요한 사항들을 자세히 살펴보기로 한다. 곡선이 함수 $y=f(x)$로 표현되어 있을 때, x가 변하는 범위를 $D(f)$로 표시하고, y가 변하는 범위를 $R(f)$로 표시하며, 방정식 $F(x, y)=0$으로 표현되어 있을 때에는 각각, 기호 $D(F)$, $R(F)$를 사용하기로 한다.

(1) 절편

$F(x, 0)=0$을 만족하는 x는 x-**절편**이고, $F(0, y)=0$를 만족하는 y는 y-**절편**이다.

(2) 대칭성

y-**축 대칭 :** $D(F)$가 $x=0$에 관하여 대칭인 구간일 때, 모든 $x \in D(F)$에 대하여 다음 명제를 만족하면 곡선 $F(x, y)=0$은 y-**축 대칭**이다.

$$F(x, y)=0 \Rightarrow F(-x, y)=0.$$

즉, 방정식의 x 대신 $-x$를 대입하여도 그 방정식이 성립하면 y-축 대칭이다.

x-**축 대칭 :** 모든 $x \in D(F)$에 대하여 다음 명제를 만족하면 곡선 $F(x, y)=0$은 x-

축 대칭이다.

$$F(x,\ y)=0\ \Rightarrow\ F(x,\ -y)=0.$$

즉, 방정식의 y 대신 $-y$를 대입하여도 그 방정식이 성립하면 y-축 대칭이다.

원점대칭 : $D(F)$가 $x=0$에 관하여 대칭인 구간일 때, 모든 $x\in D(F)$에 대하여 다음 명제를 만족하면 곡선 $F(x,\ y)=0$은 **원점대칭**이다.

$$F(x,\ y)=0\ \Rightarrow\ F(-x,\ -y)=0.$$

즉, 방정식의 x, y 대신에 $-x$, $-y$를 대입하여도 그 방정식이 성립하면 원점대칭이다.

$y=x$**에 관한 대칭 :** 모든 $x\in D(F)=R(F)$에 대하여 다음 명제를 만족하면 곡선 $F(x,\ y)=0$은 $y=x$ **대칭**이다.

$$F(x,\ y)=0\ \Rightarrow\ F(y,\ x)=0.$$

즉, 방정식의 x와 y를 교환하여도 그 방정식이 성립하면 직선 $y=x$에 관하여 대칭이다.

$y=-x$**에 관한 대칭 :** $D(F)=R(F)$가 $x=0$에 관하여 대칭인 구간일 때, 모든 $x\in D(F)$에 대하여 다음 명제를 만족하면 곡선 $F(x,\ y)=0$은 $y=-x$ **대칭**이다.

$$F(x,\ y)=0\ \Rightarrow\ F(-y,\ -x)=0.$$

즉, 방정식의 x, y 대신에 $-y$, $-x$를 대입하여도 그 방정식이 성립하면 직선 $y=-x$에 관하여 대칭이다(그림 참조).

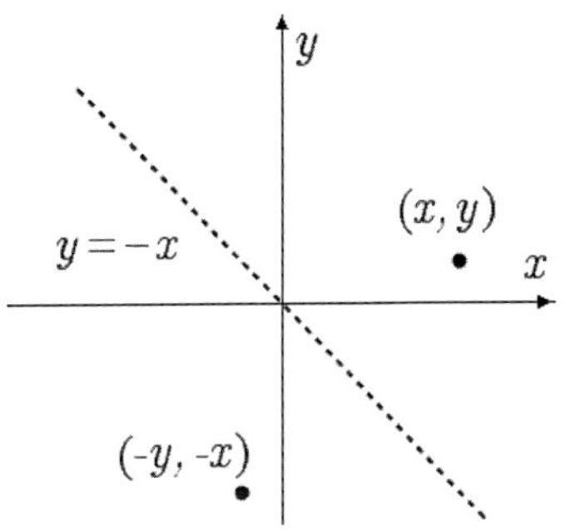

[그림 4.5]

(3) 증감과 접선

함수 $y=f(x)$가 도함수를 가지면

(a) $f'>0$인 구간에서 완전증가하고, $f'<0$인 구간에서 완전감소한다.

(b) $f'=0$인 점에서 수평접선을 가지고, $f'_-=\pm\infty$, $f'_+=\mp\infty$ (복호동순)인 점에서 f가 연속이면 수직접선을 가진다.

참고 곡선이 수직접선을 가지는 (b)와 같은 점을 **첨점**(cusp)이라고 한다.

(4) 극값

2계 도함수에 의한 극값판별 : 함수 $y=f(x)$가 $x=c$근방에서 2계 도함수를 가질 때,

(a) $f'(c)=0$이고 $f''(c)<0$이면 f는 $x=c$에서 극대가 되고,

(b) $f'(c)=0$이고 $f''(c)>0$이면 f는 $x=c$에서 극소가 된다.

테일러 정리를 이용한 극값 판별 : 함수 $y=f(x)$에 대하여, $f(x), f'(x), \cdots, f^{(2n-1)}(x)$가 폐구간 $[a,\ b]$에서 연속이고 $f^{(2n)}(x)$가 개구간 $(a,\ b)$에서 존재(n은 자연수)하며, 적당한 $c \in (a,\ b)$에 대하여

$$f(c)=f'(c)=\cdots=f^{(2n-1)}(c)=0$$

이면

(a) $f^{(2n)}(c)>0$일 때 f는 $x=c$에서 극솟값을 가지고,

(b) $f^{(2n)}(c)<0$일 때 f는 $x=c$에서 극댓값을 가진다.

참고 이 판별법은 구간 $[c,x]$(또는 $[x,c]$)에서 f에 테일러 정리를 적용하여

$$f(x)=f(c)+f'(c)(x-c)+\cdots+\frac{f^{(2n-1)}(c)}{(2n-1)!}(x-c)^n+\frac{f^{(2n)}(x_1)}{(2n)!}(x-c)^{2n}$$

를 얻고, 가정에 의하여

$$f(x)=f(c)+\frac{f^{(2n)}(x_1)}{(2n)!}(x-c)^{2n}$$

이 되므로 쉽게 증명된다.

(5) 오목 · 볼록(요철)과 변곡점

곡선의 요철의 정의 : 미분가능한 함수의 그래프는 기울기 y'이 단조증가하는 구간에서 **위로 오목**(concave up) 또는 **아래로 볼록**(convex down)하다고 정의하고, 기울기 y'이 단조감소하는 구간에서 **위로 볼록**(convex up) 또는 **아래로 오목**(concave down)하다고 정의한다. 또, 곡선의 오목(볼록)한 방향이 바뀌는 경계점을 **변곡점**(point of inflection)이라고 정의한다.

참고 곡선의 오목과 볼록에 관하여는, 미분가능하지 않는 일반적인 함수의 그래프에 대해서도 수학적으로 엄밀하게 정의할 수 있으나, 여기서는 생략하고, 미분가능한 경우만 생각하기로 한다.

- **2계 도함수에 의한 요철판별 :** 함수 $y=f(x)$가 2계 도함수를 가지면 $y''>0$인 구간에서 위로 오목하고, $y''<0$인 구간에서 위로 볼록하다.
- **2계 도함수에 의한 변곡점의 판별 :** 함수 $y=f(x)$가 2계 도함수를 가지면 변곡점에서 $y''=0$이다. 단, 그 역은 성립하지 않는다.

(6) 점근선

수직 · 수평 점근선의 정의 : 다음을 만족하면 직선 $y=b$를 함수 $y=f(x)$의 그래프의

수평점근선(horizontal asymptote)이라고 한다.

$$\lim_{x\to\infty} f(x)=b \text{ 또는 } \lim_{x\to-\infty} f(x)=b.$$

또, 다음을 만족하면 직선 $x=a$를 함수 $y=f(x)$의 **수직점근선**(vertical asymptote)이라고 한다.

$$\lim_{x\to a+} f(x)=\pm\infty \text{ 또는 } \lim_{x\to a-} f(x)=\pm\infty.$$

사점근선(oblique asymptote)**의 정의 :** 다음을 만족하면 직선 $y=ax+b$는 함수 $y=f(x)$의 기울어진 점근선(**사점근선**)이라고 한다.

$$\lim_{x\to\infty} [f(x)-(ax+b)]=0 \text{ 또는 } \lim_{x\to-\infty} [f(x)-(ax+b)]=0.$$

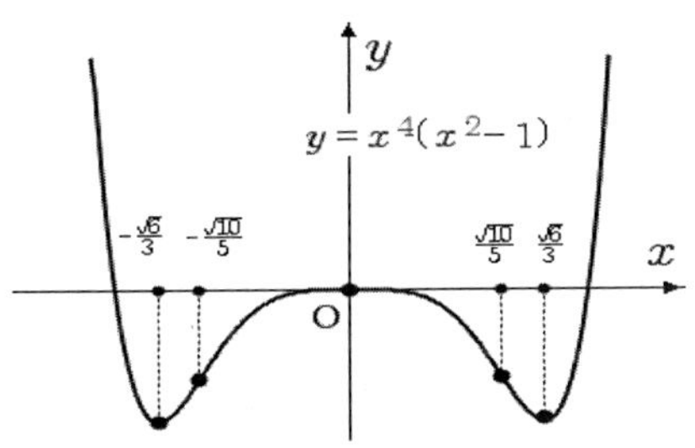

[그림 4.6]

예제 4.21

함수 $y=f(x)=x^4(x^2-1)$의 극값과 변곡점을 조사하고, 그래프의 개형을 그려보아라.

풀이 $F(x,\ y)=y-x^4(x^2-1)$라고 하면, $F(x,\ y)=0$일 때, $F(-x,\ y)=0$이므로 y-축 대칭이다. 또, $y'=6x^5-4x^3=0$을 만족하는 x는 $0,\ \dfrac{\sqrt{6}}{3},\ -\dfrac{\sqrt{6}}{3}$이다. $y'(0)=y''(0)=y'''(0)=0$이고, $y^{(4)}(0)=-4!<0$이므로, $x=0$에서 극댓값 0을 갖는다. 한편 $y''\left(\pm\dfrac{\sqrt{6}}{3}\right)=30\left(\dfrac{\sqrt{6}}{3}\right)^4-12\left(\dfrac{\sqrt{6}}{3}\right)^2=\dfrac{16}{3}>0$이므로, $x=\pm\dfrac{\sqrt{6}}{3}$에서 극솟값 $-\dfrac{4}{27}$를 가진다. 또, x-절편은 $0,\ 1,\ -1$이다. 그리고 $y''=30x^4-12x^2=30x^2\left(x^2-\dfrac{2}{5}\right)=0$인 점은 $0,\ \pm\dfrac{\sqrt{10}}{5}$이다. 그런데 구간$\left(-\dfrac{\sqrt{10}}{5},\ \dfrac{\sqrt{10}}{5}\right)$에서

$y'' < 0$이므로 $x=0$은 변곡점이 아니고, $x = \pm\dfrac{\sqrt{10}}{5}$만이 변곡점이다. 따라서 그래프의 개형은 그림 4.6과 같다.

■

연습문제 4-5 Exercises

1. 함수 $y = x^4 - \frac{4}{3}x^3 - 4x^2$의 구간 $[-2,\ 3]$에서의 극값을 구하여라.

2. 함수 $y = \cos x + \sin x + x\sin x$의 실수 전체의 집합 R에서의 극값을 구하여라.

3. 함수 $y = x^4 - \frac{4}{3}x^3 - 4x^2$의 변곡점을 모두 구하여라.

4. 곡선 $f(x,\ y) = 0$이 직선 $y = 2x - 1$에 대하여 대칭이 될 필요충분조건을 구하여라.
(도움 : 점$(x,\ y)$의 직선 $y = 2x - 1$에 관한 대칭점의 좌표를 구하여서 생각해 보아라.)

5. 다음과 같이 주어진 함수 $y = f(x)$의 점근선을 모두 구하여라.

$$f(x) = \frac{2x^2 - x - 14}{x - 3}$$

4.6 극대·극소의 응용

주어진 어떤 상황을, 목표로 하는 어떤 상태에 가장 적합하게 만드는 과정을 최적화라고 한다. 주어진 상황을 수리적인 식으로 나타내어서 최적화하는 것은 대체로 적당한 모양의 함수의 극값이나 극점을 찾는 것이 된다.

예제 4.22

등변이 만나는 꼭지점이 $(0,1)$인 이등변삼각형이 곡선 $y=x^2$ 과 직선 $y=1$로 둘러싸인 평면영역에 내접하고 있다. 이등변삼각형의 넓이가 최대로 될 때의 넓이를 구하여라.

풀이 이등변삼각형의 다른 한 꼭지점을 $(x,y)(x \geq 0)$라고 하면, $y=x^2$이므로 삼각형의 밑변의 길이는 $2x$, 높이는 $1-x^2$이 된다. 그러므로 이등변삼각형의 넓이는

$$A(x)=x(1-x^2)$$

이다. 따라서 $A(x)$가 최댓값을 가지는 x와 그때의 함수값을 구하면 된다. 미분하면 $A'(x)=1-3x^2$. 임계점을 구하면 $x=\dfrac{1}{\sqrt{3}}$이다. 이것은 $0 \leq \dfrac{1}{\sqrt{3}} \leq 1$을 만족하므로 정의역의 내부에 있는 임계점이다. 따라서

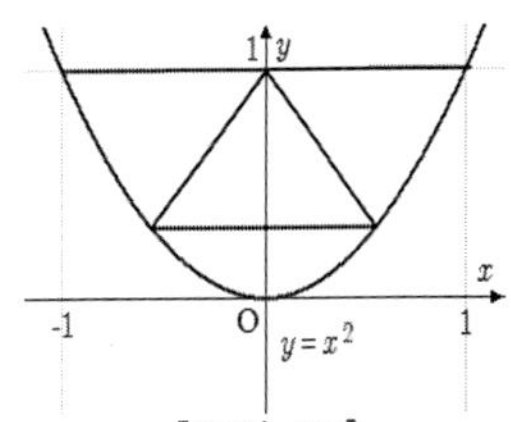

[그림 4.7]

임계점에서 구한 함수값 : $A(\sqrt{2})=\dfrac{2}{3\sqrt{3}}$.

경계점에서 구한 함수값 : $A(0)=0=A(1)$.

그러므로 밑변이 $\dfrac{2}{\sqrt{3}}$, 높이가 $\dfrac{2}{3}$일 때 넓이가 최댓값 $\dfrac{2}{3\sqrt{3}}$을 가진다. ■

예제 4.23

반지름이 1인 원에 내접하는 이등변삼각형의 넓이가 최대로 될 때의 모양과 최대넓이를 구하여라.

풀이 원에 내접하는 삼각형을 적절히 회전하여 등변이 만나는 곳의 꼭짓점이 점 $(0,1)$에 있다고 가정하여도 일반성을 잃지 않는다. 한편, 이등변삼각형의 다른 두 꼭짓점이 $x-$축의 위에 있을 때보다는 아래에 있을 때 분명이 넓이가 넓기 때문에, 삼각형의 오른쪽 꼭짓점은 $(x,-\sqrt{1-x^2})$의 형태이고, 이등변삼각형이므로, 왼쪽 꼭짓점은 $(-x,-\sqrt{1-x^2})$이 된다. 그러므로 이등변삼각형의 넓이는

$$A(x)=2x\cdot(1+\sqrt{1-x^2})\div 2=x(1+\sqrt{1-x^2})$$

이다. 따라서 $A(x)$가 최댓값을 가지는 x와 그 때의 함수값을 구하면 된다. 미분하면

$$A'(x)=1+\sqrt{1-x^2}+x\frac{-2x}{2\sqrt{1-x^2}}$$

$$= 1 + \sqrt{1-x^2} - \frac{x^2}{\sqrt{1-x^2}}$$

$$= 1 + \frac{1-2x^2}{\sqrt{1-x^2}}$$

이 되므로 임계점을 구하면 다음과 같다.

$1 + \dfrac{1-2x^2}{\sqrt{1-x^2}} = 0$, 즉, $\sqrt{1-x^2} + 1 - 2x^2 = 0$

$\sqrt{1-x^2} = 2x^2 - 1$, 즉, $1 - x^2 = 4x^4 - 4x^2 + 1$

$4x^4 - 3x^2 = 0$, 즉, $x^2(4x^2-3) = 0$

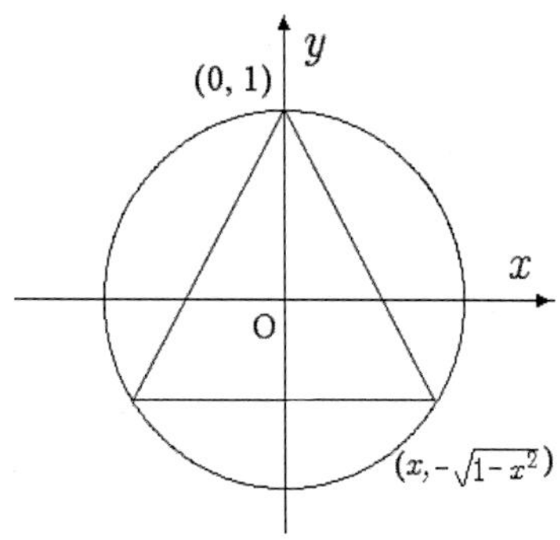

[그림 4.8]

이므로 $x = 0, \pm\dfrac{\sqrt{3}}{2}$를 얻는다. $x=0$일 때에는 이등변삼각형이 되지 않고 넓이도 0이므로 최대가 되는 경우는 $x = \dfrac{\sqrt{3}}{2}$일 때라는 것을 쉽게 알 수 있다. 이 때, $y = -\sqrt{1-\left(\dfrac{\sqrt{3}}{2}\right)^2} = -\dfrac{1}{2}$이 되므로 이등변삼각형의 밑변은 $\sqrt{3}$, 높이는 $\dfrac{3}{2}$이다. 따라서 넓이는 $A\left(\dfrac{\sqrt{3}}{2}\right) = \dfrac{3\sqrt{3}}{4}$이 된다. 그리고 이등변삼각형의 밑각을 θ라고 하면 $\tan\theta = \dfrac{3/2}{\sqrt{3}/2} = \sqrt{3}$을 만족하므로 $\theta = \dfrac{\pi}{3}$가 되어, 정삼각형일 때 넓이가 최대가 된다는 것을 알 수 있다.

■

예제 4.24

반지름이 2인 반원에 내접하는 직사각형의 넓이가 최대로 될 때의 모양과 최대넓이를 구하여라.

풀이 반원과 그에 내접하는 직사각형을 그림과 같이 적당히 그린다. 직사각형의 오른쪽 위에 있는 꼭지점의 좌표를 $(x, \sqrt{4-x^2})$이라고 하면, 직사각형의 면적은

$$A(x) = 2x\sqrt{4-x^2}$$

이다.

따라서 $A(x)$가 최댓값을 가지는 x와 그 때의 함수값을 구하면 된다. 미분하면 $A'(x) = \dfrac{-2x^2}{\sqrt{4-x^2}} + 2\sqrt{4-x^2}$. 임계점을 구하면 다음과 같다.

$$\frac{-2x^2}{\sqrt{4-x^2}} + 2\sqrt{4-x^2} = 0$$

$$-x^2 + (4-x^2) = 0$$

$$4 - 2x^2 = 0$$

$$x = \pm\sqrt{2}.$$

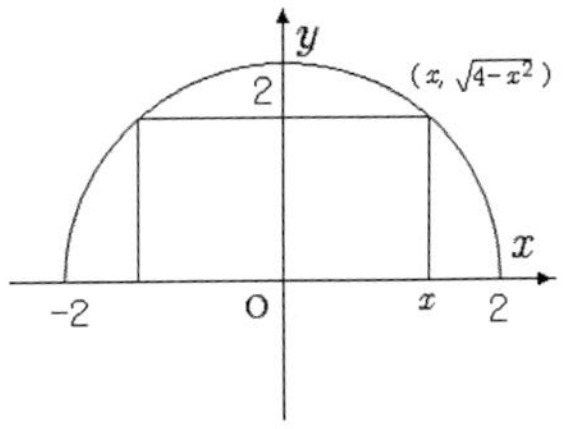

[그림 4.9]

$0 \le x \le 2$이므로 $x = \sqrt{2}$만이 정의역의 내부에 있는 임계점이다. 따라서

임계점에서 구한 함수값 : $A(\sqrt{2}) = 4$.

경계점에서 구한 함수값 : $A(0) = 0 = A(2)$.

그러므로 직사각형의 밑변이 $2\sqrt{2}$, 높이가 $\sqrt{2}$일 때 넓이가 최댓값 4를 가지며, 밑변이 높이의 2배가 될 때이다.

■

예제 4.25

한 변의 길이가 24인 정사각형 모양의 양철판의 네 모서리에서 조그만 정사각형을 잘라낸 다음 꺾어 올려서, 위가 트인 그릇을 만들려고 한다. 그릇의 부피가 최대가 되려면 어느 정도로 잘라내야 하는가?

풀이 잘라내는 정사각형의 한 변을 x라고 하면, 그릇의 높이는 x, 가로, 세로는 $24-2x$이다. 따라서 부피 $V(x)$는

$$V(x) = x(24-2x)^2 = 576x - 96x^2 + 4x^3.$$

미분하면

$$V'(x) = 576 - 192x + 12x^2 = 12(4-x)(12-x).$$

$0 \le x \le 12$이므로

임계점에서의 함수값 : $V(4) = 1024$.

경계점에서의 함수값 : $V(0) = 0$, $V(12) = 0$.

그러므로 $x = 4$만큼 잘라내야 한다.

■

예제 4.26

(페르마의 원리와 스넬(Snell)의 법칙) 빛의 속도는 매질에 따라 달라지며, 일반적으로 매질의 밀도가 높을수록 그 매질을 통과하는 속도가 느려진다. 진공에서의 빛의 속도는 $C = 2.997925 \times 10^5$ km/sec이지만, 대기 중에서는 그보다 느리게 진행하고, 유

리를 지나갈 때에는 더 느려진다. 페르마의 원리에 의하면, 한 점에서 다른 점 까지 빛이 전해질 때에는 전해지는데 걸리는 시간을 최소로 하는 경로를 따른다. 이 원리를 이용하여 빛의 속도가 각각 C_1, C_1인 두 매질의 경계면을 통과하는 빛이 어떠한 경로를 따라 진행하는지를 알아보자.

풀이 아래의 그림과 같이, xy-평면에서 x-축이 두 매질의 경계면이고 빛이 매질 1에 있는 점 A에서 매질 2에 있는 점 B까지 진행한다고 하자. 각 매질에서는 빛의 속도가 일정하므로, 경과시간을 최소로 하는 경로는 가장 짧은 경로인 직선이다. 그러므로 빛이 A에서 B까지 진행하는 경로는 A와 x-축에 놓여 있는 어떤 점 P를 잇는 선분과, P와 B를 잇는 선분으로 이루어진다. 그런데, 일정한 속도로 이동하는데 걸리는 시간은

$$\text{시간}=\frac{\text{거리}}{\text{속도}}$$

이므로, A에서 출발하여 P에 이르는데 걸리는 시간은

$$t_1=\frac{AP}{C_1}=\frac{\sqrt{a^2+x^2}}{C_1}$$

이고, P를 지나서 B에 이르는데 걸리는 시간은

$$t_2=\frac{PB}{C_2}=\frac{\sqrt{b^2+(d-x)^2}}{C_2}$$

이다. 따라서 A를 출발하여 P를 지난 다음 B에 이르는데 걸리는 시간은

$$t=t_1+t_2=\frac{\sqrt{a^2+x^2}}{C_1}+\frac{\sqrt{b^2+(d-x)^2}}{C_2}$$

이다. 이제 $0 \le x \le d$에서 t를 최소로 하는 x값을 찾기 위하여, t를 x에 관하여 미분하면,

$$\frac{dt}{dx}=\frac{x}{C_1\sqrt{a^2+x^2}}-\frac{d-x}{C_2\sqrt{b^2+(d-x)^2}}$$

를 얻는다. 이것을 아래의 그림에서 주어진 입사각 θ_1과 굴절각 θ_2로 나타내면 다음과 같다.

$$\frac{dt}{dx}=\frac{\sin\theta_1}{C_1}-\frac{\sin\theta_2}{C_2}.$$

그런데,

$$\frac{dt^2}{dx^2}=\frac{a^2}{C_1(\sqrt{a^2+x^2})^3}+\frac{b^2}{C_1(\sqrt{b^2+(d-x)^2})^3}>0$$

이므로, dt/dx는 완전증가함수이고, $x=0$일 때에는 음수이며 $x=d$일 때에는 양수이므로, 중간값정리에 의하여 $\frac{dt}{dx}(c)=0$인 $x=c$가 0과 d 사이에 꼭 하나 존재한다.

이에 해당하는 점을 빛이 통과할 때 경과시간 t가 최소가 된다. 이 점에서의 입사각와 굴절각은

$$\frac{\sin\theta_1}{C_1} = \frac{\sin\theta_2}{C_2}$$

의 관계를 만족하는데, 이 방정식을 **스넬의 법칙** 또는 **굴절법칙**이라고 부른다.

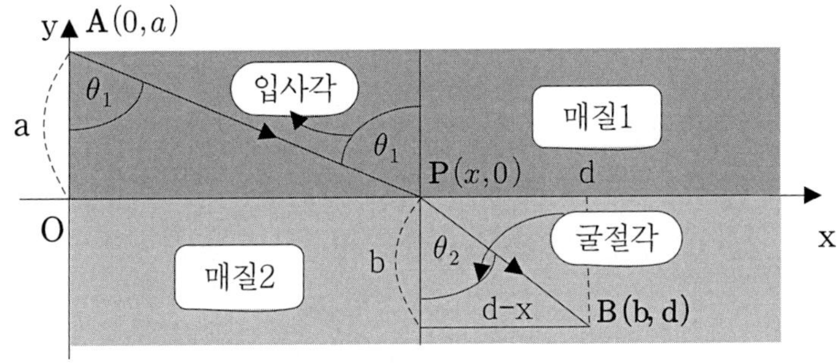

[그림 4.10] 굴절법칙

연습문제 4-6

Exercises

1. 타원 $4x^2 + y^2 = 4$에 내접하는 직사각형의 면적이 최대로 될 때의 모양과 최대넓이를 구하여라.

2. 빛이 투명한 유리를 통과하면 굴절된다. 유리를 통과할 때의 빛의 속도는 진공에서의 속도와 비교하여 어떤가?

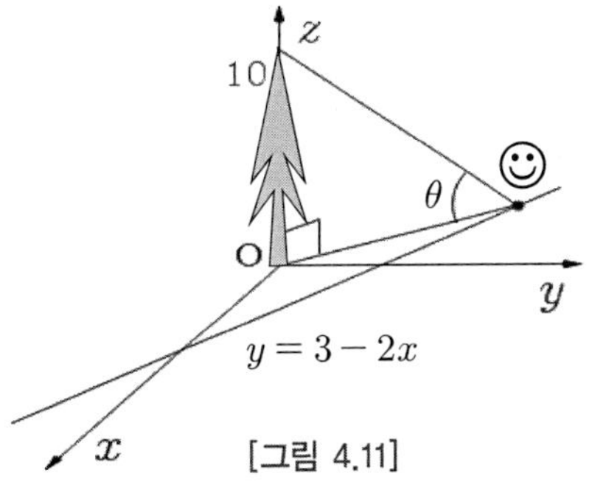

[그림 4.11]

3. 위의 그림과 같이, 좌표가 주어져 있는 평면위에서 직선 $y=3-2x$를 따라서 걸어가고 있는 사람이 원점에 서 있는 높이 10m의 나무 꼭대기를 올려다본 각이 $\tan\theta = \dfrac{10}{\sqrt{x^2+y^2}}$ 으로 주어진다고 할 때, 올려다보는 각 θ가 최대가 되는 위치는 어디인가? 그리고 최소가 되는 곳이 있는가? (단, 사람의 키는 무시한다.)

4.7 부정형의 극한값

여기에서는 부정형 모양의 함수의 극한을 구하는 방법을 살펴본다.

(1) 부정형 0/0

f와 g가 $x=a$에서 연속이고 $f(a)=g(a)=0$이면

$$\lim_{x\to a}\frac{f(x)}{g(x)}$$

와 같은 모양의 극한을 0/0**꼴의 부정형**이라고 한다. 이러한 부정형의 극한을 구하는 데에는 다음의 로피탈의 정리가 유용하다.

정리 4.21 로피탈의 법칙(L'Hospital's law)

f와 g가 $x=a$를 포함하는 적당한 구간$(a-\delta,\ a+\delta)$에서 연속이고, 그 구간 ($x=a$는 제외가능)에서 도함수 $f'(x)$, $g'(x)$가 존재하고 $g'(x)\neq 0$이면, $f(a)=g(a)=0$일 때, 다음의 우변의 극한이 존재(무한대 극한도 포함)하면 좌변의 극한도 존재하고 다음이 성립한다.

$$\lim_{x\to a}\frac{f(x)}{g(x)} = \lim_{x\to a}\frac{f'(x)}{g'(x)}.$$

증명 주어진 함수 f와 g는 폐구간 $[a-\dfrac{\delta}{2}, a]$와 $[a, a+\dfrac{\delta}{2}]$에서 연속이고, 개구간 $(a-\dfrac{\delta}{2}, a)$와 $(a, a+\dfrac{\delta}{2})$에서 미분가능하므로 코시의 평균값정리에 의하여

$$\frac{f(x)}{g(x)} = \frac{f(x)-f(a)}{g(x)-g(a)} = \frac{f'(x_1)}{g'(x_1)},\ 단\ a-\frac{\delta}{2} < x_1 < a$$

와

$$\frac{f(x)}{g(x)} = \frac{f(x)-f(a)}{g(x)-g(a)} = \frac{f'(x_2)}{g'(x_2)}, \text{ 단 } a < x_2 < a + \frac{\delta}{2}$$

를 만족하는 x_1, x_2가 존재한다. 가정에 의하여 $\lim\limits_{x \to a} \dfrac{f'(x)}{g'(x)}$의 극한값이 존재하므로 위의 등식의 양변에 $x \to a-$와 $x \to a+$ 일 때의 극한을 각각 취하면

$$\lim_{x \to a-} \frac{f(x)}{g(x)} = \lim_{x \to a-} \frac{f'(x_1)}{g'(x_1)} = \lim_{x \to a+} \frac{f'(x_2)}{g'(x_2)} = \lim_{x \to a+} \frac{f(x)}{g(x)}$$

를 얻으므로 증명된다. □

한편, f와 g가 $x=a$에서 연속이 되지 않더라도, $\lim\limits_{x \to a} f(x) = 0$, $\lim\limits_{x \to a} g(x) = 0$를 만족하는 경우에도 위의 정리가 성립하며, 또한 $\lim\limits_{x \to \pm\infty} f(x) = 0$, $\lim\limits_{x \to \pm\infty} g(x) = 0$를 만족하는 경우에도 $\dfrac{0}{0}$ **꼴의 부정형**이라고 하는데, 이 경우에도 위와 유사한 로피탈의 정리가 성립한다는 것을 증명할 수 있다는 것을 밝혀 둔다.

(2) 부정형 $\dfrac{\infty}{\infty}$

$\lim\limits_{x \to a} f(x) = \pm\infty$, $\lim\limits_{x \to a} g(x) = \pm\infty$, 또는 $\lim\limits_{x \to \pm\infty} f(x) = \pm\infty$, $\lim\limits_{x \to \pm\infty} g(x) = \pm\infty$

인 경우에 $\lim \dfrac{f(x)}{g(x)}$를 $\dfrac{\infty}{\infty}$ **꼴의 부정형**이라고 하며, 이 경우에도 위와 유사한 로피탈의 정리가 성립한다.

(3) 그 밖의 부정형

이 밖에도 $\infty \cdot 0$, $\infty - \infty$, 0^0, 1^∞, ∞^0 등의 모양도 적당히 변형하여 $0/0$ 또는 ∞/∞꼴로 변형하여서 로피탈의 법칙을 적용할 수 있다.

예제 4.27

다음의 극한을 구하여라.

(a) $\lim\limits_{x \to 0+} x \ln x$　　　(b) $\lim\limits_{x \to 0} \left(\dfrac{1}{x} - \dfrac{1}{\tan x} \right)$

풀이 (a) $\lim\limits_{x \to 0+} x \ln x = \lim\limits_{x \to 0+} \dfrac{\ln x}{1/x} = \lim\limits_{x \to 0+} \dfrac{1/x}{-1/x^2} = \lim\limits_{x \to 0+} (-x) = 0.$

(b) $\lim_{x\to 0}\left(\frac{1}{x}-\frac{1}{\tan x}\right)=\lim_{x\to 0}\frac{\tan x - x}{x\tan x}=\lim_{x\to 0}\frac{\sec^2 x - 1}{\tan x + x\sec^2 x}$

$$=\lim_{x\to 0}\frac{2\sec x\sec x\tan x}{\sec^2 x+\sec^2 x + x(2\sec x\sec x\tan x)}=0.$$

예제 4.28

다음의 극한을 계산하여라.

(a) $\lim_{x\to 0+} x^x$ (b) $\lim_{x\to 0}(1+\sin x)^{1/x}$ (c) $\lim_{x\to 0}(\cos x)^{1/\tan x}$

풀이 (a) $y=x^x$ 라고 하면, 위의 예제에 의하여

$$\lim_{x\to 0+}\ln y=\lim_{x\to 0+}x\ln x=0.$$

따라서, $\lim_{x\to 0+} y=\lim_{x\to 0+}e^{\ln y}=e^0=1.$

(b) $y=(1+\sin x)^{1/x}$ 라고 하면,

$$\lim_{x\to 0}\ln y=\lim_{x\to 0}\frac{\ln(1+\sin x)}{x}=\lim_{x\to 0}\frac{\cos x}{1+\sin x}=1.$$

그러므로 $\lim_{x\to 0} y=\lim_{x\to 0}e^{\ln y}=e^1=e.$

(c) $y=(\cos x)^{1/\tan x}$ 라고 하면

$$\lim_{x\to 0}\ln y=\lim_{x\to 0}\frac{\ln(\cos x)}{\tan x}=\lim_{x\to 0}\frac{-\sin x/\cos x}{\sec^2 x}=0.$$

그러므로 $\lim_{x\to 0} y=\lim_{x\to 0}e^{\ln y}=e^0=1.$

예제 4.29

다음의 극한을 계산하여라.

(a) $\lim_{x\to\infty} x\tan\frac{1}{x}$ (b) $\lim_{x\to\infty} x^{1/(1+x)}$

풀이 (a) $x\tan\frac{1}{x}=\frac{\tan(1/x)}{1/x}$ 로 나타내면 $\frac{0}{0}$ 꼴의 부정형이므로 로피탈의 정리에 의하여

$$\lim_{x\to\infty} x\tan\frac{1}{x}=\lim_{x\to\infty}\frac{\tan(1/x)}{1/x}$$

$$= \lim_{x\to\infty} \frac{\sec^2(1/x)(-1/x^2)}{-1/x^2}$$

$$= \lim_{x\to\infty} (\sec^2(1/x)) = 1.$$

(b) $y = x^{1/(1+x)}$라고 놓고 양변에 자연로그를 취하여 계산하면,

$$\lim_{x\to\infty} \ln y = \lim_{x\to\infty} \frac{\ln x}{1+x} = \lim_{x\to\infty} \frac{1/x}{1} = 0.$$

그러므로

$$\lim_{x\to 0} y = \lim_{x\to 0} e^{\ln y} = e^0 = 1.$$

연습문제 4-7 Exercises

1. 다음의 극한을 구하여라.

(a) $\lim_{x\to 0+} x \ln^3 x$

(b) $\lim_{x\to 0}\left(\frac{1}{x^2} - \frac{1}{\sin^2 x}\right)$

(c) $\lim_{x\to\infty} \frac{2x^3}{e^x}$

(d) $\lim_{x\to 0+} \frac{e^{-\frac{1}{x}}}{x}$

(e) $\lim_{x\to 1}\left(\frac{1}{x-1} - \frac{1}{\ln x}\right)$

(f) $\lim_{x\to\infty} \frac{x^2}{\ln^2 x}$

(g) $\lim_{t\to 0} \csc t \sin^{-1} t$

(h) $\lim_{x\to\pi/2} \tan x \tan 2x$

(i) $\lim_{x\to 0} \frac{e^x - 1 - x}{x}$

2. 다음의 극한을 구하여라.

(a) $\lim_{x\to\infty} x^{1/x}$

(b) $\lim_{x\to 0+} (\tan x)^x$

(c) $\lim_{x\to\infty} \left(\cos\frac{2}{x}\right)^{x^2}$

(d) $\lim_{x\to 0} (1 + \tan x)^{1/x}$

(e) $\lim_{x\to\infty} (e^x - x^2)^{1/x}$

(f) $\lim_{x\to 0+} (-\ln x)^x$

3. 다음의 극한을 구하여라.

(a) $\lim_{x \to \infty} e^{-x} \ln x$

(b) $\lim_{x \to 0} \frac{1-\cos x}{x^2}$

(c) $\lim_{x \to \infty} x^3 e^{-x^2}$

(d) $\lim_{x \to \infty} (x - \sqrt{x^2-1})$

(e) $\lim_{x \to \infty} (1 + \frac{1}{x} + \frac{3}{x^3})^x$

(f) $\lim_{x \to 0+} \sqrt{x} \ln x$

4.8 극좌표

아래 그림과 같이, 평면상에 한 점 O(**극**)를 잡고, 극 O에서 출발하는 반직선을 $\overrightarrow{OX}$(**극축**)라고 하자. 평면상의 임의의 점 P에 대하여 선분 $\overline{OP}$(**동경**)와 극축 $\overrightarrow{OX}$가 이루는 각을 θ(**편각**)라고 하고 동경 $\overline{OP}$의 길이를 r이라고 할 때, 점 P의 좌표를 (r, θ)로 나타낼 수 있는데, 이와 같이 극에서의 상대적인 위치와 극축에 대한 편각을 이용하여 평면상의 점의 좌표를 나타낸 것을 **극좌표**라고 부른다. 동경과 편각에 대해서는 다음과 같은 규칙을 적용하여 모든 실수 값을 가질 수 있도록 정의한다.

θ의 부호	(1) 극축 $\overrightarrow{OX}$를 기준으로 반시계방향으로 잰 각이면 양(+) (2) 극축 $\overrightarrow{OX}$를 기준으로 시계방향으로 잰 각이면 음(−)
r의 부호	(1) 편각 θ를 그리는 화살표 방향으로 재면 양(+) (2) 편각 θ를 그리는 화살표 방향의 반대방향으로 재면 음(−)

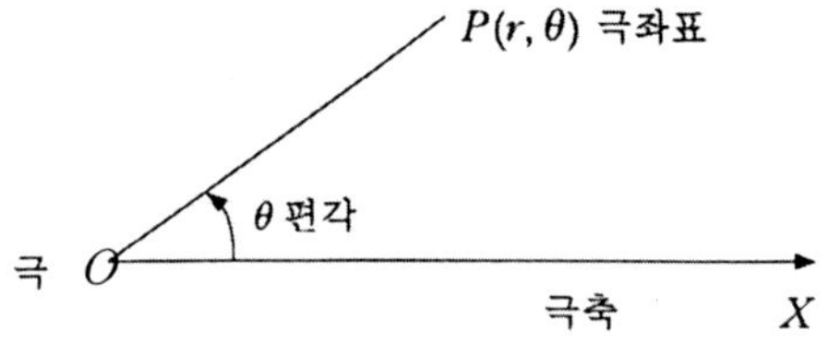

[그림 4.12]

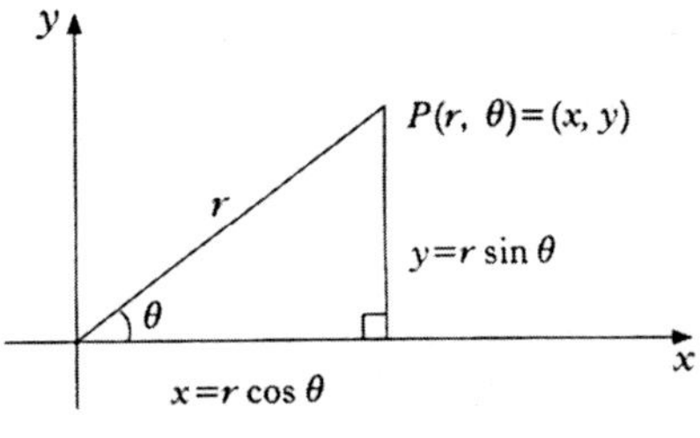

[그림 4.13]

위에서와 같이 규칙을 정하면 극좌표로 표시된 임의의 점 $P(r, \theta)$는 다음과 같이 여러 가지로 나타낼 수 있다.

$$(r,\ \theta)=((-1)^n r,\ \theta+n\pi),\ n\text{은 임의의 정수.}$$

한편 위의 오른쪽 그림과 같이 직교좌표평면에서 x-축과 극축 $\overrightarrow{OX}$를 일치시키면 직교좌표와 극좌표는 다음과 같은 관계식을 만족한다.

$$x=r\cos\theta,\ y=r\sin\theta,\ x^2+y^2=r^2,\ \theta=\tan^{-1}\frac{y}{x}$$

직교좌표에 대하여 x, y가 어떤 방정식을 만족하면 **직교방정식**이라고 부르고 극좌표에 대하여 r, θ가 어떤 방정식을 만족하면 **극방정식**이라고 부른다.

예제 4.30

극방정식 $r^2=4r\cos\theta+3r\sin\theta$를 직교방정식으로 바꾸어라.

풀이 $r^2=x^2+y^2$이고 $x=r\cos\theta$이므로 $x^2+y^2=4x+3y$이다. 따라서, 구하는 식은 $(x-2)^2+(y-\frac{3}{2})^2=(\frac{5}{2})^2$이다.

■

예제 4.31

심장형 $r=4(1-\cos\theta)$의 그래프를 그려라.

풀이 r의 값을 쉽게 계산할 수 있는 편각 θ에 대한 몇 가지의 값을 대입하여 그래프가 지나는 몇 개의 점을 구하면 다음 표와 같다.

θ	0	$\pm\frac{\pi}{6}$	$\pm\frac{\pi}{3}$	$\pm\frac{\pi}{2}$	$\pm\frac{2\pi}{3}$	$\pm\frac{5\pi}{6}$	$\pm\pi$
r	0	$4-2\sqrt{3}$	2	4	6	$4+2\sqrt{3}$	8

그러므로, 구하는 그래프는 다음 왼쪽의 그림4.14와 같다.

■

한편, 극방정식으로 주어진 두 도형의 교점을 구하는 방법을 생각하여 보자. 어떤 곡선을 나타내는 극방정식이 $f(r,\theta)=0$이라고 하면, 이 곡선을 나타내는 극방정식은 이것만 있는 것이 아니라, 위에서 언급한 바와 같이, 같은 점의 극좌표를 나타내는 방법이 무한히 많기 때문에, 다음의 방정식이 모두 이 곡선을 나타낸다.

$$f((-1)^n r, \theta + n\pi) = 0,\ n\text{은 정수.}$$

따라서 만약 극방정식으로 나타내어진 두 곡선 $f(r, \theta) = 0$, $g(r, \theta) = 0$의 모든 교점을 구하라고 하면,

$$\begin{cases} f((-1)^n r, \theta + n\pi) = 0 \\ g((-1)^m r, \theta + m\pi) = 0 \end{cases},\ n, m\text{은 임의의 정수.}$$

와 같은 모든 쌍의 연립방정식의 해를 구하여야 한다.

또한 원점을 나타내는 극좌표는 다음과 같이 여러 가지로 나타낼 수 있기 때문에, 원점이 교점이 되는가 안 되는가는 $r = 0$을 만족하는 θ가 존재하느냐에 따라 결정된다.

원점의 극좌표= $(0,\ \theta)$, θ는 임의의 각.

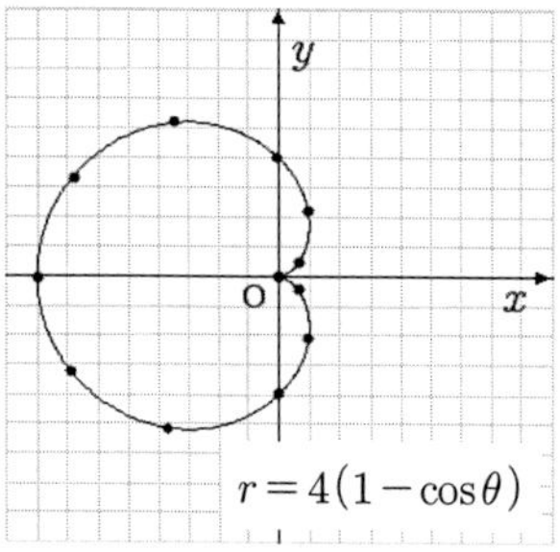

[그림 4.14]

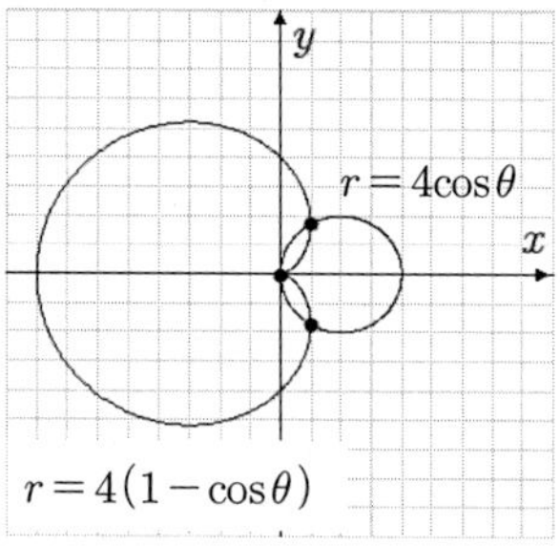

[그림 4.15]

예제 4.32

심장형 $r = 4(1 - \cos\theta)$과 원 $r = 4\cos\theta$의 교점을 모두 구하여라.(위의 오른쪽 그림 4.15 참조)

풀이 우선 $\theta = 0$일 때 심장형곡선에 대하여 $r = 0$이 되고, $\theta = \dfrac{\pi}{2}$일 때 원에 대하여 $r = 0$이 되므로 원점은 두 곡선의 교점이다. 원점 이외의 교점은

$$\begin{cases} (-1)^n r = 4[1 - \cos(\theta + n\pi)] \\ (-1)^m r = 4\cos(\theta + m\pi) \end{cases},\ n, m\text{은 임의의 정수.}$$

의 형태의 연립방정식의 해들이다. 그런데 첫 번째 방정식은

$$r = 4[1 - \cos\theta],\ -r = 4(1 + \cos\theta)$$

와 같은 두 가지의 경우가 되고, 두 번째 방정식은

$$r = 4\cos\theta$$

와 같은 한 가지 뿐이다. 따라서 연립방정식

$$\begin{cases} r = 4(1-\cos\theta) \\ r = 4\cos\theta \end{cases} \quad \begin{cases} r = -4(1+\cos\theta) \\ r = 4\cos\theta \end{cases}$$

의 해를 구하면 원점이외의 교점을 얻을 수 있다. 첫 번째 연립방정식은 $2\cos\theta = 1$, 즉, $\cos\theta = \frac{1}{2}$이므로 $\theta = \pm\frac{\pi}{3}$이다. 이 때의 교점의 좌표는 $\left(2, \pm\frac{\pi}{3}\right)$가 된다. 또한 두 번째 방정식은 $\cos\theta = -\frac{1}{2}$이므로 $\theta = \pm\frac{2\pi}{3}$이다. 그리고 이 때의 교점의 좌표는 $\left(-2, \pm\frac{2\pi}{3}\right)$가 된다. 그런데

$$\left(2, \frac{\pi}{3}\right) = \left(-2, -\frac{2\pi}{3}\right), \quad \left(2, -\frac{\pi}{3}\right) = \left(-2, \frac{2\pi}{3}\right)$$

이므로 구하는 교점은 $(0, 0)$, $\left(2, \pm\frac{\pi}{3}\right)$의 세 개의 점이다.

■

연습문제 4-8 Exercises

1. 다음에서 직교방정식은 극방정식으로, 극방정식은 직교방정식으로 바꾸어라.

(1) $xy = 4$ (2) $y^2 = 4px$

(3) $r^2 = \cos 2\theta$ (4) $r = \dfrac{6}{2-\cos\theta}$

(5) $r = 4(1-\cos\theta)$ (6) $r^2 = \sin(2\theta)$

(7) $x^3 + y^3 = 1$ (8) $y = 3$

(9) $r = \tan\theta$ (10) $x + y = 1$

(11) $\sin\theta = 1$ (12) $y = x$

2. 4엽장미선 $r = 4\cos 2\theta$와 원 $r = 2$의 모든 교점을 구하여라.

3. 극방정식 $r = 1 + \sin\theta$로 표현되는 곡선에 대하여 $\theta = \frac{\pi}{4}$에 해당되는 점에서의 접선의 방정식을 구하여라. 또한 $\theta = \frac{\pi}{6}$에 대응되는 점에서의 접선의 방정식에 대하여 토론하여 보아라.(도움: $x = r\cos\theta = (1+\sin\theta)\cos\theta$와 $x = r\sin\theta = (1+\sin\theta)\sin\theta$의 표현에서 θ는 매개변수역할을 한다.)

4. $r=2$와 $r=-2$의 모든 교점을 구하여라.

5. 다음 극방정식의 그래프의 개형을 그려보아라.

(1) $r=\sin\theta$　　(2) $r=\cos\theta$

(3) $r=1-2\cos\theta$　　(4) $r=1.1-\cos\theta$

(5) $r=1-2\sin\theta$　　(6) $r=1.1-\sin\theta$

6. 극방정식 $f(r,\theta)=0$으로 나타난 곡선이 동치조건

$$f(r,\theta)=0 \Leftrightarrow f(r,\pi-\theta)=0$$

을 만족하면 이 곡선은 y축 대칭이 되는지 토론하여 보아라. 그리고 위와 같은 조건과 형태가 다른 동치조건을 하나만 찾아보아라.

7. 다음 극방정식과 그래프의 개형을 맞는 것끼리 짝지어 보아라.

(1) $r=\theta$　　(2) $r=e^{\frac{1}{\theta}}$

(3) $r=\log_{10}\theta\ (1\le\theta\le 100)$　　(4) $r=\tan\theta\ (-\frac{\pi}{2}<\theta<\frac{\pi}{2})$

(a) 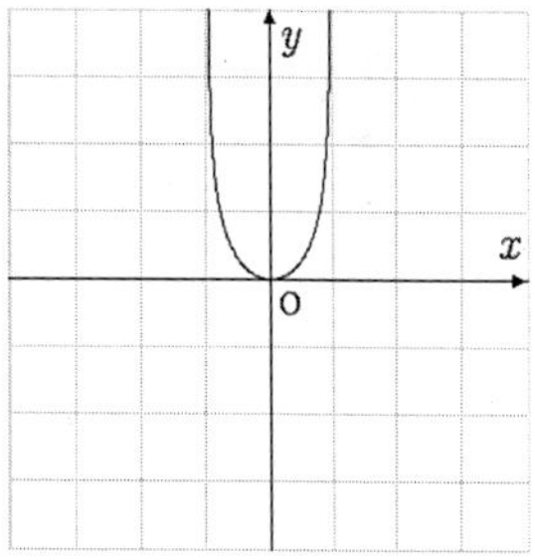

(b) 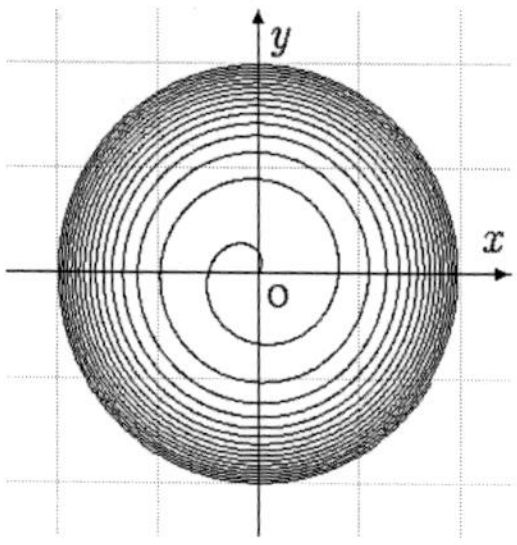

(c) 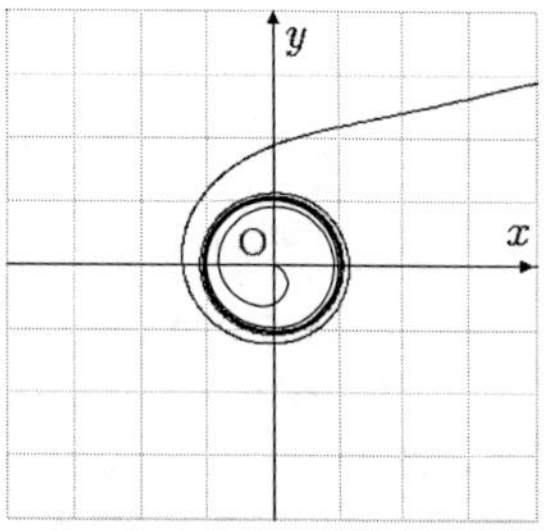

(d) 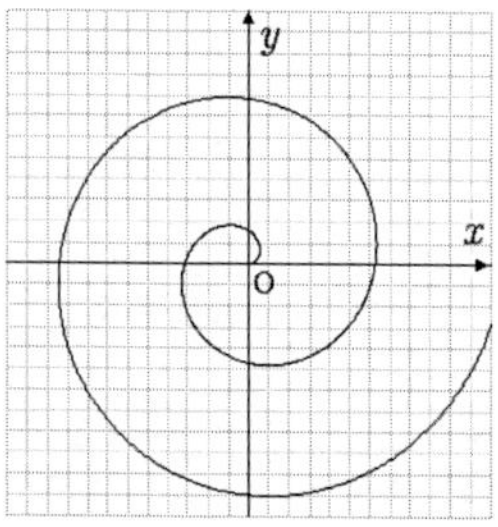

제5장 부정적분

5.1 부정적분

적분에서는 먼저 부정적분, 원시함수, 피적분함수, 적분상수 등의 뜻을 이해하는 것이 필요하다.

미분하여 $2x$가 되는 원래의 함수로는 어떤 것이 있는가?

$$x^2-3,\ x^2-1,\ x^2,\ x^2+2,\ x^2+4$$

등을 미분하면 모두 $2x$이다. 이와 같이, 미분하여 주어진 함수가 되는 원래의 함수를 찾는 것을 연구하는 것이 적분개념이며, 일반적으로, 다음과 같이 정의한다.

정의 5-1

구간 I 위에 주어진 함수 $f(x)$에 대하여 $F'(x)=f(x),\ x\in I$를 만족하는 함수들 모두를 $f(x)$의 **부정적분** 또는 **역도함수** 또는 **원시함수**라고 하고 $\int f(x)dx$ 라고 표기한다. 이 경우 $f(x)$를 **피적분함수**라고 부르고 특수한 역도함수를 구하는 과정을 $f(x)$를 **적분한다**라고 한다.

여기서, $\int f(x)dx$를 '적분 $f(x)dx$' 또는 'integral $f(x)dx$'라 읽으며, dx는 x에 관하여 적분한다는 뜻이다.

예제 5.1

x^2의 도함수는 (미분하면) $2x$이다.

$$\text{표기} : (x^2)' = 2x, \quad \frac{d}{dx}(x^2) = 2x$$

역으로 도함수가 $2x$인 함수가 x^2라는 것을 '$2x$의 부정적분(원시함수)은 $x^2 + C$이다' 라 말한다. 단, C는 임의의 상수

$$\text{표기} : \int 2x dx = x^2 + C$$

$f(x) = 2x$의 부정적분 $F(x)$에는

$$F(x) = x^2 - 3, \ F(x) = x^2 - 1, \ F(x) = x^2, \ F(x) = x^2 + 2, \ F(x) = x^2 + 4, \ \cdots$$

등이 있다.

이때 $F(x)$의 x^2 뒤에 오는 임의의 상수를 C라 하면 $F(x) = x^2 + C$와 같이 쓸 수 있으며, 이를 일반화하면 정리 5.2와 같다.

정리 5.2

구간 I 위에 주어진 함수 $f(x)$에 대하여 $F'(x) = f(x)$, $x \in I$를 만족하는 함수 $F(x)$가 주어졌다고 하자. 즉 $F(x)$가 $f(x)$의 하나의 역도함수라고 하자. 그러면 $\int f(x)dx = F(x) + C$이다.

증명 함수 $F(x)$, $G(x)$가 모두 함수 $f(x)$의 임의의 부정적분이라 하면

$$F'(x) = f(x), \ G'(x) = f(x)$$

이므로

$$\begin{aligned}\{G(x) - F(x)\}' &= G'(x) - F'(x) \\ &= f(x) - f(x) = 0\end{aligned}$$

그런데 도함수가 0인 함수는 상수뿐이므로 그 상수를 C라 하면

$$G(x) - F(x) = C$$

$$G(x) = F(x) + C$$

따라서 $f(x)$의 부정적분의 하나를 $F(x)$라 할 때, $f(x)$의 임의의 부정적분은 $F(x) + C$로 나타내어진다. 즉,

$$\int f(x)dx = F(x) + C$$

□

이 정리에 있는 상수 C를 **적분상수**라 한다. 앞의 예제에서 보듯이 미분하여 $2x$가 되는 함수는 무수히 많다. 그래서 대충 부정확하게 원시함수를 구하는 것이므로 부정적분이라 하며, 부정확한 숫자만큼을 보완하여 주는 보완분이 적분상수이다.

예제 5.2

다음을 구하여라.

(1) $\dfrac{d}{dx}\left(\int x^3 dx\right)$ (2) $\int\left(\dfrac{d}{dx}x^3\right)dx$

풀이 (1) $\int x^3 dx = \dfrac{1}{4}x^4 + C$

$$\therefore \frac{d}{dx}\left(\int x^3 dx\right) = \frac{d}{dx}\left(\frac{1}{4}x^4 + C\right) = x^3$$

(2) $\dfrac{d}{dx}x^3 = 3x^2$

$$\therefore \int\left(\frac{d}{dx}x^3\right)dx = \int 3x^2 dx = x^3 + C$$

정리 5.3

1. $\dfrac{d}{dx}\left(\int f(x)dx\right) = f(x)$
2. $\int\left(\dfrac{d}{dx}f(x)\right)dx = f(x) + C$

증명 (1) $f(x)$의 부정적분의 하나를 $F(x)$라 하면

$$\int f(x)dx = F(x) + C$$

$$\therefore \frac{d}{dx}\left(\int f(x)dx\right) = \frac{d}{dx}(F(x) + C) = F'(x) = f(x)$$

따라서, $\dfrac{d}{dx}\left(\int f(x)dx\right) = f(x)$

(2) $\int\left(\dfrac{d}{dx}f(x)\right)dx = F(x)$로 놓으면

$$\frac{d}{dx}F(x) = \frac{d}{dx}f(x)$$

$$\therefore \frac{d}{dx}F(x) - \frac{d}{dx}f(x) = 0$$

$$\therefore \ \frac{d}{dx}(F(x)-f(x))=0$$

$$\therefore \ F(x)-f(x)=C$$

곧, $F(x)=f(x)+C$

따라서 $\displaystyle\int\left(\frac{d}{dx}f(x)\right)dx=f(x)+C$ □

예제 5.3

물을 최대로 저장할 경우의 수위가 200 m인 어떤 댐의 현재 수위는 140 m이다. 장마철에는 수문을 열어 수위가 매일 4 m씩 낮아지도록 방류한다고 할 때, 1일 수위의 변화율 $v(t)$를 구하여라. 또 방류를 시작한 지 t일 후의 이 댐의 수위 $f(t)$를 구하고 $f'(t)$를 $v(t)$와 비교하여 보아라.

풀이 1일 수위의 변화율 $v(t)$는

$$v(t)=-4(\text{m}/\text{일})$$

t일 후의 댐의 수위는

$$f(t)=140-4t \ (0\le t\le 35)$$

이므로 $f'(t)=-4$이고 $v(t)$의 값과 같다. ■

예제 5.4

다음을 구하여라.

(1) $\displaystyle\frac{d}{dx}\int(x^4-2x^3-7x^2)dx$　　(2) $\displaystyle\int(x+2)^2dx$

(3) $\displaystyle\int x^n dx$ (단, n은 실수)

풀이 (1) $x^4-2x^3-7x^2$

(2) $\displaystyle\int(x+2)^2dx=\int(x^2+4x+4)dx=\frac{1}{3}x^3+2x^2+4x+C$

(3) $n\neq-1$이면, $\displaystyle\frac{d}{dx}\left(\frac{1}{n+1}x^{n+1}\right)=x^n$ 이므로

$$\int x^n dx=\frac{1}{n+1}x^{n+1}+C$$

$n=-1$이면, $\displaystyle\frac{d}{dx}(\ln|x|)=\frac{1}{x}$ 이므로

$$\int \frac{1}{x} dx = \ln|x| + C$$

부정적분을 효율적으로 구하려면 다음 부정적분의 대수가 필요하다.

정리 5.4 부정적분의 선형성

1. $\int kf(x)dx = k\int f(x)dx$, k는 상수
2. $\int (f(x) \pm g(x))dx = \int f(x)dx \pm \int g(x)dx$

증명 $F(x) + C = \int f(x)dx$, $G(x) + C = \int g(x)dx$라 하면

$$F'(x) = f(x),\ G'(x) = g(x)$$

상수 k에 대하여 $\{kF(x)\}' = kF'(x) = kf(x)$이므로

$$\int kf(x)dx = kF(x) + C = kF(x) + kC'$$
$$= k(F(x) + C') = k\int f(x)dx$$

또, $\{F(x) + G(x)\}' = F'(x) + G'(x) = f(x) + g(x)$이므로

$$\int \{f(x) + g(x)\}dx = F(x) + G(x) + C$$
$$= F(x) + C' + G(x) + C''$$
$$= \int f(x)dx + \int g(x)dx$$

같은 방법으로

$$\int \{f(x) - g(x)\}dx = \int f(x)dx - \int g(x)dx$$ □

예제 5.5

다음 부정적분을 구하여라.

(1) $\int 5dx$

(2) $\int \frac{1}{x^5}dx$

(3) $\int \frac{1}{\sqrt[3]{x^2}}dx$

(4) $\int (x^{3/2} - 3x + 10)dx$

(5) $\int (1/x^2) + \sqrt{x})dx$

(6) $\int \frac{(\sqrt{x}+1)^2}{x^2}dx$

(7) $\int \frac{2x+1}{x^3}dx$ (8) $\int (2\cos x + e^x)dx$

풀이 (1) $\int 5dx = 5x + C$

(2) $\int \frac{1}{x^5}dx = -\frac{1}{4x^4} + C$

(3) $\int \frac{1}{\sqrt[3]{x^2}}dx = \int x^{-\frac{2}{3}}dx = 3\sqrt[3]{x} + C$

(4) $\int (x^{3/2} - 3x + 10) = \frac{2}{5}x^{5/2} - \frac{3}{2}x^2 + 10x + C$

(5) $\int (1/x^2) + \sqrt{x})dx = -\frac{1}{x} + \frac{2}{3}x^{3/2} + C$

(6) $\int \frac{(\sqrt{x}+1)^2}{x^2}dx = \int \left(\frac{1}{x} + \frac{2}{x\sqrt{x}} + \frac{1}{x^2}\right)dx = \ln|x| - \frac{4}{\sqrt{x}} - \frac{1}{x} + C$

(7) $\int \frac{2x+1}{x^3}dx = \int (2x^{-2} + x^{-3})dx = -\frac{2}{x} - \frac{1}{2x^2} + C$

(8) $\int (2\cos x + e^x)dx = 2\sin x + e^x + C$

예제 5.6

직선 구간을 시속 200 km로 달리던 고속 열차가 역에 정차하기 위하여 제동을 걸었다. 제동을 걸어 t시간에서의 속도 $v(t)$는

$$v(t) = 200 - 1200t \ \ (\text{km/h})$$

이었다. 이 열차가 제동을 건 후부터 정차할 때까지 10분 동안 달린 거리를 구하여라.

풀이 시각 t에서의 속도가

$v(t) = 200 - 1200t$

이므로 10분 후의 속도는 $v(1/6) = 0$. 즉, 10분 후 이 열차는 정지한다.

t시간 동안 달린 거리 $f(t)$는 $f'(t) = v(t)$ 임을 이용하여

$$f(t) = \int v(t)dt$$

$$= \int (200 - 1200t)dt = 200t - 600t^2 + C$$

$f(0) = C = 0$이므로 $f(t) = 200t - 600t^2$

따라서 제동을 건 후부터 정차할 때까지 10분 동안 이 열차가 달린 거리는

$$f(1/6) = \frac{50}{3}(\text{km})$$

예제 5.7

비행기의 운항에 도움을 주는 관성항법 장치는 비행기가 나아가는 각 시점에서의 속력을 적분하여 이동거리를 결정한다. 시각 t에서의 속력이 $f'(t) = 3t^2 + 2$이고, 이동거리를 나타내는 함수 $y = f(t)$의 그래프가 점 (0, 0)을 지날 때, 함수 $y = f(t)$를 구하여라.

풀이 $f(t) = \int (3t^2 + 2)dt = t^3 + 2t + C$

그런데 $y = f(t)$가 점 (0, 0)을 지나므로

$$f(0) = 0 + 0 + C = 0$$

$$\therefore \ C = 0$$

따라서 구하는 함수는

$$y = t^3 + 2t$$

이다.

예제 5.8

(지수함수의 적분공식)

(1) $\int \frac{1}{x} = \ln|x| + C$

(2) $\int a^x dx = \frac{a^x}{\ln a} + C \ \ (a > 0, \ a \neq -1)$

(3) $\int e^x dx = e^x + C$

예제 5.9

(1) $\int (3e^x - 2^x)dx = 3e^x - \frac{2^x}{\ln 2} + C$

(2) $\int 10^{5x-1} dx = \frac{1}{10} \int 10^{5x} dx = \frac{1}{10} \frac{1}{5} \frac{10^{5x}}{\ln 10} + C = \frac{1}{5\ln 10} 10^{5x-1} + C$

(3) $\int (e^{x+1} + 3^x)dx = e^{x+1} + \frac{3^x}{\ln 3} + C$

(4) $\int \frac{xe^x + 1}{x} dx = e^x + \ln|x| + C$

예제 5.10

(삼각함수의 적분공식)

(1) $\int \sin x\, dx = -\cos x + C$ (2) $\int \cos x\, dx = \sin x + C$

(3) $\int \tan x\, dx = -\ln|\cos x| + C$ (4) $\int \sec^2 x\, dx = \tan x + C$

(5) $\int \csc^2 x\, dx = -\cot x + C$ (6) $\int \sec x \tan x\, dx = \sec x + C$

(7) $\int \csc x \cot x\, dx = -\csc x + C$ (8) $\int \cot x\, dx = \ln|\sin x| + C$

예제 5.11

(1) $\int (\sin x + \tan^2 x)dx = \int (\sin x + \sec^2 x - 1)dx$

$= -\cos x + \tan x - x + C$

(2) $\int \frac{\cos^2 x}{1-\sin x}dx = \int \frac{1-\sin^2 x}{1-\sin x}dx = \int (1+\sin x)dx$

$= x - \cos x + C$

(3) $\int \left(\sin\frac{x}{2} - \cos\frac{x}{2}\right)^2 dx = \int \left(\sin^2\frac{x}{2} - 2\sin\frac{x}{2}cos\frac{x}{2} + \cos^2\frac{x}{2}\right)dx$

$= \int (1-\sin x)dx = x + \cos x + C$

(4) $\int (2\cot^2 x + \tan^2 x)dx = \int [2(\csc^2 x - 1) + (\sec^2 x - 1)]dx$

$= -2\cot x + \tan x - 3x + C$

부정저분은 다음 장에 나오는 정적분과 밀접한 관계가 있다.

정적분은 면적이나 체적을 구하는 문제이고, 부정적분은 미분의 역산이므로 개념적으로는 전혀 연관성이 없어 보인다. 그러나 미적분학의 기본정리에 의하여 같은 것임을 알 수 있다. 나중에 보겠지만 그 둘은 비슷한 기호를 사용하여 그 둘의 연관성을 강조하고 있다.

미적분학의 기본정리는 고대 아르키데메스의 업적을 뛰어 넘는 근대 과학의 가장 중요한 발견 중의 하나이고 이를 고차원으로 확장할 수 있다(스톡스 정리, 발산정리, 그린정리 등).

또한 부정적분은 미분 방정식의 구적문제에 적용된다.

연습문제 5-1 Exercises

※ 다음 부정적분을 구하여라.

1. $\int dx$

2. $\int x^4 dx$

3. $\int \frac{1}{x^6} dx$

4. $\int \frac{1}{\sqrt{x}} dx$

5. $\int \frac{x^4 + x^2 + 1}{x^2 - x + 1} dx$

6. $\int (12x^2 + 6x - 4) dx$

7. $\int \frac{x^3 + 3x - 1}{x} dx$

8. $\int 3x \sqrt[3]{x}\, dx$

9. $\int \left(\frac{3}{x} - \frac{4}{x^2}\right) dx$

10. $\int \frac{1}{1 - \sin^2 x} dx$

11. $\int (2e^x + 3\sec^2 x) dx$

12. $\int \frac{\sin^2 x}{1 - \cos x} dx$

13. $\int (\sin\theta + \cos\theta)^2 d\theta + \int (\sin\theta - \cos\theta)^2 d\theta$

14. 함수 $f(x)$의 도함수가 $f'(x) = -3x^2 + 2x$이고 $f(0) = 3$일 때, 함수 $f(x)$를 구하여라.

15. 함수 $f(x) = 4x^3 - x$의 부정적분 중에서 그 그래프가 점 (2, 0)을 지나는 함수 $F(x)$를 구하여라.

16. 곡선 $y = f(x)$ 위의 점 (x, y)에서 접선의 기울기가 e^{x-1}이고, 이 곡선이 점 (1, 2)를 지날 때, 곡선의 방정식을 구하여라.

5.2 치환적분과 부분 적분법

부정적분의 선형성은 함수에 대한 스칼라 곱과 함수들의 합(차)에 대한 결과를 준다. 함수들끼리의 곱(나누기)에 대한 문제는 어떨까? 미분법칙에서 곱에 대한 것은 라이프니

츠 규칙이었다. 이를 부정적분에 적용하면 다음을 얻는다.

정리 5.5 (부분 적분법)

$$\int f'(x)g(x)dx = f(x)g(x) - \int f(x)g'(x)dx.$$

증명 두 함수 $f(x)$, $g(x)$의 곱 $f(x)\cdot g(x)$의 미분공식에서

$$[f(x)\cdot g(x)]' = f'(x)g(x) + f(x)g'(x)$$

$$f(x)g(x) = \int f'(x)g(x)dx + \int f(x)g'(x)dx$$

이므로

$$\int f'(x)g(x)dx = f(x)g(x) - \int f(x)g'(x)dx$$ □

참고로 이 부분 적분법은 다음의 형태로 쓸 수 있다.

$$\int f'(x)g(x)dx + \int f(x)g'(x)dx = f(x)g(x) + C$$

보통 초월함수와 다항식 또는 초월함수들끼리의 곱에 대한 부정적분을 구하는데 부분 적분법을 많이 쓴다.

예제 5.12

(1) $\int \ln 3x dx$ (2) $\int (x+1)\sin x dx$

(3) $\int e^x \cos x dx$ (4) $\int x^2 e^x dx$

풀이 (1) $g(x) = \ln 3x$, $f'(x) = 1$로 두면, $g'(x) = \dfrac{3}{3x} = \dfrac{1}{x}$, $f(x) = x$이므로

$$\int \ln 3x\, dx = x\ln 3x - \int 1\, dx$$

$$= x\ln 3x - x + C$$

(2) $g(x) = x+1$, $f'(x) = \sin x$로 두면, $g'(x) = 1$, $f(x) = -\cos x$이므로

$$\int (x+1)\sin x\, dx = -(x+1)\cos x + \int \cos x\, dx$$

$$= -(x+1)\cos x + \sin x + C$$

(3) $g(x) = \cos x$, $f'(x) = e^x$로 두면, $g'(x) = -\sin x$, $f(x) = e^x$

$$\int e^x \cos x dx = e^x \cos x + \int e^x \sin x dx \quad \cdots \text{①}$$

①에서 $\int e^x \sin x dx$를 구해야 하므로 다시 부분적분법을 이용하면

$$\int e^x \sin x dx = e^x \sin x - \int e^x \cos x dx \ \cdots \ ②$$

②를 ①에 대입하여 정리하면

$$\int e^x \cos x dx = e^x \cos x + e^x \sin x - \int e^x \cos x dx$$
$$= e^x(\cos x + \sin x) - \int e^x \cos x dx$$

즉, $2\int e^x \cos x dx = e^x(\cos x + \sin x)$

$$\therefore \int e^x \cos x dx = \frac{1}{2}e^x(\cos x + \sin x) + C$$

(4) $f'(x) = e^x$, $g(x) = x^2$이라 놓으면 $f(x) = e^x$, $g'(x) = 2x$이므로,

$$\int x^2 e^x dx = x^2 e^x - 2\int x e^x dx$$

$\int x e^x dx$에 같은 방법으로 부번적분법을 다시 적용하면

$$\int x e^x dx = x e^x - \int e^x dx = x e^x - e^x$$

따라서,

$$\int x^2 e^x dx = x^2 e^x - 2(x e^x - e^x) = (x^2 - 2x + 2)e^x + C$$

합성함수의 미분에 대한 역 연산을 생각해보면 다음을 알 수 있다.

정리 5.6 (치환적분법)

$$\int f(g(x))g'(x)dx = F(g(x)) + C$$

증명 $[F(g(x))]' = f(g(x))g'(x)$에서 명백하다. □

앞의 정리가 치환적분으로 불리는 이유는 무엇일까? $u = g(x)$로 치환(변수변환)하면 $du = g'(x)dx$이므로 $\int f(g(x))g'(x)dx = \int f(u)du = F(u) + C$와 같이 추론하여 그 답이 $F(g(x)) + C$가 됨을 쉽게 알 수 있다.

실제 문제에서 부정적분을 구하려면 부분적분법이나 치환적분법을 많이 사용해야 된

다. 어느 것을 적용해야 되느냐에 대해서는 정답이 없다. 시행착오를 겪으면서 풀어나가는 자세가 필요하다.

예제 5.13

(1) $\int 2x\sqrt{2x+1}\,dx$ (2) $\int \frac{\cos\sqrt{x}}{\sqrt{x}}\,dx$

풀이 (1) $u=2x+1$로 놓으면 $du=2x\,dx$

$$\int 2x\sqrt{2x+1}\,dx=\int (u-1)\sqrt{u}\,\frac{1}{2}du=\int \frac{1}{2}(u^{\frac{3}{2}}-u^{\frac{1}{2}})du$$

$$=\frac{1}{2}\left(\frac{2}{5}u^{\frac{2}{5}}-\frac{2}{3}u^{\frac{3}{2}}\right)+C=\frac{1}{5}u^{\frac{5}{2}}-\frac{1}{3}u^{\frac{3}{2}}+C$$

$$=\frac{1}{5}(2x+1)^2\sqrt{2x+1}-\frac{1}{3}(2x+1)\sqrt{2x+1}+C$$

(2) $u=\sqrt{x}$로 놓으면 $du=\frac{dx}{2\sqrt{x}}$

$$\int \frac{\cos\sqrt{x}}{\sqrt{x}}\,dx=2\int \cos u\,du$$

$$=2\sin u+C=2\sin\sqrt{x}+C$$

예제 5.14

(1) $\int (3x-8)^{29}dx=\frac{1}{90}(3x-8)^{30}+C$ ($u=3x-8$로 치환)

(2) $\int \cos(3x+1)dx=\frac{1}{3}\sin(3x+1)+C$ ($u=3x+1$로 치환)

(3) $\int \tan x\,dx=-\ln|\cos x|+C$ ($u=\cos x$로 치환)

(4) $\int \frac{\ln x}{x}dx=\frac{1}{2}(\ln x)^2+C$ ($u=\ln x$로 치환)

(5) $\int \frac{x}{\sqrt{1-x^2}}dx=-\sqrt{1-x^2}+C$ ($u=1-x^2$으로 치환)

(6) $\int \sin^3 x\cos x\,dx=\frac{1}{4}\sin^4 x+C$ ($u=\sin x$로 치환)

(7) $\int 2x\cos(x^2+2)dx=\sin(x^2+2)+C$ ($u=x^2+2$로 치환)

(8) $\int \frac{e^x}{e^x-2}dx=\ln|e^x-2|+C$ ($u=e^x-2$로 치환)

예제 5.15

진공 상태에서 부피가 1인 어떤 화합물은 공기 중에 노출된 지 t초 후의 부피 V의 변화율 $\frac{dV}{dt}$가

$$\frac{dV}{dt} = 2t\sin t + 1$$

이라고 한다. 이 화합물이 공기 중에 노출된 지 $\frac{\pi}{2}$초 후의 부피를 구하여라.

풀이 $\int 2t\sin t\, dt = -2t\cos t + \int 2\cos t\, dt$

$= -2t\cos t + 2\sin t$

이고, $\frac{dV}{dt} = 2t\sin t + 1$로부터

$V(t) = \int (2t\sin t + 1)dt$

$= -2t\cos t + 2\sin t + t + C$

$V(0) = 1$이므로 $C = 1$

$\therefore\ V(t) = -2t\cos t + 2\sin t + t + 1$

따라서 공기 중에 노출된 지 $\frac{\pi}{2}$초 후의 부피는

$$V\left(\frac{\pi}{2}\right) = -\pi\cos\frac{\pi}{2} + 2\sin\frac{\pi}{2} + \frac{\pi}{2} + 1 = 3 + \frac{\pi}{2}$$

예제 5.16

$\int (ax+b)^n dx,\ (a \neq 0)$을 구하라.

풀이 $ax + b = t$라 하면 $adx = dt$

$$\therefore \int (ax+b)^n dx = \int t^n \cdot \frac{1}{a} dt$$

$$= \frac{1}{a}\int t^n dt$$

$n \neq -1$이면

$$\int (ax+b)^n dx = \frac{t^{n+1}}{a(n+1)} = \frac{1}{a} \cdot \frac{1}{n+1} \cdot (ax+b)^{n+1} + C$$

$n = -1$이면

$$\int (ax+b)^{-1}dx = \frac{1}{a}\log|t| = \frac{1}{a}\log|ax+b| + C$$

일반적으로,

$$\int f(x)dx = F(x) + C$$

일 때

$$\int f(ax+b)dx$$

는 $ax+b=t$로 치환하여

$$dx = \frac{1}{a}dt$$

이므로

$$\int f(ax+b)dx = \frac{1}{a}\int f(t)dt = \frac{1}{a}F(ax+b) + C$$

연습문제 5-2 Exercises

※ 다음 부정적분을 구하여라.

1. $\int \ln x\, dx$

2. $\int xe^{5x+\pi}dx$

3. $\int \tan^{-1}x\, dx$

4. $\int \frac{\ln x}{\sqrt{x}}\, dx$

5. $\int \frac{e^x}{2+e^x}\, dx$

6. $\int \frac{5}{\sqrt{2x+1}}\, dx$

7. $\int \frac{\tan x}{\cos^2 x}\, dx$

8. $\int \frac{\sin\sqrt{x}}{\sqrt{x}}\, dx$

9. $\int x\cdot 2^{x^2}dx$

10. $\int xe^x dx$

5.3 삼각함수의 적분법

변수를 바꾸는 방법과 삼각함수의 여러 가지 항등식들을 적절히 결합하면 수많은 형태의 삼각함수들을 적분할 수 있다. 다음은 자주 접하게 되는 유형이다.

(1) $\int \sin^n x\,dx$, $\int \cos^n x\,dx$

(2) $\int \sin^m x \cos^n x\,dx$

(3) $\int \sin mx \cos nx\,dx$, $\int \sin mx \sin nx\,dx$, $\int \cos mx \cos nx\,dx$

(1) $\int \sin^n x\,dx$, $\int \cos^n x\,dx$

이와 같은 유형에서 먼저 n이 홀수인 경우에는 $\sin x$ 또는 $\cos x$ 인수 한 개를 빼내고 나서 항등식 $\sin^2 x + \cos^2 x = 1$을 이용한다.

예제 5.17

$\int \cos^5 x\,dx$를 구하여라.

풀이

$$\begin{aligned}
\int \cos^5 x\,dx &= \int \cos^4 x \cos x\,dx \\
&= \int (1-\sin^2 x)^2\,d(\sin x) \\
&= \int (1-u^2)^2 du \qquad (u=\sin x) \\
&= \int (1-2u^2+u^4)du \\
&= \int u - \frac{2}{3}u^3 + \frac{1}{5}u^5 + C \\
&= \sin x - \frac{2}{3}\sin^3 x + \frac{1}{5}\sin^5 x + C
\end{aligned}$$

■

(1)의 유형에서 n이 짝수인 경우에는 반각 항등식을 이용한다.

$$\sin^2 x = \frac{1-\cos 2x}{2}, \quad \cos^2 x = \frac{1+\cos 2x}{2}$$

예제 5.18

$\int \sin^2 x\, dx$와 $\int \cos^4 x\, dx$를 구하여라.

풀이

$$\begin{aligned}\int \sin^2 x\, dx &= \int \frac{1-\cos 2x}{2}dx \\ &= \frac{1}{2}\int dx - \frac{1}{4}\int (\cos 2x)(2dx) \\ &= \frac{1}{2}x - \frac{1}{4}\sin 2x + C\end{aligned}$$

$$\begin{aligned}\int \cos^4 x\, dx &= \int \left(\frac{1+\cos 2x}{2}\right)^2 dx \\ &= \frac{1}{4}\int (1+2\cos 2x + \cos^2 2x)dx \\ &= \frac{1}{4}\int dx + \frac{1}{4}\int (\cos 2x)(2)dx + \frac{1}{8}(1+\cos 4x)dx \\ &= \frac{3}{8}\int dx + \frac{1}{4}\int \cos 2x(2dx) + \frac{1}{32}\int \cos 4x(4dx) \\ &= \frac{3}{8}x + \frac{1}{4}\sin 2x + \frac{1}{32}\sin 4x + C\end{aligned}$$

■

(2) $\int \sin^m x \cos^n x\, dx$

만일 m 또는 n이 홀수이면 $\sin x$ 또는 $\cos x$ 인수 한 개를 빼고 나서 항등식 $\sin^2 x + \cos^2 x = 1$을 이용한다.

예제 5.19

$\int \sin^3 x \cos^{-4} x dx$를 구하여라.

풀이

$$\begin{aligned}\int \sin^3 x \cos^{-4} x dx &= \int (1-\cos^2 x)(\cos^{-4} x)(-d\cos x) \\ &= \int (1-u^2)(u^{-4})(-du) \qquad (u=\cos x) \\ &= \int (-u^{-4}+u^{-2})du \\ &= \frac{1}{3}u^{-3} - u^{-1} + C \\ &= \frac{1}{3}\cos^{-3} x - \cos^{-1} x + C\end{aligned}$$

■

(2)의 유형에서 m과 n이 둘 다 짝수이면 반각 공식을 이용하여 적분할 함수의 차수를 절반으로 줄인다.

예제 5.20

$\int \sin^2 x \cos^4 x\, dx$를 구하여라.

풀이

$$\int \sin^2 x \cos^4 x\, dx = \int \left(\frac{1-\cos 2x}{2}\right)\left(\frac{1+\cos 2x}{2}\right)^2 dx$$
$$= \frac{1}{8}\int (1+\cos 2x - \cos^2 2x - \cos^3 2x)\, dx$$

그런데,

$$\int \cos^2 2x\, dx = \frac{1}{2}\int (1+\cos 4x)\, dx$$
$$= \frac{1}{2}\left(x + \frac{1}{4}\sin 4x\right)$$

$$\int \cos^3 2x\, dx = \int (1-\sin^2 2x)\cos 2x\, dx$$
$$= \frac{1}{2}\int (1-u^2)\, du \qquad (u = \sin 2x,\ du = 2\cos 2x\, dx)$$
$$= \frac{1}{2}\left(\sin 2x - \frac{1}{3}\sin^3 2x\right)$$

모두를 결합하면 다음을 얻는다.

$$\int \sin^2 x \cos^4 x\, dx = \frac{1}{8}\left(\frac{1}{2}x - \frac{1}{8}\sin 4x + \frac{1}{6}\sin^3 2x\right) + C$$

■

(3) $\int \sin mx \cos nx\, dx$, $\int \sin mx \sin nx\, dx$, $\int \cos mx \cos nx\, dx$

이와 같은 형태의 적분들은 삼각함수의 사용이 요구되는 많은 수학적 과학적 응용, 예를 들면, 교류전기 이론, 열의 전파문제 등에서 볼 수 있다. 이러한 적분은 다음의 곱셈공식을 이용하는 것이 편리하다.

$$\sin mx \cos nx = \frac{1}{2}[\sin(m+n)x + \sin(m-n)x]$$

$$\sin mx \cos nx = -\frac{1}{2}[\cos(m+n)x - \cos(m-n)x]$$

$$\sin mx \cos nx = \frac{1}{2}[\cos(m+n)x + \cos(m-n)x]$$

예제 5.21

$\int \sin 2x \cos 3x\, dx$를 구하여라.

풀이

$$\begin{aligned}\int \sin 2x \cos 3x\, dx &= \frac{1}{2}\int [\sin 5x + \sin(-x)]dx \\ &= \frac{1}{2}\int (\sin 5x - \sin x)dx \\ &= -\frac{1}{10}\cos 5x + \frac{1}{2}\cos x + C\end{aligned}$$

이제 삼각치환에 의한 적분법에 대하여 알아보자. 적분할 함수에 제곱근이 들어 있으면 제곱근을 제거하여 적분하는 것이 수월하다. 대개의 경우 변수를 적절하게 바꾸어 주면 적분할 함수를 유리화할 수 있다. 특히 $\sqrt{a^2-x^2}$, $\sqrt{a^2+x^2}$, $\sqrt{x^2-a^2}$을 포함한 피적분 함수는 다음과 같이 삼각함수로 치환한다.

제곱근	치환	θ의 범위
$\sqrt{a^2-x^2}$	$x = a\sin\theta$	$-\frac{\pi}{2} \le \theta \le \frac{\pi}{2}$
$\sqrt{a^2+x^2}$	$x = a\tan\theta$	$-\frac{\pi}{2} < \theta < \frac{\pi}{2}$
$\sqrt{x^2-a^2}$	$x = a\sec\theta$	$0 \le \theta \le \pi,\ \theta \ne \frac{\pi}{2}$

이러한 삼각치환은 [그림 5.1]의 삼각형을 참고하면 나온다.

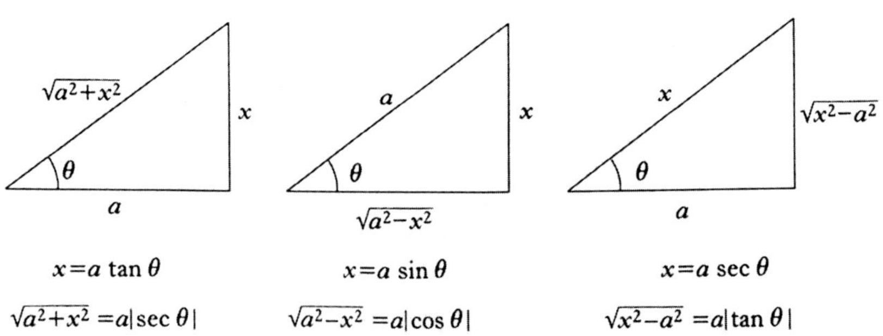

[그림 5.1]

즉, $x = a\tan\theta$라 놓으면

$$a^2 + x^2 = a^2 + a^2\tan^2\theta = a^2(1 + \tan^2\theta) = a^2\sec^2\theta$$

$x = a\sin\theta$라 놓으면

$$a^2 - x^2 = a^2 - a^2\sin^2\theta = a^2(1 - \sin^2\theta) = a^2\cos^2\theta$$

$x = a\sec\theta$라 놓으면

$$x^2 - a^2 = a^2\sec^2\theta - a^2 = a^2(\sec^2\theta - 1) = a^2\tan^2\theta$$

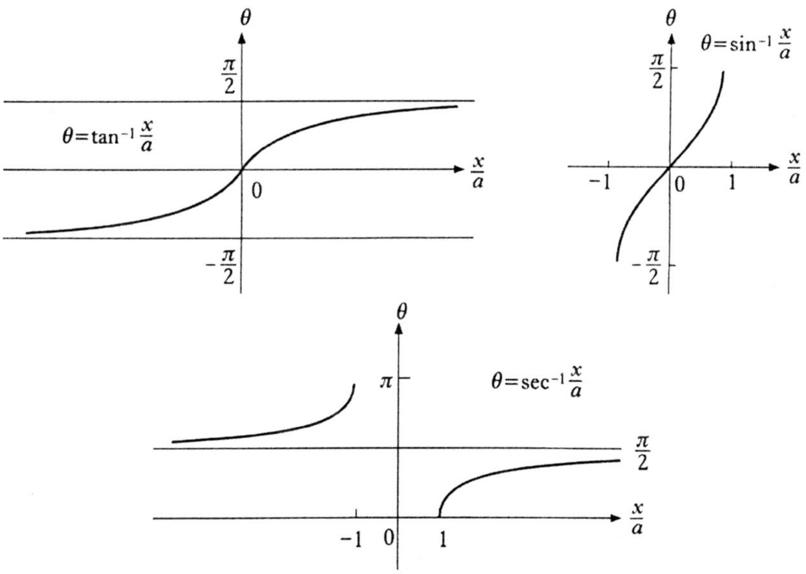

[그림 5.2]

적분과정에서 사용한 치환은 본래의 변수로 바꾸어 주는 전환이 필요하다. 예를 들면 $x = a\tan\theta$로 치환하면 적분한 다음 $\theta = \tan^{-1}\left(\frac{x}{a}\right)$로 바꿔 주어야 한다. 3.3절에서 알 수 있듯이 이들 치환에 사용된 함수들은 θ의 제한된 값에 대해서만 역함수를 갖는다(그림 5.2). 따라서 본래의 변수로의 전환이 가능하려면 θ는 앞에서와 같은 범위를 갖게 됨을 알 수 있다.

예제 5.22

$\int \frac{dx}{\sqrt{a^2 - x^2}}$, $(a > 0)$을 구하여라.

풀이 $x = a\sin\theta,\ \left(-\dfrac{\pi}{2} \le \theta \le \dfrac{\pi}{2}\right)$로 치환하면 $dx = a\cos\theta\, d\theta,\ \sqrt{a^2 - x^2} = a\cos\theta\, d\theta$ 이므로

$$\int \frac{dx}{\sqrt{a^2-x^2}} = \int \frac{a\cos\theta}{a\cos\theta}\,d\theta = \theta + C = \sin^{-1}\frac{x}{a} + C$$

예제 5.23

$\int \sqrt{a^2-x^2}\,dx,\ (a>0)$을 구하여라.

풀이 $x = a\sin\theta,\ \left(-\dfrac{\pi}{2} \le \theta \le \dfrac{\pi}{2}\right)$로 치환하면 $dx = a\cos\theta\, d\theta,\ \sqrt{a^2-x^2} = a\cos\theta$이므로

$$\begin{aligned}
\int \sqrt{a^2-x^2}\,dx &= a^2\int \cos^2 d\theta \\
&= \frac{a^2}{2}\int (1+\cos 2\theta)\,d\theta \\
&= \frac{a^2}{2}\left(\theta + \frac{1}{2}\sin 2\theta\right) + C \\
&= \frac{a^2}{2}(\theta + \sin\theta\cos\theta) + C \\
&= \frac{a^2}{2}\left(\sin^{-1}\frac{x}{a} + \frac{x}{a}\,\frac{1}{a}\sqrt{a^2-x^2}\right) + C \\
&= \frac{a^2}{2}\sin^{-1}\frac{x}{a} + \frac{x}{2}\sqrt{a^2-x^2} + C
\end{aligned}$$

예제 5.24

$\int \dfrac{dx}{\sqrt{x^2+a^2}},\ (a>0)$을 구하여라.

풀이 $x = a\tan\theta,\ \left(-\dfrac{\pi}{2} < \theta < \dfrac{\pi}{2}\right)$로 치환하면 $dx = a\sec^2\theta\, d\theta,\ \sqrt{x^2+a^2} = a\sec\theta$ 이므로

$$\int \frac{dx}{\sqrt{x^2+a^2}} = \int \sec\theta\, d\theta$$

$$= \ln|\sec\theta + \tan\theta| + C$$

$$= \ln\left|\frac{\sqrt{x^2+a^2}}{a} + \frac{x}{a}\right| + C$$

$$= \ln|\sqrt{x^2+a^2}+x| - \ln a + C$$

$$= \ln|\sqrt{x^2+a^2}+x| + C',\ C' = C - \ln a$$

예제 5.25

$\int \frac{dx}{\sqrt{x^2-25}}$를 구하여라.

풀이 $x = 5\sec\theta$로 치환하면

$dx = 5\sec\theta\tan\theta\, d\theta,\ \theta = \sec^{-1}\frac{x}{5},\ x^2-25 = 25(\sec^2\theta - 1) = 25\tan^2\theta$

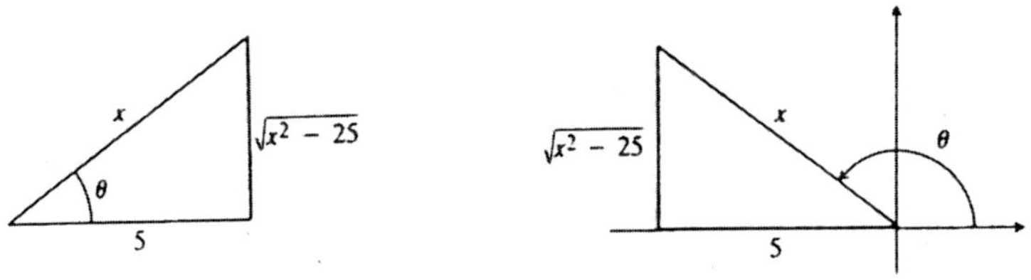

[그림 5.3]

이 치환에서는 [그림 5.3]에서 알 수 있듯이 다음 범위를 갖는다.

$\frac{x}{5} > 1$에 대하여 $0 < \theta < \frac{\pi}{2}$, $\frac{x}{5} < -1$에 대하여 $\frac{\pi}{2} < \theta < \pi$

따라서

$$\int \frac{dx}{\sqrt{x^2-25}} = \int \frac{5\sec\theta\tan\theta\, d\theta}{\sqrt{25\tan^2\theta}}$$

$$= \int \frac{\sec\theta\tan\theta\, d\theta}{|\tan\theta|}$$

$$= \pm\int \sec\theta\, d\theta$$

$$= \pm\ln|\sec\theta + \tan\theta| + C$$

$$= \pm\ln\left|\frac{x}{5} \pm \frac{\sqrt{x^2-25}}{5}\right| + C$$

$$=\pm \ln|x \pm \sqrt{x^2-25}|+C' \quad (C'=C\pm \ln 5)$$

여기서 $0<\theta<\frac{\pi}{2}$일때 tangent와 secant는 모두 양수이므로 두 부호는 모두 (+)이고, $\frac{\pi}{2}<\theta<\pi$일때 tangent와 secant는 모두 음수이므로 두 부호는 모두 (−)이다. 따라서

$$\int \frac{dx}{\sqrt{x^2-25}} = \begin{cases} \ln|x+\sqrt{x^2-25}|+C' \\ -\ln|x-\sqrt{x^2-25}|+C' \end{cases}$$

그런데 우변에 있는 두 로그식은 상수만큼의 차이 밖에 없으므로 답은 한 가지 형태로 쓸 수 있다. 즉,

$$\begin{aligned} -\ln|x-\sqrt{x^2-25}| &= \ln\left|\frac{1}{x-\sqrt{x^2-25}}\right| \\ &= \ln\left|\frac{1}{x-\sqrt{x^2-25}}\cdot\frac{x+\sqrt{x^2-25}}{x+\sqrt{x^2-25}}\right| \\ &= \ln\left|\frac{x+\sqrt{x^2-25}}{25}\right| \\ &= \ln|x+\sqrt{x^2-25}|-\ln 25 \end{aligned}$$

결국

$$\int \frac{dx}{\sqrt{x^2-25}} = \ln|x+\sqrt{x^2-25}|+C$$

연습문제 5-3 Exercises

※ 다음 적분을 구하여라.

1. $\int \sin^3 x\, dx$
2. $\int \cos^3 x\, dx$
3. $\int \cos^3 3x \sin^{-2} 3x\, dx$
4. $\int \cos x \cos 4x\, dx$
5. $\int \frac{x^2}{\sqrt{16-x^2}} dx$
6. $\int \frac{dx}{(x^2+4)^{3/2}}$
7. $\int \frac{2x-3}{\sqrt{1-x^2}} dx$
8. $\int \frac{1}{\sqrt{1-x^2}} dx$
9. $\int \frac{1}{1+x^2} dx$

5.4 유리함수의 적분법

유리함수들을 부정적분을 해야 할 때가 종종 있다. 유리함수란 $\frac{P(x)}{Q(x)}$ ($P(x)$, $Q(x)$는 다항식)꼴의 함수를 가리킨다는 것을 상기하자. $R(x)=\frac{P(x)}{Q(x)}$ ($P(x)$, $Q(x)$는 서로 소인 다항식, $\deg(P)<\deg(Q)$)의 부정적분을 구하려면 $Q(x)$의 인수분해가 필요하다. 실계수 다항식이 복소수근을 가지면 켤레복소수근을 가지므로 실계수 다항식 $Q(x)$는 1차 또는 2차 실계수 다항식들의 곱으로 인수분해된다는 사실을 상기하자. 유리함수의 적분은 부분분수들의 적분으로 귀착된다. 먼저 선형인수들의 곱으로 표현되는 경우를 보자.

예제 5.26

(서로 다른 선형 인수)

$(3x-1)/x^2-x-6$을 부분분수로 표현하고 그 부정적분을 구하여라.

풀이 $x^2-x-6=(x-3)(x+2)$이므로 $\frac{(3x-1)}{x^2-x-6}=\frac{A}{(x+2)}+\frac{B}{(x-3)}$으로 분할된다. 통분하여 좌변과 우변의 분자의 계수를 비교하여 A와 B의 값을 구하면 $A=\frac{7}{5}$, $B=\frac{8}{5}$이 된다. 따라서

$$\frac{(3x-1)}{x^2-x-6}=\frac{7/5}{(x+2)}+\frac{8/5}{(x-3)}$$

이다. 이를 적분하면 $\frac{7}{5}\ln|x+2|+\frac{8}{5}\ln|x-3|+C$를 얻는다. ■

예제 5.27

(중복 선형인수)

$\int \frac{x}{(x-3)^2}dx$를 구하여라.

풀이 이 경우 유리함수는 다음과 같이 분해된다. $\frac{x}{(x-3)^2}=\frac{A}{x-3}+\frac{B}{(x-3)^2}$

통분하여 계수를 비교하면 $B=3$, $A=1$을 얻는다. 그러므로

$$\int \frac{x}{(x-3)^2}dx=\int\left(\frac{1}{x-3}+\frac{3}{(x-3)^2}\right)dx$$

$$=\ln|x-3|-\frac{3}{x-3}+C.$$

예제 5.28

(서로 다른 인수, 중복 선형인수)

$\displaystyle\int\frac{3x^2-8x+13}{(x+3)(x-1)^2}dx$를 구하여라.

풀이 피적분 함수를 다음과 같이 부분분수로 분해한다.

$$\frac{3x^2-8x+13}{(x+3)(x-1)^2}=\frac{A}{x+3}+\frac{B}{x-1}+\frac{C}{(x-1)^2}$$

이를 통분하고 계수를 비교하여 $C=2$, $A=4$, $B=-1$을 얻는다. 그러므로

$$\int\frac{3x^2-8x+13}{(x+3)(x-1)^2}dx=\int\frac{4}{x+3}dx+\int\frac{-1}{x-1}dx+\int\frac{2}{(x-1)^2}dx$$

$$=4\ln|x+3|-\ln|x-1|-\frac{2}{x-1}+C$$

예제 5.29

(이차인수)

$\displaystyle\int\frac{6x^2-3x+1}{(4x+1)(x^2+1)}dx$를 구하여라.

풀이 $\displaystyle\frac{6x^2-3x+1}{(4x+1)(x^2+1)}=\frac{A}{4x+1}+\frac{Bx+C}{x^2+1}$로 분해된다. 통분하여 계수를 비교하면 $A=2$, $C=-1$, $B=1$을 구한다. 대입하여 적분하면

$$\int\frac{6x^2-3x+1}{(4x+1)(x^2+1)}dx=\int\frac{2}{4x+1}dx+\int\frac{x+1}{x^2+1}dx$$

$$=\frac{1}{2}\int\frac{4}{4x+1}dx+\frac{1}{2}\int\frac{2x}{x^2+1}dx-\int\frac{1}{x^2+1}dx$$

$$=\frac{1}{2}\ln|4x+1|+\frac{1}{2}\ln|x^2+1|-\tan^{-1}x+C$$

예제 5.30

(중복 이차인수)

$\displaystyle\int \frac{6x^2-15x+22}{(x+3)(x^2+2)^2}\,dx$를 구하여라.

풀이 $\displaystyle\frac{6x^2-15x+22}{(x+3)(x^2+2)^2}=\frac{A}{x+3}+\frac{Bx+C}{(x^2+2)^2}+\frac{Dx+E}{x^2+2}$와 같이 부분분수로 분해된다.

통분하여 계수를 비교하면 $A=1,\ B=-1,\ C=3,\ D=-5,\ E=0$을 얻는다.

그러므로

$$\int \frac{6x^2-15x+22}{(x+3)(x^2+2)^2}\,dx=\ln|x+3|-\frac{1}{2}\ln(x^2+2)+\frac{3}{\sqrt{2}}\tan^{-1}\left(\frac{x}{\sqrt{2}}\right)$$

$$+\frac{5}{2(x^2+2)}+C$$

■

예제 5.31

$\displaystyle\int \frac{x^5+x^4-8}{x^3-4x}\,dx$를 구하여라.

풀이 $\displaystyle\frac{x^5+x^4-8}{x^3-4x}=(x^2+x+4)+\left(\frac{4x^2+16x-8}{x^3-4x}\right)$

$x^3-4x=x(x-2)(x+2)$이므로 $\displaystyle\frac{4x^2+16x-8}{x^3-4x}=\frac{A}{x}+\frac{B}{x-2}+\frac{C}{x+2}$로 놓고

통분하여 계수를 비교하면 $A=2,\ B=5,\ C=-3$을 얻는다.

따라서

$$\int \frac{x^5+x^4-8}{x^3-4x}\,dx=\int\left(x^2+x+4+\frac{2}{x}+\frac{5}{x-5}-\frac{3}{x+2}\right)dx$$

$$=\frac{x^3}{3}+\frac{x^2}{2}+4x+2\ln|x|+5\ln|x-2|-3\ln|x+2|+C$$

$$=\frac{x^3}{3}+\frac{x^2}{2}+4x+\ln\left|\frac{x^2(x-2)^5}{(x+2)^3}\right|+C$$

■

예제 5.32

$\int \frac{x^3+x+2}{x(x^2+1)^2}dx$를 구하여라.

풀이 $\frac{x^3+x+2}{x(x^2+1)^2} = \frac{A}{x} + \frac{Bx+C}{x^2+1} + \frac{Dx+E}{(x^2+1)^2}$

라 놓고 정리하면

$x^3+x+2 = A(x^2+1)^2 + (Bx+C)x(x^2+1) + (Dx+E)x$

위 식을 정리하면

$(A+B)x^4 + Cx^3 + (2A+B+D)x^2 + (C+E)x + A = x^3+x+2$

그러므로

$A+B=0,\ C=1$

$2A+B+D=0,\ C+E=1,\ A=2$

위 식을 풀면 $A=2,\ B=-2,\ C=1,\ A=-2,\ E=0$을 얻는다.

$\frac{x^3+x+2}{x(x^2+1)^2} = \frac{2}{x} - \frac{2x-1}{x^2+1} - \frac{2x}{(x^2+1)^2}$ 이므로

$$\int \frac{x^3+x+2}{x(x^2+1)^2}dx = 2\int \frac{dx}{x} - \int \frac{2x}{x^2+1}dx + \int \frac{dx}{x^2+1} - \int \frac{2x}{(x^2+1)^2}dx$$

$$= 2\log x - \log(x^2+1) + \tan^{-1}x + \frac{1}{x^2+1} + C$$

■

이상을 요약하면 유리함수 $R(x) = \frac{P(x)}{Q(x)}$를 부분분수로 분할할 때 다음과 같이 한다.

1. 만일 $R(x)$가 진성이 아니면 즉, $P(x)$의 차수가 $Q(x)$의 차수보다 높거나 같으면 $P(x)/Q(x)$를 하여서 다음을 구한다.

$$R(x) = \text{다항식} + \frac{N(x)}{D(x)}$$

2. $D(x)$를 인수분해하여 선형 인수들, 더 이상 분해할 수 없는 이차 인수들의 곱으로 나타낸다.

3. $(ax+b)^k$ 형태의 각각의 인수들에 대응하여 부분분수로 분할하면 다음 항들이 나타난다.

$$\frac{A_1}{(ax+b)} + \frac{A_2}{(ax+b)^2} + \cdots + \frac{A_k}{(ax+b)^k}$$

4. $(ax^2+bx+c)^m$ 형태의 각각의 인수들에 대응하여 부분분수로 분할하면 다음 항들이 나타난다.

$$\frac{B_1x+C_1}{ax^2+bx+C}+\frac{B_2x+C_2}{(ax^2+bx+C)^2}+\cdots+\frac{B_m+C_m}{(ax^2+bx+C)^m}$$

5. $N(x)/D(x)$가 3단계 4단계에서 찾은 모든 항들의 합과 같다고 놓고 통분하여 계수를 구한다. 구할 계수의 개수는 분모 $D(x)$의 차수와 같게 된다.

연습문제 5-4 Exercises

※ 다음 부정적분을 구하여라.

1. $\displaystyle\int\frac{1}{x(x+1)}\,dx$

2. $\displaystyle\int\frac{2}{(x^2+3x)}\,dx$

3. $\displaystyle\int\frac{3}{(x^2-1)}\,dx$

4. $\displaystyle\int\frac{5x}{2x^3+6x^2}\,dx$

5. $\displaystyle\int\frac{x-11}{x^2+3x-4}\,dx$

6. $\displaystyle\int\frac{x-7}{(x^2-x-12)}\,dx$

7. $\displaystyle\int\frac{3x-13}{2x^2+3x-10}\,dx$

8. $\displaystyle\int\frac{x+\pi}{x^2-3\pi x+2\pi^2}\,dx$

9. $\displaystyle\int\frac{2x+21}{2x^2+9x-5}\,dx$

10. $\displaystyle\int\frac{2x^2-x-20}{x^2+x-6}\,dx$

11. $\displaystyle\int\frac{17x-3}{3x^2+x-2}\,dx$

12. $\displaystyle\int\frac{5-x}{x^2-x(\pi+4)+4\pi}\,dx$

13. $\displaystyle\int\frac{x^4+8x^2+8}{x^3-4x}\,dx$

제 6 장 정적분

6.1 근사적분

곡선 $y=x^2$과 x축 및 직선 $x=1$로 둘러싸인 도형의 넓이를 생각해 보자.

아래 그림은 폐구간 [0, 1]을 각각 5등분, 10등분, 20등분한 후 곡선을 포함하는 직사각형을 만들어 그 넓이의 합을 구한 것이다.

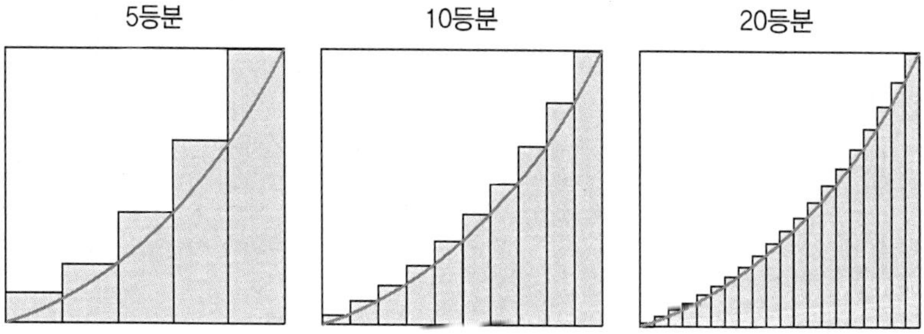

[그림 6.1]

등분된 각각의 직사각형의 면적을 S_1, S_2, $\cdots$ 라고 하면 5등분 직사각형 넓이의 합은

$$S_1+S_2+\cdots+S_5=\sum_{i=1}^{5}S_i$$

와 같다.

주어진 구간을 세분하면 할수록 직사각형의 넓이의 합은 구하는 도형의 넓이에 점점 가까워짐을 알 수 있다.

일반적으로 어떤 도형의 넓이 또는 부피를 구할 때, 주어진 도형을 세분하여 이미 알고 있는 간단한 도형의 넓이 또는 부피의 합으로 근사값을 구하고, 이 근사값의 극한값으로 도형의 넓이 또는 부피를 구하는 방법을 **구분구적법**이라 한다.

부정적분이 역도함수의 집합으로 정의되는 것과는 달리 정적분은 일종의 면적, 부피 등의 합에 대한 극한값이다.

♣ 직사각형 공식

이제 곡선으로 둘러싸인 영역의 면적을 구하는 방법을 구체적으로 살펴보자.

예제 6.1

곡선 $y = x^2$과 x축 및 직선 $x = 1$로 둘러싸인 부분의 넓이 S를 구분구적법으로 구하여 보자.

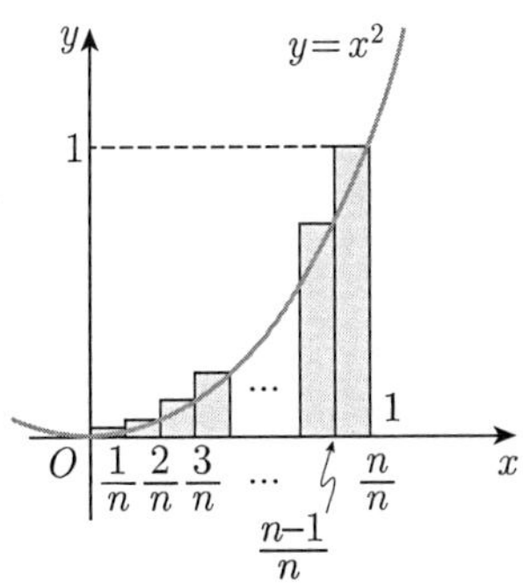

[그림 6.2]

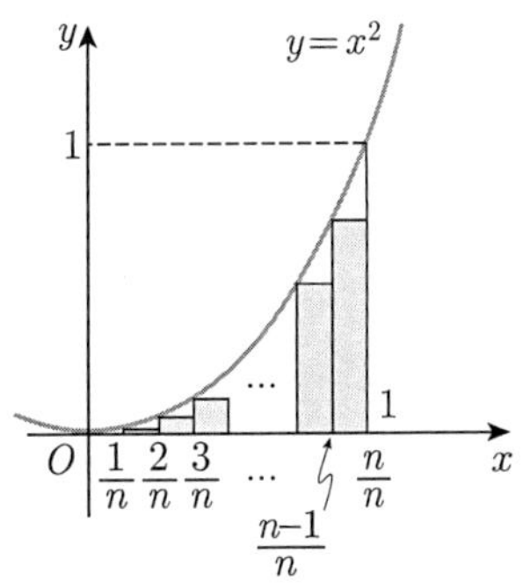

[그림 6.3]

① 폐구간 [0, 1]을 n등분할 때, 각 소구간의 오른쪽 끝점에서의 $y = x^2$의 함수값은 차례로

$$\left(\frac{1}{n}\right)^2,\ \left(\frac{2}{n}\right)^2,\ \left(\frac{3}{n}\right)^2,\ \cdots,\ \left(\frac{n}{n}\right)^2$$

이므로 그림 6.2의 직사각형 넓이의 합 S_n은

$$\begin{aligned} S_n &= \frac{1}{n}\left\{\left(\frac{1}{n}\right)^2 + \left(\frac{2}{n}\right)^2 + \left(\frac{3}{n}\right)^2 + \cdots + \left(\frac{n}{n}\right)^2\right\} \\ &= \frac{1}{n^3}(1^2 + 2^2 + 3^2 + \cdots + n^2) \end{aligned}$$

$$= \frac{1}{n^3}\sum_{k=1}^{n} k^2$$

$$= \frac{1}{n^3} \cdot \frac{n(n+1)(2n+1)}{6}$$

$$= \frac{1}{6}\left(1+\frac{1}{n}\right)\left(2+\frac{1}{n}\right)$$

② 한편, n등분된 닫힌 구간 [0, 1]에서 각 소구간의 왼쪽 끝점에서의 $y = x^2$의 함숫값은 차례로

$$0^2,\ \left(\frac{1}{n}\right)^2,\ \left(\frac{2}{n}\right)^2,\ \cdots,\ \left(\frac{n-1}{n}\right)^2$$

이므로 그림 6.3의 직사각형 넓이의 합 $S_n{}'$은

$$S_n{}' = \frac{1}{n}\left\{0^2 + \left(\frac{1}{n}\right)^2 + \left(\frac{2}{n}\right)^2 + \cdots + \left(\frac{n-1}{n}\right)^2\right\}$$

$$= \frac{1}{n^3}\{0^2 + 1^2 + 2^2 + \cdots + (n-1)^2\}$$

$$= \frac{1}{n^3}\sum_{k=1}^{n-1} k^2$$

$$= \frac{1}{n^3} \cdot \frac{(n-1)n(2n-1)}{6}$$

$$= \frac{1}{6}\left(1-\frac{1}{n}\right)\left(2-\frac{1}{n}\right)$$

①, ②로부터 $S_n{}' < S < S_n$에서 $\lim_{n\to\infty} S_n{}' \le S \le \lim_{n\to\infty} S_n$이다. 그런데 $\lim_{n\to\infty} S_n{}' = \lim_{n\to\infty} S_n = \frac{1}{3}$이므로 구하는 넓이 S는 $S = \frac{1}{3}$이다.

이 예제에서 소구간 $\triangle x_k = x_k - x_{k-1} = \frac{1}{n}$에 해당되는 직사각형의 높이를 $y = f(x_k) = x_k^2$의 최솟값으로 하든 최댓값으로 하든(또는 임의의 점) $n\to\infty$이면 그 넓이는 같다. 즉,

$$\lim_{n\to\infty}\sum_{k=1}^{n} f(x_k)\triangle x_k = \frac{1}{3}$$

6.2절에서 다루겠지만 이 극한값을 함수 $f(x)$의 $a(0)$에서 $b(1)$까지의 정적분이라 하고, 기호로

$$\int_a^b f(x)dx$$

와 같이 나타낸다.

예제 6.2

이집트의 쿠푸 왕의 피라미드는 밑면은 한 변의 길이가 230m인 정사각형 모양이고 높이는 146m이다. 구분구적법을 이용하여 이 피라미드의 부피를 구하라.

[그림 6.4]

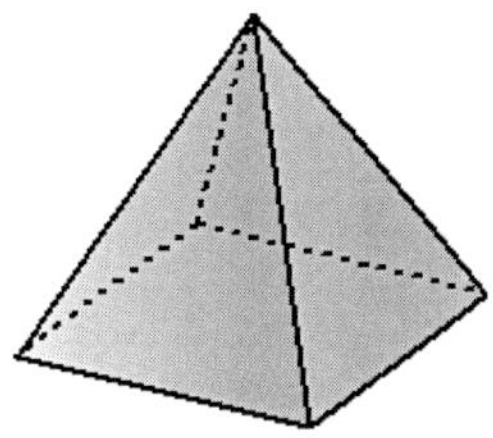

[그림 6.5]

피라미드를 사각뿔로 보고 사각뿔의 높이 $h=146(m)$를 n등분하고 각 등분점을 지나며 밑면에 평행한 평면으로 사각뿔을 자른다. 위에서 k번째 각기둥의 밑면과 사각뿔의 밑면은 닮은꼴 이므로 k번째 각기둥의 밑넓이는 $S_k=\left(\frac{h}{n}k\right)^2 S$이 된다.

$$\because\ S : S_k = h^2 : \left(\frac{h}{n}k\right)^2 \text{ (단, } S=230^2\text{)}$$

각기둥의 부피의 합 V_n은

$$V_n=\sum_{k=1}^{n-1}\left(\frac{k}{n}\right)^2 S\frac{h}{n}$$

$$=\frac{Sh}{n^3}\sum_{k=1}^{n-1}k^2$$

$$=\frac{Sh}{n^3}\cdot\frac{(n-1)n(2n-1)}{6}=\frac{1}{6}Sh\left(1-\frac{1}{n}\right)\left(2-\frac{1}{n}\right)$$

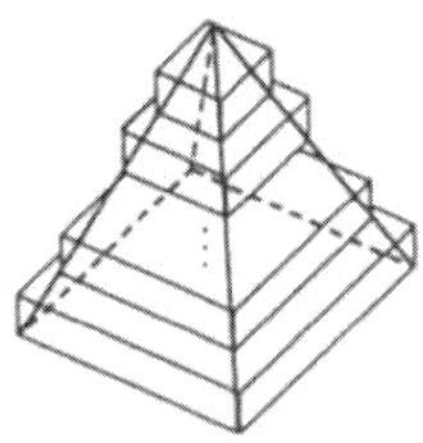

[그림 6.6]

따라서 구하는 부피 V는

$$V=\lim_{n\to\infty}V_n=\frac{1}{3}Sh \text{ (단, } S=230^2,\ h=146\text{)}$$

예제 6.3

$x=0$에서 $x=b\left(0<b\le\dfrac{\pi}{2}\right)$ 사이의 $y=\cos x$로 둘러싸인 부분의 면적을 구해보자. $[0,\ b]$ 구간을 n등분하여 소구간의 길이를 $\Delta x_i=\dfrac{b}{n}$라고 하자. (그림 6.7)

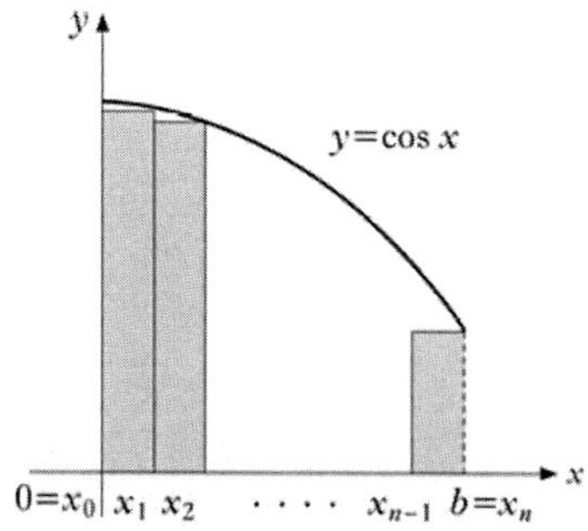

[그림 6.7]

이 함수는 감소함수이므로 점 x_i를 소구간의 오른쪽 끝점으로 잡는다. 그러면 각 직사각형의 높이는

$$\cos\frac{b}{n},\ \cos\frac{2b}{n},\ \cdots,\ \cos\frac{nb}{n}$$

이고 직사각형 n개의 합은

$$\begin{aligned} S_n &= \left(\cos\frac{b}{n}\right)\left(\frac{b}{n}\right)+\left(\cos\frac{2b}{n}\right)\left(\frac{b}{n}\right)+\cdots+\left(\cos\frac{nb}{n}\right)\left(\frac{b}{n}\right) \\ &= \sum_{i=1}^{n}\left(\cos\frac{ib}{n}\right)\left(\frac{b}{n}\right) \end{aligned}$$

이다.

$$\sum_{i=1}^{n}\cos ix=\frac{\sin\frac{1}{2}nx\cos\frac{1}{2}(n+1)x}{\sin\frac{1}{2}x}$$

에서

$$(\text{영역의 면적})=\lim_{n\to\infty}S_n=\lim_{n\to\infty}\frac{b}{n}\cdot\frac{\sin\frac{b}{2}\cos\frac{1}{2}\left(\frac{n+1}{n}b\right)}{\sin\frac{b}{2n}} \qquad (1)$$

(1)을 계산하기 위해서

$$n \to \infty \text{ 일 때 } \cos\left[\frac{(n+1)b}{2n}\right] = \cos\left(1+\frac{1}{n}\right)\frac{b}{2} \to \cos\frac{b}{2}$$

다음으로 $\theta = \dfrac{b}{2n}$ 라 하면 $n \to \infty$ 일때 $\theta \to 0$ 이다.

$$\frac{b}{n} \cdot \frac{1}{\sin\left(\frac{b}{2n}\right)} = 2 \cdot \frac{\frac{b}{2n}}{\sin\left(\frac{b}{2n}\right)} = 2\frac{\theta}{\sin\theta} \to 2$$

따라서 (1)은 다음과 같이 된다.

$$(\text{영역의 면적}) = \lim_{n\to\infty} S_n = 2\sin\frac{b}{2}\cos\frac{b}{2} = \sin b$$

◆ 사다리꼴의 공식

직사각형의 공식 끝부분에서 언급한 정적분

$$\int_a^b f(x)dx$$

의 값은 피적분함수 $f(x)$의 원시함수 $F(x)$를 구하여

$$\int_a^b f(x)dx = F(b) - F(a)$$

를 계산함으로써 구할 수 있다. 그러나 이는 원시함수 $F(x)$를 쉽게 구할 수 있을 때에만 할 수 있으며 원시함수를 구하기가 쉽지 않거나, 또는 초등함수로 나타낼 수 없을 때에는 피적분함수의 값만을 이용하여 정적분의 근사값을 구할 수 있다. 예를 들어 다음 함수들의 원시함수는 초등함수로는 나타낼 수 없다.

$$e^{-x^2}, \ \frac{\sin x}{x}, \ \sqrt{1+x^3}$$

이와 같은 경우 정적분의 근사값을 구하는 방법에는 다음과 같은 사다리꼴의 공식, 심프슨(Simpson)의 공식 등이 있다.

함수 $f(x)$가 폐구간 $[a, b]$에서 정의되고 있고 연속이며 그 구간에 속하는 모든 x에 대하여 $f(x) \geq 0$일 때, 정적분

$$\int_a^b f(x)dx$$

의 값은 곡선 $y=f(x)$, 두 직선 $x=a$, $x=b$와 x축으로 둘러싸인 영역의 넓이와 같다.

그러므로 이 영역의 넓이의 근사값을 구하면 정적분의 근사값이 된다.

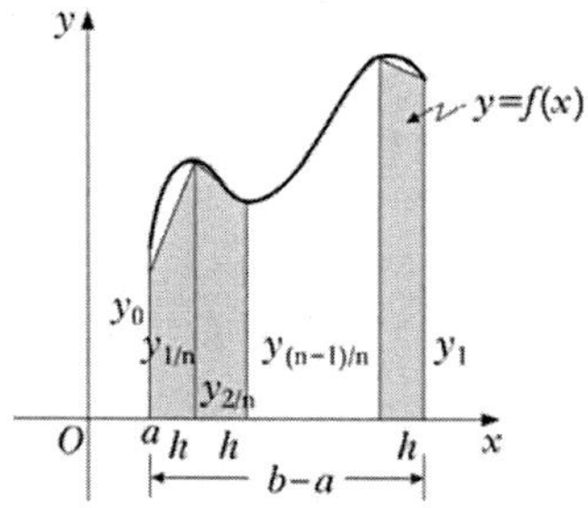

[그림 6.8]

폐구간 $[a, b]$를 n등분하여 그 분점을

$$a=x_0,\ x_1,\ x_2,\ \cdots,\ x_{n-1},\ x_n=b$$

라 하고 각 분점에 대응하는 곡선 $y=f(x)$ 위의 점의 y 좌표를 각각

$$y_0,\ y_{1/n},\ y_{2/n},\ \cdots,\ y_{(n-1)/n},\ y_1$$

이라 하자. 즉 $y_{i/n}=f(x_i)=f(a+ih)$라 하자. 여기서 $h=(b-a)/n$이다.

그런데 각 부분구간의 길이는 같으므로 그 길이를 h라 하면

$$h=\frac{b-a}{n}$$

이다.

사다리꼴의 넓이의 공식을 이용하여 그림과 같이 n개의 사다리꼴을 만들어 이들의 넓이의 합

$$\frac{1}{2}h(y_0+y_{1/n})+\frac{1}{2}h(y_{1/n}+y_{2/n})+\cdots+\frac{1}{2}h(y_{(n-1)/n}+y_1)$$
$$=\frac{1}{2}h(y_0+2(y_{1/n}+y_{2/n}+\cdots+y_{(n-1)/n})+y_1)$$

이 곧 정적분 $\int_a^b f(x)dx$의 근사값이다. 즉

$$\int_a^b f(x)dx \approx \frac{1}{2}h(y_0+2(y_{1/n}+y_{2/n}+\cdots+y_{(n-1)/n})+y_1) \tag{2}$$

이다. 이것을 **사다리꼴의 공식**(trapezoidal formula)이라고 한다.

일반적으로, 폐구간 $[a,\ b]$의 등분의 수 n이 클수록 참값에 보다가까운 근사값을 얻을 수 있음은 기하학적으로 명백하다.

사다리꼴의 공식을 이용하여 정적분의 근사값을 구할 때는 대부분의 경우 컴퓨터나 계산기를 이용하며, 프로그램을 작성하여 구한다.

폐구간 $[a,\ b]$를 $n=2^k$ 등분하여 각 부분구간에서 사다리꼴의 넓이의 합을 T_k라 하면

$$\begin{aligned} T_k &= \frac{h}{2}(y_0 + 2(y_{1/2^k} + y_{2/2^k} + \cdots + y_{(2^k-1)/2^k}) + y_1) \\ &= \frac{h}{2}\left(y_0 + 2\sum_{i=1}^{2^k-1} y_{i/2^k} + y_1\right) \\ &= \frac{h}{2}\left(f(a) + f(b) + 2\sum_{i=1}^{2^k-1} f(a+ih)\right) \end{aligned}$$

가 되고,

$$|\ T_{k-1} - T_k\ |$$

의 값이 주어진 어떤 상수보다 작을 때 T_k를 정적분의 근사값으로 취한다.

한편, $T_1,\ T_2,\ \cdots,\ T_k$의 값을 구할 때, 중복된 계산을 피함으로써 계산량을 줄이고자 다음 관계식을 이용한다.

$b-a=l$이라 하면

$$\begin{aligned} T_1 &= \frac{l}{4}(y_0 + 2y_{1/2} + y_1), \\ T_2 &= \frac{1}{2}\left(T_1 + \frac{l}{2}(y_{1/4} + y_{3/4})\right), \\ T_3 &= \frac{1}{2}\left(T_2 + \frac{l}{2^2}(y_{1/8} + y_{3/8} + y_{5/8} + y_{7/8})\right), \\ T_k &= \frac{1}{2}\left(T_{k-1} + \frac{l}{2^{k-1}} \sum_{j=1,\,3,\,\cdots}^{2^k-1} f\left(a + \frac{jl}{2^k}\right)\right) \end{aligned} \tag{3}$$

이다.

예제 6.4

적분구간을 10등분한 경우 사다리꼴의 공식을 이용하여 정적분 $\int_0^{10} x^2 dx$의 근사값을 구하여라.

풀이 $h=(10-0)/10=1$이므로 $x=0,\ 1,\ 2,\ \cdots,\ 10$에서의 곡선 $y=x^2$ 위 점의 y좌표는 각각 $y=0,\ 1,\ 4,\ \cdots,\ 100$이다.

따라서 사다리꼴의 공식 (2)를 이용하면

$$\int_0^{10} x^2 dx \approx \frac{1}{2}(0+2(1+4+\cdots+81)+100)=335.$$

참고 $\int_0^{10} x^2 dx = \left[\frac{1}{3}x^3\right]_0^{10} = \frac{1000}{3} = 333\frac{1}{3}$이므로 이 참값과 예제에서 구한 근사값의 오차는 0.5%이다. 또한, 10대신 20개의 부분구간으로 등분했을 때의 근사값은 $333\frac{3}{4}$이 된다.

예제 6.5

적분구간을 6등분한 경우 사다리꼴의 공식을 이용하여 정적분 $\int_0^1 e^{-x^2}dx$의 근사값을 구하여라.

풀이 $n=6,\ h=\frac{b-a}{n}=\frac{1}{6}$

$x_0=0.0000,\ x_1\approx 0.1667,\ x_2\approx 0.3333,\ x_3\approx 0.5000,\ x_4\approx 0.6667,$

$x_5\approx 0.8333,\ x_6=1.0000$

$y_0=1.0000,\ y_{1/6}\approx 0.9726,\ y_{2/6}\approx 0.8949,\ y_{3/6}\approx 0.7788,\ y_{4/6}\approx 0.6412,$

$y_{5/6}\approx 0.4994,\ y_1\approx 0.3679$

사다리꼴의 공식 (2)를 이용하면

$$\begin{aligned}\int_0^1 e^{-x^2}dx &\approx \frac{1}{12}[1.0000+2(0.9726)+\cdots+2(0.4994)+0.3679]\\ &=0.7451\end{aligned}$$

참고 Mathematica 등과 같은 컴퓨터 수학 프로그램을 사용하면 사다리꼴의 공식을 쉽게 실행할 수 있다. 이 예제에서 컴퓨터 수학 프로그램을 사용하여 $n=12$, $n=24$, $n=48$, $n=96$, $n=192$일 때 근사값은 각각 0.74640, 74672, 0.74680, 0.74682, 0.74682로 0.74682에 가까움을 알 수 있다.

예제 6.6

적분구간을 4등분한 경우 사다리꼴의 공식을 이용하여 정적분 $\int_0^1 \frac{dx}{1+x^2}$의 근사값을 구하여라.

풀이 $h=(1-0)/4=1/4$이므로 $x=0,\ 1/4,\ 1/2,\ 3/4,\ 1$에서의 곡선 $y=\dfrac{1}{1+x^2}$ 위의 점의 y좌표는 각각 $y=1,\ 16/17,\ 4/5,\ 16/25,\ 1/2$이다.
따라서 사다리꼴의 공식 (2)를 이용하면

$$\int_0^1 \frac{1}{1+x^2}dx \approx \frac{1}{2}\cdot\frac{1}{4}\left(1+2\left(\frac{16}{17}+\frac{4}{5}+\frac{16}{25}\right)+\frac{1}{2}\right)$$
$$=\frac{5323}{6800}\approx 0.782794118.$$

■

참고 $\displaystyle\int_0^1 \frac{dx}{1+x^2}=\left[\tan^{-1}x\right]_0^1=\tan^{-1}=\frac{\pi}{4}\approx 0.785398$이므로 사다리꼴의 공식에 의한 근사값은 소수점이하 2자리까지 정확하다.

예제 6.7

사다리꼴의 공식 (3)을 이용하여 정적분 $\displaystyle\int_1^2 \frac{1}{x}dx$의 근사값을 구하여라.

풀이 적분구간 [1, 2]를 $2^k(k=0,\ 1,\ 2,\ 3,\ 4)$ 등분하면 $h=\dfrac{1}{2^k}$이므로

$$y_0=f(1),\ y_1=f(2)=\frac{1}{2},\ y_{i/2^k}=f\left(1+\frac{i}{2^k}\right)=\frac{2^k}{2^k+i}.$$

따라서 사다리꼴의 공식 (3)을 이용하면 다음 표와 같이 된다.

k	등분수	T_k의 값
0	1	$T_0=\frac{1}{2}(y_0+y_1)=\frac{1}{2}\left(1+\frac{1}{2}\right)=\frac{3}{4}=0.750000$
1	2	$T_1=\frac{1}{4}(y_0+2y_{1/2}+y_1)=\frac{1}{4}\left(1+2\cdot\frac{2}{3}+\frac{1}{2}\right)=\frac{17}{24}\approx 0.70833333$
2	4	$T_2\approx\frac{1}{2}\left(0.70833+\frac{1}{2}\left(\frac{4}{5}+\frac{4}{7}\right)\right)\approx 0.69702381$
3	8	$T_3\approx\frac{1}{2}\left(0.69702+\frac{1}{4}\left(\frac{8}{9}+\frac{8}{11}+\frac{8}{13}+\frac{8}{15}\right)\right)\approx 0.694121851$
4	16	$T_4\approx\frac{1}{2}\left(0.69412+\frac{1}{8}\left(\frac{16}{17}+\frac{16}{19}+\frac{16}{21}+\frac{16}{23}+\frac{16}{25}+\frac{16}{27}+\frac{16}{29}+\frac{16}{31}\right)\right)$ ≈ 0.693391203

■

참고 $\int_1^2 \frac{dx}{x} = \ln 2 \approx 0.693147181$이므로 구간을 16등분했을 때, 소수점 이하 3 자리까지 정확하다.

♠ 심프슨의 공식

사다리꼴의 공식을 얻을 때는 적분구간의 각 분점을 지나고 x축에 수직인 직선과 피적분함수의 그래프와의 교점들을 현으로 연결하여 사다리꼴을 만들었으나 이번에는 현 대신 이웃하는 두 부분구간에서 포물선의 호로 연결하여 그 구간에서의 포물선 아래의 넓이의 합을 구하므로써 정적분의 근사값을 구하는 방법이 있다.

다음 정리는 그 공식을 유도하는 데 이용된다.

정리 6.1 프리스모이달((Prismoidal)의 정리

포물선과 두 직선 $x=a$, $x=b$ 및 x축으로 둘러싸인 영역의 넓이 S_0은

$$S_0 = \frac{1}{3}h(y_0 + 4y_{1/2} + y_1)$$

이다. 여기서 $h = \frac{1}{2}(b-a)$이고 y_0, $y_{1/2}$, y_1은 각각 $x=a$, $x=\frac{1}{2}(a+b)$, $x=b$인 x좌표에 대한 그 포물선 위의 점의 y좌표이다.

증명 $\frac{1}{2}(a+b)=k$라 하면 $a=k-h$, $b=k+h$이므로 포물선의 방정식을

$$y = A + B(x-k) + C(x-k)^2$$

이라 할 때, 구하는 넓이 S_0은 정적분을 이용하면

$$\int_{k-h}^{k+h} (A + B(x-k) + C(x-k)^2)dx = 2Ah + \frac{2}{3}Ch^3 = \frac{1}{3}h(6A + 2Ch^2)$$

이 된다. 이때, $6A+2Ch^2$을 y_0, $y_{1/2}$, y_1로 나타내기 위하여 주어진 포물선의 방정식에 $x=k-h$, k, $k+h$를 차례로 대입하면

$$y_0 = A - Bh + Ch^2$$

$$y_{1/2} = A$$

$$y_1 = A + Bh + Ch^2$$

이므로

$$y_0 + 4y_{1/2} + y_1 = 6A + 2Ch^2.$$

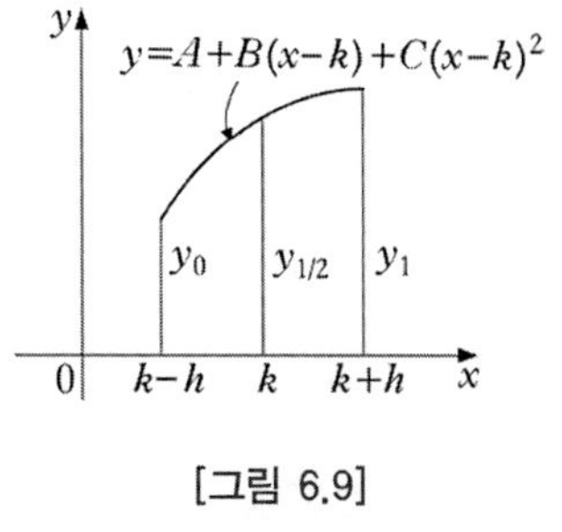

[그림 6.9]

따라서,

$$S_0 = \frac{1}{3}h(y_0 + 4y_{1/2} + y_1). \qquad \square$$

지금 n이 자연수일 때, 폐구간 $[a,\ b]$를 $h = \frac{1}{2n}(b-a)$가 되게 $2n$ 등분하여 그 분점을 각각

$$a = x_0,\ x_1,\ x_2,\ \cdots,\ x_{2n-1},\ x_{2n} = b$$

라 하고 x_k에 대응하는 함수 $y = f(x)$의 값을 $y_{k/2n}$, 즉

$$y_{k/2n} = f(x_k)\ (k = 0,\ 1,\ 2,\ \cdots,\ 2n)$$

이라 한 다음, n개의 부분구간

$$[x_0,\ x_2],\ [x_2,\ x_4],\ \cdots,\ [x_{2n-1},\ x_{2n}]$$

에 각각 프리스모이달(Prismoidal)의 정리를 적용하여 이들 넓이를 더하면

$$\begin{aligned} &\frac{1}{3}h(y_0 + 4y_{1/2n} + y_{2/2n}) + \frac{1}{3}h(y_{2/2n} + 4y_{3/2n} + y_{4/2n}) \\ &+ \cdots + \frac{1}{3}h(y_{(2n-2)/2n} + 4y_{(2n-1)/2n} + y_1) \\ &= \frac{1}{3}h(y_0 + 4(y_{1/2n} + y_{3/2n} + \cdots + y_{(2n-1)/2n}) \\ &+ 2(y_{1/n} + y_{2/n} + \cdots + y_{(n-1)/n}) + y_1) \end{aligned}$$

이므로

$$\begin{aligned} \int_a^b f(x)dx \approx \frac{1}{3}h(y_0 + y_1 + 4(y_{1/2n} + y_{3/2n} + \cdots + y_{(2n-1)/2n}) \\ + 2(y_{1/2} + y_{2/n} + \cdots + y_{(n-1)/n})) \end{aligned} \tag{4}$$

이다. 이것을 **심프슨의 공식**(Simpson's formula)이라고 한다.

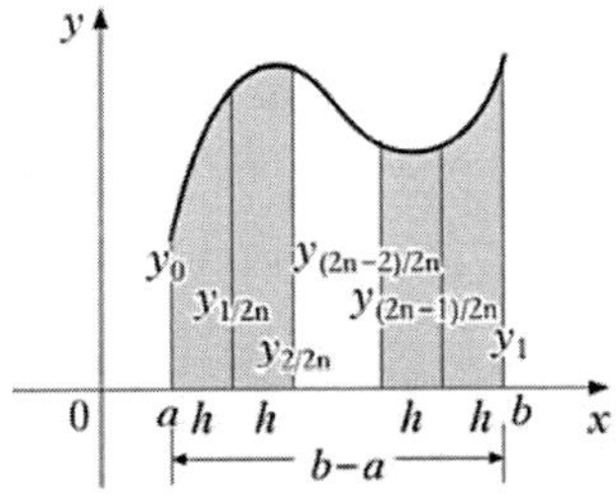

[그림 6.10]

일반적으로, 함수 $f(x)$가 폐구간 $[a, b]$에서 연속이고 그 구간에 속하는 임의의 x에 대하여 $f(x) \geq 0$이고, 또한, 그 구간을 2^{k+1} 등분하여 $h = \dfrac{b-a}{2^{k+1}}$라 하면 정적분 $\int_a^b f(x)dx$의 근사값 S_k를 심프슨의 공식을 이용하여 구하면

$$\int_a^b f(x)dx \approx S_k = \frac{h}{3}\left(f(a) + f(b) + 4\sum_{j=1}^{2^k} f(a + (2j-1)h) + 2\sum_{j=1}^{2^k - 1} f(a + 2jh)\right) \quad (5)$$

가 된다.

다음으로, 심프슨의 공식에 의한 근사적분값 S_k와 사다리꼴의 공식에 의한 근사적분값 T_k 사이의 관계식을 구하여 보자.

$b - a = l$이라 하면

$$T_0 = \frac{l}{2}(y_0 + y_1)$$

$$T_1 = \frac{l}{4}(y_0 + 2y_{1/2} + y_1)$$

$$S_0 = \frac{l}{6}(y_0 + 4y_{1/2} + y_1)$$

이므로

$$S_0 = \frac{1}{3}(4T_1 - T_0)$$

같은 방법으로,

$$T_2 = \frac{l}{8}(y_0 + 2y_{1/4} + 2y_{1/2} + 2y_{3/4} + y_1)$$

$$S_1 = \frac{l}{12}(y_0 + 4y_{1/4} + 2y_{1/2} + 4y_{3/4} + y_1)$$

이므로

$$S_1 = \frac{1}{3}(4T_2 - T_1)$$

일반적으로,

$$S_k = \frac{1}{3}(4T_{k+1} - T_k), \ k = 0, 1, 2, \cdots \quad (6)$$

임을 밝힐 수 있다.

예제 6.8

심프슨의 공식을 이용하여 예제 6.6의 근사적분값을 구하여라.

풀이 $h=\dfrac{1-0}{4}=1/4$이므로 심프슨의 공식 (4)를 이용하면

$$\int_0^1 \frac{dx}{1+x^2}dx \approx \frac{1}{3}\cdot\frac{1}{4}\left(f(0)+4\left(f\left(\frac{1}{4}\right)+f\left(\frac{3}{4}\right)\right)+2f\left(\frac{2}{4}\right)+f(1)\right)$$

$$=\frac{1}{12}\left(1+4\left(\frac{16}{17}+\frac{16}{25}\right)+2\frac{4}{5}+\frac{1}{2}\right)\approx 0.785392$$

■

참고 $\displaystyle\int_1^0 \frac{1}{1+x^2}dx=\frac{4}{\pi}\approx 0.785398163$. 심프슨의 공식에 의한 근사적분값은 소수점이하 5자리까지 정확하다.

예제 6.9

공식 (6)을 이용하여 예제 6.7의 근사적분값을 구하여라.

풀이 적분구간 [1, 2]를 $2^k(k=0,\ 1,\ 2,\ 3,\ 4)$ 등분하여 공식 (5)와 예제 6.7의 표를 이용하면 다음 표와 같이 된다.

k	등분수	T_k의 값	$S_{K-1}=\frac{1}{3}(4T_n-T_{n-1})$의 값
0	1	$T_0\approx0.75000000$	$S_0\approx\frac{1}{3}(4\times0.70833333-0.75000000)$ ≈0.694444444
1	2	$T_1\approx0.708333333$	$S_1\approx\frac{1}{3}(4\times0.69702381-0.798333333)$ ≈0.693253969
2	4	$T_2\approx0.697023810$	$S_2\approx\frac{1}{3}(4\times0.694121851-0.69702381)$ ≈0.693154531
3	8	$T_3\approx0.694121851$	$S_3\approx\frac{1}{3}(4\times0.0.693391203-0.694121851)$ ≈0.693147654
4	16	$T_4\approx0.693391203$	

■

참고 $\int_1^2 \frac{1}{x}dx = \ln 2 \approx 0.693147181$ 이므로 적분구간을 16등분했을 때, 소수점 이하 6자리까지 정확하다. 또한 컴퓨터나 계산기를 이용할 때, 프로그램을 작성하여 구한다.

연습문제 6-1 Exercises

A.

※ 문제 1~2는 주어진 내접다각형 또는 외접다각형의 넓이를 구하여라.

1.

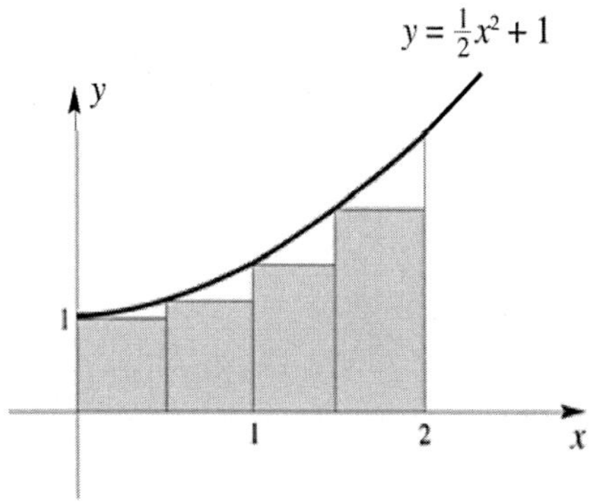

2.

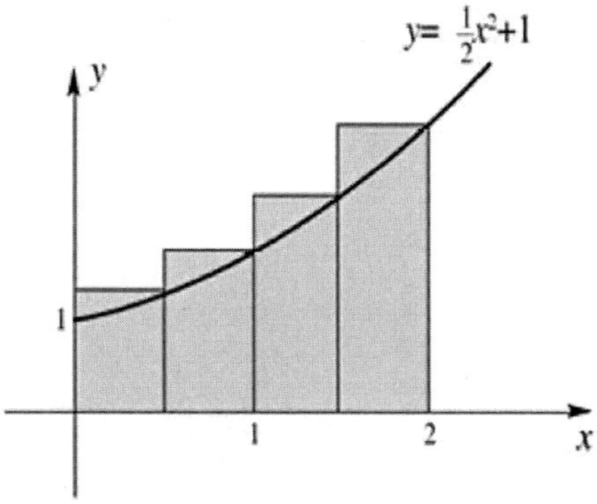

※ 문제3~4는 주어진 구간 $[a, b]$에서 주어진 함수의 그래프를 그려라. 그 다음에 $[a, b]$를 n개의 같은 크기의 작은 구간들로 분할하여라. 마지막으로, 대응하는 외접다각형의 넓이를 계산하여라.

3. $f(x) = x + 1$; $a = -1$, $b = 2$, $n = 3$

4. $f(x) = 3x^2 + x + 1$; $a = -1$, $b = 1$, $n = 10$

※ 문제 5~8은 구간 $[a, b]$에서 곡선 $y = f(x)$의 아래 영역의 넓이를 구하여라. 넓이를 구하기 위해서, 구간 $[a, b]$를 n개의 같은 크기의 작은 구간들로 분할하고, 그에 대응하는 외접다각형의 넓이를 계산하고, 그 다음에 $n \to \infty$.
(본문에 나오는 $y = x^2$의 예 참조).

5. $y = 2x + 2;\ a = -1,\ b = 1$. **도움말**: $x_i = -1 + \dfrac{2i}{n}$

6. $y = x^2;\ a = -2,\ b = 2$

7. $y = x^3;\ a = 0,\ b = 1$

8. $y = x^3 + x;\ a = 0,\ b = 1$

B.

1. 다음 등비수열의 합(geometric sum)의 공식을 증명하여라.

$$\sum_{k=0}^{n} ar^k = a + ar + ar^2 + \cdots + ar^n = \frac{a - ar^{n+1}}{1 - r}\ (r \neq 1)$$

도움말: $S = a + ar + \cdots + ar^n$이라 하자. $S - rS$를 간단하게 만들고, S에 대해서 풀어라.

2. 문제 1을 이용하여 다음 합을 구하여라.

(a) $\displaystyle\sum_{k=1}^{10} \left(\frac{1}{2}\right)^k$ (b) $\displaystyle\sum_{k=1}^{10} 2^k$

3. 다음 두 식의 양변을 더하고, S에 대해 풀어서 $\displaystyle\sum_{i=1}^{n} i = \frac{n(n+1)}{2}$을 증명해 보여라.

$$S = 1 + 2 + 3 + \cdots + (n-2) + (n-1) + n$$
$$S = n + (n-1) + (n-2) + \cdots + 3 + 2 + 1$$

4. 문제 3과 비슷한 방법을 써서 등차수열의 합(arithmetic sum)의 공식을 구하여라.

$$\sum_{k=0}^{n} (a + kd) = a + (a + d) + (a + 2d) + \cdots + (a + nd)$$

5. $x_1,\ x_2,\ \cdots,\ x_n$은 임의의 실수들이다. $\displaystyle\sum_{i=1}^{n} (x_i - c)^2$이 최소가 되게 하는 c의 값을 구하여라.

6. $x_1,\ x_2,\ \cdots,\ x_n,\ \ y_1,\ y_2,\ \cdots,\ y_n$은 임의의 실수들이고, $\overline{x}$와 $\overline{y}$는 각각 $x_1,\ x_2,\ \cdots,\ x_n$과 $y_1,\ y_2,\ \cdots,\ y_n$의 평균이라 하자. 다음을 보여라.

$$\sum_{i=1}^{n} (x_i - \overline{x})(y_i - \overline{y}) = \sum_{i=1}^{n} x_i y_i - n\overline{x}\,\overline{y}$$

7. 항등식 $(i+1)^4 - i^4 = 4i^3 + 6i^2 + 4i + 1$을 써서, 다음 합의 공식을 증명하여라.

$$1^3 + 2^3 + \cdots + n^3 = \left[\frac{n(n+1)}{2}\right]^2$$

8. 항등식 $(i+1)^5 - l^5 = 5i^4 + 10i^3 + 10i^2 + 5i + 1$을 써서, 다음 합의 공식 을 증명하여라.

$$1^4 + 2^4 + \cdots + n^4 = \frac{n(n+1)(6n^3 + 9n^2 + n - 1)}{30}$$

9. 12일 동안의 크리스마스라는 노래를 보면, 사랑하는 사람이 나에게 선물을 주는 데, 첫날은 1개를 주고, 둘째날은 1+2개를 셋째날은 1+2+3개를 주고, 이런 식으로 12일 동안 계속 선물을 준다.

(a) 12일 동안 주는 선물의 총 개수는?

(b) 처음 n일 동안 준 선물의 총 개수 $T(n)$을 나타내는 간단한 공식을 구하여라.

10. 식료품가게에서 귤을 피라미드 모양으로 쌓아놓는다. 맨 밑면은 16개씩의 귤을 10줄로 놓는 직사각형 모양이고, 맨 위는 1줄의 귤만 있으면 쌓아놓은 귤은 전부 몇 개인가? 맨 밑면이 60개씩의 귤을 50줄로 놓은 경우는 전부 몇 개인가? 일반적으로 n개씩의 귤을 m줄로 놓은 경우는? 여기서 $m \le n$.

C

사다리꼴의 공식, 심프슨의 공식과 정적분의 계산(6.2절 참조)

※ 사다리꼴의 공식을 이용하여 [ ] 속의 적분구간의 등분수 n에 대한 다음 정적분의 근사값을 구하고 정적분의 계산으로 그 결과를 비교하여라. (1~8)

1. $\int_0^1 x^2 dx,\ [n=3]$

2. $\int_0^1 x^2 dx,\ [n=4]$

3. $\int_1^5 \frac{1}{x} dx,\ [n=2]$

4. $\int_1^7 \frac{1}{x} dx,\ [n=6]$

5. $\int_0^1 \frac{1}{\sqrt{1+x^2}} dx,\ [n=5]$

6. $\int_0^{1/2} \frac{1}{\sqrt{1-x^2}} dx,\ [n=5]$

7. $\int_0^{\pi/2} \sin x\, dx,\ [n=9]$

8. $\int_0^1 e^x dx,\ [n=10]$

※ 심프슨의 공식을 이용하여 [ ] 속의 적분구간의 등분수 n에 대한 다음 정적분의 근사값을 구하고 정적분의 계산으로 그 결과를 비교하여라. (9~16)

9. $\int_1^{1.3} \sqrt{x}\, dx,\ [n=6]$

10. $\int_1^9 \frac{1}{\sqrt{x}} dx,\ [n=8]$

11. $\int_0^4 \frac{x}{\sqrt{x^2+9}} dx,\ [n=4]$

12. $\int_0^2 \frac{x^2}{\sqrt{1+x^3}} dx,\ [n=4]$

13. $\int_1^2 \frac{1}{x} dx,\ [n=4]$

14. $\int_0^{1/2} \frac{1}{\sqrt{1-x^2}} dx,\ [n=4]$

15. $\int_0^1 \frac{1}{\sqrt{1+x^2}} dx,\ [n=4]$

16. $\int_0^{\pi/2} \sin x\, dx,\ [n=10]$

※ 사다리꼴의 공식과 심프슨의 공식을 각각 이용하여 [ ] 속의 적분구간의 등분수 n에 대한 다음 정적분의 근사값을 구하여라. (17~26)

17. $\int_0^1 \frac{1}{1+x^3} dx,\ [n=4]$

18. $\int_1^2 \frac{e^x}{x} dx,\ [n=6]$

19. $\int_0^{0.6} e^{-x^2} dx,\ [n=6]$

20. $\int_0^{\pi} \sqrt{\sin x}\, dx,\ [n=6]$

21. $\int_0^{0.8} \sin x^2 dx,\ [n=4]$

22. $\int_0^{\pi/2} \frac{1}{\sqrt{1-\frac{1}{2}\sin^2 x}} dx,\ [n=4]$

23. $\int_2^3 \frac{1}{\ln x} dx,\ [n=4]$

24. $\int_{\pi/4}^{\pi/3} \ln \tan x\, dx,\ [n=4]$

25. $\int_0^1 \sin \sqrt{x}\, dx,\ [n=10]$

26. $\int_{0.5}^{1.5} \frac{\sin x}{x} dx,\ [n=4]$

※ 심프슨의 공식을 이용하여 적분구간을 n등분하였을 때, 다음 물음에 답하여라.

27. $n=4$라 $\int_{1/2}^1 \frac{1}{x} dx$ 하고를 계산하여 $\ln 2$의 값을 소수점 이하 4자리까지 구하여라.

28. $n=4$라 하고를 $\int_0^1 \frac{1}{1+x^2}dx$ 계산하여 π 의 값을 소수점 이하 4자리까지 구하여라.

29. y가 x의 삼차다항식일 때에도 프리스모이달의 정리가 성립함을 증명하여라.

힌트: 삼차다항식 $y=A+B(x-k)+C(x-k)^2+D(x-k)^3$이라 하고 정리 6.1에서 증명한 방법과 같은 방법으로 증명하여라.

30. 곡선 $y^2=8x^2-x^3$의 환으로 둘러싸인 영역의 넓이를 심프슨의 공식을 이용하여 구하여라. (단, 적분구간을 8등분하여라)

31. 곡선 $y=\cos x^2$과 두 직선 $x=0$, $x=1$ 및 x축으로 둘러싸인 영역의 넓이를 심프슨의 공식을 이용하여 구하여라. (단, 적분구간을 6등분하여라)

32. 적분구간 $[a,\ b]$를 n등분하고 그 분점 $a=x_0<x_1<x_2<\cdots<x_n=b$를 이용하고 사다리꼴의 공식을 이용하여 구한 정적분 $\int_a^b f(x)dx$의 근사값을 T, $c_i=\frac{x_{i-1}+x_i}{2}$, $i=1,\ 2,\ \cdots,n$이라 하자. 중점근사값

$$\int_a^b f(x)dx \approx \sum_{i=1}^n f(c_i)(x_i-x_{i-1})$$

의 값을 M이라 하고 $2n+1$개의 분점 $x_0,\ c_1,\ x_1,\ c_2,\ x_2,\ \cdots,\ c_n x_n$을 이용한 심프슨의 공식에 의한 근사적분값을 S라 할 때,

$$S=\frac{1}{3}(2M+T)$$

임을 증명하여라.

33. $f(x)=1,\ x,\ x^2,\ x^3$일 때, $\int_{-1}^1 f(x)dx=f\left(-\frac{1}{\sqrt{3}}\right)+f\left(\frac{1}{\sqrt{3}}\right)$임을 밝혀라.

34. 타원 $x=2\cos\theta$, $y=\sin\theta$의 전체 둘레를 심프슨의 공식을 이용하여 구하여라. (단, 적분구간을 6등분하여라)

35. 곡선 $y = \sin x$의 한 아치의 호의 길이를 심프슨의 공식을 이용하여 구하여라. (단, 적분구간을 4등분하여라)

36. 심프슨의 공식을 이용하여 곡선 $y = \cos x$와 두 직선 $x = 0$, $x = \frac{\pi}{2}$ 및 x축으로 둘러싸인 영역을 y축에 관하여 회전했을 때, 생긴 회전체의 겉넓이를 구하여라.

37. 심프슨의 공식을 이용하여 곡선 $y = \frac{1}{4}x^4$과 직선 $x=0$, $x=1$, $y=0$으로 둘러싸인 영역을 y축에 관하여 회전했을 때, 생긴 회전체의 겉넓이를 구하여라.

6.2 정적분

함수 $y = f(x)$가 폐구간 $[a, b]$에서 연속이고 $f(x) \geq 0$일 때, 두 직선 $x = a$, $x = b$와 x축 및 곡선 $y = f(x)$로 둘러싸인 도형의 넓이 S를 구분구적법으로 구하여 보자.

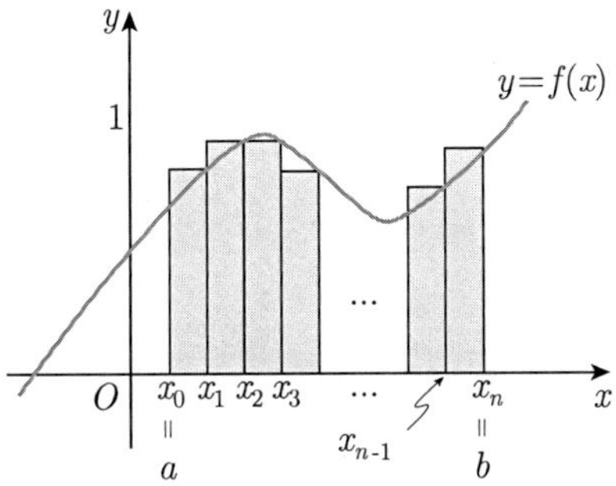

[그림 6.11]

폐구간 $[a, b]$를 n등분하여 양 끝점과 n등분점을 차례로

$$a = x_0,\ x_1,\ x_2,\ \cdots,\ x_{n-1},\ x_n = b$$

라 하고, 소구간의 길이를 Δx라 하면

$$\Delta x = \frac{b-a}{n},\ x_k = a + k\Delta x\,(k = 0,\ 1,\ 2,\ \cdots,\ n)$$

이다. 그림 6.11과 같이 n개의 직사각형을 만들고 이들 넓이의 합을 S_n이라 하면

$$S_n = f(x_1)\Delta x + f(x_2)\Delta x + \cdots + f(x_n)\Delta x = \sum_{k=1}^{n} f(x_k)\Delta x$$

여기서 $n \to \infty$ 일 때, 함수 f가 $[a,\ b]$에서 연속이므로, S_n은 S에 한없이 가까워진다. 즉,

$$S = \lim_{n\to\infty} S_n = \lim_{n\to\infty} \sum_{k=1}^{n} f(x_k)\Delta x$$

이 극한값을 함수 $f(x)$의 a에서 b까지의 정적분이라 하고, 기호로

$$\int_a^b f(x)dx$$

와 같이 나타낸다. 또, a와 b를 각각 정적분의 **하한**(lower limit), **상한**(upper limit)이라 하고, 정적분의 값을 구하는 것을 함수 $f(x)$를 $x=a$에서 $x=b$까지 **정적분한다**고 한다.

정리 6.2 연속함수의 정적분

연속인 함수 $f(x)$의 폐구간 $[a,\ b]$에서의 적분은

$$\int_a^b f(x)dx = \lim_{n\to\infty} \sum_{k=1}^{n} f(x_k)\Delta x$$

예제 6.10

위의 설명과 같은 방법으로 정적분 $\int_0^1 (x^2-1)dx$를 구하여라.

풀이

$$\Delta x = \frac{1-0}{n} = \frac{1}{n},\ x_k = 0 + k\Delta x = \frac{k}{n}$$

또, $f(x) = x^2 - 1$이므로

$$f(x_k) = x_k^2 - 1 = \left(\frac{k}{n}\right)^2 - 1$$

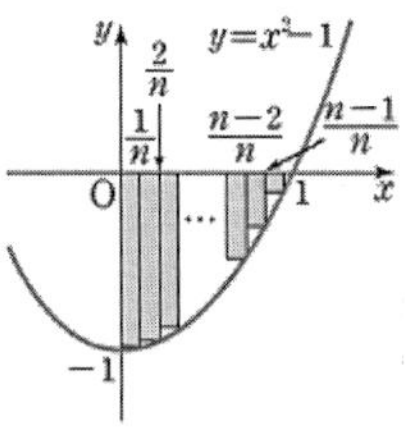

[그림 6.12]

$$\therefore \int_0^1 (x^2-1)dx = \lim_{n\to\infty} \sum_{k=1}^{n} f(x_k)\Delta x = \lim_{n\to\infty} \sum_{k=1}^{n} \left(\frac{k^2}{n^2} - 1\right)\frac{1}{n}$$

$$= \lim_{n\to\infty}\left(\sum_{k=1}^{n} \frac{k^2}{n^3} - \sum_{k=1}^{n} \frac{1}{n}\right) = \lim_{n\to\infty}\left(\frac{1}{n^3}\sum_{k=1}^{n} k^2 - 1\right)$$

$$= \lim_{n\to\infty}\left\{\frac{1}{n^3} \cdot \frac{n(n+1)(2n+1)}{6}\right\} - 1$$

$$= \lim_{n\to\infty} \frac{1}{6}\left(1+\frac{1}{n}\right)\left(2+\frac{1}{n}\right) - 1$$

$$= \frac{1}{3} - 1 = -\frac{2}{3}$$

♥ 정적분의 정의(Rieman 적분)

직사각형 공식에서 극한의 존재성은 폐구간에서 연속인 함수들에 대해 적용되는 일반적인 이론의 결과이다. 보다 일반적인 경우로서 폐구간 $[a, b]$에서 정의된 함수 f를 고려하자. 이 함수는 이 구간에서 양수값과 음수값, 둘 다를 가져도 되고, 심지어 불연속이더라도 상관이 없다. 그러니 그 그래프는 그림 6.13에 있는 것처럼 될 것이다.

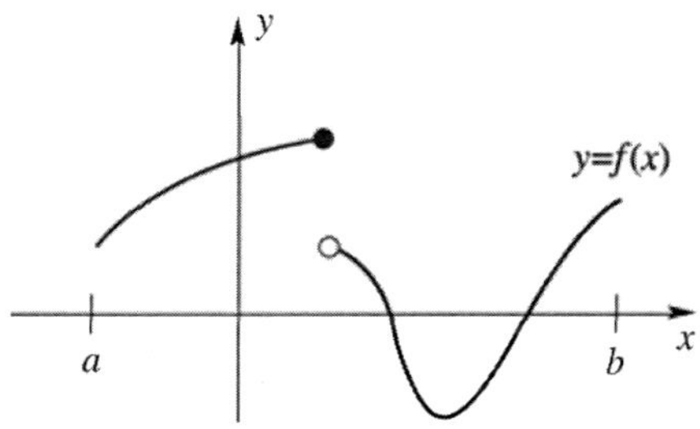

[그림 6.13]

점들 $a = x_0 < x_1 < x_2 < \cdots < x_{n-1} < x_n = b$를 잡아서, 구간 $[a, b]$를 n개의 작은 구간들(크기가 달라도 상관이 없음)로 쪼갠 분할(partition) P를 생각하자. 그리고 $\Delta x_i = x_i - x_{i-1}$이라 하자. 각각의 작은 구간 $[x_{i-1}, x_i]$에서, 임의의 점 $\overline{x_i}$를 잡고(끝점이더라도 상관이 없다) 이것을 i번째 작은 구간의 표본점(sample point)이라고 부르겠다. 그림 6.14는 이렇게 만든 보기이며 여기서 $n = 6$이다.

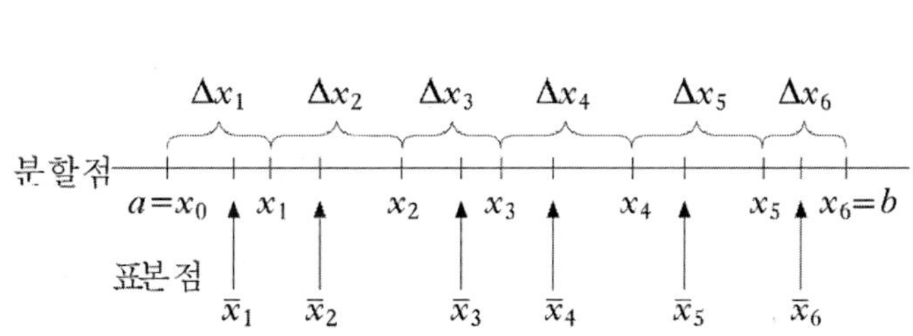

구간 $[a, b]$의 분할과 표본점 $\overline{x}_i$

[그림 6.14]

다음 합

$$R_P = \sum_{i=1}^{n} f(\overline{x_i})\, \Delta x_i$$

를 가리켜 분할 P에 대응하는 f의 **리만 합**(Riemann sum)이라고 부른다.

예제 6.11

다음 함수

$$f(x) = (x+1)(x-2)(x-4) = x^3 - 5x^2 + 2x + 8$$

의 구간 [0, 5]에서의 리만 합 R_P를 구하되, 분할점 $0<1.1<2<3.2<4<5$를 가지는 분할 P를 사용하고, 대응하는 표본점들은 $\overline{x_1} = 0.5$, $\overline{x_2} = 1.5$, $\overline{x_3} = 2.5$, $\overline{x_4} = 3.6$, $\overline{x_5} = 5$를 사용하여라.

풀이

$$\begin{aligned}
R_P &= \sum_{i=1}^{5} f(\overline{x_i})\Delta x_i \\
&= f(\overline{x_1})\Delta x_1 + f(\overline{x_2})\Delta x_2 + f(\overline{x_3})\Delta x_3 + f(\overline{x_4})\Delta x_4 + f(\overline{x_5})\Delta x_5 \\
&= f(0.5)(1.1-0) + f(1.5)(2-1.1) + f(2.5) \\
&\quad (3.2-2) + f(3.6)(4-3.2) + f(5)(5-4) \\
&= (7.875)(1.1) + (3.125)(0.8) + (-2.625)(1.2) + (-2.944)(0.8) + 18(1) \\
&= 23.9698
\end{aligned}$$

이에 대응하는 기하학적 그림이 그림 6.15이다.

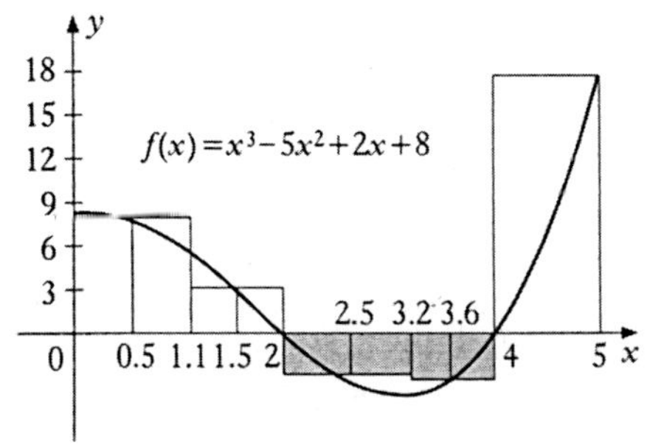

[그림 6.15]

P, Δx, $\overline{x_i}$는 위에서 다룬 의미를 가진다고 하자. 그리고 기호 $|P|$는 분할 P의 **놈**(**크기**, norm)이라고 부르며 분할 P의 작은 구간들 중에 가장 긴 것의 길이를 나타낸다.

정의 6-3

함수 f는 구간 $[a,\ b]$에서 정의되었다고 하고 유계라고 하자. 만약

$$\lim_{|P|\to 0}\sum_{i=1}^{n} f(\overline{x_i})\Delta x_i$$

가 존재하면, f는 구간 $[a,\ b]$에서 **적분가능**(integrable)이라고 말한다. 그리고 $\int_a^b f(x)dx$를 f의 a에서 b까지의 **정적분**(definite integral, **리만 적분**)이라고 부르며, 다음과 같이 주어진다.

$$\int_a^b f(x)dx = \lim_{|P|\to 0}\sum_{i=1}^{n} f(\overline{x_i})\Delta x_i \qquad (1)$$

예제 6.10에서 보듯이 근사합의 극한으로서 정적분의 정의에 의하여 곡선 $y=f(x)$ 아래 영역의 $x=a$에서 $x=b$ 사이의 면적을 구할 때, $f(x)$는 주어진 구간에서 $f(x)\ge 0$이고 $a<b$이라는 조건은 무관하다.

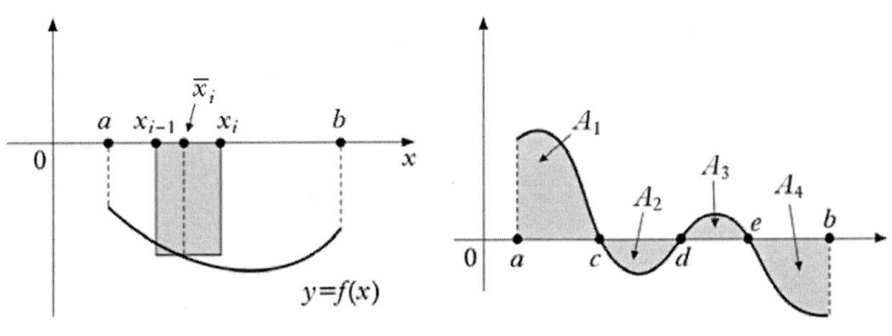

[그림 6.16]

예를 들어, 그림 6.16의 왼쪽 그림에서처럼 곡선이 x축 아래에 놓여있다고 하자. 이때는 곡선 아래 영역이라고 하기는 그렇고 $x=a$와 $x=b$ 사이의 곡선과 x축으로 둘러싸인 영역이라고 해야 할 것이다. $f(\overline{x_i})\Delta x_i$는 빗금친 직사각형 영역의 면적의 음의 값이다. 적분은 영역의 면적의 음의 값이다. 따라서

$$(\text{영역의 면적}) = -\int_a^b f(x)dx$$

만약 곡선이(그림 6.16의 오른쪽 그림처럼) 일부는 x축 위에 일부는 x축 아래에 있다면

(1)의 적분은 영역이 x축 위로, x축 아래로 있는가에 따라 양항과 음항의 합으로 나타내어진다.

면적 A_1, A_2, A_3, A_4의 면적이 양이라 하면

$$\int_a^b f(x)dx = A_1 - A_2 + A_3 - A_4 \tag{2}$$

(2)의 적분은 x축 위의 영역의 면적은 + 기호로 x축 아래의 영역의 면적은 −기호로 계산하므로

$$A_1 - A_2 + A_3 - A_4 = \int_a^c f(x)dx - \int_c^d f(x)dx + \int_d^e f(x)dx - \int_e^b f(x)dx \tag{3}$$

이다.

이제 $a < b$라는 조건대신 $a > b$라고 가정하면 a에서 b로의 증분 Δx_i는 음수가 된다. 정적분의 정의에서

$$\int_a^b f(x)dx = -\int_b^a f(x)dx \tag{4}$$

가 된다. 그리고 당연하게

$$\int_a^a f(x)dx = 0 \tag{5}$$

이 된다. 그러므로

$$\int_2^2 x^3 dx = 0, \quad \int_6^2 x^3 dx = -\int_2^6 x^3 dx$$

마지막으로, 기호 $\int_a^b f(x)dx$에서 변수 x는 **꼭두각시 변수(허수아비 변수**, dummy variable)이다. 이 말이 뜻하는 것은, x를 다른 어떠한 문자로 바꾸든 상관이 없다는 뜻이다(물론, 그것이 나오는 모든 곳에서 다 바꾸어 주어야 한다). 그러므로

$$\int_a^b f(x)dx = \int_a^b f(t)dt = \int_a^b f(u)du$$

♣ 어떤 함수가 적분가능인가?

닫힌 구간 $[a, b]$에서 모든 함수가 적분가능인 것은 아니다. 예를 들어 다음 함수

$$f(x) = \begin{cases} \dfrac{1}{x^2}, & x \neq 0\text{인 경우} \\ 1, & x = 0\text{인 경우} \end{cases}$$

는 구간 [−2, 2]에서 적분할 수 없다. 이것의 그래프가 그림 6.17이며, 이 함수는 유계가 아니다(unbounded). 이 함수는 리만 합을 얼마든지 크게 만들 수 있다. 그러므로 구간 [−2, 2]에서 이 함수의 극한은 존재하지 않는다.

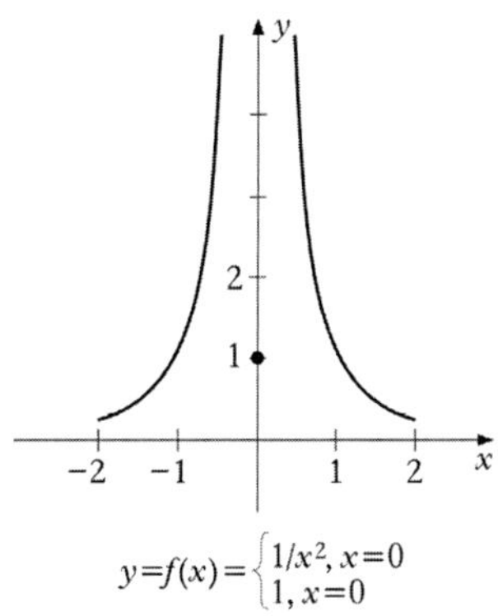

[그림 6.17]

유계(bounded) 함수들 중에도 적분할 수 없는 것이 있지만, 그것들은 매우 복잡한 모습이다. 아래의 정리 6.4는 적분가능 여부에 관한 가장 중요한 법칙이다. 그렇지만 이것은 증명하기가 매우 어렵고 이 책의 수준을 넘어가므로 그냥 받아들이도록 한다.

정리 6.4 (적분가능성 정리)

만약 f가 $[a, b]$에서 유계이고, 불연속인 점들이 기껏해야 유한한 개수이면, f는 $[a, b]$에서 적분가능이다. 특히 f가 구간 $[a, b]$ 전체에서 연속이면, f는 $[a, b]$에서 적분가능이다.

이 정리에 따라서, 다음 함수들은 모든 닫힌 구간 $[a, b]$에서 적분가능이다.

1. 다항식
2. 사인 함수와 코사인 함수
3. 구간 $[a, b]$에서 분모가 0이 되는 점이 없는 유리함수

정리 6.5 (비교 성질)

f와 g가 $[a,\ b]$에서 적분가능이고, $[a,\ b]$의 모든 x에 대해서 $f(x) \le g(x)$라고 하자. 그러면

$$\int_a^b f(x)dx \le \int_a^b g(x)dx$$

말로 표현하면, 정적분은 부등호를 보전한다.

증명 구간 $[a,\ b]$의 임의의 분할을 $P: a = x_0 < x_1 < x_2 < \cdots < x_n = b$라 하자. 그리고 각각의 i 에 대해서 i번째 작은 구간 $[x_{i-1},\ x_i]$의 임의의 표본점을 $\overline{x_i}$라 하자. 그러면 다음과 같이 결론을 도출할 수 있다.

$$f(\overline{x_i}) \le g(\overline{x_i})$$

$$f(\overline{x_i})\Delta x_i \le g(\overline{x_i})\Delta x_i$$

$$\sum_{i=1}^{n} f(\overline{x_i})\Delta x_i \le \sum_{i=1}^{n} g(\overline{x_i})\Delta x_i$$

$$\lim_{|P| \to 0} \sum_{i=1}^{n} f(\overline{x_i})\Delta x_i \le \lim_{|P| \to 0} \sum_{i=1}^{n} g(\overline{x_i})\Delta x_i$$

$$\int_a^b f(x)dx \le \int_a^b g(x)dx$$

□

정리 6.6 (유계 성질)

f는 $[a,\ b]$에서 적분가능이고, $[a,\ b]$의 모든 x에 대해서 $m \le f(x) \le M$이라고 하자. 그러면

$$m(b-a) \le \int_a^b f(x)dx \le M(b-a)$$

증명 그림 6.18을 보면 이 정리를 쉽게 이해할 수 있다. $m(b-a)$는 아래에 있는 작은 직사각형의 넓이이고, $M(b-a)$는 커다란 직사각형의 넓이이고, $\int_a^b f(x)dx$는 곡선 아래의 넓이이다.

오른쪽 부등식을 증명하기 위해서 $[a,\ b]$의 모든 x에 대해서 $g(x) = M$이라 하자. 그러면 정리 6.5에 따라서

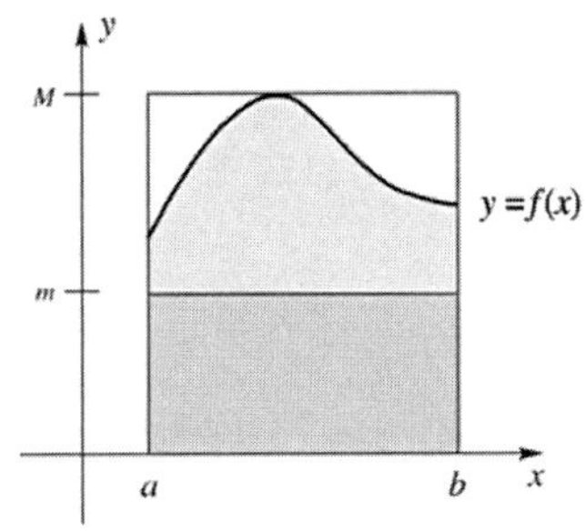

[그림 6.18]

$$\int_a^b f(x)dx \le \int_a^b g(x)dx$$

그런데 $\int_a^b g(x)dx$는 폭이 $b-a$이고 높이가 M인 직사각형의 넓이와 같다. 그러므로

$$\int_a^b g(x)dx = M(b-a)$$

왼쪽 부등식도 마찬가지 방법으로 증명할 수 있다. □

예제 6.12

정적분을 이용하여 부등식 $\ln(n+1) < 1 + \frac{1}{2} + \frac{1}{3} + \cdots + \frac{1}{n}$(단, n은 자연수)이 성립함을 증명하여라.

풀이 함수 $f(x) = \frac{1}{x}$은 $x > 0$일 때 감소함수이므로 곡선 $y = \frac{1}{x}$과 x축 및 직선 $x = 1$, $x = n+1$로 둘러싸인 영역의 넓이는 그림 6.19의 직사각형 부분의 넓이보다 작다.

즉, $\int_1^{n+1} \frac{1}{x}dx < 1 + \frac{1}{2} + \frac{1}{3} + \cdots + \frac{1}{n}$

그런데 $\int_1^{n+1} \frac{1}{x}dx = [\ln x]_1^{n+1} = \ln(n+1)$

이므로 부등식이 성립한다.

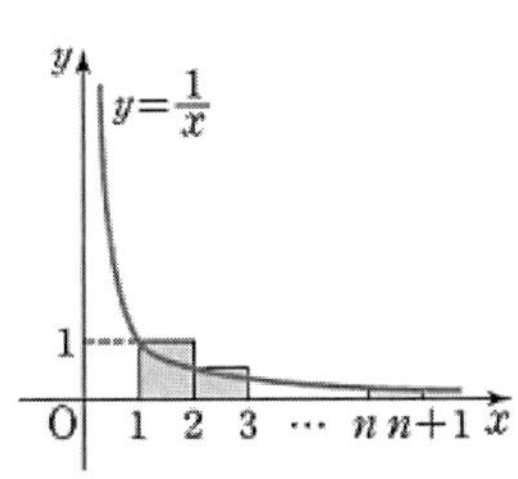

[그림 6.19]

◆ 정적분은 선형 연산자이다

우리는 앞에서 Dx, $\int \cdots\, dx$, 그리고 Σ가 선형 연산자임을 배웠다. 그 목록에다 $\int_a^b \cdots\, dx$를 추가하자.

정리 6.7 (정적분의 선형성)

f와 g가 $[a, b]$에서 적분가능이고, k는 상수라고 하자. 그러면 kf와 $f+g$는 적분가능이며,

(i) $\int_a^b kf(x)dx = k\int_a^b f(x)dx$

(ii) $\int_a^b [f(x)+g(x)]dx = \int_a^b f(x)dx + \int_a^b g(x)dx$

(iii) $\int_a^b [f(x)-g(x)]dx = \int_a^b f(x)dx - \int_a^b g(x)dx$

증명 (i)과 (ii)의 증명은 Σ의 선형성과 극한의 성질로부터 나온다. 여기서 (ii)를 증명한다.

$$\begin{aligned}\int_a^b [f(x)+g(x)]dx &= \lim_{|P|\to 0} \sum_{i=1}^n [f(\overline{x_i}) + g(\overline{x_i})]\Delta x_i \\ &= \lim_{|P|\to 0} \left[\sum_{i=1}^n f(\overline{x_i})\Delta x_i + \sum_{i=1}^n g(\overline{x_i})\Delta x_i\right] \\ &= \lim_{|P|\to 0} \sum_{i=1}^n f(\overline{x_i})\Delta x_i + \lim_{|P|\to 0} \sum_{i=1}^n g(\overline{x_i})\Delta x_i \\ &= \int_a^b f(x)dx + \int_a^b g(x)dx\end{aligned}$$

(iii)은 (i)과 (ii)로부터 나온다. $f(x)-g(x)$를 $f(x)+(-1)g(x)$라 쓸 수 있기 때문이다. □

예제 6.13

$\int_{-2}^{3} (x+3)dx$를 계산하여라.

풀이 구간 $[-2, 3]$을 n개의 같은 길이의 작은 구간들로 분할하자. 그러면 각각의 길이는 $\Delta x = 5/n$. 각각의 작은 구간 $[x_{i-1}, x_i]$에서 $\overline{x_i} = x_i$를 표본점으로 사용하자. 그러면

$$x_0 = -2$$
$$x_1 = -2 + \Delta x = -2 + \frac{5}{n}$$
$$x_2 = -2 + 2\Delta x = -2 + 2\left(\frac{5}{n}\right)$$
$$\vdots$$
$$x_i = -2 + i\Delta x = -2 + i\left(\frac{5}{n}\right)$$
$$\vdots$$
$$x_n = -2 + n\Delta x = -2 + n\left(\frac{5}{n}\right) = 3$$

그러므로 $f(x_i) = x_i + 3 = 1 + i(5/n)$. 따라서

$$\begin{aligned}\sum_{i=1}^{n} f(\overline{x_i})\Delta x_i &= \sum_{i=1}^{n} f(x_i)\Delta x \\ &= \sum_{i=1}^{n} \left[1 + i\left(\frac{5}{n}\right)\right]\frac{5}{n} \\ &= \frac{5}{n}\sum_{i=1}^{n} 1 + \frac{25}{n^2}\sum_{i=1}^{n} i \\ &= \frac{5}{n}(n) + \frac{25}{n^2}\left[\frac{n(n+1)}{2}\right] \\ &= 5 + \frac{25}{2}\left(1 + \frac{1}{n}\right)\end{aligned}$$

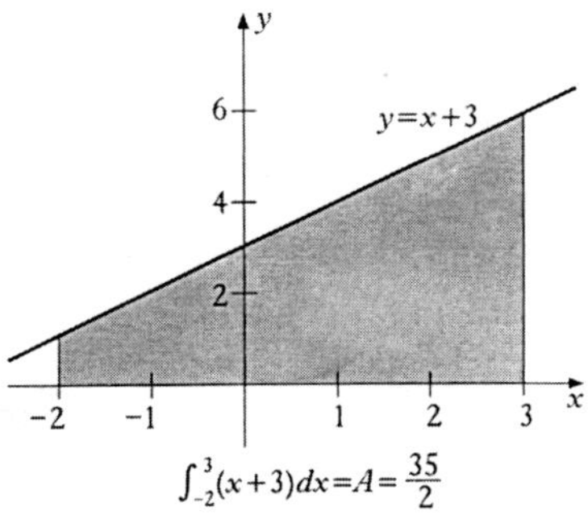

[그림 6.20]

P는 고른 분할이니, $|P| \to 0$은 $n \to \infty$와 동등하다. 그러므로

$$\begin{aligned}\int_{-2}^{3}(x+3)dx &= \lim_{|P|\to 0}\sum_{i=1}^{n} f(\overline{x_i})\Delta x_i \\ &= \lim_{n\to 0}\left[5 + \frac{25}{2}\left(1 + \frac{1}{n}\right)\right] = \frac{35}{2}\end{aligned}$$

이 답이 맞음을 쉽게 확인해 볼 수 있다. 왜냐 하면 이 적분은 그림 6.20의 사다리꼴의 넓이 공식 $A=\frac{1}{2}(a+b)h$를 쓰면, $\frac{1}{2}(1+6)5=\frac{35}{2}$.

연습문제 6-2

Exercises

1. 정적분의 정의에 의하여 다음 정적분을 구하여라.

(1) $\int_0^2 3x^2 dx$ (2) $\int_0^3 (-4x)dx$

2. 다음 극한값을 정적분을 이용하여 나타내어라.

(1) $\lim_{n\to\infty}\frac{1}{n^4}(1^3+2^3+\cdots+n^3)$ (2) $\lim_{n\to\infty}\sum_{k=1}^{n}\left(2+\frac{k}{n}\right)^3\cdot\frac{1}{n}$

(3) $\lim_{n\to\infty}\sum_{k=1}^{n}\left(3+\frac{2k}{n}\right)^2\cdot\frac{2}{n}$

6.3 정적분의 기본정리

우리는 유계함수의 정적분의 정의를 근사합의 극한이라는 복잡한 식으로 정의하였다.

$$\int_a^b f(x)dx=\lim_{\max \Delta x_i\to 0}\sum_{i=1}^{n} f(\overline{x_i})\Delta x_i$$

위 정의는 근사합에 대한 직접 경험을 학생들에게 줌으로써 적분의 본성이 무엇인지 강조하고 있고 적분을 계산하는 실질적인 도구로서 이 방법을 엄밀하게 사용하여야 함을 보여주고 있다. 하지만 예를 들어 다음과 같은 복잡한 적분을 계산하기 위해서 합의 극한을 어떻게 사용할 수 있을까?

$$\int_0^1 \frac{x^2dx}{\sqrt{7+x^3}},\ \int_1^2\left(1+\frac{1}{x^2}\right)^4\frac{dx}{x^3}$$

합의 극한으로 해를 얻기 쉽지 않으므로 적분을 계산하기 위한 더 효과적이고 더 강력한 방법을 찾아야 할 것이다.

정적분을 계산함에 있어서 합의 극한을 계산해야 하는 어려운 문제를 역도함수를 찾는 좀더 쉬운 문제로 바꾸는 방법을 생각하여 보자.

- **적분의 평균값 정리**

미분의 평균값 정리가 미적분학에서 매우 중요한 역할을 함을 깨달았을 것이다. 적분에 대해서도 평균값 정리가 있는데, 이것도 매우 중요하다. 기하학적으로 말하면, 높이가 $f(c)$이고 폭이 $b-a$인 직사각형의 넓이가 곡선 아래의 넓이와 같게 해주는 어떤 점 c가 구간 $[a,\ b]$에 존재한다는 것이다(그림 6.21 참조).

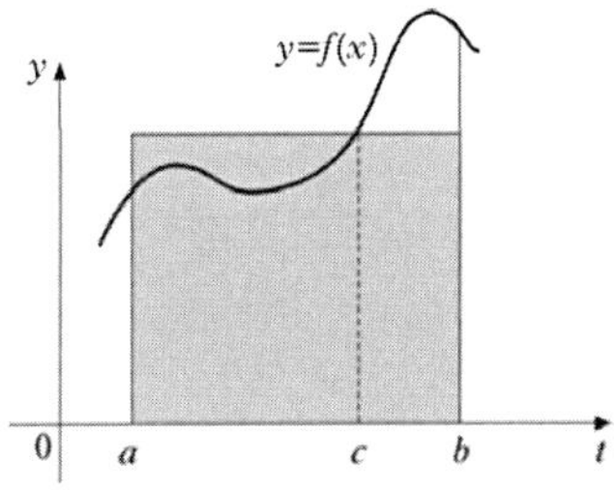

[그림 6.21]

정리 6.8 (적분의 평균값 정리)

만약 f가 $[a,\ b]$에서 연속이면 다음을 만족하는 수 c가 a와 b 사이에 존재한다.

$$\int_a^b f(x)dx = f(c)(b-a)$$

증명 $f(x)$가 $[a,\ b]$에서 연속이므로 이 구간 안에서

$$m \le f(x) \le M$$

이 되는 상수 m, M이 있다. 정리 6.6에 의하여 구간 $[a,\ b]$에서 적분의 평균값 $\dfrac{\int_a^b f(x)dx}{b-a}$는

$$m \le \frac{\int_a^b f(x)dx}{b-a} \le M$$

이 된다. $f(x)$가 연속이므로 $f(x)$는 m과 M 사이에 있는 모든 값을 취할 수 있다.

따라서 $f(c) = \dfrac{\int_a^b f(x)dx}{b-a}$가 되는 c가 존재함이 명백하다. □

정리 6.9 적분과 미분과의 관계

함수 $f(x)$가 폐구간 $[a,\ b]$에서 연속일 때,

$$\frac{d}{dx}\int_a^x f(t)dt = f(x)\ (a \le x \le b)$$

증명 $F(x) = \int_a^x f(t)dt$라고 놓고 $F'(x) = f(x)$가 성립함을 보인다.

$$F(x+h) - F(x) = \int_a^{x+h} f(t)dt - \int_a^x f(t)dt$$
$$= \int_x^{x+h} f(t)dx$$

적분의 평균값 정리에 의하여

$$\int_x^{x+h} f(t) = hf(c),\ x \le c \le x+h$$

인 c가 존재한다. 그런데 $h \to 0$이면 $c \to x$이므로

$$F'(x) = \lim_{h \to 0} \frac{F(x+h) - F(x)}{h} = \lim_{h \to 0} f(c) = f(x)$$

□

예제 6.14

(1) $\frac{d}{dx}\int_1^x (t^2 + t + 1)dt = x^2 + x + 1$ (2) $\frac{d}{dx}\int_1^x e^t \cos t\, dt = e^x \cos x$

예제 6.15

임의의 실수 x에 대하여 $\int_a^x f(t)dt = x^2 - 3x - 4$를 만족하는 연속함수 $f(x)$와 상수 a의 값을 구하여라.

풀이 주어진 식의 양변을 x에 대하여 미분하면 $f(x) = 2x - 3$

주어진 식에 $x = a$를 대입하면 $\int_a^a f(t)dt = a^2 - 3a - 4$이므로

$0 = (a-4)(a+1)$

$\therefore\ a = 4$ 또는 $a = -1$

■

정리 6.9를 이용하여 미적분학의 기본정리를 증명할 수 있다.

정리 6.10 (미적분학의 기본정리)

함수 $f(x)$가 폐구간 $[a, b]$에서 연속이고, $F(x)$가 $f(x)$의 한 부정적분이면

$$\int_a^b f(x)dx = [F(x)]_a^b = F(b) - F(a)$$

증명 앞의 적분과 미분과의 관계를 이용하여 함수 $S(x) = \int_a^x f(t)dt$의 양변을 x에 대하여 미분하면

$$S'(x) = f(x)$$

이므로 $S(x)$는 $f(x)$의 부정적분의 하나이다.

따라서 $f(x)$의 부정적분의 하나를 $F(x)$라 하면

$$S(x) = \int_a^x f(t)dt = F(x) + C \ (C\text{는 적분상수})$$

그런데 $S(x)$의 정의에서 $S(a) = 0$이므로

$$S(a) = F(a) + C = 0 \ \text{즉}, \ C = -F(a)$$

따라서 $S(x) = \int_a^x f(t)dt = F(x) - F(a)$

이 식의 양변에 $x = b$를 대입하고, 적분변수 t를 x로 바꾸면

$$\int_a^b f(x)dx = F(b) - F(a)$$

이때, $F(b) - F(a)$를 $[F(x)]_a^b$와 같이 나타낸다. □

미적분의 기본정리는 정적분을 계산함에 있어서 합의 극한을 계산해야 하는 어려운 문제를 역도함수를 찾는 좀더 쉬운 문제로 바꾸어준다. 이제 $\int_a^b f(x)dx$를 계산하는 데 있어서 더 이상 합을 생각할 필요가 없어진다. 단지 어떻게든 역도함수 $F(x)$만 구하면 된다. 그리고 $F(b) - F(a)$ 값만 계산하면 된다.

부정적분에서

$$\int x\,dx = \frac{x^2}{2}, \ \int x^2 dx = \frac{x^3}{3} \ \text{그리고} \ \int x^n dx = \frac{x^{n+1}}{n+1}$$

과 같은 식을 얻었다. 따라서 기본정리에 의해서

$$\int_a^b x^n dx = \frac{b^{n+1}}{n+1} - \frac{a^{n+1}}{n+1}, \quad n > 0$$

을 얻을 수 있다.

예제 6.16

(1) 댐을 설계할 때는 수압을 가장 중요하게 생각한다. 수면으로부터 깊이 x m인 지점에서 댐에 수직으로 미치는 수압은 $f(x)=40x$ 이고, 총 수압은 $\int_0^x f(t)dt$ 인 어떤 댐이 있다. 물이 10 m 높이까지 찼을 경우 이 댐에 미치는 총 수압을 구하여라.

(2) 영호는 가로 200 m, 세로 100 m인 직사각형 모양의 임야에 소나무와 밤나무를 심으려 한다. 그림 6.22와 같이 소나무와 밤나무의 경계는 이차함수의 식 $y=\frac{1}{100}x^2$ 을 이용하였다. 이때, 밤나무를 심는 임야의 넓이를 구하여라.

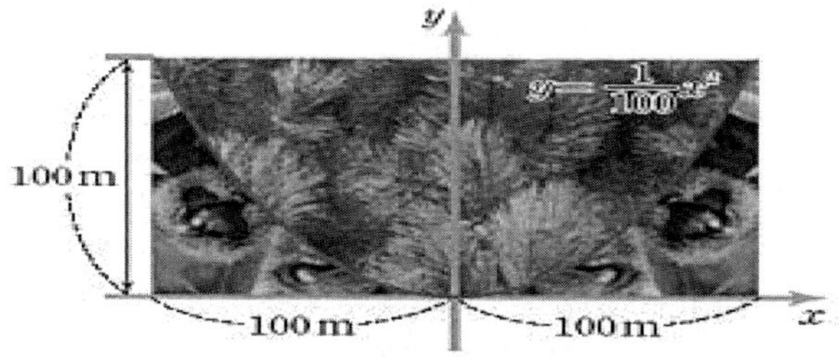

[그림 6.22]

풀이

(1) $\int_0^{10} 40x\,dx = \left[20x^2\right]_0^{10} = 2000$

(2) $2\int_0^{100} \frac{1}{100}x^2 dx = \frac{2(100^2)}{3}\ (m^2) \approx 2020.2$(평)

예제 6.17

예제 6.3을 미적분학의 기본정리를 이용하여 구하여라.

풀이

$\int_0^b \cos x\, dx = \sin b$

예제 6.18

(1) $\int_{-1}^{2} (4x-x^2)dx$ (2) $\int_0^{\pi} \sin 3x \sin 2x dx$

풀이

(1) $\int_{-1}^{2} (4x-6x^2)dx = [2x^2-2x^3]_{-1}^{2} = (8-16)-(2+2) = -12$

또는 선형성을 이용하면,

$$\int_{-1}^{2}(4x-6x^2)dx=4\int_{-1}^{2}x\,dx-6\int_{-1}^{2}x^2dx$$
$$=4\left[\frac{x^2}{2}\right]_{-1}^{2}-6\left[\frac{x^3}{3}\right]_{-1}^{2}$$
$$=4\left(\frac{4}{2}-\frac{1}{2}\right)-6\left(\frac{8}{3}+\frac{1}{3}\right)=-12$$

(2) $\displaystyle\int_0^{\pi}\sin3x\sin2x dx=-\frac{1}{2}\int_0^{\pi}(\cos5x-\cos x)dx$

$$=-\frac{1}{2}\left(\int_0^{\pi}\cos5x dx-\int_0^{\pi}\cos x dx\right)$$
$$=-\frac{1}{2}\left(\left[\frac{\sin5x}{5}\right]_0^{\pi}-[\sin x]_0^{\pi}\right)=0$$

예제 6.19

어떤 스카이다이버가 4900m의 높이에서 낙하하기 시작하여 t초 후의 속도 $v(t)$는 $v(t)=-9.8t\ (0\le t\le 10)$m/초로 나타내어진다고 한다. 2초 후 이 스카이다이버의 지면으로부터의 높이를 구하여라. (단, 공기 저항은 무시한다.)

풀이 $\displaystyle 4900+\int_0^2(-9.8t)dt=4900+\left[-4.9t^2\right]_0^2$

$$=4880.4(m)$$

예제 6.20

지면에서 처음 속도 49m/초로 똑바로 위로 던진 물체의 t초 후의 속도 $v(t)$가 $v(t)=49-9.8t$(m/초)일 때, 다음을 구하여라.

(1) $t=2$일 때, 물체의 지면으로부터의 높이

(2) 물체가 최고점에 도달하였을 때의 지면으로부터의 높이

풀이 (1) $\displaystyle\int_0^2(49-9.8t)dt=\left[49t-4.9t^2\right]_0^2$

$$=98-19.6=78.4(m)$$

(2) 물체가 최고점에 도달하였을 때는 $v(t)=0$이므로

$$49-9.8t=0\qquad\therefore\ t=5$$

구하는 높이는

$$\int_0^5 (49-9.8t)dt = [49t-4.9t^2]_0^5$$
$$= 245-122.5 = 122.5(m)$$

■

예제 6.21

직선궤도를 30m/초의 속도로 달리는 전철에 제동을 건 후 t초 후의 속도 $v(t)$가 $v(t)=30-3t$(m/초)라고 한다. 제동을 건 후 전철이 정지할 때까지 달린 거리를 구하여라.

풀이 $v(t)=30-3t=0$에서 $t=10$

따라서 제동을 건 후 10초 후에 전철이 정지하므로 정지할 때까지 달린 거리는

$$\int_0^{10} |30-3t|dt = \int_0^{10} (30-3)dt$$
$$= \left[30t - \frac{3}{2}t^2\right]_0^{10} = 150(m)$$

■

기본정리는 정적분과 역도함수 사이의 관계를 잘 정립해 준다. 그 관계에 따라 적분기호는 역도함수를 나타내는데 쓰이며 역도함수 대신 부정적분이라는 말이 쓰인다. 우리는 종종 부정 적분이나 정적분 대신 적분이라는 말만을 쓰게 된다. 그래서 혼동을 할 때가 있다. 이때 정적분은 적분의 극한과 뗄래야 뗄 수 없는 것이고 부정적분은 극한이 없음을 잘 기억해야만 할 것이다.

정적분에서 부분적분과 치환적분은 다음과 같다.

정리 6.11 (정적분의 부분적분법)

$$\int_a^b f'(x)g(x)dx = [f(x)g(x)]_a^b - \int_a^b f(x)g'(x)dx.$$

예제 6.22

다음 정적분을 구하여라.

(1) $\int_1^e \ln x dx$ (2) $\int_0^{\frac{\pi}{2}} x\cos x dx$

풀이 (1) $g(x)=\ln x,\ f'(x)=1$이라고 하면 $g'(x)=\frac{1}{x},\ f(x)=x$이므로

$$\int_1^e \ln x dx = [x\ln x]_1^e - \int_1^e x\cdot\frac{1}{x}dx = e-\int_1^e 1dx$$
$$= e-[x]_1^e = 1$$

(2) $g(x)=x,\ f'(x)=\cos x$라고 하면 $g'(x)=1,\ f(x)=\sin x$이므로

$$\int_0^{\frac{\pi}{2}} x\cos x dx = [x\sin x]_0^{\frac{\pi}{2}} - \int_0^{\frac{\pi}{2}}\sin x dx = \frac{\pi}{2}-\int_0^{\frac{\pi}{2}}\sin x dx$$
$$= \frac{\pi}{2}-[-\cos x]_0^{\frac{\pi}{2}} = \frac{\pi}{2}-1$$

■

정리 6.12 (정적분의 치환적분법)

$$\int_a^b f(g(x))g'(x)dx = \int_{g(a)}^{g(b)} f(u)du$$

증명 $\int_{g(a)}^{g(b)} f(u)du = [F(u)]_{g(a)}^{g(b)} = F[g(b)]-F[g(a)]$

$[F(g(x))+C]' = f(g(x))g'(x)$로부터

$$\int_a^b f(g(x))g'(x)dx = [F(g(x))+C]_a^b = F[g(b)]-F[g(a)]$$ □

예제 6.23

(1) $\int_0^1 \frac{x^4dx}{\sqrt[3]{7+x^5}}$ (2) $\int_0^1 [x^2+(x^2+1)^4x]dx$

(3) $\int_0^1 (3x+1)^2dx$ (4) $\int_0^{\frac{\pi}{2}} \sin^3x\cos x dx$

(5) $\int_0^a \sqrt{a^2-x^2}\,dx\ \ (a>0)$ (6) $\int_0^1 \frac{1}{1+x^2}dx$

풀이 (1) $u=7+x^5$이라 하면 $du=5x^4dx$이다.

$$\int \frac{x^4dx}{\sqrt[3]{7+x^5}}=\int u^{-1/3}\left(\frac{1}{5}du\right)=\frac{1}{5}\int u^{-1/3}du$$
$$=\frac{1}{5}\cdot\frac{3}{2}u^{2/3}=\frac{3}{10}(7+x^5)^{2/3}$$
$$\therefore \int_0^1 \frac{x^4dx}{\sqrt[3]{7+x^5}}=\left[\frac{3}{10}(7+x^5)^{2/3}\right]_0^1=\frac{3}{10}(4-7^{\frac{2}{3}})=\frac{3}{10}(4-\sqrt[3]{49})$$

(2) $\displaystyle\int_0^1[x^2+(x^2+1)^4x]dx=\int_0^1 x^2dx+\int_0^1(x^2+1)^4x\,dx$

첫 번째 적분은 바로 구할 수 있다. 두 번째 적분을 구하기 위해서, $u=x^2+1$이라 하자. 그러면 $du=2x\,dx$이고, 따라서

$$\int(x^2+1)^4x\,dx=\frac{1}{2}\int(x^2+1)^4 2x\,dx=\frac{1}{2}\int u^4du$$
$$=\frac{1}{2}\,\frac{u^5}{5}+C=\frac{(x^2+1)^5}{10}+C$$

그러므로

$$\int_0^1 x^2dx+\int_0^1(x^2+1)^4x\,dx=\left[\frac{x^3}{3}\right]_0^1+\left[\frac{(x^2+1)^5}{10}\right]_0^1$$
$$=\left(\frac{1}{3}-0\right)+\left(\frac{32}{10}-\frac{1}{10}\right)$$
$$=\frac{1}{3}+\frac{31}{10}=\frac{103}{30}$$

(3) $3x+1=t$로 놓으면 $x=\dfrac{t-1}{3}$이므로 $\dfrac{dx}{dt}=\dfrac{1}{3}$이다.

$x=0$일 때 $t=1$, $x=1$일 때 $t=4$이므로

$$\int_0^1(3x+1)^2dx=\int_1^4 t^2\cdot\frac{1}{3}dt$$
$$=\left[\frac{1}{9}t^3\right]_1^4$$
$$=\frac{21}{3}$$

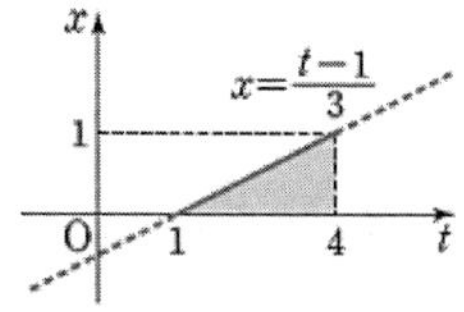

[그림 6.23]

(4) $\sin x=t$로 놓으면 $\dfrac{dt}{dx}=\cos x$

$x=0$일 때 $t=0$, $x=\dfrac{\pi}{2}$일 때 $t=1$이므로

$$\int_0^{\frac{\pi}{2}}\sin^3x\cos x\,dx=\int_0^1 t^3dt=\left[\frac{1}{4}t^4\right]_0^1=\frac{1}{4}$$

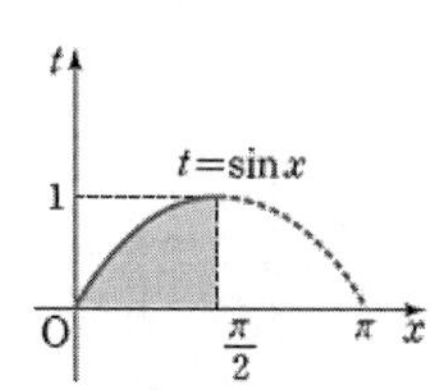

[그림 6.24]

(5) $x = a\sin\theta\left(단, -\frac{\pi}{2} \le \theta \le \frac{\pi}{2}\right)$로 놓으면 $\frac{dx}{d\theta} = a\cos\theta$이고

$x=0$일 때 $\theta = 0$, $x = a$일 때 $\theta = \frac{\pi}{2}$이므로

$$\int_0^a \sqrt{a^2 - x^2}\,dx = \int_0^{\frac{\pi}{2}} \sqrt{a^2 - a^2\sin^2\theta}\,a\cos\theta d\theta$$

$$= \int_0^{\frac{\pi}{2}} a\cos\theta a\cos\theta d\theta$$

$$= \int_0^{\frac{\pi}{2}} a^2\cos^2\theta d\theta$$

$$= \frac{a^2}{2}\int_0^{\frac{\pi}{2}} (1 + \cos 2\theta) d\theta$$

$$= \frac{a^2}{2}\left[\theta + \frac{\sin 2\theta}{2}\right]_0^{\frac{\pi}{2}} = \frac{\pi}{4}a^2$$

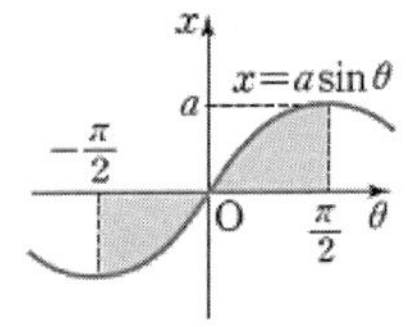

[그림 6.25]

(6) $x = \tan\theta\left(단, 0 \le \theta < \frac{\pi}{2}\right)$로 놓으면 $\frac{dx}{d\theta} = \sec^2\theta$이고

$x=0$일 때 $\theta = 0$, $x = 1$일 때 $\theta = \frac{\pi}{4}$이므로

$$\int_0^1 \frac{1}{1+x^2}dx = \int_0^{\frac{\pi}{4}} \frac{\sec^2\theta}{1+\tan^2\theta}d\theta$$

$$= \int_0^{\frac{\pi}{4}} \frac{\sec^2\theta}{\sec^2\theta}d\theta$$

$$= \int_0^{\frac{\pi}{4}} d\theta = [\theta]_0^{\frac{\pi}{4}} = \frac{\pi}{4}$$

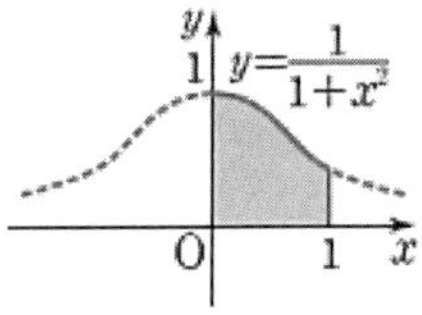

[그림 6.26]

예제 6.24

그림 6.27은 함수 f의 그래프이며, 이 함수는 3계 도함수가 연속이다. 접선들은 (1, 1)과 (5, 1)에서 $y = f(x)$의 그래프에 접하는 접선들이다. 이 그림을 바탕으로, 다음 적분이 양수인지, 음수인지, 아니면 0인지, 따져 보아라.

(1) $\int_1^5 f(x)dx$ (2) $\int_1^5 f'(x)dx$

(3) $\int_1^5 f''(x)dx$ (4) $\int_1^5 f'''(x)dx$

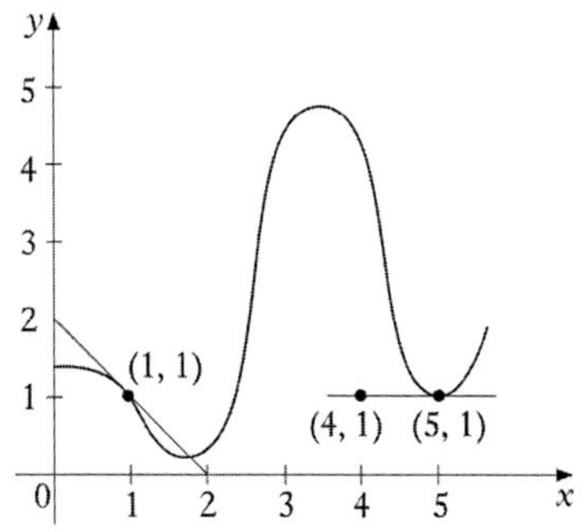

[그림 6.27]

풀이 (1) 구간 [1, 5]의 모든 x에 대해서 함수 f는 양수이다. 그리고 그래프를 보면, x축 위에 약간의 넓이가 있음을 알 수 있다. 그러므로 $\int_1^5 f(x)dx > 0$

(2) 미적분학의 기본 정리에 따라서

$$\int_1^5 f'(x)dx = f(5) - f(1) = 1 - 1 = 0$$

(3) 미적분학의 기본 정리에 따라서(이번에는 f'가 f''의 역도함수임을 이용하여),

$$\int_1^5 f''(x)dx = f'(5) - f'(1) = 0 - (-1) = 1$$

(4) 함수 f는 $x = 5$에서 위로 오목하므로, $f''(5) > 0$. 그리고 $x = 1$에서 아래로 오목하므로 $f''(1) < 0$. 그러므로

$$\int_1^5 f'''(x)dx = f''(5) - f''(1) > 0$$

■

이 예제를 보면, 어떤 정적분을 구하기 위해서, 양 끝점 a와 b에서의 역도함수의 값들만 알면 된다는 놀라운 성질이 잘 드러나 있다. 예를 들어 $\int_1^5 f''(x)dx$를 구하고 싶으면 $f'(5)$와 $f'(1)$만 알면 된다. 열린 구간 (a, b)의 점들에서의 f'와 f''는 신경쓰지 않아도 된다.

예제 6.25

다음 등식이 성립함을 증명하여라.

(1) $\int_{-a}^a x^2dx = 2\int_0^a x^2dx$ (2) $\int_{-a}^a x^3dx = 0$

풀이 (1) $\int_{-a}^{a} x^2 dx = \left[\frac{1}{3}x^3\right]_{-a}^{a}$

$$= \frac{1}{3}a^3 - \left(-\frac{1}{3}a^3\right)$$

$$= 2 \cdot \frac{1}{3}a^3$$

$$= 2\int_0^a x^2 dx$$

(2) $\int_{-a}^{a} x^3 dx = \left[\frac{1}{4}x^4\right]_{-a}^{a} = \frac{1}{4}a^4 - \frac{1}{4}(-a)^4 = 0$

■

일반적으로 다음의 정리가 성립한다.

정리 6.13 (우함수와 기함수의 정적분)

(1) $f(x)$: 우함수 $\Rightarrow \int_{-a}^{a} f(x)dx = 2\int_0^a f(x)dx$

(2) $f(x)$: 기함수 $\Rightarrow \int_{-a}^{a} f(x)dx = 0$

예제 6.26

정적분 $\int_{-2}^{2}(x^3 - 3x^2 + 2x - 1)dx$를 구하여라.

풀이 $\int_{-2}^{2} x^3 dx = 0,\ \int_{-2}^{2} 2x dx = 0,$

$$\int_{-2}^{2}(x^3 - 3x^2 + 2x - 1)dx = 2\int_0^2(-3x^2 - 1)dx$$

$$= 2\left[-x^3 - x\right]_0^2 = 2(-8-2) = -20$$

■

정리 6.13

임의의 실수 a, b, c를 포함하는 구간에서 함수 $f(x)$가 연속일 때

$$\int_a^b f(x)\,dx = \int_a^c f(x)\,dx + \int_c^b f(x)\,dx$$

증명 연속인 함수 $f(x)$의 부정적분 중 하나를 $F(x)$라고 하면 다음이 성립한다.

$$\begin{aligned}\int_a^c f(x)dx + \int_c^b f(x)dx &= [F(x)]_a^c + [F(x)]_c^b \\ &= F(c) - F(a) + F(b) - F(c) \\ &= F(b) - F(a) = \int_a^b f(x)dx \quad \square\end{aligned}$$

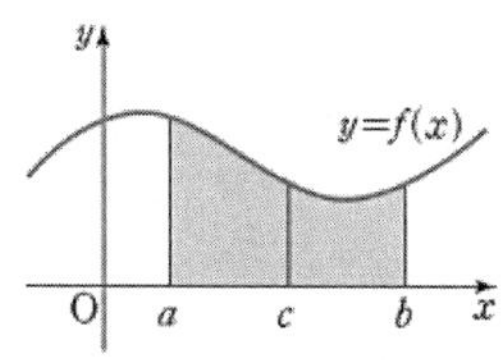

[그림 6.28]

예제 6.27

(1) $\int_0^2 |x^2 - 1|dx$ (2) $\int_0^{\frac{\pi}{2}} |\cos 2x|dx$

(3) $\int_{-2}^1 |e^x - 1|dx$ (4) $\int_0^2 |2 - 2^x|dx$

풀이 (1) $0 \le x \le 1$일 때, $|x^2 - 1| = -(x^2 - 1)$

$1 \le x \le 2$일 때, $|x^2 - 1| = x^2 - 1$이므로

$$\begin{aligned}\int_0^2 |x^2 - 1|dx &= -\int_0^1 (x^2 - 1)dx + \int_1^2 (x^2 - 1)dx \\ &= -\left[\frac{x^3}{3} - x\right]_0^1 + \left[\frac{x^3}{3} - x\right]_1^2 \\ &= -\left(\frac{1}{3} - 1\right) + \left\{\left(\frac{8}{3} - 2\right) - \left(\frac{1}{3} - 1\right)\right\} = 2\end{aligned}$$

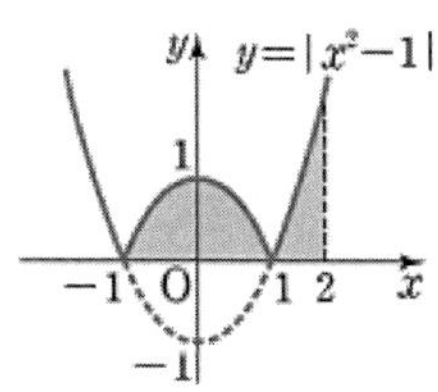

[그림 6.29]

(2) $0 \le x \le \frac{\pi}{4}$일 때, $|\cos 2x| = \cos 2x$

$\frac{\pi}{4} \le x \le \frac{\pi}{2}$일 때, $|\cos 2x| = -\cos 2x$이므로

$$\begin{aligned}\int_0^{\frac{\pi}{2}} |\cos 2x|dx &= \int_0^{\frac{\pi}{4}} \cos 2x dx + \int_{\frac{\pi}{4}}^{\frac{\pi}{2}} (-\cos 2x)dx \\ &= \left[\frac{\sin 2x}{2}\right]_0^{\frac{\pi}{4}} - \left[\frac{\sin 2x}{2}\right]_{\frac{\pi}{4}}^{\frac{\pi}{2}}\end{aligned}$$

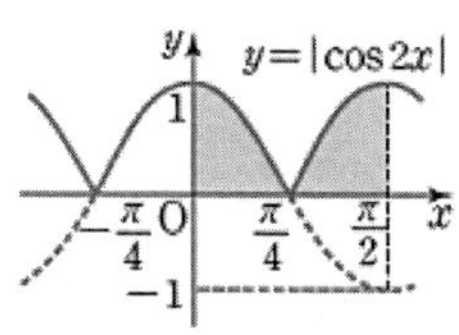

[그림 6.30]

$$= \frac{1}{2} + \frac{1}{2} = 1$$

(3) $-2 \le x \le 0$일 때, $|e^x - 1| = -e^x + 1$

$0 \le x \le 1$일 때, $|e^x - 1| = e^x - 1$

$$\int_{-2}^{1} |e^x - 1| dx = \int_{-2}^{0} (-e^x + 1) dx + \int_{0}^{1} (e^x - 1) dx$$

$$= \left[-e^x + x\right]_{-2}^{0} + \left[e^x - x\right]_{0}^{1}$$

$$= e + \frac{1}{e^2} - 1$$

(4) $0 \le x \le 1$일 때, $|2 - 2^x| = 2 - 2^x$

$1 \le x \le 2$일 때, $|2 - 2^x| = -2 + 2^x$

$$\int_{0}^{2} |2 - 2^x| dx = \int_{0}^{1} (2 - 2^x) dx + \int_{1}^{2} (-2 + 2^x) dx$$

$$= \left[2x - \frac{2^x}{\ln 2}\right]_{0}^{1} + \left[-2x + \frac{2^x}{\ln 2}\right]_{1}^{2}$$

$$= \frac{1}{\ln 2}$$

예제 6.28

원점을 출발하여 수직선 위를 움직이는 점 P의 시각 t에서의 속도 $v(t)$가 $v(t) = t^2 - 2t$일 때, 다음을 구하여라.

(1) 점 P의 $t = 4$에서의 위치

(2) 점 P의 $t = 1$에서 $t = 2$까지 위치의 변화량

(3) 점 P가 $t = 0$에서 $t = 4$까지 실제로 움직인 거리

풀이

(1) $$\int_{0}^{4} (t^2 - 2t) dt = \left[\frac{1}{3}t^3 - t^2\right]_{1}^{2}$$

$$= \frac{16}{3}$$

(2) $$\int_{1}^{2} (t^2 - 2t) dt = \left[\frac{1}{3}t^3 - t^2\right]_{0}^{4}$$

$$= -\frac{2}{3}$$

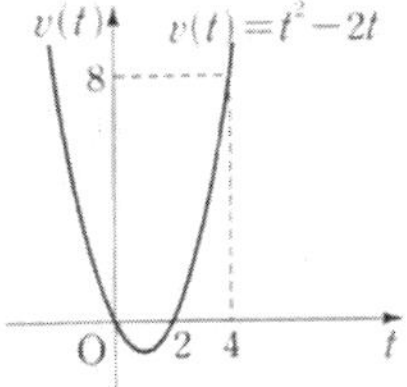

[그림 6.31]

(3) $0 \le t \le 2$이면 $v(t) < 0$, $t \ge 2$이면 $v(t) \ge 0$이므로

$$\int_0^4 |t^2-2t|dt = \int_0^2(-t^2+2t)dt + \int_2^4(t^2-2t)dt$$
$$= \left[-\frac{1}{3}t^3+t^2\right]_0^2 + \left[\frac{1}{3}t^3-t^2\right]_2^4$$
$$= \frac{4}{3}+\frac{20}{3} = 8$$

■

예제 6.29

어떤 전망대에 설치된 엘리베이터는 1층에서 출발하여 최상층까지 올라가는 동안, 출발 후 처음 2초까지는 $3m/초^2$의 가속도로 올라가고 2초 후부터 10초까지는 등속도로 올라가며 10초 후부터는 $-2m/초^2$의 가속도로 올라가서 멈춘다. 이 엘리베이터가 출발하여 멈출 때까지 움직인 거리는 몇 m인가?

풀이

① $0 \le t \le 2$에서 속도는 $v(t) = \int_0^t 3dt = 3t$

② $t=2$일 때 속도가 $3(2)=6$이므로 $2 \le t \le 10$일 때, 속도 $v(t)=6$

③ $t \ge 10$일 때는 $t=10$일 때 속도가 6이므로, 10초 후부터 멈출 때까지의 속도는

$$v(t) = 6 + \int_{10}^t -2dt = -2t+26$$

여기서 엘리베이터가 멈출 때는 속도가 0일 때이므로

$$-2t+26=0 \quad \therefore \; t=13$$

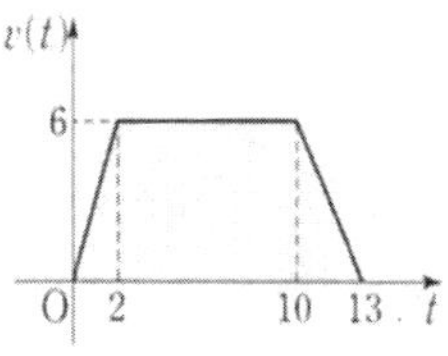

[그림 6.32]

따라서

$$v(t) = \begin{cases} 3t & (0 \le t \le 2) \\ 6 & (2 \le t < 10) \\ -2t+26 & (10 \le t \le 13) \end{cases}$$

엘리베이터가 출발하여 멈출 때까지 움직인 거리는

$$\int_0^2 3t\,dt + \int_2^{10} 6dt + \int_{10}^{13}(-2t+26)dt = 6+48+9 = 63(m)$$

■

연습문제 6-3

Exercises

A.

1. 직선 $y=2x$, x축, 직선 $x=3$으로 둘러싸인 삼각형의 면적을 적분을 이용하여 구하여라. 삼각형의 면적 구하는 공식을 이용하여 답을 확인하여라.

2. 직선 $3x+2y=6$과 x축, y축으로 둘러싸인 삼각형의 면적을 적분을 이용하여 구하여라. 삼각형의 면적을 구하는 공식을 이용하여 답을 확인하여라.

※ 문제 3~5는 각 포물선과 x축으로 둘러싸인 영역의 면적을 구하여라.

3. $x^2+y=4$ **4.** $4x^2+9y=36$ **5.** $4x^2+12y=24x$

※ 문제 6~10에서 각 곡선은 x축 위에 하나의 호가 있다. 호아래 영역의 면적을 구하여라.

6. $y=-x^3+4x$

7. $y=x^3-9x$

8. $y=2x^2-x^3$

9. $y=x^4-6x^2+8$

10. $y=x^3-5x^2+2x+8$

※ 문제 11~21에서 주어진 곡선, x 축, 그리고 주어진 직선으로 둘러싸인 영역의 면적을 구하여라.

11. $y=x^2$, $x=-2$와 $x=3$

12. $y=x^3$, $x=0$과 $x=2$

13. $y=3x^2+x+2$, $x=1$과 $x=2$

14. $y=x^2-3x$, $x=-3$과 $x=-1$

15. $y=2x+\dfrac{1}{x^2}$, $x=1$과 $x=3$

16. $y=\dfrac{1}{\sqrt{x+3}}$, $x=1$과 $x=6$

17. $y=3x^2+2$, $x=0$과 $x=3$

18. $y=2x+3$, $x=0$과 $x=3$

19. $y=\sqrt{2x+3}$, $x=-1$과 $x=3$

20. $y=\dfrac{1}{\sqrt{2x+3}}$, $x=-1$과 $x=3$

21. $y=\dfrac{1}{(2x+3)^2}$, $x=-1$과 $x=3$

22. n이 양수이면

$$\int_{-1}^{1} x^n dx = \left[\frac{x^{n+1}}{n+1}\right]_{-1}^{1}$$

만약 n이 -1이 아닌 음수이면 왜 이 적분은 성립하지 않는가?

※ 23~42에서 각 정적분의 값을 구하여라.

23. $\int_{-1/3}^{2/3} \frac{dx}{\sqrt{3x+2}}$

24. $\int_0^1 (2x+3)dx$

25. $\int_{-1}^0 7x^6 dx$

26. $\int_1^4 \sqrt{x}\,dx$

27. $\int_0^2 \sqrt{4x+1}\,dx$

28. $\int_{-1}^2 (x+1)^2 dx$

29. $\int_{2a}^{3a} \frac{x\,dx}{(x^2-a^2)^2}$

30. $\int_0^{2b} \frac{x\,dx}{\sqrt{x^2+b^2}}$

31. $\int_0^1 (x-x^2)dx$

32. $\int_{-1}^2 (1+x)(2-x)dx$

33. $\int_0^a (a^2x-x^3)dx$

34. $\int_0^1 (x+1)^9 dx$

35. $\int_0^b (\sqrt{b}-\sqrt{x})^2 dx$

36. $\int_0^1 x^2(1-x^2)dx$

37. $\int_0^1 x^2(1-x)^2 dx$

38. $\int_1^2 \left(x+\frac{1}{x}\right)^2 dx$

39. $\int_0^{\pi/4} \sin 4x\,dx$

40. $\int_{\pi/6}^{\pi/4} \sin t\,dt$

41. $\int_0^{\pi/2} (2\sin\theta+\cos\theta)d\theta$

42. $\int_0^{\pi/3} \frac{\sin\theta}{\cos^2\theta}d\theta$

B.

※ 문제 1~14는 미적분학의 기본 정리를 이용하여 각각의 정적분을 구하여라.

1. $\int_0^2 x^3 dx$

2. $\int_{-1}^2 x^4 dx$

3. $\int_{-1}^2 (3x^2-2x+3)dx$

4. $\int_1^2 (4x^3+7)dx$

5. $\int_1^4 \frac{1}{w^2}dw$

6. $\int_1^3 \frac{2}{t^3}dt$

7. $\int_0^4 \sqrt{t}\,dt$

8. $\int_1^8 \sqrt[3]{w}\,dw$

9. $\int_{-4}^{-2} \left(y^2+\frac{1}{y^3}\right)dy$

10. $\int_1^4 \frac{s^4-8}{s^2}ds$

11. $\int_0^{\pi/2} \cos x \, dx$

12. $\int_{\pi/6}^{\pi/2} 2 \sin t \, dt$

13. $\int_0^1 (2x^4 - 3x^2 + 5) dx$

14. $\int_0^1 (x^{4/3} - 2x^{1/3}) dx$

※ 문제 15~30은 미적분학의 기본 정리와 일반화한 거듭곱 적분 공식을 이용하여 각각의 정적분을 구하여라.

15. $\int_0^1 (x^2+1)^{10}(2x) dx$

16. $\int_{-1}^0 \sqrt{x^3+1}\,(3x^2) dx$

17. $\int_{-1}^1 \frac{1}{(t+2)^2} dt$

18. $\int_2^{10} \sqrt{y-1}\, dy$

19. $\int_5^8 \sqrt{3x+1}\, dx$

20. $\int_1^7 \frac{1}{\sqrt{2x+2}} dx$

21. $\int_{-3}^3 \sqrt{7+2t^2}\,(8t) dt$

22. $\int_1^3 \frac{x^2+1}{\sqrt{x^3+3x}} dx$

23. $\int_0^{\pi/2} \cos^2 x \sin x \, dx$

24. $\int_0^{\pi/2} \sin^2 3x \cos 3x \, dx$

25. $\int_0^{\pi/2} (2x + \sin x) dx$

26. $\int_0^{\pi/2} [4x + \cos x] dx$

27. $\int_0^4 [\sqrt{x} + \sqrt{2x+1}] dx$

28. $\int_{-4}^{-1} \frac{1-s^4}{2s^2} ds$

29. $\int_0^1 (x^2+2x)^2 dx$

30. $\int_a^{8a} (a^{1/3} - x^{1/3})^3 dx$

31. $\int_1^x t^3 dt$를 구하여라.

32. $\int_{-1}^x (t + |t|) dt$를 구하여라.

※ 문제 33~38은 주어진 구간에서 주어진 함수의 평균값을 구하여라.

33. $f(x) = 4x^3$; $[1, 3]$

34. $f(x) = \frac{x}{\sqrt{x^2+16}}$; $[0, 3]$

35. $f(x) = 2 + |x|$; $[-2, 1]$

36. $f(x) = x + |x|$; $[-3, 2]$

37. $f(x) = \cos x$; $[0, \pi]$

38. $f(x) = \sin^2 x \cos x$; $[0, \pi/2]$

※ 문제 39~42는 $f(c)=\int_a^b f(x)dx/(b-a)$를 만족하는 c를 주어진 구간에서 찾아라.

39. $f(x)=\sqrt{x+1}$; $[0,\ 3]$

40. $f(x)=x^2$; $[-1,\ 1]$

41. $f(x)=|x|$; $[0,\ 2]$

42. $f(x)=|x|$; $[-2,\ 2]$

※ 문제 43~46은 우선 주어진 극한을 정적분으로 나타내고, 그 다음에 미적분학의 기본 정리를 써서 그 적분을 구하여라.

43. $\lim_{n\to 0}\sum_{i=1}^{n}\left(\frac{3i}{n}\right)^2\frac{3}{n}$

44. $\lim_{n\to 0}\sum_{i=1}^{n}\left(\frac{2i}{n}\right)^3\frac{2}{n}$

45. $\lim_{n\to 0}\sum_{i=1}^{n}\left[\sin\left(\frac{\pi i}{n}\right)\right]\frac{\pi}{n}$

46. $\lim_{n\to 0}\sum_{i=1}^{n}\left[1+\frac{2i}{n}+\left(\frac{2i}{n}\right)^2\right]\frac{2}{n}$

47. 정적분을 이용하여 부등식 $\frac{1}{2}+\frac{1}{3}+\frac{1}{4}+\cdots+\frac{1}{n+1}<\ln(n+1)$ (단, n은 자연수)이 성립함을 보여라.

6.4 이상적분

지금까지 a, b는 $a<b$인 유한인 수이고 함수 $f(x)$는 폐구간 $[a,\ b]$에서 연속 또는 유계일 때 $f(x)$는 $[a,\ b]$에서 적분가능하므로 정적분

$$\int_a^b f(x)dx$$

만을 생각하였다. 또한 $F(x)$를 피적분함수 $f(x)$의 원시함수라 할 때 미적분학의 기본 정리에 의하여

$$\int_a^b f(x)dx=F(b)-F(a)$$

이므로, 이 식의 우변의 $F(x)$에 대하여 정적분의 하한 a와 상한 b에 의하여 결정된 값이며 a, b의 함수임을 알았다.

이제, 피적분함수 $f(x)$가 적분구간 $[a,\ b]$에서 유계가 아니던가 또는 a, b의 값 중 적어도 하나가 무한일 때 정적분의 정의를 확장해 보자. 이와 같은 경우의 정적분을 **이상적분** 또는 **넓은 의미의 적분**(improper integral)이라고 한다.

♥ 적분구간이 무한구간인 경우:

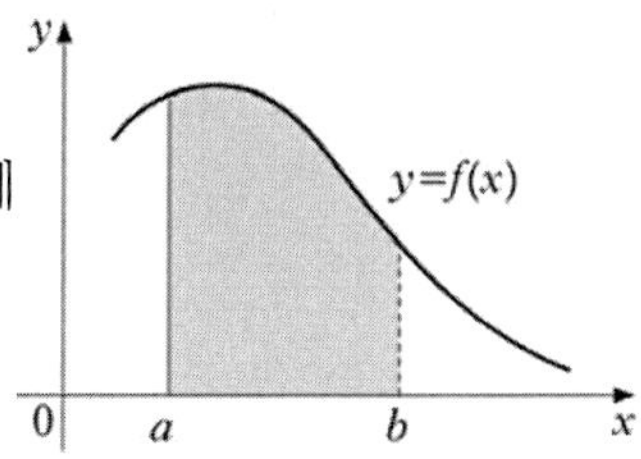

[그림 6.33]

함수 $f(x)$가 $x \geq a$인 모든 x에서 연속이고 $a < b$인 b에 대하여 폐구간 $[a, b]$에서의 $f(x)$의 정적분의 극한

$$\lim_{b\to\infty}\int_a^b f(x)dx = A$$

가 존재할 때,

$$\text{기호} \int_a^\infty f(x) = \lim_{b\to\infty}\int_a^b f(x)dx = A \tag{1}$$

로 정의하고 이상적분

$$\int_a^\infty f(x)dx$$

은 극한값 A에 **수렴한다**(converge) 또는 그 값은 유한이다(finite)라 하고, 함수 $f(x)$는 무한구간에서 **이상적분가능하다**라고 한다. 극한 A가 존재하지 않을 때, 이상적분

$$\int_a^\infty f(x)dx$$

는 **발산한다**(diverge)라고 한다. 이 때 이상적분은 정의되지 않는다.

따라서, 식 (1)의 우변의 극한치가 존재할 때에만 이상적분은 정의된다.

예제 6.30

다음 이상적분의 수렴, 발산을 조사하여라.

(1) $\int_1^\infty \frac{1}{x^2}dx$ (그림 6.34) (2) $\int_1^\infty \frac{1}{x}dx$ (그림 6.35)

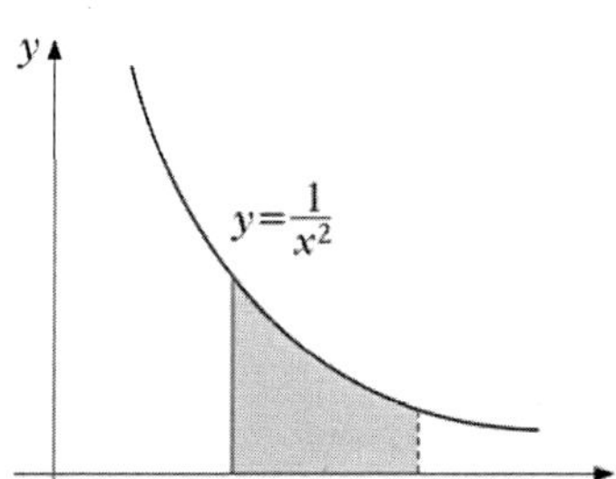

[그림 6.34]

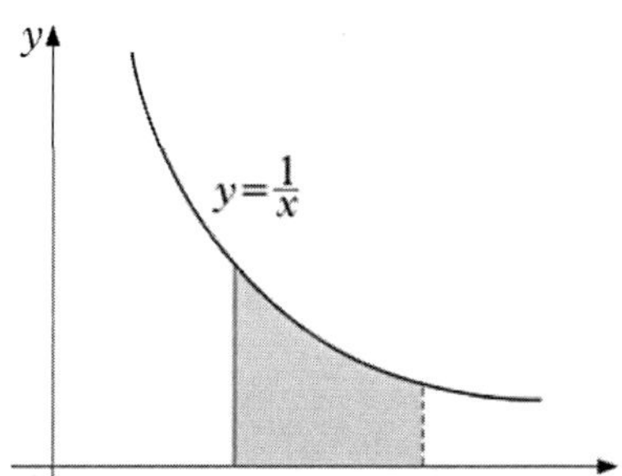

[그림 6.35]

풀이 (1) $y = \dfrac{1}{x^2}$은 $x \to \infty$일 때 x축에 접근하고 큰 양수 b에 대하여

$$\int_1^b \frac{1}{x^2}dx = \left[-\frac{1}{x}\right]_1^b = 1 - \frac{1}{b}$$

이므로 $b \to \infty$일 때, 이것은 유한확정값 1인 극한값을 갖고 1에서 ∞까지의 $\dfrac{1}{x^2}$의 이상적분은 1에 수렴한다. 따라서

$$\int_1^\infty \frac{1}{x^2}dx = \lim_{b\to\infty}\int_1^b \frac{1}{x^2}dx = \lim_{b\to\infty}\left(1 - \frac{1}{b}\right) = 1$$

(2) 곡선 $y = \dfrac{1}{x}$은 $x \to \infty$일 때 x축에 접근하고 큰 양수 b에 대하여

$$\int_1^b \frac{1}{x}dx = \left[\ln x\right]_1^b = \ln b$$

이고

$$\lim_{b\to\infty} \ln b = \infty$$

이므로

$$\lim_{b\to\infty}\int_1^b \frac{1}{x}dx = \infty.$$

따라서, 이 이상적분은 발산한다.

함수 $f(x)$가 $x \le b$인 모든 x에서 연속이고 $a < b$인 a에 대하여 폐구간 $[a,\ b]$에서의 $f(x)$의 정적분의 극한

$$\lim_{a\to-\infty}\int_a^b f(x)dx = A$$

가 존재할 때, 기호

$$\int_{-\infty}^b f(x)dx = \lim_{a\to-\infty}\int_a^b f(x)dx = A \tag{2}$$

로 정의한다. 같은 방법으로

$$\int_{-\infty}^\infty f(x)dx = \lim_{\substack{b\to\infty \\ a\to-\infty}}\int_a^b f(x)dx = A \tag{3}$$

를 정의한다.

이 두 경우 극한 A가 존재할 때, 그 이상적분은 수렴한다, 또한 유한하다라 하고, 함수 $f(x)$는 무한구간에서 적분가능하다라고 한다. 한편 극한 A가 존재하지 않을 때, 그 이상적분은 발산한다라고 한다. 이 때 이상적분은 존재하지 않는다.

예제 6.31

(1) $\int_{-\infty}^{0} e^x dx$를 구하여라. (2) $a > 0$일 때 $\int_a^{\infty} \frac{1}{x^2} dx$를 구하라.

풀이 (1)

$$\int_{-\infty}^{0} e^x dx = \lim_{a \to -\infty} \int_a^0 e^x dx$$

$$\equiv \lim_{a \to -\infty} [e^x]_a^0 = e^0 = \lim_{a \to -\infty} e^a = 1$$

(2)

$$\int_a^{\infty} \frac{1}{x^2} dx \equiv \lim_{b \to -\infty} \int_a^b \frac{1}{x^2} dx \equiv \lim_{b \to -\infty} \left[-\frac{1}{x} \right]_a^b$$

$$\equiv \lim_{b \to -\infty} \left(-\frac{1}{b} + \frac{1}{a} \right) = \frac{1}{a}$$

예제 6.32

다음 이상적분의 수렴, 발산을 조사하여라.

(1) $\int_0^{\infty} \sin x \, dx$ (2) $\int_0^{\infty} \cos x \, dx$

풀이 (1)

$$\int_0^{\infty} \sin x \, dx = \lim_{b \to \infty} \int_0^b \sin x \, dx = \lim_{b \to \infty} \left[-\cos x \right]_0^b$$

$$= \lim_{b \to \infty} \left[1 - \cos b \right]$$

극한은 존재하지 않으므로 주어진 적분은 발산한다. $\int_0^{\infty} \sin x \, dx$의 기하학적 의미를 생각해 보면 이 결론이 옳음을 알 수 있다(그림 6.36).

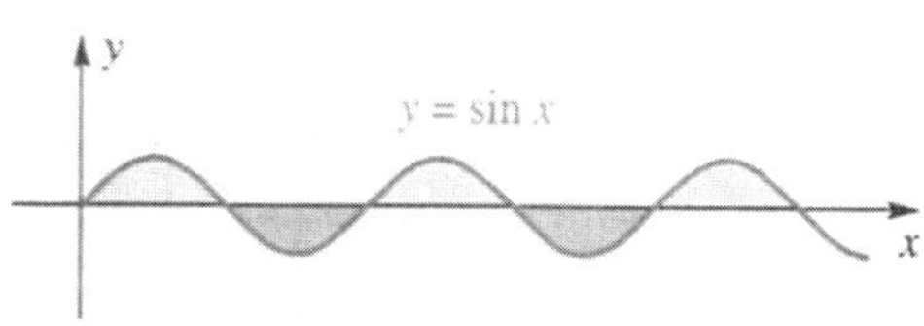

[그림 6.36]

(2) $\lim_{b\to\infty}\int_0^b \cos x\,dx = \lim_{b\to\infty}\Big[\sin x\Big]_0^b = \lim_{b\to\infty}\sin b$이고 극한 $\lim_{b\to\infty}\sin b$

는 유한확정값을 갖지 않으므로, 즉 −1과 1 사이에 진동하므로 이상적분

$$\int_0^{\infty}\cos x\,dx$$

는 발산한다.

예제 6.33

뉴턴의 만유인력 법칙에 따르면, 중력은 거리의 제곱에 역으로 비례한다. 즉, 지구 중점으로부터 거리 x인(단위는 마일) 곳에 우주선이 있으면, 지구가 당기는 힘은 $-k/x^2$이다(그림 6.37). 따라서 우주선을 끌어 올리는데 필요한 힘은 $F(x)=-k/x^2$이다. 무게 1000 파운드인 우주선을 지구 중력권 밖으로 보내려면 얼마의 일을 해야 하는가?

풀이 k를 구하기 위해서, $x=3960$ 마일(지구 반지름)일 때 $F=1000$ 파운드임을 주목하자. 따라서 $k=1000(3960)^2\approx 1.568(10)^{10}$이고 일은 마일-파운드 단위로 다음과 같다.

$$\begin{aligned}1.568(10)^{10}\int_{3960}^{\infty}\frac{1}{x^2}dx &= \lim_{b\to\infty}1.568(10^{10})\left[-\frac{1}{x}\right]_{3960}^{b}\\ &= \lim_{b\to\infty}1.568(10^{10})\left[-\frac{1}{b}+\frac{1}{3960}\right]\\ &= \frac{1.568(10)^{10}}{3960}\approx 3.96(10^6)\end{aligned}$$

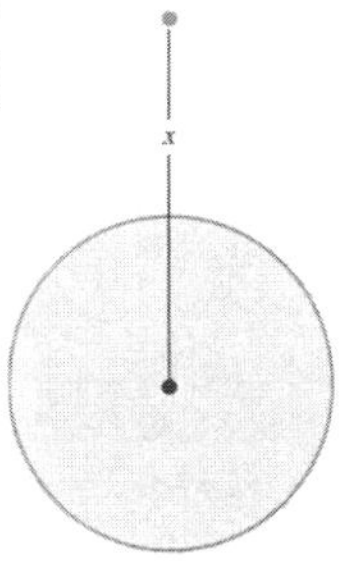

[그림 6.37]

예제 6.34

이상적분 $\int_{-\infty}^{\infty}\frac{1}{1+x^2}dx$가 수렴하면 그 값을 구하여라.

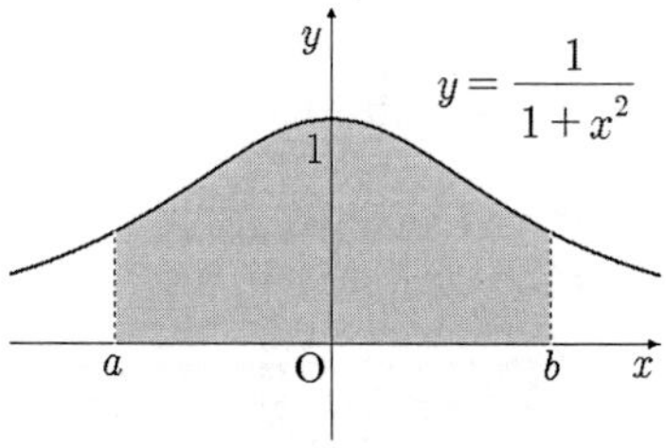

[그림 6.38]

풀이

$$\lim_{\substack{b\to\infty \\ a\to-\infty}} \int_a^b \frac{1}{1+x^2}dx = \lim_{\substack{b\to\infty \\ a\to-\infty}} \left[\tan^{-1}x\right]_a^b$$

$$= \lim_{\substack{b\to\infty \\ a\to-\infty}} (\tan^{-1}b - \tan^{-1}a)$$

$$= \frac{\pi}{2} + \frac{\pi}{2} = \pi$$

이므로

$$\int_{-\infty}^{\infty} \frac{1}{1+x^2}dx = \lim_{\substack{b\to\infty \\ a\to-\infty}} \int_a^b \frac{1}{1+x^2}dx = \pi$$

따라서 이 이상적분은 π에 수렴한다.

예제 6.35

다음 이상적분의 수렴, 발산을 판정하여라.

(1) $\displaystyle\int_{-\infty}^{-1} xe^{-x^2}dx$ (2) $\displaystyle\int_1^{\infty} e^{-x^2}dx$

풀이

(1) $$\int_a^{-1} xe^{-x^2}dx = -\frac{1}{2}\int_a^{-1} e^{-x^2}(-2x\,dx)$$

$$= \left[-\frac{1}{2}e^{-x^2}\right]_a^{-1}$$

$$= -\frac{1}{2}e^{-1} + \frac{1}{2}e^{-a^2}$$

$$\therefore \int_{-\infty}^{-1} xe^{-x^2}dx = \lim_{a\to-\infty}\left[-\frac{1}{2}e^{-1} + \frac{1}{2}e^{-a^2}\right]$$

$$= -\frac{1}{2}e^{-1}$$

(2) $x \geq 1$일 때,

$$x \leq x^2$$

이므로

$$-x^2 \leq -x$$

이고, 또한 $e > 1$이므로

$$0 < e^{-x^2} < e^{-x},$$

그런데

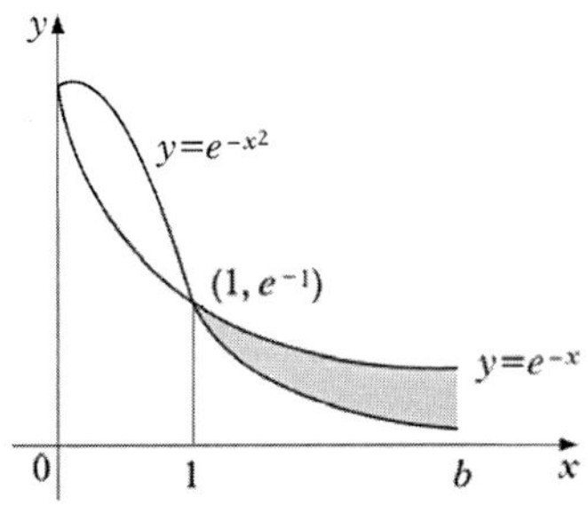

[그림 6.39]

$$\lim_{b\to\infty}\int_1^b e^{-x}dx = \lim_{b\to\infty}(e^{-1}-e^{-b}) = e^{-1}$$

이고

$$0 < \int_1^b e^{-x^2}dx \le \int_1^b e^{-x}dx$$

이므로

$$0 < \int_1^\infty e^{-x^2}dx = \lim_{b\to\infty}\int_1^b e^{-x^2}dx \le \lim_{b\to\infty}\int_1^b e^{-x}dx = e^{-1}$$

한편, 모든 x에 대하여 $e^{-x^2} > 0$이므로 b의 값이 증가할 때, 정적분

$$\int_1^b e^{-x^2}dx$$

의 값도 증가한다. 그리고 e^{-1}은 이들 정적분의 한 상계이므로 상한 M이 존재하여 $A \le M \le e^{-1}$인 A에 수렴한다. 따라서 이상적분

$$\int_1^\infty e^{-x^2}dx$$

는 수렴한다.

■

♣ 피적분함수가 적분구간에서 유계가 아닌 경우:

점 $x=a$에서 함수 $f(x)$의 우극한이 존재하지 않을 때, $f(x)$가 반개구간 $(a,\ b]$에서 연속이면 임의의 작은 양수 ϵ에 대하여 $f(x)$는 폐구간

$$[a+\epsilon,\ b]$$

에서 연속이므로 이 구간에서의 $f(x)$의 정적분

$$\int_{a+\epsilon}^b f(x)dx$$

는 존재한다. 또한 이 구간에서 $f(x)$의 원시함수를 $F(x)$라 하면

$$\int_{a+\varepsilon}^b f(x)dx = F(b) - F(a+\varepsilon)$$

이므로, 이 때 극한

$$\lim_{\varepsilon\to 0} F(a+\varepsilon) = A$$

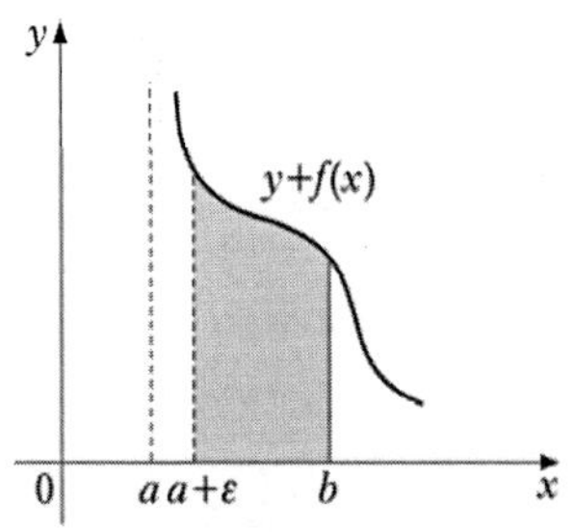

[그림 6.40]

가 존재하면 a에서 b까지의 $f(x)$의 이상적분이 존재한다라 하고 기호

$$\int_a^b f(x)dx = \lim_{\varepsilon \to 0} \int_{a+\varepsilon}^b f(x)dx = F(b) - \lim_{\varepsilon \to 0} F(a+\varepsilon) = F(b) - A$$

로 정의한다.

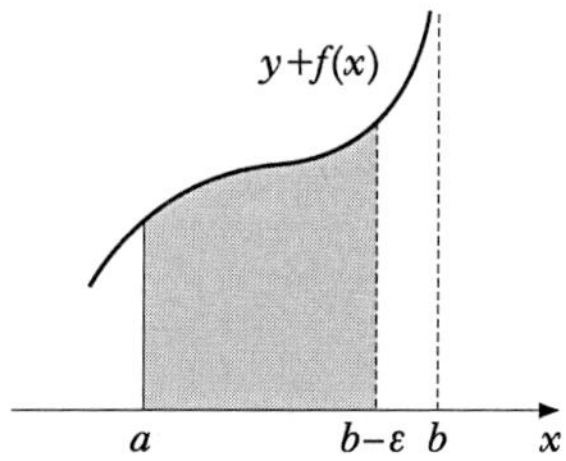

[그림 6.41]

같은 방법으로, 점 $x = b$에서 함수 $f(x)$의 좌극한이 존재하지 않을 때, 충분히 작은 양수 ϵ에 대하여 극한

$$\lim_{\varepsilon \to 0} \int_a^{b-\varepsilon} f(x)dx = A$$

가 존재하면 a에서 b까지의 이상적분이 존재한다라 하고 기호

$$\int_a^b f(x)dx = \lim_{\varepsilon \to 0} \int_a^{b-\varepsilon} f(x)dx = A$$

로 정의한다.

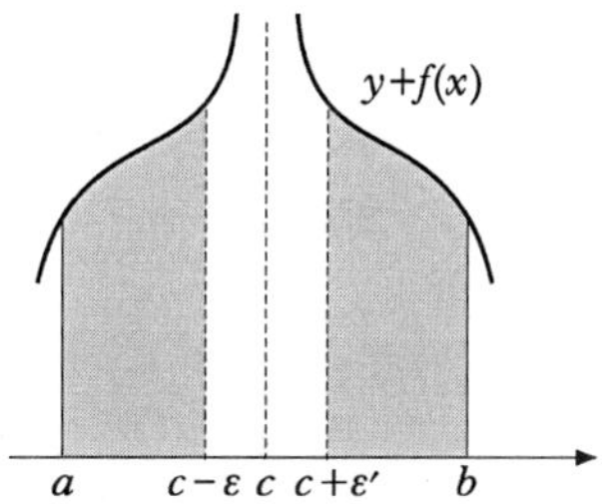

[그림 6.42]

또한, $a < c < b$인 점 $x = c$에서 함수 $f(x)$의 우극한, 또는 좌극한이 존재하지 않을 때,

$$\int_a^b f(x)dx = \int_a^c f(x)dx + \int_c^b f(x)dx$$

이므로 충분히 작은 두 양수 ϵ, ϵ' 에 대하여

$$\lim_{\varepsilon \to 0} \int_a^{c-\varepsilon} f(x)dx = A$$

$$\lim_{\varepsilon' \to 0} \int_{c+\varepsilon'}^b f(x)dx = A'$$

이 모두 존재하면 a에서 b까지의 $f(x)$의 이상적분은 존재한다라 하고, 기호

$$\int_a^b f(x)dx = \lim_{\epsilon \to 0} \int_a^{c-\epsilon} f(x)dx + \lim_{\epsilon' \to 0} \int_{c+\epsilon'}^b f(x)dx = A + A'$$

으로 정의한다.

위의 각 경우 이상적분이 존재할 때, 그 이상적분은 수렴한다라 하고, 그렇지 않을 때, 이상적분은 발산한다라 하며, 이 때

$$\int_a^b f(x)dx$$

는 의미없음(meaningless)이라고 한다.

예제 6.36

이상적분 $\int_0^1 \frac{1}{(x-1)^{2/3}}dx$가 수렴하면 그 값을 구하여라.

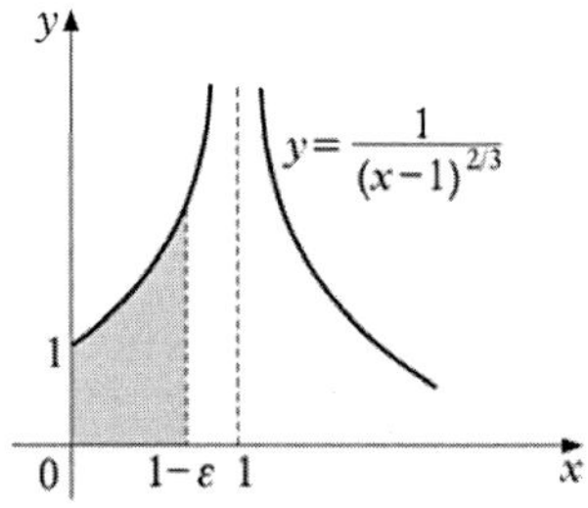

[그림 6.43]

풀이 점 $x=1$에서 피적분함수는 정의되지 않으며 $x=1$의 근방에서 유계가 아니다. 그런데, 아주 작은 양수 ϵ에 대하여

$$\lim_{\epsilon\to 0}\int_0^{1-\epsilon}\frac{1}{(x-1)^{2/3}}dx=\lim_{\epsilon\to 0}\left[3(x-1)^{1/3}\right]_0^{1-\epsilon}$$
$$=3\lim_{\epsilon\to 0}((1-\epsilon-1)^{1/3}+1)=3.$$

따라서 이 이상적분은 수렴하고 그 값은

$$\int_0^1\frac{1}{(x-1)^{2/3}}dx=\lim_{\epsilon\to 0}\int_0^{1-\epsilon}\frac{1}{(x-1)^{2/3}}dx=3.$$

예제 6.37

이상적분 $\int_{-1}^1 \frac{1}{\sqrt{1-x^2}}dx$를 구하여라.

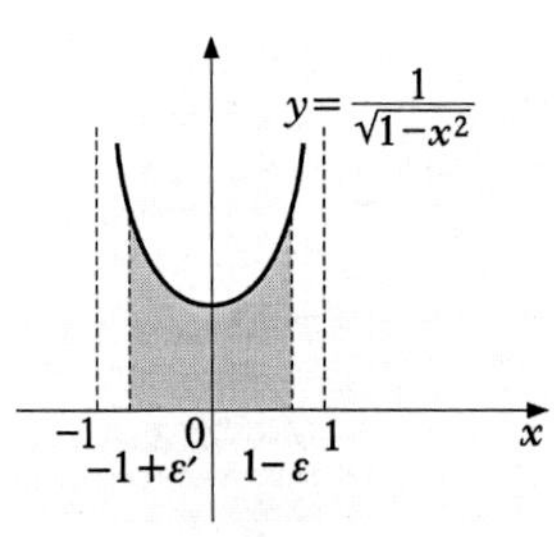

[그림 6.44]

풀이 점 $x=1$과 $x=-1$에서 피적분함수는 정의되지 않으며 이들 점의 근방에서 유계가 아니므로 아주 작은 두 양수 ϵ, ϵ' 에 대하여

$$\begin{aligned}\lim_{\substack{\epsilon\to 0\\ \epsilon'\to 0}}\int_{-1+\epsilon'}^{1-\epsilon}\frac{1}{\sqrt{1-x^2}}dx &= \lim_{\substack{\epsilon\to 0\\ \epsilon'\to 0}}\left[\sin^{-1}x\right]_{-1+\epsilon'}^{1-\epsilon}\\ &= \lim_{\substack{\epsilon\to 0\\ \epsilon'\to 0}}(\sin^{-1}(1-\epsilon)-\sin^{-1}(-1+\epsilon'))\\ &= \frac{\pi}{2}+\frac{\pi}{2}=\pi\end{aligned}$$

따라서 이 이상적분은 수렴하고 그 값은

$$\int_{-1}^{1}\frac{dx}{\sqrt{1-x^2}} = \lim_{\substack{\epsilon\to 0\\ \epsilon'\to 0}}\int_{-1+\epsilon'}^{1-\epsilon}\frac{1}{\sqrt{1-x^2}}dx=\pi$$

예제 6.38

이상적분 $\int_{-1}^{1}\frac{1}{x^2}dx$를 구하여라.

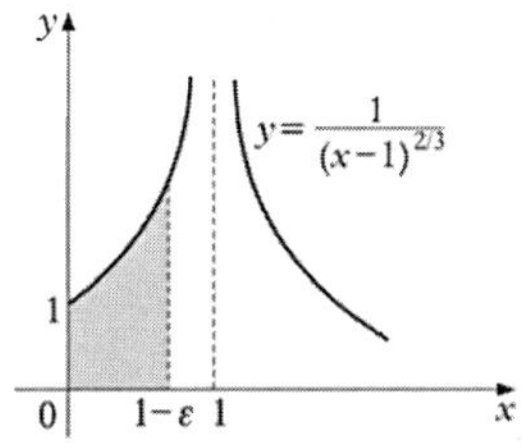

[그림 6.45]

풀이 점 $x=0$에서 피적분함수는 정의되지 않으며 $x=0$의 근방에서 유계가 아니므로 아주 작은 두 양수 ϵ, ϵ' 에 대하여

$$\lim_{\epsilon\to 0}\int_{-1}^{-\epsilon}\frac{1}{x^2}dx=\lim_{\epsilon\to 0}\left(\frac{1}{\epsilon}-1\right)=\infty$$

$$\lim_{\epsilon'\to 0}\int_{\epsilon'}^{1}\frac{1}{x^2}dx=\lim_{\epsilon'\to 0}\left(\frac{1}{\epsilon'}-1\right)=\infty$$

따라서 이 이상적분은 발산한다.

참고 예제 6.38의 이상적분을 보통의 정적분으로 계산하면

$$\int_{-1}^{1} \frac{1}{x^2} dx = \left[-\frac{1}{x} \right]_{-1}^{1} = -2$$

그러나 피적분함수는 항상 양이므로 이것은 모순된 결과이다.

예제 6.39

이상적분 $\displaystyle\int_0^{\sqrt{2}a} \frac{2x}{(x^2-a^2)^{2/3}} dx$를 구하여라. (단, $a > 0$)

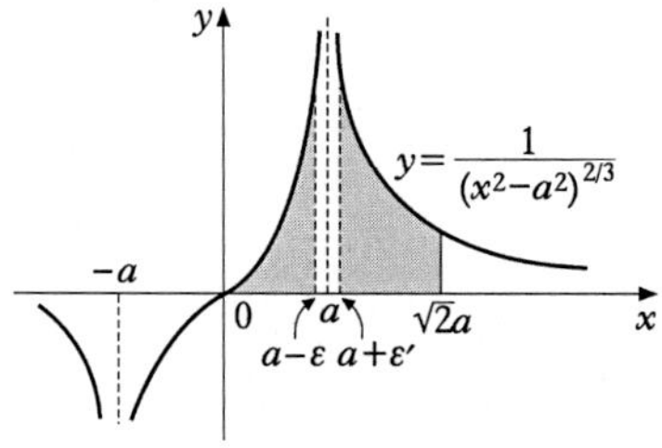

[그림 6.46]

풀이 점 $x = a$와 $x = -a$에서 피적분함수는 정의되지 않으며 이들 점의 근방에서 유계가 아니므로 아주 작은 두 양수 ϵ, ϵ' 에 대하여

$$\lim_{\epsilon \to 0} \int_0^{a-\epsilon} \frac{2x}{(x^2-a^2)^{2/3}} dx = \lim_{\epsilon \to 0} \left[3(x^2-a^2)^{1/3} \right]_0^{a-\epsilon}$$
$$= 3a^{2/3}$$

한편,

$$\lim_{\epsilon' \to 0} \int_{a+\epsilon'}^{\sqrt{2}a} \frac{2x}{(x^2-a^2)^{2/3}} dx = \lim_{\epsilon' \to 0} \left[3(x^2-a^2)^{1/3} \right]_{a+\epsilon'}^{\sqrt{2}a} = 3a^{2/3}$$

따라서 이 이상적분은 수렴하고 그 값은

$$\lim_{\epsilon' \to 0} \int_{a+\epsilon'}^{\sqrt{2}a} \frac{2x}{(x^2-a^2)^{2/3}} dx$$
$$= \lim_{\epsilon \to 0} \int_0^{a-\epsilon} \frac{2x}{(x^2-a^2)^{2/3}} dx + \lim_{\epsilon' \to 0} \int_{a+\epsilon'}^{2a} \frac{2x}{(x^2-a^2)^{2/3}} dx$$
$$= 6^{2/3} a$$

■

예제 6.40

이상적분 $\displaystyle\int_{-\infty}^{\infty} \frac{1}{x^2} dx$를 구하여라.

풀이 적분구간이 무한구간이고 피적분함수는 점 $x=0$에서 정의되지 않으며 그 점의 근방에서 유계가 아니므로 이 적분은 이상적분이다.

$$\int_{-\infty}^{\infty}\frac{1}{x^2}dx=\int_{-\infty}^{0}\frac{1}{x^2}dx+\int_{0}^{\infty}\frac{1}{x^2}dx.$$

그런데

$$\int_{-\infty}^{0}\frac{1}{x^2}dx=\lim_{\substack{\epsilon\to 0\\ a\to-\infty}}\int_{a}^{-\epsilon}\frac{1}{x^2}dx=\lim_{\substack{\epsilon\to 0\\ a\to-\infty}}\left(\frac{1}{\epsilon}+\frac{1}{a}\right)=\infty,$$

$$\int_{0}^{\infty}\frac{1}{x^2}dx=\lim_{\substack{b\to\infty\\ \epsilon'\to 0}}\int_{\epsilon'}^{b}\frac{1}{x^2}dx=\lim_{\substack{b\to\infty\\ \epsilon'\to 0}}\left(\frac{-1}{b}+\frac{1}{\epsilon'}\right)=\infty,$$

따라서 이 이상적분은 발산한다.

연습문제 6-4 Exercises

※ 다음 적분을 구하여라. (1~40)

1. $\displaystyle\int_{1}^{\infty}\frac{1}{(x+2)^3}dx$

2. $\displaystyle\int_{1}^{\infty}\frac{1}{\sqrt[3]{x}}dx$

3. $\displaystyle\int_{-\infty}^{1}e^x dx$

4. $\displaystyle\int_{-\infty}^{-1}\frac{1}{x^2}dx$

5. $\displaystyle\int_{0}^{\infty}\frac{a^3}{a^2+x^2}dx$

6. $\displaystyle\int_{0}^{\infty}xe^{-x}dx$

7. $\displaystyle\int_{0}^{\infty}\frac{1}{\sqrt{x^2+a^2}}dx$

8. $\displaystyle\int_{-\infty}^{\infty}\frac{1}{(x^2+a^2)^2}dx$

9. $\displaystyle\int_{0}^{\infty}e^{-x}\cos x\,dx$

10. $\displaystyle\int_{0}^{\infty}\ln x\,dx$

11. $\displaystyle\int_{1}^{\infty}\frac{\ln x}{x}dx$

12. $\displaystyle\int_{0}^{\infty}\tan^{-1}x\,dx$

13. $\displaystyle\int_{0}^{\infty}\frac{1}{x(x^2+a^2)}dx,\ (a>0)$

14. $\displaystyle\int_{1}^{\infty}\frac{1}{x^3+1}dx$

15. $\displaystyle\int_{-\infty}^{\infty}\frac{1}{x^2+2x+2}dx$

16. $\displaystyle\int_{-\infty}^{\infty}\frac{1}{(x^2+a^2)^2}dx$

17. $\int_{-\infty}^{\infty} \frac{1}{\sqrt{x^2+a^2}} dx$

18. $\int_{-\infty}^{\infty} \frac{\tan^{-1}x}{x^2+1} dx$

19. $\int_{a}^{2a} \frac{1}{\sqrt{x-a}} dx$

20. $\int_{a}^{2a} \frac{1}{(x-a)^{3/2}} dx$

21. $\int_{0}^{1} \ln x \, dx$

22. $\int_{0}^{1} \frac{\ln x}{x} dx$

23. $\int_{0}^{\pi/2} \tan x \, dx$

24. $\int_{0}^{1} \frac{1}{1-x^2} dx$

25. $\int_{-a}^{a} \frac{1}{(x-a)^{2/3}} dx$

26. $\int_{0}^{\pi/4} \frac{\sec^2 x}{\sqrt{\tan x}} dx$

27. $\int_{0}^{4} \frac{1}{\sqrt{4x-x^2}} dx$

28. $\int_{-a}^{a} \frac{1}{\sqrt{a^2+x^2}} dx$

29. $\int_{-\infty}^{\infty} \frac{1}{x^2-a^2} dx$

30. $\int_{a}^{\infty} \frac{1}{x\sqrt{x^2-a^2}} dx, \ (a>0)$

31. $\int_{a}^{\infty} \frac{1}{x^2\sqrt{x^2-a^2}} dx$

32. $\int_{0}^{\infty} \frac{1}{(1+x)\sqrt{x}} dx$

33. $\int_{0}^{\infty} \frac{1}{\sqrt[3]{x-2}} dx$

34. $\int_{0}^{\infty} x \ln x \, dx$

35. $\int_{0}^{\pi} \frac{1}{2-\sin x} dx$

36. $\int_{0}^{\pi} \frac{\cos\theta}{5+4\cos\theta} d\theta$

37. $\int_{-\infty}^{\infty} x \sin x^2 dx$

38. $\int_{-\infty}^{\infty} \tan x \, dx$

39. $\int_{-1}^{1} \sqrt{\frac{1+x}{1-x}} dx$

40. $\int_{2}^{\infty} \frac{1}{x\sqrt{x^2-4}} dx$

41. $f(x)$, $g(x)$를 $x \geq a$에서 정의된 연속인 함수라 하고 모든 $x \geq a$에 대하여 $f(x) \geq 0$, $g(x) \geq 0$이고 $f(x) \leq g(x)$라 하면 이상적분

$$\int_a^{\infty} g(x)dx$$

가 수렴할 때, 이상적분

$$\int_a^{\infty} f(x)dx$$

도 수렴함을 증명하고, 또한 유한구간에서도 성립함을 밝혀라.

이를 이용하여 다음 이상적분의 수렴, 발산을 판정하여라.

(1) $\displaystyle\int_1^\infty \frac{1}{\sqrt{x+x^4}}dx$ (2) $\displaystyle\int_0^\infty e^{-x}x^{-1/2}dx$

(3) $\displaystyle\int_1^\infty \frac{x}{x^3+1}dx$ (4) $\displaystyle\int_1^\infty \frac{x^3}{e^x+1}dx$

(5) $\displaystyle\int_1^0 \frac{e^x}{\sqrt{x}}dx$ (6) $\displaystyle\int_0^1 \frac{1}{\sqrt{\tan x}}dx$

(7) $\displaystyle\int_0^1 \frac{1}{\sqrt{\sin x}}dx$ (8) $\displaystyle\int_0^1 \frac{\ln x}{\sqrt{x}}dx$

42. 함수 $f(x)$가

$$\lim_{R\to\infty} f(R)e^{-R}$$

을 만족할 때, 부분적분법을 이용하여

$$\int_0^\infty f(x)e^{-x}dx = f(0) + \int_0^\infty f'(x)e^{-x}dx$$

가 성립함을 증명하고 이를 이용하여 다음에 답하여라.

(1) $\displaystyle\int_0^\infty e^{-x}\sin x\,dx = \int_0^\infty e^{-x}\cos x\,dx$ 임을 증명하여라.

(2) $\displaystyle\int_0^\infty e^{-x}\cos x\,dx = 1 + \int_0^\infty e^{-x}\sin x\,dx$ 임을 증명하여라.

(3) (1), (2)를 이용하여 $\displaystyle\int_0^\infty e^{-x}\sin x\,dx$를 구하여라.

(4) n이 양의 정수일 때, $\displaystyle\int_0^\infty x^n e^{-x}dx$를 구하여라.

43. 이상적분 $\displaystyle\int_a^\infty \frac{\ln^k x}{x}dx$ $(a>0)$는 $k<-1$인 모든 k에 대하여 수렴하고 $k\geq -1$인 모든 k에 대하여 발산함을 보여라. 또한, $\displaystyle\int_0^a x^k \ln x\,dx$ $(a>0)$, $\displaystyle\int_a^\infty \frac{1}{x^k}dx$ $(a>0)$와 $\displaystyle\int_a^b \frac{1}{(x-a)^k}dx$ $(a<b)$가 수렴, 또는 발산할 때, 각각 k의 값의 범위를 구하여라.

44. 함수 $f(x)$가 모든 실수 x에 대하여 연속이라 하고, 만약 $f(x) \geq 0$이고 $\int_{-\infty}^{\infty} (1+x^2)^a f(x)dx$ (a>0)가 수렴하면, $\int_{-\infty}^{\infty} f(x)dx$도 수렴함을 보여라.

45. 함수 $f(x)$가 구간 $(a,\ b]$에서 연속이고 $0 < p < 1$에 대하여 $\lim_{x \to a^+} (x-a)^p f(x) = M$ (M은 실수)이면, $\left|\int_1^b |f(x)|dx\right|$가 수렴함을 보여라.

제 7 장 적분의 응용

7.1 직교좌표계에서의 평면영역의 넓이

가로와 세로의 길이가 1단위인 정사각형의 넓이 1을 기준으로 하여, 가로와 세로 길이가 각각 a, b 단위인 직사각형의 넓이는 $A = ab$로 정의한다. 이러한 직사각형의 넓이를 이용하여 직교좌표평면에 주어진 평면영역의 넓이는 다음과 같이 정의한다.

평면영역의 넓이 평면영역 R에서 경계선을 제외한 집합 $(R - \partial R)$이 각 변만을 공유할 수 있는 셀 수 있는 만큼의 직사각형들의 합집합으로 표현되면, 각 직사각형 넓이들의 합(무한급수)을 R의 **넓이**(area)라고 정의한다.

특히, 평면영역이 어떤 곡선에 의하여 둘러싸인 경우에 다음의 정리가 성립한다.

정리 7.1

함수 $f(x)$가 폐구간 $[a, b]$(단, $a < b$)에서 연속이고 $f(x) \ge 0$일 때, 곡선 $y = f(x)$와 직선 $x = a$, $x = b$ 및 x축으로 둘러싸인 영역의 넓이는 다음과 같다.

$$\int_a^b y\,dx = \int_a^b f(x)dx$$

심화 학습

증명 폐구간 $[a,\ b]$에 속하는 임의의 점 $P(x,\ 0)$을 잡고, 점 $E(a,\ 0)$에서 점 P까지의 곡선 $y=f(x)$의 아랫부분 영역의 넓이는 x의 함수이므로 $A(x)$라 하면

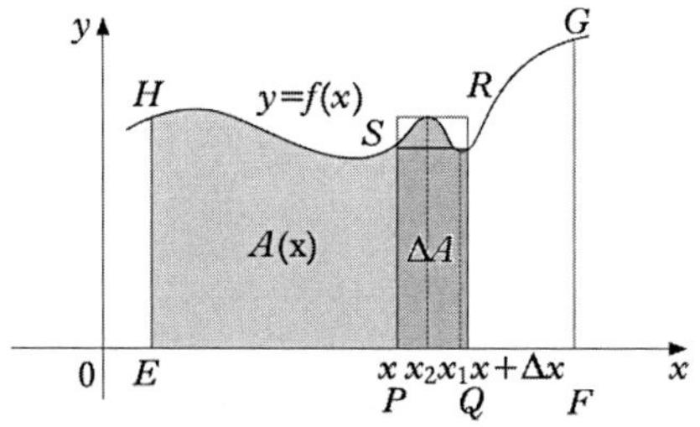

[그림 7.1]

$$A(a)=0,\ A(b)=A$$

이다. 즉, a와 a사이의 넓이는 0이 된다.

우선, $a<x<b$라 하고 x의 증분 $\Delta x>0$이라 하면, 넓이의 증분

$$\Delta A=A(x+\Delta x)-A(x)$$

는 $[x, x+\Delta x]$에서 곡선 $y=f(x)$의 아랫부분의 영역 $PQRS$의 넓이가 된다.

함수 $f(x)$는 부분구간 $[x,\ x+\Delta x]$에서도 연속이므로 극값의 정리에 의하여 이 구간에서 최솟값과 최댓값을 갖는다. 이 때

$$f(x_1)=\min f(x),\ f(x_2)=\max f(x)$$

라 하면 $\Delta x>0$이므로

$$x\le t\le x+\Delta x$$

인 모든 t에 대하여

$$f(x_1)\le f(t)\le f(x_2)$$

이며

$$f(x_1)\Delta x\le \Delta A\le f(x_2)\Delta x$$

이다. 그러므로 다음 부등식이 성립한다.

$$f(x_1)\le \frac{\Delta A}{\Delta x}\le f(x_2)$$

그런데 함수 $f(x)$는 폐구간 $[a,\ b]$에서 연속이므로 $\Delta x\to 0+$일 때, $x_1,\ x_2$는 모두 x에 가까이 접근해 가고 $f(x_1),\ f(x_2)$는 모두 $f(x)$에 가까이 접근해 간다.

따라서

$$A_+{}'(x)=\lim_{\Delta x\to 0+}\frac{\Delta A}{\Delta x}=f(x) \tag{1}$$

가 된다. 마찬가지로, x의 증분 $\Delta x < 0$인 경우에도 위와 같이 함수 $f(x)$는 구간 $[x + \triangle x, x]$에서 최솟값과 최댓값을 가지므로 $\Delta A = A(x+\Delta x) - A(x)$는

$$f(x_1)\Delta x \geq \Delta A \geq f(x_2)\Delta x$$

를 만족한다. 이 식의 양변을 $\Delta x < 0$로 나누고 $\Delta x \to 0-$일 때의 극한을 취하면

$$A_-'(x) = \lim_{\Delta x \to 0-} \frac{\Delta A}{\Delta x} = f(x)$$

가 된다. 따라서 $A(x)$는 (a, b)에서 미분가능하고 $A'(x) = f(x)$를 만족한다.

한편, $x = a$일 때에는 $\Delta x > 0$, $x = b$일 때에는 $\Delta x < 0$인 경우만을 고려하여 보면

$$A_+'(a) = f(a),\ A_-'(b) = f(b)$$

가 성립한다. 이것은 특히 $A(x)$가 $x = a, b$에서 연속이라는 사실을 의미하므로 $A(x)$는 폐구간 $[a, b]$에서 연속이고 개구간 (a, b)에서 미분가능하다. 따라서 $A(x)$는 미적분학의 기본정리의 가정을 만족하는 하나의 원시함수이다. 그러므로

$$A = A(b) = A(b) - A(a) = \Big[A(x)\Big]_a^b = \int_a^b f(x)dx \qquad (2)$$

이다. 이 식 (2)는 **직교좌표에서의 평면영역의 넓이**를 구하는 공식이다. □

폐구간 $[a,\ b]$에서 음의 값을 갖는 연속인 함수 $f(x)$를 다룰 경우에는 영역의 넓이의 값은 양수이고 정적분

$$\int_a^b f(x)dx$$

의 값은 음수이므로 넓이 A는

$$A = -\int_a^b f(x)dx = \left|\int_a^b f(x)dx\right|$$

이어야 한다.

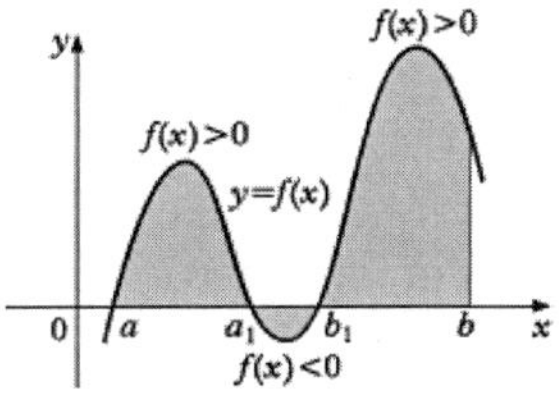

[그림 7.2]

예를 들어, 그림 7.2와 같이 주어진 함수 $f(x)$에 대해서는

$$A = \int_a^{a_1} f(x)dx - \int_{a_1}^{b_1} f(x)dx + \int_{b_1}^b f(x)dx = \int_a^b |f(x)|dx$$

가 된다.

일반적으로 폐구간 $[a,\ b]$에서 $f(x)$의 부호가 일정하지 않을 때, 영역의 넓이 A는

$f(x)$의 값이 음으로 되는 구간에서의 넓이와 $|f|$에 대한 해당구간에서의 넓이가 같으므로

$$A = \left|\int_{a}^{a_1} f(x)dx\right| + \left|\int_{a_1}^{a_2} f(x)dx\right| + \cdots + \left|\int_{a_n}^{b} f(x)dx\right| = \int_{a}^{b} |f(x)|dx$$

가 된다.

두 곡선

$$y = f(x),\ y = g(x)$$

가 폐구간 $[a,\ b]$에서 연속이고 그 구간에서

$$f(x) > g(x)$$

일 때, 두 곡선과 두 직선

$$x = a,\ x = b$$

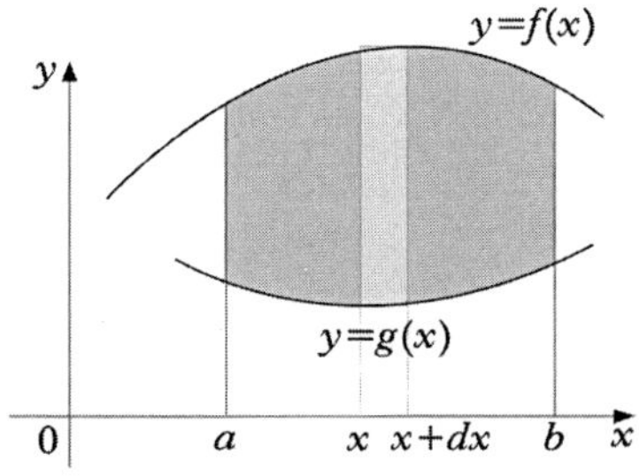

[그림 7.3]

로 둘러싸인 영역의 넓이 A는

$$A = \int_{a}^{b} f(x)dx - \int_{a}^{b} g(x)dx = \int_{a}^{b} |\ f(x) - g(x)\ |\ dx$$

이다. 그러므로 일반적으로 두 연속곡선 $y = f(x)$, $y = g(x)$와 $x = a$, $x = b$로 둘러싸인 영역의 넓이 A는 다음과 같다.

$$A = \int_{a}^{b} |\ f(x) - g(x)\ |\ dx$$

이때 그림 7.3에서 보는 바와 같이, 높이가 $f(x) - g(x)$이고 폭이 dx인 직사각형의 넓이 $dA = (f(x) - g(x))dx$를 **면적소**(element of area)라고 하며, 이때 구하는 넓이 A는 $A = \int_{a}^{b} dA$이고 $\Delta x \to 0$인 극한으로 생각하면 편리하다. 그림 7.3은 수직면적소를 사용하는 것을 예시하고 있는데 경우에 따라 수평면적소를 사용해도 된다.

두 곡선 사이의 넓이를 구하기 위해서 다음과 같은 단계로 진행한다.

단계 1 : 곡선의 개형을 그린다.

단계 2 : 수직면적소와 수평면적소 중 어느 것을 적용할 것인지를 결정한다.

단계 3 : 수직면적소를 택한 경우는 위의 함수에서 아래에 있는 함수를 빼서 높이를 결정하고, 수평면적소를 택한 경우는 오른쪽에 위치한 함수에서 왼쪽에 위치한 함수를 빼서 면적소의 폭을 정한다.

그리고 곡선이 서로 교차한 경우 위의 단계를 각 구간 별로 진행한다.

예제 7.1

직선 $y=x+6$과 포물선 $y=x^2$으로 둘러싸인 영역의 넓이를 구하여라.

풀이 그림 7.4에서와 같이 영역의 넓이 A를 구하기 위해서는 먼저 $y=x+6$과 $y=x^2$의 교점을 구하여야 한다. 즉,

$$x+6=x^2,\quad x^2-x-6=(x-3)(x+2)=0$$

이므로 $x=-2, 3$이다.

폐구간 $[-2, 3]$에서 $f(x)=x+6$, $g(x)=x^2$은 연속이고 항상 $f(x) \ge g(x) \ge 0$이므로 구하는 영역의 넓이 A는

$$A=\int_{-2}^{3}(x+6-x^2)dx=\left[\frac{x^2}{2}+6x-\frac{x^3}{3}\right]_{-2}^{3}$$

$$=\frac{27}{2}-(-\frac{22}{3})=\frac{125}{6}.$$

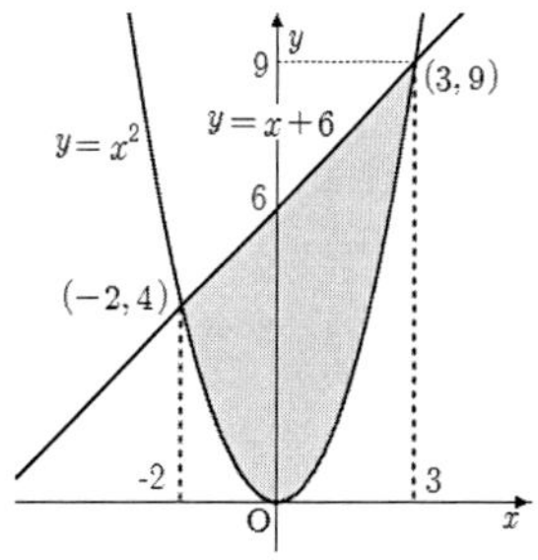

[그림 7.4]

예제 7.2

곡선 $y=\cos x$와 x축 및 직선 $x=0$, $x=2\pi$로 둘러싸인 영역의 넓이를 구하여라.

풀이 그림 7.5에서와 같이 폐구간 $[0, 2\pi]$에서 함수 $f(x)=\cos x$는 연속이고, 부분구간 $[\frac{\pi}{2}, \frac{3\pi}{2}]$에서 $f(x) \le 0$이며 나머지 부분구간에서는 $f(x) \ge 0$이므로 구하는 영역의 넓이 A는

$$A=\int_{0}^{\pi/2}\cos x\,dx+\left|\int_{\pi/2}^{3\pi/2}\cos x\,dx\right|+\int_{3\pi/2}^{2\pi}\cos x\,dx$$

$$=\int_{0}^{\pi/2}\cos x\,dx-\int_{\pi/2}^{3\pi/2}\cos x\,dx+\int_{3\pi/2}^{2\pi}\cos x\,dx$$

$$=1+2+1=4.$$

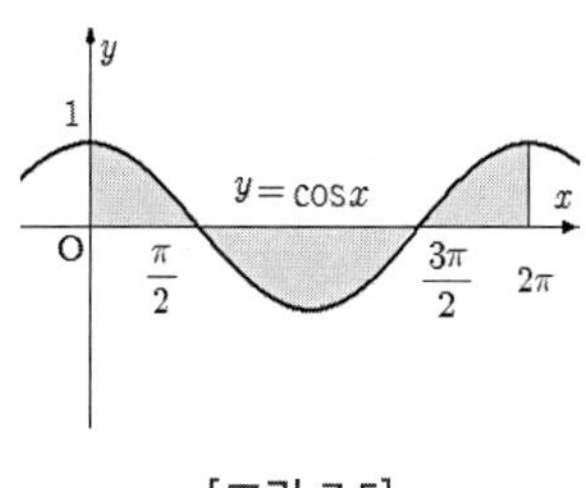

[그림 7.5]

예제 7.3

타원 $\frac{x^2}{a^2}+\frac{y^2}{b^2}=1\,(a>0,\ b>0)$으로 둘러싸인 영역의 넓이를 구하여라.

풀이 주어진 타원은 각 좌표축에 관하여 대칭이므로 타원의 넓이 A는 제1사분면에 놓인 부

분의 넓이의 4배이다. 한편 제1사분면에서는 $y = \frac{b}{a}\sqrt{a^2 - x^2}$ 이므로

$$A = 4 \cdot \frac{b}{a}\int_0^a \sqrt{a^2 - x^2}\,dx$$

여기서 $x = a\sin\theta$로 치환하면, $x = 0$일 때 $\theta = 0$이고 $x = a$일 때 $\theta = \frac{\pi}{2}$이다. 또한 $dx = a\cos\theta\, d\theta$, $\sqrt{a^2 - x^2} = a\cos\theta$이므로 구하는 영역의 넓이 A는

$$\begin{aligned} A &= \frac{4b}{a}\int_0^{\pi/2} a^2\cos^2\theta\, d\theta \\ &= 4ab\int_0^{\pi/2} \frac{1+\cos 2\theta}{2}\, d\theta \\ &= 2ab\left[\theta + \frac{1}{2}\sin 2\theta\right]_0^{\pi/2} \\ &= \pi ab. \end{aligned}$$

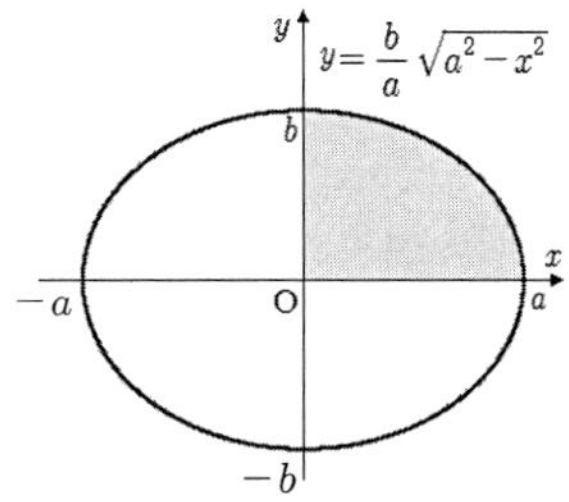

[그림 7.6]

예제 7.4

성망형(astroid) $x^{2/3} + y^{2/3} = 1$로 둘러싸인 영역의 넓이를 구하여라.

풀이 성망형은 $-\pi \le \theta \le \pi$인 매개변수를 사용하면, $x = \cos^3\theta$, $y = \sin^3\theta$로 나타낼 수 있다. 그림에서와 같이 이 성망형은 x축과 y축에 관하여 대칭이므로 성망형의 넓이 A는 제1사분면의 넓이의 4배이다. 따라서 구하는 영역의 넓이 A는

$$\begin{aligned} A &= 4\int_0^1 y\, dx = 4\int_{\pi/2}^0 y\frac{dx}{d\theta}d\theta \\ &= 4\int_{\pi/2}^0 \sin^3\theta \cdot 3\cos^2\theta(-\sin\theta)\, d\theta \\ &= 12\int_0^{\pi/2} \sin^4\theta\cos^2\theta\, d\theta \\ &= 12\int_0^{\pi/2} \left(\frac{1-\cos 2\theta}{2}\right)^2 \frac{1+\cos 2\theta}{2}\, d\theta \\ &= 12\int_0^{\pi/2} \frac{1}{8}(1-\cos 2\theta)(1-\cos^2 2\theta)\, d\theta \\ &= \frac{3}{2}\int_0^{\pi/2} (1-\cos 2\theta - \cos^2 2\theta + \cos^3 2\theta)\, d\theta \\ &= \frac{3}{2}\int_0^{\pi/2} \left(1 - \cos 2\theta - \frac{1+\cos 4\theta}{2} + (1-\sin^2 2\theta)\cos 2\theta\right) d\theta z \end{aligned}$$

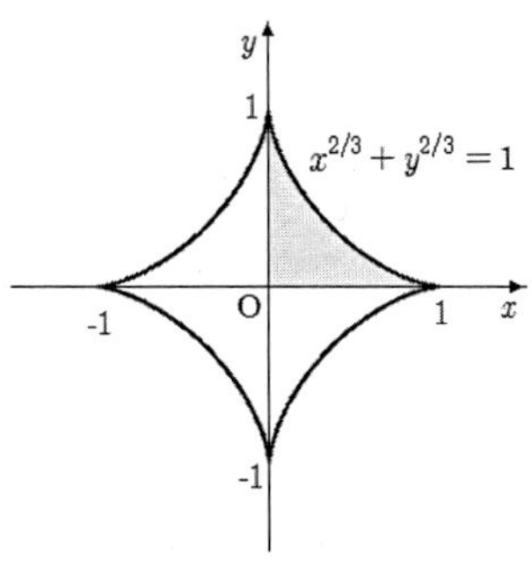

[그림 7.7]

$$=\frac{3}{2}\left[\theta-\frac{1}{2}\sin2\theta-\frac{1}{2}\theta-\frac{1}{8}\sin4\theta+\frac{1}{2}\sin2\theta-\frac{1}{6}\sin^3 2\theta\right]_0^{\pi/2}$$

$$=\frac{3}{8}\pi.$$

예제 7.5

포물선 $y^2=x+4$와 직선 $x+2y=4$로 둘러싸인 영역의 넓이를 구하여라.

풀이 수평면적소를 택한 경우

그림 7.8에서와 같이 오른쪽에 있는 곡선이 $x=4-2y$이고 왼쪽에 있는 곡선이 $x=y^2-4$이므로 $dA=((4-2y)-(y^2-4))\,dy$가 수평면적소가 되고 두 곡선의 교점의 y좌표는 2, −4이므로 구하는 넓이 A는 다음과 같다.

$$A=\int_{-4}^{2}((4-2y)-(y^2-4))dy$$

$$=\left[8y-y^2-\frac{y^3}{3}\right]_{-4}^{2}=36.$$

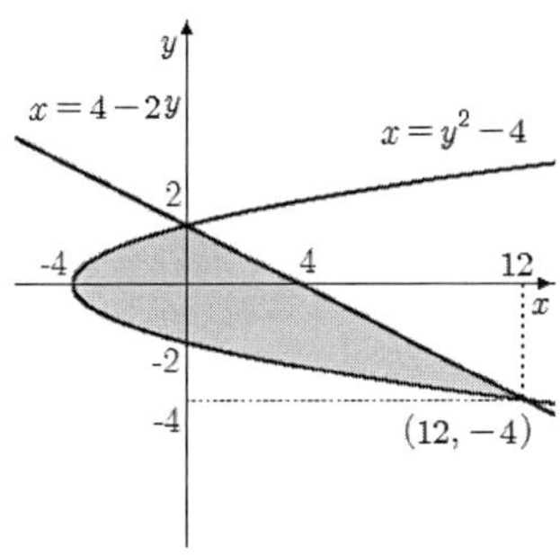

[그림 7.8]

수직면적소를 택한 경우

그림 7.8에서와 같이 위에 있는 곡선과 아래에 있는 곡선이 $x=0$에서 바뀐다. 따라서 두 부분으로 나누어 적분이 이루어진다. 즉, 구간 $[-4, 0]$에서 위, 아래 곡선은 각각 $y=\sqrt{x+4}$, $y=-\sqrt{x+4}$이고, 구간 $[0, 12]$에서 위, 아래 곡선은 각각 $y=-\frac{x}{2}+2$, $y=-\sqrt{x+4}$이다. 따라서 이들 사이의 넓이 A는 다음과 같다.

$$A=\int_{-4}^{0}(\sqrt{x+4}-(-\sqrt{x+4}))dx+\int_{0}^{12}\left(-\frac{x}{2}+2-(-\sqrt{x+4})\right)dx$$

$$=\left[\frac{4}{3}(x+4)^{3/2}\right]_{-4}^{0}+\left[-\frac{x^2}{4}+2x+\frac{2}{3}(x+4)^{3/2}\right]_0^{12}=\frac{32}{3}+\frac{76}{3}=36.$$

연습문제 7-1 Exercises

※ 다음 곡선이나 직선으로 둘러싸인 영역의 넓이를 구하여라. (1~32)

1. $y=(x+1)(x-1)(x+2),\ y=0$

2. $x=-y^2+6y-5,\ x=0$

3. $y=5-x^2,\ y=5-2x$

4. $y\sqrt{x+2}=2,\ x+3y-5=0$

5. $y(1-x)=1,\ x=2,\ x=4,\ y=0$

6. $y(1-x)=1,\ x=0,\ x=-2,\ y=0$

7. $y=x^2-2x,\ y=-x^2$

8. $y=x^2-9,\ y=(2x-1)(x+3)$

9. $x=-6y^2+4y,\ x+3y-2=0$

10. $x=y^2-2y,\ x-y-4=0$

11. $y=\sec^2 x,\ y=8\cos x,\ x=0$

12. $y=\sin \pi x,\ y=2x$

13. $y=2\tan^2 x,\ y=\sec^2 x,\ x=0$

14. $y=\tan x,\ x=\dfrac{\pi}{3},\ y=0$

15. $y=2^x,\ x=0,\ x=2,\ y=0$

16. $y=e^{-2x},\ x=0,\ x=6,\ y=0$

17. $y=xe^{-x^2},\ x=0,\ x=1$

18. $y=\cosh x,\ x=0,\ x=1$

19. $y=\cosh x,\ y=\sinh 2x,\ x=0$

20. $y=a\cosh bx,\ x=0,\ x=c,\ y=0$

21. $4y=x^2-2\ln x,\ x=1,\ x=4,\ y=0$

22. $y=(4-x)\ln x,\ y=0$

23. $y=x^2e^{-x},\ x=1,\ y=0$

24. $y=\cosh^{-1}x,\ x=4$

25. $y=\tan^{-1}x,\ x=1,\ y=0$

26. $y=\sin^{-1}x,\ x=\dfrac{1}{2},\ y=0$

27. $x^2=4ay,\ y(x^2+4a^2)=8a^3$

28. $y(x^2+a^2)=a^2(a-x),\ x=0,\ y=0$

29. $y(1+\sqrt{x})=x,\ x=4,\ y=0$

30. $y=x+\sqrt{x+1},\ x=0,\ x=3,\ y=0$

31. $x^{1/2}+y^{1/2}=a^{1/2},\ x+y=a$

32. $x^2y^2+16x^2=y^4,\ y=3$

33. 두 곡선 $y=\sin x$, $y=\sin 2x$로 둘러싸인 영역 중 작은 한 부분의 넓이를 구하여라.

34. x축과 곡선 $y=\sin^2 x$의 한 아치로 둘러싸인 영역의 넓이를 구하여라.

※ 매개방정식으로 나타낸 다음 곡선으로 둘러싸인 영역의 넓이를 구하여라. (35~38)

35. 타원 $\begin{cases} x=3+\cos t \\ x=4\sin t \end{cases}$

36. 심장형 $\begin{cases} x=a(2\cos t-\cos 2t) \\ y=a(2\sin t-\sin 2t) \end{cases}$

37. 성망형 $\begin{cases} x = a\cos^3\theta \\ y = a\sin^3\theta \end{cases}$ **38.** 포물호 $\begin{cases} x = a\cos^4\theta \\ y = a\sin^4\theta \end{cases}$

39. 쌍곡선 $x = a\cosh u,\ y = b\sinh u\ (a,\ b > 0)$와 x축, 그리고 이 곡선 위의 한 점 $P(x,\ y)$와 원점 O를 잇는 직선으로 둘러싸인 영역의 넓이를 구하여라.

40. 곡선 $x = t^2,\ y = 4t - t^3$의 환으로 둘러싸인 영역의 넓이를 구하여라.

41. 곡선 $y\sqrt{x(2-x)} = 1$과 그 점근선, 그리고 x축 사이의 영역의 넓이를 구하여라.

42. 곡선 $y(e^x + e^{-x}) = 1$과 x축 사이의 영역의 넓이를 구하여라.

43. 우시선 $y(x^2 + 4a^2) = 8a^3$과 그 점근선 사이의 영역의 넓이를 구하여라.

7.2 극좌표계에서의 평면영역의 넓이

극방정식으로 표시된

$$\text{곡선 } r = f(\theta)\text{와 두 동경벡터 } \theta = \alpha,\ \theta = \beta$$

로 둘러싸인 영역의 넓이 A를 구하는 공식을 유도하자.

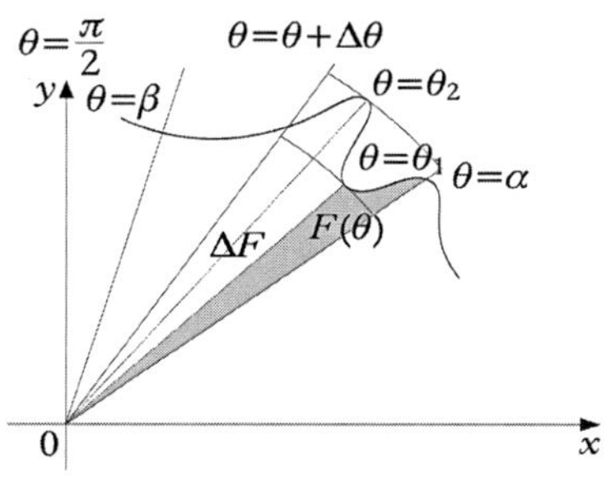

[그림 7.9]

지금 $\alpha,\ \beta$는 $\alpha < \beta,\ \beta \le \alpha + 2\pi$인 두 수이고 $f(\theta)$는 폐구간 $[\alpha,\ \beta]$에서 정의된 연속함수이며 그 구간에 속하는 모든 θ에 대하여 $f(\theta) \ge 0$일 때, 곡선 $r = f(\theta)$와 두 동경벡

터 $\theta=\alpha$, $\theta=\theta$로 둘러싸인 영역의 넓이를 $F(\theta)$라 하면

$$F(\alpha)=0,\ F(\beta)=A$$

이다.

우선, $\alpha<\theta<\beta$라 하고 θ의 증분 $\Delta\theta>0$이라 하면 넓이의 증분

$$\Delta F=F(\theta+\Delta\theta)-F(\theta)$$

는 폐구간 $[\theta,\ \theta+\Delta\theta]$에서의 곡선으로 둘러싸인 영역의 넓이이다.

이 때, 함수 $f(\theta)$가 연속이므로 폐구간 $[\theta,\ \theta+\Delta\theta]$에 속하는 모든 θ에 대하여

$$f(\theta_1)=\min f(\theta),\ f(\theta_2)=\max f(\theta)$$

를 만족하는 θ_1, θ_2가 구간 $[\theta,\ \theta+\Delta\theta]$에 존재한다.

그러므로 부채꼴의 넓이공식에 의하여

$$\frac{1}{2}f^2(\theta_1)\Delta\theta\le\Delta F\le\frac{1}{2}f^2(\theta_2)\Delta\theta,$$

즉

$$\frac{1}{2}f^2(\theta_1)\le\frac{\Delta F}{\Delta\theta}\le\frac{1}{2}f^2(\theta_2)$$

이고 $\Delta\theta\to0+$일 때, θ_1과 θ_2는 θ에, $f(\theta_1)$과 $f(\theta_2)$는 $f(\theta)$에 가까이 접근해 가므로

$$\lim_{\Delta\theta\to0+}\frac{\Delta F}{\Delta\theta}=F_+{}'(\theta)=\frac{1}{2}f^2(\theta) \tag{3}$$

가 된다. 마찬가지로, θ의 증분 $\Delta\theta<0$인 경우에도 위와 같이 함수 $f(\theta)$는 구간 $[\theta+\triangle\theta,\theta]$에서 최솟값과 최댓값을 가지므로 $\Delta F=A(\theta+\Delta\theta)-A(\theta)$는

$$f(\theta_1)\Delta\theta\ge\Delta F\ge f(\theta_2)\Delta\theta$$

를 만족한다. 이 식의 양변을 $\Delta\theta<0$로 나누고 $\Delta\theta\to0-$일 때 극한을 취하면

$$F_-{}'(\theta)=\lim_{\Delta\theta\to0-}\frac{\Delta F}{\Delta\theta}=f(\theta)$$

가 된다. 따라서 $F(\theta)$는 (α,β)에서 미분가능하고 $F'(\theta)=f(\theta)$를 만족한다.

한편, $\theta=\alpha$일 때에는 $\Delta\theta>0$, $\theta=\beta$일 때에는 $\Delta\theta<0$인 경우만을 고려하여 보면

$$F_+{}'(\alpha)=f(\alpha),\ F_-{}'(\beta)=f(\beta)$$

가 성립한다. 이것은 특히 $F(\theta)$가 $\theta=\alpha,\beta$에서 연속이라는 사실을 의미하므로 $F(\theta)$는 폐구간 $[\alpha,\beta]$에서 연속이고 개구간 (α,β)에서 미분가능하다.

또한, 식(3)은 $f(\theta)<0$인 경우에도 성립하므로

$$g(\theta)=\frac{1}{2}f^2(\theta)$$

라고 하면 미적분학의 기본정리에 의하여

$$A=F(\beta)=F(\beta)-F(\alpha)=\Big[F(\theta)\Big]_\alpha^\beta=\frac{1}{2}\int_\alpha^\beta f^2(\theta)d\theta=\frac{1}{2}\int_\alpha^\beta r^2 d\theta$$

가 된다. 이 식이 극좌표에서의 평면영역의 넓이를 구하는 공식이다.

이로써, 다음 정리를 얻게 된다.

정리 7.2

극방정식으로 나타낸 곡선 $r=f(\theta)$가 폐구간 $[\alpha,\ \beta]$에서 연속일 때, 이 곡선과 두 동경벡터 $\theta=\alpha$, $\theta=\beta$로 둘러싸인 영역의 넓이는 다음과 같다.

$$\frac{1}{2}\int_\alpha^\beta f^2(\theta)d\theta=\frac{1}{2}\int_\alpha^\beta r^2 d\theta$$

예제 7.6

라마송(limacon) $r=2+\cos\theta$의 내부 영역의 넓이를 구하여라.

풀이 그림에서와 같이 θ가 0에서 2π까지 변하면 라마송이 이루어지므로 구하는 영역의 넓이 A는

$$\begin{aligned}A&=\frac{1}{2}\int_0^{2\pi} r^2 d\theta=\frac{1}{2}\int_0^{2\pi}(2+\cos\theta)^2\,d\theta\\&=\frac{1}{2}\int_0^{2\pi}(4+4\cos\theta+\cos^2\theta)\,d\theta\\&=\frac{1}{2}\int_0^{2\pi}\left(4+4\cos\theta+\frac{1}{2}(1+\cos 2\theta)\right)d\theta\\&=\frac{1}{2}\left\{\int_0^{2\pi}\frac{9}{2}\,d\theta+4\int_0^{2\pi}\cos\theta d\theta+\frac{1}{2}\int_0^{2\pi}\cos 2\theta\,d\theta\right\}\\&=\frac{1}{2}\left\{\left[\frac{9}{2}\theta\right]_0^{2\pi}+[4\sin\theta]_0^{2\pi}+\left[\frac{1}{4}\sin 2\theta\right]_0^{2\pi}\right\}\\&=\frac{9\pi}{2}.\end{aligned}$$

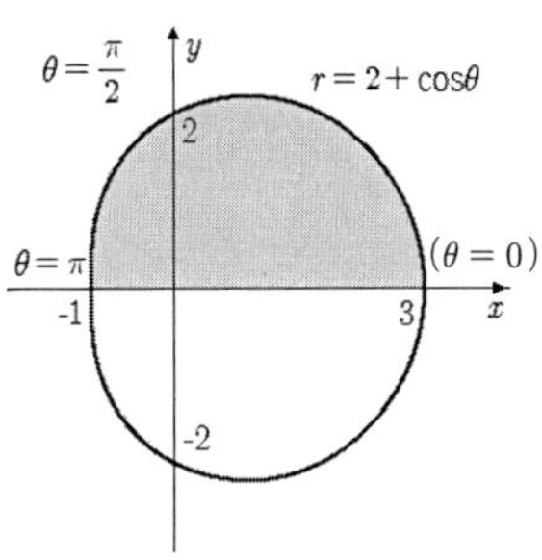

[그림 7.10]

참고 대칭성을 이용하면 이 곡선은 동경벡터 $\theta = \pi$ (즉, x축)에 관하여 대칭이므로 구하는 영역의 넓이 A는

$$A = 2 \cdot \frac{1}{2}\int_0^{\pi} r^2 d\theta = 2 \cdot \frac{1}{2}\int_0^{\pi} (2+\cos\theta)^2 d\theta = \frac{9}{2}\pi.$$

예제 7.7

삼엽장미선(three-leaf rose) $r = 4\sin 3\theta$로 둘러싸인 영역의 넓이를 구하여라.

풀이 그림 7.11에서와 같이 곡선 $r = 4\sin 3\theta$의 주기는 $\frac{2\pi}{3}$이므로 구간 $0 \le \theta \le \frac{2\pi}{3}$에서 나타난 형태는 구간 $\frac{2\pi}{3} \le \theta \le \frac{4\pi}{3}$와 $\frac{4\pi}{3} \le \theta \le 2\pi$에서 반복된다. 또한 이 곡선은 동경벡터 $\theta = \frac{\pi}{2}$와 $\theta = \frac{\pi}{6}$에 관해서 대칭이므로 이 곡선과 두 동경벡터 $\theta = 0$, $\theta = \frac{\pi}{6}$로 둘러싸인 영역의 넓이를 6배하면 된다. 따라서 구하는 영역의 넓이 A는

$$\begin{aligned} A &= 6 \cdot \frac{1}{2}\int_0^{\pi/6} r^2 d\theta \\ &= 3\int_0^{\pi/6} (4\sin 3\theta)^2\, d\theta \\ &= 3 \cdot 16\int_0^{\pi/6} \sin^2 3\theta\, d\theta \\ &= 24\int_0^{\pi/6} (1-\cos 6\theta)d\theta \\ &= 24\left[\theta - \frac{1}{6}\sin 6\theta\right]_0^{\pi/6} \\ &= 4\pi. \end{aligned}$$

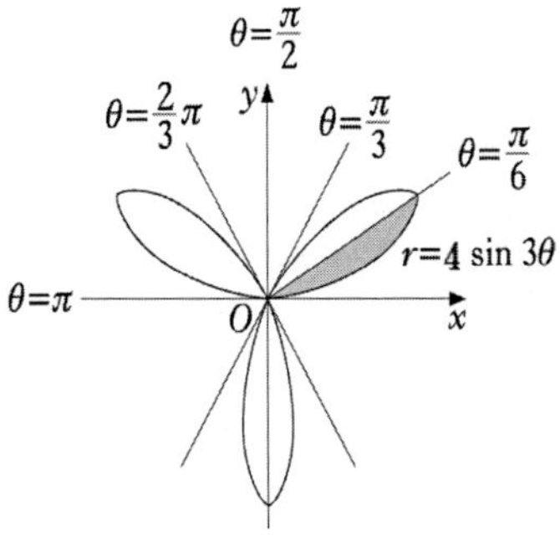

[그림 7.11]

참고 위의 예제에서 곡선은 구간 $0 \le \theta \le \frac{2\pi}{3}$, $\frac{2\pi}{3} \le \theta \le \frac{4\pi}{3}$, $\frac{4\pi}{3} \le \theta \le 2\pi$에서 정의되므로 구하는 영역의 넓이 A는

$$A = 3 \cdot \frac{1}{2}\int_0^{\pi/3} r^2 d\theta$$

으로 하여도 된다.

예제 7.8

원 $r=2$의 외부와 연주형(lemniscate) $r^2=8\cos 2\theta$의 내부로 이루어진 영역의 넓이를 구하여라.

풀이 그림 7.12에서와 같이, $r^2=8\cos 2\theta$의 그래프는 $\cos 2\theta>0$이어야 하므로 $-\frac{\pi}{4}<\theta<\frac{\pi}{4}$와 $\frac{3\pi}{4}<\theta<\frac{5\pi}{4}$에서만 r의 실수값이 존재한다. 따라서 두 곡선의 교점인 θ좌표를 구하면

$$8\cos 2\theta=(2)^2,\ \cos 2\theta=\frac{1}{2}\text{이므로 } \theta=\frac{\pi}{6}.$$

따라서 구하는 넓이 A는

$$A=4\cdot\left\{\frac{1}{2}\int_0^{\pi/6}8\cos 2\theta d\theta-\frac{1}{2}\int_0^{\pi/6}2^2 d\theta\right\}$$

$$=4\cdot\frac{1}{2}\int_0^{\pi/6}(8\cos 2\theta-2^2)d\theta$$

$$=2\left[4\sin 2\theta-4\theta\right]_0^{\pi/6}$$

$$=4\sqrt{3}-\frac{4\pi}{3}.$$

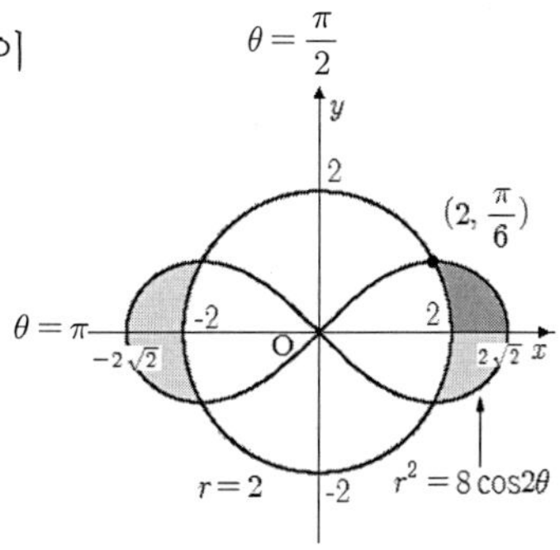

[그림 7.12]

예제 7.9

심장형 $r=1+\cos\theta$의 외부와 원 $r=\sqrt{3}\sin\theta$의 내부로 이루어진 영역의 넓이를 구하여라.

풀이 두 곡선의 교점인 θ좌표를 구하기 위하여 $1+\cos\theta=\sqrt{3}\sin\theta$의 양변을 제곱하고 $\sin^2\theta=1-\cos^2\theta$를 이용하여 정리하면

$$(2\cos\theta-1)(\cos\theta+1)=0,\ \cos\theta=\frac{1}{2},\ \cos\theta=-1$$

이므로 $\theta=\frac{\pi}{3}$, $\theta=\pi$. 따라서 구하는 넓이 A는

$$A=\frac{1}{2}\int_{\pi/3}^{\pi}(\sqrt{3}\sin\theta)^2 d\theta-\frac{1}{2}\int_{\pi/3}^{\pi}(1+\cos\theta)^2 d\theta$$

$$=\frac{1}{2}\int_{\pi/3}^{\pi}(3\sin^2\theta-1-2\cos\theta-\cos^2\theta)d\theta$$

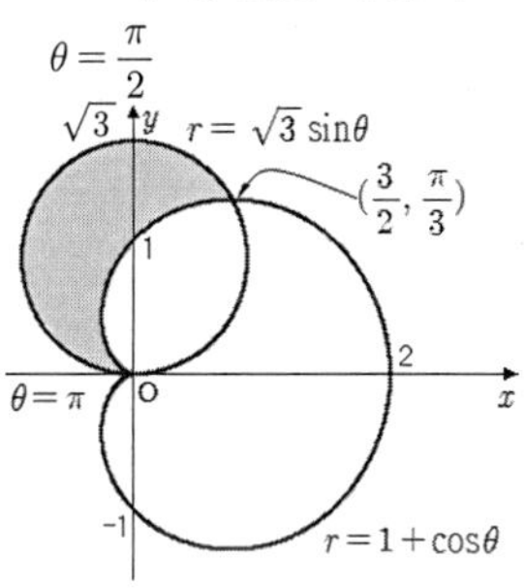

[그림 7.13]

$$=\frac{1}{2}\int_{\pi/3}^{\pi}\left(\frac{3}{2}(1-\cos 2\theta)-1-2\cos\theta-\frac{1}{2}(1+\cos 2\theta)\right)d\theta$$

$$=\frac{1}{2}\int_{\pi/3}^{\pi}(-2\cos\theta-2\cos 2\theta)d\theta$$

$$=\frac{1}{2}[-2\sin\theta-\sin 2\theta]_{\pi/3}^{\pi}$$

$$=\frac{1}{2}\left[2\frac{\sqrt{3}}{2}+\frac{\sqrt{3}}{2}\right]=\frac{3\sqrt{3}}{4}.$$

■

연습문제 7-2 Exercises

※ 극방정식으로 나타낸 다음 곡선으로 둘러싸인 영역의 넓이를 구하여라. (1~16)

1. $r=2\cos\theta$

2. $r=a(1+\sin\theta)$

3. $r=2\cos 3\theta$

4. $r=a(1-\sin\theta)$

5. $r=8\sin^2\frac{\theta}{2}$

6. $r=1+\cos\theta$

7. $r^2=4\cos 2\theta$

8. $r=2\cos 4\theta$

9. $r^2=a^2\sin\theta$

10. $r^2=a^2\cos\theta$

11. $r=4\sin^2\theta\cos\theta$

12. $r=a\cos n\theta$ (n은 정수)

13. $r=a(1-\cos\theta)$

14. $r=a(1-2\sin\theta)$

15. $r=a(2+\cos\theta)$

16. $r=\sin\theta\cos^2\theta$

※ 극방정식으로 나타낸 다음 두 곡선의 공통인 영역의 넓이를 구하여라. (17~22)

17. $r=6\sin\theta,\ r=12\sin\theta$

18. $r=5\sin\theta,\ r=5\cos\theta$

19. $r=3\cos\theta,\ r=1+\cos\theta$

20. $r=a,\ r=2a^2\cos 2\theta$

21. $r=1+\sin\theta,\ r^2=\frac{1}{2}\sin\theta$의 하부 환

22. $r^2=6\cos 2\theta,\ r=2\sin\theta$

※ 극방정식으로 나타낸 다음 두 곡선에 대하여 첫째 곡선의 내부와 둘째 곡선의 외부에 있는 공통영역의 넓이를 구하여라. (23~34)

23. $r=4\cos\theta,\ r=2$

24. $r=2+2\cos\theta,\ r=1$

25. $r=3\cos\theta,\ r=1+\cos\theta$

26. $r=\sqrt{2\cos\theta},\ r=2(1-\cos\theta)$

27. $r=5\sin\theta,\ r=2+\sin\theta$

28. $r=2\sin\theta,\ r=\sin\theta+\cos\theta$

29. $r=2\sin^2\theta,\ r=1-\sin\theta$

30. $r=a\cos\theta,\ r=a\sin\theta$

31. $r^2=2\cos 2\theta,\ r=1$

32. $r=4(1+\sin\theta),\ r=4$

33. $r=-6\sin\theta,\ r=2(1-\cos\theta)$

34. $r=a\cos\theta,\ r=a\sin 2\theta$

※ 극방정식으로 나타낸 다음 두 곡선으로 둘러싸인 영역의 넓이를 구하여라. (35~38)

35. $r=3\cos\theta,\ r=1+\cos\theta$

36. $r=\csc\theta,\ r=\tan\theta\sec\theta$

37. $r=\tan\theta,\ r=\cot\theta$

38. $r^2=6\sec 2\theta,\ r=3\sec\theta$

39. 삼등분곡선 $r=a(1-2\cos\theta)$의 작은 환으로 둘러싸인 영역의 넓이를 구하여라.

40. 엽형선 $r=a(\sec\theta-\tan\theta)$의 환으로 둘러싸인 영역의 넓이를 구하여라.

※ 극방정식으로 변형하여 다음 곡선으로 둘러싸인 영역의 넓이를 구하여라. (41~47)

41. $(x^2+y^2)^3=4a^2x^2y^2$

42. $b^2x^2+a^2y^2=a^2b^2$

43. $y=x^2,\ y=4x$

44. $y=x,\ y=x^3$

45. $x^2+y^2=a^2,\ y=x,\ x=a$

46. $(x^2+y^2)^2=a^2(x^2-y^2)$

47. 반지름 a인 원의 넓이를 구하여라.

7.3 입체의 부피 : 판, 원판, 구멍원판

정적분은 넓이를 계산하기 위하여 발명되었으나 그 용도는 훨씬 더 다양화되었다.

정적분이란 많은 양들에 대해서, 어떤 것을 매우 작은 조각들로 자르고, 각각의 근사값을 구한 후, 모두 더해서, 그 조각들이 작아질 때까지 극한을 취하는 것이라고 생각할 수 있다. 그러므로 이렇게 자른 각각의 조각의 부피의 근사값을 쉽게 구할 수 있다면, 적분하는 방법을 사용하여 입체의 부피를 구할 수 있다.

부피란 무엇인가? 우선 수직 기둥(right cylinder)이라 부르는 간단한 입체들을 고려해 보자. 그림 7.14에 다양한 수직기둥들이 그려져 있다. 이 입체들은 평면영역(밑면)을 그 영역에 수직인 방향으로 거리 h만큼 움직여서 만들었다. 각각의 경우, 그 입체의 부피는 밑면의 넓이 A와 높이 h를 곱한 값으로 정의하는 것이 타당할 것이다. 즉,

$$V = A \cdot h$$

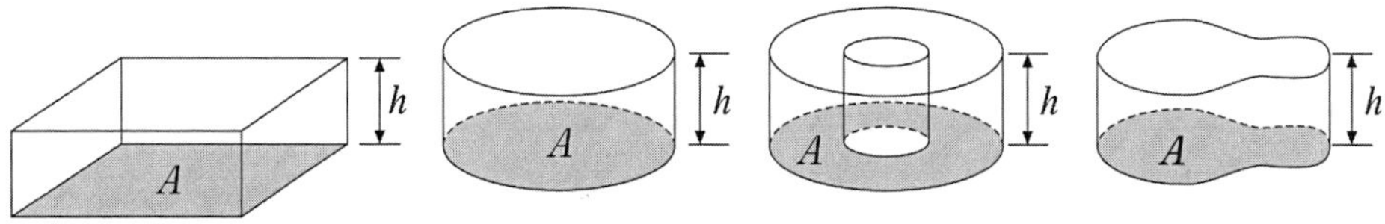

[그림 7.14]

이제 좀 더 일반적인 입체들을 생각하여보자. 직사각형의 넓이를 이용하여 평면영역의 넓이를 계산할 수 있었듯이, 정육면체 또는 직육면체의 부피를 이용하여 일반적인 입체들의 부피를 유추할 수 있을 것이다. 따라서 공간에 주어진 입체의 부피는 다음과 같이 정의한다.

> **입체의 부피** 입체 V에서 경계면을 제외한 집합 $(V-\partial V)$가 각 면만을 공유할 수 있는 셀 수 있는 만큼의 직육면체들의 합집합으로 표현되면, 각 직육면체 부피들의 합(무한급수)을 V의 **부피**(volumn)라고 정의한다.

이렇게 부피를 정의하면, 위에서 살펴본 수직기둥들의 경우에, 높이가 일정하므로 밑면의 넓이 A를 정의한 7.2절의 내용과 종합하여 볼 때, 부피가 $V = A \cdot h$가 된다는 것을 알 수 있다. 이것을 이용하면 다음의 정리를 얻는다.

정리 7.3

x축에 수직인 평면으로 자른 단면의 넓이가 연속함수 $A(x) \geq 0$이고 구간 $a \leq x \leq b$에 놓여있는 입체 V의 부피는 다음과 같다(그림 7.15 참조).

$$V = \int_a^b A(x)\,dx$$

심화 학습

증명 입체가 놓여있는 구간 $[a,\ b]$에서 점들 $a = x_0 < x_1 < x_2 < \cdots < x_n = b$를 잡아서 이 구간을 분할한 다음에,

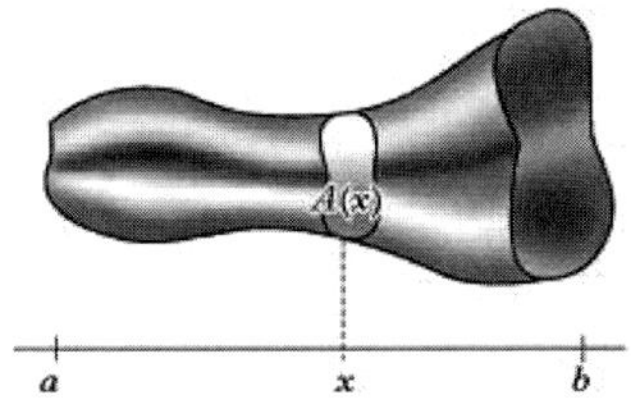

[그림 7.15]

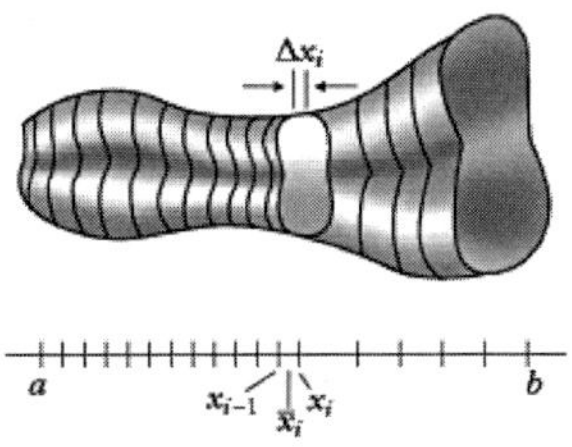

[그림 7.16]

이 점들을 지나고 x축에 수직인 평면들을 그리고, 이 입체를 각각 잘라서 얇은 판(slab)들로 만든다(그림 7.16 참조). 단면적 $A(x)$가 폐구간 $[a, b]$에서 연속이므로, 극치의 정리에 의하여, 각 소구간 $[x_{i-1}, x_i]$에서 최댓값과 최솟값을 갖는 점들이 존재한다. 만약

$$A(a_i) = \min_{x_{i-1} \leqq x \leqq x_i} A(x),\ A(b_i) = \max_{x_{i-1} \leqq x \leqq x_i} A(x)$$

라고 하면, 구간 $[x_{i-1}, x_i]$에 대응되는 얇은 판의 부피는 두 개의 수직 기둥의 부피 사이에 있으므로

$$A(a_i)\Delta x_i \leqq \Delta V_i \leqq A(b_i)\Delta x_i$$

가 성립한다. 따라서

$$\lim_{\substack{n\to\infty \\ \Delta x_i \to 0}} \sum_{i=1}^{n} A(a_i)\Delta x_i \leqq \lim_{n\to\infty} \sum_{i=1}^{n} \Delta V_i \leqq \lim_{\substack{n\to\infty \\ \Delta x_i \to 0}} \sum_{i=1}^{n} A(b_i)\Delta x_i.$$

그런데 함수 $A(x)$가 폐구간 $[a, b]$에서 연속이므로 위의 부등식의 첫 번째와 세 번째의 극한은 정적분

$$\int_a^b A(x)dx$$

이 되며, 중간에 있는 값은 부피가 되므로 다음이 성립한다.

$$V = \int_a^b A(x)dx$$ □

한편, 위의 증명과정에서 알 수 있듯이, 얇은 판의 부피는 수직기둥의 부피와 근사적으로 같으므로 구간 $[x_{i-1}, x_i]$에 속하는 적당한 점 $\overline{x_i}$에 대하여

$$\Delta V_i \approx A(\overline{x_i})\Delta x_i$$

를 만족한다. 따라서 입체의 부피를 구할 때, 주어진 입체를 잘게 자르고, 근사값을 구한 다음에, 적분을 함으로써 부피를 구할 수 있다.

또한 임의의 $x \in [a, b]$에 대하여 구간 $[a, x]$에 대응되는 부피는

$$V(x) = \int_a^x A(t)dt$$

이므로 양변을 x에 관하여 미분하면 $dV = A(x)dx$를 얻는다. 이것을 **체적소**(element of volumn)라고 부른다.

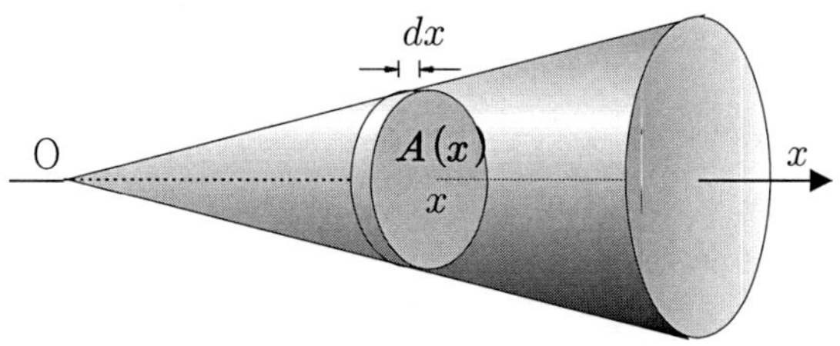

체적소 $dV = A(x)dx$

그러므로 입체의 부피를 구할 때, 이와 같은 체적소 $dV = A(x)dx$를 구하여 적분하여도 부피를 구할 수 있다는 것을 알 수 있다(위의 그림 참조).

예제 7.10

곡선 $y = \sqrt{r^2 - x^2}$과 x축으로 둘러싸인 평면영역을 x축에 관하여 회전시킬 때 생기는 회전체의 부피를 구하여라.

풀이 그림 7.17에서와 같이 x축에 관하여 회전시킬 때 생기는 회전체의 부피를 구하기 위해서는 수직으로 잘라야하므로 x를 적분 변수로 택해야 한다. 따라서 구하는 회전체의 부피 V는

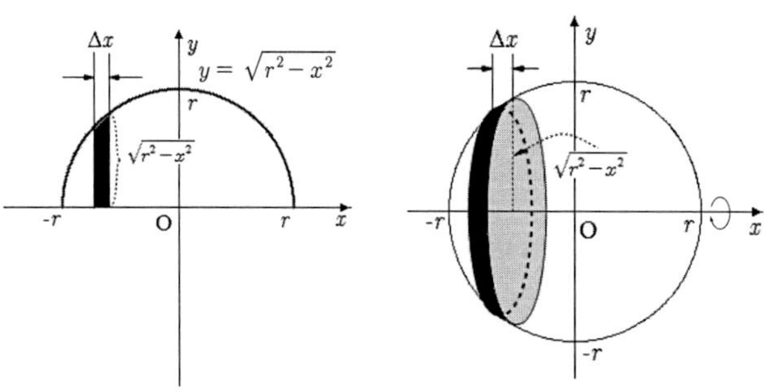

$$\Delta V \approx \pi(\sqrt{r^2 - x^2})^2 \Delta x$$
$$dV = \pi(\sqrt{r^2 - x^2})^2 dx$$
$$V = \int_{-r}^{r} \pi(\sqrt{r^2 - x^2})^2\, dx$$

[그림 7.17]

$$V = \pi \int_{-r}^{r} (\sqrt{r^2 - x^2})^2 dx$$
$$= \pi \int_{-r}^{r} (r^2 - x^2) dx$$
$$= 2\pi \int_{0}^{r} (r^2 - x^2) dx$$
$$= 2\pi \left[r^2 x - \frac{1}{3} x^3 \right]_0^r$$
$$= \frac{4}{3}\pi r^3.$$

즉, 위의 방법을 이용하여 구한 원의 부피는 우리가 이미 알고 있는 공식과 일치한다.

예제 7.11

곡선 $y = \sqrt{x}$, y축, 직선 $y = 2$으로 둘러싸인 영역을 y축에 관하여 회전시켜서 생기는 입체의 부피를 구하여라.

풀이 그림 7.18에서와 같이 y축에 관하여 회전시킬 때 생기는 회전체의 부피를 구하기 위해서는 수평으로 잘라야하므로 y를 적분 변수로 택해야 한다. $y = \sqrt{x}$은 $x = y^2$과 같다. 따라서 구하는 회전체의 부피 V는

$$V = \pi \int_0^2 (y^2)^2 dy = \pi \left[\frac{1}{5} y^5 \right]_0^2 = \frac{32}{5}\pi.$$

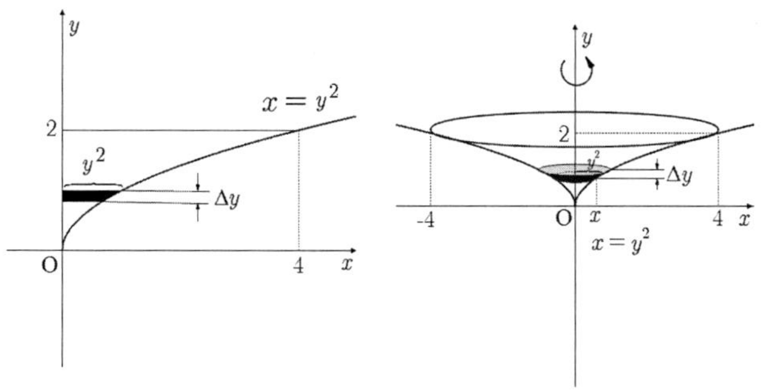

$$\Delta V \approx \pi (y^2)^2 \Delta y$$
$$dV = \pi (y^2)^2 dy$$
$$V = \int_0^2 \pi (y^2)^2 dy$$

[그림 7.18]

♥ 회전 입체 : 원판 방법

평면위에 있는 어떤 직선에 관하여 어느 한쪽에 완전히 놓여 있는 평면영역을 그 직선

에 관하여 회전시키면, **회전 입체**(회전체, solid of revolution)가 생긴다. 이 때 그 직선을 **회전축**(axis of revolution)이라고 부른다.

예를 들어, 반원과 그 지름으로 둘러싸인 영역을 그 지름을 회전축으로 하여 회전시키면, 입체공이 생긴다(그림 7.19 참조). 직각삼각형 속의 영역을 (빗변이 아닌) 어느 한 변을 회전축으로 하여 회전시키면, 직원뿔 입체가 생긴다(그림 7.20 참조). 원을 그 평면에 놓여 있고 그 원과 만나지 않는 직선을 회전축으로 하여 회전시키면, 토러스(도넛)가 생긴다(그림 7.21 참조). 이 각각의 경우, 그 부피를 정적분으로 나타낼 수 있다.

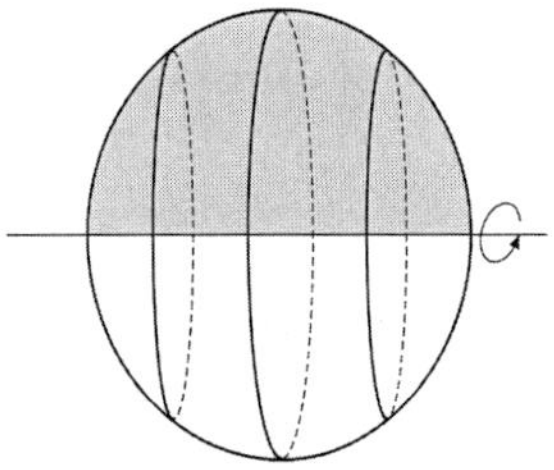

[그림 7.19]

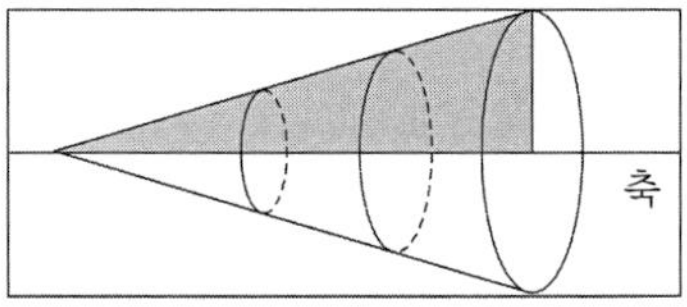

[그림 7.20]

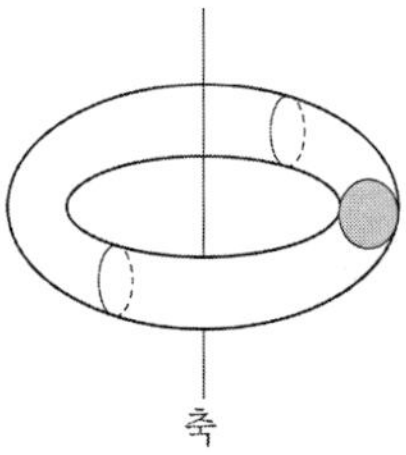

[그림 7.21]

♣ 구멍원판 방법

어떤 경우는 회전 입체를 자르면 가운데에 구멍이 있는 원판이 생긴다. 이것을 **구멍원판**(washer)이라고 부른다. 그림 7.22에 나오는 입체와 그 부피 공식을 보기 바란다.

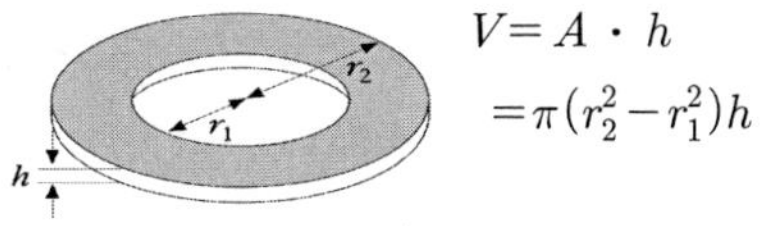

[그림 7.22]

예제 7.12

포물선 $y = x^2 + 2$과 직선 $y = x + 8$으로 둘러싸인 영역을 x축에 관하여 회전시켜서 생기는 입체의 부피를 구하여라.

풀이 그림 7.23과 같이 수직면적소를 선택하면, x를 적분 변수로 택해야 한다. 따라서 구하는 회전체의 부피 V는

$$V = \pi \int_{-2}^{3} ((x+8)^2 - (x^2+2)^2)dx = 250\pi.$$

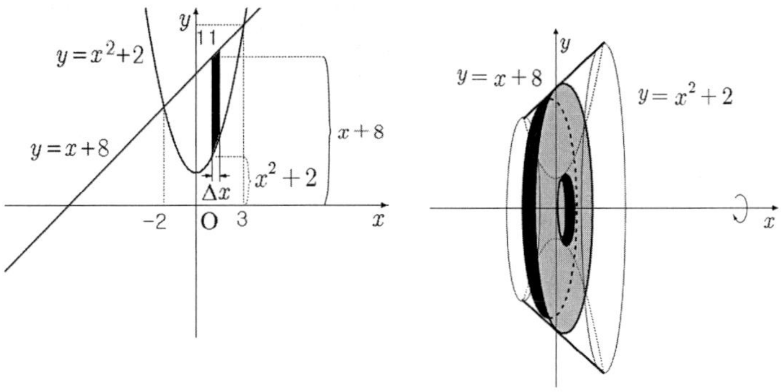

$$\Delta V \approx \pi[(x+8)^2-(x^2+2)^2]\Delta x$$

$$dV=\pi[(x+8)^2-(x^2+2)^2]dx$$

$$V=\int_{-2}^{3}\pi[(x+8)^2-(x^2+2)^2]dx$$

[그림 7.23]

예제 7.13

곡선 $y^2=3-x$과 직선 $x=2$으로 둘러싸인 영역을 y축에 관하여 회전시켜서 생기는 입체의 부피를 구하여라.

풀이 그림 7.24에서와 같이, 구멍원판의 바깥쪽 반지름은 $(3-y^2)$이고, 안쪽 반지름은 2이다. 그리고 둘러싸인 영역은 x축에 관하여 대칭이므로 제1사분면에 놓인 부분을 회전시킬 때, 생기는 입체의 부피를 2배하면 된다. 그러므로 0에서 1까지 적분한 다음, 2를 곱하면 된다. 따라서, 구하는 회전체의 부피 V는

$$V=2\cdot\pi\int_0^1((3-y^2)^2-2^2)dy$$

$$=\frac{32}{5}\pi.$$

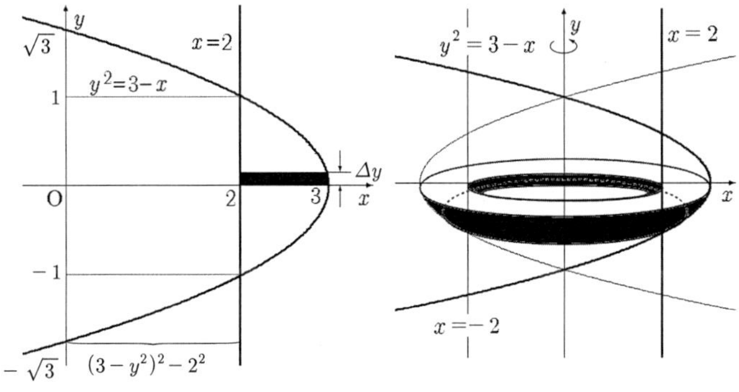

$$\Delta V \approx \pi[(3-y^2)^2-2^2]\Delta y$$

$$dV=\pi[(3-y^2)^2-2^2]dy$$

$$V=\int_{-1}^{1}\pi[(3-y^2)^2-2^2]dy$$

[그림 7.24]

◆ 단면적을 아는 다른 입체들

지금까지는 원형 단면을 가지는 입체들만 다루었다. 사실, 단면의 넓이 $A(x)$만 구할 수 있으면 단면의 모양에 관계없이

$$V=\int_a^b A(x)dx$$

를 이용하여 부피를 구할 수 있다.

예제 7.14

$y=1-x^2/4$, x축, y축으로 둘러싸인 1사분면의 평면영역이 어떤 입체의 밑면이다. 이 입체의 x축에 수직인 각각의 단면은 정사각형이다. 이 입체의 부피를 구하여라.

풀이 그림 7.25와 같이 이 입체를 x축에 수직인 평면으로 자르면, 마치 치즈조각처럼 얇은 정사각형 판들이 생긴다. 따라서 구하는 회전체의 부피 V는

$$V=\int_0^2\left(1-\frac{x^2}{2}+\frac{x^4}{16}\right)dx=\left[x-\frac{x^3}{6}+\frac{x^5}{80}\right]_0^2$$

$$=2-\frac{8}{6}+\frac{32}{80}=\frac{16}{15}\approx 1.07$$

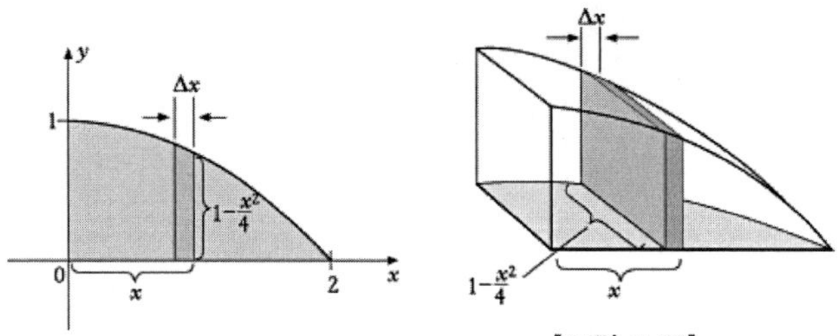

$$\Delta V\approx\left(1-\frac{x^2}{4}\right)^2\Delta x$$

$$dV=\left(1-\frac{x^2}{4}\right)^2 dx$$

$$V=\int_0^2\left(1-\frac{x^2}{4}\right)^2 dx$$

[그림 7.25]

예제 7.15

$y=\sin x$의 한 호와 x축으로 둘러싸인 영역이 어떤 입체의 밑면이다. 이 입체의 x축에 수직인 각각의 단면은 정삼각형이다. 이 입체의 부피를 구하여라.

풀이 그림 7.26에서 알 수 있듯이, 한 변이 a인 정삼각형의 넓이는 $\sqrt{3}\,a^2/4$이므로 $\Delta V\approx\left(\frac{\sqrt{3}}{4}\sin^2 x\right)\Delta x$이다. 따라서 반각공식 $\sin^2 x=(1-\cos 2x)/2$에 의하여

회전체의 부피 V를 구하면,

$$V=\frac{\sqrt{3}}{4}\int_0^\pi \sin^2 x\,dx = \frac{\sqrt{3}}{8}\int_0^\pi (1-\cos 2x)dx$$
$$=\frac{\sqrt{3}}{8}\left[\int_0^\pi 1\,dx - \frac{1}{2}\int_0^\pi \cos 2x \cdot 2dx\right]$$
$$=\frac{\sqrt{3}}{8}\left[x-\frac{1}{2}\sin 2x\right]_0^\pi = \frac{\sqrt{3}}{8}\pi \approx 0.68.$$

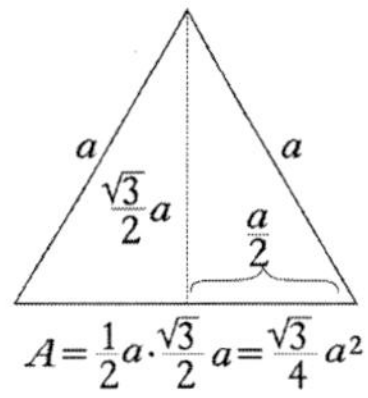

[그림 7.26]

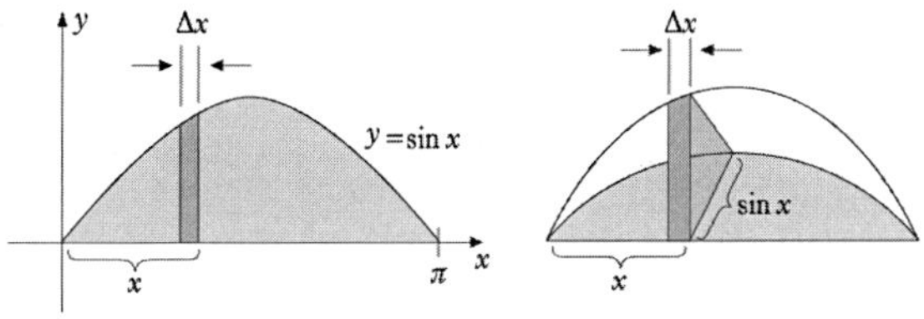

$$\Delta V \approx \left(\frac{\sqrt{3}}{4}\sin^2 x\right)\Delta x$$
$$dV=\left(\frac{\sqrt{3}}{4}\sin^2 x\right)dx$$
$$V=\int_0^\pi \left(\frac{\sqrt{3}}{4}\sin^2 x\right)dx$$

[그림 7.27]

연습문제 7-3 Exercises

※ 문제 1~4는 주어진 영역을 주어진 축에 관하여 회전시켜서 생기는 입체의 부피를 구하여라. 잘게 자르고, 근사값을 구하고, 적분한다.

1. x축

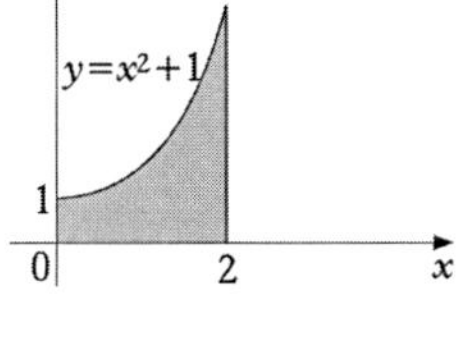

2. x축

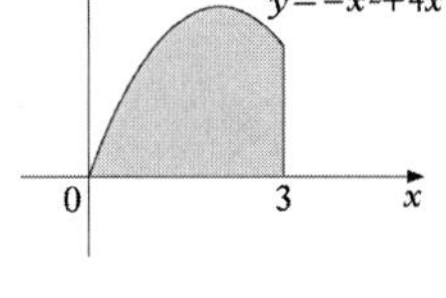

3. (a) x축
(b) y축

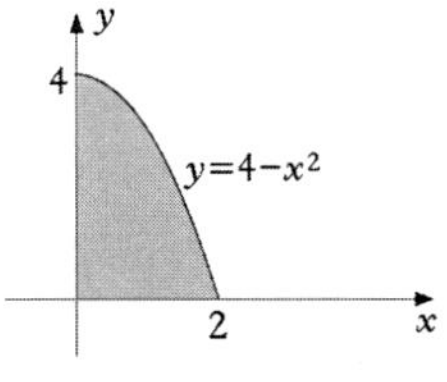

4. (a) x축
(b) y축

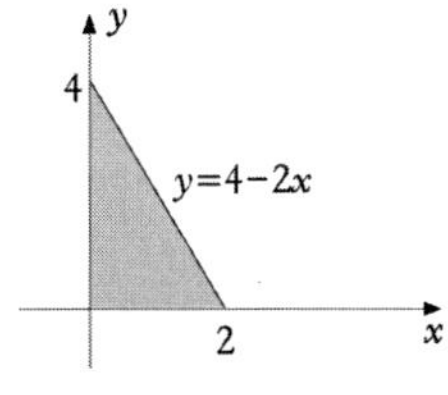

※ 문제 5~10은 주어진 방정식들의 그래프들로 둘러싸인 영역 R을 그리고, 수직으로 자른 전형적인 한 조각을 보여라. 또한 R을 x축에 관하여 회전시켰을 때 생기는 입체의 부피를 구하여라.

5. $y=\dfrac{x^2}{\pi},\ x=4,\ y=0$

6. $y=x^3,\ x=3,\ y=0$

7. $y=\dfrac{1}{x},\ x=2,\ x=4,\ y=0$

8. $y=x^{3/2},\ y=0,\ x=2$와 $x=3$ 사이

9. $y=\sqrt{9-x^2},\ y=0,\ x=-2$와 $x=3$ 사이

10. $y=x^{2/3},\ y=0,\ x=1$과 $x=27$ 사이

※ 문제 11~16은 주어진 방정식들의 그래프들로 둘러싸인 영역 R을 그리고, 수평으로 자른 전형적인 한 조각을 보여라. 또한 R을 y축에 관하여 회전시켰을 때 생기는 입체의 부피를 구하여라.

11. $x=y^2,\ x=0,\ y=3$

12. $x=\dfrac{2}{y},\ y=2,\ y=6,\ x=0$

13. $x=2\sqrt{y},\ y=4,\ x=0$

14. $y=x^{2/3},\ y=27,\ x=0$

15. $y=x^{3/2},\ y=9,\ x=0$

16. $x=\sqrt{4-y^2},\ x=0$

17. 타원 $\dfrac{x^2}{a^2}+\dfrac{y^2}{b^2}=1$의 위쪽 절반과 x축으로 둘러싸인 영역을 x축에 관하여 회전시켰을 때, 생기는 입체의 부피를 구하여라. 즉, 길쭉한 회전타원체(prolate spheroid)의 부피를 구하여라. 여기서 a와 b는 양의 상수들이고, $a>b$이다.

18. 직선 $y=6x$와 포물선 $y=6x^2$으로 둘러싸인 영역을 x축에 관하여 회전시켜서 생기는 입체의 부피를 구하여라.

19. 직선 $x-2y=0$과 포물선 $y^2=4x$로 둘러싸인 영역을 x축에 관하여 회전시켜서 생기는 입체의 부피를 구하여라.

20. 원 $x^2+y^2=r^2$, x축, 그리고 직선 $x=r-h$ (여기서 $0<h<r$)로 둘러싸인 1사분면의 영역을 x축에 관하여 회전시켜서 생기는 입체의 부피를 구하여라. 즉, 반지름이 r인 구에서 높이 h인 구대(spherical segment)의 부피를 구하여라.

21. 직선 $y=4x$와 포물선 $y=4x^2$으로 둘러싸인 영역을 y축에 관하여 회전시켜서 생기는 입체의 부피를 구하여라.

22. 포물선 $3x^2-16y+48=0$과 $x^2-16y+80=0$, 그리고 y축으로 둘러싸인 1사분면의 영역을 직선 $y=2$에 관하여 회전시켜서 생기는 입체의 부피를 구하여라.

23. 어떤 입체의 밑면이 원 $x^2+y^2=4$의 내부이다. 이 입체를 x축에 수직인 평면으로 자른 모든 단면이 정사각형이다. 이 입체의 부피를 구하여라.

24. 문제 23에 주어진 입체를 x축에 수직인 평면으로 자른 모든 단면이 이등변삼각형이며, 밑변이 xy평면에 놓여 있고, 높이가 4라고 하자. 부피를 구하여라. (도움말: 적분을 계산하기 위해서, $\int_{-2}^{2}\sqrt{4-x^2}\,dx$를 반원의 넓이라고 해석하여라.)

25. 어떤 입체의 밑면이 호 $y=\sqrt{\cos x}$ (여기서 $-\pi/2 \le x \le \pi/2$)와 x축으로 둘러싸여 있다. x축에 수직인 각각의 단면은 정사각형이며, 이 밑면에 놓여 있다. 이 입체의 부피를 구하여라.

26. 어떤 입체의 밑면은 $y=1-x^2$과 $y=1-x^4$으로 둘러싸인 영역이다. 이 입체의 x축에 수직인 단면은 정사각형이다. 이 입체의 부피를 구하여라.

7.4 회전 입체의 부피 : 외각

회전 입체의 부피를 구하는 또 다른 방법으로서, 원기둥형 껍질을 이용하는 방법이 있다. 많은 문제들의 경우, 이 방법은 원판 방법이나 구멍원판 방법보다 비교적 편리하다.

원기둥형 외각(cylindrical shell)이란, 중심축이 같은 두 개의 수직 원기둥 사이의 입체를 말한다(그림 7.28 참조). 안쪽 반지름이 r_1, 바깥쪽 반지름이 r_2, 높이가 h이면, 그 부피는 다음과 같다.

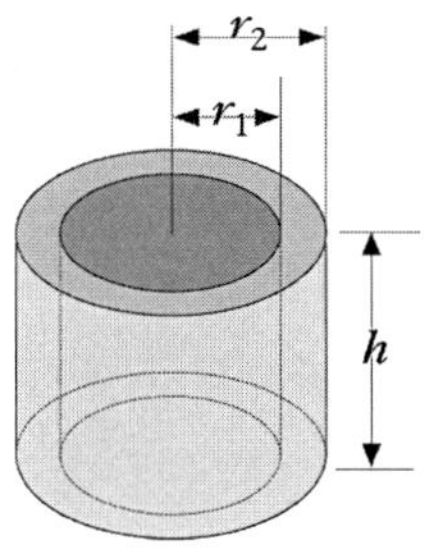

[그림 7.28]

$$\begin{aligned} V &= (\text{밑면의 넓이}) \cdot (\text{높이}) = (\pi r_2^2 - \pi r_1^2)h \\ &= \pi(r_2+r_1)(r_2-r_1)h \\ &= 2\pi\left(\frac{r_2+r_1}{2}\right)h(r_2-r_1) \end{aligned}$$

여기서 $(r_1+r_2)/2$는 r_1과 r_2의 평균인데, 이것을 r로 나타내자. 그러면,

$$\begin{aligned} V &= 2\pi \cdot (\text{평균 반지름}) \cdot (\text{높이}) \cdot (\text{두께}) \\ &= 2\pi\, rh\, \Delta r \end{aligned}$$

즉, 이 원기둥외각이 매우 얇고, (마치 종이처럼) 자유롭게 굽히거나 펼 수 있다고 하면, 이것의 옆을 자르고 펼쳐서 직사각형 모양의 판을 만들 수 있다. 이 때, 이 판이 길이 $2\pi r$, 높이 h, 두께 Δr인 얇은 상자모양이 되므로 그 부피를 계산하면 위의 공식과 같게 된다는 것을 알 수 있다(그림 7.29 참조).

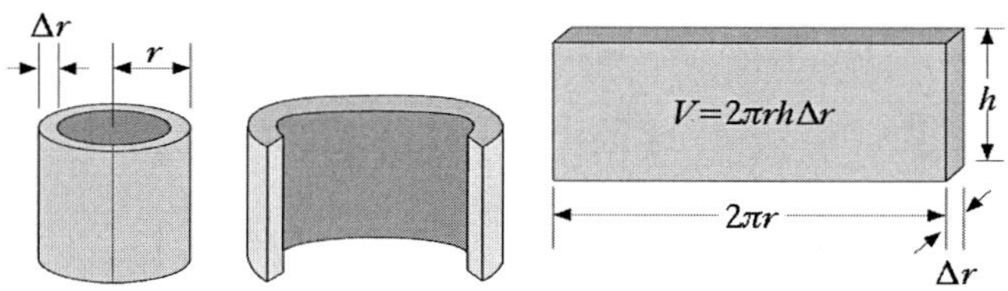

[그림 7.29]

♥ 외각 방법

이제 그림 7.30에 제시된 형태의 영역을 고려하여 보자. 이것을 수직으로 각각 자르고, y축에 관하여 회전시키면 회전 입체가 생기며, 이 때, 각각의 조각(외각, 껍질)은 원기둥형 외각과 흡사하다. 따라서 각각의 조각의 부피 ΔV는 원기둥형 외각의 부피 $2\pi x f(x)\Delta x$와 근사적으로 같고, 이들을 더한 다음에 외각들의 두께가 0으로 갈 때 극한을 취하면, 이 입체의 부피를 구할 수 있으며 다음과 같은 적분형태가 된다.

$$V = 2\pi \int_a^b x f(x)\, dx \quad \text{(외각 방법)}$$

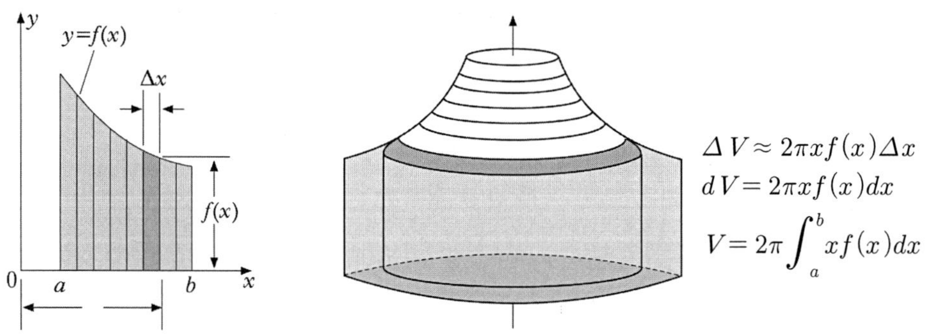

[그림 7.30]

예제 7.16

$y = \sqrt{x}$, x축, $x = 4$로 둘러싸인 영역을 y축에 관하여 회전시켜서 생기는 입체의 부피를 구하여라.

풀이 그림 7.30을 보면, 외각모양의 부피는 원기둥형외각의 부피와 근사적으로 같으므로

$$\Delta V \approx 2\pi x f(x) \Delta x.$$

여기서 $f(x) = \sqrt{x}$ 이므로, 이것은

$$\Delta V \approx 2\pi x \sqrt{x}\, \Delta x.$$

따라서 구하는 부피 V는

$$V = 2\pi \int_0^4 x\sqrt{x}\, dx = 2\pi \int_0^4 x^{3/2} dx$$

$$= 2\pi \left[\frac{2}{5} x^{5/2} \right]_0^4 = \frac{128\pi}{5}.$$

예제 7.17

직선 $y = (r/h)x$, x축, 그리고 $x = h$로 둘러싸인 영역을 x축에 관하여 회전시켜서 원뿔을 만들었다($r > 0,\ h > 0$이라 가정하자). 원판 방법과 외각 방법을 이용하여 그 부피를 구하여라.

풀이 **원판 방법** 그림 7.31에 제시해 놓은 과정에 의하여

$$V = \pi \frac{r^2}{h^2} \int_0^h x^2 dx = \pi \frac{r^2}{h^2} \left[\frac{x^3}{3} \right]_0^h = \frac{\pi r^2 h^3}{3h^2} = \frac{1}{3}\pi r^2 h$$

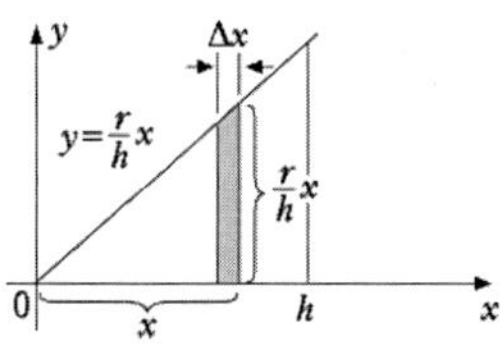

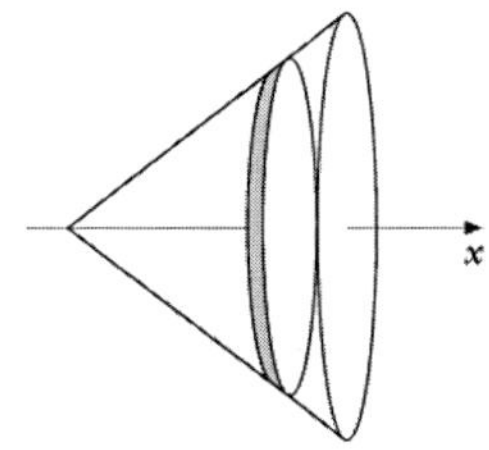

$$\Delta V \approx \pi \left(\frac{r}{h} x \right)^2 \Delta x$$

$$dV = \pi \left(\frac{r}{h} x \right)^2 dx$$

$$V = \int_0^h \pi \frac{r^2}{h^2} x^2 dx$$

[그림 7.31]

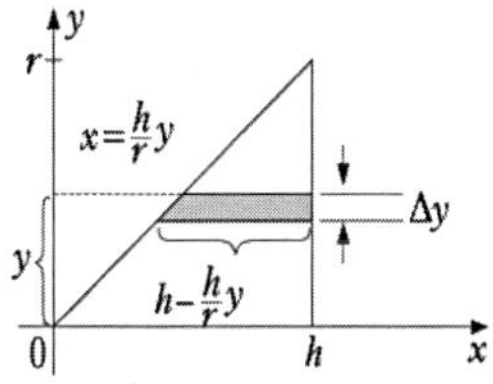

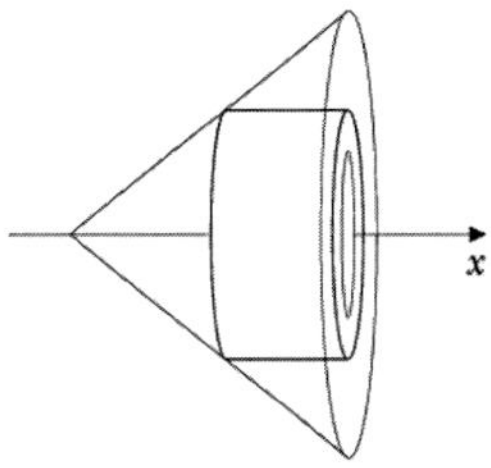

$$\Delta V \approx 2\pi y \left(h - \frac{h}{r} y \right) \Delta y$$

$$dV = 2\pi y \left(h - \frac{h}{r} y \right) dy$$

$$V = \int_0^r 2\pi y \left(h - \frac{h}{r} y \right) dy$$

[그림 7.32]

외각 방법 그림 7.32에 제시해 놓은 과정에 의하여

$$V=\int_0^r 2\pi y\left(h-\frac{h}{r}y\right)dy = 2\pi h\int_0^r \left(y-\frac{1}{r}y^2\right)dy$$

$$=2\pi h\left[\frac{y^2}{2}-\frac{y^3}{3r}\right]_0^r = 2\pi h\left[\frac{r^2}{2}-\frac{r^2}{3}\right]$$

$$=\frac{1}{3}\pi r^2 h$$

즉, 위의 두 방법을 이용한 수직 원뿔의 부피는 같으며, 우리가 이미 알고 있는 공식과 일치한다.

예제 7.18

1사분면에 놓여 있는, 포물선 $y=x^2$ 위와 포물선 $y=2-x^2$의 아래의 공통영역을 y축에 관하여 회전시켜서 생기는 입체의 부피를 구하여라.

풀이 그림 7.33의 왼쪽 부분을 보면, 수평으로 자르는 원판 방법은 좋은 방법이 아니다(왜냐 하면 오른쪽 경계선이 두 개의 곡선으로 구성되어 있어서, 두 개의 적분을 사용해야 한다). 그러나 수직으로 자르는 외각 방법을 적용하면, 하나의 적분으로 구할 수 있으므로 편리하다.

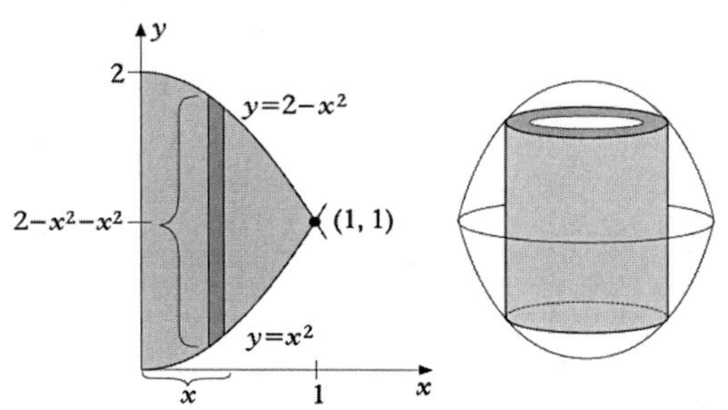

$$\Delta V \approx 2\pi x(2-x^2-x^2)\Delta x$$

$$dV = 2\pi x(2-x^2-x^2)dx$$

$$V=\int_0^1 2\pi x(2-2x^2)dx$$

[그림 7.33]

$$V=\int_0^1 2\pi x(2-2x^2)dx = 4\pi\int_0^1 (x-x^3)dx$$

$$=4\pi\left[\frac{x^2}{2}-\frac{x^4}{4}\right]_0^1 = 4\pi\left[\frac{1}{2}-\frac{1}{4}\right]$$

$$=\pi \approx 3.14$$

한편, 다음 예제에서 보는 바와 같이 회전입체의 부피를 구할 때, 입체를 그리지 않고 평면 도형만을 이용하여 부피를 구할 수도 있다.

예제 7.19

그림 7.34의 영역 R을 다음 각 직선에 관하여 회전시켰을 때 생기는 입체의 부피를 적분으로 나타내고 계산하여라.

(a) x축

(b) y축

(c) 직선 $y=-1$

(d) 직선 $x=4$

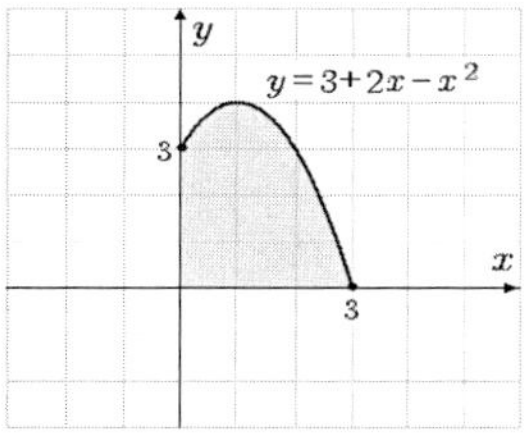

[그림 7.34]

풀이

(a) $V=\pi\int_0^3 (3+2x-x^2)^2 dx = \frac{153}{5}\pi \approx 96.13$

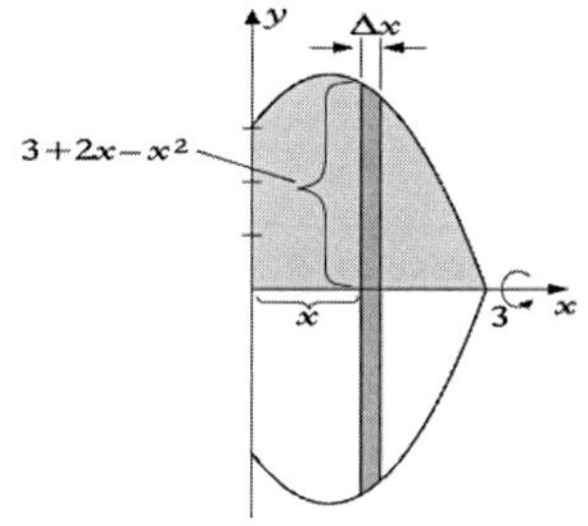

원판 방법

$\Delta V \approx \pi(3+2x-x^2)^2 \Delta x$

$V=\pi\int_0^3 (3+2x-x^2)^2 dx$

[그림 7.35]

(b) $V=2\pi\int_0^3 x(3+2x-x^2)dx = \frac{45}{2}\pi \approx 70.69$

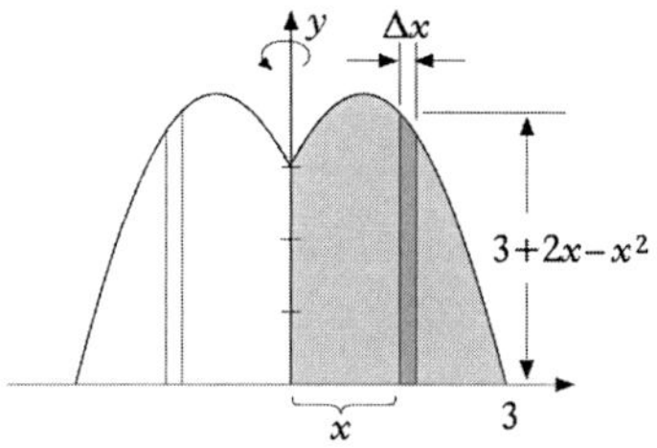

껍질 방법

$\Delta V \approx 2\pi x(3+2x-x^2)\Delta x$

$V=2\pi\int_0^3 x(3+2x-x^2)dx$

[그림 7.36]

(c) $V=\pi\int_0^3 [(4+2x-x^2)^2-1]dx = \frac{243}{5}\pi \approx 152.68$

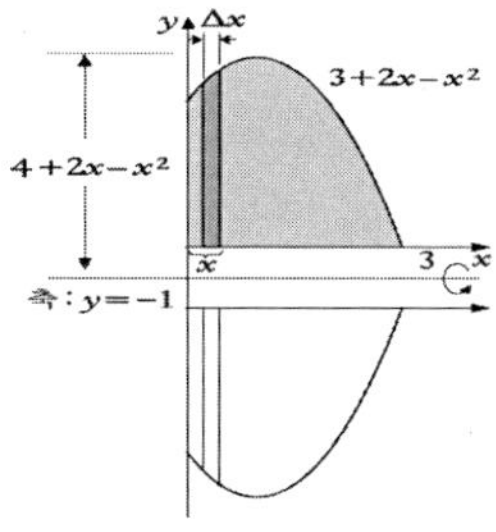

구멍원판 방법

$\Delta V \approx \pi[(4+2x-x^2)^2-1^2]\Delta x$

$V=\pi\int_0^3 [(4+2x-x^2)^2-1]dx$

[그림 7.37]

(d) $V=2\pi\int_0^3(4-x)(3+2x-x^2)=\frac{99}{2}\pi\approx 155.51$

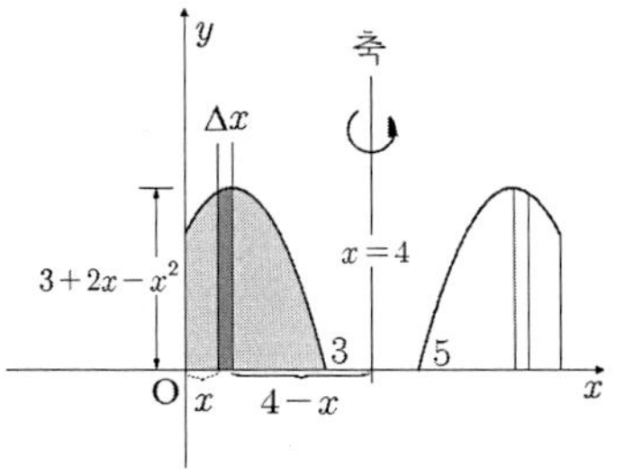

겹질 방법

$\Delta V\approx 2\pi(4-x)(3+2x-x^2)\Delta x$

$V=2\pi\int_0^3(4-x)(3+2x-x^2)dx$

[그림 7.38]

위의 네 경우, 적분의 끝점들은 모두 같다. 왜냐하면 원래의 평면영역이 적분의 끝점들을 결정하기 때문이다.

연습문제 7-4 Exercises

※ 문제 1~12는 주어진 선들로 둘러싸인 영역 R을 주어진 축에 관하여 회전시켰을 때, 생기는 입체의 부피를 구하여라. 다음 과정을 따라서 이것들을 구하여라.

(a) 영역 R을 그린다.

(b) 전형적인 직사각형 조각을 보이고, 적당한 치수를 붙인다.

(c) 이 조각이 만드는 껍질의 부피의 근사값을 식으로 나타낸다.

(d) 대응하는 적분을 적는다.

(e) 이 적분을 계산한다.

1. $y=\frac{1}{x}$, $x=1$, $x=4$, $y=0$; y축에 관하여

2. $y=x^2$, $x=1$, $y=0$; y축에 관하여

3. $y=\sqrt{x}$, $x=3$, $y=0$; y축에 관하여

4. $y=9-x^2(x\geq 0)$, $x=0$, $y=0$; y축에 관하여

5. $y=\sqrt{x}$, $x=5$, $y=0$; 직선 $x=5$에 관하여

6. $y=9-x^2(x\geq 0)$, $x=0$, $y=0$; 직선 $x=3$에 관하여

7. $y=\frac{1}{4}x^3+1$, $y=1-x$, $x=1$; y축에 관하여

8. $y = x^2$, $y = 3x$; y축에 관하여

9. $x = y^2$, $y = 1$, $x = 0$; x축에 관하여

10. $x = \sqrt{y} + 1$, $y = 4$, $x = 0$, $y = 0$; x축에 관하여

11. $x = y^2$, $y = 2$, $x = 0$; 직선 y=2에 관하여

12. $x = \sqrt{2y} + 1$, $y = 2$, $x = 0$, $y = 0$; 직선 y=3에 관하여

13. 그림 7.39의 영역 R을 주어진 직선에 관하여 회전시켰을 때, 생기는 입체의 부피를 주어진 방법을 이용하여 적분으로 나타내어라.

(a) x축 (구멍원판)

(b) y축 (껍질)

(c) 직선 $x = a$ (껍질)

(d) 직선 $x = b$ (껍질)

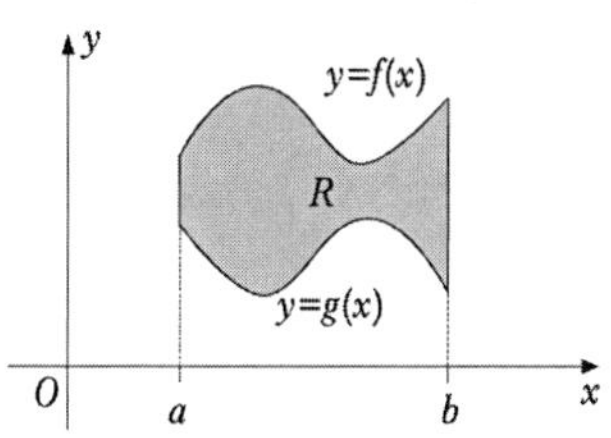

[그림 7.39]

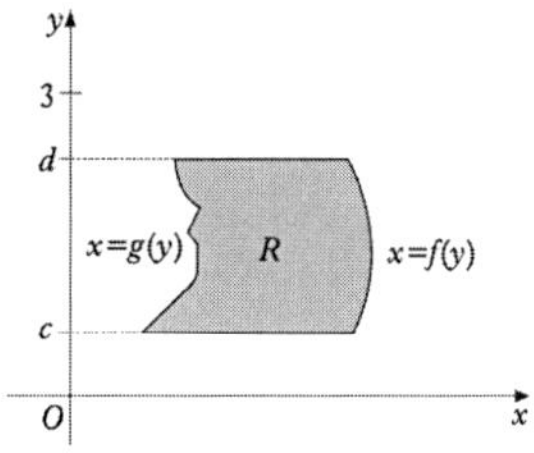

[그림 7.40]

14. 그림 7.40의 영역 R을 주어진 직선에 관하여 회전시켰을 때, 생기는 입체의 부피를 주어진 방법을 이용하여 적분으로 나타내어라.

(a) y축 (구멍원판)

(b) x축 (껍질)

(c) 직선 y=3 (껍질)

15. $y = 1/x^3$, $x = 1$, $x = 3$, $y = 0$으로 둘러싸인 영역 R을 그려라. 다음 각각을 적분으로 나타내어라.

(a) R의 넓이

(b) R을 y축에 관하여 회전시켜서 생기는 입체의 부피

(c) R을 $y = -1$에 관하여 회전시켜서 생기는 입체의 부피

(d) R을 $x = 4$에 관하여 회전시켜서 생기는 입체의 부피

16. 문제 15에서의 영역을 $y = x^3 + 1$, $y = 0$, $x = 0$, $x = 2$로 둘러싸인 영역 R로 바꾸어서 풀어 보아라.

17. 곡선 $x=\sqrt{y}$ 와 $x=y^3/32$ 으로 둘러싸인 영역 R을 x축에 관하여 회전시켜서 생기는 입체의 부피를 구하여라.

18. 문제 17처럼 하되, R을 직선 $y=4$ 에 관하여 회전시켜라.

19. 반지름이 b 인 구의 한가운데를 지나도록, 반지름이 a 인 둥그런 구멍을 뚫는다 ($b>a$ 라고 가정). 남아 있는 입체의 부피를 구하여라.

20. 원 $x^2+y^2=a^2$ 의 내부 영역을 직선 $x=b$ 에 (여기서 $b>a$) 관하여 회전시켜서 얻는 토러스의 부피를 (껍질 방법을 이용하여) 적분으로 나타내고 계산하여라.

21. 1사분면에 있는, $x=0$, $y=\sin(x^2)$, $y=\cos(x^2)$ 으로 둘러싸인 영역을 y축에 관하여 회전시켜라. 그 결과로 나오는 입체의 부피를 구하여라.

22. $y=2+\sin x$, $y=0$, $x=0$, $x=2\pi$ 로 둘러싸인 영역을 y축에 관하여 회전시킬 때 생기는 입체의 부피를 구하여라. (**도움말**: $\int x\sin x\,dx=\sin x - x\cos x + C$)

23. R은 $y=x^2$ 과 $y=x$ 로 둘러싸인 영역이다. R을 다음에 관하여 회전시켰을 때 생기는 입체의 부피를 구하여라.

(a) x축　　(b) y축　　(c) 직선 $y=x$

24. 구의 겉넓이 공식 $S=4\pi r^2$ 은 알고 있는데, 부피 V의 공식은 모른다고 하자. 입체 구를 동일한 중점을 가지는 얇은 구형 껍질(spherical shell)로 잘라서 부피 공식을 구하여라(그림 7.41 참조).

(**도움말**: 바깥 반지름이 x 인 얇은 구형 껍질의 부피 ΔV는 $\Delta V \approx 4\pi x^2 \Delta x$.)

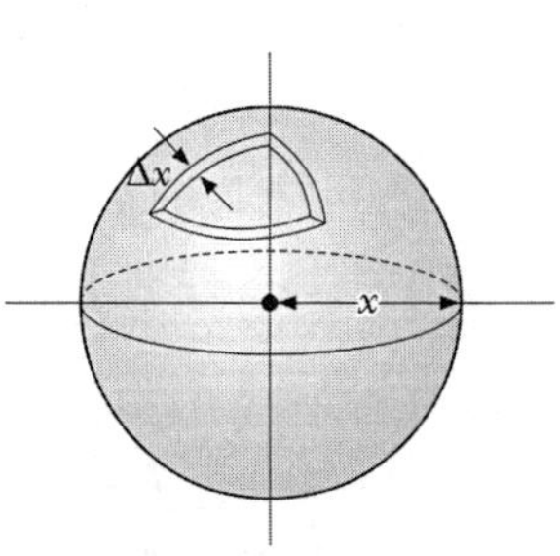

[그림 7.41]

25. 넓이 S인 영역은 반지름이 r인 구의 표면 위에 있다고 고려하자. 이 영역의 모든 점을 구의 중점과 연결하는 선분이 모여서 생기는 입체의 부피를 구하여라(그림 7.42 참조). (**도움말**: 문제 24에서 언급한 구형 껍질의 방법을 사용하여라.)

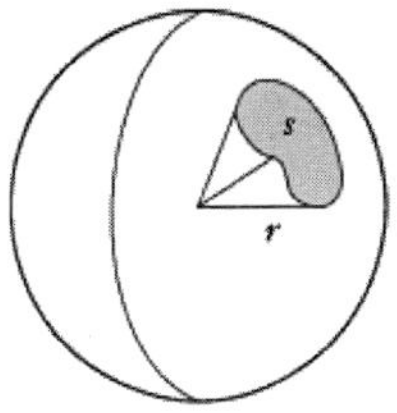

[그림 7.42]

7.5 평면곡선의 호의 길이

점(x_1, y_1)과 점(x_2, y_2)를 잇는 선분의 길이는 피타고라스정리에 의하여

$$\sqrt{(x_2 - x_1)^2 + (y_2 - y_1)^2}$$

이 된다. 이것을 이용하여 평면위에 주어진 곡선의 호의 길이는 다음과 같이 정의한다.

곡선의 길이 평면위에서 점 A를 시점, 점 B를 종점으로 하는 연속인 단순곡선(자신과 만나지 않는 곡선) C가 주어졌을 때, 이 곡선위에 차례대로 $n-1$개의 점 $A = P_0$, $P_1, P_2, \cdots, P_{n-1}$, $P_n = B$을 첨가하여 인접한 선분 $\overline{P_{k-1}P_k}$의 길이 중에 가장 큰 길이가 0에 수렴하도록 n을 충분히 크게 취하였을 때, n개의 선분의 길이의 합 $\sum_{k=1}^{n} \overline{P_{k-1}P_k}$의 극한값이 존재하면, 이 극한값을 단순곡선 C의 **호의 길이**라고 정의한다. 또한 연속인 단순곡선이 아닌 경우에는 연속인 단순곡선으로 나누어서 각각의 호의 길이의 합으로 정의한다.

참고 위의 정의에서 단순곡선과 단순곡선이 아닌 경우로 나눈 것은 우측의 그림과 같이 위 부분에는 첨가하지 않고 아래 부분에만 점을 첨가하는 경우를 배제하기 위한 것이다.

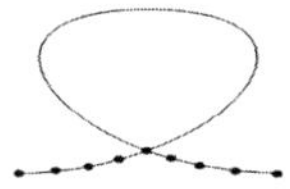

다중곡선

이제, $a < b$인 두 실수 a, b에 대하여, 함수 $f(x)$가 폐구간 $[a, b]$에서 미분가능하며 그 도함수 $f'(x)$가 연속일 때, 곡선 $y = f(x)$, $a \le x \le b$의 호의 길이를 구하는 공식을 유도하자.

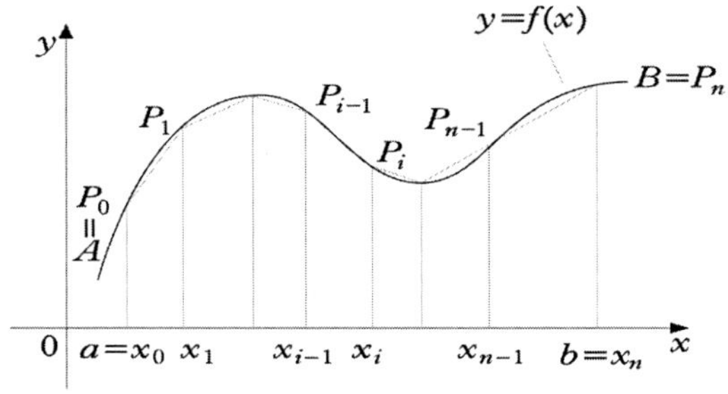

[그림 7.43]

폐구간 $[a, b]$의 n개의 부분구간 $[x_{i-1}, x_i]$$(i=1, 2, \cdots, n)$으로 나누어진 분할

$$P=\{x_0, x_1, x_2, \cdots, x_n\}$$

의 각 분점에 대한 곡선 위의 점을 각각

$$A=P_0, P_1, P_2, \cdots, P_{n-1}, P_n=B$$

라 하자. 이때 점 A에서 점 B까지의 곡선의 길이는 정의에 의하여,

$$\Delta x_i = x_i - x_{i-1}(k=1, 2, \cdots, n)$$

중에서 가장 큰 것이 0에 수렴하도록 n을 충분히 크게 취하였을 때, n개의 선분의 길이 $\overline{P_{i-1}P_i}$의 합

$$\sum_{k=1}^{n} \overline{P_{i-1}P_i}$$

의 극한값이다. 그런데 점 P_i의 좌표는

$$P_i(x_i, f(x_i))$$

이므로 서로 이웃하는 두 점을 잇는 선분의 길이 $l_i=\overline{P_{i-1}P_i}$는

$$l_i=\sqrt{(x_i-x_{i-1})^2+(f(x_i)-f(x_{i-1}))^2}$$

이다. 그런데 $f(x)$는 폐구간 $[a, b]$에서 미분가능하므로 평균값의 정리에 의하여

$$f(x_i)-f(x_{i-1})=(x_i-x_{i-1})f'(\xi_i)$$

를 만족하는 ξ_i가 $[x_{i-1}, x_i]$에 존재한다.

그러므로

$$l_i=\sqrt{(\Delta x_i)^2+(f'(\xi_i)\Delta x_i)^2}=\sqrt{1+f'^2(\xi_i)}\,\Delta x_i$$

이고 이 현들의 길이의 합은

$$\sum_{i=1}^{n} l_i = \sum_{i=1}^{n} \sqrt{1+f'^2(\xi_i)}\,\Delta x_i$$

이다. 이제 가장 큰 구간의 길이가 0으로 수렴하도록 n을 충분히 크게하면 $\Delta x_i \to 0$이 성립하므로 다음을 얻는다.

$$s = \lim_{\substack{n\to\infty \\ \Delta x_i \to 0}} \sum_{i=1}^{n} l_i = \lim_{\substack{n\to\infty \\ \Delta x_i \to 0}} \sum_{i=1}^{n} \sqrt{1+f'^2(\xi_i)}\,\Delta x_i \tag{4}$$

함수 $g(x) = \sqrt{1+f'^2(x)}$ 는 구간 $[a, b]$에서 연속함수이므로 적분가능하다. 따라서 식(4)에 의하여 다음을 얻는다.

$$\begin{aligned} s &= \lim_{\| P \| \to 0} \sum_{i=1}^{n} g(\xi_i)\Delta x_i = \int_a^b g(x)\,dx \\ &= \int_a^b \sqrt{1+f'^2(x)}\,dx = \int_a^b \sqrt{1+y'^2}\,dx. \end{aligned}$$

그러므로 다음의 정리를 얻는다.

정리 7.4 호의 길이

함수 $f(x)$의 도함수 $f'(x)$가 폐구간 $[a,\ b]$에서 연속일 때, 곡선 $y = f(x)$ $(a \le x \le b)$의 호의 길이 s는 다음과 같다.

$$s = \int_a^b \sqrt{1+f'^2(x)}\,dx \quad \text{또는} \quad s = \int_a^b \sqrt{1+\left(\frac{dy}{dx}\right)^2}\,dx \tag{5}$$

한편, $x \in [a, b]$에 대하여 구간 $[a, x]$에 대응되는 호의 길이는

$$s(x) = \int_a^x \sqrt{1+(y')^2(t)}\,dt$$

와 같이 x의 함수가 되므로, 양변을 x에 관하여 미분하면 s의 미분

$$ds = \sqrt{1+y'^2}\,dx = \sqrt{(dx)^2+(dy)^2}$$

를 얻는다. 이와 같은 ds를 **호의 미분**(길이소 : length element)이라고 부르며

$$s = \int_{s_1}^{s_2} ds = \int_a^b \sqrt{(dx^2)+(dy^2)} = \int_a^b \sqrt{1+\left(\frac{dy}{dx}\right)^2}\,dx$$

가 된다. 여기서 s_1, s_2는 각각 a, b에 대응하는 s의 값이다.

만약 곡선의 방정식이 $x=\phi(y)$로 주어진다면 호의 미분 ds에 대한 동치인 공식

$$ds=\sqrt{1+y'^2}\,dx=\sqrt{(dx)^2+(dy)^2}=\sqrt{(\frac{dx}{dy})^2+1}\,dy$$

를 이용하여 다음의 정리를 얻는다.

정리 7.5 호의 길이

함수 $g(y)$의 도함수 $g'(y)$가 폐구간 $[c, d]$에서 연속일 때, 곡선 $x=g(y)$ $(c \le y \le d)$의 호의 길이 s는 다음과 같다.

$$s=\int ds=\int_c^d \sqrt{1+g'^2(y)}\,dy$$

또는

$$s=\int_c^d \sqrt{1+\left(\frac{dx}{dy}\right)^2}\,dy \qquad (6)$$

예제 7.20

곡선 $y=\ln x$의 $x=1$에서 $x=\sqrt{3}$까지의 호의 길이를 구하여라.

풀이 구하는 호의 길이 s는 공식 (5)를 이용하면, $\dfrac{dy}{dx}=\dfrac{1}{x}$이므로

$$\begin{aligned} s&=\int_1^{\sqrt{3}} \sqrt{1+\left(\frac{dy}{dx}\right)^2}\,dx=\int_1^{\sqrt{3}} \sqrt{1+\left(\frac{1}{x}\right)^2}\,dx \\ &=\int_1^{\sqrt{3}} \frac{\sqrt{x^2+1}}{x}dx. \end{aligned}$$

따라서 $x=\tan\theta$라 놓으면,

$\sqrt{x^2+1}=\sqrt{\tan^2\theta+1}=\sec\theta$이고 $dx=\sec^2\theta d\theta$이므로,

$$\begin{aligned} s&=\int_{\pi/4}^{\pi/3} \frac{\sec\theta}{\tan\theta}\sec^2\theta d\theta=\int_{\pi/4}^{\pi/3} \frac{\sec\theta(1+\tan^2\theta)}{\tan\theta}d\theta \\ &=\int_{\pi/4}^{\pi/3}\left(\frac{\sec\theta}{\tan\theta}+\sec\theta\tan\theta\right)d\theta \end{aligned}$$

$$= \int_{\pi/4}^{\pi/3} \left(\frac{1}{\cos\theta} \cdot \frac{\cos\theta}{\sin\theta} + \sec\theta \tan\theta \right) d\theta$$

$$= \int_{\pi/4}^{\pi/3} (\csc\theta + \sec\theta \tan\theta) d\theta$$

$$= [-\ln|\csc\theta + \cot\theta| + \sec\theta]_{\pi/4}^{\pi/3}$$

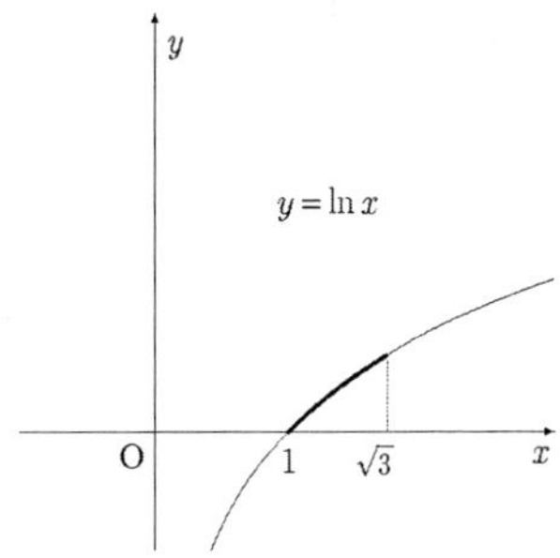

[그림 7.44]

$$= \left\{ \left[-\ln\left(\frac{2}{\sqrt{3}} + \frac{1}{\sqrt{3}} \right) + 2 \right] - [-\ln(\sqrt{2}+1) + \sqrt{2}] \right\}$$

$$= \ln\left(\frac{\sqrt{2}+1}{\sqrt{3}} \right) + 2 - \sqrt{2}.$$

예제 7.21

곡선 $x = \frac{y^3}{3} + y^2 + y + \frac{1}{4(y+1)}$ 의 $y=0$ 에서 $y=2$ 까지의 호의 길이를 구하여라.

풀이 구하는 호의 길이 s 는 공식 (6)를 이용하기 위하여, 우선

$$\frac{dx}{dy} = \frac{d}{dy}\left(\frac{y^3}{3} + y^2 + y + \frac{1}{4(y+1)} \right)$$

$$= y^2 + 2y + 1 - \frac{1}{4}(y+1)^{-2}$$

$$= (y+1)^2 - \frac{1}{4}(y+1)^{-2}$$

이므로

$$1 + \left(\frac{dx}{dy} \right)^2 = 1 + \left\{ (y+1)^2 - \frac{1}{4}(y+1)^{-2} \right\}^2$$

$$= \left((y+1)^2 + \frac{1}{4}(y+1)^{-2} \right)^2.$$

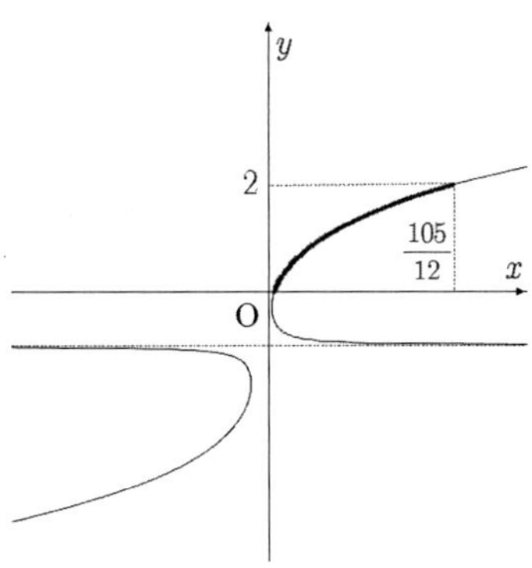

[그림 7.45]

따라서, 구하는 호의 길이 s 는

$$s = \int_0^2 \sqrt{1 + \left(\frac{dx}{dy} \right)^2}\, dy = \int_0^2 \left((y+1)^2 + \frac{1}{4}(y+1)^{-2} \right) dy$$

$$= \left[\frac{(y+1)^3}{3} - \frac{1}{4(y+1)} \right]_0^2 = \frac{53}{6}.$$

정리 7.6 호의 길이

두 함수 $f(t)$, $g(t)$의 각각 도함수 $f'(t)$, $g'(t)$가 모두 폐구간 $[t_a, t_b]$에서 연속일 때, 매개방정식으로 나타낸 곡선 $x = f(t)$, $y = g(t)$ $(t_a \le t \le t_b)$의 호의 길이 s는 다음과 같다.

$$s = \int_{t_a}^{t_b} \sqrt{f'^2(t) + g'^2(t)}\, dt$$

또는

$$s = \int_{t_a}^{t_b} \sqrt{\left(\frac{dx}{dt}\right)^2 + \left(\frac{dy}{dt}\right)^2}\, dt \qquad (7)$$

증명 $f(t_a) = a$, $f(t_b) = b$라 하면 호의 길이 s는 공식 (5)에 의하여

$$s = \int_a^b \sqrt{1 + \left(\frac{dy}{dx}\right)^2}\, dx.$$

이것을 $x = f(t)$로 치환하면 $dx = f'(t)dt$이고

$$\frac{dy}{dx} = \frac{g'(t)}{f'(t)}$$

이며 $x = a$일 때 $t = t_a$, $x = b$일 때 $t = t_b$이므로

$$\begin{aligned} s &= \int_{t_a}^{t_b} \sqrt{1 + \left(\frac{g'(t)}{f'(t)}\right)^2}\, f'(t)dt \\ &= \int_{t_a}^{t_b} \sqrt{f'^2(t) + g'^2(t)}\, dt \\ &= \int_{t_a}^{t_b} \sqrt{\left(\frac{dx}{dt}\right)^2 + \left(\frac{dy}{dt}\right)^2}\, dt. \end{aligned}$$

□

예제 7.22

성망형(asteroid) $x^{2/3} + y^{2/3} = a^{2/3}$ $(a > 0)$의 호의 길이를 구하라.

풀이 성망형의 방정식을 매개방정식으로 나타내면

$$x = a\cos^3\theta,\ y = a\sin^3\theta,\ 0 \le \theta \le 2\pi$$

이다. 그런데

$$\frac{dx}{d\theta} = -3a\cos^2\theta\sin\theta,\ \frac{dy}{d\theta} = 3a\sin^2\theta\cos\theta$$

이므로,

$$\sqrt{\left(\frac{dx}{d\theta}\right)^2+\left(\frac{dy}{d\theta}\right)^2} = \sqrt{9a^2\sin^2\theta\cos^2\theta(\cos^2\theta+\sin^2\theta)} = 3a\sin\theta\cos\theta.$$

따라서, 구하는 호의 길이 s는 공식 (7)을 이용하면

$$s=\int_0^{2\pi}\sqrt{\left(\frac{dx}{d\theta}\right)^2+\left(\frac{dy}{d\theta}\right)^2}\,d\theta=4\int_0^{\pi/2}\sqrt{\left(\frac{dx}{d\theta}\right)^2+\left(\frac{dy}{d\theta}\right)^2}\,d\theta$$

$$=4\int_0^{\pi/2}3a\sin\theta\cos\theta\,d\theta$$

$$=6a\int_0^{\pi/2}2\sin\theta\cos\theta\,d\theta$$

$$=6a\int_0^{\pi/2}\sin 2\theta\,d\theta$$

$$=6a\left[-\frac{1}{2}\cos 2\theta\right]_0^{\pi/2}$$

$$=6a.$$

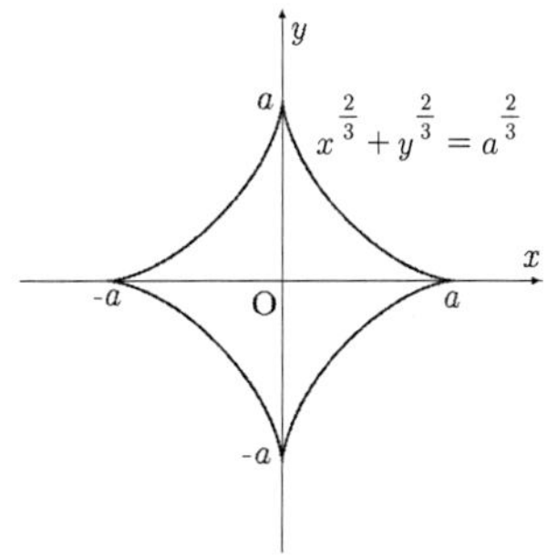

[그림 7.46]

예제 7.23

심장형 $r=2(1+\sin\theta)$의 호의 길이를 구하여라.

풀이 그림에서와 같이 이 곡선은 y축에 관하여 대칭이므로, 구하는 호의 길이는 곡선

$$r=2(1+\sin\theta)\ \left(-\frac{\pi}{2}\le\theta\le\frac{\pi}{2}\right)$$

의 호의 길이의 2배가 된다.

그런데

$$\frac{dr}{d\theta}=2\cos\theta$$

이므로

$$\sqrt{r^2+\left(\frac{dr}{d\theta}\right)^2}=\sqrt{4(1+\sin\theta)^2+4\cos^2\theta}$$

$$=\sqrt{8(1+\sin\theta)}$$

$$=2\sqrt{2}\sqrt{\sin^2\frac{\theta}{2}+\cos^2\frac{\theta}{2}+2\sin\frac{\theta}{2}\cos\frac{\theta}{2}}$$

$$=2\sqrt{2}\sqrt{\left(\sin\frac{\theta}{2}+\cos\frac{\theta}{2}\right)^2}$$

$$=2\sqrt{2}\left|\sin\frac{\theta}{2}+\cos\frac{\theta}{2}\right|.$$

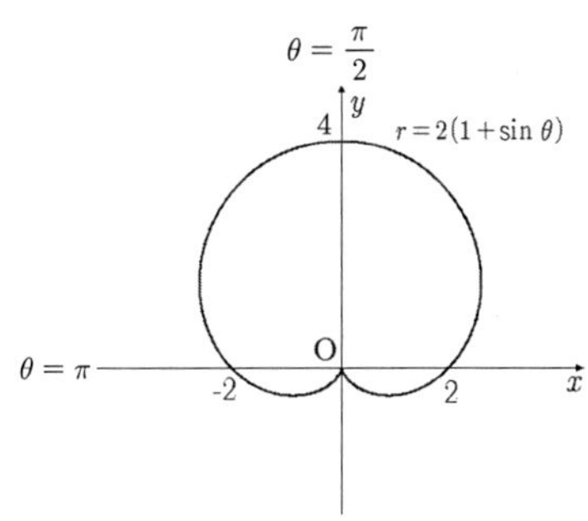

[그림 7.47]

따라서, 구하는 호의 길이 s는 공식 (8)을 이용하면

$$
\begin{aligned}
s &= 2\int_{-\pi/2}^{\pi/2}\sqrt{r^2+\left(\frac{dr}{d\theta}\right)^2}\,d\theta = 2\int_{-\pi/2}^{\pi/2} 2\sqrt{2}\left|\sin\frac{\theta}{2}+\cos\frac{\theta}{2}\right|d\theta \\
&= 4\sqrt{2}\int_{-\pi/2}^{\pi/2}\sqrt{2}\left|\sin\left(\frac{\theta}{2}+\frac{\pi}{4}\right)\right|d\theta \\
&= 8\int_{-\pi/2}^{\pi/2}\sin\left(\frac{\theta}{2}+\frac{\pi}{4}\right)d\theta \\
&= 8\left[-2\cos\left(\frac{\theta}{2}+\frac{\pi}{4}\right)\right]_{-\pi/2}^{\pi/2} \\
&= 16.
\end{aligned}
$$

정리 7.7 호의 길이

함수 $f(\theta)$의 도함수 $f'(\theta)$가 폐구간 $[\alpha, \beta]$에서 연속일 때, 극방정식으로 표현된 곡선 $r = f(\theta)(\alpha \le \theta \le \beta)$의 호의 길이 s는 다음과 같다.

$$s = \int_{\alpha}^{\beta}\sqrt{r^2+\left(\frac{dr}{d\theta}\right)^2}\,d\theta \tag{8}$$

증명 직교좌표와 극좌표 사이의 관계식은

$$x = r\cos\theta = f(\theta)\cos\theta,$$
$$y = r\sin\theta = f(\theta)\sin\theta$$

이므로 이 식은 모두 매개변수가 θ인 매개방정식으로 볼 수 있다.

그런데 이 식에서

$$\frac{dx}{d\theta} = f'(\theta)\cos\theta - f(\theta)\sin\theta,$$
$$\frac{dy}{d\theta} = f'(\theta)\sin\theta + f(\theta)\cos\theta$$

이므로

$$
\begin{aligned}
\left(\frac{dx}{d\theta}\right)^2+\left(\frac{dy}{d\theta}\right)^2 &= (f'(\theta)\cos\theta - f(\theta)\sin\theta)^2 + (f'(\theta)\sin\theta + f(\theta)\cos\theta)^2 \\
&= f'^2(\theta) + f^2(\theta) \\
&= r^2 + \left(\frac{dr}{d\theta}\right)^2.
\end{aligned}
$$

따라서, 공식 (7)을 이용하면 구하는 호의 길이 s는

$$s = \int_{\alpha}^{\beta} \sqrt{\left(\frac{dx}{d\theta}\right)^2 + \left(\frac{dy}{d\theta}\right)^2}\, d\theta = \int_{\alpha}^{\beta} \sqrt{r^2 + \left(\frac{dr}{d\theta}\right)^2}\, d\theta. \qquad \square$$

예제 7.24

극방정식 $r = 2\sin^3\dfrac{\theta}{3}$ 의 호의 길이를 구하여라.

풀이 그림 7.48에서와 같이 구하는 호의 길이는 곡선

$$r = 2\sin^3\frac{\theta}{3} \quad \left(0 \le \theta \le \frac{3\pi}{2}\right)$$

의 호의 길이의 2배가 된다.

그런데

$$\frac{dr}{d\theta} = 2\sin^2\frac{\theta}{3}\cos\frac{\theta}{3}$$

이므로

$$\begin{aligned}\sqrt{r^2 + \left(\frac{dr}{d\theta}\right)^2} &= \sqrt{\left(2\sin^3\frac{\theta}{3}\right)^2 + \left(2\sin^2\frac{\theta}{3}\cos\frac{\theta}{3}\right)^2}\\ &= 2\sqrt{\sin^4\frac{\theta}{3}\left(\sin^2\frac{\theta}{3} + \cos^2\frac{\theta}{3}\right)}\\ &= 2\sin^2\frac{\theta}{3}.\end{aligned}$$

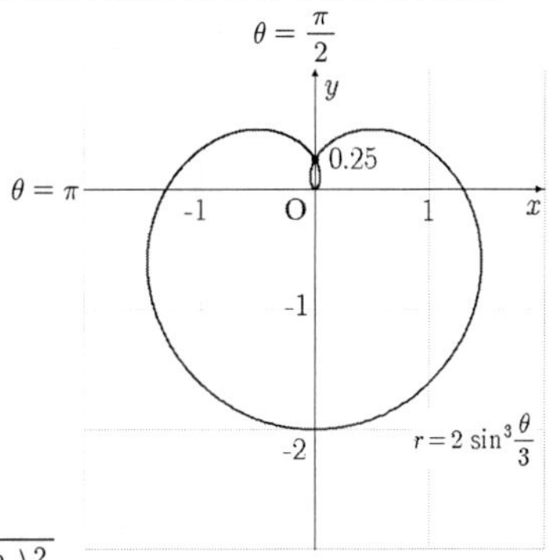

[그림 7.48]

따라서, 구하는 호의 길이 s는 공식 (8)을 이용하면

$$\begin{aligned}s &= 2\int_0^{3\pi/2} \sqrt{r^2 + \left(\frac{dr}{d\theta}\right)^2}\, d\theta = 2\int_0^{3\pi/2} 2\sin^2\frac{\theta}{3}\, d\theta\\ &= 4\int_0^{3\pi/2} \frac{1 - \cos\frac{2}{3}\theta}{2}\, d\theta\\ &= 2\left[\theta - \frac{3}{2}\sin\frac{2}{3}\theta\right]_0^{3\pi/2}\\ &= 3\pi.\end{aligned}$$

■

예제 7.25

$r = a$의 호의 길이를 구하라. (단, $a > 0$)

풀이 구하는 호의 길이 s는 공식 (8)를 이용하면, $\dfrac{dr}{d\theta}=0$이므로

$$s=\int_0^{2\pi}\sqrt{r^2+\left(\frac{dr}{d\theta}\right)^2}\,d\theta=\int_0^{2\pi}\sqrt{a^2}\,d\theta=a\Big[\theta\Big]_0^{2\pi}=2\pi a.$$

참고 위의 예제를 직교방정식

$$x^2+y^2=a^2$$

과 원의 대칭성을 이용하여 풀면 다음과 같다.

공식 (5)를 이용할 때,

$$s=4\int_0^a\sqrt{1+\left(\frac{dy}{dx}\right)^2}\,dx=4\int_0^a\frac{a}{\sqrt{a^2-x^2}}dx=4a\left[\sin^{-1}\frac{x}{a}\right]_0^a=2\pi a.$$

공식 (6)을 이용할 때,

$$s=4\int_0^a\sqrt{1+\left(\frac{dx}{dy}\right)^2}\,dy=4\int_0^a\frac{a}{\sqrt{a^2-y^2}}dy=4a\left[\sin^{-1}\frac{y}{a}\right]_0^a=2\pi a.$$

이것은 이상적분까지 이용하여야 하므로 위의 예제에서와 같이 극방정식을 사용하거나, 아래 방식과 같이 매개방정식을 이용하는 것이 더 낫다.

위의 예제를 원점이 중심이고 반지름이 a인 원의 매개방정식인

$$x=a\cos\theta,\ y=a\sin\theta$$

을 이용하여 풀면 다음과 같다.

공식 (7)을 이용할 때,

$$\begin{aligned}s&=\int_0^{2\pi}\sqrt{\left(\frac{dx}{d\theta}\right)^2+\left(\frac{dy}{d\theta}\right)^2}\,d\theta\\&=\int_0^{2\pi}\sqrt{(-a\sin\theta)^2+(a\cos\theta)^2}\,d\theta\\&=\int_0^{2\pi}a\,d\theta=2\pi a.\end{aligned}$$

연습문제 7-5 Exercises

※ 주어진 구간에서 다음 곡선의 호의 길이를 구하여라. (a>0) (1~26)

1. $3y=2x^{3/2},\ 0\le x\le 3$

2. $y=\sqrt{x},\ 0\le x\le 1$

3. $y=\sqrt{a^2-x^2},\ -a\le x\le a$

4. $y=x\sqrt{x},\ 0\le x\le 1$

5. $4y=x^2-2\ln x,\ 1\le x\le 3$

6. $6y=x^3+3x^{-1},\ 1\le x\le 3$

7. $6xy = x^4 + 3,\ 1 \le x \le 3$

8. $y = \ln(x^2 - 1),\ 2 \le x \le 3$

9. $18y^2 = x(x-6)^2,\ 0 \le x \le 6$

10. $y = e^x,\ 0 \le x \le 1$

11. $x = \dfrac{1}{8}y^4 + \dfrac{4}{4y^2},\ 1 \le y \le 2$

12. $x = \ln \sin y,\ \dfrac{\pi}{3} \le y \le \dfrac{2}{3}\pi$

13. $3x = (y-3)\sqrt{y},\ 0 \le y \le 3$

14. $(y+1)^2 = 4x^3,\ 0 \le x \le 1$

15. $x = 9t^2,\ y = 9t^3 - 3t,\ 0 \le t \le \dfrac{1}{\sqrt{3}}$

16. $x = 3t^2,\ y = t^3,\ 1 \le t \le 3$

17. $x = \dfrac{1}{3}t^2,\ y = \dfrac{1}{2}t^2,\ 1 \le t \le 3$

18. $x = \dfrac{1}{3}t^3 + \dfrac{1}{t},\ y = 2t,\ 1 \le t \le 3$

19. $x = \dfrac{1}{3}(2t+3)^{3/2},\ y = \dfrac{1}{2}t^2 + t,\ 0 \le t \le 3$

20. $x = 2(2t+3)^{3/2},\ y = 3(t+1)^2,\ -1 \le t \le 3$

21. $x = \cos^3 t,\ y = \sin^3 t,\ 0 \le t \le \pi$

22. $x = a\cos^2 t,\ y = a\sin^3 t,\ 0 \le t \le 2\pi$

23. $x = \ln(\sec\theta + \tan\theta),\ y = \ln(\csc\theta - \cot\theta),\ \dfrac{\pi}{6} \le \theta \le \dfrac{\pi}{3}$

24. $x = t - a\tanh\dfrac{t}{a},\ y = a\,\mathrm{sech}\,\dfrac{t}{a},\ -a \le t \le 2a$

25. $y = \sqrt{1-x^2} + \ln(1 - \sqrt{1-x^2}) - \ln x,\ \dfrac{1}{2} \le x \le 1$

26. $y = \dfrac{1}{2}x\sqrt{x^2-1} + \dfrac{1}{2}\ln(x - \sqrt{x^2-1}),\ 1 \le x \le 3$

27. 호의 길이에 관한 공식 (5)를 이용하여 원 $x^2 + y^2 = a^2$의 둘레가 $2\pi a$임을 밝혀라.

28. 성망형 $x^{2/3} + y^{2/3} = a^{2/3}$의 둘레를 구하여라.

※ 극방정식으로 나타낸 다음 곡선의 호의 길이를 구하여라. ($a > 0$) (29~40)

29. $r = a(1 + \sin\theta)$

30. $r = a(1 - \sin\theta)$

31. $r = a(1 + \cos\theta)$

32. $r = a(\cos\theta - 1)$

33. $r = a\cos^2\dfrac{\theta}{2}$

34. $r = a\sin^2\dfrac{\theta}{2}$

35. $r = a\sin^3\dfrac{\theta}{3}$

36. $r = a\sin^4\dfrac{\theta}{4}$

37. $r = a\cos^3\dfrac{\theta}{3}$

38. $r = a\cos^4\dfrac{\theta}{4}$

39. $r = a\sin\theta + b\cos\theta$

40. $r = |\sin\theta|$

※ 주어진 구간에서 극방정식으로 나타낸 다음 곡선의 호의 길이를 구하여라. $(a > 0)$

41. $r = \theta,\ 0 \le \theta \le 2\pi$

42. $r = -a\theta,\ 0 \le \theta \le 2\pi$

43. $r = e^{2\theta},\ 0 \le \theta \le 2\pi$

44. $r = e^{3\theta},\ 0 \le \theta \le 2\pi$

45. $r = \dfrac{2}{\theta},\ \dfrac{1}{2} \le \theta \le 4$

46. $r = \tan^2\theta\sec\theta,\ -\dfrac{\pi}{4} \le \theta \le \dfrac{\pi}{3}$

47. $r = 2\sec\theta,\ -\dfrac{\pi}{4} \le \theta \le \dfrac{\pi}{4}$

48. $r = \dfrac{4}{1-\cos\theta},\ 0 \le \theta \le \pi$

7.6 회전곡면의 겉넓이

공간에 주어지는 임의의 곡면의 넓이는, 일반적으로, 접평면에 놓인 평행사변형의 넓이를 이용하여 정의하는데, 이것은 이 책의 수준을 넘는다.

따라서 여기서는 어떤 곡선을 축을 중심으로 회전시킬 때, 생기는 회전면의 넓이만을 고려대상으로 하기로 한다.

평면위에 하나의 직선 L이 주어지고 이 직선 L의 한쪽에 완전히 놓여있는 곡선 C가 주어졌을 때, 곡선 C를 L(회전축이라고 부른다.)을 중심으로 회전시킬 때 생기는 회전곡면의 넓이는 다음과 같이 정의한다.

회전곡면의 넓이 평면위에서 한 직선 L이 주어져 있고, 점 A를 시점, 점 B를 종점으로 하는 연속인 단순곡선(자신과 만나지 않는 곡선) C가 이 직선 L의 한쪽에 완전히 놓여 있다고 하자. 이 곡선위에 차례대로 $n-1$개의 점

$$A = P_0,\ P_1,\ P_2,\ \cdots,\ P_{n-1},\ P_n = B$$

을 첨가하여 인접한 두 점을 선분 $\overline{P_{k-1}P_k}$으로 연결하여 n개의 선분을 만들고, 이 선분을 직선 L을 중심으로 하여 회전시키면 원뿔대 모양의 입체가 생긴다. 이 입체의 측면의 넓이를 F_n이라고 하자. 이제 선분 $\overline{P_{k-1}P_k}$의 길이 중에서 가장 큰 길이가 0에 수렴하도록 n을 충분히 크게 취하였을 때, 회전곡면의 측면의 넓이의 합 $\sum_{k=1}^{n} F_k$의 극

한값이 존재하면 이 극한값을 **회전곡면의 넓이**(회전면적, 겉넓이)라고 정의한다. 또한 연속인 단순곡선이 아닌 경우에는 연속인 단순곡선으로 나누어서 각각의 호를 회전시켰을 때, 회전곡면의 넓이의 합으로 정의한다.

직원뿔을 그 축에 수직인 두 평면으로 잘라낸 나머지 입체를 **원뿔대**(frustrum)라고 한다. 그리고 그 겉넓이의 공식은 부채꼴로 직원뿔을 만들 수 있다는 사실을 이용하여 다음과 같이 구할 수 있다.

윗면과 밑면의 반지름이 각각 r_1, r_2이고 빗 높이가 l인 직원뿔대를 그림 7.49과 같이 직선 ODA로 잘라서 평면 위에 펼쳐 놓으면 원 DFD는 원호 $D'F'D'$ 되고 그 원둘레와 원호의 길이는 같다(그림 7.50 참조). 즉,

$$2\pi r_1 = \theta L_1.$$

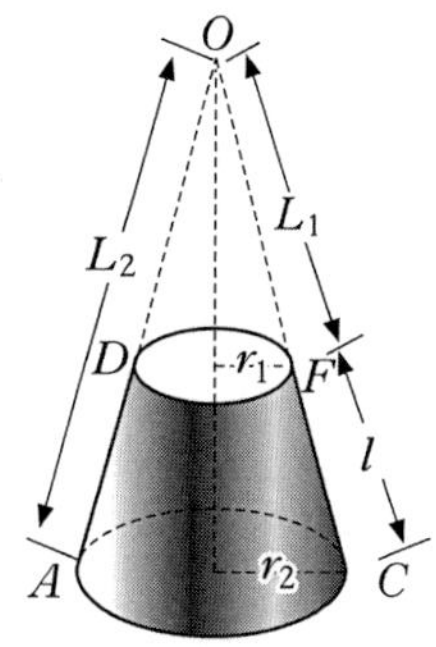

[그림 7.49]

같은 방법으로, 밑면에 대하여

$$2\pi r_2 = \theta L_2$$

가 성립한다.

직원뿔대 $ACADFD$의 곡면은 원환인 부채꼴 $A'C'A'D'F'D'$이 되므로 그들의 넓이는 서로 같다.

넓이 $A'C'A'D'F'D'$ = (넓이 $O'A'C'A'O'$) − (넓이 $O'D'F'D'O'$)

$$= \frac{1}{2}\theta L_2^2 - \frac{1}{2}\theta L_1^2$$

$$= \frac{1}{2}\theta(L_2+L_1)(L_2-L_1)$$

$$= \frac{1}{2}(\theta L_2 + \theta L_1)l$$

$$= \frac{1}{2}(2\pi r_1 + 2\pi r_2)l$$

$$= 2\pi\frac{r_1+r_2}{2}l$$

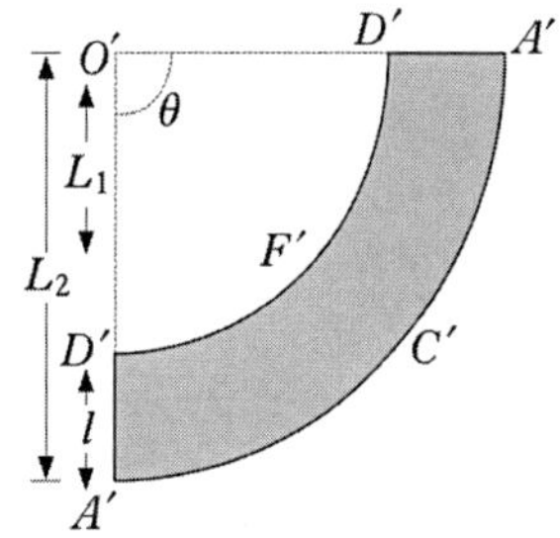

[그림 7.50]

이므로 원뿔대의 겉넓이 A는

$$A = 2\pi rl$$

이다. 여기서, $r = \frac{1}{2}(r_1 + r_2)$이며 r은 원뿔대의 중간 절단면의 반지름이다.

위의 공식을 이용하면 회전곡면의 넓이는 다음과 같다.

정리 7.8

함수 $f(x)$가 폐구간 $[a, b]$에서 미분가능하고 그 도함수 $f'(x)$가 연속이며 $f(x) \geq 0$일 때, 곡선 $y = f(x)(a \leq x \leq b)$를 x축에 관하여 회전시켜서 생기는 회전곡면의 겉넓이 S는 다음과 같다.

$$S = 2\pi \int_a^b f(x)\sqrt{1 + f'^2(x)}\, dx = 2\pi \int_a^b y \sqrt{1 + \left(\frac{dy}{dx}\right)^2}\, dx \qquad (9)$$

심화 학습

증명 폐구간 $[a, b]$의 임의의 분할

$$P = \{x_0,\ x_1,\ x_2,\ \cdots,\ x_n\}$$

의 각 분점에 대한 곡선 위의 점을 각각

$$A = P_0,\ P_1,\ P_2,\ \cdots,\ P_{n-1},\ P_n = B$$

라 하면, 선분 $\overline{P_{i-1}P_i}$를 x축을 중심으로 회전시켰을 때 생기는 원뿔대의 겉넓이는

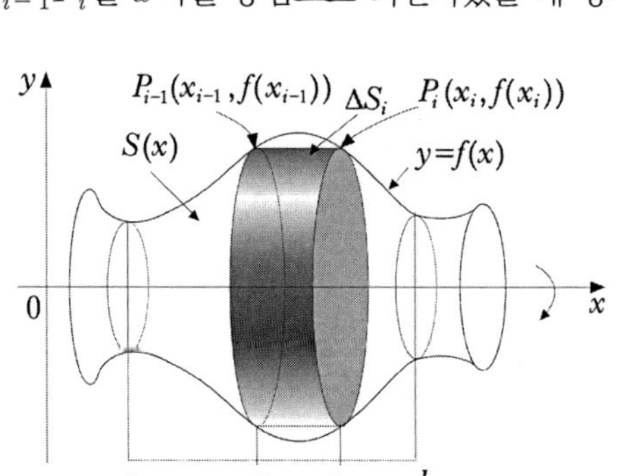

[그림 7.51]

$$2\pi \frac{f(x_{i-1}) + f(x_i)}{2} \times \sqrt{(x_i - x_{i-1})^2 + \{f(x_i) - f(x_{i-1})\}^2}$$

이고, 이 값은 실제 겉넓이 ΔS_i와 근사적으로 같다. 평균값의 정리에 의하여

$$f(x_i) - f(x_{i-1}) = f'(\xi_i)\Delta x_i$$

인 ξ_i가 $[x_{i-1}, x_i]$에 존재한다. 그러므로 각각의 원뿔대의 겉넓이는

$$\pi\{f(x_{i-1})+f(x_i)\}\times\sqrt{1+\{f'(\xi_i)\}^2}\,\Delta x_i$$

가 된다. 따라서 합은

$$\pi\sum_{i=1}^{n}\left[\{f(x_{i-1})+f(x_i)\}\sqrt{1+\{f'(\xi_i)\}^2}\,\Delta x_i\right]$$

이다. 이제 Δx_i 중에서 가장 큰 값이 0에 수렴하도록 n을 충분히 크게 하면

$$S=\pi\lim_{\substack{n\to\infty\\ \Delta x_i\to 0}}\sum_{i=1}^{n}\left[\{f(x_{i-1})+f(x_i)\}\sqrt{1+\{f'(\xi_i)\}^2}\,\Delta x_i\right] \tag{10}$$

가 된다. 우변의 극한의 모양을 정적분의 형태와 비교하기 위하여 우선 첫 번째 합을 생각하여보면 다음과 같다.

$$\begin{aligned}
&\pi\lim_{\substack{n\to\infty\\ \Delta x_i\to 0}}\sum_{i=1}^{n}\left[\{f(x_{i-1})\}\sqrt{1+\{f'(\xi_i)\}^2}\,\Delta x_i\right]\\
&=\pi\lim_{\substack{n\to\infty\\ \Delta x_i\to 0}}\sum_{i=1}^{n}\left[\{f(x_{i-1})-f(\xi_i)+f(\xi_i)\}\sqrt{1+\{f'(\xi_i)\}^2}\,\Delta x_i\right]\\
&=\pi\lim_{\substack{n\to\infty\\ \Delta x_i\to 0}}\sum_{i=1}^{n}\left[\{f(x_{i-1})-f(\xi_i)\}\sqrt{1+\{f'(\xi_i)\}^2}\,\Delta x_i\right]\\
&\qquad\qquad+\pi\lim_{\substack{n\to\infty\\ \Delta x_i\to 0}}\sum_{i=1}^{n}\left[f(\xi_i)\sqrt{1+\{f'(\xi_i)\}^2}\,\Delta x_i\right]\\
&=\pi\lim_{\substack{n\to\infty\\ \Delta x_i\to 0}}\sum_{i=1}^{n}\left[\{f(x_{i-1})-f(\xi_i)\}\sqrt{1+\{f'(\xi_i)\}^2}\,\Delta x_i\right]\\
&\qquad\qquad+\pi\int_a^b f(x)\sqrt{1+\{f'(x)\}^2}\,dx
\end{aligned}$$

그런데 $\Delta x_i\to 0$이면 $|x_{i-1}-\xi_i|\to 0$이고 함수 $\sqrt{1+f'^2(x)}$는 유계함수이므로

$$\pi\lim_{\substack{n\to\infty\\ \Delta x_i\to 0}}\sum_{i=1}^{n}\left[\{f(x_{i-1})-f(\xi_i)\}\sqrt{1+\{f'(\xi_i)\}^2}\,\Delta x_i\right]=0$$

이 성립한다. (이것에 대한 엄밀한 증명은 '균등연속'이라는 수학적 개념이 필요하며, 이 책의 수준을 넘으므로 생략한다.) 따라서 식 (10)의 첫 번째 합은

$$\int_a^b \pi f(x)\sqrt{1+f'^2(x)}\,dx$$

가 된다. 마찬가지로 식(10)의 두 번째 합도 이와 같은 값이 된다. 따라서

$$S=2\pi\int_a^b f(x)\sqrt{1+f'^2(x)}\,dx$$ □

한편, 곡선의 호의 길이 s는

$$s = \int_a^b \sqrt{1+f'^2(x)}\,dx$$

이므로 호의 미분 ds는

$$ds = \sqrt{1+f'^2(x)}\,dx$$

이며, a, b에 대응하는 s의 값을 각각 s_1, s_2라 할 때, 회전곡면의 겉넓이 S는

$$S = 2\pi \int_{s_1}^{s_2} y\,ds$$

로 쓸 수 있다.

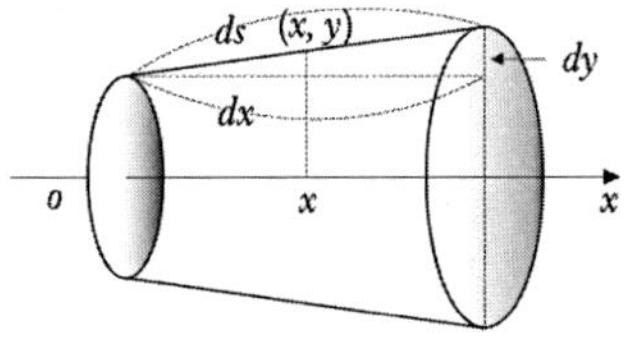

[그림 7.52]

또한

$$S = \int 2\pi y\,ds$$

라 하고

$$dS = 2\pi y\,ds$$

라 하면

$$S = \int dS$$

이다.

이 때, 호의 길이 ds의 중점의 좌표를 $(x,\ y)$라 하면 dS는 반지름이 y이고 높이가 ds인 원기둥의 겉넓이로 주어진다.

같은 방법으로, 회전축이 y축일 때, 곡선 $x = g(y)$가 폐구간 $[c,\ d]$에서 연속이고 연속인 도함수 $g'(y)$를 갖는다면 곡선 $x = g(y)$, $c \le y \le d$를 y축에 관하여 회전시켰을 때 생기는 회전곡면의 겉넓이 S는

$$S = 2\pi \int_c^d x \sqrt{1+\left(\frac{dx}{dy}\right)^2}\,dy \tag{11}$$

이다. 회전곡면을 표현하는 곡선이 매개방정식

$$x = f(t),\ y = g(t),\ t_1 \le t \le t_2$$

로 주어질 때는 $f(t)$, $g(t)$가 그 구간에서 연속이고 연속인 도함수를 가지면

$$S = 2\pi \int_{t_1}^{t_2} \rho \sqrt{\left(\frac{dx}{dt}\right)^2 + \left(\frac{dy}{dt}\right)^2}\, dt \tag{12}$$

이다.

여기서, ρ는 회전축으로부터 호의 길이의 요소 ds까지의 거리이며 t의 함수로 나타낸다.

그리고 곡면을 표현하는 곡선이 극방정식

$$r = f(\theta),\ \alpha \leq \theta \leq \beta$$

로 주어지면 $f(\theta)$가 그 구간에서 연속이고 연속인 도함수를 가질 때,

$$S = 2\pi \int_{\alpha}^{\beta} \rho \sqrt{r^2 + \left(\frac{dr}{d\theta}\right)^2}\, d\theta \tag{13}$$

이다.

여기서, ρ는 회전축에서 호의 길이의 요소 ds의 중점 $(x,\ y)$까지의 거리이며 θ의 함수로 나타낸다.

따라서 회전곡면의 겉넓이에 관한 공식을 나타내는 가장 간단한 방법은

$$\text{겉넓이} = \int 2\pi\rho\, ds \tag{14}$$

이다. 여기서, ρ는 회전축으로부터 호의 길이의 요소 ds의 중점까지의 거리이다. 물론 ρ와 ds는 모두 어떤 변수로 나타내어야만 하고 적당한 적분구간이 식 (14)에 주어져야 한다.

공식 (14)는 반지름이 ρ이고 높이가 ds인 원기둥의 겉넓이로 생각할 수 있다.

예제 7.26

곡선 $y = \sin x$의 한 아치를 x축에 관하여 회전시켰을 때 생기는 곡면의 겉넓이를 구하여라.

풀이 곡선 $y = \sin x$의 한 아치를 구간 $[0,\ \pi]$에서 취하면 그 아치는 직선 $x = \frac{\pi}{2}$에 관하여 대칭이므로 구하는 겉넓이 S는 구간 $\left[0,\ \frac{\pi}{2}\right]$에 있는 호를 x축에 관해서 회전시켰을 때 생기는 곡면의 겉넓이의 2배와 같다.

따라서, 겉넓이의 공식 (9)를 이용하면

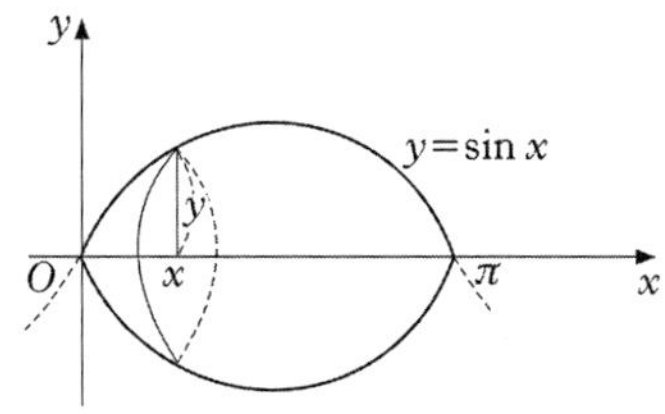

[그림 7.53]

$$S=2\cdot 2\pi\int_0^{\pi/2} y\sqrt{1+y'^2}\,dx$$

$$=4\pi\int_0^{\pi/2}\sin x\sqrt{1+\cos^2 x}\,dx$$

적분하기 위하여 $u=\cos x$로 치환하면 $du=-\sin x\,dx$이므로

$$S=-4\pi\int_1^0\sqrt{1+u^2}\,du=4\pi\int_0^1\sqrt{1+u^2}\,du$$

다시 $u=\tan\theta$로 치환하면 $du=\sec^2\theta\,d\theta$이므로

$$S=4\pi\int_0^{\pi/4}\sqrt{1+\tan^2\theta}\,\sec^2\theta\,d\theta=4\pi\int_0^{\pi/4}\sec^3\theta\,d\theta$$

$$=4\pi\left[\frac{1}{2}\tan\theta\sec\theta+\frac{1}{2}\ln|\tan\theta+\sec\theta|\right]_0^{\pi/4}$$ (아래의 참고사항)

$$=4\pi\left[\frac{1}{2}\tan\frac{\pi}{4}\sec\frac{\pi}{4}+\frac{1}{2}\ln\left|\tan\frac{\pi}{4}+\sec\frac{\pi}{4}\right|\right]$$

$$=2\pi(\sqrt{2}+\ln(1+\sqrt{2})).$$

참고 $\sec^3\theta$의 부정적분은 다음과 같다.

$$\int\sec^3\theta\,d\theta=\int\sec^2\theta\sec\theta\,d\theta=\tan\theta\sec\theta-\int\tan\theta\sec\theta\tan\theta\,d\theta$$

$$=\tan\theta\sec\theta-\int\tan^2\theta\sec\theta\,d\theta$$

$$=\tan\theta\sec\theta-\int(\sec^2\theta-1)\sec\theta\,d\theta$$

$$=\tan\theta\sec\theta+\int\sec\theta\,d\theta-\int\sec^3\theta\,d\theta$$

$$=\tan\theta\sec\theta+\ln|\tan\theta+\sec\theta|-\int\sec^3\theta\,d\theta$$

마지막 항을 좌변으로 이항하고 2로 나누면

$$\int\sec^3\theta\,d\theta=\frac{1}{2}\tan\theta\sec\theta+\frac{1}{2}\ln|\tan\theta+\sec\theta|+C$$

예제 7.27

두 직선 $y=\frac{1}{2}$, $y=2$ 사이에 있는 포물선 $x=\sqrt{2y-1}$을 y축에 관하여 회전시켰을 때 생기는 회전곡면의 겉넓이를 구하여라.

풀이 구하는 겉넓이 S는 겉넓이의 공식 (11)를 이용하기 위하여, 우선

$$\frac{dx}{dy}=\frac{d}{dy}(\sqrt{2y-1})=-\frac{1}{\sqrt{2y-1}}$$

이므로

$$1+\left(\frac{dx}{dy}\right)^2=1+\left\{-\frac{1}{\sqrt{2y-1}}\right\}^2=\frac{2y}{2y-1}.$$

따라서, 구하는 겉넓이 S는

$$\begin{aligned}S&=2\pi\int_{1/2}^{2} x\sqrt{1+\left(\frac{dx}{dy}\right)^2}\,dy\\&=2\pi\int_{1/2}^{2}\sqrt{2y-1}\sqrt{\frac{2y}{2y-1}}\,dy\\&=2\sqrt{2}\,\pi\int_{1/2}^{2}\sqrt{y}\,dy\\&=\frac{4\sqrt{2}\,\pi}{3}\left[y^{3/2}\right]_{1/2}^{2}\\&=\frac{14\pi}{3}.\end{aligned}$$

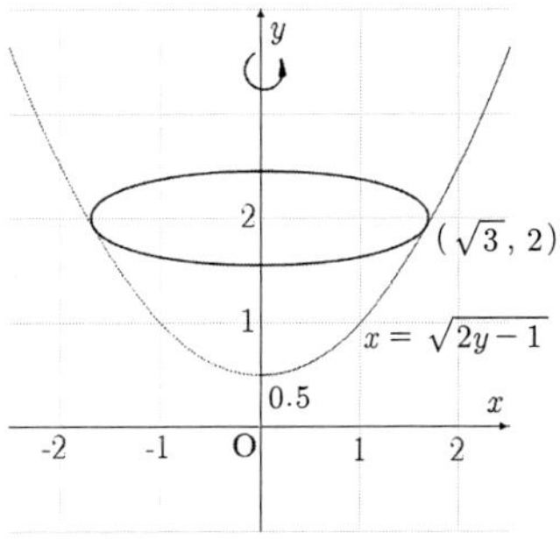

[그림 7.54]

참고 $\frac{1}{2}\le y\le 2$에서 $x=\sqrt{2y-1}$을 y에 관하여 풀면, $0\le x\le\sqrt{3}$에서 $y=\frac{x^2+1}{2}$이므로 구하는 겉넓이 S는 겉넓이의 공식 (14)을 이용하면 다음과 같다. 우선, 위의 문제에서 주어진 호가 회전하는 반지름은 $\rho=x$이고 호의 미분은

$$ds=\sqrt{1+\left(\frac{dy}{dx}\right)^2}\,dx=\sqrt{1+x^2}\,dx$$

이므로

$$\begin{aligned}S&=2\pi\int\rho\,ds=2\pi\int x\,ds\\&=2\pi\int_0^{\sqrt{3}}x\sqrt{1+x^2}\,dx\\&=\frac{1}{2}\cdot 2\pi\int_0^{\sqrt{3}}\sqrt{1+x^2}\,d(1+x^2)\\&=\frac{2}{3}\pi\left[(1+x^2)^{3/2}\right]_0^{\sqrt{3}}\\&=\frac{14\pi}{3}.\end{aligned}$$

예제 7.28

성망형 $x = a\cos^3\theta$, $y = a\sin^3\theta$를 y축에 관하여 회전시켰을 때 생기는 회전곡면의 겉넓이를 구하여라. (단, $a > 0$)

풀이 $\cos(-\theta) = \cos\theta$, $\sin(-\theta) = -\sin\theta$이므로 성망형은 x축에 관하여 대칭이고, 또한 $\cos(\pi-\theta) = -\cos\theta$, $\sin(\pi-\theta) = \sin\theta$이므로 성망형은 y축에 관하여 대칭이다. 그러므로 구하는 겉넓이 S는 제1사분면에 있는 호를 y축에 관하여 회전했을 때 생긴 회전곡면의 겉넓이의 2배이다.

또한, 구간 $\left[0, \frac{1}{2}\pi\right]$에서

$$\sqrt{\left(\frac{dx}{d\theta}\right)^2 + \left(\frac{dy}{d\theta}\right)^2} = \sqrt{(-3a\cos^2\theta\sin\theta)^2 + (3a\sin^2\theta\cos\theta)^2}$$

$$= 3a\cos\theta\sin\theta.$$

따라서, 겉넓이 공식 (12)를 이용하면

$$S = 2\cdot 2\pi\int_0^{\pi/2} x\sqrt{\left(\frac{dx}{d\theta}\right)^2 + \left(\frac{dy}{d\theta}\right)^2}\,d\theta$$

$$= 4\pi\int_0^{\pi/2} a\cos^3\theta\,(3a\cos\theta\sin\theta)\,d\theta$$

$$= -12\pi a^2\int_0^{\pi/2}\cos^4\theta\,d(\cos\theta)$$

$$= -\frac{12}{5}\pi a^2\left[\cos^5\theta\right]_0^{\pi/2}$$

$$= \frac{12}{5}\pi a^2.$$

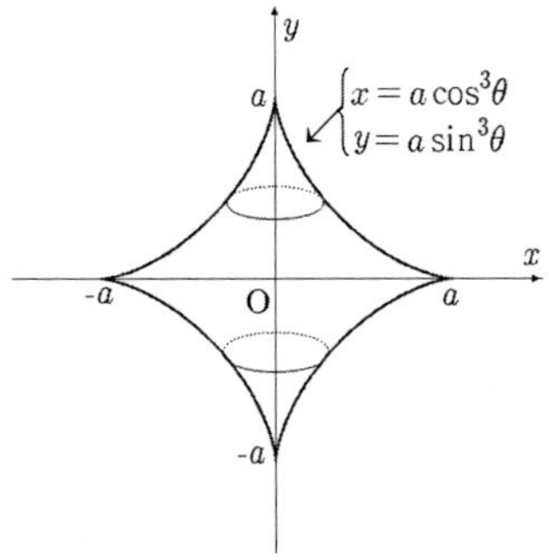

[그림 7.55]

참고 성망형 $x = a\cos^3\theta$, $y = a\sin^3\theta$에서 θ를 소거하면 직교방정식 $x^{2/3} + y^{2/3} = a^{2/3}$이 되고 $\frac{dx}{dy} = -\frac{x^{1/3}}{y^{1/3}}$이므로 겉넓이의 공식 (11)을 이용하면

$$S = 4\pi\int_0^a x\sqrt{1 + \left(\frac{dx}{dy}\right)^2}\,dy$$

$$= 4\pi\int_0^a (a^{2/3} - y^{2/3})^{3/2}\frac{a^{1/3}}{y^{1/3}}\,dy$$

$$= -6\pi a^{1/3}\int_0^a (a^{2/3} - y^{2/3})^{3/2}\,d(a^{2/3} - y^{2/3})$$

$$=-6\pi a^{1/3}\int_{a^{2/3}}^{0} u^{3/2}\,du \quad (\text{단, } u=a^{2/3}-y^{2/3})$$

$$=6\pi a^{1/3}\int_{0}^{a^{2/3}} u^{3/2}\,du = 6\pi a^{1/3}\left[\frac{2}{5}u^{5/2}\right]_0^{a^{2/3}}$$

$$=\frac{12}{5}\pi a^2.$$

예제 7.29

연주형 $r^2=\cos 2\theta$의 오른쪽 고리를 y축에 관하여 회전했을 때 생긴 회전곡면의 겉넓이를 구하여라.

풀이 연주형 $r^2=\cos 2\theta$는 y축에 관하여 대칭이므로 x축 위의 오른쪽 고리를 y축에 관하여 회전했을 때, 생긴 회전곡면의 겉넓이는 그림 7.56과 같다.

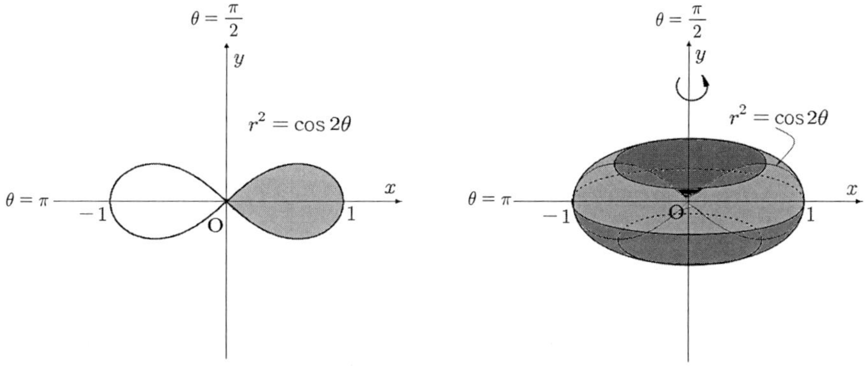

[그림 7.56]

따라서 적분구간은 $[-\frac{\pi}{4}, \frac{\pi}{4}]$이고, 직교좌표와 극좌표 사이의 관계로부터

$$\rho = x = r\cos\theta$$

이다. 한편, $r^2=\cos 2\theta$이므로

$$2r\frac{dr}{d\theta} = -2\sin 2\theta$$

$$r\frac{dr}{d\theta} = -\sin 2\theta$$

$$\left(r\frac{dr}{d\theta}\right)^2 = \sin^2 2\theta$$

$$r^4 = (r^2)^2 = \cos^2 2\theta.$$

따라서, 구하는 겉넓이 S는 겉넓이 공식 (13)을 이용하면

$$S=2\pi\int_{-\pi/4}^{\pi/4}\rho\sqrt{r^2+\left(\frac{dr}{d\theta}\right)^2}\,d\theta$$
$$=2\pi\int_{-\pi/4}^{\pi/4}r\cos\theta\sqrt{r^2+\left(\frac{dr}{d\theta}\right)^2}\,d\theta$$
$$=2\pi\int_{-\pi/4}^{\pi/4}\cos\theta\sqrt{r^4+\left(r\frac{dr}{d\theta}\right)^2}\,d\theta$$
$$=2\pi\int_{-\pi/4}^{\pi/4}\cos\theta\sqrt{\cos^2 2\theta+\sin^2 2\theta}\,d\theta$$
$$=2\pi\int_{-\pi/4}^{\pi/4}\cos\theta d\theta$$
$$=2\pi[\sin\theta]_{-\pi/4}^{\pi/4}$$
$$=2\pi\left[\frac{\sqrt{2}}{2}+\frac{\sqrt{2}}{2}\right]$$
$$=2\sqrt{2}\pi.$$

■

예제 7.30

두 직선 $x=0$, $x=\frac{1}{2}$ 사이에 있는 곡선 $y=x^3$을 x축에 관하여 회전시켰을 때 생기는 회전곡면의 겉넓이를 구하여라.

풀이 구하는 겉넓이 S는 겉넓이의 공식 (14)를 이용하기 위해서, 우선 위의 문제에서 주어진 호는 회전하는 반지름 $\rho=y$이고 호의 미분은

$$ds=\sqrt{dx^2+dy^2}$$

이다. 한편, $y=x^3$, $dy=dx^3=3x^2dx$이므로

$$\sqrt{dx^2+dy^2}=\sqrt{dx^2+(3x^2dx)^2}=\sqrt{1+9x^4}\,dx.$$

따라서,

$$S=2\pi\int\rho\,ds=2\pi\int y\,ds$$
$$=2\pi\int y\sqrt{dx^2+dy^2}$$
$$=2\pi\int_0^{1/2}x^3\sqrt{1+9x^4}\,dx$$
$$=2\pi\cdot\frac{1}{36}\int_0^{1/2}\sqrt{1+9x^4}\,d(1+9x^4)$$

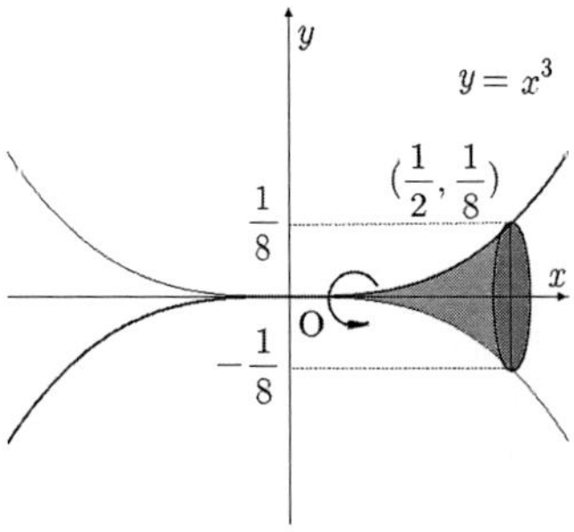

[그림 7.57]

$$= 2\pi \cdot \frac{1}{36} \cdot \frac{2}{3}\left[(1+9x^4)^{3/2}\right]_0^{1/2}$$

$$= \frac{\pi}{27}\left[\left(1+\frac{9}{16}\right)^{3/2} - 1\right]$$

$$= \frac{61\pi}{1728}.$$

■

예제 7.31

원 $x^2+y^2=a^2$을 그 원의 접선 $y=-a$에 관해서 회전시켰을 때 생기는 회전 곡면의 겉넓이를 구하여라.

풀이 원 $x^2+y^2=a^2$의 매개방정식은

$$x = a\cos\theta,\ y = a\sin\theta$$

이고 회전곡면을 만드는데 이 원의 전체를 사용하여야 하므로 θ는 0에서 2π까지 변화시켜야 한다.

또한,

$$\rho = y + a = a\sin\theta + a$$

이므로 겉넓이의 공식 (12)를 이용하면 구하는 겉넓이 S는

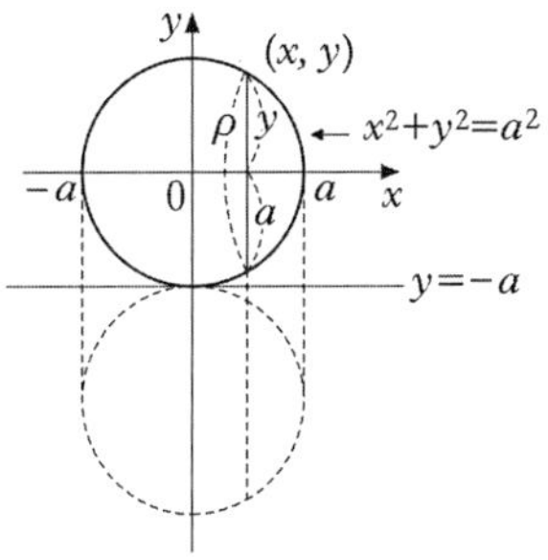

[그림 7.58]

$$S = 2\pi\int_0^{2\pi} \rho\sqrt{\left(\frac{dx}{d\theta}\right)^2 + \left(\frac{dy}{d\theta}\right)^2}\,d\theta$$

$$= 2\pi\int_0^{2\pi} (a\sin\theta + a)\sqrt{(-a\sin\theta)^2 + (a\cos\theta)^2}\,d\theta$$

$$= 2\pi a^2\int_0^{2\pi} (\sin\theta + 1)d\theta$$

$$= 2\pi a^2\Big[-\cos\theta + \theta\Big]_0^{2\pi}$$

$$= 4\pi^2 a^2.$$

■

연습문제 7-6 Exercises

※ 다음 곡선의 호를 x축에 관하여 회전시켰을 때 생기는 회전곡면의 겉넓이를 구하여라. (1~8)

1. $y=\sqrt{x},\ 0\le x\le 1$

2. $y=a\cosh\dfrac{x}{a},\ 0\le x\le a$

3. $4x=y^2-2\ln y,\ 1\le y\le 2$

4. $6x=y^3+3y^{-1},\ 1\le y\le 2$

5. $x=a(\theta-\sin\theta),\ y=a(1-\cos\theta),\ 0\le\theta\le 2\pi$

6. $x=e^t\cos t,\ y=e^t\sin t,\ 0\le t\le\dfrac{\pi}{2}$

7. $x=t-a\tanh\dfrac{t}{a},\ y=a\,\mathrm{sech}\,\dfrac{t}{a},\ 0\le t\le 2a$

8. $x=a\cos\theta,\ y=b\sin\theta\ (a>b),\ 0\le\theta\le\dfrac{\pi}{2}$

※ 다음 곡선의 호를 y축에 관하여 회전시켰을 때 생기는 회전곡면의 겉넓이를 구하여라. (9~16)

9. $y=x^2,\ 0\le x\le 2$

10. $4y=x^2-2\ln x,\ 1\le x\le 3$

11. $2y=x^2+1,\ 0\le x\le 1$

12. $y=a\cosh\dfrac{x}{a},\ 0\le x\le a$

13. $x=t+1,\ 2y=t^2+2t,\ 0\le t\le 4$

14. $x=a(t-\sin t),\ y=a(1-\cos t),\ 0\le t\le 2\pi$

15. $x=b+a\cos\theta,\ y=a\sin\theta\ (0<a<b),\ 0\le\theta\le 2\pi$

16. $x=\cos\theta+\theta\sin\theta,\ y=\sin\theta-\theta\cos\theta,\ 0\le\theta\le\dfrac{\pi}{2}$

※ 극방정식으로 나타낸 다음 폐곡선을 [ ] 속의 회전축에 관하여 회전시켰을 때 생기는 회전곡면의 겉넓이를 구하여라. (17~26)

17. $r^2=2a^2\cos 2\theta$, [x축]

18. $r=2a\sin\theta$, [x축]

19. $x=a(1-\cos\theta)$, $[\theta=\pi]$

20. $r=4+3\cos\theta$, [x축]

21. $r^2=2a^2\cos 2\theta$, $[\theta=\dfrac{\pi}{2}]$

22. $r=e^{\theta},\ 0\le\theta\le\pi$, $[\theta=\dfrac{\pi}{2}]$

23. $r=2a\cos\theta$, $[\theta=\dfrac{\pi}{2}]$

24. $r=a(1-\cos\theta)$, $[\theta=\dfrac{\pi}{2}]$

25. $r = a(1+\sin\theta),\ [\theta = \frac{\pi}{2}]$

26. $r = \sin 2\theta,\ 0 \le \theta \le \frac{\pi}{2},\ [x\text{축}]$

※ 다음 곡선의 호를 [ ] 속의 회전축에 관하여 회전시켰을 때, 생기는 회전곡면의 겉넓이를 구하여라. (27~36)

27. $y = \ln x,\ 1 \le x \le 2,\ [x = 1]$

28. $12y = 4x^3 + 3x^{-1},\ 1 \le x \le 2,\ [y = 1]$

29. $12y = 4x^3 + 3x^{-1},\ 1 \le x \le 2,\ [x = 2]$

30. $x^2 + y^2 = a^2,\ [x = b]\ (b > a)$

31. $x = e^{\theta}\cos\theta,\ y = e^{\theta}\sin\theta,\ 0 \le \theta \le \frac{\pi}{2},\ [y = -1]$

32. $x = b\cos\theta,\ y = b\sin\theta,\ [x = a]\ (a > b > 0)$

33. $r = a,\ [r = b\sec\theta]\ (b > a > 0)$

34. $y = x^{2/3},\ 1 \le x \le 8,\ [y = 1]$

35. $20x = 12y^{5/3} - 15y^{1/3},\ 0 \le y \le 1,\ [y = -1]$

36. $y = \cosh x,\ 1 \le y \le 2,\ [y = 1]$

제 8 장 행렬과 행렬식

8.1 행렬과 행렬연산

이 절에서는 행렬을 정의하고 행렬의 연산과 이들의 성질을 살펴보기로 한다.

8.1.1 행렬의 정의

정의 8-1

자연수 m과 n에 대하여 mn개의 사물을 직사각형의 모양으로 배열한 것을 **행렬**(matrix)이라 하고, 행렬 안의 사물을 그 행렬의 **원소** 또는 **성분**(elements or entries)이라고 부른다.

예제 8.1

다음은 행렬의 예이다.

$$\begin{pmatrix} 1 & -3 & 4 \\ 3 & 7 & 5 \\ 6 & 2 & 7 \end{pmatrix}, \quad (a \;\; b \;\; c \;\; d), \quad \begin{pmatrix} \dfrac{d}{dx}f(x) \\ \dfrac{d}{dx}g(x) \end{pmatrix},$$

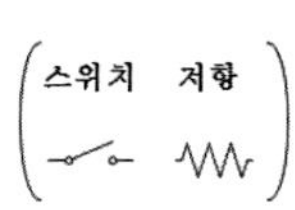

위의 예제에서 알 수 있는 바와 같이, 행렬에는 여러 가지 크기가 존재한다. 행렬의 크기는 세로 방향의 성분의 개수인 **행**(row)의 개수와 가로 방향의 성분의 개수인 **열**

(column)의 개수에 의하여 나타낼 수 있다. 위 예제에서 첫 번째 행렬은 3개의 행과 3개의 열로 구성되어 있으므로 3행 3열이라 할 수 있고, 이를 3×3 행렬이라고 말한다. 또한 네 번째 행렬은 행의 개수가 2, 열의 개수가 2이므로 2행 2열인 2×2 행렬로 나타낸다.

행렬을 나타낼 때는 보통 알파벳 대문자 $\boldsymbol{A}$, $\boldsymbol{B}$, $\boldsymbol{C}$, $\cdots$ 등을 쓰고, 행렬의 성분을 나타낼 때는 소문자 a, b, c 등을 사용한다.

일반적으로 m개의 행과 n개의 열을 갖는 행렬, 즉 $m \times n$ 행렬 $\boldsymbol{A}$는

$$\boldsymbol{A} = \begin{pmatrix} a_{11} & a_{12} & \cdots & a_{1n} \\ a_{21} & a_{22} & \cdots & a_{2n} \\ \vdots & \vdots & \vdots & \vdots \\ a_{m1} & a_{m2} & \cdots & a_{mn} \end{pmatrix}$$

와 같이 나타내고, 이것을 간단히 표현할 때에는

$$\boldsymbol{A} = (a_{ij})_{m \times n} \text{ 또는 } \boldsymbol{A} = (a_{ij})$$

라고 쓴다. 여기서 a_{ij}는 $\boldsymbol{A}$의 제i행과 제j열의 성분(또는 $(i, j)-$성분)을 나타낸다.

$m \times n$행렬 $\boldsymbol{A}$에서 행과 열의 수가 같은 행렬 즉 $m = n$인 행렬을 **정방행렬**(square matrix)이라 하고, 특히 n개의 행과 n개의 열을 가지는 정방행렬을 **n차 정방행렬**이라 한다. n차 정방행렬의 "대각선"상의 성분 a_{11}, a_{22}, $\cdots$, a_{nn}을 $\boldsymbol{A}$의 **주대각선**(main diagonal)이라 한다.

예제 8.2

다음은 2차 정방행렬, 3차 정방행렬의 예이다.

$$\begin{pmatrix} \text{동} & 5km \\ \text{남} & 3km \end{pmatrix}, \qquad \begin{pmatrix} \text{인} & \text{간} & \text{은} \\ \text{생} & \text{각} & \text{하} \\ \text{는} & \text{갈} & \text{대} \end{pmatrix}$$

모든 i, j에 대하여 $a_{ij} = 0$인 행렬을 **영행렬**(zero matrix)이라 하고 **0**으로 나타낸다. 예를 들어, 다음은 3×4의 영행렬이다.

$$\begin{pmatrix} 0 & 0 & 0 & 0 \\ 0 & 0 & 0 & 0 \\ 0 & 0 & 0 & 0 \end{pmatrix}$$

또한 **대각행렬**(diagonal matrix)은 주 대각성분을 제외한 모든 성분이 0인 행렬 즉,

$$\begin{pmatrix} a_{11} & 0 & \cdots & 0 \\ 0 & a_{22} & \cdots & 0 \\ \vdots & \vdots & \vdots & \vdots \\ 0 & 0 & \cdots & a_{nn} \end{pmatrix}$$

이다. 특히 대각성분이 모두 1이고, 다른 성분이 모두 0인 n차 정방행렬을 **단위행렬**(identity matrix)이라 하고, $\boldsymbol{I}_n$ 또는 $\boldsymbol{I}$로 표시한다. 즉,

$$\boldsymbol{I}_n = \begin{pmatrix} 1 & 0 & \cdots & 0 \\ 0 & 1 & \cdots & 0 \\ \vdots & \vdots & \vdots & \vdots \\ 0 & 0 & \cdots & 1 \end{pmatrix}$$

한편, n차 정방행렬 $\boldsymbol{A} = (a_{ij})$에서, $i > j$ (또는 $i < j$) 일 때 $a_{ij} = 0$ 인 행렬을 **삼각행렬**(triangle matrix)이라 한다. 그리고 주대각선 아래 있는(즉, $i > j$인) 모든 성분이 0인 정방행렬은 **상 삼각행렬**(upper triangle matrix)이라 하고, 주대각선 위에 있는(즉, $i < j$인) 모든 성분이 0인 행렬을 **하 삼각행렬**(lower triangle matrix)이라 한다. 예를 들어,

$$\begin{pmatrix} 1 & 6 & 2 \\ 0 & 7 & 3 \\ 0 & 0 & 2 \end{pmatrix}, \qquad \begin{pmatrix} 2 & 0 & 0 & 0 \\ 5 & 3 & 0 & 0 \\ 4 & 7 & 6 & 0 \\ 3 & -5 & 1 & 2 \end{pmatrix}$$

는 삼각행렬이며, 첫 번째 행렬은 상 삼각행렬, 두 번째 행렬은 하 삼각행렬이다.

다음과 같은 $m \times n$ 행렬

$$\boldsymbol{A} = \begin{pmatrix} a_{11} & a_{12} & \cdots & a_{1n} \\ a_{21} & a_{22} & \cdots & a_{2n} \\ \vdots & \vdots & \vdots & \vdots \\ a_{m1} & a_{m2} & \cdots & a_{mn} \end{pmatrix}$$

에서 한 개의 행을 가지는 행렬

$$\begin{aligned} \boldsymbol{r}_1 &= (a_{11} \ \ a_{12} \ \ \cdots \ \ a_{1n}) \\ \boldsymbol{r}_2 &= (a_{21} \ \ a_{22} \ \ \cdots \ \ a_{2n}) \\ &\ \ \vdots \\ \boldsymbol{r}_m &= (a_{m1} \ \ a_{m2} \ \ \cdots \ \ a_{mn}) \end{aligned}$$

을 **행벡터**(row vector)라 하고, 한 개의 열을 가지는 행렬

$$\boldsymbol{c}_1 = \begin{pmatrix} a_{11} \\ a_{21} \\ \vdots \\ a_{m1} \end{pmatrix}, \quad \boldsymbol{c}_2 = \begin{pmatrix} a_{12} \\ a_{22} \\ \vdots \\ a_{m2} \end{pmatrix}, \cdots, \quad \boldsymbol{c}_n = \begin{pmatrix} a_{1n} \\ a_{2n} \\ \vdots \\ a_{mn} \end{pmatrix}$$

을 **열벡터**(column vector)라고 한다.

예제 8.3

$\begin{pmatrix} 1 & -3 & 2 \\ 0 & 2 & 5 \end{pmatrix}$일 때

행벡터는 $(1 \ -3 \ \ 2)$, $(0 \ \ 2 \ \ 5)$이고

열벡터는 $\begin{pmatrix} 1 \\ 0 \end{pmatrix}$, $\begin{pmatrix} -3 \\ 2 \end{pmatrix}$ 그리고 $\begin{pmatrix} 2 \\ 5 \end{pmatrix}$ 이다.

8.1.2 행렬의 연산

수에 대해서 덧셈, 빼셈, 곱셈 나눗셈 연산이 있는 것과 같이 행렬에 대해서도 어떤 제한 하에서 이들 연산을 정의할 수 있다.

정의 8-2

행렬의 상등

두 행렬 $\boldsymbol{A}$, $\boldsymbol{B}$가 행의 수와 열의 수가 각각 같고, 각각의 대응하는 성분이 모두 같을 때 $\boldsymbol{A}$와 $\boldsymbol{B}$는 **상등하다**(equal)고 하고, 이를 $\boldsymbol{A} = \boldsymbol{B}$로 나타낸다.

예제 8.4

$\boldsymbol{A} = \begin{pmatrix} a_{11} & a_{12} \\ a_{21} & a_{22} \end{pmatrix}$, $\boldsymbol{B} = \begin{pmatrix} b_{11} & b_{12} \\ b_{21} & b_{22} \end{pmatrix}$일 때, $\boldsymbol{A} = \boldsymbol{B}$이면

$$a_{11} = b_{11}, \quad a_{12} = b_{12}$$
$$a_{21} = b_{21}, \quad a_{22} = b_{22}$$

이다.

정의 8-3

행렬의 가법

행렬 $\boldsymbol{A}$, $\boldsymbol{B}$가 행과 열의 개수가 같은 $m \times n$ 행렬이라 할 때, 이 두 행렬의 대응하는 성분끼리 덧셈을 실시하여 얻어진 새로운 행렬을 $\boldsymbol{A}$와 $\boldsymbol{B}$의 **합**(sum)이라 하고,

$A+B$로 표시한다. 즉 A, B가

$$A=\begin{pmatrix} a_{11} & a_{12} & \cdots & a_{1n} \\ a_{21} & a_{22} & \cdots & a_{2n} \\ \vdots & \vdots & \vdots & \vdots \\ a_{m1} & a_{m2} & \cdots & a_{mn} \end{pmatrix}, \quad B=\begin{pmatrix} b_{11} & b_{12} & \cdots & b_{1n} \\ b_{21} & b_{22} & \cdots & b_{2n} \\ \vdots & \vdots & \vdots & \vdots \\ b_{m1} & b_{m2} & \cdots & b_{mn} \end{pmatrix}$$

인 $m \times n$ 행렬이라 할 때, 두 행렬의 합 $A+B$는

$$A+B=\begin{pmatrix} a_{11}+b_{11} & a_{12}+b_{12} & \cdots & a_{1n}+b_{1n} \\ a_{21}+b_{21} & a_{22}+b_{22} & \cdots & a_{2n}+b_{2n} \\ \vdots & \vdots & \vdots & \vdots \\ a_{m1}+b_{m1} & a_{m2}+b_{m2} & \cdots & a_{mn}+b_{mn} \end{pmatrix}$$

인 행렬로 정의 된다.

예제 8.5

$A=\begin{pmatrix} 1 & -1 & 2 \\ 2 & 3 & 4 \end{pmatrix}$, $B=\begin{pmatrix} 5 & 2 & -3 \\ 3 & 1 & -2 \end{pmatrix}$이라 할 때, $A+B$를 구하여라.

$$A+B=\begin{pmatrix} 1+5 & -1+2 & 2-3 \\ 2+3 & 3+1 & 4-2 \end{pmatrix}=\begin{pmatrix} 6 & 1 & -1 \\ 5 & 4 & 2 \end{pmatrix}$$

정의 8-4

행렬의 상수배

A를 행렬, k를 실수라 할 때, A의 각 성분에 k를 곱함으로써 얻어진 행렬을 행렬 A에 k의 **곱**(product)이라 하고, kA로 표시한다. 즉 $A=(a_{ij})$일 때

$$kA = k(a_{ij}) = (ka_{ij})$$

이다. 특히 $(-1)A$는 $-A$로 나타내기로 한다.

정리 8.5

임의의 실수 k, h와 $m \times n$ 행렬 A, B, C에 대하여 다음의 성질을 만족한다.

(i) $(A+B)+C=A+(B+C)$

(ii) $A+O=O+A=A$

(iii) $A+(-A)=O$

(iv) $\boldsymbol{A}+\boldsymbol{B}=\boldsymbol{B}+\boldsymbol{A}$
(v) $k(\boldsymbol{A}+\boldsymbol{B})=k\boldsymbol{A}+k\boldsymbol{B}$
(vi) $(k+h)\boldsymbol{A}=k\boldsymbol{A}+h\boldsymbol{A}$
(vii) $k(h\boldsymbol{A})=(kh)\boldsymbol{A}$
(viii) $1\boldsymbol{A}=\boldsymbol{A}$

증명 (i) $\boldsymbol{A}=(a_{ij})$, $\boldsymbol{B}=(b_{ij})$, $\boldsymbol{C}=(c_{ij})$ 라 하면

$$\begin{aligned}(\boldsymbol{A}+\boldsymbol{B})+\boldsymbol{C} &= [(a_{ij})+(b_{ij})]+(c_{ij}) \\ &= [(a_{ij}+b_{ij})+(c_{ij})] \\ &= [(a_{ij}+(b_{ij}+c_{ij})] \\ &= (a_{ij}+[(b_{ij})+(c_{ij})] \\ &= \boldsymbol{A}+(\boldsymbol{B}+\boldsymbol{C})\end{aligned}$$

(ii)~(viii)의 증명은 (i)과 같이 실수의 덧셈공리, 곱셈공리, 분배공리를 사용하면 증명할 수 있으므로 자세한 증명은 생략하기로 한다. □

예제 8.6

$\boldsymbol{A}=\begin{pmatrix}1 & -2 & 2\\ 3 & 5 & -7\end{pmatrix}$, $\boldsymbol{B}=\begin{pmatrix}2 & 1 & 3\\ -5 & 2 & 6\end{pmatrix}$ 이라 하면

$$2\boldsymbol{A}=\begin{pmatrix}2\cdot 1 & 2\cdot(-2) & 2\cdot 2\\ 2\cdot 3 & 2\cdot 5 & 2\cdot(-7)\end{pmatrix}=\begin{pmatrix}2 & -4 & 4\\ 6 & 10 & -14\end{pmatrix}$$

$$3\boldsymbol{B}=\begin{pmatrix}3\cdot 1 & 3\cdot 1 & 3\cdot 3\\ 3\cdot(-5) & 3\cdot 2 & 3\cdot 6\end{pmatrix}=\begin{pmatrix}6 & 3 & 9\\ -15 & 6 & 18\end{pmatrix}$$

$$\boldsymbol{A}+2\boldsymbol{B}=\begin{pmatrix}1 & -2 & 2\\ 3 & 5 & -7\end{pmatrix}+2\begin{pmatrix}2 & 1 & 3\\ -5 & 2 & 6\end{pmatrix}=\begin{pmatrix}5 & 2 & 8\\ -7 & 9 & 5\end{pmatrix}$$

이다.

행렬 $\boldsymbol{A}=(a_{ij})$ 의 열의 개수와 행렬 $\boldsymbol{B}=(b_{ij})$ 의 행의 개수가 같을 때 이 두 행렬의 곱 $\boldsymbol{AB}$를 다음과 같이 정의한다.

정의 8-6

행렬의 곱

$\boldsymbol{A}=(a_{ij})$를 $m\times r$ 행렬, $\boldsymbol{B}=(b_{ij})$를 $r\times n$ 행렬이라 할 때, $\boldsymbol{A}$와 $\boldsymbol{B}$의 곱 $\boldsymbol{AB}$는 그의 $(i,j)-$성분이

$$\sum_{k=1}^{n} a_{ik} b_{kj} = a_{i1} b_{1j} + a_{i2} b_{2j} + \cdots + a_{in} b_{nj}, \quad 1 \le i \le m, \ 1 \le j \le n$$

인 $m \times n$ 행렬로 정의한다.

한편, 행렬 $\boldsymbol{A}$의 i행 $\boldsymbol{r}_i = (a_{i1} \quad a_{i2} \quad \cdots \quad a_{in})$과 행렬 $\boldsymbol{B}$의 j열 $\boldsymbol{c}_j = \begin{pmatrix} b_{1j} \\ \vdots \\ b_{nj} \end{pmatrix}$을 곱하면

$$\boldsymbol{r}_i \boldsymbol{c}_j = \left(\sum_{k=1}^{n} a_{ik} b_{kj} \right)$$

와 같은 1×1행렬이 된다. 이것은 하나의 수 $\sum_{k=1}^{n} a_{ik} b_{kj}$와 유사한 성질을 가지므로 행렬의 곱은 다음과 같이 행벡터와 열벡터의 곱을 이용하여 표현하기도 한다.

$$\boldsymbol{AB} = \begin{pmatrix} \boldsymbol{r}_1 \boldsymbol{c}_1 & \boldsymbol{r}_1 \boldsymbol{c}_2 & \cdots & \boldsymbol{r}_1 \boldsymbol{c}_n \\ \boldsymbol{r}_2 \boldsymbol{c}_1 & \boldsymbol{r}_2 \boldsymbol{c}_2 & \cdots & \boldsymbol{r}_2 \boldsymbol{c}_n \\ \vdots & \vdots & \vdots & \vdots \\ \boldsymbol{r}_m \boldsymbol{c}_1 & \boldsymbol{r}_m \boldsymbol{c}_2 & \cdots & \boldsymbol{r}_m \boldsymbol{c}_n \end{pmatrix}$$

예제 8.7

$\boldsymbol{A} = \begin{pmatrix} -1 & 2 \\ 0 & 1 \\ 4 & -3 \end{pmatrix}$, $\boldsymbol{B} = \begin{pmatrix} 3 & 4 & 0 \\ 1 & -2 & -5 \end{pmatrix}$일 때, $\boldsymbol{AB}$와 $\boldsymbol{BA}$를 구하여라.

풀이

$$\begin{aligned} \boldsymbol{AB} &= \begin{pmatrix} -1 & 2 \\ 0 & 1 \\ 4 & -3 \end{pmatrix} \begin{pmatrix} 3 & 4 & 0 \\ 1 & -2 & -5 \end{pmatrix} \\ &= \begin{pmatrix} (-1)(3)+(2)(1) & (\ 1)(4)+(2)(-2) & (-1)(0)+(2)(-5) \\ (0)(3)+(1)(1) & (0)(4)+(1)(-2) & (0)(0)+(1)(-5) \\ (4)(3)+(-3)(1) & (4)(4)+(-3)(-2) & (4)(0)+(-3)(-5) \end{pmatrix} \\ &= \begin{pmatrix} -1 & -8 & -10 \\ 1 & -2 & -5 \\ 9 & 22 & 15 \end{pmatrix} \end{aligned}$$

$$\begin{aligned} \boldsymbol{BA} &= \begin{pmatrix} 3 & 4 & 0 \\ 1 & -2 & -5 \end{pmatrix} \begin{pmatrix} -1 & 2 \\ 0 & 1 \\ 4 & -3 \end{pmatrix} \\ &= \begin{pmatrix} (3)(-1)+(4)(0)+(0)(4) & (3)(2)+(4)(1)+(0)(-3) \\ (1)(-1)+(-2)(0)+(-5)(4) & (1)(2)+(-2)(1)+(-5)(-3) \end{pmatrix} \end{aligned}$$

$$= \begin{pmatrix} -3 & 10 \\ -21 & 15 \end{pmatrix}$$

■

위 예제에서 알 수 있듯이 행렬의 곱에 대한 교환법칙은 성립하지 않는다. 그러나 행렬의 곱에 대하여 다음의 성질들을 만족한다.

정리 8.7

임의의 실수 k와 행렬 $\boldsymbol{A}, \boldsymbol{B}, \boldsymbol{C}$에 대하여 각각의 연산이 가능한 크기를 갖는 경우에 다음의 성질을 만족한다.

(i) $(\boldsymbol{AB})\boldsymbol{C} = \boldsymbol{A}(\boldsymbol{BC})$

(ii) $\boldsymbol{A}(\boldsymbol{B}+\boldsymbol{C}) = \boldsymbol{AB}+\boldsymbol{AC}$

(iii) $(\boldsymbol{A}+\boldsymbol{B})\boldsymbol{C} = \boldsymbol{AC}+\boldsymbol{BC}$

(iv) $k(\boldsymbol{AB}) = \boldsymbol{A}(k\boldsymbol{B})$

증명 이것은 등호 좌측과 우측의 각 행렬의 성분을 비교하여 증명할 수 있다.

(i) $\boldsymbol{A} = (a_{ij})$은 $m\times r$ 행렬, $\boldsymbol{B} = (b_{jk})$은 $r\times s$ 행렬, $\boldsymbol{C} = (c_{kl})$은 $s\times n$ 행렬이라 하면, $\boldsymbol{AB}$의 $(i,k)-$성분은 $\sum_{j=1}^{r} a_{ij}b_{jk}$, $\boldsymbol{BC}$의 $(j,l)-$성분은 $\sum_{k=1}^{s} b_{jk}c_{kl}$이다. 행렬 $(\boldsymbol{AB})\boldsymbol{C}$의 $(i,l)-$성분은

$$\sum_{k=1}^{s}\left(\left(\sum_{j=1}^{r} a_{ij}b_{jk}\right)c_{kl}\right) = \sum_{k=1}^{s}\sum_{j=1}^{r}(a_{ij}b_{jk})c_{kl}$$

이 되고, $\boldsymbol{A}(\boldsymbol{BC})$의 $(i,l)-$성분은

$$\sum_{j=1}^{r}\left(a_{ij}\left(\sum_{k=1}^{s} b_{jk}c_{kl}\right)\right) = \sum_{j=1}^{r}\sum_{k=1}^{s} a_{ij}(b_{jk}c_{kl})$$

이 되어, 행렬 $(\boldsymbol{AB})\boldsymbol{C}$와 $\boldsymbol{A}(\boldsymbol{BC})$의 $(i,l)-$성분은 같으므로 $(\boldsymbol{AB})\boldsymbol{C} = \boldsymbol{A}(\boldsymbol{BC})$이 된다.

(ii) $\boldsymbol{A} = (a_{ij})$은 $m\times r$ 행렬, $\boldsymbol{B} = (b_{jk})$와 $\boldsymbol{C} = (c_{jk})$은 $r\times n$ 행렬이라 하면, $\boldsymbol{B}+\boldsymbol{C}$의 $(j,k)-$성분은 $b_{jk}+c_{jk}$이고, $\boldsymbol{AB}$와 $\boldsymbol{AC}$의 $(i,k)-$성분은 각각 $\sum_{j=1}^{r} a_{ij}b_{jk}$, $\sum_{j=1}^{r} a_{ij}c_{jk}$이다. 행렬 $\boldsymbol{A}(\boldsymbol{B}+\boldsymbol{C})$와 $\boldsymbol{AB}$, $\boldsymbol{AC}$의 $(i,k)-$성분은

$$\sum_{j=1}^{r} a_{ij}(b_{jk}+c_{jk}) = \sum_{j=1}^{r} a_{ij}b_{jk} + \sum_{j=1}^{r} a_{ij}c_{jk}$$

이 되어, 행렬 $A(B+C)$의 $(i,k)-$성분은 AB, AC의 $(i,k)-$성분의 합과 같으므로 $A(B+C)=AB+AC$이 성립한다.

나머지의 증명도 (ii)와 유사하므로 자세한 증명은 생략하기로 한다. □

예제 8.8

$A=\begin{pmatrix}1&-2&3\\3&4&-1\end{pmatrix}$, $B=\begin{pmatrix}2&-1\\-3&4\\5&6\end{pmatrix}$, $C=\begin{pmatrix}1&2&-4&3\\5&0&3&-2\end{pmatrix}$ 일 때, $(AB)C$ 및 $A(BC)$를 계산하고, 이들이 같은 가를 조사하여라.

풀이

$$(AB)=\begin{pmatrix}1&-2&3\\3&4&-1\end{pmatrix}\begin{pmatrix}2&-1\\-3&4\\5&6\end{pmatrix}$$

$$=\begin{pmatrix}(1)(2)+(-2)(-3)+(3)(5) & (1)(-1)+(-2)(4)+(3)(6)\\(3)(2)+(4)(-3)+(-1)(5) & (3)(-1)+(4)(4)+(-1)(6)\end{pmatrix}$$

$$=\begin{pmatrix}23&9\\-11&7\end{pmatrix}$$

$$(AB)C=\begin{pmatrix}23&9\\-11&7\end{pmatrix}\begin{pmatrix}1&2&-4&3\\5&0&3&-2\end{pmatrix}$$

$$=\begin{pmatrix}68&46&-65&51\\24&-22&65&-47\end{pmatrix}$$

$$(BC)=\begin{pmatrix}2&-1\\-3&4\\5&6\end{pmatrix}\begin{pmatrix}1&2&-4&3\\5&0&3&-2\end{pmatrix}$$

$$=\begin{pmatrix}(2)(1)+(-1)(5) & (2)(2)+(-1)(0) & (2)(-4)+(-1)(3) & (2)(3)+(-1)(-2)\\(-3)(1)+(4)(5) & (-3)(2)+(4)(0) & (-3)(-4)+(4)(3) & (-3)(3)+(4)(-2)\\(5)(1)+(6)(5) & (5)(2)+(6)(0) & (5)(-4)+(6)(3) & (5)(3)+(6)(-2)\end{pmatrix}$$

$$=\begin{pmatrix}-3&4&-11&8\\17&-6&24&-17\\35&10&-2&3\end{pmatrix}$$

$$A(BC)=\begin{pmatrix}1&-2&3\\3&4&-1\end{pmatrix}\begin{pmatrix}-3&4&-11&8\\17&-6&24&-17\\35&10&-2&3\end{pmatrix}$$

$$=\begin{pmatrix}68&46&-65&51\\24&-22&65&-47\end{pmatrix}$$

따라서 $(AB)C$와 $A(BC)$를 계산한 결과 서로 같다. ■

정의 8-8

전치행렬

행렬 $\boldsymbol{A} = (a_{ij})$ 가 $m \times n$ 행렬일 때, 행과 열을 바꾸어 놓은 $n \times m$ 행렬을 $\boldsymbol{A}$ 의 **전치행렬**(transposed matrix)이라 하고, $\boldsymbol{A}^t = (a_{ij})^t = (a_{ji})$ 로 표시된다.

예제 8.9

$\boldsymbol{A} = \begin{pmatrix} 2 & 3 \\ 1 & 4 \\ 5 & 7 \end{pmatrix}$, $\boldsymbol{B} = (1 \quad 3 \quad 4)$, $\boldsymbol{C} = \begin{pmatrix} 1 \\ 2 \end{pmatrix}$ 일 때, 각 행렬의 전치행렬을 구하여라.

풀이 전치행렬은 $\boldsymbol{A}^t = \begin{pmatrix} 2 & 1 & 5 \\ 3 & 4 & 7 \end{pmatrix}$, $\boldsymbol{B}^t = \begin{pmatrix} 1 \\ 3 \\ 4 \end{pmatrix}$, $\boldsymbol{C}^t = (1 \quad 2)$이다.

■

정리 8.9

임의의 실수 k와 행렬 $\boldsymbol{A}, \boldsymbol{B}$에 대하여 각각의 연산이 가능한 크기를 갖는 경우에 다음의 성질을 만족한다.

(i) $(\boldsymbol{A}^t)^t = \boldsymbol{A}$

(ii) $(\boldsymbol{A} + \boldsymbol{B})^t = \boldsymbol{A}^t + \boldsymbol{B}^t$

(iii) $(\boldsymbol{A}\boldsymbol{B})^t = \boldsymbol{B}^t \boldsymbol{A}^t$

(iv) $(k\boldsymbol{A})^t = k\boldsymbol{B}^t$

정방행렬 $\boldsymbol{A}$ 가 $\boldsymbol{A}^t = \boldsymbol{A}$ 를 만족하면 $\boldsymbol{A}$ 를 **대칭행렬**(symmetric matrix)이라 하고, $\boldsymbol{A}^t = -\boldsymbol{A}$ 를 만족하면 $\boldsymbol{A}$ 를 **반대칭행렬**(skew-symmetric matrix)이라 한다.

예제 8.10

행렬 $\boldsymbol{A} = \begin{pmatrix} 4 & 1 & 2 \\ 1 & 5 & 3 \\ 2 & 3 & 6 \end{pmatrix}$에서

$$a_{12} = a_{21} = 1, \ a_{13} = a_{31} = 2, \ a_{23} = a_{32} = 3$$

이므로 대칭행렬이고,

$$B=\begin{pmatrix} 0 & -2 & 3 \\ 2 & 0 & 4 \\ -3 & -4 & 0 \end{pmatrix}$$

에서

$$a_{12}=-a_{21},\ a_{13}=-a_{31},\ a_{23}=-a_{32}$$

이므로 반대칭행렬이다.

연습문제 8-1 Exercises

※ 다음의 각각에 대하여 $(AB)C$와 $A(BC)$를 구하여라. (1~2)

1. $A=\begin{pmatrix} 2 & 1 & -1 \\ 3 & 1 & 2 \end{pmatrix}$, $B=\begin{pmatrix} 1 & 1 \\ 2 & 0 \\ 3 & -1 \end{pmatrix}$, $C=\begin{pmatrix} 1 \\ 3 \end{pmatrix}$

2. $A=\begin{pmatrix} 2 & 4 & 1 \\ 3 & 0 & -1 \end{pmatrix}$, $B=\begin{pmatrix} 1 & 1 & 0 \\ 2 & 1 & -1 \\ 3 & 1 & 5 \end{pmatrix}$, $C=\begin{pmatrix} 1 & 2 \\ 3 & 1 \\ -1 & 4 \end{pmatrix}$

※ $A=\begin{pmatrix} 2 & -1 & 0 \\ 0 & -2 & 1 \\ 0 & 0 & 1 \end{pmatrix}$, $B=\begin{pmatrix} -2 & 1 & -1 \\ 1 & 2 & -2 \\ 2 & -1 & -4 \end{pmatrix}$일 때, 다음을 구하여라. (3~7)

3. AB **4.** BA **5.** A^tB

6. B^tA **7.** B^tA^t

※ 다음을 구하여라. (8~9)

8. $\begin{pmatrix} 1 & 2 & 3 \\ 1 & 4 & 2 \end{pmatrix}+2\begin{pmatrix} 3 & 7 & 6 \\ 2 & -1 & 1 \end{pmatrix}$

9. $\begin{pmatrix} 1 & 2 & 3 \\ 4 & 5 & 6 \end{pmatrix}+3\begin{pmatrix} 4 & -5 & 6 \\ -2 & 3 & -5 \end{pmatrix}-2\begin{pmatrix} -2 & 4 & 1 \\ 2 & -1 & 3 \end{pmatrix}$

10. $(A+B)^t=A^t+B^t$, $(kA)B=A(kB)$임을 증명하여라.

11. 정방행렬 $\boldsymbol{A}$와 다항함수 $f(x)=a_nx^n+\cdots+a_0$에 대하여

$$f(A)=a_nA^n+\cdots+a_1A+a_0I$$

로 정의한다. $\boldsymbol{A}=\begin{pmatrix}2 & 2\\ 3 & -1\end{pmatrix}$일 때, 다음을 구하여라.

(1) $\boldsymbol{A}^2$, $\boldsymbol{A}^3$

(2) $f(x)=x^3-2x+4$에 대하여 $f(\boldsymbol{A})$

(3) $g(x)=x^2-x-8$에 대하여 $g(\boldsymbol{A})$

12. $\boldsymbol{A}=\begin{pmatrix}1 & 2\\ 0 & 1\end{pmatrix}$일 때 $\boldsymbol{A}^n$을 구하여라.

8.2 연립 1차방정식

행렬을 이용하여 연립 1차방정식의 해를 구하는 과정을 알아보기 전에 먼저 소거법을 이용하여 해를 구하는 과정을 다음 예를 통하여 살펴보기로 하자.

예제 8.11

다음 연립 1차방정식을 풀어라.

$$\begin{aligned}3x+2y-\ \ z&=2\\ 4x-3y+2z&=7\\ x\qquad\ +3z&=10\end{aligned}$$

풀이 세 번째 방정식과 첫 번째 방정식을 교환한다.

$$\begin{aligned}x\qquad\ +3z&=10\\ 4x-3y+2z&=7\\ 3x+2y-\ \ z&=2\end{aligned}$$

첫 번째 방정식에 -4를 곱하여 두 번째 방정식에 더하고, 이어서 첫 번째 방정식에 -3을 곱하여 세 번째 방정식에 더한다.

$$\begin{aligned} x \quad\quad + 3z &= \ \ 10 \\ -3y - 10z &= -33 \\ 2y - 10z &= -28 \end{aligned}$$

세 번째 방정식에 $\frac{1}{2}$을 곱한 다음 두 번째 방정식과 교환한다.

$$\begin{aligned} x \quad\quad + \ 3z &= \ \ 10 \\ y - \ 5z &= -14 \\ -3y - 10z &= -33 \end{aligned}$$

두 번째 방정식에 3을 곱하여 세 번째 방정식에 더한다.

$$\begin{aligned} x \quad\quad + \ 3z &= \ \ 10 \\ y - \ 5z &= -14 \\ -25z &= -75 \end{aligned}$$

세 번째 방정식에 $\left(-\frac{1}{25}\right)$을 곱한다.

$$\begin{aligned} x \quad\quad + \ 3z &= \ \ 10 \\ y - \ 5z &= -14 \\ z &= \ \ 3 \end{aligned}$$

$z=3$ 을 두 번째 방정식에 대입하여 $y=1$ 을 얻고, 이들을 첫 번째 방정식에 대입하여 $x=1$ 을 구한다. 따라서 주어진 연립 1차방정식의 해는 (1, 1, 3)이 된다.

예제 8.12

다음 연립 1차방정식을 풀어라.

$$\begin{aligned} x + 2y - 3z &= -1 \\ 3x - \ y + 2z &= \ \ 7 \\ 5x + 3y - 4z &= \ \ 2 \end{aligned}$$

풀이 첫 번째 방정식에 (-3) 을 곱하여 두 번째 방정식에 더하고, 이어서 첫 번째 방정식에 (-5) 을 곱하여 세 번째 방정식에 더한다.

$$\begin{aligned} x + 2y - \ 3z &= -1 \\ -7y + 11z &= \ \ 10 \\ -7y + 11z &= \ \ 7 \end{aligned}$$

두 번째 방정식에 (-1) 을 곱한 다음 세 번째 방정식에 더한다.

$$\begin{aligned} x + 2y - 3z &= -1 \\ -7y + 11z &= 10 \\ 0z &= -3 \end{aligned}$$

세 번째 방정식이 $0z = -3$ 이 되는 모순이 되므로 방정식은 해를 갖지 않는다.

예제 8.13

다음 연립 1차방정식을 풀어라.

$$\begin{aligned} x + 2y - 3z &= 6 \\ 2x - y + 4z &= 2 \\ 4x + 3y - 2z &= 14 \end{aligned}$$

풀이 첫 번째 방정식에 (-2) 를 곱하여 두 번째 방정식에 더하고, 이어서 첫 번째 방정식에 (-4) 을 곱하여 세 번째 방정식에 더한다.

$$\begin{aligned} x + 2y - 3z &= 6 \\ -5y + 10z &= -10 \\ -5y + 10z &= -10 \end{aligned}$$

두 번째 방정식을 (-5) 로 나눈다.

$$\begin{aligned} x + 2y - 3z &= 6 \\ y - 2z &= 2 \\ -5y + 10z &= -10 \end{aligned}$$

두 번째 방정식에 5 를 곱하여 세 번째 방정식에 더한다.

$$\begin{aligned} x + 2y - 3z &= 6 \\ y - 2z &= 2 \\ 0z &= 0 \end{aligned}$$

두 개의 방정식에 3 개의 미지수가 있으므로 연립 1차방정식은 무수히 많은 해를 가진다. 즉 z 의 해를 임의의 상수 c 라 하면 $z = c$를 두 번째 식에 대입하여 $y = 2 + 2c$ 를 얻고, 이들을 첫 번째 식에 대입하여 $x = 2 - c$ 를 얻는다. 따라서 주어진 연립 1차방정식의 일반해는 $x = 2 - c$, $y = 2 + 2c$, $z = c$ 이 된다.

위의 예제는 3개의 미지수를 갖는 3개의 방정식을 소거를 통하여 2개의 미지수를 갖는

2개의 방정식으로, 또한 1개의 미지수를 갖는 1개의 방정식으로 줄여 나감으로써 해가 얻어진다. 이와 같이 방정식으로부터 미지수를 소거하는 이러한 과정을 **가우스-소거법**(Gauss elimination)이라 한다.

일반적으로 n 개의 미지수를 갖는 다음과 같은 방정식

$$a_1 x_1 + a_2 x_2 + \cdots + a_n x_n = b$$

를 **1차방정식**(linear equation)이라 하며, $a_1, a_2, \cdots, a_n$ 과 b 는 상수이고, $x_1, x_2, \cdots, x_n$ 은 미지수이다. n 개의 미지수를 포함한 1차방정식이 m 개 있는 방정식

$$\begin{aligned} a_{11} x_1 + a_{12} x_2 + \cdots + a_{1n} x_n &= b_1 \\ a_{21} x_1 + a_{22} x_2 + \cdots + a_{2n} x_{2n} &= b_2 \\ &\vdots \\ a_{m1} x_1 + a_{m2} x_2 + \cdots + a_{mn} x_n &= b_m \end{aligned} \tag{1}$$

을 **연립 1차방정식**이라 하며, **계수** a_{ij} 와 **상수항** b_i $(i = 1, 2, \cdots, m,\ j = 1, 2, \cdots, n)$ 는 상수이고, $x_1, x_2, \cdots, x_n$ 은 미지수를 나타낸다.

특히, 연립 1차방정식의 상수항 $b_1, b_2, \cdots, b_m$ 이 모두 0 이면 이 연립방정식을 **제차연립방정식**(homogeneous system)이라 하며, 이 제차연립방정식은 적어도 하나의 해를 가진다. 그것은 바로 $x_1 = 0, x_2 = 0, \cdots, x_n = 0$ 이 항상 해가 되기 때문이다. 이 해를 제차방정식의 **자명해**(trivial solution)라 하고, 만약 적어도 하나의 성분이 $x_i \neq 0$ 인 해가 존재하면 그것을 **비자명해**(non-trivial solution)라 한다.

한편 미지수의 개수 n과 방정식의 개수 m 이 같으면 제차연립방정식은 비자명해를 갖지 않을 수 있지만, 미지수의 개수가 방정식의 개수보다 많은 경우 즉, $n > m$ 이면 제차연립차방정식은 항상 비자명해를 가진다는 것을 후에 알게 된다.

예제 8.14

다음 제차연립방정식을 풀어라.

$$\begin{aligned} x + 2y - 2z &= 0 \\ 2x + 5y + 3z &= 0 \\ 3x - \ \ y - 2z &= 0 \end{aligned}$$

풀이 첫 번째 방정식에 (-2)를 곱하여 두 번째 방정식에 더하고, 이어서 첫 번째 방정식에

(-3)을 곱하여 세 번째 방정식에 더한다.

$$\begin{aligned} x+2y-2z&=0 \\ y+7z&=0 \\ -7y+4z&=0 \end{aligned}$$

두 번째 방정식에 7을 곱하여 세 번째 방정식에 더한다.

$$\begin{aligned} x+2y-2z&=0 \\ y+7z&=0 \\ 53z&=0 \end{aligned}$$

세 번째 방정식에서 $z=0$이므로, $z=0$을 두 번째 식에 대입하여 $y=0$을 얻고, 이들을 첫 번째 식에 대입하여 $x=0$을 얻는다. 따라서 이 연립방정식은 유일한 해 $(0, 0, 0)$인 자명해만 가진다.

■

예제 8.15

다음 제차연립방정식을 풀어라.

$$\begin{aligned} x+y-z&=0 \\ 2x-3y+z&=0 \\ 3x+13y-9z&=0 \end{aligned}$$

풀이 첫 번째 방정식에 (-2)를 곱하여 두 번째 방정식에 더하고, 이어서 첫 번째 방정식에 (-3)을 곱하여 세 번째 방정식에 더한다.

$$\begin{aligned} x+y-z&=0 \\ -5y+3z&=0 \\ 10y-6z&=0 \end{aligned}$$

두 번째 방정식에 2을 곱하여 세 번째 방정식에 더한다.

$$\begin{aligned} x+y-z&=0 \\ -5y+3z&=0 \\ 0z&=0 \end{aligned}$$

두 개의 방정식에 3개의 미지수가 있으므로 이 연립방정식은 0이외 0이 아닌 무수히 많은 해를 가진다. 예를 들어, z의 해를 0이 아닌 임의의 상수 $5c$라 하면 $z=5c$를 두 번째 식에 대입하여 $y=3c$를 얻고, 이들을 첫 번째 식에 대입하여 $x=2c$를 구한다. 따라서 이 연립방정식은 $(2c,\ 3c,\ 5c)$인 0이 아닌 일반해를 가진다.

■

식 (1)의 연립 1차방정식은 다음과 같이 행렬을 이용하여 나타낼 수 있다.

$$\begin{pmatrix} a_{11} & a_{12} & \cdots & a_{1n} \\ a_{21} & a_{22} & \cdots & a_{2n} \\ \vdots & \vdots & \vdots & \vdots \\ a_{m1} & a_{m2} & \cdots & a_{mn} \end{pmatrix} \begin{pmatrix} x_1 \\ x_2 \\ \vdots \\ x_n \end{pmatrix} = \begin{pmatrix} b_1 \\ b_2 \\ \vdots \\ b_m \end{pmatrix} \tag{2}$$

또는 간단히 $AX = B$로 표현할 수 있다. 이것을 **행렬방정식**(matrix equation)이라 한다.

위의 행렬 A는 연립 1차방정식 (1)의 **계수행렬**(coefficient matrix)이라 하고, 행렬

$$\left(\begin{array}{cccc|c} a_{11} & a_{12} & \cdots & a_{1n} & b_1 \\ a_{21} & a_{22} & \cdots & a_{2n} & b_2 \\ \vdots & \vdots & \vdots & \vdots & \vdots \\ a_{m1} & a_{m2} & \cdots & a_{mn} & b_m \end{array}\right)$$

은 (1)의 **확대행렬**(augmented matrix)이라 한다.

예제 8.16

다음 연립 1차방정식의 계수행렬과 확대행렬을 구하고, 행렬방정식을 만들어라.

$$\begin{aligned} 2x + 5y - 2x + \ w &= \ \ 5 \\ x - 4y + 3z - \ w &= -2 \\ y + \ z - 2w &= \ \ 2 \end{aligned}$$

풀이 계수 행렬을 A, 확대 행렬을 B라 하면,

$$A = \begin{pmatrix} 2 & 5 & -2 & 1 \\ 1 & -4 & 3 & -1 \\ 0 & 1 & 1 & -2 \end{pmatrix}, \quad B = \left(\begin{array}{cccc|c} 2 & 5 & -2 & 1 & 5 \\ 1 & -4 & 3 & -1 & -2 \\ 0 & 1 & 1 & -2 & 2 \end{array}\right)$$

$$X = \begin{pmatrix} x \\ y \\ z \\ w \end{pmatrix}, \quad C = \begin{pmatrix} 5 \\ -2 \\ 2 \end{pmatrix}$$

라 하면 행렬 방정식은 $AX = C$이다

■

연립 1차방정식을 푸는 기초적인 방법은 주어진 연립방정식을 같은 해집합을 가지면서 풀기에 보다 쉬운 새로운 연립방정식으로 바꾸는 것이다. 이 새로운 연립방정식은 다음 세 가지 형태의 기본연산을 계속적으로 적용하여 미지수를 소거함으로써 얻어진다.

> 기본연산 1. 두 방정식을 교환한다.
> 기본연산 2. 한 방정식에 0이 아닌 상수를 곱한다.
> 기본연산 3. 한 방정식에 0이 아닌 상수를 곱하여 다른 방정식에 더한다.

이들 연산을 확대행렬에서 시행하면 각 행에 적용되는 연산이 되므로, 이 세 가지 연산을 행렬의 **기본행연산**(elementary row operation)이라 하고, 다음과 같이 대응된다.

> 기본행연산 1. 두 행을 교환한다.
> 기본행연산 2. 한 행에 0이 아닌 상수를 곱한다.
> 기본행연산 3. 한 행에 0이 아닌 상수를 곱하여 다른 행에 더한다.

연립방정식이 위의 기본행연산에 의하여 변화되었다 하더라도 새로운 연립방정식의 해집합은 원래의 연립방정식의 해집합과 일치한다. 다음 예제는 이들 연산이 연립방정식을 푸는 데 어떻게 사용되는가를 보여준다.

예제 8.17

아래 좌측의 연립 1차방정식의 각 방정식에 기본연산을 실시하여 연립 1차방정식을 풀고 오른쪽 열에 있어서는 확대행렬에 관하여 기본행연산을 실시하여 같은 연립방정식을 풀어라.

$$\begin{aligned} x+2y+z&=3 \\ 3x-y-3z&=-1 \\ 2x+3y+z&=4 \end{aligned} \qquad \left(\begin{array}{ccc|c} 1 & 2 & 1 & 3 \\ 3 & -1 & -3 & -1 \\ 2 & 3 & 1 & 4 \end{array}\right)$$

풀이 첫째 방정식을 (-3)배하여 둘째 방정식에 더하면 / 첫 째 행을 (-3)배하여 둘째 행에 더하면

$$\begin{aligned} x+2y+z&=3 \\ -7y-6z&=-10 \\ 2x+3y+z&=4 \end{aligned} \qquad \left(\begin{array}{ccc|c} 1 & 2 & 1 & 3 \\ 0 & -7 & -6 & -10 \\ 2 & 3 & 1 & 4 \end{array}\right)$$

첫째 방정식을 (-2)배하여 셋째 방정식에 더하면 / 첫 째 행을 (-2)배하여 셋째 행에 더하면

$$\begin{aligned} x+2y+z &= 3 \\ -7y-6z &= -10 \\ -y-z &= -2 \end{aligned}$$

$$\left(\begin{array}{ccc|c} 1 & 2 & 1 & 3 \\ 0 & -7 & -6 & -10 \\ 0 & -1 & -1 & -2 \end{array}\right)$$

셋째 방정식을 (-1)배하여 둘째 방정식과 교환하면

셋째 행을 (-1)배하여 둘째 행과 교환하면

$$\begin{aligned} x+2y+z &= 3 \\ y+z &= 2 \\ -7y-6z &= -10 \end{aligned}$$

$$\left(\begin{array}{ccc|c} 1 & 2 & 1 & 3 \\ 0 & 1 & 1 & 2 \\ 0 & -7 & -6 & -10 \end{array}\right)$$

둘째 방정식을 7배하여 셋째 방정식에 더하면

둘째 행을 7배하여 셋째 행에 더하면

$$\begin{aligned} x+2y+z &= 3 \\ y+z &= 2 \\ z &= 4 \end{aligned}$$

$$\left(\begin{array}{ccc|c} 1 & 2 & 1 & 3 \\ 0 & 1 & 1 & 2 \\ 0 & 0 & 1 & 4 \end{array}\right)$$

둘째 방정식을 (-2)배하여 첫째 방정식에 더하면

둘째 행을 (-2)배하여 첫째 행에 더하면

$$\begin{aligned} x \quad +z &= -1 \\ y+z &= 2 \\ z &= 4 \end{aligned}$$

$$\left(\begin{array}{ccc|c} 1 & 0 & -1 & -1 \\ 0 & 1 & 1 & 2 \\ 0 & 0 & 1 & 4 \end{array}\right)$$

셋째 방정식을 1배하여 첫째 방정식에 더하면

셋째 행을 1배하여 첫째 행에 더하면

$$\begin{aligned} x &= 3 \\ y+z &= 2 \\ z &= 4 \end{aligned}$$

$$\left(\begin{array}{ccc|c} 1 & 0 & 0 & 3 \\ 0 & 1 & 1 & 2 \\ 0 & 0 & 1 & 4 \end{array}\right)$$

셋째 방정식을 (-1)배하여 둘째 방정식에 더하면

셋째 행을 (-1)배하여 둘째 행에 더하면

$$\begin{aligned} x &= 3 \\ y &= -2 \\ z &= 4 \end{aligned}$$

$$\left(\begin{array}{ccc|c} 1 & 0 & 0 & 3 \\ 0 & 1 & 0 & -2 \\ 0 & 0 & 1 & 4 \end{array}\right)$$

따라서 해를 얻는다.

$$x=3\,,\ y=-2\,,\ x=4$$

연립 1차방정식의 확대행렬에 기본행연산을 적용하여 가급적 간단한 모양의 새로운 행렬인 행동치인 행렬을 얻기 위해서는 행렬이 다음의 정의를 만족해야 한다. 여기서 행

동치란 행렬 A에 유한회의 기본행연산을 행함으로써 행렬 B가 얻어질 때, B는 A와 **행동치**라고 부른다.

정의 8-10

다음 조건을 만족하는 행렬을 **기약가우스행렬**(reduced row echelon form)이라 한다.

(1) 모두 0으로 되어 있지 않으면 행에서 처음으로 0이 아닌 수는 1이다.

(2) 모두가 0으로 된 행이 존재하면 전부는 0이 아닌 행의 아래에 있다.

(3) i 번째 행과 $i+1$ 번째 행이 전부는 0이 아닌 경우, $i+1$ 번째 행의 처음 1은 i 번째 행의 처음 1보다 오른쪽에 위치한다.

(4) 각 행에서 처음 나오는 1이 위치하는 열의 성분들은 그 1을 제외하고는 모두 0이다.

위 성질 (1), (2), (3)을 만족하는 행렬을 **가우스행렬**(row echelon form)이라 한다.

예제 8.18

다음 행렬은 모두 기약가우스행렬이다. 여기서 구별된 성분들은 네모로 표시되어 있다.

$$\begin{pmatrix} \boxed{1} & 0 & 0 & 4 \\ 0 & \boxed{1} & 0 & 7 \\ 0 & 0 & \boxed{1} & -1 \end{pmatrix}, \quad \begin{pmatrix} \boxed{1} & 0 & 0 \\ 0 & \boxed{1} & 0 \\ 0 & 0 & \boxed{1} \end{pmatrix}, \quad \begin{pmatrix} 0 & \boxed{1} & -2 & 0 & 1 \\ 0 & 0 & 0 & \boxed{1} & 3 \\ 0 & 0 & 0 & 0 & 0 \\ 0 & 0 & 0 & 0 & 0 \end{pmatrix}$$

다음 행렬은 모두 가우스행렬이다.

$$\begin{pmatrix} \boxed{1} & 4 & 3 & 7 \\ 0 & \boxed{1} & 6 & 2 \\ 0 & 0 & \boxed{1} & 5 \end{pmatrix}, \quad \begin{pmatrix} \boxed{1} & 1 & 0 \\ 0 & \boxed{1} & 0 \\ 0 & 0 & 0 \end{pmatrix}, \quad \begin{pmatrix} 0 & \boxed{1} & 2 & 6 & 1 \\ 0 & 0 & \boxed{1} & -1 & 3 \\ 0 & 0 & 0 & 0 & \boxed{1} \end{pmatrix}$$

예제 8.19

다음 행렬을 기약가우스행렬로 변환하여라.

$$\begin{pmatrix} 0 & -2 & 4 & 2 & 3 \\ 2 & 2 & -6 & -4 & -2 \\ 2 & -1 & 3 & 0 & 4 \end{pmatrix}$$

풀이 단계1 : 모든 수가 0이 아닌 열을 가장 왼쪽에 갖다 놓는다.

$$\begin{pmatrix} 0 & -2 & 4 & 2 & 3 \\ 2 & 2 & -6 & -4 & -2 \\ 2 & -1 & 3 & 0 & 4 \end{pmatrix}$$

↖모든 수가 0이 아닌 가장 왼쪽 열

단계2 : 가장 왼쪽 열의 윗수가 0일 때는 0이 아닌 수를 포함하는 행과 1행을 교환한다.

1행과 2행을 교환하면

$$\begin{pmatrix} 2 & 2 & -6 & -4 & -2 \\ 0 & -2 & 4 & 2 & 3 \\ 2 & -1 & 3 & 0 & 4 \end{pmatrix}$$

단계3 : 가장 왼쪽 열의 1행의 성분을 α 라 할 때, α 를 1로 만들기 위해 1행에 $1/\alpha$ 을 곱한다.

1행과 1/2을 곱하면

$$\begin{pmatrix} 1 & 1 & -3 & -2 & -1 \\ 0 & -2 & 4 & 2 & 3 \\ 2 & -1 & 3 & 0 & 4 \end{pmatrix}$$

단계4 : 1행에 적당한 수를 곱하여 1행 1열을 제외한 1열의 다른 0이 아닌 수를 포함하는 행에 더하여 모두 0이 되게 한다.

1행에 (-2)를 곱하여 3 행에 더하면

$$\begin{pmatrix} 1 & 1 & -3 & -2 & -1 \\ 0 & -2 & 4 & 2 & 3 \\ 0 & -3 & 9 & 4 & 6 \end{pmatrix}$$

단계5 : 1행을 그대로 두고 나머지 행렬에 대해서 단계1부터 다시 시작하여 전체가 기약가우스행렬이 될 때까지 계속한다.

2행에 (-1/2)를 곱하면

$$\begin{pmatrix} 1 & 1 & -3 & -2 & -1 \\ 0 & 1 & -2 & -1 & -\frac{3}{2} \\ 0 & -3 & 9 & 4 & 6 \end{pmatrix}$$

2행에 3을 곱하여 3행에 더하면

$$\begin{pmatrix} 1 & 1 & -3 & -2 & -1 \\ 0 & 1 & -2 & -1 & -\frac{3}{2} \\ 0 & 0 & 3 & 1 & \frac{3}{2} \end{pmatrix}$$

3행에 (1/3)을 곱하면

$$\begin{pmatrix} 1 & 1 & -3 & -2 & -1 \\ 0 & 1 & -2 & -1 & -\frac{3}{2} \\ 0 & 0 & 1 & \frac{1}{3} & \frac{1}{2} \end{pmatrix}$$

단계6 : 마지막 0이 아닌 행에서 시작하여 처음 0이 아닌 성분 1보다 위쪽이 모두 0이 되도록 1을 포함한 행에 적당한 수를 곱하여 이 보다 위쪽의 행에 더한다.

3행에 2를 곱하여 2행에 더하면

$$\begin{pmatrix} 1 & 1 & -3 & -2 & -1 \\ 0 & 1 & 0 & -\frac{1}{3} & -\frac{1}{2} \\ 0 & 0 & 1 & \frac{1}{3} & \frac{1}{2} \end{pmatrix}$$

3행에 3을 곱하여 1행에 더하면

$$\begin{pmatrix} 1 & 1 & 0 & -1 & \frac{1}{2} \\ 0 & 1 & 0 & -\frac{1}{3} & -\frac{1}{2} \\ 0 & 0 & 1 & \frac{1}{3} & \frac{1}{2} \end{pmatrix}$$

2행에 (-1)을 곱하여 1행에 더하면

$$\begin{pmatrix} 1 & 0 & 0 & -\frac{2}{3} & 1 \\ 0 & 1 & 0 & -\frac{1}{3} & -\frac{1}{2} \\ 0 & 0 & 1 & \frac{1}{3} & \frac{1}{2} \end{pmatrix}$$

이 되어 기약가우스행렬이 얻어진다.

임의의 행렬을 기약가우스행렬로 변형시키는 방법을 **가우스-조르단 소거법**(Gauss-Jordan elimination)이라 하고, 가우스행렬로 변형시키는 방법을 **가우스 소거법**(Gauss elimination)이라 한다.

예제 8.20

다음 연립방정식을 가우스-조르단 소거법을 이용하여 풀어라.

$$\begin{aligned} 2x - 3y + \ \ z &= 4 \\ x + \ \ y - \ \ z &= 2 \\ 4x - \ \ y + 3z &= 1 \end{aligned}$$

풀이 이 방정식의 확대행렬은 다음과 같다.

$$\left(\begin{array}{ccc|c} 2 & -3 & 1 & 4 \\ 1 & 1 & -1 & 2 \\ 4 & -1 & 3 & 1 \end{array}\right)$$

여기에 적절한 기본행연산을 적용하면 다음과 같이 변환시킬 수 있다.
먼저, 1행과 2행을 교환한다.

$$\left(\begin{array}{ccc|c} 1 & 1 & -1 & 2 \\ 2 & -3 & 1 & 4 \\ 4 & -1 & 3 & 1 \end{array}\right) \qquad 1\text{행} \ \Leftrightarrow \ 2\text{행}$$

1행에 (-2)을 곱하여 2행에 더하고, 1행에 (-4)를 곱하여 3행에 더하면

$$\left(\begin{array}{ccc|c} 1 & 1 & -1 & 2 \\ 0 & -5 & 3 & 0 \\ 0 & -5 & 7 & -7 \end{array}\right) \qquad \begin{array}{l} 1\text{행} \times (-2) + 2\text{행} \\ 1\text{행} \times (-4) + 3\text{행} \end{array}$$

2행에 $(-1/5)$를 곱하면

$$\left(\begin{array}{ccc|c} 1 & 1 & -1 & 2 \\ 0 & 1 & -3/5 & 0 \\ 0 & -5 & 7 & -7 \end{array}\right) \qquad 2\text{행} \times \left(-\frac{1}{5}\right)$$

2행에 (5)를 곱하여 3행에 더하면

$$\left(\begin{array}{ccc|c} 1 & 1 & -1 & 2 \\ 0 & 1 & -3/5 & 0 \\ 0 & 0 & 4 & -7 \end{array}\right) \qquad 2\text{행} \times (5) + 3\text{행}$$

3행에 $(1/4)$를 곱하면

$$\left(\begin{array}{ccc|c} 1 & 1 & -1 & 2 \\ 0 & 1 & -3/5 & 0 \\ 0 & 0 & 1 & -7/4 \end{array}\right) \qquad 3\text{행} \times \left(\frac{1}{4}\right)$$

와 같이 가우스행렬이 얻어진다. 이것으로부터 기약가우스행렬을 만들기 위해 3행을 1행에 더하고, 3행에 $(3/5)$를 곱하여 2행에 더하면

$$\left(\begin{array}{ccc|c} 1 & 1 & 0 & 1/4 \\ 0 & 1 & 0 & -21/20 \\ 0 & 0 & 1 & -7/4 \end{array}\right) \qquad \begin{array}{l} 3\text{행} + 1\text{행} \\ 3\text{행} \times (3/5) + 2\text{행} \end{array}$$

2행에 (-1)를 곱하여 1행에 더하면

$$\left(\begin{array}{ccc|c} 1 & 0 & 0 & 26/20 \\ 0 & 1 & 0 & -21/20 \\ 0 & 0 & 1 & -7/4 \end{array}\right) \qquad 2\text{행} \times (-1) + 1\text{행}$$

의 기약가우스행렬이 얻어진다. 이 행렬에 대응하는 연립 1차방정식으로 나타내면 $x = \frac{26}{20} = \frac{13}{10}$, $y = -\frac{21}{20}$, $z = -\frac{7}{4}$ 인 해를 얻는다.

연립 1차방정식을 푸는 경우 기약가우스행렬로의 변환보다는 확대행렬을 가우스행렬로 변환시키는 Gauss 소거법을 사용하는 것이 편리한 경우가 있다. 이 경우 대응 연립방정식을 **후진대입법**이라는 기법에 의해 풀 수 있다. 다음 예제를 통하여 살펴보기로 하자.

예제 8.21

예제 8.20에서 구한 확대행렬의 가우스행렬은

$$\left(\begin{array}{ccc|c} 1 & 1 & -1 & 2 \\ 0 & 1 & -3/5 & 0 \\ 0 & 0 & 1 & -7/4 \end{array}\right)$$

이었다. 따라서 이 행렬에 대응하는 다음의 연립방정식을 풀면 된다.

$$\begin{aligned} x+y-\ \ z &= \ \ 2 \\ y-\frac{3}{5}z &= \ \ 0 \\ z &= -\frac{7}{4} \end{aligned}$$

단계 1 : 선두의 변수에 관하여 방정식을 푼다.

$$x=2-y+z,\quad y=\frac{3}{5}z,\quad z=-\frac{7}{4}$$

단계 2 : 아래쪽에 있는 변수에서부터 차례로 위쪽의 같은 변수에 대입함으로써 소거하는 작업을 한다.

$z=-\frac{7}{4}$을 $y=\frac{3}{5}z$에 대입하면 $y=-\frac{21}{20}$

$z=-\frac{7}{4}$, $y=-\frac{21}{20}$을 $x=2-y+z$에 대입하면 $x=\frac{26}{20}$

이고, 예제 8.20에서 구한 해와 같다.

예제 8.22

다음 연립방정식을 가우스 소거법과 후진대입법에 의하여 풀어라.

$$\begin{aligned} x+2y+\ z &= \ \ 3 \\ 3x-\ y-3z &= -1 \\ 2x+3y+\ z &= \ \ 4 \end{aligned}$$

풀이 이 방정식의 확대행렬은 다음과 같다.

$$\left(\begin{array}{ccc|c} 1 & 2 & 1 & 3 \\ 3 & -1 & -3 & -1 \\ 2 & 3 & 1 & 4 \end{array}\right)$$

여기에 적절한 기본행연산을 적용하여 가우스행렬로 변환하여 보자. 먼저, 1행에

(-3)을 곱하여 2행에 더하고, 1행에 (-2)를 곱하여 3행에 더하면

$$\left(\begin{array}{ccc|c} 1 & 2 & 1 & 3 \\ 0 & -7 & -6 & -10 \\ 0 & -1 & -1 & -2 \end{array}\right) \qquad \begin{array}{l} 1\text{행} \times (-3) + 2\text{행} \\ 1\text{행} \times (-2) + 3\text{행} \end{array}$$

3행을 (-1)을 곱하여 2행과 교환하면

$$\left(\begin{array}{ccc|c} 1 & 2 & 1 & 3 \\ 0 & 1 & 1 & 2 \\ 0 & -7 & -6 & -10 \end{array}\right) \qquad 3\text{행} \times (-1)\text{하여 3행과 교환}$$

2행에 7을 곱하여 3행에 더하면

$$\left(\begin{array}{ccc|c} 1 & 2 & 1 & 3 \\ 0 & 1 & 1 & 2 \\ 0 & 0 & 1 & 4 \end{array}\right) \qquad 2\text{행} \times (7) + 3\text{행}$$

와 같이 가우스행렬이 얻어진다. 따라서 이 행렬에 대응하는 연립방정식은

$$\begin{aligned} x + 2y + z &= 3 \\ y + z &= 2 \\ z &= 4 \end{aligned}$$

가 되며, 선두 변수에 관하여 풀면

$$x = 3 - 2y - z, \quad y = 2 - z, \quad z = 4$$

이 된다. 아래쪽 방정식을 위쪽의 방정식에 대입하면 즉,

$z = 4$을 $y = 2 - z$에 대입하면 $y = -2$

$z = 4,\ y = -2$을 $x = 3 - 2y - z$에 대입하면 $x = 3$

으로 이것은 예제 8.17에서 기본행연산에 의해 구한 해와 같다.

연습문제 8-2 Exercises

※ 다음 행렬을 가우스행렬과 기약가우스행렬로 변형하여라. (1~4)

1. $\begin{pmatrix} 6 & 3 & -4 \\ -4 & 1 & -6 \\ 1 & 2 & -5 \end{pmatrix}$

2. $\begin{pmatrix} 1 & -2 & 3 & -1 \\ 2 & -1 & 2 & 1 \\ 3 & 1 & 2 & 3 \end{pmatrix}$

3. $\begin{pmatrix} 2 & 3 & 2 & 5 & 1 \\ 3 & -1 & 2 & 0 & 4 \\ 4 & -5 & 6 & -5 & 7 \end{pmatrix}$

4. $\begin{pmatrix} 0 & 1 & 3 & -2 \\ 0 & 4 & -1 & 3 \\ 0 & 0 & 2 & 1 \\ 0 & 5 & -3 & 4 \end{pmatrix}$

※ 다음 연립 1차방정식의 해를 (1) 가우스 소거법을 이용하여 구하여라.
또 (2) 가우스 조단 소거법을 이용하여 구하여라. (5~14)

5. $\begin{cases} 4x - y = 7 \\ -2x + 5y = 1 \end{cases}$

6. $\begin{cases} 3x - 2y = 9 \\ -x + 6y = -3 \end{cases}$

7. $\begin{cases} 2x - y + z = 0 \\ x + 2y - 3z = 0 \end{cases}$

8. $\begin{cases} 2x + 3y + 4z = 1 \\ 5x + 6y + 7z = 2 \\ 8x + 9y + 10z = 4 \end{cases}$

9. $\begin{cases} x + y + z = 0 \\ 2x + 5y + 3z = 1 \\ -x + 2y + z = 2 \end{cases}$

10. $\begin{cases} 2x + y + 2z = -1 \\ x + z = -1 \\ -x + 3y - 2z = 7 \end{cases}$

11. $\begin{cases} 3x + y - 2z = 1 \\ 2x - y - 2z = -1 \end{cases}$

12. $\begin{cases} x - 3y + 2z = 2 \\ 5x - 15y + 7z = 10 \end{cases}$

13. $\begin{cases} x + 2y - 8z = 0 \\ 2x - 3y + 5z = 0 \\ 3x + 2y - 12z = 0 \end{cases}$

14. $\begin{cases} x + y + z = b_1 \\ 2x + z = b_2 \\ x + 2y = b_3 \end{cases}$

8.3 역행렬

이 절에서는 역행렬을 정의하고 역행렬의 연산과 이들의 성질을 살펴보기로 한다.

정의 8-11

정방행렬 $\boldsymbol{A}$에 대하여 $\boldsymbol{AB} = \boldsymbol{BA} = \boldsymbol{I}$를 만족하는 정방행렬 $\boldsymbol{B}$가 존재할 때, $\boldsymbol{A}$는 **가역**(invertible)이라 하고, $\boldsymbol{B}$를 $\boldsymbol{A}$의 **역행렬**(inverse matrix)이라 한다. $\boldsymbol{B}$는 $\boldsymbol{A}^{-1}$로 표시한다.

예제 8.23

$A = \begin{pmatrix} 2 & 5 \\ 1 & 3 \end{pmatrix}$, $B = \begin{pmatrix} 3 & -5 \\ -1 & 2 \end{pmatrix}$에서 두 행렬은 서로 역행렬인가?

풀이 $AB = \begin{pmatrix} 2 & 5 \\ 1 & 3 \end{pmatrix}\begin{pmatrix} 3 & -5 \\ -1 & 2 \end{pmatrix} = \begin{pmatrix} 1 & 0 \\ 0 & 1 \end{pmatrix}$,

$$BA = \begin{pmatrix} 3 & -5 \\ -1 & 2 \end{pmatrix}\begin{pmatrix} 2 & 5 \\ 1 & 3 \end{pmatrix} = \begin{pmatrix} 1 & 0 \\ 0 & 1 \end{pmatrix}$$

그러므로 A와 B는 가역이고, 서로 역행렬이다.

예제 8.24

$\begin{pmatrix} 3 & 5 \\ 2 & 3 \end{pmatrix}$의 역행렬을 구하여라.

풀이 $A^{-1} = \begin{pmatrix} x & y \\ z & w \end{pmatrix}$라 하면,

$$\begin{pmatrix} 3 & 5 \\ 2 & 3 \end{pmatrix}\begin{pmatrix} x & y \\ z & w \end{pmatrix} = \begin{pmatrix} 1 & 0 \\ 0 & 1 \end{pmatrix}$$

또는

$$\begin{pmatrix} 3x+5z & 3y+5w \\ 2x+3z & 2y+3w \end{pmatrix} = \begin{pmatrix} 1 & 0 \\ 0 & 1 \end{pmatrix}$$

따라서

$$\begin{cases} 3x+5z=1 \\ 2x+3z=0 \end{cases}, \qquad \begin{cases} 3y+5w=0 \\ 2y+3w=1 \end{cases}$$

의 연립 1차방정식을 얻는다. 이것을 풀면,

$$x=-3, \quad z=2, \quad y=5, \quad w=-3$$

이 된다. 따라서 주어진 행렬의 역행렬은 다음과 같다.

$$A^{-1} = \begin{pmatrix} -3 & 5 \\ 2 & -3 \end{pmatrix}$$

정의 8-12

정칙행렬

정방행렬 A가 역행렬 A^{-1}를 가지면 A를 **정칙행렬**(nonsingular matrix)이라 한다.

그리고 역행렬은 유일하다. 만약 $AB=BA=I$인 행렬 B와 $AC=CA=I$인 C가 존재하면 $B=BI=B(AC)=(BA)C=IC=C$가 되어 같은 행렬이 되기 때문이다. 이 사실을 이용하면 역행렬에 대한 다음의 성질을 증명할 수 있다.

정리 8.13

A, B가 정칙행렬일 때 다음이 성립한다.

(i) $(A^{-1})^{-1}=A$

(ii) $(AB)^{-1}=B^{-1}A^{-1}$

(iii) $(A^t)^{-1}=(A^{-1})^t$

증명 (i) $A^{-1}A=AA^{-1}=I$이므로 A는 A^{-1}의 역행렬이고 역행렬이 유일하므로 $(A^{-1})^{-1}=A$ 이다.

(ii) $(AB)(B^{-1}A^{-1})=A(BB^{-1})A^{-1}=AIA^{-1}=AA^{-1}=I$

$(B^{-1}A^{-1})(AB)=B^{-1}(AA^{-1})B=B^{-1}IB=B^{-1}B=I$

이고 역행렬이 유일하므로 $(AB)^{-1}=B^{-1}A^{-1}$이다.

(iii) $A^{-1}A=AA^{-1}=I$의 세 변에 전치를 취하면 전치의 성질에 의하여,

$A^t(A^{-1})^t=(A^{-1})^tA^t=I^t=I$

가 되고 역행렬이 유일하므로 $(A^t)^{-1}=(A^{-1})^t$이다. □

한편, 정칙행렬 A에 대하여

$$AX_1=\begin{pmatrix}1\\0\\0\end{pmatrix},\ AX_2=\begin{pmatrix}0\\1\\0\end{pmatrix},\ AX_3=\begin{pmatrix}0\\0\\1\end{pmatrix}$$

을 만족하는 해를 X_1, X_2, X_3라고 하면 이 해를 열로 갖는 행렬

$$X=(X_1,X_2,X_3)$$

는 $AX=I_3$를 만족하고, 이것은 실제로 A의 역행렬이 된다는 것을 후에 알게 된다. 따라서 역행렬은 다음의 예제와 같이 가우스-조르단 소거법을 이용하여 구할 수 있다.

예제 8.25

$A=\begin{pmatrix}1&2&3\\2&5&3\\1&0&8\end{pmatrix}$의 역행렬을 가우스-조르단 소거법을 이용하여 구하여라.

풀이 먼저 다음과 같은 모양의 확대행렬을 만든다.

$$(A\,|\,I)=\left(\begin{array}{ccc|ccc}1&2&3&1&0&0\\2&5&3&0&1&0\\1&0&8&0&0&1\end{array}\right)$$

$$\left(\begin{array}{ccc|ccc} 1 & 2 & 3 & 1 & 0 & 0 \\ 0 & 1 & -3 & -2 & 1 & 0 \\ 0 & -2 & 5 & -1 & 0 & 1 \end{array}\right)$$

제1행을 (−2)배하여 제2행에 더하고
제1행을 (−1)배하여 제3행에 더한다.

$$\left(\begin{array}{ccc|ccc} 1 & 2 & 3 & 1 & 0 & 0 \\ 0 & 1 & -3 & -2 & 1 & 0 \\ 0 & 0 & -1 & -5 & 2 & 1 \end{array}\right)$$

제2행을 2배하여 제3행에 더한다.

$$\left(\begin{array}{ccc|ccc} 1 & 2 & 3 & 1 & 0 & 0 \\ 0 & 1 & -3 & -2 & 1 & 0 \\ 0 & 0 & 1 & 5 & -2 & -1 \end{array}\right)$$

제3행을 (−1)배 한다.

$$\left(\begin{array}{ccc|ccc} 1 & 2 & 0 & -14 & 6 & 3 \\ 0 & 1 & 0 & 13 & -5 & -3 \\ 0 & 0 & 1 & 5 & -2 & -1 \end{array}\right)$$

제3행을 3배하여 제2행에 더하고
제3행을 (−3)배하여 제1행에 더한다.

$$\left(\begin{array}{ccc|ccc} 1 & 0 & 0 & -40 & 16 & 9 \\ 0 & 1 & 0 & 13 & -5 & -3 \\ 0 & 0 & 1 & 5 & -2 & -1 \end{array}\right)$$

제2행을 (−2)배하여 제1행에 더한다.

따라서

$$\boldsymbol{A}^{-1} = \begin{pmatrix} -40 & 16 & 9 \\ 13 & -5 & -3 \\ 5 & -2 & -1 \end{pmatrix}$$

■

행렬 방정식 $\boldsymbol{AX} = \boldsymbol{B}$에서 $\boldsymbol{A}$가 정칙행렬이면 역행렬을 가지므로 양변에 $\boldsymbol{A}^{-1}$을 곱하여 $\boldsymbol{A}^{-1}\boldsymbol{AX} = \boldsymbol{A}^{-1}\boldsymbol{B}$ 즉, $\boldsymbol{X} = \boldsymbol{A}^{-1}\boldsymbol{B}$인 해를 구할 수 있다.

예제 8.26

다음 연립 1차방정식의 해를 구하여라.

$$x_1 + 2x_2 + 3x_3 = 5$$

$$2x_1 + 5x_2 + 3x_3 = 3$$

$$x_1 \qquad + 8x_3 = 17$$

풀이 $\boldsymbol{A} = \begin{pmatrix} 1 & 2 & 3 \\ 2 & 5 & 3 \\ 1 & 0 & 8 \end{pmatrix}$, $\boldsymbol{X} = \begin{pmatrix} x_1 \\ x_2 \\ x_3 \end{pmatrix}$, $\boldsymbol{B} = \begin{pmatrix} 5 \\ 3 \\ 17 \end{pmatrix}$ 이라 놓으면, $\boldsymbol{AX} = \boldsymbol{B}$꼴로 나타낼 수 있다. 그런데 예제 8.25에서 본 바와 같이 $\boldsymbol{A}$는 정칙이고,

$$\boldsymbol{A}^{-1} = \begin{pmatrix} -40 & 16 & 9 \\ 13 & -5 & -3 \\ 5 & -2 & -1 \end{pmatrix}$$

이므로, 연립 1차방정식의 해는

$$X = A^{-1}B = \begin{pmatrix} -40 & 16 & 9 \\ 13 & -5 & -3 \\ 5 & -2 & -1 \end{pmatrix}\begin{pmatrix} 5 \\ 3 \\ 17 \end{pmatrix} = \begin{pmatrix} 1 \\ -1 \\ 2 \end{pmatrix}$$

즉, $x_1 = 1$, $x_2 = -1$, $x_3 = 2$임을 알 수 있다.

연습문제 8-3

Exercises

1. 다음 행렬의 역행렬을 구하여라.

(1) $\begin{pmatrix} 3 & 2 \\ 7 & 5 \end{pmatrix}$ (2) $\begin{pmatrix} 1 & 3 \\ 3 & 5 \end{pmatrix}$

(3) $\begin{pmatrix} 2 & -3 \\ 1 & 3 \end{pmatrix}$ (4) $\begin{pmatrix} 1 & 1 & 2 \\ 2 & -1 & 7 \\ 1 & -1 & 3 \end{pmatrix}$

(5) $\begin{pmatrix} 1 & 1 & 1 \\ 1 & -1 & 2 \\ 2 & 3 & 1 \end{pmatrix}$ (6) $\begin{pmatrix} 1 & 0 & -1 \\ 0 & 2 & 2 \\ 1 & 1 & -1 \end{pmatrix}$

2. 역행렬을 이용하여 다음 연립 1차방정식의 해를 구하여라.

(1) $\begin{aligned} x_1 + 2x_2 &= 7 \\ 2x_1 + 5x_2 &= -3 \end{aligned}$ (2) $\begin{aligned} 3x_1 - 6x_2 &= 8 \\ 2x_1 + 5x_2 &= 1 \end{aligned}$

(3) $\begin{aligned} x_1 + 2x_2 + 2x_3 &= -1 \\ x_1 + 3x_2 + x_3 &= 4 \\ x_1 + 3x_2 + 2x_3 &= 3 \end{aligned}$ (4) $\begin{aligned} 2x_1 + x_2 + x_3 &= 7 \\ 3x_1 + 2x_2 + x_3 &= -3 \\ x_2 + x_3 &= 5 \end{aligned}$

(5) $\begin{aligned} 3x_1 + 5x_2 &= a_1 \\ x_1 + 2x_2 &= a_2 \\ 3x_1 + 5x_2 + 8x_3 &= a_3 \end{aligned}$ (6) $\begin{aligned} x_1 + 2x_2 + 3x_3 &= a_1 \\ 2x_1 + 5x_2 + 5x_3 &= a_2 \end{aligned}$

8.4 행렬식

이 절에서는 행렬식을 정의하고 행렬식의 연산과 이들의 성질을 살펴보기로 한다.

8.4.1 행렬식

행렬식을 정의하기 위하여 먼저 순열에 관한 개념을 소개한다.

정의 8-14

순열

자연수의 집합 $\{1, 2, \cdots, n\}$ 의 원소를 빠지거나 중복됨이 없이 어떤 순서로 나열한 것을 집합 $\{1, 2, \cdots, n\}$ 에 대한 **순열**(permutation)이라 한다.

일반적으로 집합 $\{1, 2, \cdots, n\}$ 의 순열을 나타내기 위하여 $(j_1, j_2, \cdots, j_n)$ 이라는 기호를 사용한다.

n개의 원소로 이루어진 자연수의 집합 $\{1, 2, \cdots, n\}$ 에서 순열은 $n!$ 가지가 있다. 예를 들면, 자연수의 집합이 $\{1, 2, 3\}$ 이라면 순열은 다음과 같이 $3! = 6$ 가지가 존재한다.

$$(1, 2, 3)\ ,\ (2, 1, 3)\ ,\ (3, 1, 2)$$

$$(1, 3, 2)\ ,\ (2, 3, 1)\ ,\ (3, 2, 1).$$

순열 $(j_1, j_2, \cdots, j_n)$에서 어떤 큰 자연수가 작은 자연수보다 먼저 나타나 있을 때 **전도(inversion)**가 일어났다고 한다. 가령 $(3,\ 5, 1,\ 4,\ 2)$ 의 순열이 있다고 하자. 이 때 3보다 작은 수 $1, 2$가 3 뒤에 있으므로 3과 $1, 2$ 사이에 2개가 전도되어 있다. 그리고 5와 $1, 4, 2$사이에는 3개의 전도가, 1과 $4, 2$ 사이에는 0개의 전도가, 4와 2사이에 1개가 전도되어 있다. 따라서 총 전도 수는 이들 개수를 더한 값인 $2+3+0+1=6$ 이 된다.

정의 8-15

전도의 개수가 짝수인 순열을 **우순열**(even permutation), 홀수인 순열을 **기순열**(odd permutation)이라 한다.

예제 8.27

집합 $\{1, 2, 3\}$ 에 대한 모든 순열을 나타내고 그것들이 우순열인지 기순열인지 분류하여라.

풀이

순열	전도의 수	분류
$(1,\ 2,\ 3)$	$0+0=0$	우순열(짝수)
$(1,\ 3,\ 2)$	$0+1=1$	기순열(홀수)
$(2,\ 1,\ 3)$	$1+0=1$	기순열(홀수)
$(2,\ 3,\ 1)$	$1+1=2$	우순열(짝수)
$(3,\ 1,\ 2)$	$2+0=2$	우순열(짝수)
$(3,\ 2,\ 1)$	$2+1=3$	기순열(홀수)

■

n차 정방행렬

$$A = \begin{pmatrix} a_{11} & a_{12} & \cdots & a_{1n} \\ a_{21} & a_{22} & \cdots & a_{2n} \\ \vdots & \vdots & \vdots & \vdots \\ a_{n1} & a_{n2} & \cdots & a_{nn} \end{pmatrix}$$

에 대하여 각 행에서 오직 하나씩, 각 열에서 오직 하나씩 중복되지 않게 n개의 성분을 택하여 곱한 것, 즉 $a_{1j_1}\ a_{2j_2} \cdots\ a_{nj_n}$을 A의 **기본곱**이라 한다. 여기서 첫 번째의 첨자들은 자연수 $1, 2, \cdots, n$의 순서이고 각 성분의 첫 번째 행에서 n번째 행까지의 성분을 나타내며, 또한 각 성분들은 다른 열에서 나타나므로 두 번째 첨자인 $(j_1, j_2, \cdots, j_n)$은 $\{1, 2, \cdots, n\}$ 에 대한 순열이다.

예제 8.28

행렬 $\begin{pmatrix} a_{11} & a_{12} & a_{13} \\ a_{21} & a_{22} & a_{23} \\ a_{31} & a_{32} & a_{33} \end{pmatrix}$의 기본곱을 구하여라.

풀이 기본곱은 3개 성분의 곱으로써 어느 행에서나 한 개의 성분만 택해야 하므로, $a_{1\_}\ a_{2\_}\ a_{3\_}$ 의 형태로 나타낼 수 있다. 또한 어느 열에서나 한 개의 성분만을 택하여야 하므로 열의 수는 $1\ 2\ 3,\ 1\ 3\ 2,\ 2\ 1\ 3,\ 2\ 3\ 1,\ 3\ 1\ 2,\ 3\ 2\ 1$ 이다. 따라서 구하는 모든 기본곱은 다음과 같이 된다.

$$a_{11}a_{22}a_{33},\quad a_{12}a_{21}a_{33},\quad a_{13}a_{21}a_{32}$$
$$a_{11}a_{23}a_{32},\quad a_{12}a_{23}a_{31},\quad a_{13}a_{22}a_{31}$$

이 예제에서 본바와 같이 n차 정방행렬은 $n!$개의 기본곱을 갖는다. 기본곱인 $a_{1j_1}a_{2j_2}\cdots a_{nj_n}$에서 순열인 $(j_1, j_2, \cdots, j_n)$의 전도의 개수를 J라 할 때 $(-1)^J$은 우순열일 때는 $+$, 기순열일 때는 $-$ 가 된다.

정의 8-16

행렬식

n차 정방행렬 $\boldsymbol{A}=(a_{ij})$의 **행렬식**(determinant)은 $\det(\boldsymbol{A})$ 또는 $|\boldsymbol{A}|$로 나타내고, 다음과 같이 정의한다.

$$|\boldsymbol{A}| = \sum (-1)^J a_{1j_1}a_{2j_2}\cdots a_{nj_n}$$

여기서 $\sum$은 자연수의 집합 $\{1, 2, \cdots, n\}$에서의 모든 순열 $(j_1, j_2, \cdots, j_n)$에 대한 합을 나타낸다. 또한, $\boldsymbol{A}$의 행렬식은 보통 다음과 같이 나타낸다.

$$|\boldsymbol{A}| = \begin{vmatrix} a_{11} & a_{12} & \cdots & a_{1n} \\ a_{21} & a_{22} & \cdots & a_{2n} \\ \vdots & \vdots & \vdots & \vdots \\ a_{n1} & a_{n2} & \cdots & a_{nn} \end{vmatrix}$$

예제 8.29

다음 행렬의 기본곱과 행렬식을 구하여라.

(1) $\begin{pmatrix} a_{11} & a_{12} \\ a_{21} & a_{22} \end{pmatrix}$　　(2) $\begin{pmatrix} a_{11} & a_{12} & a_{13} \\ a_{21} & a_{22} & a_{23} \\ a_{31} & a_{32} & a_{33} \end{pmatrix}$

풀이 (1) 행렬의 기본곱과 행렬식

기본곱	열번호순열	전도수	분류	부호기본곱
$a_{11}a_{22}$	$(1\ 2)$	0	우순열	$a_{11}a_{22}$
$a_{12}a_{21}$	$(2\ 1)$	1	기순열	$-a_{12}a_{21}$

$$\begin{vmatrix} a_{11} & a_{12} \\ a_{21} & a_{22} \end{vmatrix} = (-1)^0 a_{11}a_{22} + (-1)^1 a_{12}a_{21} = a_{11}a_{22} - a_{12}a_{21}$$

(2) 행렬의 기본곱과 행렬식

기본곱	열번호순열	전도수	분류	부호기본곱
$a_{11}\,a_{22}\,a_{33}$	(1 2 3)	0	우순열	$a_{11}\,a_{22}\,a_{33}$
$a_{11}\,a_{23}\,a_{32}$	(1 3 2)	1	기순열	$-\,a_{11}\,a_{23}\,a_{32}$
$a_{12}\,a_{21}\,a_{33}$	(2 1 3)	1	기순열	$-\,a_{12}\,a_{21}\,a_{33}$
$a_{12}\,a_{23}\,a_{32}$	(2 3 1)	2	우순열	$a_{12}\,a_{23}\,a_{32}$
$a_{13}\,a_{21}\,a_{32}$	(3 1 2)	2	우순열	$a_{13}\,a_{21}\,a_{32}$
$a_{13}\,a_{22}\,a_{31}$	(3 2 1)	3	기순열	$-\,a_{13}\,a_{22}\,a_{31}$

$$\begin{aligned}\begin{vmatrix} a_{11} & a_{12} & a_{13} \\ a_{21} & a_{22} & a_{23} \\ a_{31} & a_{32} & a_{33} \end{vmatrix} &= (-1)^0 a_{11}a_{22}a_{33} + (-1)^2 a_{12}a_{23}a_{31} + (-1)^2 a_{13}a_{21}a_{32} \\ &\quad + (-1)^1 a_{11}a_{23}a_{32} + (-1)^1 a_{12}a_{21}a_{33} + (-1)^3 a_{13}a_{22}a_{31} \\ &= a_{11}a_{22}a_{33} + a_{12}a_{23}a_{31} + a_{13}a_{21}a_{32} \\ &\qquad - a_{11}a_{23}a_{32} - a_{12}a_{21}a_{33} - a_{13}a_{22}a_{31} \\ &= a_{11}(a_{22}a_{33} - a_{23}a_{32}) - a_{12}(a_{21}a_{33} - a_{23}a_{31}) \\ &\qquad + a_{13}(a_{21}a_{32} - a_{22}a_{31})\end{aligned}$$

이것은 계수들이 주어진 행렬의 첫째 행으로 이루어지고 다음과 같이 2차인 세 행렬식의 선형결합으로 나타낼 수 있다.

$$a_{11}\begin{vmatrix} a_{22} & a_{23} \\ a_{32} & a_{33} \end{vmatrix} - a_{12}\begin{vmatrix} a_{21} & a_{23} \\ a_{31} & a_{33} \end{vmatrix} + a_{13}\begin{vmatrix} a_{21} & a_{22} \\ a_{31} & a_{32} \end{vmatrix}$$

각 2×2 행렬은 원래의 행렬에서 그 계수를 포함하는 행과 열을 제외함으로써 얻어진다는 것을 알 수 있다.

$$a_{11}\begin{vmatrix} \boxed{a_{11}} & \boxed{a_{12}} & \boxed{a_{13}} \\ \boxed{a_{21}} & a_{22} & a_{23} \\ \boxed{a_{31}} & a_{32} & a_{33} \end{vmatrix} - a_{12}\begin{vmatrix} \boxed{a_{11}} & \boxed{a_{12}} & \boxed{a_{13}} \\ a_{21} & \boxed{a_{22}} & a_{23} \\ a_{31} & \boxed{a_{32}} & a_{33} \end{vmatrix} + a_{13}\begin{vmatrix} \boxed{a_{11}} & \boxed{a_{12}} & \boxed{a_{13}} \\ a_{21} & a_{22} & \boxed{a_{23}} \\ a_{31} & a_{32} & \boxed{a_{33}} \end{vmatrix}$$

2차 행렬식과 3차 행렬식은 다음 그림과 같이 기억하면 편리하다. 이것을 싸루스(Sarrus)의 법칙이라 한다.

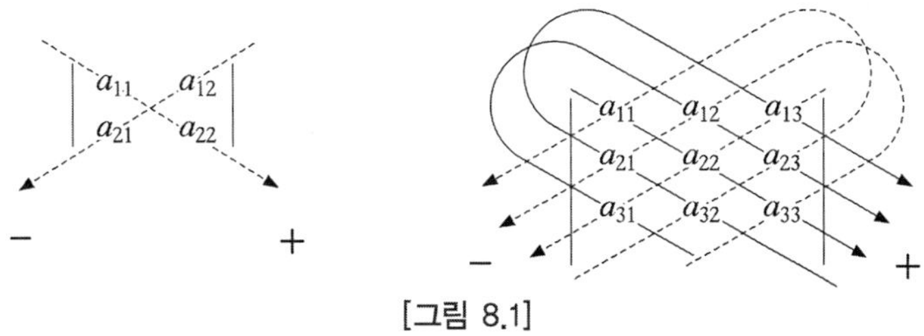

[그림 8.1]

예제 8.30

다음 행렬식을 구하여라.

(1) $\begin{vmatrix} 3 & 1 \\ 4 & -2 \end{vmatrix}$ (2) $\begin{vmatrix} 1 & 2 & 3 \\ -4 & 5 & 6 \\ 7 & -8 & 9 \end{vmatrix}$

풀이 (1) $\begin{vmatrix} 3 & 1 \\ 4 & -2 \end{vmatrix} = 3 \cdot (-2) - 1 \cdot 4 = -6-4 = -10$

(2) $\begin{vmatrix} 1 & 2 & 3 \\ -4 & 5 & 6 \\ 7 & -8 & 9 \end{vmatrix} = 1\begin{vmatrix} 5 & 6 \\ -8 & 9 \end{vmatrix} - 2\begin{vmatrix} -4 & 6 \\ 7 & 9 \end{vmatrix} + 3\begin{vmatrix} -4 & 5 \\ 7 & -8 \end{vmatrix}$

$= 1(45+48) - 2(-36-42) + 3(32-35) = 240$

또는

$= (1)(5)(9) + (-8)(-4)(3) + (7)(2)(6) - (3)(5)(7) - (-8)(6)(1) - (9)(2)(-4)$

$= 45 + 96 + 84 - 105 + 48 + 72 = 240$

■

8.4.2 행렬식의 성질

행렬에서 차수 n이 커짐에 따라 행렬식의 항의 수는 기하급수적으로 커진다. 따라서 행렬식의 값을 계산하기 위하여 정의에 의한 행렬식 계산 보다는 다음에 주어진 행렬식의 성질들을 이용하면 보다 간편하게 행렬식을 구할 수 있다.

(1) 행렬 $\boldsymbol{A}$와 그 전치행렬 $\boldsymbol{A}^t$의 행렬식은 같다. 즉, $|\boldsymbol{A}| = |\boldsymbol{A}^t|$.

증명 $\boldsymbol{A} = (a_{ij})$라고 하면 행렬식 $|\boldsymbol{A}| = \Sigma(-1)^J a_{1j_1} a_{2j_2} \cdots a_{nj_n}$는 모든 기본곱에 + 또는 −의 부호를 붙여서 더한 것이며, J는 열 번호를 나열한 순열이다. 따라서 전치행렬 $\boldsymbol{A}^t$의 행렬식 $|\boldsymbol{A}^t|$에도 이러한 모든 기본곱들이 나타난다. 이제 임의의 기본곱 $a_{1j_1} a_{2j_2} \cdots a_{nj_n}$에 대하여 생각하여보자. 이 기본곱에 나타나는 수 a_{kj_k}는 행렬 $\boldsymbol{A}$에서의 k행 j_k열의 원소이다. 이 원소는 전치행렬 $\boldsymbol{A}^t$에서는 j_k행 k열의 원소이다. 그런데 실수의 곱셈에 대한 교환법칙에 의하여 이 기본곱에 나타나는 수의 곱하는 순서를 임의로 바꾸어도 값은 같다. 이제 순열 $J = (j_1, j_2, \cdots, j_n)$에 있는 자연수를 작은 것부터 순서대로 나열되도록 곱하는 순서를 바꾸어서 $a_{i_1 1} a_{i_2 2} \cdots a_{i_n n}$이 되었다고 하자. 그러면

$$a_{1j_1} a_{2j_2} \cdots a_{nj_n} = a_{i_1 1} a_{i_2 2} \cdots a_{i_n n}$$

이 성립하고, 우변에 있는 항 $a_{i_k k}$는 전치행렬 $\boldsymbol{A}^t$에서의 k행 i_k열의 원소이다. 그런데 J가 $n!$개의 모든 순열을 나타내면 $\boldsymbol{I}=(i_1,\ i_2,\ \cdots,\ i_n)$도 $n!$개의 모든 순열을 나타낸다. 따라서 만약 $(-1)^J=(-1)^I$이 성립하면

$$\begin{aligned}|\boldsymbol{A}| &= \sum(-1)^J a_{1j_1}a_{2j_2}\cdots\ a_{nj_n} \ (\text{행렬식의 정의에 의하여})\\ &= \sum(-1)^I a_{i_1 1}a_{i_2 2}\cdots\ a_{i_n n}\\ &= |\boldsymbol{A}^t| \ (\text{전치행렬의 행렬식에서 열 번호 순열은 } \boldsymbol{I}\text{이므로})\end{aligned}$$

와 같이 증명되므로, $(-1)^J=(-1)^I$임을 증명하면 충분하다. 그런데 순열에서의 전도의 수는 큰 숫자와 작은 숫자를 서로 교환하여 $1, 2, \cdots, n$의 순서로 만들 때의 교환 횟수와 같다. 이와 같이 두 수를 교환하는 것을 전치라고 하는데 이러한 전치의 개념을 이용하면 위의 사실을 증명할 수 있지만 증명이 너무 길어지므로 여기서는 생략하기로 한다. □

예를 들어,

$$\begin{aligned}\begin{vmatrix}1&2&3\\1&0&1\\1&1&-1\end{vmatrix} &= 1\cdot0\cdot(-1)+1\cdot1\cdot3+1\cdot2\cdot1-3\cdot0\cdot1-1\cdot1\cdot1\\ &\quad -(-1)\cdot2\cdot1\\ &= 0+3+2-0-1+2=6\end{aligned}$$

$$\begin{aligned}\begin{vmatrix}1&1&1\\2&0&1\\3&1&-1\end{vmatrix} &= 1\cdot0\cdot(-1)+1\cdot2\cdot1+3\cdot1\cdot1-1\cdot0\cdot3-1\cdot1\cdot1\\ &\quad -(-1)\cdot1\cdot2\\ &= 0+2+3-0-1+2=6\end{aligned}$$

위의 정리에 의하여 행렬식은 전치행렬의 행렬식과 같으므로 다음에 소개되는 행렬식의 성질은 모두 행과 열에 관하여 성립한다.

> (2) $\boldsymbol{B}$는 행렬 $\boldsymbol{A}$의 두 행(또는 열)을 서로 바꾸어 얻은 행렬이라 하면 $|\boldsymbol{B}|=-|\boldsymbol{A}|$이다.

증명 $\boldsymbol{A}=(a_{ij})$라고 하고 k행과 l행$(k<l)$을 교환한 행렬을 $\boldsymbol{B}$라고 하면

$$|\boldsymbol{B}|=\sum(-1)^J a_{1j_1}a_{2j_2}\cdots a_{lj_l}\cdots a_{kj_k}\cdots\ a_{nj_n}$$

이다. 여기서 $J=(j_1,\ j_2,\ \cdots, j_l, \cdots, j_k, \cdots\ j_n)$. 이 합에서 기본곱은 실수의 교환법칙에 의하여

$$a_{1j_1}a_{2j_2}\cdots a_{lj_l}\cdots a_{kj_k}\cdots\ a_{nj_n}=a_{1j_1}a_{2j_2}\cdots a_{kj_k}\cdots a_{lj_l}\cdots\ a_{nj_n}$$

이고, 순열 J에서 j_l과 j_k를 서로 교환하면 $J' = (j_1,\ j_2,\ \cdots, j_k, \cdots, j_l, \cdots\ j_n)$이 되므로 J가 우순열이면 J'은 기순열이 되고, J가 기순열이면 J'은 우순열이 된다. 그러므로 $(-1)^{J'} = -(-1)^J$이 되어 증명된다. □

예를 들어, 성질 (1)에서의 예에서 두 행 2행과 3행을 교환하면

$$\begin{vmatrix} 1 & 2 & 3 \\ 1 & 1 & -1 \\ 1 & 0 & 1 \end{vmatrix} = 1\cdot1\cdot1 + 0\cdot1\cdot3 + 1\cdot2\cdot(-1) - 3\cdot1\cdot1 - 0\cdot(-1)\cdot1 - 1\cdot2\cdot1$$
$$= 1 + 0 - 2 - 3 - 0 - 2 = -6$$

(3) $\boldsymbol{B}$는 행렬 $\boldsymbol{A}$의 한 행(또는 열)의 각 성분에 같은 수 c를 곱하여 얻어진 행렬이라 하면, 행렬식의 값은 본래 행렬식의 값에 c를 곱한 것과 같다. 즉

$$|\boldsymbol{B}| = c|\boldsymbol{A}|.$$

증명 $\boldsymbol{A} = (a_{ij})$라고 하고 k행에 상수c를 곱한 행렬을 $\boldsymbol{B}$라고하면

$$|\boldsymbol{B}| = \sum (-1)^J a_{1j_1} a_{2j_2} \cdots (c a_{kj_k}) \cdots\ a_{nj_n}$$
$$= c\sum (-1)^J a_{1j_1} a_{2j_2} \cdots (a_{kj_k}) \cdots\ a_{nj_n} = c|\boldsymbol{A}|$$ □

예를 들어, 성질 (1)에서의 예제에서 제1행의 각 원소에 2를 곱하면

$$\begin{vmatrix} 2 & 4 & 6 \\ 1 & 0 & 1 \\ 1 & 1 & -1 \end{vmatrix} = 2\cdot0\cdot(-1) + 1\cdot1\cdot6 + 1\cdot4\cdot1 - 6\cdot0\cdot1 - 1\cdot1\cdot2 - (-1)\cdot4\cdot1$$
$$= 0 + 6 + 4 - 0 - 2 + 4 = 12$$

$$2\begin{vmatrix} 1 & 2 & 3 \\ 1 & 0 & 1 \\ 1 & 1 & -1 \end{vmatrix} = 2\cdot(6) = 12$$

(4) 정방행렬 $\boldsymbol{A}$의 한 행(또는 열)의 모든 성분이 0이면 $|\boldsymbol{A}| = 0$이다.

증명 $0 = 0\cdot0$이므로 모두 0인 행에는 상수 0이 곱해진 것과 같다. 따라서 성질(3)에 의하여 $|\boldsymbol{A}| = 0|\boldsymbol{A}| = 0$이 된다. □

예를 들어,

$$\begin{vmatrix} 1 & 2 & 3 \\ 0 & 0 & 0 \\ 1 & 1 & -1 \end{vmatrix} = \begin{vmatrix} 1 & 2 & 3 \\ 0\cdot 0 & 0\cdot 0 & 0\cdot 0 \\ 1 & 1 & -1 \end{vmatrix} = 0\cdot \begin{vmatrix} 1 & 2 & 3 \\ 0 & 0 & 0 \\ 1 & 1 & -1 \end{vmatrix} = 0$$

(5) 정방행렬 $\boldsymbol{A}$의 두 행(또는 열)의 대응하는 성분이 비례하면 $|\boldsymbol{A}|=0$이다. 특히, 두 행이 같으면 $|\boldsymbol{A}|=0$이다.

증명 $\boldsymbol{A}$의 두 행이 비례하면 한 행은 다른 행의 상수 c배가 된다. 성질 (3)에 의하여 이 상수를 행렬식 밖으로 묶어내면 남은 행렬식은 두 행이 같은 행렬 $\boldsymbol{B}$의 행렬식이 된다. 그런데 $\boldsymbol{B}$의 같은 두 행을 교환하면 성질(2)에 의하여 $-|\boldsymbol{B}|$가 되는데 같은 두 행을 교환하였으므로 행렬식 $|\boldsymbol{B}|$는 변화가 없다. 따라서 $|\boldsymbol{B}|=-|\boldsymbol{B}|$, 즉, $|\boldsymbol{B}|=0$이 되므로 $|\boldsymbol{A}|=c|\boldsymbol{B}|=c\cdot 0=0$이 된다. 특히 두 행이 같으면 $c=1$이므로 $|\boldsymbol{A}|=0$이다. □

예를 들어,

$$\begin{vmatrix} 1 & 2 & 3 \\ 2 & 4 & 6 \\ 1 & 1 & 1 \end{vmatrix} = 1\cdot 4\cdot 1+1\cdot 2\cdot 3+1\cdot 2\cdot 6-3\cdot 4\cdot 1-1\cdot 6\cdot 1-1\cdot 2\cdot 2$$

$$=4+6+12-12-6-4=0$$

(6) 한 행(또는 열)이 두 수의 합으로 되어있으면, 주어진 행렬식의 값은 각각을 행렬식으로 만든 두 행렬식의 값의 합과 같다.

증명 $\boldsymbol{A}=(a_{ij})$의 i행이 $a_{ij}=b_{ij}+c_{ij}$, $j=1,2,\cdots,n$같이 두 수의 합으로 되어있다고 하면,

$$\begin{aligned} |\boldsymbol{A}| &= \sum(-1)^J a_{1j_1}a_{2j_2}\cdots a_{ij_i}\cdots a_{nj_n} \\ &= \sum(-1)^J a_{1j_1}a_{2j_2}\cdots (b_{ij_i}+c_{ij_i})\cdots a_{nj_n} \\ &= \sum(-1)^J a_{1j_1}a_{2j_2}\cdots b_{ij_i}\cdots a_{nj_n}+\sum(-1)^J a_{1j_1}a_{2j_2}\cdots c_{ij_i}\cdots a_{nj_n} \\ &= \begin{vmatrix} a_{11} & a_{12} & \cdots & a_{1n} \\ a_{21} & a_{22} & \cdots & a_{2n} \\ \vdots & \vdots & \vdots & \vdots \\ b_{i1} & b_{i2} & \cdots & b_{in} \\ \vdots & \vdots & \vdots & \vdots \\ a_{n1} & a_{n2} & \cdots & a_{nn} \end{vmatrix} + \begin{vmatrix} a_{11} & a_{12} & \cdots & a_{1n} \\ a_{21} & a_{22} & \cdots & a_{2n} \\ \vdots & \vdots & \vdots & \vdots \\ c_{i1} & c_{i2} & \cdots & c_{in} \\ \vdots & \vdots & \vdots & \vdots \\ a_{n1} & a_{n2} & \cdots & a_{nn} \end{vmatrix} \end{aligned}$$

□

예를 들어, 다음과 같이 된다.

$$\begin{vmatrix} a_{11}+a_{11}' & a_{12} \\ a_{21}+a_{21}' & a_{22} \end{vmatrix} = (a_{11}+a_{11}')a_{22}-(a_{21}+a_{21}')a_{12}$$

$$= a_{11}a_{22}+a_{11}'a_{22}-a_{21}a_{12}-a_{21}'a_{12}$$

$$= a_{11}a_{22}-a_{21}a_{12}+a_{11}'a_{22}-a_{21}'a_{12}$$

$$= \begin{vmatrix} a_{11} & a_{12} \\ a_{21} & a_{22} \end{vmatrix} + \begin{vmatrix} a_{11}' & a_{12} \\ a_{21}' & a_{22} \end{vmatrix}$$

(7) $\boldsymbol{B}$는 행렬 $\boldsymbol{A}$의 한 행(또는 열)에 어떤 상수를 곱하여 다른 행(또는 열)에 더한 행렬이라 하면 $|\boldsymbol{B}| = |\boldsymbol{A}|$이다.

증명 $A = (a_{ij})$의 i행에 상수 c를 곱하여 k행에 더하면, k행의 원소들은 $ca_{ij}+a_{kj}$, $j = 1, 2, \cdots, n$와 같이 두 수의 합의 모양으로 되므로 위의 성질에 의하여 다음과 같이 증명된다.

$$|\boldsymbol{B}| = \sum (-1)^J a_{1j_1} a_{2j_2} \cdots a_{ij_i} \cdots (ca_{ij_i}+a_{kj_k}) \cdots a_{nj_n}$$

$$= \sum (-1)^J a_{1j_1} a_{2j_2} \cdots a_{ij_i} \cdots ca_{ij_i} \cdots a_{nj_n} + \sum (-1)^J a_{1j_1} a_{2j_2} \cdots a_{ij_i} \cdots a_{kj_k} \cdots a_{nj_n}$$

$$= \begin{vmatrix} a_{11} & a_{12} & \cdots & a_{1n} \\ a_{21} & a_{22} & \cdots & a_{2n} \\ \vdots & \vdots & \vdots & \vdots \\ a_{i1} & a_{i2} & \cdots & a_{in} \\ \vdots & \vdots & \vdots & \vdots \\ a_{i1} & a_{i2} & \cdots & a_{in} \\ \vdots & \vdots & \vdots & \vdots \\ a_{n1} & a_{n2} & \cdots & a_{nn} \end{vmatrix} + \begin{vmatrix} a_{11} & a_{12} & \cdots & a_{1n} \\ a_{21} & a_{22} & \cdots & a_{2n} \\ \vdots & \vdots & \vdots & \vdots \\ a_{k1} & a_{k2} & \cdots & a_{kn} \\ \vdots & \vdots & \vdots & \vdots \\ a_{n1} & a_{n2} & \cdots & a_{nn} \end{vmatrix}$$

$= 0 + |\boldsymbol{A}| = |\boldsymbol{A}|$(첫 번째 행렬식에서 i행과 k행의 원소들이 같으므로) □

예를 들어, $\begin{vmatrix} 1 & 2 & 3 \\ 1 & 0 & 1 \\ 1 & 1 & -1 \end{vmatrix} = 6$인데 이것을 다음과 같이 계산하면 보다 쉽게 구할 수 있다.

$$\begin{vmatrix} 1 & 2 & 3 \\ 1 & 0 & 1 \\ 1 & 1 & -1 \end{vmatrix} \overset{1\text{행} \times (-1) + 2\text{행}}{=\!=\!=\!=} \begin{vmatrix} 1 & 2 & 3 \\ 0 & -2 & -2 \\ 1 & 1 & -1 \end{vmatrix}$$

$$\overset{1\text{행} \times (-1) + 3\text{행}}{=\!=\!=\!=} \begin{vmatrix} 1 & 2 & 3 \\ 0 & -2 & -2 \\ 0 & -1 & -4 \end{vmatrix}$$

$$\begin{aligned} &= 1 \cdot (-2) \cdot (-4) + 0 \cdot 2 \cdot (-2) + 3 \cdot 0 \cdot (-1) \\ &\qquad -1 \cdot (-2) \cdot (-1) - 0 \cdot 2 \cdot (-4) - 0 \cdot (-2) \cdot 3 \\ &= 8 + 0 + 0 - 2 - 0 - 0 = 6 \end{aligned}$$

(8) 만일 n차 정방행렬 $\boldsymbol{A}$가 삼각행렬이면, $|\boldsymbol{A}|$는 주대각선 성분들의 곱과 같다.
즉, $|\boldsymbol{A}| = a_{11}a_{22}\cdots a_{nn}$

증명 $\boldsymbol{A} = (a_{ij})$가 상삼각행렬이라고 하자. 그러면 모든 $i > j$에 대하여 $a_{ij} = 0$이 된다. 따라서 행렬식 $|\boldsymbol{A}| = \sum(-1)^J a_{1j_1}a_{2j_2}\cdots a_{nj_n}$의 기본곱에서 $k > j_k$를 만족하는 a_{kj_k} 항을 포함하는 모든 기본곱은 0이 된다. 그런데 $n > j_n$이면 $a_{nj_n} = 0$이므로 0이 되지 않을 가능성이 있는 경우는 $j_n = n$뿐이다. 한편 $n-1 > j_{n-1}$이면 $a_{(n-1)j_{n-1}} = 0$이므로 0이 되지 않을 가능성이 있는 경우는 $j_{n-1} = n-1$ 또는 n이 되는 경우인데, $j_n = n$이므로 $j_{n-1} = n-1$이 되어야 한다. 이와 같은 과정을 되풀이하면 기본곱의 값이 0이 되지 않을 가능성이 있는 경우는

$$j_1 = 1, j_2 = 2, \cdots, j_n = n$$

인 경우밖에 없으므로 $|\boldsymbol{A}| = a_{11}a_{22}\cdots a_{nn}$이다. □

예를 들어,

$$\begin{vmatrix} 5 & -7 & 2 & 2 \\ 0 & 3 & 0 & -4 \\ 0 & 0 & 2 & -15 \\ 0 & 0 & 0 & 3 \end{vmatrix} = (5)(3)(2)(3) = 20$$

다음에서 소개되는 행렬식의 여인수 전개를 이용하면 다음의 성질도 성립한다는 것을 알 수 있다. 이것의 증명은 약간 길고 어려우므로 생략하기로 한다.

(9) 두 행렬 $\boldsymbol{A}$, $\boldsymbol{B}$가 n차 정방행렬이면 $|\boldsymbol{AB}| = |\boldsymbol{A}||\boldsymbol{B}|$이다.
특히, 행렬 $\boldsymbol{A}$가 정칙행렬이면,

$$1 = |\boldsymbol{I}_n| = |\boldsymbol{AA}^{-1}| = |\boldsymbol{A}||\boldsymbol{A}^{-1}|$$

이 성립하므로 $|\boldsymbol{A}| \neq 0$이고 $|\boldsymbol{A}^{-1}| = \dfrac{1}{|\boldsymbol{A}|}$이다.

예를 들어, $A=\begin{pmatrix}1&2\\3&4\end{pmatrix}$, $B=\begin{pmatrix}2&-1\\1&2\end{pmatrix}$일 때, $AB=\begin{pmatrix}4&3\\10&5\end{pmatrix}$이고 $|AB|=-10$이 되는데, $|A|=-2$이고 $|B|=5$이므로 $|A||B|=-10$이므로 서로 같다.

한편, 행렬식을 계산할 때 행렬식의 정의를 이용한 계산보다는 행렬식의 성질을 이용한 적절한 변형을 통하여 보다 간단히 행렬식의 값을 구할 수 있다. 특히 행렬식의 성질을 이용하여 삼각행렬로 변형이 될 때 행렬식의 값은 쉽게 얻어진다.

예제 8.31

행렬 $A=\begin{pmatrix}0&1&5\\3&-6&9\\2&6&1\end{pmatrix}$의 행렬식을 구하여라.

풀이

$$\begin{vmatrix}0&1&5\\3&-6&9\\2&6&1\end{vmatrix}=-\begin{vmatrix}3&-6&9\\0&1&5\\2&6&1\end{vmatrix}$$ 제1행과 제2행을 교환한다.

$$=-3\begin{vmatrix}1&-2&3\\0&1&5\\2&6&1\end{vmatrix}$$ 제1행의 공통인수 3을 밖으로 끌어낸다.

$$=-3\begin{vmatrix}1&-2&3\\0&1&5\\0&10&-5\end{vmatrix}$$ 제1행에 (−2)배하여 제3행에 더한다.

$$=-3\begin{vmatrix}1&-2&3\\0&1&5\\0&0&-55\end{vmatrix}$$ 제2행에 (−10)배하여 제3행에 더한다.

$$=(-3)(-55)\begin{vmatrix}1&-2&3\\0&1&5\\0&0&1\end{vmatrix}$$

$$=(-3)(-55)(1)=165$$

■

예제 8.32

행렬 $A=\begin{pmatrix}1&3&-2&4\\2&6&-4&8\\3&9&1&5\\1&1&4&8\end{pmatrix}$ 의 행렬식을 구하여라.

풀이

$$\begin{vmatrix}1&3&-2&4\\2&6&-4&8\\3&9&1&5\\1&1&4&8\end{vmatrix}=\begin{vmatrix}1&3&-2&4\\0&0&0&0\\3&9&1&5\\1&1&4&8\end{vmatrix}$$ 제1행에 (−2)배하여 제2행에 더한다.

$$=0$$

■

8.4.3 여인수와 소행렬식

4차 이상의 행렬식의 값을 구하고자 하는 경우에는 2차나 3차 행렬식에서 처럼 Sarrus의 법칙 같은 편리한 방법이 없다. 여기서는 4차 이상의 행렬식의 값을 계산하는데 보다 쉽고 편리하게 구하는 방법에 관하여 알아보자.

정의 8-17

소행렬식과 여인수

n차 정방행렬 $\boldsymbol{A}$에서 i번째 행과 j번째 열을 제외한 나머지 성분들로 이루어진 $n-1$차 부분행렬을 $\boldsymbol{A}$의 소행렬 $\boldsymbol{M}_{ij}$라 하자. 이때 행렬식 $|\boldsymbol{M}_{ij}|$를 $\boldsymbol{A}$의 성분 a_{ij}의 **소행렬식**(minor)이라 한다. 또한 $C_{ij}=(-1)^{i+j}|\boldsymbol{M}_{ij}|$를 a_{ij}의 **여인수**(cofactor)라고 한다.

예제 8.33

$\boldsymbol{A}=\begin{pmatrix} 3 & 1 & 5 \\ 2 & 4 & 7 \\ 1 & 5 & 9 \end{pmatrix}$이라 할 때, 성분 a_{11}, a_{32}의 소행렬식과 여인수를 구하여라.

풀이 성분 a_{11}, a_{32}의 소행렬식과 여인수는 다음과 같다.

$$|\boldsymbol{M}_{11}|=\begin{vmatrix} \boxed{3} & \boxed{1} & \boxed{5} \\ \boxed{2} & 4 & 7 \\ \boxed{1} & 5 & 9 \end{vmatrix}=\begin{vmatrix} 4 & 7 \\ 5 & 9 \end{vmatrix}=1, \qquad C_{11}=(-1)^{1+1}|\boldsymbol{M}_{11}|=1$$

$$|\boldsymbol{M}_{32}|=\begin{vmatrix} 3 & \boxed{1} & 5 \\ 2 & \boxed{4} & 7 \\ \boxed{1} & \boxed{5} & \boxed{9} \end{vmatrix}=\begin{vmatrix} 3 & 5 \\ 2 & 7 \end{vmatrix}=11, \qquad C_{32}=(-1)^{3+2}|\boldsymbol{M}_{32}|=-11$$

■

정의에서 알 수 있는 바와 같이 a_{ij} 성분의 소행렬식 $|M_{ij}|$와 여인수 C_{ij}는 부호만 서로 다를 수 있다. 다음의 3차 행렬식을 생각해 보자.

$$|\boldsymbol{A}|=\begin{vmatrix} a_{11} & a_{12} & a_{13} \\ a_{21} & a_{22} & a_{23} \\ a_{31} & a_{32} & a_{33} \end{vmatrix}$$

$$=a_{11}a_{22}a_{33}+a_{12}a_{23}a_{31}+a_{13}a_{21}a_{32}-a_{13}a_{22}a_{31}-a_{12}a_{21}a_{33}+a_{11}a_{23}a_{32}$$

$$=a_{11}(a_{12}a_{33}-a_{23}a_{32})-a_{21}(a_{12}a_{33}-a_{13}a_{32})+a_{31}(a_{12}a_{23}-a_{13}a_{22})$$

괄호속의 값들이 각각 여인수 C_{11}, C_{21}, C_{31}과 같으므로

$$|\boldsymbol{A}| = a_{11}C_{11} + a_{21}C_{21} + a_{31}C_{31}$$

로 쓸 수 있다. 이 식은 $\boldsymbol{A}$의 행렬식이 $\boldsymbol{A}$의 제1열 성분과 그 성분의 여인수를 곱한 것을 더한 것임을 나타낸다. 이와 같은 방법을 제1열에 관한 **여인수 전개**(cofactor expansion)라 한다.

예제 8.34

$\boldsymbol{A} = \begin{pmatrix} 1 & 3 & 2 \\ -2 & -4 & 3 \\ 5 & 4 & -2 \end{pmatrix}$라고 할 때 $\boldsymbol{A}$의 제1열의 여인수 전개를 사용하여 $\boldsymbol{A}$의 행렬식을 구하여라.

풀이 제1열에 관하여 여인수 전개하면

$$\begin{aligned} |\boldsymbol{A}| &= 1\begin{vmatrix} -4 & 3 \\ 4 & -2 \end{vmatrix} - (-2)\begin{vmatrix} 3 & 2 \\ 4 & -2 \end{vmatrix} + 5\begin{vmatrix} 3 & 2 \\ -4 & 3 \end{vmatrix} \\ &= 1(8-12) - (-2)(-6-8) + 5(9+8) = 53 \end{aligned}$$

■

위에서 주어진 3×3 행렬에 대한 결과는 다음 일반적인 정리의 특수한 경우에 해당된다. 이 정리는 행렬식의 차수 n에 대한 수학적 귀납법을 이용하면 엄밀히 증명이 되지만, 그 증명이 길고 어려우므로 자세한 증명은 생략하기로 한다.

정리 8.18

n차 정방행렬 $\boldsymbol{A}$에 대하여

$$|\boldsymbol{A}| = \begin{cases} a_{i1}C_{i1} + a_{i2}C_{i2} + \cdots + a_{in}C_{in}, & 1 \le i \le n \\ a_{1j}C_{1j} + a_{2j}C_{2j} + \cdots + a_{nj}C_{nj}\ , & 1 \le j \le n \end{cases}$$

이고,

$$a_{i1}C_{k1} + a_{i2}C_{k2} + \cdots + a_{in}C_{kn} = \begin{cases} |\boldsymbol{A}|, & i = k \\ 0, & i \ne k \end{cases}$$

$$a_{1j}C_{1k} + a_{2j}C_{2k} + \cdots + a_{nj}C_{nk} = \begin{cases} |\boldsymbol{A}|, & j = k \\ 0, & j \ne k \end{cases}$$

이다.

예제 8.35

예제 8.34에서 $\boldsymbol{A}$의 제1행의 여인수 전개를 사용하여 $\boldsymbol{A}$의 행렬식을 구하여라.

풀이 제1행에 관하여 여인수 전개하면

$$|\boldsymbol{A}| = 1\begin{vmatrix} -4 & 3 \\ 4 & -2 \end{vmatrix} - (3)\begin{vmatrix} -2 & 3 \\ 5 & -2 \end{vmatrix} + 2\begin{vmatrix} -2 & -4 \\ 5 & 4 \end{vmatrix}$$

$$= 1(8-12)-(3)(4-15)+2(-8+20) = 53$$

행렬식 계산에 있어서 여인수 전개만을 이용하는 것 보다는 기본행연산을 병행하여 사용하는 것이 바람직하다.

예제 8.36

행렬 $\boldsymbol{A} = \begin{pmatrix} 3 & -2 & -5 & 4 \\ -5 & 2 & 8 & -5 \\ -2 & 4 & 7 & -3 \\ 2 & -3 & -5 & 8 \end{pmatrix}$의 행렬식을 구하여라.

풀이 먼저 제1행에 (2)배하여 제2행에 더함으로써 한 성분이 1을 가지도록 행렬 $\boldsymbol{A}$를 변형시킨다.

$$|\boldsymbol{A}| = \begin{vmatrix} 3 & -2 & -5 & 4 \\ -5 & 2 & 8 & -5 \\ -2 & 4 & 7 & -3 \\ 2 & -3 & -5 & 8 \end{vmatrix}$$

$$= \begin{vmatrix} 3 & -2 & -5 & 4 \\ 1 & -2 & -2 & 3 \\ -2 & 4 & 7 & -3 \\ 2 & -3 & -5 & 8 \end{vmatrix}$$

$$= \begin{vmatrix} 0 & 4 & 1 & -5 \\ 1 & -2 & -2 & 3 \\ 0 & 0 & 3 & 3 \\ 0 & 1 & -1 & 2 \end{vmatrix} \qquad \begin{matrix} 2행\times(-3) + 1행 \\ 2행\times(\ 2\ ) + 3행 \\ 2행\times(-2) + 4행 \end{matrix}$$

$$= 1 \cdot (-1)^{2+1}\begin{vmatrix} 4 & 1 & -5 \\ 0 & 3 & 3 \\ 1 & -1 & 2 \end{vmatrix} \qquad 제1열에\ 대해서\ 여인수\ 전개$$

$$= -\begin{vmatrix} 0 & 5 & -13 \\ 0 & 3 & 3 \\ 1 & -1 & 2 \end{vmatrix} \qquad 3행\times(-4) + 1행$$

$$= -(-1)^{3+1}\begin{vmatrix} 5 & -13 \\ 3 & 3 \end{vmatrix}$$ 제1열에 대해서 여인수 전개

$$= -(15+39) = -54$$

■

정의 8-19

수반행렬

A를 n차 정방행렬, C_{ij}를 A의 a_{ij} 성분의 여인수라 할 때, 행렬

$$(C_{ij}) = \begin{pmatrix} C_{11} & C_{12} & \cdots & C_{1n} \\ C_{21} & C_{22} & \cdots & C_{2n} \\ \vdots & \vdots & \ddots & \vdots \\ C_{n1} & C_{n2} & \cdots & C_{nn} \end{pmatrix}$$

을 A의 **여인수 행렬**이라 하고 이 행렬의 전치행렬을 **전치여인수 행렬** 또는 **수반행렬**(adjoint of A)이라 하고 $adj(A)$로 나타낸다. 즉, $adj(A) = (C_{ij})^t$.

예제 8.37

행렬 $A = \begin{pmatrix} 2 & 1 & 4 \\ 4 & 2 & -3 \\ 3 & -1 & 2 \end{pmatrix}$의 수반행렬을 구하여라.

풀이 A의 각 성분의 여인수는

$$C_{11} = (-1)^{1+1}\begin{vmatrix} 2 & -3 \\ -1 & 2 \end{vmatrix} = (4-3) = 1$$

$$C_{12} = (-1)^{1+2}\begin{vmatrix} 4 & -3 \\ 3 & 2 \end{vmatrix} = -(8+9) = -17$$

$$C_{13} = (-1)^{1+3}\begin{vmatrix} 4 & 2 \\ 3 & -1 \end{vmatrix} = (-4-6) = -10$$

$$C_{21} = (-1)^{2+1}\begin{vmatrix} 1 & 4 \\ -1 & 2 \end{vmatrix} = -(2+4) = -6$$

$$C_{22} = (-1)^{2+2}\begin{vmatrix} 2 & 4 \\ 3 & 2 \end{vmatrix} = (4-12) = -8$$

$$C_{23} = (-1)^{2+3}\begin{vmatrix} 2 & 1 \\ 3 & -1 \end{vmatrix} =- (-2-3) = 5$$

$$C_{31} = (-1)^{3+1}\begin{vmatrix} 1 & 4 \\ 2 & -3 \end{vmatrix} = (-3-8) = -11$$

$$C_{32} = (-1)^{3+2}\begin{vmatrix} 2 & 4 \\ 4 & -3 \end{vmatrix} = -(-6-16) = 22$$

$$C_{33} = (-1)^{3+3}\begin{vmatrix} 2 & 1 \\ 4 & 2 \end{vmatrix} = (4-4) = 0$$

따라서 $\boldsymbol{A}$의 여인수 행렬은

$$(C_{ij})=\begin{pmatrix} 1 & -17 & -10 \\ -6 & -8 & 5 \\ -11 & 22 & 0 \end{pmatrix}$$

이고, $\boldsymbol{A}$의 전치여인수 행렬인 수반행렬은 다음과 같이 얻어진다.

$$adj(\boldsymbol{A})=\begin{pmatrix} 1 & -6 & -11 \\ -17 & -8 & 22 \\ -10 & 5 & 0 \end{pmatrix}$$

■

정리 8.20

n차 정방행렬 $\boldsymbol{A}$가 $|\boldsymbol{A}|\neq 0$을 만족하면 역행렬을 갖고

$$\boldsymbol{A}^{-1}=\frac{1}{|\boldsymbol{A}|}adj\,(\boldsymbol{A}).$$

따라서 정방행렬 $\boldsymbol{A}$가 정칙행렬일 필요충분조건은 $|\boldsymbol{A}|\neq 0$이 성립하는 것이다.

증명 첫째로 $\boldsymbol{A}\ adj(\boldsymbol{A})=|\boldsymbol{A}|\boldsymbol{I}$ 임을 밝힌다.

$$\boldsymbol{A}\ adj(\boldsymbol{A})=\begin{pmatrix} a_{11} & a_{12} & \cdots & a_{1n} \\ a_{21} & a_{22} & \cdots & a_{2n} \\ \vdots & \vdots & \cdots & \vdots \\ a_{i1} & a_{i2} & \cdots & a_{in} \\ \vdots & \vdots & \cdots & \vdots \\ a_{n1} & a_{n2} & \cdots & a_{nn} \end{pmatrix}\begin{pmatrix} C_{11} & C_{21} & \cdots & C_{j1} & \cdots & C_{n1} \\ C_{12} & C_{22} & \cdots & C_{j2} & \cdots & C_{n2} \\ \vdots & \vdots & \cdots & \vdots & \cdots & \vdots \\ C_{1n} & C_{2n} & \cdots & C_{jn} & \vdots & C_{nn} \end{pmatrix}$$

$\boldsymbol{A}\ adj(\boldsymbol{A})$의 i번째 행과 j번째 열의 성분은

$$a_{i1}C_{j1}+a_{i2}C_{j2}+\cdots+a_{in}C_{jn}$$

이것은 $i=j$이면 $\boldsymbol{A}$의 i번째 행에 대한 $|\boldsymbol{A}|$의 여인수 전개이고 $i\neq j$이면 j행의 원소가 i행의 원소와 같은 행렬식을 j행에 관하여 여인수 전개한 것과 같으므로 0이 된다. 따라서

$$\boldsymbol{A}\ adj(\boldsymbol{A})=\begin{pmatrix} |\boldsymbol{A}| & 0 & \cdots & 0 \\ 0 & |\boldsymbol{A}| & \cdots & 0 \\ \vdots & \vdots & \cdots & \vdots \\ 0 & 0 & \cdots & |\boldsymbol{A}| \end{pmatrix}=|\boldsymbol{A}|\boldsymbol{I}$$

이 식의 양변에 $|\boldsymbol{A}|\neq 0$를 나누면

$$A\left\{\frac{1}{|A|}adj\,(A)\right\}=I.$$

위와 비슷하게 행렬의 열에 대한 여인수전개를 이용하면 $adj(A)A=|A|I$ 도 성립한다는 것을 알 수 있다. 따라서 $\left\{\frac{1}{|A|}adj(A)\right\}A=I$. 그러므로 A는 역행렬을 갖고 $A^{-1}=\frac{1}{|A|}adj(A)$가 된다. 한편 행렬식에 관한 성질 (9)와 위의 사실에 의하여 행렬 A가 정칙행렬이 될 필요충분조건은 $|A|\neq 0$ 이 성립하는 것이라는 것을 알 수 있다. □

예제 8.38

예제 8.37에서 A의 수반행렬을 이용하여 역행렬을 구하여라.

풀이 행렬 A의 역행렬을 구하기 위해 먼저 A의 행렬식을 구해야 한다. 행렬 A에서 제1행에 관하여 여인수 전개하면

$$\begin{aligned}|A| &= 2\begin{vmatrix}2 & -3\\ -1 & 2\end{vmatrix}-(1)\begin{vmatrix}4 & -3\\ 3 & 2\end{vmatrix}+4\begin{vmatrix}4 & 2\\ 3 & -1\end{vmatrix}\\ &= 2(4-3)-(8+9)+4(-4-6)=-55\end{aligned}$$

이므로, A의 역행렬은

$$A^{-1}=\frac{1}{-55}\begin{pmatrix}1 & -6 & -11\\ -17 & -8 & 22\\ -10 & 5 & 0\end{pmatrix}$$

■

예제 8.39

$A=\begin{pmatrix}2 & 3 & 4\\ 0 & -4 & 2\\ 1 & -1 & 5\end{pmatrix}$의 역행렬을 구하여라.

풀이 먼저 행렬 A의 행렬식을 제1행에 관하여 여인수 전개하면

$$\begin{aligned}|A| &= 2\begin{vmatrix}-4 & 2\\ -1 & 5\end{vmatrix}-(3)\begin{vmatrix}0 & 2\\ 1 & 5\end{vmatrix}+4\begin{vmatrix}0 & -4\\ 1 & -1\end{vmatrix}\\ &= 2(-20+2)-3(0-2)+4(0+4)=-14\end{aligned}$$

이고, $\boldsymbol{A}$의 각 성분의 여인수는

$$C_{11}=-18 \qquad C_{12}=2 \qquad C_{13}=4$$
$$C_{21}=-19 \qquad C_{22}=6 \qquad C_{23}=5$$
$$C_{31}=22 \qquad C_{32}=-4 \qquad C_{33}=-8$$

이므로, $\boldsymbol{A}$의 전치여인수 행렬인 수반행렬은 다음과 같이 얻어진다.

$$adj(\boldsymbol{A})=\begin{pmatrix} -18 & -19 & 22 \\ 2 & 6 & -4 \\ 4 & 5 & -8 \end{pmatrix}$$

따라서 $\boldsymbol{A}$의 역행렬은 다음과 같다.

$$\therefore\ \boldsymbol{A}^{-1}=\frac{1}{-14}\begin{pmatrix} -18 & -19 & 22 \\ 2 & 6 & -4 \\ 4 & 5 & -8 \end{pmatrix}$$

■

8.4.4 Cramer 공식

행렬식을 이용하여 연립 1차방정식의 해를 구하는 공식을 알아보기로 하자.

정리 8.21 크라메르 공식(Cramer)

$\boldsymbol{A}X=\boldsymbol{B}$를 n개 변수와 n개의 1차방정식으로 이루어진 연립 1차방정식이라 하자. 만일 $|\boldsymbol{A}|\neq 0$이면 이 연립 1차방정식은 유일한 해

$$x_1=\frac{|\boldsymbol{A}_1|}{|\boldsymbol{A}|},\ x_2=\frac{|\boldsymbol{A}_2|}{|\boldsymbol{A}|},\ \cdots,\ x_n=\frac{|\boldsymbol{A}_n|}{|\boldsymbol{A}|}$$

을 갖는다. 여기서 $\boldsymbol{A}_j$는 $\boldsymbol{A}$의 제j열의 성분을 열벡터

$$\boldsymbol{B}=(b_1\ \ b_2\ \ \cdots\ \ b_n)^t$$

의 성분으로 바꾼 행렬이다.

증명 $|\boldsymbol{A}|\neq 0$이므로 $\boldsymbol{A}$는 정칙행렬이고 따라서 $\boldsymbol{X}=\boldsymbol{A}^{-1}\boldsymbol{B}$가 $\boldsymbol{AX}=\boldsymbol{B}$의 유일한 해이다.

$$\boldsymbol{X}=\boldsymbol{A}^{-1}\boldsymbol{B}=\frac{1}{|\boldsymbol{A}|}adj(\boldsymbol{A})\boldsymbol{B}=\frac{1}{|\boldsymbol{A}|}\begin{pmatrix} C_{11} & C_{21} & \cdots & C_{n1} \\ C_{12} & C_{22} & \cdots & C_{n2} \\ \vdots & \vdots & \cdots & \vdots \\ C_{1n} & C_{2n} & \cdots & C_{nn} \end{pmatrix}\begin{pmatrix} b_1 \\ b_2 \\ \vdots \\ b_n \end{pmatrix}$$

$$= \frac{1}{|A|}\begin{pmatrix} b_1C_{11}+b_2C_{21}+\cdots+b_nC_{n1} \\ b_1C_{12}+b_2C_{22}+\cdots+b_nC_{n2} \\ \vdots \\ b_1C_{1n}+b_2C_{2n}+\cdots+b_nC_{nn} \end{pmatrix}$$

$\boldsymbol{X}$의 j행의 성분은

$$x_j = \frac{b_1C_{1j}+b_2C_{2j}+\cdots+b_nC_{nj}}{|A|}$$

그런데

$$A_j = \begin{pmatrix} a_{11} & a_{12} & \cdots & a_{1j-1} & b_1 & a_{1j+1} & \cdots & a_{1n} \\ a_{21} & a_{22} & \cdots & a_{2j-1} & b_2 & a_{2j+1} & \cdots & a_{2n} \\ \vdots & \vdots & \cdots & \vdots & \vdots & \vdots & \cdots & \vdots \\ a_{n1} & a_{n2} & \cdots & a_{nj-1} & b_n & a_{nj+1} & \cdots & a_{nn} \end{pmatrix}$$

이라 하면 이것은 제j열 이외에는 A와 일치하므로 A_j의 j열의 성분 $b_1, b_2, \cdots, b_n$의 여인수는 A의 j열의 성분의 여인수와 일치한다. 즉 $|A_j|$를 제j열에 대한 여인수전개로 구하면 $|A_j| = b_1C_{1j}+b_2C_{2j}+\cdots+b_nC_{nj}$를 얻는다. 따라서

$$x_j = \frac{|A_j|}{|A|}, \quad j=1, 2, \cdots, n. \qquad \square$$

예제 8.40

연립방정식 $\begin{cases} 3x+5y=1 \\ 4x-7y=-1 \end{cases}$ 을 Cramer의 공식을 이용하여 풀어라.

풀이 먼저 연립방정식을 행렬방정식으로 나타내면 다음과 같다.

$$\begin{pmatrix} 3 & 5 \\ 4 & -7 \end{pmatrix}\begin{pmatrix} x \\ y \end{pmatrix} = \begin{pmatrix} 1 \\ -1 \end{pmatrix} \qquad \Leftrightarrow \qquad AX=B$$

행렬방정식에서 계수행렬 A의 행렬식을 먼저 계산하면

$$|A| = \begin{vmatrix} 3 & 5 \\ 4 & -7 \end{vmatrix} = -41$$

이고, $|A| \neq 0$이므로 유일한 해를 갖는다. 또한

$$|A_1| = \begin{vmatrix} 1 & 5 \\ -1 & -7 \end{vmatrix} = -2$$

$$|A_2| = \begin{vmatrix} 3 & 1 \\ 4 & -1 \end{vmatrix} = -7$$

이므로, 따라서 연립방정식의 유일한 해는

$$x_1 = \frac{|A_1|}{|A|} = \frac{-2}{-41} = \frac{2}{41}, \quad x_2 = \frac{|A_2|}{|A|} = \frac{-7}{-41} = \frac{7}{41}$$

예제 8.41

연립방정식 $\begin{cases} 2x+3y-\ z = \ \ 1 \\ 3x+5y+2x = \ \ 8 \\ \ x-2y-3z = -1 \end{cases}$ 을 Cramer의 공식을 이용하여 풀어라.

풀이 먼저 연립방정식을 행렬방정식으로 나타내면 다음과 같다.

$$\begin{pmatrix} 2 & 3 & -1 \\ 3 & 5 & 2 \\ 1 & -2 & -3 \end{pmatrix}\begin{pmatrix} x \\ y \\ z \end{pmatrix} = \begin{pmatrix} 1 \\ 8 \\ -1 \end{pmatrix} \qquad \Leftrightarrow \qquad AX = B$$

행렬방정식에서 계수행렬 A 의 행렬식을 먼저 계산하면

$$|A| = \begin{vmatrix} 2 & 3 & -1 \\ 3 & 5 & 2 \\ 1 & -2 & -3 \end{vmatrix} = 22$$

이고, $|A| \neq 0$ 이므로 유일한 해를 갖는다. 또한

$$|A_1| = \begin{vmatrix} 1 & 3 & -1 \\ 8 & 5 & 2 \\ -1 & -2 & -3 \end{vmatrix} = 66$$

$$|A_2| = \begin{vmatrix} 2 & 1 & -1 \\ 3 & 8 & 2 \\ 1 & -1 & -3 \end{vmatrix} = -22$$

$$|A_3| = \begin{vmatrix} 2 & 3 & 1 \\ 3 & 5 & 8 \\ 1 & -2 & -1 \end{vmatrix} = 44$$

이므로, 따라서 연립방정식의 유일한 해는

$$x_1 = \frac{|A_1|}{|A|} = \frac{66}{22} = 3, \quad x_2 = \frac{|A_2|}{|A|} = -\frac{22}{22} = -1, \quad x_3 = \frac{|A_3|}{|A|} = \frac{44}{22} = 2$$

연습문제 8-4 Exercises

1. {1, 2, 3, 4, 5}의 다음 순열에 대하여 우순열인지, 기순열인지 구별하여라.

(1) (3 4 1 5 2) (2) (4 2 5 3 1) (3) (5 4 3 2 1)

(4) (1 2 3 4 5) (5) (1 3 5 4 2) (6) (2 3 5 4 1)

2. 다음 행렬식을 구하여라.

(1) $\begin{vmatrix} 1 & 2 \\ -1 & 3 \end{vmatrix}$ (2) $\begin{vmatrix} k-1 & 2 \\ 4 & k-3 \end{vmatrix}$ (3) $\begin{vmatrix} 1 & 2 & 4 \\ 2 & 3 & -7 \\ 3 & 4 & 10 \end{vmatrix}$

(4) $\begin{vmatrix} 7 & 11 & 4 \\ 13 & 15 & 10 \\ 3 & 9 & 6 \end{vmatrix}$ (5) $\begin{vmatrix} x & 1 & 2 \\ x^2 & 2x+1 & x^3 \\ 0 & 3x-2 & x^2+1 \end{vmatrix}$ (6) $\begin{vmatrix} 1 & -2 & 7 \\ 3 & 5 & 1 \\ 4 & 3 & 8 \end{vmatrix}$

(7) $\begin{vmatrix} 8 & 2 & -1 \\ -3 & 4 & -6 \\ 1 & 7 & 2 \end{vmatrix}$ (8) $\begin{vmatrix} 1 & 0 & 3 \\ 4 & 0 & -1 \\ 2 & 8 & 6 \end{vmatrix}$ (9) $\begin{vmatrix} k & -3 & 9 \\ 2 & 4 & k+1 \\ 1 & k^2 & 3 \end{vmatrix}$

(10) $\begin{vmatrix} x & y & z \\ x^2 & y^2 & z^2 \\ x^3 & y^3 & z^3 \end{vmatrix}$

3. 다음 행렬식을 구하여라.

(1) $\begin{vmatrix} 1 & 2 & 3 \\ 4 & 5 & 6 \\ 7 & 8 & 9 \end{vmatrix}$ (2) $\begin{vmatrix} 1 & 2 & 3 \\ 3 & 6 & 7 \\ 1 & 2 & 3 \end{vmatrix}$

(3) $\begin{vmatrix} 3 & -1 & 2 \\ 6 & -2 & 4 \\ 1 & 7 & 3 \end{vmatrix}$ (4) $\begin{vmatrix} 1 & a & b+c \\ 1 & b & c+a \\ 1 & c & a+b \end{vmatrix}$

(5) $\begin{vmatrix} 2 & 1 & 8 \\ 3 & 4 & 2 \\ 1 & 7 & 5 \end{vmatrix}$ (5) $\begin{vmatrix} 2 & 1 & 3 & 1 \\ 1 & 0 & 1 & 1 \\ 0 & 2 & 1 & 0 \\ 0 & 1 & 2 & 3 \end{vmatrix}$

(7) $\begin{vmatrix} 3 & 6 & 9 & 3 \\ -1 & 0 & 1 & 0 \\ 1 & 3 & 2 & -1 \\ -1 & -2 & -2 & 3 \end{vmatrix}$ (8) $\begin{vmatrix} 1 & 1 & 1 & 1 \\ 1 & 1+x & 1 & 1 \\ 1 & 1 & 1+y & 1 \\ 1 & 1 & 1 & 1+z \end{vmatrix}$

4. $\begin{vmatrix} a & b & c \\ d & e & f \\ g & h & i \end{vmatrix} = 5$라 하고 다음 행렬식을 구하여라.

(1) $\begin{vmatrix} d & e & f \\ g & h & i \\ a & b & c \end{vmatrix}$ (2) $\begin{vmatrix} -a & -b & -c \\ 2d & 2e & 2f \\ -g & -h & -i \end{vmatrix}$

(3) $\begin{vmatrix} a & b & c \\ d-3a & e-3b & f-3c \\ 2g & 2h & 2i \end{vmatrix}$

5. $\boldsymbol{A} = \begin{pmatrix} 1 & 6 & -3 \\ -2 & 7 & 1 \\ 3 & -1 & 4 \end{pmatrix}$에 대해서

(1) 소행렬식을 모두 구하여라.

(2) 여인수를 모두 구하여라.

6. 다음 행렬의 행렬식을 행렬식의 성질과 적당한 행 또는 적당한 열에 관한 여인수 전개를 이용하여 구하여라.

(1) $\begin{pmatrix} 0 & 6 & 0 \\ 8 & 6 & 8 \\ 3 & 2 & 2 \end{pmatrix}$ (2) $\begin{pmatrix} 1 & 3 & 7 \\ 2 & 0 & -8 \\ -1 & -3 & 4 \end{pmatrix}$

(3) $\begin{pmatrix} 5 & 4 & -1 & 7 \\ 3 & 1 & 4 & -7 \\ 2 & 0 & -2 & 0 \\ 2 & -1 & 0 & 5 \end{pmatrix}$ (4) $\begin{pmatrix} 3 & 7 & 4 & 6 \\ 2 & -3 & 5 & -7 \\ -2 & 3 & -3 & 4 \\ 10 & 5 & 6 & 7 \end{pmatrix}$

7. 다음 행렬의 역행렬을 수반행렬과 행렬식을 이용하여 구하여라.

(1) $\begin{pmatrix} 0 & 1 & 2 \\ 2 & 4 & 3 \\ 3 & 7 & 6 \end{pmatrix}$ (2) $\begin{pmatrix} 1 & 0 & 1 \\ -1 & 3 & 0 \\ 1 & 0 & 2 \end{pmatrix}$

(3) $\begin{pmatrix} 3 & 2 & -1 \\ 1 & 6 & 3 \\ 2 & -4 & 0 \end{pmatrix}$ (4) $\begin{pmatrix} 2 & 1 & 3 \\ -1 & 2 & 0 \\ 3 & -2 & 1 \end{pmatrix}$

(5) $\begin{pmatrix} 1 & 3 & 1 & 1 \\ 2 & 5 & 2 & 2 \\ 1 & 3 & 8 & 9 \\ 1 & 3 & 2 & 2 \end{pmatrix}$ (6) $\begin{pmatrix} 0 & 2 & 1 & 3 \\ 2 & -1 & 3 & 4 \\ -2 & 1 & 5 & 2 \\ 0 & 1 & 0 & 2 \end{pmatrix}$

※ 다음의 방정식을 풀어라. (8~9)

8. $\begin{vmatrix} 4x & 6x+2 & 8x+1 \\ 6x+2 & 9x+3 & 12x \\ 8x+1 & 12x & 16x+1 \end{vmatrix} = 0$ **9.** $\begin{vmatrix} 3-x & 5+x & 1 \\ 7+2x & 3-2x & 2 \\ 11-3x & 17+3x & 3 \end{vmatrix} = 0$

10. Cramer의 공식을 사용해서 다음 연립 1차방정식을 풀어라.

(1) $\begin{cases} x+y+z=1 \\ x+2y+3z=0 \\ x+3y+6z=0 \end{cases}$ (2) $\begin{cases} 5x+3y+3z=4 \\ 2x+6y-3z=-2 \\ 8x-3y+2z=-7 \end{cases}$

(3) $\begin{cases} 4y-3z=1 \\ 3x-2z=8 \\ 5x-7y=2 \end{cases}$ (4) $\begin{cases} x+y+z+w=2 \\ 2x-y+2z-w=5 \\ 3x+2y+3z+4w=7 \\ x-2y-3z+2w=5 \end{cases}$

11. 다음 연립방정식의 해가 존재하도록 a를 구하여라.

$$\begin{cases} 2x+y+a=0 \\ x-2y+3=0 \\ x+y+a=0 \end{cases}$$

12. Cramer의 공식을 이용하여 다음 연립방정식의 해를 구하여라.

$$\begin{cases} x_1+2x_2+x_3=1 \\ 2x_1+x_3=2 \\ -x_1+x_2+2x_3=4 \end{cases}$$

※ 다음 주어지는 연립 1차방정식의 해가 존재하는지를 살펴보고 Cramer의 공식을 이용하여 그 해를 구하여라. (13~19)

13. $\begin{cases} x_1-2x_2=1 \\ 3x_1+4x_2=3 \end{cases}$ **14.** $\begin{cases} 2x_1+3x_2=1 \\ -4x_1+6x_2=-2 \end{cases}$

15. $\begin{cases} 3x_1+x_2=5 \\ 2x_1+x_2=0 \end{cases}$ **16.** $\begin{cases} x_1+x_2=1 \\ x_1+2x_2=2 \end{cases}$

17. $\begin{cases} 5x_1-2x_2+x_3=1 \\ x_2+x_3=0 \\ x_1+6x_2-x3=4 \end{cases}$ **18.** $\begin{cases} x_1+2x_2-x_3=-2 \\ 2x_1+x_2+x_3=0 \\ 3x_1-x_2+x_3=1 \end{cases}$

19. $\begin{cases} x_1 - \ x_2 + \ x_3 = 0 \\ x_1 + 2x_2 - \ x_3 = 1 \\ x_1 - \ x_2 + 2x_3 = 0 \end{cases}$

8.5 고유치와 고유벡터

8.5.1 고유치와 고유벡터

이 절에서는 고유치와 고유벡터의 정의와 이들의 성질에 관하여 다루고 행렬의 특성다항식의 근을 구하는 과정에 행렬식이 어떻게 응용되는지를 살펴보고자 한다.

먼저 다음과 같이 어떤 벡터에 주어진 행렬을 곱하는 것을 생각해 보자.

$$\begin{pmatrix} 6 & 3 \\ 4 & 7 \end{pmatrix}\begin{pmatrix} 3 \\ 1 \end{pmatrix} = \begin{pmatrix} 21 \\ 19 \end{pmatrix}, \qquad \begin{pmatrix} 6 & 3 \\ 4 & 7 \end{pmatrix}\begin{pmatrix} 3 \\ 4 \end{pmatrix} = \begin{pmatrix} 30 \\ 40 \end{pmatrix} = 10\begin{pmatrix} 3 \\ 4 \end{pmatrix}$$

첫 번째의 경우에는 행렬과 벡터의 곱이 원래 벡터와는 방향과 크기가 전혀 다른 새로운 벡터가 되지만, 두 번째의 경우에는 행렬과 벡터의 곱이 원래 벡터와 같은 방향을 갖는 상수배로 주어진다는 것이다. 이와 같은 벡터는 선형변환의 해석에서 중요한 역할을 하게 되고 자연과학의 다양한 연구에서 자주 응용되고 있다. 여기서는 두 번째 경우와 같이 어떤 주어진 행렬에 대하여 영이 아닌 벡터와 상수를 구하는 방법을 다루기로 한다. 이를 일반화하여 정의하면 다음과 같다.

정의 8-22

고유치와 고유벡터

$\boldsymbol{A}$가 n차 정방행렬이고 n차원 열벡터 $\boldsymbol{x}$에 대하여

$$\boldsymbol{A}\boldsymbol{x} = \lambda \boldsymbol{x} \tag{1}$$

를 만족하는 $\mathbf{0}$이 아닌 벡터 $\boldsymbol{x}$가 존재할 때, λ를 $\boldsymbol{A}$의 **고유치**(eigenvalue)라 하고, $\boldsymbol{x}$를 λ에 대응하는 **고유벡터**(eigenvector)라 한다.

n차 정방행렬 $\boldsymbol{A}$의 고유치를 구하기 위하여 $\boldsymbol{A}\boldsymbol{x} = \lambda\boldsymbol{x}$는

$$(\boldsymbol{A} - \lambda \boldsymbol{I})\boldsymbol{x} = \mathbf{0}$$

로 나타낼 수 있다. 이 때 λ 가 n차 정방행렬 $\boldsymbol{A}$ 의 고유치이기 위한 필요충분조건은 이 제차연립 방정식이 $\boldsymbol{x} \neq 0$ 인 해를 갖는 것이다. 이 방정식이 $\boldsymbol{x} \neq 0$ 인 해를 갖기 위한 필요충분조건은

$$|\boldsymbol{A} - \lambda \boldsymbol{I}| = 0 \tag{2}$$

을 만족하는 것이다. 식 (2)를 행렬 $\boldsymbol{A}$ 의 **특성방정식(또는 고유방정식)**(characteristic equation)이라 하고, 이 방정식을 만족하는 λ 가 행렬 $\boldsymbol{A}$ 의 고유치이다. 이것을 전개하면 행렬식 $|\boldsymbol{A} - \lambda \boldsymbol{I}|$ 는 λ 에 관한 다항식이 되고 이 다항식을 $\boldsymbol{A}$ 의 **특성다항식**(characteristic polynomial)이라 한다.

예제 8.42

다음 행렬의 고유치를 구하여라.

(1) $\begin{pmatrix} 1 & 0 \\ 0 & 1 \end{pmatrix}$ (2) $\begin{pmatrix} 0 & 1 \\ 1 & 0 \end{pmatrix}$ (3) $\begin{pmatrix} 3 & 0 \\ 8 & -1 \end{pmatrix}$

풀이 (1) 행렬의 특성방정식은

$$\begin{vmatrix} 1-\lambda & 0 \\ 0 & 1-\lambda \end{vmatrix} = (1-\lambda)^2 = 0$$

이고, 이 행렬의 고유치는 방정식 $(1-\lambda)^2 = 0$ 의 해인 $\lambda = 1$ 이다.

(2) 행렬의 특성방정식은

$$\begin{vmatrix} -\lambda & 1 \\ 1 & -\lambda \end{vmatrix} = \lambda^2 - 1 = 0$$

이고, 이 행렬의 고유치는 $\lambda = \pm 1$ 이 된다.

(3) 행렬의 특성방정식은

$$\begin{vmatrix} 3-\lambda & 0 \\ 8 & -1-\lambda \end{vmatrix} = (3-\lambda)(-1-\lambda) = 0$$

이고, 이 행렬의 고유치는 $\lambda = 3, -1$ 이 된다.

행렬 및 행렬식의 활용에서는 고유치와 고유벡터가 많이 활용된다. 다음과 같이 2차 행렬

$$\boldsymbol{A} = \begin{pmatrix} a & b \\ c & d \end{pmatrix}$$

의 고유치는 특성방정식

$$|\boldsymbol{A}-\lambda \boldsymbol{I}| = \begin{vmatrix} a-\lambda & b \\ c & d-\lambda \end{vmatrix} = 0$$

의 근을 말한다. 이 방정식을 풀면

$$\lambda^2-(a+d)\lambda+ad-bc=0$$

이 된다. 이 방정식의 해인 고유치를 λ_1, λ_2라 하면 두 근의 합과 곱은

$$\lambda_1+\lambda_2=a+d$$

$$\lambda_1\lambda_2=ad-bc=|\boldsymbol{A}|$$

와 같다. 이를 n차 정방행렬 $\boldsymbol{A}$로 일반화하면 $\boldsymbol{A}$의 특성방정식

$$|\boldsymbol{A}-\lambda \boldsymbol{I}|=0$$

은 λ에 관한 n차 방정식이므로, n개의 고유값 $\lambda_1, \lambda_2, \cdots, \lambda_n$이 특성방정식의 근이 된다. 따라서 고유치의 곱과 합은

$$\lambda_1\lambda_2\cdots\lambda_n=|\boldsymbol{A}|$$

$$\lambda_1+\lambda_2+\cdots+\lambda_n=a_{11}+a_{22}+\cdots+a_{nn}$$

와 같이 행렬식의 값과 주대각선의 합으로 표현된다.

예제 8.43

$\boldsymbol{A}=\begin{pmatrix} 3 & -1 \\ 1 & 1 \end{pmatrix}$의 고유치와 고유벡터를 구하여라.

풀이 행렬 $\boldsymbol{A}$의 특성방정식은

$$|\boldsymbol{A}-\lambda \boldsymbol{I}|=\begin{vmatrix} 3-\lambda & -1 \\ 1 & 1-\lambda \end{vmatrix}=(\lambda-3)(\lambda-1)+1=\lambda^2-4\lambda+4=0$$

이 되어 고유치는 $\lambda=2$ (중근)가 된다. 따라서 행렬식 $|\boldsymbol{A}|=\lambda_1\cdot\lambda_2=4$가 된다. $\lambda=2$에 대한 고유벡터 $\boldsymbol{x}$는 다음 방정식

$$\begin{pmatrix} 3 & -1 \\ 1 & 1 \end{pmatrix}\begin{pmatrix} x_1 \\ x_2 \end{pmatrix}=2\begin{pmatrix} x_1 \\ x_2 \end{pmatrix}$$

의 해 이므로

$$\begin{cases} 3x_1-x_2=2x_1 \\ x_1+x_2=2x_2 \end{cases} \text{에서} \qquad \begin{cases} x_1-x_2=0 \\ x_1-x_2=0 \end{cases}$$

을 풀면 $x_1 = c$, $x_2 = c$ $(c \neq 0)$이 된다. 따라서 구하는 고유벡터는

$$\boldsymbol{x} = \begin{pmatrix} x_1 \\ x_2 \end{pmatrix} = \begin{pmatrix} 1 \\ 1 \end{pmatrix} c \ , \quad (c \neq 0 \ \text{실수}).$$

가 된다.

예제 8.44

$\boldsymbol{A} = \begin{pmatrix} 3 & 2 \\ -1 & 0 \end{pmatrix}$의 고유치와 고유벡터를 구하여라.

풀이 행렬 $\boldsymbol{A}$ 의 특성방정식은

$$\begin{vmatrix} 3-\lambda & 2 \\ -1 & -\lambda \end{vmatrix} = \lambda^2 - 3\lambda + 2 = (\lambda - 1)(\lambda - 2) = 0$$

이 되어 행렬 $\boldsymbol{A}$ 의 고유치는 $\lambda_1 = 1$, $\lambda_2 = 2$이 된다. 따라서 $\boldsymbol{A}$ 의 고유벡터는 2개 존재한다. 벡터 $\boldsymbol{x} = (x_1, x_2)^t$ 가 λ_1, λ_2 에 대응되는 $\boldsymbol{A}$ 의 고유치이기 위한 필요충분조건은 $\boldsymbol{x}$ 가 $(\boldsymbol{A} - \lambda_i \boldsymbol{I})\boldsymbol{x} = \boldsymbol{0}$, 즉 제차연립방정식

$$\begin{pmatrix} 3-\lambda_i & -2 \\ 1 & -\lambda_i \end{pmatrix} \begin{pmatrix} x_1 \\ x_2 \end{pmatrix} = \begin{pmatrix} 0 \\ 0 \end{pmatrix} \ , \ (i = 1, 2)$$

의 해인 경우이다.

$\lambda_1 = 1$일 때 위의 제차연립방정식의 확대행렬에 기본행연산을 행하면

$$\left(\begin{array}{cc|c} 2 & 2 & 0 \\ -1 & -1 & 0 \end{array}\right) \xrightarrow{\text{1행과 2행 교환}} \left(\begin{array}{cc|c} -1 & -1 & 0 \\ 2 & 2 & 0 \end{array}\right) \xrightarrow{\text{1행} \times 2 + \text{2행}} \left(\begin{array}{cc|c} -1 & -1 & 0 \\ 0 & 0 & 0 \end{array}\right)$$

이 되고, 따라서 $x_1 + x_2 = 0$, $0x_2 = 0$가 되어 $\lambda_1 = 1$에 대응하는 고유벡터는

$$\boldsymbol{x} = \begin{pmatrix} -c \\ c \end{pmatrix} = \begin{pmatrix} -1 \\ 1 \end{pmatrix} c, \quad (c \neq 0 \ \text{실수})$$

이 된다.

$\lambda_2 = 2$ 일 때 역시 확대행렬에 기본행연산을 행하면

$$\left(\begin{array}{cc|c} 1 & 2 & 0 \\ -1 & -2 & 0 \end{array}\right) \xrightarrow{\text{1행} + \text{2행}} \left(\begin{array}{cc|c} 1 & 2 & 0 \\ 0 & 0 & 0 \end{array}\right)$$

이 되고, 따라서 $x_1 + 2x_2 = 0$, $0x_2 = 0$가 되어 $\lambda_2 = 2$에 대응하는 고유벡터는

$$\boldsymbol{x} = \begin{pmatrix} -2s \\ s \end{pmatrix} = \begin{pmatrix} -2 \\ 1 \end{pmatrix} s, \quad (s \neq 0 \ \text{실수})$$

이 된다.

예제 8.45

$A = \begin{pmatrix} -3 & 1 & -1 \\ -7 & 5 & -1 \\ -6 & 6 & -2 \end{pmatrix}$의 고유치와 고유벡터를 구하여라.

풀이 행렬 A의 특성방정식

$$\begin{vmatrix} -3-\lambda & 1 & -1 \\ -7 & 5-\lambda & -1 \\ -6 & 6 & -2-\lambda \end{vmatrix} = 0$$

을 전개하여 인수분해 하면

$$\lambda^3 - 12\lambda - 16 = (\lambda-4)(\lambda+2)^2 = 0$$

가 되어, 행렬 A의 고유치는 $\lambda_1 = 4$, $\lambda_2 = -2$(중근)이 된다. 따라서 벡터 $x = (x_1, x_2, x_3)^t$가 λ_1, λ_2에 대응되는 A의 고유치이기 위한 필요충분조건은 x가 $(A - \lambda_i I)x = 0$, 즉 제차연립방정식

$$\begin{pmatrix} -3-\lambda_i & 1 & -1 \\ -7 & 5-\lambda_i & -1 \\ -6 & 6 & -2-\lambda_i \end{pmatrix}\begin{pmatrix} x_1 \\ x_2 \\ x_3 \end{pmatrix} = \begin{pmatrix} 0 \\ 0 \\ 0 \end{pmatrix}, \ (i = 1, 2)$$

의 해인 경우이다.

$\lambda_1 = 4$일 때 위의 재차연립방정식의 확대행렬에 기본행연산을 행하면

$$\left(\begin{array}{ccc|c} -7 & 1 & -1 & 0 \\ -7 & 1 & -1 & 0 \\ -6 & 6 & -6 & 0 \end{array}\right) \xrightarrow{\text{2행과 3행 교환}} \left(\begin{array}{ccc|c} -7 & 1 & -1 & 0 \\ -6 & 6 & -6 & 0 \\ -7 & 1 & -1 & 0 \end{array}\right)$$

$$\xrightarrow[\text{1행}\times(-6)+\text{2행}]{\text{1행}\times(-1)+\text{3행}} \left(\begin{array}{ccc|c} -7 & 1 & -1 & 0 \\ 36 & 0 & 0 & 0 \\ 0 & 0 & 0 & 0 \end{array}\right)$$

이 되어, 방정식의 해는 $-7x_1 + x_2 - x_3 = 0$, $36x_1 = 0$, $0x_3 = 0$가 되어 $x_1 = 0$, $x_3 = c$, $x_2 = c(c \neq 0$ 실수)가 얻어진다. 따라서 $\lambda_1 = 4$에 대응하는 고유벡터는

$$x = \begin{pmatrix} 0 \\ c \\ c \end{pmatrix} = \begin{pmatrix} 0 \\ 1 \\ 1 \end{pmatrix} c, \quad (c \neq 0 \text{ 실수})$$

이 된다.

다음 $\lambda_2 = -2$일 때 역시 확대행렬에 기본행연산을 행하면

$$\left(\begin{array}{ccc|c} -1 & 1 & -1 & 0 \\ -7 & 7 & -1 & 0 \\ -6 & 6 & 0 & 0 \end{array}\right) \xrightarrow[\text{1행}\times(-6)+\text{3행}]{\text{1행}\times(-7)+\text{2행}} \left(\begin{array}{ccc|c} -1 & 1 & -1 & 0 \\ 0 & 0 & 6 & 0 \\ 0 & 0 & 6 & 0 \end{array}\right)$$

$$\xrightarrow{2\text{행}\times(-1)+3\text{행}} \left(\begin{array}{ccc|c} -1 & 1 & -1 & 0 \\ 0 & 0 & 6 & 0 \\ 0 & 0 & 0 & 0 \end{array}\right)$$

이 되어, 방정식의 해는 $-x_1+x_2-x_3=0$, $6x_3=0$, $0x_2=0$가 되어 $x_2=c$, $x_1=c$, $x_3=0$, ($c\neq 0$ 실수)가 얻어진다. 따라서 $\lambda_2=-2$에 대응하는 고유벡터는 아래와 같다.

$$\boldsymbol{x}=\begin{pmatrix} c \\ c \\ 0 \end{pmatrix}=\begin{pmatrix} 1 \\ 1 \\ 0 \end{pmatrix}c, \quad (c\neq 0 \text{ 실수})$$

■

정리 8.23

$\boldsymbol{P}$가 정칙행렬일 때, $\boldsymbol{A}$의 고유치와 $\boldsymbol{P}^{-1}\boldsymbol{A}\boldsymbol{P}$의 고유치는 일치한다.

증명 $|P^{-1}AP-\lambda I|=|P^{-1}AP-P^{-1}\lambda IP|=|P^{-1}(A-\lambda I)P|$

$$=|P^{-1}||A-\lambda I||P|=|A-\lambda I|$$ □

예제 8.46

$\boldsymbol{A}=\begin{pmatrix} 4 & 3 \\ -2 & -1 \end{pmatrix}$, $\boldsymbol{P}=\begin{pmatrix} 1 & 1 \\ 0 & 1 \end{pmatrix}$이라 하면, $\boldsymbol{A}$와 $\boldsymbol{P}^{-1}\boldsymbol{A}\boldsymbol{P}$의 고유치는 같다.

풀이 행렬 $\boldsymbol{A}$의 특성방정식은

$$|A-\lambda I|=\begin{vmatrix} 4-\lambda & -3 \\ 2 & 1+\lambda \end{vmatrix}=\lambda^2-3\lambda-4+6=\lambda^2-3\lambda+2=0$$

이 되어 행렬 $\boldsymbol{A}$의 고유치는 $\lambda_1=1$, $\lambda_2=2$이 된다.

한편 $\boldsymbol{P}$의 역행렬은

$$P^{-1}=\begin{pmatrix} 1 & -1 \\ 0 & 1 \end{pmatrix}$$

이 되므로 , $P^{-1}AP$ 행렬은

$$P^{-1}AP=\begin{pmatrix} 1 & -1 \\ 0 & 1 \end{pmatrix}\begin{pmatrix} 4 & 3 \\ -2 & -1 \end{pmatrix}\begin{pmatrix} 1 & 1 \\ 0 & 1 \end{pmatrix}=\begin{pmatrix} 6 & 10 \\ -2 & -3 \end{pmatrix}$$

와 같이 된다. 따라서 $P^{-1}AP$의 특성방정식은

$$|P^{-1}AP-\lambda I|=\begin{vmatrix} 6-\lambda & -10 \\ 2 & 3+\lambda \end{vmatrix}=\lambda^2-3\lambda-18+20=\lambda^2-3\lambda+2=0$$

이 되어, 행렬 $P^{-1}AP$의 고유치는 $\lambda_1=1$, $\lambda_2=2$이 된다.

■

8.5.2 대각화

정방행렬 A에 대하여 $P^{-1}AP$를 대각행렬로 할 수 있는 적당한 정칙행렬 P가 존재하면 A는 **대각화가능**이라고 한다. 또 이 때 A는 P에 의하여 **대각화된다**고 한다. 이를 정의하면 다음과 같다.

정의 8-24

대각화

n차 정방행렬 A에 대하여 $P^{-1}AP$가 대각행렬로 되는 가역행렬 P가 존재하면 A를 **대각화가능**(diagonalizable)이라 하고, 행렬 P는 A의 **대각화행렬**(diagonalized matrix)이라 한다.

일반적으로 정칙행렬 P에 의하여 $P^{-1}AP$가 대각행렬이 되도록 하는 것을 **대각화**(diagonalization)라 한다. 대각화가 가능한 n차 정방행렬 A를 대각화하는 방법은 다음과 같은 순서에 따라 하면 편리하다.

단계1 : n차 정방행렬 A의 각 고유치에 대응하는 고유벡터 $x_1, x_2, \cdots, x_n$를 구한다.

단계2 : 고유벡터 $x_1, x_2, \cdots, x_n$를 열벡터로 하는 행렬을 P라 한다. 즉

$$P = (x_1 \ \vdots\ x_2 \ \vdots\ \cdots \ \vdots\ x_n)$$

단계3 : 만약 P가 정칙행렬이면 행렬 $P^{-1}AP$는 대각선에 고유치 $\lambda_1, \lambda_2, \cdots, \lambda_n$을 갖는 대각행렬이 된다. 즉

$$P^{-1}AP = \begin{pmatrix} \lambda_1 & 0 & 0 & \cdots & 0 \\ 0 & \lambda_2 & 0 & \cdots & 0 \\ \vdots & \vdots & \vdots & \vdots & \vdots \\ 0 & 0 & 0 & \cdots & \lambda_n \end{pmatrix}$$

다음의 예제를 통하여 행렬 A를 대각화하는 법을 알아보자.

예제 8.47

행렬 $A = \begin{pmatrix} 2 & -3 \\ 2 & -5 \end{pmatrix}$을 대각화하는 행렬 P를 구하여라.

풀이 행렬 $\boldsymbol{A}$의 특성방정식

$$\begin{vmatrix} 2-\lambda & -3 \\ 2 & -5-\lambda \end{vmatrix} = (\lambda-2)(\lambda+5)+6 = \lambda^2+3\lambda-4=0$$

가 되고, 따라서 고유치는 $\lambda_1 = -4$, $\lambda_2 = 1$ 가 된다.

$\lambda_1 = -4$ 일 때 특성방정식 $(\boldsymbol{A}-\lambda \boldsymbol{I}) = \boldsymbol{0}$ 를 풀면, 즉

$$\begin{pmatrix} 2 & -3 \\ 2 & -5 \end{pmatrix}\begin{pmatrix} x_1 \\ x_2 \end{pmatrix} = -4\begin{pmatrix} x_1 \\ x_2 \end{pmatrix} \qquad 즉, \qquad \begin{pmatrix} 6 & -3 \\ 2 & -1 \end{pmatrix}\begin{pmatrix} x_1 \\ x_2 \end{pmatrix} = \begin{pmatrix} 0 \\ 0 \end{pmatrix}$$

에서 $x_1 = c$, $x_2 = 2c$ 가 얻어진다. 따라서 고유벡터는

$$\boldsymbol{x} = \begin{pmatrix} x_1 \\ x_2 \end{pmatrix} = \begin{pmatrix} 1 \\ 2 \end{pmatrix}c, \ (c \neq 0)$$

가 된다.

$\lambda_2 = 1$ 일 때 특성방정식

$$\begin{pmatrix} 2 & -3 \\ 2 & -5 \end{pmatrix}\begin{pmatrix} x_1 \\ x_2 \end{pmatrix} = \begin{pmatrix} x_1 \\ x_2 \end{pmatrix} \qquad 즉, \qquad \begin{pmatrix} 1 & -3 \\ 2 & -6 \end{pmatrix}\begin{pmatrix} x_1 \\ x_2 \end{pmatrix} = \begin{pmatrix} 0 \\ 0 \end{pmatrix}$$

에서 $x_1 = 3c$, $x_2 = c$ 가 얻어진다. 따라서 고유벡터는

$$\boldsymbol{x} = \begin{pmatrix} x_1 \\ x_2 \end{pmatrix} = \begin{pmatrix} 3 \\ 1 \end{pmatrix}c, \ (c \neq 0)$$

가 된다. 구하는 대각화 행렬은 아래와 같다.

$$\boldsymbol{P} = \begin{pmatrix} 1 & 3 \\ 2 & 1 \end{pmatrix}.$$

예제 8.48

행렬 $\boldsymbol{A} = \begin{pmatrix} 1 & 4 \\ 2 & 3 \end{pmatrix}$을 이용하여 나음을 구하여라.

① $\boldsymbol{A}$ 의 고유치와 고유벡터를 구하여라.

② $\boldsymbol{P}^{-1}\boldsymbol{AP}$가 대각행렬이 되는 가역행렬 $\boldsymbol{P}$를 구하여라.

풀이 ① 행렬 $\boldsymbol{A}$의 특성방정식은

$$\begin{vmatrix} 1-\lambda & 4 \\ 2 & 3-\lambda \end{vmatrix} = (\lambda-1)(\lambda-3)-8 = \lambda^2-4\lambda-5=0$$

가 되고, 따라서 $\boldsymbol{A}$의 고유치는 $\lambda_1 = -1$, $\lambda_2 = 5$ 가 얻어진다.

$\lambda_1 = -1$ 일 때 방정식

$$\begin{pmatrix} 1 & 4 \\ 2 & 3 \end{pmatrix}\begin{pmatrix} x_1 \\ x_2 \end{pmatrix} = -\begin{pmatrix} x_1 \\ x_2 \end{pmatrix} \qquad \text{즉,} \qquad \begin{cases} 2x_1 + 4x_2 = 0 \\ 2x_1 + 4x_2 = 0 \end{cases}$$

이 되고, 구하는 해는 $x_2 = c$, $x_1 = -2c$ 가 얻어진다. 따라서 고유벡터는

$$\boldsymbol{x} = \begin{pmatrix} x_1 \\ x_2 \end{pmatrix} = \begin{pmatrix} -2 \\ 1 \end{pmatrix} c,\ (c \neq 0)$$

가 된다.

또한 $\lambda_2 = 5$ 일 때 특성방정식은

$$\begin{cases} 4x_1 - 4x_2 = 0 \\ 2x_1 - 2x_2 = 0 \end{cases}$$

이 되고, 구하는 해는 $x_1 = c$, $x_2 = c$ 가 얻어진다. 따라서 고유벡터는

$$\boldsymbol{x} = \begin{pmatrix} x_1 \\ x_2 \end{pmatrix} = \begin{pmatrix} 1 \\ 1 \end{pmatrix} c,\ (c \neq 0)$$

가 된다.

② 대각화행렬 $\boldsymbol{P}$ 는 고유벡터를 열벡터로 하는 행렬

$$\boldsymbol{P} = \begin{pmatrix} -2 & 1 \\ 1 & 1 \end{pmatrix}$$

이다. 또한 $\boldsymbol{P}$ 의 역행렬은

$$\boldsymbol{P}^{-1} = \frac{1}{3}\begin{pmatrix} 1 & -1 \\ 1 & -2 \end{pmatrix}$$

로 주어지므로,

$$\boldsymbol{P}^{-1}\boldsymbol{A}\boldsymbol{P} = \frac{1}{3}\begin{pmatrix} 1 & -1 \\ 1 & -2 \end{pmatrix}\begin{pmatrix} 1 & 4 \\ 2 & 3 \end{pmatrix}\begin{pmatrix} -2 & 1 \\ 1 & 1 \end{pmatrix} = \begin{pmatrix} -1 & 0 \\ 0 & 5 \end{pmatrix}$$

은 대각선에 고유치 -1과 5를 갖는 대각행렬이 되며, 행렬 $\boldsymbol{P}$에 의해 $\boldsymbol{A}$ 는 대각화가 가능하다.

연습문제 8-5

Exercises

※ 다음 행렬의 특성방정식, 고유치, 고유벡터를 구하여라. (1~8)

1. $\begin{pmatrix} 3 & 0 \\ 8 & -1 \end{pmatrix}$

2. $\begin{pmatrix} 0 & 3 \\ 4 & 0 \end{pmatrix}$

3. $\begin{pmatrix} -2 & -7 \\ 1 & 2 \end{pmatrix}$

4. $\begin{pmatrix} 1 & 1 \\ 1 & 1 \end{pmatrix}$

5. $\begin{pmatrix} 1 & -1 \\ 2 & 4 \end{pmatrix}$

6. $\begin{pmatrix} 1 & 2 & -1 \\ 1 & 0 & 1 \\ 4 & -4 & 5 \end{pmatrix}$

7. $\begin{pmatrix} 0 & 0 & 0 \\ 0 & 1 & 0 \\ 1 & 0 & 1 \end{pmatrix}$

8. $\begin{pmatrix} 2 & -2 & 3 \\ 0 & 3 & -2 \\ 0 & -1 & 2 \end{pmatrix}$

※ 다음의 행렬을 A라 할 때, 이 행렬이 대각화가능인가를 결정하고 만일 대각화가능이면 이 행렬을 대각화하는 행렬 P와 $P^{-1}AP$를 구하여라. (9~12)

9. $\begin{pmatrix} 3 & -2 & 0 \\ -2 & 3 & 0 \\ 0 & 0 & 5 \end{pmatrix}$

10. $\begin{pmatrix} 1 & 1 & 0 \\ 0 & 1 & 0 \\ 0 & 0 & 1 \end{pmatrix}$

11. $\begin{pmatrix} 5 & 0 & 0 \\ 1 & 5 & 0 \\ 0 & 1 & 5 \end{pmatrix}$

12. $\begin{pmatrix} 1 & 2 & 2 \\ 1 & 2 & -1 \\ -1 & 1 & 4 \end{pmatrix}$

제 9 장 벡터공간

9.1 평면벡터

물리적 양으로 길이, 넓이, 부피, 무게와 같이 그 크기만으로 측정하는 양을 **스칼라**(scalar)라고 하고, 반면에 속도, 가속도, 힘과 같이 크기와 방향이 주어진 양들을 **벡터**(vector)라고 한다.

흔히 벡터는 평면이나 공간의 두 점 A, B를 맺는 선분 $\overline{AB}$에 방향까지 주어진 유향선분(directed line segment) $\overrightarrow{AB}$로 표시한다. 유향선분의 길이는 그 벡터의 **크기**(magnitude), 즉, **길이**(length)를 나타내고, 그 방향은 그 벡터의 **방향**(direction)이다. 그림 9.1의 벡터는 길이가 2.3 단위이고, 방향은 동에서 북으로 30°이다(즉, x축 양의 방향에서 30°임).

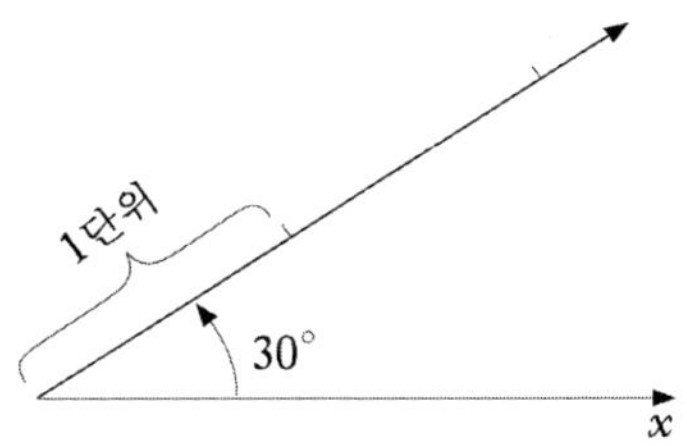

[그림 9.1]

우리가 그리는 화살표는 양 끝이 있다. 만약 벡터가 점A에서 시작해서 점B까지 이어서 만든 유향선분이면 시작점 A를 **꼬리**(tail)라고 부르며, 끝점 B를 **머리**(head) 또는 촉(tip)이라고 부른다. (그림 9.2)

벡터를 나타낼 때는 $\mathbf{u}$, $\mathbf{v}$ 처럼 굵은 글자체를 사용할 것이다. 그런데 손으로 쓸 때는 이것이 어려우니, $\vec{u}$와 $\vec{v}$를 사용해도 된다. $\mathbf{u}$ 와 $\vec{u}$는 같은 벡터를 나타낸다.

만약 두 벡터 $\overrightarrow{AB}$, $\overrightarrow{A'B'}$가 크기가 같고 방향이 같으면, 위치가 다르더라도 이들은 **동등하다**(eguivalent, 서로 같다, 동치이다)고 말하고 $\overrightarrow{AB} = \overrightarrow{A'B'}$ 로 나타낸다. 즉 두 유향선분 $\overrightarrow{AB}$, $\overrightarrow{A'B'}$가 평행이동에 의해서 서로 옮길 수 있을 때, 즉 방향과 크기가 같고 위치는 생각하지 않을 때 $\overrightarrow{AB}$ 와 $\overrightarrow{A'B'}$ 를 같게 보는 것이다.(그림 9.3)

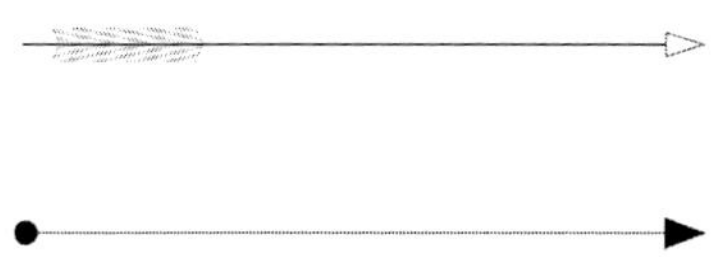

[그림 9.2]

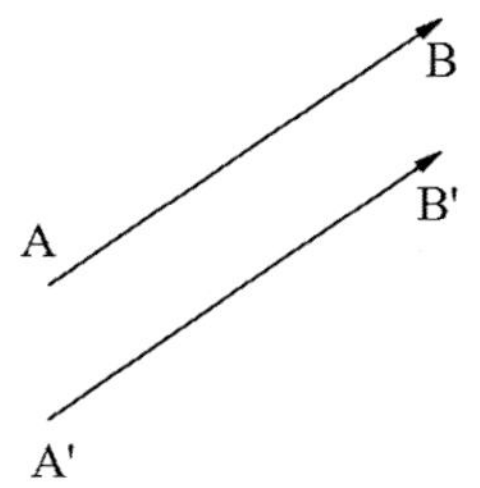

[그림 9.3]

벡터 $\mathbf{u} = \overrightarrow{AB}$의 길이(크기)를 기호 $|\mathbf{u}|$또는 $|\overrightarrow{AB}|$로 나타낸다. 길이(크기)가 0인 벡터를 영벡터(zero vector)라 하고 $\mathbf{0}$으로 나타낸다. 영벡터는 특별한 방향을 가지지 않는 유일한 벡터이다.

♥ 벡터의 연산

벡터의 합(Definition of Vector Addition)
벡터 $\mathbf{u}$와 $\mathbf{v}$가 주어졌을 때, $\mathbf{v}$의 길이(크기)와 방향을 그대로 유지하면서, 그 꼬리(시작점)가 $\mathbf{u}$의 머리(끝점)에 일치하도록 움직인다. 이때 벡터 $\mathbf{u}$와 $\mathbf{v}$의 합(sum) $\mathbf{u}+\mathbf{v}$는 $\mathbf{u}$의 꼬리와 $\mathbf{v}$의 머리를 잇는 벡터이다.

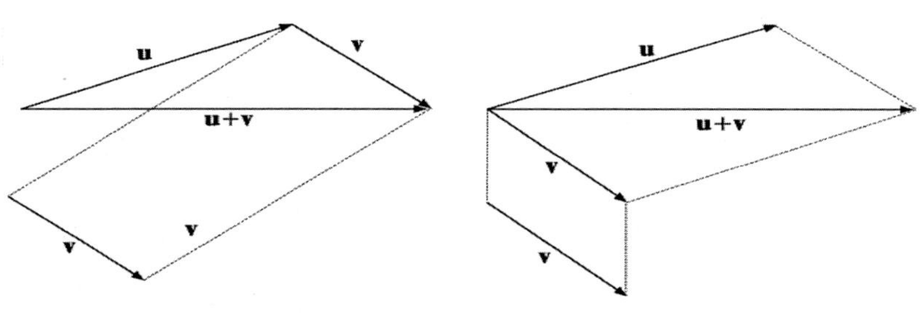

[그림 9.4] 벡터들을 더하는 두 가지 동등한 방법

그림 9.4의 왼쪽이 이 방법을 제시해 놓은 것이다. 이것을 **삼각형 법칙**(Triangle Law)이라고 부른다.

$\mathbf{u}+\mathbf{v}$ 를 구하는 다른 방법으로는, $\mathbf{v}$를 옮겨서, 그 꼬리가 $\mathbf{u}$의 꼬리와 일치하도록 만든다. 그러면 $\mathbf{u}+\mathbf{v}$ 는 이 공통인 꼬리를 가지고, $\mathbf{u}$와 $\mathbf{v}$를 변으로 하는 평행사변형의 대각선과 일치하는 벡터이다. 그림 9.4의 오른쪽이 이 방법을 제시해 놓은 것이다. 이것을 **평행사변형 법칙**(Parallelogram Law)이라고 부른다.

이 두 방법은 서로 동등하며, 두 벡터의 합을 정의하고 있다.

영벡터는 덧셈 연산의 항등원이다. 즉, $\mathbf{u}+\mathbf{0}=\mathbf{0}+\mathbf{u}=\mathbf{u}$ 이다. 벡터의 덧셈은 교환법칙과 결합법칙을 만족한다. 즉,

$$\mathbf{u}+\mathbf{v}=\mathbf{v}+\mathbf{u}$$
$$(\mathbf{u}+\mathbf{v})+\mathbf{w}=\mathbf{u}+(\mathbf{v}+\mathbf{w})$$

$\mathbf{u}$가 벡터이면, $3\mathbf{u}$는 $\mathbf{u}$와 방향이 같지만 길이(크기)가 3배인 벡터이다. $-2\mathbf{u}$는 길이(크기)가 2 배이지만 방향이 반대인 벡터이다. (그림 9.5)

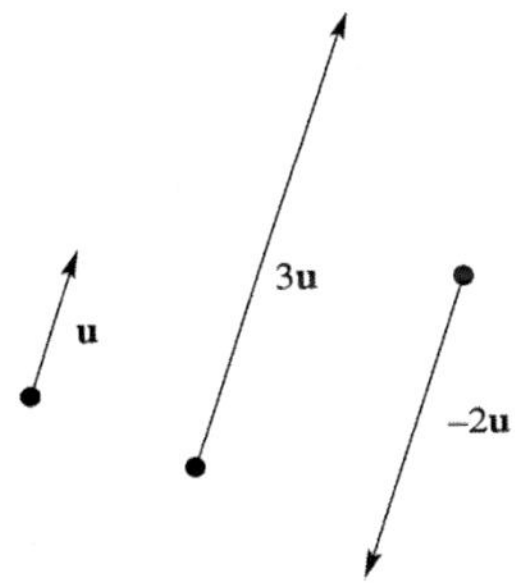

[그림 9.5]

> **스칼라 곱**(Definition of Scalar Multiplication)
> c가 스칼라이고 $\mathbf{u}$가 벡터일 때, 길이(크기)는 $\mathbf{u}$의 $|c|$배이고, $c>0$이면 $\mathbf{u}$와 같은 방향, $c<0$이면 $\mathbf{u}$와 반대 방향인 벡터 $c\mathbf{u}$ 를 벡터$\mathbf{u}$의 **스칼라 곱**(scalar multiple, 스칼라배)이라고 한다. 만약 $c=0$이거나 $\mathbf{u}=\mathbf{0}$이면, $c\mathbf{u}=\mathbf{0}$ 이다.

두 영벡터가 아닌 벡터가 평행하다(parallel)는 것은 두 벡터가 서로의 스칼라 곱인 것이다. 특히, $(-1)\mathbf{u}$는 (대개의 경우 $-\mathbf{u}$라 씀) $\mathbf{u}$와 길이(크기)가 같지만, 방향이 반대이다. 이것을 $\mathbf{u}$의 **음벡터**(negative)라고 부른다. 끝으로, 두 벡터의 차 즉 뺄셈은 다음과 같이 정의한다.

$$\mathbf{u}-\mathbf{v}=\mathbf{u}+(-\mathbf{v})$$

예제 9.1

그림 9.6에 주어진 두 벡터의 합을 그려보아라.

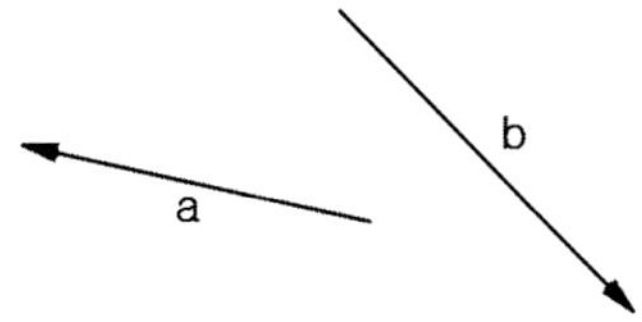

[그림 9.6]

풀이 다음의 왼쪽 그림은 삼각형법칙에 의한 것이고, 오른쪽 그림은 평행사변형 법칙에 의한 것이다.

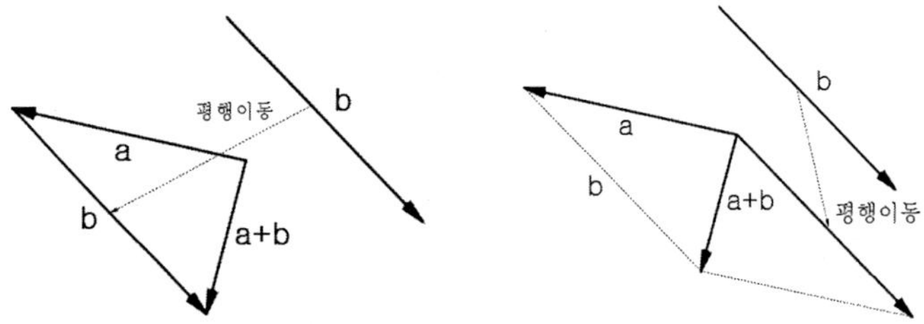

예제 9.2

그림 9.7에서, $\mathbf{u}$와 $\mathbf{v}$를 사용하여 $\mathbf{w}$를 표현하여라.

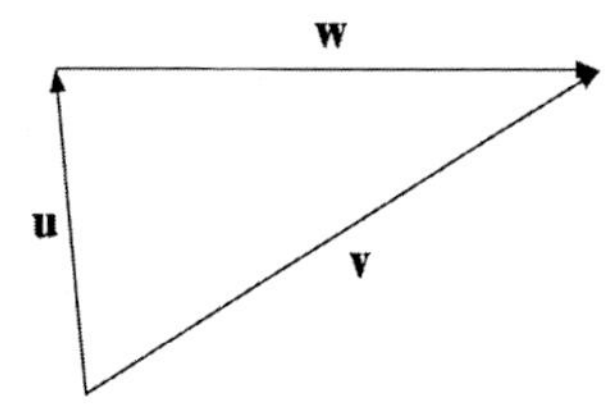

[그림 9.7]

풀이 $\mathbf{u}+\mathbf{w}=\mathbf{v}$ 이므로, 다음과 같이 된다.

$$\mathbf{w}=\mathbf{v}-\mathbf{u}$$

예제 9.3

그림 9.8에서, $\overrightarrow{AB}=\frac{2}{3}\overrightarrow{AC}$일 때, $\mathbf{u}$와 $\mathbf{v}$를 사용하여 $\mathbf{m}$을 나타내어라.

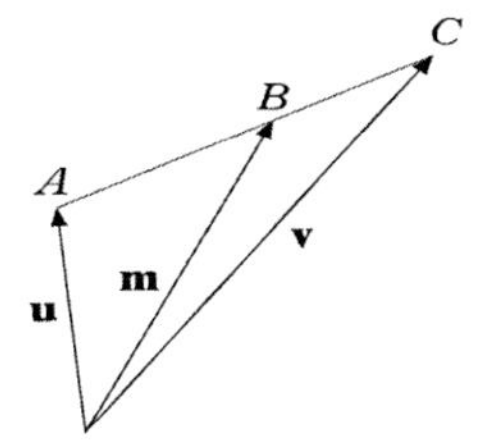

[그림 9.8]

풀이

$$\mathbf{m} = \mathbf{u} + \overrightarrow{AB} = \mathbf{u} + \frac{2}{3}\overrightarrow{AC}$$
$$= \mathbf{u} + \frac{2}{3}(\mathbf{v} - \mathbf{u})$$
$$= \frac{1}{3}\mathbf{u} + \frac{2}{3}\mathbf{v}$$

좀 더 일반적으로, 만약 $\overrightarrow{AB} = t\overrightarrow{AC}$ 이면, 여기서 $0 < t < 1$, 다음이 성립한다.

$$\mathbf{m} = (1-t)\mathbf{u} + t\mathbf{v}$$

방금 얻은 $\mathbf{m}$의 표현을 다음과 같이 쓸 수도 있다.

$$\mathbf{u} + t(\mathbf{v} - \mathbf{u})$$

t가 모든 스칼라(실수)가 될 수 있도록 허용하면, 시작점이 $\mathbf{u}$의 시작점과 같고, 끝점이 직선 ℓ에 놓이는 모든 벡터들의 집합을 얻게 된다(그림 9.9 참조). 뒤에 가서, 벡터를 사용하여 직선을 나타낼 때 이 사실이 요긴하다.

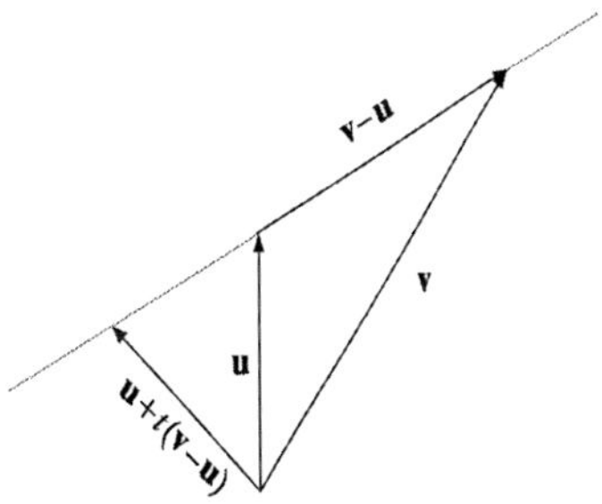

[그림 9.9]

예제 9.4

그림 9.10에서 나타낸 것과 같이 무게 200 파운드을 두 개의 철사줄이 지탱하고 있다. 각각의 철사의 장력을 구하여라.

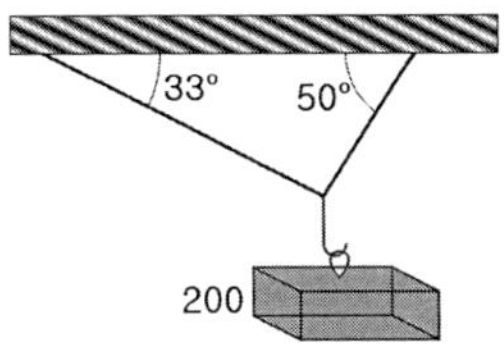

[그림 9.10]

풀이 무게 **w**와 두 장력 **u**,**v** 는 힘이고 벡터로서 작용한다(그림 9.11). 평행이 되려면 왼쪽으로 당기는 힘과 오른쪽으로 당기는 힘이 같아야하고 위로 당기는 힘과 아래로 당기는 힘이 같아야 한다. 그러므로

$|\mathbf{u}|\cos 33° = |\mathbf{v}|\cos 50° \quad \cdots \quad (1)$

$|\mathbf{u}|\sin 33° + |\mathbf{v}|\sin 50° = |\mathbf{w}| = 200 \quad \cdots \quad (2)$

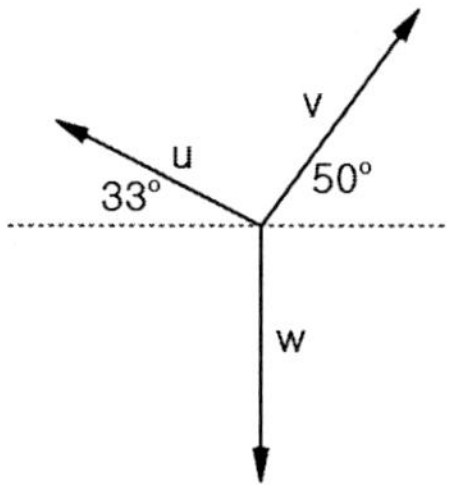

[그림 9.11]

(1)을 $|\mathbf{v}|$ 에 대해서 풀고, (2)에 대입하면

$$|\mathbf{u}|\sin 33° + \frac{|\mathbf{u}|\cos 33°}{\cos 50°}\sin 50° = 200$$

즉,

$$|\mathbf{u}| = \frac{200}{\sin 33° + \cos 33° \tan 50°} \approx 129.52 \text{ 파운드}$$

그리고

$$|\mathbf{v}| = \frac{|\mathbf{u}|\cos 33°}{\cos 50°} \approx \frac{129.52 \cos 33°}{\cos 50°} \approx 168.99 \text{ 파운드}$$

연습문제 9-1

Exercises

※ 문제 1~2에서 벡터 **w**를 그려라.

1. $\mathbf{w} = \mathbf{u} + \frac{3}{2}\mathbf{v}$

2. $\mathbf{w} = \mathbf{u}_1 + \mathbf{u}_2 + \mathbf{u}_3$

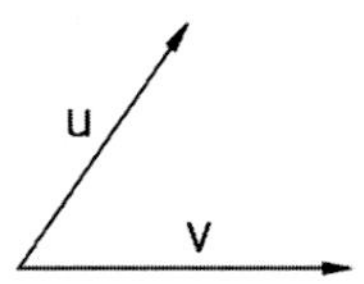

문제 1

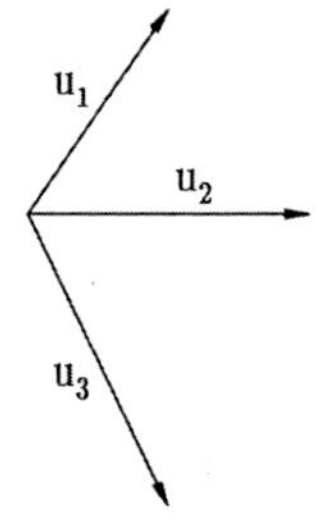

문제 2

3. 다음 그림의 커다란 삼각형에서, **m**은 중선이다(**m**의 끝점이 삼각형의 밑변을 이등분한다). **u**와 **v**를 사용하여 **m**과 **n**을 표현하여라.

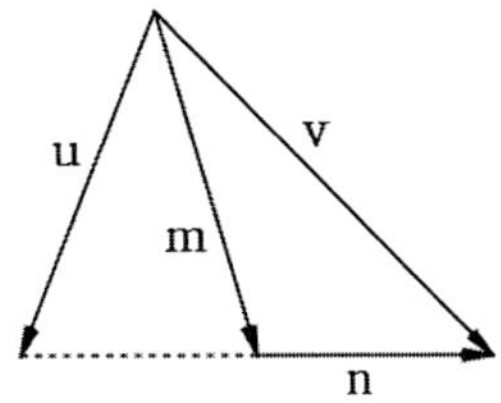

4. 다음 그림에서, $\mathbf{w} = -(\mathbf{u}+\mathbf{v})$이고 $|\mathbf{u}| = |\mathbf{v}| = 1$일 때, $|\mathbf{w}|$를 구하여라.

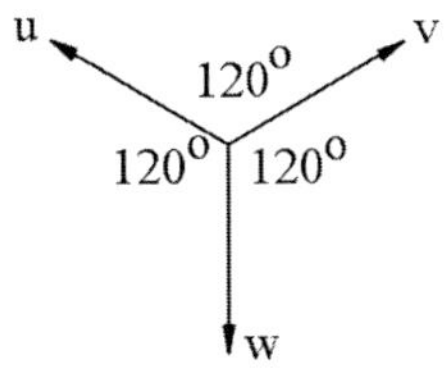

5. 철수는 말뚝을 남에서 동으로 30° 방향으로, 60Kg의 힘으로 밀고 있다. 민수는 같은 말뚝을 남에서 서로 60° 방향으로 80Kg의 힘으로 밀고 있다. 그 결과(합)의 힘의 크기와 방향은?

6. 배가 시속 20마일로, 남쪽으로 항해하고 있다. 어떤 선원이 갑판에서 시속 3마일로, 서쪽으로 (즉, 배의 옆 난간과 직각으로) 걷고 있다. 수면에 대한 이 선원의 속도의 크기와 방향은?

7. 시속 40마일로, 남쪽으로 바람이 부는 속에서, 영희는 비행기를 조종하고 있다. 비행기가 북에서 동으로 60° 방향으로 향하게 하니, 똑바로 동쪽으로 움직이고 있다. 비행기의 공기 속 속력(잠잠한 공중에서의 속력)을 구하여라.

9.2 벡터의 대수적 성질

앞 절에서 기하학적 관점으로 살펴본 것에 따르면, 하나의 벡터는 같은 길이(크기)와 같은 방향을 가진 화살표들의 집합이라고 할 수 있다(그림 9.12). 이 절의 목표는, 벡터를 대수학적으로 파악하는 것이다.

먼저 평면에다 직교 좌표 체계를 부여한다. 벡터 **u**를 주었을 때, 그것을 나타내는 대표로서, 시작점이 원점에 놓여 있는 화살표를 선택하자. (그림 9.13) 이 화살표는 그 끝점의 좌표 $(u_1,\ u_2)$에 의해서 단 하나로 결정된다. 즉, 순서쌍 $<u_1,\ u_2>$가 벡터 $\mathbf{u}$를 완전히 결정한다. (그림 9.14) 그렇기 때문에, $<u_1,\ u_2>$가 벡터라고 간주해도 된다. 이것은 벡터 $\mathbf{u}$가 대수학의 옷을 입은 것이다. 다시 말하면 우리는 $(u_1,\ u_2)$가 아니라 $<u_1,\ u_2>$를 사용하여 벡터를 나타낸 것이다. 왜냐 하면 이 기호는 이미 열린구간과 평면의 점이라는 두 가지 의미를 지니고 있기 때문이다.

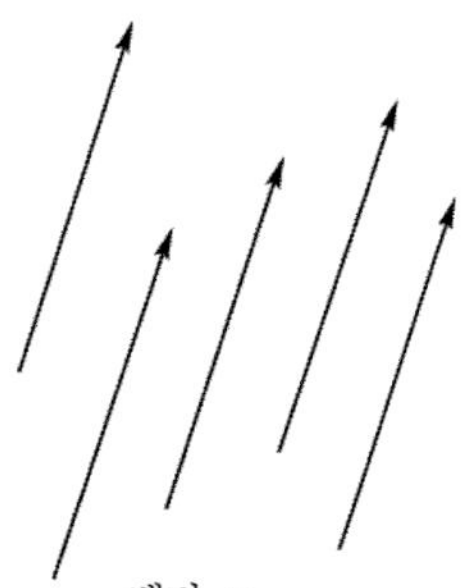

벡터 $\mathbf{u}$

[그림 9.12]

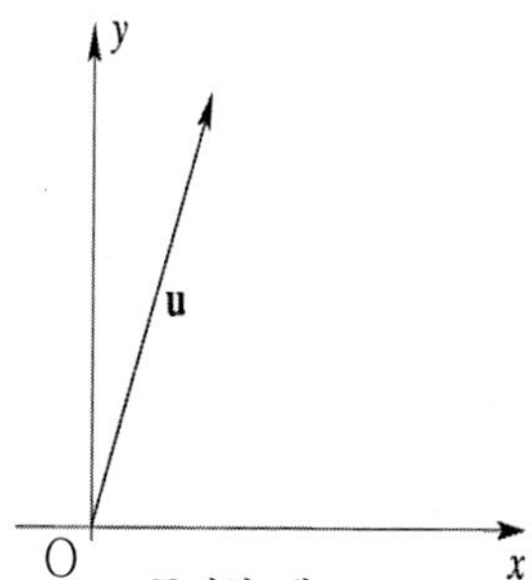

특별한 대표
한 개를 택한다

[그림 9.13]

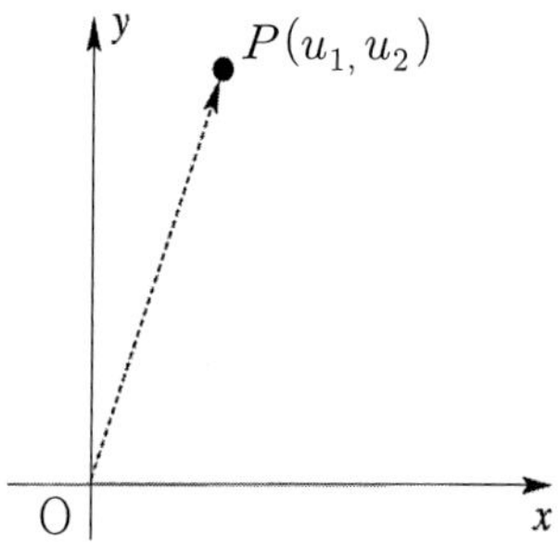

$\vec{\mathbf{u}}$를 순서쌍$(u_1,\ u_2)$
와 동일시한다.

[그림 9.14]

그런데 왜 이 새로운 관점을 제시해야 하는가? 두 가지 중요한 이유가 있다. 첫째, 이 책의 다른 여러 가지 주제들에서 강조한 것과 마찬가지로, 벡터의 경우도 기하학적 양상과 대수학적 양상이 서로 보충해 주고 도와주면, 이 분야에 대한 이해가 크게 늘고, 더욱 분명해진다. 둘째, 대수학적 관점으로 보면, 고차원 공간으로 일반화하기가 매우 쉽다. n개의 수들의 조 $<u_1,\ u_2,\ ...,\ u_n>$을 다루는 것은 순서쌍 $<u_1,\ u_2>$를 다루는 것에 비해서 그리 더 어렵지 않기 때문이다.

두 수 u_1과 u_2는 벡터 $\mathbf{u}=<u_1,\ u_2>$의 **성분**(component)이라고 부른다. 삼차원 벡터 $\mathbf{u}=\langle u_1, u_2, u_3\rangle$에서 수 u_1, u_2, u_3 를 벡터 $\mathbf{u}$의 **성분**(component)이라고 부른다.

그림(9.15)에 있는 모든 벡터들은 끝점이 $P(3, 2)$인 벡터 $\overrightarrow{OP}=\langle 3, 2\rangle$와 같은 벡터이다. 따라서 우리는 이 모든 기하벡터들을 대수벡터 $\mathbf{u}=\langle 3,2\rangle$의 표현이라고 생각할 수 있다. 특히, 원점을 시작점으로 점$P(3, 2)$를 끝점으로 하는 벡터 $\overrightarrow{OP}$ 를 점P의 **위치벡터**(position vector)라고 한다.

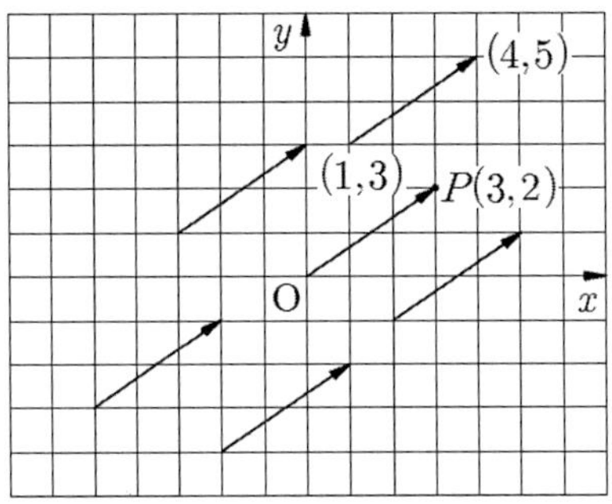

[그림 9.15]

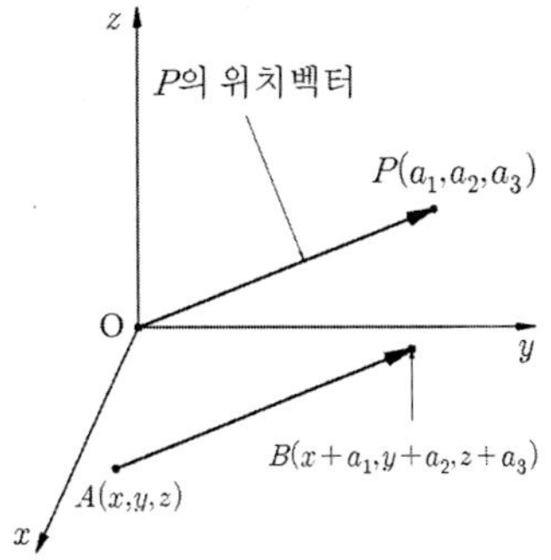

[그림 9.16]

삼차원에서 벡터 $\mathbf{u} = \overrightarrow{\mathrm{OP}} = \langle u_1, u_2, u_3 \rangle$는 점 $P(u_1, u_2, u_3)$의 **위치벡터**(position vector)라고 한다. (그림 9.16) 시작점이 $A(x_1, y_1, z_1)$, 끝점이 $B(x_2, y_2, z_2)$인 벡터 $\overrightarrow{AB}$를 성분으로 나타내면,

$$x_1 + u_1 = x_2,\ y_1 + u_2 = y_2,\ z_1 + u_3 = z_2$$

이므로 $u_1 = x_2 - x_1$, $u_2 = y_2 - y_1$, $u_3 = z_2 - z_1$ 이다. 그 결과를 정리하면 주어진 두 점 $A(x_1, y_1, z_1)$과 $B(x_2, y_2, z_2)$에 대하여 벡터 $\overrightarrow{AB}$ 를 나타내는 벡터 $\mathbf{u}$ 를

$$\mathbf{u} = \langle x_2 - x_1,\ y_2 - y_1,\ z_2 - z_1 \rangle$$

로 나타낸다.

예제 9.5

점 $A(2, -3, 4)$를 시작점으로 점 $B(-2, 1, 1)$를 끝점으로 하는 벡터의 성분을 구하여라.

풀이 $\mathbf{u} = \langle -2-2,\ 1-(-3),\ 1-4 \rangle = \langle -4,\ 4,\ -3 \rangle$

■

평면 벡터 $\mathbf{u} = \langle u_1, u_2 \rangle$ 와 $\mathbf{v} = \langle v_1, v_2 \rangle$ 가 서로 같을 필요충분조건은 $u_1 = v_1$ 이고 $u_2 = v_2$ 이고, 삼차원 벡터 $\mathbf{u} = \langle u_1, u_2, u_3 \rangle$와 $\mathbf{v} = \langle v_1, v_2, v_3 \rangle$가 서로 같을 필요충분조건은 $u_1 = v_1$, $u_2 = v_2$, $u_3 = v_3$이다.

벡터 $\mathbf{u}$의 길이(크기)는 기호 $|\mathbf{u}|$로 나타내고 선분 OP의 길이를 구하는 공식에 의해 다음과 같이 정의한다.

이차원 평면벡터 $\mathbf{u} = \langle u_1, u_2 \rangle$와 삼차원 공간벡터 $\mathbf{u} = \langle u_1, u_2, u_3 \rangle$의 **길이(크기)**는 각각 다음과 같이 정의한다.

$$|\mathbf{u}| = \sqrt{u_1^2 + u_2^2}, \qquad |\mathbf{u}| = \sqrt{u_1^2 + u_2^2 + u_3^2}$$

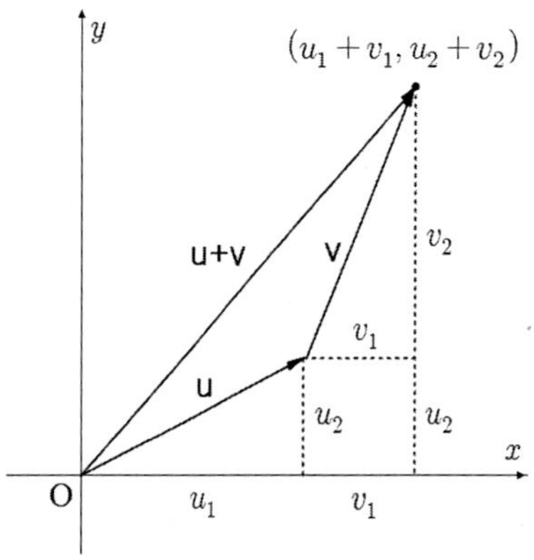

[그림 9.17]

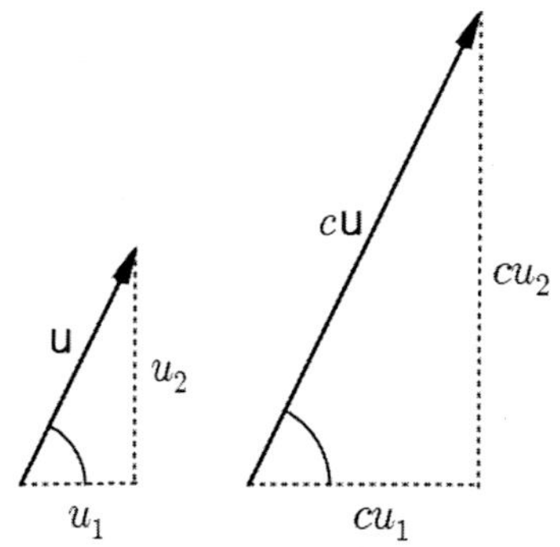

[그림 9.18]

그림 9.17에서처럼 $\mathbf{u} = \langle u_1, u_2 \rangle$이고 $\mathbf{v} = \langle v_1, v_2 \rangle$이면 두 **벡터의 합**은 $\mathbf{u} + \mathbf{v} = \langle u_1 + v_1, u_2 + v_2 \rangle$이다. 그림 9.18에서 보듯이 $c\mathbf{u}$ 의 성분은 cu_1과 cu_2이다. 따라서 벡터의 **스칼라 곱**은 벡터의 각 성분에 스칼라를 곱해준다.

평면벡터 $\mathbf{u} = \langle u_1, u_2 \rangle$와 $\mathbf{v} = \langle v_1, v_2 \rangle$에 대하여

$$\mathbf{u} + \mathbf{v} = \langle u_1 + v_1, u_2 + v_2 \rangle, \ \mathbf{u} - \mathbf{v} = \langle u_1 - v_1, u_2 - v_2 \rangle, \ c\mathbf{u} = \langle cu_1, cu_2 \rangle$$

공간벡터 $\mathbf{u} = \langle u_1, u_2, u_3 \rangle$와 $\mathbf{v} = \langle v_1, v_2, v_3 \rangle$에 대하여

$$\mathbf{u} + \mathbf{v} = \langle u_1 + v_1, u_2 + v_2, u_3 + v_3 \rangle, \ \mathbf{u} - \mathbf{v} = \langle u_1 - v_1, u_2 - v_2, u_3 - v_3 \rangle,$$

$$c\mathbf{u} = \langle cu_1, cu_2, cu_3 \rangle$$

예제 9.6

$\mathbf{u} = \langle 4, 1, 2 \rangle$이고 $\mathbf{v} = \langle -2, 0, 5 \rangle$일 때, $|\mathbf{u}|$, $\mathbf{u} + \mathbf{v}$, $\mathbf{u} - \mathbf{v}$, $3\mathbf{v}$, $2\mathbf{u} + 5\mathbf{v}$ 를 구하여라.

풀이 $|\mathbf{u}| = \sqrt{4^2+1^2+2^2} = \sqrt{21}$

$\mathbf{u}+\mathbf{v} = \langle 4, 1, 2\rangle + \langle -2, 0, 5\rangle = \langle 4-2, 1+0, 2+5 \geqq \langle 2, 1, 7\rangle$

$\mathbf{u}+\mathbf{v} = \langle 4, 1, 2\rangle - \langle -2, 0, 5\rangle = \langle 4-(-2), 1-0, 2-5 \geqq \langle 6, 1, -3\rangle$

$3\mathbf{u} = 3\langle 4, 1, 2\rangle = \langle 12, 3, 6\rangle$

$$2\mathbf{u}+5\mathbf{v} = 2\langle 4, 1, 2\rangle + 5\langle -2, 0, 5\rangle = \langle 8, 2, 4\rangle + \langle -10, 0, 25\rangle$$
$$= \langle 8-10, 2+0, 4+25\rangle = \langle -2, 2, 29\rangle$$

■

벡터를 대수학적으로 해석한 것을 사용하여, 벡터 연산에 관한 다음 법칙들을 쉽게 확립할 수 있다.

정리 9.1

임의의 벡터 $\mathbf{u}$, $\mathbf{v}$, $\mathbf{w}$와 임의의 스칼라 a, b에 대해서, 다음 관계식이 성립한다.

1. $\mathbf{u}+\mathbf{v} = \mathbf{v}+\mathbf{u}$
2. $(\mathbf{u}+\mathbf{v})+\mathbf{w} = \mathbf{v}+(\mathbf{v}+\mathbf{w})$
3. $\mathbf{u}+\mathbf{0} = \mathbf{0}+\mathbf{u} = \mathbf{u}$
4. $\mathbf{u}+(-\mathbf{u}) = \mathbf{0}$
5. $a(b\mathbf{u}) = (ab)\mathbf{u} = \mathbf{u}(ab)$
6. $a(\mathbf{u}+\mathbf{v}) = a\mathbf{u}+a\mathbf{v}$
7. $(a+b)\mathbf{u} = a\mathbf{u}+b\mathbf{u}$
8. $1\ \mathbf{u} = \mathbf{u}$

증명 공식 6을 증명함으로써, 증명하는 방법을 예시하겠다. 다음 각 단계가 왜 성립하는지 분명하게 이해하기 바란다.

$$\begin{aligned} a(\mathbf{u}+\mathbf{v}) &= a(\langle u_1, u_2\rangle + \langle v_1, v_2\rangle) \\ &= a\langle u_1+v_1, u_2+v_2\rangle \\ &= \langle a(u_1+v_1),\ a(u_2+v_2)\rangle \\ &= \langle au_1+av_1,\ au_2+av_2\rangle \\ &= \langle au_1, au_2\rangle + \langle av_1, av_2\rangle \\ &= a\langle u_1, u_2\rangle + a\langle v_1, v_2\rangle \\ &= a\mathbf{u}+a\mathbf{v} \end{aligned}$$

□

삼차원 공간에서 다음의 벡터를 생각하자.

$$\mathbf{i} = \langle 1, 0, 0\rangle,\quad \mathbf{j} = \langle 0, 1, 0\rangle,\quad \mathbf{k} = \langle 0, 0, 1\rangle$$

그러면 이 세 벡터는 길이(크기)가 1이고 각각 양의 x 축, 양의 y축, 양의 z축 방향을 가진다. 마찬가지로 이차원 평면에서도 $\mathbf{i} = \langle 1, 0\rangle$, $\mathbf{j} = \langle 0, 1\rangle$가 정의된다. (그림 9. 19)

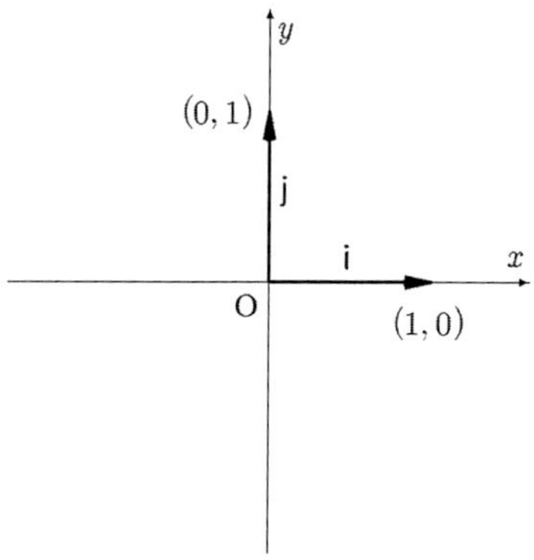

[그림 19(a)]

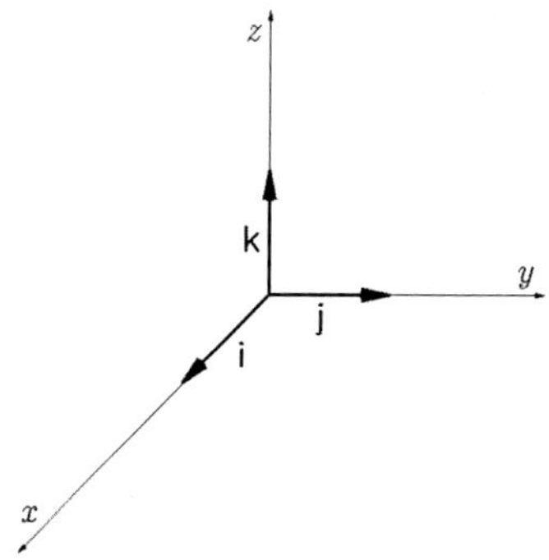

[그림 9.19(b)]

그림 9.20에서 보는 것처럼 이차원 벡터 $\mathbf{u}=\langle u_1, u_2\rangle$는 다음과 같이 나타낼 수 있다.

$$\mathbf{u}=\langle u_1, u_2\rangle = u_1\mathbf{i}+u_2\mathbf{j}$$

같은 방법으로 그림 9.21에서와 같이 삼차원 벡터 $\mathbf{u}=\langle u_1, u_2, u_3\rangle$도 다음과 같이 나타낼 수 있다.

$$\mathbf{u}=\langle u_1, u_2, u_3\rangle = u_1\mathbf{i}+u_2\mathbf{j}+u_3\mathbf{k}$$

따라서 삼차원 벡터는 모두 **표준기저벡터**(standard basis vectors) $\mathbf{i}$, $\mathbf{j}$, $\mathbf{k}$로 나타낼 수 있다.

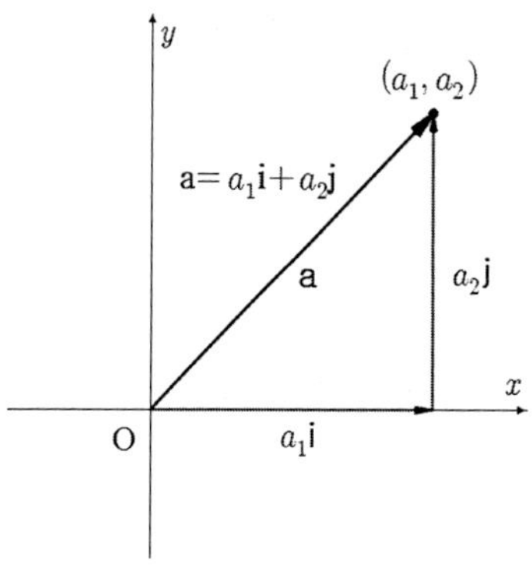

[그림 9.20]

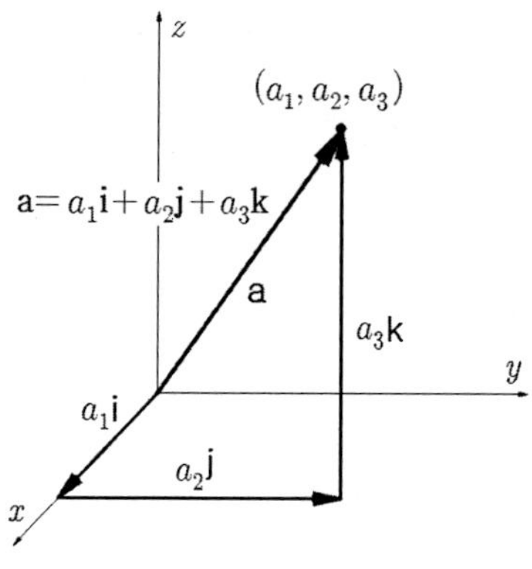

[그림 9.21]

예제 9.7

$\mathbf{u}=\mathbf{i}-2\mathbf{j}+3\mathbf{k}$ 이고 $\mathbf{v}=2\mathbf{i}+5\mathbf{k}$ 일 때, $\mathbf{u}+2\mathbf{v}$ 를 구하여라.

풀이 $\mathbf{u}+2\mathbf{v}=(\mathbf{i}-2\mathbf{j}+3\mathbf{k})+2(2\mathbf{i}+5\mathbf{k})\}$

$$=\mathbf{i}-2\mathbf{j}+3\mathbf{k}+4\mathbf{i}+10\mathbf{k}=5\mathbf{i}-2\mathbf{j}+13\mathbf{k}$$

길이(크기)가 1인 벡터를 **단위벡터**(unit vector)라고 한다. 예를 들어, $\mathbf{i}$, $\mathbf{j}$, $\mathbf{k}$는 모두 단위벡터이다. 일반적으로, $\mathbf{a}\neq\mathbf{0}$이면 $\mathbf{a}$와 같은 방향을 가지는 단위벡터는

$$\mathbf{u}=\frac{1}{|\mathbf{a}|}\mathbf{a}=\frac{\mathbf{a}}{|\mathbf{a}|}$$

이다. 이 사실을 증명하기 위해 $c=\frac{1}{|\mathbf{a}|}$라 하자. 그러면 $\mathbf{u}=c\mathbf{a}$이고 c는 양의 스칼라이므로, $\mathbf{u}$는 $\mathbf{a}$와 같은 방향을 가진다. 또한,

$$|\mathbf{u}|=|c\mathbf{a}|=|c||\mathbf{a}|=\frac{1}{|\mathbf{a}|}|\mathbf{a}|=1$$

이므로 단위벡터이다.

예제 9.8

벡터 $\mathbf{i}-2\mathbf{j}+2\mathbf{k}$와 방향이 같은 단위벡터를 구하여라.

풀이 $|\mathbf{i}-2\mathbf{j}+2\mathbf{k}|=\sqrt{1^2+(-2)^2+2^2}=3$이므로 벡터 $\mathbf{i}-2\mathbf{j}+2\mathbf{k}$와 방향이 같은 단위벡터는

$$\frac{1}{3}(\mathbf{i}-2\mathbf{j}+2\mathbf{k})=\frac{1}{3}\mathbf{i}-\frac{2}{3}\mathbf{j}+\frac{2}{3}\mathbf{k}$$

예제 9.9

예제 9.4에서와 같이 무게 200 파운드을 두 개의 철사줄이 지탱하고 있다. 각 줄의 장력 $\mathbf{u}$, $\mathbf{v}$와 장력의 크기를 구하여라.

풀이 $\mathbf{u}=-|\mathbf{u}|\cos 33^\circ\mathbf{i}+|\mathbf{u}|\sin 33^\circ\mathbf{j}$, $\mathbf{v}=|\mathbf{v}|\cos 50^\circ\mathbf{i}+|\mathbf{v}|\sin 50^\circ\mathbf{j}$이므로

$$\mathbf{u}+\mathbf{v}=-\mathbf{w}=100\mathbf{j}$$

$(-|\mathbf{u}|\cos 33^\circ+|\mathbf{v}|\cos 50^\circ)\mathbf{i}+(|\mathbf{u}|\sin 33^\circ+|\mathbf{v}|\sin 50^\circ)\mathbf{j}=100\mathbf{j}$ 정리하면,

$$-|\mathbf{u}|\cos 33^\circ+|\mathbf{v}|\cos 50^\circ=0 \qquad \cdots\ (1)$$

$$|\mathbf{u}|\sin 33° + |\mathbf{v}|\sin 50° = 100 \quad \cdots \quad (2)$$

(1)을 $|\mathbf{v}|$에 관하여 정리하여 (2)에 대입하면

$$|\mathbf{u}|\sin 33° + \frac{|\mathbf{u}|\cos 33°}{\cos 50°}\sin 50° = 100$$

장력의 크기는

$$|\mathbf{u}| = \frac{100}{\sin 33° + \tan 50° \cos 33°} \approx 64.76 \text{ 파운드}$$

$$|\mathbf{v}| = \frac{|\mathbf{u}|\cos 33°}{\cos 50°} \approx 84.49 \text{ 파운드}$$

장력을 나타내는 벡터는

$$\mathbf{u} = -54.31\mathbf{i} + 35.27\mathbf{j}$$

$$\mathbf{v} = 54.31\mathbf{i} + 64.72\mathbf{j}$$

■

연습문제 9-2 Exercises

※ 문제 1~4에서 $|\mathbf{a}|$, $\mathbf{a}+\mathbf{b}$, $\mathbf{a}-\mathbf{b}$, $2\mathbf{a}$, $3\mathbf{a}+4\mathbf{b}$ 를 구하시오.

1. $\mathbf{a} = \langle -4, 3\rangle$, $\mathbf{b} = \langle 6, 2\rangle$

2. $\mathbf{a} = \langle 2, -3\rangle$, $\mathbf{b} = \langle 1, 5\rangle$

3. $\mathbf{a} = \langle 6, 3, 2\rangle$, $\mathbf{b} = \langle -2, 5, -1\rangle$

4. $\mathbf{a} = \langle 1, -3, 2\rangle$, $\mathbf{b} = \langle 2, 5, 0\rangle$

5. $\overrightarrow{AB}$ 가 나타내는 벡터를 $\mathbf{a} = a_1\mathbf{i} + a_2\mathbf{j}$ 형태로 표시하여라.

(1) $A(2, 2)$, $B(-3, 4)$ (2) $A(\sqrt{2}, \pi)$, $B(0, e)$

6. $\overrightarrow{AB}$ 가 나타내는 벡터를 $\mathbf{a} = a_1\mathbf{i} + a_2\mathbf{j} + a_3\mathbf{k}$ 형태로 표시하여라.

(1) $A(0, 3, 1)$, $B(2, 3, -1)$ (2) $A(4, 0, -1)$, $B(4, 1, 3)$

7. **a** 방향의 단위 벡터(길이(크기)가 1인 벡터) **u**를 찾아라. 그것을 $\mathbf{u}=u_1\mathbf{i}+u_2\mathbf{j}$ 형태로 표시하여라.

(1) $\mathbf{a}=\langle -3,\ -4\rangle$ (2) $\mathbf{a}=\langle 1,\ -7\rangle$

(3) $\mathbf{a}=\langle 0,\ -4\rangle$ (4) $\mathbf{a}=\langle -5,\ -12\rangle$

8. **a** 방향의 단위벡터(길이(크기)가 1인 벡터) **u**를 찾아라.
그것을 $\mathbf{u}=u_1\mathbf{i}+u_2\mathbf{j}+u_3\mathbf{k}$ 형태로 표시하여라.

(1) $\mathbf{a}=\langle -3, -4, -1\rangle$ (2) $\mathbf{a}=\langle 6, 2, -3\rangle$

(3) $\mathbf{a}=\langle 3, 0, -2\rangle$ (4) $\mathbf{a}=\langle 1, 1, -1\rangle$

9. $6\mathbf{i}-8\mathbf{j}$ 와 방향이 같고 길이(크기)가 세 배인 벡터를 구하여라.

10. $\langle 3, 1, -4\rangle$와 방향이 반대이고 길이(크기)가 5인 벡터를 구하시오.

9.3 내적

벡터에 우리는 합(덧셈)과 스칼라 곱이라는 연산을 정의하였다. 그렇다면 벡터의 곱이 유용한 값이 되는 곱을 정의 할 수 없을까하는 생각이 든다. 이러한 조건을 만족하는 곱을 내적이라 하고 다음과 같이 정의한다.

$\mathbf{u}=\langle u_1, u_2, u_3\rangle$, $\mathbf{v}=\langle v_1, v_2, v_3\rangle$에 대하여 **u**와 **v**의 **내적**(dot product)은 $\mathbf{u}\cdot\mathbf{v}$로 나타내며 다음과 같이 정의되는 수(스칼라)이다.

$$\mathbf{u}\cdot\mathbf{v}=u_1v_1+u_2v_2+u_3v_3$$

평면벡터 $\mathbf{u}=\langle u_1, u_2\rangle$와 $\mathbf{v}=\langle v_1, v_2\rangle$에 대하여 **u** 와 **v** 의 **내적**(dot product)은

$$\mathbf{u}\cdot\mathbf{v}=u_1v_1+u_2v_2$$

이다.

예제 9.10

$\langle 2, 3\rangle \cdot \langle -1, 2\rangle = 2(-1)+3(2)=4$

$\langle 1, -5, 3\rangle \cdot \langle -2, 1, 0\rangle = 1(-2)+(-5)(1)+3(0)=-7$

정리 9.2

$\mathbf{u}$, $\mathbf{v}$, $\mathbf{w}$가 벡터이고, c는 스칼라라고 하자. 그러면 다음 성질들이 성립한다.

1. $\mathbf{u}\cdot\mathbf{v}=\mathbf{v}\cdot\mathbf{u}$
2. $\mathbf{u}\cdot(\mathbf{v}+\mathbf{w})=\mathbf{u}\cdot\mathbf{v}+\mathbf{u}\cdot\mathbf{w}$
3. $c(\mathbf{u}\cdot\mathbf{v})=(c\mathbf{u})\cdot\mathbf{v}=\mathbf{u}\cdot(c\mathbf{v})$
4. $\mathbf{0}\cdot\mathbf{u}=0$
5. $\mathbf{u}\cdot\mathbf{u}=|\mathbf{u}|^2$
6. $\mathbf{u}\cdot\mathbf{u}=0 \Leftrightarrow \mathbf{u}=\mathbf{0}$

증명 2. $\mathbf{u}\cdot(\mathbf{v}+\mathbf{w}) = \langle u_1, u_2, u_3\rangle \cdot \langle v_1+w_1, v_2+w_2, v_3+w_3\rangle$

$$= u_1(v_1+w_1)+u_2(v_2+w_2)+u_3(v_3+w_3)$$
$$= u_1v_1+u_1w_1+u_2v_2+u_2w_2+u_3v_3+u_3w_3$$
$$= (u_1v_1+u_2v_2+u_3v_3)+(u_1w_1+u_2w_2+u_3w_3)$$
$$= \mathbf{u}\cdot\mathbf{v}+\mathbf{u}\cdot\mathbf{w}$$

5. $\mathbf{u}\cdot\mathbf{u}=u_1^2+u_2^2+u_3^2=|\mathbf{u}|^2$ □

내적의 중요성을 깨닫기 위해서, 내적에 대한 다른 공식을 제시해 놓겠다.

정리 9.3

$\mathbf{u}$와 $\mathbf{v}$는 영벡터가 아니라고 하자. 그러면

$$\mathbf{u}\cdot\mathbf{v}=|\mathbf{u}|\,|\mathbf{v}|\cos\theta$$

여기서 θ는 $\mathbf{u}$와 $\mathbf{v}$ 사이의 각이다.

증명 (참고) **u와 v 사이의 각**(angle between u and v)이라는 말은, $\mathbf{u}$와 $\mathbf{v}$ 사이의, 음수가 아닌 가장 작은 각을 뜻한다. 그러므로 $0\le\theta\le\pi$.

이 공식을 이끌어 내기 위해서, 그림 9.23의 삼각형에다 코사인 법칙을 적용하면

$$|\mathbf{u}-\mathbf{v}|^2=|\mathbf{u}|^2+|\mathbf{v}|^2-2|\mathbf{u}||\mathbf{v}|\cos\theta$$

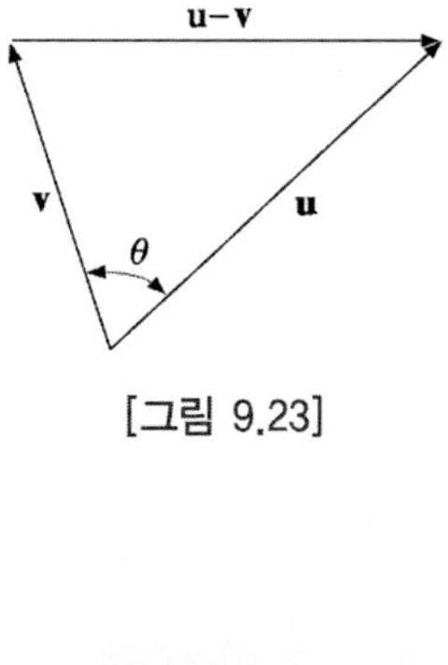

[그림 9.23]

한편으로, 정리 9.2에 나오는 내적의 성질에 따라서,

$$|\mathbf{u}-\mathbf{v}|^2=(\mathbf{u}-\mathbf{v})\cdot(\mathbf{u}-\mathbf{v})=\mathbf{u}(\mathbf{u}-\mathbf{v})-\mathbf{v}\cdot(\mathbf{u}-\mathbf{v})$$
$$=\mathbf{u}\cdot\mathbf{u}-\mathbf{u}\cdot\mathbf{v}-\mathbf{v}\cdot\mathbf{u}+\mathbf{v}\cdot\mathbf{v}$$
$$=|\mathbf{u}|^2+|\mathbf{v}|^2-2\mathbf{u}\cdot\mathbf{v}$$

$|\mathbf{u}-\mathbf{v}|^2$에 대한 이 두 표현들을 같다고 놓으면, 원하는 결과가 나온다. □

방금 얻은 이 공식에서 얻은 매우 중요한 결론은 다음 정리이다.

정리 9.4 수직 판정법

두 벡터 $\mathbf{u}$와 $\mathbf{v}$가 서로 수직일 필요충분조건은 그들의 내적 $\mathbf{u}\cdot\mathbf{v}$가 0인 것이다.

증명 영벡터가 아닌 두 벡터가 서로 수직일 필요충분조건은, 그들 사이의 각 θ가 $\pi/2$ 인 것이다. 즉, 필요충분조건은 $\cos\theta=0$. 그런데 $\cos\theta=0$일 필요충분조건은 $\mathbf{u}\cdot\mathbf{v}=0$. 영벡터는 모든 벡터들과 수직이라고 동의를 하면, 이 결과는 영벡터에 대해서도 유효하다. □

서로 수직인 벡터들은 **직교**(orthogonal)한다고 말한다.

예제 9.11

벡터 $\mathbf{u}=\langle 8, 6\rangle$ 와 $\mathbf{v}=\langle 3, b\rangle$ 가 직교하도록, b를 구하여라.

풀이 $\mathbf{u}\cdot\mathbf{v}=(8)(3)+(6)(b)=24+6b=0$이므로 $b=-4$. ■

예제 9.12

벡터 $\mathbf{u}=\langle 8, 6\rangle$ 와 $\mathbf{v}=\langle 5, 12\rangle$ 사이의 각을 구하여라(그림 9.24 참조).

풀이

$$\cos\theta=\frac{\mathbf{u}\cdot\mathbf{v}}{|\mathbf{u}||\mathbf{v}|}=\frac{(8)(5)+(6)(12)}{(10)(13)}$$
$$=\frac{112}{130}\approx 0.862$$

따라서

$$\theta\approx\cos^{-1}(0.862)\approx 0.532 \quad (\text{또는 } 30.5°)$$

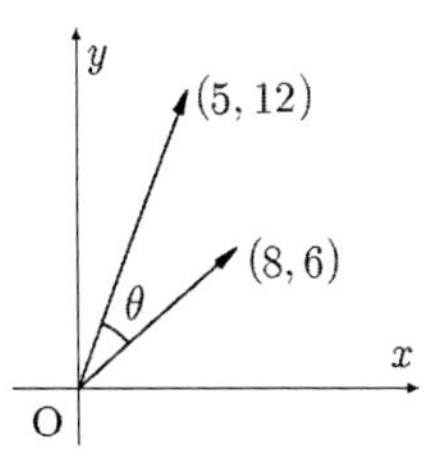

[그림 9.24]

■

예제 9.13

그림 9.25에 나오는 세 점 $A(4,\ 3)$, $B(1,\ -1)$, $C(6,\ -4)$에 대해서, 각 ABC 의 크기를 구하여라.

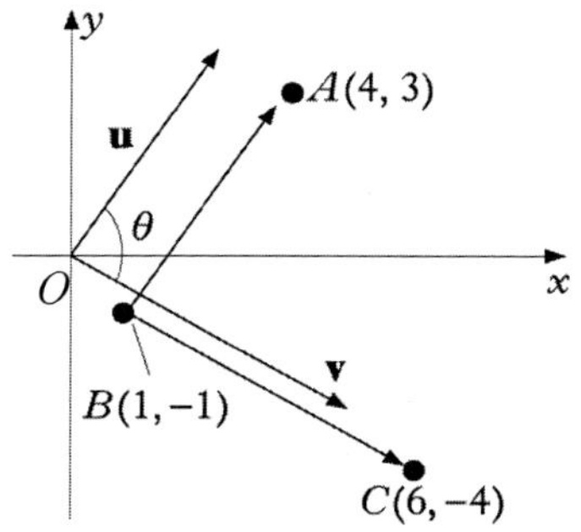

[그림 9.25]

풀이 $\mathbf{u} = \overrightarrow{BA} = (4-1)\mathbf{i} + (3+1)\mathbf{j} = 3\mathbf{i} + 4\mathbf{j} = \langle 3, 4 \rangle$

$\mathbf{v} = \overrightarrow{BC} = (6-1)\mathbf{i} + (-4+1)\mathbf{j} = 5\mathbf{i} - 3\mathbf{j} = \langle 5, -3 \rangle$

$|\mathbf{u}| = \sqrt{3^2 + 4^2} = 5$

$|\mathbf{v}| = \sqrt{5^2 + (-3)^2} = \sqrt{34}$

$\mathbf{u} \cdot \mathbf{v} = (3)(5) + (4)(-3) = 3$

$\cos\theta = \dfrac{\mathbf{u} \cdot \mathbf{v}}{|\mathbf{u}||\mathbf{v}|} = \dfrac{3}{5\sqrt{34}} \approx 0.1029$

$\theta \approx 1.468$(약 $84.09°$)

■

♥ 방향각과 방향 코사인

영이 아닌 벡터 $\mathbf{a}$와 기저 벡터 $\mathbf{i}$, $\mathbf{j}$, $\mathbf{k}$ 사이의 각(음수가 아닌 최소각)을 $\mathbf{a}$의 **방향각**(direction angle)이라고 부르며, 이들을 각각 α, β, γ로 나타낸다. (그림 9.26)

그런데 대개의 경우 **방향코사인**(direction cosine)이라 부르는 $\cos\alpha$, $\cos\beta$, $\cos\gamma$를 가지고 다루면 더욱 편리하다. 만약 $\mathbf{a} = a_1\mathbf{i} + a_2\mathbf{j} + a_3\mathbf{k}$이면,

$$\cos\alpha = \frac{\mathbf{a} \cdot \mathbf{i}}{|\mathbf{a}||\mathbf{i}|} = \frac{a_1}{|\mathbf{a}|}$$

마찬가지로

$$\cos\beta = \frac{a_2}{|\mathbf{a}|},\ \ \cos\gamma = \frac{a_3}{|\mathbf{a}|}$$

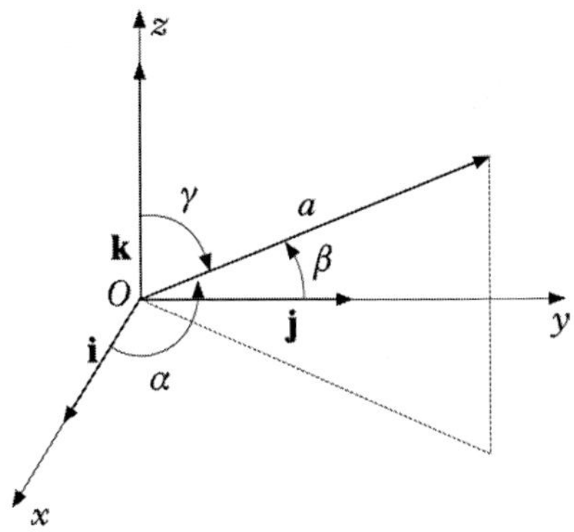

[그림 9.26]

이때 다음을 주목하기 바란다.

$$\cos^2\alpha + \cos^2\beta + \cos^2\gamma = 1$$

사실, 벡터 $\langle \cos\alpha, \cos\beta, \cos\gamma \rangle$는 단위 벡터로서, 원래 벡터 $\mathbf{a}$와 방향이 같다.

예제 9.14

벡터 $\mathbf{a} = 4\mathbf{i} - 5\mathbf{j} + 3\mathbf{k}$의 방향각을 구하여라.

풀이 $|\mathbf{a}| = \sqrt{4^2 + (-5)^2 + 3^2} = 5\sqrt{2}$ 이므로,

$$\cos\alpha = \frac{4}{5\sqrt{2}} = \frac{2\sqrt{2}}{5}, \quad \cos\beta = \frac{-2\sqrt{2}}{5}, \quad \cos\gamma = \frac{3\sqrt{2}}{10}$$

그러므로

$$\alpha \approx 55.55°, \quad \beta = 135°, \quad \gamma \approx 64.90°$$

■

♣ 사영

$\mathbf{u}$와 $\mathbf{v}$는 벡터이고, θ는 이들 사이의 각이라고 하자. 우선 $0 \le \theta \le \pi/2$인 경우를 생각하겠다. 벡터 $\mathbf{w}$는 $\mathbf{v}$와 같은 방향이고, 크기는 $|\mathbf{u}|\cos\theta$라고 하자. (그림 9.27 참조)

$\mathbf{w}$는 $\mathbf{v}$와 방향이 같으니, 어떤 양의 스칼라(실수) c가 있어서, $\mathbf{w} = c\mathbf{v}$. 그런데 한편으로, $\mathbf{w}$의 크기는 $|\mathbf{u}|\cos\theta$가 되어야 한다. 그러므로

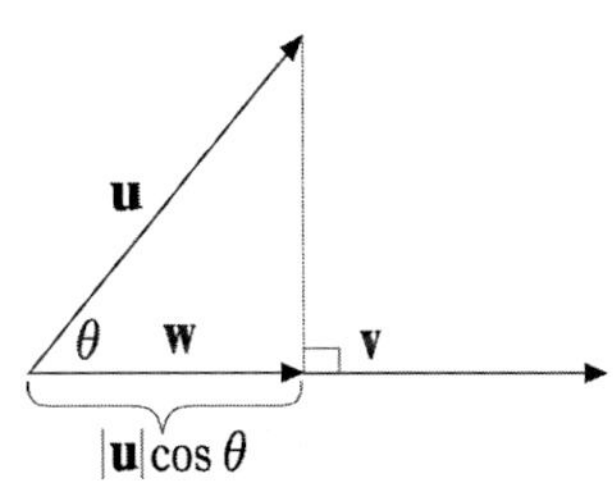

[그림 9.27]

$$|\mathbf{u}|\cos\theta = |\mathbf{w}| = |c\mathbf{v}| = c|\mathbf{v}|$$

따라서 상수 c는 다음과 같다.

$$c = \frac{|\mathbf{u}|}{|\mathbf{v}|}\cos\theta = \frac{|\mathbf{u}|}{|\mathbf{v}|}\frac{\mathbf{u}\cdot\mathbf{v}}{|\mathbf{u}||\mathbf{v}|} = \frac{|\mathbf{u}\cdot\mathbf{v}|}{|\mathbf{v}|^2}$$

그러므로

$$\mathbf{w} = \left(\frac{|\mathbf{u}\cdot\mathbf{v}|}{|\mathbf{v}|^2}\right)\mathbf{v}$$

$\pi/2 < \theta \le \pi$ 인 경우, $\mathbf{w}$는 $\mathbf{v}$가 결정하는 직선에 놓여 있는 벡터이지만, $\mathbf{v}$와 반대 방향이라고 정의하자. (그림 9.28 참조)

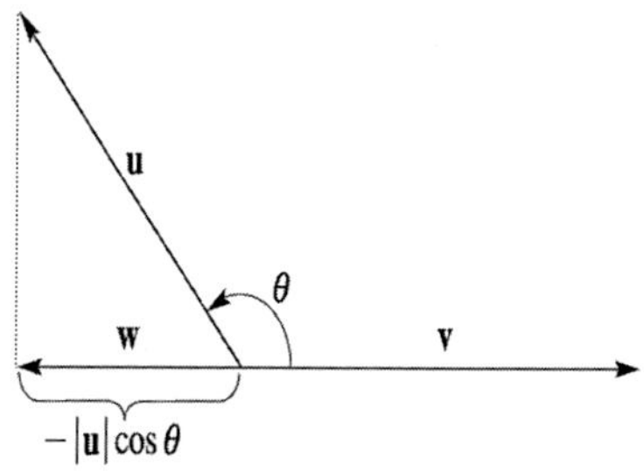

[그림 9.28]

이 벡터의 크기는 $|\mathbf{w}| = -|\mathbf{u}|\cos\theta = c|\mathbf{v}|$이며, 여기서 c는 어떤 양의 스칼라(실수)이다. 그러므로 $c = (-|\mathbf{u}|\cos\theta)/(|\mathbf{v}|) = -(\mathbf{u}\cdot\mathbf{v}/|\mathbf{v}|^2)$. $\mathbf{w}$는 $\mathbf{v}$와 반대 방향을 가리키므로, $\mathbf{w} = -c\mathbf{v} = (\mathbf{u}\cdot\mathbf{v}/|\mathbf{v}^2|)\mathbf{v}$. 그러므로 두 경우 모두 $\mathbf{w} = (\mathbf{u}\cdot\mathbf{v}/|\mathbf{v}|^2)\mathbf{v}$. 벡터 $\mathbf{w}$를 **v 위로의 u의 벡터 사영**(vector projection of $\mathbf{u}$ on $\mathbf{v}$), 또는 **v 위로의 u의 사영**(projection of $\mathbf{u}$ on $\mathbf{v}$)이라하고, $\mathrm{pr}_{\mathbf{v}}\mathbf{u}$로 나타낸다. 즉,

$$\mathrm{pr}_{\mathbf{v}}\mathbf{u} = \left(\frac{\mathbf{u}\cdot\mathbf{v}}{|\mathbf{v}|^2}\right)\mathbf{v}$$

$\mathbf{v}$ 위로의 $\mathbf{u}$의 **스칼라 사영**(scalar projection of $\mathbf{u}$ on $\mathbf{v}$)은 $|\mathbf{u}|\cos\theta = \dfrac{\mathbf{u}\cdot\mathbf{v}}{|\mathbf{v}|}$로 정의한다.

각 θ가 예각, 직각, 둔각인 경우, 이것은 양수, 0, 음수가 된다. $0 \le \theta \le \pi/2$ 인 경우, 스칼라 사영은 $\mathrm{pr}_{\mathbf{v}}\mathbf{u}$ 의 크기와 같다. 그리고 $\pi/2 < \theta \le \pi$ 인 경우, 스칼라 사영은 $\mathrm{pr}_{\mathbf{v}}\mathbf{u}$의 크기에다 음수 부호를 붙인 것이다.

예제 9.15

$\mathbf{u} = \langle -1, 5\rangle$, $\mathbf{v} = \langle 3, 3\rangle$ 이라 하자. $\mathbf{v}$ 위로의 $\mathbf{u}$의 벡터 사영과 $\mathbf{v}$ 위로의 $\mathbf{u}$의 스칼라 사영을 구하여라.

풀이 그림 9.29에 두 벡터가 나온다. 벡터 사영은 다음과 같다.

$$\mathrm{pr}_{\langle 3,\ 3\rangle}\langle -1,\ 5\rangle$$
$$=\left(\frac{\langle -1,\ 5\rangle \cdot \langle 3,\ 3\rangle}{|\langle 3,\ 3\rangle|^2}\right)\langle 3,\ 3\rangle$$
$$=\frac{-3+15}{3^2+3^2}\langle 3,\ 3\rangle = 2\mathrm{i}+2\mathrm{j}$$

그리고 스칼라 사영은 다음과 같다.

$$|\mathrm{u}|\cos\theta = |\langle -1,\ 5\rangle|\frac{\langle -1,\ 5\rangle \cdot \langle 3,\ 3\rangle}{|\langle -1,\ 5\rangle||\langle 3,\ 3\rangle|}$$
$$=\frac{-3+15}{\sqrt{3^2+3^2}} = 2\sqrt{2}$$

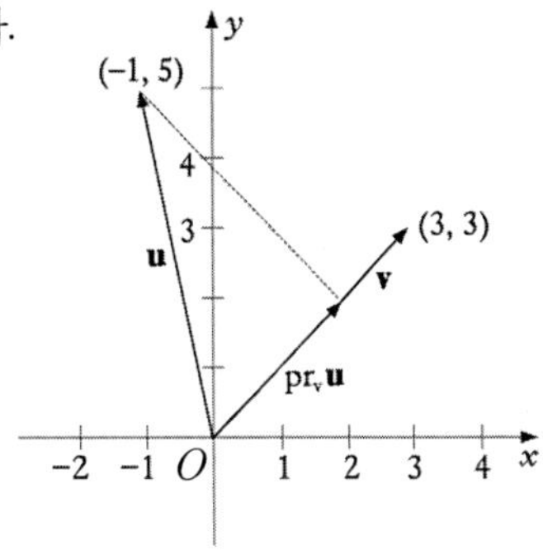

[그림 9.29]

예제 9.16

벡터 u=< 2, 4, 5 >를 v=< 2, −1, −2 >에 평행한 벡터 m과 v에 수직인 벡터 n의 합으로 나타내어라.

풀이 그림 9.30이 잘 설명해 준다. 먼저 v로의 u의 사영 $\mathrm{m}=\mathrm{pr}_{\mathrm{v}}\mathrm{u}$ 를 구하자.

$$\mathrm{m}=\frac{\mathrm{u}\cdot\mathrm{v}}{|\mathrm{v}|^2}\mathrm{v}$$
$$=\frac{\langle 2,\ 4,\ 5\rangle \cdot \langle 2,\ -1,\ -2\rangle}{|\langle 2,\ -1,\ -2\rangle|^2}\langle 2,\ -1,\ -2\rangle$$
$$=\frac{(2)(2)+(4)(-1)+(5)(-2)}{4+1+4}\langle 2,\ -1,\ -2\rangle$$
$$=\left\langle \frac{-20}{9},\ \frac{10}{9},\ \frac{20}{9}\right\rangle$$

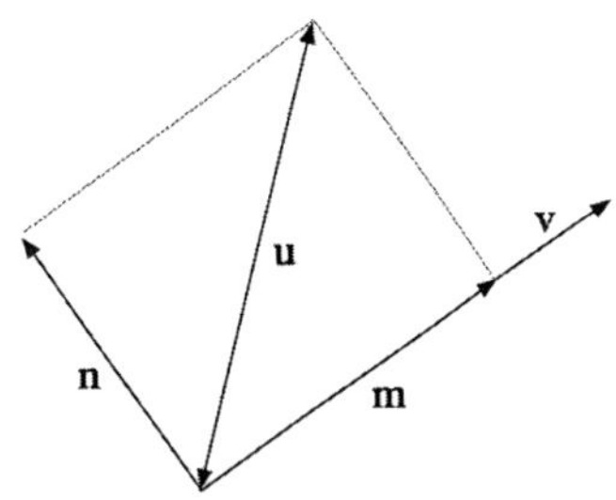

[그림 9.30]

그러면

$$\mathrm{n}=\mathrm{u}-\mathrm{m}=\left\langle \frac{38}{9},\ \frac{26}{9},\ \frac{25}{9}\right\rangle$$

m과 n이 서로 수직임에 의심이 간다면, 내적을 계산해 보기 바란다. 그러면 0이 나올 것이다.

일정한 힘 F가 작용하여서, 물체가 P에서 Q로 직선을 따라서 움직였다면, 이 힘이

한 일은 움직인 방향으로의 힘의 크기와 움직인 거리를 곱한 것으로 정의된다. 즉, P에서 Q로 가는 벡터를 $\mathbf{D}$라 하면, 한 일은 다음과 같다.

$$(\mathbf{D}\text{로의 }\mathbf{F}\text{의 스칼라 사영})|\mathbf{D}| = |\mathbf{F}| \cos\theta |\mathbf{D}|$$

즉,

$$\text{일} = \mathbf{F} \cdot \mathbf{D}$$

예제 9.17

힘 $\mathbf{F}$ 는 뉴턴 단위로 $\mathbf{F} = 8\mathbf{i} + 5\mathbf{j}$ 이며, 이 힘이 작용하여 물체가 (1, 0)에서 (7, 1)로 움직였다. 여기서 거리는 미터 단위이다(그림 9.31). 한 일은 얼마인가?

풀이 (1, 0)에서 (7, 1)로 가는 벡터를 $\mathbf{D}$ 라 하자. 즉, $\mathbf{D} = 6\mathbf{i} + \mathbf{j}$. 그러면

$$\text{일} = \mathbf{F} \cdot \mathbf{D} = (8)(6) + (5)(1)$$
$$= 53 \text{ (줄 ; 일의 단위)}$$

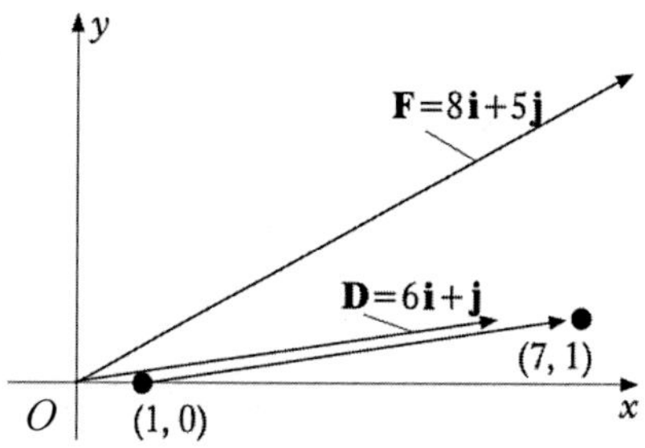

[그림 9.31]

예제 9.18

힘 $\mathbf{F}$는 뉴턴 단위로 $\mathbf{F} = 3\mathbf{i} + 4\mathbf{j} + 5\mathbf{k}$ 이며, 이 힘이 작용하여 물체가 (2, 1, 0)에서 (4, 6, 2)로 움직였다. 여기서 거리는 미터 단위이나. 한 일은 얼마인가?

풀이 (2, 1, 0)에서 (4, 6, 2)로 벡터를 $\mathbf{D} = \langle 2, 5, 2 \rangle$라 하면

$$\text{일} = \mathbf{F} \cdot \mathbf{D} = \langle 3, 4, 5 \rangle \cdot \langle 2, 5, 2 \rangle$$
$$= 6 + 20 + 10 = 36 \text{ joules}$$

연습문제 9-3 Exercises

1. $\mathbf{a} = -2\mathbf{i} + 3\mathbf{j}$, $\mathbf{b} = 2\mathbf{i} - 3\mathbf{j}$, $\mathbf{c} = -5\mathbf{j}$ 라 하자. 다음을 구하여라.

(a) $2\mathbf{a} - 4\mathbf{b}$ (b) $\mathbf{a} \cdot (\mathbf{b} + \mathbf{c})$ (c) $|\mathbf{a}|(\mathbf{c} \cdot \mathbf{a})$

2. $\mathbf{a} = \langle 3, -1 \rangle$, $\mathbf{b} = \langle 1, -1 \rangle$, $\mathbf{c} = \langle 0, 5 \rangle$ 라 하자. 다음을 구하여라.

(a) $-4\mathbf{a} + 3\mathbf{b}$ (b) $(\mathbf{a} + \mathbf{b}) \cdot \mathbf{c}$ (c) $|\mathbf{b}|(\mathbf{b} \cdot \mathbf{a})$

3. a와 b 사이의 각의 코사인을 구하시오.

(a) $\mathbf{a} = \langle 1, -3 \rangle$, $\mathbf{b} = \langle -1, 2 \rangle$ (b) $\mathbf{a} = \langle 2, 1 \rangle$, $\mathbf{b} = \langle -2, -4 \rangle$

(c) $\mathbf{a} = 12\mathbf{i}$, $\mathbf{b} = -5\mathbf{i}$ (d) $\mathbf{a} = \mathbf{i} + 3\mathbf{j}$, $\mathbf{b} = -2\mathbf{i} - 6\mathbf{j}$

4. 벡터 $\langle 6, 3 \rangle$ 과 $\langle -1, 2 \rangle$ 는 서로 직교(수식)함을 밝혀라.

5. 벡터 $\langle -5, \sqrt{3} \rangle$ 과 $\langle \sqrt{27}, 15 \rangle$ 는 서로 직교함을 밝혀라.

6. 서로 나란하지 않은 두 벡터 $\mathbf{a} = -4\mathbf{i} + 3\mathbf{j}$ 와 $\mathbf{b} = 2\mathbf{i} - \mathbf{j}$ 가 있고, 제 삼의 벡터 $\mathbf{r} = 6\mathbf{i} - 7\mathbf{j}$ 가 있다. $\mathbf{r} = k\mathbf{a} + m\mathbf{b}$ 가 되는 스칼라 k, m을 구하여라.

7. 다음 각각의 경우 $\mathrm{pr}_{\mathbf{v}}\mathbf{u}$ 를 구하여라.

(a) $\mathbf{u} = \langle 0, 5 \rangle$, $\mathbf{v} = \langle 3, 4 \rangle$ (b) $\mathbf{u} = \langle -3, 2 \rangle$, $\mathbf{v} = \langle 3, 4 \rangle$

8. $\langle 4, -3, -1 \rangle$ 과 $\langle -2, -3, 5 \rangle$사이의 각을 구하시오.

9. 다음 각각의 벡터의 길이와 방향 코사인을 구하여라.

(a) $4\mathbf{i} + \mathbf{j} + 2\mathbf{k}$ (b) $-2\mathbf{i} - 3\mathbf{j} + 7\mathbf{k}$

10. 길이가 10이고, $-4\mathbf{i} + 5\mathbf{j} + \mathbf{k}$ 와 $4\mathbf{i} + \mathbf{j}$ 둘 다와 수직인 벡터 두 개를 구하여라.

11. $A=(6, 3, 3)$, $B=(3, 1, -1)$, $C=(-1, 10, -2.5)$이면, 삼각형 ABC 는 직각삼각형임을 밝혀라. 도움말: 각 B를 확인하여라.

12. $\mathbf{u}=5\mathbf{i}+5\mathbf{j}+2\mathbf{k}$의 $\mathbf{v}=-\mathbf{i}+\mathbf{j}+\mathbf{k}$ 위로의 스칼라 사영과 벡터 사영을 구하여라.

13. 힘 100 뉴턴이 남에서 동으로 70° 방향으로 작용하여서, 어떤 물체를 동쪽으로 30 미터 움직였다. 한 일을 구하여라.

14. 힘 $\mathbf{F}=-5\mathbf{i}+8\mathbf{j}$ 뉴턴이 어떤 물체를 북쪽으로 12미터 움직였다. 한 일을 구하여라.

15. 일정한 힘 $\mathbf{F}=3\mathbf{i}-6\mathbf{j}+7\mathbf{k}$파운드가 작용하여서, 물체가 $(2, 1, 3)$에서 $(9, 4, 6)$로 움직였다. 여기서 좌표는 피트단위이다. 한 일을 구하여라.

9.4 외적

두 벡터 $\mathbf{u}$ 와 $\mathbf{v}$ 의 **외적**(cross product)은 $\mathbf{u}\times\mathbf{v}$로 나타내는데 내적과 달리 그 결과가 벡터이다. 이러한 이유로 **벡터 곱**(vector product)이라고도 한다. 외적은 삼차원 공간의 벡터에서만 정의한다.

$\mathbf{u}=<u_1, u_2, u_3>$와 $\mathbf{v}=<v_1, v_2, v_3>$에 대하여 $\mathbf{u}$와 $\mathbf{v}$의 **외적**(cross product)은 벡터이고 다음과 같이 정의한다.

$$\mathbf{u}\times\mathbf{v}=<u_2v_3-u_3v_2,\ u_3v_1-u_1v_3,\ u_1v_2-u_2v_1>$$

외적의 공식을 쉽게 외울 수 있도록, 행렬의 행렬식(determinant)을 상기해 보자. 우선, 2×2 행렬의 행렬식은

$$\begin{vmatrix} a & b \\ c & d \end{vmatrix}=ad-bc$$

그리고 3×3 행렬의 행렬식은(제 1행에 관하여 전개하면)

$$\begin{vmatrix} a_1 & a_2 & a_3 \\ b_1 & b_2 & b_3 \\ c_1 & c_2 & c_3 \end{vmatrix}=a_1\begin{vmatrix} b_2 & b_3 \\ c_2 & c_3 \end{vmatrix}-a_2\begin{vmatrix} b_1 & b_3 \\ c_1 & c_2 \end{vmatrix}+a_3\begin{vmatrix} b_1 & b_3 \\ c_1 & c_2 \end{vmatrix}$$

행렬식을 사용하여서, $\mathbf{u}\times\mathbf{v}$ 의 정의를 다음과 같이 쓸 수 있다.

$$\mathbf{u}\times\mathbf{v}=\begin{vmatrix}\mathbf{i} & \mathbf{j} & \mathbf{k}\\ u_1 & u_2 & u_3\\ v_1 & v_2 & v_3\end{vmatrix}=\begin{vmatrix}u_2 & u_3\\ v_2 & v_3\end{vmatrix}\mathbf{i}-\begin{vmatrix}u_1 & u_3\\ v_1 & v_3\end{vmatrix}\mathbf{j}+\begin{vmatrix}u_1 & u_2\\ v_1 & v_2\end{vmatrix}\mathbf{k}$$

왼쪽 벡터 $\mathbf{u}$의 성분들은 둘째 행이 되고, 오른쪽 벡터 $\mathbf{v}$의 성분들은 셋째 행이 됨을 주목하기 바란다. 이것은 중요하다. 왜냐 하면 만약 $\mathbf{u}$와 $\mathbf{v}$의 위치를 바꾸면, 행렬식의 둘째 행과 셋째 행을 바꾸는 게 되며, 그러면 행렬식의 성질에 의해서 행렬식의 값의 부호가 바뀐다. 그러므로

$$\mathbf{u}\times\mathbf{v}=-(\mathbf{v}\times\mathbf{u})$$

이것을 **반교환법칙**(anticommutative law)이라 부르기도 한다.

예제 9.19

$\mathbf{u}=\langle 1,\ -2,\ -1\rangle$이고 $\mathbf{v}=\langle -2,\ 4,\ 1\rangle$이다. $\mathbf{u}\times\mathbf{v}$와 $\mathbf{v}\times\mathbf{u}$를 계산하여라.

풀이

$$\mathbf{u}\times\mathbf{v}=\begin{vmatrix}\mathbf{i} & \mathbf{j} & \mathbf{k}\\ 1 & -2 & -1\\ -2 & 4 & 1\end{vmatrix}=\mathbf{i}\begin{vmatrix}-2 & -1\\ 4 & 1\end{vmatrix}-\mathbf{j}\begin{vmatrix}1 & -1\\ -2 & 1\end{vmatrix}+\mathbf{k}\begin{vmatrix}1 & -2\\ -2 & 4\end{vmatrix}$$
$$=2\mathbf{i}+\mathbf{j}+0\mathbf{k}$$

$$\mathbf{v}\times\mathbf{u}=\begin{vmatrix}\mathbf{i} & \mathbf{j} & \mathbf{k}\\ -2 & 4 & 1\\ 1 & -2 & -1\end{vmatrix}=\mathbf{i}\begin{vmatrix}4 & 1\\ -2 & -1\end{vmatrix}-\mathbf{j}\begin{vmatrix}-2 & 1\\ 1 & -1\end{vmatrix}+\mathbf{k}\begin{vmatrix}-2 & 4\\ 1 & -2\end{vmatrix}$$
$$=-2\mathbf{i}-\mathbf{j}+0\mathbf{k}$$

예제 9.20

임의의 삼차원 벡터 $\mathbf{u}$ 에 대하여 $\mathbf{u}\times\mathbf{u}=\mathbf{0}$임을 보여라.

풀이 $\mathbf{u}=\langle u_1,\ u_2,\ u_3\rangle$라 하면,

$$\mathbf{u}\times\mathbf{u}=\begin{vmatrix}\mathbf{i} & \mathbf{j} & \mathbf{k}\\ u_1 & u_2 & u_3\\ u_1 & u_2 & u_3\end{vmatrix}$$
$$=(u_2u_3-u_3u_2)\,\mathbf{i}-(u_1u_3-u_3u_1)\,\mathbf{j}+(u_1u_2-u_2u_1)\,\mathbf{k}$$
$$=\mathbf{0}$$

행렬식의 성질 중 두 행의 성분이 같은 행렬식의 값은 0이다 를 이용하여도됨.

예제 9.21

점 $P(1, 4, 6)$, $Q(-2, 5, -1)$, $R(1, -1, 1)$를 지나는 평면에 수직인 벡터를 구하시오.

풀이 벡터 $\overrightarrow{PQ}\times\overrightarrow{PR}$ 는 두 벡터 $\overrightarrow{PQ}, \overrightarrow{PR}$ 모두에 수직이다. 따라서 점 P, Q, R을 지나는 평면에 수직이다.

$$\overrightarrow{PQ}=(-2-1)\mathbf{i}+(5-4)\mathbf{j}+(-1-6)\mathbf{k}=-3\mathbf{i}+\mathbf{j}-7\mathbf{k}$$

$$\overrightarrow{PR}=(1-1)\mathbf{i}+(-1-4)\mathbf{j}+(1-6)\mathbf{k}=-5\mathbf{j}-5\mathbf{k}$$

$$\begin{aligned}\overrightarrow{PQ}\times\overrightarrow{PR}&=\begin{vmatrix}\mathbf{i} & \mathbf{j} & \mathbf{k}\\ -3 & 1 & -7\\ 0 & -5 & -5\end{vmatrix}\\ &=(-5-35)\mathbf{i}-(15-0)\mathbf{j}+(15-0)\mathbf{k}\\ &=-40\mathbf{i}-15\mathbf{j}+15\mathbf{k}\end{aligned}$$

따라서 벡터 $\langle -40, -15, -15\rangle$는 주어진 평면에 수직인 벡터이다. 그리고 이 벡터의 0이 아닌 스칼라 곱은 모두 평면에 수직인 벡터이다.

예제 9.22

$\mathbf{a}$와 $\mathbf{b}$를 이웃한 변으로 가지는 평행사변형의 넓이는 $|\mathbf{a}\times\mathbf{b}|$임을 밝혀라.

풀이 평행사변형의 넓이는 밑변 곱하기 높이이다. 이제 그림 9.33를 보면, 밑변의 길이는 $|\mathbf{a}|$이고 높이는 $|\mathbf{b}|\sin\theta$이므로 $|\mathbf{a}\times\mathbf{b}|=|\mathbf{a}||\mathbf{b}|\sin\theta$라는 사실을 이용하면, 평행사변형의 넓이는 $|\mathbf{a}\times\mathbf{b}|$ 이다.

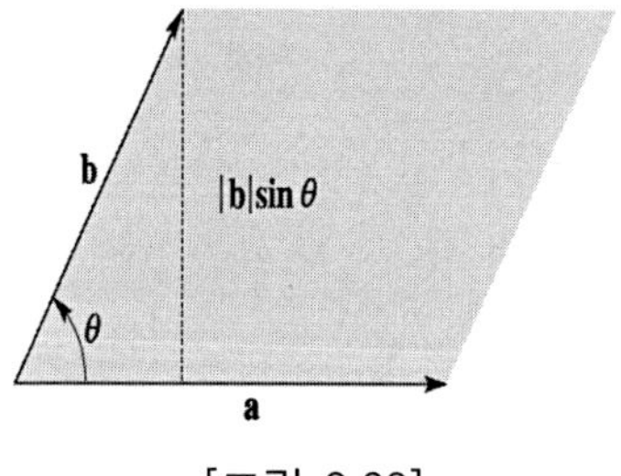

[그림 9.33]

예제 9.23

꼭짓점이 $P(1, 4, 6)$, $Q(-2, 5, -1)$, $R(1, -1, 1)$인 삼각형의 넓이를 구하여라.

풀이 예제 9.21에서 $\overrightarrow{PQ} \times \overrightarrow{PR} = \langle -40, -15, 15 \rangle$이므로 변 PQ, PR을 인접한 두 변으로 하는 평행사변형의 넓이는

$$|\overrightarrow{PQ} \times \overrightarrow{PR}| = \sqrt{(-40)^2 + (-15)^2 + (15)^2} = 5\sqrt{82}$$

이고 따라서 삼각형의 넓이는 $\frac{5}{2}\sqrt{58}$ 이다.

■

정리 9.5의 1과 3을 표준기저벡터 $\mathbf{i}$, $\mathbf{j}$, $\mathbf{k}$에 적용하면 다음을 얻는다.

$$\mathbf{i} \times \mathbf{j} = \mathbf{k}, \quad \mathbf{j} \times \mathbf{k} = \mathbf{i}, \quad \mathbf{k} \times \mathbf{i} = \mathbf{j}$$

$$\mathbf{j} \times \mathbf{i} = -\mathbf{k}, \quad \mathbf{k} \times \mathbf{j} = -\mathbf{i}, \quad \mathbf{i} \times \mathbf{k} = -\mathbf{j}$$

정리 9.7

$\mathbf{u}$, $\mathbf{v}$, $\mathbf{w}$는 삼차원 공간의 벡터이고, k는 스칼라라고 하자. 그러면

1. $\mathbf{u} \times \mathbf{v} = -(\mathbf{v} \times \mathbf{u})$(반교환법칙)
2. $\mathbf{u} \times (\mathbf{v} + \mathbf{w}) = (\mathbf{u} \times \mathbf{v}) + (\mathbf{u} \times \mathbf{w})$(왼쪽 배분법칙)
3. $k(\mathbf{u} \times \mathbf{v}) = (k\mathbf{u}) \times \mathbf{v} = \mathbf{u} \times (k\mathbf{v})$ 4. $\mathbf{u} \times \mathbf{0} = \mathbf{u} \times \mathbf{0} = \mathbf{0}$, $\mathbf{u} \times \mathbf{u} = \mathbf{0}$
5. $(\mathbf{u} \times \mathbf{v}) \cdot \mathbf{w} = \mathbf{u} \cdot (\mathbf{v} \times \mathbf{w})$ 6. $\mathbf{u} \times (\mathbf{v} \times \mathbf{w}) = (\mathbf{u} \cdot \mathbf{w})\mathbf{v} - (\mathbf{u} \cdot \mathbf{v})\mathbf{w}$.

증명 5. $\mathbf{u} = \langle u_1, u_2, u_3 \rangle$, $\mathbf{v} = \langle v_1, v_2, v_3 \rangle$, $\mathbf{w} = \langle w_1, w_2, w_3 \rangle$라 하자.

$$\begin{aligned}(\mathbf{u} \times \mathbf{v}) \cdot \mathbf{w} &= (u_2v_3 - u_3v_2)w_1 + (u_3v_1 - u_1v_3)w_2 + (u_1v_2 - u_2v_1)w_3 \\ &= u_2v_3w_1 - u_3v_2w_1 + u_3v_1w_2 - u_1v_3w_2 + u_1v_2w_3 - u_2v_2w_3 \\ &= u_1(v_2w_3 - v_3w_2) + u_2(v_3w_1 - v_1w_3) + u_3(v_1w_2 - v_2w_1) \\ &= \mathbf{u} \cdot (\mathbf{v} \times \mathbf{w})\end{aligned}$$

□

정리 9.7의 성질 5에서의 $\mathbf{u} \cdot (\mathbf{v} \times \mathbf{w})$는 **스칼라 삼중적** (scalar triple product)이라고 한다. 스칼라 삼중적은 행렬식으로 다음과 같이 나타낼 수 있다.

$$\mathbf{u} \cdot (\mathbf{v} \times \mathbf{w}) = \begin{vmatrix} u_1 & u_2 & u_3 \\ v_1 & v_2 & v_3 \\ w_1 & w_2 & w_3 \end{vmatrix}$$

예제 9.24

벡터 $\mathbf{a}$, $\mathbf{b}$, $\mathbf{c}$가 결정하는 평행육면체의 부피는 다음 식으로 주어짐을 밝혀라.

$$V = |\mathbf{a} \cdot (\mathbf{b} \times \mathbf{c})| = \left|\begin{vmatrix} a_1 & a_2 & a_3 \\ b_1 & b_2 & b_3 \\ c_1 & c_2 & c_3 \end{vmatrix}\right|$$

풀이 그림 9.34에서, **b**와 **c**가 결정하는 평행사변형이 평행육면체의 밑면이라고 간주하자. 예제 8.20에 따라서, 이 밑면의 넓이는 $|\mathbf{b} \times \mathbf{c}|$ 이다. 평행육면체의 높이 h는 **a**의 $\mathbf{b} \times \mathbf{c}$ 로의 스칼라 사영의 절대값이다.

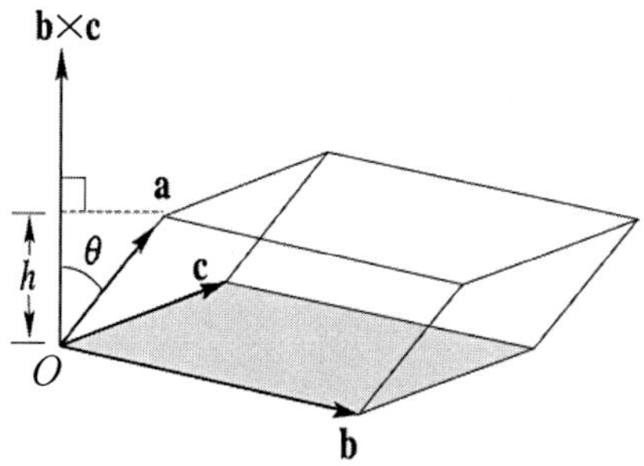

[그림 9.34]

그러므로

$$h = |\mathbf{a}||\cos\theta| = \frac{|\mathbf{a}||\mathbf{a} \cdot (\mathbf{b} \times \mathbf{c})|}{|\mathbf{a}||\mathbf{b} \times \mathbf{c}|} = \frac{|\mathbf{a} \cdot (\mathbf{b} \times \mathbf{c})|}{|\mathbf{b} \times \mathbf{c}|}$$

따라서 다음과 같은 결과를 얻는다.

$$V = h|\mathbf{b} \times \mathbf{c}| = |\mathbf{a} \cdot (\mathbf{b} \times \mathbf{c})|$$

이 식 $|\mathbf{a} \cdot (\mathbf{b} \times \mathbf{c})|$ 를 그 성분을 사용하여 전개하고, 제시해 놓은 행렬식과 이것을 비교해 보면, V 의 값을 행렬식으로 나타낼 수 있음을 알 수 있다.

■

앞의 예제의 벡터 **a**, **b**, **c**가 같은 평면에 놓여 있다고 가정하자. 이 경우는 평행육면체의 높이가 0이 되며, 따라서 부피는 0이 되어야 한다. 이 공식을 적용하면 부피가 $V=0$ 이 되는가? **b**와 **c**가 결정하는 평면에 **a**가 놓여 있다면, **b**, **c**와 수직인 벡터는 모두 **a**와도 수직이 된다. 벡터 $\mathbf{b} \times \mathbf{c}$는 **b**, **c**와 수직이다. 그러므로 $\mathbf{b} \times \mathbf{c}$는 **a**와 수직이다. 그러므로 $\mathbf{a} \cdot (\mathbf{b} \times \mathbf{c}) = 0$.

예제 9.25

인접한 세 변이 $\mathbf{u} = \langle 1, -1, 2 \rangle$, $\mathbf{v} = \langle 2, 1, -1 \rangle$, $\mathbf{w} = \langle 1, 2, -1 \rangle$ 인 사면체의 부피를 구하시오.

풀이

평행육면체의 부피는 $\mathbf{u}\cdot(\mathbf{v}\times\mathbf{w})=\begin{vmatrix}1 & -1 & 2\\ 2 & 1 & -1\\ 1 & 2 & -1\end{vmatrix}=6$이고, 사면체의 부피는 육면체의 부피의 $\frac{1}{6}$이므로 사면체의 부피는 1이다.

예제 9.26

$\mathbf{u}=\langle 1,-1,2\rangle$, $\mathbf{v}=\langle 2,1,1\rangle$, $\mathbf{w}=\langle 1,2,-1\rangle$일 때, $\mathbf{u}\times(\mathbf{v}\times\mathbf{w})$ 를 구하시오.

풀이 **정리 9.7의 6에 의해** $\mathbf{u}\times(\mathbf{v}\times\mathbf{w})=(\mathbf{u}\cdot\mathbf{w})\mathbf{v}-(\mathbf{u}\cdot\mathbf{v})\mathbf{w}$**이므로**

$$\mathbf{u}\times(\mathbf{v}\times\mathbf{w})=-3\langle 2,1,1\rangle-3\langle 1,2,-1\rangle=\langle -9,-9,0\rangle$$

외적의 정의를 이용하면

$$\mathbf{v}\times\mathbf{w}=\langle 2,1,1\rangle\times\langle 1,2,-1\rangle=\langle -3,3,3\rangle$$

$$\mathbf{u}\times(\mathbf{v}\times\mathbf{w})=\langle 1,-1,2\rangle\times\langle -3,3,3\rangle=\langle -9,-9,0\rangle$$

연습문제 9-4 Exercises

1. $\mathbf{a}=-3\mathbf{i}+2\mathbf{j}-2\mathbf{k}$, $\mathbf{b}=-\mathbf{i}+2\mathbf{j}-4\mathbf{k}$, $\mathbf{c}=7\mathbf{i}+3\mathbf{j}-4\mathbf{k}$이다. 다음 각각을 구하여라.

(a) $\mathbf{a}\times\mathbf{b}$ (b) $\mathbf{a}\times(\mathbf{b}+\mathbf{c})$

(c) $\mathbf{a}\cdot(\mathbf{b}+\mathbf{c})$ (d) $\mathbf{a}\times(\mathbf{b}\times\mathbf{c})$

2. $\mathbf{a}=\langle 3,3,1\rangle$, $\mathbf{b}=\langle -2,-1,0\rangle$, $\mathbf{c}=\langle -2,-3,-1\rangle$일 때, 다음 각각을 구하여라.

(a) $\mathbf{a}\times\mathbf{b}$ (b) $\mathbf{a}\times(\mathbf{b}+\mathbf{c})$

(c) $\mathbf{a}\cdot(\mathbf{b}+\mathbf{c})$ (d) $\mathbf{a}\times(\mathbf{b}\times\mathbf{c})$

3. 벡터 $\mathbf{a}=-2\mathbf{i}+5\mathbf{j}-2\mathbf{k}$, $\mathbf{b}=3\mathbf{i}-2\mathbf{j}+4\mathbf{a}$둘 다와 수직인 벡터를 모두 구하여라.

4. 세 점 (1, 3, 5), (3, −1, 2), (4, 0, 1)이 결정하는 평면에 수직인 단위 벡터들을 구하여라.

5. $\mathbf{a} = -\mathbf{i} + \mathbf{j} - 3\mathbf{k}$, $\mathbf{b} = 4\mathbf{i} + 2\mathbf{j} - 4\mathbf{k}$를 인접한 변들로 가지는 평행사변형의 넓이를 구하여라.

6. $\mathbf{a} = 2\mathbf{i} + 2\mathbf{j} - \mathbf{k}$, $\mathbf{b} = -\mathbf{i} + \mathbf{j} - 4\mathbf{k}$를 인접한 변들로 가지는 평행사변형의 넓이를 구하여라.

7. (3, 2, 1), (2, 4, 6), (−1, 2, 5)를 꼭지점으로 가지는 삼각형의 넓이를 구하여라.

8. 모서리가 $\langle 2, 3, 4 \rangle$, $\langle 0, 4, -1 \rangle$, $\langle 5, 1, 3 \rangle$인 평행육면체의 부피를 구하여라.

9. 모서리가 $3\mathbf{i} - 4\mathbf{j} + 2\mathbf{k}$, $-\mathbf{i} + 2\mathbf{j} + \mathbf{k}$, $3\mathbf{i} - 2\mathbf{j} + 5\mathbf{k}$인 평행육면체의 부피를 구하여라.

9.5 삼차원 공간의 직선과 곡선

♥ 직선

선들 중에 가장 간단한 선은 직선이다. 고정된 한 점 P_0와 고정된 한 벡터 $\mathbf{v} = a\mathbf{i} + b\mathbf{j} + c\mathbf{k}$를 주면 직선이 결정된다. 벡터 $\overrightarrow{P_0P}$ 가 $\mathbf{v}$에 평행한 모든 점 P 들의 집합이라 하자. 즉, 어떤 실수 t가 있어서,

$$\overrightarrow{P_0P} = t\mathbf{v}$$

를 만족하는 점P 들의 집합이다(그림 9.37).

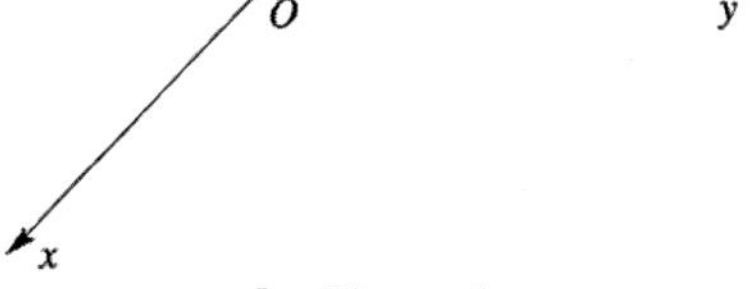

[그림 9.37]

만약 $\mathbf{r} = \overrightarrow{OP}$와 $\mathbf{r}_0 = \overrightarrow{OP_0}$가 P와 P_0의 위치 벡터이면, $\overrightarrow{P_0P} = \mathbf{r} - \mathbf{r}_0$이며, 따라서 직선의 방정식은 다음과 같이 쓸 수 있다.

$$\mathbf{r} = \mathbf{r}_0 + t\mathbf{v}$$

만약 $\mathbf{r} = \langle x, y, z \rangle$, $\mathbf{r}_0 = \langle x_0, y_0, z_0 \rangle$라 쓰고, 위의 방정식에서 성분들을 같다고 놓으면, 다음 식을 얻게 된다.

$$x = x_0 + at, \qquad y = y_0 + bt, \qquad z = z_0 + ct$$

점 $(x_0,\ y_0,\ z_0)$을 지나고 벡터 $\mathbf{v} = <a,\ b,\ c>$에 평행한 직선의 **매개변수 방정식**(parametric equation)이 이것이다. 수 a, b, c는 그 직선의 **방향수**(direction number)라고 부른다. 이들은 유일하지 않다. 0이 아닌 임의의 상수를 곱한 ka, kb, kc도 방향수이다.

예제 9.27

점 (2, 4, 3)와 (3, −1, 1)를 지나는 직선의 매개변수 방정식을 구하여라. (그림 8.38 참조)

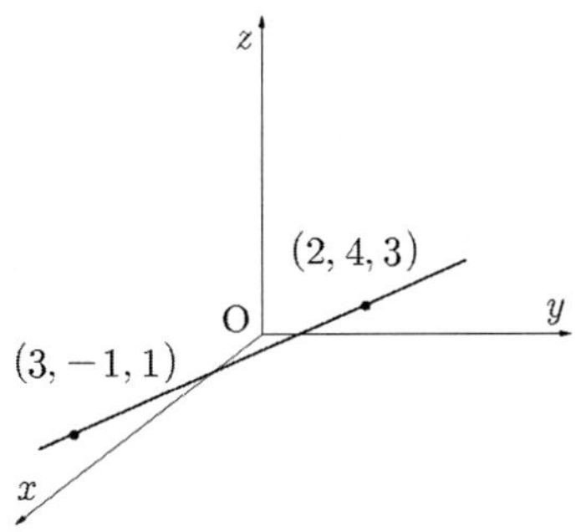

[그림 9.38]

풀이 주어진 직선에 평행한 벡터는

$$\mathbf{v} = <3-2, -1-4, 1-3 \geqq <1, -5, -2>$$

만약 $(x_0,\ y_0,\ z_0)$ 을 (2, 4, 3)으로 택하면, 다음 매개변수 방정식을 얻게 된다.

$$x = 2 + t, \quad y = 4 - 5t, \quad z = 3 - 2t$$

$t = 0$이면 점 (2, 4, 3)이 되고, $t = 1$은 점 (3, −1, 1)이 됨을 주목하기 바란다. 사실, $0 \leq t \leq 1$은 이 두 점을 잇는 선분에 대응한다.

만약 각각의 매개변수 방정식을 t에 대해서 풀고(a, b, c가 모두 0이 아닌 경우), 그 결과를 서로 같다고 놓으면, 점 $(x_0,\ y_0,\ z_0)$을 지나고 방향수가 a, b, c인 직선의 **대칭 방정식**(symmetric equation)을 얻게 된다. 즉,

$$\frac{x - x_0}{a} = \frac{y - y_0}{b} = \frac{z - z_0}{c}$$

이것은 다음 두 방정식을 결합한 것이다.

$$\frac{x - x_0}{a} = \frac{y - y_0}{b} \qquad \text{그리고} \quad \frac{y - y_0}{b} = \frac{z - z_0}{c}$$

이들은 둘 다 평면의 방정식이다(그림 9.39 참조). 두 평면의 교집합(교선)은 직선이 됨은 물론이다.

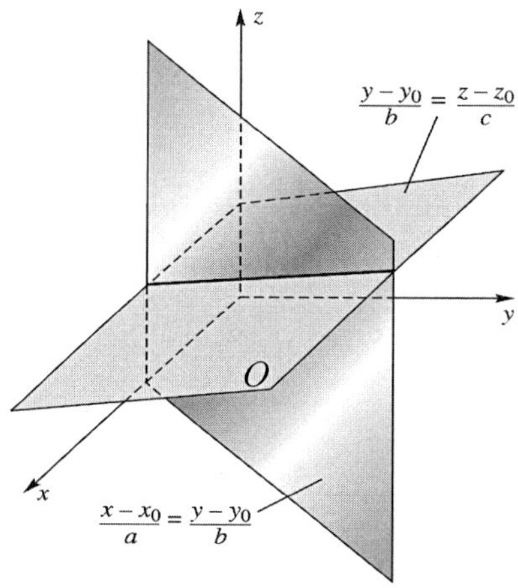

[그림 9.39]

예제 9.28

벡터 $<1, 4, -2>$와 평행하고 점 $(5, 1, 3)$을 지나는 직선의 대칭 방정식을 구하여라.

풀이 $\dfrac{x-5}{1}=\dfrac{y-1}{4}=\dfrac{z-3}{2}$

예제 9.29

점 (1, −2, 3)을 지나고, x축과 직선

$$\frac{x-4}{2}=\frac{y-3}{-1}=\frac{z}{5}$$

에 동시에 수직인 직선의 방정식을 구하여라.

풀이 x축의 방향은 $\mathbf{u}=<1, 0, 0>$이고, 주어진 직선의 방향은 $\mathbf{v}=<2, -1, 5>$이다. $\mathbf{u}$와 $\mathbf{v}$ 둘 다와 수직인 벡터는 다음과 같다.

$$\mathbf{u}\times\mathbf{v}=\begin{vmatrix}\mathbf{i} & \mathbf{j} & \mathbf{k}\\ 1 & 0 & 0\\ 2 & -1 & 5\end{vmatrix}=0\mathbf{i}-5\mathbf{j}-\mathbf{k}$$

그러므로 원하는 직선은 $<0, -5, -1>$과 평행하며, 또한 $<0, 5, 1>$과 평행하다. 그런데 첫째 방향수가 0이니, 이 직선은 대칭 방정식을 가지지 않으며, 이 직선의 매개변수 방정식은 다음과 같다.

$$x = 1, \qquad y = -2 + 5t, \qquad z = 3 + t$$

■

♣ 공간에서의 평면

벡터를 사용하여 평면을 나타내면 여러 가지로 유용하다. $\mathbf{n} = < A,\ B,\ C >$는 영이 아닌 고정된 벡터라 하고, $P_1(x_1,\ y_1,\ z_1)$은 고정된 점이라 하자. $\overrightarrow{P_1P} \cdot \mathbf{n} = 0$ 을 만족하는 점 $P(x,\ y,\ z)$ 들의 집합은 P_1을 지나고 $\mathbf{n}$ 에 수직인 **평면**(plane)이다. 임의의 평면은 어떤 점을 지나고, 어떤 벡터에 수직이므로, 이 방법으로 평면을 결정할 수 있다.

평면의 직교 좌표 방정식을 얻기 위해서, 벡터 $\overrightarrow{P_1P}$를 그 성분 형태로 쓰자. 즉,

$$\overrightarrow{P_1P} = < x - x_1,\ y - y_1,\ z - z_1 >$$

그러면 $\overrightarrow{P_1P} \cdot \mathbf{n} = 0$은 다음 방정식과 동등하다.

$$A(x - x_1) + B(y - y_1) + C(z - z_1) = 0$$

이 방정식을 (A, B, C 중의 최소한 하나는 0이 아니어야 한다.) **평면의 표준형 방정식**(standard form for the equation of a plane)이라 부른다.

괄호를 없애고 간단하게 만들면, 네모 속의 방정식은 다음과 같은 일반적인 선형방정식이 된다.

$$Ax + By + Cz = D, \qquad A^2 + B^2 + C^2 \neq 0$$

그러므로 모든 평면은 선형방정식을 가진다. 역으로, 삼차원 공간에서 선형방정식의 그래프는 항상 평면이 된다. 후자를 확인해 보기 위해서, $(x_1,\ y_1,\ z_1)$가 이 방정식을 만족한다고 하자. 즉,

$$Ax_1 + By_1 + Cz_1 = D$$

이 방정식을 위의 방정식에서 빼면, 표준형태의 평면의 방정식이 나오며, 그것은 평면을 나타냄을 알고 있다.

예제 9.30

점 $(2,\ 4,\ -1)$를 지나고 벡터 $\mathbf{n} = < 2,\ 4,\ 3 >$에 수직인 평면의 방정식을 구하여라. 그 다음에 이 평면과 방정식 $3x - 4y + 7z = 5$를 가지는 평면 사이의 각을 구하여라.

풀이 먼저 문제를 풀기 위하여 표준 형태의 평면의 방정식을 이 문제에 적용하면 된다. 그러면

$$2(x-2)+4(y-4)+3(z+1)=0$$

혹은, 이와 동등한 방정식으로, 다음과 같이 나타낼 수 있다.

$$2x+4y+3z=12$$

두 번째 평면에 수직인 벡터 $\mathbf{m}$은 $\mathbf{m}=\langle 3, -4, 7\rangle$이며, 두 평면들 사이의 각 θ는 그림 9.40에서와 같이 그들의 수직(법선) 벡터들 사이의 각과 같다. 그러므로

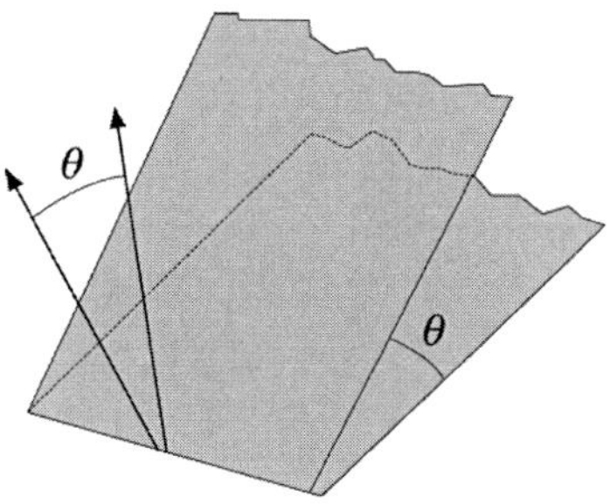

[그림 9.40]

$$\cos\theta=\frac{\mathbf{m}\cdot\mathbf{n}}{|\mathbf{m}||\mathbf{n}|}$$
$$=\frac{(3)(2)+(-4)(4)+(7)(3)}{\sqrt{9+16+49}\sqrt{4+16+9}}\approx 0.2375,\ \theta\approx 76.26°$$

사실, 평면들 사이의 각은 두 개가 있지만, 그들은 서로 보각(supplementary angle)들이다. 방금 설명한 계산 과정은 그 중 어느 한 각만을 얻는다. 만약 다른 한 각을 얻고 싶으면, 180°에서 첫 번째 값을 빼면 된다. 지금 이 경우는 103.74°가 될 것이다.

예제 9.31

다음 두 평면의 교집합인 직선의 대칭 방정식을 구하여라.

$$x+y+z=1 \quad \text{그리고} \quad x-2y+3z=1$$

풀이 우선 직선의 두 점을 잡아야 한다. 어떠한 두 점이든 상관이 없지만, 직선이 yz-평면, xz-평면을 뚫고 지나가는 점들을 잡도록 하자(그림 9.41 참조).

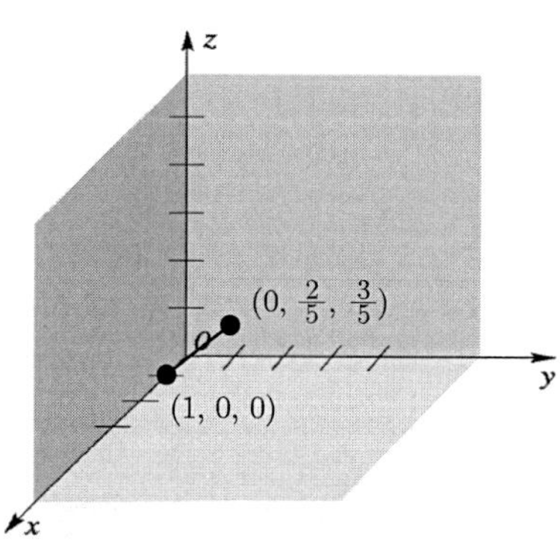

[그림 9.41]

전자의 점은 $x=0$이라 놓고, 그 결과로 나오는 방정식 $y+z=1$와 $-2y+3z=1$을 연립으로 풀면 된다. 그러면 점 $\left(0, \frac{2}{5}, \frac{3}{5}\right)$가 나온다. $y=0$이라 놓고 비슷하게 풀어서, (1, 0, 0)를 얻을 수 있다. 따라서 원하는 직선과 평행한 벡터는

$$< 1-0,\ 0-\frac{2}{5},\ 0-\frac{3}{5} > = < 1,\ -\frac{2}{5},\ \frac{3}{5} >$$

점 (1, 0, 0)를 (x_0, y_0, z_0)으로 사용하면, 다음 방정식을 얻게 된다.

$$\frac{x-1}{1}=\frac{y-0}{-\frac{2}{5}}=\frac{z-0}{-\frac{3}{5}}$$

다른 방법으로 풀 수도 있다. 두 평면의 교선은 두 평면의 법선들과 수직임을 이용하자. 벡터 $\mathbf{u}=<1, 1, 1>$는 첫째 평면의 법선 벡터이고, 벡터 $\mathbf{v}=<1, -2, 3>$는 둘째 평면의 법선 벡터이다. 그런데

$$\mathbf{u}\times\mathbf{v}=\begin{vmatrix} \mathbf{i} & \mathbf{j} & \mathbf{k} \\ 1 & 1 & 1 \\ 1 & -2 & 3 \end{vmatrix}=5\mathbf{i}-2\mathbf{j}+3\mathbf{k}$$

이니, 벡터 $\mathbf{w}=<5, -2, 3>$는 원하는 직선과 평행하다. 그 다음, 교선에서 임의의 점을 찾아야 한다. 예를 들어 (1, 0, 0)를 잡아서, 앞에서와 같이 풀면 된다.

예제 9.32

점 (x_0, y_0, z_0)로부터 평면 $Ax+By+Cz=D$까지의 거리 L은 다음 공식으로 주어짐을 밝혀라.

$$L=\frac{|Ax_0+By_0+Cz_0-D|}{\sqrt{A^2+B^2+C^2}}$$

풀이 그림 9.42에서와 같이 평면의 한 점을 (x_1, y_1, z_1)이라 하고, (x_1, y_1, z_1) 에서 (x_0, y_0, z_0)으로 가는 벡터를 $\mathbf{m}=<x_0-x_1, y_0-y_1, z_0-z_1>$이라 하자. $\mathbf{n}=<A, B, C>$는 주어진 평면에 수직인 벡터인데, 이 그림에 나오는 것과는 반대 방향을 가리킬 수도 있다. 구하고자 하는 수 L은 $\mathbf{m}$을 $\mathbf{n}$으로 사영한 것의 길이이다. 즉,

$$L=|\,|\mathbf{m}|\cos\theta\,|=\frac{|\mathbf{m}\cdot\mathbf{n}|}{|\mathbf{n}|}$$

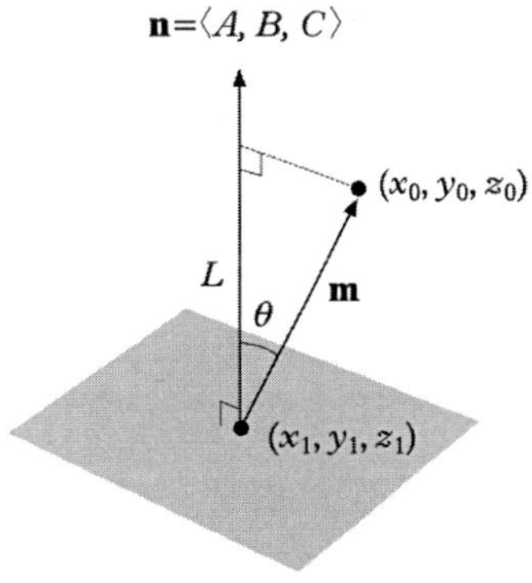

[그림 9.42]

$$= \frac{|A(x_0 - x_1) + B(y_0 - y_1) + C(z_0 - z_1)|}{\sqrt{A^2 + B^2 + C^2}}$$

$$= \frac{|Ax_0 + By_0 + Cz_0 - (Ax_1 + By_1 + Cz_1)|}{\sqrt{A^2 + B^2 + C^2}}$$

그런데 (x_1, y_1, z_1) 은 평면에 놓여 있으며, 따라서

$$Ax_1 + By_1 + Cz_1 = D$$

L을 표현해 놓은 식에 이 결과를 넣으면, 원하는 공식이 나온다.

예제 9.33

평행한 평면 $10x + 2y - 2z = 5$와 $5x + y - z = 1$ 사이의 거리를 구하여라.

풀이 벡터 $<5, 1, -1>$가 이 두 평면들과 수직이므로 이들은 서로 평행하다(그림 9.43).

점 $\left(\frac{1}{2}, 0, 0\right)$는 첫 번째 평면에 놓여 있음을 쉽게 알 수 있다. 예제 9.32의 공식을 사용하여, 점 $\left(\frac{1}{2}, 0, 0\right)$로부터 두 번째 평면까지의 거리 L을 구하면 된다.

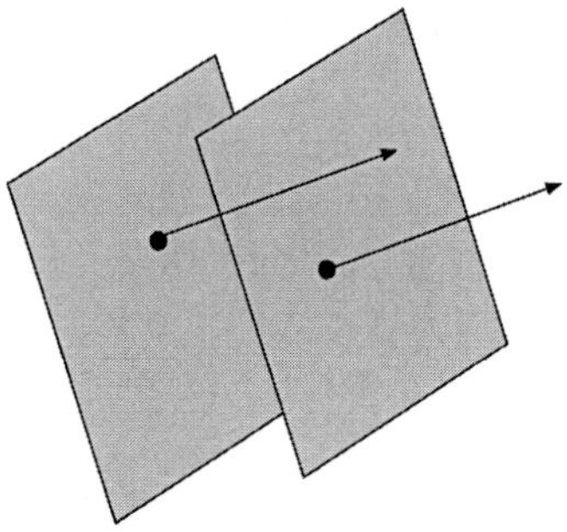

[그림 9.43]

$$L = \frac{|5(\frac{1}{2}) + 1(0) - 1(0) - 1|}{\sqrt{5^2 + 1^2 + (-1)^2}}$$

$$= \frac{\frac{3}{2}}{3\sqrt{3}} = \frac{\sqrt{3}}{6}$$

연습문제 9-5 Exercises

※ 다음에 주어진 한 쌍의 평면들의 교선의 대칭 방정식을 구하여라.

1. $4x + 3y - 7z = 1,\ 10x + 6y - 5z = 10$

2. $x + 4y - 2z = 13,\ 2x - y - 2z = 5$

3. 점 (4, 0, 6)을 지나고 평면 $x-5y+2z=10$에 수직인 직선의 대칭 방정식을 구하여라.

4. 점 (−5, 7, −2)를 지나고 두 벡터 <2, 1, −3>, <5, 4, −1>과 수직인 직선의 대칭 방정식을 구하여라.

5. 점 (5, −3, 4)를 지나고 z축과 수직으로 교차하는 직선의 매개변수 방정식을 구하여라.

6. 점 (2, −4, 5)를 지나고, 평면 $3x+y-2z=5$와 평행하며, 직선

$$\frac{x+8}{2}=\frac{y-5}{3}=\frac{z-1}{-1}$$

과 수직인 직선의 대칭 방정식을 구하여라.

7. 다음 두 개의 평행한 직선들을 포함하는 평면의 방정식을 구하여라.

$$\begin{cases} x=-2+2t \\ y=1+4t \\ z=2-t \end{cases} \quad \text{그리고} \quad \begin{cases} x=2-2t \\ y=3-4t \\ z=1+t \end{cases}$$

8. 직선 $x=1+2t,\ y=-1+3t,\ z=4+t$와 점 (1, −1, 5)를 포함하는 평면의 방정식을 구하여라.

9. 점 P를 지나고 벡터 $\mathbf{n}$에 수직인 평면의 방정식을 구하여라.

(a) $P(1,\ 2,\ -3),\ \mathbf{n}=2\mathbf{i}-4\mathbf{j}+3\mathbf{k}$ (b) $P(-2,\ -3,\ 4),\ \mathbf{n}=3\mathbf{i}-2\mathbf{j}-\mathbf{k}$

10. 점 (−1, 2, −3)을 지나고 평면 $2x+4y-z=6$에 평행한 평면의 방정식을 구하여라.

11. 점 (−4, −1, 2)를 지나고 다음에 평행한 평면의 방정식을 구하여라.

(a) xy평면 (b) 평면 $2x-3y-4z=0$

12. 점 (1, −1, 2)에서 평면 $x+3y+z=7$까지의 거리를 구하여라.

13. 점 (2, 6, 3)에서 평면 $-3x+2y+z=9$까지의 거리를 구하여라.

14. 평행한 두 평면 $5x-3y-2z=5$, $-5x+3y+2z=7$사이의 거리를 구하여라.

15. 두 점 (−2, 1, 4)와 (6, 1, −2)로부터 같은 거리에 있는 점들의 집합인 평면의 방정식을 구하여라.

9.6 공간에서의 곡면

평면의 방정식 $F(x, y)=0$ 의 그래프를 곡선이라 부르듯이, 공간에서 방정식 $F(x, y, z)=0$의 그래프를 곡면이라 한다. 이것들을 차례로 알아보자.

♥ 주면

주면이란 주어진 평면 곡선을 지나가는 주어진 직선에 평행한 모든 직선으로 이루어진 곡면이다. 이 곡선을 주면의 **모곡선**이라 한다.

예제 9.34

포물주면 $y=x^2$. 포물선 $y=x^2$, $z=0$을 지나가고 z축에 평행한 직선으로 만들어진 주면의 방정식을 구하여라(그림 9.44 참조).

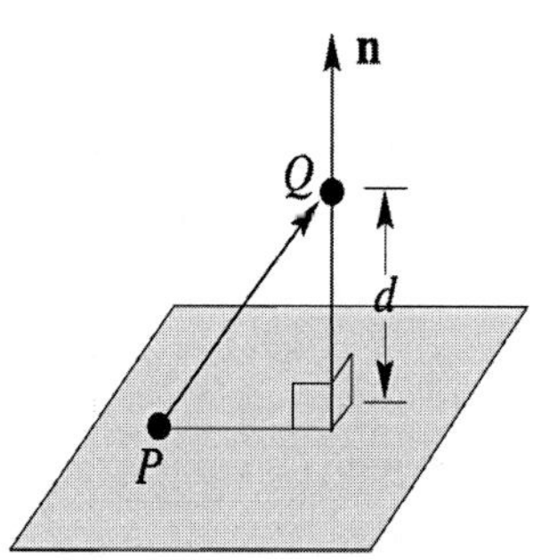

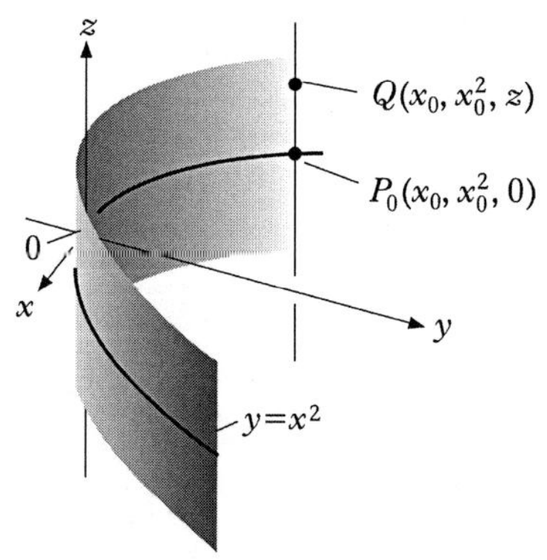

[그림 9.44] xy-평면의 포물선 $y=x^2$을 지나며 z축에 평행인 직선들로 이루어진 주면.

[그림 9.45] 주면 위의 모든 점은 (x_0, x_0^2, z) 꼴의 좌표를 갖는다.

풀이 점 $P_0(x_0,\ x_0^2, 0)$ 이 $xy-$평면의 포물선 $y=x^2$ 위에 있다고 하자. 그러면 점 $Q(x_0,\ x_0^2,\ z)$ 는 P_0를 지나면서 $z-$축에 평행인 직선 $x=x_0,\ y=x_0^2$ 위에 있으므로 이 주면 위에 있다. 그림 9.43를 보라. 따라서 z값에 상관없이 이 곡면의 점의 x좌표와 y좌표는 방정식 $y=x^2$을 만족시킨다. 즉, 이 주면의 방정식은 $y=x^2$이다. $\{(x,\ y,\ z)\,|\,y=x^2,\ z\in R\}$ 세 개의 좌표 중에 두 개의 좌표로만 이루어진 방정식은 나머지 하나의 좌표축에 평행인 직선들로 이루어진 주면의 방정식이다.

♣ 이차곡면

선형항과 상수항을 가지는 이차항의 결합된 방정식으로 주어지는 곡면을 **이차곡면**이라고 한다. 그림 9.46~9.52의 곡면들은 이차곡면이다.

(1) 타원면(그림 9.46)

$$\frac{x^2}{a^2}+\frac{y^2}{b^2}+\frac{z^2}{c^2}=1$$

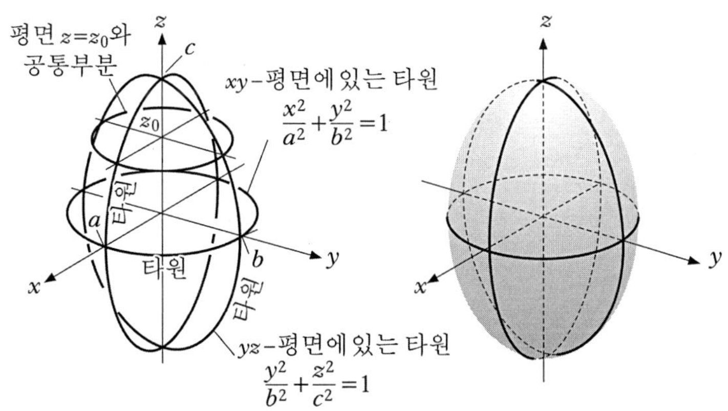

[그림 9.46] 타원면 $\frac{x^2}{a^2}+\frac{y^2}{b^2}+\frac{z^2}{c^2}=1$

이 방정식은 각각의 좌표축과 $(\pm a,\ 0,\ 0)$, $(0,\ \pm b,\ 0)$, $(0,\ 0,\ \pm c)$ 에서 각각 만나며, 직육면체 꼴의 영역 $|x|\le a, |y|\le b, |z|\le c$의 안쪽에 놓여있다. 방정식을 보면 $x,\ y,\ z$의 지수는 모두 짝수이므로 이 곡면은 각각의 좌표축에 대칭임을 알 수 있다. 각각의 좌표평면과의 교점으로 주어지는 곡선은 모두 타원이다. 예를 들어 $z=0$이면

$$\frac{x^2}{a^2}+\frac{y^2}{b^2}=1,\ \text{단},\ z=0$$

을 얻는다. 평면 $z=z_0$, $|z_0|<c$와의 공통부분으로 주어지는 곡선은 타원

$$\frac{x^2}{a^2(1-(z_0/c)^2)}+\frac{y^2}{b^2(1-(z_0/c)^2)}=1$$

이다. 반장축 a, b, c중 2개가 같을 경우, 이것은 타원을 회전시킨 회전체이고, 3개가 모두 같으면 공이 된다.

(2) 타원 포물면(그림 9.47)

$$\frac{x^2}{a^2}+\frac{y^2}{b^2}=\frac{z}{c}$$

는 평면 $x=0$과 $y=0$에 대해 대칭이다. 좌표축과의 교점은 원점뿐이다. x 또는 y가 0 이 아니면 z는 양수이어야 하므로 원점을 제외하면, 곡면은 xy-평면의 위쪽에 있다.

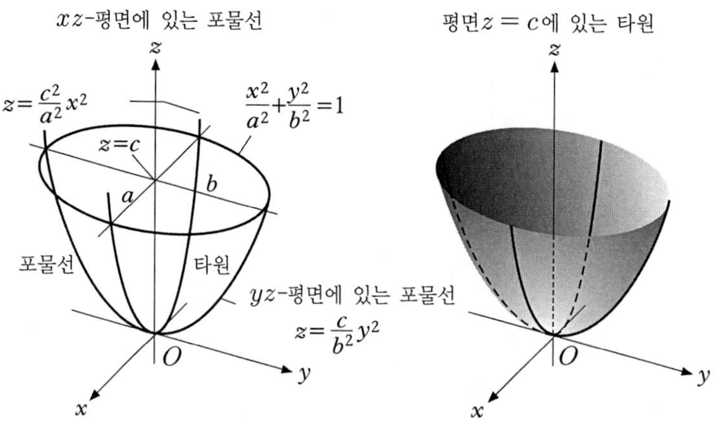

[그림 9.47] 이 곡면은 타원포물면이다. z축에 수직인 평면과의 공통부분은 타원이며 xy-평면의 위쪽에만 존재한다. z축을 포함하는 평면과의 공통부분은 포물선이다.

각각의 좌표평면과의 공통부분은 다음과 같다.

$x=0$: 포물선 $z=\frac{c}{b^2}y^2$ $y=0$: 포물선 $z=\frac{c}{a^2}x^2$ $z=0$: 원 점 (0, 0, 0)

xy-평면 위쪽의 평면 $z=z_1$과의 공통부분은 다음 타원이다.

$$\frac{x^2}{a^2}+\frac{y^2}{b^2}=\frac{z_1}{c}$$

(3) 원형 포물면 또는 회전 포물면(그림 9.48)

타원포물면 방정식에서 $a=b$이면 다음을 얻는다.

$$\frac{x^2}{a^2}+\frac{y^2}{a^2}=\frac{z}{c}$$

z축과 수직인 평면과의 공통부분은 중심이 z축에 있는 원이다. z축을 포함하는 평면과의 공통부분은 모두 합동인 포물선이며, 그 초점은 모두 $(0,\ 0,\ a^2/4c)$이다.

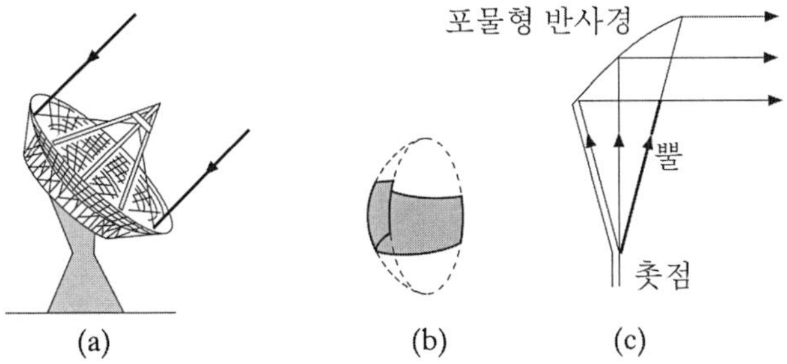

(a) 광학망원경과 같은 원리를 이용한 전파망원경 (b) 레이다 반사경 (c) 뿔안테나 초단파 반사경

[그림 9.48] 원형포물면의 절단면을 이용한 안테나들

(4) 타원추면(그림 9.49)

$$\frac{x^2}{a^2}+\frac{y^2}{b^2}=\frac{z^2}{c^2}$$

은 각각의 좌표평면에 대칭이다. 좌표평면에 의한 단면곡선을 정리하면 다음과 같다.

$x=0$: 직선 $z=\pm\dfrac{c}{b}y$, $y=0$: 직선 $z=\pm\dfrac{c}{a}x$, $z=0$: 점 $(0,\ 0,\ 0)$

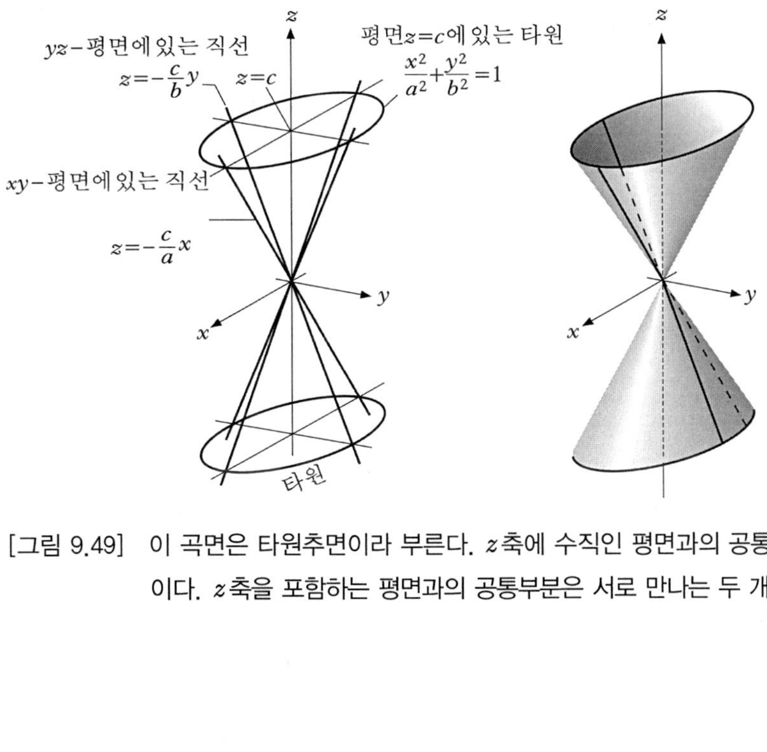

[그림 9.49] 이 곡면은 타원추면이라 부른다. z축에 수직인 평면과의 공통부분은 타원이다. z축을 포함하는 평면과의 공통부분은 서로 만나는 두 개의 직선이다.

xy-평면의 위쪽 또는 아래쪽과 평면 $z=z_1$과의 공통부분인 단면곡선은 타원으로, 그 중심은 z축에 있고, 꼭지점은 위의 직선

$$z=\pm\frac{c}{b}y,\quad z=\pm\frac{c}{a}x$$

위에 있다. $a=b$이면 이 곡면은 직원추가 된다.

(5) 일엽 쌍곡면(그림 9.50)

$$\frac{x^2}{a^2}+\frac{y^2}{b^2}-\frac{z^2}{c^2}=1$$

은 세 개의 좌표평면에 대해 대칭이다. 좌표평면에 의한 단면 곡선은 다음과 같다.

$x=0$: 쌍곡선 $\frac{y^2}{b^2}-\frac{z^2}{c^2}=1$, $y=0$: 쌍곡선 $\frac{x^2}{a^2}-\frac{z^2}{c^2}=1$, $z=0$: 타 원 $\frac{x^2}{a^2}+\frac{y^2}{b^2}=1$

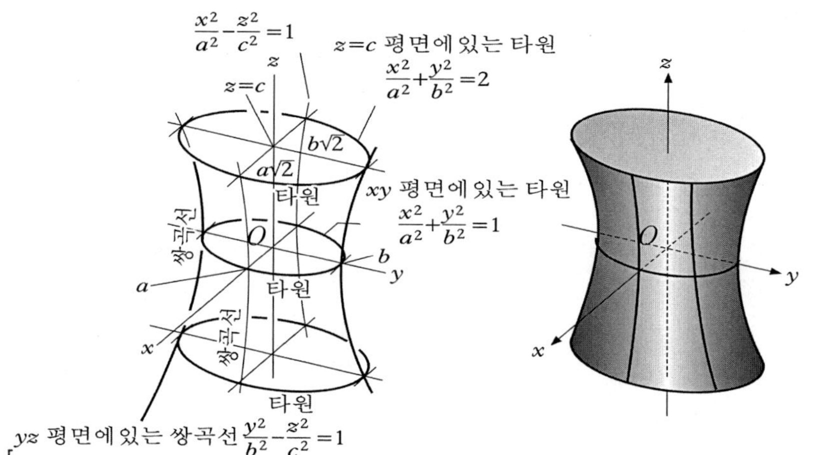

[그림 9.50] 이 곡선을 일엽 쌍곡면이라 부른다. z축에 수직인 평면에 의한 단면곡선은 타원이며, z축을 포함하는 평면에 의한 단면곡선은 쌍곡선이다.

평면 $z=z_1$과 이 곡면의 공통부분은, 중심이 z축 위에 있고, 위의 식 쌍곡선

$$\frac{x^2}{a^2}-\frac{z^2}{c^2}=1$$

위에 꼭지점이 있는 타원이다. $a=b$ 이면 이 쌍곡면은 회전체가 된다.

(6) 이엽 쌍곡면(그림 9.51)

$$\frac{z^2}{c^2} - \frac{x^2}{a^2} - \frac{y^2}{b^2} = 1$$

은 각각의 좌표평면에 대해 대칭이다. 평면 $z = c$와의 공통부분은 공집합이다. 평면 $z = z_1$과 이 곡면의 공통부분이 공집합이 아니기 위해서는 $|z| \geq c$이어야 한다.

단면 곡선인 쌍곡선

$$x = 0 : \frac{z^2}{c^2} - \frac{y^2}{b^2} = 1 \qquad y = 0 : \frac{z^2}{c^2} - \frac{x^2}{a^2} = 1$$

은 꼭지점과 초점은 z축 위에 있다.

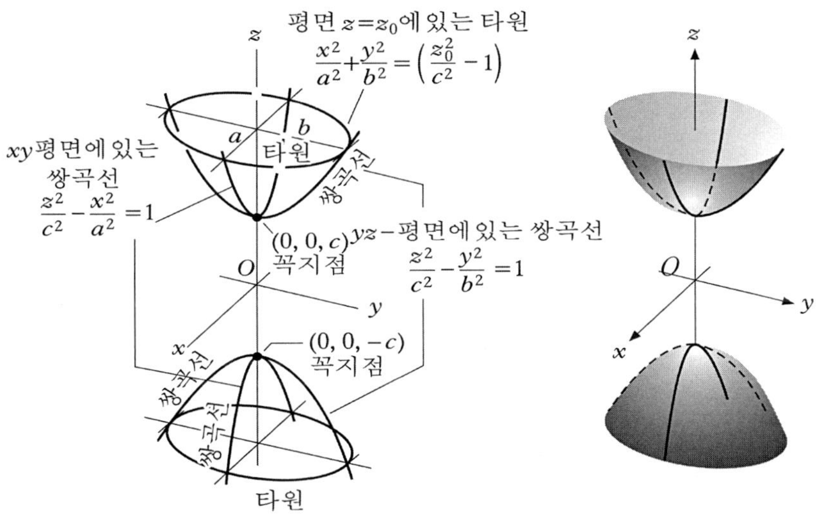

[그림 9.51] 이는 쌍곡면으로 z축에 수직인 면으로 자른 단면은 타원이다. z축을 포함하는 면으로 자른 단면은 쌍곡선이다.

이 곡면은 두 부분으로 이루어진다. 그 한 부분은 평면 $z = c$의 위쪽에 있으며, 또 한 부분은 평면 $z = -c$의 아래쪽에 있다. 일엽 쌍곡면 $\frac{x^2}{a^2} + \frac{y^2}{b^2} - \frac{z^2}{c^2} = 1$ 과 비교하면 우변은 모두 1이지만 좌변의 음수항의 개수가 다르다. 음수항의 개수와 곡면의 연결된 부분의 개수가 같다.

우변이 모두 0이면 타원추면의 식을 얻는다. 두 직선 $\frac{x^2}{a^2} - \frac{y^2}{a^2} = 0$이 $xy-$평면의 두 쌍곡선 $\frac{x^2}{a^2} - \frac{y^2}{b^2} = \pm 1$의 점근선을 이루는 것과 마찬가지로 타원 추면의 식은 일엽쌍곡

면 또는 이엽쌍곡면의 점근 곡면을 이룬다.

(7) 쌍곡 포물면(그림 9.52)

$$\frac{x^2}{a^2} - \frac{y^2}{b^2} = \frac{z}{c}$$

은 평면 $x=0$ 과 평면 $y=0$ 에 대해 대칭이다.

이 평면들에 의한 단면 곡선은 다음과 같다.

$$\boldsymbol{x}=0 : \text{포물선 } z = \frac{-c}{b^2}y^2, \quad \boldsymbol{y}=0 : \text{포물선 } z = \frac{c}{a^2}x^2$$

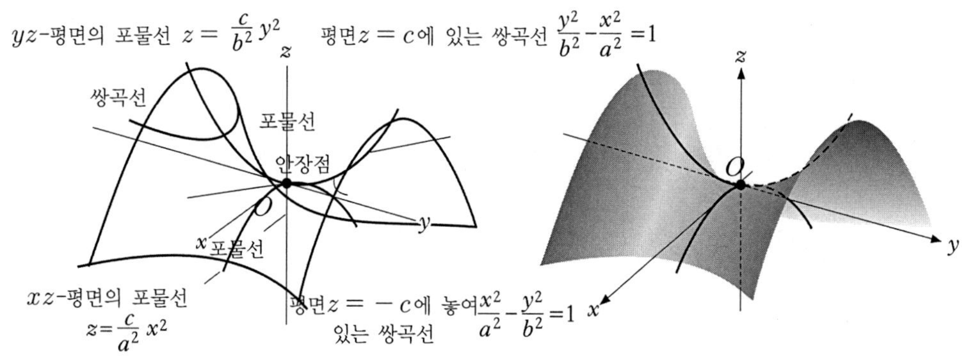

[그림 9.52] 쌍곡포물면으로 z축에 수직인 평면에 의한 단면곡선은 쌍곡선이고, 다른 좌표축에 수직인 평면에 의한 단면곡선은 포물선이다.

포물선 $z = \frac{-c}{b^2}y^2$ 은 아래로 볼록하며 꼭짓점은 원점이고 포물선 $z = \frac{c}{a^2}x^2$은 꼭지점은 같지만 위로 볼록이다. 평면 $z = z_1 > 0$에 의한 단면 곡선은 쌍곡선 $\frac{x^2}{a^2} - \frac{y^2}{b^2} = \frac{z_1}{c}$ 으로, 초점의 축은 y축에 평행하며, 꼭짓점은 포물선 $z = \frac{-c}{b^2}y^2$ 위에 있다. 만일 위의 식 $\frac{x^2}{a^2} - \frac{y^2}{b^2} = \frac{z_1}{c}$ 에서 z_1이 음수이면, 이 쌍곡선의 초점의 축은 x축에 평행하며 포물선 $z = \frac{c}{a^2}x^2$ 위에 꼭짓점이 있게 된다.

연습문제 9-6 Exercises

※ 다음 방정식의 삼차원 공간에서의 그래프가 어떤 종류인지 밝혀라.

1. $4x^2+36y^2=144$
2. $3x+2z=10$
3. $x^2+y^2-8x+4y+13=0$
4. $4x^2+9y^2+49z^2=1764$
5. $4x^2+16y^2-32z=0$
6. $x^2-z^2+y=0$
7. $9x^2+4z^2-36y=0$
8. $5x+8y-2z=10$

9.7 원기둥 좌표와 구면 좌표

직교 좌표 (x, y, z)를 제시하는 것은, 삼차원 공간에서 점의 위치를 나타내는 여러 가지 방법들 중의 하나일 뿐이다. 미적분학에서 중요한 역할을 하는 다른 두 가지 좌표 체계는 원기둥 좌표 (r, θ, z)와 구면 좌표 (ρ, θ, ϕ)이다. 같은 점 P에 대해서, 이 세 좌표 체계의 의미를 그림 9.53에 나타내 놓았다.

원기둥좌표 체계(cylindrical coordinate system)는 평면에서 직교 좌표의 x, y 대신에 극좌표 r, θ를 사용한다. z좌표는 직교 좌표의 경우와 같다. 대개의 경우 $r \geq 0$ 을 요구할 것이며, θ의 범위는 $0 \leq \theta \leq 2\pi$ 로 제한할 것이다.

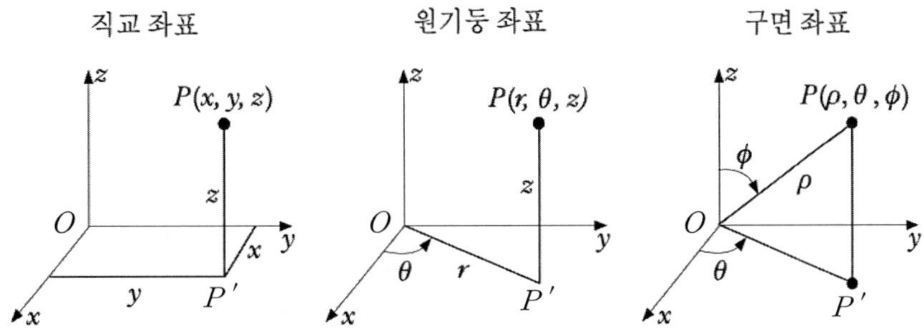

[그림 9.53]

점 P의 **구면좌표**(spherical coordinate) (ρ, θ, ϕ)는 다음과 같다. ρ는 원점에서 P 까지의 거리 $|\overrightarrow{OP}|$ 이고, θ는 P를 xy 평면으로 사영한 P'의 극각(polar angle)이고, ϕ는

양의 z축과 선분OP 사이의 각이다. 이들의 범위는 다음과 같이 제한한다.

$$\rho \geq 0, \quad 0 \leq \theta \leq 2\pi, \quad 0 \leq \phi \leq \pi$$

♥ 원기둥좌표

만약 입체 또는 곡면이 대칭축을 가지고 있으면, 그것의 방향을 잘 잡아서, 이 대칭축이 z축이 되도록 하고, 원기둥좌표를 사용하면 편리하다. 특히 z축에 대칭인 수직 원기둥의 방정식(그림 9.54)과 z축을 포함하는 평면의 방정식(그림 9.53)이 매우 간단해짐을 주목하기 바란다. 그림 9.55에서는 $r<0$을 허용하였다.

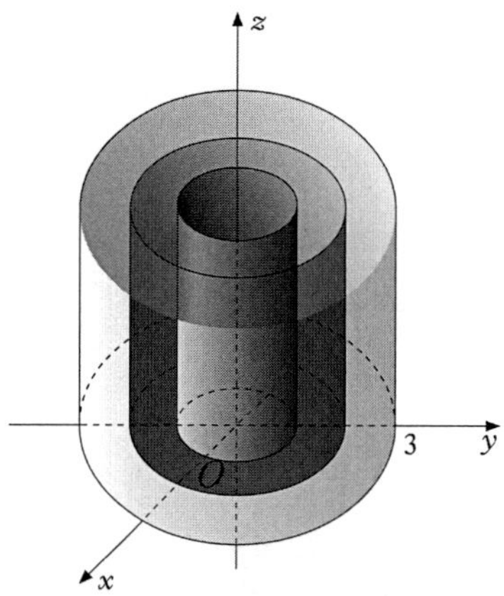

원기둥 $r=1, r=2, r=3$

[그림 9.54]

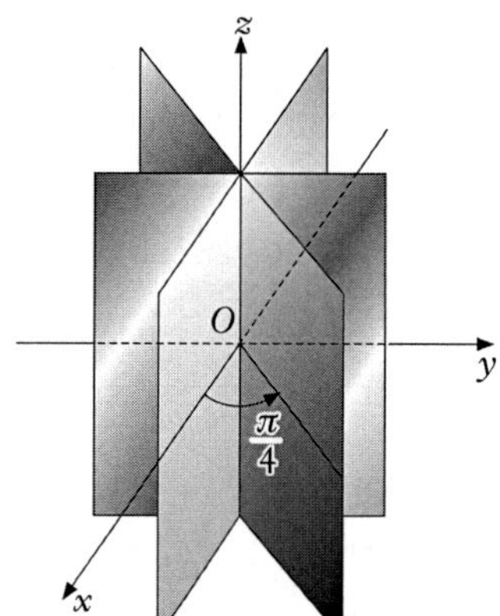

평면 $\theta=0, \theta=\frac{\pi}{4}, \theta=\frac{\pi}{2}$

[그림 9.55]

원기둥 좌표와 직교 좌표 사이의 관계는 다음과 같다.

원기둥좌표에서 직교좌표로	**직교좌표에서 원기둥좌표로**
$x = r\cos\theta$	$r = \sqrt{x^2+y^2}$
$y = r\sin\theta$	$\tan\theta = y/x$
$z = z$	$z = z$

이들 관계식을 바탕으로, 두 좌표 체계 사이에서 왔다 갔다 할 수 있다.

예제 9.35

다음을 구하여라.
(a) 원기둥좌표가 $(2, 2\pi/3, 1)$인 점의 직교좌표
(b) 직교좌표가 $(-5, -5, 2)$인 점의 원기둥좌표

풀이 (a) $x = 2\cos\frac{2\pi}{3} = 2\cdot\left(-\frac{1}{2}\right) = -1$

$y = 2\sin\frac{2\pi}{3} = 2\cdot\left(\frac{\sqrt{3}}{2}\right) = \sqrt{3}$

$z = 1$

그러므로 점 $(2, 2\pi/3, 1)$의 직교 좌표는 $(-1, \sqrt{3}, 1)$.

(b) $r = \sqrt{(-5)^2 + (-5)^2} = 5\sqrt{2}$

$\tan\theta = \frac{-5}{-5} = 1$

$z = 2$

그림 9.56을 보면, θ는 $\pi/2$와 π 사이에 있다. 그런데 $\tan\theta = 1$이므로, $\theta = 5\pi/4$이다. 그러므로 점 $(-5, -5, 2)$의 원기둥 좌표는 $(5\sqrt{2}, 5\pi/4, 2)$.

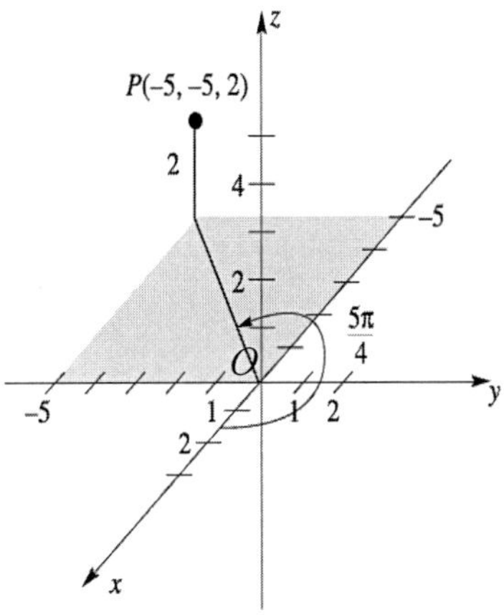

[그림 9.56]

예제 9.36

직교좌표 방정식이 $x^2 + y^2 = 4 - z$인 포물면, $x^2 + y^2 = 2x$인 기둥의 원기둥좌표 방정식들을 구하여라.

풀이 포물면 : $r^2 = 4 - z$

기둥 : $r^2 = 2r\cos\theta$ 또는 (동등한 것으로) $r = 2\cos\theta$

방정식을 변수로 나누면 해답(근)을 잃게될 가능성이 있다. 예를 들어 방정식 $x^2 = x$를 x로 나누면 $x = 1$이 되며, 근 $x = 0$을 잃어버린다. 이와 마찬가지로, $r^2 = 2r\cos\theta$를 r로 나누면 $r = 2\cos\theta$가 되며, 근 $r = 0$(원점)을 잃어버린 것 같다. 그렇지만 원점은 좌표 $(0, \pi/2)$로서 방정식 $r = 2\cos\theta$를 만족한다. 그러므로 $r^2 = 2r\cos\theta$와 $r = 2\cos\theta$는 같은 극좌표 그래프를 가진다.

방정식을 변수로 나누면 해답(근)을 잃게 될 가능성이 있다. 예를 들어 방정식 $x^2 = x$를 x로 나누면 $x = 1$이 되며, 근 $x = 0$을 잃어버린다. 이와 마찬가지로, $r^2 = 2r\cos\theta$를 r로 나누면 $r = 2\cos\theta$가 되며, 근 $r = 0$(원점)을 잃어버린 것 같다. 그렇지만 원점은 좌표 $(0,\ \pi/2)$로서 방정식 $r = 2\cos\theta$를 만족한다. 그러므로 $r^2 = 2r\cos\theta$와 $r = 2\cos\theta$는 같은 극좌표 그래프를 가진다.

예제 9.37

원기둥좌표 체계에서의 방정식이 $r^2 + 4z^2 = 16$, $r^2\cos 2\theta = z$인 곡면들의 직교좌표 방정식들을 구하여라.

풀이 $r^2 = x^2 + y^2$ 이니, 곡면 $r^2 + 4z^2 = 16$ 의 직교 좌표 방정식은 $x^2 + y^2 + 4z^2 = 16$, 즉, $x^2/16 + y^2/16 + z^2/4 = 1$. 그 그래프는 타원면이다.

$\cos 2\theta = \cos^2\theta - \sin^2\theta$ 이므로, 두 번째 방정식은 $r^2\cos^2\theta - r^2\sin^2\theta = z$라 쓸 수 있다. 이것은 직교 좌표로 $x^2 - y^2 = z$ 가 된다. 그 그래프는 쌍곡포물면이다.

♣ 구면좌표

입체 또는 곡면이 한 점에 대해서 대칭이면, 구면좌표를 사용하여서 간단하게 만들 수 있다. 특히, 원점을 중점으로 한 구(그림 9.57)는 간단한 방정식 $\rho = \rho_0$을 가진다. 그리고 축이 z축이고 꼭지점이 원점에 있는 원뿔(그림 9.58)의 방정식은 $\phi = \phi_0$임을 주목하기 바란다.

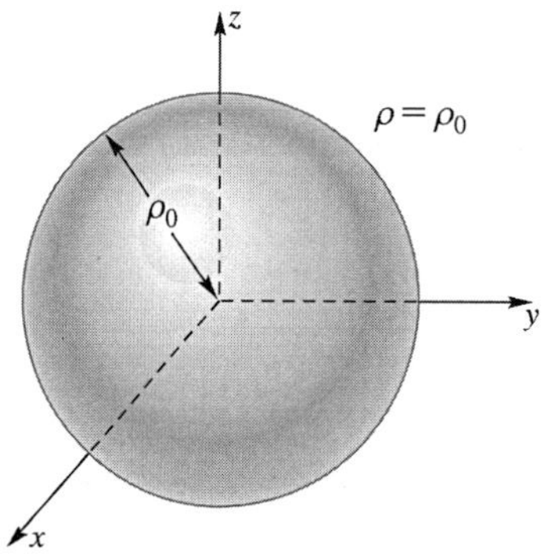

[그림 9.57]

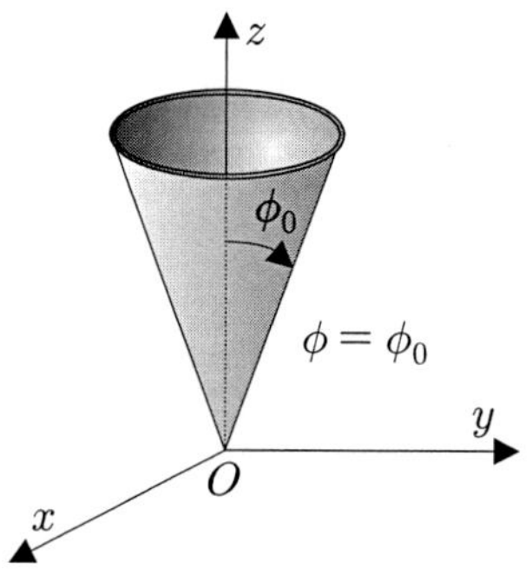

[그림 9.58]

구면좌표와 원기둥좌표 사이의 관계, 구면좌표와 직교좌표 사이의 관계는 쉽게 구할 수 있다. 다음은 이들 사이의 관계식을 나타낸다.

구면좌표에서 직교좌표로	**직교좌표에서 구면좌표로**
$x = \rho\sin\phi\cos\theta$	$\rho = \sqrt{x^2+y^2+z^2}$
$y = \rho\sin\phi\sin\theta$	$\tan\theta = y/x$
$z = \rho\cos\phi$	$\cos\phi = \dfrac{z}{\sqrt{x^2+y^2+z^2}}$

예제 9.38

구면좌표가 $(8,\ \pi/3,\ 2\pi/3)$ 인 점 P의 직교 좌표를 구하여라.

풀이 그림 9.59에 점 P를 찍어 놓았다.

$$x = 8\sin\frac{2\pi}{3}\cos\frac{\pi}{3} = 8\frac{\sqrt{3}}{2}\ \frac{1}{2} = 2\sqrt{3}$$

$$y = 8\sin\frac{2\pi}{3}\sin\frac{\pi}{3} = 8\frac{\sqrt{3}}{2}\ \frac{\sqrt{3}}{2} = 6$$

$$z = 8\cos\frac{2\pi}{3} = 8\left(-\frac{1}{2}\right) = -4$$

그러므로 P의 직교 좌표는 $(2\sqrt{3},\ 6,\ -4)$.

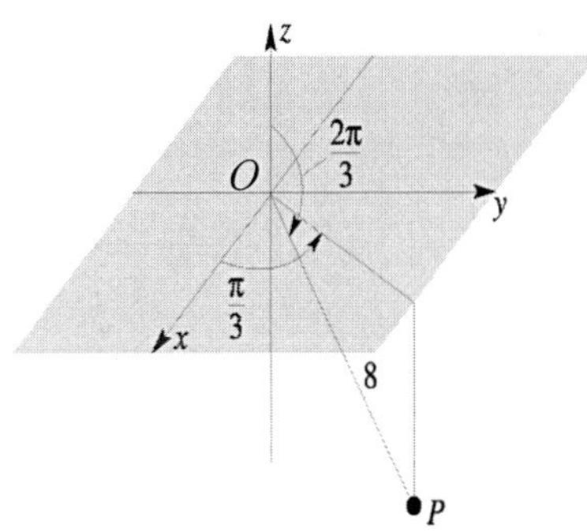

[그림 9.59]

예제 9.39

$\rho = \sin\theta\sin\phi$의 그래프를 설명하여라.

풀이 직교좌표로 바꾸자. 양변에 ρ 를 곱하면,

$$\rho^2 = \rho\sin\theta\sin\phi$$

$$x^2+y^2+z^2 = y$$

$$x^2+(y-\frac{1}{2})^2+z^2 = \frac{1}{4}$$

그 그래프는 반지름이 $\frac{1}{2}$이고 중심이 직교 좌표로 $(0,\ \frac{1}{2},\ 0)$인 구이다.

예제 9.40

포물면 $z=x^2+y^2$의 구면좌표 방정식을 구하여라.

풀이 x, y, z에 대응하는 것들을 넣으면,

$$\rho\cos\phi=\rho^2\sin^2\phi\cos^2\theta+\rho^2\sin^2\phi\sin^2\theta$$
$$\rho\cos\phi=\rho^2\sin^2\phi(\cos^2\theta+\sin^2\theta)$$
$$\rho\cos\phi=\rho^2\sin^2\phi$$
$$\cos\phi=\rho\sin^2\phi$$
$$\rho=\cos\phi\csc^2\phi$$

$\phi=\pi/2$이면 $\rho=0$이 됨을 주목하기 바란다. 그러므로 네 번째 단계에서 ρ 로 나누었지만, 원점은 그대로 남아 있다.

◆ 지리학의 구면좌표

지리학자와 항해사들이 사용하는 경도-위도 체계는 구면 좌표 체계와 밀접한 관계가 있다. 지구가 구(공)이고, 원점이 중점이며, 양의 z축이 북극을 지나고, 양의 x축이 표준경선(prime meridian)을 지난다고 가정하자(그림 9.60 참조).

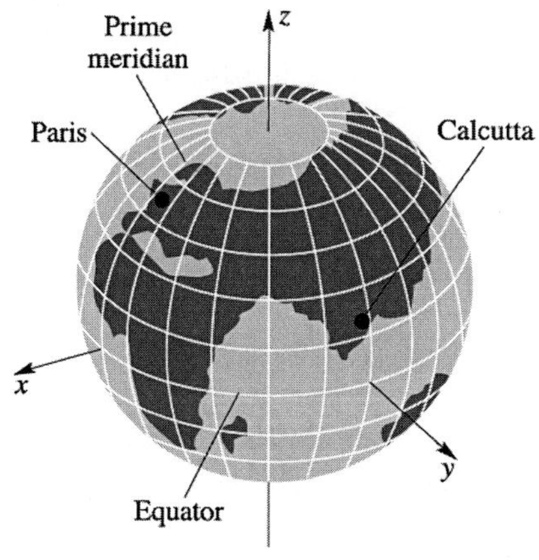

[그림 9.60]

관습에 따라서, 경도는 표준 경선을 기준으로 동경 또는 서경 몇 도로 나타내며, 위도는 적도를 기준으로 북위 또는 남위 몇 도로 나타낸다. 이러한 값들을 바탕으로, 구면좌표의 값들을 쉽게 구할 수 있다.

예제 9.41

지구는 반지름 3960마일인 구라고 가정하자. 파리(경도 2.2°E, 위도 48.4N)에서 캘커타(경도 88.2°E, 위도 22.3°N)까지의 대원(great-circle) 거리를 구하여라.

풀이 우선 두 도시의 구면각 θ, ϕ들을 계산하자.

파리: $\theta = 2.2° \approx 0.0384$ 라디안

$\phi = 90° - 48.4 = 41.6° \approx 0.7261$ 라디안

캘커타: $\theta = 88.2° \approx 1.5394$ 라디안

$\phi = 90° - 22.3° = 67.7° \approx 1.1816$ 라디안

이 값들과 ρ =3960 마일을 바탕으로, 예제 9.32처럼 직교 좌표를 구할 수 있다.

파리: $P_1(2627.2,\ 100.9,\ 2961.3)$

캘커타: $P_2(115.1,\ 3662.0,\ 1502.6)$

이제 $\overrightarrow{OP_1}$과 $\overrightarrow{OP_2}$ 사이의 각 γ를 구하자.

$$\cos\gamma = \frac{\overrightarrow{OP_1}\cdot\overrightarrow{OP_2}}{|\overrightarrow{OP_1}||\overrightarrow{OP_2}|} = \frac{(2627.2)(115.1)+(100.9)(3662)+(2961.3)(1502.6)}{(3960)(3960)}$$

$$\approx 0.3266$$

그러므로 $\gamma \approx 1.2381$ 라디안이며, 대원 거리 d는

$$d = \rho\gamma \approx (3960)(1.2381) \approx 4903 \text{ 마일}$$

연습문제 9-7 Exercises

1. 다음 원기둥좌표를 구면좌표로 바꾸어라.

(a) $(1,\ \pi/2,\ 1)$　　(b) $(-2,\ \pi/4,\ 2)$

2. 다음 원기둥좌표를 직교좌표로 바꾸어라.

(a) $(6,\ \pi/6,\ -2)$　　(b) $(4,\ 4\pi/3,\ -8)$

3. 다음 구면좌표를 직교좌표로 바꾸어라.

(a) $(8,\ \pi/4,\ \pi/6)$　　(b) $(4,\ \pi/3,\ 3\pi/4)$

4. 다음 직교좌표를 구면좌표로 바꾸어라.

(a) $(2,\ -2\sqrt{3},\ 4)$　　(b) $(-\sqrt{2},\ \sqrt{2},\ 2\sqrt{2})$

5. 다음 직교좌표를 원기둥좌표 방정식으로 바꾸어라.

(a) $(2,\ 2,\ 3)$　　(b) $(4\sqrt{3},\ -4,\ 6)$

※ 문제 6~13은 주어진 방정식을 다음과 같이 바꾸어라.

6. $x^2+y^2=9$, 원기둥좌표로

7. $x^2+y^2+4z^2=10$, 원기둥좌표로

8. $2x^2+2y^2-4z^2=0$, 구면좌표로

9. $r^2+2z^2=4$, 구면좌표로

10. $x+y=4$, 원기둥좌표로

11. $x^2+y^2=9$, 구면좌표방정식으로

12. $r^2\cos 2\theta=z$, 직교좌표로

13. 포물선 $z=2x^2$을 z축에 대해 회전시켰다. 그 결과로 생기는 곡면의 원기둥 좌표 방정식을 적어라.

제10장 벡터값 함수와 공간에서의 운동

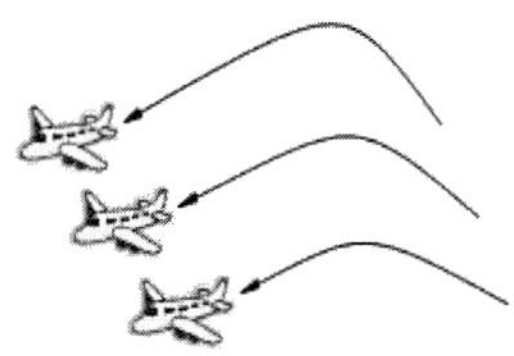

이 장에서는 공간상에서 또는 평면상에서 움직이는 물체의 경로, 속도, 가속도를 알아보기 위해서 필요한 벡터값 함수의 미분과 적분을 어떻게 수행할 수 있는지 알아보고자 한다. 먼저, 벡터값 함수란 무엇인지부터 알아보자.

공간상에서 임의의 물체 또는 질점이 움직인다고 가정했을 때, 시간이 흐름에 따라 그 물체의 위치를 알 수 있는 좌표함수(coordinate function)들 $x=f(t)$, $y=g(t)$, $z=h(t)$는 물체의 움직임과 경로를 알려주는 매개방정식(parametic equation)역할을 한다. 매개방정식은 시간에 대하여 현재의 위치를 알려주는 위치벡터함수

$$\vec{r}(t)=f(t)\vec{i}+g(t)\vec{j}+h(t)\vec{k}$$

로 표현할 수 있다. 여기서 $f(t)$, $g(t)$, $h(t)$는 공간상에서 직교좌표축 x, y, z의 스칼라량이고 $\vec{i}=(1,\ 0,\ 0)$, $\vec{j}=(0,\ 1,\ 0)$, $\vec{k}=(0,\ 0,\ 1)$은 각 직교좌표축에 대한 단위벡터이다. 이러한 사실을 이용하여 벡터값 함수를 다음과 같이 정의한다. 이후로는 벡터표현에서 화살표는 생략하기로 한다.

> **정의 10-1**
>
> **벡터값 함수**
>
> **벡터값 함수**란 매개변수 t에 대한 하나의 함수로 $r(t)$로 나타낼 수 있으며 그것이 갖는 값은 벡터공간 안에서 벡터이다.

그림 10.1은 벡터값 함수 $r(t)=2\cos t\,i+4\sin t\,j+tk$에 대한 그래프이며, $t=19.5$

근처에서 계산된 벡터와 그때까지 움직인 질점의 궤적을 나타내고 있다. 실제로 $t=0$부터 $t=8\pi$까지 변할 때 물체의 궤적을 나타낸 그림이며 그것의 위치벡터는 $r(t)=2\cos ti+4\sin tj+tk$이다.

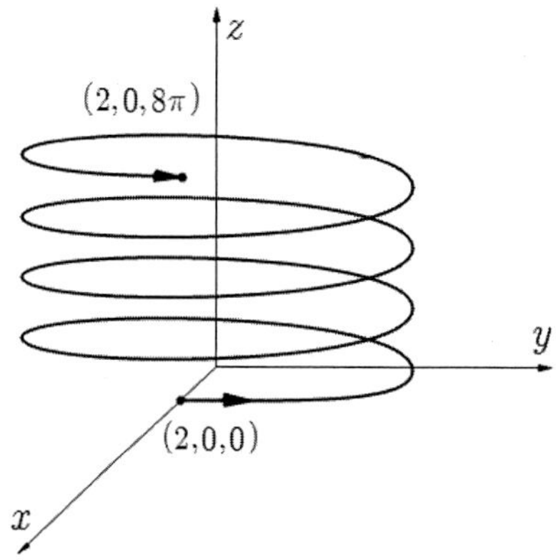

[그림 10.1] 벡터값 함수 $r(t)=2\cos ti+4\sin tj+tk$

또한 어떤 사람이 $t=0$일 때 평면상의 직선 $u(1, 3)$점을 출발하여 일정하게 걷는다고 가정할 때 시간 $t=1$에서 직선 위의 점 $v(6, 7)$에 도달한다고 한다. 이때 벡터값 함수는 다음과 같이 주어진다.

$$r(t)=(1-t)u+tv$$

즉, $t=0$일 때 시점은 $r(0)=u=(1, 3)$이고 $t=1$일 때 종점은 $r(1)=v=(6, 7)$로 그 결과가 평면위의 벡터이다.

10.1 평면곡선

평면(R^2공간) 위에 있는 모든 곡선을 평면곡선이라 한다.

예컨대, 직선, 포물선, 원, 타원, 쌍곡선 등이 여기에 속한다. 일반적으로 한 쌍의 연속인 매개변수방정식 $x=f(t)$, $y=g(t)$, $t\in I=[a, b]$로 나타낼 수 있으며 t는 보통 시간을 나타내는 변수이다. 이 경우 t가 변화하면 그것에 따라서 점 (x, y)가 곡선을 그린다. 이와같은 곡선의 표현을 매개변수 표시라 한다.

원점을 중심으로 하고 반지름이 a인 원은 $x=a\cos t$, $y=a\sin t$ $(0\le t\le 2\pi)$로 나타낼 수 있다. 이 경우 t가 증가하면 점(x, y)는 원주 위를 반시계 방향으로 돈다. 이 두 식에서 t를 소거하면, (즉 $x^2 = a^2\cos^2 t$, $y^2 = a^2\sin^2 t$에서 각변을 더하면 t변수가 제거된다) $x^2 + y^2 = a^2$이 되는데 이것을 곡선의 음함수 표시라 한다. 이것을 y에 관하여 풀면 $y = \pm\sqrt{a^2 - x^2}$이 된다. 이것을 곡선의 양함수 표시라 한다. 또 원의 중심 0을 극(pole)으로 하는 극좌표로 나타내면 $r = a$가 된다. 이와 같이 평면 상에 곡선을 나타내는 여러가지 방법이 있는데 필요에 따라 어느 한 가지 방법을 사용한다.

♥ 매개변수 방정식과 직교 방정식 간의 관계

매개변수 방정식으로 평면곡선이 표현된 경우에는 그 곡선의 성질을 파악하기가 쉽지 않다. 그래서 매개변수를 소거하여 직교방정식으로 변환함으로써 좀더 곡선을 쉽게 파악할 수가 있다. 어느 하나의 방정식을 매개변수에 대하여 정리하고 그것을 다른 방정식에 대입하여 매개변수를 소거할 수 있으며 친숙한 항등식들을 사용해서 소거할 수도 있다.

예제 10.1

매개변수 방정식

$$x = 3t + 1,\ y = 2t - 1,\ t \in (-\infty,\ \infty)$$

에서 매개변수를 소거하고, 그 곡선이 어떤 곡선인지 그래프를 그리시오.

풀이 $x = 3t + 1$을 t에 관하여 정리하면 $t = (x-1)/3$이다.

이것을 $y = 2t - 1$에 대입하면 $y = \dfrac{2}{3}x - \dfrac{5}{3}$인 직선의 방정식이며 그래프는 다음과 같다.

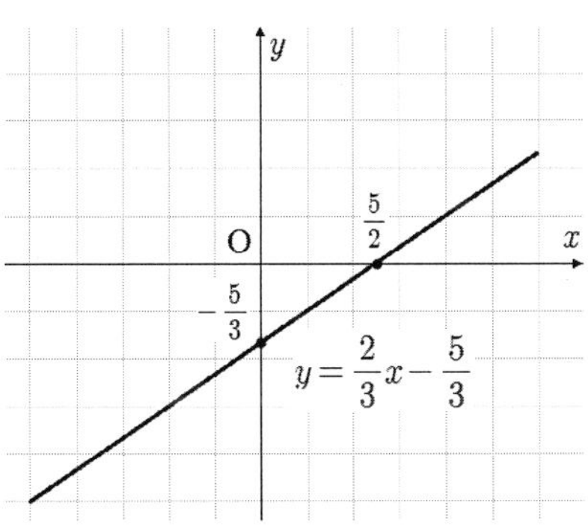

[그림 10.2]

예제 10.2

다음 매개변수 방정식

$$x = t^2 + 2t, \quad y = t - 3, \quad -2 \le t \le 3$$

에서 매개변수를 제거하여라. 그 다음에 대응하는 곡선이 무엇인지 밝히고, 그 그래프를 그려라.

풀이 두 번째 방정식으로부터 $t = y + 3$을 얻는다. t를 이렇게 표현한 것을 첫 번째 방정식에 대입하면,

$$x = (y+3)^2 + 2(y+3) = y^2 + 8y + 15$$

즉, 이것은 포물선이며, 꼭짓점이 (−1, −4)이고, 오른쪽으로 열려 있음을 알 수 있다.

t	x	y
-2	0	-5
-1	-1	-4
0	0	-3
1	3	-2
2	8	-1
3	15	0

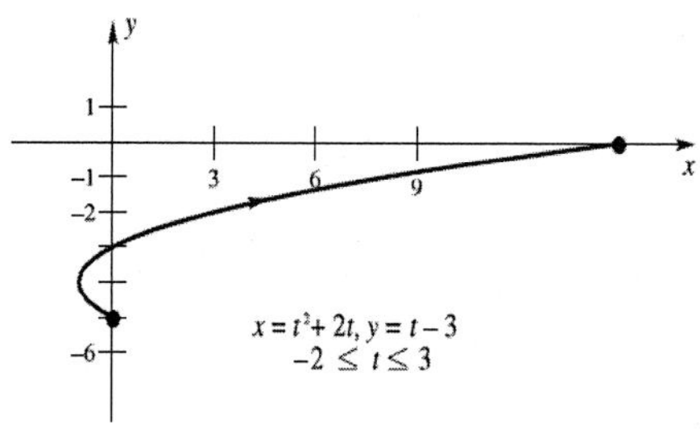

[그림 10.3]

주어진 방정식의 그래프를 그릴 때, 구간 $-2 \le t \le 3$에 대응하는 부분만을 그리도록 주의를 기울여야 한다. 값들의 표와 그 그래프가 그림 10.3에 있다. 화살표는 곡선의 방향(방향성, orientation)을 나타낸다. 즉, t가 증가할 때 움직이는 방향이다.

예제 10.3

매개변수 방정식

$$x = a\cos t, \quad y = b\sin t, \quad 0 \le t \le 2\pi$$

는 타원임을 밝혀라.

풀이 방정식을 $\cos t$와 $\sin t$에 대해서 풀고, 그 다음에 제곱을 하고, 더하자. 그러면 $\left(\frac{x}{a}\right)^2 + \left(\frac{y}{b}\right)^2 = \cos^2 t + \sin^2 t = 1$이므로

$$\frac{x^2}{a^2} + \frac{y^2}{b^2} = 1$$

t에다 몇 개의 값을 대입하여 확인해 보면, 완전한 타원을 얻게 됨을 알 수 있다. 특히, $t = 0$과 $t = 2\pi$는 같은 점 $(a,\ 0)$을 낳는다.

만약 $a = b$이면, 원 $x^2 + y^2 = a^2$을 얻는다.

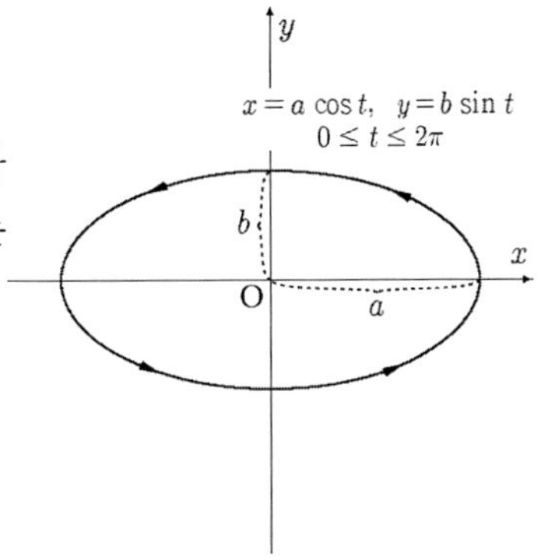

[그림 10.4]

매개변수 방정식들은 서로 다른 형태로 표시될 수 있으나 매개변수를 소거함으로써 모두 같은 직교방정식으로 표현될 수 있다. 다음 예제에 이와 같은 것을 나타내었다.

예제 10.4

다음 각각의 매개변수 방정식 쌍은 같은 그래프, 즉 그림 10.5의 반원을 가짐을 밝혀라.

(a) $x = \sqrt{1-t^2},\ y = t,\ -1 \le t \le 1$

(b) $x = \cos t,\ y = \sin t,\ -\dfrac{\pi}{2} \le t \le \dfrac{\pi}{2}$

(c) $x = \dfrac{1-t^2}{1+t^2},\ y = \dfrac{2t}{1+t^2},\ -1 \le t \le 1$

풀이 (a) 변수 t를 소거하기 위하여 각 방정식을 제곱하면

$$x^2 = 1 - t^2,\ y^2 = t^2$$

이며, $-1 \le t \le 1$에서 움직일 때 $x = 0$에서 1까지 움직이고 y는 −1에서 1까지 움직인다. 각 식을 t^2에 대하여 정리하면

$$t^2 = 1 - x^2,\ t^2 = y^2$$

이며, 이로부터 $1 - x^2 = y^2$이다.

(b) 각 매개변수 방정식을 제곱하면

$$x^2 = \cos^2 t,\ y^2 = \sin^2 t$$

이며, 각 변을 더하면,

$$x^2 + y^2 = \cos^2 t + \sin^2 t = 1$$

즉, $x^2 + y^2 = 1$이다.

t가 $-\frac{\pi}{2}$ 일 때 $x=0$, $y=-1$이며, $t=0$일 때 $x=1$, $y=0$이다.

t가 $\frac{\pi}{2}$일 때 $x=1$, $y=1$이다.

따라서 그림 10.5와 같이 반원을 나타낸다.-1

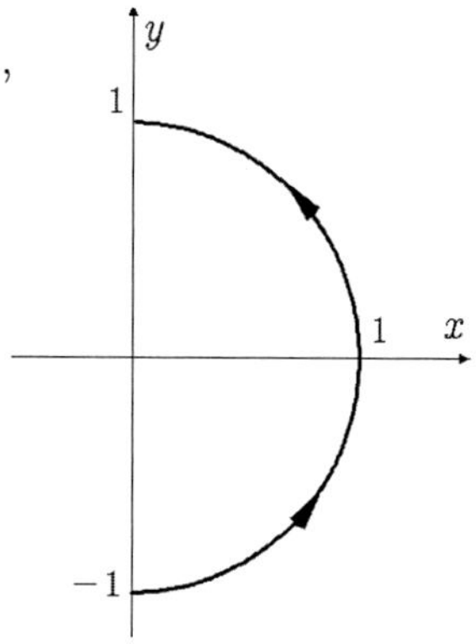

[그림 10.5]

(c) 각 매개변수 방정식을 제곱하면,

$$x^2=\frac{1-2t^2+t^4}{(1+t^2)^2},\ y^2=\frac{4t^2}{(1+t^2)^2}$$

이고, 양 변을 더하면

$$x^2+y^2=\frac{(1+t^2)^2}{(1+t^2)^2}=1$$

이다. 따라서 $x^2+y^2=1$이며 t의 범위에 따라 $0\le x\le 1$이고 $-1\le y\le 1$이다.

예제 10.5

다음 각각의 매개변수 방정식은 매개변수를 제거함으로써 동일한 쌍곡선임을 밝혀라.

(a) $x=a\sec t,\ y=b\tan t,\ -\frac{\pi}{2}<t<\frac{\pi}{2}$

(b) $x=a\cosh t,\ y=b\sinh t,\ -\infty<t<\infty$

두 경우 모두 $a>0,\ b>0$이라고 가정하자.

풀이 (a) $x=a\sec t,\ y=b\tan t,\ -\frac{\pi}{2}<t<\frac{\pi}{2}$에서

$x^2=a^2\sec^2 t,\ y^2=b^2\tan^2 t$이며 $1+\tan^2 t=\sec^2 t$를 이용하면 $\frac{x^2}{a^2}-\frac{y^2}{b^2}=1$이다. 따라서 이것은 쌍곡선(Hyperbola) 방정식이며 $-\frac{\pi}{2}<t<\frac{\pi}{2}$에서 $\sec t=\frac{1}{\cos t}$의 값은 항상 양의 값을 갖기 때문에 x 값은 양의 값만을 취한다. 그래서 한쪽 쌍곡선만이 아래 그림과 같이 그려진다. 참고로 $\frac{1}{\cos t}\left(-\frac{\pi}{2}<t<\frac{\pi}{2}\right)$의 그래프는 아래와 같다. 따라서 x는 항상 a 보다 큰 곳에서만 정의된다.

(b) $x=a\cosh t,\ y=b\sinh t,\ -\infty<t<\infty$에서

$\cosh t=\frac{e^t+e^{-t}}{2}$이고 $\sinh t=\frac{e^t-e^{-t}}{2}$로 정의되는 함수이므로

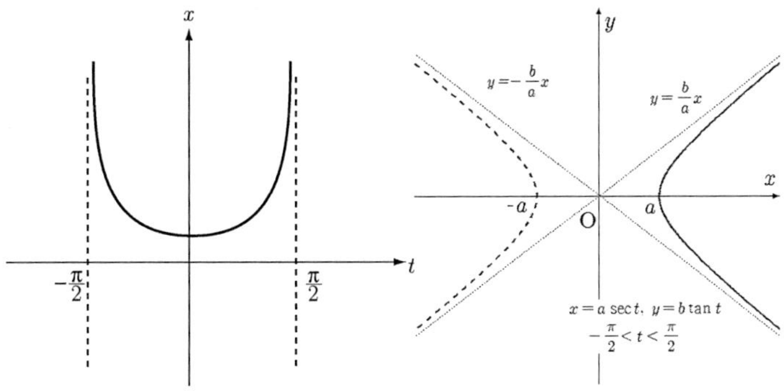

[그림 10.6]

$\cosh^2 t = \dfrac{e^{25}+2+e^{-2t}}{4}$, $\sinh^2 t = \dfrac{e^{2t}-2+e^{-2t}}{4}$ 이다.

따라서, $\dfrac{x^2}{a^2} - \dfrac{y^2}{b^2} = \dfrac{(e^{2t}+2+e^{-2t})}{4} - \dfrac{(3^{2t}-2+e^{-2t})}{4} = \dfrac{4}{4} = 1$ 이다.

즉, $\dfrac{x^2}{a^2} - \dfrac{y^2}{b^2} = 1$ 이므로 쌍곡선 그래프이다.

단, $x = a\cosh t = a \cdot \left(\dfrac{e^t+e^{-t}}{2}\right)$의 가장 작은 값은 $t=0$일 때이므로 x는 a 보다 항상 큰 값만을 정의구역으로 취한다.

♣ 싸이클로이드(Cycloid)

반경이 a인 어떤 원모양의 바퀴가 미끄러지지 않고 직선을 따라서 굴러갈 때, 바퀴의 가장자리(바퀴의 둘레)의 한 점 P가 그리는 곡선(P의 자취)이 싸이클로이드이다(그림 10.7).

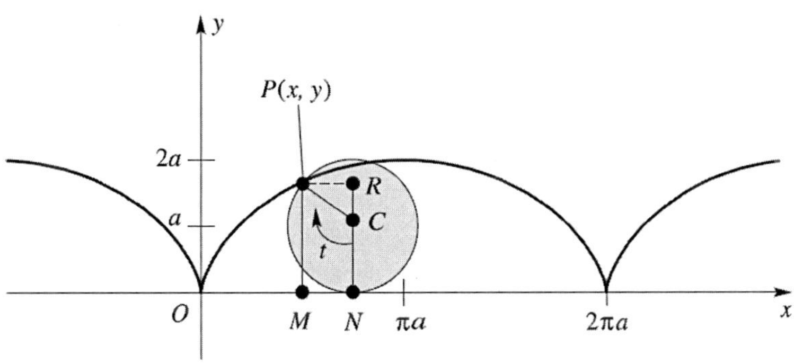

[그림 10.7]

싸이클로이드의 방정식을 직교좌표를 이용한 직교방정식으로 나타내기는 어렵지만, 매개변수(중심축에 따른 회전각도 t) t를 이용한 매개변수 방정식으로 나타내는 것은 비교적 간단하다.

예제 10.6

싸이클로이드의 매개변수 방정식을 구하여라.

풀이 P는 맨 처음에 원점에 놓여 있었고, 바퀴가 x축을 따라서 미끄러짐이 없이 굴러간다고 하자. 바퀴의 중점을 C라 하고, 바퀴의 반지름을 a라 하자. 바퀴는 시계 방향으로 회전한다. P가 원점에 있을 때 선분 CP는 수직인데, 선분 CP가 그 수직 위치에서 회전한 시계 방향의 각을 라디안 단위로 잰 t를 매개변수로 택하자.

그림 10.7에 이것들을 모두 나타내 놓았다.

$|ON|=$호 $PN=at$이며,

$$x=|OM|=|ON|-|MN|=at-a\sin t=a(t-\sin t)$$

이다. 그리고

$$y=|MP|=|NR|=|NC|+|CR|=a-a\cos t=a(1-\cos t)$$

그러므로 싸이클로이드의 매개변수 방정식은 다음과 같다.

$$x=a(t-\sin t),\quad y=a(1-\cos t)$$

◆ 매개변수 방정식의 미분과 적분

직교방정식으로 주어진 경우에 미분을 통하여 주어진 점$(x_0,\ y_0)$에서 기울기를 구하는 것은 주어진 방정식이 양함수 형태인 $y=f(x)$로 주어지든 음함수 형태인 $f(x,\ y)=0$으로 주어지든 쉽게 구할 수 있다. 반면 매개변수 방정식으로 곡선의 방정식이 주어진 경우 매개변수를 소거하여 직교방정식으로 변환하지 않고 매개변수를 소거하지 않고 주어진 매개변수의 특정한 값에서 기울기를 구할 수 있는가? 다음의 정리는 이러한 사실을 가능하게 해 준다.

정리 10.1

구간 $\alpha<t<\beta$에서 f와 g가 연속적으로 미분이 가능하고, $f'(t)\neq 0$이라고 하자. 그러면 매개변수 방정식

$$x=f(t),\quad y=g(t)$$

는 y를 변수 x에 대해 미분가능한 함수로 정의하고,

$$\frac{dy}{dx} = \frac{dy/dt}{dx/dt}$$

이다.

증명 구간 $\alpha < t < \beta$에서 $f'(t) \neq 0$이므로, 즉 감소상태에서 증가상태로 또는 증가상태에서 감소상태로 변화되는 곳이 없다는 것이기 때문에, $f(t)$는 강한단조함수(strongly monotonic function)이다. 따라서 $f(t)$함수는 역함수 f^{-1}를 갖는다(역함수 정리 참조). 또한 함수 F를 $F = g \circ f^{-1}$으로 정의하자. 그러면

$$y = g(t) = g(f^{-1}(x)) = g \circ f^{-1}(x) = F(x) = F(f(t))$$

이다. 그러므로 연쇄법칙에 따라서

$$\frac{dy}{dt} = F'(f(t)) \cdot f'(t) = \frac{dy}{dx} \cdot \frac{dx}{dt}$$

이다. (왜냐하면, 함수 F는 x에 관하여 미분할 수 있고, x는 t에 관하여 미분가능하기 때문이다.)

그런데 $\frac{dx}{dt} = f'(t) \neq 0$이므로 다음을 얻는다.

$$\frac{dy}{dx} = \frac{dy/dt}{dx/dt}$$

□

예제 10.7

매개변수 방정식

$$x = 5\cos t,\ y = 4\sin t,\ 0 < t < 3$$

로 결정되는 함수에 대해서, 처음 두 도함수 dy/dx와 d^2y/dx^2을 구하여라. 그 다음에 $t = \pi/6$에서 그 값들을 계산하여라.

풀이 dy/dx를 y'로 나타내자. 그러면

$$y' = \frac{dy}{dx} = \frac{dy/dt}{dx/dt} = \frac{4\cos t}{-5\sin t} = -\frac{4}{5}\cot t$$

$$y'' = \frac{d^2y}{dx^2} = \frac{dy'}{dx} = \frac{dy'/dt}{dx/dt} = \frac{\frac{4}{5}\csc^2 t}{-5\sin t} = -\frac{4}{25}\csc^3 t$$

$t = \pi/6$에서,

$$\frac{dy}{dx} = -\frac{4\sqrt{3}}{5}, \quad \frac{d^2y}{dx^2} = \frac{-4}{25}(8) = -\frac{32}{25}$$

처음 값은 타원 $x^2/25 + y^2/16 = 1$의 점 $(5\sqrt{3}/2,\ 2)$에서의 접선의 기울기이다. 음함수 미분법으로 이것을 확인해 볼 수 있다.

매개변수 방정식으로 표현된 x, y 변수들에 대하여 y가 x의 함수로 정의되었다고 하자. 즉, $x = f(t)$, $y = g(t)$에서 $y = g(f^{-1}(x))$로 정의된 함수를 정의구역 x구간에서 함수 y를 정적분 한다고 할 때, 적분하고자 하는 함수와 미분량을 매개변수 t와 매개변수의 미분량 dt로 표현해주고 정적분의 구간도 t의 구간으로 변경하여 정적분을 계산하면 편리하다.

예제 10.8

정적분 (a) $\displaystyle\int_1^3 y\,dx$와 (b) $\displaystyle\int_1^3 xy^2dx$를 계산하여라.

여기서 $x = 2t - 1$이고, $y = t^2 + 2$.

풀이 $x = 2t - 1$이니, $dx = 2\,dt$. $x = 1$일 때 $t = 1$이고, $x = 3$일 때 $t = 2$.

(a) $$\int_1^3 y\,dx = \int_1^2 (t^2 + 2)2\,dt = 2\left[\frac{t^3}{3} + 2y\right]_1^2 = \frac{26}{3}$$

(b) $$\int_1^3 xy^2dx = 2\int_1^2 (2t-1)(t^2+2)^2\,dt$$

$$= 2\int_1^2 (2t^5 - t^4 + 8t^3 - 4t^2 + 8t - 4)dt = 86\frac{14}{15}$$

예제 10.9

싸이클로이드의 한 개의 호 아래 영역의 넓이 A를 구하고(그림 10.8), 이 호의 길이 L을 구하여라.

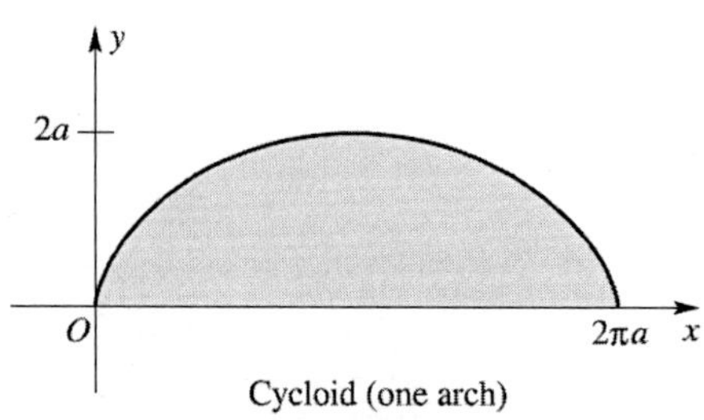

Cycloid (one arch)

[그림 10.8]

풀이 싸이클로이드의 한 개의 호를 다음과 같이 나타낼 수 있음을 앞에서 배웠다.

$x = a(t - \sin t), \quad y = a(1 - \cos t), \quad 0 \le t \le 2\pi$

그러므로 $dx = a(1 - \cos t)dt$ 이고 넓이 A는 다음과 같다.

$$\begin{aligned} A &= \int_0^{2\pi a} y\,dx \\ &= a^2 \int_0^{2\pi} (1 - \cos t)(1 - \cos t)dt \\ &= a^2 \int_0^{2\pi} (1 - 2\cos t + \cos^2 t)dt \\ &= a^2 \int_0^{2\pi} \left(1 - 2\cos t + \frac{1}{2} + \frac{1}{2}\cos 2t\right)dt \\ &= a^2 \left[\frac{3}{2}t - 2\sin t + \frac{1}{4}\sin 2t\right]_0^{2\pi} = 3\pi a^2 \end{aligned}$$

호의 길이 L을 계산하기 위해서, 호의 길이 공식을 보도록 하자.

호의 길이의 공식은 $L = \int_\alpha^\beta \sqrt{\left(\frac{dx}{dt}\right)^2 + \left(\frac{dy}{dt}\right)^2}\,dt$ 이다.

지금 이 경우는 다음과 같이 된다.

$$\begin{aligned} L &= \int_0^{2\pi} \sqrt{a^2(1 - \cos t)^2 + a^2(\sin^2 t)}\,dt \\ &= a\int_0^{2\pi} \sqrt{2(1 - \cos t)}\,dt \\ &= a\int_0^{2\pi} \sqrt{4\sin^2 \frac{t}{2}}\,dt \\ &= 2a\int_0^{2\pi} \sin\frac{t}{2}\,dt \\ &= \left[-4a\cos\frac{t}{2}\right]_0^{2\pi} = 8a \end{aligned}$$

■

예제 10.10

아스트로이드(성망형)(그림 10.9)의 매개변수 방정식은 $x = \cos^3 t$, $y = \sin^3 t$, $0 \le t \le 2\pi$ 이다. 이것을 직교좌표방정식으로 표현하면(매개변수 t를 소거) $x^{2/3} + y^{2/3} = 1$ 이 된다. 이때 이 방정식의 호의 길이를 구하여라.

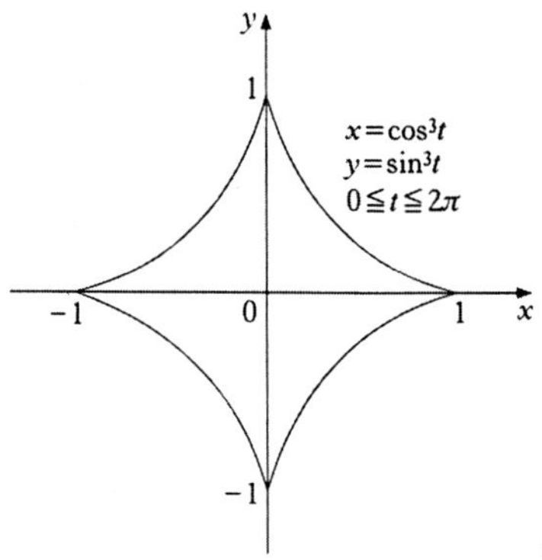

[그림 10.9] 아스트로이드

풀이 좌표축에 관한 곡선의 대칭성 때문에 1사분면의 길이에 4배를 하면 길이를 구할 수 있다.

$$x=\cos^3 t, \qquad y=\sin^3 t,$$

$$\left(\frac{dx}{dt}\right)^2=[3\cos^2 t(-\sin t)]^2=9\cos^4 t\sin^2 t,$$

$$\left(\frac{dy}{dt}\right)^2=[3\sin^2 t(\cos t)]^2=9\sin^4 t\cos^2 t,$$

$$\begin{aligned}\sqrt{\left(\frac{dx}{dt}\right)^2+\left(\frac{dy}{dt}\right)^2}&=\sqrt{9\cos^2 t\sin^2 t(\cos^2 t+\sin^2 t)}\\&=\sqrt{9\cos^2 t\sin^2 t}\\&=3\,|\cos t\sin t\,|\\&=3\cos t\sin t.\end{aligned}$$

$$\left(0\leq t\leq\frac{\pi}{2}\text{일 때 }\cos t\sin t\geq 0\right)$$

그러므로,

$$\begin{aligned}\text{제1 사분면의 길이}&=\int_0^{\pi/2}3\cos t\sin t\,dt\\&=\frac{3}{2}\int_0^{\pi/2}\sin 2t\,dt\\&=\left[-\frac{3}{4}\cos 2t\right]_0^{\pi/2}=\frac{3}{2}.\end{aligned}$$

아스트로이드의 길이는 이 길이의 4배이다: 4(3/2)=6.

연습문제 10-1 Exercises

※ 다음에 주어진 방정식에서 매개변수를 소거하지 말고, dy/dx을 구하여라.

1. $x = 3\tau^2,\ y = 4\tau^3; \tau \neq 0$

2. $x = 2\theta^2,\ y = \sqrt{5}\,\theta^3;\ \theta \neq 0$

3. $x = 3\tan t - 1,\ y = 5\sec t = 2;\ t \neq \dfrac{(2n+1)\pi}{2}$

※ 다음에 주어진 구간에서 정의된 매개변수 곡선의 길이를 구하여라.

4. $x = 2t - 1,\ y = 3t - 4;\ 0 \le t \le 3$

5. $x = 2 - t,\ y = 2t - 3;\ -3 \le t \le 3$

6. $x = 2\sin t,\ y = 2\cos t;\ 0 \le t \le \pi$

7. $x = 3t^2,\ y = t^3;\ 0 \le t \le 2$

8. 반지름 1, 중점 (1, 0)인, xy평면의 원을 다음과 같이 매개변수화할 수 있다. $x = 1 + \cos t,\ y = \sin t,\ 0 \le t \le 2\pi$. 이 곡선을 y축에 대해 회전시켰을 때 생기는 곡면의 넓이를 구하여라.

9. 반지름이 a인 커다란 원이 고정되어 있고, 그 속에서 반지름이 b인 작은 원이 절대 미끄러지지 않으면서 굴러간다고 하자. 여기서 $a > b$. 굴러가는 원의 한 점 P가 그리는 곡선을 **하이포싸이클로이드**(hypocycloid)라고 부른다. 하이포싸이클로이드의 매개변수 방정식을 구하여라.

도움말: 고정된 커다란 원의 중점에 직교 좌표의 원점 O를 놓고, 점 P의 처음 위치를 $A(a,\ 0)$이라 하자. 두 원이 접하는 점을 B라 하고, 각 AOB를 라디안 단위로 잰 t를 매개변수로 사용하자. (다음 그림 참조)

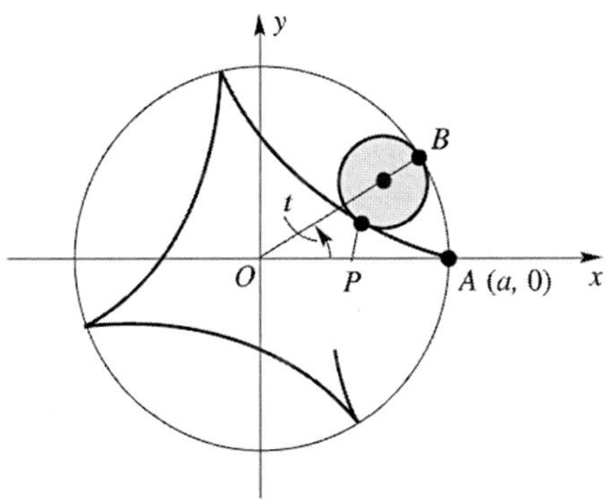

10. 위 문제에서, $b = a/4$인 경우 매개변수 방정식이 다음과 같이 간단하게 됨을 밝혀라.

$$x = a\cos^3 t, \qquad y = a\sin^3 t$$

이것을 네 개의 뾰족점을 가진 하이포싸이클로이드(hypocycloid of four cusps)라고 부른다. 이것을 꼼꼼하게 그리고, 직교 좌표 방정식은 $x^{2/3} + y^{2/3} = a^{2/3}$임을 밝혀라.

11. 반지름이 a인 원이 고정되어 있고, 그 바깥에 반지름이 b인 원이 절대 미끄러지지 않으면서 굴러갈 때, 한 점이 그리는 곡선을 **에피싸이클로이드**(epicycloid)라고 부른다. 이것의 매개변수 방정식은 다음과 같음을 밝혀라.

$$x = (a+b)\cos t - b\cos\frac{a+b}{b}t$$

$$y = (a+b)\cos t - b\sin\frac{a+b}{b}t$$

12. $b = a$인 경우, 위 문제의 방정식은 다음과 같다.

$$x = 2a\cos t - a\cos 2t$$

$$y = 2a\sin t - a\sin 2t$$

이 특별한 에피싸이클로이드는 카디오이드 $r = 2a(1-\cos\theta)$임을 밝혀라. 여기서 극좌표 체계의 극점은 직교 좌표 체계에서 점 $(a,\ 0)$이고, 극축은 x축 양의 방향이다. 도움말: 방정식들에서 매개변수 t를 제거하여 에피싸이클로이드의 직교 좌표 방정식을 구하여라. 직교 좌표와 극좌표 체계를 연결해 주는 방정식은

$$x = r\cos\theta + a, \qquad y = r\sin\theta$$

임을 밝히고, 이것을 사용하여, 직교 좌표 방정식을 변환하면 $r = 2a(1-\cos\theta)$를 구할 수 있다.

13. 문제 9에서, $b = a/3$인 경우 세 개의 뾰족점을 가진 하이포싸이클로이드를 얻게 되며, 이것을 **델토이드**(deltoid)라고 부른다. 매개변수 방정식은 다음과 같다.

$$x = \left(\frac{a}{3}\right)(2\cos t + \cos 2t), \qquad y = \left(\frac{a}{3}\right)(2\sin t - \sin 2t)$$

델토이드의 길이를 구하여라.

10.2 평면에서의 벡터값 함수와 곡선 운동

실수 t에 대한 벡터값 함수(vector-valued function) F는 각각의 실수 t에 대하여 벡터 $F(t)$를 대응시킨다. 즉, 평면상에서 x축 위의 단위벡터 $i=(1,\ 0)$, y축 위의 단위벡터 $j=(0,\ 1)$에 대하여

$$F(t)=f(t)i+g(t)j=<f(t),\ g(t)>$$

이다. 여기서 f와 g는 실수 t에 대하여 실수값을 갖는 보통의 실수값 함수들이다.

하나의 예를 들면,

$$F(t)=t^2i+e^tj=<t^2,\ e^t>$$

를 들 수가 있다. 즉, $f(t)=t^2$, $g(t)=e^t$로 어떤 물체가 시각 t에서 x축 방향으로는 t^2으로 y축 방향으로는 지수함수 e^t로 이동한다고 생각할 수 있다.

♥ 벡터값 함수의 미적분학

미적분학에서 가장 기본적이고 근본이 되는 것은 극한의 개념으로, 벡터값 함수에 극한의 개념을 적용해 보자.

직관적으로 생각하면 $\lim_{t\to c}F(t)=L$이 뜻하는 것은 아래 그림과 같이 t가 c에 접근함에 따라 벡터 $F(t)$가 벡터 L로 가까이 간다는 뜻이다. 즉, $t\to c$로 접근함에 따라 $F(t)-L$이 0에 접근한다는 뜻이고 벡터 $F(t)$와 벡터 L이 거의 같아진다는 의미이다.

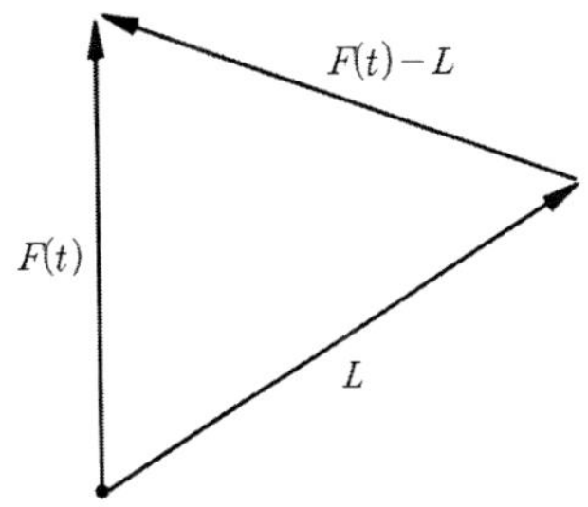

$F(t)-L$의 위치관계

정리 10.2

$\lim_{t \to c} F(t) = L$이 뜻하는 것은 다음과 같다. 주어진 임의의(상당히 작은 임의의 양수) $\varepsilon > 0$에 대하여, 그에 대응하는 $\delta > 0$가 있어서, $0 < |t-c| < \delta$이면 $|F(t) - L| < \varepsilon$이다. 즉,

$$0 < |t-c| < \delta \Rightarrow |F(t) - L| < \varepsilon$$

위의 정의에서 기호 $|F(t) - L|$은 벡터 $F(t) - L$의 길이를 뜻하며, $F(t) = f(t)i + g(t)j$를 이용하여 실변수 함수 $f(t)$, $g(t)$의 극한을 이용하면 다음 정리를 얻을 수 있다.

정리 10.3

$F(t) = f(t)i + g(t)j$라 하자. 그러면 벡터 F가 $t = c$에서 극한을 가질 필요충분조건은 f와 g가 $t = c$에서 극한을 가지는 것이다. 이 경우에,

$$\lim_{t \to c} F(t) = \left[\lim_{t \to c} f(t)\right] i + \left[\lim_{t \to c} g(t)\right] j$$

이다.

다음으로 벡터값 함수 $F(t)$의 연속성에 대하여 알아보자.

실수값 함수에서 극한에 관한 표준성질과 정리들은 벡터값 함수에서도 모두 성립한다. 또한 연속성의 성질도 기존의 실수값 함수의 연속의미를 갖는다. 즉, F가 c에서 연속(continuous)이라는 것은, $\lim_{t \to c} F(t) = F(c)$라는 것이다. 정리 10.3으로부터 F가 c에서 연속일 필요충분조건은 f와 g가 둘 다 c에서 연속이 되어야 한다. 끝으로, 도함수(derivative) $F'(t)$는 벡터값 함수로 다음과 같이 정의한다.

$$F'(t) = \lim_{h \to 0} \frac{F(t+h) - F(t)}{h}$$

여기에 $F(t) = f(t)i + g(t)j$를 이용하여 다시 표현하면

$$\begin{aligned} F'(t) &= \lim_{h \to 0} \frac{F(t+h) - F(t)}{h} \\ &= \lim_{h \to 0} \frac{[f(t+h)i + g(t+h)j] - [f(t)i + g(t)j]}{h} \end{aligned}$$

$$= \lim_{h\to 0}\frac{f(t+h)-f(t)}{h}i + \lim_{h\to 0}\frac{g(t+h)-g(t)}{h}j$$

$$= f'(t)i + g'(t)j$$

요약하면,

$$F'(t) = f'(t)i + g'(t)j = < f'(t),\ g'(t) >$$

이다.

예제 10.11

$\mathbf{F}(t) = (t^2+t)\mathbf{i} + e^t\mathbf{j}$ 이다. $\mathbf{F}'(t)$, $\mathbf{F}''(t)$를 구하여라. $\mathbf{F}'(0)$과 $\mathbf{F}''(0)$ 사이의 각 θ를 구하여라.

풀이 $\mathbf{F}'(t) = (2t+1)\mathbf{i} + e^t\mathbf{j}$, 그리고 $\mathbf{F}''(t) = 2\mathbf{i} + e^t\mathbf{j}$. 그러므로 $\mathbf{F}'(0) = \mathbf{i}+\mathbf{j}$, $\mathbf{F}''(0) = 2\mathbf{i}+\mathbf{j}$. 따라서 벡터의 내적 정의 $A \cdot B = |A||B|\cos\theta$를 이용하면

$$\cos\theta = \frac{\mathbf{F}'(0)\cdot\mathbf{F}''(0)}{|\mathbf{F}'(0)|\cdot|\mathbf{F}''(0)|}\ \frac{(1)(2)+(1)(1)}{\sqrt{1^2+1^2}\sqrt{2^2+1^2}} = \frac{3}{\sqrt{2}\sqrt{5}}$$

$\theta \approx 0.3218$ (약 $18.43°$)

예제 10.12

$\mathbf{F}(t) = (\cos\pi t)\mathbf{i} + \sin\pi t\mathbf{j} + e^{-t}\mathbf{k}$ $(t \geqq 0)$이다.

(1) $\lim_{t\to 2}\mathbf{F}(t)$의 값을 구하여라.

(2) $\lim_{t\to\infty}\mathbf{F}(t)$의 값을 구하여라.

(3) $\mathbf{F}(t)$가 연속이기 위한 t의 값은 어디인가?

풀이 (1) $\mathbf{F}(t)$ 각 성분들의 극한값을 계산한다. 즉,

$$\lim_{t\to 2}\mathbf{F}(t) = \lim_{t\to 2}(\cos\pi t\mathbf{i} + \sin\pi t\mathbf{j} + e^{-t}\mathbf{k}) = \mathbf{i} + \mathrm{e}^{-2}\mathbf{k}$$

(2) $\lim_{t\to\infty} e^{-t} = 0$으로 존재하지만 $\lim_{t\to\infty}\cos t$ 와 $\lim_{t\to\infty}\sin t$ 값은 존재하지 않는다. 따라서 $\lim_{t\to\infty}\mathbf{F}(t)$의 값은 존재하지 않는다.

(3) 각각의 성분들이 모든 t값에 대하여 연속이므로 $\mathbf{F}(t)$도 연속이다.

실변수 함수에서 동일한 방법으로 정의되는 벡터함수에 대한 미분법칙들을 다음에 정리로 소개하도록 한다.

정리 10.4 (미분 공식)

$\mathbf{F}$와 $\mathbf{G}$는 미분가능인 벡터값 함수이고, h는 미분가능인 실수값 함수이고, c는 스칼라라고 하자. 그러면

1. $D_t[\mathbf{F}(t)+\mathbf{G}(t)]=\mathbf{F}'(t)+\mathbf{G}'(t)$
2. $D_t[c\mathbf{F}(t)]=c\mathbf{F}'(t)$
3. $D_t[h(t)\mathbf{F}(t)]=h(t)\mathbf{F}'(t)+h'(t)\mathbf{F}(t)$
4. $D_t[\mathbf{F}(t)\cdot\mathbf{G}(t)]=\mathbf{F}(t)\cdot\mathbf{G}'(t)+\mathbf{G}(t)\cdot\mathbf{F}'(t)$
5. $D_t[\mathbf{F}(h(t))]=\mathbf{F}'(h(t))h'(t)$ (연쇄법칙)

증명 공식 4를 여기에 증명해 놓겠다. 다른 공식들은 증명해 보기 바란다.

$$\mathbf{F}(t)=f_1(t)\mathbf{i}+f_2(t)\mathbf{j},\quad \mathbf{G}(t)=g_1(t)\mathbf{i}+g_2(t)\mathbf{j}$$

라 하자. 그러면

$$\begin{aligned}D_t[\mathbf{F}(t)\cdot\mathbf{G}(t)]&=D_t[f_1(t)g_1(t)+f_2(t)g_2(t)]\\&=f_1(t)g'_1(t)+g_1(t)f'_1(t)+f_2(t)g'_2(t)+g_2(t)f'_2(t)\\&=[f_1(t)g'_1(t)+f_2(t)g'_2(t)]+[g_1(t)f'_1(t)+g_2(t)f'_2(t)]\\&=\mathbf{F}(t)\cdot\mathbf{G}'(t)+\mathbf{G}(t)\cdot\mathbf{F}'(t)\end{aligned}$$

□

벡터값 함수의 도함수는 각각의 성분들을 미분하여 구했으므로, 적분도 각각의 성분들에 대해서 정의하는 것이 자연스럽다. 즉, $\mathbf{F}(t)=f(t)\mathbf{i}+g(t)\mathbf{j}$ 에 대해서,

$$\int\mathbf{F}(t)dt=\left[\int f(t)dt\right]\mathbf{i}+\left[\int g(t)dt\right]\mathbf{j}$$

$$\int_a^b\mathbf{F}(t)dt=\left[\int_a^b f(t)dt\right]\mathbf{i}+\left[\int_a^b g(t)dt\right]\mathbf{j}$$

예제 10.13

$\mathbf{F}(t)=t^2\mathbf{i}+e^{-t}\mathbf{j}$ 이다. 다음을 구하여라.

(a) $D_t[t^3\mathbf{F}(t)]$

(b) $\displaystyle\int_0^1\mathbf{F}(t)dt.$

풀이 (a) $D_t[t^3\mathbf{F}(t)] = t^3(2t\mathbf{i} - e^{-t}\mathbf{j}) + 3t^2(t^2\mathbf{i} + e^{-i}\mathbf{j})$

$$= 5t^4\mathbf{i} + (3t^2 - t^3)e^{-t}\mathbf{j}$$

(b) $\displaystyle\int_0^1 \mathbf{F}(t)dt = \left(\int_0^1 t^2 dt\right)\mathbf{I} + \left(\int_0^1 e^{-t}dt\right)\mathbf{i}$

$$= \frac{1}{3}\mathbf{i} + (1 - e^{-1})\mathbf{j}$$

■

평면상에서 정의된 벡터값 함수는 변수 t에 대하여 x축 성분과 y축 성분을 갖는다. 이러한 벡터값 함수가 변수 t에 대하여 어떻게 변화하고 어떠한 움직임을 갖는지 살펴보도록 하자.

♣ 곡선운동

벡터값 함수들의 정의와 성질들을 사용하여, 평면에서 점의 움직임을 살펴보도록 하자. 시간 변수를 t라 하고, 움직이는 점 P의 좌표가 매개변수 방정식 $x = f(t)$, $y = g(t)$로 주어진다고 하자. 그러면 벡터

$$\mathbf{r}(t) = f(t)\mathbf{i} + g(t)\mathbf{j}$$

가 원점에서부터 뻗어나온다고 가정하고, 이것을 그 점의 위치 벡터(position vector)라고 부른다. t가 변화함에 따라서, $\mathbf{r}(t)$의 머리(끝점)는 움직이는 점 P의 궤적을 그리게 된다. (그림 10.10)

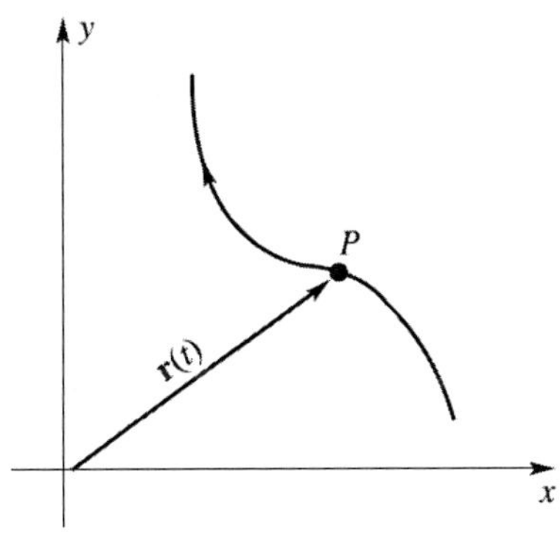

[그림 10.10]

이것은 곡선이며, 그에 대응하는 움직임을 **곡선운동**(curvilinear motion)이라고 부른다.

벡터값 함수 $\boldsymbol{F}(t)$가 시각 t에서 위치벡터 $r(t)$로 표현된다면 임의의 시각 t에서 $r(t)$

는 거리로 볼 수 있기 때문에 다음과 같은 속도와 가속도를 정의할 수 있다.

직선운동(직선을 따른 운동)의 경우와 유사하게, 움직이는 점 P의 속도(velocity) $\mathbf{v}(t)$와 가속도(acceleration) $\mathbf{a}(t)$를 다음과 같이 정의한다.

$$\mathbf{v}(t) = \mathbf{r}'(t) = f'(t)\mathbf{i} + g'(t)\mathbf{j}$$

$$\mathbf{a}(t) = \mathbf{r}''(t) = f''(t)\mathbf{i} + g''(t)\mathbf{j}$$

그런데

$$\mathbf{v}(t) = \lim_{h \to 0} \frac{\mathbf{r}(t+h) - \mathbf{r}(t)}{h}$$

이니, $\mathbf{v}(t)$의 방향은 접선의 방향임이 명백하다(그림 10.11로부터). 속도 벡터의 크기 $|\mathbf{v}(t)|$를 움직이는 점 P의 **속력**(speed)이라고 부른다. 가속도 벡터 $\mathbf{a}(t)$는 곡선의 오목한 (concave) 쪽을 향한다(즉, 곡선이 굽어가는 안쪽).

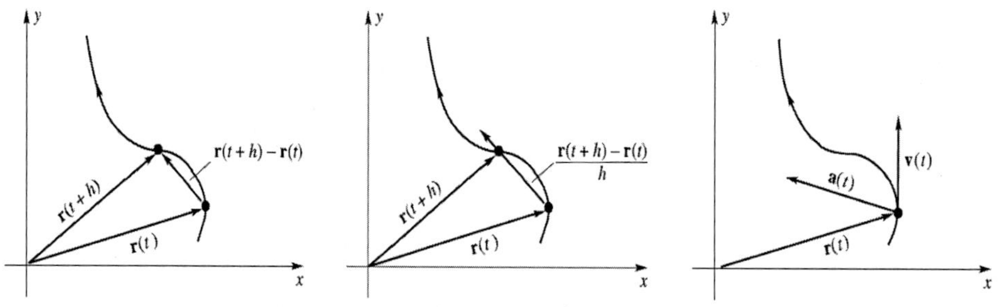

[그림 10.11]

예제 10.14

등속 원운동 중점이 (0, 0), 반지름이 r인 원을 따라서 한 점 P가 움직이는데, 그 각속도는 초속 ω 라디안으로 일정하다고 하자. 처음 위치가 $(r,\ 0)$이라 하고, 그 가속도를 구하여라.

풀이 시간 t일 때의 위치 벡터는

$$\mathbf{r}(t) = r\cos\omega t\mathbf{i} + r\sin\omega t\mathbf{j}$$

이므로

$$\mathbf{v}(t) = -r\omega\sin\omega t\mathbf{i} + r\omega\cos\omega t\mathbf{j}$$

$$\mathbf{a}(t) = -r\omega^2\cos\omega t\mathbf{i} - r\omega^2\sin\omega t\mathbf{j}$$

그러므로

$$\mathbf{a}(t) = -\omega^2\mathbf{r}(t)$$

임을 주목하여라. 즉, 벡터 $\mathbf{a}$가 P에서 뻗어 나온다고 생

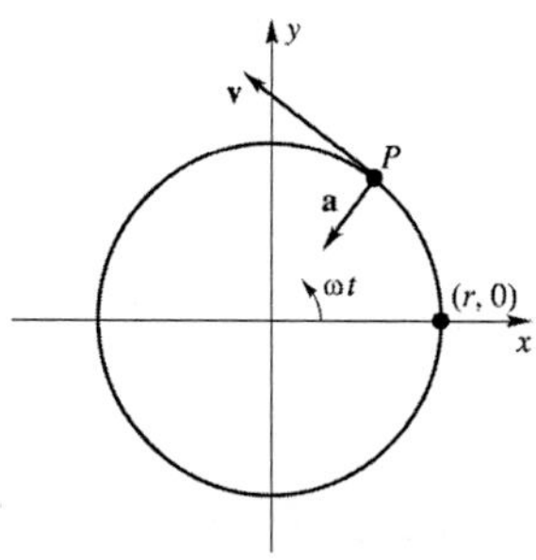

[그림 10.12]

각하면, **a**는 원점을 향하며, **v**와 수직이다(그림 10.12).

예제 10.15

평면에서 움직이는 점 P의 매개변수 방정식이 $x=3\cos t$, $y=2\sin t$이다. 여기서 t는 시간을 나타낸다.
(a) P의 자취를 그려라.
(b) 속도 $\mathbf{v}(t)$, 속력 $|\mathbf{v}(t)|$, 가속도 $\mathbf{a}(t)$의 식을 구하여라.
(c) 최고 속력과 최저 속력을 구하여라. 속력이 그렇게 되는 지점을 구하여라.
(d) P에서 뻗어나오는 가속도 벡터는 항상 원점을 향함을 밝혀라.

풀이 (a) $x^2/9+y^2/4=1$이니, 그 궤적은 그림 10.13에 나오는 타원이다.

(b) 위치 벡터는 다음과 같다.

$$\mathbf{r}(t)=3\cos t\mathbf{i}+2\sin t\mathbf{j}$$

그러므로

$$\mathbf{v}(t)=-3\sin t\mathbf{i}+2\cos t\mathbf{j}$$

$$|\mathbf{v}(t)|=\sqrt{9\sin^2 t+4\cos^2 t}=\sqrt{5\sin^2 t+4}$$

$$\mathbf{a}(t)=-3\cos t\mathbf{i}-2\sin t\mathbf{j}$$

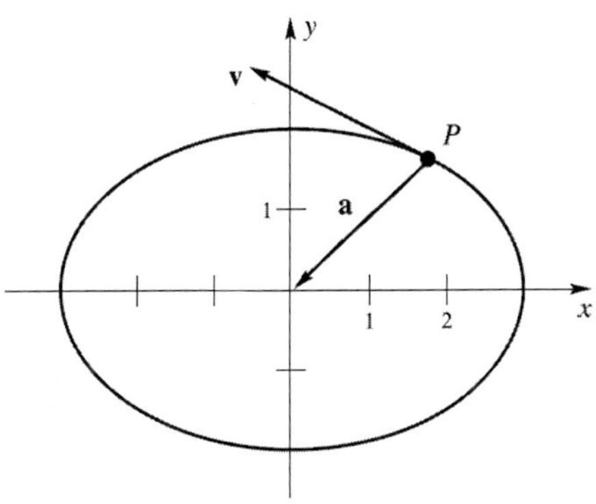

$\mathbf{r}(t)=3\cos t\,\mathbf{i}+2\sin t\,\mathbf{j}$

[그림 10.13]

(c) 속력은 $\sqrt{5\sin^2 t+4}$이므로, $\sin t=\pm 1$일 때 최고 속력 3이 된다. 즉, $t=\pi/2$또는 $3\pi/2$일 때. 이것은 타원상의 점 (0, ±2)에 대응한다. 그리고 $\sin t=0$일 때 최저 속력 2가 되며, 이것은 점 (±3, 0)에 대응한다.

(d) $\mathbf{a}(t)=-\mathbf{r}(t)$임을 주목하여라. 그러므로 $\mathbf{a}(t)$의 시작점이 P라면, 이 벡터는 원점을 향하고, 꼭 원점에서 끝나게 된다. 따라서 $|\mathbf{a}(t)|$는 (±3, 0)에서 가장 크고, (0, ±2)에서 가장 작다.

예제 10.16

어떤 물체를 원점에서 쏘았는데, 양의 x축으로부터 각 θ가 되도록 쏘았으며, 초기 속력은 초속 v_0 피트이다(그림 10.14). 마찰은 무시하고, 속도 $\mathbf{v}(t)$와 위치 $\mathbf{r}(t)$를 구하여라. 그 궤적은 포물선임을 밝혀라.

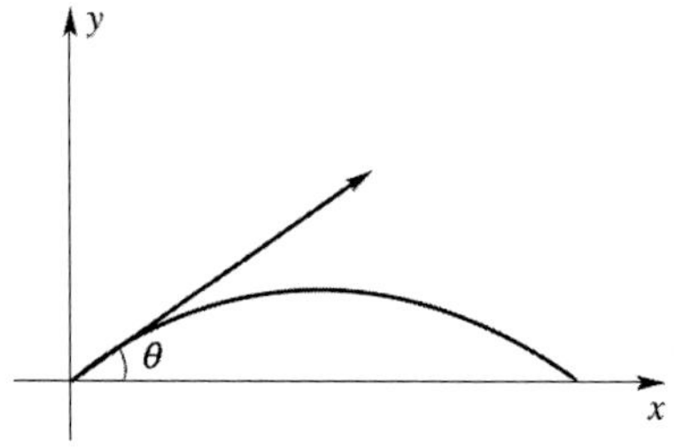

[그림 10.14]

풀이 중력에 의한 가속도는 $\mathbf{a}(t) = -32ft/\sec^2$이다. 초기 조건은 $\mathbf{r}(0) = \mathbf{0}$, 그리고 $\mathbf{v}(0) = v_0 \cos\theta\mathbf{i} + v_0 \sin\theta\mathbf{j}$. $\mathbf{a}(t) = -32\mathbf{j}$를 가지고, 두 번 적분을 하자.

$$\mathbf{v}(t) = \int \mathbf{a}(t)dt = \int -32dt\mathbf{j} = -32t\mathbf{j} + \mathbf{C}$$

초기 조건 $\mathbf{v}(0) = v_0 \cos\theta\mathbf{i} + v_0 \sin\theta\mathbf{j}$ 덕분에 $\mathbf{C}$를 계산할 수 있다. 그러면 $\mathbf{C} = v_0 \cos\theta\mathbf{i} + v_0 \sin\theta\mathbf{j}$. 따라서

$$\mathbf{v}(t) = (v_0 \cos\theta)\mathbf{i} + (v_0 \sin\theta - 32t)\mathbf{j}$$

그리고

$$\mathbf{r}(t) = \int \mathbf{v}(t)dt = (tv_0 \cos\theta)\mathbf{i} + (tv_0 \sin\theta - 16t^2)\mathbf{j} + \mathbf{K}$$

초기 조건 $\mathbf{r}(0) = \mathbf{0}$에 따라서 $\mathbf{K} = \mathbf{0}$. 그러므로

$$\mathbf{r}(t) = (tv_0 \cos\theta)\mathbf{i} + (tv_0 \sin\theta - 16t^2)\mathbf{j}$$

궤적의 방정식을 구하려면, 다음 방정식

$$x = (tv_0 \cos\theta), \qquad y = (tv_0 \sin\theta) - 16t^2$$

에서 매개변수 t를 없애야 한다. 구체적으로 말하면, 처음 방정식을 t에 대해서 풀고, 그것을 두 번째 방정식에 대입하자. 그러면 다음을 얻는다.

$$y = (\tan\theta)x - \left(\frac{4}{v_0 \cos\theta}\right)^2 x^2$$

이것은 포물선의 방정식이다. ■

연습문제 10-2 Exercises

1. 다음 벡터값 함수의 정의역을 구하여라.

(a) $\mathbf{r}(t) = \ln(t-1)\mathbf{i} + \sqrt{20-t}\,\mathbf{j}$ (b) $\mathbf{r}(t) = \ln(t^{-1})\mathbf{i} + \tan^{-1}t\mathbf{j}$

2. 함수 $r(t)=\dfrac{2}{t-4}i+\sqrt{3+t}\,\mathbf{j}$ 와 $r(t)=t^2i-\sqrt{20-t}\,\mathbf{j}$ 가 연속이 되는 t값들을 구하여라.

3. 문제 1의 각각의 함수가 연속이 되는 t값들을 구하여라.

4. 다음 각각의 경우 $D_t\mathbf{r}(t)$와 $D_t^2\mathbf{r}(t)$를 구하여라.

(a) $\mathbf{r}(t)=(3t+4)^3\mathbf{i}+e^{t^2}\mathbf{j}$ (b) $\mathbf{r}(t)=\sin^2 t\mathbf{i}+\cos 3^t\mathbf{j}$

5. 다음 각각의 경우 $r'(t)$와 $r''(t)$를 구하여라.

(a) $\mathbf{r}(t)=(e+e^{-t^2})\mathbf{i}+2^t\mathbf{j}$ (b) $\mathbf{r}(t)=\tan 2t\mathbf{i}+\arctan t\mathbf{j}$

※ 다음 적분을 구하여라.

6. $\displaystyle\int_0^1 (e^t\mathbf{i}+e^{-t}\mathbf{j})dt$

7. $\displaystyle\int_{-1}^1 [(1+t)^{3/2}\mathbf{i}+(1-t)^{3/2}\mathbf{j}]dt$

※ 주어진 정보를 사용하여 속도 벡터 $\mathbf{v}(t)$와 위치 벡터 $\mathbf{r}(t)$를 구하여라.

8. $\mathbf{a}(t)=-32\mathbf{j},\ \mathbf{v}(0)=\mathbf{0},\ \mathbf{r}(0)=\mathbf{0}$

9. $\mathbf{a}(t)=t\mathbf{j},\ \mathbf{v}(0)=\mathbf{i}+2\mathbf{j},\ \mathbf{r}(0)=\mathbf{0}$

10. $\mathbf{a}(t)=\mathbf{i}+e^{-t}\mathbf{j},\ \mathbf{v}(0)=2\mathbf{i}+\mathbf{j},\ \mathbf{r}(0)=\mathbf{i}+\mathbf{j}$

11. $\mathbf{a}(t)=-\cos t\mathbf{j}+\sin t\mathbf{j},\ \mathbf{v}(0)=\mathbf{i},\ \mathbf{r}(0)=\mathbf{i}+3\mathbf{j}$

10.3 평면곡선의 곡률과 가속도

평면상의 한 점 P가 미분가능인 평면곡선을 따라 움직일 때 곡선이 구부러지면 아래 그림과 같이 단위접선벡터 T는 변화한다.

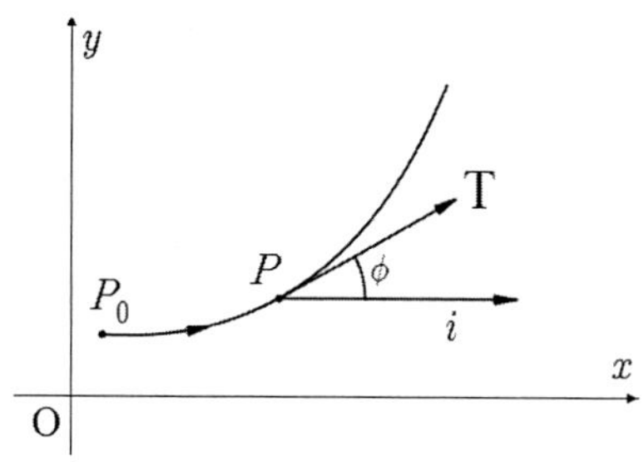

[그림 10.15]

T와 i가 이루는 각 ϕ의 변화를 계산하여 T의 회전하는 비율(회전율)을 계산할 수 있다. 임의의 시점에서 점 P의 위치는 서로 다르며 점 P에서 곡선이 어느 정도 급하게 또는 완만하게 휘어져 있는지를 하나의 숫자로 표현할 수가 있는데 그것을 점 P에서 곡선의 곡률이라고 한다. 간단한 예를 들면 직선은 곡률이 O이어야 하며 급하게 굽어진 곡선은 곡률이 커야 한다. 아래 그림에 이것을 나타내었다.

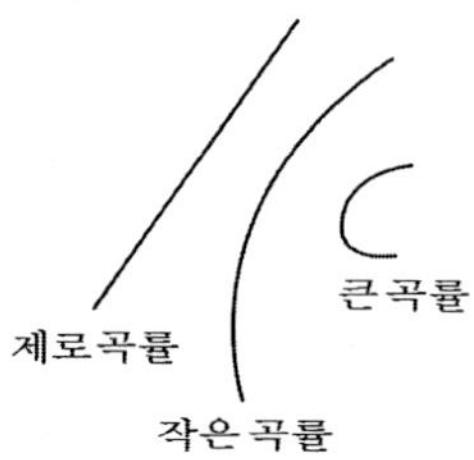

[그림 10.16]

곡률에 대한 정확한 수학적 정의를 내리기 위하여 몇 가지 개념을 내리도록 하자. 그림과 같은 평면 위의 곡선을 움직이는 점 P를 고려하자.

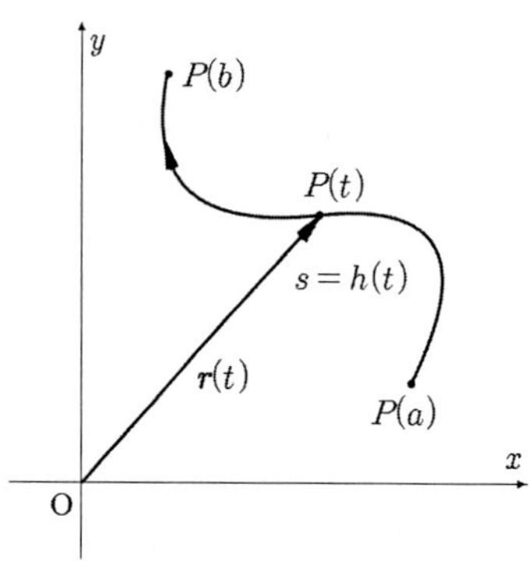

[그림 10.17]

$a \le t \le b$에 대해서, 평면에 있는 점 $P = P(t)$의 위치 벡터가 $\mathbf{r}(t) = f(t)\mathbf{i} + g(t)\mathbf{j} = \langle f(t),\ g(t) \rangle$ 라 하자. 구간 $(a,\ b)$에서 $\mathbf{r}'(t)$가 존재하고, 연속이며, $\mathbf{r}'(t) \neq \mathbf{0}$이라고 가정하겠다. 그러면 t가 증가함에 따라서, P는 매끄러운 곡선을 그리게 되며(그림 10.17), $P(a)$에서 $P(t)$까지 자취의 길이 $s = h(t)$는 다음 식으로 주어진다.

$$s = h(t) = \int_a^t \sqrt{[f'(u)]^2 + [g'(u)]^2}\, du = \int_a^t |\mathbf{r}'(u)| du$$

움직이는 점의 속력은

$$\frac{ds}{dt} = |\mathbf{r}'(t)| = |\mathbf{v}(t)|$$

그런데 $\mathbf{r}'(t) \neq 0$이니, $|\mathbf{v}(t)| > 0$이며, 따라서 t가 증가할 때 s는 증가한다. 역함수 정리에 따라서, $s = h(t)$는 역함수 $t = h^{-1}(s)$를 가지며,

$$\frac{dt}{ds} = \frac{1}{ds/dt} = \frac{1}{|\mathbf{v}(t)|}$$

이다.

$P(t)$에서의 **단위 접선벡터**(unit tangent vector) $\mathbf{T}(t)$를 다음과 같이 정의하자.

$$\mathbf{T}(t) = \frac{\mathbf{r}'(t)}{|\mathbf{r}'(t)|} = \frac{\mathbf{v}(t)}{|\mathbf{v}(t)|}$$

$P(t)$가 곡선을 따라서 움직일 때, 단위 벡터 $\mathbf{T}(t)$는 그 방향을 바꾼다(그림 10.18).

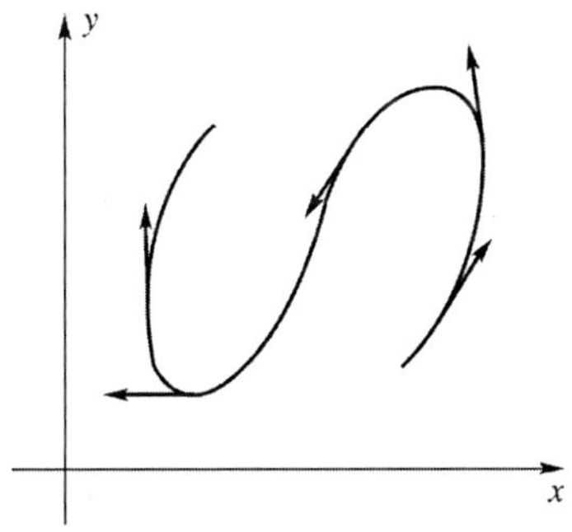

[그림 10.18]

호의 길이 s에 대한 $\mathbf{T}$의 변화 비율, 즉, $d\mathbf{T}/ds$를 P에서의 **곡률 벡터**(curvature vector)라고 부른다. 마지막으로, P에서의 **곡률**(curvature) κ(카파)는 $d\mathbf{T}/ds$의 크기라고 정의한다. 즉, $\kappa = |d\mathbf{T}/ds|$.

곡률(curvature)의 정의 $\mathbf{r}(t)$를 완만한(smooth)매개변수 곡선이라 하자. s를 호의 길이라 하고,$\mathrm{T} = \frac{\mathrm{r}'}{|\mathrm{r}'|}$를 단위 접선벡터라하면, 곡률은 $\kappa(s) = |\frac{\mathrm{dT}}{\mathrm{ds}}|$이다.

이제 연쇄법칙에 따라서,

$$\frac{d\mathbf{T}}{ds} = \frac{d\mathbf{T}}{dt}\frac{dt}{ds} = \frac{\mathbf{T}'(t)}{|\mathbf{v}(t)|}$$

그러므로

$$k = \left|\frac{d\mathbf{T}}{ds}\right| = \frac{|\mathbf{T}'(t)|}{|\mathbf{v}(t)|} = \frac{|\mathbf{T}'(t)|}{|\mathbf{r}'(t)|}$$

로 표현할 수도 있다.

♥ 중요한 예제들

위에서 정의한 곡률을 이해하기 위해서 예제를 통하여 살펴보도록 하자.

예제 10.17

직선의 곡률은 항상 0임을 밝혀라.

풀이 직선상의 임의의 점에서 단위접선벡터 $\mathbf{T}$가 상수 벡터(일정한 벡터)라는 사실로부터 곡률이 항상 0임을 알 수 있다. 그렇지만 벡터 방법을 예시하기 위해서, 대수학적으로 증명해 보도록 하자. 직선의 고정된 두 점을 P, Q라 하자. 그리고 $\mathbf{a} = \overrightarrow{OP}$, $\mathbf{b} = \overrightarrow{PQ}$라 하자. 그러면 직선의 방정식은 벡터 형태로 다음과 같다(그림 10.19).

$$\mathbf{r} = \mathbf{r}(t) = \mathbf{a} + t\mathbf{b}$$

그러므로

$$\mathbf{v}(t) = \mathbf{r}'(t) = \mathbf{b}$$

$$\mathbf{T}(t) = \frac{\mathbf{b}}{|\mathbf{b}|}$$

$$\kappa = \frac{|\mathbf{T}'(t)|}{|\mathbf{v}(t)|} = \frac{0}{|\mathbf{b}|} = 0$$

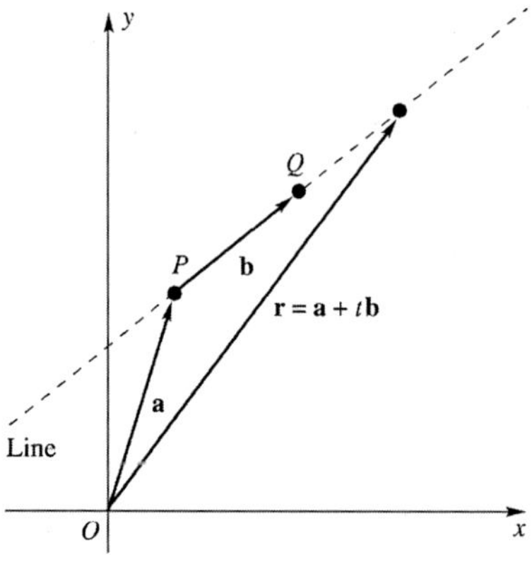

[그림 10.19]

예제 10.18

반지름이 a인 원의 모든 점에서의 곡률은 $\kappa = 1/a$임을 밝혀라(그림 10.20).

풀이 이 원은 원점을 중점으로 가진다고 가정해도 된다. 그러면 이 원의 직교방정식 $x^2 + y^2 = a^2$

을 벡터 방정식으로 위치벡터를 이용하여 표현하면 다음과 같다.

$$\mathbf{r}(t) = a\cos t\mathbf{i} + a\sin t\mathbf{j}$$

그러므로

$$\mathbf{v}(t) = \mathbf{r}'(t) = -a\sin t\mathbf{i} + a\cos t\mathbf{j}$$

$$|\mathbf{v}(t)| = [a^2\sin^2 t + a^2\cos^2 t]^{1/2} = a$$

$$\mathbf{T}(t) = \frac{\mathbf{v}(t)}{|\mathbf{v}(t)|} = \frac{\mathbf{v}(t)}{a} = -\sin t\mathbf{i} + \cos t\mathbf{j}$$

$$\kappa = \frac{|\mathbf{T}'(t)|}{|\mathbf{v}(t)|} = \frac{|-\cos t\mathbf{i} - \sin t\mathbf{j}|}{a} = \frac{1}{a}$$

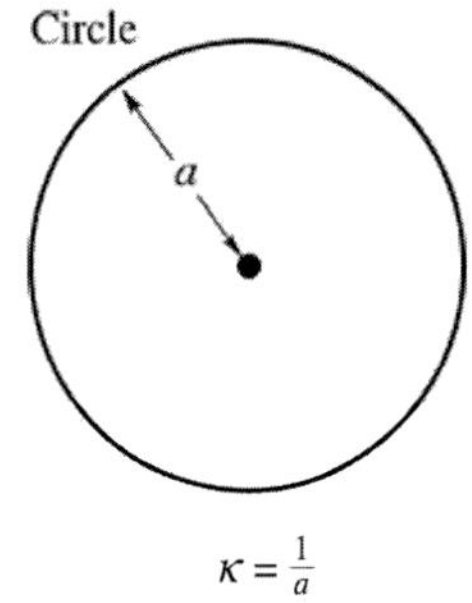

[그림 10.20]

곡률 κ는 반지름의 역수이니, 원이 크면 클수록, 그 곡률은 더 작다.

정리 10.5 곡률식의 또 다른 표현(Alternative Curvature Formula)

$\mathbf{r}(t)$를 완만한 곡선위를 움직이는 물체의 위치벡터 함수라하자. 곡선위의 임의의 점에서 곡률 $\kappa = \dfrac{|\mathbf{a}\times\mathbf{v}|}{|\mathbf{v}|^3}$이다, 여기서 $\mathbf{v} = \mathbf{r}'$은 속도이고 $\mathbf{a} = \mathbf{v}'$은 가속도이다.

증명 미분가능한 곡선 $\mathbf{r}(t) = \langle x(t), y(t), z(t)\rangle$를 고려하자. 여기서 $\mathbf{v} = \mathbf{r}'$과 $\mathbf{a} = \mathbf{v}'$은 곡선위를 움직이는 물체의 속도와 가속도이다. $\mathbf{v}(t) \neq 0$, $\mathbf{a}(t) \neq 0$ 라고 가정하면, $\mathbf{T} = \mathbf{v}/|\mathbf{v}|$로부터 $\mathbf{v} = |\mathbf{v}|\mathbf{T}$로 쓸 수 있으며, 양변을 t에 관하여 미분할 수 있다. 즉,

$$\mathbf{a} = \frac{d\mathbf{v}}{dt} = \frac{d}{dt}(|\mathbf{v}(t)|\mathbf{T}(t)) = \frac{d}{dt}(|\mathbf{v}(t)|)\mathbf{T}(t) + |\mathbf{v}(t)|\frac{d\mathbf{T}}{dt}|$$

이다. 이제, $\mathbf{a}\times\mathbf{v}$를 계산해보자.

$$\mathbf{a}\times\mathbf{v} = \left[\frac{d}{dt}(|\mathbf{v}(t)|\mathbf{T} + |\mathbf{v}|\frac{d\mathbf{T}}{dt}\right]\times|\mathbf{v}|\mathbf{T} = (\frac{d}{dt}(|\mathbf{v}(t)|)\mathbf{T}\times|\mathbf{v}|\mathbf{T} + |\mathbf{v}|\frac{d\mathbf{T}}{dt}\times|\mathbf{v}|\mathbf{T}$$

이고, $(\frac{d}{dt}(|\mathbf{v}(t)|)\mathbf{T}\times|\mathbf{v}|\mathbf{T} = 0$ 이다.(왜냐하면, 벡터 $\mathbf{T}$에 대하여 $a\mathbf{T}\times b\mathbf{T}$는 평행 이므로 0 이다.) 또한, $\mathbf{T}$는 단위접선벡터이고, 그것의 크기는 1이며, $d\mathbf{T}/dt$와는 서로 수직이다. 따라서$|\mathbf{a}\times\mathbf{v}|$를 계산해 보도록 하자.

$$|\mathbf{a}\times\mathbf{v}| = \left||\mathbf{v}|\frac{d\mathbf{T}}{dt}\times|\mathbf{v}|\mathbf{T}\right| = \left||\mathbf{v}|\frac{d\mathbf{T}}{dt}\right||\mathbf{v}||\mathbf{T}|\sin\theta$$

$$= |\mathbf{v}|^2\left|\frac{d\mathbf{T}}{dt}\right||\mathbf{T}| = |\mathbf{v}|^2\left|\frac{d\mathbf{T}}{dt}\right|$$

한편, $\left|\dfrac{d\mathbf{T}}{dt}\right| = \kappa|\mathbf{v}|$ 이므로 이것을 이식에 대입하면, $\kappa = \dfrac{|\mathbf{a}\times\mathbf{v}|}{|\mathbf{v}|^3}$ 이다. □

♣ 곡률원과 곡률반지름

주어진 곡선이 평면 위에 있을 때, 다음의 성질을 만족하는 원을 평면위의 곡선 P점에서(곡률 $k \neq 0$일 때) **곡률원** 또는 **접촉원**이라 한다.

1. 점 P에서 주어진 평면곡선과 접한다(즉, 동일한 접선을 갖는다).
2. 점 P에서 곡선의 곡률과 이 원의 곡률은 서로 같다.
3. 곡선의 오목한 방향(곡선의 굽은 안쪽)에 원이 위치한다.

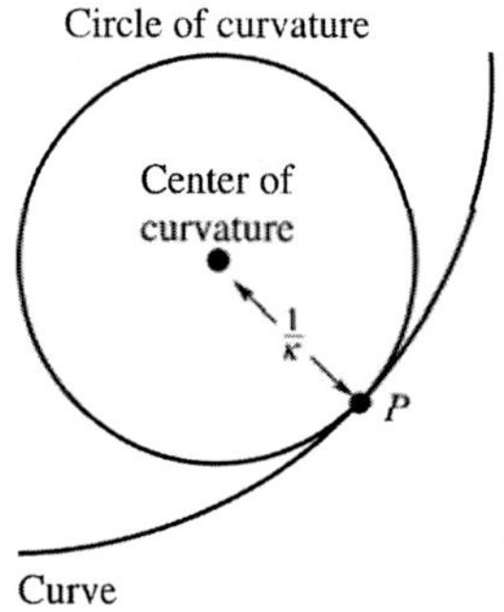

[그림 10.21]

또한 점 P에서 곡률원의 반지름을 곡선 P에서의 **곡률반지름**이라 한다.

즉, 곡률반지름$= \rho = \dfrac{1}{\kappa}$임을 알 수 있다. 주어진 곡선의 P에서의 **곡률중심**은 곡률원의 중심을 말한다.

예제 10.19

하이포사이클로이드

$$r(t) = 8\cos^3 t\mathbf{i} + 8\sin^3 t\mathbf{j}$$

에서 $t = \pi/12$인 점 P, $t = 3\pi/4$인 점 Q에서의 곡률과 곡률 반지름을 각각 구하여라. 이 하이포사이클로이드의 그래프를 그리고, P, Q에서의 곡률원들을 그려라.

풀이 $0 < t < \pi$, $t \neq \pi/2$에 대해서,

$$\mathbf{v}(t) = \mathbf{r}'(t) = -24\cos t\sin t\mathbf{i} + 24\sin^2 t\cos t\mathbf{j}$$

$$|\mathbf{v}(t)| = 24|\sin t\cos t|$$

$$\mathbf{T}(t) = -\frac{\sin t\cos^2 t}{|\sin t\cos t|}\mathbf{i} + \frac{\sin^2 t\cos t}{|\sin t\cos t|}\mathbf{j}$$

$$= \begin{cases} -\cos t\mathbf{i} + \sin t\mathbf{j} & 0 < t < \dfrac{\pi}{2} \\ \cos t\mathbf{i} - \sin t\mathbf{j} & \dfrac{\pi}{2} < t < \pi \end{cases}$$

$$\mathbf{T}'(t) = \begin{cases} -\cos t\mathbf{i} + \sin t\mathbf{j} & 0 < t < \dfrac{\pi}{2} \\ \cos t\mathbf{i} - \sin t\mathbf{j} & \dfrac{\pi}{2} < t < \pi \end{cases}$$

$$\kappa(t) = \frac{|\mathbf{T}'(t)|}{|\mathbf{v}(t)|} = \frac{1}{24|\sin t \cos t|} = \frac{1}{12|\sin 2t|}$$

그러므로 P에서는

$$\kappa\left(\frac{\pi}{12}\right) = \frac{1}{12\sin\left(2 \cdot \dfrac{\pi}{12}\right)} = \frac{1}{6} \text{ 그리고 } R\left(\frac{\pi}{12}\right) = 6$$

그리고 Q에서는

$$\kappa\left(\frac{3\pi}{4}\right) = \frac{1}{12\left|\sin\left(2 \cdot \dfrac{3\pi}{4}\right)\right|} = \frac{1}{12} \text{ 그리고 } R\left(\frac{3\pi}{4}\right) = 12$$

하이포사이클로이드와 곡률원들을 그린 것이 그림 10.22이다.

P, Q의 좌표는 대략 (7.21, 0.14), (−2.83, 2.83)이다.

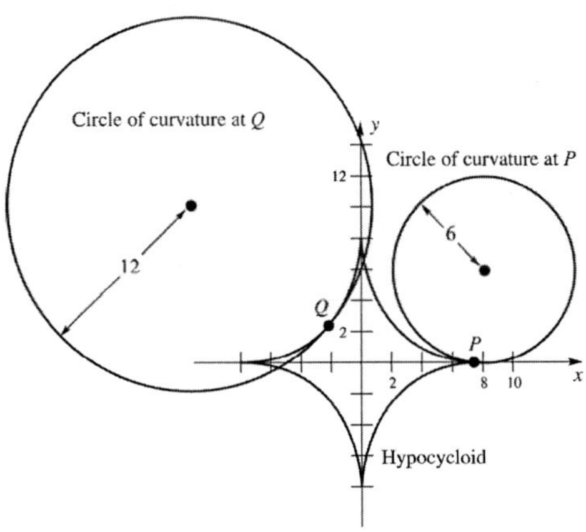

[그림 10.22]

◆ 곡률의 다른 공식

반시계 방향으로 x축 양의 방향과 평행한 단위 벡터 $\mathbf{i}$에서 $\mathbf{T}$로 잰 각을 ϕ 라 하자(그림 10.23).

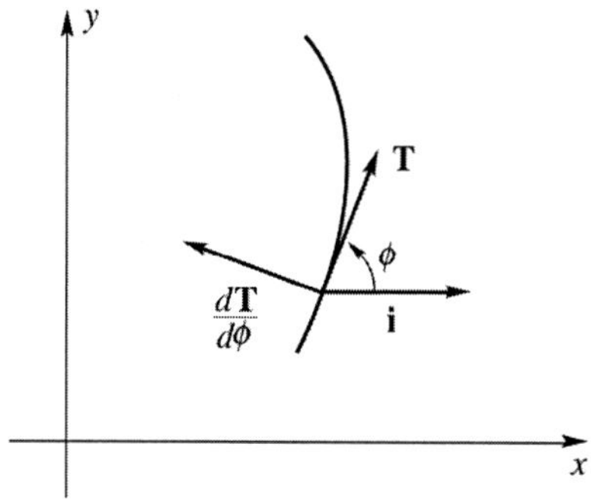

[그림 10.23]

그러면 단위접선벡터는 크기가 1이므로 $\mathbf{T} = \cos\phi\mathbf{i} + \sin\phi\mathbf{j}$ 이다. 따라서

$$\frac{d\mathbf{T}}{d\phi} = -\sin\phi\mathbf{i} + \cos\phi\mathbf{j}$$

그러므로 $d\mathbf{T}/d\phi$는 단위 벡터(길이가 1인 벡터)이고, $\mathbf{T} \cdot d\mathbf{T}/d\phi = 0$이므로 두 벡터는 서로 수직이다. 그리고

$$\kappa = \left|\frac{d\mathbf{T}}{ds}\right| = \left|\frac{d\mathbf{T}}{d\phi}\frac{d\phi}{ds}\right| = \left|\frac{d\mathbf{T}}{d\phi}\right|\left|\frac{d\phi}{ds}\right|$$

이다. 따라서

$$\kappa = \left|\frac{d\phi}{ds}\right|$$

곡률 κ의 이 공식은, 곡률에 대한 직관적인 이해(곡선의 길이 s에 대한 ϕ의 변화를 측정하는 것)를 뒷받침하며, 다음 중요한 정리를 비교적 쉽게 증명할 수 있게 해 준다.

정리 10.6

벡터 방정식 $\mathbf{r}(t) = f(t)\mathbf{i} + g(t)\mathbf{j}$로 주어진 곡선을 고려하자. 즉, 매개변수 방정식 $x = f(t)$, $y = g(t)$로 주어진 곡선을 고려하자. 그러면

$$\kappa = \frac{|x'y'' - y'x''|}{[(x')^2 + (y')^2]^{3/2}}$$

특히, 만약 곡선이 $y = g(x)$의 그래프이면,

$$\kappa = \frac{|y''|}{[1 + (y')^2]^{3/2}}$$

첫째 공식에 있는 프라임들은 t에 대한 미분을 나타내고, 둘째 공식에서는 x에 대한 미분을 나타낸다.

증명 공식 $\kappa = |\mathbf{T}'(t)|/|\mathbf{r}'(t)|$로부터 κ를 계산할 수도 있는데, 이것은 미분과 대수적 연산을 다루는 좋은 훈련이지만, 한편 복잡하고 어렵다. 지금 여기서는, 위에서 이끌어 낸 공식 $\kappa = |d\phi/ds|$를 사용하겠다. 그림 10.23으로부터 다음을 알 수 있다.

$$\tan\phi = \frac{dy}{dx} = \frac{dy/dt}{dx/dt} = \frac{y'}{x'}$$

이 방정식의 양변을 t에 관해서 미분하면,

$$\sec^2\phi\,\frac{d\phi}{dt} = \frac{x'y''-y'x''}{(x')^2}$$

그러므로

$$\frac{d\phi}{dt} = \frac{x'y''-y'x''}{(x')^2\sec^2\phi} = \frac{x'y''-y'x''}{(x')^2(1+\tan^2\phi)}$$
$$= \frac{x'y''-y'x''}{(x')^2(1+(y')^2/(x')^2)} = \frac{x'y''-y'x''}{(x')^2+(y')^2}$$

그런데

$$\kappa = \left|\frac{d\phi}{ds}\right| = \left|\frac{d\phi}{dt}\,\frac{dt}{ds}\right| = \left|\frac{d\phi/dtt}{ds/dt}\right| = \frac{|d\phi/dt|}{[(x')^2+(y')^2]^{1/2}}$$

이 두 결과들을 결합하면, 다음을 얻게 된다.

$$\kappa = \frac{|x'y''-y'x''|}{[(x')^2+(y')^2]^{3/2}}$$

이것이 바로 이 정리의 첫째 명제(공식)이다.

이 정리의 둘째 명제를 얻으려면, $y = g(x)$를 이에 대응하는 매개변수 방정식을 $x = t$, $y = g(t)$라 간주하면 된다. 즉, $y = g(x)$이다. 그 결과 $x' = 1$, $x'' = 0$. 그러면 이 결론이 나온다. □

예제 10.20

다음 방정식은 타원을 나타낸다.

$$x = 3\cos t, \qquad y = 2\sin t$$

$t = 0$과 $t = \pi/2$에 대응하는 점들, 즉, (3, 0)과 (0, 2)에서의 곡률을 구하여라. 또한 타원을 그리고, 대응하는 곡률원들을 그려라.

풀이 주어진 타원방정식을 미분하면,

$$x' = -3\sin t, \qquad y' = 2\cos t$$
$$x'' = -3\cos t, \qquad y'' = -2\sin t$$

그러므로

$$\kappa = \kappa(t) = \frac{|x'y'' - y'x''|}{[(x')^2 + (y')^2]^{3/2}} = \frac{6\sin^2 t + 6\cos^2 t}{[9\sin^2 t + 4\cos^2 t]^{3/2}} = \frac{6}{[5\sin^2 t + 4]^{3/2}}$$

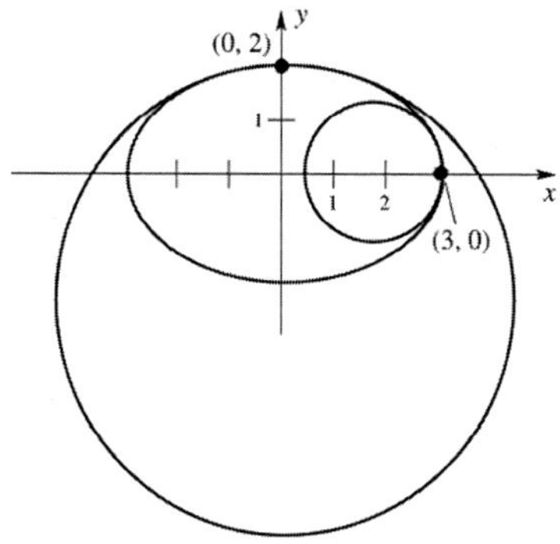

[그림 10.24]

따라서

$$\kappa(0) = \frac{6}{4^{3/2}} = \frac{3}{4}$$
$$\kappa\left(\frac{\pi}{2}\right) = \frac{6}{9^{3/2}} = \frac{2}{9}$$

$\kappa(0)$은 $\kappa(\pi/2)$보다 더 큰데, 당연히 그래야 한다. 그림 10.24는 (3, 0)에서 반지름이 $\frac{4}{3}$인 곡률원과, (0, 2)에서 반지름이 $\frac{9}{2}$인 곡률원을 보여주고 있다.

■

예제 10.21

곡선 $y = \ln|\cos x|$의 $x = \pi/3$에서의 곡률을 구하여라.

풀이 정리 10.5의 두 번째 공식을 사용하자. 여기서 프라임들은 x에 대한 미분을 나타낸다. $y' = \tan x$이고 $y'' = \sec^2 x$이니,

$$\kappa = \frac{\sec^2 x}{(1 + \tan^2 x)^{3/2}} = \frac{\sec^2 x}{(\sec^2 x)^{3/2}} = |\cos x|$$

그러므로 $x = \pi/3$에서, $\kappa = \frac{1}{2}$

■

♠ 가속도의 법선 성분과 접선 성분

움직이는 물체가 중력, 감속기, 로켓모터에 의하여 가속될 때, 물체의 운동방향인 정방향 T로 어느 정도 가속되었는지 알아야 할 필요가 있다. 매끄러운 곡선의 한 점을 $P = P(t)$라 하자. P에서의 **단위 법벡터**(unit normal vector, **단위 법선 벡터**)라 부르는 새로운 벡터

$\mathbf{N} = \mathbf{N}(t)$를 다음과 같이 정의하자.

$$\mathbf{N} = \frac{d\mathbf{T}/ds}{|d\mathbf{T}/ds|} = \frac{1}{\kappa}\frac{d\mathbf{T}}{ds}$$

그래서

$$\frac{d\mathbf{T}}{ds} = \kappa\mathbf{N}$$

여기서 $\mathbf{T} = \cos\phi\mathbf{i} + \sin\phi\mathbf{j}$ 이다. 그러면 다음과 같이 된다.

$$\frac{d\mathbf{T}}{ds} = \frac{d\mathbf{T}}{d\phi}\frac{d\phi}{ds} = (-\sin\phi\mathbf{i} + \cos\phi\mathbf{j})\frac{d\phi}{ds}$$

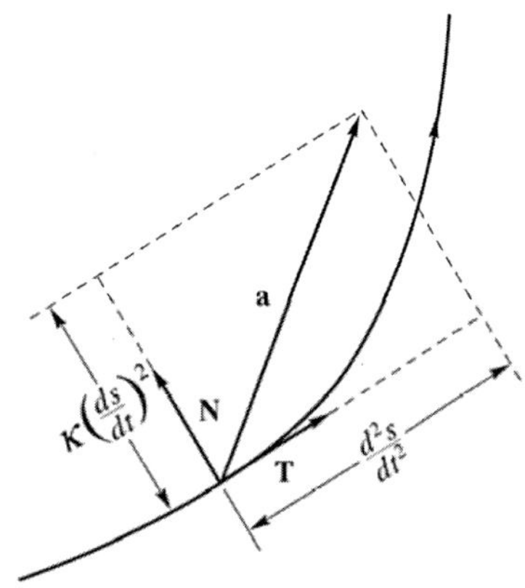

[그림 10.25]

그러므로 $\mathbf{T}\cdot\mathbf{N} = 0$이 된다. 따라서 $\mathbf{N}$은 단위 벡터로서, $\mathbf{T}$와 수직이며, 곡선의 오목한 쪽을 가리킨다. 단위접선 벡터와 단위법선 벡터가 서로 수직이며 이것을 이용하여 물체의 가속도 벡터를 표현해 보자. $\mathbf{T}$와 $\mathbf{N}$을 사용하여, 가속도 벡터 $\mathbf{a}$를 나타내고자 한다. 즉, 가속도 $\mathbf{a}$를 곡선의 접선 방향 성분과 법선(수직) 방향 성분으로 분해하고자 한다. 속도 벡터 $\mathbf{v}$는 다음을 만족한다.

$$\mathbf{v} = |\mathbf{v}|\mathbf{T} = \frac{ds}{dt}\mathbf{T}$$

이것을 미분하면,

$$\mathbf{a} = \frac{d\mathbf{v}}{dt} = \frac{d^2s}{dt^2}\mathbf{T} + \frac{ds}{dt}\frac{d\mathbf{T}}{dt} = \frac{d^2s}{dt^2}\mathbf{T} + \frac{ds}{dt}\frac{d\mathbf{T}}{ds}\frac{ds}{dt}$$

그러므로

$$\mathbf{a} = \frac{d^2s}{dt^2}\mathbf{T} + \left(\frac{ds}{dt}\right)^2\kappa\mathbf{N}$$

이다.

이 결과를 나타낸 것이 그림 10.25이다.

위에 주어진 가속도 A를 물리적으로 이해하고 결과의 의미를 알기 위해서, 일상생활에서 나타나는 운전시의 예를 생각해 보자.

쭉 곧은 길을 따라서 가속 페달을 밟으며 자동차를 운전하다가, 굽은 길로 들어서게 되는 운전자에 대해서 생각해 보자. 뉴턴의 운동 법칙 2에 따르면, 힘은 질량 곱하기 가속도이다. 즉, 질량 m인 자동차가 받는 힘은

$$\mathbf{F} = m\mathbf{a} = m\frac{d^2s}{dt^2}\mathbf{T} + m\kappa\left(\frac{ds}{dt}\right)^2\mathbf{N}$$

질량 m_0인 운전자도 힘을 받는다. 쭉 곧은 길에서는 $\kappa = 0$이니, 운전석이 자신의 몸을 크기 $m_0 d^2s/dt^2$의 힘으로 미는 것만을 느낀다. 이 힘은 자동차의 가속에 따른 것이다. 굽은 길로 들어서면, 그에 덧붙여서 크기 $m_0\kappa(ds/dt)^2$의 힘으로 곡선의 안쪽으로 미는 힘을 느끼게 된다. 이렇게 미는 힘은 곡률에 비례하고 속력의 제곱에 비례함을 주목하기 바란다. 길이 더 심하게 굽을수록, 속력이 빠르면 빠를수록, 미는 힘이 더 커진다.

예제 10.22

어떤 입자가 움직이는데, 그 위치 벡터는 $\mathbf{r}(t) = t^2\mathbf{i} + \frac{1}{3}t^3\mathbf{j}$, $t \geq 0$이다. $\mathbf{T}$와 $\mathbf{N}$을 사용하여 $\mathbf{a}(t)$를 나타내고, $t = 2$인 순간 이것을 계산하여라.

풀이

$$\mathbf{v}(t) = 2t\mathbf{i} + t^2\mathbf{j}$$

$$\frac{ds}{dt} = |\mathbf{v}(t)| = \sqrt{4t^2 + t^4} = t\sqrt{4 + t^2}$$

$$\frac{d^2s}{dt^2} = \frac{4 + 2t^2}{\sqrt{4 + t^2}}$$

$$\kappa\left(\frac{ds}{dt}\right)^2 = \frac{|x'y'' - y'x''|}{[(x')^2 + (y')^2]^{3/2}}\left(\frac{ds}{dt}\right)^2 = \frac{|x'y'' - y'x''|}{ds/dt}$$

$$= \frac{|(2t)(2t) - (t^2)(2)|}{t\sqrt{t + t^2}} = \frac{2t^2}{t\sqrt{4 + t^2}} = \frac{2t}{\sqrt{4 + t^2}}$$

그러므로

$$\mathbf{a}(t) = \frac{d^2s}{dt^2}\mathbf{T} + \kappa\left(\frac{ds}{dt}\right)^2\mathbf{N} = \frac{4 + 2t^2}{\sqrt{4 + t^2}}\mathbf{T} + \frac{2t}{\sqrt{4 + t^2}}\mathbf{N}$$

따라서

$$\mathbf{a}(2) = \frac{12}{\sqrt{8}}\mathbf{T} + \frac{4}{\sqrt{8}}\mathbf{N} = 3\sqrt{2}\,\mathbf{T} + \sqrt{2}\,\mathbf{N}$$

■

우리는 가속도 $\mathbf{a}$를

$$\mathbf{a} = a_T\mathbf{T} + a_N\mathbf{N}$$

형태로 표현하였으며, 여기서 접선 성분과 법선 성분은

$$a_T = \frac{d^2s}{dt^2} \text{ 그리고 } a_N = \kappa\left(\frac{ds}{dt}\right)^2$$

이다. a_N을 계산하려면, 먼저 κ를 계산해야 할 것 같다. 그렇지만 이것을 피할 수 있다. 왜냐 하면 $\mathbf{T}$와 $\mathbf{N}$이 서로 수직이어서, 다음이 성립하기 때문이다.

$$|\mathbf{a}|^2 = a_T^2 + a_N^2$$

예제 10.23

운동이 $\mathbf{r} = t^2\mathbf{i} + \frac{1}{3}t^3\mathbf{j},\ t \geq 0$로 주어졌다. κ를 구하지 말고, a_T와 a_N을 구하여라.

풀이 이 운동은 앞의 예제 10.21과 같다. 즉, $r(t) = t^2 i + \frac{1}{3}t^3 j$에서 $r'(t) = 2ti + t^2 j$이고 $v(t) = 2ti + t^2 j$이다.

따라서 $\frac{ds}{dt} = |v(t)| = \sqrt{4t^2 + t^4} = t\sqrt{4+t^2}$ 또한 가속도벡터 $a(t) = v'(t) = 2i + 2tj$이다.

$\frac{ds}{dt} = t\sqrt{4+t^2}$ 이므로 $\frac{d^2s}{dt^2} = \frac{4+2t^2}{\sqrt{4+t^2}}$ 이다.

따라서 $a_T = \frac{4+2t^2}{\sqrt{4+t^2}}$ 이다.

또한 $a = a_T T + a_N N$이므로 $|a|^2 = a_T^2 + a_N^2$을 이용하면

$$a_N^2 = |a|^2 - a_T^2 = -\frac{(4+2t^2)^2}{4+t^2} + 4 + 4t^2 = \frac{4t^2}{4+t^2}$$

$\therefore\ a_N = \frac{2t}{\sqrt{4+t^2}}$ 이다.

연습문제 10-3

Exercises

1. $\mathbf{r}(t) = 3t\mathbf{i} + 3t^2\mathbf{j};\ t_1 = \frac{1}{3}$

2. $\mathbf{u}(t) = 4t^2\mathbf{i} + 4t\mathbf{j};\ t_1 = \frac{1}{2}$

3. $\mathbf{z}(t)=3\cos t\mathbf{i}+4\sin t\mathbf{j};\ t_1=\dfrac{\pi}{4}$

4. $x(t)=1-t^2,\ y(t)=1-t^3;\ t_1=1$

5. $\mathbf{r}(t)=t\cos t\mathbf{i}+t\sin t\mathbf{j};\ t_1=1$

※ 다음 문제들에서 주어진 점에서의 곡률과 곡률 반지름을 구하여라.

6. $y=2x^2,\ (1,\ 2)$

7. $y^2=x-1,\ (1,\ 0)$

8. $y=\cos 2x,\ \left(\dfrac{1}{6}\pi,\ \dfrac{1}{2}\right)$

9. $y=\sqrt{x},\ (1,\ 1)$

※ 다음 곡선에서 곡률이 최대가 되는 점을 찾아라.

10. $y=\ln x$

11. $y=\sin x;\ -\pi\le x\le\pi$

12. $y=e^x$

※ 다음 문제들에서가속도의 접선 성분과 법선 성분(a_T와 a_N)을 구하여라. 그 다음에 $t=t_{1)}$에서 계산하여라.

13. $\mathbf{r}(t)=3t\mathbf{i}+3t^2\mathbf{j};\ t_1=\dfrac{1}{3}$

14. $\mathbf{r}(t)=(2t+1)\mathbf{i}+(t^2-2)\mathbf{j};\ t_1=1$

15. $\mathbf{r}(t)=a\cosh t\mathbf{i}+a\sinh t\mathbf{j};\ t_1=\ln 3$

16. $\mathbf{r}(t)=e^t\mathbf{i}+e^{-t}\mathbf{j};\ t_1=0$

17. $x(t)=e^t\sin t,\ y(t)=e^t\cos t;\ t_1=\dfrac{\pi}{3}$

10.4 공간곡선운동(속도, 가속도, 곡률)

평면에서 정의한 벡터값 함수 $F(t)=f(t)i+g(t)j$를 3차원 공간으로 확장해 보도록 하자. 3차원 공간 상에서 임의의 물체의 위치는 3개의 좌표를 갖는다. 즉, 점 $P=P(t)$의 위치벡터를

$$r(t) = f(t)i + g(t)j + h(t)k,\ a \le t \le b$$

라 하자.

t를 시간변수라 할 때 t가 변함에 따라 물체 또는 점 P가 공간에서 곡선을 그리게 된다(그림 10.26).

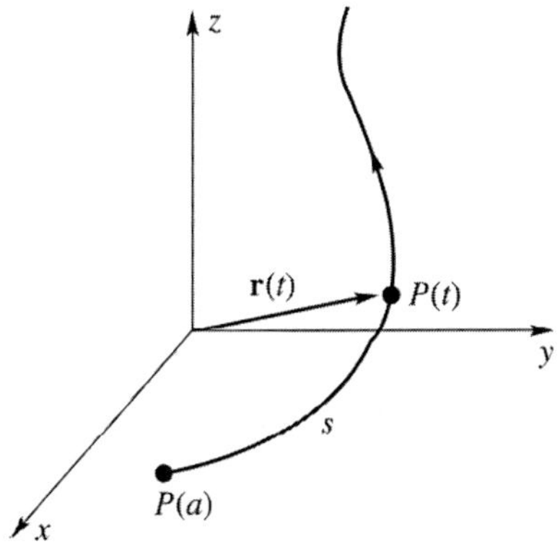

[그림 10.26]

위치벡터 $r(t)$의 궤적인 공간곡선이 주어진 모든 t에 대하여 미분이 가능하다고 하자. 즉, 공간곡선은 부드러운 곡선이다. $r'(t)$가 존재하고, 연속이며, $r'(t) \neq 0$이라고 가정한다. $t = a$일 때의 물체 또는 점 $P(a)$에서 임의의 시각 t에서의 물체의 위치 $P(t)$까지 호의 길이 s는

$$\begin{aligned} s &= \int_a^t |\mathbf{r}'(u)| du \\ &= \int_a^t \sqrt{[f'(u)]^2 + [g'(u)]^2 + [h'(u)]^2}\, du \end{aligned}$$

로 주어진다. t가 시간이라면, 움직이는 점 P의 속도, 속력, 가속도를 다음과 같이 정의할 수 있다.

$$\text{속도 :}\quad \mathbf{v}(t) = \mathbf{r}'(t)$$

$$\text{속력 :}\quad \frac{ds}{dt} = |\mathbf{r}'(t)| = |\mathbf{v}(t)|$$

$$\text{가속도 :}\ \mathbf{a}(t) = \mathbf{r}''(t)$$

몇 가지 예와 예제들을 통하여 위에서 정의한 공간곡선의 의미와 속도, 가속도 등에 대하여 알아보도록 하자.

먼저, 실생활에서 자주 볼 수 있는 용수철을 모형화(모델화) 한 원형나선운동곡선을 살펴보도록 하자.

시간 t에서의 점 P의 위치 벡터가

$$\mathbf{r}(t) = a\cos t\mathbf{i} + a\sin t\mathbf{j} + ct\mathbf{k}$$

라고 하자. 여기서 a와 c는 양수인 상수들이다. 그러면 매개변수 방정식이 $x = a\cos t$, $y = a\sin t$인 수직 원기둥에서, 점 P는 곡선을 그리며 도는데, 돌면서 점점 더 위로 올라간다. 왜냐 하면 t가 증가할 때 $z = ct$가 증가하기 때문이다. 이 곡선을 **원형나선**(circular helix)이라 부르며, 그림 10.27에 일부분을 그려 놓았다.

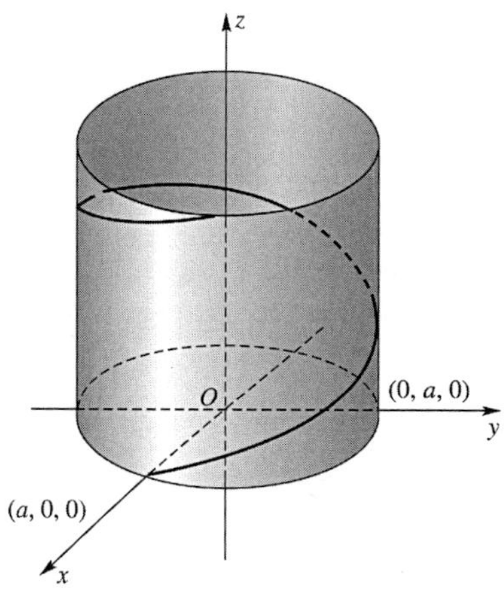

[그림 10.27]

위에서 주어진 원형나선곡선에 대한 호의 길이, 가속도, 곡률을 계산해 보도록 하자.

예제 10.24

$0 \le t \le 2\pi$에 대응하는 원형 나선의 호의 길이를 구하여라.

풀이

$$s = \int_0^{2\pi} \sqrt{(-a\sin t)^2 + (a\cos t)^2 + c^2}\,dt$$

$$= \int_0^{2\pi} \sqrt{a^2+c^2}\,dt = 2\pi\sqrt{a^2+c^2}$$

$c = 0$이면 이것은 당연히 $2\pi a$가 됨을 주목하기 바란다(반지름이 a인 원의 둘레 길이).

예제 10.25

위에서 설명한 운동 $\mathbf{r}(t) = a\cos t\mathbf{i} + a\sin t\mathbf{j} + ct\mathbf{k}$에 대해서, $t = 2\pi$에서의 가속도 $\mathbf{a}$를 계산하여라.

풀이 $\mathbf{v}(t) = \mathbf{r}'(t) = -a\sin t\mathbf{i} + a\cos t\mathbf{j} + c\mathbf{k}$

$\mathbf{a}(t) = \mathbf{r}''(t) = -a\cos t\mathbf{i} - a\sin t\mathbf{j}$

$\mathbf{a}(2\pi) = -a\mathbf{i}$

■

가속도의 방향이 음수가 나온 것은 접선방향과 수직으로 들어가기 때문이다.

♥ 곡률

벡터 $\mathbf{v}(t) = \mathbf{r}'(t)$는 $P(t)$에서의 곡선의 접선과 방향이 같다. 즉,

$$\mathbf{T} = \mathbf{T}(t) = \frac{\mathbf{v}(t)}{|\mathbf{v}(t)|} = \frac{\mathbf{r}'(t)}{|\mathbf{r}'(t)|}$$

는 $P(t)$에서의 **단위 접벡터**(unit tangent vector, **단위 접선 벡터**)이다. 어느 고정된 점에서부터 t가 증가하는 방향으로 호의 길이를 잰 것이 s이니, $d\mathbf{T}/ds$는 접선 벡터의 방향이 호의 길이에 대해서 변화하는 비율을 잰 것이다. 호의 길이가 변함에 따라 접선벡터의 비율이 달라진다는 것은 공간곡선이 임의의 시각에서는 더 굽은 상태가 될 수도 있고 어느 시점에서는 완만할 수 있다. 이러한 개념이 바로 곡선의 휘어진 정도를 측정하는 곡률이 된다. 연쇄법칙에 따라서,

$$\frac{d\mathbf{T}}{ds} = \frac{d\mathbf{T}}{dt}\frac{dt}{ds} = \frac{\mathbf{T}'(t)}{|\mathbf{v}(t)|}$$

그러므로 평면곡선의 경우와 마찬가지로, **공간곡선의 곡률**(curvature) κ를 다음과 같이 정의할 수 있다.

$$\kappa = \kappa(t) = \left|\frac{d\mathbf{T}}{ds}\right| = \left|\frac{\mathbf{T}'(t)}{\mathbf{v}(t)}\right|$$

예제 10.26

다음 원형 나선의 곡률을 계산하여라.

$$\mathbf{r}(t) = a\cos t\mathbf{i} + a\sin t\mathbf{j} + ct\mathbf{k}, \qquad a > 0$$

풀이 $\mathbf{v}(t) = -a\sin t\mathbf{i} + a\cos t\mathbf{j} + c\mathbf{k}$

$$\mathbf{T}(t) = \frac{\mathbf{v}(t)}{|\mathbf{v}(t)|} = \frac{1}{\sqrt{a^2+c^2}}(-a\sin t\mathbf{i} + a\cos t\mathbf{j} + c\mathbf{k})$$

$$\kappa(t) = \frac{\mathbf{T}'(t)}{|\mathbf{v}(t)|} = \frac{1}{a^2+c^2}\,|-a\cos t\mathbf{i} - a\sin t\mathbf{j}|$$

$$= \frac{a}{a^2+c^2}$$

그러므로 원형 나선의 곡률 κ는 상수이다.

즉, 원형나선곡선은 어느 점에서든 곡선의 휘어진(구부러진) 정도가 동일하다.

곡률 반지름 R은 κ의 역수이다. 위의 예제에서, $R = (a^2+c^2)/a$. $c=0$인 경우 이것은 $R=a$가 되며, 이 경우 이 운동은 $xy-$평면에서 원 $\mathbf{r} = a\cos t\mathbf{i} + a\sin t\mathbf{j}$를 따라 움직이는 것이라는 사실에 대응한다. c가 커지면 R이 커지며, 이것은 우리가 예상한 바이다.

♣ 가속도의 성분들

평면의 경우와 마찬가지로, P에서의 단위 접선벡터 T와 수직인 **단위 주법벡터** (principal unit normal vector, **단위 주법선 벡터**) N을 다음과 같이 정의한다.

$$\mathbf{N} = \frac{d\mathbf{T}/ds}{|d\mathbf{T}/ds|} = \frac{1}{\kappa}\frac{d\mathbf{T}}{ds}$$

N은 단위 벡터임이 명백하다. N이 곡선에 대한 법선(수직) 벡터라는 사실은, 방정식 $\mathbf{T}\cdot\mathbf{T}=1$을 s에 대해 미분하여서 알아 낼 수 있다. 실제로, $T\cdot T = |T||T|\cos 0$으로부터 $T\cdot T = |T|^2$이며 T는 단위접선벡터이므로 크기가 1이다. 따라서 양변을 미분하면 $2\mathbf{T}\cdot\frac{d\mathbf{T}}{ds} = 0$이다.

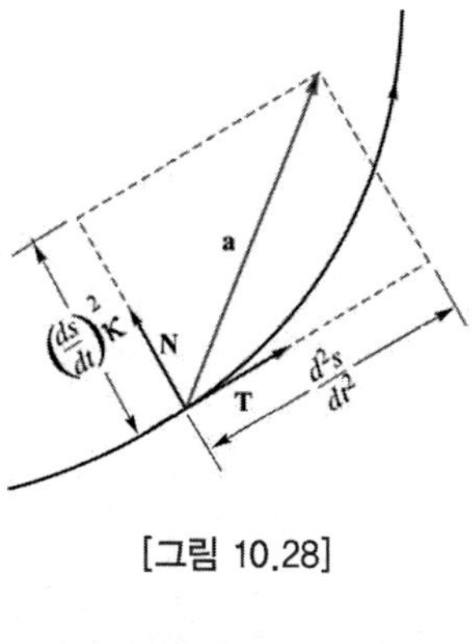

[그림 10.28]

그러므로 $d\mathbf{T}/ds$는 $\mathbf{T}$에 대해서 수직이다. 이 사실들을 이용하면, 평면의 경우와 마찬가지로 다음을 얻게 된다(그림 10.28).

$$\mathbf{a}=\frac{d^2s}{dt^2}\mathbf{T}+\left(\frac{ds}{dt}\right)^2\kappa\mathbf{N}=a_T\mathbf{T}+a_N\mathbf{N}$$

이 결과를 $\mathbf{T}$와 내적시키면, 다음을 얻는다.

$$\mathbf{T}\cdot\mathbf{a}=a_T\mathbf{T}\cdot\mathbf{T}+a_N\mathbf{T}\cdot\mathbf{N}=a_T$$

즉,

$$a_T=\mathbf{T}\cdot\mathbf{a}=\frac{\mathbf{r}'\cdot\mathbf{r}''}{|\mathbf{r}'|}$$

$\mathbf{T}$와 a를 외적시키면, 다음을 얻는다.

$$\begin{aligned}\mathbf{T}\times\mathbf{a}&=a_T(\mathbf{T}\times\mathbf{T})+a_N(\mathbf{T}\times\mathbf{N})\\&=a_N(\mathbf{T}\times\mathbf{N})\end{aligned}$$

그리고

$$|\mathbf{T}\times\mathbf{a}|=a_N|\mathbf{T}\times\mathbf{N}|=a_N|\mathbf{T}||\mathbf{N}|\sin\theta=a_N$$

즉,

$$a_N=|\mathbf{T}\times\mathbf{a}|=\frac{|\mathbf{r}'\times\mathbf{r}''|}{|\mathbf{r}'|}$$

그런데 $a_N=(ds/dt)^2\kappa=|\mathbf{r}'|^2\kappa$이니, 다음 결론이 나온다.

$$\kappa=\frac{|\mathbf{r}'\times\mathbf{r}''|}{|\mathbf{r}'|^3}$$

다음 예제를 통하여 위에서 논의한 내용들을 정리 해 보자.

예제 10.27

다음 곡선운동

$$\mathbf{r}(t)=t\mathbf{i}+t^2\mathbf{j}+t\frac{1}{3}t^3\mathbf{k}$$

에 대해서, 점 $\left(1,\ 1,\ \frac{1}{3}\right)$에서 $\mathbf{T}$, $\mathbf{N}$, a_T, a_N, κ를 구하여라.

T : 단위접선벡터

N : 단위법선벡터

κ : 곡률

a_T : 가속도벡터의 접선성분

a_N : 가속도벡터의 법선성분

풀이 $\mathbf{r}'(t)=\mathbf{i}+2t\mathbf{j}+t^2\mathbf{k}$

$\mathbf{r}''(t)=2\mathbf{j}+2t\mathbf{k}$

점 $\left(1,\ 1,\ \frac{1}{3}\right)$은 $t=1$인 순간이며, 이 때

$$\mathbf{r}'=\mathbf{i}+2\mathbf{j}+\mathbf{k}$$

$$\mathbf{r}''=2\mathbf{j}+2\mathbf{k}$$

$$\mathbf{T}=\frac{\mathbf{r}'}{|\mathbf{r}'|}=\frac{\mathbf{i}+2t\mathbf{j}+\mathbf{k}}{\sqrt{6}}$$

$$a_T=\frac{\mathbf{r}'\cdot\mathbf{r}''}{|\mathbf{r}'|}=\frac{6}{\sqrt{6}}$$

$$a_N=\frac{\mathbf{r}'\times\mathbf{r}''}{|\mathbf{r}'|}=\frac{1}{\sqrt{6}}\left|\begin{vmatrix}\mathbf{i} & \mathbf{j} & \mathbf{k}\\ 1 & 2 & 1\\ 0 & 2 & 2\end{vmatrix}\right|\frac{1}{\sqrt{6}}|\mathbf{i}+2\mathbf{j}+\mathbf{k}|=\sqrt{2}$$

$$\mathbf{N}=\frac{\mathbf{a}-a_T\mathbf{T}}{a_N}=\frac{(2\mathbf{j}+2\mathbf{k})-(\mathbf{i}+2\mathbf{j}+\mathbf{k})}{\sqrt{2}}=\frac{-\mathbf{i}+\mathbf{k}}{\sqrt{2}}$$

$$\kappa=\frac{|\mathbf{r}'\times\mathbf{r}''|}{|\mathbf{r}'|^3}=\frac{a_N}{|\mathbf{r}'|^2}=\frac{\sqrt{2}}{6}$$

◆ P에서의 부법선

벡터 곡선 C가 있고, P에서의 단위 접선 벡터 $\mathbf{T}$가 주어졌을 때, P에서 $\mathbf{T}$에 수직인 단위 벡터는 무수히 많이 있다(그림 10.29).

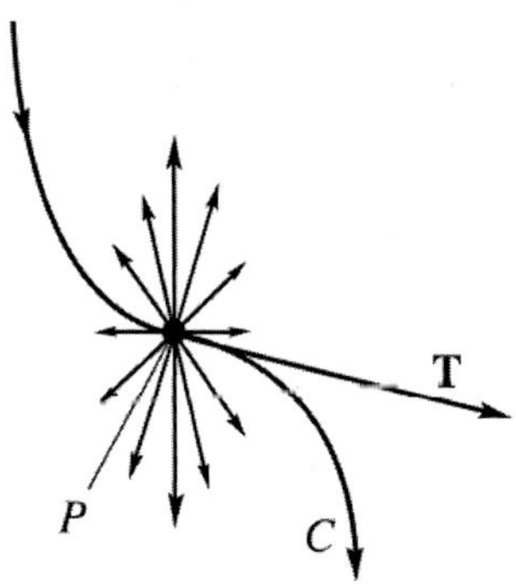

[그림 10.29]

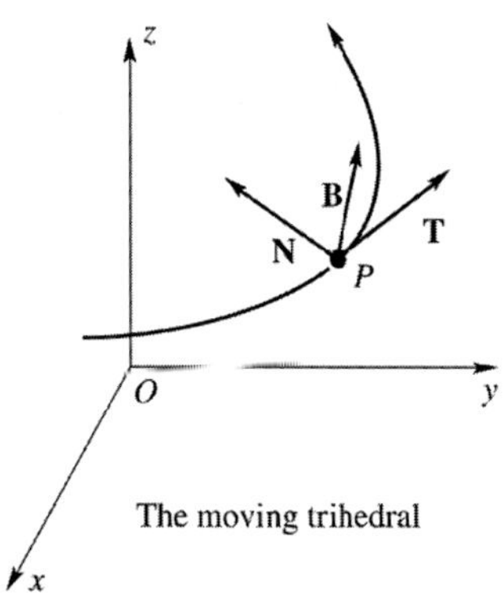

[그림 10.30]

그것들 중에, 우리는

$$\mathbf{N}=\frac{d\mathbf{T}/ds}{|d\mathbf{T}/ds|}$$

을 골라서, 이것을 **주법선 벡터**라고 한다. 그리고 벡터

$$\mathbf{B} = \mathbf{T} \times \mathbf{N}$$

을 **부법선**(binormal) 벡터라고 한다. 이것도 단위 벡터이며, $\mathbf{T}$와 $\mathbf{N}$ 둘 다와 수직이다.

단위 접선 벡터 $\mathbf{T}$, 주법선 벡터 $\mathbf{N}$, 부법선 벡터 $\mathbf{B}$가 시작점이 P이면, 이들은 서로 수직인 세 개의 단위 벡터로서, 오른손 체계를 이루는데, 이들을 P에서의 **삼형제변**(trihedral)이라고 부른다(그림 10.30). 이 움직이는 삼형제변은 미분 기하학 분야에서 핵심 역할을 한다. $\mathbf{T}$와 $\mathbf{N}$의 평면을 P에서의 **접촉평면**(osculating plane)이라고 부른다.

연습문제 10-4 Exercises

※ 주어진 시간 $t = t_1$ 일 때 속도 $\mathbf{v}$, 가속도 $\mathbf{a}$, 속력 s를 구하여라.

1. $\mathbf{r}(t) = 4t\mathbf{i} + 5(t^2-1)\mathbf{j} + 2t\mathbf{k};\ t_1 = 1$

2. $\mathbf{r}(t) = (1/t)\mathbf{i} + (t^2-1)^{-1}\mathbf{j} + t^5\mathbf{k};\ t_1 = 2$

3. $\mathbf{r}(t) = \cos t\mathbf{i} + \sin t\mathbf{j} + t\mathbf{k};\ t_1 = \pi$

4. $\mathbf{r}(t) = t\sin \pi t\mathbf{i} + t\cos \pi t\mathbf{j} + e^{-t}\mathbf{k};\ t_1 = 2$

※ 주어진 벡터 방정식을 가지는 곡선의 길이를 구하여라.

5. $\mathbf{r}(t) = t\mathbf{i} + \sin t\mathbf{j} + \cos t\mathbf{k};\ 0 \le t \le 2$

6. $\mathbf{r}(t) = t^3\mathbf{i} - 2t^3\mathbf{j} + 6t^3\mathbf{k};\ 0 \le t \le 1$

7. $\mathbf{r}(t) = e^{2t}\cos t\mathbf{i} + e^{2t}\sin t\mathbf{j} + e^{2t}\mathbf{k};\ 0 \le t \le \pi$

※ $t = t_1$ 일 때 곡률, 단위 접선 벡터, 주법선 벡터를 구하여라.

8. $\mathbf{r}(t) = (t^2-1)\mathbf{i} + (2t+3)\mathbf{j} + (t^2-4t)\mathbf{k};\ t_1 = 2$

9. $x = 7\sin 3t,\ y = 7\cos 3t,\ z = 14t,\ t_1 = \pi/3$

10. $\mathbf{r}(t) = e^{-2t}\mathbf{i} + e^{2t}\mathbf{j} + 2\sqrt{2}t\mathbf{k};\ t_1 = 0$

11. $x = \ln t,\ y = 3t,\ z = t^2,\ t_1 = 2$

※ 임의의 시간 t일 때가속도 벡터의 접선 성분 a_T, 법선 성분 a_N을 구하여라.

12. $\mathbf{r}(t) = (t+1)\mathbf{i} + 3t\mathbf{j} + t^2\mathbf{k}$

13. $x = e^{-t},\ y = 2t,\ z = e^t$

14. $\mathbf{r}(t) = t\sin t\mathbf{i} + t\cos t\mathbf{j} + t^2\mathbf{k}$

제 11 장 수열과 무한급수

11.1 무한수열

자연수 전체의 집합을 N이라 할 때, N을 정의구역으로 하는 실수값(또는 복소수값) 함수 $f(n)$, 즉, $f: N \to R$로 가는 실수값 함수를 **수열**(sequence)이라 한다. 보통 실수값으로 자연수n에 대응하는 것으로 할 때, a_n으로 나타내며, 이것을 **일반항**이라고 한다. 보통, a_1을 **초항**이라고 한다. 수열 $a_n = f(n)$을 나타내기 위해 기호 $\{a_n\}_{n=1}^{\infty}$, $\{a_n\}$, $n \in N$ 등 $\{a_n\}$을 사용하는데 수열 $\{a_n\}$과 집합 $\{a_n | n \in N\}$을 명확하게 구별해야 한다. 즉, 수열은 그 순서가 정해진 것이고 집합은 순서가 정해진 것이 없는 집합 그 자체이다. 또 각 항을 자연수의 번호순서로 나열하여 a_1, a_2, $\cdots$, a_n으로도 쓴다.

수열을 이루고 있는 각각의 수를 **항**(term)이라 하고, 항의 수가 유한개이면 **유한수열**(finite sequence), 항의 수가 무한개이면 **무한수열**(infinite sequence)이라 한다. 대부분의 경우, 수열이라 함은 무한수열을 의미한다.

수열은 반드시 일정한 규칙에 의하여(의거하여) 나열되어야 하는 것은 아니다. 규칙이 없이 나열되는 경우도 많다. 하지만, 일반적으로 일정한 규칙을 가진 수열을 많이 다루며 이런 경우 규칙에 따라 등차수열, 등비수열, 조화수열, 피보나치수열 등으로 구분한다. 수열을 나타내는 방법을 조금 더 자세히 살펴보면 다음과 같다.

수열을 구체적으로 나타내는 방법은 여러 가지가 있다. 다음처럼 처음 항들을 충분히 많이 제시하여, 그 규칙을 확립해 주면 된다.

$$1,\ 4,\ 7,\ 10,\ 13,\ \cdots$$

또는 다음처럼 n번째 항을 구체적인 공식(explicit formula)으로 제시해 주면 된다.

$$a_n = 3n - 2, \qquad n \geq 1$$

무한수열이 주어져 있을 때 특정한 수 L로 각항들이 접근해 간다는 의미를 수렴한다고 한다. 이것을 정의와 예제를 통하여 알아보도록 하자.

정의 11.1

수열 $\{a_n\}$이 L로 **수렴한다**(converge)고 말하고,

$$\lim_{n\to\infty} a_n = L$$

로 쓰는 것은, 다음 조건을 만족할 때이다. 어떠한(임의의, 아무리 작은) 양수 ϵ을 주더라도, 그에 대응하여 어떤 양수 N이 있어서,

$$n \geq N \Rightarrow |a_n - L| < \epsilon$$

이다. 어떠한 유한한 수 L로도 수렴하지 않는 수열은 **발산한다**(diverge)고 말한다.

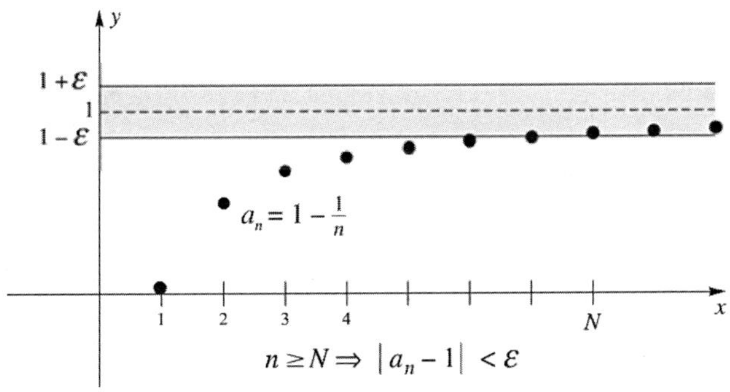

[그림 11.1(a)]

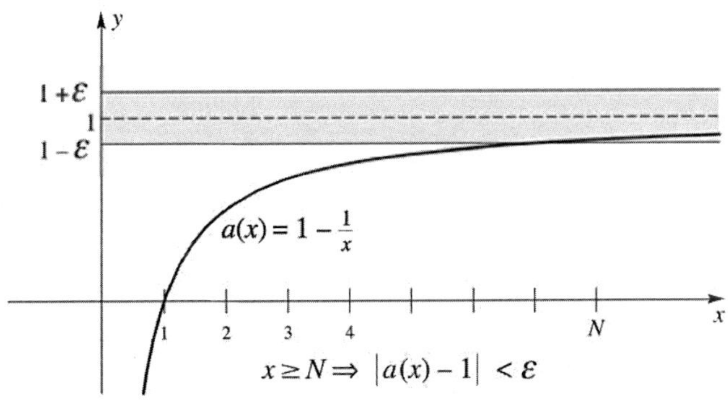

[그림 11.1(b)]

무한에서의 수열의 극한과 함수의 극한과의 관계를 살펴보기 위해서, $a_n = 1 - 1/n$과 $a(x) = 1 - 1/x$의 그래프를 보자. 이들의 차이점이라면, 수열의 경우 정의역을 양의 정수의 집합으로 제한하였다는 것이다. 전자의 경우, $\lim_{n\to\infty} a_n = 1$이라고 쓴다. 후자의 경우, $\lim_{x\to\infty} a(x) = 1$을 쓴다. 그림 11.1에서 ϵ과 N의 의미를 자세히 살펴보기 바란다.

예제 11.1

p가 양의 정수이면, 다음이 성립함을 보여라.

$$\lim_{n\to\infty} \frac{1}{n^p} = 0$$

풀이 지금까지 배운 것들에 따라서, 사실 이것은 명백하지만, 엄밀한 증명을 제시하겠다. 임의의 $\epsilon > 0$을 주었다고 하자. $\sqrt[p]{1/\epsilon}$ 보다 더 큰 임의의 정수 N을 잡아라. 그러면 $n \ge N$이면 다음이 성립한다.

$$|a_n - L| = \left|\frac{1}{n^p} - 0\right| = \frac{1}{n^p} \le \frac{1}{N^p} < \frac{1}{(\sqrt[p]{1/\epsilon})^p} = \epsilon$$

■

함수의 극한에 관한 친숙한 모든 정리들이 수렴하는 수열들에 대해서도 성립한다. 이것들을 증명 없이 아래의 정리에 제시해 놓겠다.

정리 11.2 (수열의 극한의 성질)

$\{a_n\}$과 $\{b_n\}$은 수렴하는 수열이고, k는 상수라고 하자. 그러면

1. $\lim_{n\to\infty} k = k$;
2. $\lim_{n\to\infty} ka_n = k \lim_{n\to\infty} a_n$;
3. $\lim_{n\to\infty} (a_n \pm b_n) = \lim_{n\to\infty} a_n \pm \lim_{n\to\infty} b_n$;
4. $\lim_{n\to\infty} (a_n \cdot b_n) = \lim_{n\to\infty} a_n \cdot \lim_{n\to\infty} b_n$;
5. $\lim_{n\to\infty} \dfrac{a_n}{b_n} = \dfrac{\lim_{n\to\infty} a_n}{\lim_{n\to\infty} b_n}$, 단, $\lim_{n\to\infty} b_n \ne 0$

예제 11.2

$\lim_{n\to\infty} \dfrac{3n^2}{7n^2+1}$을 구하여라.

풀이 n이 매우 커질 때, n의 두 다항식들의 몫(분수)이 어떻게 되는지 판단하기 위해서, 분모에 나오는 n의 최고차항으로 분자와 분모를 나누는 것이 좋은 방법이다. 아래 계산의 처음 단계가 바로 이것이다. 다른 단계들은 정리 11.2를 이용한 것이며, 몇 번 공식을 이용하였는지 동그라미 속의 숫자로 나타내 놓았다.

$$\lim_{n\to\infty} \frac{3n^2}{7n^2+1} = \lim_{n\to\infty} \frac{3}{7+(1/n^2)}$$

$$\overset{⑤}{=} \frac{\lim_{n\to\infty} 3}{\lim_{n\to\infty} [7+(1/n^2)]}$$

$$\overset{③}{=} \frac{\lim_{n\to\infty} 3}{\lim_{n\to\infty} 7 + \lim_{n\to\infty} 1/n^2}$$

$$\overset{①}{=} \frac{3}{7+\lim_{n\to\infty} 1/n^2} = \frac{3}{7+0} = \frac{3}{7}$$

이쯤 되면, 극한 정리들에 매우 친숙해 졌으니, 처음 단계에서 최종 결과를 바로 써 놓아도 될 것 같다. ■

다음 정리는 샌드위치 정리라고도 알려져 있는데, 일정상수 이상에서 수렴하는 두 수열을 이용하여 주어진 수열의 수렴성을 판정하는 방법을 제시해주고 있다.

정리 11.3 (조임 정리)

수열 $\{a_n\}$과 $\{c_n\}$이 둘 다 L로 수렴하고, 모든 $n \ge K$ 에 대해서(K는 고정된 상수) $a_n \le b_n \le c_n$이라고 하자. 그러면 수열 $\{b_n\}$도 L로 수렴한다.

예제 11.3

$\lim_{n\to\infty} \dfrac{\sin^3 n}{n} = 0$임을 보여라.

풀이 $n \geq 1$에 대해서, $-1 \leq \sin n \leq 1$이고 $-1/n \leq (\sin^3 n)/n \leq 1/n$이다. 그런데 $\lim_{n \to \infty}(-1/n) = 0$이고 $\lim_{n \to \infty}(1/n) = 0$이므로, 조임 정리에 따라서 이 결과가 나온다. ■

정리 11.4

만약 $\lim_{n \to \infty}|a_n| = 0$이면, $\lim_{n \to \infty} a_n = 0$이다.

다음으로 n값이 증가함에 따라 수열이 증가하는 경우를 살펴보도록 하자. 어떤 경우는 n값이 증가함에 따라 무한정 커지는 경우도 있고 어떤 경우는 일정한 값에 수렴하는 경우도 있다. 이러한 내용을 단조수열이라는 내용으로 다음에 정리하였다.

♥ 단조 수열

임의의 감소하지 않는 수열(nondecreasing sequence) $\{a_n\}$을 고려하자. 감소하지 않는다는 말의 뜻은, $n \geq 1$에 대해서, $a_n \leq a_{n+1}$이다. 이러한 예로는 수열 $a_n = n^2$이 있다. 또 다른 예로는 $a_n = 1 - 1/n$. 곰곰이 생각해 보면, 감소하지 않는 수열의 행동은 다음 둘 중의 하나가 됨을 알 수 있다. 무한대를 향해서 계속 증가하거나, 아니면 위로 유계가 되어 무한대로 갈 수 없는 경우는, 그 유계값을 향해서 가까이 가게 된다(그림 11.2 참조).

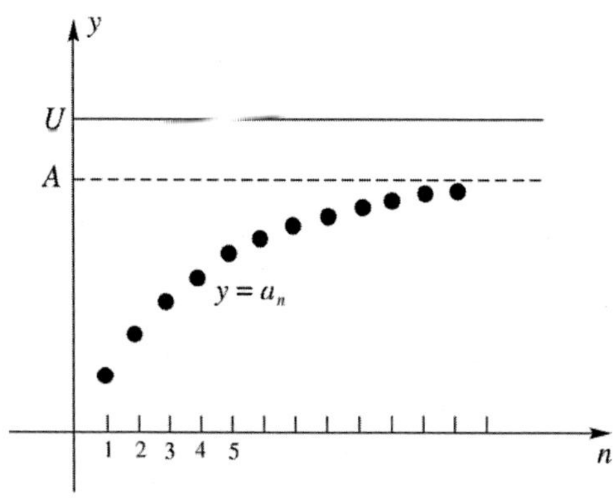

[그림 11.2] $\lim_{n \to \infty} a_n = A$

정리 11.5 (단조 수열 정리)

감소하지 않는 수열 $\{a_n\}$이 위로 유계 U를 가지면, 그 수열은 어떤 값 A로 수렴하며, 극한값 A는 U보다 작거나 같다. 마찬가지로, 증가하지 않는 수열 $\{b_n\}$이 아래로 유계 L을 가지면, 수열 $\{b_n\}$은 어떤 값 B로 수렴하며, 극한값 B는 L보다 크거나 같다.

단조 수열(monotonic sequence)이라는 말은 감소하지 않는 수열이나 증가하지 않는 수열을가리킨다. 그래서 이 정리의 이름을 단조 수열 정리라고 붙였다.

정리 11.5는 실수 체계의 매우 심오한 성질을 설명해 준다. 이것은 실수 체계의 완비성(completeness property)과 동등하다. 쉽게 설명하자면, 실수 직선은 거기에 "틈새"가 없다는 말이다. 실수 직선이 유리수 직선과 완전히 다른 성질이 바로 이것이다(유리수 직선은 틈새가 수없이 많이 있다).

정리 11.5에 대해서 한 가지 더 언급하면, 수열 $\{a_n\}$과 $\{b_n\}$이 처음부터 단조 수열이어야 할 필요는 없다. 어느 순간 이후부터, 즉, $n \geq K$에 대해서 단조 수열이면 된다. 사실, 수열의 수렴, 발산은 앞의 항들의 성격과는 상관이 없으며, 큰 n들에 대해서 무엇이 성립하느냐에 달려 있다.

예제 11.4

정리 11.5를 이용하여, 수열 $b_n = n^2/2^n$은 수렴함을 보여라.

풀이 수열의 앞의 몇몇 항들을 적으면,

$$\frac{1}{2},\ 1,\ \frac{9}{8},\ \frac{25}{32},\ \frac{36}{64},\ \frac{49}{128},\ \cdots$$

$n \geq 3$에 대해서, 이 수열은 감소하는 $(b_n > b_{n+1})$ 것처럼 보이는데, 이것이 사실임을 이제 증명하겠다. 다음 각각의 부등식은 다른 부등식들과 동등하다.

$$\frac{n^2}{2^n} > \frac{(n+1)^2}{2^{n+1}}$$

$$n^2 > \frac{(n+1)^2}{2}$$

$$2n^2 > n^2 + 2n + 1$$

$$n^2 - 2n > 1$$

$$n(n-2) > 1,\ n \geq 3$$

■

연습문제 11-1

Exercises

1. 다음 수열들이 수렴하는지 발산하는지 판단하고 수렴한다면 수렴값을 구하여라.

(a) $a_n = \dfrac{n}{3n-1}$ (b) $a_n = \dfrac{n^3+3n^2+3n}{(n+1)^3}$

(c) $a_n = \dfrac{\cos(n\pi)}{n}$ (d) $a_n = \dfrac{(-\pi)^n}{5^n}$ (e) $a_n = \dfrac{\ln n}{\sqrt{n}}$

2. 다음 각각의 수열에 대하여 구체적인 공식 a_n을 구하고, 그 수열이 수렴하는지 발산하는지 판단하여라. 수렴한다면 수렴값 $\lim\limits_{n\to\infty} a_n$을 구하여라.

(a) $\dfrac{1}{2},\ \dfrac{2}{3},\ \dfrac{3}{4},\ \dfrac{4}{5},\ \cdots$

(b) $1,\ \dfrac{2}{2^2-1^2},\ \dfrac{3}{3^2-2^2},\ \dfrac{4}{4^2-3^2},\ \cdots$

(c) $2,\ 1,\ \dfrac{2^3}{3^2},\ \dfrac{2^4}{4^2},\ \dfrac{2^5}{5^2},\ \cdots$

3. 지름이 1인 원 $1+2+3+...+n = n(n+1)/2$개를 차곡차곡 쌓아서 담고 있는 정삼각형을 생각하자. $n=4$인 경우를 그려 놓은 것이 옆의 그림이다. 원들의 전체 넓이를 A_n이라 하고, 정삼각형의 넓이를 B_n이라 하였을 때, $\lim\limits_{n\to\infty} A_n/B_n$을 구하여라.

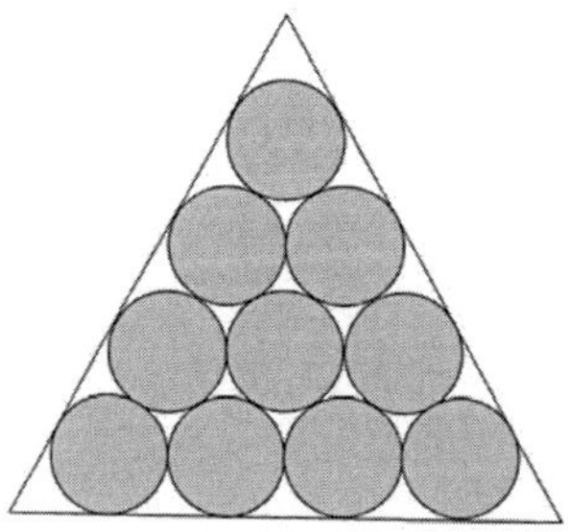

4. 피보나치(Leonardo Fibonacci)가 서기 1200년 무렵에 소개한, 피보나치 수열(Fibonacci Sequence)이라 부르는 유명한 수열 $\{f_n\}$은 다음과 같은 점화식으로 정의한다.

$$f_1 = f_2 = 1,\quad f_{n+2} = f_{n+1} + f_n$$

(a) f_3부터 f_{10}까지 구하여라.

(b) $\phi = \frac{1}{2}(1+\sqrt{5}) \approx 1.618034$라 하자. 그리스 수학자들은 이 수를 황금비라고 불렀으며, 가로, 세로의 비율이 이러한 직사각형이 완벽하다고 여겼다. 다음이 성립함을 보일 수 있다.

$$f_n = \frac{1}{\sqrt{5}}\left[\left(\frac{1+\sqrt{5}}{2}\right)^n - \left(\frac{1-\sqrt{5}}{2}\right)^n\right] = \frac{1}{\sqrt{5}}[\phi^n - (-1)^n \phi^n]$$

$n=1$, $n=2$일 때 이 공식이 올바른 결과를 낳음을 확인하여라. 일반적인 결과는 수학적 귀납법으로 증명할 수 있다(좋은 도전거리이다). 이 절의 내용과 일맥상통하는 것으로, 이 구체적인 공식을 이용하여 $\lim_{n\to\infty} f_{n+1}/f_n = \phi$임을 보여라.

(c) 방금 증명한 극한을 이용하여, ϕ는 방정식 $x^2 - x - 1 = 0$을 만족함을 보여라. 그 다음에 또 다른 흥밋거리로서, 이차방정식의 근의 공식을 써서, 이 방정식의 두 근이 ϕ와 $-1/\phi$임을 보여라. 이들은 f_n을 나타내는 구체적인 공식에서 나타났다.

11.2 무한급수

무한급수(infinite series)는 무한수열의 항을 무한히(한 없이) 더한 것을 말한다. 단순히 급수라고 하면 무한급수를 의미한다.

예를 들면,

$$\sum_{h=0}^{\infty} a^h = 1 + a + a^2 + a^3 + \cdots + a^n + \cdots$$

$$\sum_{k=0}^{\infty} \frac{1}{k!} = 1 + \frac{1}{1!} + \frac{1}{2!} + \cdots + \frac{1}{n!} + \cdots$$

등이 있다.

유한개의 항을 가진 수열의 합 $S_n = \sum_{k=1}^{n} a_k = a_1 + a_2 + a_3 + \cdots + a_n$을 무한급수의 **부분합**이라고 말한다.

무한다항식들을 하나의 함수로 표현한다던가 또는 역도함수가 존재하지 않는 적분을 계산하고자 하는 경우나 미분 방정식을 풀기 위하여 다음과 같은 급수를 사용하기도 한다.

$$1+x+x^2+x^3+\cdots+x^n+\cdots \qquad (=1/(1-x),\ |x|<1\text{일 때})$$

x의 어떤 특별한 값에 대하여 위의 다항식은 상수들의 무한 합으로써 무한급수라 하는 계산이 이루어진다. 만약, $x=\dfrac{1}{2}$인 경우를 생각하여 보자. 차례로 처음부터 한번에 한 개씩 더하고 이러한 부분 합들이 어떻게 커 가는지에 대한 형태를 찾아보자.

부분 합들을 S_1, S_2, S_3, $\cdots$ 등으로 표현하면,

$$S_1=1$$

$$S_2=1+\frac{1}{2}=2-\frac{1}{2}$$

$$S_3=1+\frac{1}{2}+\frac{1}{4}=2-\frac{1}{4}$$

$$\vdots$$

$$S_n=1+\frac{1}{2}+\frac{1}{4}+\cdots+\frac{1}{2^{n-1}}$$

이 된다는 것을 대수적 계산에 의하여 알 수가 있다. 부분 합들의 수열 S_n은 n번째 일반 항이

$$S_n=2-\frac{1}{2^{n-1}}$$

인 수열을 형성하고, 이 수열은 2로 수렴한다. 이때,

"급수의 합, $S=1+\dfrac{1}{2}+\dfrac{1}{4}+\cdots+\dfrac{1}{2^{n-1}}+\cdots$ 은 2이다."

라고 한다. 그렇다면, 이 급수의 유한개의 항의 합이 2인가? 아니다. 실제로, 우리는 무한개의 항을 더할 수 있는가? 아니다. 다만, 그들의 합을 부분 합들의 수열이 $n\to\infty$ 일 때 극한으로 정의할 수 있다. 위의 경우는 그 극한이 2이다. 수열과 극한에 관한 지식은 유한합의 제약으로부터 벗어나게 한다.

정의 11.6

수열 $\{a_n\}$이 주어졌을 때,

$$a_1+a_2+a_3+\cdots+a_n+\cdots$$

의 식을 **무한급수**라고 부른다. 이 때, a_n을 이 급수의 n**번째항**이라 한다.

$$S_1=a_1$$

$$S_2 = a_1 + a_2$$
$$\vdots$$
$$S_n = a_1 + a_2 + a_3 + \cdots + a_n = \sum_{k=1}^{n} a_k$$

로 표현하고 수열 $\{S_n\}$을 이 급수의 부분합의 수열이라 부르며, 숫자 S_n은 n번째 **부분합**이다. 만일, 이 부분합의 수열이 극한 L에 수렴하면 그 급수가 **수렴**하고, 그 **합**이 L이라고 한다.

이것을 다음과 같이 쓰기도 한다.

$$a_1 + a_2 + a_3 + \cdots + a_n + \cdots = \sum_{n=1}^{\infty} a_n = L$$

또는

$$\lim_{n \to \infty} S_n = L$$

그 급수의 수열이 수렴하지 않으면 이 급수는 **발산**한다고 한다.

급수를 표현할 때는 합의 기호 Σ를 활용하는 것이 편리하다. 즉,

$$\sum_{n=1}^{\infty} a_n, \ \sum_{k=1}^{\infty} a_k \ \text{또는} \ \Sigma a_n$$

처음 것은 "항 a_n의 $n=1$에서 무한대까지의 합", 다음 것은 "항 a_k의 $k=1$에서 무한대까지의 합", 그리고 끝의 것은 "합 a_n"이라고 읽는다.

다음에 몇 가지 특수한 형태의 수열을 무한히 많이 더하는 급수에 대하여 알아보도록 하자.

♥ 등비급수(또는 기하급수)

등비급수는 a와 r이 고정된 실수이고 $a \neq 0$일 때,

$$a + ar + ar^2 + ar^3 + \cdots + ar^{n-1} + \cdots = \sum_{n=1}^{\infty} ar^{n-1}$$

로 주어진 급수이다. 여기서 $a=1$, $r=\frac{1}{2}$이면, 급수의 형태는 다음과 같은 양수들로 이루어진 급수이다.

$$1 + \frac{1}{2} + \frac{1}{4} + \cdots + \frac{1}{2^{n-1}} + \cdots$$

$a=1$, $r=-\frac{1}{3}$이면, 급수의 형태는 다음과 같이 양수, 음수가 반복적으로 나타난다.

$$1-\frac{1}{3}+\frac{1}{9}+\cdots+(-1)^{n-1}\frac{1}{3^{n-1}}+\cdots$$

$r=1$이면 등비급수의 n번째 부분 합은

$$S_n=a+a(1)+a(1)^2+\cdots+a(1)^{n-1}=na$$

이고 a의 값이 0이 아닌 상수로 주어진다면, $\lim\limits_{n\to\infty} S_n=\pm\infty$로 발산한다.

$r\neq 1$이면, n번째 부분 합 $S_n=a+ar+ar^2+ar^3+\cdots+ar^{n-1}$에 r을 곱하면 $rS_n=ar+ar^2+ar^3+\cdots+ar^n$이 된다. 이 두 식에서 차를 생각하면,

$$S_n-rS_n=a-ar^n \text{ 또는 } S_n(1-r)=a(1-r^n)$$

이며, $S_n=\dfrac{a(1-r^n)}{1-r}(r\neq 1)$이다.

만약 $|r|<1$이면, $n\to\infty$일 때 $r^n\to 0$이므로 $S_n\to\dfrac{a}{1-r}$이다.

다시 말해, 급수는 $a/(1-r)$로 수렴한다. 만약 $|r|>1$이면 $|r^n|\to\infty$이고, 급수는 발산한다.

이를 정리해 보면

$|r|<1$이면 무한등비급수는 $\sum\limits_{n=1}^{\infty} ar^{n-1}=\dfrac{a}{1-r}$로 수렴하고,

$|r|\geq 1$이면, 급수는 발산한다.

예제 11.5

$a=\dfrac{1}{9}$, $r=\dfrac{1}{3}$인 기하급수는?

풀이 $\dfrac{1}{9}+\dfrac{1}{27}+\dfrac{1}{81}+\cdots=\dfrac{1}{9}\left(1+\dfrac{1}{3}+\dfrac{1}{9}+\cdots+\right)=\dfrac{1/9}{1-(1/3)}=\dfrac{1}{6}$

예제 11.6

$a=4$, $r=-\dfrac{1}{2}$의 기하급수는?

풀이 $4-2+1-\frac{1}{2}+\frac{1}{4}-\cdots=4\left(1-\frac{1}{2}+\frac{1}{4}-\frac{1}{8}+\cdots+\right)=\frac{4}{1+\frac{1}{2}}=\frac{8}{3}$

■

예제 11.7

반복소수(순환소수) 5.232323⋯을 두 정수의 비로써 표현하여라.

풀이

$$\begin{aligned}5.232323\cdots &= 5+\frac{23}{100}+\frac{23}{(100)^2}+\frac{23}{(100)^3}+\cdots\\ &= 5+\frac{23}{100}\left(1+\frac{1}{100}+\frac{1}{(100)^2}+\cdots\right)\\ &= 5+\frac{23}{100}\left(\frac{1}{1-(1/100)}\right)\\ &= 5+\frac{23}{100-1}=\frac{5(100-1)+23}{99}\\ &= \frac{523-5}{99}=\frac{518}{99}\end{aligned}$$

■

무한급수 $1-1+1-1+1-\cdots$ 에서 n이 짝수이면 $S_n=0$이고, n이 홀수이면 $S_n=1$이므로 $n\to\infty$ 일 때 S_n은 일정한 극한값을 가지지 않고, 0과 1 사이를 진동한다. 따라서 이 급수는 발산한다.

다음에 주어지는 정리는 수렴하는 급수의 일반항과 수렴과의 관계를 나타내고 있다.

정리 11.7

수렴하는 급수의 제n항은 $n\to\infty$ 일 때 0에 수렴한다.

증명 수렴급수를 $u_1+u_2+u_3+\cdots+u_n+\cdots$ 라 하고, 그 합을 S라 하면, $u_n=S_n-S_{n-1}$ 이므로

$$\lim_{n\to\infty}u_n=\lim_{n\to\infty}(S_n-S_{n-1})=S-S=0$$ □

위의 정리는 급수가 수렴하기 위한 필요조건을 주지만 충분조건은 아니다. 즉, $n\to\infty$

일 때 급수의 제n항이 0 에 수렴한다고 하여 급수가 수렴한다고는 말할 수 없다.

위 정리에 대한 이해를 돕기 위해 다음 예제를 살펴보자.

예제 11.8

조화급수 $1+\frac{1}{2}+\frac{1}{3}+\frac{1}{4}+\cdots+\frac{1}{n}+\cdots$의 수렴 여부를 조사하여라.

풀이 부분합의 개념을 이용하여 문제를 해결하자.

$$1+\frac{1}{2}>\frac{1}{2}$$

$$\frac{1}{3}+\frac{1}{4}>\frac{2}{4}=\frac{1}{2}$$

$$\frac{1}{5}+\frac{1}{6}+\frac{1}{7}+\frac{1}{8}>\frac{4}{8}=\frac{1}{2}$$

$$\frac{1}{9}+\frac{1}{10}+\cdots+\frac{1}{16}>\frac{8}{16}=\frac{1}{2}$$

$$\vdots$$

$$\frac{1}{1+2^{k-1}}+\cdots+\frac{1}{2^k}>\frac{2^{k-1}}{2^k}=\frac{1}{2}$$

에서 2^k개의 항을 더한 k개의 부등식을 변변 더하면 아래와 같다.

$$S_{2^k}=1+\frac{1}{2}+\frac{1}{3}+\frac{1}{4}+\cdots+\frac{1}{2^k}>\frac{k}{2}$$

여기서 $k\to\infty$ 일 때, 위 식의 우변은 ∞이므로 발산한다. 즉, 조화급수는 $n\to\infty$일 때, n번째 항 $\frac{1}{n}\to 0$이지만 발산하는 급수이다.

참고 명제 '수렴하는 급수의 제n항은 $n\to\infty$ 일 때 0에 수렴한다' 의 역은 일반적으로 성립하지 않는다. 즉, '$\lim_{n\to\infty} a_n=0$이면 무한수열 $\{S_n\}$이 수렴한다'가 거짓인 이유는 다음과 같다.

$a_n=S_n-S_{n-1}\,(n\geq 2)$로부터 $\lim_{n\to\infty} a_n=\lim_{n\to\infty}(S_n-S_{n-1})=0$. 곧, 무한수열 $\{S_n-S_{n-1}\}$이 0으로 수렴하더라도 무한수열 $\{S_n\}$이 수렴하지 않을 수도 있기 때문에 주어진 명제는 거짓이 된다. 예를 들어, $\lim_{n\to\infty}(S_n-S_{n-1})$가 $\infty-\infty$ 꼴의 부정형 극한이고, 그 극한값이 0 일 때 $\lim_{n\to\infty} S_n$은 수렴하지 않고 발산하다. 다음과 같이 좀 더 구체적인 예를 들어보자.

$S_n = \ln(n+1)$이라 하면

$$a_n = S_n - S_{n-1} = \ln(n+1) - \ln n = \ln(1+\frac{1}{n})$$

$S_1 = \ln 2$이므로 $a_n = \ln(1+\frac{1}{n})$이 성립한다. 이때,

$$\lim_{n\to\infty} a_n = \lim_{n\to\infty} ln(1+\frac{1}{n}) = 0 \text{이지만}$$

이다. 곧, $\lim_{n\to\infty} a_n = 0$임에도 불구하고 무한수열 $\{S_n\}$은 발산할 수 있다.

위 정리와 예제를 통하여 발산하는 급수와 일반항과의 관계를 규정할 수 있다.

정리 11.8 (발산에 대한 n번째항 판정법)

$n\to\infty$일 때, 무한급수의 n번째 항이 0에 수렴하지 않으면, 그 급수는 발산한다. 즉, $\lim_{n\to\infty} a_n \neq 0$이거나 또는 $\lim_{n\to\infty} a_n$이 존재하지 않으면, $\sum_{n=1}^{\infty} a_n$은 발산한다.

위 정리를 이용한 몇 가지 예를 살펴보면 $n^2\to\infty$이므로 $\sum_{n=1}^{\infty} n^2$은 발산하고 $\frac{n+1}{n}$ $\to 1$이므로 $\sum_{n=1}^{\infty} \frac{n+1}{n}$은 발산하며 $\lim_{n\to\infty} (-1)^{n+1}$은 존재하지 않으므로 $\sum_{n=1}^{\infty} (-1)^{n+1}$은 발산한다.

다음 예제는 서로 이어지는 항들끼리 서로 상쇄하는 급수에 대한 예제이다.

예제 11.9

다음 급수가 수렴함을 보이고, 그 합을 구하여라.

$$\sum_{k=1}^{\infty} \frac{1}{(k+2)(k+3)}$$

풀이 부분분수로 분해하여, 다음과 같이 적자.

$$\frac{1}{(k+2)(k+3)} = \frac{1}{k+2} - \frac{1}{k+3}$$

그러면

$$S_n = \sum_{k=1}^{n}\left(\frac{1}{k+2} - \frac{1}{k+3}\right) = \left(\frac{1}{3} - \frac{1}{4}\right) + \left(\frac{1}{4} - \frac{1}{5}\right) + \cdots + \left(\frac{1}{n+2} - \frac{1}{n+3}\right)$$
$$= \frac{1}{3} - \frac{1}{n+3}$$

그러므로

$$\lim_{n\to\infty} S_n = \frac{1}{3}$$

이 급수는 수렴하며, 합은 $\frac{1}{3}$이다.

수렴하는 두 급수는 서로 빼거나, 더하거나 또는 어떤 상수로 곱하여도 역시 수렴한다. 이러한 내용을 정리하면 다음의 정리와 같다.

정리 11.9 (수렴하는 급수의 선형성)

$\sum_{k=1}^{\infty} a_k$와 $\sum_{k=1}^{\infty} b_k$가 둘 다 수렴하고, c는 상수라고 하자. 그러면 $\sum_{k=1}^{\infty} ca_k$와 $\sum_{k=1}^{\infty}(a_k + b_k)$도 수렴하며,

(i) $\sum_{k=1}^{\infty} ca_k = c\sum_{k=1}^{\infty} a_k$;

(ii) $\sum_{k=1}^{\infty}(a_k + b_k) = \sum_{k=1}^{\infty} a_k + \sum_{k=1}^{\infty} b_k$.

증명 가정에 따라서, $\lim_{n\to\infty}\sum_{k=1}^{n} a_k$와 $\lim_{n\to\infty}\sum_{k=1}^{n} b_k$는 둘 다 존재한다. 그러니 유한개의 합의 성질과 수열의 극한의 성질을 이용하자.

(i) $\sum_{k=1}^{\infty} ca_k = \lim_{n\to\infty}\sum_{k=1}^{n} ca_k = \lim_{n\to\infty} c\sum_{k=1}^{n} a_k = c\lim_{n\to\infty}\sum_{k=1}^{n} a_k = c\sum_{k=1}^{\infty} a_k$

(ii) $\sum_{k=1}^{n} a_k = A_n$, $\sum_{k=1}^{n} b_k = B_n$이라고 하면, $\sum$의 성질에 의하여

$$\sum_{k=1}^{n}(a_k + b_k) = \sum_{k=1}^{n} a_k + \sum_{k=1}^{n} b_k$$

가 성립하다. 그러므로

$$\sum_{k=1}^{\infty}(a_k+b_k)=\lim_{n\to\infty}\sum_{k=1}^{n}(a_k+b_k)=\lim_{n\to\infty}\left[\sum_{k=1}^{n}a_k+\sum_{k=1}^{n}b_k\right]$$
$$=\lim_{n\to\infty}(A_n+B_n)=\lim_{n\to\infty}A_n+\lim_{n\to\infty}B_n$$
$$=\sum_{k=1}^{\infty}a_k+\sum_{k=1}^{\infty}b_k \qquad \square$$

예제 11.10

$\sum_{k=1}^{\infty}\left[3\left(\frac{1}{8}\right)^k-5\left(\frac{1}{3}\right)^k\right]$를 계산하여라.

풀이

$$\sum_{k=1}^{\infty}\left[3\left(\frac{1}{8}\right)^k-5\left(\frac{1}{3}\right)^k\right]=3\sum_{k=1}^{\infty}\left(\frac{1}{8}\right)^k-5\sum_{k=1}^{\infty}\left(\frac{1}{3}\right)^k$$
$$=3\frac{\frac{1}{8}}{1-\frac{1}{8}}-5\frac{\frac{1}{3}}{1-\frac{1}{3}}=\frac{3}{7}-\frac{5}{2}=-\frac{29}{14}$$

예제 11.11

다음 무한급수의 합을 구하여라.

(1) $\sum_{k=1}^{\infty}\left(\frac{1}{3}\right)^n\cos\frac{n\pi}{2}$ (2) $\sum_{k=1}^{\infty}\left(\frac{1}{3}\right)^n\cos\frac{2n\pi}{3}$ (3) $\sum_{k=1}^{\infty}\left(\frac{1}{3}\right)^n\cos\left(\frac{2n\pi}{3}+\frac{\pi}{6}\right)$

풀이

(1) $$\sum_{k=1}^{\infty}\left(\frac{1}{3}\right)^n\cos\frac{n\pi}{2}=\left(\frac{1}{3}\right)^1\cos\frac{\pi}{2}+\left(\frac{1}{3}\right)^2\cos\pi+\left(\frac{1}{3}\right)^3\cos\frac{3\pi}{2}$$
$$+\left(\frac{1}{3}\right)^4\cos2\pi+\left(\frac{1}{3}\right)^5\cos\frac{5\pi}{2}+\left(\frac{1}{3}\right)^6\cos3\pi$$
$$+\left(\frac{1}{3}\right)^7\cos\frac{7\pi}{2}+\left(\frac{1}{3}\right)^8\cos4\pi+\left(\frac{1}{3}\right)^9\cos\frac{9\pi}{3}+\cdots$$
$$=\left(\frac{1}{3}\right)^1\cos\frac{\pi}{2}+\left(\frac{1}{3}\right)^5\cos\frac{\pi}{2}+\left(\frac{1}{3}\right)^9\cos\frac{\pi}{2}+\cdots$$
$$+\left(\frac{1}{3}\right)^2\cos\pi+\left(\frac{1}{3}\right)^6\cos\pi+\left(\frac{1}{3}\right)^{10}\cos\pi+\cdots$$
$$+\left(\frac{1}{3}\right)^3\cos\frac{3\pi}{2}+\left(\frac{1}{3}\right)^7\cos\frac{3\pi}{2}+\left(\frac{1}{3}\right)^{11}\cos\frac{3\pi}{2}+\cdots$$

$$+\left(\frac{1}{3}\right)^4\cos 2\pi+\left(\frac{1}{3}\right)^8\cos 2\pi+\left(\frac{1}{3}\right)^{12}\cos 2\pi+\cdots$$

$$=\frac{\left(\frac{1}{3}\right)^1\cos\frac{\pi}{2}}{1-\left(\frac{1}{3}\right)^4}+\frac{\left(\frac{1}{3}\right)^2\cos\pi}{1-\left(\frac{1}{3}\right)^4}+\frac{\left(\frac{1}{3}\right)^3\cos\frac{3\pi}{2}}{1-\left(\frac{1}{3}\right)^4}+\frac{\left(\frac{1}{3}\right)^4\cos 2\pi}{1-\left(\frac{1}{3}\right)^4}$$

$$=-\frac{\left(\frac{1}{3}\right)^2}{1-\left(\frac{1}{3}\right)^4}+\frac{\left(\frac{1}{3}\right)^4}{1-\left(\frac{1}{3}\right)^4}=\frac{-3^2+1}{3^4-1}=-\frac{1}{10}$$

(2) $\displaystyle\sum_{k=1}^{\infty}\left(\frac{1}{3}\right)^n\cos\frac{2n\pi}{3}=\left(\frac{1}{3}\right)^1\cos\frac{2\pi}{3}+\left(\frac{1}{3}\right)^2\cos\frac{4\pi}{3}+\left(\frac{1}{3}\right)^3\cos 2\pi$

$$+\left(\frac{1}{3}\right)^4\cos\frac{2\pi}{3}+\left(\frac{1}{3}\right)^5\cos\frac{4\pi}{3}+\left(\frac{1}{3}\right)^6\cos 2\pi$$

$$+\left(\frac{1}{3}\right)^7\cos\frac{2\pi}{3}+\left(\frac{1}{3}\right)^8\cos\frac{4\pi}{3}+\left(\frac{1}{3}\right)^9\cos 2\pi+\cdots$$

$$=\left(\frac{1}{3}\right)^1\cos\frac{2\pi}{3}+\left(\frac{1}{3}\right)^4\cos\frac{2\pi}{3}+\left(\frac{1}{3}\right)^7\cos\frac{2\pi}{3}+\cdots$$

$$+\left(\frac{1}{3}\right)^2\cos\frac{4\pi}{3}+\left(\frac{1}{3}\right)^5\cos\frac{4\pi}{3}+\left(\frac{1}{3}\right)^8\cos\frac{4\pi}{3}+\cdots$$

$$+\left(\frac{1}{3}\right)^3\cos 2\pi+\left(\frac{1}{3}\right)^6\cos 2\pi+\left(\frac{1}{3}\right)^9\cos 2\pi+\cdots$$

$$=\frac{\left(\frac{1}{3}\right)^1\cos\frac{2\pi}{3}}{1-\left(\frac{1}{3}\right)^3}+\frac{\left(\frac{1}{3}\right)^2\cos\frac{4\pi}{3}}{1-\left(\frac{1}{3}\right)^3}+\frac{\left(\frac{1}{3}\right)^3\cos 2\pi}{1-\left(\frac{1}{3}\right)^3}$$

$$=\frac{\left(-\frac{1}{2}\right)\left(\frac{1}{3}\right)^1}{1-\left(\frac{1}{3}\right)^3}+\frac{\left(-\frac{1}{2}\right)\left(\frac{1}{3}\right)^2}{1-\left(\frac{1}{3}\right)^3}+\frac{\left(\frac{1}{3}\right)^3}{1-\left(\frac{1}{3}\right)^3}$$

$$=\frac{\left(-\frac{9}{2}\right)^1}{3^3-1}+\frac{\left(-\frac{3}{2}\right)}{3^3-1}+\frac{1}{3^3-1}=-\frac{5}{26}$$

(3) $\displaystyle\sum_{k=1}^{\infty}\left(\frac{1}{3}\right)^n\cos\left(\frac{2n\pi}{3}+\frac{\pi}{6}\right)=\left(\frac{1}{3}\right)^1\cos\frac{5\pi}{6}+\left(\frac{1}{3}\right)^2\cos\frac{3\pi}{2}+\left(\frac{1}{3}\right)^3\cos\frac{\pi}{6}$

$$+\left(\frac{1}{3}\right)^4\cos\frac{5\pi}{6}+\left(\frac{1}{3}\right)^5\cos\frac{3\pi}{2}+\left(\frac{1}{3}\right)^6\cos\frac{\pi}{6}$$

$$+\left(\frac{1}{3}\right)^7\cos\frac{5\pi}{6}+\left(\frac{1}{3}\right)^8\cos\frac{3\pi}{2}+\left(\frac{1}{3}\right)^9\cos\frac{\pi}{6}+\cdots$$

$$=\left(\frac{1}{3}\right)^1\cos\frac{5\pi}{6}+\left(\frac{1}{3}\right)^4\cos\frac{5\pi}{6}+\left(\frac{1}{3}\right)^7\cos\frac{5\pi}{6}+\cdots$$

$$+\left(\frac{1}{3}\right)^2\cos\frac{3\pi}{2}+\left(\frac{1}{3}\right)^5\cos\frac{3\pi}{2}+\left(\frac{1}{3}\right)^8\cos\frac{3\pi}{2}+\cdots$$

$$+\left(\frac{1}{3}\right)^3\cos\frac{\pi}{6}+\left(\frac{1}{3}\right)^6\cos\frac{\pi}{6}+\left(\frac{1}{3}\right)^9\cos\frac{\pi}{6}+\cdots$$

$$=\frac{\left(\frac{1}{3}\right)^1\cos\frac{5\pi}{6}}{1-\left(\frac{1}{3}\right)^3}+\frac{\left(\frac{1}{3}\right)^2\cos\frac{3\pi}{2}}{1-\left(\frac{1}{3}\right)^3}+\frac{\left(\frac{1}{3}\right)^3\cos\frac{\pi}{6}}{1-\left(\frac{1}{3}\right)^3}$$

$$=\frac{\left(-\frac{\sqrt{3}}{2}\right)\left(\frac{1}{3}\right)^1}{1-\left(\frac{1}{3}\right)^3}+\frac{\left(\frac{\sqrt{3}}{2}\right)\left(\frac{1}{3}\right)^3}{1-\left(\frac{1}{3}\right)^3}=\frac{9\left(-\frac{\sqrt{3}}{2}\right)}{3^3-1}+\frac{\left(\frac{\sqrt{3}}{2}\right)}{3^3-1}$$

$$=-\frac{2\sqrt{3}}{13}$$

■

급수 $\sum_{n=1}^{\infty} a_n$의 모든 항이 양수일때 주어진 급수를 **양항급수**라 한다.

정리 11.10

양항의 무한급수 $u_1+u_2+u_3+\cdots$이 수렴하기 위한 필요충분조건은 모든 n에 대하여 $\sum_{k=1}^{n} u_k$이 항상 일정한 수 K보다 작은 것이며, 이때 급수의 합은 K보다 크지 않다.

증명 주어진 무한급수의 각 항은 양수이므로 n이 증가할 때 부분합 S_n은 증가한다. 즉, $S_{n+1} > S_n$이다. 그러나 S_n은 항상 K 보다 작으므로 $x \le K$인 수 들 중에서 한 수 x를 택하여 어떠한 S_n도 x보다 작을 때 이러한 수들의 최소치를 S라 하자. 즉,

$$S=\min\{x \mid S_n < x \le K,\ n\text{은 자연수}\}$$

이다. 그러면, 임의의 주어진 작은 양수 ϵ에 대하여 적당한 양의 정수 N이 존재하여

모든 $n \geq N$에 대하여 $S_n > S - \epsilon$이다. 그러므로 극한의 정의에 의하여 이것은 $\lim_{n \to \infty} S_n = S \leq K$가 된다. 따라서 이 급수는 수렴하고 그 합은 K보다 크지 않다. □

연습문제 11-2 Exercises

1. 다음에 주어진 급수가 수렴 또는 발산하는지 판단하여라. 만약 수렴하면 그 합을 구하여라.

(a) $\sum_{k=1}^{\infty} \left(\frac{1}{7}\right)^k$

(b) $\sum_{k=1}^{\infty} \left[2\left(\frac{1}{4}\right)^k + 3\left(-\frac{1}{5}\right)^k\right]$

(c) $\sum_{k=1}^{\infty} \left(\frac{1}{k} - \frac{1}{k-1}\right)$

(d) $\sum_{k=1}^{\infty} \left(\frac{e}{\pi}\right)^{k+1}$

(e) $\sum_{k=6}^{\infty} \frac{2}{k-5}$

2. $\sum_{k=0}^{\infty} r(1-r)^k$를 구하여라. 여기서 $0 < r < 2$임.

3. $\sum_{k=0}^{\infty} (-1)^k x^k$를 구하여라. 여기서 $-1 < x < 1$임.

11.3 양항급수에 대한 여러 가지 판정법

하나의 급수가 주어지면 우리는 몇 가지 질문을 가질 수 있다. 두 가지만 살펴 보자.
첫째, 주어진 급수가 수렴하는가?
둘째, 만약에 수렴한다면 그 수렴값(즉, 합)은 얼마인가?
양항급수가 주어지면 이 급수의 부분합은 항상 감소하지 않는 수열을 이루게 되며 "위로유계인 감소하지 않는 수열은 항상 수렴한다"는 정리를 이용하면 양항급수가 수렴한다는 사실을 입증(증명)할 수 있다.

몇 가지 내용을 살펴보고 판정법을 알아보도록 하자.

☞ 감소하지 않는 수열

$\sum a_n$이 무한급수이고 모든 n에 대하여 $a_n \geq 0$이라고 하자. 그러면, 부분합 S_1, S_2, S_3, $\cdots$을 차례로 계산하면 각각은 $S_{n+1} = S_n + a_{n+1}$이므로

$$S_1 \leq S_2 \leq S_3 \leq \cdots \leq S_n \leq S_{n+1} \leq \cdots$$

이 된다.

위와 같이 모든 n에 대하여 $S_n \leq S_{n+1}$인 성질을 갖는 수열을 감소하지 않는 수열이라 한다.

이러한 수열에는 두 종류가 있는데 하나는 유한의 한계를 넘어서 무한으로 증가하는 것이고 다른 하나는 어떤 한계를 넘어서지 않는 것이다. 전자는 무한대로 발산한다고 하고 후자를 위로유계라고 말한다.

모든 n에 대하여 $S_n \leq M$인 어떤 수 M을 이 수열의 상계(upper bound)라고 하고 그러한 수들 중에서 가장 작은 수를 최소상계(least upper bound)라 한다.

예를 들어, $S_n = \dfrac{n}{n+1}$이면, 1이 하나의 상계이고 1 보다 큰 모든 수도 상계이다. 1 보다 작은 값은 상계가 아니므로 이 수열에 대하여 1은 최소상계이다.

정리 11.11 비감소 수열 정리

감소하지 않는 수열이 수렴할 필요충분조건은 그것의 항들이 위로유계인 것이다. 모든 항이 M 보다 작거나 같다면, 수열의 극한은 M 보다 작거나 같다.

예제 11.12

급수 $\displaystyle\sum_{n=0}^{\infty}\frac{1}{n!} = 1 + \frac{1}{1!} + \frac{1}{2!} + \frac{1}{3!} + \cdots$ 이 수렴함을 보이시오.

풀이 주어진 급수는 모든 항이 양항이고

$$\text{급수 } 1 + \sum_{n=0}^{\infty}\frac{1}{2^n} = 1 + 1 + \frac{1}{2} + \frac{1}{2^2} + \cdots$$

의 대응하는 항 보다 작거나 같으므로 수렴한다.

■

이들 두 급수의 사이의 관계가 $\sum_{n=0}^{\infty}\frac{1}{n!}$의 부분합에 대하여 어떻게 하나의 상계에 이르는가를 알아보자.

$S_n = 1+\frac{1}{1!}+\frac{1}{2!}+\cdots+\frac{1}{n!}$이라 두면,

$$S_n \leq 1+1+\frac{1}{2}+\frac{1}{2^2}+\cdots+\frac{1}{2^n} < 1+\sum_{n=1}^{\infty}\frac{1}{2^n} = 1+\frac{1}{1-\frac{1}{2}} = 3$$

따라서 $\sum_{n=0}^{\infty}\left(\frac{1}{n!}\right)$의 부분합의 하나의 상계가 3이다. 그러나 주어진 급수가 3으로 수렴한다고는 할 수 없다. 즉, 부분합의 상계가 존재하면 주어지는 급수는 수렴한다.

♥ 적분판정법

급수 $\sum_{k=1}^{\infty} a_k$와 이상적분 적분 $\int_1^{\infty} f(x)dx$는 수렴여부에 관해서 비슷한 성질을 가지고 있으며 이것으로부터 매우 유용한 판정법이 나오게 된다.

정리 11.12 (적분판정법)

f는 구간 $[1, \infty)$에서 연속이고, 양수이고, 증가하지 않는 함수라고 하자. 그리고 모든 양의 정수 k에 대해서 $a_k = f(k)$라고 하자. 그러면 무한 급수

$$\sum_{k=1}^{\infty} a_k$$

가 수렴할 필요충분조건은 이상적분

$$\int_1^{\infty} f(x)dx$$

가 수렴하는 것이다.
이 정리에서, 정수 1은 임의의 양의 정수 M으로 바꾸어 놓아도 된다.

증명 그림 11.3의 도형들은, 급수 Σa_k의 부분합들을 넓이로서 나타낸 것이며, 이것을 이용하여 급수와 그에 대응하는 적분 사이의 관계를 얻을 수 있다. 각각의 직사각형의 넓이는 그 높이와 같음을 주목하기 바란다. 왜냐 하면 각각의 경우 폭이 1이기 때문이다.

이 도형들로부터 다음이 성립함을 쉽게 알 수 있다.

$$\sum_{k=2}^{n} a_k \le \int_1^n f(x)dx \le \sum_{k=1}^{n-1} a_k$$

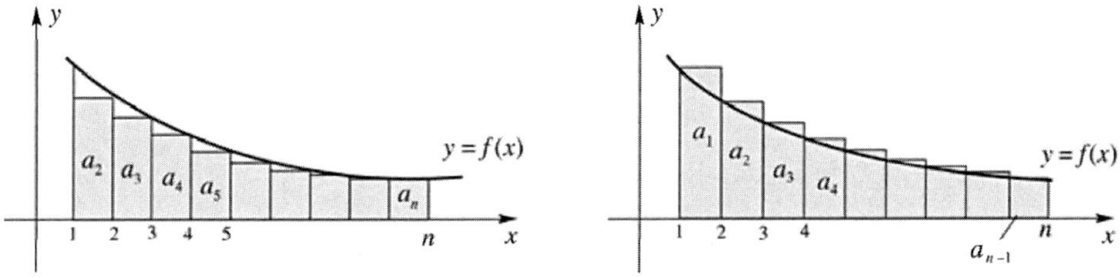

[그림 11.3]

이제 $\int_1^\infty f(x)dx$가 수렴한다고 가정하자. 그러면 위의 왼쪽 부등식에 따라서,

$$S_n = a_1 + \sum_{k=2}^{n} a_k \le a_1 + \int_1^n f(x)dx \le a_1 + \int_1^\infty f(x)dx \text{ 이고}$$

$$\lim_{n\to\infty} S_n = a_1 + \sum_{k=2}^{\infty} a_h \le a_1 + \int_1^\infty f(x)dx \text{ 이다.}$$

그러므로 합의 유계 판정법에 따라서, $\sum_{k=1}^{\infty} a_k$는 수렴한다.

한편으로, $\sum_{k=1}^{\infty} a_k$가 수렴한다고 가정하자. 그러면 위의 오른쪽 부등식에 따라서, $t \le n$인 경우,

$$\int_1^t f(x)dx \le \int_1^n f(x)dx \le \sum_{k=1}^{n-1} a_k \le \sum_{k=1}^{\infty} a_k$$

t가 증가할 때 $\int_1^t f(x)dx$는 증가하고, 위로 유계이니, $\lim_{t\to\infty} \int_1^t f(x)dx$는 존재해야 한다. 즉, $\int_1^\infty f(x)dx$는 수렴한다. □

예제 11.13

p급수 판정법 상수 p에 대해서, 급수

$$\sum_{k=1}^{\infty} \frac{1}{k^p} = 1 + \frac{1}{2^p} + \frac{1}{3^p} + \frac{1}{4^p} + \cdots$$

을 p급수(p-series)라고 부른다. 다음을 보여라.

(a) $p > 1$인 경우 p급수는 수렴한다.

(b) $p \le 1$인 경우 p급수는 발산한다.

풀이 $p \ge 0$인 경우, 함수 $f(x) = 1/x^p$은 구간 $[1, \infty)$에서 연속이고, 양수이며, 증가하지 않는다. 그리고 $a_k = f(k) = \dfrac{1}{k^p}$. 그러므로 적분 판정법에 따라서, $\sum(1/k^p)$이 수렴할 필요충분조건은 $\lim_{t\to\infty}\int_1^t x^{-p}\,dx$가 (유한한 수로서) 존재하는 것이다.

$p \ne 1$인 경우,

$$\int_1^t x^{-p}\,dx = \left[\frac{x^{1-p}}{1-p}\right]_1^t = \frac{t^{1-p}-1}{1-p}$$

$p = 1$인 경우,

$$\int_1^t x^{-1}dx = [\ln x]_1^t = \ln t$$

$p > 1$인 경우 $\lim_{t\to\infty} t^{1-p} = 0$이고, $p < 1$인 경우 $\lim_{t\to\infty} t^{1-p} = \infty$이며, $\lim_{t\to\infty}\ln t = \infty$이니, p급수는 $p > 1$인 경우 수렴하고, $0 \le p \le 1$인 경우 발산한다는 결론이 나온다.

우리는 $p < 0$인 경우도 고려해야 한다. 이 경우 $\sum(1/k^p)$의 n번째 항 $1/n^p$은 0을 향해가지도 않는다. 그러므로 n번 항 판정법에 따라서, 이 급수는 발산한다.

$p = 1$인 경우는 조화 급수가 됨을 주목하기 바란다. ■

예제 11.14

$\displaystyle\sum_{k=2}^{\infty}\frac{1}{k\ln k}$이 수렴하는지, 발산하는지 판단하여라.

풀이 함수 $f(x) = 1/(x\ln x)$은 구간 $[2, \infty)$에서 적분 판정법의 가정을 만족한다. 정리에서 언급하였듯이, 구간이 $[1, \infty)$가 아니라 $[2, \infty)$인 것은 전혀 상관이 없다. 이제

$$\int_2^{\infty}\frac{1}{x\ln x}dx = \lim_{t\to\infty}\int_1^t \frac{1}{\ln x}\left(\frac{1}{x}dx\right) = \lim_{t\to\infty}[\ln\ln x]_2^t = \infty$$

그러므로 $\sum 1/(k\ln k)$은 발산한다. ■

♣ 비교판정법

기하급수와 p급수에 대한 수렴 발산조건을 앞에서 우리는 살펴보았다. 이미 수렴하는 급수 또는 발산하는 급수를 알고 있을 때 판정하고자 하는 급수를 항마다 비교하여 판정

하는 방법을 **비교판정법**이라 한다.

정리 11.13 (비교판정법)

음의 항이 없는 양항급수에 대한 비교 판정법은

(1) $\sum a_n$의 수렴에 대한 판정 : 어떤 양의 정수 n_0에 대하여 $n > n_0$인 모든 정수 n에 대하여 $a_n \leq c_n$을 만족하는 수렴하는 양항급수 $\sum c_n$이 존재하면 급수 $\sum a_n$이 수렴한다.

(2) $\sum a_n$의 발산에 대한 판정 : 모든 $n > n_0$에 대해서 $a_n \geq d_n$을 만족하는 발산하는 양항급수 $\sum d_n$이 존재하면 급수 $\sum a_n$이 발산한다.

(1)의 경우, 급수 $\sum a_n$의 부분합은 $M = a_1 + a_2 + a_3 + \cdots + a_{n_0} + \sum_{n=n_0+1}^{\infty} c_n$ 이하이고 $\sum c_n$이 존재한다고 했으므로 위로유계이다. 그러므로 M 보다 작거나 같은 극한 L에 수렴하는 양항급수를 이룬다.

(2)의 경우, $\sum a_n$의 부분합은 위로유계가 아니다. 만일 위로유계라고 가정하면, $\sum d_n$에 대한 부분합이 $M' = d_1 + d_2 + \cdots + d_{n_0} + \sum_{n=n_0+1}^{\infty} a_n$으로 유계가 될 것이고 이것은 $\sum d_n$이 수렴한다는 것을 의미한다.

비교판정법을 사용하여 무한급수의 수렴 또는 발산을 판정할 때 다음을 유의할 필요가 있다. 한 무한 급수에 유한 개의 항을 빼거나 더하여도 극한치는 일정한 수만큼 변하므로 무한급수의 수렴 또는 발산은 이러한 변화로 인하여 영향을 받지는 않는다. 수렴 또는 발산하는 비교 급수를 많이 알고 있어야 한다.

특히, 다음과 같은 급수는 많이 이용된다.

■ **수렴하는 비교 급수**

$a + ar + ar^2 + \cdots + ar^{n-1} + \cdots \ (a > 0,\ 0 < r < 1)$: 무한등비급수(기하급수)

$1 + \frac{1}{2^p} + \frac{1}{3^p} + \cdots + \frac{1}{n^p} + \cdots \ (p > 1)$: p-급수

■ **발산하는 급수**

$a + ar + ar^2 + \cdots + ar^{n-1} + \cdots \ (a > 0,\ r \geq 1)$: 무한등비급수(기하급수)

$1 + \frac{1}{2^p} + \frac{1}{3^p} + \cdots + \frac{1}{n^p} + \cdots \ (0 < p \leq 1)$: p-급수

예제 11.15

다음 급수의 수렴 또는 발산을 비교판정법으로 결정하시오.

$$\frac{1}{1\cdot 3}+\frac{1}{2\cdot 4}+\frac{1}{3\cdot 5}+\cdots+\frac{1}{n\cdot(n+2)}+\cdots$$

풀이 알고 있는 수렴하는 급수 $p=2$인 경우의 p급수,

$$1+\frac{1}{2^2}+\frac{1}{3^2}+\cdots+\frac{1}{n^2}+\cdots$$

을 생각하자. 두 급수의 각항을 비교하면 모든 양의 정수 n에 대하여 $1/(n^2+2n)<1/n^2$이다. 따라서 비교판정법에 의하여 주어진 급수는 수렴한다. ■

예제 11.16

비교판정법으로 다음 급수의 수렴 또는 발산을 결정하시오.

$$\frac{2}{1\cdot 3}+\frac{3}{2\cdot 4}+\frac{4}{3\cdot 5}+\cdots+\frac{n+1}{n\cdot(n+2)}+\cdots$$

풀이 주어진 급수의 제n항을 생각하면 모든 양의 정수 n에 대하여

$$\frac{n+1}{n(n+2)}=\frac{n+1}{n}\cdot\frac{1}{n+2}>\frac{1}{n+2}\quad\left(\because\ \frac{n+1}{n}>1\text{이므로}\right)$$

이다. 그러나 급수 $\frac{1}{3}+\frac{1}{4}+\cdots+\frac{1}{n+2}+\cdots$ 은 조화급수에서 $1+\frac{1}{2}$을 제외한 급수로 발산한다. ■

예제 11.17

급수 $\sum_{n=2}^{\infty}\left(\int_{n-1}^{n}\frac{dx}{x}-\frac{1}{n}\right)$은 수렴함을 증명하여라.

풀이 $x>0$에 대하여 $\frac{1}{x}$은 감소 함수이므로

$$\frac{1}{n}<\int_{n-1}^{n}\frac{dx}{x}<\frac{1}{n-1}$$

이다. 위 부등식의 각 항에서 $\frac{1}{n}$을 빼면

$$0 < \int_{n-1}^{n} \frac{dx}{x} - \frac{1}{n} < \frac{1}{n(n-1)} < \frac{1}{(n-1)^2}$$

따라서, $p=2$일 때의 p급수와 비교하면 주어진 급수는 수렴한다. ■

다음은 판정하고자 하는 급수 $\sum_{n=1}^{\infty} u_n$에서 u_n이 n의 유리함수(분수함수)일 때 효과적이다.

정리 11.14 (극한 비교판정법)

두 양항 급수

(A) $a_1 + a_2 + a_3 + \cdots + a_n + \cdots$

(U) $u_1 + u_2 + u_3 + \cdots + u_n + \cdots$

에 대하여 $\lim_{n\to\infty} \frac{u_n}{a_n}$이 존재하고 0이 아니라 할 때,

(a) 급수 (A)가 수렴하면, 급수 (U)도 수렴한다.

(b) 급수 (A)가 발산하면, 급수 (U)도 발산한다.

증명 (a)의 경우 $\lim_{n\to\infty} \frac{u_n}{a_n} = a$라 하자. 즉, $n\to\infty$일 때 $\frac{u_n}{a_n} \to a$이므로 극한의 정의를 이용하면 어떤 충분히 큰 양의 정수 N이 존재해서 $n > N$인 모든 n에 대하여 $\frac{u_n}{a_n} < a+1$이라 둘 수 있다. 그런데,

$$(a+1)a_N + (a+1)a_{N+1} + \cdots + (a+1)a_{N+k} + \cdots$$

은 수렴하므로 비교판정법에 의하여 $u_N + u_{N+1} + \cdots + u_{N+k} + \cdots$은 수렴한다. 따라서 급수 $u_1 + u_2 + u_3 + \cdots + u_n + \cdots$ 도 수렴한다.

(b)의 경우도 마찬가지로 증명된다. □

예제 11.18

급수 $\sum_{n=1}^{\infty} \frac{\sqrt{n}+1}{3n^2\sqrt{n}+2\sqrt{n}}$의 수렴성을 극한 비교판정법으로 판정하여라.

풀이 $\sum_{n=1}^{\infty} (1/n^2)$가 수렴한다는 사실을 이용하며 $n\to\infty$일 때,

$$\frac{\dfrac{\sqrt{n}+1}{3n^2\sqrt{n}+2\sqrt{n}}}{1/n^2} = \frac{n^2\sqrt{n}+n^2}{3n^2\sqrt{n}+2\sqrt{n}} = \frac{1+\dfrac{1}{\sqrt{n}}}{3+(2/n^2)} \to \frac{1}{3}$$

따라서, 급수 $\sum_{n=1}^{\infty} \frac{\sqrt{n}+1}{3n^2\sqrt{n}+2\sqrt{n}}$ 은 수렴한다.

■

◆ 급수를 자신과 비교함

비교 판정법을 써서 유용한 결과를 얻자면 통찰력이나 인내가 필요하다. 우리가 알고 있는 급수들 중에, 판정하고자 하는 급수와 비교하기에 꼭 알맞은 급수를 잘 골라야 한다. 급수를 자기 자신과 비교해서 수렴, 발산을 판단하는 방법이 있다면 좋지 않을까? 비율 판정법이 바로 이러한 방법이다.

판정하고자 하는 급수의 일반항이 지수항이나 계승(factorial)항을 포함하는 경우 유효하다. 또한 $\frac{a_{n+1}}{a_n}$ 값에 따라 판정하기 때문에 비율판정이라 한다.

정리 11.15 (비율 판정법)

Σa_n 은 양수인 항들로 된 급수이고, 다음이 성립한다고 하자.

$$\lim_{n\to\infty} \frac{a_{n+1}}{a_n} = \rho$$

(i) 만약 $\rho < 1$ 이면, 이 급수는 수렴한다.

(ii) 만약 $\rho > 1$ 이거나, 또는 $\lim_{n\to\infty} a_{n+1}/a_n = \infty$ 이면, 이 급수는 발산한다.

(iii) 만약 $\rho = 1$ 이면, 이 판정법으로는 아무런 결론도 내릴 수 없다.

증명 비율 판정법의 배경을 보도록 하자. $\lim_{n\to\infty} a_{n+1}/a_n = \rho$ 이니, $a_{n+1} \approx \rho a_n$ 이다. 즉, 이 급수는 비율(공비) ρ 인 기하 급수와 비슷하다. 기하 급수는 그 비율이 1보다 작으면 수렴하고, 그 비율이 1 보다 크면 발산한다. 이 논리를 단단하게 정립하는 것이 우리가 해야 할 일이다.

(i) $\rho < 1$ 이면, 우리는 $\rho < r < 1$ 이 되는 수 r 을 잡을 수 있다. 예를 들어, $r = (\rho+1)/2$ 이라 잡으면 된다. 그 다음에 N 을 충분히 크게 잡아서, $n \ge N$ 이면 $a_{n+1}/a_n < r$ 이다. (이렇게 되도록 잡을 수 있는 까닭은, $\lim a_{n+1}/a_n = \rho < r$ 이기 때문이다.) 그러면

$$a_{N+1} < ra_N$$
$$a_{N+2} < ra_{N+1} < r^2 a_N$$
$$a_{N+3} < ra_{N+2} < r^3 a_N$$
$$\vdots$$

$ra_N + ra_N + r^3 a_N + \cdots$ 은 기하 급수이고, $0 < r < 1$이니, 이것은 수렴한다. 일반적인 비교 판정법에 따라서 $\sum_{n=N+1}^{\infty} a_n$은 수렴한다. 따라서 $\sum_{n=1}^{\infty} a_n$도 수렴한다.

(ii) $\rho > 1$이면, 어떤 수 N이 있어서, $n \geq N$인 모든 n들에 대해서, $a_{n+1}/a_n > 1$. 그러므로

$$a_{N+1} > a_N$$
$$a_{N+2} > a_{N+1} > a_N$$
$$\vdots$$

따라서 $n > N$인 모든 n들에 대해서, $a_n > a_N > 0$. 따라서 $\lim_{n\to\infty} a_n$은 0이 될 수 없다. 그러므로 n번 항 판정법에 따라서, Σa_n은 발산한다.

(iii) $\Sigma 1/n$은 발산하고, 반면에 $\Sigma 1/n^2$은 수렴함을 우리는 알고 있다. 전자의 급수에 대해서,

$$\lim_{n\to\infty} \frac{a_{n+1}}{a_n} = \lim_{n\to\infty} \frac{1}{n+1} \div \frac{1}{n} = \lim_{n\to\infty} \frac{n}{n+1} = 1$$

후자의 급수에 대해서,

$$\lim_{n\to\infty} \frac{a_{n+1}}{a_n} = \lim_{n\to\infty} \frac{1}{(n+1)^2} \div \frac{1}{n^2} = \lim_{n\to\infty} \frac{n}{(n+1)^2} = 1$$

그러므로 $\rho = 1$인 경우, 비율 판정법으로는 수렴, 발산을 구별해 낼 수 없다. □

n번째 항이 n의 유리함수인 급수들에 대해서는, 비율 판정법이 항상 쓸모가 없다. 왜냐 하면 이 경우 $\rho = 1$이 되기 때문이다($a_n = 1/n$과 $a_n = 1/n^2$인 경우들을 위에서 다루었다). 그렇지만 n번째 항이 $n!$ 또는 r^n을 포함하는 급수들에 대해서는, 비율 판정법이 멋지게 들어맞는다.

예제 11.19

다음 급수의 수렴, 발산을 판단하여라: $\sum_{n=1}^{\infty} \frac{2^n}{n!}$.

풀이

$$\rho = \lim_{n\to\infty} \frac{a_{n+1}}{a_n} = \lim_{n\to\infty} \frac{2^{n+1}}{(n+1)!} \frac{n!}{2^n} = \lim_{n\to\infty} \frac{2}{n+1} = 0$$

비율 판정법에 따라서, 이 급수는 수렴한다.

예제 11.20

다음 급수의 수렴, 발산을 판단하여라: $\sum_{n=1}^{\infty} \frac{2^n}{n^{20}}$.

풀이

$$\rho = \lim_{n\to\infty} \frac{a_{n+1}}{a_n} = \lim_{n\to\infty} \frac{2^{n+1}}{(n+1)^{20}} \frac{n^{20}}{2^n} = \lim_{n\to\infty} \left(\frac{n}{n+1}\right)^{20} \cdot 2 = 2$$

그러므로 이 급수는 발산한다.

예제 11.21

다음 급수의 수렴, 발산을 판단하여라: $\sum_{n=1}^{\infty} \frac{n!}{n^n}$.

풀이 다음 사실을 알고 있어야 한다.

$$\lim_{n\to\infty} \left(1 + \frac{1}{n}\right)^n = \lim_{h\to 0} (1+h)^{1/h} = e$$

이것을 안다고 하면, 다음과 같이 비율을 구할 수 있다.

$$\begin{aligned} \rho &= \lim_{n\to\infty} \frac{a_{n+1}}{a_n} = \lim_{n\to\infty} \frac{(n+1)!}{(n+1)^{n+1}} \frac{n^n}{n!} \\ &= \lim_{n\to\infty} \frac{1}{((n+1)/n)^n} \\ &= \lim_{n\to\infty} \frac{1}{(1+1/n)^n} = \frac{1}{e} < 1 \end{aligned}$$

그러므로 이 급수는 수렴한다.

예제 11.22

다음 각 물음에 답하여라.

(1) 1시 정각과 2시 정각사이에서 시침과 분침이 일치하는 시각을 구하여라.

(2) 전체 작업량이 1인 어떤 일을 갑부터 시작하여 갑·을·병이 교대로 남은 작업량의 $\frac{1}{3}$씩 계속해 나갈 때, 을이 한 일의 총량을 구하여라.

풀이 (1) 시침과 분침이 일치하는 시각까지 분침이 이동한 거리를 x분이라 하면 그 순간까지 시침이 이동한 거리는 $\frac{x}{12}$분이 되므로

$x=\frac{x}{12}+5,\ x=\frac{60}{11}$

$\therefore$ 시침과 분침이 일치한 시각 $=$ 1시 $\frac{60}{11}$분

(2) (갑 또는 을 또는 병이 n회에 하는 일의 양) $=\left(\frac{2}{3}\right)^{n-1}\cdot\frac{1}{3}$

따라서 갑이 한 일의 총량을 x라 하면 을이 한 일의 총량은 $\frac{2}{3}x$, 병이 한 일의 총량은 $\left(\frac{2}{3}\right)^2 x$가 되므로

$x+\frac{2}{3}x+\left(\frac{2}{3}\right)^2 x=1,\ x=\frac{9}{19}$

$\therefore$ 을이 한 일의 총량 $\left(\frac{2}{3}x\right)=\frac{2}{3}\cdot\frac{9}{19}=\frac{6}{19}$

■

<요약> 양수 항들로 된 급수 $\sum a_n$의 수렴, 발산을 판단하려면, a_n을 꼼꼼히 살펴보아야 한다.

1. 만약 $\lim_{n\to\infty} a_n \neq 0$이면, n번 항 판정법에 따라서 이 급수를 판정한다.
2. 만약 a_n이 $n!$, r^n, 또는 n^n을 포함하고 있으면, 비율 판정법을 적용하여라.
3. 만약 a_n이 n의 상수승만을 포함하고 있으면, 극한 비교 판정법을 적용하여라. 특히 a_n이 n의 유리함수이면, 분자와 분모의 최고차항들의 몫 b_n과 비교하도록 하여라.
4. 위의 판정법들이 실패로 끝나면, 일반적인 비교 판정법, 적분 판정법, 또는 합의 유계 판정법을 적용해 보아라.
5. 어떤 급수들에 대해서는 교묘하게 조작을 하거나 산뜻한 기술을 걸어야 수렴, 발산을 판단할 수 있다.

지금까지 알아본 급수의 판정법은 a_n에 간단한 공식이 있을 때 수렴여부를 알 수 있었다. 그러나 지금까지의 방법으로 해결할 수 없는 문제들도 있다. 다음의 예제를 살펴보자.

예제 11.23

$a_n = \dfrac{f_{(n)}}{2^n}$이라 하자. $f_{(n)} = \begin{cases} n, (n\text{이 소수일 때}) \\ 1, (\text{그 밖의 경우}) \end{cases}$일 때 급수 $\displaystyle\sum_{n=1}^{\infty} a_n$은 수렴하는가?

풀이 이 급수의 앞부분 몇 항을 써 보면

$$\sum_{n=1}^{\infty} a_n = \frac{1}{2} + \frac{2}{4} + \frac{3}{8} + \frac{1}{16} + \frac{5}{32} + \frac{1}{64} + \frac{7}{128} + \cdots + \frac{f_{(n)}}{2^n} + \cdots$$

위를 살펴보면, 분명히 무한등비급수는 아니다. $n \to \infty$ 일 때 n번째 항은 0으로 간다. 그렇다고 해서 주어진 급수가 수렴한다고는 볼 수 없다(조화급수 참조).
비율판정법을 이용해 보면

$$\frac{a_{n+1}}{a_n} = \frac{1}{2}\frac{f_{(n+1)}}{f_{(n)}} = \begin{cases} \dfrac{1}{2}, & n\text{도 } n+1\text{도 소수가 아닐 때} \\[2ex] \dfrac{1}{2n}, & n \geq 3\text{인 소수일 때} \\[2ex] \dfrac{n+1}{2}, & n+1 \geq 5\text{인 소수일 때} \end{cases}$$

이 비율은 어느 때는 0에 가깝고 어느 때는 상당히 큰 수가 되고 어느 때는 $\frac{1}{2}$이다. 얼마든지 많은 소수가 있기 때문에 극한이 존재할 수 없다.
따라서 다음과 같은 n차 근을 생각해 보자.

$$\sqrt[n]{a_n} = \frac{\sqrt[n]{f_{(n)}}}{2} = \begin{cases} \dfrac{\sqrt[n]{n}}{2}, & n\text{이 소수일 때} \\[2ex] \dfrac{1}{2}, & \text{그 밖의 경우} \end{cases}$$

이렇게 되는 경우 $\frac{1}{2} \leq \sqrt[n]{a_n} \leq \frac{\sqrt[n]{n}}{2}$이 항상 성립하고, 샌드위치 정리에 의하여 $\displaystyle\lim_{n\to\infty} \sqrt[n]{a_n} = \frac{1}{2}$이다. 따라서 극한값이 1 보다 작기 때문에 주어진 급수는 수렴한다고 한다. 이와 같은 방법을 **근판정법**(Root test)이라 한다.

■

정리 11.16 (근판정법(Root test))

양항급수 $u_1 + u_2 + u_3 + \cdots + u_n + u_{n+1} + \cdots$에서 $\displaystyle\lim_{n\to\infty} \sqrt[n]{u_n} = R$이라 하면

(a) $R<1$일 때, 이 급수는 수렴하고
(b) $R>1$일 때, 이 급수는 발산하고
(c) $R=1$일 때, 이 판정법으로는 판정할 수 없다.

증명 (a) $R<1$인 경우

$R<1$이므로 실수의 연속성에 의하여 $R<r<1$인 한 실수 r이 존재한다. $n\to\infty$일 때, $\sqrt[n]{u_n}\to R$이므로 충분히 큰 적당한 양의 정수 N이 존재해서 $n\geq N$인 모든 n에 대하여 $\sqrt[n]{u_n}<r$이다. $u_n<r^n$이 된다.

따라서, $\sum_{n=N}^{\infty} r^n$은 공비가 $0<r<1$인 등비급수이므로 수렴한다. 그러므로 비교판정법에 의하여 $\sum_{n=N}^{\infty} u_n$은 수렴하고, 앞의 유한 개의 양을 더하여도 급수는 수렴한다.

즉, $\sum_{n=1}^{\infty} u_n = u_1+u_2+\cdots+u_{N-1}+\sum_{n=N}^{\infty} u_n$은 수렴한다.

(b) $R>1$인 경우

어떤 충분히 큰 양의 정수 M이 존재해서 $n\geq M$인 모든 n에 대하여 $\sqrt[n]{u_n}>1$이 성립한다. 즉, $n\geq M$인 n에 대하여 $u_n>1$이다. 따라서 비교판정법에 의해서 $\sum_{n=N}^{\infty} u_n$은 발산한다. 그러므로 무한등비급수,

$$\sum_{n=1}^{\infty} u_n = u_1+u_2+\cdots+u_{N-1}+\sum_{n=N}^{\infty} u_n$$

은 발산한다.

(c) $R=1$인 경우

급수 $\sum_{n=1}^{\infty}\frac{1}{n}$과 $\sum_{n=1}^{\infty}\frac{1}{n^2}$은 모두 $\lim_{n\to\infty}\sqrt[n]{u_n}=1$을 만족하지만 첫째 급수는 발산하고, 둘째 급수는 수렴하므로 이 판정법으로는 판정이 불가능하다. □

예제 11.24

다음 급수를 근판정법으로 수렴성을 조사하여라.

(a) $\sum_{n=2}^{\infty}\frac{1}{(\ln n)^n}$ (b) $\sum_{n=1}^{\infty}\frac{2^n}{n^3}$ (c) $\sum_{n=1}^{\infty}\left(1-\frac{1}{n}\right)^n$

풀이 (a) 일반항 $u_n = \dfrac{1}{(\ln n)^n}$ 이므로 $\lim_{n\to\infty} \sqrt[n]{u_n} = \lim_{n\to\infty} \dfrac{1}{\ln n} = 0$ 이다. 따라서 이 급수는 수렴한다.

(b) 일반항 $u_n = \dfrac{2^n}{n^3}$ 이고

$$\lim_{n\to\infty} \sqrt[n]{u_n} = \lim_{n\to\infty} 2 \cdot \left(\frac{1}{n}\right)^{3/n} = 2 \cdot \left\{\left(\frac{1}{n}\right)^{1/n}\right\}^3 = 2 \cdot 1^3 = 2$$

이다. 따라서 $R = 2 > 1$ 이므로, 이 급수는 발산한다.

(c) 일반항 $u_n = \left(1 - \dfrac{1}{n}\right)^n$ 이고 $\lim_{n\to\infty} \sqrt[n]{u_n} = \lim_{n\to\infty}\left(1 - \dfrac{1}{n}\right) = 1$ 이므로, 근판정법으로는 판정할 수 없다. 그러나,

$$\lim_{n\to\infty} u_n = \lim_{n\to\infty}\left(1 - \frac{1}{n}\right)^n = \frac{1}{e} \neq 0$$

이므로, 발산하는 급수에 대한 일반항 판정법에 의하여 이 급수는 발산한다. ■

연습문제 11-3 Exercises

※ 문제 1~8은 주어진 수열이 수렴하는지, 발산하는지 판단하고, 만약 수렴하면 수렴값 또는 그 합을 구하여라.

1. $a_n = \dfrac{9n}{\sqrt{9n^2+1}}$

2. $a_n = \dfrac{\ln n}{\sqrt{n}}$

3. $a_n = \left(1 + \dfrac{4}{n}\right)^n$

4. $a_n = \dfrac{n!}{3^n}$

5. $a_n = \sqrt[n]{n}$

6. $a_n = \dfrac{1}{\sqrt[3]{n}} + \dfrac{1}{\sqrt[n]{3}}$

7. $a_n = \dfrac{\sin^2 n}{\sqrt{n}}$

8. $a_n = \cos\left(\dfrac{n\pi}{6}\right)$

※ 문제 9~18은 주어진 급수가 수렴하는지, 발산하는지 판단하고, 만약 수렴하면 그 합을 구하여라.

9. $\displaystyle\sum_{k=1}^{\infty}\left(\frac{1}{\sqrt{k}} - \frac{1}{\sqrt{k+1}}\right)$

10. $\displaystyle\sum_{k=1}^{\infty}\left(\frac{1}{k} - \frac{1}{k+2}\right)$

11. $\ln\frac{1}{2}+\ln\frac{2}{3}+\ln\frac{3}{4}+\cdots$

12. $\sum_{k=0}^{\infty}\cos k\pi$

13. $\sum_{k=1}^{\infty}e^{-2k}$

14. $\sum_{k=0}^{\infty}\left(\frac{3}{2^k}+\frac{4}{3^k}\right)$

15. $0.91919191\cdots=\sum_{k=1}^{\infty}91\left(\frac{1}{100}\right)^k$

16. $\sum_{k=1}^{\infty}\left(\frac{1}{\ln 2}\right)^k$

17. $1+\frac{2^2}{2!}+\frac{2^4}{4!}+\frac{2^6}{6!}+\cdots$

18. $1+\frac{1}{1!}+\frac{1}{2!}+\frac{1}{3!}+\frac{1}{4!}-\cdots$

※ 문제 19~32는 주어진 급수의 수렴, 발산을 판단하고, 그렇게 결론을 내린 이유를 제시하여라.

19. $\sum_{n=1}^{\infty}\frac{n}{1+n^2}$

20. $\sum_{n=1}^{\infty}\frac{n+5}{1+n^3}$

21. $\sum_{n=1}^{\infty}\frac{1}{\sqrt[3]{n}}$

22. $\sum_{n=1}^{\infty}\frac{1}{\sqrt[n]{3}}$

23. $\sum_{n=1}^{\infty}\frac{2^n+3^n}{4^n}$

24. $\sum_{n=1}^{\infty}\frac{n}{e^{n^2}}$

25. $\sum_{n=1}^{\infty}\frac{n+1}{10n+12}$

26. $\sum_{n=1}^{\infty}\frac{\sqrt{n}}{n^2+7}$

27. $\sum_{n=1}^{\infty}\frac{n^2}{n!}$

28. $\sum_{n=1}^{\infty}\frac{n^3 3^n}{(n+1)!}$

29. $\sum_{n=1}^{\infty}\frac{2^n n!}{(n+2)!}$

30. $\sum_{n=1}^{\infty}\left(1-\frac{1}{n}\right)^n$

31. $\sum_{n=1}^{\infty}n^2\left(\frac{2}{3}\right)^n$

32. $\sum_{n=1}^{\infty}\frac{1}{1+\ln n}$

11.4 교대급수와 절대수렴

양의 항, 음의 항이 교대로 나타나는 급수를 **교대급수**(alternating series)라고 한다. 다음과 같은 예를 들 수가 있다.

- $1-\frac{1}{2}+\frac{1}{3}-\frac{1}{4}+\frac{1}{5}-\cdots+\frac{(-1)^{n+1}}{n}+\cdots$ (교대조화 수렴급수)
- $-2+1-\frac{1}{2}+\frac{1}{4}-\frac{1}{8}+\cdots+\frac{(-1)^n 4}{2^n}+\cdots$ (공비 $r=-\frac{1}{2}$ 인 수렴하는 등비급수)
- $1-2+3-4+5-6+\cdots+(-1)^{n-1}n+\cdots$ (n항이 0으로 수렴하지 않는 발산급수)

정리 11.17 (교대급수 판정법)

$u_1,\ u_2,\ u_3,\ \cdots$ 가 양수일 때, 다음 세 조건

(1) 모든 n에 대하여 $u_n > u_{n+1},\ n=1,\ 2,\ 3,\ \cdots$ 이고,

(2) 항 $u_n > 0,\ n=1,\ 2,\ 3,\ \cdots$ 이며,

(3) $\lim\limits_{u\to\infty} u_n = 0.$

임을 만족하면 교대 급수,

$$\sum_{n=1}^{\infty}(-1)^{n+1}u_n = u_1-u_2+u_3-u_4+\cdots$$

은 수렴한다.

증명 주어진 교대 급수의 처음 $2k$개의 항의 합은 다음 두 형식으로 표현할 수 있다.

$$S_{2k}=(u_1-u_2)+(u_3-u_4)+\cdots+(u_{2k-1}-u_{2k})$$

$$S_{2k}=u_1-(u_2-u_3)-\cdots-(u_{2k-2}-u_{2k-1})-u_{2k}$$

모든 n에 대하여 $u_n \geq u_{n+1}$이므로, 위에 주어진 등식에서 괄호 안의 차는 양수이거나 또는 0이다. 따라서, 첫 번째 식에서는 S_{2k}가 양수이거나 0임을 보여주고, 두 번째 식에서는 $S_{2k} < u_1$임을 보여준다. 따라서 정리에 의하여 $k\to\infty$ 일 때, S_{2k}는 일정한 극한치 S에 수렴한다. 다음으로, 홀수개 항의 합을 생각하자.

$S_{2k+1}=S_{2k}+u_{2k+1}$로 표현할 수 있으며 가정에 의하여 $k\to\infty$ 일 때 $u_{2k+1}\to 0$이므로,

$$\lim_{k\to\infty} S_{2k+1}=\lim_{k\to\infty} S_{2k}+\lim_{k\to\infty} u_{2k+1}=S+0=S\text{이다.}$$

이 증명의 마지막 부분이 없으면 주어진 교대 급수는 $1-1+1-1+1-\cdots$ 같은 진동 급수가 될 수도 있으므로, 증명의 마지막 부분은 반드시 필요하다. 그러므로, n이 짝수이든 홀수이든 S_n은 같은 극한치 S에 접근하므로 주어진 급수는 수렴한다. □

예제 11.25

다음 교대 조화급수가 수렴함을 보여라.

$$1-\frac{1}{2}+\frac{1}{3}-\frac{1}{4}+\cdots+(-1)^{n-1}\frac{1}{n}+\cdots$$

풀이 이 급수는 $u_n=\frac{1}{n}$, $u_{n+1}=\frac{1}{n+1}$로써 모든 n에 대하여 $\frac{1}{n}>\frac{1}{n+1}$이고, $\lim_{n\to\infty}\frac{1}{n}=0$이므로 교대급수 판정법에 의하여 이 급수는 수렴한다. ■

예제 11.26

급수 $\sum_{n=1}^{\infty}(-1)^{n-1}\frac{n^2}{2^n}$은 수렴함을 보여라.

풀이 급수의 형태를 파악하기 위해서, 앞의 항들을 몇 개 나열해 보도록 하자.

$$\frac{1}{2}-1+\frac{9}{8}-1+\frac{25}{32}-\frac{36}{64}+\cdots$$

이것은 교대 급수이며, $\lim_{n\to\infty} n^2/2^n=0$(로피탈의 법칙). 그러나 안타깝게도, 처음에는 항들이 감소하지 않는다. 그렇지만 처음 두 항들 이후로는 감소하는 것으로 보인다. 그렇다면 됐다. 왜냐 하면 급수의 시작 부분에서 일어나는 일들은 수렴, 발산에 영향을 끼치지 않기 때문이다. 수열 수식이 셋째 항 이후로는 감소하는 것을 보이기 위해서, 다음 함수를 고려하자.

$$f(x)=\frac{x^2}{2^x}$$

$x\geq 3$인 경우, 이 함수의 미분은

$$f'(x)=\frac{2x\cdot 2^x-x^2 2^x\ln 2}{2^{2x}}=\frac{x2^x(2-x\ln 2)}{2^{2x}}$$

$$\approx\frac{x(2-0.69x)}{2^x}<0$$

그러므로 f는 $[3,\infty)$에서 감소한다. 따라서 $n^2/2^n$도 $n\geq 3$에서 감소한다. 따라서 부호는 교대로 나타나고 항들이 감소하므로 교대급수 판정법에 의하여 주어진 급수는 수렴한다. ■

♥ 절대 수렴

다음 급수

$$1+\frac{1}{4}-\frac{1}{9}+\frac{1}{16}+\frac{1}{25}-\frac{1}{36}+\cdots$$

은 양수 항이 두 개 나오고, 음수 항이 한 개 나오고, 이런 식으로 계속되는데, 이것은 수렴하는가, 아니면 발산하는가? 교대 급수 판정법을 적용할 수는 없다. 그렇지만 이것과 대응하는, 모든 항들이 양수인 급수

$$1+\frac{1}{4}+\frac{1}{9}+\frac{1}{16}+\frac{1}{25}+\frac{1}{36}+\cdots \ p-\text{급수}$$

이 수렴하니($p=2$인 $p-$급수), 일부 항들을 음수로 바꿔 놓은 급수는 (더욱 잘) 수렴하리라고 예상할 수 있다. 다음 정리의 내용이 바로 이것이다.

정리 11.18 (절대 수렴 판정법)

만약 $\sum|u_n|$이 수렴하면, $\sum u_n$은 수렴한다.

증명 $v_n = u_n + |u_n|$이라 놓자. 그러면

$$u_n = v_n - |u_n|$$

이제 $0 \le v_n \le 2|u_n|$. 그러므로 일반적인 비교 판정법에 따라서, $\sum v_n$은 수렴한다. 그러므로 선형성 정리에 따라서, $\sum u_n = \sum(v_n - |u_n|)$은 수렴한다. □

급수

$$\sum_{n=1}^{\infty}\frac{\sin n}{n^2}=\frac{\sin 1}{1}+\frac{\sin 2}{4}+\frac{\sin 3}{9}+\cdots$$

에 대응하는 절대값 급수는

$$\sum_{n=1}^{\infty}\left|\frac{\sin n}{n^2}\right|=\frac{|\sin 1|}{1}+\frac{|\sin 2|}{4}+\frac{|\sin 3|}{9}+\cdots$$

이며 모든 n에 대하여 $|\sin n| \le 1$이므로 $\sum_{n=1}^{\infty}\left(\frac{1}{n^2}\right)$과 비교하므로 수렴한다. 따라서 주어진 원급수는 절대수렴하고, 결과적으로 수렴한다.

만약 $\sum|u_n|$이 수렴하면, 급수 $\sum u_n$은 **절대 수렴한다**(converge absolutely)고 말한다. 절

대수렴하면 원급수는 수렴함을 정리 11.18은 말하고 있다. 양수 항들의 급수에 대한 모든 수렴 판정법은, 일부 항들이 음수인 급수에 대한 절대 수렴 판정법이 된다. 특히 비율 판정법도 그러한데, 그것을 여기에 제시해 놓겠다.

정리 11.19 (절대 비율 판정법)

$\sum u_n$은 0 이 아닌 항들로 된 급수이며, 다음이 성립한다고 하자.

$$\lim_{n\to\infty}\frac{|u_{n+1}|}{|u_n|}=\rho$$

(i) 만약 $\rho<1$이면, 이 급수는 절대 수렴한다(따라서 수렴한다).
(ii) 만약 $\rho>1$이면, 이 급수는 발산한다.
(iii) 만약 $\rho=1$이면, 이 판정법으로는 아무런 결론도 내릴 수 없다.

증명 (i)과 (iii)의 증명은 비율 판정법으로부터 바로 나온다. (ii)의 경우, 원래 비율 판정법으로부터 $\sum|u_n|$이 발산함이 나오지만, 우리는 여기서 더 많은 것을 주장하고 있다. 즉, $\sum u_n$이 발산함을 보여야 한다.

$$\lim_{n\to\infty}\frac{|u_{n+1}|}{|u_n|}>1$$

이니, n이 충분히 크면, 이를테면 $n\geq N$이면, $|u_{n+1}|>|u_n|$이 성립한다. 그러므로 $n\geq N$인 모든 n들에 대해서 $|u_{n+1}|>|u_n|>0$이 성립하며, 따라서 $\lim_{n\to\infty}u_n$은 0이 될 수 없다. 그러므로 n번 항 판정법에 따라서, $\sum u_n$은 발산한다. □

예제 11.27

급수 $\sum_{n=1}^{\infty}(-1)^{n+1}\frac{3^n}{n!}$은 절대 수렴함을 보여라.

풀이

$$\rho=\lim_{n\to\infty}\frac{|u_{n+1}|}{|u_n|}=\lim_{n\to\infty}\frac{3^{n+1}}{(n+1)!}\div\frac{3^n}{n!}$$

$$=\lim_{n\to\infty}\frac{3}{n+1}=0$$

그러므로 절대 비율 판정법에 따라서, 이 급수는 절대 수렴한다(그러므로 수렴한다). ■

예제 11.28

급수 $\sum_{n=1}^{\infty} \frac{\cos(n!)}{n^2}$의 수렴, 발산을 판단하여라.

풀이 급수의 처음 100개 항들을 적어 보면, 항들의 부호가 약간 불규칙하게 바뀜을 알 수 있을 것이다. 사실 이 급수를 직접 분석하기는 어렵다. 그렇지만

$$\left|\frac{\cos(n!)}{n^2}\right| \leq \frac{1}{n^2}$$

그러므로 일반적인 비교 판정법에 따라서, 이 급수는 절대 수렴한다. 그러므로 절대 수렴 판정법에 따라서, 이 급수는 수렴한다.

♣ 조건부 수렴

학생들이 흔히 범하는 실수는, 정리 11.18을 역으로 만드는 것이다. 수렴한다고 해서 절대 수렴한다는 보장은 없다. 이것은 명백히 틀리다. 다음 교대 조화 급수를 보기 바란다. 급수

$$1-\frac{1}{2}+\frac{1}{3}-\frac{1}{4}+\cdots$$

은 수렴하지만,

$$1+\frac{1}{2}+\frac{1}{3}+\frac{1}{4}+\cdots$$

은 발산함을 우리는 알고 있다. 만약 Σu_n은 수렴하지만 $\Sigma |u_n|$은 발산하면, 급수 Σu_n은 **조건부 수렴**한다(conditionally converge)고 말한다. 조건부 수렴하는 급수의 가장 중요한 예는 교대 조화 급수이지만, 그 이외에도 많이 있다.

예제 11.29

급수 $\sum_{n=1}^{\infty} (-1)^{n+1} \frac{1}{\sqrt{n}}$은 조건부 수렴함을 보여라.

풀이 교대 급수 판정법에 따라서, $\sum_{n=1}^{\infty} (-1)^{n+1} [1/\sqrt{n}]$은 수렴한다. 그러나 $\sum_{n=1}^{\infty} [1/\sqrt{n}]$은 발산한다. 왜냐 하면 $p=\frac{1}{2}$인 p급수이기 때문이다.

정리 11.20 (재배열 정리)

절대 수렴하는 급수의 항들을 어떻게 재배열하든, 그 급수의 수렴과 급수의 합에 영향을 끼치지 않는다.

예를 들어, 급수

$$1+\frac{1}{4}-\frac{1}{9}+\frac{1}{16}+\frac{1}{25}-\frac{1}{36}+\frac{1}{49}+\frac{1}{64}-\frac{1}{81}+\cdots$$

은 절대 수렴한다. 이것을 재배열한

$$1+\frac{1}{4}+\frac{1}{16}-\frac{1}{9}+\frac{1}{25}+\frac{1}{49}+\frac{1}{64}-\frac{1}{36}+\cdots$$

도 수렴하며, 그 합은 원래 급수의 합과 같다.

연습문제 11-4 Exercises

※ 다음 급수를 절대 수렴, 조건부 수렴, 발산으로 분류하여라.

1. $\sum_{n=1}^{\infty}(-1)^{n+1}\frac{1}{5n}$

2. $\sum_{n=1}^{\infty}(-1)^{n+1}\frac{1}{5n^{1.1}}$

3. $\sum_{n=1}^{\infty}(-1)^{n+1}\frac{n}{10n+1}$

4. $\sum_{n=1}^{\infty}(-1)^{n+1}\frac{1}{10n^{1.1}+1}$

5. $\sum_{n=1}^{\infty}(-1)^{n}\frac{1}{n\ln n}$

6. $\sum_{n=1}^{\infty}(-1)^{n+1}\frac{1}{n(1+\sqrt{n})}$

7. $\sum_{n=1}^{\infty}(-1)^{n+1}\frac{n^4}{2^n}$

8. $\sum_{n=1}^{\infty}(-1)^{n}\frac{1}{\sqrt{n^2-1}}$

9. $\sum_{n=1}^{\infty}(-1)^{n+1}\frac{n}{n^2+1}$

10. $\sum_{n=1}^{\infty}(-1)^{n+1}\frac{n-1}{n}$

11. $\sum_{n=1}^{\infty}\frac{\cos n\pi}{n}$

12. $\sum_{n=1}^{\infty}\frac{\sin(n\pi/2)}{n^2}$

13. $\sum_{n=1}^{\infty}(-1)^{n}\frac{\sin n}{n\sqrt{n}}$

14. $\sum_{n=1}^{\infty}n\sin\left(\frac{1}{n}\right)$

11.5 멱급수와 멱급수의 연산

지금까지 우리가 배운 것은 상수들의 급수(series of constants)라고 할 수 있다. 즉, $\sum u_n$ 형태의 급수이며, 여기서 각각의 u_n은 상수이다. 이제 함수들의 급수(series of functions)를 생각하겠다. 이것은 $\sum u_n(x)$ 형태의 급수이다. 이러한 급수의 전형적인 예로는,

$$\sum_{n=1}^{\infty} \frac{\sin nx}{n^2} = \frac{\sin x}{1} + \frac{\sin 2x}{4} + \frac{\sin 3x}{9} + \cdots$$

이 급수의 x에다 어떤 값을 집어넣으면 상수들의 급수가 될 것이다.

무한히 많은 도함수를 가지고 있는 거의 대부분의 함수는 그 도함수들이 아주 커지지 않는 한 멱급수에 의해 표시할 수 있다. 또한, e^x, $\sin x$, $\ln(1+x)$, $\tan^{-1}x$ 등등에 대한 급수는 근사값을 구하는 데 용이하게 이용된다.

함수들의 급수에 대해서, 두 개의 중요한 질문을 제기해야 한다.

1. 어떤 x들에 대해서, 이 급수가 수렴하는가?
2. 어떤 함수로 수렴하게 되는가? 즉, 급수의 합 $S(x)$는 무엇인가?

x의 **멱급수**(power series in x)는 다음 형태의 급수이다.

$$\sum_{n=0}^{\infty} a_n x^n = a_0 + a_1 x + a_1 x^2 + \cdots$$

(여기에서 $x=0$인 경우에 $a_0 x^0$ 대신 a_0라고 본다.) 다음 멱급수에 대해서는, 우리가 제기한 두 개의 질문에 대해 이해를 충분히 시킬 수 있다.

예제 11.30

어떤 x들에 대해서, 멱급수

$$\sum_{n=1}^{\infty} ax^n = a + ax + ax^2 + ax^3 + \cdots$$

이 수렴하면, 그 합은 무엇인가? $a \neq 0$이라고 가정하자.

풀이 우리는 사실 이 급수를 공부하였으며, 이것을 기하 급수라고 불렀다. 이것은 $-1 < x < 1$에 대해서 수렴하며, 합 $S(x)$는 다음 식으로 주어진다.

$$S(x) = \frac{a}{1-x}, \quad -1 < x < 1$$

■

♥ 수렴 집합

멱급수가 수렴하는 집합을 그 멱급수의 **수렴 집합**(convergence set)이라고 부른다. 수렴 집합은 어떤 종류의 집합이 될 수 있는가? 예제 11.29를 보면, 열린 구간이 될 수 있다. 다른 가능성들도 있을까?

예제 11.31

다음 멱급수의 수렴 집합은 무엇인가?

$$\sum_{n=0}^{\infty} \frac{x^n}{(n+1)2^n} = 1 + \frac{1}{2}\frac{x}{2} + \frac{1}{3}\frac{x^2}{2^2} + \frac{1}{4}\frac{x^3}{2^3} + \cdots$$

풀이 일부 항들은 음수가 될 수 있음을(만약 x가 음수이면) 주목해야 한다. 절대 비율 판정법을 써서, 절대 수렴을 판단해 보자.

$$\rho = \lim_{n\to\infty}\left|\frac{x^{n+1}}{(n+2)2^{n+1}} \div \frac{x^n}{(n+1)2^n}\right| = \lim_{n\to\infty}\frac{|x|}{2}\cdot\frac{n+1}{n+2} = \frac{|x|}{2}$$

이 급수는 $\rho = |x|/2 < 1$일 때 절대 수렴하며(따라서 수렴한다), $|x|/2 > 1$일 때 발산한다. 따라서 $|x| < 2$일 때 수렴하고, $|x| > 2$일 때 발산한다.

$x = 2$ 또는 $x = -2$일 때, 비율 판정법으로는 결론을 내릴 수 없다. 그렇지만 $x = 2$일 때, 이 급수는 조화 급수가 되며, 발산한다. 그리고 $x = -2$일 때, 이 급수는 교대 조화 급수가 되며, 교대 조화 급수는 수렴한다. 그러므로 주어진 급수의 수렴 집합은 $-2 \le x < 2$이다.

■

예제 11.32

급수 $\sum_{n=0}^{\infty} \frac{x^n}{n!}$의 수렴 집합을 구하여라.

풀이

$$\rho = \lim_{n\to\infty}\left|\frac{x^{n+1}}{(n+1)!} \div \frac{x^n}{n!}\right| = \lim_{n\to\infty}\frac{|x|}{n+1} = 0$$

그러므로 절대 비율 판정법에 따라서, 이 급수는 모든 x에 대해서 수렴한다.

■

예제 11.33

급수 $\sum_{n=0}^{\infty} n!x^n$의 수렴 집합을 구하여라.

풀이

$$\rho = \lim_{n\to\infty}\left|\frac{(n+1)!x^{n+1}}{n!x^n}\right| = \lim_{n\to\infty}(n+1)|x| = \begin{cases} 0, & x=0\text{인 경우} \\ \infty, & x\neq 0\text{인 경우}\end{cases}$$

그러므로 이 급수는 $x=0$에서만 수렴한다.

예제 11.34

다음 무한등비급수가 수렴하기 위한 x의 범위를 구하여라.

(1) $\sum_{n=1}^{\infty}(x-1)(x^2-x-1)^{n-1}$ (2) $\sum_{n=1}^{\infty}(\frac{x^2-x}{2})^n$ (3) $\sum_{n=1}^{\infty}(\frac{x+1}{2})^{2n+1}$

풀이 (1) 초항이 $x-1$, 공비가 x^2-x-1인 무한등비급수에서의 수렴 조건은 $x-1=0$ 또는 $-1<x^2-x-1<1$이다.

(i) $-1<x^2-x-1$에서 $x^2-x>0$, $x(x-1)>0$ $\therefore x<0$ or $x>1$

(ii) $x^2-x-1<1$에서 $x^2-x-2<0$, $(x-2)(x+1)<0$ $\therefore -1<x<2$

이상으로 (i), (ii)의 공통범위를 구하면 $-1<x<0$ or $1<x<2$. 여기에 $x-1=0$도 범위에 포함시키면 된다. 답: $-1<x<0$ or $1\leq x<2$

(2) 공비가 $\frac{x^2-x}{2}$인 무한등비급수에서의 수렴 조건은 $-1<\frac{x^2-x}{2}<1$

(i) $-1<\frac{x^2-x}{2}$에서 $x^2-x+2>0$, $(x-\frac{1}{2})^2+\frac{7}{4}>0$

$\therefore$ 모든 실수 x에 대하여 성립한다.

(ii) $\frac{x^2-x}{2}<1$에서 $x^2-x-2<0$, $(x-2)(x+1)<0$ $\therefore -1<x<2$

이상으로 (i),(ii)의 공통범위를 구하면 $-1<x<2$. 답: $-1<x<2$

(3) 공비가 $\left(\frac{x+1}{2}\right)^2$인 무한등비급수에서의 수렴 조건은 $-1<\left(\frac{x+1}{2}\right)^2<1$

(i) $-1<\frac{x^2+2x+1}{4}$<1에서 $x^2+2x+5>0$, $(x+1)^2+4>0$ $\therefore$모든 실수 x에 대하여 성립한다.

(ii) $\frac{x^2+2x+1}{4}<1$에서 $x^2+2x-3<0$, $(x+3)(x-1)<0$ $\therefore -3<x<1$

이상으로 (i),(ii)의 공통범위를 구하면 $-3<x<1$ 답: $-3<x<1$

무한등비급수의 활용과 관련한 삼각함수와 도형을 이용한 몇 가지 응용문제들을 다루어 보자.

예제 11.35

(삼각함수 응용) 아래 그림과 같은 모양에서 $a_1+a_2+a_3+\cdots$의 값을 구하여라. (단, $\theta=30^\circ$, $a_1=1$)

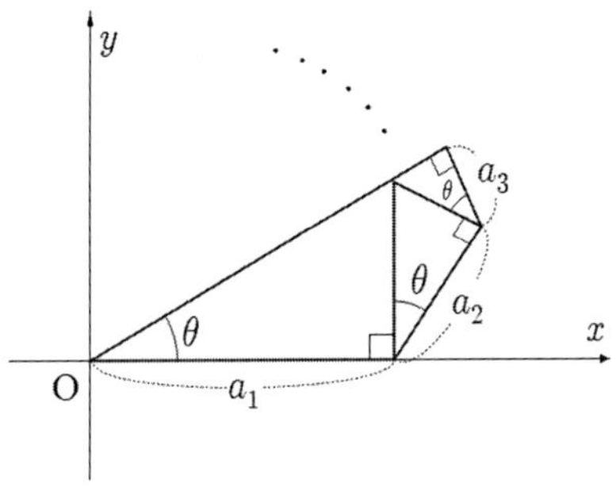

풀이 그림과 같이 두 삼각형 A_1과 A_2는 닮았으므로

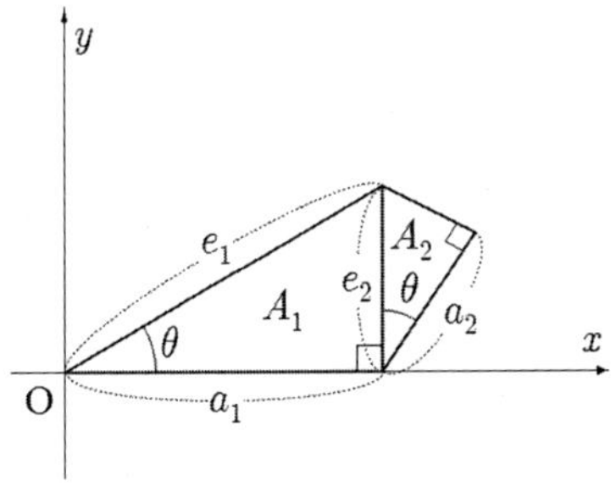

$$\frac{a_2}{a_1}=\frac{e_2}{e_1}=\sin 30^\circ$$

$\therefore A_1$과 A_2의 닮음비는 2 : 1

$$\therefore\ a_1+a_2+a_3+\cdots=1+\frac{1}{2}+\left(\frac{1}{2}\right)^2+\cdots=1\times\frac{1}{1-\frac{1}{2}}=2.$$

예제 11.36

(삼각함수 응용) 아래 그림과 같은 모양에서 $a_1+a_2+a_3+\cdots$의 값을 구하여라. (단, $\theta=30^\circ$, $a_1=1$)

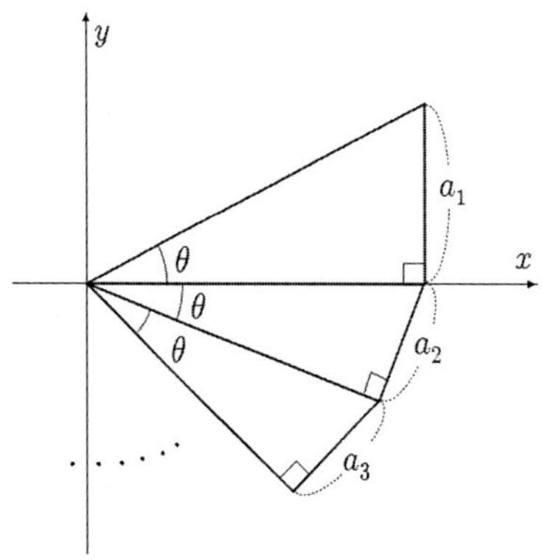

풀이 그림과 같이 두 삼각형 A_1과 A_2는 닮았으므로

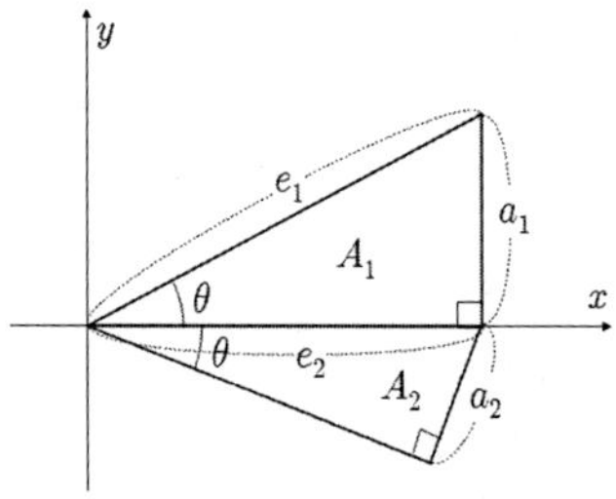

$$\frac{a_2}{a_1}=\frac{e_2}{e_1}=\cos 30^\circ$$

$\therefore A_1$과 A_2의 닮음비는 $2:\sqrt{3}$

$$\therefore\ a_1+a_2+a_3+\cdots=1+\frac{\sqrt{3}}{2}+\left(\frac{\sqrt{3}}{2}\right)^2+\cdots$$

$$=1\times\frac{1}{1-\frac{\sqrt{3}}{2}}$$

$$=2(2+\sqrt{3}).$$

■

예제 11.37

(삼각함수 응용) 아래 그림과 같은 모양에서 $a_1+a_2+a_3+\cdots$의 값을 구하여라.
(단, $\theta=30^\circ$, $a_1=1$)

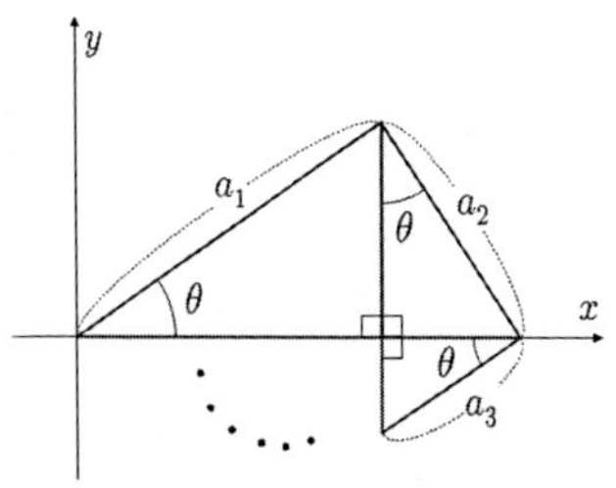

풀이 그림과 같이 두 삼각형 A_1과 A_2는 닮았으므로

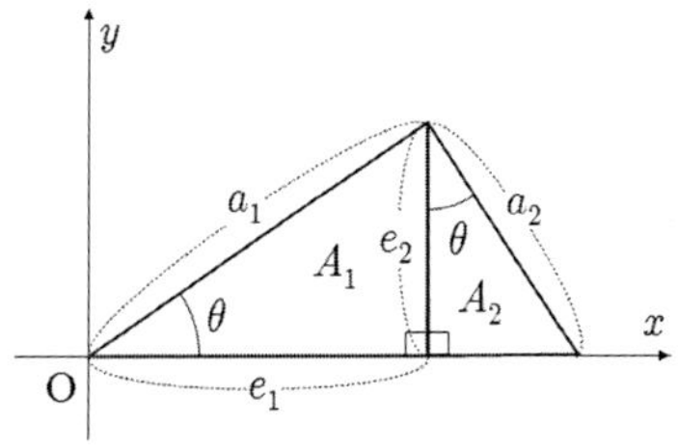

$$\frac{a_2}{a_1}=\frac{e_2}{e_1}=\tan 30^\circ$$

$\therefore A_1$과 A_2의 닮음비는 $\sqrt{3}:1$

$$\therefore\ a_1+a_2+a_3+\cdots=1+\frac{1}{\sqrt{3}}+\left(\frac{1}{\sqrt{3}}\right)^2+\cdots=1\times\frac{1}{1-\frac{1}{\sqrt{3}}}=\frac{3+\sqrt{3}}{2}\ .$$

예제 11.38

(삼각함수 응용) 아래 그림과 같이 원 A_1에 내접하는 정삼각형을 B_1, B_1에 내접한 원 A_2에 다시 내접하는 정삼각형을 B_2, …를 그려나갈 때, 만들어지는 빗금 친 영역을 $C_n(n=1,2,3,\ \cdots)$이라 하자. 만들어지는 모든 C_n에 대하여 넓이의 총합을 구하여라.

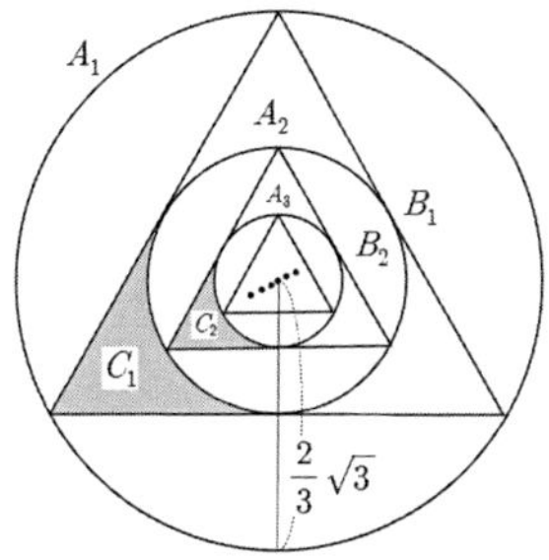

풀이 아래 그림과 같이 원 A_n의 반지름의 길이를 a_n이라 하면

$$\frac{a_2}{a_1}=\sin 30^\circ=\frac{1}{2}$$

$\therefore A_1$과 A_2의 닮음비는 $2:1$

$\therefore C_1$과 C_2의 닮음비는 $2:1$, 넓이의 비는 $2^2:1^2$

$\therefore$(모든 C_n의 넓이의 총합)

$$=\left[\frac{1}{3}\left\{\frac{\sqrt{3}}{4}\times 2^2-\pi\times\left(\frac{\sqrt{3}}{3}\right)^2\right\}\right]\cdot\left\{1+\frac{1}{4}+\left(\frac{1}{4}\right)^2+\cdots\right\}$$

$$=\frac{3\sqrt{3}-\pi}{9}\cdot\frac{1}{1-\frac{1}{4}}=\frac{12\sqrt{3}-4\pi}{27}.$$

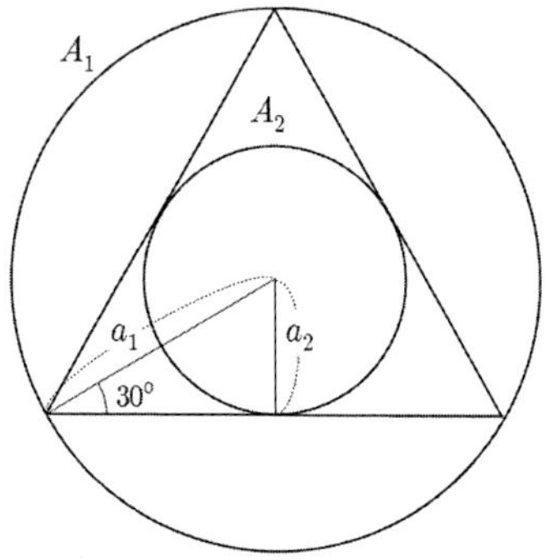

예제 11.39

(삼각함수 응용) 아래의 그림과 같이 정육각형 $A_n(n=1,2,3,\cdots)$을 그려나갈 때, 만들어지는 빗금 친 영역을 $C_n(n=1,2,3,\cdots)$이라 하자. 만들어지는 모든 C_n에 대하여 넓이의 총합을 구하여라.

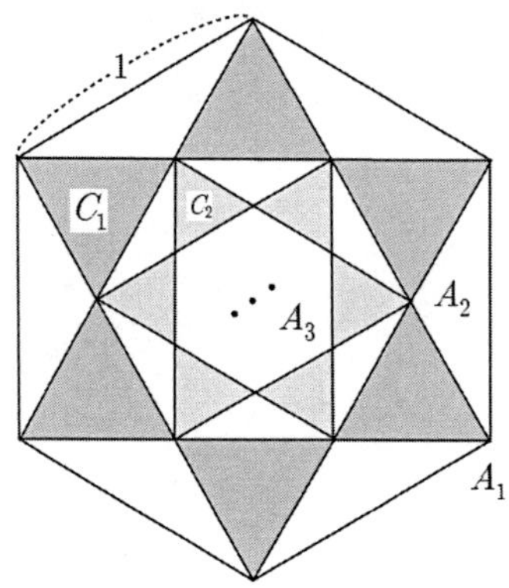

풀이 아래 그림과 같이 정육각형 A_n의 한 변의 길이를 a_n이라 하면,

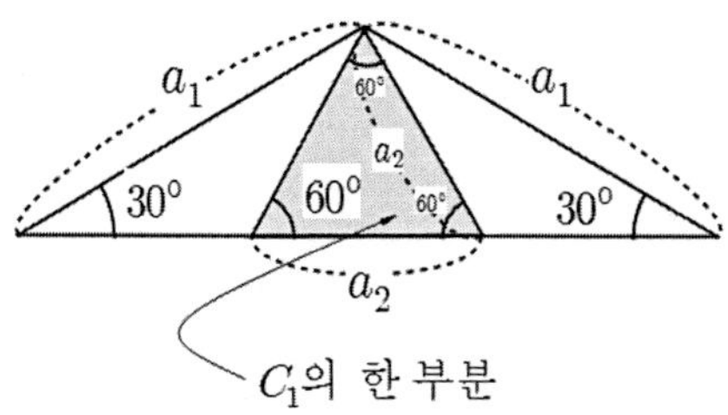

$$\frac{\frac{a_1}{2}}{a_2}=\cos 30^\circ=\frac{\sqrt{3}}{2}$$

$$\therefore\ \frac{a_2}{a_1}=\frac{1}{\sqrt{3}}$$

$\therefore A_1$과 A_2의 닮음비는 $\sqrt{3}\ :\ 1$

$\therefore C_1$과 C_2의 닮음비는 $\sqrt{3}\ :\ 1$, 넓이비는 $(\sqrt{3})^2 : 1^2$

$$\therefore(\text{모든 } C_n\text{의 넓이의 총합}) = \left[6\times\left\{\frac{\sqrt{3}}{4}\times\left(\frac{1}{\sqrt{3}}\right)^2\right\}\right]\cdot\left\{1+\frac{1}{3}+\left(\frac{1}{3}\right)^2+\cdots\right\}$$

$$=\frac{\sqrt{3}}{2}\cdot\frac{1}{1-\frac{1}{3}}=\frac{3\sqrt{3}}{4}.$$

■

예제 11.40

(삼각함수 응용) 아래 그림과 같이 정삼각형 A_1의 각 변을 3:1로 내분하는 점을 이어서 만든 정삼각형 A_2, 다시 정삼각형 A_2의 각 변을 3:1로 내분하는 점을 이어서 만든 정삼각형 A_3, …를 그려나갈 때, 만들어지는 모든 A_n에 대하여 넓이의 총합을 구하여라.

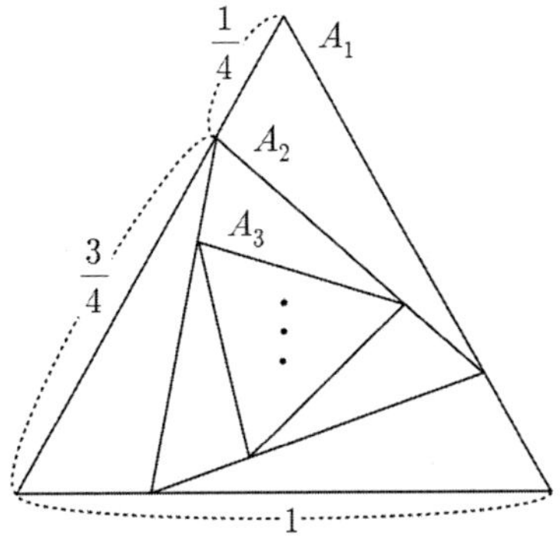

풀이 아래 그림과 같이 정삼각형 A_n의 한 변의 길이를 a_n이라 하면,

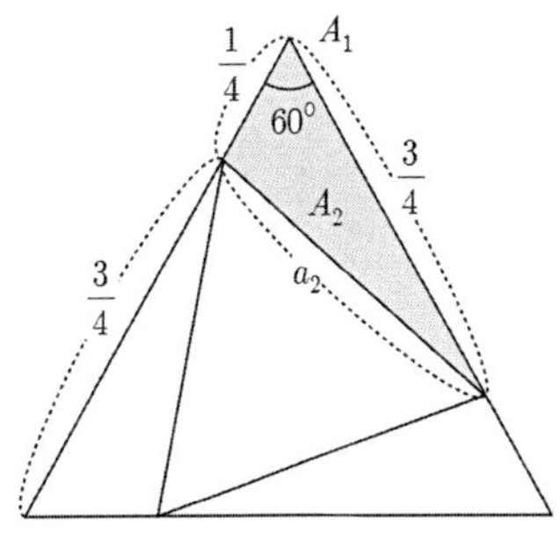

$$a_2^2=\left(\frac{1}{4}\right)^2+\left(\frac{3}{4}\right)^2-2\cdot\frac{1}{4}\cdot\frac{3}{4}\cdot\cos 60^\circ$$

$$\therefore\ a^2=\frac{\sqrt{7}}{4}$$

$$\therefore\ \frac{a_2}{a_1}=\frac{\frac{\sqrt{7}}{4}}{1}=\frac{\sqrt{7}}{4}$$

$\therefore A_1$과 A_2의 닮음비는 $4\ :\ \sqrt{7}$,

넓이비는 $4^2\ :\ (\sqrt{7^2})$

$$\therefore (\text{모든 } C_n \text{의 넓이의 총합}) = \left(\frac{\sqrt{3}}{4} \times 1^2\right) \cdot \left\{1 + \frac{7}{16} + \left(\frac{7}{16}\right)^2 + \cdots\right\}$$
$$= \frac{\sqrt{3}}{4} \cdot \frac{1}{1 - \frac{7}{16}} = \frac{4\sqrt{3}}{9}.$$

아래의 예제들은 직관적으로 알 수 있는 비율 $\frac{a_2}{a_1}$를 이용하여 무한등비급수의 합을 구하는 예제들이다.

예제 11.41

아래 그림과 같이 반 원 A_n $(n=1, 2, 3, \cdots)$을 그려나갈 때 만들어지는 빗금 친 영역을 C_n $(n=1, 2, 3, \cdots)$이라 하자. 만들어지는 모든 C_n에 대하여 둘레의 길이의 총합과 넓이의 총합을 구하여라.

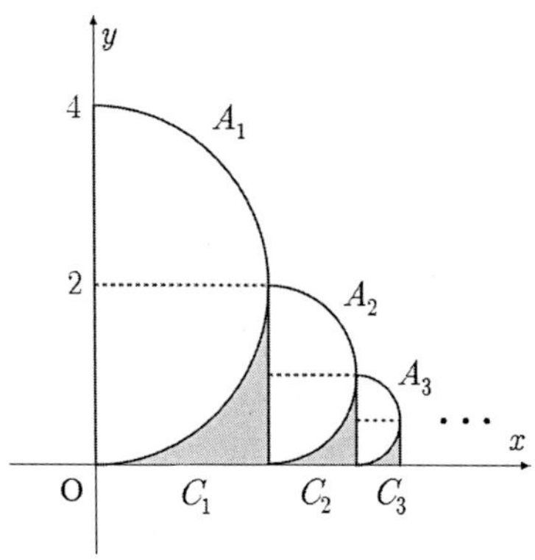

풀이 반 원 A_n의 반지름의 길이를 a_n이라 하면

$$\frac{a_2}{a_1} = \frac{1}{2}$$

$\therefore A_1$과 A_2의 닮음비는 $2 : 1$

$\therefore C_1$과 C_2의 닮음비도 $2 : 1$, 넓이비는 $2^2 : 1^2$

(가) (모든 C_n의 둘레의 길이의 총합)$=\left(\frac{2\pi \cdot 2}{4} + 2 \cdot 2\right) \cdot \left\{1 + \frac{1}{2} + \left(\frac{1}{2}\right)^2 + \cdots\right\}$

$$= (\pi + 4) \cdot \frac{1}{1 - \frac{1}{2}} = 2(\pi + 4)$$

(나) (모든 C_n의 넓이의 총합)$=\left(2 \cdot 2-\dfrac{\pi \cdot 2^2}{4}\right) \cdot \left\{1+\dfrac{1}{4}+\left(\dfrac{1}{4}\right)^2+\cdots\right\}$

$$=(4-\pi) \cdot \frac{1}{1-\frac{1}{4}}=\frac{4}{3}(4-\pi)$$

예제 11.42

아래 그림과 같이 합동인 두 원 A_n, B_n ($n=1, 2, 3, \cdots$)에 의해서 만들어지는 빗금친 영역을 C_n ($n=1, 2, 3, \cdots$)이라 하자. 만들어지는 모든 C_n에 대하여 둘레의 길이의 총합과 넓이의 총합을 구하여라.

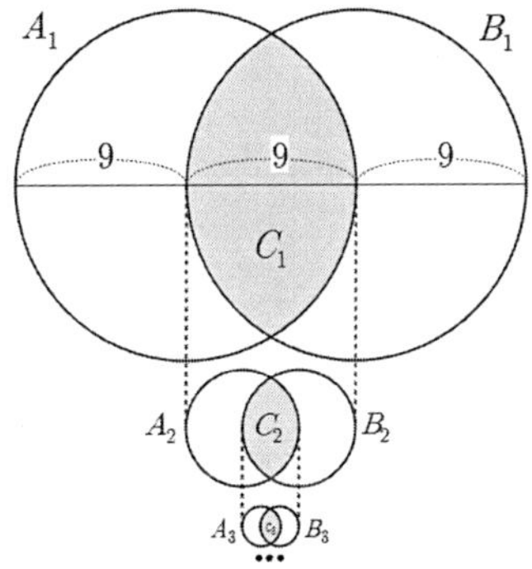

풀이 원 A_n의 반지름의 길이를 a_n이라 하면 $\dfrac{a_2}{a_1}=\dfrac{1}{3}$. $\therefore A_1$과 A_2의 닮음비는 3 : 1이고

따라서 C_1과 C_2의 닮음비도 3 : 1, 넓이비는 $3^2 : 1^2$이다.
다음 그림에서 부분적으로 살펴보면

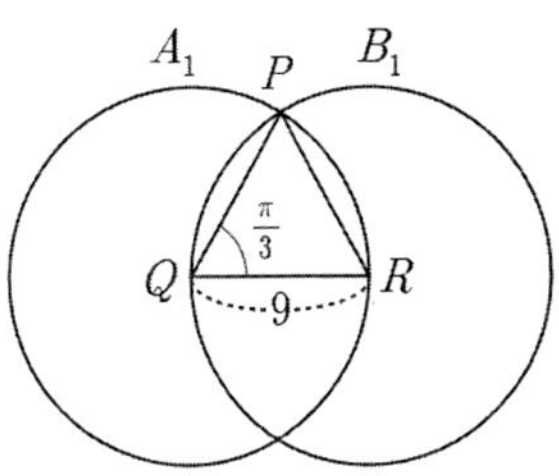

◎ 호$\widehat{PR}=9 \cdot \dfrac{\pi}{3}=3\pi$

◎ 부채꼴 ▽PQR의 넓이$=\dfrac{1}{2} \cdot 9^2 \cdot \dfrac{\pi}{3}=\dfrac{27}{2}\pi$

◎ 삼각형 △PQR의 넓이$=\dfrac{\sqrt{3}}{4} \cdot 9^2=\dfrac{81\sqrt{3}}{4}$

◎ 도형 ⌓의 넓이=삼각형 PQR의 넓이+2
(부채꼴PQR의 넓이−삼각형 PQR의 넓이)

$$=\frac{81\sqrt{3}}{4}+2\left(\frac{27}{2}\pi-\frac{81\sqrt{3}}{4}\right)=27\pi-\frac{81}{4}\sqrt{3}$$

(가) 모든 C_n의 둘레의 길이의 총합)$=(4 \cdot 3\pi) \cdot \left\{1+\dfrac{1}{3}+\left(\dfrac{1}{3}\right)^2+\cdots\right\}$

$$=12\pi \cdot \frac{1}{1-\frac{1}{3}}=18\pi$$

(나) (모든 C_n의 넓이의 총합)$=\left\{2 \cdot \left(27\pi-\frac{81}{4}\sqrt{3}\right)\right\} \cdot \left\{1+\frac{1}{9}+\left(\frac{1}{9}\right)^2+\cdots\right\}$

$$=\frac{9}{8}\left(54\pi-\frac{81}{2}\sqrt{3}\right)$$

예제 11.43

아래의 그림과 같이 합동인 두 반 원 A_n, B_n $(n=2, 3, 4, \cdots)$에 대하여, $n=1, 2, 3, \cdots$일 때 반원 A_n이 차지하는 영역에서 두 반원 A_{n+1}, B_{n+1}이 차지하는 영역을 뺀 부분을 C_n $(n=1, 2, 3, \cdots)$이라 하자. 만들어지는 모든 C_n에 대하여 둘레의 길이의 총합과 넓이의 총합을 구하여라.

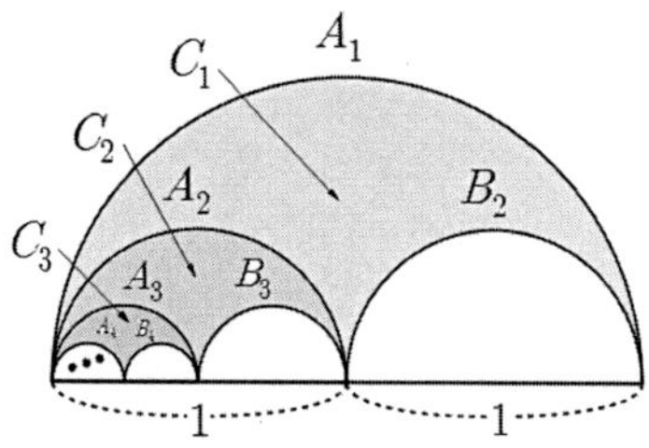

풀이 반 원 A_n의 반지름의 길이를 a_n이라 하면 $\frac{a_2}{a_1}=\frac{1}{2}$이고 A_1과 A_2의 닮음비는 2 : 1이다. 따라서 C_1과 C_2의 닮음비도 2 : 1, 넓이비는 2^2 : 1^2이다.

(가) (모든 C_n의 둘레의 길이의 총합)

$$=\left\{\frac{2\pi \cdot 1}{2}+2\left(\frac{2\pi \cdot \frac{1}{2}}{2}\right)\right\} \cdot \left\{1+\frac{1}{2}+\left(\frac{1}{2}\right)^2+\cdots\right\}=2\pi \cdot \frac{1}{1-\frac{1}{2}}=4\pi$$

(나) (모든 C_n의 넓이의 총합)

$$=\left[\frac{\pi \cdot 1^2}{2}-2\left\{\frac{\pi \cdot \left(\frac{1}{2}\right)^2}{2}\right\}\right] \cdot \left\{1+\frac{1}{4}+\left(\frac{1}{4}\right)^2+\cdots\right\}=\frac{\pi}{4} \cdot \frac{1}{1-\frac{1}{4}}=\frac{\pi}{3}$$

예제 11.44

아래의 그림과 같이 원 A_n $(n=1, 2, 3, \cdots)$을 그려나갈 때, 만들어지는 모든 A_n에 대하여 둘레의 길이의 총합과 넓이의 총합을 구하여라.

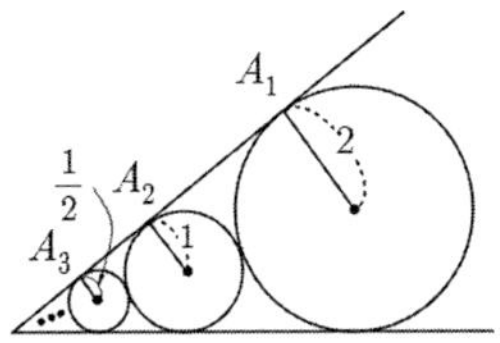

풀이

반 원 A_n의 반지름의 길이를 a_n이라 하면 $\dfrac{a_2}{a_1}=\dfrac{1}{2}$

$\therefore A_1$과 A_2의 닮음비는 2 : 1, 넓이비는 2^2 : 1^2

(가) (모든 A_n의 둘레의 길이의 총합)$=(2\pi \cdot 2)\cdot\left\{1+\dfrac{1}{2}+\left(\dfrac{1}{2}\right)^2+\cdots\right\}$

$$=4\pi\cdot\frac{1}{1-\frac{1}{2}}=8\pi$$

(나) (모든 A_n의 넓이의 총합)$=(\pi\cdot 2^2)\cdot\left\{1+\dfrac{1}{4}+\left(\dfrac{1}{4}\right)^2+\cdots\right\}$

$$=4\pi\cdot\frac{1}{1-\frac{1}{4}}=\frac{16}{3}\pi$$

예제 11.45

아래의 그림과 같이 한 변의 길이가 1인 정사각형 $P_1Q_1R_1S$에서 $\overline{Q_1P_1}$과 $\overline{Q_1R_1}$을 각각 m : n으로 내분하는 점을 이용하여 정사각형 $P_2Q_2R_2S$를 만들고, 정사각형 $P_2Q_2R_2S$에서 $\overline{Q_2P_2}$와 $\overline{Q_2R_2}$를 각각 m : n으로 내분하는 점을 이용하여 또 다시 정사각형 $P_3Q_3R_3S$를 만들고, …… 이때, 만들어지는 빗금 친 영역을 C_n $(n=1, 2, 3, \cdots)$이라 하자. 만들어지는 모든 C_n에 대하여 둘레의 길이의 총합과 넓이의 총합을 구하여라.

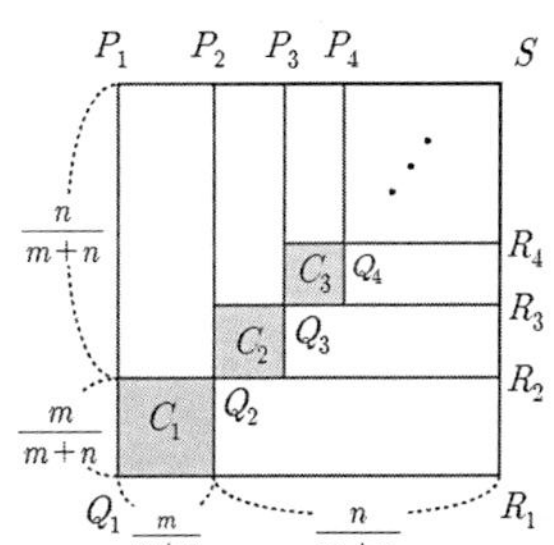

풀이 정사각형 $P_nQ_nR_nS$를 A_n, 정사각형 A_n의 한 변의 길이를 a_n이라 하면 $\frac{a_2}{a_1} = \frac{n}{m+n}$ 이고 A_1과 A_2의 닮음비는 $m+n : n$이다. 따라서 C_1과 C_2의 닮음비도 $m+n : n$ 넓이비는 $(m+n)^2 : n^2$이다.

(가) $$(\text{모든 } C_n\text{의 둘레의 길이의 총합}) = \frac{4m}{m+n} \cdot \left\{1 + \frac{n}{m+n} + \left(\frac{n}{m+n}\right)^2 + \cdots\right\}$$
$$= \frac{4m}{m+n} \cdot \frac{1}{1 - \frac{n}{m+n}} = 4$$

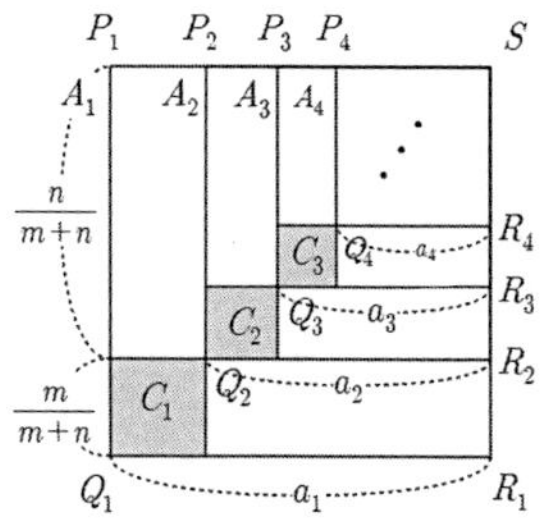

(나) $$(\text{모든 } C_n\text{의 넓이의 총합}) = \left(\frac{m}{m+n}\right)^2 \cdot \left\{1 + \left(\frac{n}{m+n}\right)^2 + \left(\frac{n}{m+n}\right)^4 + \cdots\right\}$$
$$= \left(\frac{m}{m+n}\right)^2 \cdot \frac{1}{1 - \left(\frac{n}{m+n}\right)^2} = \frac{m}{m+2n}.$$

우리가 다룬 예제들에서, 수렴집합은 항상 어떤 구간이다. 예를 들어, 멱급수는 두 개의 떨어져 있는 부분들로 $[0, 1] \cup [2, 3]$처럼 된 수렴집합을 가질 수 없다. 다음 정리가 이 모든 것들을 말해 준다.

정리 11.21

멱급수 $\sum a_n x^n$의 수렴집합은 항상 다음 세 종류 중의 하나인 구간이다.

(i) 한점 $x=0$.

(ii) 구간 $(-R, R)$, 또는 여기에다 한 쪽 끝점이나 양 쪽 끝점들을 더한 것.

(iii) 실직선 전체.

그리고 (i), (ii), (iii) 각각의 경우, 이 멱급수는 **수렴반경**(radius of convergence)이 0, R, ∞라고 말한다.

증명 이 급수가 $x = x_1 \neq 0$에서 수렴한다고 하자. 그러면 $\lim_{n\to\infty} a_n x_1^n = 0$이며, 따라서 어떤 수 N이 있어서, 모든 $n \geq N$에 대해서 $|a_n x_1^n| < 1$. 그러면 $|x| < |x_1|$을 만족하는 모든 x에 대해서,

$$|a_n x^n| = |a_n x_1^n| \left|\frac{x}{x_1}\right|^n < \left|\frac{x}{x_1}\right|^n$$

이 부등식이 모든 $n \geq N$에 대해서 성립한다. 그리고 $\sum |x/x_1|^n$은 수렴한다. 왜냐 하면 공비가 1보다 작은 기하급수이기 때문이다. 그러므로 일반적인 비교판정법에 따라서, $\sum |a_n x^n|$은 수렴한다. 멱급수가 x_1에서 수렴하면, 그 멱급수는 $|x| < |x_1|$을 만족하는 모든 x에서 (절대) 수렴함을 증명한 것이다.

한편으로, 멱급수가 x_2에서 발산한다고 하자. 그러면 $|x| > |x_2|$인 모든 x들에서 발산해야 한다. 왜냐 하면, 만약에 이 멱급수가 $|x_1| > |x_2|$인 x_1에서 수렴하면, 방금 증명한 것에 따라서, x_2에서 수렴해야 하기 때문이다. 이것은 가정에 어긋난다.

이 두 문단을 결합하면, 수렴 집합은 이 정리에서 언급한 세 종류 이외의 집합이 될 수 없다. □

정리 11.22

멱급수 $\sum a_n x^n$은 그 수렴 구간의 내부점에서 절대 수렴한다.

증명 x가 수렴구간의 내부에 있는 임의의 점이면 $|x| < |x_1|$을 만족하고 $\sum_{n=1}^{\infty} a_n x_1^n$이 수렴하는 $x_1 \neq 0$을 선택할 수 있다. 따라서 위의 증명에 의하여 $\sum |a_n x^n|$은 수렴한다. □

물론, 수렴 구간의 끝점들에서도 절대 수렴하는 경우가 없잖아 있을 것이다. 그러나 이것은 자신할 수 없다. 즉, 수렴구간의 양끝점은 본래 주어진 급수에 대입하여 원급수가 수렴하는지 여부를 반드시 검토하여야 한다.

♣ $x-a$의 멱급수

다음 형태의 급수

$$\sum a_n (x-a)^n = a_0 + a_1(x-a) + a_2(x-a)^2 + \cdots$$

을 $x-a$의 **멱급수**(power series in $x-a$)라고 부른다. x의 멱급수에 대해서 배운 것들은

모두, $x-a$의 멱급수에 대해서도 그대로 잘 성립한다. 특히, 그 수렴 집합은 항상 다음 세 종류 중의 하나이다.

1. 한 점 $x=a$.
2. 구간 $(a-R,\ a+R)$, 또는 여기에다 한쪽 끝점이나 양쪽 끝점들을 더한 것.
3. 실직선 전체(실수 전체, 모든 실수).

예제 11.46

급수 $\sum_{n=0}^{\infty} \frac{(x-1)^n}{(n+1)^2}$의 수렴 집합을 구하여라.

풀이 절대 비율 판정법을 적용하자.

$$\rho = \lim_{n\to\infty} \left| \frac{(x-1)^{n+1}}{(n+2)^2} \div \frac{(x-1)^n}{(n+1)^2} \right| = \lim_{n\to\infty} |x-1| \frac{(n+1)^2}{(n+2)^2} = |x-1|$$

그러므로 $|x-1|<1$이면 이 급수는 수렴한다. 즉, $0<x<2$이면 수렴. 그리고 $|x-1|>1$이면 발산한다. 그리고 양쪽 끝점 0과 2를 넣어 보면, 여기서도 수렴함을 (사실 절대 수렴함) 알 수 있다. 그러므로 수렴 구간은 닫힌 구간 [0, 2]이다.

■

예제 11.47

다음 멱급수의 수렴 집합을 구하여라.

$$\frac{(x+2)^2 \ln 2}{2 \cdot 9} + \frac{(x+2)^3 \ln 3}{3 \cdot 27} + \frac{(x+2)^4 \ln 4}{4 \cdot 81} + \cdots$$

풀이 n번 항은 $u_n = \frac{(x+2)^n \ln n}{n \cdot 3^n}$, 여기서 $n \geq 2$. 그러므로

$$\rho = \lim_{n\to\infty} \left| \frac{(x+2)^{n+1} \ln(n+1)}{(n+1)3^{n+1}} \cdot \frac{n3^n}{(x+2)^n \ln n} \right|$$
$$= \frac{|x+2|}{3} \lim_{n\to\infty} \frac{n}{n+1} \frac{\ln(n+1)}{\ln n} = \frac{|x+2|}{3}$$

$\rho<1$이면 이 급수가 수렴한다. 즉, $|x+2|<3$인 경우. 또는 이와 동등한 것으로, $-5<x<1$인 경우. 끝점들 −5와 1을 확인해 보아야 한다.

$x=-5$이면,

$$u_n = \frac{(-3)^n \ln n}{n 3^n} = (-1)^n \frac{\ln n}{n}$$

그리고 $\sum(-1)^n(\ln n)/n$은 교대 급수 판정법에 따라서 수렴한다.
$x=1$이면, $u_n=(\ln n)/n$이고, $\sum(\ln n)/n$은 조화 급수와 비교해 보면 발산함을 알 수 있다.
그러므로 이 급수는 구간 $-5 \le x < 1$에서 수렴한다.

■

◆ 멱급수의 연산

멱급수 $\sum a_n x^n$의 수렴 집합은 어떤 구간 I임을 배웠다. 이 구간은 급수의 합 $S(x)$라는 함수의 정의역이다. $S(x)$에 대해서 당연히 던져야 할 질문은, $S(x)$가 우리가 알고 있는 하나의 함수형태로 표현할 수 있는가이다. 기하 급수에 대해서는 그 공식을 구하였다.

$$\sum_{n=0}^{\infty} ax^n = \frac{a}{1-x}, \ -1 < x < 1$$

사실, 임의의 멱급수가 주어졌을 때, 그 합이 우리가 이 책의 앞부분에서 공부한 기본 함수들 중의 하나가 될 이유는 없을 것이다.

하나의 함수형태로 표시된 $S(x)$의 성질들에 대해서 무엇을 말할 수 있느냐이다. 예를 들어, 이것을 미분할 수 있는가? 적분할 수 있는가? 이 두 질문에 대한 답은 "예"이다.

♠ 항별 미분과 적분

멱급수란 한없이 많은 항들을 가진 다항식이라고 생각할 수 있다. 미분과 적분에 대해서, 멱급수는 다항식처럼 행동한다. 다음과 같이, 항별로 미분, 적분을 할 수 있다.

정리 11.23 항별 미분 정리

$\sum_{n=0}^{\infty} c_n(x-a)^n$이 어떤 $h>0$에 대하여 $|x-a|<h$에서 수렴하면, 다음 함수 f를 정의한다.

$$f(x)=\sum_{n=0}^{\infty} c_n(x-a)^n, \ a-h<x<a+h$$

함수 f는 수렴구간의 내부에서 모든 차수의 도함수를 갖는다. 원급수를 항별로 미분하여 도함수를 얻을 수 있다.

$$f'(x) = \sum_{n=1}^{\infty} nc_n (x-a)^{n-1},$$

$$f''(x) = \sum_{n=2}^{\infty} n(n-1)c_n (x-a)^{n-2},$$

$$\vdots$$

각각 도함수와 관련된 급수는 원급수의 수렴구간 내에서(내부점) 수렴한다.

정리 11.24 항별 적분 정리

$h > 0$에 대하여 $\sum_{n=0}^{\infty} c_n (x-a)^n$은 $|x-a| < h$이면 수렴하고, $a-h < x < a+h$일 때 $f(x) = \sum_{n=0}^{\infty} c_n (x-a)^n$이라 가정하면 급수 $\sum_{n=0}^{\infty} c_n \frac{(x-a)^{n+1}}{n+1}$은 $a-h < x < a+h$에서 수렴하고 $\int f(x)dx = \sum_{n=0}^{\infty} c_n \frac{(x-a)^{n+1}}{n+1} + c$이다.

예제 11.48

항별미분, 적분정리를 다음 기하 급수

$$\frac{1}{1-x} = 1 + x + x^2 + x^3 + \cdots, \quad -1 < x < 1$$

에다 적용하여서, 새로운 두 급수의 공식을 구하여라.

풀이 항별로 미분을 하면, 다음을 얻는다.

$$\frac{1}{(1-x)^2} = 1 + 2x + 3x^2 + 4x^3 + \cdots, \quad -1 < x < 1$$

항별로 적분을 하면,

$$\int_0^x \frac{1}{1-t}\,dt = \int_0^x 1\,dt + \int_0^x t\,dt + \int_0^x t^2\,dt + \cdots$$

즉,

$$-\ln(1-x) = x + \frac{x^2}{2} + \frac{x^3}{3} + \cdots, \quad -1 < x < 1$$

x 대신에 $-x$를 넣고, 양변에다 -1을 곱하면, 다음 공식을 얻는다.

$$\ln(1+x) = x - \frac{x^2}{2} + \frac{x^3}{3} - \frac{x^4}{4} + \cdots, \quad -1 < x < 1$$

예제 11.49

$\tan^{-1}x$를 멱급수로 나타내 보아라.

풀이 다음을 상기하자.

$$(\tan^{-1}x)' = \frac{1}{1+x^2}$$

이므로,

$$\tan^{-1}x = \int_0^x \frac{1}{1+t^2}\,dt$$

$1/(1-x)$을 기하 급수로 나타낸 것에서, x 대신에 $-t^2$을 넣으면, 다음을 얻는다.

$$\frac{1}{1+t^2} = 1 - t^2 + t^4 - t^6 + \cdots, \quad -1 < t < 1$$

그러므로

$$\tan^{-1}x = \int_0^x (1 - t^2 + t^4 - t^6 + \cdots)\,dt$$

즉,

$$\tan^{-1}x = x - \frac{x^3}{3} + \frac{x^5}{5} - \frac{x^7}{7} + \cdots, \quad -1 < x < 1$$

예제 11.50

다음 멱급수의 합의 공식을 구하여라.

$$S(x) = 1 + x + \frac{x^2}{2!} + \frac{x^3}{3!} + \cdots$$

풀이 이 급수는 모든 x에 대해서 수렴함을 배웠다. 항별로 미분하면, 다음을 얻게 된다.

$$S'(x) = 1 + x + \frac{x^2}{2!} + \frac{x^3}{3!} + \cdots$$

즉, 모든 x에 대해서, $S'(x) = S(x)$. 뿐만 아니라, $S(0) = 1$. 이 미분방정식은 $S(x) = e^x$를 유일한 해답으로 가진다. 그러므로

$$e^x = 1 + x + \frac{x^2}{2!} + \frac{x^3}{3!} + \cdots$$

연습문제 11-5 Exercises

※ 문제 1~20은 주어진 멱급수의 수렴 구간을 구하여라. 도움 말: 우선 n번 항의 공식을 구하고, 그 다음에 절대 비율 판정법을 적용하여 구하시오.

1. $\dfrac{x}{1\cdot 2}-\dfrac{x^2}{2\cdot 3}+\dfrac{x^3}{3\cdot 4}-\dfrac{x^4}{4\cdot 5}+\dfrac{x^5}{5\cdot 6}-\cdots$

2. $1+x+\dfrac{x^2}{2!}+\dfrac{x^3}{3!}+\dfrac{x^4}{4!}+\cdots$

3. $x-\dfrac{x^3}{3!}+\dfrac{x^5}{5!}+\dfrac{x^7}{7!}+\dfrac{x^9}{9!}+\cdots$

4. $1-\dfrac{x^2}{2!}+\dfrac{x^4}{4!}-\dfrac{x^6}{6!}+\dfrac{x^8}{8!}-\dfrac{x^{10}}{10!}+\cdots$

5. $x+2x^2+3x^3+4x^4+\cdots$

6. $x+2^2x^2+3^2x^3+4^2x^4+\cdots$

7. $1-x+\dfrac{x^2}{2}-\dfrac{x^3}{3}+\dfrac{x^4}{4}-\cdots$

8. $1+x+\dfrac{x^2}{\sqrt{2}}+\dfrac{x^3}{\sqrt{3}}+\dfrac{x^4}{\sqrt{4}}+\dfrac{x^5}{\sqrt{5}}+\cdots$

9. $1-\dfrac{x}{1\cdot 3}+\dfrac{x^2}{2\cdot 4}-\dfrac{x^3}{3\cdot 5}+\dfrac{x^4}{4\cdot 6}-\cdots$

10. $\dfrac{x}{2^2-1}+\dfrac{x^2}{3^2-1}-\dfrac{x^3}{4^2-1}+\dfrac{x^4}{5^2-1}-\cdots$

11. $1-\dfrac{x}{2}+\dfrac{x^2}{2^2}-\dfrac{x^3}{2^3}+\dfrac{x^4}{2^4}-\cdots$

12. $1+2x+2^2x^2+2^3x^3+2^4x^4+\cdots$

13. $1+2x+\dfrac{2^2x^2}{2!}+\dfrac{2^3x^3}{3!}+\dfrac{2^4x^4}{4!}+\cdots$

14. $\dfrac{x}{2}+\dfrac{2x^2}{3}+\dfrac{3x^3}{4}+\dfrac{4x^4}{5}+\dfrac{5x^5}{6}+\cdots$

15. $\dfrac{x-1}{1}+\dfrac{(x-1)^2}{2}+\dfrac{(x-1)^3}{3}+\dfrac{(x-1)^4}{4}+\cdots$

16. $1+(x+2)+\dfrac{(x+1)^2}{2!}+\dfrac{(x+2)^3}{3!}+\cdots$

17. $1+\dfrac{x+1}{2}+\dfrac{(x+1)^2}{2^2}+\dfrac{(x+1)^3}{2^3}+\cdots$

18. $\dfrac{x-1}{1^2}+\dfrac{(x-2)^2}{2^2}+\dfrac{(x-2)^3}{3^2}+\dfrac{(x-2)^4}{4^2}$

19. $\dfrac{x+5}{1\cdot 2}+\dfrac{(x+5)^2}{2\cdot 3}+\dfrac{(x+5)^3}{3\cdot 4}+\dfrac{(x+5)^4}{4\cdot 5}+\cdots$

20. $(x+3)-2(x+3)^2+3(x+3)^3-4(x+3)^4+\cdots$

※ 문제 21~30은 $f(x)$를 멱급수로 나타내고, 그 수렴 반경을 명시하여라. 이들은 모두 기하 급수와 관련이 있다.

21. $f(x)=\dfrac{1}{1+x}$

22. $f(x)=\dfrac{1}{(1+x)^2}$ 도움말: 문제 21을 미분하여라.

23. $f(x)=\dfrac{1}{(1-x)^3}$

24. $f(x)=\dfrac{x}{(1+x)^2}$

25. $f(x)=\dfrac{1}{2-3x}=\dfrac{\frac{1}{2}}{1-\frac{3}{2}x}$

26. $f(x)=\dfrac{1}{1+2x}$

27. $f(x)=\dfrac{x^2}{1+x^4}$

28. $f(x)=\dfrac{x^3}{2-x^3}$

29. $f(x)=\displaystyle\int_0^x \ln(1+t)dt$

30. $\displaystyle\int_0^x \tan^{-1}t\,dt$

※ 문제 31~34는 주어진 함수에 대한 x의 멱급수를 구하여라.

31. $f(x)=e^{-x}$

32. $f(x)=xe^{x^2}$

33. $f(x)=e^x+e^{-x}$

34. $f(x)=e^{2x}-1-2x$

11.6 테일러 급수와 매크로린 급수

이 절에서는 무한히 많은 도함수를 갖는 어떤 함수 $f(x)$가 주어졌을 때 이것을 x의 멱급수 형태로 또는 $x-a$의 멱급수 형태로 나타낼 수 있는 방법을 배우도록 한다. 다시 말해, $x=a$ 주위의 어떤 구간에서

$$f(x)=c_0+c_1(x-a)+c_2(x-a)+c_3(x-a)+\cdots$$

이 성립하도록, 수들 $c_1,\ c_2,\ c_3,\ \cdots$을 어떻게 찾을 수 있는가?

주어진 함수 $f(x)$를 $(x-a)$에 관한 멱급수형태로 위에 주어진 수식과 같이 나타낼 수 있다고 가정해 보자. 그러면 급수의 미분에 관한 정리에 따라서,

$$f'(x)=c_1+2c_2(x-a)+3c_3(x-a)^2+4c_4(x-a)^3+\cdots$$

$$f''(x)=2!c_2+3!c_3(x-a)+4\cdot 3c_4(x-a)^2+\cdots$$

$$f'''(x)=3!c_3+4!c_4(x-a)+5\cdot 4\cdot 3c_5(x-a)^2+\cdots$$

$$\vdots$$

$x=a$라 놓고, c_n에 대해서 풀면, 다음을 얻는다.

$$c_0=f(a)$$
$$c_1=f'(a)$$
$$c_2=\frac{f''(a)}{2!}$$
$$c_3=\frac{f'''(a)}{3!}$$

그리고 일반적으로,

$$c_n=\frac{f^n(a)}{n!}$$

($n=0$인 경우에도 이것이 유효하도록, $f^{(0)}(a)$는 $f(a)$라 정의하고, $0!$은 1이라 정의한다.) 그러므로 계수 c_n들은 함수 f에 의하여 결정된다. 그리고 이것을 보면, 함수 f를 나타내는 $x-a$의 멱급수는 단 하나만 존재할 수 있음을 알 수 있다.

정리 11.25 (유일성 정리)

어떤 함수 f가 있어서, a 주위의 어떤 구간에 속하는 모든 x에 대해서, 다음이 성립한다고 하자.

$$f(x) = c_0 + c_1(x-a) + c_2(x-a)^2 + c_3(x-a)^3 + \cdots$$

그러면

$$c_n = \frac{f^n(a)}{n!}$$

그러므로 어떤 함수를 $x-a$의 멱급수로 나타내는 방법은 단 한 가지만 있을 수 있다. 함수를 $x-a$의 멱급수로 나타낸 것을 **테일러 급수**(Taylor series)라고 부른다. 영국 수학자 테일러(Brook Taylor, 1685~1731)의 이름을 딴 것이다. $a=0$이면, 그 멱급수를 **맥클로린 급수**(Maclaurin series)라고 부른다. 스코틀랜드의 수학자 맥클로린(Colin Maclaurin, 1698~1746)의 이름을 딴 것이다.

함수 f가 정의구역의 내부점 a를 포함하고 있는 어떤 구간에서 모든 차수의 도함수를 갖는다고 하자. 이 때, $x=a$에서 함수 f에 의하여 생성된 Taylor 급수는

$$\sum_{k=0}^{\infty} \frac{f^{(k)}(a)}{k!}(x-a)^k$$

$$= f(a) + f'(a)(x-a) + \frac{f''(a)}{2!}(x-a)^2 + \cdots + \frac{f^{(n)}(a)}{n!}(x-a)^n + \cdots$$

이며 $a=0$인 경우, 즉 $x=0$에서 함수 f에 의하여 생성된 Maclaurin 급수는

$$\sum_{k=0}^{\infty} \frac{f^{(k)}(0)}{k!}x^k = f(0) + f'(0)x + \frac{f''(0)}{2!}x^2 + \cdots + \frac{f^{(n)}(0)}{n!}x^n + \cdots$$

이다

예제 11.51

$f(x) = \dfrac{1}{x}$가 $x=2$에서 생성하는 Taylor 급수를 만들고, 그 급수가 $\dfrac{1}{x}$로 수렴하도록 하는 수렴구간을 구하시오.

풀이 $f(x) = \dfrac{1}{x}$, $f(2) = \dfrac{1}{2}$,

$f'(x) = -\dfrac{1}{x^2}$, $f'(2) = -\dfrac{1}{2^2}$,

$$f''(x) = \frac{2!}{x^3},\ \frac{f''(2)}{2!} = \frac{1}{2^3},$$

$$f'''(x) = -\frac{3!}{x^4},\ \frac{f'''(2)}{3!} = -\frac{1}{2^4},$$

$$\vdots$$

$$f^{(n)}(x) = \frac{(-1)^n n!}{x^{n+1}},\ \frac{f^{(n)}(2)}{n!} = \frac{(-1)^n}{2^{n+1}}$$

따라서, Taylor 급수는

$$f(2) + f'(2)(x-2) + \frac{f''(2)}{2!}(x-2)^2 + \frac{f'''(2)}{3!}(x-2)^3 + \cdots + \frac{f^{(n)}(2)}{n!}(x-2)^n + \cdots$$

$$= \frac{1}{2} - \frac{(x-2)}{2^2} + \frac{(x-2)^2}{2^3} - \cdots + (-1)^n \frac{(x-2)^n}{2^{n+1}} + \cdots$$

이다.

이 급수는 초항(첫 항)이 $\frac{1}{2}$이고 공비 $r = \frac{-(x-2)}{2}$인 등비급수이다. 또한 이 급수는 $|x-2| < 2$에서 절대수렴하고, 그 합이 $\frac{\frac{1}{2}}{1+\frac{x-2}{2}} = \frac{1}{2+x-2} = \frac{1}{x}$이다.

즉, 수렴구간 $0 < x < 4$에서 $a = 2$에서 f에 의하여 생성된 Taylor 급수는 $\frac{1}{x}$로 수렴한다.

■

♥ 테일러 급수의 수렴

함수 f를 주었을 때, 이것을 $x-a$의 멱급수로 나타낼 수 있는가? (나타낼 수 있다면, 이것이 바로 테일러 급수이다. 또한 그 급수가 실제로 존재하는지 여부가 문제이다.) 다음 두 정리들이 답을 제시해 준다.

정리 11.26 (나머지를 지닌 테일러 공식)

어떤 함수 f가 있어서, a를 포함하는 열린 구간 I에 속하는 모든 x에 대해서, f의 $(n+1)$번 미분 $f^{(n+1)}(x)$가 존재한다고 하자. 그러면 I에 속하는 각각의 x에 대해서,

$$f(x) = f(a) + f'(a)(x-a) + \frac{f''(a)}{2!}(x-2)^2 + \cdots + \frac{f^{(n)}(a)}{n!}(x-a)^n + R_n(x)$$

여기서 나머지 (즉, 오차) $R_n(x)$는 공식

$$R_n(x)=\frac{f^{(n+1)}(c)}{(n+1)!}(x-a)^{n+1}$$

로 주어지며, c는 x와 a 사이의 어떤 점이다.

증명 $n=4$인 특별한 경우에 대해서는 이 정리를 증명하도록 하겠다. 우선 구간 I에서 함수 $R_4(x)$를 다음과 같이 정의하자.

$$R_4(x)=f(x)-f(a)-f'(a)(x-a)-\frac{f''(a)}{2!}(x-a)^2$$
$$-\frac{f'''(a)}{3!}(x-a)^3-\frac{f^4(a)}{4!}(x-a)^4$$

이제 x와 a가 상수들인 것처럼 생각하고, 구간 I에서 새로운 함수 g를 다음과 같이 정의하자.

$$g(t)=f(x)-f(t)-f'(t)(x-t)-\frac{f''(t)(x-t)^2}{2!}-\frac{f'''(t)(x-t)^3}{3!}$$
$$-\frac{f^4(t)(x-t)^4}{4!}-R_4(x)\frac{(x-t)^5}{(x-a)^5}$$

그러면 $g(x)=0$임이 명백하다(x는 고정된 것으로 간주한다). 그리고

$$g(a)=f(x)-f(a)-f'(a)(x-t)-\frac{f''(a)(x-a)^2}{2!}-\frac{f'''(a)(x-a)^3}{3!}$$
$$-\frac{f^4(a)(x-a)^4}{4!}-R_4(x)\frac{(x-a)^5}{(x-a)^5}$$
$$=R_4(x)-R_4(x)$$
$$=0$$

a와 x는 I의 점들이고, $g(a)=g(x)=0$이므로, 미분에 관한 평균값 정리를 적용할 수 있다. 그러므로 $g'(c)=0$이 되는 어떤 수 c가 a와 x 사이에 존재한다. g의 도함수를 얻으려면, 곱을 미분하는 공식을 여러 번 적용해야 한다.

$$g'(t)=0-f'(t)-[f'(t)(-1)-(x-t)f''(t)]$$
$$-\frac{1}{2!}[f''(t)2(x-t)(-1)+(x-t)^2f'''(t)]$$
$$-\frac{1}{3!}[f'''(t)3(x-t)^2(-1)+(x-t)^3f^{(4}(t)]$$
$$-\frac{1}{4!}[f^{(4)}(t)4(x-t)^3(-1)+(x-t)^4f^5(t)]-R_4(x)\frac{5(x-t)^4(-1)}{(x-a)^5}$$

$$= -\frac{1}{4!}(x-t)^4 f^{(5)}(t) + 5R_4(x)\frac{(x-t)^4}{(x-a)^5}$$

그러므로 미분에 관한 평균값 정리에 따라서, 다음을 만족하는 수 c가 x와 a 사이에 존재한다.

$$0 = g'(c) = -\frac{1}{4!}(x-c)^4 f^{(5)}(c) + 5R_4(x)\frac{(x-c)^4}{(x-a)^5}$$

그러므로 다음을 얻을 수 있다.

$$\frac{1}{4!}(x-c)^4 f^{(5)}(c) = 5R_4(x)\frac{(x-c)^4}{(x-a)^5}$$

$$R_4(x) = \frac{f^5(c)}{5!}(x-a)^5$$ □

어떤 함수 $f(x)$를 테일러 급수로 전개하고 유한개의 항들의 합으로써 근사값을 구했을 때는 실제값과 근사값 간에는 항상 오차를 수반하게 된다. 다음에 서술된 Taylor(테일러) 정리는 어떤 함수 f를 $(x-a)$의 멱급수로 나타낼 수 있도록 하는 필요충분조건을 나타내고 있다.

정리 11.27 (테일러 정리)

어떤 함수 f가 구간 $(a-r,\ a+r)$에서 무한 번 미분가능이라고 하자. 그러면 테일러 급수

$$f(a) + f'(a)(x-a) + \frac{f''(a)}{2!}(x-a)^2 + \frac{f'''(a)}{3!}(x-a)^3 + \cdots$$

가 구간 $(a-r,\ a+r)$에서 함수 f로 나타낼 필요충분조건은

$$\lim_{n\to\infty} R_n(x) = 0$$

인 것이다. 여기서 $R_n(x)$는 테일러 공식에 나오는 나머지로서,

$$R_n(x) = \frac{f^{(n+1)}(c)}{(n+1)!}(x-a)^{n+1}$$

그리고 c는 구간 $(a-r,\ a+r)$의 어떤 점이다.

증명 나머지를 지닌 테일러 공식을 살펴보면 다음을 알 수 있다.

$$f(x) = f(a) + f'(a)(x-a) + \cdots + \frac{f^n(a)}{n!}(x-a)^n + R_n(x)$$

그러면 이 결과가 나온다. □

만약 $a=0$이면, 다음과 같은 맥클로린 급수를 얻게 된다.

$$f(x)=f(0)+f'(0)+x+\frac{f''(0)}{2!}x^2+\frac{f'''(0)}{3!}x^3+\cdots$$

위에 기술된 정리들을 요약하면, 주어진 함수 $f(x)$는 이론적인 모형, 예를 들면 함수 $f(x)$가 자연대수함수 $\ln x$, 삼각함수 $\sin x$, $\cos x$, 지수함수 e^x, 쌍곡선함수 $\sinh x$, $\cosh x$, 역삼각함수 $\tan^{-1}x$ 등이 주어지면 이 함수들을 임의의 점 $x=a$ 근방에서 테일러 급수로 전개되는 다항함수를 사용하는 것이 사용자 입장에서는 훨씬 더 간편하다는 것이다. 그러나 항상 실제 값과는 오차가 발생되기 때문에 그 오차범위를 인정하게 되는 항까지만 사용할 수 있는 것이다.

이러한 것들을 다음 예제들을 통하여 알아보자.

예제 11.52

$\sin x$의 맥클로린 급수를 구하고, 모든 x에 대해서 이것이 $\sin x$를 나타냄을 증명하여라.

풀이

$f(x)=\sin x$	$f(0)=0$
$f'(x)=\cos x$	$f'(0)=1$
$f''(x)=-\sin x$	$f''(0)=0$
$f'''(x)=-\cos x$	$f'''(0)=-1$
$f^{(4)}(x)=\sin x$	$f^{(4)}(0)=0$
$\vdots$	$\vdots$

그러므로

$$\sin x=x-\frac{x^3}{3!}+\frac{x^5}{5!}+\frac{x^7}{7!}-\cdots$$

이것이 모든 x에 대해서 유효함을 보이려면, 다음을 증명하면 된다.

$$\lim_{n\to\infty}R_n(x)=\lim_{n\to\infty}\frac{f^{(n+1)}(c)}{(n+1)!}x^{n+1}=0$$

그런데 $|f^{(n+1)}(x)|=|\cos x|$ 또는 $|f^{(n+1)}(x)|=|\sin x|$이므로,

$$|R_n(x)|\le\frac{|x|^{n+1}}{(n+1)!}$$

그런데 모든 x에 대해서, $\lim_{n\to\infty}x^n/n!=0$. 왜냐 하면 $x^n/n!$은 수렴하는 급수의 n번 항이기 때문이다. 따라서, $\lim_{n\to\infty}R_n(x)=0$이다.

예제 11.40

$x=0$에서 $f(x)=\cos x$로 생성되는 Taylor(테일러) 다항식 $P_n(x)$를 구하시오.

풀이

$f(x)=\cos x \qquad f(0)=1$

$f'(x)=-\sin x \qquad f'(0)=0$

$f''(x)=-\cos x \qquad f''(0)=-1$

$f^{(3)}(x)=\sin x \qquad f^{(3)}(0)=0$

$\vdots \quad \vdots$

$f^{(2n)}(x)=(-1)^n\cos x \qquad f^{(2n)}(0)=(-1)^n\cdot 1=(-1)^n$

$f^{(2n+1)}(x)=(-1)^{n+1}\sin x \qquad f^{(2n+1)}(0)=0$

따라서

$$P_{2n}(x)=P_{2n+1}(x)=1-\frac{1}{2!}x^2+\frac{1}{4!}x^4-\cdots+(-1)^n\frac{x^{2n}}{(2n)!}$$

이고

$$\lim_{n\to\infty}\frac{x^{2n}}{(2n)!}\to 0$$

이다.

아래에 나타내는 그림은 이들 다항식이 $x=0$ 근방에서 $y=\cos x$와 얼마나 잘 근사할 수 있는 가를 보여주고 있으며, n 값에 따른 다항식과 $y=\cos x$ 그래프 간의 관계를 나타내고 있다.

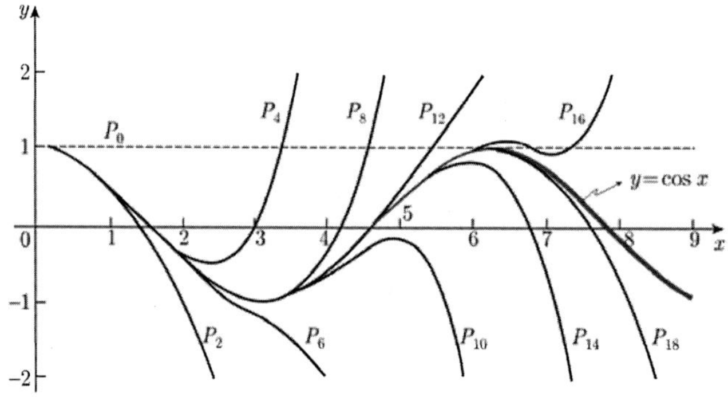

[그림 11-4]

예제 11.53

$f(x)=\cosh x$의 맥클로린 급수를 두가지 방법으로 구하고, 모든 x에 대해서 이 급수가 $\cosh x$를 나타냄을 보여라.

풀이 **방법** 1. 직접 구하는 방법을 보자.

$f(x)=\cosh x,\ f(0)=1$

$f'(x)=\sinh x,\ f'(0)=0$

$f''(x)=\cosh x,\ f''(0)=1$

$f'''(x)=\sinh x,\ f'''(0)=0$

$\vdots \quad \vdots$

그러므로

$$\cosh x = 1+\frac{x^2}{2!}+\frac{x^4}{4!}+\frac{x^6}{6!}+\cdots$$

단, 모든 x에 대해서 $\lim_{n\to\infty} R_n(x)=0$임을 보여야 한다.

B는 임의의 수라 하고, $|x| \le B$라 하자. 그러면

$$|\cosh x| = \left|\frac{e^x+e^{-x}}{2}\right| \le \frac{e^x}{2}+\frac{e^{-x}}{2} \le \frac{e^B}{2}+\frac{e^B}{2}=e^B$$

마찬가지 이유로, $|\sinh x| \le e^B$. 그런데 $f^{(n+1)}(x)$는 $\cosh x$ 또는 $\sinh x$이니, 다음이 성립한다.

$$|R_n(x)| = \left|\frac{f^{(n+1)}(c)x^{n+1}}{(n+1)!}\right| \le \frac{e^B|x|^{n+1}}{(n+1)!}$$

$n\to\infty$일 때, 맨 오른쪽 표현은 0으로 간다.

방법 2. $\cosh x=(e^x+e^{-x})/2$임을 이용하자.

$$e^x = 1+x+\frac{x^2}{2!}+\frac{x^3}{3!}+\frac{x^4}{4!}+\cdots$$

$$e^{-x} = 1-x+\frac{x^2}{2!}-\frac{x^3}{3!}+\frac{x^4}{4!}-\cdots$$

이 두 급수를 더한 다음에 2로 나누면, 앞에서와 같은 결과를 얻게 된다. ■

예제 11.54

$\sinh x$의 맥클로린 급수를 구하고, 모든 x에 대해서 이것이 $\sinh x$를 나타냄을 보여라.

풀이 $\cosh x$의 급수를 항별로 미분하면 다음 사실을 바로 알 수 있다.

$$\sinh x = x + \frac{x^3}{3!} + \frac{x^5}{5!} + \frac{x^7}{7!} + \cdots$$

♣ 이항 급수

우리는 이항 공식을 알고 있다. 양의 정수 p에 대해서,

$$(1+x)^p = 1 + \binom{p}{1}x + \binom{p}{2}x^2 + \cdots + \binom{p}{3}x^p$$

여기서

$$\binom{p}{k} = \frac{p!}{k!(p-k)!} = \frac{p(p-1)(p-2)\cdots(p-k+1)}{k!}$$

만약 $\binom{p}{k}$를 다음이라고 다시 정의해 주면,

$$\binom{p}{k} = \frac{p(p-1)(p-2)\cdots(p-k+1)}{k!}$$

그러면 $\binom{p}{k}$는 임의의 실수 p에 대해서 성립한다. 단, k는 양의 정수이어야 한다. 물론, p가 양의 정수인 경우는, 이 새로운 정의는 원래 정의 $p!/[k!(p-k)!]$이 된다.

정리 11.28 (이항 급수)

임의의 실수 p와 $|x|<1$에 대해서,

$$(1+x)^p = 1 + \binom{p}{1}x + \binom{p}{2}x^2 + \binom{p}{3}x^3 + \cdots$$

증명 부분적인 증명

$f(x) = (1+x)^p$라 하자. 그러면

$$\begin{aligned}
f(x) &= (1+x)^p & f(0) &= 1\\
f'(x) &= p(1+x)^{p-1} & f'(0) &= p\\
f''(x) &= p(p-1)(1+x)^{p-2} & f''(0) &= p(p-1)\\
f'''(x) &= p(p-1)(p-2)(1+x)^{p-3} & f'''(0) &= p(p-1)(p-2)\\
&\vdots & &\vdots
\end{aligned}$$

그러므로 $(1+x)^p$의 맥클로린 급수는 이 정리에 나오는 것과 같다. □

예제 11.55

$-1 < x < 1$에 대해서, $(1-x)^{-2}$을 맥클로린 급수로 나타내어라.

풀이 이항급수 정리에 따라서

$$(1+x)^{-2} = 1 + (-2)x + \frac{(-2)(-3)}{2!}x^2 + \frac{(-2)(-3)(-4)}{3!}x^3 + \cdots$$
$$= 1 - 2x + 3x^2 - 4x^3 + \cdots$$

그러므로

$$(1-x)^{-2} = 1 + 2x + 3x^2 + 4x^3 + \cdots$$

■

<요약> 우리가 구한 중요한 맥클로린 급수들을 나열하는 것으로, 급수에 관한 공부를 끝마무리하겠다. 이 급수들은 문제들을 푸는 데 유용하지만, 그보다 더욱 중요하게, 이들은 수학과 과학 여러 분야에서 응용된다.

■ **중요한 맥클로린 급수**

1. $\dfrac{1}{1-x} = 1 + x + x^2 + x^3 + x^4 \qquad -1 < x < 1$

2. $\ln(1+x) = x - \dfrac{x^2}{2} + \dfrac{x^3}{3} - \dfrac{x^4}{4} + \dfrac{x^5}{5} - \cdots \qquad -1 < x \le 1$

3. $\tan^{-1}x = x - \dfrac{x^3}{3} + \dfrac{x^5}{5} - \dfrac{x^7}{7} + \dfrac{x^9}{9} - \cdots \quad -1 \le x \le 1$

4. $e^x = 1 + x + \dfrac{x^2}{2!} + \dfrac{x^3}{3!} + \dfrac{x^4}{4!} + \cdots$

5. $\sin x = x - \dfrac{x^3}{3!} + \dfrac{x^5}{5!} - \dfrac{x^7}{7!} + \dfrac{x^9}{9!} - \cdots$

6. $\cos x = 1 - \dfrac{x^2}{2!} + \dfrac{x^4}{4!} - \dfrac{x^6}{6!} + \dfrac{x^8}{8!} - \cdots$

7. $\sinh x = x + \dfrac{x^3}{3} + \dfrac{x^5}{5} + \dfrac{x^7}{7} + \dfrac{x^9}{9} + \cdots$

8. $\cosh x = 1 + \dfrac{x^2}{2!} + \dfrac{x^4}{4!} + \dfrac{x^6}{6!} + \dfrac{x^8}{8!} + \cdots$

9. $(1+x)^p = 1 + \dbinom{p}{1}x + \dbinom{p}{2}x^2 + \dbinom{p}{3}x^3 + \dbinom{p}{4}x^4 + \cdots \quad -1 < x < 1$

연습문제 11-6 Exercises

※ 문제 1~6은 $f(x)$의 맥클로린 급수를 x^5항까지 구하여라.
도움말: 알고 있는 맥클로린 급수들을 이용하고, 그 다음에 곱셈, 나눗셈 등을 하여 구하면 쉽다. 예를 들어 $\tan x = (\sin x)/(\cos x)$.

1. $f(x) = \tan x$

2. $f(x) = e^x \sin x$

3. $f(x) = \sin^3 x$

4. $f(x) = x(\sin 2x + \sin 3x)$

5. $f(x) = (1+x)^{3/2}$

6. $f(x) = (1-x^2)^{2/3}$

※ 문제 7~12는 $x-a$의 테일러 급수를 $(x-a)^3$항까지 구하여라.

7. $e^x,\ a=1$

8. $\sin x,\ a = \frac{\pi}{6}$

9. $\cos x,\ a = \frac{\pi}{3}$

10. $\tan x,\ a = \frac{\pi}{4}$

11. $1 + x^2 + x^3,\ a = 1$

12. $2 - x + 3x^2 - x^3,\ a = -1$

제12장 편미분법

12.1 다변수 함수

정의 12-1

$\mathrm{R}^n = \{(x_1, \cdots, x_n) | x_1, \cdots, x_n \in \mathrm{R}\}$의 임의의 부분집합 $D \neq \varnothing$에 대하여, D의 각 원소$(x_1, \cdots, x_n)$에 꼭 하나의 실수 $w = f(x_1, x_2, \cdots, x_n)$를 대응시키는 규칙을 D에서 정의된 ***n*변수함수** f라고 부르며, $n \geq 2$일 때 **다변수함수**라고 부른다. 이때 D를 이 함수의 **정의역**이라 하고, $D = D(f)$로 나타내며, f의 값들 전체의 집합 $f(D) = \{f(x_1, \cdots, x_n) | (x_1, \cdots, x_n) \in D\}$를 f의 **치역**이라 부른다. 그리고 w는 f의 **종속변수**라고 부르고 $x_1,\ x_2,\ \cdots,\ x_n$은 f의 **독립변수**라 부른다.

예제 12.1

$f(x,\ y,\ z) = x^2 + y - e^z$의 $(1, 1, 1)$에서의 값은 $2 - e$이다. 이 함수는 3-변수 $x,\ y,\ z$의 함수로서 그 정의역은 R^3이다.

이후로는 특별한 언급이 없는 한 f가 정의될 수 있는 가장 큰 집합을 f의 정의역으로 취한다.

정의 12-2

R이 xy-평면의 부분집합이고, $(x_0,\ y_0) \in R$일 때 $(x_0,\ y_0)$가 R의 **내점**이라는 것은 $(x_0,\ y_0)$를 중심으로 하는 어떤 원판이 R에 포함된다는 것이다.

또 $(x_0,\ y_0)$가 R의 **경계점**이라는 것은 $(x_0,\ y_0)$를 중심으로 한 어떠한 원판도 R에 완전히 포함되지는 않지만 반드시 R하고 만나는 점을 말한다. 주어진 영역의 내점들의 집합을 R의 **내부**, 경계점들의 집합을 R의 **경계**라고 부른다.
R이 R의 내부와 일치하면 R은 **열린영역**이라 부르고 R의 경계가 R에 포함되면 R은 **닫힌영역**이라 부른다.

열린 영역과 닫힌 영역은 서로 배타적이지 않다. 즉 한 영역이 동시에 열린 영역이면서 닫힌 영역이 될 수 있다. 또한 한 영역이 열린 영역도 아니고 닫힌 영역도 아닐 수 있다.

예제 12.2

$D = \{(x, y) \in R^2 : x^2 + 4y^2 < 1\}$은 열린 영역이다.
이 영역의 경계는 $\{(x, y) \in R^2 : x^2 + 4y^2 = 1\}$이다.

정의 12-3

평면영역 R이 **유계**(bounded)라는 것은 R이 어떤 원판에 포함될 수 있다는 것을 말한다.

예제 12.3

$\{(x, y) \in R^2 : y < e^x\}$은 유계가 아니다. 그러나 위의 예의 타원의 내부는 유계이다.

3변수 이상의 다변수함수의 그래프를 그리는 것은 곤란하나. 따라서 그들에 대한 총체적 시각화에 의한 상을 얻기가 힘들다. 일단은 부분적인 정보들만을 얻어야 한다. 한편, 2변수 함수인 경우에는 그래프로 나타내는 것이 가능하기는 하다. 그러나 그 그래프도 3차원의 것을 2차원 상에 나타내는 결과가 되므로 부분적인 정보만 준다고 말할 수 있다. 따라서 다음과 같은 준위곡선을 살펴보는 것이 그 함수를 연구하는데 많은 도움을 주게 된다.

정의 12-4

$L_c = \{(x, y) \in \mathrm{R}^2 : f(x, y) = c\}$를 f의 **준위곡선**이라고 부른다.

정의 12-5

$\varphi_{(f)} = \{(x, y, f(x, y)) : (x, y) \in R \subseteq \mathrm{R}^2\}$을 f의 **그래프**라고 부른다.

$L_c \subset \mathrm{R}^2$은 일반적으로 곡선을 나타낸다. 또한 f의 그래프는 3차원 공간의 부분집합이다.

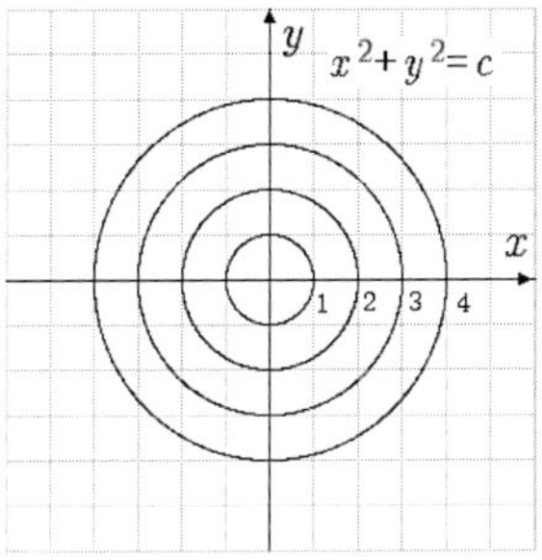

[그림 12.1] 준위곡선

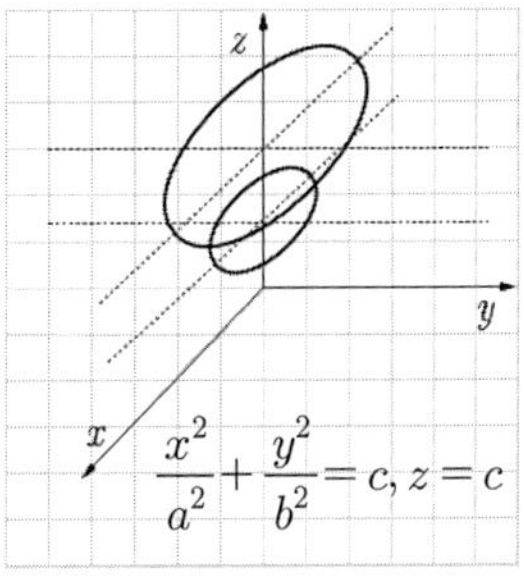

[그림 12.2] 등고선

예제 12.4

$f(x, y) = y - x^2$ 일 때 준위곡선은 $L_c = \{(x, y) : y = x^2 + c\}$, 즉, 포물선의 그래프가 된다

정의 12-6

$\{(x, y, z) : f(x, y) = c,\ z = c\}$를 f의 **등고선**이라 부른다.

정의 12-7

$S_c = \{(x, y, z) \in R : f(x, y, z) = c\}$를 f의 **준위곡면**이라고 부른다.

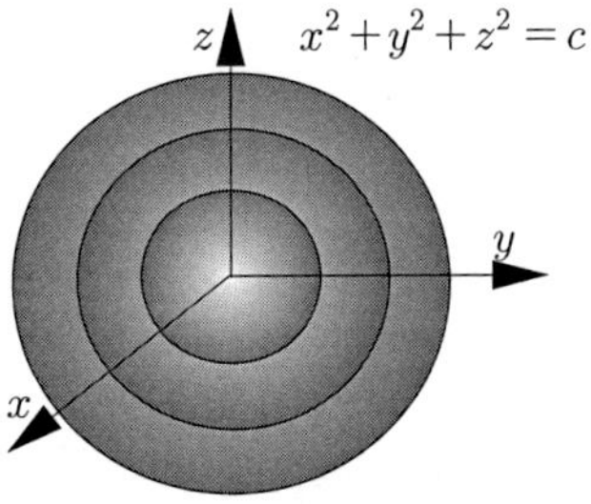

[그림 12.3] 준위곡면

예제 12.5

$f(x, y, z) = x^2 + y^2 + z^2$일 때 $S_c = \{(x,\ y,\ z) : x^2 + y^2 + z^2 = c\}$이므로 준위곡면은 구의 그래프가 된다.

연습문제 12-1 Exercises

※ 문제 1~2에서 주어진 영역이 열린영역임을 증명하여라.

1. $R_1 = \{(x, y) |\ |x| + |y| < 1\}$

2. $R_2 = \{(x, y) | x - 1 < y < -x + 1\}$

3. $f(x, y) = x^2 - y^2$의 준위곡선을 그려 보아라.

4. $f(x, y) = x^2 + 4y^2$의 준위곡선을 그려 보아라.

5. $f(x, y) = x^2 + y^2$의 등고선을 그려 보아라.

6. $f(x, y, z) = x^2 + y^2 - z$의 준위곡면을 그려 보아라.

12.2 극한과 연속

♥ 극한

$f(x,\ y)$가 $R \subseteq \mathrm{R}^2$인 열린영역 R에서 정의된 실수함수일 때, $(x_0,\ y_0) \in R$에 충분히 가깝게 있는 모든 점 $(x,\ y)$(단, $(x_0,\ y_0)$는 제외)에 대하여 함수값 $f(x,\ y)$가 어떤 실수 A에 충분히 가깝게 있으면 $f(x,\ y)$의 **극한값**을 A라고 하고 기호로 다음과 같이 나타낸다.

$$\lim_{(x,\ y) \to (x_0,\ y_0)} f(x,\ y) = A$$

극한에 관한 정의를 잘 고찰하여 보면 다음의 사실이 성립함을 알 수 있다. 즉 극한은 함수의 사칙연산을 보존한다. 증명은 생략하기로 한다.

정의 12-8

$\lim_{(x,\, y)\to(x_0,\, y_0)} f(x,\, y) = A$, $\lim_{(x,\, y)\to(x_0,\, y_0)} g(x,\, y) = B$일 때 다음이 성립한다.

(1) $\lim_{(x,\, y)\to(x_0,\, y_0)} [f(x,\, y)+g(x,\, y)] = A+B$

(2) $\lim_{(x,\, y)\to(x_0,\, y_0)} [f(x,\, y)-g(x,\, y)] = A-B$

(3) $\lim_{(x,\, y)\to(x_0,\, y_0)} [f(x,\, y)g(x,\, y)] = AB$

(4) $\lim_{(x,\, y)\to(x_0,\, y_0)} [f(x,\, y)/g(x,\, y)] = A/B$(단, $B\neq 0$)

♣ 연속성

$f(x,\, y)$가 열린영역 R에서 정의되어 있을 때, $(x_0,\, y_0)$에서의 극한값이 함수값과 같으면 $f(x,\, y)$는 $(x_0,\, y_0)$에서 **연속**이라고 정의한다. 그러므로 $f(x,\, y)$가 $(x_0,\, y_0)$에서 연속일 필요충분조건은 다음 세 조건을 동시에 만족하는 것이다.

1. $f(x,\, y)$가 $(x_0,\, y_0)\in R$에서 정의되어 있다.
2. $\lim_{(x,\, y)\to(x_0,\, y_0)} f(x,\, y)$가 존재한다.
3. $\lim_{(x,\, y)\to(x_0,\, y_0)} f(x,\, y) = f(x_0,\, y_0)$

두 변수 함수의 극한에 관한 위의 정리를 이용하면 다음의 사실이 성립함을 알 수 있다. 증명은 생략하기로 한다.

정리 12.9

두 함수 $f(x,\, y)$와 $g(x,\, y)$가 점 $(x_0,\, y_0)\in R$에서 연속이면 $f+g$, $f-g$, fg도 연속이며, $g(x_0,\, y_0)\neq 0$이면 f/g도 연속이다.

예제 12.6

$$\lim_{(x,\ y)\to(x_0,\ y_0)} x = x_0,\quad \lim_{(x,\ y)\to(x_0,\ y_0)} y = y_0,\quad \lim_{(x,\ y)\to(x_0,\ y_0)} k = k$$

예제 12.7

$f(x,\ y) = \begin{cases} \dfrac{2y}{x^2+y^2} & (x,\ y) \neq (0,\ 0) \\ 0 & (x,\ y) = (0,\ 0) \end{cases}$ 는 점(0, 0)에서 연속인가?

풀이 1. x축을 따라가면 $f(x,\ 0) = 0$이므로 $\lim f(x,\ 0) = 0$.

2. $y = x$를 따라서 원점으로 가면 $f(x,\ x) = \dfrac{1}{x}$이므로 $\lim f(x,\ x) = \pm\infty$. 결과적으로 원점에서의 극한은 존재하지 않는다. 따라서 원점에서 불연속이다.

■

연습문제 12-2 Exercises

※ 문제 1~8에서 주어진 극한을 구하거나, 아니면 극한이 존재하지 않는다고 적어라.

1. $\displaystyle\lim_{(x,\ y)\to(1,\ 3)} (3x^2y - xy^3)$

2. $\displaystyle\lim_{(x,\ y)\to(-2,\ 1)} (xy^3 - xy + 3y^2)$

3. $\displaystyle\lim_{(x,\ y)\to(2,\ \pi)} [(x\cos^2 xy - \sin(xy/3)]$

4. $\displaystyle\lim_{(x,\ y)\to(-1,\ 2)} \frac{xy - y^3}{(x+y+1)^2}$

5. $\displaystyle\lim_{(x,\ y)\to(0,\ 0)} \frac{\sin(x^2+y^2)}{3x^2+3y^2}$

6. $\displaystyle\lim_{(x,\ y)\to(0,\ 0)} \frac{\tan(x^2+y^2)}{x^2+y^2}$

7. $\displaystyle\lim_{(x,\ y)\to(0,\ 0)} \frac{x^2+y^2}{x^4-y^4}$

8. $\displaystyle\lim_{(x,\ y)\to(0,\ 0)} \frac{x^4-y^4}{x^2+y^2}$

※ 문제 9~12에서는 f가 연속이라고 말해도 되는 최대 집합 S를 구하여라.

9. $f(x,\ y) = \dfrac{x^3+xy-5}{x^2+y^2+1}$

10. $f(x,\ y) = \ln(1-x^2-y^2)$

11. $f(x,\ y) = \dfrac{x^2+3xy+y^2}{y-x^2}$

12. $f(x,\ y) = \begin{cases} \dfrac{\sin(xy)}{xy} & xy \neq 0 \\ 1 & xy = 0 \end{cases}$

12.3 방향도함수와 편도함수

다변수 함수 $f(x,\ y,\ z)$의 특성을 살펴보기 위해서는 1변수 함수에서처럼 순간 변화율을 도입하는 것이 유용하다. 3변수를 동시에 고려하는 것이 어려우므로 1변수 함수처럼 취급할 수 있는 방법이 필요하다.

정의 12-10

단위벡터 $\mathbf{u}=(x',y',z')$를 **방향**이라 부른다.

정의 12-11

$w=f(x,y,z)$가 3변수함수이고, $u=(x',y',z')$가 주어진 한 방향일 때,

$$\phi(t)=f((x,y,z)+t(x',y',z'))$$

에 대하여 $\phi'(0)$을 f의 $\mathbf{u}$-방향의 **방향도함수**라 부르고 $D_u f(x,y,z)$로 표시한다.

위의 정의에서 $\phi(t)$는 0을 포함하는 적당한 구간 $(-\epsilon,\epsilon)$ 에서 R로 가는 1변수의 실수함수가 되므로, 우리가 미분할 수 있는 함수이다(그림 12.4 참조).

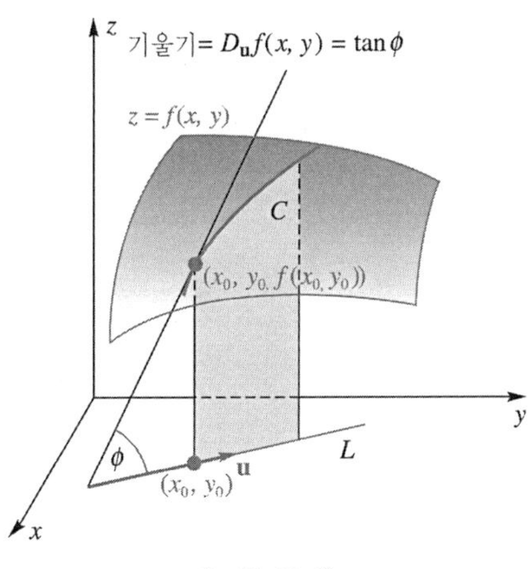

[그림 12.4]

예제 12.8

$f(x,y,z)=x^2+y^2+z^2$일 때 $e_2=(0,\ 1,\ 0)$에 대하여. $D_{e_2}f(2,\ 3,\ 4)$를 구하여라.

풀이 $\phi(t) = f((2,\ 3,\ 4) + t(0,\ 1,\ 0)) = f(2,\ 3+t,\ 4) = (2)^2 + (3+t)^2 + 4^2$. 그러므로, 도함수는 $\phi'(t) = 2(3+t)$이고 $\phi'(0) = 6$이다.

정의 12-12

$D_{e_1}f(x,y,z) = \lim_{\Delta x \to 0} \dfrac{f(x+\Delta x, y, z) - f(x,y,z)}{\Delta x}$를 f에 대한 **편도함수**라 부르고 $\dfrac{\partial f}{\partial x}(x,y,z)$ 또는 $f_x(x,y,z)$로 나타낸다. 마찬가지로 $\dfrac{\partial f}{\partial y}(x,y,z)$, $\dfrac{\partial f}{\partial z}(x,y,z)$를 정의할 수 있으며, 각각 y에 관한 편도함수 및 z에 관한 편도함수라고 부른다.

$f_x(x,y,z)$는 함수를 1변수 즉 x만의 변수로 보고 그 도함수를 구하는 것과 같다. 매개변수 t를 도입하여 복잡한 계산을 할 필요가 없다.

이제 다음과 같은 문제를 생각하여 보자. 점 (1, 1, 1)에서 어느 방향으로 움직여야 $f(x,y,z) = x^2 + y^2 + z^2$의 값이 가장 급격히 증가 또는 감소하겠는가?

$\mathbf{u} = (u_1,\ u_2,\ u_3)$ 를 우리가 구하는 방향이라 하자. 그러면

$$\begin{aligned}\phi(t) &= f((1,\ 1,\ 1) + t(u_1,\ u_2,\ u_3)) \\ &= f(1+tu_1,\ 1+tu_2,\ 1+tu_3) \\ &= (1+tu_1)^2 + (1+tu_2)^2 + (1+tu_3)^2.\end{aligned}$$

그러므로 $\phi'(0) = 2(u_1+u_2+u_3)$, 즉. $u_1^2 + u_2^2 + u_3^2 = 1$일 때 $2(u_1+u_2+u_3)$를 최대 또는 최소가 되게 하는 $u = (u_1,\ u_2,\ u_3)$는 무엇인가라는 문제가 되어 당장은 해결할 수 없다. 우선 다음의 정리가 필요하다. 증명은 생략한다.

정리 12.13

방향 $u = (u_1, u_2, u_3)$에 대하여 f의 편도함수들이 (x_0, y_0, z_0)에서 연속이면

$$\begin{aligned}D_u f(x_0,y_0,z_0) &= \frac{\partial f}{\partial x}(x_0,y_0,z_0)u_1 + \frac{\partial f}{\partial y}(x_0,y_0,z_0)u_2 + \frac{\partial f}{\partial z}(x_0,y_0,z_0)u_3 \\ &= \nabla f(x_0,y_0,z_0) \cdot u\end{aligned}$$

가 성립한다. 여기서,

$$\nabla f(x_0,y_0,z_0) = (f_x(x_0,y_0,z_0), f_y(x_0,y_0,z_0), f_z(x_0,y_0,z_0)).$$

위의 정리에 나타나 있는

$$\nabla f(x_0, y_0, z_0) = (f_x(x_0, y_0, z_0), f_y(x_0, y_0, z_0), f_z(x_0, y_0, z_0))$$

를 함수 f의 점 (x_0, y_0, z_0)에서의 **경도**(gradient, 경사)라고 부른다.

위 정리는 다변수 함수 f의 방향도함수는 x, y, $z-$방향도함수들에 의해 결정됨을 보여준다. 더구나 그 값은 경도와 그 방향의 내적임을 밝혀준다.

보조 정리 12.14

다음 식이 성립한다.

$$-\nabla f(x_0, y_0, z_0) \cdot \frac{\nabla f}{|\nabla f|} \leq D_u f(x_0, y_0, z_0) \leq \nabla f(x_0, y_0, z_0) \cdot \frac{\nabla f}{|\nabla f|}$$

증명 $D_u f(x_0, y_0, z_0) = \nabla f(x_0, y_0, z_0) \cdot u$에서 u가 ∇f와 같은 방향일 때 최댓값을 갖고 반대방향일 때 최솟값을 갖는다. 그러므로 $u = \dfrac{\nabla f}{|\nabla f|}$일 때 가장 빨리 증가하고, $u = -\dfrac{\nabla f}{|\nabla f|}$일 때 가장 빨리 감소한다. □

예제 12.9

점 (1, 1, 1)에서 $f(x, y, z) = x^2 + y^2 + z^2 - 1$이 가장 빨리 증가하는 방향은?

풀이 $\nabla f(x, y, z) = (2x, 2y, 2z)$이므로 $\nabla f(1,\ 1,\ 1)=(2,\ 2,\ 2)$이다. 단위벡터는 $\dfrac{1}{\sqrt{3}}$(1, 1, 1)이므로 이 방향에서 가장 빨리 증가한다. ■

이제 다음과 같은 문제를 생각하자.

1변수 함수 $y = f(x)$가 $x = x_0$에서 미분가능하면 $\Delta y = f'(x_0)\Delta x + \epsilon\Delta x$를 만족하는 ϵ이 존재한다. 여기서 $\Delta x \to 0$이면 $\epsilon \to 0$이다. 이것은 증분 Δy의 증분 Δx에 관한 1차 근사식이다.

$u = f(x, y, z)$의 (x_0, y_0, z_0)에서의 증분$(\Delta x, \Delta y, \Delta z)$에 따른 증분 Δu의 값의 1차 근사식은 무엇이 될까?

정리12.15 증분정리

점 $P_0(x_0, y_0, z_0)$를 포함하는 열린영역 R의 모든 점에서 $u=f(x,y,z)$의 편도함수 f_x, f_y, f_z가 존재하고 연속이라고 하자. 그러면

$$\begin{aligned}\Delta u &= f(x_0+\Delta x, y_0+\Delta y, z_0+\Delta z)-f(x_0,\ y_0,\ z_0)\\ &= f_x(P_0)\Delta x + f_y(P_0)\Delta y + f_z(P_0)\Delta z + \epsilon_1\Delta x + \epsilon_2\Delta y + \epsilon_3\Delta z\\ &= \nabla f(P_0)\cdot(\Delta x, \Delta y, \Delta z) + \epsilon\cdot(\Delta x, \Delta y, \Delta z)\end{aligned}$$

를 만족하는 $\epsilon=(\epsilon_1,\ \epsilon_2,\ \epsilon_3)$이 존재한다. 여기서

$$\lim_{(\Delta x,\, \Delta y,\, \Delta z)\to(0,0,0)} \epsilon = 0.$$

위 증분 정리의 내용은 1변수에서의 내용과 같음을 주목하여라. 단지 $f'(x_0)$가 치환되었는데, 이것은 스칼라가 아니고 벡터임을 명심하자. 독립변수의 증분이 벡터이기 때문에 , 두 벡터의 곱 즉 내적으로 그 결과가 나온다.

정의 12-16

점 $P_0(x_0, y_0, z_0)$에서 f_x, f_y, f_z가 존재하고 정리 12.15의 식이 성립하면 함수 $u=f(x,y,z)$는 (x_0, y_0, z_0)에서 **미분가능**하다고 말하고, 정의역의 모든 점에서 미분가능한 함수는 **미분가능함수**라고 부른다.

정의 12-17

편도함수 f_x, f_y, f_z의 편도함수들을 **2계 편도함수**라고 부르고 f_{xy}(또는 $\dfrac{\partial^2 f}{\partial y \partial x}$), f_{yx} (또는 $\dfrac{\partial^2 f}{\partial x \partial y}$) 등으로 나타낸다.

아래의 정리들은 증분정리를 토대로 하여 증명할 수 있다. 자세한 증명은 생략하기로 한다.

정리 12.18 혼합도함수정리

점 $(a,\ b)$를 포함하는 적당한 열린 영역에서 $f,\ f_x,\ f_y,\ f_{xy},\ f_{yx}$가 모두 연속이면

$f_{xy}(a,\ b) = f_{yx}(a,\ b)$이다.

따름 정리 12.19

함수 $u = f(x, y, z)$ 의 편도함수 f_x, f_y, f_z가 열린영역 R의 모든 점에서 연속이면 f는 R의 모든 점에서 미분가능하다.

정리 12.20

함수 $u = f(x, y, z)$가 (x_0, y_0, z_0)에서 미분가능하면 f는 $(x_0,\ y_0,\ z_0)$에서 연속이다.

연습문제 12-3 Exercises

※ 문제 1~8에서는 점 $\mathbf{p}$에서 함수 f의 $\mathbf{a}$ 방향으로의 방향 도함수를 구하여라.

1. $f(x,\ y) = x^2y$; $\mathbf{p} = (1,\ 2)$; $\mathbf{a} = 3\mathbf{i} - 4\mathbf{j}$
2. $f(x,\ y) = y^2\ln x$; $\mathbf{p} = (1,\ 4)$; $\mathbf{a} = \mathbf{i} - \mathbf{j}$
3. $f(x,\ y) = 2x^2 + xy - y^2$; $\mathbf{p} = (3,\ -2)$; $\mathbf{a} = \mathbf{i} - \mathbf{j}$
4. $f(x,\ y) = x^2 - 3xy + 2y^2$; $\mathbf{p} = (-1,\ 2)$; $\mathbf{a} = 2\mathbf{i} - \mathbf{j}$
5. $f(x,\ y) = e^x \sin y$; $\mathbf{p} = (0,\ \pi/4)$; $\mathbf{a} = \mathbf{i} + \sqrt{3}\mathbf{j}$
6. $f(x,\ y) = e^{-xy}$; $\mathbf{p} = (1,\ -1)$; $\mathbf{a} = -\mathbf{i} + \sqrt{3}\mathbf{j}$
7. $f(x,\ y,\ z) = x^3y - y^2z^2$; $\mathbf{p} = (-2,\ 1,\ 3)$; $\mathbf{a} = \mathbf{i} - 2\mathbf{j} + 2\mathbf{k}$
8. $f(x,\ y,\ z) = x^2 + y^2 + z^2$; $\mathbf{p} = (1,\ -1,\ 2)$; $\mathbf{a} = \sqrt{2}\mathbf{i} - \mathbf{j} - \mathbf{k}$

12.4 1차 근사

함수 $u = f(x, y, z)$가 점 $P_0(x_0, y_0, z_0)$에서 미분가능하면

$$\Delta u = f_x \Delta x + f_y \Delta y + f_z \Delta z + \epsilon_1 \Delta x + \epsilon_2 \Delta y + \epsilon_3 \Delta z$$

이다. 여기서 f_x, f_y, f_z는 모두 P_0에서 구한 편도함수이며 $(\Delta x,\ \Delta y,\ \Delta z) \to O$이면 $(\epsilon_1, \epsilon_2, \epsilon_3) \to O$이다. 우리가 (x_0, y_0, z_0) 근방에서의 f의 근사값을 원한다면

$$\begin{aligned} f(x, y, z) &\approx f(x_0, y_0, z_0) + f_x(x_0, y_0, z_0)(x - x_0) + f_y(x_0, y_0, z_0)(y - y_0) \\ &\quad + f_z(x_0, y_0, z_0)(z - z_0) \\ &\equiv L(x, y, z) \end{aligned}$$

만 계산하면 될 것이다.

정의 12-21

점 (x_0, y_0, z_0)에서 함수 f가 미분가능일 때 함수 $L(x, y, z)$를 점 (x_0, y_0, z_0)에서 구한 함수 f의 **일차 근사식**이라 부른다. 또한

$$L(x, y, z) \approx f(x, y, z)$$

를 f의 **표준 일차 근사식**이라고 부른다.

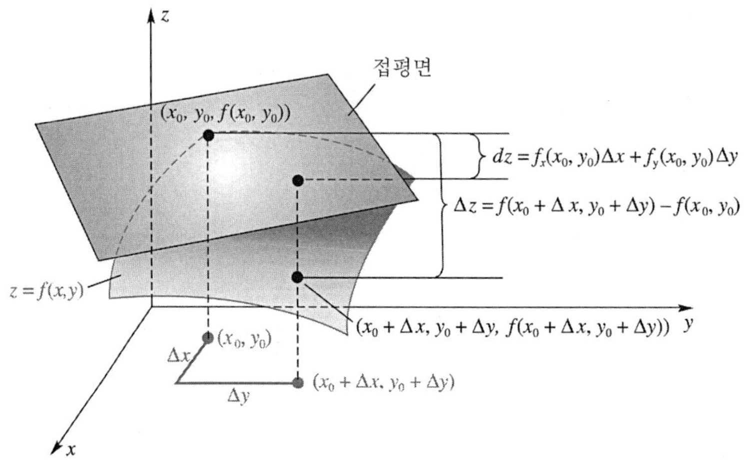

[그림 12.5]

예제 12.10

$f(x, y, z) = x^2 + y^2 + z^2$일 때 점 (1, 1, 0)에서의 일차 근사식 $L(x, y, z)$를 구하여라.

풀이 $\nabla f(x,y,z) = (2x, 2y, 2z)$이므로 $\nabla f(x_0,\ y_0,\ z_0) = \nabla f(1,\ 1,\ 0) = (2,\ 2,\ 0)$이

다. 한편 $f(1,1,1)=3$이므로

$$\begin{aligned} L(x,y,z) &= 3+(2,2,0)\cdot(x-1,\ y-1,\ z) \\ &= 3+2(x-1)+2(y-1) \end{aligned}$$

참고로, 근사식에 대한 오차 $E(x,y,z)=f(x,y,z)-L(x,y,z)$가 어느 정도인가는 테일러(Taylor)정리를 배우면 계산할 수 있게 된다.

연습문제 12-4 Exercises

※ 문제 1~4에서는 점 p에서 함수 f가 가장 빠르게 증가하는 방향의 단위 벡터를 구하여라. 이 방향으로의 변화율은 얼마인가?

1. $f(x,\ y)=x^3-y^5$; $\mathrm{p}=(2,\ -1)$

2. $f(x,\ y)=e^y\sin x$; $\mathrm{p}=(5\pi/6,\ 0)$

3. $f(x,\ y,\ z)=x^2yz$; $\mathrm{p}=(1,\ -1,\ 2)$

4. $f(x,\ y)=xe^{yz}$; $\mathrm{p}=(2,\ 0,\ -4)$

5. 함수 $f(x,\ y)=1-x^2-y^2$은 점 $\mathrm{p}=(-1,\ 2)$에서 어떤 방향 $\mathbf{u}$로 가장 빨리 감소하는가?

6. 함수 $f(x,\ y)=\sin(3x-y)$은 점 $\mathrm{p}=(\pi/6,\ \pi/4)$에서 어떤 방향 $\mathbf{u}$로 가장 빨리 감소하는가?

7. 점 $\mathrm{p}=(1,\ 2)$를 지나는, 함수 $f(x,\ y)=y/x^2$의 등고선을 그려라. 그래디언트 벡터 $\nabla f(\mathrm{p})$를 계산하고, p를 시작점으로 하여 이 벡터를 그려라. $\nabla f(\mathrm{p})$에 대해서 무엇을 말할 수 있는가?

12.5 연쇄 법칙

$f(x,y,z)$가 주어졌을 때 $u=(u_1,u_2,u_3)$방향으로의 방향도함수를 구하는 문제를 상기해보자. 그때 우리는 $\phi(t)=f((x,y,z)+t(u_1,u_2,u_3))$의 D에서의 도함수 $\phi'(t)$를 구

하면 되었었다.

$$x(t) = x_0 + tu_1,\ y(t) = y_0 + tu_2,\ z(t) = z_0 + tu_3$$

로 놓으면 $\phi(t) = f(x(t),\ y(t),\ z(t))$가 되고

$$\begin{aligned}\phi'(t) &= \nabla f(x_0, y_0, z_0) \cdot (u_1, u_2, u_3) \\ &= \nabla f(x_0,\ y_0,\ z_0) \cdot (x'(t),\ y'(t),\ z'(t))\end{aligned}$$

가 되었다.

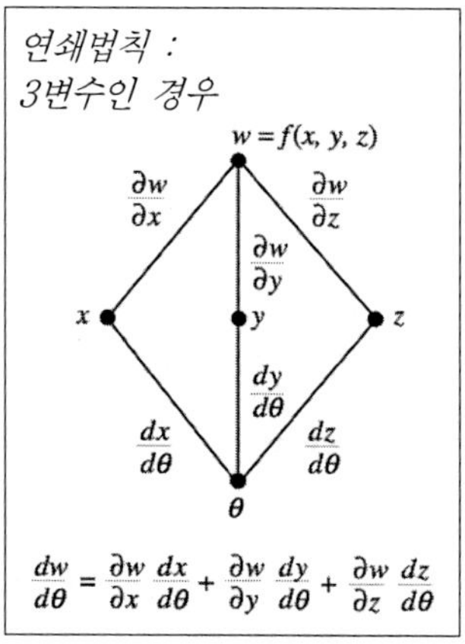

[그림 12.6]

이제 우리는 이 식이 일반적인 $x'(t),\ y'(t),\ z'(t)$에 대해서도 성립함을 보이자.

정리 12.22 연쇄법칙

$w = f(x, y, z)$가 미분가능하고, $x = x(t),\ y = y(t),\ z = z(t)$가 t에 대해 미분가능하면, w는 t에 대하여 미분가능하고

$$\begin{aligned}\frac{dw}{dt} &= \nabla f(x(t),\ y(t), z(t)) \cdot (x'(t),\ y'(t), z'(t)) \\ &= \frac{\partial f}{\partial x}\frac{dx}{dt} + \frac{\partial f}{\partial y}\frac{dy}{dt} + \frac{\partial f}{\partial z}\frac{dz}{dt}\end{aligned}$$

가 성립한다.

증명 증분 정리에 의하여

$$\Delta w = f_x \Delta x + f_y \Delta y + f_z \Delta z + \epsilon_1 \Delta x + \epsilon_2 \Delta y + \epsilon_3 \Delta z$$

이므로 양변을 Δt로 나누고 $\Delta t \to 0$일 때의 극한을 취하면 위의 결과를 얻는다. □

정리 12.23 연쇄법칙

$w=f(x, y, z),\ x=g(r, s),\ y=h(r, s),\ z=k(r, s)$의 각각의 편도함수가 존재하면 다음이 성립한다.

$$\frac{\partial w}{\partial r}=\frac{\partial f}{\partial x}\frac{\partial x}{\partial r}+\frac{\partial f}{\partial y}\frac{\partial y}{\partial r}+\frac{\partial f}{\partial z}\frac{\partial z}{\partial r}$$

증명 증분정리에 의하여

$$\Delta w=f_x\Delta x+f_y\Delta y+f_z\Delta z+\epsilon_1\Delta x+\epsilon_2\Delta y+\epsilon_3\Delta z$$

이므로, s를 고정시킨 다음에 양변을 Δr로 나누고 $\Delta r\to 0$일 때의 극한을 취하면 위의 결과를 얻는다. □

참고 위의 연쇄법칙에서 주어진 함수가 $f(x, y)$와 같이 2변수함수이면, z에 관한 항을 없애거나 z에 관해서는 상수함수라고 생각하면 된다.

예제 12.11

$w=2x+y,\ x=r\cos s,\ y=r\sin s$에 대하여 $\dfrac{\partial w}{\partial r}$를 구하여라.

풀이 $\dfrac{\partial w}{\partial r}=\dfrac{\partial f}{\partial x}\dfrac{\partial x}{\partial r}+\dfrac{\partial f}{\partial y}\dfrac{\partial y}{\partial r}=2\cos s+\sin s.$ ■

연습문제 12-5 Exercises

※ 문제 1~6은 연쇄법칙을 사용하여 dw/dt를 구하여라. 최종 해답은 t를 사용하여 표현하여라.

1. $w=x^2y^3;\ x=t^3,\ y=t^2$
2. $w=x^2y-y^2x;\ x=\cos t,\ y=\sin t$
3. $w=e^x\sin y+e^y\sin x;\ x=3t,\ y=2t$
4. $w=\ln(x/y);\ x=\tan t,\ y=\sec^2 t$
5. $w=\sin(xyz^2);\ x=t^3,\ y=t^2,\ z=t$
6. $w=xy+yz+xz;\ x=t^2,\ y=1-t^2,\ z=1-t$

※ 문제 7~12는 연쇄법칙을 사용하여 $\partial w/\partial t$를 구하여라. 최종 해답은 s와 t를 사용하여 표현하여라.

7. $w = x^2 y;\ x = st,\ y = s - t$

8. $w = x^2 - y\ln x; x = s/t,\ y = s^2 t$

9. $w = e^{x^2 + y^2};\ x = s\sin t,\ y = t\sin s$

10. $w = \ln(x+y) - \ln(x-y);\ x = te^s, y = e^{st}$

11. $w = \sqrt{x^2 + y^2 + z^2};\ x = \cos st,\ y = \sin st, z = s^2 t$

12. $w = e^{xy+z};\ x = s+t,\ y = s-t,\ z = t^2$

13. $z = x^2 y$이고, $x = 2t + s,\ y = 1 - st^2$이다. 다음을 구하여라.

$$\left.\frac{\partial z}{\partial t}\right|_{s=1,\ t=-2}$$

14. $z = xy + x + y$이고, $x = r + s + t,\ y = rst$이다. 다음을 구하여라.

$$\left.\frac{\partial z}{\partial s}\right|_{r=1,\ s=-1,\ t=2}$$

15. $w = u^2 - u\tan v$이고, $u = x,\ v = \pi x$이다. 다음을 구하여라.

$$\left.\frac{dw}{dx}\right|_{x=1/4}$$

12.6 접평면, 법선벡터, 접선벡터

$w = f(x, y, z)$이고 c가 실수일 때 $L_c \equiv \{(x, y, z) \in D : f(x, y, z) = c\}$를 f의 준위곡면이라 부른다는 것을 상기하자. 이제 점 $p_0(x_0, y_0, z_0) \in L_C$이고 곡선 $x = g(t)$, $y = h(t)$, $z = k(t)$가 이 곡면에 놓여 있을 때, $(g(0),\ h(0),\ k(0)) = (x_0,\ y_0,\ z_0)$이면 $\mathbf{V} = (g'(0),\ h'(0),\ k'(0))$는 준위곡면의 p_0에서의 **접선벡터**라 부른다. 그런데 모든 t에 대해 $f(g(t),\ h(t),\ k(t)) = c$이므로 연쇄법칙에 의해 양변을 미분하면

$$\nabla f(g(0),\ h(0),\ k(0)) \cdot (g'(0),\ h'(0),\ k'(0)) = 0,\ 즉,\ \nabla f \cdot V = 0.$$

그러므로 접선벡터들은 전부 $\nabla f(P_0)$에 수직이다, 따라서 접선벡터들은 전부 P_0를 지나고 f에 수직인 하나의 평면에 속한다. 이 평면을 점 P_0에서 곡면 $f(x,y,z)=c$에 접하는 **접평면**이라 부르고, 또한, 점 P_0를 지나고 접평면에 수직인 직선은 점 P_0를 지나는 곡면 $f(x,y,z)=c$의 **법선**이라 부른다. $\nabla f(x_0,y_0,z_0)$가 법선과 평행하고 접평면에 수직인 법벡터라는 것을 명심하면 접평면의 방정식은 쉽게 나온다.

접평면 Π 위의 임의의 한 점을 $P(x,y,z)$ 라고 놓으면 벡터

$$\overrightarrow{P_0P} = (x-x_0, y-y_0, z-z_0)$$

는 $\nabla f(x_0,y_0,z_0)$에 수직이므로 내적이 0이 된다. 그러므로 점 $P_0(x_0,\ y_0,\ z_0)$에서 준 위곡면 $f(x,y,z)=c$에 접하는 접평면의 방정식은 다음과 같다.

$$\nabla f(P_0) \cdot (x-x_0,\ y-y_0,\ z-z_0) = 0.$$

또한 P_0을 지나는 이 곡면의 법선의 방정식은 다음과 같다.

$$x = x_0 + f_x(P_0)t,\ \ y = y_0 + f_y(P_0)t,\ \ z = z_0 + f_z(P_0)t$$

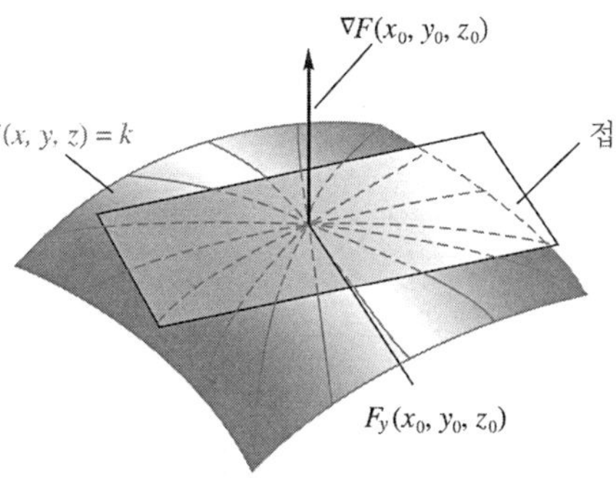

[그림 12.7]

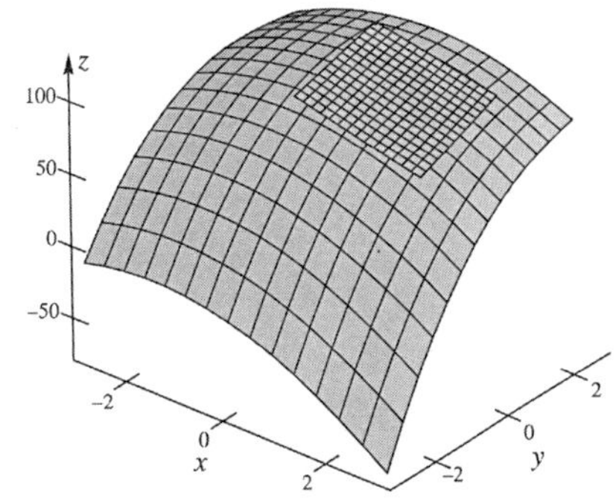

[그림 12.8]

예제 12.12

점 (1, 1, 7)에서 곡면 $f(x,\ y,\ z) = x^2 + y^2 + z - 9 = 0$의 접평면과 법선의 방정식을 구하여라.

풀이 $\nabla f(1,\ 1,\ 7)=(2,\ 2,\ 1)$이므로 접평면은 $2(x-1)+2(y-1)+(z-7)=0$ 이고 법선의 방정식은 $x=1+2t,\ y=1+2t,\ z=7+t$이다.

참고 위에서 곡면에 대한 접평면과 법벡터를 구하는 방법은 일반적인 방법이다. 만약 곡면의 방정식이 $z = f(x, y)$로 주어지면 $g(x, y, z) = z - f(x, y) = 0$로 변형하여 위의 방법으로 접평면과 법선 벡터를 구한다.

연습문제 12-6 Exercises

1. 점 $(1, 1, 1)$에서 곡면 $f(x, y, z) = x^2 + y^2 + z^2 - 3 = 0$의 접평면의 방정식을 구하여라.

2. 점 $(1, 2, 3)$에서 곡면 $f(x, y, z) = x^2 + 2y^2 + 3z - 18 = 0$의 접평면의 방정식을 구하여라.

3. 점 $(1, 1, 1)$에서 곡면 $f(x, y, z) = 3x - 2y + 5z - 6 = 0$의 접평면과 볍선의 방정식을 구하여라.

4. 점 $(1, 2, 3)$에서 곡면 $f(x, y, z) = 2y^2 + 3z - 17 = 0$의 접평면과 법선의 방정식을 구하여라.

5. 점 $(1, 2, 4)$에서 곡면 $z = x^2 + 3y^2 - 9$의 접평면의 방정식을 구하여라.

6. 점 $(1, 0, -1)$에서 곡면 $y = -9x^2 - 9z$의 접평면의 방정식을 구하여라.

7. 점 $(1, 1, 1)$에서 곡면 $xy + yz + xz = 3$의 접평면의 방정식을 구하여라.

8. 점 $(1, 1, 1)$에서 두 곡면 $x^2 + y^2 + z^2 - 3 = 0$과 $(x-1)^2 - 2y + z^2 + 1 = 0$이 직교함을 보여라. 단, 두 곡면 사이의 각은 법선벡터들 사이의 각이다.

12.7 테일러공식과 오차의 추정

♥ 최대, 최소, 안장점

바이어스트라스(Weierstrass)정리에 의하면, xy-평면의 유계이고 닫힌 영역에서 연속인 함수는 최댓값과 최솟값을 가진다. 이 경우에 그 최댓값과 최솟값 및 그 함수가 그러한 값을 갖는 영역의 점들을 알면 매우 유용하다.

이제 $z=f(x,y)$의 정의역 R이 닫힌 유계영역이라고 가정하고, f와 f의 1계 편도함수, 2계 편도함수들이 존재하고 연속이라고 가정하자, 또한, $f(x,y)$가 점 $(a,b)\in R$에서 극댓값을 가진다고 하자. 단, (a,b)는 R의 내점이다. 즉 어떤 $r>0$에 대하여 $|(h,\ k)|<r$이면 $(a+h,b+k)\in R$를 만족한다. 함수 $F(t)=f(a+th,b+tk)$를 생각하면 $F(t)$는 $t=0$에서 극댓값을 갖게 된다. 한편 $F(t)$에 테일러공식을 적용하면

$$F(1)=F(0)+F'(0)(1-0)+F''(c)\frac{(1-0)^2}{2}$$

을 만족하는 c가 0과 1 사이에 존재한다. 그런데

$$F'(t)=\nabla f(a+th,\ b+tk)\cdot(h,\ k)=hf_x(a+th,\ b+tk)+k(f_y)$$

이고 따라서,

$$F''(t)=h(f_{xx}h+f_{xy}k)+k(f_{yx}h+f_{yy}k)=h^2f_{xx}+2hkf_{xy}+k^2f_{yy}$$

이다. 이제 $f(x,\ y)$로 나타내보면

$$F(1)=f(a+h,\ b+k),\ F(0)=f(a,\ b),\ F'(0)=hf_x(a,\ b)+kf_y(a,\ b)$$

$$F''(c)=(h^2f_{xx}+2hkf_{xy}+k^2f_{yy})\mid_{(a+ch.\ b+ck)}$$

이다. 그런데 모든 $h,\ k$에 대해 $F'(0)=0$이므로

$$f_x(a,\ b)=0,\ f_y(a,\ b)=0\text{이고 } F''(0)<0$$

이어야 한다. 즉, 모든 $h,\ k$에 대하여

$$Q(0)=h^2f_{xx}(a,\ b)+2hkf_{xy}(a,\ b)+kf_{yy}(a,\ b)<0$$

이다. 그런데 $f_{xx}Q(0)=(hf_{xx}+af_{yy}^2)+(f_{xx}f_{yy}-f_{yy}^2)k^2$이므로 $f_{xx}\neq 0$이면

경우 1. $(a,\ b)$에서 $f_{xx}<0$이고 $f_{xx}f_{yy}-f_{xy}^2>0$이면 $Q(0)<0$이고 f는 $(a,\ b)$에서 극댓값을 갖는다.

경우 2. 비슷하게 $(a,\ b)$에서 $f_{xx}>0$이고 $f_{xx}f_{yy}-f_{xy}^2>0$이면 $Q(0)>0$이고 f는 $(a,\ b)$에서 극솟값을 갖는다.

경우 3. $(a,\ b)$에서 $f_{xx}f_{yy}-f_{xy}^2<0$이면 $Q(0)>0$가 되는 $(h,\ k)$도 존재하고 $Q(0)<0$가 되는 $(h,\ k)$도 존재함을 보일 수 있다. 따라서 f는 $(a,\ b)$에서 **안장점**을 가진다.

경우 4. 끝으로 $(a,\ b)$에서 $f_{xx}f_{yy}-f_{xy}^2=0$이면 다른 방법을 사용해야 된다.

예제 12.13

$f(x,\ y) = x^2 + y^2$에 대하여 극대점, 극소점 또는 안장점을 구하여라.

풀이 $\nabla f = (2x,\ 2y) = (0,\ 0)$에서 원점(0, 0)이 임계점이다. $f_{xx} = 2,\ f_{yy} = 2,\ f_{xy} = 0$이므로 $f_{xx} = 2 > 0,\ f_{xx}f_{yy} - f_{xy}^2 = 4 > 0$을 만족한다. 따라서 원점(0, 0)에서 극솟값을 가진다. ■

예제 12.14

$f(x,\ y) = xy - x^2 - y^2 - 2x - 2y + 4$에 대하여 극대점, 극소점 또는 안장점을 구하여라.

풀이 $\nabla f = (y - 2x - 2,\ x - 2y - 2) = (0,\ 0)$에서 점(−2, −2)가 임계점이다. 그리고 $f_{xx} = -2,\ f_{yy} = -2,\ f_{xy} = -1$이므로 $f_{xx} = -2 < 0,\ f_{xx}f_{yy} - f_{xy}^2 = 3 > 0$을 만족한다. 따라서 점(−2, −2)에서 극댓값을 가진다. ■

예제 12.15

$f(x,\ y) = xy$에 대하여 극대점, 극소점 또는 안장점을 구하여라.

풀이 $\nabla f = (y,\ x) = (0,\ 0)$에서 원점 (0, 0)이 임계점이다. $f_{xx} = 0,\ f_{yy} = 0,\ f_{xy} = 1$이므로 $f_{xx}f_{yy} - f_{xy}^2 = -1 < 0$을 만족한다. 따라서 원점(0, 0)에서 안장점을 갖는다. ■

♣ 최대 · 최소 판정의 요약

$f(x,\ y)$는 다음과 같은 점에서만 극값을 갖는다.

(i) f의 정의역의 경계점
(ii) f의 임계점

점 $(a,\ b)$를 포함하는 적당한 열린 원의 내부에서 f와 그의 1차 편도함수들이 모두 연속이고 $f_x(a,\ b) = f_y(a,\ b) = 0$이면 다음과 같은 2차 도함수 판정이 가능하다.

(i) $(a,\ b)$에서 $f_{xx} < 0,\ f_{xx}f_{yy} - f_{xy}^2 > 0$이면 극대점

(ii) $(a,\ b)$에서 $f_{xx} > 0,\ f_{xx}f_{yy} - f_{xy}^2 > 0$이면 극소점

(iii) $(a,\ b)$에서 $f_{xx}f_{yy} - f_{xy}^2 < 0$이면 안장점

(iv) $(a,\ b)$에서 $f_{xx}f_{yy} - (f_{xy})^2 = 0$이면 판정실패

◆ 1차 근사에 따른 오차 항

함수 $f(x,\ y)$ 및 1, 2계 도함수가 $(a_0,\ b_0)$를 중심으로 하는 닫힌 직사각형 영역에서 연속이라고 가정하자. 또 R에서 $|f_{xx}|,\ |f_{xy}|,\ |f_{yy}| \le B$라고 가정하자. 그러면 $F(t) = f(a_0 + th,\ b_0 + tk)$에 대하여 $F(1) = F(0) + F'(0) + \frac{1}{2}F''(c)(0 < c < 1)$를 만족하는 c가 존재하므로 다음 식이 성립한다.

$$f(a+h,\ b+k) - [f(a,\ b) + hf_x(a,\ b) + kf_y(a,\ b)]$$

$$= \frac{1}{2}(h^2 f_{xx} + 2hkf_{xy} + k^2 f_{yy})_{(a+ch,\ b+ck)} = E(h,\ k)(\text{오차}).$$

그러므로

$$|E| \le \frac{1}{2}(|h|^2|f_{xx}| + 2|h||k||f_{xy}| + |k|^2|f_{yy}|)$$

$$\le \frac{1}{2}B(|h|^2 + 2|h||k| + |k|^2) = \frac{1}{2}B(|h| + |k|)^2.$$

즉, $|E| \le \frac{1}{2}B(|h| + |k|)^2$.

♠ 2변수 함수에 대한 Tayolr 공식

$F(t) = f(a+th,\ b+tk)$에 대하여 테일러공식을 적용해 보면

$$F(t) = F(0) + F'(0)t + \frac{1}{2}F''(0)t^2 + \cdots + \frac{1}{n!}F^{(n)}(0)t^n + \text{나머지}$$

를 얻는다. 여기서 $t = 1$로 두면

$$F(1) = F(0) + F'(0) + \frac{1}{2}F''(0) + \cdots + \frac{1}{n!}F^{(n)}(0) + \text{나머지}.$$

이제, 점 $(a,\ b)$를 중심으로 하는 직사각형 영역 R에서 $f(x,\ y)$와 그의 $(n+1)$계까지의

편도함수들이 연속이라고 가정하고, 위의 식을 적용하면 다음과 같은 결과를 얻는다.

$$f(a+h,\ b+k)=f(a,\ b)+(hf_x+kf_y)_{(a,\ b)}+\frac{1}{2!}(h^2f_{xx}+2hkf_{xy}+k^2f_{yy})_{(a,\ b)}$$

$$+\frac{1}{3!}(h^3f_{xxx}+3h^2kf_{xxy}+3hk^2f_{xyy}+k^3f_{yy})_{(a,\ b)}+\cdots+$$

$$\frac{1}{n!}\left(h\frac{\partial}{\partial x}+k\frac{\partial}{\partial y}\right)^n f|_{(a,\ b)}+\frac{1}{(n+1)!}\left(h\frac{\partial}{\partial x}+k\frac{\partial}{\partial y}\right)^{n+1} f|_{(a+t_1h,\ b+t_1k)}$$

여기서, $0<t_1<1$.

연습문제 12-7

Exercises

※ 문제 1~10에서는 임계점을 모두 구하여라. 그 점에서 함수가 극댓값 또는 극솟값을 가지는지, 아니면 그것이 안장점인지 밝혀라. 도움말: 최대 최소 판정의 요약을 사용하여라.

1. $f(x,\ y)=x^2+4y^2-4x$
2. $f(x,\ y)=x^2+4y^2-2x+8y-1$
3. $f(x,\ y)=2x^2-x^2+3y^2$
4. $f(x,\ y)=xy^2-6x^2-3y^2$
5. $f(x,\ y)=xy$
6. $f(x,\ y)=x^3+y^3-6xy$
7. $f(x,\ y)=xy+\dfrac{2}{x}+\dfrac{4}{y}$
8. $f(x,\ y)=e^{-(x^2+y^2-4y)}$
9. $f(x,\ y)=\cos x+\cos y+\cos(x+y);\ 0<x<\pi/2,\ 0<y<\pi/2$
10. $f(x,\ y)=x^2+a^2-2ax\cos y;\ -\pi<y<\pi$

12.8 Lagrange 승수법

이 절에서는 함수의 정의역에 특정된 제약이 주어졌을 때, 그 함수의 최대, 최솟값을 구하는 방법으로 아주 유용한 방법인 Lagrange 승수법에 대해 배워보자.

다음과 같은 문제를 생각해 보자. $f(x, y, z)$의 최대, 최솟값을 구하여라, 단, $(x,\ y,\ z)$는 $g(x, y, z)=0$을 만족한다. 예를 들어보자.

1) $f(x, y, z) = \sqrt{x^2+y^2+z^2}$ 의 최대 · 최솟값을 구하여라. 여기서, (x, y, z)는 평면 $g(x, y, z) = 2x+y-z-5=0$ 위에 놓여 있다.

2) $f(x, y, z) = \sqrt{x^2+y^2+z^2}$ 의 최댓값은 얼마인가? 여기서 (x, y, z)는 곡면 $g(x, y, z) = x^2-z^2-1=0$ 위에 놓여 있다.

위와 같은 문제에서는 (x, y, z)가 임의로 변하지 못하고 구속 조건을 만족해야 되기 때문에 임계점 이론을 사용할 수 없다. 보통의 방법은 한 변수를 $g(x, y, z)=0$에서 소거하고 (예를 들어 $z=h(x, y)$로) 임의로 변화시킬 수 있는 영역에서 $f(x, y, z) = f(x, y, h(x, y))$의 그 영역내의 임계점을 구하면 될 것이다. 그러나 한 변수를 소거하는 것이 불가능할 수 있다. 이러한 경우에 유용하게 적용될 수 있는 방법이 라그랑쥬 승수법이다.

정리 12.24 수직경도정리

곡선 $\mathbf{r}(t) = (x(t),\ y(t),\ z(t))$가 곡면 $S: g(x, y, z)=0$ 상에 있고 $f(x, y, z)$가 곡면 S상의 $p_0 = \mathbf{r}(0) = (x(0),\ y(0),\ z(0))$에서 극값을 갖고 f가 그 점 근방에서 미분가능하면 $\nabla f(p_0) \cdot \mathbf{r}'(0) = 0$이다.

증명 f가 $p_0 = \mathbf{r}(0) = (x(0),\ y(0),\ z(0))$에서 극값을 가지므로, $\phi(t) = f(\mathbf{r}(t))$는 $t=0$에서 극값을 갖는 1변수 함수이다. 그러므로 합성함수 미분법에 의하여 $0 = \phi'(0) = \nabla f(p_0) \cdot r'(0)$이다. □

따름 정리 12.25

$f(x, y, z)$가 곡면 $S: g(x, y, z)=0$ 상의 점 p_0에서 극값을 가지면 $\nabla f(p_0)$는 p_0를 지나는 S의 접평면에 수직이다.

증명 위의 정리에 따르면 $\nabla f(p_0)$는 모든 접선벡터들에 대하여 $\nabla f(p_0) \cdot r'(0) = 0$를 만족하는데, 접평면은 이러한 접선벡터들로 구성되는 평면이다. 따라서 $\nabla f(p_0)$는 접평면에 수직인 벡터가 된다. □

정리 12.26

$f(x, y, z)$와 $g(x, y, z)$가 미분가능이라고 하자. f가 곡면 $S: g(x, y, z)=0$ 위의 점 $p_0(x_0,\ y_0,\ z_0)$에서 극값을 가지면 $\nabla f(p_0)$와 $\nabla g(p_0)$는 평행이다. 즉, 어떤 수

λ에 대하여 다음이 성립한다.

$$\nabla f(p_0) = \lambda \nabla g(p_0)$$

증명 우리는 곡면 $S: g(x, y, z) = 0$ 위의 임의의 점에 대하여 $\nabla g(x, y, z)$ 는 그 점에서 접평면에 수직이라는 것을 알고 있다. 한편 점 $p_0(x_0, y_0, z_0)$에서 f가 극값을 가짐으로 위의 수직경도정리에 의해 $\nabla f(p_0)$는 p_0에서 곡면의 접평면에 수직이다 . 당연히 $\nabla g(x_0, y_0, z_0)$도 그 점에서 접평면에 수직이므로 두 벡터 $\nabla f(p_0)$와 $\nabla g(x_0, y_0, z_0)$는 서로 평행하다. □

예제 12.16

$f(x, y) = xy$가 타원 $\dfrac{x^2}{8} + \dfrac{y^2}{2} = 1$에서 취하는 최대˘최솟값을 구하라.

풀이 $f(x, y) = xy,\ g(x, y) = \dfrac{x^2}{8} + \dfrac{y^2}{2} - 1$에 대하여

$$F(x, y; \lambda) = f(x, y) - \lambda g(x, y) = xy - \lambda\left(\frac{x^2}{8} + \frac{y^2}{2} - 1\right)$$

로 놓으면 $F_x = y - \lambda \dfrac{x}{4} = 0,\ F_y = x - \lambda y = 0,\ F_\lambda = -\left(\dfrac{x^2}{8} + \dfrac{y^2}{2} - 1\right) = 0$로부터 네 개의 임계점 (2, 1), (2, −1), (−2, 1), (−2, −1)을 얻을 수 있다. 그러므로 최댓값은 2, 최솟값은 −2이다. ■

연습문제 12-8 Exercises

1. $g(x, y) = xy - 3 = 0$이라는 제한 조건하에, $f(x, y) = x^2 + y^2$의 최솟값을 구하여라.

2. $g(x, y) = 4x^2 + 9y^2 - 36 = 0$이라는 제한 조건하에, $f(x, y) = xy$의 최댓값을 구하여라.

3. $x^2 + y^2 = 1$이라는 제한 조건하에, $f(x, y) = 4x^2 - 4xy + y^2$의 최댓값을 구하여라.

4. $x-y-6=0$ 이라는 제한 조건하에, $f(x,\ y)=x^2+4xy+y^2$ 의 최솟값을 구하여라.

5. $x+3y-2z=12$ 라는 제한 조건하에, $f(x,\ y,\ z)=x^2+y^2+z^2$ 의 최솟값을 구하여라.

6. $2x^2+y^2-3z=0$ 이라는 제한 조건하에, $f(x,\ y,\ z)=4x-2y+3z$ 의 최솟값을 구하여라.

7. 윗면이 없이 열려 있는, 직육면체 모양의 상자의 넓이가 48이면, 부피가 최대인 것의 치수는?

8. 원점에서 평면 $x+3y-2z=4$ 까지의 최소 거리를 구하여라.

9. 직육면체 상자를 만들려 하는데, 밑면의 재료는 옆면, 윗면의 재료에 비해서 단위 넓이당 3배의 돈이 든다. 재료를 살 수 있는 총 금액이 \$12이고, 밑면의 재료가 제곱 피트당 \$0.60일 때, 그러한 상자의 최대 부피를 구하여라.

10. 원점에서 곡면 $x^2y-z^2+9=0$ 까지의 최소 거리를 구하여라.

제13장 중적분

13.1 이중적분

♥ 직사각형영역

직사각형으로 주어진 영역 $R: a \le x \le b,\ c \le y \le d$에서 정의된 유계인 두 변수 함수 $f(x,\ y)$가 주어졌다고 하자. 이 영역 R을 각 변이 좌표축에 평행인 더욱 작은 직사각형영역으로 나누는데, 그 개수가 n개라고 하고, $A_1, A_2, \cdots, A_n$으로 나타내자. A_k의 변들의 길이를 $\Delta x_k,\ \Delta y_k$라 하고 $\Delta A_k = \Delta x_k \Delta y_k$를 그 넓이라 하자. 각 영역 A_k에 속하는 임의의 한 점 $(x_k{}^*,\ y_k{}^*)$를 선택하여 만든 합 $S_n = \sum_{k=1}^{n} f(x_k{}^*,\ y_k{}^*)\Delta A_k$를 생각하여 보자. 소영역의 넓이 $\Delta A_1,\ \Delta A_2,\ \cdots,\ \Delta A_n$이 모두 0으로 수렴하도록 더욱 잘게 쪼개고, 선택하는 점 $(x_k{}^*,\ y_k{}^*)$를 임의로 선택하여도 S_n의 극한값이 존재하는 경우가 있는데, 이 경우에 f는 R에서 **이중적분 가능하다**고 하고, 이 극한값을 R에서의 f의 **이중적분**이라 부르며, 기호로는 $\iint_R f(x,\ y)dA$로 나타낸다. 즉,

$$\iint_R f(x,\ y)dA = \lim_{n\to\infty,\ \Delta A_k \to 0} \sum_{k=1}^{n} f(x_k{}^*,\ y_k{}^*)\Delta A_k$$

f가 유계이고 닫힌 영역 R에서 연속인 함수이면 항상 이러한 극한값이 존재한다는 것을 증명할 수 있다. 연속함수의 이중적분은 다음과 같은 성질을 갖는다.

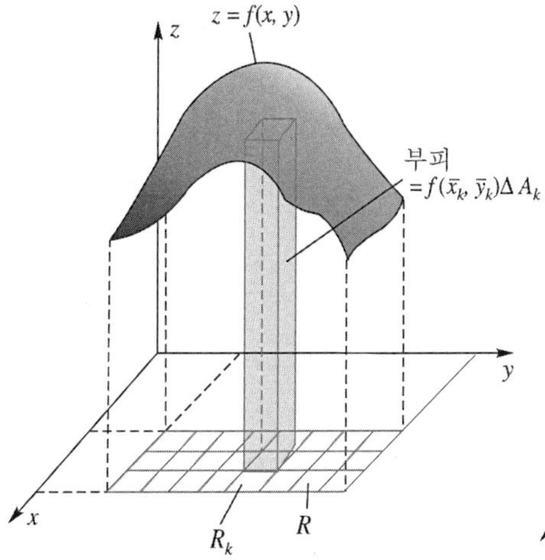

[그림 13.1]

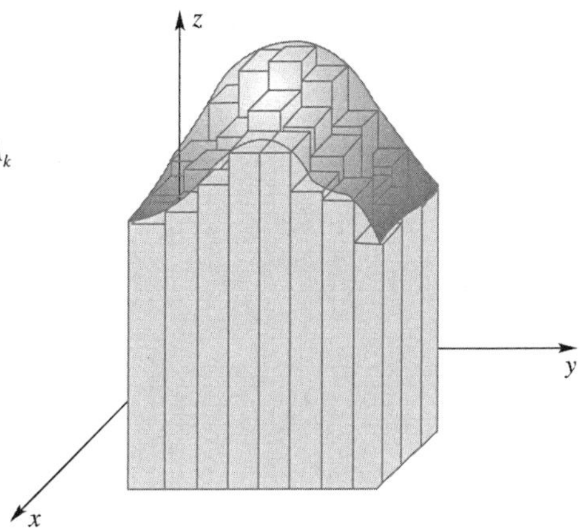

[그림 13.2]

1. $\iint_R cf\, dA = c\iint_R f\, dA.$

2. $\iint_R [f(x,\ y)+g(x,\ y)]dA = \iint_R f(x,\ y)dA + \iint_R g(x,\ y)dA.$

3. $\iint_R [f(x,\ y)-g(x,\ y)]dA = \iint_R f(x,\ y)dA - \iint_R g(x,\ y)dA.$

4. R에서 $f(x,\ y)\geq 0$일 때, $\iint_R f(x,\ y)dA \geq 0.$

5. R에서 $f(x,\ y)\geq g(x,\ y)$일 때, $\iint_R f(x,\ y)dA \geq \iint_R g(x,\ y)dA.$

6. $\iint_R f(x,\ y)dA = \iint_{R_1} f(x,\ y)dA + \iint_{R_2} f(x,\ y)dA$ 여기서 $R = R_1 \cup R_2.$

모든 $(x,\ y)\in R$에 대하여 $f(x,y)>0$일 때, f의 이중적분은 영역 R과 곡면 $z=f(x,y)$가 아래, 위로 둘러싸인 부분의 부피를 나타낸다. 즉, $(x,\ y)$에서의 높이가 $f(x,\ y)$인 건물의 부피를 나타낸다.

예제 13.1

평면 $z=4-2x-y$와 직사각형 영역 $R: 0\leq x\leq 2,\ 0\leq y\leq 1$에 의하여 위, 아래로 닫힌 부분의 부피를 계산해 보아라.

풀이 함수 $z=f(x,\ y)=4-2x-y$가 유계이고 닫힌 영역인 R에서 연속이므로 이중적분이 존재한다. 그러므로 주어진 영역을 직사각형 모양의 소 영역으로 나누는 방법과 소 영역 내에서 임의의 점을 선택하는 방법에 관계없이 극한이 존재하고, 그 극한값은 $f(x,\ y)$의 이중적분값이 된다. 이제, 영역 R의 가로와 세로를 n등분하여 n^2개의 소영역으로 나누고, $x_i = \dfrac{2i}{n} = x_i^*$, $y_j = \dfrac{j}{n} = y_j^*$로 놓으면 $\Delta A_{ij} = \dfrac{2}{n} \cdot \dfrac{1}{n} = \dfrac{2}{n^2}$이고,

$$f(x_i^*,\ y_j^*) = 4 - 2x_i^* - y_j^* = 4 - \frac{4i}{n} - \frac{i}{n}$$

이다. 그러므로

$$\begin{aligned} S_{n^2} &= \sum_{i=1}^{n} \sum_{j=1}^{n} f(x_i^*,\ y_i^*)\Delta A_{ij} = \sum_{i=1}^{n} \sum_{j=1}^{n} \left(4 - \frac{4i}{n} - \frac{i}{n}\right)\frac{2}{n^2} \\ &= \frac{2}{n^2} \sum_{i=1}^{n} \sum_{j=1}^{n} \left(4 - \frac{4i}{n} - \frac{i}{n}\right)\frac{2}{n^2} = 8 - \frac{8}{n^2}\sum_{i=1}^{n} i - \frac{2}{n^2}\sum_{j=1}^{n} j \\ &= 8 - \frac{4n(n-1)}{n^2} - \frac{n(n-1)}{n^2} = 3 - \frac{1}{n}. \end{aligned}$$

따라서 $\lim_{n\to\infty} S_{n^2} = 3$. 즉, $\iint_R f(x,\ y)dA = 3$이고 부피가 3이 됨을 알 수 있다.

위의 예제를 보아서 알 수 있듯이, 이중적분을 위와 같이 계산하면 일반적으로 상당히 복잡하고 번거롭다. 다른 방법으로 부피를 계산해보자.

x-축에 수직인 평면으로 이 입체를 자를 때 생기는 단면의 면적을 $A(x)$로 표시하자.

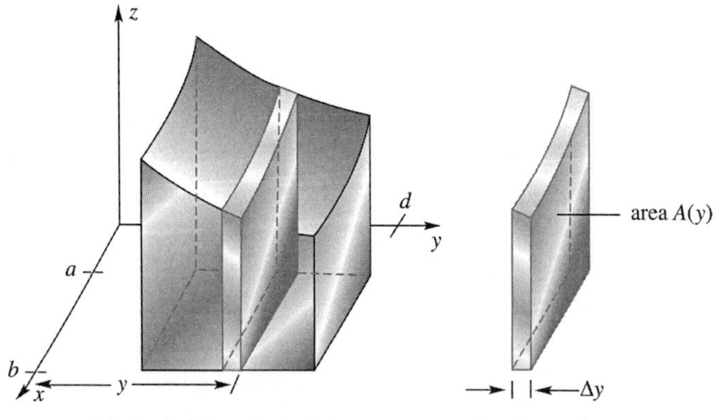

y = 상수인 평면들로 잘게 썬다

(a)

대응하는 판의 부피≈ A(y) Δy

(b)

[그림 13.3]

그러면 부피는 $\sum_{k=1}^{n} A(x_k{}^*)\Delta x_k$의 극한값, 즉, $\int_0^2 A(x)dx$가 됨을 알 수 있다. 한편, $A(x_k{}^*) = \int_0^1 (4-2x_k{}^*-y)dy$임을 알 수 있다. 그러므로

$$\text{부피} = \int_0^2 A(x)dx = \int_0^2 \left[\int_0^1 (4-2x-y)dy \right] dx = 3$$

임을 알 수 있다. 여기서 마지막 적분은 우선 x를 상수로 보고 y에 관하여 정적분한 다음에 x에 관하여 정적분하여 계산하는데, 이와 같은 적분을 **반복적분**이라고 부른다.

위에서와 같이 이중적분의 계산은 반복적분을 이용하여 계산하는 것이 편리한데, 그에 관한 이론적인 근거가 다음의 정리이다. 증명은 생략하기로 한다.

정리 13.1 Fubini 정리 : 직사각형영역

2변수함수 $f(x,\ y)$가 직사각형 영역 $R:\ a \le x \le b,\ c \le y \le d$에서 연속이면 다음이 성립한다.

$$\iint_R f(x,\ y)dA = \int_c^d \int_a^b f(x,\ y)dx\,dy = \int_a^b \int_c^d f(x,\ y)dy\,dx.$$

♣ 일반적인 유계영역

직사각형 모양을 포함한 더욱 일반적인 형태의 유계영역 R에서의 이중적분을 정의하여 보자. R이 직사각형 $a \le x \le b,\ c \le y \le d$안에 있다고 가정하고, 직사각형영역에서와 같이 n개의 직사각형모양의 소 영역으로 나누자. 이들 소 영역 중에서 주어진 유계영역 R에 완전히 포함되는 것들을 $A_1,\ A_2,\ \cdots,\ A_n$으로 나타내자. A_k의 변들의 길이를 $\Delta x_k,\ \Delta y_k$라 하고 $\Delta A_k = \Delta x_k \Delta y_k$를 그 넓이라 하자. 각 영역 A_k에 속하는 임의의 한 점 $(x_k{}^*,\ y_k{}^*)$를 선택하여 만든 합 $S_n = \sum_{k=1}^{n} f(x_k{}^*,\ y_k{}^*)\Delta A_k$를 생각하여 보자. 소영역의 넓이 $\Delta A_1,\ \Delta A_2,\ \cdots,\ \Delta A_n$이 모두 0으로 수렴하도록 더욱 잘게 쪼개고, 선택하는 점 $(x_k{}^*,\ y_k{}^*)$를 임의로 선택하여도 S_n의 극한값이 존재하는 경우가 있는데, 이 경우에 f는 R에서 **이중적분가능하다**고 하고, 이 극한값을 R에서의 f의 이중적분이라 부르며, 기호로는 $\iint_R f(x,\ y)dA$로 나타낸다. 즉,

$$\iint_R f(x,\ y)dA = \lim_{n\to\infty,\ \Delta A_k\to 0} \sum_{k=1}^{n} f(x_k,\ y_k)\Delta A_k.$$

직사각형영역의 경우와 마찬가지로 이러한 이중적분을 계산하는 반복적분방법이 있는데 다음의 정리가 그것이다. 증명은 생략하기로 한다.

정리 13.2 Fubini 정리 : 닫힌유계영역

2변수함수 $f(x,\ y)$가 닫힌 유계영역 R에서 연속이고 영역 R의 경계가 유한 개의 미분가능한 곡선으로 이루어져 있으면 이중적분이 존재하고, 다음이 성립한다.

(1) 영역 R이 $[a,\ b]$에서 정의된 두 연속함수 $g_1(x)$와 $g_2(x)$에 대하여

$$R=\{(x,\ y)|g_1(x) \le y \le g_2(x)\}$$

와 같이 표현되는 영역이면

$$\iint_R f(x,\ y)dA = \int_a^b \int_{g_1(x)}^{g_2(x)} f(x,\ y)dy\,dx.$$

(2) 영역 R이 $[c,\ d]$에서 정의된 두 연속함수 $h_1(y)$와 $h_2(y)$에 대하여

$$R=\{(x,\ y)|h_1(y) \le x \le h_2(y)\}$$

와 같이 표현되는 영역이면

$$\iint_R f(x,\ y)dA = \int_c^d \int_{h_1(y)}^{h_2(y)} f(x,\ y)dxdy.$$

예제 13.2

밑면이 x-축과 직선 $y=x$, $x=1$로 둘러싸인 xy-평면의 삼각형이고, 윗면은 평면 $z=f(x,\ y)=3-x-y$로 막힌, xy-평면에 수직인 기둥모양의 입체의 부피를 반복적분을 이용해서 구하여라(아래 그림 참조).

풀이

$$V=\int_0^1\int_0^x (4-2x-y)dy\,dx = \int_0^1 \left[(4-2x)y-\frac{y^2}{2}\right]_0^x dx$$

$$=\int_0^1 \left(4x-\frac{5x^2}{2}\right)dx = \frac{7}{6}.$$

■

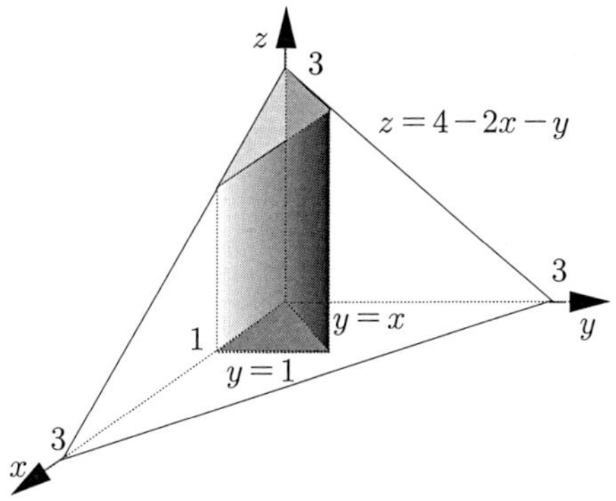

[그림 13.4]

Fubini 정리에 의하면 반복적분의 순서에 관계없이 결과는 항상 같다. 그러므로 주어진 상황에 따라서 보다 편리한 적분순서를 사용하면 된다(다음 그림 참조).

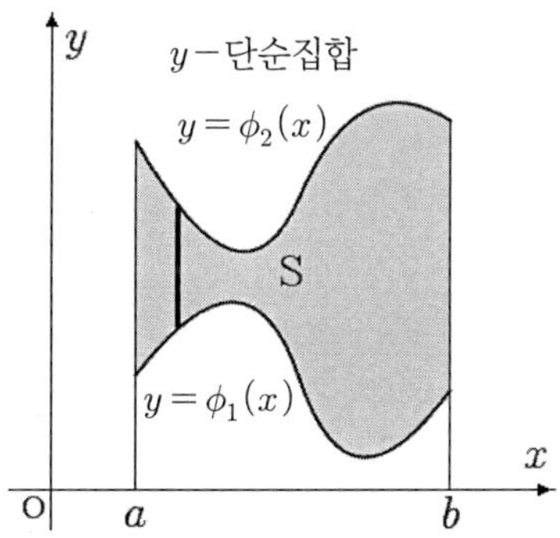

[그림 13.5(a)]

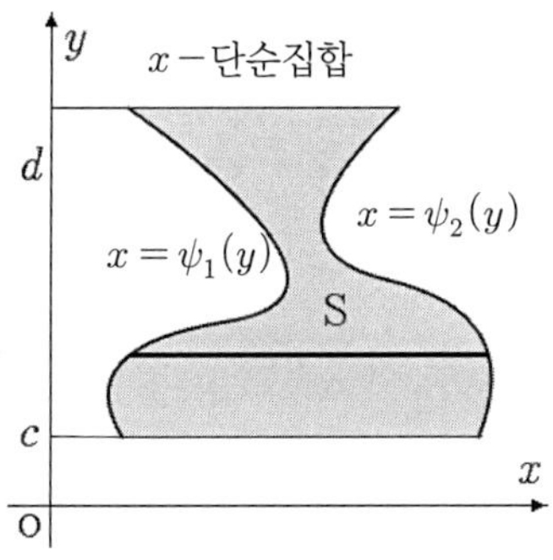

[그림 13.5(b)]

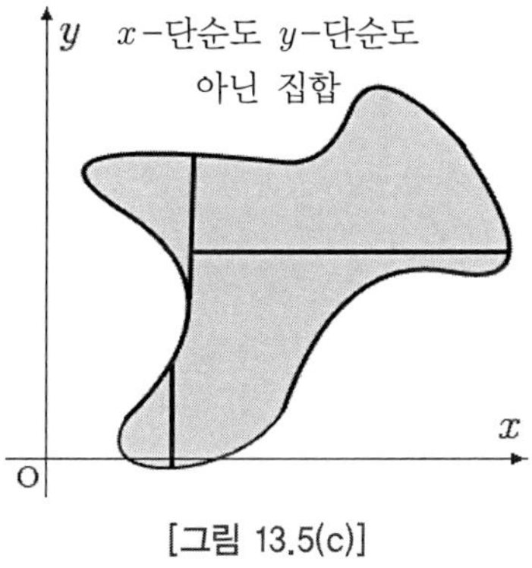

[그림 13.5(c)]

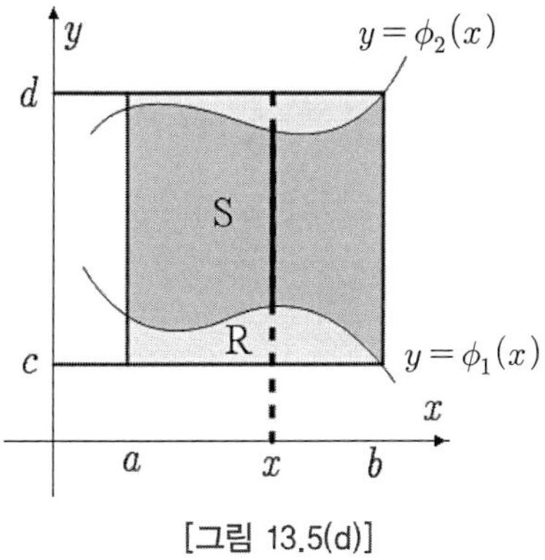

[그림 13.5(d)]

예제 13.3

R은 x-축과 직선 $y=x$, $x=1$로 둘러싸인 xy-평면의 삼각형 모양의 영역이다. $\iint_R \frac{\cos x}{x} dA$를 계산하여라.

풀이 먼저 y에 대해 적분하고 다시 x에 대하여 적분한다.

$$\int_0^1 \left[\int_0^x \frac{\cos x}{x} dy \right] dx = \int_0^1 \cos x \, dx = \sin(1) \approx 0.84.$$

참고 위의 예제에서 적분순서를 바꾸어 보자. $\int_0^1 \left[\int_y^1 \frac{\cos x}{x} dx \right] dy$를 계산해야 되는데, 여기서 $\int_y^1 \frac{\cos x}{x} dx$의 값은 초등함수로 나타내기가 곤란하다.

연습문제 13-1

Exercises

※ 문제 1~4에서 $R=\{(x, y) : 1 \le x \le 4, 0 \le y \le 2\}$라 하자. 이때 $\iint_R f(x, y) dA$를 계산하여라. 여기서 f는 주어진 함수이다.

1. $f(x, y) = \begin{cases} 2 & 1 \le x \le 3, \quad 0 \le y \le 2 \\ 3 & 3 \le x \le 4, \quad 0 \le y \le 2 \end{cases}$

2. $f(x, y) = \begin{cases} -1 & 1 \le x \le 4, \quad 0 \le y \le 1 \\ 2 & 1 \le x \le 4, \quad 1 \le y \le 2 \end{cases}$

3. $f(x, y) = \begin{cases} 2 & 1 \le x \le 3, \quad 0 \le y \le 1 \\ 1 & 1 \le x \le 3, \quad 1 \le y \le 2 \\ 3 & 3 \le x \le 4, \quad 0 \le y \le 2 \end{cases}$

4. $f(x, y) = \begin{cases} 2 & 1 \le x \le 4, \quad 0 \le y \le 1 \\ 3 & 1 \le x \le 3, \quad 1 \le y \le 2 \\ 1 & 3 \le x \le 4, \quad 1 \le y \le 2 \end{cases}$

※ 문제 5~8에서 직사각형영역 $R=[0,2]\times[0,2]$, $R_1=[0,2]\times[0,1]$, $R_2=[0,2]\times[1,2]$ 에 대하여 $\iint_R f(x,\ y)dA=3$, $\iint_{R_1} g(x,\ y)dA=5$, $\iint_{R_2} g(x,\ y)dA=2$라고 할 때, 적분의 성질을 이용하여 다음 각각을 구하여라.

5. $\iint_R [3f(x,\ y)-g(x,\ y)]dA$

6. $\iint_R [2f(x,\ y)+5g(x,\ y)]dA$

7. $\iint_R g(x,\ y)dA$

8. $\iint_R [2g(x,\ y)+3]dA$

※ 문제 9~12에서 $R=[0,6]\times[0,4]$이고, 분할 P는 직선 x=2, x=4 와 y=2로 R을 여섯 개의 같은 크기의 정사각형들로 나눈 것이라고 하자. 이 때, 적분 $\iint_R f(x,\ y)dA$ 근사값을 구하되, 대응하는 리만 합 $\sum_{k=1}^{6} f(\overline{x}_k,\ \overline{y}_k)\Delta A_k$를 계산하여서 구하여라. 단, $(\overline{x}_k,\ \overline{y}_k)$는 각각의 정사각형의 중심으로 선택하여라.

9. $f(x,\ y)=12-x-y$

10. $f(x,\ y)=10-y^2$

11. $f(x,\ y)=x^2+2y^2$

12. $f(x,\ y)=\frac{1}{6}(48-4x-3y)$

※ 문제 13~22에서는 다음 반복적분을 계산하여라.

13. $\int_0^2\int_1^3 x^2y\,dy\,dx$

14. $\int_{-1}^4\int_1^2 (x+y^2)dy\,dx$

15. $\int_1^2\int_0^3 (xy+y^2)dx\,dy$

16. $\int_{-1}^1\int_1^2 (x^2+y^2)\,dx\,dy$

17. $\int_0^{\pi}\int_0^1 x\sin y\,dx\,dy$

18. $\int_0^{\ln 3}\int_0^{\ln 2} e^{x+y}dy\,dx$

19. $\int_0^{\pi/2}\int_0^1 x\sin xy\,dy\,dx$

20. $\int_0^1\int_0^1 xe^{xy}dy\,dx$

21. $\int_0^3\int_0^1 2x\sqrt{x^2+y}\,dx\,dy$

22. $\int_0^1\int_0^1 \frac{y}{(xy+1)^2}dx\,dy$

13.2 극좌표를 이용한 이중적분의 계산

어떤 경우에는 직교 좌표 대신에 극좌표를 사용하면 적분의 계산이 더 쉬워지는 경우가 있다. 유계함수 $f(r,\theta)$가 반직선 $\theta=\alpha$, $\theta=\beta$와 연속인 곡선 $r=g_1(\theta)$, $r=g_2(\theta)$로 둘러싸인 영역 R 위에서 정의되어 있다고 하자. 단, α와 β 사이의 모든 θ에 대하여 $0 \le g_1(\theta) \le g_2(\theta) \le a$라고 하자. 그러면 R은 부등식 $0 \le r \le a$, $\alpha \le \theta \le \beta$로 정의된 부채꼴 모양의 영역 Q의 부분집합이다. 이제 원호와 반직선으로 Q를 잘게 나누자. 원호들은 중심이 원점이고 반경은 $0 < r_1 < r_2 < \cdots < r_N = a$인 원들로부터 구한 것이고, 반직선들은 $\alpha = \theta_0 < \theta_1 < \cdots < \theta_n = \beta$로부터 나온 것이다. 이 원호들과 반직선들은 Q를 "극사각형"이라 부르는 작은 도형들로 잘게 나눈다. ΔA_{ij}를 반직선 $\theta=\theta_{i-1}$,

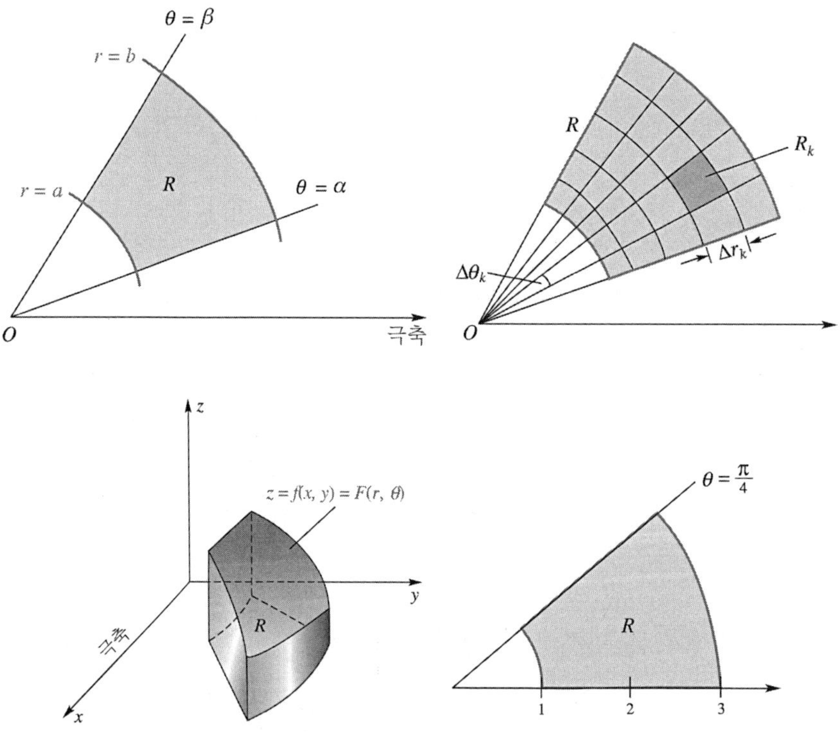

[그림 13.6]

$\theta=\theta_i$와 원호 $r=r_{j-1}$, $r=r_j$에 의해 둘러싸인 극사각형의 넓이라고 하면, 부분 합 $S=\sum_{\Delta A_{ij}\in R} f(r_i^*, \theta_j^*)\Delta A_{ij}$는 함수 f가 영역 R에서 연속이면 극한값이 존재한다. 이

극한값을 R 에서의 f의 이중적분이라 부르고 $\iint_R f(r, \theta)dA$로 나타낸다.

실제로 이것을 계산하기 위해 ΔA_{ij}를 구해보면

$$\begin{aligned}\Delta A_{ij} &= (\text{큰 부채꼴의 넓이}) - (\text{작은 부채꼴의 넓이}) \\ &= \frac{\Delta\theta_i}{2}[r_j^2 - r_{j-1}^2] \\ &= \frac{\Delta\theta_i}{2}\Delta r_i[r_{j-1} + r_j]\end{aligned}$$

그러므로 $S = \Sigma f(r_j^*, \theta_i^*)\frac{r_{j-1} + r_j}{2}\Delta\theta_i\Delta r_j$이다. 이것의 극한값을 Fubini 정리를 써서 r과 θ에 대한 반복적분으로 구할 수 있다. 즉, 다음과 같이 계산할 수 있다.

$$\iint_R f(r, \theta)dA = \int_\alpha^\beta \int_{g_1(\theta)}^{g_2(\theta)} f(r, \theta)r\, dr\, d\theta.$$

참고로, 영역 R이 직교 좌표로 주어진 경우에 그 넓이는 $A = \iint_R dA$로 계산될 수 있으며, 극좌표로 주어졌을 경우는 $A = \iint_R r\, dr\, d\theta$로 계산될 수 있다.

예제 13.4

심장형 곡선 $r = 1 + \cos\theta$의 내부 및 원 $r = 1$의 외부로 둘러싸인 영역 R의 넓이를 구하여라.

풀이 심장형 곡선과 원이 $\pm\frac{\pi}{2}$에서 만남을 주목하자.

그러므로 $-\frac{\pi}{2} \leqq \theta \leqq \frac{\pi}{2}$, $1 \leq r \leq 1 + \cos\theta$이다. 반복적분을 사용하면,

$$S = \iint_R dA = \iint_R r\, dr\, d\theta = \int_{-\frac{\pi}{2}}^{\frac{\pi}{2}}\left(\int_1^{1+\cos\theta} r\, dr\right)d\theta$$

$$= \int_{-\frac{\pi}{2}}^{\frac{\pi}{2}}\left(\cos\theta + \frac{\cos\theta}{2}\right)d\theta = \int_{-\frac{\pi}{2}}^{\frac{\pi}{2}}\left(\cos\theta + \frac{1+\cos 2\theta}{2}\right)d\theta = 2 + \frac{\pi}{2}.$$

■

♥ 좌표 변환

다음 두 과정을 밟아서, 직교 좌표로 주어진 적분 $\iint_R f(x, y)dx\,dy$을 극좌표에 대한 적분으로 바꾼다.

단계 1 : $x = r\cos\theta$, $y = r\sin\theta$, $dx\,dy = r\,dr\,d\theta$로 치환한다.

단계 2 : 영역 R을 극좌표에 대한 식으로 표현한다.

예제 13.5

영역 R을 곡선 $y = \sqrt{1-x^2}$과 x-축으로 둘러싸인 영역이라고 할 때, $\iint_R e^{x^2+y^2}(x^2+y^2)dx\,dy$를 계산하여라.

풀이 직교좌표로 시도해 보아라! 거의 불가능임을 알 수 있다. 극좌표로 바꾸면 $R : 0 \le \theta \le \pi$, $0 \le r \le 1$이 되고

$$\iint_R e^{x^2+y^2}(x^2+y^2)dx\,dy = \iint_R e^{r^2}r^3 dr\,d\theta = \int_0^\pi\left(\int_0^1 e^{r^2}r^3\,dr\right)d\theta$$

$$= \int_0^\pi\left(\int_0^1 (e^{r^2}r)r^2\,dr\right)d\theta = \int_0^\pi\left(\left[\frac{1}{2}e^{r^2}r^2\right]_0^1 - \int_0^1 (e^{r^2}r)\,dr\right)d\theta$$

$$= \int_0^\pi\left(\frac{1}{2}e - \left[\frac{1}{2}e^{r^2}\right]_0^1\right)d\theta = \int_0^\pi\left(\frac{1}{2}\right)d\theta = \frac{\pi}{2}.$$

연습문제 13-2 Exercises

※ 문제 1~4의 반복적분을 계산하여라.

1. $\displaystyle\int_0^{\pi/2}\int_0^{\cos\theta} r^2\sin\theta\,dr\,d\theta$

2. $\displaystyle\int_0^{\pi/2}\int_0^{\sin\theta} r\,dr\,d\theta$

3. $\displaystyle\int_0^{\pi}\int_0^{\sin\theta} r^2\,dr\,d\theta$

4. $\displaystyle\int_0^{\pi}\int_0^{1-\cos\theta} r\sin\theta\,dr\,d\theta$

※ 문제 5~10은 적분 $\iint_S r\,dr\,d\theta$를 계산하여서 주어진 영역 S의 넓이를 구하여라. 먼저 그 영역을 그려 보아라.

5. S는 원 $r=4\cos\theta$의 안쪽, 원 $r=2$의 바깥쪽인 영역.

6. S는 $\theta=\pi/6$와 $r=4\sin t$로 둘러싼 작은 영역.

7. S는 네 잎 장미 $r=a\sin 2\theta$의 한 잎.

8. S는 심장형 $r=6-6\sin\theta$의 안쪽 영역.

9. S는 리마송 $r=2-4\sin\theta$의 큰 매듭 안쪽 영역.

10. S는 원 $r=2$의 바깥, 렘니스케이트 $r^2=9\cos 2\theta$의 안쪽 영역.

※ 문제 11~16은 극좌표를 사용하여 적분을 계산하여라. 먼저 적분 영역을 그려라.

11. $\iint_S e^{x^2+y^2}\,dA$, 여기서 S는 $x^2+y^2=4$로 둘러싼 영역.

12. $\iint_S \sqrt{4-x^2-y^2}$, 여기서 S는 원 $x^2+y^2=4$의 1사분면의 $y=0$과 $y=x$ 사이의 부채꼴.

13. $\iint_S \frac{1}{4+x^2+y^2}\,dA$, 여기서 S는 문제 12와 같음.

14. $\iint_S y\,dA$, 여기서 S는 원 $x^2+y^2=4$의 안쪽, 원 $x^2+y^2=1$의 바깥쪽의 1사분면 극좌표 직사각형.

15. $\int_0^1\int_0^{\sqrt{1-x^2}}(4-x^2-y^2)^{-1/2}dy\,dx$.

16. $\int_0^1\int_0^{\sqrt{1-y^2}}\sin(x^2+y^2)^{-1/2}dx\,dy$.

17. 이중적분에서 적분영역 R이 유계가 아닌 경우에

$$R_n = R\cap\{(x,y)|x^2+y^2\le n^2\}$$

에 대하여 $\iint_R f(x,y)\,dxdy=\lim_{n\to\infty}\iint_{R_n} f(x,y)dxdy$로 정의하자. 이 때, 다음을 계산하여라.

(1) $\iint_{\substack{x\geq 0\\ y\geq 0}} e^{-(x^2+y^2)}dxdy$

(2) $\iint_{[-\infty,\infty]\times[0,\infty]}(x^2+y^2)e^{-(x^2+y^2)}dxdy$

13.3 삼중적분 : 부피와 평균값

3차원 공간의 유계영역 V에서 정의된 유계인 3 변수 함수 $f(x, y, z)$가 주어졌다고 하자. V가 직육면체 $a \le x \le b,\ c \le y \le d,\ e \le z \le f$ 안에 있다고 가정하고, n개의 직육면체 모양의 소 영역으로 나누자. 이들 소 영역 중에서 주어진 유계영역 V에 완전히 포함되는 것들을 $V_1,\ V_2,\ \cdots,\ V_n$으로 나타내자. V_k의 변들의 길이를 $\Delta x_k,\ \Delta y_k,\ \Delta z_k$라 하고 $\Delta V_k = \Delta x_k \Delta y_k \Delta z_k$라고 하자. 각 영역 V_k에 속하는 임의의 한 점 $(x_k{}^*,\ y_k{}^*,\ z_k{}^*)$를 선택하여 만든 합 $S_n = \sum_{k=1}^{n} f(x_k{}^*,\ y_k{}^*,\ z_k{}^*)\Delta V_k$를 생각하여 보자. 소영역의 부피 $\Delta V_1,\ \Delta V_2,\ \cdots,\ \Delta V_n$이 모두 0으로 수렴하도록 더욱 잘게 쪼개고, 선택하는 점 $(x_k{}^*,\ y_k{}^*,\ z_k{}^*)$를 임의로 선택하여도 S_n의 극한값이 존재하는 경우가 있는데, 이 경우에 f는 V에서 **삼중적분가능하다**고 하고, 이 극한값을 V에서의 f의 **삼중적분**이라 부르며, 기호로는 $\iiint_V f(x,\ y,\ z)dV$로 나타낸다. 즉,

$$\iiint_V f(x,\ y,\ z)dV = \lim_{n\to\infty,\ \Delta V_k \to 0} \sum_{k=1}^{n} f(x_k{}^*,\ y_k{}^*,\ z_k{}^*)\Delta V_k.$$

f가 유계이고 닫힌 영역 V에서 연속이고 영역의 경계면이 유한개의 부드러운 곡면으로 이루어져 있으면 항상 이러한 극한값이 존재한다는 것을 증명할 수 있다. 연속함수의 삼중적분도 이중적분에서와 같이 다음과 같은 성질을 갖는다.

1. $\iiint_V [af + bg]dV = a\iiint_V f\,dV + b\iiint_V g\,dV$. (선형성)
2. V에서 $f(x,\ y) \ge 0$일 때, $\iiint_V f(x,\ y,\ z)dV \ge 0$. (단순성)
3. $\iiint_V f\,dV = \iiint_{V_1} f\,dV + \iiint_{V_2} f\,dV,\ V = V_1 \cup V_2$.

한편 $f(x, y, z) = 1$로 선택하면, 공간에 주어진 닫힌 유계 영역 V의 부피는 $V = \iiint_V dV$에 의하여 계산될 수 있다.

♥ 3중적분의 계산

극한값을 직접적으로 계산해서 3중적분을 구할 수 있는 경우는 많지 않다. 2중적분에

서 처럼 Fubini정리를 사용해서 반복 적분함으로써 3중적분 값을 알아내는 것이 편리할 때가 많다.

영역 V의 표면이 위는 곡면 $z=\Phi_2(x, y)$ 밑은 곡면 $z=\Phi_1(x, y)$로 둘러싸인 경우를 생각하고 V의 xy-평면에의 정사영을 R이라고 하자. 그러면

$$\iiint_V f(x, y, z)dV = \iint_R \left[\int_{\Phi_1(x, y)}^{\Phi_2(x, y)} f(x, y, z)dz\right]dA$$

가 된다.

그리고, 위의 식은 V의 경계면이 z-축 방향으로 윗면과 아랫면이 $z=\Phi_2(x, y)$와 $z=\Phi_1(x, y)$로 표현되는 경우에 사용하는 식이고, x-축 방향으로 앞면과 뒷면으로 표현되는 경우와 y-축 방향으로 좌측면과 우측면으로 표현되는 경우에도 비슷한 방법으로 계산할 수 있다.

예제 13.6

곡면 $z=x^2+2y^2$과 $z=4-3x^2-2y^2$으로 둘러싸인 입체의 부피를 구하여라.

풀이 두 곡면은 $x^2+2y^2=4-3x^2-2y^2$, 즉, $R: x^2+y^2=1$에서 만난다. 그러므로 $R: x^2+y^2=1$이고 $\phi_2=4-3x^2-2y^2$, $\phi_1=x^2+2y^2$이다. 따라서

$$\begin{aligned} V &= \iiint_V dV = \iint_R \left(\int_{x^2+2y^2}^{4-3x^2-2y^2} dz\right)dA \\ &= \iint_R (4-4x^2-4y^2)dA = \frac{3\pi}{8}. \end{aligned}$$

■

정의 13-3

공간영역 V에서 정의된 함수 $f(x,y,z)$에 대하여 $\dfrac{1}{V\text{의 부피}} \cdot \iiint_V f\,dV$를 $f(x,y,z)$의 V에서의 **평균값**이라고 정의한다.

예제 13.7

좌표 평면들과 $x=1$, $y=1$, $z=1$로 둘러싸인 제1팔분공간의 영역 V에서의 함수 $f(x,y,z)=x^2yz$의 평균값을 구하여라.

풀이 V는 정육면체이므로 부피 $V = 1 \cdot 1 \cdot 1 = 1$이고

$$\iiint_D f\,dV = \int_0^1\int_0^1\left(\int_0^1 x^2yz\,dz\right)dx\,dy = \frac{1}{12}$$

이므로 평균값은 $\frac{1}{12}$이다.

참고 공간의 영역 V의 점 $(x,\ y,\ z)$에서의 밀도를 $\rho\ (x,\ y,\ z)$라 하면 V의 질량은

$$m = V\text{의 질량} = \iiint_D \rho(x,\ y,\ z)dV$$

가 된다. 그러므로 V의 질량중심의 좌표 $(\bar{x},\ \bar{y},\ \bar{z})$는 다음의 식에 의하여 계산되어 질 수 있다.

$$\bar{x} = \frac{1}{m}\iiint_V x\rho(x,\ y,\ z)dV$$

$$\bar{y} = \frac{1}{m}\iiint_V y\rho(x,\ y,\ z)dV$$

$$\bar{z} = \frac{1}{m}\iiint_V z\rho(x,\ y,\ z)dV$$

연습문제 13-3 Exercises

※ 문제 1~8에서 반복 적분을 계산하여라.

1. $\int_{-3}^{7}\int_{0}^{2x}\int_{y}^{x-1} dz\,dy\,dx$

2. $\int_{0}^{2}\int_{-1}^{4}\int_{0}^{3y+x} dz\,dy\,dx$

3. $\int_{1}^{4}\int_{z-1}^{2z}\int_{0}^{y+2z} dx\,dy\,dz$

4. $\int_{0}^{5}\int_{-2}^{4}\int_{1}^{2} 6xy^2z^3dx\,dy\,dz$

5. $\int_{0}^{2}\int_{1}^{2}\int_{0}^{\sqrt{x/z}} 2xyz\,dy\,dx\,dz$

6. $\int_{0}^{\pi/2}\int_{0}^{z}\int_{0}^{y} \sin(x+y+z)dx\,dy\,dz$

7. $\int_{-2}^{4}\int_{x-1}^{x+1}\int_{0}^{\sqrt{2y/x}} 3xyz\,dz\,dy\,dx$

8. $\int_{0}^{\pi/2}\int_{\sin 2\pi}^{0}\int_{0}^{2yz} \sin\left(\frac{x}{y}\right)dx\,dy\,dz$

※ 문제 9~18에서는 입체 S를 그려라. 그 다음에 다음 적분을 반복 적분으로 적어라.

$$\iiint_S f(x,\ y,\ z)dV$$

9. $S=\left\{(x,\ y,\ z):\ 0 \le x \le 1,\ 0 \le y \le 3,\ 0 \le z \le \frac{1}{6}(12-3x-2y)\right\}$

10. $S=\{(x,\ y,\ z):\ 0 \le x \le \sqrt{4-y^2},\ 0 \le y \le 2,\ 0 \le z \le 3\}$

11. $S=\left\{(x,\ y,\ z):\ 0 \le x \le \frac{1}{2},\ 0 \le y \le 4,\ 0 \le z \le 2\right\}$

12. $S=\left\{(x,\ y,\ z):\ 0 \le x \le \sqrt{y},\ 0 \le y \le 4,\ 0 \le z \le \frac{3}{2}\right\}$

13. $S=\{(x,\ y,\ z):\ 0 \le x \le 3z,\ 0 \le y \le 4-x-2z,\ 0 \le z \le 2\}$

14. $S=\{(x,\ y,\ z):\ 0 \le x \le y^2,\ 0 \le y \le \sqrt{z},\ 0 \le z \le 1\}$

15. S는 꼭지점이 (0, 0, 0), (3, 2, 0), (0, 3, 0), (0, 0, 2)인 사면체.

16. S는 제1팔분공간의 영역으로, 곡면 $z=9-x^2-y^2$ 평면들로 둘러싸여 있음.

17. S는 제1팔분공간의 영역으로, 기둥 $y^2+z^2=1$, 평면 $x=1$, $x=4$로 둘러싸여 있음.

18. S는 기둥 $x^2+y^2-2y=0$과 평면 $x-y=0$, $z=0$, $z=3$으로 둘러싼 영역들 중에 작은 것.

13.4 주면좌표와 구면좌표를 이용한 계산

적분 영역이 대칭일 때는 이 대칭성을 이용할 수 있는 좌표계를 쓰는 것이 훨씬 더 적분을 용이하게 한다. 예를 들어 원뿔이나, 어떤 축에 대칭인 원주면과 같은 입체를 다루게 될 때는 대칭축을 z-축으로 잡아서 주면 좌표를 쓰면 계산이 간단하게 된다.

♥ 주면좌표

공간상의 한 점 P를 $(r,\ \theta,\ z)$로 유일하게 표현할 수 있다. 여기서 $(r,\ \theta)$는 xy-평면에서의 극좌표를 나타낸다. 즉,

$$x=r\cos\theta,\ y=r\sin\theta,\ z=z.$$

이 경우에는 $dV=dz\,r\,dr\,d\theta$가 된다. 즉,

$$\iiint_V f(x,\ y,\ z)dV=\iiint f(r\cos\theta,\ r\sin\theta,\ z)r\,dz\,dr\,d\theta.$$

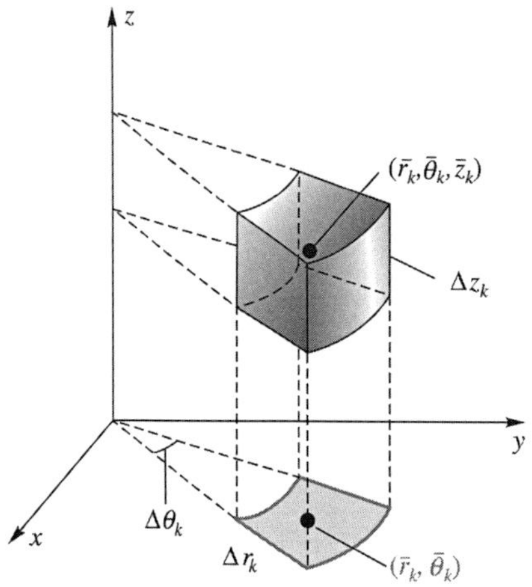

[그림 13.7]

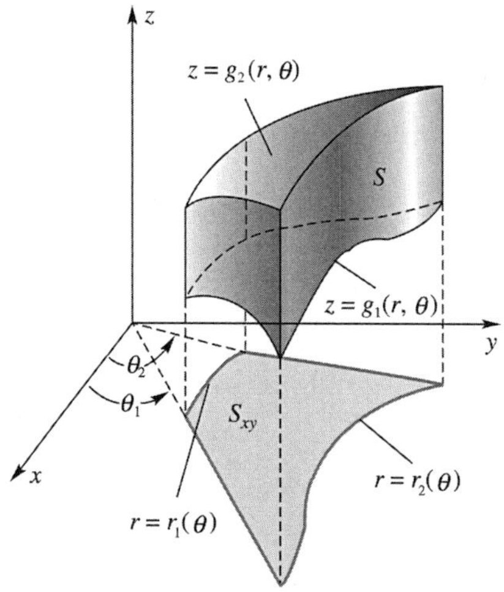

[그림 13.8]

예제 13.8

원주면 $x^2 + y^2 = 9$와 포물면 $z = 3(x^2 + y^2)$ 및 xy-평면으로 둘러싸인 영역의 밀도가 ρ =1인 경우에 질량중심을 구하여라.

풀이 $\bar{x} = 0$, $\bar{y} = 0$임은 명백하다. $M = \iiint_V dV = \iint_R \left(\int_{z=0}^{z=x^2+y^2} dz \right) dV$이므로 주면좌표를 이용하면

$$M = \iint_R \left(\int_0^{3r^2} dz \right) r\, dr\, d\theta = \iint_R 3r^3 dr\, d\theta.$$

R은 중심이 원점이고 반지름이 1인 원의 영역이기 때문에 $M = \dfrac{3\pi}{2}$. 그러므로

$$\bar{z} = \frac{2}{3\pi} \iiint_V z\, dV = \frac{1}{8\pi} \iiint_V zr\, dz\, dr\, d\theta$$
$$= \frac{2}{3\pi} \iint_R \left(\int_0^{3r^2} z\, dz \right) r\, dr\, d\theta = 1.$$

■

♣ 구면좌표

원점을 중심으로 하는 공, z-축을 경계면으로 갖는 반평면, 꼭지점을 원점으로 하여 대칭축이 z-축인 원추와 같은 곡면을 나타내는 경우에는 구면좌표가 매우 편리하다. 즉,

점 P를 $(\rho,\ \theta,\ \phi)$로 유일하게 나타낼 수 있는데, ρ 는 선분 $\overline{OP}$의 길이이고 ϕ는 z 축의 양의 방향과 이루는 각, 그리고 θ는 xy-평면위로의 정사영이 x-축의 양의 방향과 이루는 각을 나타낸다. 이 경우에 $dV = \rho^2 \sin\phi d\rho\, d\phi\, d\theta$가 되며, 직교좌표와의 관계는 다음과 같다.

$$x = \rho\sin\phi\cos\theta,\ y = \rho\sin\phi\sin\theta,\ z = \rho\cos\phi.$$

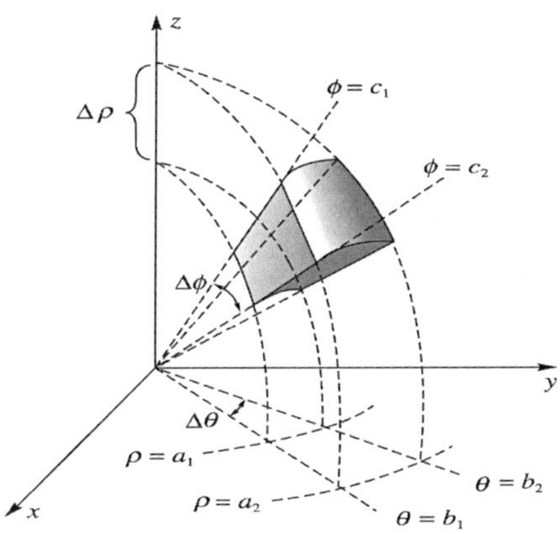

구면형 쐐기

[그림 13.9]

예제 13.9

원추 $\phi = \dfrac{\pi}{4}$에 의해 잘려진 공의 내부 $\rho\ \leq 1$의 부피는?

풀이 $D: 0 \leq \rho\ \leq 1,\ 0 \leq \phi \leq \dfrac{\pi}{4},\ \ 0 \leq \theta \leq 2\pi$ 로 주어진다. 따라서

$$V = \iiint_V dV = \iiint \rho^2 \sin\phi\, d\rho\, d\phi\, d\theta = \int_0^{2\pi}\int_0^{\frac{\pi}{4}}\int_0^1 \rho^2\sin\phi\, d\rho\, d\phi\, d\theta$$

$$= \int_0^{2\pi}\int_0^{\frac{\pi}{4}}\left[\frac{\rho^3}{3}\sin\phi\right]_0^1 d\phi\, d\theta = \int_0^{2\pi}\int_0^{\frac{\pi}{4}}\frac{1}{3}\sin\phi\, d\phi\, d\theta$$

$$= \int_0^{2\pi}\left[-\frac{1}{3}\cos\phi\right]_0^{\frac{\pi}{4}} d\theta = \frac{2\pi}{3}\left(1 - \frac{\sqrt{2}}{2}\right).$$

연습문제 13-4 Exercises

1. 반복적분 $\int_0^{2\pi}\int_0^2\int_0^{4-r^2} r\,dz\,dr\,d\theta$에 대응되는 3중적분의 입체를 그려라.

2. 반복적분 $\int_0^{\pi/2}\int_0^{\pi/4}\int_0^1 \rho^2\sin\phi\,d\rho\,d\theta\,d\phi$에 대응되는 3중적분의 입체를 그려라.

3. V는 원주면 $x^2+y^2=1$과 $x^2+y^2=4$사이에 놓여 있으면서, xy평면의 위쪽과 평면 $z=x+2$의 아래쪽에 놓인 입체일 때, $\iiint_V y\,dV$를 계산하여라.

4. 포물면 $z=x^2+y^2$과 $z=36-3x^2-3y^2$으로 둘러싸인 입체 V의 부피를 구하여라.

5. 원주면 $x^2+y^2=1$의 안쪽에 있고, 평면 $z=0$의 위쪽과 원추면 $z^2=4x^2+4y^2$의 아래쪽에 놓인 입체 V에 대하여 $\iiint_V x^2\,dV$를 계산하여라.

6. 삼중적분 $\iiint_{x^2+y^2+z^2\leq 1}(x^2+y^2+z^2)\,dV$를 계산하여라.

7. 두 구면 $x^2+y^2+z^2=1$과 $x^2+y^2+z^2=4$ 사이에 있고 제1팔분공간에 놓인 입체 V에 대하여 $\iiint_V z\,dV$를 계산하여라.

8. 원추면 $\phi=\frac{\pi}{3}$의 위, 구면 $\rho=4\cos\phi$의 아래에 있는 입체의 부피를 구하여라.

13.5 중적분에서의 치환-심화학습

♥ 중적분에서의 치환

평면위에 주어진 영역 R이 관계식 $x=g(u,\ v)$, $y=h(u,\ v)$에 의하여 평면의 영역 G 로 변환되었다고 하자. 그러면 다음이 성립한다.

$$\iint_R f(x,\ y)dx\,dy=\iint_G f(g(u,\ v),\ h(u,\ v))\ |\ J(u,\ v)\ |\ du\,dv$$

여기서 $J(u,\ v)=\begin{vmatrix}\dfrac{\partial x}{\partial u} & \dfrac{\partial x}{\partial v}\\ \dfrac{\partial y}{\partial u} & \dfrac{\partial y}{\partial v}\end{vmatrix}=\dfrac{\partial(x,\ y)}{\partial(u,\ v)}$이고 Jacobi **행렬식**이라 부른다.

예를 들어, 극좌표 변환인 경우에는 $x=r\cos\theta=g(r,\ \theta)$, $y=r\sin\theta=h(r,\ \theta)$. 그러므로

$$J(r,\ \theta)=\begin{vmatrix}\cos\theta & -r\sin\theta\\ \sin\theta & r\cos\theta\end{vmatrix}=r(\cos\theta^2+\sin^2\theta)=r.$$

따라서

$$\begin{aligned}\iint_R f(x,\ y)dx\,dy &= \iint_G f(r\cos\theta,\ r\sin\theta)|r|dr\,d\theta\\ &= \iint_G f(r\cos\theta,\ r\sin\theta)r\,dr\,d\theta\end{aligned}$$

와 같이 쓸 수 있다. 여기서 R과 G는 같지 않음을 주의하여라. 즉 R은 xy-평면의 영역이고, G는 $r\theta$-평면의 영역이다.

예제 13.10

적분 $\displaystyle\int_0^4\int_{x=\frac{y}{2}}^{x=\frac{y}{2}+1}\frac{2x-y}{2}dx\,dy$를 변환식 $u=\dfrac{2x-y}{2}$, $v=\dfrac{y}{2}$을 사용하여 uv-평면에 있는 적절한 영역에서의 적분으로 바꾸어서 계산하여라.

풀이 $x=u+v$, $y=2v$, $J(u,\ v)=2$이므로

$$\begin{aligned}\int_0^4\int_{x=\frac{y}{2}}^{x=\frac{y}{2}+1}\frac{2x-y}{2}dx\,dy &= \int_{v=0}^{v=2}\int_{u=0}^{u=1}u|J(u,\ v)|du\,dv\\ &= \int_0^2\left(\int_0^1 2u\,du\right)dv=2,\end{aligned}$$

■

♣ 삼중적분에서의 치환

uvw-공간의 영역 G가 관계식 $x=g(u,\ v,\ w)$, $y=h(u,\ v,\ w)$, $z=k(u,\ v,\ w)$에 의하여 xyz-공간의 영역 V로 변환되었다고 하자. 그러면 V에서 정의된 함수 $f(x,\ y,\ z)$를 G에서 정의된 함수

$$f(g(u,\ v,\ w),\ h(u,\ v,\ w),\ k(u,\ v,\ w))=\overline{f}(u,\ v,\ w)$$

로 생각할 수 있다. 그러면 다음이 성립한다.

$$\iiint_V f(x,\ y,\ z)dx\,dy\,dz=\iiint_V \overline{f}(u,\ v,\ w)|J(u,\ v,\ w)|du\,dv\,dw$$

여기서 $J(u,\ v,\ w)$는 다음과 같이 주어지는 Jacobi **행렬식**이다.

$$J(u,\ v,\ w)=\begin{vmatrix} \dfrac{\partial x}{\partial u} & \dfrac{\partial x}{\partial v} & \dfrac{\partial x}{\partial w} \\ \dfrac{\partial y}{\partial u} & \dfrac{\partial y}{\partial v} & \dfrac{\partial y}{\partial w} \\ \dfrac{\partial z}{\partial u} & \dfrac{\partial z}{\partial v} & \dfrac{\partial z}{\partial w} \end{vmatrix}=\frac{\partial(x,\ y,\ z)}{\partial(u,\ v,\ w)}$$

예를 들어, 구면좌표의 경우에 $x=r\sin\phi\cos\theta$, $y=\rho\sin\phi\sin\theta$, $z=\rho\cos\phi$에 의하여 $\rho\,\theta\,\phi$-공간의 영역 G가 xyz-공간의 영역 V로 변화된다. 이때 Jacobi 행렬식을 계산하면 $J(\rho,\ \theta,\ \phi)=\rho^2\sin\phi$가 된다. 따라서

$$\iiint_V f(x,\ y,\ z)dx\,dy\,dz=\iiint_G \bar{f}(\rho,\ \phi,\ \theta)|\rho^2\sin\phi|d\rho\,d\phi\,d\theta$$
$$=\iiint_G \bar{f}(\rho,\ \phi,\ \theta)\rho^2\sin\phi\,d\rho\,d\phi\,d\theta$$

연습문제 13-5

Exercises

※ 문제 1~4에서 다음과 같이 좌표를 변환할 때 Jacobi 행렬식을 구하여라.

1. $x=u-v,\ y=4u+v$

2. $x=u+\sin v,\ y=v+\cos u$

3. $x=uv,\ y=vw,\ z=uw$

4. $x=u+v+w,\ y=uvw,\ z=uv+vw+uw$

5. R이 네 직선 $y=x,\ y=x-2,\ y=-2x,\ y=3-2x$로 둘러싸인 영역일 때,

$$x=\frac{1}{3}(u+v),\ y=\frac{1}{3}(v-2u)$$

로 치환하여 적분 $\iint_R(3x+4y)dA$를 계산하여라.

6. R이 타원 $9x^2+4y^2=36$으로 둘러싸인 영역일 때, $x=2u,\ y=3v$로 치환하여 $\iint_R x^2dA$를 계산하여라.

7. V가 타원면 $\dfrac{x^2}{2^2}+\dfrac{y^2}{3^2}+\dfrac{z^2}{4^2}=1$로 둘러싸인 입체영역일 때, $x=2u,\ y=3v,\ z=4w$로 치환하여 $\iiint_V dV$를 계산하여라.

부록

1. 그리스문자

대	소	영어	표기법
A	α	Alpha	a
B	β	Beta	b
Γ	γ	Gamma	gh, g, j
Δ	δ	Delta	d, dh
E	ε	Epsilon	e
Z	ζ	Zeta	z
H	η	Eta	i
Θ	θ	Theta	th
I	ι	Iota	i
K	κ	Kappa	k
Λ	λ	Lambda	l
M	μ	Mu	m

대	소	영어	표기법
N	ν	Nu	n
Ξ	ξ	Xi	ks
O	o	Omicron	o
Π	π	Pi	p
P	ρ	Rho	r
Σ	σ	Sigma	s
T	τ	Tau	t
Υ	υ	Upsilon	y, v, f
Φ	φ	Phi	f
X	χ	Chi	ch, kh
Ψ	ψ	Psi	ps
Ω	ω	Omega	o

2. 기호

$\pm$	플러스 또는 마이너스	$\mp$	마이너스 또는 플러스
$=$	같다	$\neq$	같지 않다
$\equiv$	항등적으로 같다	$\not\equiv$	항등적으로 같지는 않다
$\times$, $\cdot$	곱하기 또는 외적, 내적	$\div$, $/$	나누기
$>$	보다 크다	$<$	보다 작다
$\geqq$, $\geq$	보다 크거나 같다	$\leqq$, $\leq$	보다 작거나 같다
$\cong$	합동이다	$\approx$	근사적으로 같다
$\sim$	닮았다	$\rightarrow$	접근한다
$\propto$	비례한다	$\ln$	자연로그
$\perp$	수직이다	$//$	평행이다
$\sqrt{\ }$	제곱근	$\sqrt[n]{\ }$	n 제곱근
i	허수단위 $\sqrt{-1}$	∞	무한대
${}_nC_r$	$\dfrac{n!}{r!(n-r)!}$	${}_nP_r$	$\dfrac{n!}{(n-r)!}$
$\lvert a \rvert$	a의 절대치	$\cdots$	등등
$\therefore$	그러므로	$\because$	왜냐하면
$\in$, $\ni$	속한다	$\notin$, $\not\ni$	속하지 않는다
∇	del, 그레디언트	Δ	Laplace
$\subseteq$, $\supseteq$	부분집합	$\nsubseteq$, $\nsupseteq$	부분집합이 아니다
$\subset$, $\supset$	진부분집합	$\not\subset$, $\not\supset$	진부분집합이 아니다
$\rightarrow$	조건명제	$\leftrightarrow$	쌍조건명제
$\Rightarrow$, $\Leftrightarrow$	충분조건, 필요충분조건	$\mapsto$	대응
∂	편미분, 경계	$\cap$, $\cup$	교집합, 합집합
$\exists$	존재한다	$\forall$	모든 ~에 대하여

3. 수학공식

• 기하

다음 공식에서 r은 반지름, h는 높이, l은 빗변, b는 밑변, B는 밑면의 넓이, θ는 호도법(라디안)으로 잰 중심각을 나타낸다.

1. 삼각형. 면적$=\frac{1}{2}bh$
2. 직사각형. 면적$=bh$, 대각선$=\sqrt{b^2+h^2}$
3. 사다리꼴. 면적$=\frac{1}{2}h(b_1+b_2)$
4. 원. 호$=r\theta$, 원주$=2\pi r$, 면적$=\pi r^2$
5. 부채꼴. 면적$=\frac{1}{2}r^2\theta$
6. 궁형. 면적$=\frac{1}{2}r^2(\theta-\sin\theta)$
7. 직육면체. 체적$=abc$, 표면적$=2(ab+bc+ca)$, 대각선$=\sqrt{a^2+b^2+c^2}$
8. 각주. 체적$=Bh$
9. 각추. 체적$=\frac{1}{3}Bh$
10. 직원주. 측면적$=2\pi rh$, 체적$=\pi r^2h$
11. 직원추. 측면적$=\pi rl$, 체적$=\frac{1}{3}\pi r^2h$
12. 구. 표면적$=4\pi r^2$, 체적$=\frac{4}{3}\pi r^3$
13. 구대. 체적$=\frac{1}{3}\pi h^2(3r-h)$
14. 각추대. 체적$=\frac{1}{3}h(B_1+B_2+\sqrt{B_1B_2})$
15. 직원추대. 측면적$=\pi l(r_1+r_2)$, 체적$=\frac{1}{3}\pi h(r_1^2+r_2^2+r_1r_2)$
16. 다면대. 체적$=\frac{1}{6}h(B_1+4B_m+B_2)$
17. 이차방정식의 근의 공식. $ax^2+bx+c=0$, $a\neq 0$이면 $x=\frac{-b\pm\sqrt{b^2-4ac}}{2a}$
18. ln의 성질

    (a) $\ln(MN)=\ln M+\ln N$ (b) $\ln\left(\frac{M}{N}\right)=\ln M-\ln N$

    (c) $\ln M^n=n\ln M$ (d) $\ln\sqrt[n]{M}=\frac{1}{n}\ln M$

    (e) $\ln_b b=1$ (f) $\ln_b 1=0$
19. 계승. $n!=1\cdot 2\cdot 3\cdot\cdots\cdot(n-1)\cdot n$, $0\neq 1$
20. 이항전개. $(a+b)^n=a^n+{}_nC_1a^{n-1}b+{}_nC_2a^{n-2}b^2+\cdots+{}_nC_ra^{n-r}b^r+\cdots+b^n$

21. 등차급수. a를 초항, d를 공차, n을 항수, l을 말항, S를 총합이라 하면

$$l = a + (n-1)d, \quad S = \frac{1}{2}n(a+l), \quad S = \frac{1}{2}n(2a+(n-1)d)$$

22. 등비급수. a를 초항, r을 공비, n을 항수, l을 말항, S를 총합이라 하면

$$l = ar^{n-1}, \quad S = a\frac{1-r^n}{1-r}, \quad S = \frac{a-rl}{1-r}$$

23. 무한등비급수. $|r| < 1$이면 $S = \dfrac{a}{1-r}$

• 삼각법

24. 호도와 도수. $360° = 2\pi$(라디안) $= 1$회전,

1라디안 $= 57.2957\cdots$ 도, 1도 $= 0.0174532\cdots$ 라디안

25. 특수각에 대한 삼각함수값

각(도수)	sin	cos	tan	cot	sec	csc	각(라디안)
0	0	1	0	∞	1	∞	0
30	$\frac{1}{2}$	$\frac{\sqrt{3}}{2}$	$\frac{1}{\sqrt{3}}$	$\sqrt{3}$	$\frac{2}{\sqrt{3}}$	2	$\frac{\pi}{6}$
45	$\frac{1}{\sqrt{2}}$	$\frac{1}{\sqrt{2}}$	1	1	$\sqrt{2}$	$\sqrt{2}$	$\frac{\pi}{4}$
60	$\frac{\sqrt{3}}{2}$	$\frac{1}{2}$	$\sqrt{3}$	$\frac{1}{\sqrt{3}}$	2	$\frac{2}{\sqrt{3}}$	$\frac{\pi}{3}$
90	1	0	∞	0	∞	1	$\frac{\pi}{2}$
120	$\frac{\sqrt{3}}{2}$	$-\frac{1}{2}$	$-\sqrt{3}$	$-\frac{1}{\sqrt{3}}$	-2	$-\frac{2}{\sqrt{3}}$	$\frac{2\pi}{3}$
150	$\frac{1}{2}$	$-\frac{\sqrt{3}}{2}$	$-\frac{1}{\sqrt{3}}$	$-\sqrt{3}$	$-\frac{2}{\sqrt{3}}$	2	$\frac{5\pi}{6}$
180	0	-1	0	∞	-1	∞	π

26. 기본항등식

$$\csc x = \frac{1}{\sin x} \qquad \sec x = \frac{1}{\cos x} \qquad \cot x = \frac{1}{\tan x}$$

$$\tan x = \frac{\sin x}{\cos x} \qquad \cot x = \frac{\cos x}{\sin x} \qquad \cos^2 x + \sin^2 x = 1$$

$$1 + \tan^2 x = \sec^2 x \qquad 1 + \cot^2 x = \csc^2 x$$

27. 환원관계

각	sin	cos	tan	cot	sec	csc
$-x$	$-\sin x$	$\cos x$	$-\tan x$	$-\cot x$	$\sec x$	$-\csc x$
$90^o - x$	$\cos x$	$\sin x$	$\cot x$	$\tan x$	$\csc x$	$\sec x$
$90^o + x$	$\cos x$	$-\sin x$	$-\cot x$	$-\tan x$	$-\csc x$	$\sec x$
$180^o - x$	$\sin x$	$-\cos x$	$-\tan x$	$-\cot x$	$-\sec x$	$\csc x$
$180^o + x$	$-\sin x$	$-\cos x$	$\tan x$	$\cot x$	$-\sec x$	$-\csc x$
$270^o - x$	$-\cos x$	$-\sin x$	$\cot x$	$\tan x$	$-\csc x$	$-\sec x$
$270^o + x$	$-\cos x$	$\sin x$	$-\cot x$	$-\tan x$	$\csc x$	$-\sec x$
$360^o - x$	$-\sin x$	$\cos x$	$-\tan x$	$-\cot x$	$\sec x$	$-\csc x$

28. 두 각의 합과 차에 관한 공식

$$\sin(x \pm y) = \sin x \cos y \pm \cos x \sin y$$
$$\cos(x \pm y) = \cos x \cos y \mp \sin x \sin y$$
$$\tan(x \pm y) = \frac{\tan x \pm \tan y}{\tan x \mp \tan y}$$

29. 배각의 공식

$$\sin(2x) = 2\sin x \cos x,\ \ \cos(2x) = \cos^2 x - \sin^2 x,\ \ \tan(2x) = \frac{2\tan x}{1-\tan^2 x}$$

30. 반각의 공식

$$\sin\frac{x}{2} = \pm\sqrt{\frac{1-\cos x}{2}},\qquad \cos\frac{x}{2} = \pm\sqrt{\frac{1+\cos x}{2}}$$

$$\tan\frac{x}{2} = \pm\sqrt{\frac{1-\cos x}{1+\cos x}} = \frac{1-\cos x}{\sin x} = \frac{\sin x}{1+\cos x}$$

31. 합의 공식

$$\sin x + \sin y = 2\sin\frac{x+y}{2}\cos\frac{x-y}{2}$$
$$\sin x - \sin y = 2\cos\frac{x+y}{2}\sin\frac{x-y}{2}$$
$$\cos x + \cos y = 2\cos\frac{x+y}{2}\cos\frac{x-y}{2}$$
$$\cos x - \cos y = -2\sin\frac{x+y}{2}\sin\frac{x-y}{2}$$

32. 곱의 공식

$$\sin x \sin y = \frac{1}{2}\cos(x-y) - \frac{1}{2}\cos(x+y)$$
$$\sin x \cos y = \frac{1}{2}\sin(x-y) + \frac{1}{2}\sin(x+y)$$
$$\cos x \cos y = \frac{1}{2}\cos(x-y) + \frac{1}{2}\cos(x+y)$$

33. 역삼각함수의 공식($a>0$일 때)

$\sin^{-1}(-a)=-\sin^{-1}a$ $\qquad$ $\cot^{-1}(-a)=\pi-\tan^{-1}\dfrac{1}{a}$

$\cos^{-1}(-a)=\pi-\cos^{-1}a$ $\qquad$ $\sec^{-1}(-a)=\cos^{-1}\dfrac{1}{a}-\pi$

$\tan^{-1}(-a)=-\tan^{-1}a$ $\qquad$ $\csc^{-1}(-a)=\sin^{-1}\dfrac{1}{a}-\pi$

$\sin^{-1}a=\cos^{-1}\sqrt{1-a^2}$ $\qquad$ $\cos^{-1}a=\sin^{-1}\sqrt{1-a^2}$

$$\sin^{-1}a-\sin^{-1}b=\sin^{-1}(a\sqrt{1-b^2}-b\sqrt{1-a^2})\ \ (a>0,\ b>0)$$

$$\tan^{-1}a-\tan^{-1}b=\tan^{-1}\frac{a-b}{1+ab}\ (a>0,\ b>0)$$

$$\cos^{-1}a+\cos^{-1}b=\begin{cases}\cos^{-1}\left[ab-\sqrt{(1-a^2)(1-b^2)}\right] & (a^2+b^2>1)\\ \dfrac{\pi}{2} & (a^2+b^2=1)\\ \pi-\cos^{-1}\left[\sqrt{(1-a^2)(1-b^2)}-ab\right] & (a^2+b^2<1)\end{cases}$$

$$\tan^{-1}a+\tan^{-1}b=\begin{cases}\tan^{-1}\dfrac{a+b}{1-ab} & (ab<1)\\ \dfrac{\pi}{2} & (ab=1)\\ \pi-\tan^{-1}\dfrac{a+b}{ab-1} & (ab>1)\end{cases}$$

34. 임의의 삼각형에 관한 공식.

변의 길이를 a, b, c, 대각을 A, B, C, $s=\dfrac{1}{2}(a+b+c)$, 외접원의 반지름을 R, 내접원의 반지름을 r이라고 하면

사인법칙. $\dfrac{a}{\sin A}=\dfrac{b}{\sin B}=\dfrac{c}{\sin C}=2R$

코사인법칙. $a^2=b^2+c^2-2bc\cos A$

$$r=\sqrt{\frac{(s-a)(s-b)(s-c)}{s}}$$

$$\text{면적}=\frac{1}{2}ab\cos C=\frac{a^2\sin B\sin C}{2\sin(B+C)}=\sqrt{s(s-a)(s-b)(s-c)}$$

• **평면해석기하**

35. 두 점 $P_1(x_1, y_1)$과 $P_2(x_2, y_2)$에 관하여

거리 P_1P_2. $d=\sqrt{(x_1-x_2)^2+(y_1-y_2)^2}$

P_1P_2의 기울기 $m=\dfrac{y_2-y_1}{x_2-x_1}$

P_1P_2의 중점 $x=\dfrac{x_1+x_2}{2}$, $y=\dfrac{y_1+y_2}{2}$

36. 기울기가 m_1, m_2인 두 직선 사이의 각

$$\tan\theta = \frac{m_1 - m_2}{1 + m_1 m_2}$$

37. 직선의 방정식

점-기울기형. $y - y_1 = m(x - x_1)$

기울기-절편형. $y = mx + b$

두 점형. $\dfrac{y - y_1}{x - x_1} = \dfrac{y_2 - y_1}{x_2 - x_1}$

두 절편형. $\dfrac{x}{a} + \dfrac{y}{b} = 1$

수평선. $y = b$

수직선. $x = a$

38. $P_1(x_1, y_1)$과 직선 $Ax + By + C = 0$의 거리

$$d = \left| \frac{Ax_1 + By_1 + C}{\sqrt{A^2 + B^2}} \right|$$

39. 직교좌표와 극좌표와의 관계

$x = r\cos\theta \qquad r = \pm\sqrt{x^2 + y^2}$

$y = r\sin\theta \qquad \theta = \tan^{-1}\dfrac{y}{x}$

40. 원의 방정식. 중심이 (h, k), 반지름이 r

$(x - h)^2 + (y - k)^2 = r^2$

41. 타원의 방정식. 중심이 $(0, 0)$, x-절편이 $\pm a$, y-절편이 $\pm b$

$$\frac{x^2}{a^2} + \frac{y^2}{b^2} = 1$$

42. 쌍곡선의 방정식. 중심이 $(0, 0)$, x-절편이 $\pm a$, 점근선이 $y = \pm\dfrac{b}{a}x$

$$\frac{x^2}{a^2} - \frac{y^2}{b^2} = 1$$

43. 포물선의 방정식. 정점이 (h, k), 초점거리가 p

$(y - k)^2 = 4p(x - h)$ 또는 $(x - h)^2 = 4p(y - k)$

- **입체해석기하**

44. 두 점 $P_1(x_1, y_1, z_1)$과 $P_2(x_2, y_2, z_2)$에 대하여

거리 P_1P_2. $d = \sqrt{(x_1 - x_2)^2 + (y_1 - y_2)^2 + (z_1 - x_2)^2}$

P_1P_2의 방향수. $[x_2 - x_1, y_2 - y_1, z_2 - z_1]$

P_1P_2의 중점. $x = \dfrac{x_1 + x_2}{2}$, $y = \dfrac{y_1 + y_2}{2}$, $z = \dfrac{z_1 + z_2}{2}$

45. 방향수가 $[a_1, b_1, c_1]$, $[a_2, b_2, c_2]$인 두 직선 사이의 각

$$\cos\theta = \frac{a_1a_2 + b_1b_2 + c_1c_2}{\sqrt{a_1^2 + b_1^2 + c_1^2}\sqrt{a_2^2 + b_2^2 + c_2^2}}$$

평행인 직선. $\frac{a_1}{a_2} = \frac{b_1}{b_2} = \frac{c_1}{c_2}$

수직인 직선. $a_1a_2 + b_1b_2 + c_1c_2 = 0$

46. 점 $P_1(x_1, y_1, z_1)$을 지나고 방향수가 $[A, B, C]$인 직선과 수직인 평면의 방정식

$$A(x - x_1) + B(y - y_1) + C(z - z_1) = 0$$

47. 점 $P_1(x_1, y_1, z_1)$을 지나고 방향수가 $[a, b, c]$인 직선의 방정식

$$\frac{x - x_1}{a} = \frac{y - y_1}{b} = \frac{z - z_1}{c}$$

48. $P_1(x_1, y_1, z_1)$에서 평면 $Ax + By + Cz + D = 0$에 이르는 거리

$$d = \left| \frac{Ax_1 + By_1 + Cz_1 + D}{\sqrt{A^2 + B^2 + C^2}} \right|$$

49. 직교좌표와 주면좌표와의 관계

$$x = r\cos\theta \qquad y = r\sin\theta \qquad z = z$$

$$r = \sqrt{x^2 + y^2 + z^2} \qquad \theta = \tan^{-1}\frac{y}{x} \qquad z = z$$

50. 직교좌표와 구면좌표와의 관계

$$x = \rho\cos\theta\,\sin\phi \qquad y = \rho\sin\theta\,\sin\phi \qquad z = \rho\cos\phi$$

$$r = \sqrt{x^2 + y^2 + z^2} \qquad \theta = \tan^{-1}\frac{y}{x} \qquad \phi = \tan^{-1}\frac{\sqrt{x^2 + y^2}}{z}$$

4. 함수의 그래프

확률곡선

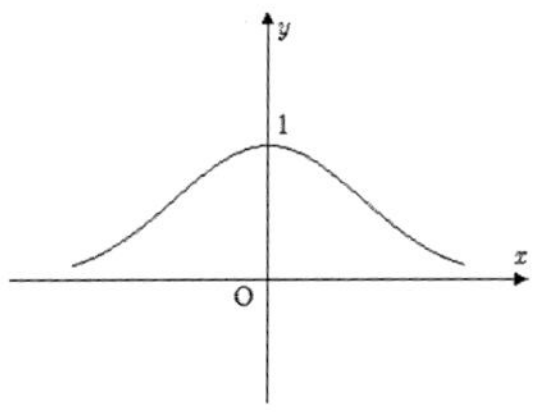

$$y = e^{-x^2}$$

포물호

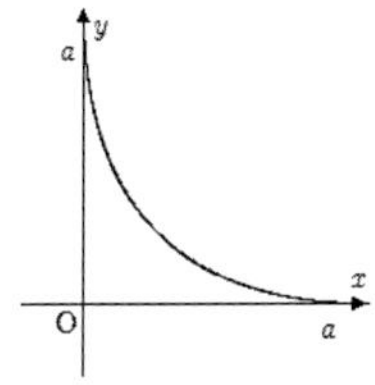

$$x^{\frac{1}{2}} + y^{\frac{1}{2}} = a^{\frac{1}{2}}$$

성망형(Astroid)

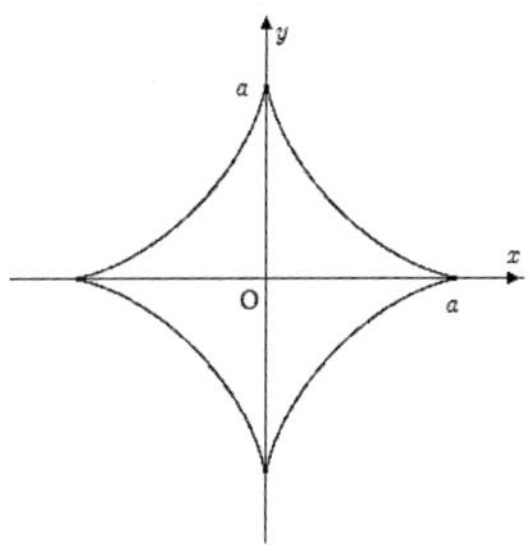

$$x^{\frac{2}{3}} + y^{\frac{2}{3}} = a^{\frac{2}{3}}$$

Agnesi의 우지선(Witch)

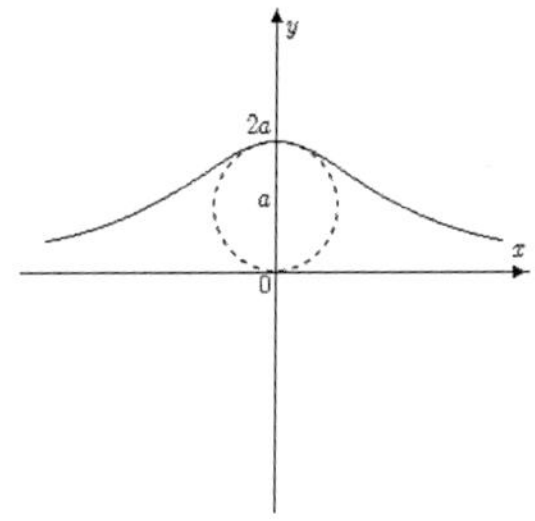

$$x^2 y = 4a^2(2a - y)$$

반삼차포물선

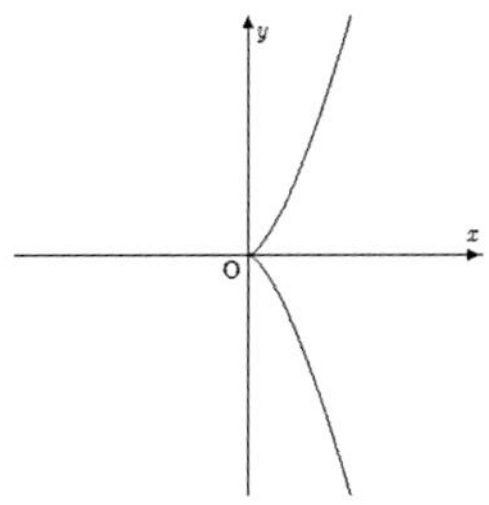

$$y^2 = ax^3$$

Descartes의 엽상곡선(Folium)

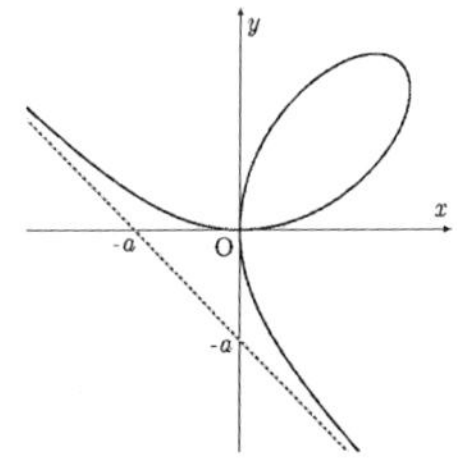

$$x^3 + y^3 - 3axy = 0$$

Diocles의 질주선(Cissoid)

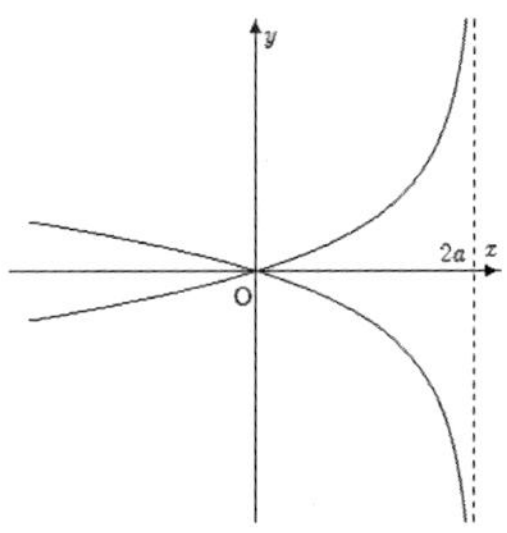

$$y^2 = x^2/(2a - x)$$

연주선(Lemniscate)

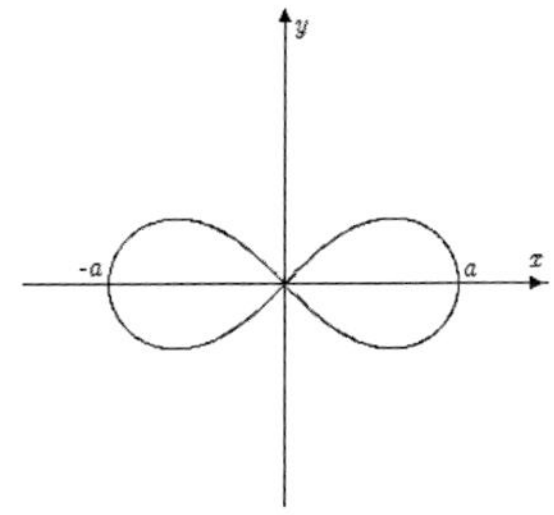

$$r^2 = a^2 \cos(2\theta)$$

나사선(Conchoid)

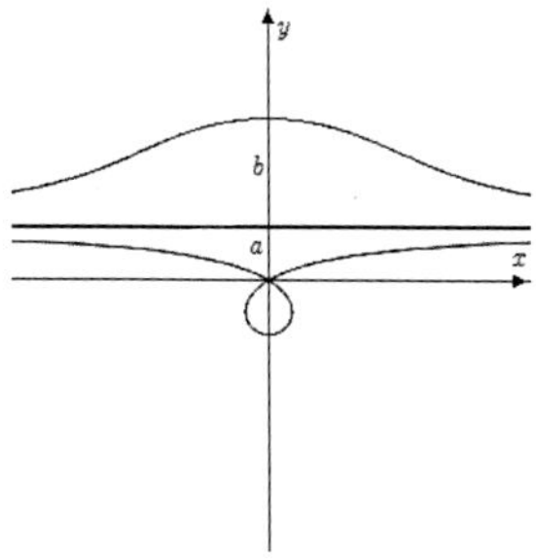

$$r = a\csc\theta + b \; (a < b)$$

사엽장미선

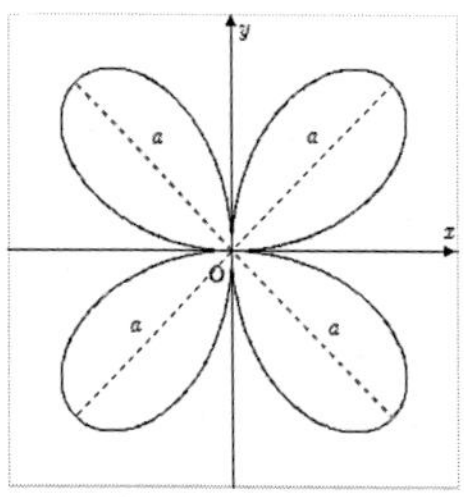

$$r = a\sin(2\theta)$$

여파선(Trochoid)

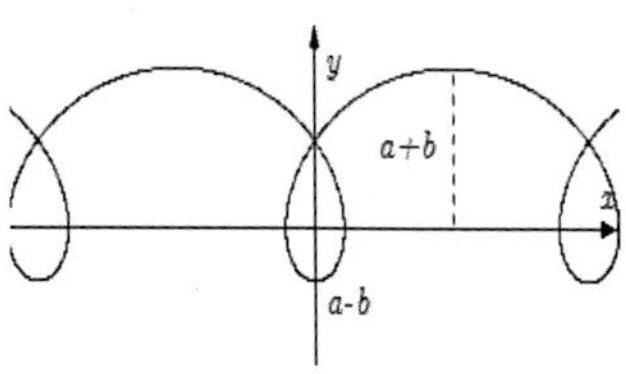

$$\begin{cases} x = a\theta - b\sin\theta \\ y = a - b\cos\theta \quad (a < b) \end{cases}$$

색인곡선(tractrix)

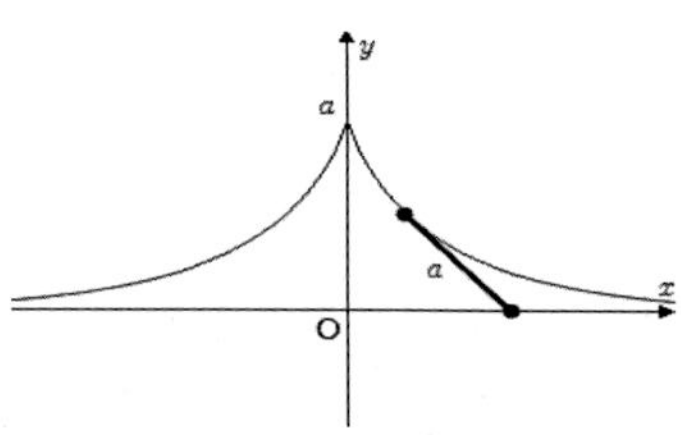

$$x = \pm\left(a\ln\frac{a + \sqrt{a^2 - y^2}}{y} - \sqrt{a^2 - y^2}\right)$$

Diocles의 질주선(Cissoid)

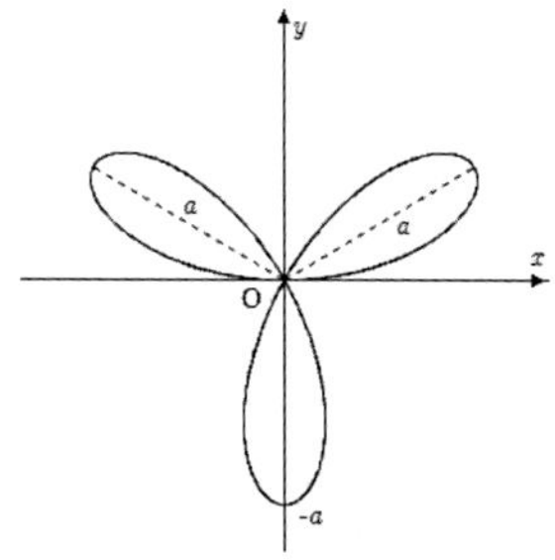

$$r = a\sin(3\theta)$$

파선(Cycloid)

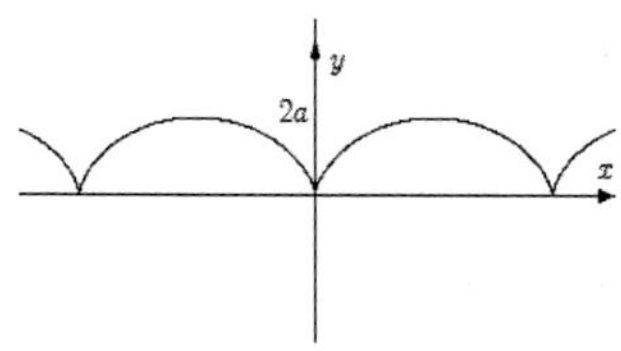

$$\begin{cases} x = a(\theta - \sin\theta) \\ y = a(1 - \cos\theta) \end{cases}$$

스트로포이드(Strophoid)

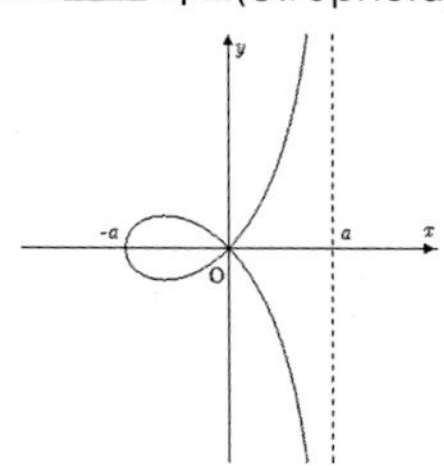

$$y^2 = x^2\frac{a + x}{a - x}$$

심장형(Cardioid)

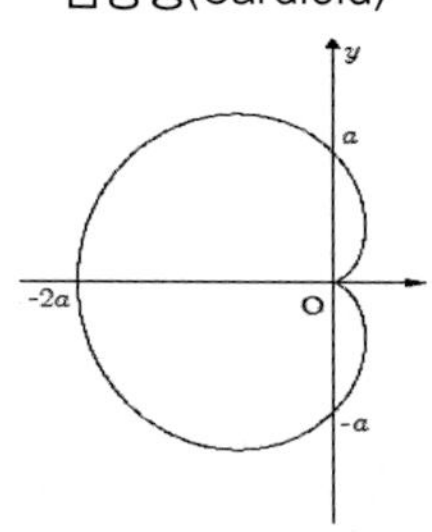

$$r = a(1 - \cos\theta)$$

와우선(Limacon)

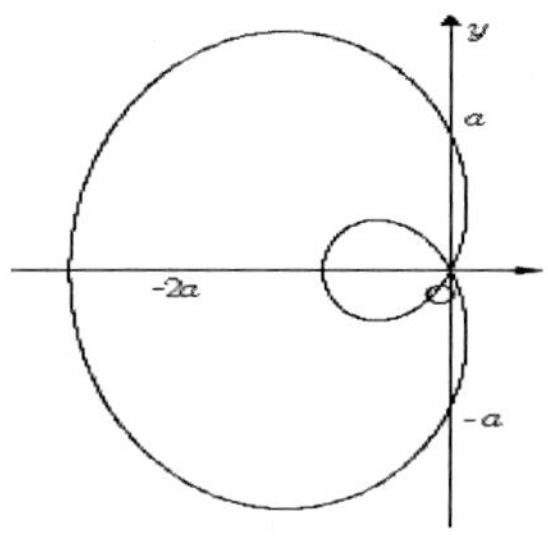

$r = b - a\cos\theta \, (b < a)$

나선(Spiral)

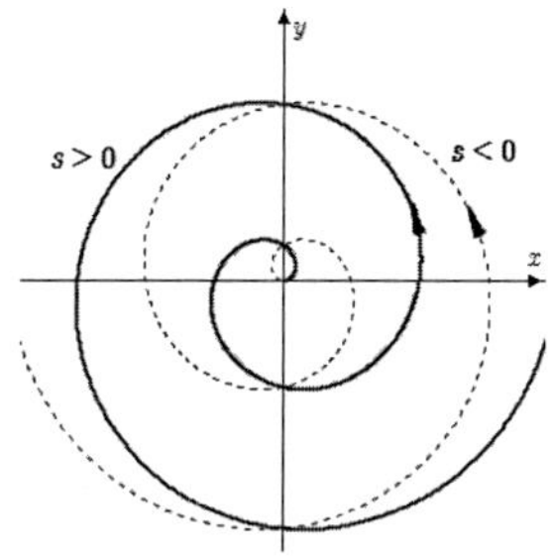

$r = a\theta \, (a > 0)$

쌍곡나선(Hyperbolic Spiral)

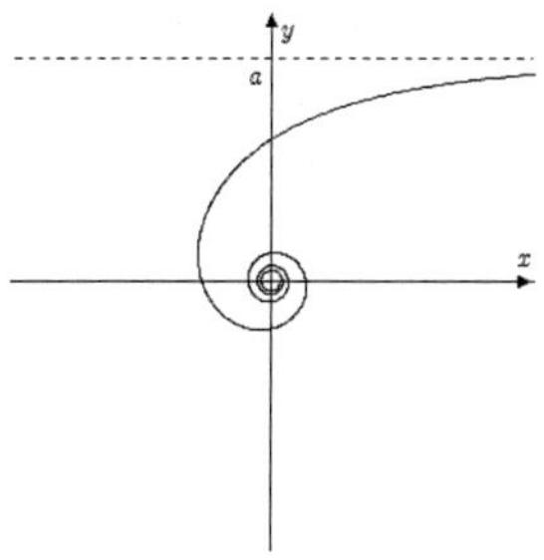

$r\theta = a \, (a > 0)$

지수나선(Exponential Spiral)

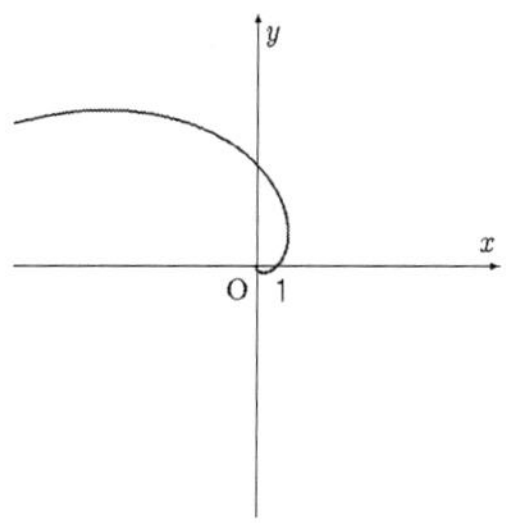

$r = e^{a\theta} \, (a > 0)$

5. 수표

t	sint	cost	tant
0	0	1	0
0.1	0.099833417	0.995004165	0.100334672
0.2	0.198669331	0.980066578	0.202710036
0.3	0.295520207	0.955336489	0.30933625
0.4	0.389418342	0.921060994	0.422793219
0.5	0.479425539	0.877582562	0.54630249
0.6	0.564642473	0.825335615	0.684136808
0.7	0.644217687	0.764842187	0.84228838
0.8	0.717356091	0.696706709	1.029638557
0.9	0.78332691	0.621609968	1.260158218
1	0.841470985	0.540302306	1.557407725
1.1	0.89120736	0.453596121	1.964759657
1.2	0.932039086	0.362357754	2.572151622
1.3	0.963558185	0.267498829	3.602102448
1.4	0.98544973	0.169967143	5.797883715
1.5	0.997494987	0.070737202	14.10141995
$\pi/2$	1	0	없다
1.6	0.999573603	−0.029199522	−34.23253274
1.7	0.99166481	−0.128844494	−7.696602139
1.8	0.973847631	−0.227202095	−4.286261675
1.9	0.946300088	−0.323289567	−2.927097515
2	0.909297427	−0.416146837	−2.185039863
2.1	0.863209367	−0.504846105	−1.709846543
2.2	0.808496404	−0.588501117	−1.373823057
2.3	0.745705212	−0.666276021	−1.119213642
2.4	0.675463181	−0.737393716	−0.91601429
2.5	0.598472144	−0.801143616	−0.747022297
2.6	0.515501372	−0.856888753	−0.601596613
2.7	0.42737988	−0.904072142	−0.472727629
2.8	0.33498815	−0.942222341	−0.355529832
2.9	0.239249329	−0.970958165	−0.246405394
3	0.141120008	−0.989992497	−0.142546543

t	sint	cost	tant
3.1	0.041580662	−0.99913515	−0.041616655
π	0	−1	0
3.2	−0.058374143	−0.998294776	0.058473854
3.3	−0.157745694	−0.98747977	0.159745748
3.4	−0.255541102	−0.966798193	0.264316901
3.5	−0.350783228	−0.936456687	0.37458564
3.6	−0.442520443	−0.896758416	0.49346673
3.7	−0.529836141	−0.848100032	0.624733075
3.8	−0.611857891	−0.790967712	0.773556091
3.9	−0.687766159	−0.725932304	0.94742465
4	−0.756802495	−0.653643621	1.157821282
4.1	−0.818277111	−0.574823947	1.423526483
4.2	−0.871575772	−0.490260821	1.777779775
4.3	−0.916165937	−0.400799172	2.285847877
4.4	−0.951602074	−0.30733287	3.096323781
4.5	−0.977530118	−0.210795799	4.637332055
4.6	−0.993691004	−0.112152527	8.860174896
4.7	−0.999923258	−0.012388663	80.71276297
$3\pi/2$	−1	0	없다
4.8	−0.996164609	0.087498983	−11.38487065
4.9	−0.982452613	0.186512369	−5.267493066
5	−0.958924275	0.283662185	−3.380515006
5.1	−0.925814682	0.377977743	−2.449389416
5.2	−0.883454656	0.468516671	−1.885641878
5.3	−0.832267442	0.554374336	−1.501273396
5.4	−0.772764488	0.634692876	−1.217540825
5.5	−0.705540326	0.708669774	−0.995584052
5.6	−0.631266638	0.775565879	−0.813943284
5.7	−0.550685543	0.834712785	−0.659730572
5.8	−0.464602179	0.885519517	−0.524666222
5.9	−0.373876665	0.927478431	−0.4031109
6	−0.279415498	0.960170287	−0.291006191
6.1	−0.182162504	0.983268438	−0.185262231
6.2	−0.083089403	0.996542097	−0.083377715
2π	0	1	0

도	라디안	sin	cos	tan	cot		
0	0	1	1	0		1.570796327	90
1	0.017453293	0.017452406	0.999847695	0.017455065	57.28996163	1.553343034	89
2	0.034906585	0.034899497	0.999390827	0.034920769	28.63625328	1.535889742	88
3	0.052359878	0.052335956	0.998629535	0.052407779	19.08113669	1.518436449	87
4	0.06981317	0.069756474	0.99756405	0.069926812	14.30066626	1.500983157	86
5	0.087266463	0.087155743	0.996194698	0.087488664	11.4300523	1.483529864	85
6	0.104719755	0.104528463	0.994521895	0.105104235	9.514364454	1.466076572	84
7	0.122173048	0.121869343	0.992546152	0.122784561	8.144346428	1.448623279	83
8	0.13962634	0.139173101	0.990268069	0.140540835	7.115369722	1.431169987	82
9	0.157079633	0.156434465	0.987688341	0.15838444	6.313751515	1.413716694	81
10	0.174532925	0.173648178	0.984807753	0.176326981	5.67128182	1.396263402	80
11	0.191986218	0.190808995	0.981627183	0.194380309	5.144554016	1.378810109	79
12	0.20943951	0.207911691	0.978147601	0.212556562	4.704630109	1.361356817	78
13	0.226892803	0.224951054	0.974370065	0.230868191	4.331475874	1.343903524	77
14	0.244346095	0.241921896	0.970295726	0.249328003	4.010780934	1.326450232	76
15	0.261799388	0.258819045	0.965925826	0.267949192	3.732050808	1.308996939	75
16	0.27925268	0.275637356	0.961261696	0.286745386	3.487414444	1.291543646	74
17	0.296705973	0.292371705	0.956304756	0.305730681	3.270852618	1.274090354	73
18	0.314159265	0.309016994	0.951056516	0.324919696	3.077683537	1.256637061	72
19	0.331612558	0.325568154	0.945518576	0.344327613	2.904210878	1.239183769	71
20	0.34906585	0.342020143	0.939692621	0.363970234	2.747477419	1.221730476	70
21	0.366519143	0.35836795	0.933580426	0.383864035	2.605089065	1.204277184	69
22	0.383972435	0.374606593	0.927183855	0.404026226	2.475086853	1.186823891	68
23	0.401425728	0.390731128	0.920504853	0.424474816	2.355852366	1.169370599	67
24	0.41887902	0.406736643	0.913545458	0.445228685	2.246036774	1.151917306	66
25	0.436332313	0.422618262	0.906307787	0.466307658	2.144506921	1.134464014	65
26	0.453785606	0.438371147	0.898794046	0.487732589	2.050303842	1.117010721	64
27	0.471238898	0.4539905	0.891006524	0.509525449	1.962610506	1.099557429	63
28	0.488692191	0.469471563	0.882947593	0.531709432	1.880726465	1.082104136	62
29	0.506145483	0.48480962	0.874619707	0.554309051	1.804047755	1.064650844	61
30	0.523598776	0.5	0.866025404	0.577350269	1.732050808	1.047197551	60
31	0.541052068	0.515038075	0.857167301	0.600860619	1.664279482	1.029744259	59
32	0.558505361	0.529919264	0.848048096	0.624869352	1.600334529	1.012290966	58
33	0.575958653	0.544639035	0.838670568	0.649407593	1.539864964	0.994837674	57
34	0.593411946	0.559192903	0.829037573	0.674508517	1.482560969	0.977384381	56
35	0.610865238	0.573576436	0.819152044	0.700207538	1.428148007	0.959931089	55
36	0.628318531	0.587785252	0.809016994	0.726542528	1.37638192	0.942477796	54
37	0.645771823	0.601815023	0.79863551	0.75355405	1.327044822	0.925024504	53
38	0.663225116	0.615661475	0.788010754	0.781285627	1.279941632	0.907571211	52
39	0.680678408	0.629320391	0.777145961	0.809784033	1.234897157	0.890117919	51
40	0.698131701	0.64278761	0.766044443	0.839099631	1.191753593	0.872664626	50
41	0.715584993	0.656059029	0.75470958	0.869286738	1.150368407	0.855211333	49
42	0.733038286	0.669130606	0.743144825	0.900404044	1.110612515	0.837758041	48
43	0.750491578	0.68199836	0.731353702	0.932515086	1.07236871	0.820304748	47
44	0.767944871	0.69465837	0.7193398	0.965688775	1.035530314	0.802851456	46
45	0.785398163	0.707106781	0.707106781	1	1	0.785398163	45
		cos	sin	cot	tan	라디안	

n	n^2	n^(1/2)	(10n)^(1/2)	n^3	n^(1/3)	10n^1/3	100n^1/3	1/n
1	1	1	3.16227766	1	1	2.15443469	4.641588834	1
1.1	1.21	1.048808848	3.31662479	1.331	1.03228012	2.223980091	4.791419857	0.90909091
1.2	1.44	1.095445115	3.464101615	1.728	1.06265857	2.289428485	4.932424149	0.83333333
1.3	1.69	1.140175425	3.605551275	2.197	1.09139288	2.351334688	5.065797019	0.76923077
1.4	1.96	1.183215957	3.741657387	2.744	1.11868894	2.410142264	5.192494102	0.71428571
1.5	2.25	1.224744871	3.872983346	3.375	1.14471424	2.466212074	5.313292846	0.66666667
1.6	2.56	1.264911064	4	4.096	1.1696071	2.5198421	5.428835233	0.625
1.7	2.89	1.303840481	4.123105626	4.913	1.19348319	2.571281591	5.539658257	0.58823529
1.8	3.24	1.341640786	4.242640687	5.832	1.2164404	2.620741394	5.646216173	0.55555556
1.9	3.61	1.378404875	4.358898944	6.859	1.23856233	2.668401649	5.748897079	0.52631579
2	4	1.414213562	4.472135955	8	1.25992105	2.714417617	5.848035476	0.5
2.1	4.41	1.449137675	4.582575695	9.261	1.28057916	2.758924176	5.943921953	0.47619048
2.2	4.84	1.483239697	4.69041576	10.648	1.30059145	2.802039331	6.036810737	0.45454545
2.3	5.29	1.516575089	4.795831523	12.167	1.32000612	2.84386698	6.126925675	0.43478261
2.4	5.76	1.549193338	4.898979486	13.824	1.3388659	2.884499141	6.214465012	0.41666667
2.5	6.25	1.58113883	5	15.625	1.35720881	2.924017738	6.299605249	0.4
2.6	6.76	1.61245155	5.099019514	17.576	1.37506887	2.962496068	6.382504299	0.38461538
2.7	7.29	1.643167673	5.196152423	19.683	1.39247665	3	6.46330407	0.37037037
2.8	7.84	1.673320053	5.291502622	21.952	1.40945975	3.036588972	6.54213262	0.35714286
2.9	8.41	1.702938637	5.385164807	24.389	1.42604315	3.072316826	6.619105948	0.34482759
3	9	1.732050808	5.477225575	27	1.44224957	3.107232506	6.694329501	0.33333333
3.1	9.61	1.760681686	5.567764363	29.791	1.45809974	3.141380652	6.767899452	0.32258065
3.2	10.24	1.788854382	5.656854249	32.768	1.4736126	3.174802104	6.839903787	0.3125
3.3	10.89	1.816590212	5.744562647	35.937	1.48880555	3.20753433	6.91042323	0.3030303
3.4	11.56	1.843908891	5.830951895	39.304	1.5036946	3.239611801	6.979532047	0.29411765
3.5	12.25	1.870828693	5.916079783	42.875	1.51829449	3.27106631	7.047298732	0.28571429
3.6	12.96	1.897366596	6	46.656	1.53261886	3.301927249	7.113786609	0.27777778
3.7	13.69	1.923538406	6.08276253	50.653	1.54668037	3.332221852	7.179054352	0.27027027
3.8	14.44	1.949358869	6.164414003	54.872	1.56049075	3.361975407	7.243156443	0.26315789
3.9	15.21	1.974841766	6.244997998	59.319	1.57406092	3.391211443	7.306143574	0.25641026
4	16	2	6.32455532	64	1.58740105	3.419951893	7.368062997	0.25
4.1	16.81	2.024845673	6.403124237	68.921	1.60052066	3.44821724	7.428958841	0.24390244
4.2	17.64	2.049390153	6.480740698	74.088	1.61342865	3.476026645	7.488872387	0.23809524
4.3	18.49	2.073644135	6.557438524	79.507	1.62613333	3.50339806	7.547842314	0.23255814
4.4	19.36	2.097617696	6.633249581	85.184	1.63864254	3.530348335	7.605904922	0.22727273
4.5	20.25	2.121320344	6.708203932	91.125	1.65096362	3.556893304	7.663094324	0.22222222
4.6	21.16	2.144761059	6.782329983	97.336	1.6631035	3.583047871	7.719442629	0.2173913
4.7	22.09	2.167948339	6.8556546	103.823	1.67506868	3.60882608	7.774980097	0.21276596
4.8	23.04	2.19089023	6.92820323	110.592	1.68686533	3.634241186	7.829735282	0.20833333
4.9	24.01	2.213594362	7	117.649	1.69849925	3.65930571	7.883735163	0.20408163
n	n^2	n^(1/2)	(10n)^(1/2)	n^3	n^(1/3)	10n^1/3	100n^1/3	1/n
5	25	2.236067977	7.071067812	125	1.709975947	3.684031499	7.93700526	0.2
5.1	26.01	2.258317958	7.141428429	132.651	1.721300621	3.708429769	7.98956974	0.196078431
5.2	27.04	2.28035085	7.211102551	140.608	1.732478211	3.732511157	8.041451517	0.192307692
5.3	28.09	2.302172887	7.280109889	148.877	1.743513401	3.756285754	8.092672335	0.188679245
5.4	29.16	2.323790008	7.348469228	157.464	1.754410643	3.77976315	8.14325285	0.185185185

- 멱, 근, 역수표

n	n^2	n^(1/2)	(10n)^(1/2)	n^3	n^(1/3)	10n^1/3	100n^1/3	1/n
5.5	30.25	2.34520788	7.416198487	166.375	1.765174168	3.802952461	8.193212706	0.181818182
5.6	31.36	2.366431913	7.483314774	175.616	1.775808003	3.825862366	8.2425706	0.178571429
5.7	32.49	2.387467277	7.549834435	185.193	1.786315988	3.848501131	8.291344342	0.175438596
5.8	33.64	2.408318916	7.615773106	195.112	1.796701779	3.870876641	8.339550915	0.172413793
5.9	34.81	2.42899156	7.681145748	205.379	1.806968869	3.892996416	8.387206527	0.169491525
6	36	2.449489743	7.745966692	216	1.817120593	3.914867641	8.434326653	0.166666667
6.1	37.21	2.469817807	7.810249676	226.981	1.827160137	3.936497183	8.480926088	0.163934426
6.2	38.44	2.48997992	7.874007874	238.328	1.83709055	3.95789161	8.527018983	0.161290323
6.3	39.69	2.50998008	7.937253933	250.047	1.84691475	3.979057208	8.572618882	0.158730159
6.4	40.96	2.529822128	8	262.144	1.856635533	4	8.61773876	0.15625
6.5	42.25	2.549509757	8.062257748	274.625	1.866255578	4.020725759	8.662391053	0.153846154
6.6	43.56	2.569046516	8.124038405	287.496	1.875777455	4.041240021	8.706587691	0.151515152
6.7	44.89	2.588435821	8.185352772	300.763	1.885203631	4.0615481	8.750340123	0.149253731
6.8	46.24	2.607680962	8.246211251	314.432	1.894536474	4.081655102	8.793659344	0.147058824
6.9	47.61	2.626785107	8.306623863	328.509	1.903778262	4.10156593	8.836555922	0.144927536
7	49	2.645751311	8.366600265	343	1.912931183	4.1212853	8.879040017	0.142857143
7.1	50.41	2.664582519	8.426149773	357.911	1.921997343	4.140817749	8.921121404	0.14084507
7.2	51.84	2.683281573	8.485281374	373.248	1.930978769	4.160167646	8.962809493	0.138888889
7.3	53.29	2.701851217	8.544003745	389.017	1.939877415	4.179339196	9.004113346	0.136986301
7.4	54.76	2.720294102	8.602325267	405.224	1.94869516	4.198336454	9.045041697	0.135135135
7.5	56.25	2.738612788	8.660254038	421.875	1.957433821	4.217163327	9.085602964	0.133333333
7.6	57.76	2.75680975	8.717797887	438.976	1.966095145	4.235823584	9.125805271	0.131578947
7.7	59.29	2.774887385	8.774964387	456.533	1.974680822	4.254320865	9.165656454	0.12987013
7.8	60.84	2.792848009	8.831760866	474.552	1.983192483	4.272658682	9.205164083	0.128205128
7.9	62.41	2.810693865	8.888194417	493.039	1.991631701	4.290840427	9.244335465	0.126582278
8	64	2.828427125	8.94427191	512	2	4.30886938	9.283177667	0.125
8.1	65.61	2.846049894	9	531.441	2.00829885	4.326748711	9.321697518	0.12345679
8.2	67.24	2.863564213	9.055385138	551.368	2.016529675	4.344481486	9.359901623	0.12195122
8.3	68.89	2.880972058	9.110433579	571.787	2.024693852	4.362070671	9.397796375	0.120481928
8.4	70.56	2.898275349	9.16515139	592.704	2.032792714	4.37951914	9.435387961	0.119047619
8.5	72.25	2.915475947	9.219544457	614.125	2.040827551	4.396829672	9.472682372	0.117647059
8.6	73.96	2.93257566	9.273618495	636.056	2.048799615	4.414004962	9.509685413	0.11627907
8.7	75.69	2.949576241	9.327379053	658.503	2.056710116	4.431047622	9.546402709	0.114942529
8.8	77.44	2.966479395	9.38083152	681.472	2.064560231	4.447960181	9.582839714	0.113636364
8.9	79.21	2.983286778	9.433981132	704.969	2.072351098	4.464745096	9.619001716	0.112359551
9	81	3	9.486832981	729	2.080083823	4.481404747	9.654893846	0.111111111
9.1	82.81	3.016620626	9.539392014	753.571	2.087759479	4.497941445	9.690521083	0.10989011
9.2	84.64	3.033150178	9.591663047	778.688	2.095379106	4.514357435	9.725888262	0.108695652
9.3	86.49	3.049590136	9.643650761	804.357	2.102943717	4.530654896	9.761000077	0.107526882
9.4	88.36	3.065941943	9.695359715	830.584	2.110454294	4.546835944	9.795861087	0.106382979
9.5	90.25	3.082207001	9.746794345	857.375	2.117911792	4.562902635	9.830475725	0.105263158
9.6	92.16	3.098386677	9.797958971	884.736	2.125317138	4.57885697	9.864848297	0.104166667
9.7	94.09	3.1144823	9.848857802	912.673	2.132671236	4.594700892	9.898982992	0.103092784
9.8	96.04	3.130495168	9.899494937	941.192	2.139974961	4.610436292	9.932883884	0.102040816
9.9	98.01	3.146426545	9.949874371	970.299	2.147229169	4.626065009	9.966554934	0.101010101

• **자연로그표**

x	lnx	x	lnx	x	lnx	x	lnx
		0.4	−0.916290732	0.8	−0.223143551	1.2	0.182321557
0.01	−4.605170186	0.41	−0.891598119	0.81	−0.210721031	1.21	0.19062036
0.02	−3.912023005	0.42	−0.867500568	0.82	−0.198450939	1.22	0.198850859
0.03	−3.506557897	0.43	−0.84397007	0.83	−0.186329578	1.23	0.207014169
0.04	−3.218875825	0.44	−0.820980552	0.84	−0.174353387	1.24	0.21511138
0.05	−2.995732274	0.45	−0.798507696	0.85	−0.162518929	1.25	0.223143551
0.06	−2.813410717	0.46	−0.776528789	0.86	−0.15082289	1.26	0.231111721
0.07	−2.659260037	0.47	−0.755022584	0.87	−0.139262067	1.27	0.2390169
0.08	−2.525728644	0.48	−0.733969175	0.88	−0.127833372	1.28	0.246860078
0.09	−2.407945609	0.49	−0.713349888	0.89	−0.116533816	1.29	0.254642218
0.1	−2.302585093	0.5	−0.693147181	0.9	−0.105360516	1.3	0.262364264
0.11	−2.207274913	0.51	−0.673344553	0.91	−0.094310679	1.31	0.270027137
0.12	−2.120263536	0.52	−0.653926467	0.92	−0.083381609	1.32	0.277631737
0.13	−2.040220829	0.53	−0.634878272	0.93	−0.072570693	1.33	0.285178942
0.14	−1.966112856	0.54	−0.616186139	0.94	−0.061875404	1.34	0.292669614
0.15	−1.897119985	0.55	−0.597837001	0.95	−0.051293294	1.35	0.300104592
0.16	−1.832581464	0.56	−0.579818495	0.96	−0.040821995	1.36	0.3074847
0.17	−1.771956842	0.57	−0.562118918	0.97	−0.030459207	1.37	0.31481074
0.18	−1.714798428	0.58	−0.544727175	0.98	−0.020202707	1.38	0.322083499
0.19	−1.660731207	0.59	−0.527632742	0.99	−0.010050336	1.39	0.329303747
0.2	−1.609437912	0.6	−0.510825624	1	0	1.4	0.336472237
0.21	−1.560647748	0.61	−0.494296322	1.01	0.009950331	1.41	0.343589704
0.22	−1.514127733	0.62	−0.478035801	1.02	0.019802627	1.42	0.350656872
0.23	−1.46967597	0.63	−0.46203546	1.03	0.029558802	1.43	0.357674444
0.24	−1.427116356	0.64	−0.446287103	1.04	0.039220713	1.44	0.364643114
0.25	−1.386294361	0.65	−0.430782916	1.05	0.048790164	1.45	0.371563556
0.26	−1.347073648	0.66	−0.415515444	1.06	0.058268908	1.46	0.378436436
0.27	−1.30933332	0.67	−0.400477567	1.07	0.067658648	1.47	0.385262401
0.28	−1.272965676	0.68	−0.385662481	1.08	0.076961041	1.48	0.392042088
0.29	−1.237874356	0.69	−0.371063681	1.09	0.086177696	1.49	0.39877612
0.3	−1.203972804	0.7	−0.356674944	1.1	0.09531018	1.5	0.405465108
0.31	−1.171182982	0.71	−0.342490309	1.11	0.104360015	1.51	0.412109651
0.32	−1.139434283	0.72	−0.328504067	1.12	0.113328685	1.52	0.418710335
0.33	−1.108662625	0.73	−0.314710745	1.13	0.122217633	1.53	0.425267735
0.34	−1.078809661	0.74	−0.301105093	1.14	0.131028262	1.54	0.431782416
0.35	−1.049822124	0.75	−0.287682072	1.15	0.139761942	1.55	0.438254931
0.36	−1.021651248	0.76	−0.274436846	1.16	0.148420005	1.56	0.444685821
0.37	−0.994252273	0.77	−0.261364764	1.17	0.157003749	1.57	0.451075619
0.38	−0.967584026	0.78	−0.248461359	1.18	0.165514438	1.58	0.457424847
0.39	−0.94160854	0.79	−0.235722334	1.19	0.173953307	1.59	0.463734016

x	lnx	x	lnx	x	lnx	x	lnx
1.6	0.470003629	2	0.693147181	6	1.791759469	10	2.302585093
1.61	0.476234179	2.1	0.741937345	6.1	1.808288771	11	2.397895273
1.62	0.482426149	2.2	0.78845736	6.2	1.824549292	12	2.48490665
1.63	0.488580015	2.3	0.832909123	6.3	1.840549633	13	2.564949357
1.64	0.494696242	2.4	0.875468737	6.4	1.85629799	14	2.63905733
1.65	0.500775288	2.5	0.916290732	6.5	1.871802177	15	2.708050201
1.66	0.506817602	2.6	0.955511445	6.6	1.887069649	16	2.772588722
1.67	0.512823626	2.7	0.993251773	6.7	1.902107526	17	2.833213344
1.68	0.518793793	2.8	1.029619417	6.8	1.916922612	18	2.890371758
1.69	0.524728529	2.9	1.064710737	6.9	1.931521412	19	2.944438979
1.7	0.530628251	3	1.098612289	7	1.945910149	20	2.995732274
1.71	0.536493371	3.1	1.131402111	7.1	1.960094784	21	3.044522438
1.72	0.542324291	3.2	1.16315081	7.2	1.974081026	22	3.091042453
1.73	0.548121409	3.3	1.193922468	7.3	1.987874348	23	3.135494216
1.74	0.553885113	3.4	1.223775432	7.4	2.00148	24	3.17805383
1.75	0.559615788	3.5	1.252762968	7.5	2.014903021	25	3.218875825
1.76	0.565313809	3.6	1.280933845	7.6	2.028148247	26	3.258096538
1.77	0.570979547	3.7	1.30833282	7.7	2.041220329	27	3.295836866
1.78	0.576613364	3.8	1.335001067	7.8	2.054123734	28	3.33220451
1.79	0.58221562	3.9	1.360976553	7.9	2.066862759	29	3.36729583
1.8	0.587786665	4	1.386294361	8	2.079441542	30	3.401197382
1.81	0.593326845	4.1	1.410986974	8.1	2.091864062	31	3.433987204
1.82	0.598836501	4.2	1.435084525	8.2	2.104134154	32	3.465735903
1.83	0.604315967	4.3	1.458615023	8.3	2.116255515	33	3.496507561
1.84	0.609765572	4.4	1.481604541	8.4	2.128231706	34	3.526360525
1.85	0.615185639	4.5	1.504077397	8.5	2.140066163	35	3.555348061
1.86	0.620576488	4.6	1.526056303	8.6	2.151762203	36	3.583518938
1.87	0.625938431	4.7	1.547562509	8.7	2.163323026	37	3.610917913
1.88	0.631271777	4.8	1.568615918	8.8	2.174751721	38	3.63758616
1.89	0.636576829	4.9	1.589235205	8.9	2.186051277	39	3.663561646
1.9	0.641853886	5	1.609437912	9	2.197224577	40	3.688879454
1.91	0.647103242	5.1	1.62924054	9.1	2.208274414	41	3.713572067
1.92	0.652325186	5.2	1.648658626	9.2	2.219203484	42	3.737669618
1.93	0.657520003	5.3	1.667706821	9.3	2.2300144	43	3.761200116
1.94	0.662687973	5.4	1.686398954	9.4	2.240709689	44	3.784189634
1.95	0.667829373	5.5	1.704748092	9.5	2.251291799	45	3.80666249
1.96	0.672944473	5.6	1.722766598	9.6	2.261763098	46	3.828641396
1.97	0.678033543	5.7	1.740466175	9.7	2.272125886	47	3.850147602
1.98	0.683096845	5.8	1.757857918	9.8	2.282382386	48	3.871201011
1.99	0.688134639	5.9	1.774952351	9.9	2.292534757	49	3.891820298

x	lnx	x	lnx	x	lnx	x	lnx
50	3.912023005	90	4.49980967	400	5.991464547	800	6.684611728
51	3.931825633	91	4.510859507	410	6.01615716	810	6.697034248
52	3.951243719	92	4.521788577	420	6.040254711	820	6.70930434
53	3.970291914	93	4.532599493	430	6.063785209	830	6.721425701
54	3.988984047	94	4.543294782	440	6.086774727	840	6.733401892
55	4.007333185	95	4.553876892	450	6.109247583	850	6.745236349
56	4.025351691	96	4.564348191	460	6.131226489	860	6.756932389
57	4.043051268	97	4.574710979	470	6.152732695	870	6.768493212
58	4.060443011	98	4.584967479	480	6.173786104	880	6.779921907
59	4.077537444	99	4.59511985	490	6.194405391	890	6.791221463
60	4.094344562	100	4.605170186	500	6.214608098	900	6.802394763
61	4.110873864	110	4.700480366	510	6.234410726	910	6.8134446
62	4.127134385	12	2.48490665	520	6.253828812	920	6.82437367
63	4.143134726	130	4.86753445	530	6.272877007	930	6.835184586
64	4.158883083	140	4.941642423	540	6.29156914	940	6.845879875
65	4.17438727	150	5.010635294	550	6.309918278	950	6.856461985
66	4.189654742	160	5.075173815	560	6.327936784	960	6.866933284
67	4.204692619	170	5.135798437	570	6.345636361	970	6.877296071
68	4.219507705	180	5.192956851	580	6.363028104	980	6.887552572
69	4.234106505	190	5.247024072	590	6.380122537	990	6.897704943
70	4.248495242	200	5.298317367	600	6.396929655	1000	6.907755279
71	4.262679877	210	5.347107531	610	6.413458957	1100	7.003065459
72	4.276666119	220	5.393627546	620	6.429719478	1200	7.090076836
73	4.290459441	230	5.438079309	630	6.445719819	1300	7.170119543
74	4.304065093	240	5.480638923	640	6.461468176	1400	7.244227516
75	4.317488114	250	5.521460918	650	6.476972363	1500	7.313220387
76	4.33073334	260	5.560681631	660	6.492239835	1600	7.377758908
77	4.343805422	270	5.598421959	670	6.507277712	1700	7.43838353
78	4.356708827	280	5.634789603	680	6.522092798	1800	7.495541944
79	4.369447852	290	5.669880923	690	6.536691598	1900	7.549609165
80	4.382026635	300	5.703782475	700	6.551080335	2000	7.60090246
81	4.394449155	310	5.736572297	710	6.56526497	2100	7.649692624
82	4.406719247	320	5.768320996	720	6.579251212	2200	7.696212639
83	4.418840608	330	5.799092654	730	6.593044534	2300	7.740664402
84	4.430816799	340	5.828945618	740	6.606650186	2400	7.783224016
85	4.442651256	350	5.857933154	750	6.620073207	2500	7.824046011
86	4.454347296	360	5.886104031	760	6.633318433	2600	7.863266724
87	4.465908119	370	5.913503006	770	6.646390515	2700	7.901007052
88	4.477336814	380	5.940171253	780	6.65929392	2800	7.937374696
89	4.48863637	390	5.966146739	790	6.672032945	2900	7.972466016

	0	1	2	3	4	5	6	7	8	9
1	0	0.004321374	0.008600172	0.012837225	0.017033339	0.021189299	0.025305865	0.029383778	0.033423755	0.037426498
1.1	0.041392685	0.045322979	0.049218023	0.053078443	0.056904851	0.06069784	0.064457989	0.068185862	0.071882007	0.075546961
1.2	0.079181246	0.08278537	0.086359831	0.089905111	0.093421685	0.096910013	0.100370545	0.103803721	0.10720997	0.11058971
1.3	0.113943352	0.117271296	0.120573931	0.123851641	0.127104798	0.130333768	0.133538908	0.136720567	0.139879086	0.1430148
1.4	0.146128036	0.149219113	0.152288344	0.155336037	0.158362492	0.161368002	0.164352856	0.167317335	0.170261715	0.173186268
1.5	0.176091259	0.178976947	0.181843588	0.184691431	0.187520721	0.190331698	0.193124598	0.195899652	0.198657087	0.201397124
1.6	0.204119983	0.206825876	0.209515015	0.212187604	0.214843848	0.217483944	0.220108088	0.222716471	0.225309282	0.227886705
1.7	0.230448921	0.23299611	0.235528447	0.238046103	0.240549248	0.243038049	0.245512668	0.247973266	0.250420002	0.252853031
1.8	0.255272505	0.257678575	0.260071388	0.26245109	0.264817823	0.267171728	0.269512944	0.271841607	0.274157849	0.276461804
1.9	0.278753601	0.281033367	0.283301229	0.285557309	0.28780173	0.290034611	0.292256071	0.294466226	0.29666519	0.298853076
2	0.301029996	0.303196057	0.305351369	0.307496038	0.309630167	0.311753861	0.31386722	0.315970345	0.318063335	0.320146286
2.1	0.322219295	0.324282455	0.326335861	0.328379603	0.330413773	0.33243846	0.334453751	0.336459734	0.338456494	0.340444115
2.2	0.342422681	0.344392274	0.346352974	0.348304863	0.350248018	0.352182518	0.354108439	0.356025857	0.357934847	0.359835482
2.3	0.361727836	0.36361198	0.365487985	0.367355921	0.369215857	0.371067862	0.372912003	0.374748346	0.376576957	0.378397901
2.4	0.380211242	0.382017043	0.383815366	0.385606274	0.387389826	0.389166084	0.390935107	0.392696953	0.394451681	0.396199347
2.5	0.397940009	0.399673721	0.401400541	0.403120521	0.404833717	0.40654018	0.408239965	0.409933123	0.411619706	0.413299764
2.6	0.414973348	0.416640507	0.418301291	0.419955748	0.421603927	0.423245874	0.424881637	0.426511261	0.428134794	0.42975228
2.7	0.431363764	0.432969291	0.434568904	0.436162647	0.437750563	0.439332694	0.440909082	0.442479769	0.444044796	0.445604203
2.8	0.447158031	0.44870632	0.450249108	0.451786436	0.45331834	0.45484486	0.456366033	0.457881897	0.459392488	0.460897843
2.9	0.462397998	0.463892989	0.465382851	0.46686762	0.46834733	0.469822016	0.471291711	0.472756449	0.474216264	0.475671188
3	0.477121255	0.478566496	0.480006943	0.481442629	0.482873584	0.484299839	0.485721426	0.487138375	0.488550717	0.489958479
3.1	0.491361694	0.492760389	0.494154594	0.495544338	0.496929648	0.498310554	0.499687083	0.501059262	0.50242712	0.503790683
3.2	0.505149978	0.506505032	0.507855872	0.509202522	0.51054501	0.511883361	0.5132176	0.514547753	0.515873844	0.517195898
3.3	0.51851394	0.519827994	0.521138084	0.522444234	0.523746467	0.525044807	0.526339277	0.527629901	0.5289167	0.530199698
3.4	0.531478917	0.532754379	0.534026106	0.53529412	0.536558443	0.537819095	0.539076099	0.540329475	0.541579244	0.542825427
3.5	0.544068044	0.545307116	0.546542663	0.547774705	0.549003262	0.550228353	0.551449998	0.552668216	0.553883027	0.555094449
3.6	0.556302501	0.557507202	0.558708571	0.559906625	0.561101384	0.562292864	0.563481085	0.564666064	0.565847819	0.567026366
3.7	0.568201724	0.56937391	0.57054294	0.571708832	0.572871602	0.574031268	0.575187845	0.57634135	0.5774918	0.57863921
3.8	0.579783597	0.580924976	0.582063363	0.583198774	0.584331224	0.58546073	0.586587305	0.587710965	0.588831726	0.589949601
3.9	0.591064607	0.592176757	0.593286067	0.59439255	0.595496222	0.596597096	0.597695186	0.598790507	0.599883072	0.600972896
4	0.602059991	0.603144373	0.604226053	0.605305046	0.606381365	0.607455023	0.608526034	0.609594409	0.610660163	0.611723308
4.1	0.612783857	0.613841822	0.614897216	0.615950052	0.617000341	0.618048097	0.619093331	0.620136055	0.621176282	0.622214023
4.2	0.62324929	0.624282096	0.625312451	0.626340367	0.627365857	0.62838893	0.629409599	0.630427875	0.631443769	0.632457292
4.3	0.633468456	0.63447727	0.635483747	0.636487896	0.63748973	0.638489257	0.639486489	0.640481437	0.641474111	0.64246452
4.4	0.643452676	0.644438589	0.645422269	0.646403726	0.64738297	0.648360011	0.649334859	0.650307523	0.651278014	0.652246341
4.5	0.653212514	0.654176542	0.655138435	0.656098202	0.657055853	0.658011397	0.658964843	0.6599162	0.660865478	0.661812686
4.6	0.662757832	0.663700925	0.664641976	0.665580991	0.666517981	0.667452953	0.668385917	0.669316881	0.670245853	0.671172843
4.7	0.672097858	0.673020907	0.673941999	0.674861141	0.675778342	0.67669361	0.677606953	0.678518379	0.679427897	0.680335513
4.8	0.681241237	0.682145076	0.683047038	0.683947131	0.684845362	0.685741739	0.686636269	0.687528961	0.688419822	0.689308859
4.9	0.69019608	0.691081492	0.691965103	0.692846919	0.693726949	0.694605199	0.695481676	0.696356389	0.697229343	0.698100546
5	0.698970004	0.699837726	0.700703717	0.701567985	0.702430536	0.703291378	0.704150517	0.705007959	0.705863712	0.706717782
5.1	0.707570176	0.7084209	0.709269961	0.710117365	0.710963119	0.711807229	0.712649702	0.713490543	0.71432976	0.715167358
5.2	0.716003344	0.716837723	0.717670503	0.718501689	0.719331287	0.720159303	0.720985744	0.721810615	0.722633923	0.723455672
5.3	0.72427587	0.725094521	0.725911632	0.726727209	0.727541257	0.728353782	0.72916479	0.729974286	0.730782276	0.731588765
5.4	0.73239376	0.733197265	0.733999287	0.73479983	0.7355989	0.736396502	0.737192643	0.737987326	0.738780558	0.739572344

	0	1	2	3	4	5	6	7	8	9
1	0	0.0043214	0.0086002	0.0128372	0.0170333	0.0211893	0.0253059	0.0293838	0.0334238	0.0374265
1.1	0.0413927	0.045323	0.049218	0.0530784	0.0569049	0.0606978	0.064458	0.0681859	0.071882	0.075547
1.2	0.0791812	0.0827854	0.0863598	0.0899051	0.0934217	0.09691	0.1003705	0.1038037	0.10721	0.1105897
1.3	0.1139434	0.1172713	0.1205739	0.1238516	0.1271048	0.1303338	0.1335389	0.1367206	0.1398791	0.1430148
1.4	0.146128	0.1492191	0.1522883	0.155336	0.1583625	0.161368	0.1643529	0.1673173	0.1702617	0.1731863
1.5	0.1760913	0.1789769	0.1818436	0.1846914	0.1875207	0.1903317	0.1931246	0.1958997	0.1986571	0.2013971
1.6	0.20412	0.2068259	0.209515	0.2121876	0.2148438	0.2174839	0.2201081	0.2227165	0.2253093	0.2278867
1.7	0.2304489	0.2329961	0.2355284	0.2380461	0.2405492	0.243038	0.2455127	0.2479733	0.25042	0.252853
1.8	0.2552725	0.2576786	0.2600714	0.2624511	0.2648178	0.2671717	0.2695129	0.2718416	0.2741578	0.2764618
1.9	0.2787536	0.2810334	0.2833012	0.2855573	0.2878017	0.2900346	0.2922561	0.2944662	0.2966652	0.2988531
2	0.30103	0.3031961	0.3053514	0.307496	0.3096302	0.3117539	0.3138672	0.3159703	0.3180633	0.3201463
2.1	0.3222193	0.3242825	0.3263359	0.3283796	0.3304138	0.3324385	0.3344538	0.3364597	0.3384565	0.3404441
2.2	0.3424227	0.3443923	0.346353	0.3483049	0.350248	0.3521825	0.3541084	0.3560259	0.3579348	0.3598355
2.3	0.3617278	0.363612	0.365488	0.3673559	0.3692159	0.3710679	0.372912	0.3747483	0.376577	0.3783979
2.4	0.3802112	0.382017	0.3838154	0.3856063	0.3873898	0.3891661	0.3909351	0.392697	0.3944517	0.3961993
2.5	0.39794	0.3996737	0.4014005	0.4031205	0.4048337	0.4065402	0.40824	0.4099331	0.4116197	0.4132998
2.6	0.4149733	0.4166405	0.4183013	0.4199557	0.4216039	0.4232459	0.4248816	0.4265113	0.4281348	0.4297523
2.7	0.4313638	0.4329693	0.4345689	0.4361626	0.4377506	0.4393327	0.4409091	0.4424798	0.4440448	0.4456042
2.8	0.447158	0.4487063	0.4502491	0.4517864	0.4533183	0.4548449	0.456366	0.4578819	0.4593925	0.4608978
2.9	0.462398	0.463893	0.4653829	0.4668676	0.4683473	0.469822	0.4712917	0.4727564	0.4742163	0.4756712
3	0.4771213	0.4785665	0.4800069	0.4814426	0.4828736	0.4842998	0.4857214	0.4871384	0.4885507	0.4899585
3.1	0.4913617	0.4927604	0.4941546	0.4955443	0.4969296	0.4983106	0.4996871	0.5010593	0.5024271	0.5037907
3.2	0.50515	0.506505	0.5078559	0.5092025	0.510545	0.5118834	0.5132176	0.5145478	0.5158738	0.5171959
3.3	0.5185139	0.519828	0.5211381	0.5224442	0.5237465	0.5250448	0.5263393	0.5276299	0.5289167	0.5301997
3.4	0.5314789	0.5327544	0.5340261	0.5352941	0.5365584	0.5378191	0.5390761	0.5403295	0.5415792	0.5428254
3.5	0.544068	0.5453071	0.5465427	0.5477747	0.5490033	0.5502284	0.55145	0.5526682	0.553883	0.5550944
3.6	0.5563025	0.5575072	0.5587086	0.5599066	0.5611014	0.5622929	0.5634811	0.5646661	0.5658478	0.5670264
3.7	0.5682017	0.5693739	0.5705429	0.5717088	0.5728716	0.5740313	0.5751878	0.5763414	0.5774918	0.5786392
3.8	0.5797836	0.580925	0.5820634	0.5831988	0.5843312	0.5854607	0.5865873	0.587711	0.5888317	0.5899496
3.9	0.5910646	0.5921768	0.5932861	0.5943926	0.5954962	0.5965971	0.5976952	0.5987905	0.5998831	0.6009729
4	0.60206	0.6031444	0.6042261	0.605305	0.6063814	0.607455	0.608526	0.6095944	0.6106602	0.6117233
4.1	0.6127839	0.6138418	0.6148972	0.6159501	0.6170003	0.6180481	0.6190933	0.6201361	0.6211763	0.622214
4.2	0.6232493	0.6242821	0.6253125	0.6263404	0.6273659	0.6283889	0.6294096	0.6304279	0.6314438	0.6324573
4.3	0.6334685	0.6344773	0.6354837	0.6364879	0.6374897	0.6384893	0.6394865	0.6404814	0.6414741	0.6424645
4.4	0.6434527	0.6444386	0.6454223	0.6464037	0.647383	0.64836	0.6493349	0.6503075	0.651278	0.6522463
4.5	0.6532125	0.6541765	0.6551384	0.6560982	0.6570559	0.6580114	0.6589648	0.6599162	0.6608655	0.6618127
4.6	0.6627578	0.6637009	0.664642	0.665581	0.666518	0.667453	0.6683859	0.6693169	0.6702459	0.6711728
4.7	0.6720979	0.6730209	0.673942	0.6748611	0.6757783	0.6766936	0.677607	0.6785184	0.6794279	0.6803355
4.8	0.6812412	0.6821451	0.683047	0.6839471	0.6848454	0.6857417	0.6866363	0.687529	0.6884198	0.6893089
4.9	0.6901961	0.6910815	0.6919651	0.6928469	0.6937269	0.6946052	0.6954817	0.6963564	0.6972293	0.6981005
5	0.69897	0.6998377	0.7007037	0.701568	0.7024305	0.7032914	0.7041505	0.705008	0.7058637	0.7067178
5.1	0.7075702	0.7084209	0.70927	0.7101174	0.7109631	0.7118072	0.7126497	0.7134905	0.7143298	0.7151674
5.2	0.7160033	0.7168377	0.7176705	0.7185017	0.7193313	0.7201593	0.7209857	0.7218106	0.7226339	0.7234557
5.3	0.7242759	0.7250945	0.7259116	0.7267272	0.7275413	0.7283538	0.7291648	0.7299743	0.7307823	0.7315888
5.4	0.7323938	0.7331973	0.7339993	0.7347998	0.7355989	0.7363965	0.7371926	0.7379873	0.7387806	0.7395723

	0	1	2	3	4	5	6	7	8	9
1	0	0.004321	0.0086	0.012837	0.01703	0.021189	0.025306	0.02938	0.033424	0.037426
1.1	0.041393	0.045323	0.049218	0.053078	0.0569	0.060698	0.064458	0.06819	0.071882	0.075547
1.2	0.079181	0.082785	0.08636	0.089905	0.09342	0.09691	0.100371	0.1038	0.10721	0.11059
1.3	0.113943	0.117271	0.120574	0.123852	0.1271	0.130334	0.133539	0.13672	0.139879	0.143015
1.4	0.146128	0.149219	0.152288	0.155336	0.15836	0.161368	0.164353	0.16732	0.170262	0.173186
1.5	0.176091	0.178977	0.181844	0.184691	0.18752	0.190332	0.193125	0.1959	0.198657	0.201397
1.6	0.20412	0.206826	0.209515	0.212188	0.21484	0.217484	0.220108	0.22272	0.225309	0.227887
1.7	0.230449	0.232996	0.235528	0.238046	0.24055	0.243038	0.245513	0.24797	0.25042	0.252853
1.8	0.255273	0.257679	0.260071	0.262451	0.26482	0.267172	0.269513	0.27184	0.274158	0.276462
1.9	0.278754	0.281033	0.283301	0.285557	0.2878	0.290035	0.292256	0.29447	0.296665	0.298853
2	0.30103	0.303196	0.305351	0.307496	0.30963	0.311754	0.313867	0.31597	0.318063	0.320146
2.1	0.322219	0.324282	0.326336	0.32838	0.33041	0.332438	0.334454	0.33646	0.338456	0.340444
2.2	0.342423	0.344392	0.346353	0.348305	0.35025	0.352183	0.354108	0.35603	0.357935	0.359835
2.3	0.361728	0.363612	0.365488	0.367356	0.36922	0.371068	0.372912	0.37475	0.376577	0.378398
2.4	0.380211	0.382017	0.383815	0.385606	0.38739	0.389166	0.390935	0.3927	0.394452	0.396199
2.5	0.39794	0.399674	0.401401	0.403121	0.40483	0.40654	0.40824	0.40993	0.41162	0.4133
2.6	0.414973	0.416641	0.418301	0.419956	0.4216	0.423246	0.424882	0.42651	0.428135	0.429752
2.7	0.431364	0.432969	0.434569	0.436163	0.43775	0.439333	0.440909	0.44248	0.444045	0.445604
2.8	0.447158	0.448706	0.450249	0.451786	0.45332	0.454845	0.456366	0.45788	0.459392	0.460898
2.9	0.462398	0.463893	0.465383	0.466868	0.46835	0.469822	0.471292	0.47276	0.474216	0.475671
3	0.477121	0.478566	0.480007	0.481443	0.48287	0.4843	0.485721	0.48714	0.488551	0.489958
3.1	0.491362	0.49276	0.494155	0.495544	0.49693	0.498311	0.499687	0.50106	0.502427	0.503791
3.2	0.50515	0.506505	0.507856	0.509203	0.51055	0.511883	0.513218	0.51455	0.515874	0.517196
3.3	0.518514	0.519828	0.521138	0.522444	0.52375	0.525045	0.526339	0.52763	0.528917	0.5302
3.4	0.531479	0.532754	0.534026	0.535294	0.53656	0.537819	0.539076	0.54033	0.541579	0.542825
3.5	0.544068	0.545307	0.546543	0.547775	0.549	0.550228	0.55145	0.55267	0.553883	0.555094
3.6	0.556303	0.557507	0.558709	0.559907	0.5611	0.562293	0.563481	0.56467	0.565848	0.567026
3.7	0.568202	0.569374	0.570543	0.571709	0.57287	0.574031	0.575188	0.57634	0.577492	0.578639
3.8	0.579784	0.580925	0.582063	0.583199	0.58433	0.585461	0.586587	0.58771	0.588832	0.58995
3.9	0.591065	0.592177	0.593286	0.594393	0.5955	0.596597	0.597695	0.59879	0.599883	0.600973
4	0.60206	0.603144	0.604226	0.605305	0.60638	0.607455	0.608526	0.60959	0.61066	0.611723
4.1	0.612784	0.613842	0.614897	0.61595	0.617	0.618048	0.619093	0.62014	0.621176	0.622214
4.2	0.623249	0.624282	0.625312	0.62634	0.62737	0.628389	0.62941	0.63043	0.631444	0.632457
4.3	0.633468	0.634477	0.635484	0.636488	0.63749	0.638489	0.639486	0.64048	0.641474	0.642465
4.4	0.643453	0.644439	0.645422	0.646404	0.64738	0.64836	0.649335	0.65031	0.651278	0.652246
4.5	0.653213	0.654177	0.655138	0.656098	0.65706	0.658011	0.658965	0.65992	0.660865	0.661813
4.6	0.662758	0.663701	0.664642	0.665581	0.66652	0.667453	0.668386	0.66932	0.670246	0.671173
4.7	0.672098	0.673021	0.673942	0.674861	0.67578	0.676694	0.677607	0.67852	0.679428	0.680336
4.8	0.681241	0.682145	0.683047	0.683947	0.68485	0.685742	0.686636	0.68753	0.68842	0.689309
4.9	0.690196	0.691081	0.691965	0.692847	0.69373	0.694605	0.695482	0.69636	0.697229	0.698101
5	0.69897	0.699838	0.700704	0.701568	0.70243	0.703291	0.704151	0.70501	0.705864	0.706718
5.1	0.70757	0.708421	0.70927	0.710117	0.71096	0.711807	0.71265	0.71349	0.71433	0.715167
5.2	0.716003	0.716838	0.717671	0.718502	0.71933	0.720159	0.720986	0.72181	0.722634	0.723456
5.3	0.724276	0.725095	0.725912	0.726727	0.72754	0.728354	0.729165	0.72997	0.730782	0.731589
5.4	0.732394	0.733197	0.733999	0.7348	0.7356	0.736397	0.737193	0.73799	0.738781	0.739572

	0	1	2	3	4	5	6	7	8	9
5.5	0.740363	0.741152	0.741939	0.742725	0.74351	0.744293	0.745075	0.745855	0.746634	0.747412
5.6	0.748188	0.748963	0.749736	0.750508	0.751279	0.752048	0.752816	0.753583	0.754348	0.755112
5.7	0.755875	0.756636	0.757396	0.758155	0.758912	0.759668	0.760422	0.761176	0.761928	0.762679
5.8	0.763428	0.764176	0.764923	0.765669	0.766413	0.767156	0.767898	0.768638	0.769377	0.770115
5.9	0.770852	0.771587	0.772322	0.773055	0.773786	0.774517	0.775246	0.775974	0.776701	0.777427
6	0.778151	0.778874	0.779596	0.780317	0.781037	0.781755	0.782473	0.783189	0.783904	0.784617
6.1	0.78533	0.786041	0.786751	0.78746	0.788168	0.788875	0.789581	0.790285	0.790988	0.791691
6.2	0.792392	0.793092	0.79379	0.794488	0.795185	0.79588	0.796574	0.797268	0.79796	0.798651
6.3	0.799341	0.800029	0.800717	0.801404	0.802089	0.802774	0.803457	0.804139	0.804821	0.805501
6.4	0.80618	0.806858	0.807535	0.808211	0.808886	0.80956	0.810233	0.810904	0.811575	0.812245
6.5	0.812913	0.813581	0.814248	0.814913	0.815578	0.816241	0.816904	0.817565	0.818226	0.818885
6.6	0.819544	0.820201	0.820858	0.821514	0.822168	0.822822	0.823474	0.824126	0.824776	0.825426
6.7	0.826075	0.826723	0.827369	0.828015	0.82866	0.829304	0.829947	0.830589	0.83123	0.83187
6.8	0.832509	0.833147	0.833784	0.834421	0.835056	0.835691	0.836324	0.836957	0.837588	0.838219
6.9	0.838849	0.839478	0.840106	0.840733	0.841359	0.841985	0.842609	0.843233	0.843855	0.844477
7	0.845098	0.845718	0.846337	0.846955	0.847573	0.848189	0.848805	0.849419	0.850033	0.850646
7.1	0.851258	0.85187	0.85248	0.85309	0.853698	0.854306	0.854913	0.855519	0.856124	0.856729
7.2	0.857332	0.857935	0.858537	0.859138	0.859739	0.860338	0.860937	0.861534	0.862131	0.862728
7.3	0.863323	0.863917	0.864511	0.865104	0.865696	0.866287	0.866878	0.867467	0.868056	0.868644
7.4	0.869232	0.869818	0.870404	0.870989	0.871573	0.872156	0.872739	0.873321	0.873902	0.874482
7.5	0.875061	0.87564	0.876218	0.876795	0.877371	0.877947	0.878522	0.879096	0.879669	0.880242
7.6	0.880814	0.881385	0.881955	0.882525	0.883093	0.883661	0.884229	0.884795	0.885361	0.885926
7.7	0.886491	0.887054	0.887617	0.888179	0.888741	0.889302	0.889862	0.890421	0.89098	0.891537
7.8	0.892095	0.892651	0.893207	0.893762	0.894316	0.89487	0.895423	0.895975	0.896526	0.897077
7.9	0.897627	0.898176	0.898725	0.899273	0.899821	0.900367	0.900913	0.901458	0.902003	0.902547
8	0.90309	0.903633	0.904174	0.904716	0.905256	0.905796	0.906335	0.906874	0.907411	0.907949
8.1	0.908485	0.909021	0.909556	0.910091	0.910624	0.911158	0.91169	0.912222	0.912753	0.913284
8.2	0.913814	0.914343	0.914872	0.9154	0.915927	0.916454	0.91698	0.917506	0.91803	0.918555
8.3	0.919078	0.919601	0.920123	0.920645	0.921166	0.921686	0.922206	0.922725	0.923244	0.923762
8.4	0.924279	0.924796	0.925312	0.925828	0.926342	0.926857	0.92737	0.927883	0.928396	0.928908
8.5	0.929419	0.92993	0.93044	0.930949	0.931458	0.931966	0.932474	0.932981	0.933487	0.933993
8.6	0.934498	0.935003	0.935507	0.936011	0.936514	0.937016	0.937518	0.938019	0.93852	0.93902
8.7	0.939519	0.940018	0.940516	0.941014	0.941511	0.942008	0.942504	0.943	0.943495	0.943989
8.8	0.944483	0.944976	0.945469	0.945961	0.946452	0.946943	0.947434	0.947924	0.948413	0.948902
8.9	0.94939	0.949878	0.950365	0.950851	0.951338	0.951823	0.952308	0.952792	0.953276	0.95376
9	0.954243	0.954725	0.955207	0.955688	0.956168	0.956649	0.957128	0.957607	0.958086	0.958564
9.1	0.959041	0.959518	0.959995	0.960471	0.960946	0.961421	0.961895	0.962369	0.962843	0.963316
9.2	0.963788	0.96426	0.964731	0.965202	0.965672	0.966142	0.966611	0.96708	0.967548	0.968016
9.3	0.968483	0.96895	0.969416	0.969882	0.970347	0.970812	0.971276	0.97174	0.972203	0.972666
9.4	0.973128	0.97359	0.974051	0.974512	0.974972	0.975432	0.975891	0.97635	0.976808	0.977266
9.5	0.977724	0.978181	0.978637	0.979093	0.979548	0.980003	0.980458	0.980912	0.981366	0.981819
9.6	0.982271	0.982723	0.983175	0.983626	0.984077	0.984527	0.984977	0.985426	0.985875	0.986324
9.7	0.986772	0.987219	0.987666	0.988113	0.988559	0.989005	0.98945	0.989895	0.990339	0.990783
9.8	0.991226	0.991669	0.992111	0.992554	0.992995	0.993436	0.993877	0.994317	0.994757	0.995196
9.9	0.995635	0.996074	0.996512	0.996949	0.997386	0.997823	0.998259	0.998695	0.999131	0.999565

x	expx	exp(−x)	sinhx	coshx	tanhx
0	1	1	0	1	0
0.1	1.105170918	0.904837418	0.10016675	1.005004168	0.099667995
0.2	1.221402758	0.818730753	0.201336003	1.020066756	0.19737532
0.3	1.349858808	0.740818221	0.304520293	1.045338514	0.291312612
0.4	1.491824698	0.670320046	0.410752326	1.081072372	0.379948962
0.5	1.648721271	0.60653066	0.521095305	1.127625965	0.462117157
0.6	1.8221188	0.548811636	0.636653582	1.185465218	0.537049567
0.7	2.013752707	0.496585304	0.758583702	1.255169006	0.604367777
0.8	2.225540928	0.449328964	0.888105982	1.337434946	0.66403677
0.9	2.459603111	0.40656966	1.026516726	1.433086385	0.71629787
1	2.718281828	0.367879441	1.175201194	1.543080635	0.761594156
1.1	3.004166024	0.332871084	1.33564747	1.668518554	0.800499022
1.2	3.320116923	0.301194212	1.509461355	1.810655567	0.833654607
1.3	3.669296668	0.272531793	1.698382437	1.97091423	0.861723159
1.4	4.055199967	0.246596964	1.904301501	2.150898465	0.885351648
1.5	4.48168907	0.22313016	2.129279455	2.352409615	0.905148254
1.6	4.953032424	0.201896518	2.375567953	2.577464471	0.921668554
1.7	5.473947392	0.182683524	2.645631934	2.828315458	0.935409071
1.8	6.049647464	0.165298888	2.942174288	3.107473176	0.946806013
1.9	6.685894442	0.149568619	3.268162912	3.417731531	0.956237458
2	7.389056099	0.135335283	3.626860408	3.762195691	0.96402758
2.1	8.166169913	0.122456428	4.021856742	4.14431317	0.970451937
2.2	9.025013499	0.110803158	4.457105171	4.567908329	0.97574313
2.3	9.974182455	0.100258844	4.936961806	5.037220649	0.980096396
2.4	11.02317638	0.090717953	5.466229214	5.556947167	0.983674858
2.5	12.18249396	0.082084999	6.050204481	6.13228948	0.986614298
2.6	13.46373804	0.074273578	6.694732228	6.769005807	0.989027402
2.7	14.87973172	0.067205513	7.406263106	7.473468619	0.991007454
2.8	16.44464677	0.060810063	8.191918354	8.252728417	0.99263152
2.9	18.17414537	0.05502322	9.059561075	9.114584295	0.993963167
3	20.08553692	0.049787068	10.01787493	10.067662	0.995054754
3.1	22.19795128	0.045049202	11.07645104	11.12150024	0.995949359
3.2	24.5325302	0.040762204	12.245884	12.2866462	0.996682398
3.3	27.11263892	0.036883167	13.53787788	13.57476104	0.99728296
3.4	29.96410005	0.03337327	14.96536339	14.99873666	0.997774928
3.5	33.11545196	0.030197383	16.54262729	16.57282467	0.998177898
3.6	36.59823444	0.027323722	18.28545536	18.31277908	0.998507942
3.7	40.44730436	0.024723526	20.21129042	20.23601394	0.998778241
3.8	44.70118449	0.022370772	22.33940686	22.36177763	0.998999598
3.9	49.40244911	0.020241911	24.6911036	24.71134551	0.999180866
4	54.59815003	0.018315639	27.2899172	27.30823284	0.9993293
4.1	60.3402876	0.016572675	30.16185746	30.17843014	0.999450844
4.2	66.68633104	0.014995577	33.33566773	33.35066331	0.999550366
4.3	73.6997937	0.013568559	36.84311257	36.85668113	0.999631856
4.4	81.45086866	0.01227734	40.71929566	40.731573	0.999698579
4.5	90.0171313	0.011108997	45.00301115	45.01412015	0.999753211
4.6	99.48431564	0.010051836	49.7371319	49.74718374	0.999797942
4.7	109.9471725	0.009095277	54.96903859	54.97813386	0.999834566
4.8	121.5104175	0.008229747	60.75109389	60.75932363	0.999864552
4.9	134.2897797	0.007446583	67.14116655	67.14861313	0.999889103
5	148.4131591	0.006737947	74.20321058	74.20994852	0.999909204

찾아보기

| ㅇ |

【ㅊ】

| 기타 |

▮저 자▮ (가나다 순)

강부현 · 김치용 · 박태룡 · 안가경
이승우 · 임성식 · 한찬욱 · 함형범

응용대학수학

2013년 2월 25일 초판 인쇄
2013년 3월 5일 초판 발행

저 자 / 강부현 · 김치용 · 박태룡 · 안가경
이승우 · 임성식 · 한찬욱 · 함형범
발행자 / 오판근
발행처 / 교우사

주 소 / 서울 동대문구 제기2동 148-19
전 화 / 925-2861(代), 편집부 / 925-2825
팩 스 / 925-2860
E-mail / kyowoo@kyowoo.co.kr
http://www.kyowoo.co.kr

등록 / 1994. 3. 24 제6-0256호

ISBN 978-89-8172-933-2 (93410)

값 35,000원